普通高等教育农业农村部“十三五”规划教材
全国高等农林院校“十三五”规划教材
全国高等农林院校教材经典系列
中国农业教育在线数字课程配套教材

兽医寄生虫学 第四版

Shouyi Jishengchongxue

索 勋 主编

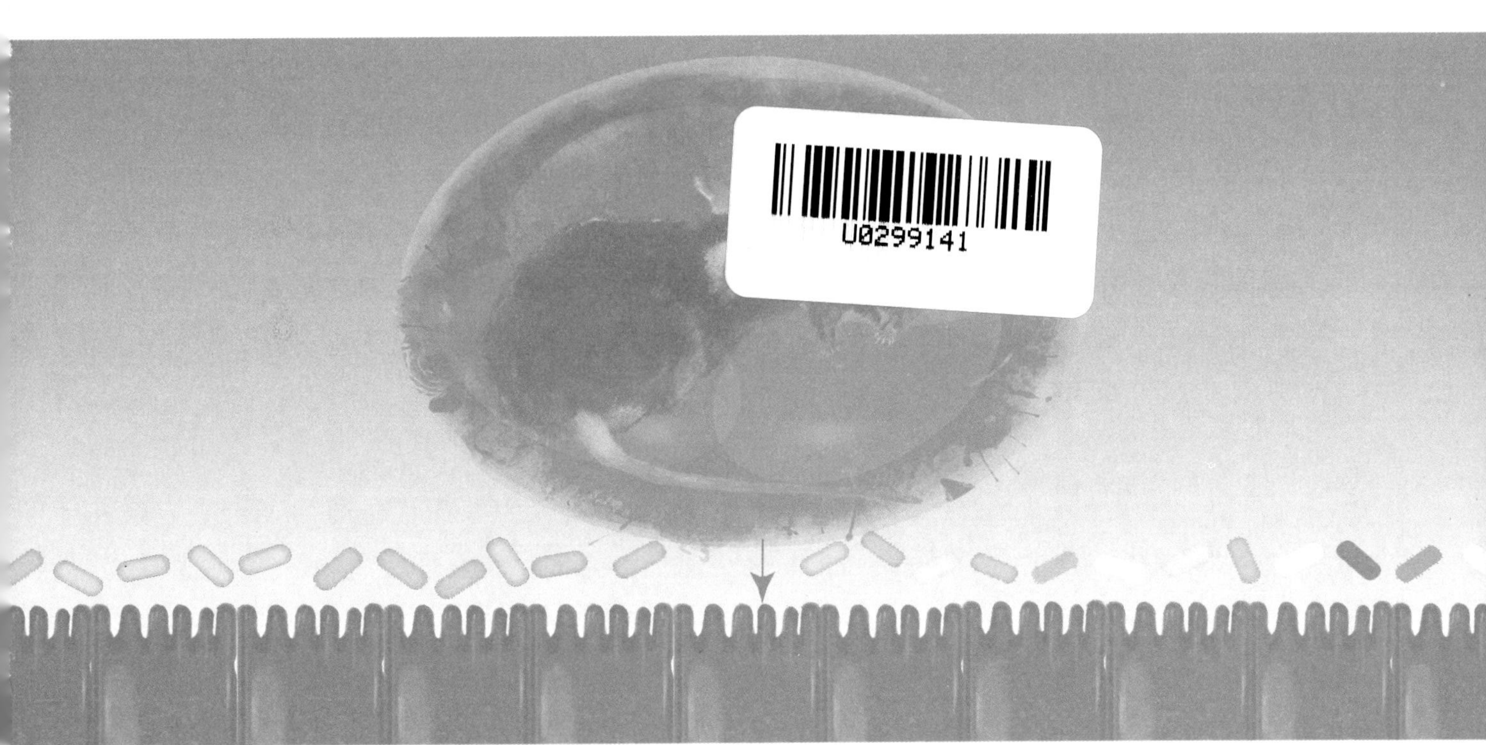

中国农业出版社
北 京

兽医寄生虫学

内容简介

《兽医寄生虫学》(第四版)内容包括寄生虫学总论、兽医原虫学、兽医蠕虫学和兽医节肢动物学4篇27章。总论主要讲述寄生虫学发展简史、寄生虫与宿主关系、寄生虫病流行病学、寄生虫感染的免疫、寄生虫病的诊断与防控、人兽共患寄生虫病、虫媒性寄生虫传播的疫病概述、寄生虫分类与命名等。各论讲述各类寄生虫的生物学及所致疾病，包括各种原虫病、吸虫病、绦虫病、线虫病、棘头虫病及蜱螨和昆虫侵袭性疾病。章节末以二维码形式呈现与本章节相关的彩图。书末附有虫种学名和寄生虫学专业术语汉拉(英)对照、多种动物的寄生蠕虫虫卵图谱、各种宿主常见寄生虫名录及其寄生部位、抗寄生虫药物一览表、已商品化的抗寄生虫病疫苗一览表、执业兽医资格考试大纲寄生虫病学部分、我国动物疫病分类中的寄生虫病、OIE须申报的寄生虫病部分以及寄生虫学名及术语词源和英汉译义等。

本书除作为高等农业院校兽医学(动物医学)专业本科教材外，还可供从事兽医寄生虫学教学、科研的工作人员及研究生或临床兽医工作者参考，也可作为全国执业兽医资格考试寄生虫病学内容复习的参考书。

兽医寄生虫学

第四版编写人员名单

主　编　索　勋
副主编　潘保良
主　审　汪　明
编委会　（按姓氏笔画排序）
于三科　才学鹏　王寿昆　王春仁　冯耀宇
朱兴全　闫文朝　安　健　杜爱芳　李祥瑞
李继东　李培英　杨光友　杨晓野　汪　明
宋铭忻　张龙现　张西臣　陈启军　周金林
赵孝民　赵俊龙　秦建华　索　勋　殷　宏
陶建平　黄维义　康　明　蔡建平　廖党金
潘保良

编写者　（人员单位按拼音排序，人员姓名按姓氏笔画排序）

安徽科技学院：顾有方
安徽农业大学：徐前明
北京农学院：安　健　杜孟泽　李秋明
东北农业大学：李　巍　宋铭忻　路义鑫
佛山科学技术学院：刘　全
福建农林大学：殷光文
福建师范大学：黄晓红
复旦大学：李　健
甘肃农业大学：孙晓林
广西大学：胡丹丹　黄维义
海南大学：韩　谦
河北北方学院：方素芳　崔　平
河北农业大学：秦建华
河北师范大学：李　亮　张路平
河南科技大学：闫文朝
河南农业大学：王荣军　张龙现
黑龙江八一农垦大学：王春仁
湖南农业大学：刘国华　程天印
华南农业大学：李国清　肖立华
华中农业大学：赵俊龙　胡　敏
吉林大学：白　雪　刘明远　李建华　张西臣　宫鹏涛
吉林农业大学：杨桂连　赵　权
江西农业大学：刘立恒
锦州医科大学：徐　鹏
美国哈佛大学：石海宁
南京农业大学：严若峰　李祥瑞　宋小凯
内蒙古农业大学：王　瑞　王文龙　杨晓野
宁夏大学：刘　阳　李继东
山西农业大学：朱兴全
沈阳农业大学：姜　宁
四川省畜牧科学研究院：廖党金
四川农业大学：古小彬　杨光友

西北农林科技大学：于三科　赵光辉
西南民族大学：郝力力
新疆农业大学：巴音查汗　岳　城
扬 州 大 学：陶建平
云 南 大 学：胡俊杰
云南农业大学：邹丰才
浙 江 大 学：杜爱芳
中国检验检疫科学研究院：吴绍强
中国科学技术大学：计永胜
中国农业大学：刘贤勇　刘　晶
刘　群　汪　明
索　勋　潘保良
中国农业科学院北京兽医研究所：汤新明
中国农业科学院兰州兽医研究所：王　帅
付宝权　刘志杰　关贵全　李有全
张少华　罗建勋　郑亚东　侯俊玲
骆学农　贾万忠　殷　宏　郭爱疆
蔡建平
中国农业科学院上海兽医研究所：林矫矫
周金林　黄　兵　董　辉　韩红玉
中国兽医药品监察所：才学鹏

审定者　（人员单位按拼音排序，人员姓名按姓氏笔画排序）

安徽科技学院：顾有方
安徽农业大学：李培英　徐前明
北 京 大 学：王武成
北 京 农 学 院：安　健　李秋明
东北农业大学：宋铭忻　路义鑫
福建农林大学：王寿昆
复 旦 大 学：胡　薇　程训佳
广东省农业科学院：孙铭飞
广 西 大 学：王冬英　张为宇
陈汉忠　黄维义
贵 州 大 学：王开功
河北北方学院：方素芳　崔　平
河北科技师范学院：李佩国
河北农业大学：秦建华
河北师范大学：李　亮　张路平
陈　泽
河南农业大学：宁长申　张龙现
黑龙江八一农垦大学：王春仁
湖南农业大学：刘国华　程天印
华南农业大学：冯耀宇　李国清
李海云　肖立华
华南师范大学：丁雪娟
华中农业大学：申　邦　赵俊龙
胡　敏
吉 林 大 学：白　雪　朱　冠
刘明远
吉林农业大学：杨桂连　赵　权
江西农业大学：刘立恒
南 昌 大 学：夏　斌
南京农业大学：李祥瑞
南 开 大 学：赵忠芳
宁 夏 大 学：李继东
内蒙古农业大学：杨晓野
青 海 大 学：康　明
厦 门 大 学：林晓凤
山东农业大学：赵孝民
山西农业大学：朱兴全　高文伟
沈阳农业大学：陈启军
石 河 子 大 学：孟庆玲
首都医科大学：孙希萌
四川农业大学：杨光友
西安交通大学：赵亚娥
西北农林科技大学：于三科
西南民族大学：郝力力
新疆畜牧科学院：张壮志
新疆农垦科学院畜牧兽医研究所：薄新文
新疆农业大学：巴音查汗　岳　城
新疆医科大学：张文宝

延 边 大 学：张守发
扬 州 大 学：许金俊　陶建平
中国疾病预防控制中心寄生虫病预防控制所：张　仪
中国科学院动物研究所：李枢强
中国科学院水生生物研究所：缪　炜
中国农业大学：于咏兰　王丽芳
吕艳丽　刘贤勇
苏敬良　吴聪明
杨　定　杨新玲
汪　明　张　迪
赵　颖　侯晓晖
索　勋　彩万志
潘保良
中国农业科学院兰州兽医研究所：殷　宏
蔡建平
中国农业科学院上海兽医研究所：周金林
林矫矫
中国人民大学：路志英
中国兽医药品监察所：才学鹏　王鹤佳
朱良全
中 山 大 学：伦照荣　李安兴

第一版编写人员名单

主　编　北京农业大学　孔繁瑶

编著者　北京农业大学　孔繁瑶

内蒙古农牧学院　兰乾福　秦建雍

山西农业大学　赵树英

中国人民解放军兽医大学　刘文多

湖南农学院　詹杨桃

华南农学院　许鹏如　陈淑玉

广西农学院　张毅强

南京农学院　汪志楷

福建农学院　陈天铎

云南农业大学　夏　逊

甘肃农业大学　李如钺

审定者　北京农业大学　熊大仕　蒋金书　林昆华　殷佩云

山东农学院　潘亚生　卢燕生

吉林农业大学　李培元

山西农业大学　王立群

华中农学院　刘钟灵

新疆八一农学院　王善志

四川农学院　赖从龙　沙国润

贵州农学院　杨鄂修

北京市门头沟兽医站　王义成　陈铁铮　张玉忠　于保林　张复英

兽医寄生虫学

第二版编写人员名单

主　编　孔繁瑶

副主编　周源昌

编　者　孔繁瑶　周源昌　汪志楷

李德昌　蒋金书　殷佩云

兽医寄生虫学

第三版编写人员名单

主　编　汪　明
副主编　索　勋
主　审　孔繁瑶
编　委　杨晓野　张龙现　刘　群　李国清　李祥瑞
　　　　张西臣　于三科　宋铭忻　吴绍强　黄维义
审定者　孔繁瑶（中国农业大学）
　　　　周源昌（东北农业大学）
　　　　汪志楷（南京农业大学）
　　　　蒋金书（中国农业大学）
　　　　李德昌（解放军军需大学）
　　　　杨晓野（内蒙古农业大学）
　　　　吴绍强（山东农业大学）
　　　　陈汉忠（广西大学）
　　　　安　健（北京农学院）
编　者（以姓氏笔画排列）
　　　　于三科（西北农业大学）
　　　　刘　群（中国农业大学）
　　　　吴绍强（山东农业大学）
　　　　宋铭忻（东北农业大学）
　　　　张龙现（河南农业大学）
　　　　张西臣（解放军军需大学）
　　　　李国清（华南农业大学）
　　　　李建华（解放军军需大学）
　　　　李祥瑞（南京农业大学）
　　　　杨晓野（内蒙古农业大学）
　　　　汪　明（中国农业大学）
　　　　索　勋（中国农业大学）
　　　　黄维义（广西大学）
　　　　韩　谦（中国农业大学）

第四版前言

FOREWORD

时光荏苒，本教材第三版自2003年出版以来已十八载。国内外兽医寄生虫学研究的飞速发展和新农科教育的要求迫切需要对教材更新再版，因此，2014年4月和2015年8月中国农业出版社与教材主编单位中国农业大学两次联合组织第三版编审人员于北京和昆明召开第四版教材编写体例及内容研讨会，并邀部分其他农业院校和科研单位的兽医寄生虫学专家参会。会议认为：21世纪以来，随着组学理论和一些新技术等的广泛应用，兽医寄生虫学基础与应用研究取得长足进展，如基于基因和基因组的DNA序列分子分类、寄生虫基因DNA序列型与分子流行病学、超微结构、生化代谢与抗寄生虫药物靶标、抗寄生虫免疫机理、寄生虫病分子与免疫诊断等技术，已成为兽医寄生虫病临床实践的必要基础，理应加入本学科的教学内容。为保证新增内容的准确性和科学性，本着“专业内容由专业人员编撰”的原则，本版教材编写队伍有较大扩充，除高等院校教师外，还增加了多位在科研单位从事兽医寄生虫学研究的同志。各篇章组织和统稿的具体分工是：总论（索勋和张龙现）、兽医原虫学（索勋和蔡建平）、吸虫和吸虫病（黄维义和王春仁）、绦虫和绦虫病（才学鹏和宋铭忻）、线虫和线虫病（杨晓野和李祥瑞）、棘头虫和棘头虫病（索勋和廖党金）、兽医节肢动物学（潘保良和杨光友），并分别邀请蔡建平、林矫矫、张路平、彩万志、杨定、陈汉忠、李国清、秦建华、于三科、李亮、李海云、赵孝民、安健、丁雪娟、张仪、李枢强、夏斌、赵忠芳、杨新玲、赵亚娥、赵权、李建华、岳城、李安兴、王武成、路志英、刘贤勇、李继东、陈泽和王丽芳对上述相关各篇、章或节通读缮校，特邀方素芳、李秋明、杜孟泽和赵颖对全书拉丁文和英文术语校勘，最后由汪明、索勋和潘保良对全书内容进行统稿和审校。

教学实践表明，基于寄生虫分类的编写体系更适于教和学，本版教材恢复第一、二版以寄生虫分类为基础，将寄生虫生物学与寄生虫病有机融合的编写体系。为便于读者查找宿主及不同组织器官的寄生虫，保留并扩充了第二版的附录三（宿主及其寄生虫），作为本版教材的附录四呈现出来。

为遵循前三版“培养兽医师”的基本宗旨，同时适应新形势下培养多元化人才的教学目标，在保留精髓内容基本框架的基础上，本版教材响应党的二十大号召：

立足本国国情，凸显自主创新理念，依据学科发展对内容进行了全面更新和拓展。

（1）总论：根据国际寄生虫分类研究进展，更新寄生虫分类体系和部分阶元；补充和更新寄生虫与宿主类型的概念，新增人兽共患寄生虫病、寄生虫基因组和虫媒疫病概述章节，并全面更新寄生虫病流行病学、抗寄生虫免疫、分子与免疫诊断及防治等内容。

（2）兽医原虫学：在概论中增加“特殊亚细胞器”内容，以利读者更好理解致病原虫的代谢特点和药物作用机理；根据兽医服务对象的扩展，新增阿米巴病、囊等孢球虫病、肝簇虫病、小瓜虫病和原虫样微生物等章节。对鞭毛虫、纤毛虫、梨形虫、隐孢子虫、艾美耳球虫及肉孢子虫等重点内容也做了全面更新。本版教材原虫分类本着“紧扣致病原虫自身特点、避开分类学争议”的原则，在充分吸收国际原生生物学家学会（International Society of Protistologists）所荐《真核微生物分类与命名》中原生动物分类体系合理性和科学性的基础上，综合 *Foundations of Parasitology*（第九版）、*Georgis' Parasitology for Veterinarians*（第十一版）和 *Veterinary Parasitology*（第四版）等经典著作所采用分类体系的优点，保留人们所熟知的 Levine 等的分类体系，对门、纲等分类阶元进行调整，使之适应新的分类原则，既利于读者溯源旧文献，又可把握新的研究进展，并充分理解各分类阶元间的系统演化关系。

（3）吸虫和吸虫病：调整了吸虫分类系统，将棘口目的腹袋属提升为腹袋科，原属枭形目的环肠科调整至棘口目，原属枭形目的短咽科调整至后睾目。补充“中间型”片形吸虫和拟大片形吸虫等最新分类进展及日本血吸虫致病机制研究进展内容，全面更新片形吸虫病、日本血吸虫病、华支睾吸虫病、歧腔吸虫病和棘口吸虫病等内容，适度精简已不常见或流行较少的吸虫病内容。

（4）绦虫和绦虫病：补充棘球绦虫的分子分类学内容，将隶属于带科的多头属并入带属，新增副子宫科；新增亚洲带绦虫囊尾蚴病，并对猪囊尾蚴病、棘球蚴病、脑多头蚴病、莫尼茨绦虫等裸头科绦虫病和鸡绦虫病等的内容进行全面更新，精简其他不常见绦虫或绦虫蚴病内容。

（5）线虫和线虫病：对线虫分类进行全面更新，“目”下新增“总科”（共 17 个），并以“总科”为节，对各类线虫（病）进行介绍；新增线虫发育的某些特殊生物学现象和感染规律内容，完善成虫分类检索表使用方法和幼虫形态学鉴定技术以及分子分类相关基因的参考引物序列等虫种鉴定方法；根据当前流行和危害程度，对不同线虫（病）的生活史、流行特征、诊断和防控技术内容分别进行调整，增加人兽共患线虫病公共卫生学意义内容。

（6）棘头虫和棘头虫病：更新了棘头虫分类及猪、鸭重要棘头虫病等内容。

（7）兽医节肢动物学：将蜱螨学与昆虫学合并，改篇名为“兽医节肢动物学”，调整与兽医学相关节肢动物的分类体系；在本篇概论中补充神经递质作为杀虫剂作用靶标分子、昆虫感觉机制在防控上的应用、肠/涎液蛋白作为候选疫苗等研究进展，并对蜱传疫病进行适当补充。新增毛翅目的石蛾和半翅目的锥蝽和臭虫等内容。

（8）抗寄生虫药物：根据《中国兽药典》、*Veterinary Pharmacology and Therapeutics*（第十版）和 *Plumb's Veterinary Drug Handbook*（第九版）进行了增删，药物名称以化学名为主，常用者加注了商品名称。

本版教材的图片尽可能引用编者或国内其他专家自拍或自绘与仿绘素材，在图注中标明作者或来源。一些重要寄生虫除绘制模式图外，还尽可能附其照片。

书中所涉术语，均以国际通用术语为准，并以括号标注英文/拉丁文对应术语。为了帮助熟悉寄生虫学名（拉丁文）和术语（英文），书中尝试了反复标注。

教材编写过程中引用了大量参考文献，特向列出文献的作者们致以真挚谢意！本教材还受到2018年度中华农业科教基金教材建设研究项目（NKJ201802052）的支持。

谨以本教材献给熊大仕教授、孔繁瑶教授、许绶泰教授和赵辉元教授等我国兽医寄生虫学教材体系建设的奠基者们！特别感谢参加前三版教材编、审的各位前辈和同行，是他（她）们杰出的学术贡献和辛勤付出奠定了本教材的基础。

由于参编人员众多，各自行文风格迥异，专业擅长领域不同，虽经编审者最大努力，但仍不免有各种遗漏缺陷，甚至谬误，敬请师生和同仁不吝指正，以利重印再版时一一修正。

编　者

2021.9

（修改于2023.6）

第一版前言

FOREWORD

这本《家畜寄生虫学》包括寄生虫学总论、兽医蠕虫学、兽医昆虫学、兽医原生动物学、技术和药物六篇，兹就本书的内容和选材说明如下：

一、在寄生虫种类的选择上，是从全国范围着眼的，有一些遍布各地，有一些局限于某些地区，危害性或大或小，流行性或强或弱。因此，不同地区使用本书作为教材时，应在内容上有所取舍，有所侧重，因地制宜，结合实际。

二、寄生虫学总论中之免疫学部分和技术与药物两篇，均自成体系，以便教师和科研人员参考。但在教学上，则可以结合某些寄生虫病的寄生虫宿主关系、诊断和治疗等方面的实际需要，择其有关和有用的内容加以讲解，不必把它们作为系统讲授的篇章。

三、本书的读者对象，除高等农业院校兽医专业学生外，还可以供作兽医寄生虫学的科研人员、教师和兽医工作者的参考用书。

编　者

第二版前言

FOREWORD

本书是1981年出版的《家畜寄生虫学》的修订本。20世纪70年代末80年代初期，作者的思想上还存在着许多局限性，如内容上过分地偏重农业家畜的寄生虫，对伴侣动物和野生动物的寄生虫几乎只字不提；再如，那时检索文献的手段还很落后，参考书奇缺，为了学生学习上的方便在内容上出现了求多求全的弊病，如此等等，针对第一版中的缺点和问题，这个修订本改动如下：

1. 在内容的选择上，紧紧把握住服务于培养兽医师（而不是培养寄生虫学家）这个宗旨；

2. 针对农牧业发展的现状和趋势，拓宽一些内容，也压缩一些内容，如增加了伴侣动物、实验动物、野生动物和人兽共患寄生虫病，压缩了对某些农畜寄生虫病的繁冗的叙述；

3. 力求反映20世纪80年代以来国内外寄生虫学领域的新成就；

4. 鉴于抗寄生虫药的发展极快，剂型复杂多样，似无对原料药做过多阐释之必要，故此删去了第一版中的药物篇，而代之以一个药物一览表；

5. 体例完全以寄生虫的分类为基准。对个别分类地位有不同意见的虫种，一般按照习惯的做法或照顾学习的方便予以安置。例如，膨结线虫，目前多数学者认为应属于无尾感器类，应和毛尾线虫并列，并独立于其他各种线虫之外。但也有些学者认为膨结线虫的外部和内部特征相似于蛔虫，应与蛔虫并列。遇此情况，我们就从病原体之重要性和学习上的方便进行编排，而不完全依分类而定了。

写作分工如下：总论和线虫病由孔繁瑶编写；吸虫病和绦虫病由周源昌编写；蜱螨和梨形虫病由李德昌编写；昆虫、鞭毛虫病和技术篇由汪志楷编写；孢子虫病由蒋金书编写；殷佩云编写了线虫和原虫病中的部分内容。伴侣动物与野生动物寄生虫病引用了林昆华的部分资料。以上系一大体分工，互有穿叉的部分不再一一赘述。

由于作者的知识水平所限，讹误之处在所难免，请读者不吝指正。

编　者

1997.5

第三版前言

FOREWORD

本书是1997年出版的《家畜寄生虫学》第二版教科书的修订本（即第三版）。

《家畜寄生虫学》教材的不断修订是与我国兽医寄生虫学学科的发展和寄生虫学人才的培养紧密相关的。教材的前身是孔繁瑶教授主编的《家畜寄生虫学与侵袭病实验指导》（1957年高教出版社出版）和《家畜寄生虫学与侵袭病》（1961年农业出版社出版），1981年孔繁瑶教授改编为《家畜寄生虫学》（第一版），1988年该教材荣获国家教委颁发的"国家优秀教材奖"，1997年孔繁瑶教授73岁高龄，仍不辞辛苦，组织一批老专家再次修订了第二版。这套教材作为高等农业院校教材前后历时近半个世纪，为传播兽医寄生虫学的理论、知识和技术，为我国控制兽医寄生虫病做出了巨大的贡献，培养了大批兽医寄生虫学工作者，包括教师、科研人员和兽医工作者等，书中的理论、方法和资料至今仍被研究者所引用。《家畜寄生虫学》教材总结和概括了不同时期我国家畜寄生虫学的研究成果，引用了我国寄生虫学工作者大量的科学文献，其结构的完整性和系统性，引用资料的翔实，对基本概念阐明和理论与实践的结合，在同类教材中是不多见的。

近十年来，兽医寄生虫学发展很快，她从20世纪初的虫种描述时代、20世纪50年代开始的实验寄生虫学时代，现已步入分子与生化寄生虫学时代，即已形成"现代寄生虫学"这一概念。"传统寄生虫学"与"现代寄生虫学"并驾齐驱和相互促进，使寄生虫学原有的概念、分类体系、致病机理和诊断方法受到巨大的冲击，需要补充、整理和修订。再次修订《家畜寄生虫学》教材的时机已经成熟。孔繁瑶教授等老一代专家力促学生辈担此大任。此版教材就是在这样背景下，由一批年轻的学者修订完成的。

随着兽医的工作领域和职能范围的不断扩大，以家畜寄生虫作为研究对象的局限性很大，难以适应21世纪兽医人才培养的要求，因此新版本教材在保留畜禽重要寄生虫病的基础上，增补蜂和蚕、野生动物、实验动物和鱼虾重要的寄生虫病，书名改为《兽医寄生虫学》。

新版本的结构较第二版有较大改变。全书将原版本5篇改为3篇，第一篇为总论，主要介绍基础理论、概念和诊断技术；第二篇为寄生虫学内容，包括原虫、吸虫、绦虫、线虫、棘头虫、蜱螨和昆虫的一般形态、基本发育过程和分类；第三篇为寄生虫病，按宿主类型分章叙述主要的寄生虫病，除以原版猪、牛、羊、马、家禽、犬、猫寄生虫病为重点外，还增加了淡水鱼类、蜂和蚕、动物园动物及野生动物、实验动物寄生虫病。

尽管我们很努力地想把这本书编好，但由于水平有限，书中仍会有不尽人意之处，甚至出现错误之处，敬请读者给予斧正。

编　者

2002.11

CONTENTS

目录

兽医寄生虫学（第四版）

第二篇 兽医原虫学

第三篇　兽医蠕虫学

第四篇 兽医节肢动物学

I

第一篇　总　论

第一章 绪　　论

寄生虫学（parasitology）是研究寄生虫生物学及其与宿主和环境相互关系的一门学科。兽医寄生虫学（veterinary parasitology）主要以感染食品动物、伴侣动物、实验动物、野生动物和水生动物等的寄生虫为研究对象。根据寄生虫的分类学属性，兽医寄生虫学又可分为兽医原虫学（veterinary protozoology）、兽医蠕虫学（veterinary helminthology）和兽医节肢动物学（veterinary arthropodology，也常称为兽医昆虫学，veterinary entomology）。

一、寄生虫学发展简史

寄生虫对热带、亚热带及其他地区的居民以及世界各地动物的危害是从古至今都存在的，古代的人们也常发现大型寄生虫及其引起的疾病。国外关于寄生虫和寄生虫病（parasitic diseases）的描述最早见于公元前1500年，系埃及《埃伯斯医药籍》（*Papyrus Ebers*）记录的肠道蠕虫病和血吸虫病。同一时期，《圣经》里把几内亚龙线虫（或称为麦地那龙线虫）记载为毒虫（火蛇）。较晚期还有：公元前460—前375年，希波克拉底（Hippocrates）描述了包虫；公元前384—前372年，亚里士多德（Aristotle）发现了多种蠕虫，并提出蠕虫系自发产生的观点；81—138年，阿雷提乌斯（Araetaeus）描述了棘球蚴病；129—200年，盖伦（Galen）鉴别了蛔虫、蛲虫和绦虫；1379年，德布里（de Brie）记录了寄生于羊的肝吸虫；1532年，费泽伯特（Fitzherbert）描述了肝片形吸虫；1592年，杜纳斯（Dunas）发现了宽节的裂头绦虫等。

描述和实验寄生虫学的萌芽时期较晚一些，为17世纪后期至19世纪中叶。其中以毕业于意大利比萨大学的内科医生弗朗切斯科·雷迪（Francesco Redi，1626—1697）于1684年出版第一部寄生虫学书籍 *Osservazioni intorno agli animali viventi che si trovano negli animali viventi*（《活体动物体内生活的活体动物之观察》）为标志。在该典籍里他描绘了100多种寄生生物，提供了人的似蚓蛔虫（*Ascaris lumbricoides*）不同于蚯蚓的证据。令人叹为观止的是，在该书里他记载了化学药物治疗人、猫、鱼寄生蠕虫的实验结果，发现有效药物蛔蒿素（santonin）和硫酸铜（copper sulfate），并在其实验设计里引入不用药物处理的动物做对照（control）。他还首次开展了现场寄生虫调查，描述巨颈带绦虫（带状带绦虫）幼虫和肝片形吸虫结构，也对前人描述过的人疥螨开展了研究。由于他的这些贡献，他被誉为"寄生虫学之父"。

自林奈（Carolus Linnaeus，1707—1778）1758年的著作 *Systema Naturae*（《自然体系》）始，发现新种和新种描述逐渐成为寄生虫学研究的主要内容。这一时间里，林奈的动物植物属名加种名的双名命名法，使人类对动物、植物的发现、认识、命名和分类有了科学的方法，这一时期也发现了大量的低等无脊椎动物，其中许多是营寄生生活的线虫、吸虫和绦虫，奠定了蠕虫学的基础。林奈本人命名的寄生蠕虫有似蚓蛔虫（*Ascaris lumbricoides*）、蠕形住肠线虫（*Ascaris vermicularis*，现称为 *Enterobius vermicularis*）、麦地那龙线虫（*Gordius medinensis*，现称为 *Dracunculus medinensis*），肝片形吸虫（*Fasciola hepatica*）、猪带绦虫（*Taenia solium*），以及宽节裂头绦虫（*Taenia lata*，现称为 *Diphyllobothrium latum*）。

17 世纪，荷兰人列文虎克（Anton van Leeuwenhoek，1632—1723）利用自制的显微镜检查了人和多种动物的粪便、齿垢和水等，发现了兔肝球虫的卵囊（1674 年）、人肠道的十二指肠贾第虫（1681 年）、蛙肠中的玛瑙虫（Opalina）等，他还看见了球菌、杆菌和螺形菌，自此打开了包括寄生原虫在内的生物微观世界，他也被誉为“微生物学和原虫学之父”。继之有关寄生原虫的里程碑式发现：1828 年，安讷斯利（Annersley）鉴定、描述了阿米巴；1836 年，阿尔弗雷德·多恩（Alfred Donne，1801—1878）发现了阴道毛滴虫；1841 年，瓦伦丁（Valentin）首次在鳟血液中观察到锥虫；1856 年，马尔姆斯滕（Pehr Malmsten，1811—1883）描述了结肠小袋纤毛虫；1873 年，洛施（Losch）描述了溶组织内阿米巴；1878 年，路易斯（Lewis）在鼠血液中发现了锥虫。至此，经典四大类原虫——阿米巴（变形虫）、鞭毛虫、孢子虫及纤毛虫均被发现。

基于观察的描述，寄生虫学和基于实验揭示寄生虫传播的实验寄生虫学之巅峰当数寄生虫病传播媒介的发现和疟疾病原及生活史的揭示。1880 年，法国学者阿方斯·拉韦朗（Alphonse Laveran，1845—1922）报道疟疾是疟原虫侵入红细胞所致，首次对疟疾病因做出了科学解释。美国人史密斯（Smith）和基尔伯恩（Kilborne）于 1893 年发现牛双芽巴贝斯虫病的传播媒介为蜱，为人类第一次阐明疟疾和黄热病等的传播机制奠定了基础。1878 年，被誉为“热带医学之父”的苏格兰人万巴德爵士（也称白文信或曼森，Sir Patrick Manson，1844—1922）发现了斑氏丝虫的传播媒介为蚊。1897 年，印度出生的苏格兰人罗纳德·罗斯爵士（Sir Ronald Ross，1857—1932）成功地揭示了鸟疟原虫在库蚊和鸟间传播的全部生活史。同期，意大利人格拉西（Grassi）、比格纳米（Bignami）和巴斯铁尼里（Bastianelli）等发现了人疟原虫在按蚊和人之间传播的生活史。蚊传播疟疾的发现为疟疾学家（malariologist）提供了防控疟疾这一古老疾病的新武器。比如，意大利蚊学家及疟疾学家格拉西研究发现，派往疫区志愿者中黄昏至黎明未被蚊叮咬的 112 位中只有 5 位感染疟疾，而 415 位未做防护的志愿者均被感染，成功揭示预防（prevention）疟疾感染的方法是避免被蚊叮咬。疟疾研究工作的这些突破，为挽救受疟疾威胁的成千上万人的生命做出了贡献，罗纳德·罗斯爵士也因揭示疟原虫如何传播和侵入机体，为成功研究该病及防控方法所奠定的基础，于 1902 年获得诺贝尔生理学或医学奖。阿方斯·拉韦朗则因发现疟原虫是引起疟疾的致病原虫的研究于 1907 年获得诺贝尔生理学或医学奖。

十九世纪中后期，学者们发现了百余种媒传病流行于人、宠物、家畜及其他动物，涉及的病原有病毒、细菌、原虫和蠕虫。人们也渐渐认识到媒介在病原和疾病传播中的重要作用及其对社会发展的巨大影响，诸如第一次世界大战期间虱传斑疹伤寒致使 300 万人暴死，蚤传黑死病对欧洲人口、宗教和经济的影响等。也是在这一时期，原虫学（protozoology）以及医学和兽医昆虫学（medical and veterinary entomology）发展为独立的学科。

由蠕虫学、原虫学以及医学和兽医昆虫学融合而就的寄生虫学的标志性事件是全球首份专刊寄生虫学的杂志 *Archies de Parasitologie*（《寄生虫学档案》）于 1898 年在法国创刊。随后较早创刊且专刊寄生虫学研究的还有英国的 *Parasitology*（《寄生虫学》），创刊于 1908 年；美国的 *Journal of Parasitology*（《寄生虫学杂志》），创刊于 1914 年。世界上专注兽医寄生虫学的杂志创刊较晚，系美国兽医寄生虫学家学会、欧洲兽医寄生虫学学院和世界兽医寄生虫学促进会的官方刊物 *Veterinary Parasitology*（《兽医寄生虫学》），首刊于 1975 年。

寄生虫学已走过对寄生虫描述（descriptive parasitology）为主要研究内容的阶段，其实验寄生虫学（experimental parasitology）的研究内容也在不断拓展，与免疫学、生物化学、分子生物学等学科进行交叉，步入现代寄生虫学时代，反映现代寄生虫学发展特点的杂志有 *Molecular & Biochemical Parasitology*（创刊于 1975 年）、*Parasite Immunology*（创刊于 1980 年）。学科交叉及新技术的应用推动了寄生虫学的发展及其对生命科学的贡献，如研究寄生蠕虫和昆虫时发现的细胞色素和电子传递链；电子显微镜对寄生虫亚显微结构的观察，促进了寄生虫形态学和分类学的发展；现代分子生物学技术提供了许多新的诊断方法和宿主与寄生虫之间关系的新知识，给新型疫苗的研制带来了巨变，如绦虫亚单位疫苗的研制与应用。

二、我国兽医寄生虫学的发展及成就

我国对寄生虫的认识和防治也有着悠久的历史。西汉时期，《黄帝内经》中已有了蛔虫病症状的记载。北魏贾思勰所著的《齐民要术》中，就记载过治疗马、牛、羊疥癣的方法，并已经认识到该病的传染性，说“羊有疥者，间别之，不别，相污染，或能合群致死”。唐朝李石编著的《司牧安骥集》中提出了用手术取出虫体医治马浑睛虫病的疗法，歌曰“恐他点药治疗难，开天穴内针得力”。明朝赵浚等著的《新编集成马医方》中已经有了关于蜱的记载。

我国现代兽医寄生虫学的奠基人是熊大仕，1930 年他在美国获得哲学博士学位后归国从事寄生虫学教学和科研工作。他在国内开设家畜寄生虫学课程，开展家畜寄生虫的科学研究，为我国兽医寄生虫学成为独立的二级学科和独立的课程奠定了基础。1947 年赵辉元编写并由陆军兽医学校印刷所印刷出版了我国第一部《家畜寄生虫学》教材。我国现代兽医寄生虫学的早期发展和壮大得益于熊大仕领导下的两个培训班的举办，1955 年苏联叶尔绍夫和我国熊大仕、孔繁瑶等在北京农业大学（即现在的中国农业大学）举办的两个全国蠕虫学培训班为该领域培养了许多人才，当时参加培训的人员后来成为兽医寄生虫学、医学寄生虫学的教学和科研骨干。孔繁瑶、许鹏如、杨平、王尔相、陈淑玉和郭固等依据当时的高等教育部 1955 年的家畜寄生虫学与侵袭病学教学大纲编写了高等学校教学参考书《家畜寄生虫学与侵袭病实验指导》，由高等教育出版社出版。孔繁瑶、许鹏如、杨平、王尔相、陈淑玉、郭固和叶其恩等在 1955 年版的基础上增加了原生动物和蜘蛛昆虫部分，于 1962 年完成了高等农业院校试用教材《家畜寄生虫学与侵袭病实验指导》的编写，由农业出版社出版。

“文革”后，百废待兴，专业人才匮乏，在原农业部科技司和教育司的支持下，北京农业大学孔繁瑶等于 20 世纪 70 年代末和 80 年代初先后组织开办了 5 次全国寄生虫学师资培训班，为寄生虫学学科的教学和科研培训了 300 多名业务骨干，极大地推动了我国兽医寄生虫学学科的发展。孔繁瑶与多位寄生虫学专家分别发起和参与成立中国畜牧兽医学会兽医寄生虫学分会和中国动物学会寄生虫学专业委员会，为我国兽医寄生虫学学科的发展搭建了学术交流平台。1981 年，孔繁瑶主编了本教科书第一版《家畜寄生虫学》，作为全国高等农业院校兽医专业通用教材，由农业出版社出版，自此奠定我国《兽医寄生虫学》教材的基础。

中华人民共和国成立以来，兽医寄生虫学工作者在寄生虫的分类区系方面做了许多工作，提供了大量的基础资料。在区系分类基本明确的基础上，对若干种危害严重的寄生虫病的病原生活史与流行病学做了大量深入细致的工作，不仅首次阐明了某些寄生虫的生活史；同时初步摸清了寄生虫病的详细地理分布情况、季节动态、传播方式、媒介与中间宿主的生物学特征以及感染途径等，为寄生虫病的防治提供了科学依据。对广泛或严重流行的寄生虫病如血吸虫病、猪囊虫病、旋毛虫病、弓形虫病、梨形虫病、伊氏锥虫病等都已成功探索或广泛应用了敏感的、特异性强的、应用简便的免疫诊断方法。新型低毒高效的抗原虫药、抗绦虫药、抗线虫药和杀蜱螨药都有研制和生产。鸡球虫病疫苗在全国推广应用；牛环形泰勒虫裂殖体胶冻细胞苗已在流行区广泛应用，收到了良好的预防效果；包虫病疫苗已用于西部地区包虫病的控制。

随着我国改革开放的深入，全体兽医寄生虫学科研工作者充分利用免疫学、分子生物学、生物信息学等新兴技术，瞄准国家重大战略需求，围绕重要科学问题，强化基础研究，突出原始创新，对严重危害畜禽生产、人畜健康和公共卫生安全的多种重要寄生虫病开展了多方面研究，取得了突出的成就。

在寄生虫基础生物学研究方面，先后开展了多种原虫、吸虫、绦虫、线虫和外寄生虫的线粒体基因组、基因组学、转录组学、蛋白组学、修饰组学、代谢组学等分析，开展了寄生虫分子分类、分子系统进化、种群遗传结构与进化、MicroRNA 调控、外泌体、滞育、生长发育和代谢等研究，建立了可以进行基因编辑的寄生虫遗传操作平台，为深入阐明寄生虫的致病机制与寄生虫病的防控提供了技术和理论基础。

在分子流行病学方面，建立了一系列虫体分型与暴发溯源的分子方法，逐步揭示了重要畜禽寄生虫的跨种传播和人兽共患潜能、虫体宿主适应性的遗传决定因素、我国寄生原虫的遗传特征；初步揭示了主要寄生虫的传播动态、感染来源和环境生态学，阐述了遗传重组在新发和高致病性亚型虫株涌现中的作用；提出寄生原虫遗传进化、传播流行新路径和新观点，为食源性和人兽共患寄生虫病的源头防控提供了理论基础；在原虫克隆化操作和基因组测序方面取得技术突破，启动了万种原生动物基因组计划，为深入探讨原生动物起源及其生物学特性提供基因组学基础。

在虫体感染与致病机制方面，鉴定出一批虫体侵入相关分子、致病与毒力相关分子，初步阐明了这些分子在虫体侵入、致病以及决定虫体毒力等方面的作用与功能，为深入阐明寄生虫的致病机制奠定了基础。

在虫体免疫应答与免疫逃避机制研究方面，鉴定出多种宿主 PBMC、T 细胞、单核细胞分泌的功能抑制分子和细胞因子功能颉颃分子，初步阐明这些分子在虫体免疫应答与免疫逃避中的作用，证明这些分子与虫体致病性密切相关，为破解寄生虫的免疫逃避机制及致病机制提供了重要依据。

在寄生虫病疫苗（parasitic vaccine）研究方面，以虫体侵入、致病、免疫调控与免疫逃避分子为靶标，开展了虫体活疫苗、基因编辑疫苗、重组亚单位疫苗、DNA 疫苗、纳米疫苗等多种新型疫苗的研究，获得了较为有效的免疫保护效果，多个新型疫苗获得国家发明专利，基于球虫病活疫苗虫株为活载体的疫苗设计获得美国和欧洲发明专利授权，为寄生虫病新型疫苗的研发开辟了新的途径，其中鸡球虫病活疫苗已被广泛使用。

在寄生虫病早期诊断方面，以新发现的虫体代谢、侵入、致病和免疫调控与免疫逃避分子为靶标，开展了 ELISA、免疫荧光、胶体金、qPCR、多重巢式 PCR、LAMP 等多种诊断方法的研究，一些方法显示出良好的有效性、特异性和敏感性，为寄生虫病的早期快速诊断提供了新的手段。

在寄生虫抗药性（drug resistance）和抗寄生虫药物研究方面，开展了原虫、吸虫、绦虫、线虫、外寄生虫等的抗药性与抗药机制研究，进行了新药靶标的鉴定与筛选，发现了一批潜在的药物靶标，鉴定了一批具有较好抗虫活性的分子，为抗寄生虫新药的开发奠定了基础。抗球虫新兽药沙咪珠利获得国家一类新兽药，同时，对多个传统抗寄生虫药物进行了配伍、剂型等创新与改良，并获得新兽药证书。

与此同时，积极进行寄生虫病防控技术的整合与标准化研究。先后制定了伊氏锥虫病、鸡球虫病、隐孢子虫病、巴贝斯虫病、泰勒虫病、牛毛滴虫病、棘球蚴病、囊尾蚴病、旋毛虫病等防控的国家、行业或团体技术标准，并颁布实施，推动了寄生虫病防控技术的现代化与标准化。

然而，也必须看到，我国兽医寄生虫学研究与寄生虫病防控技术的整体水平与我国经济和社会发展的程度还不完全适应，尚不能完全满足经济和社会高速发展对动物和人兽共患寄生虫病防控的要求，创新性基础研究有待加强，防控技术的整合应用有待进一步提高。适应新的形势需要，保障养殖业安全、动物性食品安全、公共卫生安全与生态环境安全，是我们义不容辞的义务与责任。推动兽医寄生虫学研究进入国际先进行列，有赖于每一位兽医寄生虫学工作者的共同努力与奋斗，更寄望于使用本教材的每位学子对寄生虫学研究的浓厚兴趣，积极投身于寄生虫学事业。

展望未来，抗寄生虫靶标的发掘及其安全高效药物和疫苗研制以及寄生虫病精准诊断方法的建立，依然是寄生虫学研究的重要内容。同时，随着现代生物技术的突飞猛进，多种寄生虫（如原虫、蠕虫、蜱螨昆虫等）遗传操作技术平台相继建立及不断优化，将寄生虫作为模式生物用于基因表达与调控、遗传与发育、致病性与免疫以及进化与多样性等诸多领域研究必将迸发出无穷的魅力。

广大寄生虫学工作者应响应党和国家号召，牢记历史使命，在推动学科科技发展的同时，不忘教书育人的工作，为学科的发展培养后继人才，为建设国际一流学科而不懈努力。

（索勋 张龙现 李祥瑞 蔡建平 编，路志英 汪明 审）

第二章 寄生虫与宿主

第一节 寄生生活

在自然界中，两个生物密切生活在一起的现象较为常见，通常是其中一个生活在另一个体表或体内，这种生活方式称为共生（symbiosis），这两个密切生活在一起的生物称共生物（symbiont）。共生一般是两个物种之间，但也可以是同一物种之间，本教科书限指两个物种密切生活在一起的关系。根据共生双方相互关系的不同，可以将共生生活分为以下五种类型。

一、携　　运

在携运（phoresis，phoresy）关系中，两种共生物仅仅是“结伴旅行”（travelling together），相互间没有生理或生化依赖性，通常是体型大的一种生物［称为携运工（phoront）］负责将体型小的另一种生物从一个地方搬运到另一个地方，如其他种类的蝇将人肤蝇（*Dermatobia hominis*）的含幼虫卵搬运到脊椎动物宿主上。

二、互利共生

共生生活中如果双方互相依赖，彼此受益，则称为互利共生（mutualism），如反刍动物与其瘤胃内的纤毛虫，瘤胃为纤毛虫提供了适宜的生存环境和植物纤维来源，而纤毛虫则以反刍动物食入的植物纤维为食，在供给自己营养的同时对植物纤维进行分解，又有利于反刍动物的消化。另外，纤毛虫的迅速繁殖和死亡还可为反刍动物提供蛋白质。互利共生常是专性的，在绝大多数情况下，生理上的依赖进化到如此程度，即共生一方没有另一方则不能生存。如寄生于动物体的丝虫与其体内共生的沃尔巴克菌（*Wolbachia*），沃尔巴克菌给丝虫提供必需营养物，因此用诸如多西环素（doxycycline）等杀灭丝虫体内共生的沃尔巴克菌后，丝虫幼虫的生长和发育会受到抑制，雌性成虫失去繁殖能力，因而诸如多西环素等抗生素可以用来有效控制丝虫病。

三、片利共生

共生双方仅一方受益，另一方既不受益也不受害，这种共生生活类型称为片利共生（commensalism），也称为共栖。如人与其口腔内生活的齿龈内阿米巴，人在进食过程中，残留在口腔中的食物残渣为齿龈内阿米巴提供了营养来源；齿龈内阿米巴吞食食物颗粒等，但并不侵入人的口腔组织，但对人体来说，其存在与否却没有任何影响。

四、拟寄生

拟寄生（parasitoidism）是指一方受益（常称为拟寄生虫，parasitoid），而另一方（宿主）不仅不受益反而最终受损致死的共生生活方式。常见的例子是蜂或蝇产卵于另一类昆虫体内或体表，孵化出的幼虫吞噬其宿主的细胞组织，最终将宿主消耗致死。拟寄生可用于害虫的生物防控。

五、寄　　生

寄生（寄生关系、寄生生活，parasitism）是共生关系的一种类型，共生双方中一方受益而另一方受损。如动植物与在其体表或体内生活的各种致病性生物，后者受益于前者并反过来损害前者。在寄生（生活）关系中，包括寄生物和宿主两个方面，前者寄生在后者的体内或体表，并从后者身上取得它们所需要的营养物质，同时往往可以给后者造成多种损害，如引起机械性创伤、刺激机体产生损伤性炎症或免疫反应，甚至引起后者死亡。营寄生生活的动物（动物性寄生物），我们称之为寄生虫（parasite），被寄生的动物和人常称作宿主（host）。

寄生的这个定义带有某些主观的成分、人为的色彩，很难说是严格的、准确的。因为有许多种寄生物在大多数情况下，是作为共栖物存在的，是没有致病性的，只有在它们的数量增多时，或当宿主易感性发生变化时，或寄生物也发生某种生理变化时（概括起来说，就是在相互制约的关系上发生某种变化时），这种寄生物才由共栖物转化为病原体。在动物和人的寄生物中有许多这样的例子，如许多犬（dog）会携带蠕形螨，但不发病，当犬免疫力下降时，会发生蠕形螨病。

（张龙现　索勋　编，陈汉忠　蔡建平　审）

第二节　寄生虫的起源与演化

一、寄生虫的起源和演化

营寄生生活的寄生虫是由自由生活的物种演化而来的，其寄生生活方式建立的过程是其与宿主相互适应的一个漫长的共演化过程，起源也具有多元性（polyphyletic）。

1. 由共栖过渡到寄生　两个自由生活的物种相遇并共存一段时间后发展为共栖。共栖生活的两个物种，一方可受益，对另一方也无害，或者双方都可以受益，但是两者分开以后都能够独立生活。携运关系就是一种共栖的例子，其不仅增加了体型较小动物的分布范围，被携运者还可以进一步演化为寄生虫。如果在共栖过程中，其中一方（通常是体型较小的物种）对另一方（即未来的宿主）出现营养依赖时，前者就过上了寄生生活。起初仅为兼性寄生，通过长期的演化可以发展为固需寄生。外寄生虫的起源可以通过此途径实现。如果外寄生虫又演化出入侵宿主组织器官的能力，便可更进一步演化为内寄生虫。

2. 由捕食过渡到寄生　捕食，狭义上一般是指某种动物捕捉另一种动物而食之，但是对体型非常小的物种“捕食”比其大许多的物种，其只能食之“毫厘”，如蚊、蚋、蠓和虻吸食人和动物的血液。这些生物只有在捕食的时候才“寄生”在另一生物体的体表，即发展为暂时性寄生生活。这种暂时性寄生生活若进一步演化，也可以发展为永久性寄生生活（如螨寄生于人和动物体）。

3. 由被捕食过渡到寄生　现存的多数内寄生虫也许是通过被其宿主以食物形式摄入或偶

然被吞噬但其“预适应”（pre-adaptation）了宿主体内环境而有幸生还，并进化为内寄生虫的。可以想象，有些微小动物是被较大的捕食者（predator）吞噬后，又随同其捕食者被更大型的捕食者吞食，如歧腔吸虫的终末宿主牛羊（更大型的捕食者）吃草时吞食了曾吞食歧腔吸虫囊蚴的蚂蚁，这也许是寄生虫不同发育阶段寄生于不同宿主的一种进化方式。如果这些内寄生虫进化出抵抗外界环境的包囊或其他形态，便很容易以粪-口传播的方式从一个宿主传播到另一个宿主。更有甚者，还演化出了在宿主不同组织器官间移行的能力。早期的多细胞动物也许都是营胞内消化的，这样抵抗了被胞内消化的那些“小个头”食物，最终演化成为胞内寄生虫，如胞内寄生的原虫。

预适应现象是指物种在寄生生活建立前就进化出可以在其未来宿主体表或体内生存的一些能力，如适应被携运或滞育（dauer），或具有在宿主体表或体内生存并从宿主获取营养的能力。预适应首先为寄生虫提供了兼性寄生的能力，因此兼性寄生是寄生生活起源与演化的基石。在漫长的演化过程中，寄生虫也逐渐“掌握”（基因突变后被选择）了在多宿主中生存的方式，如蚊、蚋、蠓和虻可以在诸多宿主上吸取营养，而有些吸虫、绦虫和线虫则发展为以不同发育阶段寄生于不同宿主的多宿主寄生形式。

二、寄生线虫的起源和演化

以寄生线虫为例，其起源和演化也具有多元性，下述的线虫生活方式显示了某些线虫从自由生活到兼性寄生生活，再到固需寄生生活的进化过程。

1. 营自由生活的线虫 在海洋、淡水和陆地土壤中存在着许多种营自由生活的线虫。

2. 简单寄生于植物的线虫 此类线虫生活在植物根部附近，以其口针穿刺植物组织，以汁液为食，不进入植物内部。为最初期的寄生生活。

3. 寄生于植物的线虫 某种线虫幼虫侵入并寄居在植物体内直到发育成熟，植物组织的崩解将雌虫的卵释放入土壤，卵在土壤中孵化为幼虫，开始新一轮寄生。

4. 寄生于腐食性动物的线虫 有些线虫本属自由生活，但当幼虫缺乏足够的食物时，即侵入无脊椎动物体内，但无显著发育；待宿主死亡后，幼虫以其尸体为食，发育到性成熟。可在宿主尸体内度过几个世代，这是线虫寄生于动物的最初级阶段。

5. 腐食性的幼虫阶段和寄生性的成虫阶段相交替的线虫 虫体在无脊椎动物宿主体内发育到性成熟，交配，产生后代；幼虫仍旧寄生在这个宿主体内，直到宿主死亡，此后幼虫以宿主尸体为食，并发育到感染阶段。当感染性幼虫被另一个无脊椎动物宿主吞食以后，获得新宿主。较之于前者，大为进步。

6. 寄生生活与自由生活虫体世代交替的线虫 寄生在哺乳动物肠道的雌虫（行孤雌生殖，或可能为雌雄同体）产生后代，并排出宿主体外。这些幼虫可以在自然界发育为自由生活的雌虫、雄虫，并连续繁衍几个世代，也可以由此种幼虫和/或自立生活的雌虫所产的幼虫在自然界发育为感染性幼虫，侵入宿主体内，发育为寄生型雌虫。如寄生于家畜的类圆线虫。

7. 完全连续寄生的线虫 这是已经完全适应于寄生生活的类型，已无自由生活的任何需要。例如，马尖尾线虫雌虫在马（horse）的肛门周围和会阴部产卵，当在卵壳里发育形成感染性幼虫后，这种卵就能够感染同一匹或另外的马。除去虫卵排出到再次感染这段间隙，马尖尾线虫世世代代生活在马的大肠中。

8. 永久寄生的线虫 指对寄生生活有最高程度的依赖，不能离开宿主独立生活的线虫，属于永久寄生虫的范畴，如旋毛虫。

（刘国华　潘保良　编，索勋　蔡建平　审）

第三节　寄生虫与宿主的概念及类型

一、寄生虫的概念及类型

(一) 寄生虫的概念

寄生虫是暂时或永久地在宿主体内或体表营寄生生活的动物，寄生虫一般比其宿主小，在获取营养的同时，给宿主造成一定危害，其危害可能微细到不易察觉，也可能非常严重甚至造成宿主死亡。

(二) 寄生虫的类型

1. 按寄生虫与宿主的关系分　因进化过程的长短和相互间适应程度的不同，以及特定的生态环境的差别等因素，寄生虫与宿主的关系呈现多样性，寄生虫也分为不同的类型。

(1) 专性寄生虫（stenoxenous parasite，host-specific parasite)：有些寄生虫只寄生于特定的宿主，即对宿主有严格的选择性（host specificity)。例如，人的体虱只寄生于人，马的尖尾线虫只寄生于马属动物。但这种专一性不是决然不变的，某些寄生虫或宿主在某种特殊情况下，比如在给宿主摘除脾或免疫抑制处理后，可以使它们感染原本不感染的寄生虫，这就使某些专性寄生虫失去了其专一性。

(2) 多宿主寄生虫（polyxenous parasite)：有些寄生虫能寄生于多种宿主，也就是说宿主谱（host range）很广，如肝片形吸虫可以寄生于绵羊、山羊、牛等反刍动物，还可寄生于猪（pig)、兔、海狸鼠、象、马、犬、猫、袋鼠等多种动物和人。寄生虫的这种多宿主性引出了人兽共患寄生虫病的概念。有一些多宿主寄生虫在宿主与宿主之间通过媒介传播，如伊氏锥虫寄生于马、牛、水牛、骆驼和象等多种家畜和野兽，还可以感染鼠（mice)、兔、犬、虎（tiger）等多种动物，在自然情况下是通过虻和螯蝇等吸血昆虫（媒介）传播的；又如杜氏利什曼原虫寄生于人（引起黑热病）以及犬、狼等肉食动物和一些啮齿动物体内，寄生虫在这些宿主之间的传播是靠白蛉进行的。多宿主寄生虫在寄生虫病学中最重要的意义是使得感染的来源和疫源更丰富，大大增加了防控的难度，但其生物学研究涉及多种脊椎动物（有时包括人）和/或节肢动物（媒介）以及它们共同生活的外界环境，是研究寄生虫-宿主生态关系与协同进化的理想材料。

2. 按寄生虫对寄生生活的适应程度分　从寄生虫对寄生生活的适应程度，或者说从其寄生生活方式的基本性质来看，还可以把寄生虫分为以下几种类型。

(1) 固需寄生虫（obligatory parasite)：系进化为完全依赖于寄生生活而不能脱离其宿主独立完成生活史的寄生虫，如绦虫、吸虫和大多数寄生线虫。

(2) 兼性寄生虫（facultative parasite)：既可以营自由生活也可营寄生生活的寄生虫。如有些蝇类（fly，绿蝇、丽蝇、金蝇等）的幼虫，即所谓伤口蛆，它们可以生活于动物的尸体上（自由生活)，也可以寄生在活体的伤口中（寄生生活)。

3. 按寄生虫寄生时间的长短分　从寄生虫寄生时间的长短来看，有暂时寄生、定期寄生和永久寄生的区别。

(1) 暂时寄生虫（temporary parasite，intermittent parasite)：获取食物的时候才营寄生生活的寄生虫。如蚊、臭虫等。

(2) 定期寄生虫（periodic parasite)：某些寄生虫一生中只在特定时期寄生，其他时间则营自由生活，与一般的暂时寄生相区别。如马胃蝇的成虫产虫卵于马毛上，幼虫寄生在马的胃里，成熟幼虫随马粪排出后在土壤中化蛹，再羽化为成虫。在胃内寄生的幼虫就属于定期寄生。马胃蝇及与之相近似的一些蝇类的幼虫期均系寄生，历时甚长，由宿主取得营养，储备营养；成虫期寿命甚短、不摄食，与蚊、臭虫显然不同。

有书籍把暂时寄生虫和定期寄生虫统称为暂时寄生虫，以区别于永久寄生虫。

（3）永久寄生虫（permanent parasite）：指寄生虫终生不离开宿主。如旋毛虫总是随着一个宿主的肌肉（如猪肉），直接经口转入另一个宿主的体内，从无间隔。很明显，这类寄生虫对寄生生活具有高度适应性。

4. 按寄生虫在宿主的寄生部位分 从寄生虫在宿主的寄生部位来看，有内寄生虫和外寄生虫之别。须注意的是这里的内与外是一个相对的概念，比如疥螨钻入皮肤，却称为外寄生虫。一般把节肢动物称为外寄生虫，蠕虫和原虫称为内寄生虫。

（1）内寄生虫（endoparasite）：寄生于宿主内部器官的寄生虫，其中以消化道的寄生虫最多，呼吸系统、泌尿系统、神经系统、循环系统、肌肉、体腔和淋巴结等处也都有内寄生虫寄生。

（2）外寄生虫（ectoparasite）：寄生于宿主体表的寄生虫，如皮肤、毛发上的寄生虫。有的属于永久寄生，如蠕形螨。外寄生虫总是由一个宿主的体表主动、被动或通过宿主间的接触转移到另一个宿主的体表，有的属暂时寄生，如蚊、臭虫。有一些寄生虫，虽然通常称之为外寄生虫，但实际上它们常常是在体内，例如疥螨，它们在宿主皮肤的浅层挖掘隧道，在隧道中生活。

5. 按寄生虫与细胞的关系分 从寄生虫在宿主的细胞内还是细胞外来看，有胞内寄生虫和胞外寄生虫之别，与其激发的免疫应答及致病性和控制相关。

（1）胞内寄生虫（intracellular parasite）：寄生在宿主细胞内，通过影响和改变宿主基因的表达来满足自己的生存需要，如许多原虫和旋毛虫的幼虫期。

（2）胞外寄生虫（extracellular parasite）：寄生在宿主组织，但不在宿主细胞内，如几乎所有多细胞寄生虫以及许多原虫。

6. 按寄生虫的繁殖行为和大小分 根据寄生虫在其宿主体内的繁殖行为及大小，可以分为小型寄生虫、大型寄生虫和微型肉食者，这是与寄生虫的致病性、流行病学、控制和治疗密切相关的基本生物学分类。

（1）小型寄生虫（microparasite）：一般指个体小、可以在宿主体内繁殖的寄生虫。小型寄生虫可以在宿主体内大量繁殖，常会引起严重感染。如寄生原虫和原虫样微生物等。小型寄生虫感染常可激发宿主产生对再感染的抵抗力，所以感染持续时间一般较短。

（2）大型寄生虫（macroparasite）：一般指个体较大、在宿主体表或体内不能繁殖的寄生虫，这类寄生虫一般将卵或幼虫产到外界环境，因此其成熟的虫体数一般不会多于入侵的虫体数。这类寄生虫包括蠕虫和节肢动物，但也有例外，如可以在宿主体内或体表繁殖的有虱、螨和少数线虫（如类圆线虫）等。大型寄生虫的感染具有持续性，常可重复感染。

（3）微型肉食者（micronarnivore）：指仅在取食时短暂寄生的一些寄生虫，多为寄生性节肢动物，如蚊，它们一般不在宿主身上进一步发育或产生后代。这类寄生虫也被称为暂时寄生虫。

7. 其他类型 应该说，上述关于寄生的各个范畴都是和寄生虫-宿主的适应性相关联的。以下几类“寄生虫”也会常常遇到，在临床诊断寄生虫感染（parasitic infection）时须注意。

（1）假寄生虫（pseudoparasite）：也称非寄生物（artifact），指某些偶尔能主动或被动进入动物体内的自由生活的有机体，如在水里自由生活的轮虫（rotifer，wheel animalcule）。在犬的消化道或粪便里常检测到轮虫的存在，但轮虫不是寄生虫，能否演化为寄生虫也是很遥远的未知事。进入动物机体后，有的假寄生虫能持续生存一段时间，可能对宿主造成一定损伤，如粉螨，粉螨正常生活于谷物、糖和乳制品中，误入人或动物的肠道、泌尿道和呼吸道时，可引起相应器官的一过性出血性炎症，当它们死亡以后，其躯壳便随宿主排泄物或分泌物排出。也有些假寄生虫并不对宿主造成任何危害，但缺乏经验的检验人员可能将此类假寄生虫误诊为某种新的寄生虫。

对疑似寄生虫感染样本进行显微镜检查时，假寄生虫也可能是被宿主食入的植物细胞、纤维、根毛和花粉颗粒，或是宿主肠道内正常存在的某种偏利或互利酵母菌等。它们与常见的蠕虫卵（虫体）在形态上存在相似之处，容易被初学者混淆。此外，在制片过程产生的“伪影”或“伪迹”也常被误认为特定发育时期的寄生虫，如红细胞上面的染色颗粒或高亮的空泡。尽管“artifact”用来泛指假寄生虫，但其特指“伪影”或“伪迹”等更合适。

（2）迷路寄生虫（erratic parasite，aberrant parasite）：指寄生虫迷路，进入它正常情况下不进入的器官，如肝片形吸虫迷路于肺。

（3）穿行寄生虫（passage parasite，也称为一过性寄生虫）：指其他动物的寄生虫被另一类动物食入后，有一部分是可以穿消化道而过的“穿行者”。如犬猫没有艾美耳球虫寄生，但常在其粪便中查到艾美耳球虫卵囊，而这些卵囊一般是被犬猫捕食的动物的球虫卵囊。

（4）偶然寄生虫（incidental parasite，accidental parasite）：指寄生虫进入它正常情况下不寄生的宿主，即进入误居宿主（wrong host）或非正常宿主（unnatural host，aberrant host）的体内或体表，但仅存活一段时间。如寄生于啮齿类的跳蚤偶尔叮咬犬或人，寄生于昆虫的线虫常在鸟类的肠道生活一段时间。偶然寄生虫常对其非正常宿主造成严重伤害，如犬弓首蛔虫幼虫被人摄入后，在人内脏和眼移行引起的伤害。

（5）重寄生虫（hyperparasite）：寄生在寄生虫体内的寄生虫，例如火鸡组织滴虫寄生于异刺线虫体内。重寄生虫多为昆虫的寄生虫，在兽医上重要的是那些虫媒的寄生虫，如寄生于硬蜱体内的梨形虫以及蚊体内的疟原虫等。

二、宿主的概念及类型

（一）宿主的概念

凡是体内或体表有寄生虫暂时或长期寄生的动物和人都被称为宿主（host）。

（二）宿主的类型

有些寄生虫的发育过程很复杂，不同发育阶段的虫体寄生于不同的宿主，如幼虫和成虫阶段分别寄生于不同的宿主，宿主也就呈现不同的类型。

1. 终末宿主（final host，definitive host） 成虫或有性繁殖阶段虫体寄生的宿主称为终末宿主。如猪带绦虫的成虫寄生于人的小肠，人即为猪带绦虫的终末宿主。顶复门原虫中的刚地弓形虫在猫科动物肠道内通过大小配子结合产生合子来完成有性生殖，猫科动物即为刚地弓形虫的终末宿主。

2. 中间宿主（intermediate host） 幼虫或无性繁殖阶段虫体寄生的宿主。如前述的猪带绦虫，其幼虫寄生在猪的肌肉中，猪即为猪带绦虫的中间宿主。同样的，前述的刚地弓形虫在多种温血动物体内以内出芽的方式进行无性繁殖，这些动物即为刚地弓形虫的中间宿主。

寄生于家畜的复殖吸虫都需要中间宿主完成其生活史。有的需要一个中间宿主，这时，这个唯一的中间宿主无一例外都是螺（软体动物）；有的需要两个中间宿主，依吸虫幼虫寄生发生的先后顺序，分别称之为第一中间宿主（first intermediate host）和第二中间宿主（second intermediate host），第一中间宿主一般照例是螺，第二中间宿主有的是鱼，有的则是某些节肢动物。例如，华支睾吸虫虫卵孵出的幼虫在某些种类的螺体内发育，其在螺体内最后形成尾蚴，尾蚴离开螺体，转入某些鲤科鱼类的体内，成为囊蚴，终末宿主因吃鱼而遭受感染。此例中，螺是华支睾吸虫的第一中间宿主，鱼是它的第二中间宿主。有的书上称第二中间宿主为补充宿主（complementary host）。

3. 保虫宿主（reservoir host） 在寄生虫与宿主的多样化关系中，多宿主寄生虫主要寄生于其适应性宿主体内或体表，这种宿主称为主要宿主（main host）。但也可寄生于不太适应的宿主体内或体表，在这些宿主体内寄生不太普遍、寄生数量较少、生长发育不太好，这些宿主常被称为保虫宿主。如牛为日本血吸虫的主要宿主，猪为保虫宿主。

保虫宿主的另一个含义是从寄生虫病流行和防控的角度出发的。对可寄生于人、家畜和野生动物的多宿主寄生虫而言，人与野生动物常被称为家畜寄生虫的保虫宿主，家畜和野生动物则又是人寄生虫的保虫宿主，如野生反刍动物是牛、羊肝片形吸虫的保虫宿主；耕牛是人日本血吸虫的保虫宿主，是人日本血吸虫的感染来源。此时，“保虫宿主”常不反映寄生虫-宿主关系的实质，而是从流行病学和防控角度出发，区别宿主主次及制订落实防控措施的一种相对概念。

4. 储藏宿主（paratenic host） 某些寄生虫的感染性幼虫转入一个并非其生理上所需要的动物体内，不进行任何发育，但保持其感染力，这样的宿主称作储藏宿主。如寄生于鸟类的气管比翼线虫的感染性虫卵（卵内含感染性幼虫），既可直接感染鸟类，也可以被蚯蚓、昆虫或软体动物吞食，寄居其体内并保持对鸟类的感染性。经储藏宿主传播的过程称为传递（paratenesis），其增加了虫体传播的机会，有利于其流行。储藏宿主也称为传递宿主或转续宿主（transfer host，transport host）。有的寄生虫虽然在储藏宿主体内不进行发育（特别是发育阶段的改变），但有的虫体可以“长个子”，如宽节双叶槽绦虫（*Diphyllobothrium latum*）在储藏宿主鱼类体内个体可长得很大。转续宿主可作为中间宿主和终末宿主间的桥梁，促进寄生虫传播。

5. 非自然宿主或偶然宿主（unnatural host，aberrant host） 有些寄生虫的某个发育阶段误入一个非专性宿主体内，经一段时间发育后，因环境不适而死亡，这样的宿主称为非正常宿主，或称偶然宿主或误居宿主，这种现象称为通过寄生，这样的寄生虫称为偶然性寄生虫（incidental parasite，accidental parasite）。这实际是寄生虫-宿主关系极不适应的一种状态，常给宿主造成严重损伤。如生活在水中的纳格里阿米巴，通过鼻、口误入犬、猫和人体后，可以上行至脑，引起致死性脑炎。

6. 带虫者（carrier，或称为带虫宿主） 有时在寄生虫病自行康复或治愈之后，或处于寄生虫隐性感染时，宿主对寄生虫保持一定免疫力的同时也保留着一定量的虫体，这种宿主常被称为带虫者，这种状态称为带虫现象（premunition，concomitant immunity，infection-immunity）。带虫者在临床上常被视为健康动物，但仍然能不断地向周围环境散播寄生虫，成为重要的感染来源。带虫动物的健康状态下降时，可导致疾病复发。在寄生虫病的防治措施中，如何处置带虫者是个极为重要的问题。

7. 媒介（vector） 广义的媒介或媒介物是指能传播病原的任何生物，包括动物和植物，如水生植物水浮莲喂猪时可以传播姜片吸虫等。更进一步，把病原必须在其体内发育繁殖的媒介称为生物性媒介（biological vector），如蜱在牛与牛之间传播双芽巴贝斯虫，双芽巴贝斯虫在蜱的体内进行发育繁殖；把病原机械地从感染病原的动物或植物带到健康动物体的媒介称为机械性媒介（物）（mechanical vector），如虻在马和马之间传播伊氏锥虫，虻只是机械地搬运伊氏锥虫，伊氏锥虫没有在虻体内发育繁殖。

但通常情况下，媒介是指在脊椎动物宿主间传播寄生虫病的低等动物，更常指的是传播血液原虫的吸血节肢动物，如蜱和虻。媒介只是一个为了方便而使用的名词，并不反映寄生虫-宿主关系的实质。就拿疟原虫和双芽巴贝斯虫来说，它们分别在蚊和蜱的体内进行有性繁殖，因此媒介蚊和蜱分别是疟原虫和双芽巴贝斯虫的终末宿主。

需要注意的是，上述寄生虫与宿主类型的划分具有人为和主观的成分，其不同的类型之间有交叉和重叠，无绝对严格界限。其目的是方便研究和学习，也有利于在对寄生虫病采取措施时区别对待，不同的教科书采用的术语也不尽相同，如有的教科书把携运（phoresy）关系中的搬运者称为“transport host”或“carrier”。

（索勋　张龙现　蔡建平　编，陈汉忠　潘保良　审）

第四节 寄生虫生活史

一、寄生虫生活史的概念

寄生虫生长、发育和繁殖的一个完整循环过程，称为寄生虫的生活史或发育史（life cycle），它包括了寄生虫的感染与传播。寄生虫发育史可分为两种类型：一种是不需要中间宿主的发育史，又称直接发育型（direct development）；一种是需要中间宿主的发育史，又称间接发育型（indirect development）。

寄生虫的生活史可以分为若干个阶段，每个阶段的虫体可能有不同的形态特征，需要不同的生活环境。如线虫生活史一般分为卵、幼虫、成虫三个阶段，其中幼虫又分为若干期。部分原虫的生活史可分为无性繁殖期和有性繁殖期两个阶段。

二、寄生虫生活史完成的必要条件

寄生虫生活史的完成不是一帆风顺的，必须具备一系列条件，这些条件受到生态平衡机制的制约和调节。

（1）寄生虫生存的环境中必须有其适宜的宿主，甚至是特异的宿主。这是生活史建立的前提。

（2）寄生虫必须发育到感染阶段（也称侵袭性阶段，infective stage），才能感染宿主。

（3）寄生虫必须有与宿主接触的机会，才能造成感染（infection）。严格意义上的感染一词是指寄生虫可以在宿主体内繁殖进而增加数量的情况，如原虫感染。但现在对寄生虫不在宿主体内繁殖而增加数量的情况（如蠕虫和节肢动物“感染”的情况）也用感染这个词，这在过去用的是侵袭（infestation），特指蠕虫和节肢动物的“感染”。

（4）寄生虫必须有适宜的感染途径，否则不能完成感染。

（5）寄生虫进入宿主体内后，必须有适宜的移行路径，才能最终到达其寄生部位（器官、组织特异性）。

（6）寄生虫必须战胜宿主的抵抗力（免疫力）。

以猪蛔虫为例说明寄生虫生活史完成所需的条件：猪蛔虫的感染必须有宿主猪的存在；虫卵必须在外界适宜的温湿度环境下发育到感染性虫卵阶段；这些感染性虫卵必须能够通过粪便或土壤传播给宿主猪；感染性虫卵必须是经口（如通过饲料或饮水）进入猪体内；卵内幼虫释出后，必须是通过血液循环，经肝、心、肺，再上行到口腔，最后进入小肠，发育为成虫；猪蛔虫在其宿主体内必须战胜宿主的抵抗力。

三、宿主对寄生虫生活史的影响

宿主对寄生虫生活史的影响是多方面的，目的是力图阻止寄生虫的寄生，这种影响往往与宿主的年龄、性别、体质（包括免疫力）以及饲养管理等因素有关。

1. 遗传因素的影响 表现为某些动物对某些寄生虫的先天不感染性，如马一般不感染脑包虫，兔不感染鸡球虫。更经典的例子是对利什曼原虫有抗性的近交系小鼠如果缺失 IFN-γ 受体基因，则也就失去对利什曼原虫的抗性。

2. 年龄因素的影响 表现为不同年龄的个体对寄生虫的易感性差异。一般来说幼龄动物对寄生虫易感，原因可能是免疫系统尚未发育完全，对外界环境抵抗力弱。但也有相反的例子，幼龄动物比成年动物对巴贝斯虫的抗性强。

3. 机体组织屏障的影响 宿主机体的皮肤黏膜、血-脑屏障、血-眼屏障以及胎盘等可有效阻止一些寄生虫的侵入。寄生虫一般难以通过完好的皮肤、胎盘感染宿主。

4. 宿主体质及饲养管理情况的影响 宿主体质健壮，营养合理，饲养管理条件优良，对寄生虫的抵抗力就强，抗病能力就强。如猪饲料中缺乏维生素及矿物质时，3～5 月龄的仔猪更易感染猪蛔虫。

5. 宿主免疫作用的影响 在寄生虫侵入、移行至寄生部位过程中，宿主发生先天免疫应答，包括局部组织抗损伤作用，免疫活性细胞浸润，释放酶类活性物质，杀灭侵入、寄生的虫体，最后组织增生或钙化。进一步的，寄生虫可激发宿主产生局部或全身的适应性免疫反应，抑制虫体的生长、发育和繁殖。通过上述免疫作用，宿主对寄生虫的生活史进行阻断和破坏。

四、寄生虫对寄生生活的适应

寄生虫对寄生生活的适应是与宿主长期共进化的结果，在由自由生活演化为寄生生活过程中，生活方式的变化是“翻天”的，虫体的结构、生理和行为等的变化也是“覆地”的，以适应其寄生生活。寄生虫种类不同，其适应的程度和表现形式也有所不同。

（一）形态适应

1. 形态和结构的变化 跳蚤演化出两侧扁平的身体和发达善于跳跃的腿，这种身体形态更适合于在宿主体表毛发间活动；蚊有适于吸血的刺吸式口器；线虫、绦虫的线状或带状体形，使其适于肠道的狭长寄生环境。有的棘头虫虫卵具有丝状体，便于缠结于中间宿主采食的藻类上，更易造成中间宿主的感染。

体内寄生的蠕虫体表一般都有一层较厚的角质膜，有抵抗宿主消化液的作用。线虫的感染性幼虫有一层外鞘膜，能抵抗外界不良环境。

2. 附着器官的发展 寄生虫为了更好地附着于宿主的体内或体表，进化出一些特殊的附着器官，如吸虫和绦虫的吸盘、小钩，线虫的齿、叶冠，蝇蛆的口钩、小刺等。

（二）生理适应

1. 消化器官退化 寄生虫寄生的目的是获得住所和营养，成功寄生于宿主后获得了大量现成的营养，不需要进行复杂的消化吸收，消化器官逐渐退化。因此，多数寄生虫消化器官很简单，甚至完全消失，如吸虫仅有一根食道连接两根盲端肠管，常无肛门；绦虫和棘头虫无消化器官，靠体表吸收营养。

2. 生殖能力增强 寄生生活解决了营养问题之后，繁衍种群成了第一要务。由于寄生环境的不确定性，寄生虫找到宿主并成功寄生并非容易事，寄生后找到配偶繁育下一代也不容易，所以，大多数寄生虫都进化出了发达的生殖器官和强大的繁殖能力。如蠕虫的体内大部分被生殖器官占据，而绦虫孕节里其他器官退化而只剩下子宫和卵。为了提高交配的成功率，有的寄生虫演化出特定的辅助交配器官，如分体吸虫雄虫的抱雌沟，圆线虫的交合伞等。这些生殖器官及其辅助器官形形色色，往往作为鉴定寄生虫的重要结构特征。

解决“配偶”难问题的典型策略是多数吸虫和绦虫的雌雄同体现象（hermaphroditism），例如绦虫的每一成熟节片内都具有独立的雌雄生殖器官。再就是有些线虫、外寄生虫的孤雌生殖（parthenogenesis），如类圆线虫、林禽刺螨等。原生动物则通过无性生殖（asexual reproduction）的方式，既解决寻找“配偶”难的问题，又提高了繁殖能力，如一个柔嫩艾美耳球虫（*Eimeria tenella*）的子孢子，通过裂殖生殖（merogony）可以产生数百万个裂殖子；吸虫和绦虫也可通过无性生殖扩繁后代，如曼氏分体吸虫（*Schistosoma mansoni*）一个毛蚴可产生 4 万个尾蚴，细粒棘球绦虫（*Echinococcus multicularis*）的一个中绦期（metacestode）棘球蚴可以无性繁殖出数千个原头蚴（protoscolex）。

另一个繁衍种群的进化机制是产生大量虫卵。如人蛔虫产卵高峰期每天产卵20多万个，一年可产7 000万个。在一年多的时间内，一条牛带绦虫（*Taenia saginata*）可以产生十几亿个虫卵。

在集约化畜牧场，由于动物饲养的高密度以及适合寄生虫存活和传播的环境条件，高繁殖力、营直接发育型生活史的寄生虫其危害性往往会凸显，如鸡球虫、猪蛔虫。

3. 代谢机能的适应 寄生的环境多是寡氧的，所以大多数寄生虫的能量多来源于无氧的糖酵解，如血液和组织中的寄生虫。有的寄生虫可借助血红蛋白、铁卟啉等化合物将氧扩散到虫体各部。寄生虫也演化出利用CO_2的能力，如吸虫囊蚴脱囊、线虫卵和幼虫的孵化和脱鞘等都需要CO_2的参与。寄生虫合成蛋白质所需的氨基酸来源于分解食物或分解宿主组织，也可直接摄取宿主游离氨基酸。有些寄生虫合成核酸的碱基、嘌呤要从宿主获取，但保留了嘧啶自身合成的能力。

（三）行为适应

寄生虫在其寄生、传播过程中演化出一些适应复杂生活史的生理行为，这些行为在某种程度上影响了其中间宿主或寄生虫本身，使其更易被终末宿主捕食。如蜱演化出了爬上植被上部的习性，由此增加了侵袭过路宿主的机会，而有些线虫的第三期感染性幼虫在清晨和黄昏有爬到草尖上的“绝技”，以利于被宿主食入。为了增加种群繁衍传播的机会，寄生虫的另一个本事是改变其宿主的行为。如矛形双腔吸虫囊蚴阶段虫体寄居在第二中间宿主蚂蚁的脑部，“迫使”蚂蚁向草叶的顶端运动，在那里被食草动物吃到的可能性会大为增加。

寄生虫为了适应寄生生活，其退化或丢失的特征也反映在其基因组的缩小及某些蛋白质编码基因的缺失，进而采取了“借”“偷”宿主资源的策略以及某些特化功能基因家族的扩充，来适应新的生活方式——寄生。例如，血吸虫和棘球绦虫缺乏脂肪酸和胆碱的起始合成途径，需要从宿主获取必需的脂肪酸；又如，绝大部分顶复门原虫可以从宿主获得自身缺失的嘌呤环从头合成途径相关酶类。当然，也有极端的相反例子，人的阴道毛滴虫（*Trichomonas vaginalis*）拥有寄生虫里最大的基因组，富含59 681个蛋白质编码基因，尚有2/3的基因组是重复和转座子序列，是另一形式的适应。

（张龙现　汪明　蔡建平　编，李祥瑞　索勋　审）

第五节　寄生虫基因组

基因组是指生物个体携带的所有遗传物质和信息，是由细胞生物的DNA（包括核DNA、线粒体DNA等）和非细胞生物（病毒）的DNA/RNA核苷酸组成。综合应用生物技术、分子生物学、计算机科学等方法和理论从基因组水平上进行遗传作图和DNA/RNA测序，从而解析遗传信息的科学称为基因组学。基因组学研究始于20世纪80年代，1985年美国能源部等首先提出“人类基因组计划（Human Genome Project，HGP）”，并于1990年开始正式实施。此后，英国、德国、苏联、中国等国家相继实施人类基因组计划项目，并组成国际人类基因组计划协作联盟；2000年发布了第一张人类基因组结构草图，HGP初步完成。与此同时，多种模式生物和重要人类病原体的基因组计划也陆续启动。在寄生虫学领域，世界卫生组织、世界银行等于1994年提出并实施丝虫基因组计划（Filarial Genome Project，FGP），并于2007年完成马来丝虫（*Brugia malayi*）的全基因测序，这是最早开始的寄生虫基因组计划项目。1996年美国海军医学中心提出恶性疟原虫基因组计划（*Plasmodium falciparum* Genome Project），并联合英国、澳大利亚等国科学家在英国Welcome Trust基金会、美国传染病与过敏研究所等的资助下，于

1998年完成其2号染色体的测序，直至2002年完成全基因组的测序分析和物理图谱，是第一个完成结构基因组解析的寄生原虫。与此同时，弓形虫、隐孢子虫、锥虫、血吸虫等人类或人兽共感染重要寄生虫的基因组计划也相继实施。动物专有寄生虫的基因组测序始于2002年启动的鸡艾美耳球虫基因组计划（*Eimeria* Genome Project，EGP）。在英国 Welcome Trust 基金会资助下由英国、巴西、马来西亚和中国科学家合作进行的鸡艾美耳球虫基因组项目，至2012年全面完成了7种鸡球虫的基因组解析及物理图谱绘制。我国兽医寄生虫基因组研究处于世界领先水平，先后参与或独立完成球虫、带绦虫、管圆线虫、猪蛔虫、伊氏锥虫等10多种动物寄生虫的全基因组测序及20多种寄生虫线粒体基因组的测序分析。本节扼要介绍重要动物寄生虫的基因组信息。

一、阿米巴基因组

目前已公布基因组草图的阿米巴有溶组织内阿米巴（*Entamoeba histolytica*）、异形内阿米巴（*E. dispar*）、侵袭内阿米巴（*E. invadens*）、诺氏内阿米巴（*E. nuttalli*）、卡氏棘阿米巴（*Acanthamoeba castellanii*）和福氏耐格里阿米巴（*Naegleria fowleri*），它们的基因组草图大小分别为20.8 Mb、23.0 Mb、40.9 Mb、23.2 Mb、42.0 Mb和29.5 Mb，预测编码8 333～15 650个基因。阿米巴基因组富含A和T碱基，除侵袭内阿米巴外（40%），其余虫种基因组中GC含量仅约28%。类似于其他肠道寄生原虫，阿米巴基因组也富含转座子和重复DNA序列元件，如LINE、SINE以及阿米巴特有的ERE1/2重复序列元件。其中ERE2为溶组织内阿米巴特有，LINE和SINE两种转座子DNA则常见于侵袭内阿米巴和莫氏内阿米巴（*E. moshkovskii*）基因组中。这些可移动的重复序列可能与虫体基因组重排相关。溶组织内阿米巴基因组编码小鸟苷三磷酸酶（small GTPase）家族的AIG1-like GTPase（avrRpt2 induced gene 1-like GTPase）亚家族成员，这些AIG1蛋白质与高等动物的免疫相关蛋白（GIMAP）/免疫相关核苷结合蛋白（IAN）GTP酶［GTPases of immunity-associated protein（GIMAP）/immune-associated nucleotide-binding protein（IAN）］同源。虽然其在阿米巴的具体功能未知，但此亚家族所有成员在致病虫株中的表达水平均显著高于非致病株，提示它们可能与毒力或适应肠道寄生环境相关。此外，溶组织内阿米巴基因组还编码与细菌纤连蛋白（BspA）同源的基因家族，该家族基因数量为75～116个，富含亮氨酸重复序列，且至少有一个该家族蛋白质在虫体表面表达，其机制类似锥虫的表面变异糖蛋白（variant surface glycoprotein，VSG）。

二、鞭毛虫基因组

已公布的鞭毛虫基因组包括布氏锥虫（*Trypanosoma brucei*）、枯氏锥虫（*T. cruzi*）、伊氏锥虫（*T. evansi*）、活跃锥虫（*T. vivax*）、杜氏利什曼原虫（*Leishmania donovani*）、硕大利什曼原虫（*L. major*）、蓝氏贾第虫（*Giardia lamblia*）以及阴道毛滴虫（*Trichomonas vaginalis*）等的基因组。布氏锥虫和硕大利什曼原虫的单倍体基因组草图大小分别为26 Mb和32.8 Mb，分别由11条和36条染色体构成，预测编码基因分别为9 068和8 298个。布氏锥虫、克氏锥虫和硕大利什曼原虫基因组有较高相似性，同源蛋白质基因超过6 000个，但又各自进化出众多的物种特异基因，特别是一些位于端粒区和非共线性染色体区域内的表面抗原家族。例如，布氏锥虫在端粒区编码大量的表面变异糖蛋白VSG家族基因和表达位点相关基因（expression site-associated genes，ESAGs），而硕大利什曼原虫在此区域除一些转座元件如VIPER和SIRE等外，还编码大量位于包被表面的反式唾液酸酶（trans-sialidase），如DGF-1和RHS等。

蓝氏贾第鞭毛虫基因组包含 5 条染色体，GC 含量为 46.3%，其基因组草图大小约为 11.7 Mb，其中 81%的区域为基因编码区，共有 6 470 个蛋白质编码基因和 306 个假基因、98 个非编码 RNA（包括 tRNAs、rRNAs）以及一些具有顺式和反式内含子剪接模式的基因。蓝氏贾第鞭毛虫基因组编码的细胞过程相关蛋白质较为精简，颇具特征性的是编码大量富含半胱氨酸的蛋白质，这些蛋白质可分为三个亚类，分别是变异表面蛋白（VSPs）、高半胱氨酸膜蛋白（HCMPs）和高半胱氨酸蛋白（HCPs）。贾第虫 VSPs 在一级结构上都具有 N 端信号肽和确定的 C 端尾，这种尾具有跨膜结构域，且紧随有 CRGKA 五肽基序。蓝氏贾第鞭毛虫基因组共编码 133 个 VSP 分子，另还有 208 个假 *vsp* 基因（未能注释到信号肽或未能发现完整基因结构的 *vsp* 样基因），在 133 个 *vsp* 基因中，有 38 个是成对排列，其中 12 对基因相向排列，另有 7 对为反向排列。未发现有 DNA 重组控制 *vsp* 基因表达或 *vsp* 基因快速突变的证据，且 *vsp* 基因家族周围区域较少有其他编码基因分布。贾第虫基因组的另一个特征是富含编码锚蛋白重复结构域（ankyrin-repeat domain，ARD）的蛋白质，其中 NEK 蛋白激酶家族（184 个成员）［NimA-related kinase（Nek）family protein kinases］尤为丰富，它们既有 ARD 结构域又同时含有激酶结构域，且大部分（137 个）不具备催化活性。有证据表明，蓝氏贾第鞭毛虫的某些染色体端粒发生了重组，但染色体的内部区域没有显示出重组的迹象。

阴道毛滴虫基因组草图大小为 176.4 Mb，GC 含量为 32.7%，蛋白质编码基因约 59 681 个。基因组中重复序列拷贝较多，占基因组的 20%（约 39 Mb）以上。阴道毛滴虫基因组中许多基因家族显著扩张，其中蛋白激酶、*BspA* 样基因、膜转运相关小 GTP 酶家族成员数量分别达到 927 个、658 个和 328 个。线粒体是重要的 ATP 生产以及 FeS 蛋白装备的细胞器。然而，阴道毛滴虫缺乏典型的线粒体，转而依赖氢化酶体（hydrogenosome）产生 ATP 与氢分子，并且该氢化酶体中存在着完整的线粒体样 FeS 簇蛋白装配机制，用于虫体蛋白的 FeS 簇装配。精氨酸双水解酶代谢通路是阴道毛滴虫基因组编码的主要能量代谢通路，因此阴道毛滴虫可以利用多种氨基酸作为能量来源。

三、顶复门原虫基因组

顶复门原虫中包含多种重要的人类和畜禽病原，如疟原虫（*Plasmodium*）、巴贝斯虫（*Babesia*）、泰勒虫（*Theileria*）、隐孢子虫（*Cryptosporidium*）、弓形虫（*Toxoplasma*）、肉孢子虫（*Sarcocystis*）、艾美耳球虫（*Eimeria*）以及环孢子虫（*Cyclospora*）等。这些寄生原虫除隐孢子虫外，都具有与植物叶绿体同源的亚细胞器——顶质体（apicoplast），这是这类原虫重要的同化代谢细胞器，与线粒体一样具有独立的基因组。顶质体基因组大小一般为 35 kb 左右，GC 含量为 15%～22%，有蛋白质编码基因 30～40 个，tRNA 25～35 个，此外还有少量 rRNA 编码基因。顶质体基因组编码的蛋白质主要功能都与其自身结构有关，而参与顶质体代谢途径的功能性酶蛋白几乎都由核基因组所编码。

已测序的顶复门原虫核基因组多为单倍型基因组，各虫种的染色体数目不尽相同。前期研究认为弓形虫染色体为 14 条，而随着三代测序、三维基因组技术和图谱技术等的成熟和发展，研究人员对弓形虫核基因组进行了重新测序和组装，并且发现所测虫株中最长的一条 contig 长度（约 12 Mb）竟超过以往报道的所有染色体长度，比对后发现该 contig 实际上是由以前报道的Ⅶb 和Ⅷ两条染色体组成。该结果也受到 Hi-C 数据和其他研究结果的支持，即认为弓形虫核染色体数量实际为 13 条。已报道的弓形虫不同虫株其基因组草图大小约为 65 Mb（61.58～69.34 Mb），GC 含量为 50.50%～52.40%，预测的编码基因为 8 563～10 297 个。弓形虫基因组的基本特征是串联成簇的分泌型致病因子（secretory pathogenesis determinants，SPDs）基因显著扩增并具有明显多态性。由于混合或选择性保留的区段遗传（block inheritance）模式赋予了含有相似 SPDs 组合的虫株以特殊性状，导致弓形虫群体遗传上的虫株多态性。但现有的三个主要基因型，基因组的相似性仍可高达 99.9%以上。而与弓形虫在形态上难以区分的近缘种——犬新孢子虫（*Neospora caninum*），其基因组大小为 61.49 Mb，预测的编码基因为 7 798 个。尽管二者基因组结构十分相似，但比较基因组分析却表明这二者早在 2 800 万年前就已经从其共同祖先分化开来，且后者宿主范围远较弓形虫为寡。比较基因组学发现，新孢子虫中的 *srs* 基因家族（SAG1-Related sequences）在其基因组中显著扩增，比弓形虫 *srs* 基因数量多出 1 倍左右；弓形虫的主要毒力因子棒状体蛋白 18（ROP18）、ROP16 和 ROP5 及致密颗粒抗原 15（GRA15）在新孢子虫成为假基因，而弓形虫的另一种重要毒力因子——致密颗粒抗原 24（GRA24）在新孢子虫完全缺失。这些差异可能是导致这两种近缘寄生原虫在宿主谱、终末宿主及对宿主致病力差异的遗传因素。

疟原虫基因组由 14 条染色体组成，已报道的不同种疟原虫基因组达 20 多个，其基因组草图大小为 18～33 Mb，编码 5 000～7 800 个基因。疟原虫种间基因组 GC 含量差异较大，恶性疟原虫（*P. falciparum*）、约氏疟原虫（*P. yoelii*）和三日疟原虫（*P. malariae*）基因组的 GC 含量分别为 19.4%、22.6%和 24%；而诺氏疟原虫（*P. knowlesi*）和间日疟原虫（*P. vivax*）基因组 GC 含量则可达到 39%～40%。恶性疟原虫等基因组中 A 和 T 碱基的高度富集，使其基因组中出现大量特征性的 A/T 重复区域。不同疟原虫种间基因组共线性相对保守，而在其染色体端粒区差异则较大。这些端粒区除端粒重复序列以外，还编码一些多基因家族，如恶性疟原虫中的 *var*、*stevor*、*rifin* 和 *pir*，间日疟原虫中的 *vir*，以及约氏疟原虫中的 *yir* 和 *Py*235 等。这些基因参与虫体细胞黏附以及表面抗原变异等生物学过程，对疟原虫入侵和免疫逃避起到重要作用。

巴贝斯虫和泰勒虫染色体均为 4 条，基因组相对较小，多在 8 Mb 左右，最小的为田鼠巴贝斯虫（*B. microti*，6.68 Mb），最大的为双芽巴贝斯虫（*B. bigemina*，13.84 Mb），基因组 GC 含量为 32%～46%，编码 3 554～5 397 个蛋白质基因。尽管泰勒虫基因组较小，却编码了许多大型蛋白家族。其中，最大的蛋白家族为 SVSP 蛋白（*Theileria*-specific sub-telomeric protein）家族，该蛋白家族位于泰勒虫染色体近端，是泰勒虫特有的蛋白质；FAINT（frequently associated in *Theileria*）蛋白结构域在超过 150 种泰勒虫蛋白中存在，且在其基因组中呈多拷贝扩增；此外，TPR 或 TAR 蛋白家族也分别在小泰勒虫（*T. parva*）和环形泰勒虫（*T. annulata*）中高度扩张。巴贝斯虫基因组中最大的蛋白家族为可变红细胞表面抗原蛋白家族 VESA（variant erythrocyte surface antigen），该蛋白家族由 VESA-1α 和 VESA-1β 两个亚基组成，牛巴贝斯虫（*B. bovis*）基因组中分别编码 72 个 α 亚基和 43 个 β 亚基（以及 4 个未知亚基）；巴贝斯虫 *ves* 基因表达模式与布氏锥虫 VSG 类似，只在某一特定时期表达某一特定 VESA，对其表面抗原进行更新，起到细胞黏附、抗原变异和免疫逃避的作用。其作用与疟原虫 *var* 等基因类似，但 *ves* 基因在基因组上的位置并非主要集中于染色体端粒附近，而是分散定位于全基因组中。

艾美耳属球虫众多，目前已公布七种鸡艾美耳球虫和小鼠镰型艾美耳球虫（*E. falciformis*）基因组草图，大小为 44～70 Mb，编码基因 5 879～10 077 个。艾美耳球虫基因组中重复序列比例较高，具有特征性的“CAG”短重复序列和端粒样“AAACCCT/AGGGTTT”重复序列遍布基因组各个位置，且呈区域性的富集（repeat-rich）或散在（repeat-poor）分布。表面抗原家族基因 *sag*（surface antigen）在艾美耳球虫基因组中扩张，其中和缓艾美耳球虫 *sag* 基因多达 172 个。

环孢子虫（*C. cayetanensis*）的亲缘关系与艾美耳球虫较近，其核基因组草图大小为 44 Mb，GC 含量为 51.8%，编码 7 457 个基因。环孢子虫基因组结构与艾美耳球虫极为相似，均含有重复序列富集区（repeat-rich）与重复序列稀少区（repeat-poor），基因组中含有的重复序列类型也主要为“CAG”短序列重复。与艾美耳球虫相区别的是，环孢子虫的 *sag* 基因家族并未大规模扩张，说明其与宿主细胞的互作方式可能与艾美耳球虫有差异。此外，因多个通路中关键基因的缺失，环孢子虫氨基酸代谢和蛋白质 *N*-糖基化修饰通路与其他顶复门原虫也存在一定差异。

同样属于球虫的神经肉孢子虫（*S. neurona*）基因组草图大小约为弓形虫的 2 倍，为 130.2 Mb，GC 含量为 51.2%，编码 7 093 个基因。与艾美耳属球虫类似，肉孢子虫基因组中重复序列也相对较多，但与艾美耳球虫中主要的简单重复序列不同，肉孢子虫基因组中的重复序列主要为长散布核苷酸元件 LINE 和 DNA 元件序列（分别为Ⅰ类和Ⅱ类转座子）；同样类似地，肉孢子虫基因组中与入侵或毒力相关的致密颗粒（dense granule）蛋白、棒状体蛋白激酶基因均远远少于弓形虫，弓形虫重要毒力因子 ROP5、ROP16 和 ROP18 等在艾美耳球虫和肉孢子虫基因组中均未找到。尽管神经肉孢子虫基因组为弓形虫和新孢子虫的 2 倍，但其编码的 *SRS* 基因数目较少，仅 23 个（弓形虫 109 个，新孢子虫 246 个），且大部分不是与弓形虫类似的串联重复排列。

隐孢子虫在顶复门原虫中比较特别，与其他顶复门原虫不同的是，它寄生于小肠上皮细胞的刷状缘纳虫空泡内，没有顶质体，仅有简单结构的线粒体，且缺乏线粒体 DNA 以及 TCA 循环和氧化磷酸化途径的诸多关键蛋白。因此，隐孢子虫线粒体中不具备完整的 TCA 循环和氧化磷酸化途径。隐孢子虫核基因组由 8 条染色体组成，基因组草图大小约为 9.1 Mb，GC 含量约为 30%，编码约 4 000 个基因。因其缺失 TCA 循环，虫体能量代谢主要依赖糖酵解途径，同时兼备有氧和无氧代谢途径。核基因组编码基因中，与戊糖磷酸化途径、氨基酸生物合成、核苷酸生物合成和尿素循环等通路相关的基因大量缺失，反映其高度依赖于宿主的寄生模式。

四、吸虫基因组

日本血吸虫（*Schistosoma japonicum*）、曼氏分体吸虫（*S. mansoni*）、埃及分体吸虫（*S. haematobium*）、华支睾吸虫（*Clonorchis sinensis*）、麝猫后睾吸虫（*Opisthorchis viverrini*）、肝片形吸虫（*Fasciola hepatica*）和大片形吸虫（*F. gigantica*）等二倍体基因组草图均已公布。其中，日本血吸虫基因组草图大小为 370 Mb，GC 含量为 33.76%，含有 10 089 个蛋白质编码基因；曼氏分体吸虫基因组草图大小为 363 Mb，有 16 条染色体，GC 含量为 35.3%，含有 11 809 个蛋白质编码基因；埃及分体吸虫基因组草图大小为 385 Mb，有 16 条染色体，GC 含量为 34.3%，含有 13 073 个蛋白质编码基因；华支睾吸虫的基因组草图大小为 558 Mb，有 14 条染色体，GC 含量为 44.8%，含有 13 489 个蛋白质编码基因；麝猫后睾吸虫基因组草图大小为 634.5 Mb，有 12 条染色体，GC 含量为 43.7%，含 13 379 个蛋白质编码基因；肝片形吸虫基因组草图大小约为 1.3 Gb，大片形吸虫基因组草图大小为 1.04 Gb，总 GC 含量约 44%，分别编码 22 676 和 20 858 个基因。

在日本血吸虫全基因组蛋白质编码基因中，有 30%～40%呈现进化上的保守性，约 30%的基因与其他物种基因有较弱的相似性，其余 30%～40%的基因可能为血吸虫所特有。血吸虫含有一些与宿主（如人类）高度相似的受体、生长因子等分子，如胰岛素类生长因子/受体、表皮生长因子/受体、性激素受体、细胞因子 FGF 受体、神经肽受体等，推测血吸虫可以借助宿主内分泌激素、生长因子和免疫相关信息等，促进血吸虫自身的生长、发育、分化和成熟。血吸虫有众多的代谢相关基因，如分解蛋白质的水解酶体系至少有 16 种，并且这些水解酶的结构与宿主（如人类）的同类蛋白序列类似，可能具有分解宿主血红蛋白的作用，这些酶在成虫中高表达，反映了血吸虫的摄血特性及其潜在的分子生物学基础。片形吸虫基因组呈现高度的核苷酸多态性，特别是在与寄生相关的基因上出现许多非同义突变。肝片形吸虫的一些编码基因，例如一些蛋白酶和微管蛋白，在虫体移行到胆管过程中高表达，提示其可能与虫体移行相关。

五、绦虫基因组

已报道的绦虫基因组主要为带科绦虫（Taeniidae）和微小膜壳绦虫（*Hymenolepis microstoma*）

基因组。猪带绦虫（*Taenia solium*）、牛带绦虫（*T. saginata*）、亚洲带绦虫（*T. asiatica*）和泡状带绦虫（*T. hydatigena*）基因组（草图）大小分别为 122.3 Mb、169.1 Mb、168.0 Mb 和 308.5 Mb，GC 含量（约 43%）显著高于血吸虫（34%），分别有 11 902 个、13 161 个、13 323 个和 11 358 个预测的蛋白质编码基因。棘球蚴病（包虫病）病原细粒棘球绦虫（*Echinococcus granulosus*）和多房棘球绦虫（*E. multilocularis*）基因组大小非常接近，约 115 Mb，分别有 10 231 和 10 345 个蛋白质编码基因；微小膜壳绦虫基因组大小为 141 Mb，编码 10 241 个基因。泡状带绦虫基因组重复序列显著高于其他带科绦虫，达到 63.3%。带科绦虫的基因组序列非常相似，亚洲带绦虫与猪带绦虫、牛带绦虫的同源性基因分别为 11 888 个（90.3%）和 12 984 个（97.5%），与牛带绦虫基因组序列的一致性高达 92.26%，而猪带绦虫与牛带绦虫/亚洲带绦虫的基因组序列一致性为 88.53%。

三种带绦虫新基因的产生以小规模基因复制为主，与免疫逃避、寄生适应相关的皮层抗原（如 EG95 和 GP50 等）发生了高频的基因扩增、功能分化和基因保留，是绦虫完成寄生适应性的重要基础。基因组进化分析揭示，人体寄生的三种带绦虫和人类有着显著的共进化关系。亚洲带绦虫与牛带绦虫祖先随直立人走出非洲，约在 114 万年前出现分化。随后，亚洲带绦虫发生了基因组进化速率的显著加快和适应性进化，以适应新的中间宿主（猪）和新寄生部位（肝），特别是与绦虫皮层结构相关的众多基因发生了显著的家族扩增并受到强烈的正选择压力。三种带绦虫基因组中均鉴定到了大量与寄生虫-宿主互作相关的蛋白水解酶和蛋白酶抑制剂基因，其中部分基因在幼虫中为前 10%的高表达基因，可能是幼虫完成生活史的关键基因。三种带绦虫基因组中含有大量的（约占总基因 6%）分泌蛋白，其中很多具有免疫抑制功能，有助于绦虫逃避宿主的免疫攻击。

与吸虫类似，绦虫基因组中缺乏脂肪酸和胆固醇的从头合成途径所需的关键酶，因此，它们倾向于利用脂肪酸转运蛋白（FATP）以及脂肪酸结合蛋白（FABP）等直接从宿主中获取必需脂肪酸；同样，嘧啶、嘌呤以及氨基酸合成途径的相关基因在绦虫中进一步丢失，多房棘球绦虫甚至缺乏丝氨酸和脯氨酸等必需氨基酸的合成酶。绦虫体节能够不断向外生长并成熟，最终将满载虫卵的孕节片排出体外。绦虫体节不断生长的特性，与其终身存在的体干细胞相关。但是在绦虫基因组中却并没有找到干细胞的标志基因 *vasa* 以及关键的 *piwi* 基因家族，转而在其中发现一些与 *vasa* 和 *piwi* 基因功能相似的蛋白，提示绦虫的干细胞相关调控通路与哺乳动物存在高度差异的。在神经系统发育方面，尽管血吸虫并没有垂体-下丘脑样的器官，其基因组中却编码了相对完善的垂体-外周神经-内分泌腺轴相关基因，而这些基因在绦虫基因组中并没有编码，这从基因组层面说明绦虫神经系统发育程度较吸虫低。

六、线虫基因组

目前已公布超 100 种寄生性线虫基因组草图，包括丝虫（filaria），如马来丝虫（*Brugia malayi*）、罗阿丝虫（*Loa loa*）、班氏吴策丝虫（*Wuchereria bancrofti*）、犬恶丝虫（*Dirofilaria immitis*）、彭亨布鲁丝虫（*Brugia pahangi*）；旋毛虫，如旋毛形虫（*Trichinella spiralis*）及其他复合型；鞭虫（whipworms），如人毛尾线虫（*T. trichiura*）、鼠毛尾线虫（*T. muris*）、猪毛尾线虫（*T. suis*）；钩虫（hookworms），如美洲板口线虫（*Necator americanus*）、锡兰钩虫（*Ancylostoma ceylanicum*）、捻转血矛线虫（*Haemonchus contortus*）等；蛔虫（roundworms），如人蛔虫（*Ascaris lumbricoides*）、猪蛔虫（*A. suum*）、犬弓蛔虫（*Toxocara canis*）；以及其他，如粪类圆线虫（*Strongyloides stercoralis*）、有齿食道口线虫（*Oesophagostomum dentatum*）等。丝虫基因组草图大小为 81.5～93.7 Mb，其中彭亨布鲁丝虫蛋白质编码基因较少，为 9 687 个，蛋白质编码基因最多的为马来丝虫，共 18 348 个；旋毛虫基因组草图大小为 47.5～64 Mb，蛋白质编码基因 13 127～16 067 个；人鞭虫基因组草图大小为

75.2～87.2 Mb，其蛋白质编码基因较少，约 9 650 个，猪鞭虫编码基因较多，为 14 470～14 780 个；钩虫基因组相对较大，美洲板口线虫基因组草图大小为 244 Mb，共编码 19 151 个基因，捻转血矛线虫基因组为 370 Mb，编码 21 799 个基因；猪蛔虫与犬弓蛔虫基因组草图大小分别为 273 Mb 和 317 Mb，分别编码 18 542 和 18 596 个基因；类圆线虫基因组草图大小为 42.6～60.2 Mb，编码 12 451～18 457 个基因，其中粪类圆线虫基因组最小。

先前的研究认为丝虫缺乏血红素、核黄素、黄素腺嘌呤二核苷酸、谷胱甘肽和核苷酸的生物合成途径，而其共生菌沃尔巴克菌的这些通路均保留完整，因此推测沃尔巴克菌将为丝虫提供这些必需物质。然而，在不含沃尔巴克菌的罗阿丝虫基因组中却仍然没有完整编码上述物质合成通路的相关基因。此外，黄素腺嘌呤二核苷酸合成途径几乎在所有线虫都存在，而在丝虫基因组中还编码了嘌呤-嘧啶互转通路（purine-pyrimidine interconversion pathways），其中的关键酶能够帮助丝虫获取核苷酸。

研究表明，鞭虫头部表达大量参与宿主肠道黏液及蛋白质消化和宿主免疫调控的蛋白酶。其中，糜蛋白酶 A 样丝氨酸蛋白酶（chymotrypsin A-like serine proteases）多达 75 个，远远多于其他线虫；此外，白细胞多肽酶抑制剂类似蛋白酶抑制蛋白（protease inhibitors with similarity to secretory leukocyte peptidase inhibitor，SLPI）多达 80 个，是最大的蛋白酶抑制蛋白家族。这些蛋白质在鞭虫头部呈高表达，提示这些蛋白质很可能参与鞭虫的营养摄取、消化以及与虫体相互作用等生物学过程。

蛔虫基因组和各时期表达谱的破译揭示了蛔虫组织移行和逃避宿主免疫的潜在分子机制。猪蛔虫在肝肺移行期间大量表达的组织穿透及组织降解肽酶如 C1/C2、M1、M12、S9、S33 家族蛋白为猪蛔虫 L_3 期幼虫组织移行提供保障；同时，这些肽酶与挥发性物质如乙醇、醛和酮等相关嗅觉化学感应蛋白具有同源性，这进一步暗示了猪蛔虫幼虫移行可能是一个由化学感应介导、受挥发性物质浓度影响的生理过程。许多蛔虫分泌抗原具有调节宿主免疫反应的能力，与其他蠕虫同源的猪蛔虫分泌蛋白质占其总分泌蛋白质约一半，其中 *O*-糖基化蛋白质最多，约 300 个，它们大多可被宿主 IgM 和各种模式受体所识别，进而介导 Th2 型免疫反应。此外，通过对线虫基因组的破译，更加明确了线虫对宿主的免疫调节机制，同时也发掘出大量的潜在干预靶点，如激酶、蛋白酶、G 蛋白偶联受体等，这些都为线虫病的防控打开了新的局面。

七、螨基因组

已公布基因组草图的寄生性螨包括人疥螨（*Sarcoptes scabiei*）、羊痒螨（*Psoroptes ovis*）以及鸡皮刺螨（*Dermanyssus gallinae*）。人、猪和犬疥螨基因组由 17 条或 18 条染色体组成，大小在 56 Mb 左右，编码基因 9 174～10 644 个；羊痒螨基因组为 63.4 Mb，编码 12 037 个基因；鸡皮刺螨基因组较大，约 959 Mb，编码 14 608 个基因。螨虫基因组中编码许多变应原基因，能够引起宿主的过敏反应。在疥螨中，至少存在三大类多基因家族变应原（allergen），包括半胱氨酸蛋白酶（cysteine proteinase）、丝氨酸蛋白酶（serine protease）以及谷胱甘肽转移酶（Glutathione S transferase）等；在猪疥螨基因组中找出了 85 个变应原蛋白，其中大部分与其他螨虫同源。此外，大部分与 miRNA、dsRNA 和 siRNA 相关的 RNA 干扰通路蛋白在疥螨中比较保守；虽然 piRNA 绑定蛋白 AUB 和 PIWI 的相关基因在疥螨基因组中缺失，但具有类似结构域的 AGO-1、AGO-2 或 AGO-3 蛋白可能会具有一定的补充功能，疥螨的这种非经典 piRNA 通路与屋尘螨中的通路是一致的。

八、蜱基因组

蜱的基因组相对较大，目前已公布基因组草图的蜱包括肩突硬蜱（*Ixodes scapularis*）、蓖子硬蜱（*I. ricinus*）、全沟硬蜱（*I. persulcatus*）、长角血蜱（*Haemaphysalis longicornis*）、森林革蜱（*Dermacentor silvarum*）、亚洲璃眼蜱（*Hyalomma asiaticum*）、血红扇头蜱（*Rhipicephalus sanguineus*）以及微小扇头蜱（*R. microplus*）的基因组，其基因组草图大小分别为 2.69 Gb、2.65 Gb、1.90 Gb、2.55 Gb、2.47 Gb、1.71 Gb、2.36 Gb 和 2.53 Gb，GC 含量差异不大，为 45.8%～47.4%，编码基因 24 501～29 857 个。蜱成虫一般为二倍体，其基因组结构较为复杂。在已报道的蜱基因组中，52.6%～64.4%的碱基序列为重复序列，其中最为常见的重复序列类型是长散在重复序列 LINE 和长末端重复序列（long terminal repeat，LTR），分别能够占整个基因组的 8.6%～18.3%和 6.5%～16.1%。

通过比较基因组学分析，发现与多肽酶活性、转移酶活性、转录调节、跨膜转运和免疫相关的蛋白质家族在蜱基因组中显著地扩张。这些蛋白质包括 peptidase family M13、ABC-2 family transporter protein、serine protease inhibitor 以及 glutathione S-transferase 等，它们参与到蜱的吸血过程中，有助于血红蛋白消化、血红素转运、纤维蛋白分解、祛毒与抗氧化等。通过比较饱血和未吸血蜱基因表达谱，发现 TMPRSS6 等与血红素绑定、铁离子绑定、氧化还原酶活性和几丁质代谢相关通路差异表达相关。蜱是许多重要病原的传播媒介，其体内也携带大量共生菌，通过对不同地区的各种蜱进行宏基因组分析，总共在 6 种蜱虫中鉴定出 678 种病原微生物。全沟硬蜱和长角血蜱携带有多种乏质体（*Anaplasma*）、巴贝斯虫（*Babesia*）、螺旋体（*Borrelia*）、柯克斯体（*Coxiella*）、艾立希体（*Ehrlichia*）和立克次体（*Rickettsia*）等病原；而血红扇头蜱携带的病原丰度相对较小；微小扇头蜱中带有巴贝斯虫和乏质体，其共生菌柯克斯体在其体内丰度最高；森林革蜱中所含立克次体的丰度最高；亚洲璃眼蜱中所含柯克斯体和土拉弗朗西斯菌（*Francisella tularensis*）的丰度最高。

表 2-1　动物寄生虫已公布基因组名录及相关信息

物种名	染色体数/条	基因组草图大小	蛋白编码基因数/个	备注
原虫				
溶组织内阿米巴（*Entamoeba histolytica*）	—	20.8 Mb	8 333	AT 富集，富含转座子和重复 DNA 序列元件
异形内阿米巴（*Entamoeba dispar*）	—	23.0 Mb	8 748	
诺氏内阿米巴（*Entamoeba nuttalli*）	—	23.2 Mb	9 647	
侵袭内阿米巴（*Entamoeba invadens*）	—	40.9 Mb	11 549	
布氏锥虫（*Trypanosoma brucei*）	1*n*=11	26.0 Mb	9 068	端粒区编码大量表面变异糖蛋白（VSG）基因家族
枯氏锥虫（*Trypanosoma cruzi*）	1*n*=28	55 Mb	约 12 000	染色体具体数目不清楚
硕大利什曼原虫（*Leishmania major*）	1*n*=36	32.8 Mb	8 298	端粒区编码 VIPER 和 SIRE 等转座元件及反式唾液酸酶如 DGF-1 和 RHS 等
杜氏利什曼原虫（*Leishmania donovani*）	1*n*=36	32.4 Mb	8 395	重复序列占比少
婴儿利什曼虫（*Leishmania infantum*）	1*n*=36	32.1 Mb	8 154	
巴西利什曼原虫（*Leishmania braziliensis*）	1*n*=35	32.0 Mb	8 153	

（续）

物种名	染色体数/条	基因组草图大小	蛋白编码基因数/个	备注
蓝氏贾第虫（*Giardia lamblia*）	1*n*=5	11.7 Mb	6 470	编码大量富含半胱氨酸的蛋白质，如VSPs、HCMPs以及HCPs
阴道毛滴虫（*Trichomonas vaginalis*）	1*n*=6	176.4 Mb	59 681	重复序列拷贝较多，占基因组20%以上；基因家族扩张显著，如蛋白激酶、BspA样基因、膜转运相关小GTP酶等
恶性疟原虫（*Plasmodium falciparum*）	1*n*=14	23.3 Mb	5 429	AT富集，GC含量仅为19.4%～24%；端粒区编码多基因家族，如*var*、*stevor*、*rifin*、*pir*和*yir*等
约氏疟原虫（*Plasmodium yoelii*）	1*n*=14	23.1 Mb	5 878	
三日疟原虫（*Plasmodium malariae*）	1*n*=14	33.6 Mb	6 540	
诺氏疟原虫（*Plasmodium knowlesi*）	1*n*=14	23.5 Mb	5 291	GC含量可达39%～40%；端粒区编码多基因家族，如*vir*等
间日疟原虫（*Plasmodium vivax*）	1*n*=14	26.8 Mb	5 433	
田鼠巴贝斯虫（*Babesia microti*）	1*n*=4	6.68 Mb	3 494	基因组散在编码大量*ves*抗原基因，其表达模式类似锥虫VSG
双芽巴贝斯虫（*Babesia bigemina*）	1*n*=4	13.8 Mb	5 079	
牛巴贝斯虫（*Babesia bovis*）	1*n*=4	8.2 Mb	3 671	
小泰勒虫（*Theileria parva*）	1*n*=4	8.3 Mb	4 035	编码如SVSP、FAINT、TPR和TAR等大型蛋白家族
环形泰勒（*Theileria annulata*）	1*n*=4	8.4 Mb	3 792	
弓形虫（*Toxoplasma gondii*）	1*n*=13	64.9 Mb	7 286	串联成簇的分泌型致病因子基因显著扩增并具有明显多态性，不同株间基因组序列相似性较高
犬新孢子虫（*Neospora caninum*）	1*n*=13	61.5 Mb	7 798	基因序列大多与弓形虫相似，但关键毒力因子多缺失或为假基因
柔嫩艾美耳球虫（*Eimeria tenella*）	1*n*=14	51.8 Mb	8 603	基因组重复序列较高，具有特征性的"CAG"短重复序列和端粒样重复序列遍布基因组各个位置，且呈区域性的富集（repeat-rich）或散在（repeat-poor）分布；*sag*基因家族扩张
毒害艾美耳球虫（*Eimeria necatrix*）	1*n*=14	55.2 Mb	8 627	
堆型艾美耳球虫（*Eimeria acervulina*）	1*n*=14	46.1 Mb	6 867	
巨型艾美耳球虫（*Eimeria maxima*）	1*n*=14	46.2 Mb	6 057	
布氏艾美耳球虫（*Eimeria brunetti*）	1*n*=14	65.6 Mb	8 711	
和缓艾美耳球虫（*Eimeria mitis*）	1*n*=14	69.5 Mb	10 077	
早熟艾美耳球虫（*Eimeria praecox*）	1*n*=14	56.7 Mb	7 635	
镰型艾美耳球虫（*Eimeria falciformis*）	—	43.7 Mb	5 879	

（续）

物种名	染色体数/条	基因组草图大小	蛋白编码基因数/个	备注
环孢子虫（*Cyclospora cayetanensis*）	—	44.0 Mb	7 457	基因组序列特征与艾美耳属球虫类似
神经肉孢子虫（*Sarcocystis neurona*）	—	130.2 Mb	7 093	序列重复性高，重复原件多为LINE和DNA元件序列
人隐孢子虫（*Cryptosporidium hominis*）	1*n*=8	8.7 Mb	3 956	顶质体和线粒体基因组缺失，多个必需物质合成途径缺失；种间序列相似性高
微小隐孢子虫（*Cryptosporidium parvum*）	1*n*=8	9.1 Mb	3 886	
吸虫				
日本血吸虫（*Schistosoma japonicum*）	2*n*=16	370 Mb	10 089	重复序列占比达40%，主要包括逆转座子等
曼氏血吸虫（*Schistosoma mansoni*）	2*n*=16	363 Mb	11 809	
埃及血吸虫（*Schistosoma haematobium*）	2*n*=16	385 Mb	13 073	
华支睾吸虫（*Clonorchis sinensis*）	2*n*=14	558 Mb	13 489	
麝猫后睾吸虫（*Opisthorchis viverrini*）	2*n*=12	634.5 Mb	13 379	
肝片形吸虫（*Fasciola hepatica*）	2*n*=20	1.3 Gb	22 676	高度核苷酸多态性
大片形吸虫（*Fasciola gigantica*）	—	1.04 Gb	20 858	含大量重复序列，高度核苷酸多态性
绦虫				
猪带绦虫（*Taenia solium*）	2*n*=18	122.3 Mb	11 902	种间基因序列保守性较高，内含子长度呈双峰分布（分别长约36 bp和73 bp）
牛带绦虫（*Taenia saginata*）	—	169.1 Mb	13 161	
亚洲带绦虫（*Taenia asiatica*）	—	168.0 Mb	13 323	
泡状带绦虫（*Taenia hydatigena* ）	—	308.5 Mb	11 358	重复序列达63.3%，主要包括Gypsy、Copia和ERV1等LTR
细粒棘球绦虫（*Echinococcus granulosus*）	2*n*=18	115 Mb	10 231	代谢相关通路基因大量缺失、Homeobox基因大量缺失
多房棘球绦虫（*Echinococcus multilocularis*）	2*n*=18	115 Mb	10 345	
微小膜壳绦虫（*Hymen olepis microstoma*）	—	141 Mb	10 241	
线虫				
马来丝虫（*Brugia malayi*）	2*n*=12	93.7 Mb	18 348	含共生菌沃尔巴克菌，缺乏从头合成核酸的代谢通路
犬恶丝虫（*Dirofilaria immitis*）	—	84.2 Mb	10 179	
彭亨布鲁丝虫（*Brugia pahangi*）	—	85.4 Mb	9 687	
班氏吴策丝虫（*Wuchereria bancrofti*）	—	81.5 Mb	14 496	

（续）

物种名	染色体数/条	基因组草图大小	蛋白编码基因数/个	备注
罗阿丝虫（*Loa loa*）	$2n=12$	91.4 Mb	14 907	不含沃尔巴克菌，同时也缺乏血红素、核黄素、黄素腺嘌呤二核苷酸、谷胱甘肽和核苷酸的生物合成途径
旋毛虫（*Trichinella spiralis*）	$2n=6$ 雌/$2n=5$ 雄	64 Mb	15 808	重复序列约占基因组 18%，且重复序列的 GC 含量相对较低（27%）；性染色体：雌性（XX），雄性（XO）
人毛尾线虫（*Trichuris trichiura*）	—	75.2 Mb	9 650	
猪毛尾线虫（*Trichuris suis*）	$2n=6$	83.6～87.2 Mb	14 470～14 781	重复序列达 32%；性染色体：雌性（XX），雄性（XY），但 X 和 Y 染色体序列差异小
鼠毛尾线虫（*Trichuris muris*）	$2n=6$	85 Mb	11 004	性染色体：雌性（XX），雄性（XY）
捻转血矛线虫（*Haemonchus contortus*）	$2n=6$	370 Mb	21 799	目前发现最大的线虫基因组
美洲板口线虫（*Necator americanus*）	$2n=12$	244 Mb	19 151	金属内肽酶和 SCP/TAPS 等编码基因显著扩张
锡兰钩虫（*Ancylostoma ceylanicum*）		313 Mb	26 966	
猪蛔虫（*Ascaris suum*）	$2n=24$	273 Mb	18 542	重复序列含量低（4.4%），组织穿透及组织降解肽酶在 L_3 期大量表达
犬弓蛔虫（*Toxocara canis*）	—	317 Mb	18 596	编码大量蛋白酶（>870）
粪类圆线虫（*Strongyloides stercoralis*）	—	42.6 Mb	13 098	
有齿食道口线虫（*Oesophagostomum dentatum*）	—	443 Mb	25 291	
节肢动物寄生虫				
人疥螨（*Sarcoptes scabiei*）	$2n=17/18$	56.2 Mb	10 644	
羊痒螨（*Psoroptes ovis*）	—	63.4 Mb	12 037	编码多种变应原基因
鸡皮刺螨（*Dermanyssus gallinae*）	—	约 959 Mb	14 608	
肩突硬蜱（*Ixodes scapularis*）	$2n=28$	2.69 Gb	24 501	重复序列占基因组 52.6%～64.4%，主要包含 LINE 和 LTR 等；免疫相关的蛋白家族显著扩张
蓖子硬蜱（*Ixodes ricinus*）	—	2.65 Gb		
全沟硬蜱（*Ixodes persulcatus*）	—	1.90 Gb	28 641	
长角血蜱（*Haemaphysalis longicornis*）	$2n=22$	2.55 Gb	27 144	
森林革蜱（*Dermacentor silvarum*）	$2n=22$	2.47 Gb	26 696	

（续）

物种名	染色体数/条	基因组草图大小	蛋白编码基因数/个	备注
亚洲璃眼蜱 (*Hyalomma asiaticum*)	$2n=22$	1.71 Gb	29 644	重复序列占基因组 52.6%～64.4%，主要包含 LINE 和 LTR 等；免疫相关的蛋白家族显著扩张
血红扇头蜱 (*Rhipicephalus sanguineus*)	$2n=22$	2.36 Gb	25 718	
微小扇头蜱 (*Rhipicephalus microplus*)	$2n=22$	2.53 Gb	29 857	

（胡丹丹　王帅　林矫矫　罗建勋　刘贤勇　编，缪炜　蔡建平　朱冠　审）

第三章 寄生虫病流行病学

第一节 寄生虫病流行的必要环节

寄生虫病是病原生物性疾病，在人、动物群体内或动物与人之间传播、流行。寄生虫病流行病学（epidemiology）是研究群体中寄生虫病的分布及影响其流行的决定性因素并利用这些研究成果来防控寄生虫病的科学。寄生虫病的流行过程一般需要经过3个阶段：病原从受感染的宿主（传染来源）排出；病原在外界环境或生物体内（宿主）发育或生存；经过一定的传播途径，病原侵入新的易感动物，形成新的传染。与传染病类似，寄生虫病在一个地区流行必须具备三个必要环节，即传染来源（传染源）、传播途径和易感动物。这三个要素在某一地区同时存在、相互关联，并在一定外界因素的影响下就会造成某种寄生虫病的流行。

寄生虫病的流行在发病率和分布范围上可表现为散发（sporadic）、地方流行（endemic，动物群体一般用 enzootic）、流行（epidemic，epizootic）、暴发（outbreak）或大流行（pandemic，panzootic），在地域上可表现为地方性或全球性，在时间上可表现出季节性（seasonality，seasonal pattern）和周期性（periodicity）。生物因素、自然因素和社会因素都可能对寄生虫病的流行产生影响。

流行性（endemicity）一般用流行率（prevalence），即在某地区一定时间段感染动物的百分率来度量。而发生率（incidence）是指在一定时间段一个动物群体里新感染动物的比率（比如在过去的一年里，某地区犬新感染利什曼原虫的百分率）。如果一个稳定的地方流行的寄生虫病其流行率和发生率忽然同时大幅度升高，即说明该寄生虫病又开始流行（复燃，reemergence）。

一、寄生虫病的传染来源

寄生虫病的传染来源是指体内有寄生虫寄生、发育、繁殖，并能散布寄生虫病原的宿主动物。简而言之，传染源就是受感染的动物，包括患病动物（有明显临床症状的动物）和带虫动物（如带虫宿主、保虫宿主）。如感染微小隐孢子虫的犊牛排出的粪便中每克可含上百万个卵囊，严重污染周围环境，导致其他易感动物（包括人）感染。感染了猪蛔虫的猪通过粪便排出大量的蛔虫卵，这些虫卵发育到感染性阶段后被其他健康猪食入，就能造成感染。感染有肝片形吸虫的牛羊可不断经粪便排出虫卵，而虫卵落入水中孵出的毛蚴进入中间宿主——淡水螺体内，经过发育，形成尾蚴，最后尾蚴附于水生植物和草上，形成囊蚴，后者再感染其他健康牛羊。患环形泰勒虫病牛血液中的虫体可通过吸血的硬蜱传播给其他健康牛。

二、寄生虫病的传播途径

（一）寄生虫病的传播途径

寄生虫从传染源排出后，经一定的途径和方式侵入并感染新的易感动物，这种侵入宿主的途径和感染方式称为寄生虫病的传播途径。在同一种寄生虫病的流行中，有时是一种传播途径引起，有时则可有多种传播途径起作用。寄生虫病传播途径主要有下述5种。

1. 土源性传播 土源性传播（soil-borne transmission）是指土壤受到传染源的排泄物、分泌物直接或间接污染，进而成为感染易感动物的源头，这种方式在寄生虫病的传播中具有重要作用。如蛔虫卵、鞭虫卵等在粪便污染的土壤中发育为感染性虫卵，动物从环境中摄食感染性虫卵而被感染。在流行病学上，常将完成生活史不需要中间宿主，其虫卵（或卵囊）或幼虫在外界（主要是指土壤）发育到感染性阶段后直接感染人和动物的寄生虫如蛔虫、钩虫、圆线虫、艾美耳球虫等称为土源性寄生虫（soil-borne parasite）。

2. 食源性传播 食源性传播（food-borne transmission）发生的情况有两种，一种是食物本身含有寄生虫；另一种是食物在不同情况下被寄生虫污染，如污染的水洗涤食具、蔬菜、瓜果，或经尘埃、飞沫或昆虫、鼠等污染，或动物饲料被污染。

在流行病学上把因生食或半生食含有感染期寄生虫的食物（指食物本身含感染期寄生虫）而感染的寄生虫病，称为食源性寄生虫病（food-borne parasitosis）。

3. 水源性传播 水源性传播（water-borne transmission）通常包括经饮用水传播（transmission through drinking water）和经接触疫水传播（transmission through contacting contaminated freshwater）两种方式。当饮用水源被含有寄生虫感染期虫卵、卵囊、幼虫、包囊的粪便或污物污染，人和动物饮用了被污染的水而受到感染，如贾第虫病、隐孢子虫病、弓形虫病等。而接触疫水或是被污染的娱乐用水，也可能造成寄生虫感染。如水体中若存在感染血吸虫的钉螺，钉螺在水中不断逸出尾蚴，尾蚴经皮肤侵入宿主造成血吸虫病。

4. 空气源性传播 空气源性传播（air-borne transmission）主要是借助尘埃、飞沫实现的，如球虫、隐孢子虫卵囊可随尘埃飞扬于空气中，经鼻咽吸入后至消化道，使动物感染。

5. 节肢动物源性传播 节肢动物源性传播（arthoropod-borne transmission），又称虫媒传播（vector-borne transmission）。在寄生虫感染中，节肢动物（虫媒）不包括在感染源之中，而是作为传播环节。节肢动物作为传播因素有以下两种传播方式。

（1）机械性传播（mechanical transmission）：苍蝇、蟑螂等可携带寄生虫虫卵、卵囊或包囊等，而虫体在它们体表或体内均不能繁殖，当它们觅食时，通过接触、反吐或随粪便排出病原体，进而使食物或食具受到污染，造成寄生虫病的传播。

（2）生物性传播（biological transmission）：寄生虫病病原与某些吸血节肢动物有生物学上的特异性联系。一些寄生虫在吸血节肢动物体内经过一定的发育阶段后才能感染易感宿主，这种传播方式称生物性传播。

（二）寄生虫的感染方式

在描述寄生虫病传播途径的过程中，有时会对感染性虫体入侵宿主的方式（感染方式）进行描述。感染方式可以是某种单一的方式，也可以是多方式，因寄生虫种类而异。寄生虫常见的感染方式主要有以下几种。

1. 经口感染（oral-route of infection） 寄生虫通过易感动物的采食、饮水，经口进入宿主体内的方式。多数寄生虫感染属于这种感染方式。

2. 经皮肤感染（skin-route of infection） 寄生虫通过易感动物的皮肤进入宿主体内的方式。例如钩虫、血吸虫的感染。

3. 接触感染（infection through contact） 寄生虫通过宿主之间的直接接触（direct contact）或与用具、人员等的间接接触（indirect contact）进行传播的方式。多见于外寄生虫，如蜱、螨、虱等的感染。

4. 经节肢动物感染（vector-borne infection） 寄生虫通过节肢动物的叮咬、吸血、排便传播给易感动物的方式。这类寄生虫主要是一些血液原虫和丝虫。

5. 经胎盘感染（placental infection） 寄生虫通过胎盘由母体传染给胎儿的方式，如弓形虫、新孢子虫可经胎盘感染。

6. 经乳汁感染（milk-borne infection） 寄生虫通过母乳而感染哺乳期的幼龄动物，弓形虫、牛弓首蛔虫、猫弓首蛔虫等均可通过乳汁感染。

7. 经生殖道感染 因精液、阴道分泌液中存在寄生虫而使动物在交配（coitus）时通过生殖道感染，如牛胎儿毛滴虫、马媾疫锥虫的感染。

8. 自身感染（autoinfection） 某些寄生虫产生的虫卵或幼虫不需要排出宿主体外即可使原宿主再次遭受感染，这种感染方式就是自身感染。例如猪带绦虫的患者呕吐时，可使孕卵节片或虫卵从宿主小肠逆行入胃而再次使原患者遭受感染。粪类圆线虫也可在免疫力低下的人体或动物肠道内反复繁殖，致自身感染。隐孢子虫的薄壁型卵囊也可以导致宿主发生自身感染。

在上述传播方式中，由母畜直接传播给幼畜的方式称为垂直传播（vertical transmission），如经胎盘感染和经乳汁传播，其他方式称为水平传播（horizontal transmission）。

三、易感动物

寄生虫的传播必须有易感宿主（susceptible host）的存在。易感宿主是指对某种寄生虫缺乏免疫力或免疫力低下而易被寄生虫感染的动物。易感性（susceptibility）可能与年龄有关，通常来说，幼龄动物、妊娠动物免疫力低于成年动物。外来动物，尤其新引进的动物进入流行区后也可能成为易感动物。易感动物的品种、性别、年龄、妊娠与否、营养状况、饲养管理水平等，均可影响其易感性，进而影响寄生虫病的流行。

（肖立华　刘贤勇　编，蔡建平　索勋　审）

第二节　寄生虫病流行的主要影响因素

影响寄生虫病流行的内在因素是寄生虫因素和宿主因素，外部因素主要有自然因素和社会因素。外部因素通过影响内在因素，进而影响寄生虫病的流行。

一、寄生虫因素

寄生虫因素（parasite factors）是影响寄生虫病流行的主要因素，具体包括寄生虫的毒力（virulence）、生物潜能（biotic potentials）、虫卵、卵囊或幼虫在环境中发育所需条件与时间、虫卵或幼虫感染宿主到它们成熟排卵所需时间（即潜在期，或称潜隐期，prepatent period）等生物学特性。

所谓毒力是指寄生虫的致病能力（pathogenicity），毒力越强，对宿主造成的危害越大。寄生虫种属不同，致病力往往不同，如在毛圆（总科）线虫中，捻转血矛线虫对绵羊的致病力最强；柔嫩艾美耳球虫的毒力明显强于和缓艾美耳球虫。有的虫种，基因型不同，致病力也不同，如弓形虫的经典基因型——Ⅰ型、Ⅱ型、Ⅲ型对小鼠的致病力分别为强、中、弱。柔嫩艾美耳球虫不同地理株其毒力也有强弱之别。

所谓生物潜能是指寄生虫的繁殖速率，主要取决于其繁殖力和一年内的繁殖代次，这些因素对那些季节性发生的寄生虫病的流行有重要影响。

寄生虫在宿主体内寿命的长短也影响其传播。长寿的寄生虫会长期地向外界散布虫卵或虫体，使更多的易感动物感染发病。如牛带绦虫的寿命可达5年以上，会持续地造成外界环境污染；安氏隐孢子虫卵囊的排泄也可持续几年，会持续造成其他宿主的感染。

其他寄生虫因素包括：虫体以什么方式或哪个发育期排出宿主体，它们在外界如何生存和发育，在各条件下发育到感染性阶段所需的时间，以及寄生虫在自然界保持存活、发育和感染能力的期限等。如猪蛔虫虫卵在外界可保持活力达5年之久，因此，对污染严重、卫生状况不良的猪场，蛔虫病具有顽固、难以消除的特点。又如夏伯特线虫的虫卵和感染性幼虫耐低温的能力比较强，因此在寒冷的地区也能流行。

二、宿主因素

宿主因素（host factors）是影响寄生虫病流行的另一主要因素，包括宿主的种类、品种、性别、年龄、妊娠与否、营养状况、健康状况、免疫力水平、分布等因素。多种寄生虫需要中间宿主，中间宿主的分布、密度、生态习性、栖息场所、出没时间、越冬地点和有无自然天敌等因素也与寄生虫病的传播和流行直接相关。如吸虫以螺为中间宿主，因此螺的上述特征对吸虫病的流行有很大影响。需要说明的是，宿主的分布往往取决于自然因素。

寄生虫的宿主种类越多，影响其流行的因素越复杂，防控的难度也越大。如与单宿主蜱相比，二宿主蜱和三宿主蜱的防控难度明显增大。

宿主的免疫力在调节其对寄生虫易感性及寄生虫感染强度方面起着关键作用。幼龄动物免疫力不健全或低下，易被绝大部分寄生虫感染，甚至出现高发病率和高死亡率。因此，幼龄动物若处于寄生虫严重污染的环境中很容易被感染，如隐孢子虫、球虫等。另外，妊娠动物、老龄动物和免疫抑制动物对某些寄生虫的易感性也会升高。比如，围产期母羊排出的粪便中隐孢子虫卵囊和线虫卵可能增加，肺孢子虫和类圆线虫等更偏爱感染有免疫缺陷的宿主，弓形虫、隐孢子虫、微孢子虫、环孢子虫和囊等孢球虫等则在免疫抑制的宿主引起更为严重的病症。而成年动物因幼年感染过某种寄生虫具有较好的免疫力，其对寄生虫再次感染有一定抵抗力，感染后不表现临床症状，很多种动物的球虫感染尤为典型。宿主肠道菌群也常影响肠道寄生虫感染力和持续时间。

宿主遗传（host genetics）对寄生虫感染也很重要。具备特定MHC Ⅰ或是MHC Ⅱ类分子的动物对胞内寄生原虫更为易感或耐受。对伴侣动物如犬、猫和马的近亲繁育导致了一些遗传性免疫缺陷疾病越来越普遍，这些动物对机会性寄生虫更为易感。一旦被感染，除非给予有效的抗寄生虫药物治疗，否则其症状明显且预后差。利用某些品系的免疫遗传优势，可以选育出抗球虫感染的鸡品系。

三、自然因素

自然因素（natural factors）包括气候、地理、生物种群等，对寄生虫病的流行有极大影响。地理和气候的不同必将影响到植被（vegetation）和动物区系（fauna）的不同，后者的不同又将更为直接地影响到寄生虫的分布。有些寄生虫病的流行常有明显的地方性，这种特点与当地的气候条件、中间宿主或媒介的地理分布等有关。

那些需要中间宿主的虫种，其依赖于中间宿主的分布自不待言；那些没有中间宿主的寄生虫，也常和家畜以外的其他动物和植物保持着各式各样的关系。如蜱的分布常和植被的状况密切相关，植被的不同又和地理气候条件相关联。由于蜱种的分布不同，又造成梨形虫病的分布差异。山林中的野生动物常成为许多家畜寄生虫的保存宿主和感染来源，如牛、羊和多种野生反刍动物有着共同的寄生虫。所以，一个地区的动物区系必将影响到寄生虫及寄生虫病的传播和流行。

地理位置不同，气候和自然环境也必有差异，意味着宿主、中间宿主和媒介、虫体体外发育的条件也不同，必然影响到寄生虫的分布（distribution），特别是那些对宿主选择性比较严格的寄生虫，其特异性宿主的分布会直接或间接地影响寄生虫的分布。例如，寄生于牛、羊、马等多种哺乳动物的布氏锥虫刚果亚种（*Trypanosoma brucei congolense*）和布氏锥虫指名亚种（*Trypanosoma brucei brucei*），都是分布在非洲的热带地区，这与其媒介——舌蝇（*Glossina* spp.，俗称采采蝇 tsetse fly）的分布相一致。而伊氏锥虫（*T. evansi*）虽与布氏锥虫非常相近，却广泛存在，因为它的媒介——虻（Tabanidae）几乎无处不在。日本血吸虫在我国只分布于长江流域及以南的省区，这与其中间宿主——钉螺（*Oncomelania*）的分布相一致。可见媒介或中间宿主的分布决定了这些寄生虫及寄生虫病的分布。终末宿主的地理分布当然更决定了寄生虫及寄生虫病的分布。例如，宿主特异性强的寄生虫，只存在于有其宿主的地区。所以，宿主与环境都影响寄生虫及寄生虫病的分布。一般来说，同种宿主的生态环境不同时，其寄生虫的类别也有所不同，生态环境越复杂，寄生虫的种类往往越多。

动物的迁移无疑影响到寄生虫及寄生虫病的分布。如活跃锥虫（*Trypanosoma vivax*），本来也是一种以舌蝇为媒介，与刚果锥虫和布氏锥虫有着共同地理分布的种类，但现在也见于南美和毛里求斯等地，这是因为近百年内虫体随着牛的运输而迁往新热带区，它们原本需要在舌蝇的舌喙部发育，而如今已渐渐适应由虻类行机械性传播，并已定居于该地。长距离的交通运输和频繁往来给某些动物的移动创造了有利条件，昆虫的迁移最为常见。另外，随着人类的迁移，可以将一些寄生虫及寄生虫病带到新的地方，在气候合适、宿主条件具备和相似的生活习惯条件下，这些寄生虫和寄生虫病便扩散到新的地区。如在亚洲流行的牛指状长刺线虫现已扩散到南美一些国家。现代畜牧业的发展也可影响寄生虫的分布，如猪的集约化养殖大大地降低了猪囊尾蚴的流行，乳牛的集约化养殖却导致了微小隐孢子虫某些基因亚型家族在世界范围内的扩散。

地理隔绝的地方常保有其固有的某些特殊的寄生虫种类。有的寄生虫持续存在一些野生动物宿主之中，其分布范围完全对应于宿主的分布，并局限于一定的区域，这种特性称自然疫源性（nidus，natural reservoir，disease reservoir，reservoir of infection）。但在一定的条件下，当人或家畜进入这一生态环境时可能遭到感染，细粒棘球绦虫的某些亚种与多房棘球绦虫可能就是如此。通常情况下，它们循环于狐、犬、狼（终末宿主）和一些野生反刍类、啮齿类、有袋类动物（中间宿主）之间。还有一些血液原虫保持感染于其媒介（蜱、各种吸血昆虫）和哺乳动物及鸟类之间，一旦有人类或家畜介入，即造成新发传染病的流行，如在美国流行的田鼠巴贝斯虫。

局部的微气候同样影响寄生虫病的传播，造成地理上相隔遥远的宿主可以有同样的寄生虫种类。比如，肝片形吸虫在世界范围内分布，但在某一具体国家，其又分布于温湿度适宜其中间宿主繁育的地区。动物宿主广泛分布于世界各地，它们的寄生虫往往也遍布各地，那些土源性寄生虫尤其如此。随着交通和贸易的发达，增加了家畜及其产品的运输与交换，致使许多寄生虫及寄生虫病分布日益广泛。

由于寄生虫的发育和存活受温度、湿度等环境因素的影响，绝大多数寄生虫在其宿主机体的出现都有季节性（seasonality）。这种季节因素主要与处于感染阶段的寄生虫在动物活动场所、食物和饮水中的出现时间及丰度（abundance），以及中间宿主活动性相关。比如在北半球的冬季，寄生于羊的绝大部分胃肠道线虫荷虫量低；而当春天来临，母羊体内滞育的幼虫发育成熟而致虫卵排出，最终导致每克粪便中的虫卵数量激增，出现春季高潮（a spring-rise）。随着温度升高，牧场上的虫卵发育到第三期幼虫，感染羔羊和母羊，造成夏末和初秋的感染高峰（peak infection）。因此，母羊每年有两次虫卵排出高峰（peak egg output），而羔羊仅有一次。再如肝片形吸虫感染的发生受中间宿主螺和幼虫在螺体内发育所需温度的影响，造成了不同气候地区反刍动物感染的季节特征明显差别。降雨也对肝片形吸虫病的流行有很大影响，雨水丰沛的年份，淡水螺数量的上升导致肝片形吸虫广泛流行。对隐孢子虫和贾第虫等寄生虫来说，现代化的动物封闭饲养方式使得寄生虫存在的环境比较稳定，且全年都有易感宿主，环境中的虫体污染很严重，降低了发病的季节特征。全球性温室效应对寄生虫的分布也产生了重大影响。

四、社会因素

社会因素（social factors）包括社会经济状况、文化教育和科学技术水平、法律法规的制定和执行、人们的生活方式、风俗习惯、饲养管理以及防控措施等。

饲养管理对有些寄生虫病的流行有重要影响。如对放牧的牛而言，蠕虫感染率往往很高，而全程圈养可切断大部分蠕虫的传播途径，防止其感染；但在规模化圈养的乳牛中，由于饲养密度大，球虫、隐孢子虫等繁殖力很强的土源性传播寄生虫所致疾病往往流行更严重。

在某些寄生虫病（特别是人兽共患寄生虫病）的流行中，社会因素起着非常重要的作用。例如，在一些地区，卫生条件差，生活习惯不良，粪便管理不严，再加上猪散放饲养，当地人喜食生肉，往往导致猪囊虫病（cysticercosis）流行。因此，宣传科普知识，提倡讲究卫生，改变不良卫生和风俗习惯，改善饲养管理措施，是预防寄生虫病流行的重要一环。实践证明，随着我国社会经济的发展和人民生活水平的提高，生物安全工作的强化加上法制化的管理和群众性的防控工作，许多危害严重的寄生虫病会逐步得到控制和消灭。

寄生虫和宿主的生物学因素、自然因素和社会因素常相互作用，共同影响寄生虫病的流行。由于生物学因素和自然因素一般是相对稳定的，而社会因素往往是不断变化的，因此其对控制寄生虫病的流行起着关键作用，社会稳定、经济发展、科学进步、法律法规健全、饲养管理水平提高都有助于提高寄生虫病的防控水平，降低寄生虫病的流行。

（肖立华　刘贤勇　编，蔡建平　朱冠　审）

第三节　寄生虫病的流行特点

动物寄生虫病的流行是其内因（寄生虫和宿主因素）和外因（自然环境因素和社会因素）共同作用的结果，这些因素在不同地区、不同时期的差异，造就了寄生虫病的流行特点呈多态性，但可概括为如下七个特点。

一、普遍性

很多寄生虫，特别是土源性寄生虫，分布极为广泛，呈现出全球分布的特点。同群动物也表现出普遍感染。如鸡球虫病、弓形虫病、隐孢子虫病、猪蛔虫病、牛羊消化道线虫病、马圆线虫病，几乎各个国家均有发生；对放牧牛羊而言，消化道线虫的感染率可达100%。

二、区域性

某些寄生虫病主要流行于某一区域，而在其他地方很少发生。营间接发育的蠕虫（吸虫、绦虫、棘头虫和部分线虫）以及部分节肢动物区域性流行比较明显。气候、地理环境、宿主种类和社会因素是决定寄生虫区域性流行的主要因素。片形吸虫、前后盘吸虫主要流行于水域周边地区，因其需要以淡水螺作为中间宿主。日本血吸虫病主要流行于我国长江流域及其以南的部分地区，因为这些地方的气候（温度、湿度）、地理环境（水域）适合该吸虫唯一的中间宿主——钉螺滋生。牛羊包虫病主要在我国的西北、西南牧区流行，与当地将牛羊脏器喂犬，牧羊犬粪便污染牧场有关。舌蝇（俗称采采蝇）主要流行于撒哈拉沙漠周边地区，其传播的布氏锥虫刚果亚种和布氏锥虫指名亚种的流行区域与其分布一致。

三、季 节 性

大多数寄生虫病的流行有明显的季节差异。不同季节的温度、湿度、降水以及光照等因素会影响寄生虫在外界的生长、发育、繁殖，或影响中间宿主、终末宿主的行为活动、生理状态，使得寄生虫病流行呈现出季节性。土源性寄生虫其虫卵或幼虫在外界环境中的发育受气温影响明显：冬季环境气温低，虫卵或幼虫难以越冬；夏季气温较高，对虫卵和幼虫发育不利。因此，此类寄生虫病多在初春和秋季流行，如捻转血矛线虫病。一些生物源性寄生虫，由于其中间宿主或媒介的发育同样受到气温的影响，因此，这类寄生虫引起的寄生虫病的流行往往与中间宿主或媒介的出没一致。如日本血吸虫的中间宿主——钉螺在气温低于 5 ℃时，进入冬眠，尾蚴逸出的最适宜温度为 20～25 ℃，因此，春末夏初和秋季是日本血吸虫病发生的高峰期。莫尼茨绦虫病的流行和其中间宿主——地螨的活动季节、幼畜（易感动物）开始放牧的时间一致：在我国南方，羔羊、犊牛的感染高峰一般在 4—6 月；北方气温回升晚，其感染高峰一般在 5—8 月。

四、群体差异性

由于宿主抵抗力、动物群体的饲养管理以及寄生虫病防控措施等因素存在差异，不同动物群体的寄生虫病流行情况可能会呈现出明显的差异。一般而言，幼龄动物、妊娠动物、年老动物抵抗力较弱，寄生虫感染率往往较高，感染强度较大。饲养管理对有些寄生虫（特别是营间接发育的寄生虫）病的流行有重要影响。绵羊长期在有肝片形吸虫病流行的区域放牧且不采取防治措施，死亡率可达 100%，而全程圈养的绵羊如不饲喂新鲜水草，则不会发生肝片形吸虫病。与地面平养的肉鸡相比，笼养蛋鸡球虫病的发病率明显降低。猪疥螨在猪场中广泛流行，而在防控措施科学的猪场，疥螨病可以被根除。

五、长 期 性

大部分寄生虫对外界不利环境因素的抵抗力比较强、在外界存活时间长，有的寄生虫在宿主体内（中间宿主、终末宿主或转续宿主）存活时间长，因此，如缺乏有效措施彻底切断寄生虫传播途径或彻底将寄生虫消灭，则这些寄生虫病会在流行区域内长期流行。如鸡皮刺螨一旦传入鸡场，很难彻底根除，会在鸡场长期流行。猪鞭虫虫卵在外界能存活 11 年之久，一旦传入猪场，很难彻底清除，也会长期流行。包虫病在我国西北牧区的流行受牛、羊、犬等动物的饲养管理，人的生活习惯、宗教信仰，流浪动物及野生动物管理等多重因素的影响，控制其流行是一项长期而艰巨的任务。

六、自然疫源性

有些寄生虫既可以感染野生动物也可以感染家畜，甚至人；在某些区域，由于地理隔绝，这些寄生虫常局限在这些区域的宿主中流行；当人或家畜进入这一生态环境时，可能遭到感染。如多房棘球绦虫在通常情况下循环于狐、犬和狼（终末宿主）以及一些野生反刍类、啮齿类和有袋类动物（中间宿主）之间，但家畜和人进入这些区域时可能会遭受感染，造成流行。卫氏并殖吸虫的终末宿主范围较为广泛（犬科动物、猫科动物及人），其第一中间宿主（淡水螺）和第二中间宿主（溪蟹和蝲蛄）的分布也十分广泛，此外还存在野猪、鼠类等转续宿主，因此，该病具有较强的自然疫源性。

七、慢性和消耗性

一些寄生虫病可以导致动物大批急性死亡，如鸡球虫病；但大多数寄生虫病呈现慢性消耗性特征：动物感染后发病过程较长，病程发展较缓慢，临床症状不太明显或不具有特征性，但会严重影响动物的营养代谢和生长发育，导致动物生长缓慢、渐进性消瘦、生产性能下降，造成巨大经济损失。这主要是因为寄生虫需要掠夺宿主的营养物质（消化道寄生虫）或组织细胞（组织内寄生虫）来维持其生命活动，而且有的寄生虫（大型寄生虫）感染具有持续性，或者宿主体内有大量的寄生虫（小型寄生虫）感染，因此，宿主会呈现出慢性、消耗性特征。多数原虫、吸虫、绦虫、线虫和外寄生虫均表现出这一特性。如弓形虫缓殖子可在宿主体内长期存活，呈慢性感染。歧腔吸虫感染牛羊后，一般表现为食欲不振、生长缓慢、渐进性消瘦等特征。在非洲一些国家，蜱的长期侵袭所导致的经济损失可以占到整个牧场经济损失的79%以上。

（潘保良　刘贤勇　肖立华　编，李祥瑞　索勋　蔡建平　审）

第四节　寄生虫病流行病学的研究内容

寄生虫病流行病学是从群体角度研究寄生虫病发生、发展和流行的规律，以便制订防控及消灭寄生虫病的具体措施和规划。与其他传染病的流行病学研究一样，寄生虫病流行病学研究涉及6个方面的内容，包括疾病监测、现场调查、分析研究、评估、合作/联动和政策制定。

1. 疾病监测（disease monitoring）　疾病监测是持续进行寄生虫病数据的系统收集、分析，以阐释其发生和传播的过程，从而指导寄生虫病的预防和治疗。疾病监测的目的是描述寄生虫病发生及发展趋势，以便更为有效地实施寄生虫病的监测、控制和预防。进行寄生虫病监测时，须系统收集和评估发病报告、死亡报告及其他相关信息，并将这些数据及其解析递呈给参与疾病防控的人员。

2. 现场调查（field investigation）　流行病学的现场调查应该从寄生虫病流行的三个基本要素和影响寄生虫病流行的各种因素着手。如上所述，疾病监测为后续行动提供信息和依据。首要采取的行动之一就是根据病例监测报告进行现场调查。现场调查的目的可简单理解为，在决定采取何种合适的疾病干预手段之前，尽可能多地了解寄生虫病的病史、临床表现、流行特征及风险因素。当存在疾病暴发的可能时，现场调查注重评估疾病流行的严重程度并确定病因。现场调查往往会发现未报告或未被确诊的患病动物，这些患病动物有将寄生虫病传染给其他健康动物的可能。对某些寄生虫病而言，现场调查可以鉴别出可控制或消除的感染源。

3. 分析研究（analytic studies）　对发现病因和传播模式，以及采取合适的控制和预防措施来说，疾病监测和现场调查基本就足够了，但有些时候还是需要引入更严格的分析方法。这些方法往往是需要结合的——疾病监测和现场调查提供线索或是关于病因及传播模式的假设，而分析研究则用于评估这些假设的可靠性。分析流行病学研究的标志就是使用可靠的对照组。疾病暴发时通常以描述性的流行病学为调查的开端，描述方法包括从时间、地点和畜群来研究疾病的发病率及分布，也包括估算发生率和鉴别出发病率高于其他动物的动物群体。有时，当暴露和疾病相关性非常明显时，可停止调查并立即采取控制措施。而更多时候，描述性研究（如病例调查）可产生假设并被分析性研究所证实。有时采取现场调查是对疾病暴发的反应，而更多情况下是按计划进行的研究。分析性研究所采用的技术将在其后详细描述。

4. 评估（evaluation）　寄生虫病流行病学在疾病防控措施及其他活动的评估中起着重要作

用。就评估本身来说，其着重于疾病防控中的计划、实施、影响及效果，或是这些内容中任意组合。比如说，对一个监测系统的评估须阐明该系统的操作和属性、其发现病例或暴发的能力，及其有效性。

5. 合作/联动（linkages）　现场流行病学主要是团队的行动，涉及流行病学家、寄生虫学家及其他实验人员、疫控人员和生物统计学家。很多寄生虫病的暴发往往跨地区和跨管辖区域，因此共同调查的人员可能来自从中央到地方的政府机构、专业研究所和兽医诊所。因此，流行病学调查促进了研究人员和疾控人员之间、不同机构和研究院所之间的合作。

6. 政策制定（policy development）　寄生虫病流行病学在疾病防控和公共卫生的政策制定方面也具有重要作用，此类政策包括疾病控制策略和干预工具的计划方针和指南。在“同一健康”时代，考虑到许多动物寄生虫是重要的人兽共患病病原时，政策制定是“同一健康”（one health）时代尤为重要的事情。

（肖立华　刘贤勇　编，朱冠　蔡建平　审）

第五节　寄生虫病流行病学的研究方法

寄生虫病流行病学研究是为了了解寄生虫病的分布，掌握寄生虫病流行的风险因素、基本规律及感染源，为制订防治措施提供科学依据。常用的寄生虫病流行病学研究方法有以下几种。

（一）描述性研究

描述性研究（descriptive study）主要是通过实地调查和实验室分析，判断某地是否存在某种寄生虫病，并了解流行率（感染率）、发病率、感染强度和传播方式等。描述性资料是流行病学研究的基础资料。描述性研究通常包含我们所谓的5W（what、who、where、when、why/how），在流行病学研究中则对应的是病例定义（case definition）、人/动物、地点、时间以及传播的原因/风险因素/模式。描述性研究覆盖了时间、空间和（动物）宿主这几方面。

（二）分析性研究

根据描述性研究所提示的环境因素或生物因素（包括寄生虫和宿主）与寄生虫病的关系及其机制，利用回顾性及前瞻性调查和病例对照研究，分析两者的相关性是否有因果关系，从而了解寄生虫病流行的风险因素。通过描述性研究可以提出假设，但只有通过分析性研究（analytical study）才能对假设进行验证。分析性研究通常需要与发病（感染）相对应的一个对照组，通过比较两个组的不同找到与发病（感染）直接相关的因素（特征）。因此，分析性研究就是寻找导致寄生虫病的原因及其影响，即寄生虫病传播的原因/风险因素/模式。

（三）实验性研究

实验性研究（experimental study）是指用实验方法，按随机分配原则，将实验对象分为实验组和对照组，通过实验证实某种因素或某种干预措施对寄生虫病流行的影响。常用来验证分析性研究的结果，在研究寄生虫病的防治对策时也常用这种方法。

（四）理论性研究

理论性研究（theoretical study）是指以流行病学的数学或统计模型或以数学符号来表达流行过程中各种因素间内在的数量关系。寄生虫完成生活史概率的大小决定了寄生虫病传播的范围和速度，而生活史过程的完成又受寄生虫、宿主和外界环境因素的影响，是一个有数量关系的动力学过程，这种传播过程的定量关系可用数学模型来表述。利用数学来研究寄生虫病的流行已越来越受重视。在当前的GIS/GPS时代，需要用复杂的分析工具和数学模型来分析疾病相关的数据以在空间背景下阐述环境因素和气候变化在寄生虫病传播过程中的作用时，这显得尤为重要。

（五）血清学研究

血清学研究（serological study）是通过检测动物群中的特异性抗体或抗原以了解寄生虫病的过去和现在的感染情况。特异性抗体水平通常用抗体阳性率和抗体滴度来表示。在流行区动物群对某种寄生虫的特异性抗体水平的高低与流行程度呈正相关，防治措施见效后，动物群抗体水平会随时间的推移而逐渐下降乃至转阴。

（六）分子流行病学研究

分子流行病学（molecular epidemiology）是分子生物学技术用于流行病学研究产生的新分子学种。当前可做到从分子水平阐明疾病的病因、感染源、病原扩散机制及其易感性和毒力标志。如人兽共患的隐孢子虫病，尽管其病原来源、致病性及感染动物的种类不完全相同，其病原隐孢子虫可用PCR-RFLP和DNA序列分析技术，分为不同的基因型和亚型。基因组流行病学已经开始用于监测动物间寄生虫的传播，比如说，强毒力的刚地弓形虫虫株在人和食品动物之间全球传播的机制。

（七）基于人工智能的研究

随着技术进步，基于人工智能的研究（AI-based study）也开始用于各种疾病的预警与监测。对发展中国家来说，基于人工智能的相关研究将有很大用处。当前人工智能用于寄生虫病流行病学研究还需要考虑伦理、各国现行法规等因素的影响。假以时日，经过开发、反复测试和使用的人工智能将推动其在本领域的快速应用。

（肖立华　刘贤勇　编，张龙现　蔡建平　审）

第六节　寄生虫病的危害

一、寄生虫对宿主的危害及其致病机制

寄生虫对宿主个体的危害及其致病机制主要与寄生虫和宿主的遗传及表观遗传调控等相关，如病原种类或虫株毒力，宿主的年龄、生理和免疫状态等因素；也与寄生虫感染强度及其寄生部位等因素相关。寄生虫对宿主的主要危害及其致病机制可概括为如下几方面。

（一）掠夺宿主营养

消化道寄生虫多数以宿主体内消化或半消化的食物为食；吸血节肢动物、某些线虫和吸虫可直接吸取宿主血液；某些原虫在细胞内寄生则可破坏红细胞或其他组织细胞，以血红蛋白、组织液等作为自身食物。犬钩虫和人的十二指肠钩虫可借助吸血从血红蛋白中获取养分，犬钩虫每分钟吸吮动作达120～250次，一条犬钩虫在24 h可使宿主失血0.36～0.84 mL。由于寄生虫对宿主营养的这种掠夺，可使宿主长期处于贫血、消瘦和营养不良状态。

寄生虫在宿主体内生长、发育及大量繁殖所需营养物质如氨基酸、葡萄糖绝大部分来自宿主，寄生虫的虫体数量越多，所需营养也就越多。这些营养还包括宿主不能自身合成而又必需的物质，如必需氨基酸、维生素 B_{12} 及微量元素等。寄生虫从宿主体内选择性掠夺营养物质，会加剧宿主的营养失衡。

（二）机械性组织损伤

虫体以吸盘、小钩、口囊、吻突等发达的固着器官吸附在宿主的寄生部位，造成局部组织损伤；幼虫在移行过程中，在脏器中形成虫道，导致出血和炎症；虫体在肠管或其他腔道（包括胆管、支气管、血管等）内寄生聚集，引起堵塞、梗阻、穿孔等后果；另外，某些寄生虫在生长过程中，还可刺激和压迫周围组织脏器，导致一系列继发症。如大量蛔虫积聚在小肠所造成的肠堵塞，个别蛔虫误入胆管所造成的胆管堵塞（在人类，是非常严重的急腹症，曾是我国广大农村地

区常见而严重的疾病）等；钩虫幼虫侵入皮肤时引起钩蚴性皮炎；细粒棘球蚴在肝中压迫肝，破坏肝的结构和功能。有些寄生虫，如广州管圆线虫、犬弓首蛔虫尽管不能在非正常宿主（如人类）体内发育成熟，但其感染后幼虫移行到脑、眼等重要器官时，会造成严重的组织损伤和致命后果。有些胞内原虫，会使大量宿主细胞破裂，如球虫的裂殖生殖和配子生殖阶段虫体会破坏大量的肠上皮细胞，并引起黏膜下大量毛细血管破裂、出血。

（三）虫体毒素和免疫病理损伤作用

寄生虫在寄生生活期间排出的代谢产物、分泌物及虫体崩解后的物质对宿主是有害的，可引起宿主局部或全身性的中毒或免疫病理反应，导致宿主组织及机能的损害。

（1）直接的毒害作用。如捻转血矛线虫在羊皱胃内吸血同时分泌抗凝血酶，导致短时间失血过多出现急性贫血和水肿；有些硬蜱的唾液内含有神经毒素，作用于动物肌肉的感觉神经，干扰神经信号的传递，引起上行性肌肉麻痹，导致宿主出现“蜱瘫痪”。

（2）引起变态反应。如血吸虫成虫分泌的抗原在宿主体内与抗体结合，引起免疫复合物型变态反应，导致肾小球基底膜损伤；沉积在宿主肝、肠组织中的血吸虫虫卵发育成熟后，卵内毛蚴分泌的可溶性抗原经卵壳上的微孔渗出到组织中，引起迟发型变态反应，形成肉芽肿和机化等病变；寄生于红细胞内的巴贝斯虫，引起宿主Ⅱ型超敏反应，造成红细胞溶解，是动物贫血和血红蛋白尿的主要原因；棘球蚴囊泡破裂，囊液引起宿主发生全身性的速发型变态反应，导致宿主休克和死亡。

（3）引起炎症反应。由于寄生虫的机械性刺激和抗原作用，使寄生部位出现炎性细胞如嗜酸性粒细胞、肥大细胞浸润、水肿和增生等免疫反应，导致器官组织变性、坏死和硬化等，进而引起宿主组织器官的功能障碍。

（四）传播疾病，继发感染及引发肿瘤

有些寄生虫（多为吸血性节肢动物）是重要的传播媒介，如蚊传播猪、马等家畜和人的日本乙型脑炎病毒，蚤传播鼠疫杆菌，蜱传播梨形虫。某些寄生虫侵入宿主时，可以把一些其他病原体（细菌、病毒等）一同携带入宿主体内；另外，寄生虫感染宿主后，破坏了机体皮肤或黏膜组织屏障，降低了抵抗力，也使得宿主易继发感染其他病原。许多寄生虫在宿主的皮肤或黏膜等处侵入时造成损伤，给其他病原体的侵入创造了条件。如鸡球虫感染破坏肠道，易继发魏氏梭菌感染，引发坏死性肠炎（necrotic enteritis）。鸡盲肠寄生的鸡异刺线虫内可携带火鸡组织滴虫，后者感染鸡会造成鸡的黑头病。

有的寄生虫长时间感染后可引起宿主的肿瘤。已有研究证实，带状绦虫可引起宿主大鼠的癌症。华支睾吸虫和卫氏并殖吸虫被认为与胆管癌发生风险增高有关。埃及血吸虫感染则与人的膀胱癌发生有关。狼旋尾线虫感染也被认为与犬的食道癌有关。有文献报道，隐孢子虫感染可以增加癌变的概率。

二、寄生虫病对养殖业的危害

寄生虫病是动物疫病中的一大类，其病原种类多、流行广，造成重大经济损失，严重危害养殖业的发展。具体而言，寄生虫病对养殖业的危害主要体现在以下几方面。

（一）引起畜禽死亡

有些寄生虫致病力很强，可造成畜禽死亡。如肝片形吸虫可导致大批绵羊急性死亡；艾美耳属球虫是导致规模化鸡场鸡大批死亡的主要病原；猪急性弓形虫感染会导致流产、死胎、木乃伊胎与仔猪死亡；反刍动物的捻转血矛线虫感染、奥氏奥斯特线虫感染如不经治疗，也会导致牛羊发病死亡；脑包虫对绵羊的致死率很高。这些寄生虫往往在较短的时间内引起畜禽急性死亡。

（二）引起畜禽发病

在大多数情况下，寄生虫感染更多的是造成宿主发病但不死亡。此时，动物会表现出诸如精神不振、食欲减退、腹泻、消瘦、生长缓慢、运动能力下降等症状。拖延不治则会导致动物生产性能显著下降，严重影响养殖效益（如感染蛔虫的仔猪发育不良，增重往往比同样饲养管理条件下的健康猪降低 30%左右，严重者发育停滞，甚至造成死亡）。虽然在宿主自身免疫力的保护下，一些寄生虫的感染会成为自限性感染，最终症状也会消失。但多数情况下，有明显症状且持续较长时间的寄生虫病需要使用抗寄生虫药物进行治疗。另外，有些寄生虫感染不仅影响动物健康，还传播其他疾病，间接危害严重。如螨虫可使猪生长速度降低 4.5%，降低饲料报酬，同时还是乙型脑炎病毒、细小病毒、猪的附红细胞体等多种病原的重要传播者。

（三）造成畜禽生产性能下降

对畜禽养殖业来说，经济效益是其赖以生存的根本。相对于大多数病毒性和细菌性传染病，寄生虫感染更多是通过对宿主营养的掠夺、对宿主组织器官的损伤，造成畜禽生产性能下降，如饲料转化率降低，肉、蛋、乳、毛、皮等畜禽产品产量下降甚至废弃，其影响畜牧业的经济效益更为严重。如寄生虫感染可使育肥猪生长速度下降8%～15%，饲料利用率下降 13%～25%，推迟出栏 5～10 d；牛羊生长速度大幅度下降，可使日增重下降 33%，饲料利用率降低 15%～35%。安氏隐孢子虫感染的乳牛几乎都无临床症状，但其泌乳量可下降 10%以上，如果感染持续数月乃至数年，累积的经济损失则是巨大的。弓形虫、新孢子虫等感染可造成妊娠动物流产，棘球绦虫感染可造成屠宰动物肉品（肝、肌肉等）的废弃。鸡皮刺螨可使蛋鸡产蛋量下降 15%，并且影响鸡蛋外观从而造成一定的经济损失。据报道，母猪分娩前治疗疥螨病，可以使母猪比对照组少吃饲料 19.50 kg，断乳时每窝仔猪体重多出 4.15 kg，这些仔猪与对照组同时上市体重多 5.79 kg。因此，寄生虫病的防控对整个畜牧业的健康发展是极为重要的。

（四）增加畜禽疾病防控成本

畜禽寄生虫病需要用抗寄生虫药物或疫苗进行防治。由于寄生虫种类多、流行广、危害大，在动物疾病防控中，寄生虫病的防治是主要的一笔开支。在全球动物保健产品销售额中，抗寄生虫药物的占比超过 1/3；在我国，抗寄生虫类药物约占兽药市场的 21%。我国每只肉鸡用于球虫病防治的药费高达 0.2～0.4 元，每只蛋种鸡的药费高达 0.8～0.9 元，每年仅鸡球虫病的药费高达 20 亿～30 亿元。

（五）造成公共卫生负担

许多畜禽寄生虫为人兽共患寄生虫，它们既可以侵害畜禽，也可以侵害人体，对人的健康危害极大，如弓形虫、隐孢子虫、棘球绦虫、血吸虫、猪囊虫、旋毛虫等。免疫功能低下者，如儿童、老人、AIDS 患者及器官移植者常继发感染机会致病性寄生虫，严重影响身体健康，甚至导致死亡。很多人兽共患寄生虫属于食源性寄生虫或水源性寄生虫，对公共健康有着巨大的威胁，给公共卫生监管带来巨大挑战。有些寄生虫还可以作为媒介引起疾病传播，如新疆出血热是一种蜱媒急性传染病，是荒漠牧场的自然疫源性疾病，病原为一种蜱媒 RNA 病毒，疫区牧场的绵羊及塔里木兔为该病原的自然宿主，传染源由蜱传播给人。人兽共患寄生虫病在造成人感染发病甚至死亡之外，其感染的风险还增加了全球食物加工、饮水管理的成本，也给"同一健康"带来新的挑战。

（刘贤勇　闫文朝　汤新明　编，潘保良　王丽芳　张龙现　索勋　蔡建平　审）

第四章 寄生虫感染的免疫

第一节 寄生虫感染的免疫特点

一、寄生虫抗原的特性

寄生虫属于真核生物且多数为多细胞后生动物，结构复杂，抗原种类繁多，具有复杂的生活史，不同发育阶段既有共同抗原，又有阶段特异性抗原，但是相对细菌、病毒抗原，许多寄生虫抗原的免疫原性一般较弱。

按照来源可将寄生虫抗原分为结构抗原（structural antigen）和排泄-分泌抗原（excretory-secretory antigen）。结构抗原又称体抗原（stromal antigen），主要指虫体结构成分组成的抗原。结构抗原特异性不强，不同种属的寄生虫具有许多相似或共同的结构抗原。虫体表面的结构抗原与宿主直接接触，诱发机体产生大量抗体，可与补体、抗体或相关免疫细胞共同作用，抑制或破坏虫体。排泄-分泌抗原又称代谢抗原（metabolic antigen），指寄生虫正常生理活动过程中分泌或排泄产生的具有生物活性的代谢产物，多数为酶类。这类抗原多为功能性抗原（functional antigen），其中一些抗原成分可以刺激宿主机体产生中和抗体，或刺激机体产生保护性免疫应答，因此这类抗原又称保护性抗原（protective antigen）。分泌性抗原特异性较强，某些抗原在不同虫种和分离株间具有明显的表位差异性，因此常作为诊断抗原（detective antigen）。有些分泌性抗原为可溶性抗原（soluble antigen），存在组织或体液中，在寄生虫免疫逃避和宿主免疫病理反应中发挥重要作用。概而言之多数结构抗原虽然能激发机体明显的免疫反应，但是其免疫保护作用有限；排泄-分泌抗原在抗寄生虫感染的保护性免疫应答中发挥关键作用。

二、Th1/Th2 型免疫应答的极化

寄生虫感染常引起宿主 $CD4^+$ T 细胞的高度极化，即 Th1/Th2 型细胞因子的高水平表达。在蠕虫感染（helminth infection）中，往往激发宿主产生以 Th2 型为主的细胞因子如 IL-4、IL-6、IL-10、IL-13，导致高水平的 IgE 及嗜酸性粒细胞和肥大细胞增多，对清除或抑制胃肠道寄生的蠕虫发挥关键免疫保护作用。相反，多数细胞内寄生的原虫则与胞内菌相似，往往诱导树突状细胞、$CD4^+$ T 细胞等免疫细胞分泌以 Th1 型为主的细胞因子如 IL-12 和 IFN-γ，这些细胞因子对清除宿主体内原虫是必需的。

三、Treg 细胞的免疫调节

慢性感染的形成不仅依赖于虫体的免疫逃避能力，而且也依赖于寄生虫对宿主精细而巧

妙的免疫调控机制。通过这种机制诱导产生的调节性 T 细胞（Treg）和细胞因子能控制体内的免疫效应，在抑制或减轻宿主免疫病理的同时，也维持寄生虫自身的感染状态或宿主的带虫免疫状态。Treg 细胞的免疫调节作用在寄生虫感染的免疫应答中比较常见，通常 Treg 细胞通过产生调节性细胞因子 IL-10 和 TGF-β 来抑制 Th1 细胞的活化，控制虫体寄生部位的炎症反应，进而使虫体在宿主体内长期存活，同时也减弱宿主对再次感染的免疫抵抗力。目前已报道的 Treg 细胞有天然 Treg、Tr1 和 Th3 三类，在小鼠和人体内，Treg 细胞占外周血 $CD4^+$ T 淋巴细胞的 5%～10%，这些 Treg 细胞表达 Foxp3、CD25、CTLA-4、GITR 等标记分子，通过分泌 IL-10 和 TGF-β 来发挥免疫调节作用。关于 Treg 细胞在血吸虫、棘球蚴、肌旋毛虫和利什曼原虫等寄生虫感染中的免疫调节（immune regulation）和免疫平衡作用均有报道，也是寄生虫免疫逃避（immune evasion）的一种重要机制。

四、寄生虫病获得性免疫的类型和特点

少部分寄生虫感染宿主后，宿主产生清除性免疫（sterilizing immunity）清除体内虫体并对再次感染产生完全的免疫保护力。如感染利什曼原虫的犬，痊愈后不仅犬体内虫体完全消失，且犬仍然具有对利什曼原虫持久的特异性免疫抵抗力。而大多数寄生虫初次感染后，虽可诱导宿主对再次感染产生一定的免疫力，但是对体内已有的虫体不能完全清除，维持在低荷虫量水平，形成长期的慢性感染（chronic infection），成为病原携带者，但对同种或同株寄生虫再次感染有明显抵抗力。如果用药物驱除体内寄生虫，则宿主对该寄生虫的免疫力也随之消失，这种免疫状态称为带虫免疫（premunition）或伴随免疫（concomitant immunity）。如感染双芽巴贝斯虫的牛痊愈后，通常仍有少量红细胞内含有虫体，此时对再次感染有较强免疫力；如果虫体全被清除，免疫力随之消失。疟原虫、血吸虫的带虫免疫，肌旋毛虫和弓形虫形成包囊造成宿主慢性感染等均属于非清除性免疫（non-sterile immunity）。另外，有些寄生虫缺少有效的获得性免疫，如人感染杜氏利什曼原虫时，虫体在巨噬细胞内繁殖和传播，很少出现自愈，只有在用药治愈后，获得性免疫才明显出现。

第二节　宿主抗寄生虫感染的免疫应答

一、抗寄生虫免疫应答的基础

（一）寄生虫分子模式与 Toll 样受体识别

与病毒、细菌等其他病原微生物相似，当寄生虫入侵动物机体时，宿主体内上皮细胞和抗原递呈细胞（antigen presenting cells，APCs）高表达模式识别受体（pattern recognition receptors，PRRs），如 Toll 样受体家族（toll-like receptors，TLRs），通过模式识别受体识别寄生虫相对保守的病原相关分子模式（pathogen-associated molecular patterns，PAMPs，表 4-1），然后这些活化的靶细胞表达和释放大量细胞因子和免疫共刺激分子信号，激活固有免疫和获得性免疫应答。

表 4-1　被 Toll 样受体识别的寄生虫分子模式

PAMPs	虫种	结构	被激活的 TLR
GPI 锚蛋白	*Toxoplasma gondii*	GIPLs 和 GPI 锚蛋白	TLR2 和 TLR4
	Plasmodium falciparum	裂殖子表面 GPI 锚蛋白	TLR2 和 TLR4

（续）

PAMPs	虫种	结构	被激活的 TLR
基因组 DNA	*Trypanosoma brucei*	含非甲基化 CpG 基序	TLR9
	Leishmania major	含非甲基化 CpG 基序	TLR9
疟原虫色素	*P. falciparum*	来自降解血红蛋白的聚合血红素	TLR9
蛋白质	*T. gondii*	Profilin 分子	TLR11 和 TLR12
磷脂	*Schistosoma mansoni*	来自皮层的溶菌酶磷脂酰丝氨酸	TLR2
磷酸胆碱	filaria	来自丝虫 ES-62 糖蛋白的含磷酸胆碱的复合糖	TLR4
RNA	*S. mansoni*	来自虫体的双股 RNA	TLR3

注：PAMPs. 病原相关分子模式，TLR. Toll 样受体，GPI. 糖基化磷酸酰肌醇，GIPLs. 糖肌醇磷脂，ES. 排泄/分泌抗原。

（二）保护性免疫应答相关的免疫细胞和细胞因子

在抗寄生虫感染中，保护性免疫应答包括固有免疫（innate immunity）和获得性免疫（adaptive immunity），二者均有各自相关的免疫细胞，联系二者免疫细胞之间的纽带是大量的细胞因子和细胞间的相互作用（表 4-2）。非特异性免疫细胞和特异性免疫细胞均能表达不同的细胞因子，包括 Th1 型、Th2 型、Th17 型、调节性细胞因子和趋化因子等（表 4-3），不同细胞因子在寄生虫感染的保护性免疫应答中发挥复杂而重要的功能。

表 4-2 保护性免疫应答相关的免疫细胞及其功能*

免疫细胞	功能
固有免疫细胞	
ILC_2（先天性淋巴细胞）	参与抗蠕虫免疫，调节过敏性反应
树突状细胞	递呈抗原，活化和调节 T 细胞应答
巨噬细胞	表面有 Fc 受体和 C3b 受体
M1 细胞	抗原递呈，吞噬抗菌，参与急性炎症反应
M2 细胞	抗原递呈，吞噬细胞碎片，促进组织修复
中性粒细胞	吞噬和杀灭寄生虫、细菌和真菌
嗜酸性粒细胞	表面有 IgE 的 Fc 受体，释放组胺，参与过敏反应；抗寄生虫感染
嗜碱性粒细胞	表面有 IgE 和补体的 Fc 受体，释放组胺，参与过敏反应和炎症反应
NK 细胞	表面有 Fc 受体，杀伤抗体结合的靶细胞或肿瘤细胞
肥大细胞	表面有 IgE 和补体的 Fc 受体，释放组胺，参与过敏反应和炎症反应
获得性免疫细胞	
B 细胞	产生抗体，递呈抗原
T 细胞	
$CD4^+$T 细胞	产生细胞因子，刺激 T 细胞和 B 细胞生长；促进 B 细胞分化
Th1 细胞	产生 Th1 型细胞因子，促进细胞免疫和 Th1 类抗体产生
Th2 细胞	产生 Th2 型细胞因子，促进体液免疫产生
Th17 细胞	激活上皮细胞和中性粒细胞，产生炎症反应
Treg 细胞	抑制 Th1 细胞活化，促进免疫耐受形成
$CD8^+$T 细胞	杀伤和清除病毒、胞内原虫等胞内病原和肿瘤细胞
NKT 细胞	对感染产生快速应答

* 表中内容根据人或小鼠免疫学研究成果归纳，对家禽家畜而言，表中大多数免疫细胞亚类尚未得到详细研究。

表 4-3　保护性免疫应答相关的细胞因子及其功能*

细胞因子	来源	功能
Th1 型细胞因子		
IL-2	Th1 细胞	促进 T 细胞和 B 细胞生长，活化 NK 细胞
IL-12	DC 细胞和巨噬细胞	活化 Th1 细胞和 NK 细胞，产生 IFN-γ；促进炎症反应
IFN-γ	Th1 细胞和 NK 细胞	活化巨噬细胞，调节抗体类型转换、炎症反应和 Th1 型免疫应答
TNF-β	Th1 细胞	杀伤肿瘤细胞，活化白细胞和内皮细胞
TNF-α	活化的巨噬细胞、NK 细胞和中性粒细胞等	诱导炎症反应，抑制肿瘤细胞生长和病毒增殖
Th2 型细胞因子		
IL-4	Th2 细胞	促进 B 细胞和 T 细胞生长，调节 IgG、IgA 和 IgE 产生；促进 Th2 免疫应答
IL-5	Th2 细胞	促进 B 细胞生长和分化，调节 IgG、IgA 和 IgE 产生，促进嗜酸性粒细胞增殖，引起过敏反应
IL-10	Treg 细胞和 Th2 细胞	促进 B 细胞生长，抑制 Th1 型免疫应答
IL-13	Th2 细胞	调节 IgG、IgA 和 IgE 产生，促进 Th2 免疫应答
Th17 型细胞因子		
IL-17	Th17 细胞	促进炎症反应
调节性细胞因子		
IL-10	Treg 细胞和 Th2 细胞	促进 B 细胞生长，抑制 Th1 型免疫应答
TGF-β	Treg 细胞	抑制 B 细胞、T 细胞、NK 细胞和巨噬细胞活化，促进口服免疫耐受、伤口愈合和 IgA 的产生
趋化因子		
α 趋化因子	多种细胞	引导中性粒细胞、T 细胞和巨噬细胞向感染部位聚集
β 趋化因子	多种细胞	引导 T 细胞、巨噬细胞和嗜碱性粒细胞向感染部位聚集

* 表中内容根据人或小鼠免疫学研究成果归纳，对家禽家畜而言，表中大多数免疫细胞亚类尚未得到详细研究。

二、寄生虫感染的免疫应答

（一）蠕虫感染的免疫应答

寄生于胃肠道的蠕虫能诱导宿主产生大量 Th2 型细胞因子如 IL-4、IL-5、IL-6、IL-10、IL-13、IL-25 和 IL-31，Th2 型免疫应答在胃肠道蠕虫感染的保护性免疫（protective immunity）中发挥主要作用。Th2 型免疫应答通过提高组织修复能力、控制炎症反应和排出虫体来发挥免疫保护作用。蠕虫通过自身分泌的抗原或其他化学刺激成分、虫体的尺寸和入侵时对组织损伤程度来诱导宿主产生 Th2 细胞的免疫应答。

研究证实，tuft 细胞等肠道上皮细胞能产生胸腺基质淋巴细胞生成素（thymic stromal lymphopoietin，TSLP）、IL-33 和 IL-25 等细胞因子，在蠕虫感染诱导机体产生免疫应答中发挥重要作用。tuft 细胞主要通过分泌 IL-25 和 IL-33 等分别或协同调节Ⅱ型天然淋巴细胞（ILC_2）和杯状细胞增生，促进 Th2 型免疫应答，有助于肠道蠕虫的驱出。先天性淋巴细胞，包括 NK-like、ILC_1、ILC_2 和 ILC_3。其中 ILC_2 可以对 IL-25 产生反应，是引发 Th2 型应答的重要细胞。ILC_2 可分泌 IL-4、IL-5、IL-9 和 IL-3，从而对蠕虫感染的控制和过敏反应的调节起重要作用。DC 细胞在激活 Th2 型免疫应答中是唯一不可缺少的抗原递呈细胞。另外，NK 细胞、嗜酸性粒细胞和嗜碱性粒细胞也能产生关键调节性细胞因子 IL-4，在蠕虫感染的 Th2 型免疫应答中发挥辅助性作用。Th2 型细胞因子依次作用于肠道上皮细胞、杯状细胞、肠道平滑肌细胞和巨噬细胞，协同将胃肠道内虫体排出。Th2 细胞能促进 B 细胞活化和抗体产生、嗜酸性粒细胞分化和招募，蠕虫感染通常产生高水平的 IgE、IgG_1 和 IgG_4，以及强烈的嗜酸性粒细胞和肥大细胞炎症反应。如旋毛虫成虫被宿主从肠道清除离不开 Th2 细胞因子如 IL-4 和 IL-13 的参与；蛔虫感染也可诱导宿主机体产生高水平的 Th2 型细胞因子如 IL-4、IL-9 和 IL-13，对宿主抵抗蛔虫感染发挥重要作用。蛔虫感染诱导猪和人产生以 IgE 和 IgG 为主的高水平抗体，从而提供免疫保护；鞭虫能诱导肠道上皮细胞产生 TSLP、IL-33 和 IL-25 细胞因子，能促进宿主 Th2 型免疫力的形成，同时也能促进嗜酸性粒细胞和肥大细胞数量增多。另外，鞭虫感染也能诱导替代性活化巨噬细胞（M2）形成。

寄生于组织内的蠕虫引起宿主产生的免疫应答不同于肠道蠕虫，往往比较复杂，可诱导 Th1 和 Th2 型免疫应答同时存在或交替出现。肌肉中旋毛虫幼虫感染初期可同时活化 Th1 和 Th2 细胞，后来 Th2 型免疫应答占据优势，产生 IL-4、IL-5、IL-10 和 IL-13 等细胞因子，这些细胞因子可以促进高水平抗体的产生。肌旋毛虫感染可以引起巨噬细胞、嗜酸性粒细胞、嗜碱性粒细胞、$CD4^+$ 和 $CD8^+$ T 细胞、B 细胞等大量炎性细胞浸润，其中经典活化巨噬细胞（M1）及其产生的一氧化氮有助于组织中幼虫的清除。研究结果显示，嗜酸性粒细胞通过产生 IL-10，能诱导 $IL\text{-}10^+$ 髓样 DC 细胞和 $CD4^+IL\text{-}10^+$ T 细胞活化增殖，抑制诱导性一氧化氮合成酶的表达，进而保护肌肉中幼虫存活。Th2 型细胞因子能促进 M2 细胞极化，也有利于肌旋毛虫的存活；调节性细胞因子 IL-10 和 TGF-β 能缓解肌旋毛虫引起肌炎症状，并抑制 IFN-γ 和一氧化氮合成酶的表达，进而保护肌肉内的旋毛虫幼虫。

血吸虫感染初期诱导机体产生 Th1 型免疫应答，当开始产卵时 Th1 型免疫应答逐渐下调，Th2 型免疫应答逐渐处于主导地位。血吸虫虫卵能引起正常宿主产生强烈的富含胶原蛋白的肉芽肿炎症反应，导致严重的肝纤维化和门静脉血压升高。维持 Th1/Th2 型免疫应答的平衡对血吸虫感染后保护性肉芽肿形成又不出现过度的病理反应非常关键。如果敲除 IL-4/IL-13 或缺失 IL-10 和 IL-12，曼氏血吸虫引起小鼠的死亡率均会明显升高；IL-17 过度表达也会加重曼氏血吸虫感染引发的肝病变。说明在血吸虫感染中，不受控制的任何某一免疫应答类型（包括 Th1、Th2 和 Th17）对宿主来说都是致命的。Treg 细胞在血吸虫感染 Th1、Th2 和 Th17 三型免疫应答之间的平衡中发挥至关重要的调节作用。在曼氏血吸虫感染过程中，IL-10 能有效控制肝的炎症反应和病理损伤。

有些绦虫囊尾蚴（cysticercus）在肝中能释放一种复合糖，诱导 Th2 和 M2 细胞的形成，其中 M2 细胞能抑制 T 细胞活化和防止过度的免疫反应，导致囊尾蚴长期存活并尽可能降低病理损伤程度。当囊尾蚴死亡或释放活性成分时，能诱导 M1 细胞极化形成和中性粒细胞、NK 细胞、T 细胞等炎症细胞聚集在囊尾蚴周围，引起组织损伤，IL-12、TNF-α、TGF-β 和 IL-6 细胞因子水平也明显升高；虽然抗体水平也升高，但与控制绦虫囊尾蚴感染相关性不强。棘球蚴感染初期激发机体产生 Th1 型免疫应答，感染后期以 Th2 型免疫应答为主。Th1 型免疫应答在控制棘球蚴感染中发挥重要作用，其中 IFN-γ 和 NO 是重要的免疫效应分子，而 Th2 型细胞因子如 IL-4、IL-5 和 IL-10 能增加宿主对棘球蚴的易感性，使宿主处于慢性感染状态。另外，棘球蚴也能活化 Treg 细胞，通过抑制 T 细胞反应来调节炎症反应。

目前，蠕虫感染与自身免疫病（autoimmune disease）和过敏性疾病（allergic disease）的负相关性也正在成为免疫寄生虫学研究的热点。研究发现蠕虫感染能改变或调节宿主免疫状态，可以用来治疗或改善宿主由于 Th1 型免疫应答产生的炎症性肠病（IBD）等自身免疫性疾病。因此，分离和鉴定寄生虫排泄-分泌性抗原中的抗炎组分（anti-inflammatory components），将为治疗自身免疫性疾病提供新思路。但应用活寄生虫来治疗自身免疫病存在一定感染致病风险。

（二）原虫感染的免疫应答

细胞免疫（cellular immunity）即 Th1 型免疫应答在抗胞内寄生的原虫感染（protozoan infection）中发挥主导作用，而抗体介导的体液免疫（humoral immunity）仅发挥辅助性作用。弓形虫感染能激发宿主产生 Th1 型细胞因子如 IL-12、IFN-γ，其中 IFN-γ 能间接诱导巨噬细胞和 $CD8^+$T 细胞对虫体的杀伤。活化的 $CD8^+$T 细胞分泌穿孔素和颗粒酶，对靶细胞具有直接杀伤作用。Th17 细胞可分泌 IL-17，后者可通过趋化作用参与抗弓形虫感染。在鸡和鼠抗球虫初次感染过程中，产生 IFN-γ 的 $CD4^+$T 细胞发挥主导作用；在球虫再次感染中，抗感染的免疫效应机制比较复杂，不同于初次免疫应答（primary immune response），有研究显示，$CD8^+$T 细胞在再次免疫应答（secondary immune response）中起比较大的作用。NK 细胞和巨噬细胞在球虫初次和再次感染免疫应答中能抑制虫体的发育或清除虫体。另外，IgA 介导的黏膜免疫（mucosal immunity）在阻止子孢子或裂殖子入侵肠上皮细胞过程也发挥一定作用。$CD8^+$T 细胞和 IFN-γ 是抗疟原虫肝内期感染不可缺少的免疫效应细胞和分子。如果缺失 IFN-γ，就会导致小鼠丧失抗疟原虫子孢子的免疫保护力；$CD8^+$T 细胞能通过分泌穿孔素和颗粒酶杀伤疟原虫肝内期虫体，也可以通过 Fas-FasL 信号通路途径诱导被感染肝细胞的凋亡来阻止裂殖子进一步发育。另外，抗体依赖性细胞毒性作用（antibody-dependent cell-mediated cytotoxicity，ADCC）在清除疟原虫红内期虫体发挥重要功能。在弓形虫、球虫等原虫感染中，虽然可以在动物血液中检测到高水平 IgG 和 IgM 抗体，但与免疫保护的相关性不大。

体液免疫即 Th2 型免疫应答在抗胞外寄生的原虫感染中起关键作用。抗布氏锥虫和伊氏锥虫感染过程中，特异性抗体能有效杀伤和抑制宿主体内虫体，但当血液中虫体的表面糖蛋白发生变异后，血液中原来的特异性抗体不能识别变异虫体，血液中会重现血虫高峰，又会再现新的虫血症，如此反复。说明特异性抗体在抗锥虫感染中发挥关键作用。

（三）节肢动物寄生虫感染的免疫应答

宿主被节肢动物多次叮咬后，能获得一定的免疫力。人被蚊和库蠓叮咬一段时间后，再次被叮咬时产生的病变严重程度明显降低；绵羊被丽蝇蛆反复感染后，对丽蝇蛆的再次侵袭产生一定时期内的免疫保护。相似的结果在蜱和螨感染中也能观察到。动物对蜱产生的特异性抗体和细胞免疫效应因子能明显抑制蜱进一步增殖；疥螨感染康复的犬通常对疥螨再次侵袭产生有效的免疫保护应答；同样，痒螨感染康复的绵羊对再次感染能产生一定的免疫保护反应。当一些动物对节肢动物抗原过敏时，感染节肢动物后往往出现剧烈的过敏性病理反应。如犬猫的跳蚤性皮炎、猪和犬出现疥螨性瘙痒和红斑、牛和绵羊出现痒螨性瘙痒和红斑等均属于动物对节肢动物抗原产生的过敏反应。

三、寄生虫感染对其他病原感染免疫的影响

寄生虫感染除了引起宿主病理损伤外，还可以调节宿主的免疫系统，进而影响宿主对混合或伴随感染其他病原的免疫应答。寄生虫感染对其他病原感染的影响是复杂的，受多方面因素影响，包括寄生虫种类、混合感染病原类型以及宿主因素等。蠕虫感染模型结果显示，蠕虫感染会削弱动物对病毒、细菌和其他寄生虫等病原的免疫应答。猪鞭虫和空肠弯曲菌混合感染 SPF 仔猪，会加重结肠部位空肠弯曲菌的病理损伤。肝片形吸虫感染会减弱牛对结核菌产生的 Th1 型保护性免疫应答，引起感染加重或减弱宿主对结核菌的清除能力。小鼠混合感染模型结果显示，寄生于小鼠十二指肠的多旋似绕体线虫（*Heligmosomides polygyrus*，也译为多形螺旋线虫）会引起鼠柠檬酸杆菌性肠炎恶化。反之，其他病原感染也会影响宿主对蠕虫感染的免疫应答。弓形虫感染会抑制宿主产生抗肝片形吸虫特异性 Th2 型细胞因子和招募 M2 细胞，从而加重肝片形吸虫对宿主肝和胆管的损伤；幽门螺旋杆菌产生的中性粒细胞激活蛋白可负调节宿主对旋毛虫成

虫的 Th2 型免疫应答水平，不利于虫体的清除。

第三节　寄生虫感染的免疫逃避

许多寄生虫侵入免疫功能正常的宿主体内后，能够通过其寄生部位的解剖学隔离、改变或修饰表面抗原、抑制宿主天然或适应性免疫反应等机制而存活、发育和繁殖，这种现象称为免疫逃避（immune evasion）。保罗-埃尔利希（Paul Ehrlich）是第一位发现寄生虫免疫逃避的，即非洲锥虫通过抗原变异（antigenic variation）逃避宿主免疫杀伤（immune attack）。寄生虫主要通过逃避免疫识别、抑制宿主的免疫应答和免疫调节等方式实现免疫逃避的。

一、逃避免疫识别

1. 寄生部位的免疫隔离　有些寄生虫寄生在宿主细胞内，或是动物肌肉纤维、中枢神经系统、胎盘、睾丸、眼等部位，特有的生理屏障（physiologic barrier）可使其与宿主免疫系统隔离，躲避宿主的免疫识别（immune recognition），导致较弱甚至不发生免疫应答反应。

寄生在红细胞内的疟原虫、巴贝斯虫，由于红细胞不能表达 MHC Ⅰ或Ⅱ类分子，不能将虫体抗原递呈到红细胞表面，从而不能被抗体或 T 淋巴细胞识别；寄生在肝实质细胞内的疟原虫裂殖体，可因虫体抗原不被递呈到肝实质细胞表面而受到保护；刚地弓形虫入侵吞噬细胞，在吞噬细胞内形成纳虫空泡（parasitophorous vacuole），不形成含虫体抗原的吞噬小体（phagosome），进而阻止与吞噬细胞内的溶酶体融合，使虫体抗原不能被有效处理、加工及递呈给淋巴细胞，进而使弓形虫得以存活。

寄生于肌肉、中枢神经系统和肺等组织中的旋毛虫幼虫、囊尾蚴、弓形虫或肉孢子虫，其外部都有宿主源性囊膜（host-derived cystic membrane）包围，使其被隔离而不能被免疫系统识别，同时包囊还能防止抗体和其他免疫效应分子渗入，使囊内虫体得以存活。另外，包囊内幼虫或慢殖子（bradyzoite）处于代谢静止期（quiescent stage），显著降低了对宿主免疫系统的刺激，引起较弱或不引起宿主的免疫应答，从而使宿主处于长期慢性感染状态。

寄生于胃肠道或生殖道的寄生虫通常只受到黏膜局部的分泌抗体如 IgA 和 IgE 的有限作用，而血液循环中的其他免疫球蛋白很少能进入腔道而发挥作用，如球虫可以逃避循环抗体（circulating antibody）的攻击；再者，胃肠道的蠕动能起到排空肠腔内寄生虫抗原的作用，使之不与免疫活性细胞接触；第三，由于缺乏补体，使腔道内免疫反应受到进一步限制。总之，由于宿主对腔道寄生虫仅产生低效率的免疫反应，致使腔道寄生虫感染维持时间较长。

2. 抗原变异　寄生虫具有复杂的生活史（life cycle），如球虫具有裂殖生殖、配子生殖和孢子生殖三种生殖方式；线虫要经过第一期幼虫到第五期幼虫，才能发育到成虫。不同发育阶段均有新的抗原或阶段特异性抗原（stage-specific antigen）出现，这种虫体抗原的连续性和阶段性变化，无疑干扰了宿主免疫系统的有效免疫应答。

有些寄生虫表面抗原（surface antigen）蛋白家族有多个等位基因（alleles），通过其快速变异来躲避抗体介导的细胞毒性作用。如布氏锥虫、伊氏锥虫表面的糖蛋白抗原可平均 10 d 发生一次变异，变异后的虫体不能被已存在的抗体所识别，从而逃避宿主的免疫杀伤。

3. 抗原伪装　有些寄生虫能将宿主的组织成分结合到自身体表，形成抗原伪装（antigen disguise），如在皮肤内的曼氏血吸虫童虫，其体表不含宿主抗原，但是肺期童虫表面可结合宿主的血型抗原（A、B 和 H）、组织相容性抗原和补体蛋白，从而逃避宿主的免疫杀伤。另外，有些寄生虫能在虫体表面形成与宿主蛋白成分相似的抗原（抗原模拟），进而躲过宿主免疫系统的识别和杀伤。

4. 表膜脱落与更新 线虫等蠕虫的表膜处于不断脱落与更新状态，使与其表膜结合的抗体也随之脱落。

5. 虫体不断移行 一些蠕虫的幼虫或成虫通过不断移行来有效逃避宿主的免疫杀伤。如旋盘尾丝虫的微丝蚴在结缔组织间不停移行，能成功摆脱免疫效应细胞的杀伤。

6. 滞育 一些蠕虫和昆虫在温度和异常环境等诱因促使下存在滞育（diapause）现象，滞育是寄生虫的一种可遗传生理行为，滞育虫体新陈代谢活动急剧降低，能量需求减少，发育停止，降低对宿主免疫系统的刺激，也是寄生虫免疫逃避的一种形式。如捻转血矛线虫 L3 期幼虫感染绵羊后，冬季羊皱胃内幼虫滞育率高达 80%上，羊也不表现明显症状，随粪便排出虫卵数量也明显降低。春季时，滞育的虫体得以激活而发育到成虫，排出大量虫卵，导致捻转血矛线虫病呈现“春季高潮（high tide in spring）”的特点。

二、抑制宿主的免疫应答

抑制宿主的免疫应答有利于寄生虫存活，在寄生虫感染（parasitic infection）中非常常见，其主要机制如下。

1. 虫源性免疫抑制因子 寄生虫分泌或排泄的一些酶类、糖蛋白或抗炎症分子，具有抗氧化（antioxidation）、抗炎症（anti-inflammatory）、诱导免疫细胞凋亡或抑制淋巴细胞激活的作用，进而保护虫体使之存活。如成熟的肌旋毛虫能高水平表达过氧化物还原酶、谷胱甘肽过氧化物酶和硫氧还蛋白过氧化物酶等抗氧化酶，这些酶可以保护肌旋毛虫免遭免疫杀伤，形成长期的慢性感染；猪囊尾蚴能产生半胱氨酸蛋白酶、膜联蛋白 B1、组织蛋白酶样半胱氨酸蛋白酶等多种酶类，能诱导免疫细胞凋亡，或下调 IgG 的表达。猪囊尾蚴还能产生 Cu/Zn 超氧化物歧化酶、谷胱甘肽转移酶，它们能保护虫体免遭巨噬细胞和中性粒细胞性氧化损伤；丝虫分泌的四聚体糖蛋白 ES-62 具有抗炎症作用（anti-inflammatory effect），也作为自身免疫病和过敏反应的治疗用剂；血吸虫也能产生抗炎症分子（anti-inflammatory molecule），干扰宿主的免疫反应。一些原虫和蠕虫能产生抗体和补体抑制因子，如枯氏锥虫能分泌三种补体抑制分子（complement suppressing molecule）和特异性蛋白酶，这种特异性蛋白酶可直接降解附着于虫体表面的抗体，使抗体 Fc 端脱落而无法激活补体。

2. 免疫器官损伤 寄生于脾等免疫器官的寄生虫增殖，破坏和损伤脾的组织结构，进而抑制宿主的免疫功能。如疟原虫急性感染期和杜氏利什曼原虫慢性感染期，虫体会严重损伤小鼠的脾。

3. 封闭抗体的产生 有些能与虫体表面结合的抗体不仅不能杀伤虫体，反而可阻断具有杀虫作用的抗体与之结合，这类抗体称为封闭抗体（blocking antibody）。已证实在感染旋毛虫、曼氏血吸虫和丝虫的宿主体内存在封闭抗体。这可部分解释在血吸虫病流行区，低龄儿童虽有高滴度抗体水平，但对再感染却无保护力的现象。

4. 特异性 B 细胞克隆耗竭 蠕虫感染可诱发宿主多克隆 B 细胞（polyclonal B cell）的激活，产生大量非特异的、无明显保护作用的抗体，导致能与抗原反应的特异性 B 细胞（specific B cell）的耗竭，进而抑制宿主产生特异性、具有抗蠕虫作用的 IgE 抗体。

三、免疫调节

1. Treg 细胞的调节作用 一些寄生虫感染能激活调节性 T 细胞（Treg 细胞），通过产生调节性细胞因子 IL-10 和 TGF-β，抑制免疫活性细胞（包括 Th1/Th2 细胞、$CD8^{+}$ T 细胞、B 细胞、巨噬细胞和粒细胞）的增殖、分化和对虫体的免疫杀伤作用，进而有利于虫体存活并防止出现过度的免疫病理反应。Treg 细胞可分为自然型 Treg（nTreg）和诱导型 Treg（iTreg）两种类型，其中，nTreg 细胞是 T 细胞被活化前就具有胞内表达的 Foxp3 标记分子即 $CD4^+$ $CD25^+$ $Foxp3^+$ T 细胞；iTreg 细胞是 $CD4^+CD25^-Foxp3^-$ T 细胞，被抗原或病原诱导活化后转变成 $CD4^+CD25^+Foxp3^+$ T 细胞。目前已知的 iTreg 细胞包括 Th3 和 Tr1 两个亚群，其中 Th3 亚群能产生 IL-10、TGF-β 和 IL-4，而 Tr1 能产生 IL-10 和 TGF-β，不能分泌 IL-4。

动物实验证实，感染曼氏血吸虫的小鼠能产生大量 Treg 细胞，抑制 DC 细胞的活化和 Th1 类免疫应答，促进 Th2 类免疫应答，在减轻免疫病理损害的同时也有利于血吸虫逃避宿主的免疫攻击，形成慢性感染。多房棘球蚴可以诱导宿主产生大量 Treg 细胞、IL-10 和 TGF-β，抑制 Th1 细胞活化，却提高 Th2 类细胞因子的表达水平，减轻炎症，有利于棘球蚴长期存活。在疟原虫感染小鼠模型中，nTreg 细胞活化产生的 IL-10 和 TGF-β 能有效抑制 Th1 类免疫效应，使虫体快速增殖。当中和小鼠体内的 IL-10 和 TGF-β 或敲除小鼠体内的 nTreg 细胞后，小鼠能清除疟原虫感染并存活。说明 nTreg 细胞有助于疟原虫在小鼠体内存活。在肌旋毛虫的寄生过程中，IL-10 和 TGF-β 能抑制和阻断 Th1 类免疫效应和巨噬细胞 NO 的产生，进而使肌肉中旋毛虫幼虫包囊持续存在。

2. $CD4^+CD25^-Foxp3^-$T 细胞、Th2 细胞、巨噬细胞和嗜酸性粒细胞的调节作用 除经典的表达 Foxp3 标记分子的 nTreg 和 iTreg 细胞外，$CD4^+CD25^-Foxp3^-$ T 细胞、Th2 细胞、巨噬细胞和嗜酸性粒细胞等也能通过产生 IL-10 或 TGF-β 或 Th2 类细胞因子等来抑制清除虫体感染的获得性免疫和（或）固有免疫效应，控制过度的免疫病理反应。在弓形虫和利什曼原虫感染过程中，同时产生 IL-10 和 IFN-γ 的 $CD4^+CD25^-Foxp3^-$ T 细胞能有效控制免疫病理反应，并能维持虫体持续存在。在利什曼原虫感染小鼠过程中，吞噬有虫体的巨噬细胞产生 IL-10 和 TGF-β，发挥免疫抑制作用；而 Th2 细胞产生的 Th2 型细胞因子如 IL-4 和 IL-13 能诱导巨噬细胞活化形成 M2 细胞，后者上调表达精氨酸酶水解 M2 细胞内的 L-精氨酸形成 L-鸟氨酸，进而合成 M2 中利什曼原虫生长所需的营养物质多胺。因此，Th2 细胞产生的 Th2 型细胞因子反而能促进利什曼原虫的生长。在丝虫感染中，Th2 型细胞因子活化巨噬细胞形成 M2 细胞，有利于组织修复和丝虫存活。在肌旋毛虫寄生部位，嗜酸性粒细胞聚集，调节局部免疫反应，防止巨噬细胞产生 NO，保护虫体免遭杀伤。

3. 虫源性细胞因子类似物 一些寄生虫能产生一些细胞因子类似物，抑制免疫活性细胞包括树突状细胞和 Th1 细胞的转移和活化，减弱炎症反应，有利于虫体持续存在。如人的恶性疟原虫红内期虫体能产生人巨噬细胞抑制因子（macrophage migration inhibitory factor，MMIF）样分子，能抑制树突状细胞向受感染的红细胞迁移，进而降低对 T 细胞的刺激与活化。盘尾丝虫能产生一种 TGF-β 类似物，能诱导 $CD4^+CD25^-F_{oxp}3^-$ T 细胞迁移，细胞因子类似物细胞分化成 iTreg 细胞，发挥调节作用，进而控制炎症反应，利于虫体存活。

第四节 寄生虫感染的变态反应

寄生虫感染除了引起宿主对再感染具有抵抗力外，还可能会诱导宿主产生变态反应（allergic reaction），又称超敏反应（hypersensitivity）。变态反应是特异性免疫应答的超常形式，可引起炎症反应和组织损伤。变态反应一般分为 4 种类型，Ⅰ型、Ⅱ型和Ⅲ型为抗体介导，Ⅳ型主要为 T 细胞和巨噬细胞所介导。在寄生虫感染中，可能同时或先后存在多种类型的变态反应，如血吸虫病可同时引起Ⅰ、Ⅲ和Ⅳ型变态反应。

一、Ⅰ型变态反应

某些寄生虫抗原能刺激某些宿主个体产生 IgE，IgE 可与肥大细胞或嗜碱性粒细胞表面的

IgE Fc 受体结合，对宿主即产生致敏作用。当宿主再次接触同类抗原时，该抗原可与已结合在肥大细胞或嗜碱性粒细胞表面的 IgE 结合，发生桥联反应，导致上述细胞脱颗粒，释放炎性介质如组胺、5-羟色胺、肝素（heparin）等，作用于皮肤、黏膜、呼吸道等效应器官，引起毛细血管扩张和通透性增强、平滑肌收缩、腺体分泌增多等，表现荨麻疹、血管神经性水肿、支气管哮喘等临床症状，严重者出现过敏性休克，甚至死亡。Ⅰ型变态反应在接触抗原后数秒钟至数分钟即可迅速发生，故称为速发型变态反应（immediate-type hypersensitivity）。如尘螨、棘球蚴囊液等可诱发动物或人产生速发型变态反应。引起Ⅰ型变态反应的抗体主要是 IgE，另外，某些 IgG 亚类也能与肥大细胞表面结合，导致Ⅰ型变态反应的发生。如旋毛虫感染时表现有寒热、皮疹、水肿、嗜酸性粒细胞增多症（eosinophilia）、亲肥大细胞的 IgG 抗体滴度升高，已被广泛用于旋毛虫病的诊断。

二、Ⅱ型变态反应

又称细胞溶解型（cytolytic type）或细胞毒型（cytotoxic type）变态反应，其主要靶细胞为红细胞、白细胞和血小板，靶细胞表面抗原与 IgG 或 IgM 结合，导致补体活化或经 ADCC 损伤靶细胞。巴贝斯虫病中红细胞大量损伤，即因为血液中的虫体抗原被吸附在红细胞表面引起Ⅱ型变态反应，出现溶血性贫血（hemolytic anemia）。

三、Ⅲ型变态反应

又称免疫复合物型（immune complex type）变态反应，指寄生虫抗原与抗体在血液循环中形成免疫复合物，沉积于肾小球基底膜、血管壁等组织，激活补体，产生充血、水肿、局部坏死和中性粒细胞浸润的炎症反应和组织损伤。如血吸虫和疟原虫寄生在宿主体内不断释放虫体抗原到血液循环中，易形成免疫复合物，可在血液循环中长期存在，也可在组织中沉积。另外，免疫复合物的大小也与抗体有关，IgG 型免疫复合物可结合在红细胞上，逐渐被清除，而 IgA 型免疫复合物则与红细胞结合能力差，故在肾、肺和脑有较多沉积。

Ⅲ型变态反应有全身性和局部性两类。急性血吸虫感染时，有的宿主会出现全身性的Ⅲ型变态反应，表现为发热、荨麻疹、淋巴结肿大、关节肿痛等症状；疟疾和血吸虫肾炎为局部性Ⅲ型变态反应。

四、Ⅳ型变态反应

又称迟发型变态反应（delayed-type hypersensitivity，DTH），是 T 细胞和巨噬细胞介导的免疫反应。当寄生虫抗原初次进入机体后，使 Th 细胞致敏，当再次接触到相同抗原时，致敏的 Th1 细胞出现分化、增殖并释放多种淋巴因子，引起以巨噬细胞、淋巴细胞浸润和组织损伤为主要特征的炎症反应，如血吸虫虫卵性肉芽肿（egg-inducing granuloma）的形成。

第五节　寄生虫病的免疫预防及疫苗

免疫预防（immunoprophylaxis）是寄生虫病防治的重要措施之一。由于寄生虫在形态结构和生活史上比病毒、细菌更为复杂，抗原成分多，其保护性抗原的筛选和鉴定也更困难。由于大多数寄生虫体外培养比较困难或体外培养扩增效率比较低，基于天然抗原（natural antigen）或活虫体疫苗难以批量化生产。另外，寄生虫在与宿主长期的共进化过程中形成了高效的免疫逃避机制。因此，相对细菌、病毒，有效的寄生虫病疫苗（parasitic vaccine）更难获得，但是也有许多效果确实的寄生虫病疫苗并获广泛使用（见附录六已商品化的抗动物寄生虫病疫苗），还有许多非常有效的潜在疫苗，只是由于市场份额等而暂未上市（如带科绦虫的许多疫苗）。随着高通量组学的发展，近年来在寄生虫病疫苗研究领域取得了重要进展，基于病毒病、细菌病或寄生虫病疫苗毒株、菌株或虫株的活载体疫苗和多联重组疫苗有望问世。

一、强毒虫苗

强毒虫苗（field strain live vaccine）指直接利用从自然发病的宿主体内或排泄物中分离的虫株制备的活虫体疫苗，其免疫原理是接种低剂量强毒虫体诱导宿主机体产生保护性免疫力。临床上应用的鸡球虫病强毒虫苗（如美国生产的Coccivac®和加拿大研制的Immucox®）均为含自然毒株球虫卵囊。由于强毒虫苗接种剂量难以精确控制，容易在鸡场导致球虫病暴发等安全问题，其推广应用受到限制。

二、弱毒虫苗

弱毒虫苗（attenuated vaccine）是利用物理、化学或人工传代等方法筛选弱毒虫株来制备的疫苗，其致病性大大降低但保持着免疫原性。其免疫学原理是弱毒虫株在宿主体内存活并增殖，能刺激机体产生保护性免疫力但不会引起临床发病。目前，已临床应用的有早熟弱毒鸡球虫病疫苗（precocious attenuated vaccine of avian coccidiosis）、环形泰勒虫病疫苗、双芽巴贝斯虫病疫苗、胎生网尾线虫病疫苗等。

三、重组抗原亚单位疫苗

利用基因重组技术将寄生虫抗原基因导入原核或真核表达系统，在体外高效表达寄生虫抗原蛋白，然后通过纯化、浓缩和加入适宜佐剂等处理制成重组亚单位疫苗（recombinant subunit vaccine）。然而大量研究结果表明，寄生虫单一重组抗原很难提供有效免疫保护。于是，有学者提出“重组抗原鸡尾酒疫苗（cocktail vaccine of recombinant subnuit）”方案，即筛选寄生虫多个保护性抗原基因，分别体外重组表达后按照一定比例混合制备成“鸡尾酒”重组抗原疫苗，有望在寄生虫尤其是胞外寄生虫感染的免疫保护中发挥协同（synergy）或叠加（overlaying）效应。另外，重组抗原亚单位疫苗可以弥补弱毒虫苗返强、分泌性抗原来源有限等不足，可以实现批量化生产，降低成本，便于推广。

目前，微小扇头蜱肠道膜结合蛋白——B_m86 重组亚单位疫苗已商品化生产，在澳大利亚、南美洲等地区推广应用，在控制蜱及其所传播的牛巴贝斯虫病方面取得了比较理想的保护效果。来自猪带绦虫、牛带绦虫、羊带绦虫和棘球绦虫六钩蚴抗原的重组亚单位疫苗能给宿主提供有效的免疫保护。肝片形吸虫、弓形虫和犬钩虫等多种寄生虫的多种蛋白被体外表达，制成重组亚单位疫苗，获得不同程度的免疫保护。虽然捻转血矛线虫的肠道黏膜糖蛋白 H11 和 H-gal-GP、巨型艾美耳球虫的配子体蛋白、犬巴贝斯虫的表面抗原等能给动物提供有效的免疫保护，但是这些抗原均是天然抗原，其重组抗原往往因表达后缺乏糖基化等修饰而保护效果不理想。因此，如何维持重组抗原保留其天然构象，也是寄生虫病重组亚单位疫苗研究的关键问题。

四、基因工程活载体疫苗

这类疫苗是用基因工程技术将致病性寄生虫的保护性抗原基因克隆转入某种非致病性生物

（腺病毒、痘病毒、减毒沙门菌等）体内，将这种重组活载体生物接种给宿主，在宿主体内保护性抗原基因随活载体的复制而适量表达，进而刺激机体产生针对致病性寄生虫的保护性免疫应答。由于这类疫苗模拟胞内病原入侵感染宿主细胞的过程，能刺激机体产生有效的细胞免疫应答，而且可以批量化生产，成本可大大降低，因此目前成为胞内寄生虫（intracellular parasite）疫苗研制的研究热点（如顶复门原虫病疫苗）。近几年将球虫病早熟弱毒疫苗虫株（precocious attenuated vaccine strain）改造成能表达寄生虫、细菌和病毒保护性抗原基因的真核活疫苗载体（eukaryotic live vaccine vector）研究取得了重要进展，有望制成表达并运送外源抗原的活载体疫苗（living-vector vaccine）。

五、DNA 疫苗

DNA 疫苗指将含有寄生虫保护性抗原编码基因的真核表达质粒（eukaryotic expression plasmid）作为载体，通过肌内注射或皮内注射导入动物细胞，利用动物细胞的转录表达系统合成所携带的保护性抗原蛋白，诱导宿主产生针对该寄生虫的特异性免疫应答，从而使被接种动物获得免疫保护。弓形虫、疟原虫、艾美耳球虫等多种寄生虫已报道的 DNA 疫苗可使宿主获得完全或部分免疫保护，但尚未得到商业化应用。有研究显示，首次免疫用 DNA 疫苗，加强免疫用重组抗原蛋白，二者优势互补，可明显增强免疫保护效果。

（石海宁　闫文朝　白雪　编，刘明远　索勋　蔡建平　审）

第五章 寄生虫病的诊断与防控

准确的诊断（diagnosis）是寄生虫病有效治疗（treatment）和防控（control）的前提与基础。寄生虫病常用的诊断技术有传统诊断技术、免疫学诊断技术和分子诊断技术等。其中，传统诊断技术侧重于寄生虫病原体的直接检测，免疫学诊断以寄生虫的特异性抗原（antigen）及其诱导宿主产生的特异性抗体（antibody）为检测靶标，分子诊断主要检测寄生虫的核酸（nucleic acid）或蛋白质（protein）。不同的寄生虫病，需要借助的诊断技术可能会有差异，选择何种诊断技术应考虑疑似寄生虫种类、现有诊断技术特点、诊断人员的技术背景以及养殖场/畜主的接受意愿等情况。需要说明的是，寄生虫学专业人员与养殖者对寄生虫病诊断的诉求有时候会不一致，寄生虫学专业人员往往希望能很精确确定疾病是由何种寄生虫（甚至是基因型）引起的，以便为寄生虫病流行趋势的判断和防控提供准确、充分的信息；而养殖者更希望诊断能快速为防控提供依据和指导以减轻经济损失，至于具体是何种/何种基因型的寄生虫感染往往不是其关注的重点。幸运的是，由于大多数同类别的寄生虫具有很多共同的或相似的生物学特征与流行病学特征，而且现有的抗寄生虫药物大多数是广谱药物，在很多情况下，将寄生虫确定到某一类（目、纲，甚至门的水平），就足以指导养殖场寄生虫病的药物防治。如从羊的粪便中检出线虫卵（纲的水平），就可以用广谱抗线虫药物（如伊维菌素、芬苯达唑）对其进行驱虫。所感染的寄生虫种类确定越精确，就越便于获得更多的流行病学信息，为该寄生虫病的防控提供更精确的针对性指导。

第一节 寄生虫病的传统诊断技术

有些寄生虫病会呈现出明显或特征性临床症状(clinic signs，menifestation)，这对该病的诊断有很强的提示意义，但是很多寄生虫病的临床症状并不明显或缺乏特征性。不管临床症状属于哪种类型，寄生虫病的确诊(diagnosis)往往依赖于病原学(etiology)诊断，即需要找出引起该病的寄生虫病原体(虫卵、幼虫或成虫)。无论是粪便中的虫卵(或卵囊、包囊)、虫体，还是肠道、血液或组织内的虫体，都具有诊断意义。但也应注意在有些情况下，从动物体内发现寄生虫，并不一定就说明动物患了寄生虫病，当寄生虫感染数量较少或虫株致病力较弱时，一般并不引起明显的临床病症，如致病力弱的鸡球虫感染、牛羊轻度的消化道线虫感染等；有些条件性或机会性致病性寄生虫，在动物机体免疫功能正常的情况下并不致病，如猪的结肠小袋纤毛虫多在其他因素引起腹泻的情况下才致病且数量显著增多。在这些情况下，检测出寄生虫，只说明动物被寄生虫感染，并不代表其已发病。不过，在现代化的规模化养殖场(如猪场)，检出寄生虫感染后，即使没有明显的临床症状，为了避免寄生虫感染造成经济损失，养殖企业往往也会采取防控措施。在判断某种疾病是否由寄生虫感染所引起时，除了检查病原体外，还应结合临床症状、流行病学资料、病理剖检等因素综合考虑。

一、临床检查

仔细观察临床症状，分析症状（signs）与寄生虫感染（infection）的关系（association），可为寄生虫病诊断提供线索和依据。有些寄生虫病引起的临床症状比较明显和有特征性（示病症状），具有较强的诊断意义，如疥螨引起的皮肤粗糙增厚、脱毛、结痂、龟裂、脱毛、严重瘙痒和消瘦等症状。而有些寄生虫病引起的临床症状往往不明显，就需要根据流行病学资料、实验室检查结果等进行综合分析和鉴别诊断。如腹泻（diarrhoea）是羊毛圆线虫病（trichostrongylosis）的一个症状，但其他因素也可引起腹泻，仅凭腹泻这一症状不能确诊羊已患毛圆线虫病。另外，某些寄生虫病的确诊，特征性症状是必要条件，如贫血（anemia）是确诊绵羊捻转血矛线虫病（haemonchosis）的必要条件，也就是说没有贫血症状，就不是捻转血矛线虫病。

二、流行病学调查

全面了解畜禽饲养环境、管理方式，寄生虫病发病季节、流行状况、病史、中间宿主或传播者及其他类型宿主的存在和活动规律等，统计感染率（infection rate，即检出的阳性患病动物与整个被检动物的数量之比）和感染强度（infection intensity，是表示宿主遭受某种寄生虫感染数量大小的一个标志，有平均感染强度、最大感染强度和最小感染强度之分）。

需要注意的是，一种寄生虫病在一个区域内流行必须同时具备传染源、传播途径和易感动物，且需这三个要素存在相互联系。在对某种寄生虫病进行流行病学调查时，需要对传染源、传播途径和易感动物进行分析，这不仅对寄生虫病的诊断有意义，而且对针对性防控措施的制订有重要意义。如牛环形泰勒虫病依赖于蜱（ticks）传播，在诊断牛是否患环形泰勒虫病时，确定是否存在以下因素，对该病的诊断具有非常重要的意义：①当地是否存在携带环形泰勒虫（*Theileria annulata*）的牛（传染源）；②病牛是否易感（易感动物）；③病牛是否被蜱叮咬过（传播途径），而且蜱的流行情况对该病的防控也有重要意义。

三、实验室检查

采集病料，检查寄生虫（虫卵、幼虫和成虫），是寄生虫病确诊的必要过程，也是传统诊断技术的核心内容。常见检测样品有粪、尿、皮肤刮取物、血液、肌肉、骨髓、脑脊液及分泌物等，具体的检测样品因待检寄生虫的寄生部位和种类而异。

（一）消化道、呼吸道与生殖道寄生虫病的诊断

寄生于消化系统（digestive system）及呼吸系统（respiratory system）的大部分蠕虫及原虫可通过采集粪样（faeces）检测虫卵、卵囊（包囊）来进行诊断，寄生于泌尿系统（urinary system）的寄生虫可采集尿液（urine）进行检测，寄生于生殖道的牛胎儿毛滴虫、马媾疫锥虫等可通过采集生殖道分泌物、黏膜染色镜检。

（二）血液与组织内寄生虫病的诊断

寄生于循环系统（circulatory system）的原虫（如巴贝斯虫、泰勒虫、住白细胞原虫）及某些丝虫（如犬恶丝虫）可采集血液（blood）进行检测，寄生于组织（tissue）中的寄生虫（如囊尾蚴、旋毛虫）可采集组织（特别是病变组织）进行检测。对寄生于组织中的某些原虫，必要时可接种实验动物，然后从实验动物体检查虫体或寄生虫引起的病变而建立诊断（如弓形虫病、新孢子虫病的诊断）。

（三）外寄生虫病的诊断

寄生于体表的虱、蜱、蚤等外寄生虫可通过仔细检查宿主体表，采集虫体，根据虫体形态结构特征，结合皮肤病变特征进行诊断。寄生于体表的螨可取皮肤刮取物（skin scraping）进行镜检。

四、治疗性诊断

对某些难以用常规方法采集到虫体的病例，在初步疑似某寄生虫感染的基础上，使用抗该寄生虫的特效药进行驱虫，然后观察疾病是否好转，或患病动物有无虫体排出，如有虫体排出，则采集虫体进行鉴定，从而达到确诊的目的。如怀疑马感染马胃蝇蛆（horse bots）时，可尝试口服伊维菌素（ivermectin）进行驱虫，并收集粪便，检查有无马胃蝇幼虫，如驱虫后，患马症状好转，且粪便中检出马胃蝇幼虫，可做出确诊。个体治疗性诊断结果可以为群体寄生虫病的防控提供参考依据。

五、剖检诊断

这是确诊寄生虫感染最可靠的方法之一。它可以确定寄生虫种类、感染强度，还可以明确寄生虫对宿主危害的严重程度，尤其适合对群体寄生虫病的诊断和流行病学调查。剖检时，一方面需要观察器官或组织有无寄生虫引起的特征性病变（lesion），另一方面，需要检查寄生虫虫体。根据工作要求的不同，可大致分为寄生虫学完全剖检法、个别器官的寄生虫学剖检法和对某一种寄生虫的剖检法。

（张龙现　潘保良　蔡建平　编，索勋　审）

第二节　寄生虫病的免疫学诊断技术

寄生虫感染宿主后，在宿主体内生长、繁殖甚至死亡，在此过程中的分泌、排泄等代谢物或虫体崩解产物会诱导宿主产生免疫应答，基于此，可以利用抗原-抗体反应或其他免疫学反应来检测寄生虫感染，抗原-抗体反应的特异性和敏感性使免疫学诊断成为寄生虫病诊断的强大工具。

免疫诊断（immunodiagnosis）主要适用于如下情况：①宿主体内处于移行阶段的蠕虫幼虫或未排卵的成熟前寄生虫的早期诊断；②感染强度虽低但病情严重（如旋毛虫病），须及时诊断；③寄生虫感染过程的间隙性低虫荷阶段（如疟疾的低虫血症期）；④单性寄生虫感染（如单性淋巴丝虫感染，血液中检测不到微丝蚴，或单性血吸虫感染，粪便中检测不到虫卵）；⑤寄生虫感染非正常宿主，不能在其体内完成正常生活史，难以进行寄生虫病原学检查（如人的囊虫病或犬弓首蛔虫病等）；⑥寄生虫感染深部器官（如转移性肠外阿米巴病）；⑦某些寄生虫病的慢性期，虫体被宿主组织包围难以检出（如弓形虫病、旋毛虫病）；⑧血清流行病学调查；⑨疗效评价和潜在性复发的监测（如包虫病等）；⑩免疫复合物或其他免疫效应在寄生虫病发病机理中的作用评价等。理想的免疫学诊断方法应具有高度的特异性、敏感性、实用性和重现性，既能反映感染强度，又能区分既往感染与现症感染，并能评估和评价疗效。

一、免疫沉淀技术

免疫沉淀技术（immunoprecipitation technique）是利用抗原抗体特异性结合的特性，通过它们在凝胶或试管中出现沉淀（线）来判定反应性质的一种生物学技术。单向琼脂免疫扩散试验（single agar immunodiffusion test）曾用于隐孢子虫感染的免疫状况检测，双向琼脂免疫扩散试验（double agar immunodiffusion test）已用于棘球蚴病、肺吸虫病、住肉孢子虫病、弓形虫病、伊氏锥虫病、马媾疫和羊脑脊髓丝虫病等的诊断。对流免疫电泳（counter immunoelectrophoresis）则是将双向琼脂免疫扩散与电泳相结合的一种技术，该技术利用电场限制了抗原抗体的自由扩散，缩短了检测时间。对流免疫电泳已用于棘球蚴病、分体吸虫病、丝虫病、阿米巴病、锥虫病、利什曼原虫病、肺吸虫病等的诊断。火箭电泳（rocket electrophoresis）曾用于犬恶丝虫和旋毛虫感染的免疫学检测。日本血吸虫的环卵沉淀试验（circumoval precipitin test，COPT）基于抗原可通过卵壳上的微孔与周围血清抗体结合形成抗原-抗体复合物聚集于虫卵周围，为国内外诊断日本血吸虫病的公认方法之一。旋毛虫幼虫的环幼沉淀试验（circumlarval precipitation test，CLPT）用于检测幼虫释放的排泄分泌抗原刺激产生的抗体，是早期诊断和监测旋毛虫病的重要免疫学方法。在日本血吸虫病诊断中，有胶体染料试纸条法（dipstick dye immunoassay，DDIA）：用胶体染料标记日本血吸虫虫卵的可溶性抗原，用羊抗人 IgG 作为检测点，检测血吸虫病人血清中的抗体。

二、酶联免疫吸附试验

酶联免疫吸附试验（enzyme-linked immunosorbent assay，ELISA）是将抗原或抗体吸附于固相载体上，在载体上进行免疫酶反应，底物显色后用肉眼或光度分析法判定结果的试验。ELISA 是固相免疫酶测定法（enzyme immunoassay）中应用最广的一种免疫酶技术。该技术建立在抗原与抗体免疫学反应的基础上，特异性强、可定量。酶标记抗原或抗体是酶分子与抗原或抗体分子的结合物，可催化底物分子发生反应并产生放大效应，因此该技术具有很强的敏感性。该技术已广泛应用于寄生虫病（如旋毛虫病、肝片形吸虫病、华支睾吸虫病、姜片吸虫病、日本血吸虫病、住肉孢子虫病、猪囊虫病、弓形虫病、棘球蚴病、伊氏锥虫病、马媾疫锥虫病、羊脑脊髓丝虫病、艾美耳球虫病、猪肾虫病、利什曼原虫病、阿米巴病等）的免疫学诊断。研究人员在 ELISA 的基础上又创建了一系列新的免疫酶测定技术，如用于诊断旋毛虫病、猪囊虫病、棘球蚴病、弓形虫病和伊氏锥虫病的葡萄球菌 A 蛋白 ELISA（staphylococcal protein A，SPA-ELISA），用于诊断旋毛虫病、华支睾吸虫病、日本血吸虫病、猪囊虫病、棘球蚴病、弓形虫病、伊氏锥虫病和住肉孢子虫病的斑点 ELISA（Dot-ELISA），用于诊断血吸虫病、弓形虫病和华支睾吸虫病的琼脂扩散 ELISA（DIG-ELISA），用于诊断旋毛虫病、肝片形吸虫病、血吸虫病、猪囊虫病、棘球蚴病、弓形虫病和伊氏锥虫病的亲和素-生物素系统 ELISA（ABC-ELISA）等。

三、凝集试验

凝集试验（hemagglutination test）包括正向间接血凝试验、反向间接血凝试验、全量间接血凝试验、微量间接血凝试验、间接血凝抑制试验、乳胶凝集试验、炭粒凝集试验等，其主要通过将可溶性抗原吸附到红细胞载体或乳胶微粒上，当抗原-抗体复合物形成时会出现肉眼可辨的凝集现象。间接血凝试验（indirect hemagglutination assay，IHA）已用于旋毛虫病、肝片形吸虫病、日本血吸虫病、猪囊虫病、包虫病、住肉孢子虫病、弓形虫病、伊氏锥虫病、巴贝斯虫病、泰勒原虫病和豆状囊尾蚴病的诊断，该法简便、快速，敏感性强，适用于基层单位应用，但特异性高低不一，稳定性欠佳。胶乳凝集试验（latex agglutination test，LAT）已用于旋毛虫病、血吸虫病、猪囊虫病、包虫病、弓形虫病和伊氏锥虫病的诊断，方法简单、快速、敏感，但诊断液稳定性差，有假阳性及交叉反应。炭粒凝集试验（charcal agglutination test，CAT）已用于肝片形吸虫病、猪囊虫病、弓形虫病、伊氏锥虫病和豆状囊尾蚴病的诊断，也易出现假阳性，可使用提纯抗原减少非特异性反应。

四、免疫荧光技术

免疫荧光技术（immunofluorescence technique，IFT）是把免疫学技术与荧光染色法相结合的一种技术，将抗原或抗体以共价键牢固结合在荧光素上，与荧光素结合后的抗体或抗原与抗原或抗体特异性反应后，可在荧光显微镜下被识别。该技术不仅用于寄生虫病的诊断，还可进行疗效评价和流行病学调查。目前，寄生虫病诊断应用的主要有直接免疫荧光（direct fluorescent antibody，DFA）技术、间接免疫荧光（indirect fluorescent antibody，IFA）技术和时间分辨荧光免疫分析（time-resolved fluorescence immunoassay，TRFIA）法。DFA 已用于阴道毛滴虫病的诊断；IFA 是弓形虫检测的“金标准”，也是国内外饮用水中贾第虫和隐孢子虫检测的推荐方法，并可用于旋毛虫病、日本血吸虫病、猪囊虫病、包虫病、住肉孢子虫病和伊氏锥虫病的诊断；TRFIA 已用于隐孢子虫病、华支睾吸虫病、阿米巴病、血吸虫病、弓形虫病、包虫病、肺囊虫病的诊断。

五、免疫印迹技术

免疫印迹技术（immunoblotting technique）又称 Western blot，也称蛋白质印迹，是由 SDS-PAGE、电泳转移和免疫化学检测结合而成的一种免疫学技术，通过 SDS-PAGE 分离蛋白质和测定蛋白质分子质量，电转移凝胶上已分离的蛋白质抗原区转移至固相基质，再通过高灵敏度的免疫化学方法测定低水平（1 pg～1 ng）的抗原蛋白。该方法可分析蛋白质抗原和鉴别生物学活性抗原，是一种较好的特异性抗原检测方法。目前，该技术已用于溶组织内阿米巴病、疟疾、广州管圆线虫病、马来丝虫病、日本血吸虫病、卫氏并殖吸虫病、肝片形吸虫病和囊虫病等的诊断。

六、放射免疫测定

放射免疫测定（radioimmunoassay，RIA）是用特定方法将同位素等放射性物质标记于抗体或抗原，以检测相对应的特异性抗原或抗体。虽然该法具有极高的敏感性和特异性，但因同位素或同位素标记物来源、保存不便，故此法推广受到一定限制。RIA 已用于旋毛虫病、弓形虫病、疟疾、丝虫病、血吸虫病、利什曼原虫病、蛔虫病、锥虫病和鞭虫病的诊断。

七、新型免疫学检测方法

（一）胶体金免疫层析法

胶体金免疫层析法（gold immunochromatography assay，GICA）也称免疫胶体金技术（immunological colloidal gold signature，ICS），是一种将胶体金标记技术、免疫检测技术和层析分析技术等有机结合在一起的固相检测技术，以多孔性微孔滤膜为固相载体，通过毛细管作用使检测样品发生层析泳动，样品中的待测物与层析材料上的特异性抗原或抗体发生高特异性、高亲和性的免疫反应，抗原-抗体复合物被富集或截留在层析材料的一定区域（检测带），呈现直观的显色现象。该技术以其便捷、快速、准确和无污染等优点广泛应用于寄生虫病的临床诊断，目前该技术已应用于旋毛虫病、弓形虫病、疟疾、利什曼原虫病、肺吸虫病、华支睾吸虫病、囊虫病、曼氏裂头蚴病、广州管圆线虫病、恙虫病等的诊断。

（二）γ 干扰素释放试验

γ 干扰素释放试验（IFN-γ release assay，IGRA）基于抗原致敏的 T 细胞再次遇到同类抗原刺激能产生 IFN-γ 的原理，通过对全血或单核细胞在特异性抗原刺激下所产生 IFN-γ 的检测实现对疾病的早期诊断。该方法操作简便、便宜，已经商业化应用于亚临床结核病的早期诊断。已有研究发现 IGRA 可检测刚地弓形虫感染诱发的细胞免疫，可用于弓形虫病的早期诊断。

（三）荧光微珠免疫检测技术

荧光微珠免疫检测技术（fluorescent microbead-based immunoassay，FMIA）是利用荧光标记微珠作为固相载体，包被抗原或抗体检测样品中的抗体或抗原。该方法结合荧光标记微珠、激光和数字信号处理等技术，能对同一样品中多达 100 种不同的分析物实现同步检测，具有极强的灵敏性、特异性和稳定性，并能实现高通量多重检测。该技术在制备荧光标记微珠时，严格按照配比掺入 2 种不同的荧光染料，使微粒子着染不同的荧光色，通过仪器识别微粒子内部的颜色比变化来达到诊断疾病的目的。目前，该技术已应用于疟疾、弓形虫病、肝片形吸虫病、胎生网尾线虫病等寄生虫病的诊断。

（四）免疫传感器技术

免疫传感器技术（immunosensor technique，IST）是一种新兴的生物传感器技术，综合利用光、电及声波等技术，基于抗原抗体特异性识别和结合的特性，将传统的免疫检测和传感器技术融为一体，具有高特异性、敏感性和稳定性。IST 将抗体或抗原的固化膜与信号转换器进行组合，当待测的抗原（或抗体）与固化于电极上的抗体（或抗原）发生免疫学反应时，固化抗体（或抗原）膜的电荷会发生变化，产生感应膜电位差，通过测定膜电位差实现对待测样本中的抗原（或抗体）进行定量。目前，已有用于日本血吸虫病诊断的压电免疫传感器、电流免疫传感器和固相金纳米棒化学免疫传感器的研究。

（五）联合分子生物学技术的免疫学试验

随着分子生物学技术的发展，PCR 等分子生物学方法已逐渐与传统的免疫学方法相结合，形成了多种新型免疫学技术，如 PCR-ELISA、重组聚合酶扩增结合侧向层析技术、LAMP 结合侧向层析技术等。目前，这些技术已用于利什曼原虫病、巴贝斯虫病、隐孢子虫病等寄生虫病的诊断。

（赵光辉　李祥瑞　蔡建平　编，索勋　审）

第三节　寄生虫病的分子诊断技术

寄生虫病的分子诊断技术（molecular diagnostics technologies）是指应用分子生物学方法检测宿主体内寄生虫遗传物质或蛋白质的技术，可作为寄生虫病形态学和免疫学诊断方法的重要补充甚或是替代，其灵敏度高、特异性强、重复性好；可以结合属、科、目、纲阶元等特异性引物（primer）与测序分析未知寄生虫到种及种内基因型（genotype）、基因亚型（gene subtype）。常用的方法有 PCR 诊断法、核酸分子杂交法（nucleic acid hybridization technique）、分子分型法（molecular typing methods）以及蛋白质组学（proteomics）等。其中，PCR 检测技术已广泛应用于粪便、水样、环境、食品中寄生虫的检测；基于核酸分子杂交的基因芯片因其高通量的特点主要用于多种寄生虫的同时检测；分子分型技术主要用于寄生虫基因型和基因亚型的鉴定及分子流行病学溯源调查，可以帮助判断特定寄生虫虫株的毒力和宿主范围；蛋白质组学的方法和免疫学方法结合形成免疫蛋白质组学技术（immunoproteomics technique），可用于诊断抗原的发现和鉴定以及寄生虫病疫苗的研发，但该方法由于操作复杂、成本较高，目前在寄生虫病临床诊断方面应用的并不普遍。

一、基于 PCR 的分子诊断方法

（一）传统 PCR

DNA 聚合酶链反应（polymerase chain reaction，PCR）技术是一种既敏感又特异的 DNA 体外扩增技术，它可将少量目的 DNA 片段扩增上百万倍，其扩增效率使得该方法可检测到单个虫体或部分虫体的微量 DNA。对隐性感染或体内荷虫较少的动物的检查，该方法具有显著优势。PCR 技术对寄生虫系统发育学、流行病学、免疫学、宿主-寄生虫相互作用、重组 DNA 疫苗研制等均具有重要作用。

传统 PCR（conventional PCR）扩增多选用核糖体 DNA 内转录间隔区序列 ITS-1（internal transcribed spacer 1）、ITS-2（internal transcribed spacer 2）以及 18S rRNA 等基因或 DNA 片段设计引物。通过设计种、株特异性引物，可扩增出种、株特异的 PCR 产物；而利用寄生虫保守的序列设计引物，PCR 扩增之后进行测序，可以用来发现新的虫种、虫株；还可以设计高阶元引物，如线虫、吸虫、绦虫不同阶段特异性引物，可见其诊断优势。

寄生虫的模板 DNA 来源广泛，既可从虫体直接提取，也可从宿主血液、尿液、唾液、组织液中进行提取，因为寄生虫在寄生生活中因多种原因会将 DNA 释放到宿主体液，还可以利用显微切割技术从病理切片中精确分离虫体，提取 DNA，进行 PCR，从而进行虫种的鉴别，这种方法结合传统的形态学观察，具有很强的特异性。

（二）巢式 PCR

巢式 PCR（nested PCR）应设计两对引物，先用第一对引物扩增大片段的目的基因，然后以第一轮的 PCR 产物为模板，用第二对引物进行第二次扩增，获得小片段的目的基因片段。这样经过两次扩增，可从极少量的模板中获得较高浓度和纯度的靶片段，因此显著提高了扩增的敏感性和特异性。目前，在巢式 PCR 基础上出现了更多的改进技术，其中，半巢式 PCR（semi-nested PCR）和单管巢式 PCR（single-tube nested PCR）在巢式 PCR 的基础上进一步提高了反应的特异性和灵敏性，避免了巢式 PCR 二次加样可能带来的污染。巢式 PCR 及其改进技术已广泛应用于蓝氏贾第虫、隐孢子虫、弓形虫、贝诺孢子虫等各种寄生虫的检测。

（三）多重 PCR

多重 PCR（multiplex PCR）又称复合 PCR，是在一次反应中加入两对或两对以上的引物，同时扩增不同序列的 PCR 过程，其反应原理、反应试剂和操作过程与传统 PCR 类似。多重 PCR 的引物设计是关键，要通过设计合适的引物扩增大小不同的片段，进而通过电泳将不同的片段进行区分。多重 PCR 主要用于多种寄生虫的同时检测，多重 PCR 也有其局限，由于扩增片段大小不同，小片段更容易被扩增出来，而且由于模板中不同寄生虫的 DNA 含量也不同，初始模板多的基因片段更易扩增，从而可能导致漏检。多重 PCR 技术不仅应用于寄生虫病的诊断，在寄生虫的基因分型以及药物靶标位点筛选等方面也已得到了广泛应用。

（四）原位 PCR

原位 PCR（in situ PCR）是一种将原位杂交的定位性与 PCR 的高敏感性结合起来的检测技术，在组织切片或细胞涂片上对特定 DNA 或 RNA 进行原位扩增后，用免疫组化技术对其进行检测和定位，可同时观察组织病变、虫体感染动态、进行虫体定位。按照检测方式的不同，分为直接原位 PCR 和间接原位 PCR。原位 PCR 适用于冻存或固定的组织中寄生虫的检测，特别是对样本量少或不能获得较大样本的组织样品。该技术已应用于旋毛虫、异尖线虫和疟原虫等寄生虫的检测。

（五）PCR-质谱法

PCR-质谱法（PCR-mass spectrometry）的基本原理是利用 PCR 扩增出一段含有目的单核

苷酸多态性（single nucleotide polymorphism，SNP）的 DNA 序列，然后用虾碱性磷酸酶（shrimp alkaline phosphatase，SAP）消化去除掉 PCR 体系中剩余的脱氧核糖核苷三磷酸（dNTP）。针对每个靶点 SNP 设计一条延伸引物，该引物的 3′末端碱基紧挨 SNP 位点，采用四种 ddNTP 替代 dNTP，这样，探针在 SNP 位点仅延伸一个碱基，连接上的 ddNTP 与 SNP 位点的等位基因对应。用基质辅助激光解吸电离飞行时间质谱（MALDI-TOF MS）检测延伸产物与未延伸引物间的分子质量差异，即可确定该点的碱基。该方法结合多重 PCR 技术、单碱基延伸技术和飞行时间质谱检测技术，具有高灵敏性和高准确性的特点，目前已经在细菌和病毒性疾病的检测中广泛应用，在寄生虫疾病诊断中也将具有广阔的应用空间。

（六）反向线状印迹杂交

反向线状印迹杂交（reverse line blot hybridization）技术的基本原理是将 5′端胺修饰的特异性探针共价结合在尼龙膜上，用生物素标记的引物扩增靶 DNA，将扩增产物与尼龙膜上的探针特异性杂交，加入过氧化物酶标记的链霉亲和素，与靶 DNA 上的生物素结合，最后加入化学发光底物与其反应，通过感光胶片显影，通过特异性探针固定部位斑点显现与否来判定靶 DNA 是否存在。该方法特异性强、敏感性高，通过在尼龙膜上固定大量探针可以检测多种靶 DNA，具有高通量的特性，目前该方法已经用于巴贝斯虫病、泰勒虫病、锥虫病以及利什曼原虫病等寄生虫疾病的诊断。

（七）实时定量 PCR

实时定量 PCR（real-time quantitative PCR）是 PCR 技术从定性到定量的飞跃，它是利用荧光信号监测扩增产物量的变化，可以对起始模板进行准确定量，对扩增反应及结果进行实时监测。与传统 PCR 相比，该技术特异性强、灵敏度高、快速准确、重复性好，而且由于该技术采用闭管操作，避免了后处理时易出现的污染现象。

实时定量 PCR 按照化学原理分为荧光染料法（fluorescent dye approach）和探针法（probes approach）两类。荧光染料法简便易行，是利用荧光染料来指示扩增产物的增加。荧光染料法常采用 SYBR Green Ⅰ，它能和双链 DNA 结合而发光，能非特异性地掺入双链 DNA 中去，通用性很好。但由于其可以和所有的双链 DNA 结合，所以常有假阳性的出现，因此选择良好的引物并优化反应条件是染料法成功的关键。探针法是利用与靶序列特异杂交的探针来指示扩增产物的增加，由于增加了探针的识别步骤，故特异性更强。常用的探针有 TaqMan 探针和分子信标（molecular beacon）等。

实时定量 PCR 已逐步成为寄生虫检验的常用方法，该方法是多种寄生虫疾病诊断的推荐方法，比如疟原虫病、弓形虫病、利什曼原虫病、新孢子虫病等，该方法除了可以对虫体的 DNA 进行定量分析，也可以用来研究虫体和宿主基因的表达。

（八）环介导等温扩增技术

环介导等温扩增技术（loop-mediated isothermal amplification，LAMP） 是一种等温核酸扩增技术。其特点是设计 4 条引物，结合目的基因的 6 个特异性区域，在具有自主链置换活性的 Bst DNA 聚合酶的作用下，在恒温条件下（60～65 ℃）完成对目标 DNA 的大量扩增。该反应全过程没有常规 PCR 的退火、复性，整个反应可在恒温下进行。LAMP 扩增产物判断可利用荧光定量 PCR 仪检测反应的荧光强度，或利用核酸扩增过程中产生的焦磷酸镁沉淀反应的浊度检测，或利用琼脂糖凝胶电泳检测。LAMP 扩增不需要昂贵的仪器设备，普通的加热装置即可，该检测方法速度快，操作简便，结果观察容易，非常适合在小型实验室和基层单位推广。由于 LAMP 的上述特点，该技术被广泛应用于锥虫病、疟原虫病、弓形虫病、阿米巴病、吸虫病等寄生虫疾病的快速诊断。但 LAMP 技术极易因受到污染而产生假阳性结果，配制反应体系的操作要求比较严格，引物设计要求高，需要专门的设计软件。

二、基于核酸杂交及基因芯片的分子诊断方法

（一）核酸分子杂交技术

具有一定互补序列的核苷酸在液相或固相中按碱基互补配对原则缔合成双链的过程即核酸分子杂交（nucleic acid hybridization）。待测 DNA 或 RNA 的 DNA 或 RNA 探针（probe）设计是该技术的核心。该技术可对待测 DNA 或 RNA 序列进行定性或定量检测，其按反应支持物可分固相杂交（solid-phase hybridization）和液相杂交（liquid-phase hybridization）两种，前者有检测 DNA 的 Southern 印迹杂交（Southern blot）、检测 RNA 的 Northern 印迹杂交（Northern blot）、点杂交（dot blotting）、夹心杂交（sandwich hybridization）、原位分子杂交（in situ hybridization，ISH）和寡核苷酸探针杂交（oligonucleotide hybridization）等，后者有液相基因芯片检测技术（suspension microarray technique）。原位核酸分子杂交方法可检测组织细胞中特定的核酸片段，从分子水平提供宿主体内存在病原体的直接证据，多被用于虫种的分类鉴定；可以和病理切片结合，观察寄生虫引起的病理变化。核酸分子杂交技术操作复杂、实验条件要求较高，限制了其在兽医寄生虫病临床诊断中的应用。

（二）基因芯片技术

基因芯片技术（gene chip technique）又称 DNA 微阵列片（DNA microarray），是用机器人自动印记或光引导化学合成技术将大量探针分子固定于如玻片、硅片等固相表面制成的高密度 DNA 微点阵。样品 DNA/RNA 通过 PCR 扩增、体外转录等技术掺入荧光标记分子，借助碱基互补配对原理与基因芯片杂交，再通过激光共聚焦扫描仪等荧光检测系统对芯片进行扫描，由计算机系统对每一探针上的信号做出比较和检测，从而得出所需要的信息。基因芯片可以在一次试验中同时平行分析成千上万个基因，极大地缩短了操作时间，大大地降低了假阳性和假阴性结果的出现，使得结果更加准确、可靠，适应于大规模、高通量寄生虫病检测要求，已在锥虫病、隐孢子虫病、弓形虫病、旋毛虫病等寄生虫病诊断方面得到应用。

（三）液相基因芯片检测技术

液相基因芯片检测技术（suspension microarray technique）是流式技术、荧光微球、激光、数字信号处理等有机整合而成的一种新型生物分子高通量检测技术（high throughput detection technique）。与固相基因芯片检测技术相比，液相基因芯片检测技术具有操作简便快速、灵敏度高、特异性强、价廉、所需样品量少、可高通量以及定量检测等特点，已在肠道寄生虫病如隐孢子虫病、贾第虫病、阿米巴病、钩虫病、蛔虫病、类圆线虫病以及血液寄生虫病（如原虫病、巴贝斯虫病、泰勒虫病）的诊断方面得到应用。

三、寄生虫的分子分型方法

随着寄生虫基因组序列的不断丰富，各种基于基因组序列的分子分型技术由于具有快速、准确、稳定以及分辨率高等特点而得到广泛应用。分子分型方法可从遗传分子水平阐明寄生虫的种系发生关系，可以鉴别不同种或不同基因型、基因亚型的寄生虫。其主要用在寄生虫病的分子流行病学（molecular epidemiology）调查。

（一）多位点序列分型

多位点序列分型（multilocus sequence typing，MLST）是一种基于 PCR 扩增后测定核苷酸序列的分型方法。它首先针对多个持家基因（housekeeping genes）设计引物并选择寄生虫不同分离株的基因组 DNA 进行 PCR 扩增及测序，通过分析持家基因内部片段的核苷酸序列，获得每个基因座（gene locus）中所有的变异情况，从而对不同分离株的等位基因（allelic genes）进

行多样性比较分析进而达到基因分型的目的。该技术具有分辨率高、重复性好、可测性强、易于标准化等特点。MLST 主要用于寄生虫基因分型及遗传结构分析，并在疾病的溯源及预警监测过程中发挥着重要作用。目前，MLST 在隐孢子虫、贾第虫、弓形虫、锥虫等原虫的基因分型方面应用较多。

（二）随机扩增多态性 DNA

随机扩增多态性 DNA（random amplified polymorphic DNA，RAPD）是对标准 PCR 方法的一种改版，其利用一系列（通常数百个）不同的随机排列碱基顺序的寡核苷酸单链（通常为 9～10 个寡核苷酸）为引物，对所研究基因组 DNA 进行 PCR 扩增。扩增片段的数量及特性取决于引物及模板的序列以及所使用的 PCR 反应条件，扩增产物经电泳可显示多态性条带图谱。通过与标准参照株的电泳图谱进行比较可鉴定寄生虫的基因型，对所获得的多组电泳图谱进行数学分析可研究寄生虫系统发生关系（phylogenetic relationship）。RAPD 与常规 PCR 相比有如下优点：①事先不需要已知 DNA 序列来设计引物，利用一套随机引物，得到大量 DNA 分子标记，可以借助计算机进行系统分析（phylogenetic analysis）；②技术上简便、快速、成本低；③只需微量 DNA 即可进行扩增；④可以对整个基因组做变异研究。在寄生虫学领域，RAPD 技术已广泛应用于线虫、绦虫、吸虫、原虫及蜱螨、昆虫的分类、鉴定及遗传变异研究。RAPD 技术也有其不足之处，该技术重复性较差，反应条件微小的变动即可引起结果的改变，而且，由于该技术要求样品 DNA 的纯度足够高，因此，其对临床样品的检测效果不佳。

（三）限制性片段长度多态性

限制性片段长度多态性（restriction fragment length polymorphism，RFLP）经常与 PCR 联合应用，所以又称为 PCR-RFLP，采用巢式 PCR 扩增等位基因位点特异性的 DNA 片段，再用一个或者多个限制性内切酶酶切得到 DNA 目的片段，由于片段上酶切位点的差异，从而得到长度不同的酶切片段，用琼脂糖凝胶电泳分离鉴定，最后与酶切图谱比对分析。PCR-RFLP 可采用单基因位点（single gene locus）进行分析，也可采用多基因位点（multigene loci）进行分析。目前，多基因 PCR-RFLP 的应用更为普遍，PCR-RFLP 可有效区别种间与种内的差异，在多种寄生虫如隐孢子虫、弓形虫、利什曼原虫、阿米巴、毛滴虫、贾第虫、吸虫等的分类鉴定上都得到广泛的应用。但是，该方法有技术局限性，其借助的巢式 PCR 需要进行两步 PCR 扩增，操作烦琐，而且 PCR 产物需要进行限制性酶切分析并通过电泳来鉴定，容易受酶活性及非特异性切割的影响，造成酶切不完全或酶切过度，引起结果的误读等。

（四）单链构象多态性

PCR 扩增的 DNA 产物经过变性形成单链后，在中性的条件下单链 DNA 因其分子之间的相互作用而形成一定的立体构象，相同长度的单链 DNA，如果碱基序列不同形成的构象就不同。长度相同而构象不同的单链 DNA 在非变性聚丙烯酰胺凝胶（PAGE）中表现出不同的迁移率。单链构象多态性（single strand conformation polymorphism，SSCP）具有敏感、简便、快速、成本低且适用于筛选大量样本等特点，因此常用于基因突变检测。在寄生虫学领域，SSCP 成功地被应用于寄生虫的分类、虫种鉴定及遗传变异研究等方面，如微小隐孢子虫、疟原虫、血吸虫等。

（五）微卫星分析

微卫星（microsatellite）DNA，又称为短小串联重复序列（simple tandem repeats，STR）或简单重复基序（simple sequence repeats，SSR），是均匀分布于真核生物和原核生物基因组中的简单重复基序，由 2～6 个核苷酸的串联重复单位（核心序列）构成。每个微卫星 DNA 的核心序列结构相同，重复单位数目为 10～60 次，其长度一般不超过 300 bp。由于重复单位的重复次数在个体间呈高度变异性并且数量丰富，因此微卫星的应用非常广泛。微卫星 DNA 技术直接以微卫星为研究对象，根据其侧翼序列设计引物，进行 PCR 扩增，进而对微卫星长度的多态性进行种群遗传分析（population genetic analysis）。多位点微卫星 DNA 技术是目前在寄生虫上应用较普遍的方法，其已应用到疟原虫、利什曼原虫、锥虫、弓形虫、阴道毛滴虫、血吸虫、类圆线虫等寄生虫虫株鉴定及分类研究上。

（六）高分辨率熔解曲线分析

高分辨率熔解曲线分析（high-resolution melting，HRM）原理是在标准 PCR 试剂的基础上加入可与双链 DNA 结合的饱和性荧光染料，PCR 扩增结束后开始运行 HRM 程序，将 PCR 产物自低到高逐步升温（60～95 ℃），每次升温 0.02～0.1 ℃，此过程中 DNA 解链，荧光染料脱落，不再产生荧光信号。以温度为横坐标，荧光强度变化为纵坐标作图，即可得出对应于特定 DNA 的特征曲线。该方法用于寄生虫分型，实验结束后即出结果，由于是闭管操作，避免了实验过程的污染，该方法敏感，可检测到单个核苷酸突变，适合单核苷酸多态性分析（SNPs）。HRM 通常选用易区分种间差异的基因或 DNA 片段如 ITS1、ITS2、18S rRNA、HSP70、cox1 等进行分析，已应用于巴贝斯虫、泰勒虫、利什曼原虫、疟原虫、弓形虫、片形吸虫、棘球绦虫等寄生虫的检测和分型。

（殷光文　徐鹏　蔡建平　编，索勋　审）

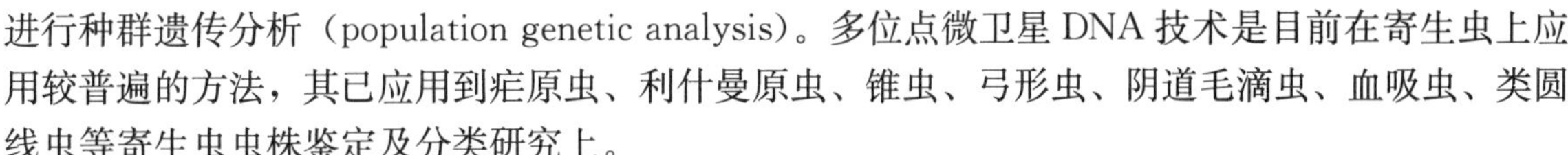

第四节　寄生虫病的治疗与防控

治疗（treatment）与防控（control）近义且常混用，但二者内涵是有区别的。

治疗是一种在动物出现临床症状后进行的短期干预措施，其目的是迅速降低动物体内的寄生虫数量，以减缓或消除寄生虫造成的损害，提高动物生产性能或阻止寄生虫增殖。化学药物治疗是寄生虫病最主要的治疗措施，而且对症治疗有利于恢复损伤，促进宿主康复。

防控是一种长期干预措施，其目的是清除或减少宿主动物群体及其环境中的寄生虫数量，防止其感染宿主，降低发病的风险。寄生虫病的防控，主要通过以下方式实现：①通过干扰或切断寄生虫生活史，影响其发育和繁殖过程，降低其数量，减缓其对宿主的危害（如消灭中间宿主）；②通过提高宿主的抵抗力来抵抗寄生虫感染（如疫苗接种）；③上述两种方式相结合。防控措施多包含策略性药物治疗，但是非药物治疗的其他措施往往也起着很关键的作用。

一、化学药物治疗

（一）选择毒性

化学药物杀灭宿主体内的寄生虫是通过选择毒性（selective toxicity）来实现的，即药物对寄生虫呈现高毒性，而对宿主低毒或无毒。药物对寄生虫的选择毒性有两种方式，其一，与寄生虫特有的靶点结合；其二，相比宿主的同类靶点，与寄生虫的靶点有更强的结合力或更长的结合时间。如阿维菌素类药物（AVMs）通过与线虫和节肢动物神经和肌肉细胞中谷氨酸门控的氯离子通道受体和 γ-氨基丁酸（GABA）受体结合，阻断神经冲动传导，导致寄生虫麻痹致死或被排出体外。哺乳动物宿主中没有谷氨酸门控的氯离子通道，GABA 的结合位点位于中枢神经系统，受血-脑屏障的保护，因此，AVMs 对血-脑屏障健全的哺乳动物安全系数高，而对线虫和节肢昆虫呈现出很强的选择毒性。

（二）化学药物的选择与应用

“小寄生虫”（microparasites，如原虫）与“大寄生虫”（macroparasites，如蠕虫、节肢动物）在生活史上存在明显区别，前者在宿主体内大量增殖，后者一般不在终末宿主体内增殖（也有例外），化学药物治疗目标也不尽相同。化学药物治疗原虫的目的是降低其繁殖率，使宿主体内虫体数量降低到不给宿主造成损害的程度。而抗螨虫药物和杀虫剂的目的是驱除体内、体表的虫体，防止其危害宿主和扩散。寄生虫种类不同，所用的抗寄生虫药物也往往不同，常用抗寄生虫药物类别名称及防治对象见表 5-1。当然，很多药物抗虫谱广，对多种寄生虫有效，如苯并咪唑类（benzimidazole）药不仅对线虫有效，还对吸虫和绦虫有效。抗寄生虫药物的选择详见附录五，须特别注意有些药物的禁用范围及禁用实施时间，如双甲脒（amitraz）禁用于水生食品动物，甲硝唑（metronidazole，MTZ）于 2002 年 5 月起禁用于食品动物。

表 5-1　寄生虫及抗寄生虫药物类别

寄生虫类别	抗寄生虫药物类别	备注
寄生虫	抗/杀寄生虫药物	
外寄生虫	抗/杀外寄生虫药物	
内寄生虫	抗内寄生虫药物	
内寄生虫＋外寄生虫	抗内外寄生虫药物	主要是指大环内酯类抗寄生虫药物
昆虫	杀虫剂	也常用于蜱、螨
昆虫	昆虫生长调节剂	这类药物一般只对幼虫有效，对成虫无效
蜱、螨	杀螨剂	
原虫	抗原虫药物	
球虫	抗球虫药物	
蠕虫	抗蠕虫药物	
绦虫	抗/驱绦虫药物	
吸虫	抗吸虫药物	
线虫	抗蠕虫药物	Nematocides（抗线虫药物）一般专指抗植物线虫的药物
微丝蚴	杀微丝蚴药物	

可根据寄生虫防治对象和给药方便程度来选择药物的给药方式，如口服、注射、浇泼、药浴等。防治对象不同，给药方式也往往不同，如药浴主要用于防治外寄生虫，口服是防治消化道寄生虫常用的给药方式。给药方式也受用药动物的影响，如规模化鸡场常用的给药方式饮水或拌料等适合于群体给药，可大大降低工作量；浇泼给药（pour-on）是大型动物（如牛）比较方便、安全的给药方式。

为了方便给药，抗寄生虫药物的活性成分需要与药物辅料制成合适的剂型（formulation），如混悬剂、片剂、粉剂、糊剂等。将药物制成合适的剂型，还可提高药效、降低毒性、方便给药，如将伊维菌素研制成长效注射剂，使其持效期能覆盖疥螨/痒螨的整个发育过程，一次给药能彻底杀灭哺乳动物上的螨虫，不仅可提高螨虫防治效果，还能减少给药次数；又如吡喹酮（praziquantel）诱食片含诱食剂，能提高犬药片的自动吞服率，很适合于牧羊犬和流浪犬的给药，提高棘球绦虫的防治效果。药物剂型很大程度上决定了药物的给药方式。

对经济动物寄生虫病进行防控时，防控成本是必须要考虑的，当成本超过动物的本身价值时，进行防控往往是没有意义的。而在对宠物（pets）进行寄生虫病防治时，安全（safety）和有效（efficacy）是需要重点考虑的，此外和宠物主人的沟通也非常重要，这样能更好地保障给药的遵循性，确保防治效果。此外，要考虑动物种属对抗寄生虫药物的敏感性和对药物吸收的差异。如有柯利犬血统的犬对伊维菌素的敏感性高于其他品种的犬，使用大环内酯类药物（如伊维菌素）应慎重；羊驼对皮下注射的伊维菌素的吸收显著低于牛、羊等动物，而且在体内的消除更快，用伊维菌素防治羊驼的螨病时，需要加大给药剂量，增加给药频次。

二、抗 药 性

寄生虫的抗药性（也常称为耐药性，drug resistance）是指使用推荐剂量的抗寄生虫药物驱杀寄生虫时，药物驱杀效果显著降低或消失的现象。由于抗寄生虫药物的普遍使用和新型抗寄生虫药物研发速度放缓，寄生虫抗药性问题呈现出日益严重的趋势。有关抗药性产生的原因有不同的学说，目前比较公认的是选择学说，即寄生虫群体中有敏感虫株和抗药虫株，在药物选择压力（selcetion pressure）的反复作用下，敏感虫株被不断杀灭，抗药虫株成为优势群体，导致寄生虫群体对药物的抗性升高。如寄生虫群体只有一部分虫体暴露在药物选择压力下，有一些虫体被遗漏，其敏感基因被保留，可稀释群体中的抗性基因，延缓抗药性的产生，已有利用这种机制来延缓牛羊线虫抗药性的做法。另一个已用于生产实践的做法是通过接种对药物敏感的鸡球虫活卵囊疫苗，大量引物药物敏感群体，置换鸡场（舍）环境中的抗药性群体。

寄生虫对药物产生抗药性需要的时间可以是数月至数十年，主要与以下因素有关。

1. 寄生虫因素　如抗药性机制及其基因基础、抗药性基因在寄生虫最初群体中的携带率、寄生虫的生物潜能（biotic potential，即寄生虫的繁殖速率）等因素。一般而言，寄生虫的繁殖速度越快、繁殖力越强，出现靶基因突变的概率就超高，就越易产生抗药性。

2. 管理因素　如饲养管理、药物使用策略（如治疗时间和频次）、给药剂量的准确性与否、治疗时有没有寄生虫被遗漏等因素。一般而言，长期低剂量使用同一种抗寄生虫药物，容易导致寄生虫产生抗药性。

3. 外界因素　如气候等因素，一般而言，温暖潮湿地区，因寄生虫繁殖代次所需时间缩短，需要频繁用药物防治，寄生虫更易产生抗药性。

抗药性产生后能否发生逆转（reversion），与以下因素有关：①基因流入情况，即敏感基因进入抗药性群体的速率，引进携带敏感虫株的宿主、寄生虫主动扩散（如昆虫）、药物治疗被遗漏的宿主种群携带的敏感虫株都可以是敏感基因的来源；②抗药基因的反向突变，有时抗药基因的突变几乎是不可逆的，如敏感基因被删除。

三、综合防控

尽管化学药物防治在动物寄生虫病防控中起着主导作用，但是完全依赖化学药物来防控寄生虫病是不可持续的，而且从长远来看其代价也是巨大的，会引起寄生虫抗药性、环境污染、动物性食品药物残留等问题；另一方面，由于寄生虫的生活史往往比较复杂，很多因素会影响其流行，单一防控措施往往不能完全切断寄生虫的生活史，因此，大多数寄生虫病的可持续控制往往依赖于寄生虫综合防控（integrated parasite/pest management，或称寄生虫/害虫综合治理）。综合防控是在充分考虑经济因素、寄生虫流行病学和抗药性情况、养殖生产系统和饲养管理情况等因素的基础上，采取的多种有效措施，其目的是将寄生虫的数量控制在较低的、不足以危害动物的水平，但不一定非要将其消灭。寄生虫病综合防控措施的制订和实施需要以寄生虫的生物学和流行病学为基础，主要方法包括化学方法（chemical method）和非化学方法（non chemical method）。

（一）化学方法

化学方法主要依赖于策略性化学药物驱虫/杀虫，即基于寄生虫生物学和流行病学而采取的化学药物驱虫（deworming，多指蠕虫）或杀虫（多指节肢动物）措施。

1. 选择合适的时期进行给药　在虫体成熟前驱虫，可防止成虫排出虫卵或幼虫污染外界环境。如一条猪蛔虫雌虫平均每天可产卵 10 万～20 万个，产卵高峰期达 100 万～200 万个，一生可产卵达 8 000 万个，在虫体成熟前进行驱虫，可以大大减少猪蛔虫虫卵对环境的污染。采取“秋冬季驱虫”（fall-winter deworming），有利于保护畜禽安全过冬；另外，秋冬季外界寒冷，不利于大多数虫卵或幼虫存活发育，可以减轻其对环境的污染。转场前驱虫是牧区常用的策略性药物防治措施，在动物转入新牧场前进行驱虫，既可大大降低新牧场被寄生虫污染的风险，又可以利用旧牧场的空歇期杀灭牧场上的虫卵或幼虫。防控放牧家畜的蠕虫时，在大多数寄生虫位于动物体内、牧场上幼虫较少时进行驱虫，能取得更好的防控效果。用化学药物杀吸虫中间宿主——螺类时，春季用药可以杀灭母螺和冬季感染的螺，可以大大减少螺的数量、降低螺携带吸虫幼虫的比例，降低动物感染吸虫的风险，其效果明显好于夏季灭螺。驱虫后排出的粪便应及时清扫、集中处理，如进行堆肥发酵，利用“生物热发酵法”杀灭粪便中虫卵、幼虫或卵囊。

2. 合理使用药物 应避免在同一个区域连续几年使用同一种药物（一般不要超过 2 年），应轮换使用抗寄生虫药物，或联合用药，以延缓抗药性的产生。要监测寄生虫抗药性情况，选用高效的药物，不要使用低效的药物，如当抗线虫药物的虫卵减少率（faecal egg count reduction，FECR）低于 90%时，不要继续使用，容易加剧抗药性。要按照推荐剂量准确给药，不要降低药物的给药剂量，低剂量给药容易引起抗药性。可采用 worm refugia 策略，延缓牛羊蠕虫抗药性的产生，即在防控牛羊蠕虫时，有意遗漏一部分动物不进行药物防治，保留其体内蠕虫（这部分蠕虫被称为 worm refugia）的敏感性，稀释寄生虫群体中的抗药基因，达到延缓蠕虫抗药性产生的目的。如防控捻转血矛线虫时，因同一群羊中只有少数羊感染大量捻转血矛线虫，症状（贫血）严重，因此，可仅对贫血症状严重的羊进行给药，症状不明显的羊不给药，保留其体内捻转血矛线虫对药物的敏感性。

3. 化学药物的替代产品 由于化学药物长期使用引发了抗药性、环境污染、药物残留等问题，人们不断寻求其替代产品，如利用中药或其他生物活性物质，如使用肉桂、丁香、香菜等植物精油和二氧化硅的硅藻土来杀灭鸡皮刺螨。

（二）非化学方法

非化学方法包括很多方面，可根据实际情况选用。

1. 常规防控措施

（1）做好环境卫生：很多寄生虫病的传播与环境卫生密切相关，做好环境卫生对其防控具有重要意义。对经粪-口途径传播的蠕虫和原虫而言，粪便管理（manure management）尤为重要，应及时清除粪便、垫料，防止其污染饲料和饮水，以降低环境中虫卵或卵囊的数量和宿主被感染的风险。对某些外寄生虫（如蚊、蝇、蜱）而言，做好环境卫生、破坏其滋生的环境，也可降低其数量。

（2）合理放牧：可根据寄生虫在当地外界环境中的流行情况和存活期进行轮牧（pasture rotation），利用间歇期杀灭牧场的虫卵或幼虫，这项措施对热带牧场或比较干旱的牧场更合适，因为虫卵或幼虫在这样的牧场上存活时间短，而在温带牧场存活时间长，需要更长的轮牧间歇期。也可利用寄生虫对不同宿主易感性的差异实施不同动物轮牧，如羊-马轮牧。可根据寄生虫幼虫或中间宿主的习性，选择合理的时间或区域放牧，防止其感染宿主。如羊莫尼茨绦虫（moniezia）和马裸头绦虫（anoplocephala）的中间宿主是甲螨类地螨（oribatid mites），地螨畏强光，怕干燥，在潮湿和草高而密的地带数量众多，黎明和日暮时活跃，据此可采取以下回避措施：不在潮湿地区放牧，不在早晨和傍晚放牧，以减少绦虫的感染。又如圆线目线虫的幼虫在早晨、傍晚、阴雨天时，在牧草上活跃，应避免在这些时段放牧。又如传播牛环形泰勒虫病的残缘璃眼蜱为圈舍蜱，在内蒙古地区，成蜱每年 5 月出现，与环形泰勒虫病的暴发同步，均为每年一次。了解此规律，使牛群于每年 4 月中下旬离圈放牧，便可避开残缘璃眼蜱的叮咬和疾病的暴发，又可在空圈时灭蜱。

（3）改变饲养方式：饲养方式的某些改变可以切断相关寄生虫病的传播途径，大大减少甚至杜绝其感染。如与放牧相比，规模化圈养乳牛胃肠道生物源性蠕虫的感染率显著降低了，但由于动物饲养密度增大，土源性寄生虫感染率会显著增加。

（4）营养管理：应给动物全价营养，提高其对寄生虫的抵抗力，对易感的幼畜、母畜尤为如此。如在饲料中添加蛋白质和平衡的矿物元素，可提高牛羊对线虫抵抗力；在羔羊饲料中添加氧化铜丝微粒（copper oxide wire particles），可降低捻转血矛线虫和环纹奥斯特线虫的感染（这两种线虫对铜离子敏感）。

2. 生物防控　即利用对寄生虫有害的生物来防控寄生虫的方法，如利用捕食线虫真菌（nematode trapping fungi）来防控反刍动物线虫，用昆虫病原真菌（entomopathogenic fungi）来防控鸡皮刺螨。生物防控是一种环境友好型方法，具有可持续性，但其效果易受多种因素影响，稳定性较差。

3. 免疫预防　已实现商品化生产的动物寄生虫病疫苗主要有鸡球虫病活疫苗、微小扇头蜱的 Bm86 基因工程疫苗、棘球蚴的 Eg95 基因工程疫苗、牛胎生网尾线虫致弱疫苗、环形泰勒虫病疫苗、双芽巴贝斯虫病疫苗等。

4. 培育抗性品种　通过遗传育种方法，培育对某些寄生虫有抵抗力的动物品种，如瘤牛（*Bos indicus*）对蜱感染的耐受性比较强，荷斯坦乳牛对疥螨、痒螨有较强的抵抗力。

5. 社会管理　许多寄生虫病（特别是人兽共患寄生虫病）的流行不仅取决于寄生虫本身的生物学特性，还与自然因素（如气候、地理）、社会因素（如饲养管理、社会管理、人们生活习惯、社会发展水平）等因素密切相关，这些寄生虫病的防控不仅需要从寄生虫学的角度采取防控措施，还需要从社会学的角度考虑，采取相应的防控策略和措施。如人兽共患的棘球蚴病、猪囊虫病、旋毛虫病和日本血吸虫病等，必须有各级行政组织的参与，制定防控的总体方案和相应法令，由各级行政组织依法实施，并加强管理、监督、宣传教育和组织协调，才能收到切实的效果。有些国家还对重要寄生虫病颁布法律，如新西兰有《棘球蚴病防治条例》；在 OIE 法定报告疫病名录中，棘球蚴病、牛边虫病、牛巴贝斯虫病、牛囊尾蚴病、牛泰勒虫病、牛毛滴虫病、牛布氏锥虫病、马媾疫、马巴贝斯虫病、马蛹病、猪囊尾蚴病、旋毛虫病等被列为 B 类疫病；我国法定的一、二、三类动物疫病病种名录中，弓形虫病、棘球蚴病、牛梨形虫病、牛锥虫病、日本血吸虫病、旋毛虫病、猪囊尾蚴病、马巴贝斯虫病、伊氏锥虫病、鸡球虫病、兔球虫病等被列为二类疫病，尚有其他 7 种寄生虫病被列为三类疫病。对法定的一、二、三类疫病的控制有着不同的策略和措施。

总之，在对寄生虫病进行综合防控时，需要综合考虑经济、环境、社会、生产等多方面因素，利用现有可行的措施，进行系统性防控。

（潘保良　蔡建平　编，索勋　杨晓野　审）

第六章 人兽共患寄生虫病

第一节 基本概念与分类

一、基本概念

1855年，德国病理学家鲁道夫·魏尔啸（Ruldolf Virchow）在其著作《特殊病理学与治疗学手册》中首次用Zoonoses作为“由动物源传染性因子引发的感染”一章的小节标题，自此，Zoonoses一词便由字面上的“动物疫病”（希腊文“Zoo”表示“动物”，“noses”表示疾病）被赋予了“人兽共患病”的含义。1863年版《兽医学及其辅助科学词源字典》将Zoonoses解释为“动物疾病及经接触或媒介从动物传染给人类的疾病”。20世纪50年代中期，世界卫生组织（WHO）和联合国粮农组织（FAO）专家委员会将人兽共患病定义为“在脊椎动物与人之间自然传播的疾病和感染”。这里的“自然传播”指自然界内即有的、非实验条件下的传播感染方式。

人兽共患病是最常见的也是最危险的一类影响人和动物（畜禽、野生动物、观赏动物、经济动物等）健康的疾病。据统计，全球新发传染病（emerging infectious diseases）中有约60.3%是人兽共患病；也有资料称，人类总共约有1 415种传染病，其中868种为人兽共患病。

参照人兽共患病的概念，可以将人兽共患寄生虫病（parasitic zoonoses）定义为在脊椎动物与人之间自然传播的寄生虫病或寄生虫感染。人兽共患寄生虫病病原包括寄生性原虫、蠕虫，也包括能侵入宿主皮肤或体内的寄生性节肢动物，至于仅在宿主体表吸血或寄居的则不包括在内。人兽共患寄生虫病是影响人类健康最严重的疾病之一，常见的逾70种。以血吸虫病（schistosomiasis）为例，WHO数据显示，2016年全球仍有52个国家约2.1亿人需要接受针对血吸虫的预防性化学治疗，其中约1.1亿人是学龄儿童。

二、分　　类

根据对疾病描述侧重点的不同，人兽共患寄生虫病的分类也有不同的方式。

（一）按照寄生虫的种类划分

根据病原种类不同，人兽共患寄生虫病可分为以下几种。

1. 人兽共患吸虫病（trematode zoonoses）　即因吸虫感染人或动物引起，如华支睾吸虫病（clonorchiasis）、姜片吸虫病（fasciolopsiasis）、肝片形吸虫病（fascioliasis）、并殖吸虫病（paragonimiasis）、后睾吸虫病（opisthorchiasis）和血（分体）吸虫病（schistosomiasis）等。

2. 人兽共患绦虫病（cestode zoonoses）　由绦虫成虫或幼虫寄生在人或动物组织引起，如棘球蚴病（echinococcosis）、裂头蚴病（sparganosis）、膜壳绦虫病（hymenolepiasis）和猪囊虫病

(cysticercosis) 等。

3. 人兽共患线虫病 (nematode zoonoses)　由土源性线虫或生物源性线虫等感染引起的人兽共患病，如旋毛虫病 (trichinellosis)、钩虫病 (hookworm disease)、蛔虫病 (ascariasis) 和丝虫病 (filariasis) 等。在很多情况下，人更多的是罹患动物线虫的幼虫移行症。

4. 人兽共患原虫病 (protozoonoses)　由单细胞原虫感染人或动物引起，如贾第鞭毛虫病 (giardiasis)、隐孢子虫病 (cryptosporidiosis)、利什曼原虫病 (leishmaniasis) 和弓形虫病 (toxoplasmosis) 等。

5. 人兽共患节肢动物病 (arthropod zoonoses)　主要是节肢动物的幼虫或成虫寄生在人或动物引起的疾病，如蝇蛆病 (myiasis) 等。

6. 病原为其他寄生虫的人兽共患寄生虫病　如棘头虫病等。

(二) 按照保虫宿主划分

根据在医学和兽医学上的侧重点以及寄生虫的主要保虫宿主及其传播链，人兽共患寄生虫病还有以下 3 种描述方式。

1. 动物源性人兽共患寄生虫病 (parasitic anthropozoonosis)　以动物作为主要传染源或常见保虫宿主将寄生虫传染给人的人兽共患寄生虫病。这类寄生虫病常见于动物，偶发于人。例如犬是细粒棘球绦虫 (*Echinococcus granulosus*) 的终末宿主，可以排出虫卵，人误食虫卵后患棘球蚴病。

2. 人源性人兽共患寄生虫病 (parasitic zooanthroponosis)　以人作为主要传染源或常见保虫宿主将寄生虫传染给动物的人兽共患寄生虫病。这类疾病在医学临床要比兽医实践中更为常见。例如贾第鞭毛虫病 (giardiasis) 患者可将十二指肠贾第鞭毛虫 (*Giardia duodenalis*) 的包囊随粪便排出体外，污染水源，犬饮用被污染的水后可被感染患病。

3. 互源性人兽共患寄生虫病 (parasitic amphixenosis)　这类疾病在人和动物中的流行程度相似。寄生虫可以人和动物作为传染源在两者之间相互传播流行，例如日本血吸虫病，病原是既可以感染人也可以感染水牛的日本血吸虫 (*Schistosoma japonicum*)。

需要说明的是，上述三个名词是不同专业人员为便于读者理解而对人兽共患寄生虫病采用的不同的表述方式，仅做参考，多数人兽共患寄生虫病并不能严格以此进行分类。

(三) 根据寄生虫感染人的方式划分

在公共卫生学上，通常将人作为疾病发生的中心，在疾病防控上更加重视。根据人被寄生虫感染的方式，可以将人兽共患寄生虫病分为以下四类。

1. 直接型人兽共患寄生虫病 (direct zoonoses)　寄生虫在人和动物直接接触时从动物转移到人，或通过食物感染人 (寄生虫生活史为直接型)，如姬螯螨属螨虫和蓝氏贾第鞭毛虫。

2. 循环型人兽共患寄生虫病 (cyclozoonoses)　可以按照特定的方式在人和动物之间相互传播的寄生虫病，生活史需要两种及以上脊椎动物的参与。比如牛带绦虫，人食入牛肉中的囊尾蚴而患牛带绦虫病，牛吞下患者排出的虫卵后罹患囊尾蚴病。按照人类是否在寄生虫生活史中必需，可以再分为专性循环型人兽共患寄生虫病和非专性循环型人兽共患寄生虫病。

3. 媒介型人兽共患寄生虫病 (metazoonoses)　寄生虫完成生活史需要脊椎动物和非脊椎动物的参与，或从动物传播到人需要媒介的协助。例如华支睾吸虫的感染期囊蚴主要存在于淡水鱼虾，利什曼原虫从犬传播到人需要白蛉做媒介。

4. 腐物型人兽共患寄生虫病 (saprozoonoses)　寄生虫完成生活史需要非动物环节，通过环境 (如植物、土壤等) 间接感染人。例如犬将弓首蛔虫卵排到土壤，儿童在被污染的地面玩耍时可能将虫卵误吞，进而被感染；布氏姜片吸虫的感染期囊蚴附着在水生植物 (如茭白、清萍等) 表面等。

（四）根据传播载体的种类进行划分

人兽共患寄生虫病可通过不同的传播途径，经由特定的传播载体在动物和人之间流行。这些传播载体包括土壤（如东方毛圆线虫）、食物（如布氏姜片吸虫）、水（如日本血吸虫）、节肢动物（如蝇类机械传播溶组织内阿米巴包囊）等（表6-1、表6-2）。

表6-1　重要食源性人兽共患寄生虫病

类别	食入动（植）物种类		寄生虫感染期	引发疾病
食品类	畜禽	猪	猪囊尾蚴	猪带绦虫病
		牛	牛囊尾蚴	牛带绦虫病
		猪	猪人肉孢子虫包囊	猪人肉孢子虫病
		牛	牛人肉孢子虫包囊	牛人肉孢子虫病
		猪、犬、羊等	弓形虫包囊	弓形虫病
		猪、犬等	旋毛虫幼虫包囊	旋毛虫病
		猪、鸡等	曼氏裂头蚴	裂头蚴病
	水产	鱼类	阔节裂头绦虫实尾蚴	阔节裂头绦虫病
			华支睾吸虫囊蚴	华支睾吸虫病
			异形吸虫囊蚴	异形吸虫病
			肾膨结线虫感染性幼虫包囊	肾膨结线虫病
			异尖线虫感染性幼虫	异尖线虫病
			颚口线虫感染性幼虫	内脏颚口线虫移行症
			后睾吸虫（属）囊蚴	后睾吸虫病
		蟹	并殖吸虫（属）囊蚴	并殖吸虫病
		虾、蟹、螺	广州管圆线虫感染性幼虫	内脏管圆线虫幼虫移行症
	植物	菱角、荸荠、生菜等	布氏姜片吸虫囊蚴	布氏姜片虫病
			肝片形吸虫囊蚴	片形吸虫病
			大片形吸虫囊蚴	片形吸虫病
	其他	蛙、蛇	曼氏裂头蚴	裂头蚴病
			线中殖孔绦虫四盘蚴	线中殖孔绦虫病
			刚棘颚口线虫感染性幼虫包囊	内脏颚口线虫移行症
			有棘颚口线虫感染性幼虫包囊	内脏颚口线虫移行症
		蝲蛄	卫氏并殖吸虫囊蚴	卫氏并殖吸虫病
		蛇、鼠	汉城海狸吸虫囊蚴	海狸吸虫病
		蛙	重翼吸虫中尾蚴	幼虫移行症
非食品类*		蚂蚁	歧腔吸虫囊蚴	歧腔吸虫病
			西里伯绦虫似囊尾蚴	西里伯绦虫病
		金龟子	蛭形巨吻棘头虫棘头体	蛭形巨吻棘头虫病
		甲螨	司氏伯特绦虫似囊尾蚴	司氏伯特绦虫病
		蚤、虱	犬复孔绦虫似囊尾蚴	犬复孔绦虫病
		剑水蚤	麦地那龙线虫感染性幼虫	龙线虫病
		甲虫、蜚蠊	美丽筒线虫感染性幼虫	筒线虫病

注：* 指不作为常规食品食用，但偶有经口进入人体的情况发生。

仿赵辉元，《人兽共患寄生虫病》，1998年版。

表 6-2　环境因素为载体感染的人兽共患寄生虫病

感染途径	环境因素	寄生虫感染期	引发疾病
经口	水	猪带绦虫卵	猪囊尾蚴病
		细粒棘球绦虫卵	棘球蚴病
		舌形虫卵	舌形虫病
		贾第虫包囊	贾第虫病
		隐孢子虫感染性卵囊	隐孢子虫病
		弓形虫感染性卵囊	弓形虫病
		溶组织内阿米巴感染性包囊	溶组织内阿米巴病
		小袋虫感染性包囊	小袋虫病
	土壤	猪带绦虫卵	猪囊尾蚴病
		细粒棘球绦虫卵	棘球蚴病
		毛细线虫感染性虫卵	毛细线虫病
		毛圆线虫感染性幼虫	毛圆线虫病
		蛔虫感染性虫卵	蛔虫病
		食道口线虫感染性幼虫	食道口线虫病
		弓形虫感染性卵囊	弓形虫病
经皮肤	水	日本血吸虫尾蚴	日本血吸虫病/尾蚴性皮炎
		毛毕吸虫（属）尾蚴	毛毕吸虫病/尾蚴性皮炎
	土壤	类圆线虫（属）感染性幼虫	类圆线虫病
		钩口线虫（属）感染性幼虫	钩虫病

注：仿赵辉元，《人兽共患寄生虫病》，1998 年版。

第二节　影响人兽共患寄生虫病流行的因素

影响人兽共患寄生虫病流行的因素多元而复杂。传染源、传播途径、易感人群和动物是构成流行的三个基本环节，缺一不可。但从人和动物这两类宿主之间的传播来说，人的因素更为重要。人类常主动扩展自身活动范围，并且人类的多种行为与人兽共患寄生虫病的感染方式相关，这些都是造成人发病的主要原因。

(一) 生态与环境因素

随着社会的迅猛发展、人口的快速增长和生活条件的不断改善，人类的活动地域越来越广，难免会进入崭新的生态系统，与不同生态位（生态龛，niche）的动植物接触。这些地区常是新发和再发传染病的自然疫源地，病原常蛰伏于此。现已发现的多种寄生虫就通过此类途径感染人，例如巴贝斯虫、猴疟原虫、锥虫和利什曼原虫等。

诸如土壤、水等环境因素对寄生虫的存活和传播有重要影响。寄生虫及虫卵的发育对环境的要求并不苛刻，但污染的水源、土壤等扮演了寄生虫感染人和动物的载体角色。例如，一些地区用新鲜或未经无害化处理的粪便作为农作物肥料，其中含有的蠕虫卵、幼虫、原虫包囊污染土壤。当人和动物生食此类被污染的作物时易造成寄生虫感染。

(二) 人类行为

1. 风俗与饮食习惯　地方性风俗习惯、宗教信仰等可能会促成人、动物和病原的接触，引起人兽共患寄生虫病的发生，助推疾病扩散。许多人兽共患寄生虫病属于食源性疾病，病原会以食物为载体经口感染人和动物。例如一些地区的居民有生食猪肉、牛肉的习惯，致使这些地区流行猪带绦虫病、牛带绦虫病、旋毛虫病和肉孢子虫病等。其他类似疾病还包括我国许多沿海地区流行率较高的华支睾吸虫病，这与当地居民喜食“鱼生”有关。此外，在某些肉制品的加工过程中，商家为了保留食品中的营养成分，缩短了腌制、熏制及热处理的时间，增加了食源性人兽共患寄生虫病病原存活的机会。

2. 工作习惯及其他活动 某些特殊行业的从业人员（如屠宰场工人、动物饲养员和兽医等）接触动物或动物制品比其他行业人员更加频繁，罹患人兽共患寄生虫病的风险也较高。例如一些制鞋工人和修鞋匠习惯用嘴唇沾湿缝线或将鞋钉含在口中，并且在某些地区盛行在犬粪煎液（其中蛋白酶软化兽皮）中捶打兽皮的制革方法，因而这些工人更容易患棘球蚴病。包括探险、远程徒步、野外旅游在内的现代生活、娱乐方式更容易使人与动物及陌生环境接触，增加了感染人兽共患寄生虫病的机会，且易将人兽共患寄生虫病扩散开来。随着国际交往日益频繁，一些发达国家或地区也容易发生发展中国家或地区流行的人兽共患寄生虫病的输入性病例，甚至造成新的流行。

（三）动物种群

畜禽、观赏动物、伴侣动物和野生动物是人兽共患寄生虫病流行的重要环节。当前，我国观赏动物和伴侣动物的数量正处于快速上升的阶段，同时，有的城市对流浪动物的管理措施仍不到位，这无疑增加了人兽共患寄生虫病的传播风险。此类疾病包括弓形虫病、蛔虫病、隐孢子虫病等。

第三节　人兽共患寄生虫病对宿主健康的影响

寄生虫可以通过移行、游窜和寄生定居等方式掠夺宿主营养，对宿主的组织器官造成机械性损伤。同时，寄生虫的代谢产物、分泌物、死亡虫体等可激发宿主特定的免疫应答，引起宿主器官组织的免疫并病理损伤。研究发现，一些人兽共感染寄生虫还可以引起宿主精神和行为上发生变化。除此之外，寄生虫作为病原的一种，还可能通过改变宿主免疫平衡等方式影响宿主其他疾病的进程。

（一）对宿主组织器官结构和功能的影响

寄生虫幼虫或成虫在宿主体内移行、寄居可破坏宿主组织器官的结构完整性，影响器官功能，这是寄生虫感染对宿主造成的最直接和最明显的伤害。例如棘球蚴寄生于人和食草动物的肝，致使肝实质组织被压迫萎缩；犬弓首蛔虫（*Toxocara canis*）和猫弓首蛔虫（*Toxocara cati*）幼虫可引起 6 岁以下儿童内脏幼虫移行症；布氏姜片吸虫（*Fasciolopsis buski*）成虫可造成宿主肠道机械性损伤，数量庞大时还可覆盖肠黏膜，妨碍食物消化和营养吸收，出现炎性反应及肠道水肿，甚至引起溃疡。

（二）对宿主精神和行为的影响

某些人兽共感染寄生虫定居在宿主的神经系统，可引起宿主精神和行为发生改变。例如慢性感染刚地弓形虫的啮齿类动物（小鼠、大鼠）焦虑程度降低，探索性行为增加，并且对捕食者气味的天然畏惧程度下降。这些动物行为的改变程度与其脑组织包囊的数量呈正相关。研究表明，弓形虫在宿主脑部的持续存在可以引起包括 TNF-α、IFN-γ 和 IL-12b 在内的细胞因子水平升高，激活吲哚胺 2，3-双加氧酶，促进色氨酸降解，使神经活性代谢产物升高，扰乱谷氨酸能和多巴胺能神经元信号传递。流行病学数据显示，弓形虫感染也与人的多种精神障碍（如精神分裂、抑郁、注意力下降等）有相关性。其他可能引起宿主精神和行为变化的人兽共感染寄生虫还包括犬弓首蛔虫、猫弓首蛔虫和利什曼原虫等。

（三）对宿主其他疾病进程的影响

某些人兽共感染寄生虫的感染是慢性持续性的，临床症状不明显，但可能会诱发宿主产生其他疾病。如寄生于人和肉食类哺乳动物（犬、猫等）肝胆管的华支睾吸虫被 WHO 确定为人类的Ⅰ类致癌物，也可引起犬、猫肝胆管癌。

除此之外，一些人兽共感染寄生虫的感染还能影响其他疾病的发展，甚至可能作为治疗某些疾病的潜在方法。在胰腺导管腺癌小鼠模型中，非复制型 *CPS* 弓形虫虫株感染能显著提升树突状细胞向肿瘤微环境聚集，促进巨噬细胞和树突状细胞的共刺激因子 CD80 和 CD86 的表达，促使肿瘤微环境中的 CD4 和 CD8 细胞数量升高、IFN-α 分泌量上升，进而抑制肿瘤生长。旋毛虫感染也可以抑制小鼠黑色素瘤的生长和向肺部的转移。另有研究称，细粒棘球绦虫的分泌物和肿瘤抗原具有相似性，向小鼠注射细粒棘球绦虫囊液后可激发宿主产生识别结肠癌细胞的抗体，进而抑制肿瘤生长。

第四节　人兽共患寄生虫病的防控措施

人兽共患寄生虫病关系到人和动物的健康。全球一体化逐步加深，人员交往日益密切以及气候变化等诸多因素使人兽共患寄生虫病日渐成为国际关注的公共卫生问题。对人兽共患寄生虫病的防控和治疗也需要群策群力，广泛开展政府间、部门组织间合作。人兽共患寄生虫病不仅是健康问题，还是社会和经济问题。高效的疫病防治离不开国家在法律法规、政策规范层面的保障。高效抗寄生虫药物的研发、反应迅速的疫情监控网络的建设均需要持续有力的经济支持。

我国政府十分重视人兽共患寄生虫病的防治工作。国务院办公厅印发《国家中长期动物疫病防治规划（2012—2020 年）》，明确将血吸虫病和棘球蚴病（包虫病）列为优先防治的国内动物疫病。2019 年 7 月，国务院在《健康中国行动（2019—2030 年）》中提出，2030 年彻底消除血吸虫病。

当前对人兽共患寄生虫病的防治仍是遵循“预防为主，防治结合”的原则，通过加强疫情监控、切断传播途径等措施提高防控效果。

（一）免疫预防

免疫预防是控制人兽共患寄生虫病的有力手段。但目前可应用于人的寄生虫病疫苗尚未问世。在畜牧养殖领域，通过预防接种控制寄生虫病的发生以降低经济损失较为常见，其中不乏人兽共患寄生虫病疫苗的使用，通过免疫接种控制畜禽人兽共患寄生虫病也可降低人被感染的风险。例如在新西兰，基于弓形虫弱毒株 S48 研发的疫苗 Toxovax 已在羊群弓形虫病的预防中使用多年，一次免疫可使羊获得终生保护。

另一种比较成功的人兽共患寄生虫病疫苗是棘球蚴病疫苗。细粒棘球蚴 Eg95 基因工程亚单位疫苗对家畜均有良好的免疫保护作用，对妊娠动物以及幼龄动物均安全。我国农业部于 2014 年首次将棘球蚴病（包虫病）列为推荐免疫病种之一。自 2017 年起，包虫病被纳入国家动物疫病强制免疫计划，即在包虫病流行区对新补栏羊只进行包虫病免疫。这一措施已使我国的包虫病防治取得了可喜的成效。

（二）药物防治

防治寄生虫病的化学药物目前已得到广泛应用，如日本血吸虫病、华支睾吸虫病、绦虫病、旋毛虫病等均有有效的药物既可治疗又可预防，对感染的人和动物进行药物治疗是控制传染源的一项主要措施。

（三）消灭中间宿主和保虫宿主

多数人兽共感染寄生虫完成生活史需要中间宿主的参与，控制或消灭中间宿主或保虫宿主需要权衡动物在生态系统中的作用和传播疾病的危害性。例如螺类是许多人兽共患吸虫病的中间宿主，用药物杀灭或破坏其滋生地，来消灭或减少其数量对控制人兽共患寄生虫病非常重要。在保虫宿主中较重要的是啮齿动物，特别是鼠类、高原鼠兔等。野生食肉动物，尤其是野生犬科动物（如狼、狐等），它们经常生长活动于人类家居环境附近地带，是将野生环境（森林循环型）人兽共感染寄生虫引入人居环境的主要环节。在保证生态平衡的前提下，控制或消灭这些动物就可以阻断许多人兽共患病的传播途径。

（四）综合性兽医卫生措施

在防治人兽共患寄生虫病的过程中，消毒、检疫、隔离、封锁和淘汰等兽医卫生措施也能起到重要保障作用。当畜禽疫病流行时，及时、行之有效的综合性措施可以将疫病局限于一定范围之内，然后通过定期的检验将阳性患病动物加以淘汰，使患病动物群逐渐净化，以免扩散至其他健康畜群和传染给人。

（五）疫情的监测和国际间的情报交流合作

在人兽共患病的预警体系中，动物疫病的监测数据有重要的参考价值，动物感染率曲线的升高，预示着疫病经由动物传播至人类的可能性增大。在防治人兽共患寄生虫病方面，广泛的国际合作和透明的数据共享也很重要。各个国家都应建立并完善一整套适合本国国情的动物疫病流行情况监测系统。当其他国家，特别是邻国发生疫情时，本国监测系统应立即响应，果断启动应急措施，防止疫病的传入。尤其是在国际交往日益频繁，旅游业高度发达的今日，防止新发和再发人兽共患寄生虫病的传入、扩散是一项艰巨的任务。

（计永胜　编，张龙现　索勋　蔡建平　审）

第七章 虫媒性寄生虫传播的疫病概述

本章所述的虫媒性寄生虫是指其本身是寄生虫，且可传播病毒病、细菌病和寄生虫病（简称为虫媒病，vector-borne disease）的节肢动物。已经证实的虫媒达586种，主要为双翅目的蚊及寄螨总目的蜱。此外，双翅目的白蛉、蠓、蚋、虻，半翅目的蝽、臭虫，虱目的虱，以及寄螨总目的螨等均可传播疫病。它们通过叮咬吸血在动物与动物、动物与人、人与人之间传播疫病。

随着全球气候变暖，各种节肢动物的生长繁殖区域不断扩大，经其传播的疫病流行规模随之扩大，新病种不断被发现，流行地域持续扩展，流行频率不断增高。

虫媒的生活习性为疫病的传播创造了条件。例如，雌按蚊必须吸食人或动物的血液，卵巢才能发育，进而繁殖后代，其嗜血性与疫病的传播和流行密切相关。有些虫媒兼血液，可引发一些人兽共患病，如黄热病、鼠疫、乙型脑炎、寨卡病毒病等。有适宜虫媒生存的环境和病原体的存在就会引起相应虫媒病的流行与暴发。

虫媒传播疫病有机械性传播和生物性传播两种方式。在机械性传播过程中，节肢动物对病原体只起携带和输送作用，媒介本身并非这类疾病传播或病原生存、增殖所必需的，如霍乱主要通过污染的水或食物传播，也可经苍蝇机械性传播。生物性传播中，病原体必须在媒介昆虫体内经过发育和增殖才能传播到新的宿主，媒介生物对这一类病原体的传播是必需的，如经蚊传播的病原体多属于生物性传播。

一、虫媒病毒病

许多重要病毒病都是经节肢动物传播，如披膜病毒科（Togaviridae)、黄病毒科（Flaviviridae)、内罗病毒科（Nairoviridae）和呼肠孤病毒科（Reoviridae）等科病毒引起的疾病。

披膜病毒中的甲病毒是一类主要经蚊传播的虫媒病毒，包括东部马脑炎病毒（Eastern equine encephalitis virus)、西部马脑炎病毒（Western equine encephalitis virus)、基孔肯雅病毒（Chikungunya virus)、辛德毕斯病毒（Sindbis virus)、巴尔马森林病毒（Barmah forest virus)、罗斯河病毒（Ross river virus)、马雅罗病毒（Mayaro virus)、委内瑞拉脑炎病毒（Venezuelan equine encephalitis virus）等。

黄病毒中经蚊传播的病毒有日本脑炎病毒（Japanese encephalitis virus)、西尼罗病毒（West Nile virus)、登革热病毒（Dengue virus)、黄热病毒（yellow fever virus)、圣路易斯脑炎病毒（Saint Louis encephalitis virus)、墨累山谷脑炎病毒（Murray Valley encephalitis virus)，经蜱传播的病毒有森林脑炎病毒（Tick-borne encephalitis virus)、跳跃病病毒（Louping ill virus)、波瓦森病毒（Powassan virus)、鄂木斯克出血热病毒（Omsk hemorrhagic fever virus)，科萨努尔森林病毒（Kyasanur forest disease virus)。这些病原体能够在动物与动物或者动物与人之间通过节肢动物传播，引起人和动物的脑炎以及出血热等疾病。

布尼亚病毒中经蜱传播的有克里米亚-刚果出血热病毒（Crimean-Congo hemorrhagic fever virus）、发热伴血小板减少综合征病毒（Severe fever with thrombocytopenia syndrome virus），经蚊传播的包括加利福尼亚脑炎病毒（California encephalitis virus）和瓦朋热病毒（Bwamba fever virus）。

呼肠孤病毒中的蓝舌病病毒（Blue tongue virus）和非洲马瘟病毒（African horse sickness virus）均经库蠓传播。

其他病毒，如过去属于虹彩病毒科（*Iridoviridae*）今为非洲猪瘟病毒科（*Asfarviridae*）的非洲猪瘟病毒（African swine fever virus）可经钝缘蜱属软蜱（*Ornithodorus*）传播。

二、虫媒细菌病

经节肢动物传播的细菌病主要包括立克次体、乏质体（无浆体、无形体）、艾立希体（也称埃立克体）、东方体、柯克斯体、巴尔通体、螺旋体、鼠疫耶尔森菌、土拉弗朗西斯菌引起的细菌病等。

立克次体从进化学上分为3个类群，包括斑点热群、斑点伤寒群以及先祖群。常见的斑点热群立克次体，均经蜱叮咬传播，包括立氏立克次体（*Rickettsia rickettsii*）、西伯利亚立克次体（*Rickettsia siberica*）、康氏立克次体（*Rickettsia conorii*）、澳大利亚立克次体（*Rickettsia australis*）、小蛛立克次体（*Rickettsia akari*）、非洲立克次体（*Rickettsia africae*）和黑龙江立克次体（*Rickettsia heilongjiangensis*）等。斑点伤寒群立克次体包括普氏立克次体（*Rickettsia prowazeki*）和斑疹伤寒立克次体（*Rickettsia typhi*），分别通过体虱和蚤传播。先祖立克次体群目前只有塔式立克次体（*Candidatus R. tarasevichae*），经蜱叮咬传播。

乏质体（也称无浆体、无形体，曾译为"边虫"）包括嗜吞噬细胞乏质体（*Anaplasma phagocytophilum*）、边缘乏质体（旧称边缘边虫，*Aphagocytophilum marginale*）等，均经蜱叮咬传播，引起人和动物的乏质体病（边虫病，无浆体病，无形体病）。

艾立希体（埃立克体）包括查非艾立希体（查非埃立克体，*Ehrlichia chaffeensis*）、犬艾立希体（犬埃立克体，*Ehrlichia canis*）等，经蜱叮咬传播。

东方体中的恙虫病东方体（*Orientia tsutsugamushi*），通过恙螨叮咬传播。

柯克斯体的唯一成员贝氏柯克斯体（*Coxiella burnetii*），主要通过呼吸道、消化道等途径传播，但病原体可以通过蜱在家畜和野生动物中传播，人主要通过吸入尘埃而感染。

巴尔通体包括五日热巴尔通体（*Bartonella quintana*）和汉赛巴尔通体（*Bartonella henselae*），经白蛉叮咬传播。

螺旋体包括伯氏疏螺旋体（*Borrelia burgdoferi*）、波斯疏螺旋体（*Borrelia persica*）和宫本疏螺旋体（*Borrelia miyamotoi*），经蜱叮咬传播。

土拉弗朗西斯菌（*Francisella tularensis*）可引起土拉弗氏菌病，也称兔热病，可经蜱叮咬传播。

鼠疫耶尔森菌（*Yersinia pestis*）可引起甲类烈性传染病——鼠疫，既可以通过气溶胶传播，也可以通过跳蚤叮咬传播。

三、虫媒寄生虫病

许多原虫病也可通过节肢动物传播，如利什曼原虫病经白蛉传播，枯氏锥虫病经锥蝽传播，布氏锥虫病经舌蝇传播，肝簇虫病、巴贝斯虫病及泰勒虫病经蜱传播，疟疾经蚊传播，住白细胞原虫病经蚋及蠓传播，血变原虫病可经蚊、蠓、虻和虱蝇等传播。

某些蠕虫也可经节肢动物传播，如吸血蝇可在大型动物之间传播丝状线虫（*Setaria*）、盘尾丝虫（*Onchocerca*）、冠丝虫（*Stephanofilaria*）和副丝虫（*Parafilaria*）引起的线虫病，家蝇也可传播马胃线虫如德拉西线虫（*Drascheia*）引起的线虫病，蚊可传播犬恶丝虫（*Dirofilaria immitis*）引起的线虫病。

总之，已知可以传播疫病的节肢动物多达数百种，根据生活习性不同广泛分布于世界各地，它们能够传播不同种类的病原体，给人和动物的健康以及相关产业带来了极大的威胁。

（刘全 编，索勋 蔡建平 审）

第八章 寄生虫的分类与命名

第一节 寄生虫的分类

寄生虫分类学（taxonomy of parasites）是一门历史悠久、基础性和实用性均强的分支学科，是综合寄生虫的形态结构、生活史、宿主特性、地理分布、生理生化特性、分子遗传特性等生物学信息对寄生虫进行描述、鉴定、归类（classification），并对分类单元（阶元，taxon，如科、属、种等）赋予名称（命名，nomenclature）。

建立符合自然进化规律的寄生虫分类系统是寄生虫学研究不可或缺的组成部分，具有重要的科学和应用价值。例如，一个兽医或医生不知患病动物或病人感染的虫种，则无法制订出正确的防治措施；流行病学家不能区分蚊的种类，则无法找到控制疟疾和丝虫病的方法。线虫和节肢动物同属蜕皮动物超门（Ecdysozoa）的发现，使我们更好地理解为什么伊维菌素可以有效驱杀线虫、蜱螨以及昆虫，却对吸虫和绦虫无效。基于亲缘关系远近建立的寄生虫分类系统，还可以帮助我们预测未知虫种的相关生物学特性，极大地减少了研究工作量和经济投入。因为同一属或科的寄生虫在生活史、流行病学、致病机理、药物敏感性等方面存在一定的相似性，只要我们知道该属一种寄生虫的生物学特性，就可以预测同属或同科那些未研究过的虫种的生物学特性。

我国早在北周时期，姚僧垣（499—583）所著《集验方》中就已记载了依据形态分出的9种人体寄生虫，如“赤虫，状如生肉”（姜片吸虫），又如“蛲虫，至细微，形如菜虫”等。从1758年卡尔·林奈（Carl Linnaeus，1707—1778）的《自然系统》（*Systema Naturae*）第十版算起，寄生虫分类学研究已逾260年。林奈分类系统包含7个分类主阶元（taxonomic hierarchy）——界（kingdom）、门（phylum）、纲（class）、目（order）、科（family）、属（genus）、种（species）等。种是分类的基本单元（basic unit），是指“自然条件下可以交配繁殖且子代可育的生物群体”或“可以形成基因库（gene-pool）的一个独立进化支（lineage）”。相近的种归于一属，相近的属归为一科，以此类推，构成不同的分类阶元。各阶元间又有中间阶元，如亚门（subphylum）、亚纲（subclass）、亚目（suborder）、总科（superfamily）、亚科（subfamily）、亚属（subgenus）、亚种（subspecies）等。

寄生虫的经典分类主要基于形态学分类（morphological taxonomy），即根据寄生虫外观形态及内部结构的相似性进行分类。与兽医寄生虫学相关的寄生虫曾被划分到原生动物界（Protozoa）和动物界（Animalia）中，其中原生动物界的寄生虫即原虫下分肉足鞭毛门（Sarcomastigophora，包含阿米巴和鞭毛虫）、顶复门（Apicomplexa）与纤毛门（Ciliophora）；动物界的寄生虫下分扁形动物门（Platyhelminthes）、线虫门（Nematoda）、棘头动物门（Acanthocephala）和节肢动物门（Arthropoda）。分类鉴别各“门”下种类的关注点又不尽相同，吸虫和绦虫的分类多基于生殖器官的数量、大小、形态结构及其在体内的相对位置；线虫分类则基于生殖系统及相关辅助器官的结构，尤其是雄虫虫体后端的形态结构，例如尾乳突数目与分布和其他的表皮特征、交合伞的结构特征；此外，头部及食道形态结构也具有重要的分类价值。棘头虫重要的分类特征是其吻突的形态以及吻钩的形状、大小、排布和黏液腺的个数等；节肢动物寄生虫的分类依据主要是外骨骼及附肢的形态特征。

寄生虫的分类也伴随着物种分类学的不断发展而演变。查尔斯·达尔文（Charles Darwin，1809—1882）进化论思想的融入，使得物种分类学得到了进一步发展，他认为同一个类群的成员是由一个共同祖先演化产生的。维利·亨尼希（Willi Henning，1913—1976）主张依照系统发育分析的方法来阐明物种间的亲缘关系，其系统发育分类学（phylogenetic systematic）或支序分类学（cladistics）的思想不断被接受，对经典分类学产生了深远影响。更进一步的发展是基于分子序列信息的分子种系分类，其解决了形态学分类无法避免的趋同进化（convergent evolution）和趋异进化（divergent evolution）问题，将所有物种归入三个域（Domain），即真核生物域（Eukarya，包含了所有寄生虫）、古生菌域（Archaea）及细菌域（Bacteria）。超微结构与分子种系发育方法的结合，发现过去高阶元划定有许多误判，因此提出将真核生物域下分4～8个超群（supergroups）的分类体系，如包含原始色素体超群（Archaeplastida，即植物）、单鞭毛生物超群（Unikonts，即动物、真菌和阿米巴）、古虫超群（Excavata）和SAR超群（Stramenopiles、Alveolata、Rhizaria）的4超群体系，以及将上述4超群体系中的单鞭毛生物超群再细分为肉足虫（变形虫）超群（Amoebozoa）和后生鞭毛超群（Opisthokonta），再加上前述3个未拆分超群的5超群体系等。不过，这3个域及其真核生物域下分4～8个超群的体系并不稳定，似在重构（rebuilding）中。超群体系拟构建一个新的层次体系（hiercarchical system），不采用经典的界、门、纲、目等阶元，这里不赘述。

二维码 8-1
第一版教材
分类系统

本教材在超群框架下，继续采用原有的高级阶元及其名称，这样读者既可以溯源过去的文献，又可以读懂当今文献，容易理解各个阶元间的进化关系，将重点介绍与兽医寄生虫学相关的2界（原生动物界和动物界）13个门，分别是肉足虫（变形虫或阿米巴）超群的变形（肉足）虫（变形虫或阿米巴）门（Amoebozoa）；古虫超群的眼虫门（Euglenozoa）、后滴虫门（Metamonada）、弓基体门（Fornicata）、副基体门（Parabasalia）和无色虫门（或称透色虫门，Percolozoa）；SAR超群中囊泡超门（Alveolata）的顶复门（Apicomplexa）、纤毛虫门（Ciliophora）和不等毛藻门（Stramenopiles）；后生鞭毛超群动物界（Animalia）的扁形动物门（Platyhelminthes）、线虫门（Nematoda）、棘头虫门（Acanthocephala）以及节肢动物门（Arthropoda）。另简要介绍过去划归兽医寄生虫学但现今分类划归其他2界4个门的病原，包括真菌界（Fungi）的微孢子门（Microsporidia）和子囊菌门（Ascomycota）以及细菌界（Bacteria）的变形菌门（Proteobacteria）和柔膜菌门（Tenericutes）。

二维码 8-2
第二版教材
分类系统

二维码 8-3
第三版教材
分类系统

第二节 寄生虫的命名

为了准确地区分和识别各种寄生虫，必须给寄生虫订立一个专门的名称。国际公认的生物命名法规是林奈双名法（binomial nomenclature），用这种方法给寄生虫规定的名称称为学名（scientific name），即科学名。学名是由两个不同的拉丁或拉丁化单词组成，第一个是属名（generic name，genus name），第二个是种本名（specific name，species name，简称“种名”）。属名在前，用拉丁文主格（名词形式），其第一个字母要大写；种名在后，用所有格（拉丁或拉丁化形容词形式），全部字母均小写，一般情况下种名不能脱离属名单独使用。书面表示学名时，使用斜体；板书时，需要添加下划线。种级名称如果是主格单数形容词或分词必须与其属名在性别（属性）上一致。例如，日本血吸虫的学名是“*Schistosoma japonicum*”，其中“*Schistosoma*”是属名（中性），即分体属，“*japonicum*”是种名（中性），即日本种。必要时还可把命名人和命名年代写在学名之后。如“*Schistosoma japonicum* Katsurada，1904”表示命名人是“Katsurada”，命名年代为1904年。命名人的名字和年代在有的情况下可以略去不写。板书表示时为“Schistosoma japonicum”，即在学名下面加一横线。

学名在文章中首次出现时必须完整书写，之后再次表述时，则属名仅保留首字母，种名保留全称，即出现学名的简写形式。例如“日本血吸虫（*Schistosoma japonicum*）的流行地区在亚洲……日本血吸虫（*S. japonicum*）引起腹水”。

需要表述亚属时，可把亚属的名写在属名后面括号内；需表述亚种时，则在种名后面写上亚种名，亚属名与亚种名均为斜体。例如：尖音库蚊隶属于库蚊亚属、浅黄亚种“*Culex*（*Culex*）*pipiens pallens*”。

只能确定到属，未定到种时，可在属名后加上 sp.（意为 *species* 的简写），复数表作 spp.。如表示分体吸虫未定种为 *Schistosoma* sp.，而表示若干个未定种时，写作 *Schistosoma* spp.，需要注意的是 sp. 和 spp. 用正体书写。

按照译名规则，种名用人名者，只译第一音，后加“氏”字。如曼氏血吸虫（*Schistosoma mansoni* Sambon，1907）；属名用人名者，译全名，如洪氏古柏线虫（*Cooperia hungi* Mönnig，1931）。但过去的译名中也有种名用人名者译全名再加氏的，如莱文氏肉孢子虫（*Sarcocystis levinei*），按规则应译为莱氏肉孢子虫。

在一些文献中还常见到拉丁名后面有两个命名人和年份的表述，例如，中华支睾吸虫 *Clonorchis sinensis*（Cobbold，1875）Looss，1907，括号中的人名，表示该人于1875年首先给这种吸虫定了名（当时称作“*Distoma sinense* Cobbold，1875”中译名为中华双口吸虫）。此后 Looss 认为属名 *Distoma* 不妥当，设一新属，即支睾属（*Clonorchis* Looss，1907），后将本种纳入支睾属内，于是就成为现称的中华支睾吸虫。在分类学的书籍上，常作如下的写法：*Clonorchis sinensis*（Cobbold，1875）Looss，1907（Synonym-*Distoma sinense* Cobbold，1875）。但在一般书籍中，通常可以只写最早命名人的名字，即带括号的名字：*Clonorchis sinensis*（Cobbold，1875）。

科级分类单元（例如总科、科、亚科、族、亚族）的名称一般由模式属名称的词干加特定后缀构成或者由模式属的整个名称加特定后缀构成。对科级以上分类单元而言，常用后缀分别为：-ida 用于“目”的名称，-oidea 用于“总科”的名称，-idae 用于“科”的名称，-inae 用于“亚科”名称、-ini 用于“族”的名称，-ina 用于“亚族”的名称。例如异尖线虫科 Anisakidae 是由模式属 *Anisakis* 加后缀-idae 构成。

此外，这里提及一下寄生虫病的后缀规则。特定后缀“-osis”常用来表示由某类寄生虫引起的疾病，例如巴贝斯虫病 babesiosis 表示由巴贝斯属 *Babesia* 一些虫种（包括 *Babesia divergens*，*Babesia bovis*，*Babesia bigemina* 等）引起的疾病；异尖线虫病 anisakidosis 则表示由异尖科 Anisakidae 一些虫种（包括 *Anisakis simplex*，*Anisakis pegreffii*，*Pseudoterranova decipiens* 等）所引起的疾病。按照国际惯例，后缀“-iasis”则多用来表示由某类寄生虫引起的与医学相关的人类疾病。但例外也不少，如人兽共患弓形虫病，只用“toxoplasmosis”，混用或它用“-osis”和“-iasis”的情况也常见，如动物的奥斯特线虫病常被写为 ostertagiasis；临床型球虫病用 coccidiosis，而 coccidiasis 则被用来表示亚临床型球虫病。

（李健　李亮　索勋　编，张路平　丁雪娟　李海云　蔡建平　审）

Ⅱ

第二篇　兽医原虫学

第九章 概　论

原生动物（protozoon，复数 protozoa）简称原虫，是种类最多的单细胞真核微生物。自 17 世纪列文虎克（Antoni van Leeuwenhoek）首次发现兔斯氏艾美耳球虫（*Eimeria stiedai*）以来，已记录原虫逾 200 000 种。原虫无处不在，极地的土壤和水体中都可见其踪影。已知原虫中 10 000余种营寄生生活，仅一小部分与疾病有关，且有时并不能确定他们是否有致病性。例如，某些肠道寄生的鞭毛虫在宿主腹泻时才大量繁殖，这时粪便涂片上看见的大量鞭毛虫是腹泻的结果而不是原因。当然，一些原虫确实是重要病原，可引起动物和人类的一些重要疾病，如疟疾、球虫病、梨形虫病、锥虫病等。

Protozoa 这一术语最早由德国博物学家戈德福斯（Georg A. Goldfuss）于 1818 年提出，作为纲级阶元（Class Protozoa）包含他认为是最简单的动物，1845 年德国生物学家瑟堡德（Carl Theodor von Seibold）建立原生动物门（Phylum Protozoa）。1858 年德国古生物学家欧文（Richard Owen）将原生动物定义为具有动物和植物共同特征的单细胞微生物，认为它们是动物和植物的共同祖先，并将其分类地位提升至“原生动物界”（Kingdom Protozoa）。本篇主要介绍寄生于动物的致病性原虫，重点阐述它们的形态结构、生活史、致病作用及感染所致原虫病的临床症状、病理变化、诊断与防治。

第一节　形态结构

寄生原虫都是异养型单细胞真核微生物，大小为 1～150 μm，结构简单。但其在长期适应寄生生活的进化过程中，发生了细胞质水平的功能分化，产生了一些特化的细胞器，行使高等动物器官样功能。

一、基本结构

原虫基本结构由表膜、细胞质和细胞核三部分组成。

1. 表膜（pellicle）　即原虫的外膜，由一层或多层结构组成。不同种原虫，分化程度不同，表膜的组成和结构也不同。自由生活的原虫，表膜结构相对简单，如溶组织内阿米巴（*Entamoeba histolytica*）仅为细胞膜，其外表面没有任何覆盖物。而锥虫、利什曼原虫等不仅在外表面覆有一层由糖蛋白组成的糖萼（glycocalyx）结构，而且在其膜下出现分化，形成由不同方式连接的微管组成的纤维层。纤毛虫表膜分化明显，结构更为复杂，出现了表膜下囊泡（alveolus）、表膜下纤毛系统（infraciliature）、刺丝泡（trichocyst）、表膜下微管、表膜线粒体等复杂结构，与纤毛共同形成所谓“皮层”结构。顶复门原虫也具有复杂的表膜下囊泡。一般认为，原虫的表膜与多细胞动物的细胞膜有同样的生物学功能，如吸收营养、离子交换、排泄代谢产物等。此外，表膜还具有机械支撑作用，维持原虫的一定形态，并承受运动时的流体压力。

2. 细胞质（cytoplasma）　细胞质基质呈胶体性质，由悬浮于低密度介质中的非常小的颗粒和细丝组成。细胞中央区的细胞质称内质（endoplasma），其周围的称外质（ectoplasma）。内质溶胶状，光镜下多颗粒，包埋着细胞核、线粒体、高尔基体等细胞器。外质凝胶状，均质，光镜下较为透明，起着维持虫体结构和运动的作用，伪足摄食的食物泡也包埋于其中。鞭毛、纤毛的基部及其相关纤维结构均包埋于外质中。表膜下微管或纤丝位于细胞膜的下方，具有维持虫体结构完整性的作用。

3. 细胞核（nucleus） 由染色体、核仁、核液、双层核膜等构成。在光镜下，原虫细胞核外观差别很大，除纤毛虫外，大多为具有囊的泡状结构，由于染色质分布不均匀，核液中有明显的清亮区，染色质浓缩于核的周边或中央区域。有一个或多个核仁（nucleolus）。锥虫和阿米巴的核仁比较特殊，常称为核内体（nuclear endosome）。

纤毛虫的核为浓集核，可分为大核和小核。小核为二倍体，携带遗传物质，是有性生殖阶段的功能核，在接合生殖过程中进行遗传物质交换，维持纤毛虫的遗传特性。大核为多倍体，在细胞营养生长阶段行使功能，含有小核的部分遗传物质，承担无性生殖阶段的遗传功能。在接合生殖过程中，大核消失，此后由小核分裂而重建。

二、运动细胞器

原虫的运动细胞器有 4 种，分别是鞭毛、纤毛、伪足和波动嵴。

1. 鞭毛（flagellum） 细长，呈鞭状，由中央的轴丝和外鞘组成。外鞘是细胞膜的延伸。轴丝由 9 根外周微管和 2 根中央微管组成。中央微管也有鞘。2 根中央微管并向排列，鞭毛波动的平面由此决定。许多种原虫的鞭毛可包埋在虫体一侧延伸出来的细胞膜中，从而形成一个鳍状波动膜（如锥虫）。鞭毛运动形式多样，如前进与后退、侧向或螺旋形转动。整个鞭毛基部包在一个长形的盲囊中，称鞭毛囊（flagellum pocket）。轴丝起始于细胞质中的一个小颗粒，称基体（kinetosome）。

2. 纤毛（cilium） 结构与鞭毛相似，不同之处是其数量和运动方式。纤毛数量众多，平行于细胞表面推动虫体运动；而鞭毛数量少，平行于鞭毛长轴推动虫体运动。

3. 伪足（pseudopodia） 虫体的临时性运动细胞器，可用来捕获食物。除了一些阿米巴无特定的身体延伸之外，其他肉足虫有 4 种形式的伪足，包括叶状伪足（lobopodia），呈指形，含有外质和内质；线状伪足（filopodia），纤细，末端尖，只含有外质；根状伪足（rhizopodia），与线状伪足相似，但有很多分支，相互交错，形成网状；轴足（axopodia），相似于线状伪足，但含有细长的轴丝。

4. 波动嵴（undulating ridge） 顶复门原虫的运动细胞器，仅在电镜下才能观察到。

三、特殊亚细胞器

除了含有线粒体、高尔基体、内质网等亚细胞器外，某些原生动物还有一些特殊的亚细胞器，如动基体、顶复合体（也称顶复合器）、顶质体和氢体等。

1. 动基体（kinetoplast） 为锥体目原虫特有。动基体嗜碱性，位于基体后，福尔根（Feulgen）反应阳性。光镜下呈点状或杆状。电镜下可见四周为双层膜，中央由 DNA 纤维形成电子致密的片层样结构。与基体相邻但不相连。动基体内含有大量 DNA，称动基体 DNA（kDNA），kDNA 为环状，相互联锁，形成网状结构。kDNA 环有大环和小环两种，大环一般 14.3～39 kb，小环一般为 0.5～2.5 kb。大环数目极少，小环占绝对多数，但有些虫种（亚种）无大环，如伊氏锥虫。有些种（株）无 kDNA，如马锥虫（*Trypanosoma equinum*）和伊氏锥虫某些株等。kDNA 大环含有一些结构或功能基因，如 9S rRNA 和 12S rRNA 基因，细胞色素氧化酶亚基Ⅰ、Ⅱ、Ⅲ基因，细胞色素b基因，NADH脱氢酶亚基1、4、5基因等。kDNA小环目前尚未发现结构基因，但已经证明，小环参与大环某些基因的RNA编辑（RNA editing）。由此可见，动基体是一个重要的生命活动细胞器。

2. 顶复合体（apical complex）　也称顶复合器，是顶复门原虫在生活史某些阶段所具有的特殊结构，只有在电镜下才能观察到。典型的顶复合体一般含有一个极环（polar ring）、多个微线体（microneme）、数个棒状体（rhoptry）、多个表膜下微管（subpellicular microtubule）、一个或多个微孔、一个类锥体（conoid）。顶复合体不仅是分类的结构基础，而且与虫体侵入宿主细胞密切相关。

3. 顶质体（apicoplast）　也曾称质体（plast），位于弓形虫、疟原虫、艾美耳球虫等大多数顶复门原虫细胞核的前缘，呈球状，由2～4层膜包裹，基因组大小约35 kb，可自我复制，进化关系上与叶绿体同源。这些原虫的Ⅱ型脂肪酸合成、类异戊二烯（isoprenoid）合成、铁-硫簇蛋白合成、亚铁血红素（heme）合成等关键代谢途径均发生于此，是抗顶复门原虫药物作用或新药发现的重要靶细胞器。

4. 氢体（hydrosome）　存在于某些厌氧鞭毛虫（如阴道毛滴虫、胎儿毛滴虫、贾第虫等）和阿米巴等原虫体内，呈泡状，直径约1 μm，在应激条件下可膨胀至2 μm左右，由双层膜包裹，内膜具有嵴样（cristae-like）突起，类似于线粒体的内膜。一般认为氢体从线粒体演化而来，大多数原虫的氢体无独立的基因组，仅在阴道毛滴虫和胎儿毛滴虫的某些世代可检测到基因组。氢体是甲硝唑类抗厌氧微生物特效药物的作用靶标，也是研发新型药物的关注焦点。

5. 糖体（glycosome）　是锥体目寄生原虫进行糖酵解、嘌呤旁路合成、脂肪酸β-氧化及脂质合成等代谢的亚细胞器，呈圆形或卵圆形，其大小在不同种原虫间差异很大，外由单一质膜包裹而与细胞质相分隔，基质由糖原和蛋白质组成，这些蛋白质都是参与上述生化反应途径的酶，由核基因组编码，在核糖体和内质网翻译加工后由特定序列的靶向肽所引导而进入糖体定位。一般认为，糖体起源于过氧化酶体，无独立的基因组，是这些原虫生命活动不可缺少的代谢性亚细胞器，也是后基因组时代新型抗锥虫药、抗利什曼原虫药物研发备受关注的分子靶标。

6. 线状体（mitosome）　广泛存在于厌氧或微需氧、无线粒体存在的一些原虫体内。电镜下形态结构颇似线粒体，也具有内外2层膜包围而形成细胞质中的独立隔室，内为蛋白质基质，均由核基因组编码，由特殊的靶向肽引导进入线状体内，这些蛋白质大都与线粒体或前述氢体的蛋白质同源，主要包括参与铁硫簇蛋白组装（Fe-S cluster assembly）的蛋白质，如半胱氨酸脱硫酶（cysteine desulfurase）、热休克蛋白70（Hsp70）、共济蛋白（Frataxin）等。一般认为，线状体由线粒体退化衍生而来，目前，未发现有独立的基因组。

（蔡建平　编，王丽芳　索勋　王武成　审）

第二节　生物学特性

一、营　　养

对寄生原虫来说，营养物质的获取主要通过膜转运、吞噬作用和胞饮作用（pinocytosis）等几种途径完成。物质转运的这些途径作用机理在普通生物学和生物化学等课程已有全面介绍。下面介绍原生动物的营养类型。

1. 植物性营养（holophytin nutrition）　也称自养营养（autotrophy），这类原虫具有光合作用的功能，由叶绿体或其他色素体合成糖类。一般都是营自由生活的原虫，在寄生虫学上无重要意义。

2. 动物性营养（holozoic nutrition） 又称异养营养（heterotrophy），须依赖其他有机体获取营养物质，是寄生原虫的典型营养类型。虫体可以形成暂时的口孔或永久性胞口，或利用伪足吞噬其他整个有机体或颗粒。胞饮和吞噬作用是许多原虫的重要摄食途径和功能，所不同的是胞饮用于吸收液体或液滴状营养物质，吞噬用于摄入颗粒物质。

3. 腐生性营养（saprozoic nutrition，saprotrophy） 营养过程依赖细胞膜或表膜的渗透作用吸收周围呈溶解状态的有机物，也称渗透营养（osmotrophy），腐生性营养依赖于渗透压梯度以扩散方式进行，锥虫就是典型代表。

4. 混合性营养（mixotrophy） 指原虫既可利用光能或化学能自身从头合成有机分子，又可以分解利用和/或转化其他有机体的有机物质，可以随生活史阶段或生活环境的变化而转换营养类型。

二、排泄和渗透压调节

大多数原虫可以排氮，主要是以氨形式排出，且大部分氨直接通过细胞膜扩散到周围环境中。此外，还可产生丙酮酸和短链脂肪酸以及一些性质不明的废物。细胞内寄生虫所产生的废物蓄积在宿主细胞内，可产生细胞毒性作用。

伸缩泡与渗透压调节（osmoregulation）关系密切，对自由生活的淡水原虫有重要意义。

三、生　　殖

原虫的生殖（reproduction）方式有无性生殖（asexual）和有性生殖（sexual）两种。无性生殖是原虫的主要生殖方式，具有普遍性，个体繁殖极为快速，是原生动物类群持续存在的重要条件之一。

（一）无性生殖

原虫的新细胞（个体）直接由母体细胞分裂产生，主要有以下几种方式。

1. 二分裂（binary fission） 母体细胞通过细胞核和细胞质的分裂，形成2个基本相同的子细胞，少数情况下，可产生2个大小不等的子细胞。在不同原虫，其表现形式和分裂过程也有差异。变形虫（或称肉足虫）的分裂过程最为简单，首先伪足收回，接着核分裂，然后细胞质横向分裂成2个子细胞；而鞭毛虫的分裂则复杂很多，如动基体目原虫的分裂过程是从基体开始，而后动基体、细胞核，再细胞质。鞭毛虫常为纵二分裂，大部分纤毛虫则为横二分裂。

2. 复分裂（multiple fission） 一个母体细胞连续多次分裂产生子代细胞的过程。首先是母体细胞的核发生增殖，形成许多细胞核，然后围绕细胞核的胞质迅速分隔切割，产生许多子代细胞。孢子虫（如球虫等）的复分裂称之为裂殖生殖（schizogony，merogony），是滋养体（trophozoite）膨大并伴随有细胞核和细胞器的反复复制，此过程中的虫体称为裂殖体（schizont，meront），所形成的后代虫体称为裂殖子（merozoite）。一个裂殖体内可包含数十个或数百个裂殖子。孢子虫有性繁殖阶段小配子体形成小配子的过程也是复分裂。

3. 孢子生殖（sporogony） 孢子虫配子生殖所形成的合子经复分裂产生多个具有感染性子孢子（sporozoite）的过程，是一种特殊形式的减数分裂。

4. 出芽生殖（budding） 母体细胞经不均等细胞分裂，产生一个或多个芽体并与母体细胞表面相连，随后芽体离开母体，生长发育为新的子代个体，如梨形虫以这种方式生殖。

5. 内出芽生殖（internal budding） 又称内二生殖（endodyogeny），即先在母体细胞内形成两个子细胞，子细胞成熟后，母细胞被破坏。如经内出芽生殖在母体内形成2个以上的子细胞，则称内多生殖（endopolygeny），弓形虫无性生殖阶段主要以此方式产生速殖子和缓殖子。

（二）有性生殖

有性生殖首先进行减数分裂，由二倍体转变为单倍体，然后两性融合，再恢复二倍体。有接合生殖和配子生殖两种类型。

1. 接合生殖（conjugation）　多见于纤毛虫。两个虫体并排结合，其小核分裂形成雌、雄配子核，在细胞间进行核质交换与受精，然后核重建、细胞质分离，成为两个含有新核的虫体。

2. 配子生殖（gametogony）　虫体在裂殖生殖之后出现性别分化，一部分裂殖体形成大配子体（雌性），一部分形成小配子体（雄性）。大小配子体（gamont）发育成熟后形成大小配子。一个小配子体可以产生许多个小配子，一个大配子体只产生一个大配子，小配子进入大配子体内，结合形成合子（zygote），合子可以再进行孢子生殖。

四、包囊形成

许多原虫可以分泌一种保护性外膜，进入代谢不活跃的休眠期，此休眠期虫体称作包囊（cyst）。包囊形成（encystment）在自由生活原虫的自我保护和扩散中具有重要作用，也常见于多种寄生原虫（如贾第虫、溶组织阿米巴、肉孢子虫、弓形虫、球虫等）的宿主转换过程。包囊形成有利于原虫在不利的环境中生存，促进包囊形成的条件尚不完全明了，一般认为与逆境有关，如食物缺乏、干燥、氧浓度降低、pH 和温度改变等。

在包囊形成过程中，囊壁由虫体分泌形成，同时，虫体还蓄积储备一些营养，如淀粉和糖原等，运动细胞器可部分或全部消失，其他结构如伸缩泡也变得难以辨认。

（蔡建平　编，王丽芳　索勋　王武成　审）

第三节　分　　类

原生动物是所有单细胞动物的泛称，在系统发生（phylogeny）上并非一个单系类群（monophyletic group），该类群各成员不具有共同的祖先，因此，分类学家构建的分类系统并不统一，在门、纲、目等高级阶元的划分上尤甚。

本教材第一版采用的分类系统，依据光学显微镜下原生动物的形态特征和运动机制将原生动物作为门（Phylum Protozoa）级阶元，其成员分列 4 个纲：鞭毛（虫）纲（Mastigophora）、肉足（虫）或阿米巴（虫）纲（Rhizopoda）、孢子（虫）纲（Sporozoa）和纤毛（虫）纲（Ciliata）。

电镜下超微形态结构的新发现，丰富了对原生动物的认识，如孢子虫顶复合器（apical complex）的发现催生顶复亚门的提出，原生动物门被划分为 5 个亚门，即肉足鞭毛亚门（Sarcomastigophora）、顶复亚门（Apicomplexa）、微孢子虫亚门（Microspora）、黏孢子虫亚门（Myxospora）和纤毛虫亚门（Ciliophora），这是本教材第二版采用的分类体系。

本教材第三版采用的分类体系是原生动物学家学会分类与进化委员会 1980 年公布的分类系统。该分类系统将原生动物提升为亚界（Subkingdom Protozoa），同时提升顶复亚门为顶复门，形成原生动物亚界的 7 个门，即肉足鞭毛门（Sarcomastigophora）、盘蜷门（Labyrinthomorpha）、顶复门（Apicomplexa）、微孢子门（Microspora）、囊孢子门或称奇异孢子门（Ascetosporoa）、黏孢子门（Myxospora）和纤毛门（Ciliophora）。这一分类系统被多数学者接受，广泛采用，有的教科书或出版物迄今尚在采用该系统。

分子测序技术的革新以及物种基因序列数据库的共享，以表型为主要依据的传统形态分类学受到分子系统分类学的挑战，基于单系类群（monophyly）的支序分类学（cladistics）得以跨越式发展，包括寄生虫及其宿主的真核生物高级阶元的分类系统被重构：前述原生动物亚界的黏孢子门现归属于动物界，微孢子门归入真菌界，新提出了包括4～8个超群阶元的真核生物分类超群（supergroups）系统。基于多基因和基因组数据的系统发育分析，进一步助推了高级阶元的重构，如SAR（见本教材第八章第一节）重构为TSAR（T为Telonemia，即末丝虫类群），单细胞基因组和转录组技术的发展又加快了这些高级阶元及其下属阶元的再重构，以至于新类群及其所属阶元名称还未被记住，就被更新的名称取代。因此，有时会看到不同教科书及杂志等对同一类群称谓和归属的不一。*Naegleria* 原虫归属的例子可见一斑：该属在Taylor、Coop和Wall编写的 *Veterinary Parasitology*（第4版，2016年出版）归属Protozoa：Percolozoa：Heterolobosea：Schizopyrenida：Vahlkamplidae（原生动物界：透色门：异叶足纲：裂黄目：简便科）；在Bowman主编的 *Georgi's Parasitology for Veterinarians*（第11版，2021年出版）归属Protista：Excavata：Heterolobosea的facultative amoeba（兼性阿米巴）；在Robberts、Janovy和Nadler主编的 *Foundations of Parasitology*（第9版，2013年出版）归属Amebozoa（阿米巴超群）：ameboflagellates（former Heterolobosea，in part）。

在寄生虫分类与命名上，寄生虫学家多采取"妥协"的办法，尽量维持一些原有的高级阶元及其名称，使得读者既可以溯源过去文献，又可以理解当前文献，理解各阶元间的系统进化关系。目前，寄生虫学家多采用的分类是将原生动物作为一个界级阶元，下分11～14个门，与兽医相关的寄生原虫归属9个门。为充分衔接过去和当今的文献，本教材把这9个门分列于4个经典类群（4个纲的分类系统）和（或）新的超群体系。

原生动物界 Protozoa

经典类群Ⅰ-阿米巴（Classical group 1：The amoebae）/超群体系Ⅰ-Amoebozoa

变形虫门 Amoebozoa

- 古变形虫纲 Archamoeba
  - 变形虫目 Amoebida
    - 内阿米巴科 Entamoebidae：内阿米巴属 *Entamoeba*。

经典类群Ⅱ-鞭毛虫（Classical group 2：The flagellates）/超群体系Ⅱ-Excavata

透色虫门 Percolozoa（也称无色虫门，滤虫门）

- 异叶足虫纲 Heterolobosea
  - 裂黄目 Schizopyrenida
    - 简变科 Vahlkampfiidae：耐格里属 *Naegleria*。

眼虫门 Euglenozoa

- 动基体纲 Kinetoplasta
  - 锥体目 Trypanosomatida
    - 锥体科 Trypanosomatidae：利什曼原虫属 *Leishmania*；锥虫属 *Trypanosoma*。

副基体门 Parabasalia

- 毛滴虫纲 Trichomonadea
  - 毛滴虫目 Trichomonadida
    - 毛滴虫科 Trichomonadidae：三毛滴虫属 Tritrichomonas；毛滴虫属 *Trichomonas*；五毛滴虫属 *Pentatrichomonas*。
    - 双核内阿米巴科 Dientamoebidae：组织滴虫属 *Histomonas*。

弓基体门 Fornicata

- 旋滴虫纲 Retortamonadea
  - 旋滴虫目 Retortamonadida
    - 旋滴虫科 Retortamonadidae：旋滴虫属 *Retortamonas*；唇鞭毛虫属 *Chilomastix*。

后滴虫门 Metamonada

后滴虫纲 Metamonadea

双滴虫目 diplomonadida

六鞭毛科 Hexamitidea：贾第虫属 *Giardia*。

经典类群Ⅲ-孢子虫（Classical group 3：The sporozoans）/超群体系Ⅲ-SAR：Alveolata

顶复门 Apicomplexa

类锥体纲 Conoidasida

隐簇虫目 Cryptogregarinorida（簇虫亚纲 Gregarinasina）

隐孢子虫科 Cryptosporidiidae：隐孢子虫属 *Cryptosporidium*。

真球虫目 Eucoccidiorida

（艾美耳亚目 Eimeriorina）

艾美耳科 Eimeriidae：艾美耳属 *Eimeria*；等孢子虫属 *Isospora*；环孢子虫属 *Cyclospora*；泰泽属 *Tyzzeria*；温扬属 *Wenyonella*；核孢子虫属 *Caryospora*。

肉孢子虫科 Sarcocystiidae：贝诺孢子虫属 *Besnoitia*；哈蒙德属 *Hammondia*；肉孢子虫属 *Sarcocystis*；囊等孢球虫属 *Cystoisospora*；新孢子虫属 *Neospora*；弗兰科属 *Frenkelia*；弓形虫属 *Toxoplasma*。

兰克斯特科 Lankesterellidae：兰克斯特属 *Lankesterella*。

（阿德尔亚目 Adeleorina）

克洛西科 Klossiellidae：克洛西属 *Klossiella*。

血簇虫科 Haemogregarinidae：血簇虫属 *Haemogregarina*。

肝簇虫科 Hepatozoidae：肝簇虫属 *Hepatozoon*。

无类锥体纲 Aconoidasida

血孢子虫目 Haemosporida

疟原虫科 Plasmodiidae：血变原虫属 *Haemoproteus*；住白细胞虫属 *Leucocytozoon*；疟原虫属 *Plasmodium*；肝囊原虫属 *Hepatocystis*。

梨形虫目 Piroplasmorida

巴贝斯虫科 Babesiidae：巴贝斯虫属 *Babesia*。

泰勒虫科 Theileriidae：泰勒虫属 *Theileria*；胞裂原虫属 *Cytauxzoon*。

经典类群Ⅳ-纤毛虫（Classical group 4：The ciliates）/超群体系Ⅳ-SAR：Alveolata

纤毛虫门 Ciliophora

叶口纲 Litostomatea

毛口目 Trichostomatorida

小袋虫科 Balantidiidae：小袋虫属 *Balantidium*。

蜜纤毛科 Pycnotrichidae：巴克斯顿属 *Buxtonella*。

寡膜纲 Oligohymenophorea

膜口目 Hymenostomatida

凹口科 Ophryoglenina：小瓜虫属 *Ichthyophthirius*。

超群体系Ⅲ-SAR：Stramenopiles

不等毛藻门 Stramenopiles

双环虫纲 Bigyra

蛙片虫目 Opalinata

芽囊原虫科 Blastocystidal：芽囊原虫属 *Blastocystis*。

（李健　索勋　编，李亮　林晓凤　审）

第十章 阿米巴和阿米巴病

阿米巴（amoeba 或 ameba，复数 amoebas 或 amoebae）是一类多以叶状伪足运动和采食的原生动物，故也称为叶足虫（通常有数个叶状伪足，常在体前部见有一个大的管状伪足，几个次生伪足分支到两侧）。一般有滋养体和包囊两种基本形态，滋养体呈长椭圆形或圆形，直径从数微米至数十微米；形状不固定，易变形，所以又称为变形虫。少数阿米巴的滋养体可在发育或特需阶段暂时长出鞭毛，称为鞭毛型。滋养体的结构主要包括三部分——质膜、细胞质和细胞核。质膜是双层膜，由蛋白质和脂质分子组成，阿米巴通过质膜吸收氧气和水。细胞质分透明的外质和颗粒状的内质，内质包含细胞核、数个水泡、食物泡和伸缩泡。染色后常可见一大核，核仁大而明显。滋养体通常还有其他细胞器，如线粒体（有些种或缺，如内阿米巴）、高尔基体和排泄体（uroid）。包囊呈圆形或椭圆形，圆形居多，有较强的折光性，囊壁清晰、有孔或无孔，直径从数微米至数十微米。成熟包囊细胞核的数量因虫种而异，核仁一般大而明显，有的偏向一侧。通常以分裂方式无性繁殖；具有有性繁殖的，一般有具鞭毛的配子，具阿米巴样配子的罕见。

绝大多数营自由生活，见于世界各地的水、空气和土壤中（池塘、小沟、水田中常年可见）。其余以营共生生活的为多，少数营寄生或兼性寄生生活。感染动物的粪便或脑脊液等分泌液直接镜检可见活动的滋养体，经碘染色或铁苏木素染色可检测包囊，染色利于鉴别诊断。用甲醛乙醚法沉淀包囊可提高检出率。PCR 技术检测分泌物中病原体 DNA 可提高检出率。

布茨里（Butschli）4 个纲分类系统曾将阿米巴划为肉足虫纲的成员；后来的分类因其多具有与四鞭毛虫属类似的胞口（cytostome），少数还具有鞭毛虫的形态，将其并入肉足鞭毛门；同其他原虫一样，阿米巴分类也在重构，曾列入单鞭毛生物类（Unikonta），现多将阿米巴单列为阿米巴超群（Supergroup Amoebozoa）。与兽医有关的阿米巴和阿米巴样原虫多为变形虫门（Amoebozoa）和透色虫门（Percolozoa）的成员。

一、消化道阿米巴病

动物和人消化道阿米巴病主要由内阿米巴科（Entamoebidae）内阿米巴属（*Entamoeba*）、嗜碘阿米巴属（*Iodamoeba*）和内蜒阿米巴属（*Endloimax*）的成员引起。该属阿米巴有滋养体（trophozoite）和包囊（cyst）两个不同生活史期，滋养体为寄生和致病期，可运动；包囊为感染期，不可运动。见于人及非人灵长类、马、牛、鹿、绵羊、山羊、猪、犬、猫、兔、豚鼠、大鼠、鸡、火鸡、鹅、鸭等。

1. 溶组织内阿米巴（*Entamoeba histolytica*） 营寄生生活，又称为痢疾阿米巴（dysentery ameba），引起包括人及其他灵长类等的阿米巴病（amebiasis，amebiosis），常称为阿米巴痢疾（amebic dysentery），导致阿米巴性结肠炎和肠外脓肿。剖检可见大肠深部溃疡和肝脓肿。经粪-口途径传播，滋养体在宿主肠腔里形成包囊，在肠腔以外的器官或外界不能形成包囊。因此，病人、患病动物不成形粪便涂片可见运动的滋养体，直径为 10～60 μm（图 10-1），也可见到较小的包囊，直径约为 10 μm，囊壁光滑，成熟的包囊有 4 个核。在温带地区常见包囊由人传给犬、猫的病例。

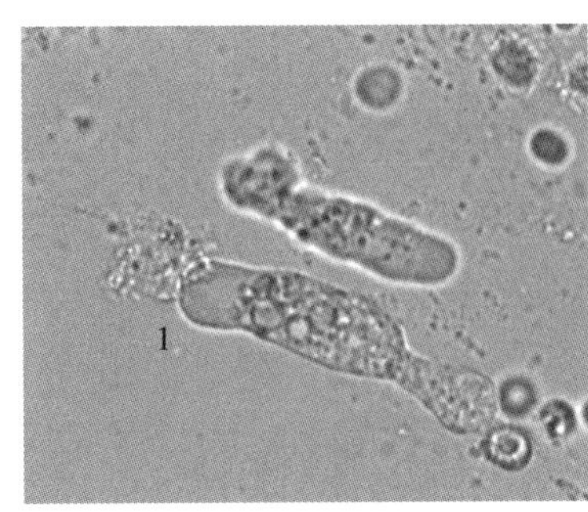

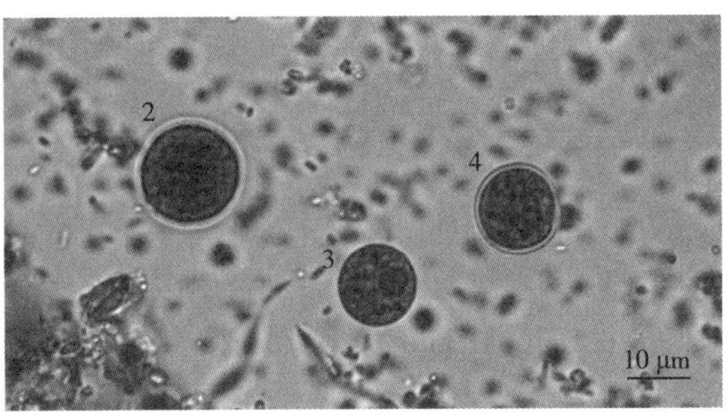

图 10-1　阿米巴

1. 溶组织内阿米巴滋养体　2. 结肠内阿米巴包囊（碘液染色）
3. 夏氏内阿米巴包囊（碘液染色）　4. 诺氏内阿米巴包囊（碘液染色）
（程训佳供图）

2. 诺氏内阿米巴（*Entamoeba nuttalli*） 是主要寄生在非人灵长目动物胃肠道的阿米巴，其形态和溶组织内阿米巴完全一致，且在实验动物证实其有毒力。需要注意该内阿米巴虫种在非人灵长目动物中的致病性及其人兽共患潜力。

3. 波列基内阿米巴（*Entamoeba polecki*） 最早发现于猪和猴肠道内，在东南亚等地也时有人类感染的报道。滋养体直径 10～30 μm，运动迟缓；包囊直径 10～15 μm，圆形，仅有一个大核，核仁明显。

4. 结肠内阿米巴（*Entamoeba coli*） 是人体及非人灵长目动物的肠道共生原虫，致病性未知。滋养体直径 15～50 μm，运动迟缓，核仁偏位；包囊较大，圆形或卵圆形，直径 10～35 μm，成熟包囊有 8 个核。呈世界性分布，以温带地区多见。在水中检出结肠内阿米巴包囊则表示水源污染，但其为非致病性，无须治疗。

5. 夏氏内阿米巴（*Entamoeba chattoni*） 是主要寄生在非人灵长目动物肠道的阿米巴，罕有人或猪感染的报道。其形态和波列基内阿米巴基本一致，包囊仅有一个大核，核仁明显。有研究通过对两者基因序列的比较分析，将其归类于波列基内阿米巴下的一个亚种。

6. 布氏嗜碘阿米巴（*Iodamoeba butschlii*） 寄生在猪、猴、猿和人的盲肠和结肠，通常认为无致病性。滋养体直径 8～20 μm，细胞核的核仁大而明显，核仁与核膜间绕有一层几乎无色的颗粒；包囊直径 5～20 μm，呈不规则椭圆形，成熟包囊仅有一个核，胞质含有一个大而圆形或椭圆形、边缘清晰的糖原泡（也称糖原体，glycogen body），常把核推向一边，碘染色呈棕色团块，铁苏木素染色呈泡状空隙。

7. 内蜒阿米巴属（*Endolimax*）的阿米巴 寄生在猪、大鼠、猴、猿和人的盲肠和直肠，豚鼠的盲肠，鸡、火鸡、鸭、鹅、野鸟等的盲肠。滋养体直径 6～15 μm，核仁大而不规则，成熟包囊含四个核，直径 5～14 μm。

二、脑、眼或皮肤阿米巴病

脑、眼或皮肤阿米巴病（amoebiasis of brain、eyes or skin）由兼性寄生阿米巴——棘阿米巴科棘阿米巴属、简便虫科耐格里属和巴拉姆希科巴拉姆希属阿米巴引起。棘阿米巴科（Acanthamoebidae）棘阿米巴属（*Acanthamoeba*）的有些种系为动物和人的机会致病阿米巴，滋养体的伪足为棘刺状伪足（acanthopodia）。通常会导致免疫缺陷病人的皮肤或中枢神经系统的慢性感染，也会引起免疫功能正常人群的角膜溃疡和角膜炎。

简便虫科（Vahlkampfiidae）下的福氏耐格里虫（*Naegleria fowleri*）长 7～35 μm，为兼性

寄生虫，寄生于人、牛、羊、猴、爬行动物鼻黏膜和脑部，俗称食脑菌或食脑变形虫（brain-eating amoeba）。宿主在游泳等情况下，将其吸入鼻腔，沿着嗅神经进入脑部，快速大量繁殖，引起原发阿米巴性脑膜脑炎（primary amoebic meningoencephalitis，PAM），常在感染后一周引起宿主暴死。生活史有包囊、阿米巴样和鞭毛虫样三个不同阶段。环境适宜时，以类阿米巴型（amoeboid feeding form）存在，在土壤或水中以细菌为食；环境不适宜时，长出鞭毛，以鞭毛虫型（biflagellate dispersal form）存在；环境不利于存活时则会变成包囊型（cyst form）。常见于 25 ℃以上的温水环境，在约 42 ℃时繁殖力最旺盛。

巴拉姆希科（Balamuthiidac）狒狒巴拉姆希阿米巴（*Balamuthia mandrillaris*）可引起动物和人肉芽肿性阿米巴性脑炎，与棘阿米巴引起的脑炎相似，呈亚急性和慢性过程

三、蜜蜂马氏管变形虫病

蜜蜂马氏管变形虫病（也称蜜蜂阿米巴病，bee amoeba disease）是由阿米巴科（Amoebidac）马氏管变形虫（*Malpighamoeba mellificae*）寄生于成年蜂的马氏管内所引起的疾病。常与微孢子虫病并发。本病病原为马氏管变形虫。滋养体具有指形伪足和鞭毛，伪足是其分类特征，一个细胞核，无伸缩泡。环境因素不良时，可形成卵形或球形的包囊，直径 6～7 μm，可随粪便排出体外。

主要是工蜂感染，蜂王很少感染。4—7 月易发，春天多雨、气候多变、场地潮湿、饲料不良等可使本病发展加快。蜜蜂食入被包囊污染的饲料和饮水而感染，包囊经口器进入蜂体，经过 24～28 d 形成新的包囊随粪便排出，进而传播本病。

第十章彩图

病蜂体质衰弱，无力飞行，腹部膨大，有腹泻现象，不久死亡。病群发展缓慢，群势逐渐削弱，采集力下降，蜂蜜产量降低。马氏管变形虫繁殖迅速，阻塞马氏管的管腔，破坏其正常功能，代谢产物毒害蜜蜂机体，破坏上皮细胞，促使病原微生物的侵入，往往造成微孢子虫病的并发。若与微孢子虫病并发，死蜂数量增加。

涂片检查，若马氏管膨大，近于透明状，管内充满珍珠样包囊；压迫马氏管时，包囊散落在水中，即可确诊。

防治与微孢子虫病相同。

（索勋　汤新明　编，陈启军　程训佳　审）

第十一章 鞭毛虫和鞭毛虫病

经典所述鞭毛虫病（flagellosis）是由眼虫门、副基体门、弓基体门、后滴虫门的锥虫、利什曼原虫、组织滴虫、毛滴虫和贾第虫等寄生在动物和人血液、皮肤、内脏、泌尿生殖道或消化道引起的。这类寄生原虫以鞭毛作为运动细胞器，统称为鞭毛虫；少数种类或其特定生活史阶段呈阿米巴型（amoeboid form），有或无鞭毛；多数种仅有滋养体阶段，贾第虫可以形成包囊；1个或多个细胞核。鞭毛虫种类多、分布广，生活方式多样（寄生、共生或自由生活），无性或有性繁殖；但寄生于动物和人体的鞭毛虫多以二分裂方式繁殖。目前，最新的分类体系将锥虫和利什曼原虫划入眼虫门，组织滴虫和毛滴虫归副基体门，贾第虫归后滴虫门。锥虫病是影响非洲、拉丁美洲等地区人类健康和畜牧业发展的主要疫病之一，危害牛、羚羊、骆驼、马、猪等动物，人的锥虫病主要流行于非洲和拉丁美洲；在我国流行的动物锥虫病已被控制，但近几年又有所复燃。利什曼原虫病病原种类多，可引起皮肤型、黏膜皮肤型和内脏型利什曼原虫病，流行于热带、亚热带和地中海地区的多个国家；1949年前，该病在我国流行广泛，以杜氏利什曼原虫为主要病原，近几年在人和犬体内也发现了婴儿利什曼原虫。毛滴虫病对畜禽尤其是对牛的危害较大，其中，胎儿毛滴虫病和阴道毛滴虫病是性传播疾病，毛滴虫病的公共卫生学意义及对其他动物的危害已逐步被揭示。组织滴虫危害火鸡、鸽和鸡养殖，可与产气荚膜梭菌混合感染或伴随感染，加重经济损失。贾第虫寄生于多种哺乳动物和人，其中十二指肠贾第虫是重要的食源性和水源性人兽共患病病原。

（王荣军　李巍　蔡建平　编，索勋　审）

第一节　锥虫病

锥虫病（trypanosomiasis）是锥体科（Trypanosomatidae）锥虫属（*Trypanosoma*）的不同虫种寄生于人类、家畜及野生动物所引起的一类原虫病。锥虫是一类生活史复杂和传播方式多样的单细胞生物群体，按其在媒介昆虫体内是否发育可分为生物传播型和机械传播型两类；按其感染途径可将感染哺乳动物的锥虫分为唾液型传播（Salivaria，简称“唾传型”）和粪便型传播（Stercoraria，简称“粪传型”）两类。粪传型锥虫仅枯氏锥虫（*Trypanosoma cruzi*）对人致病，由锥蝽（triatomine bug）传播，可引起人和动物的美洲锥虫病或称恰加斯病（Chagas disease）。唾传型锥虫对哺乳动物均有致病性。在非洲，由舌蝇（*Glossina* spp.）或称采采蝇（tsetse fly）传播的布氏锥虫指名亚种（*Trypanosoma brucei brucei*）、刚果锥虫（*T. congolense*）和活泼锥虫（*T. vivax*）引起牛、马、羊等的那加纳病（nagana），是影响非洲畜牧业生产的主要疾病；舌蝇传播的布氏锥虫冈比亚亚种（*Trypanosoma brucei gambiense*）和布氏锥虫罗得西亚亚种（*Trypanosoma brucei rhodesiense*）分别引起人的慢性或急性睡眠病，即非洲睡眠病（African sleeping sickness），严重影响当地居民和旅游人群的健康。

锥虫及锥虫病的分布与媒介昆虫的地理分布和活动密切相关，具有极明显的地域特征。我国主要存在伊氏锥虫（*Trypanosoma evansi*）和马媾疫锥虫（*T. equiperdum*），粪传型的泰氏锥虫

（*T. theleri*）和路氏锥虫（*T. lewisi*）也广泛流行。

（一）病原

1. 伊氏锥虫（*Trypanosoma evansi*） 是布氏锥虫动基体大环DNA缺失，丧失其在采采蝇生活史过程进而适应多种吸血蝇类机械传播能力的亚种，是锥虫属中地理分布和侵袭宿主谱最广泛者，曾在我国广泛流行。血液寄生为主，在驼、马等也可侵袭神经等组织。以纵二分裂方式增殖。种群结构为单态型，个体细长，呈稍卷曲柳叶状，长约24 μm。前端尖细，后端稍钝，中部有一椭圆形核；近后端有一个点状的动基体（kinetoplast），含丰富DNA，能自我复制，谓之动基体DNA（kDNA）（图11-1）。根据kDNA序列的差异，可将伊氏锥虫分为A和B两个基因型。A型分布广泛，流行于中国、东南亚、西亚、印度、北非、俄罗斯南部、拉丁美洲等地区，而B型迄今仅发现于非洲肯尼亚、埃塞俄比亚的单峰驼。在某些地区或宿主所分离的虫株完全缺失动基体，称为无动基体株（akinetoplastic strain）。动基体的有无与伊氏锥虫的地理分布、宿主种类和致病力有一定关系，但不影响虫体形态大小。虫体表面被覆一层电子致密的变异表面糖蛋白（variant surface glycoproteins，VSG），是锥虫的主要抗原，能时序性表达而逃避宿主免疫，导致临床上反复出现虫血症。鞭毛从基体发出，沿虫体一侧向前延伸为游离鞭毛，并以波动膜（undulating membrane）与虫体相连，借以增强在血液中的活动性。在鞭毛着生点，因鞭毛嵌入而导致表膜内陷，形成鞭毛囊（flagelllar pocket），无或甚少VSG包被，嵌有其他膜蛋白和/或受体蛋白，形成“内体-溶酶体-鞭毛囊”分泌吞噬系统。鞭毛囊具有受体介导的内吞功能，是锥虫进行物质运输和转换的主要部位。

在吉姆萨染色的血涂片中，锥虫的胞核和动基体呈深红色，鞭毛呈红色，波动膜呈粉红色，原生质呈淡天蓝色（图11-2）。

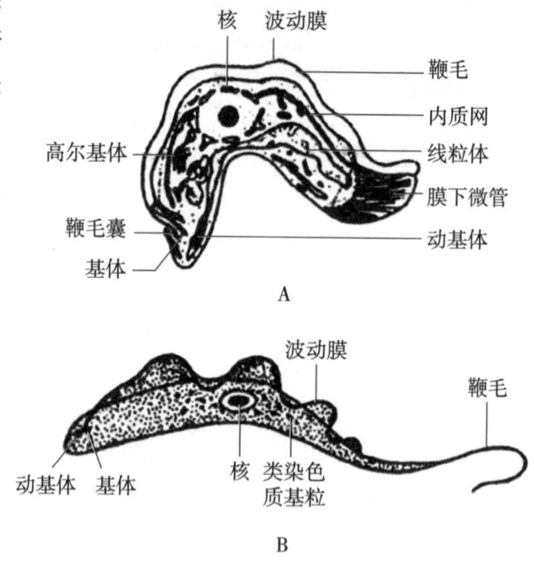

图11-1 锥虫模式图

A. 超微结构 B. 显微结构

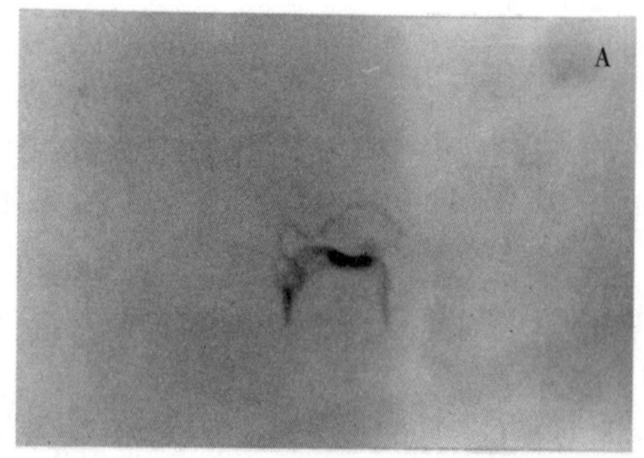

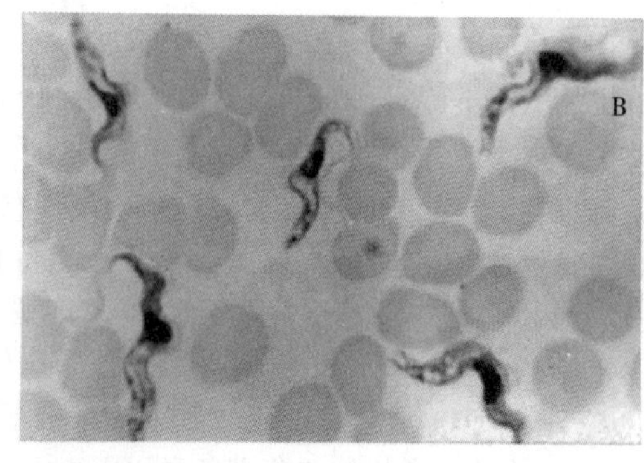

图11-2 患病动物血涂片

A. 马媾疫锥虫 B. 伊氏锥虫

（孔繁瑶供图）

2. 马媾疫锥虫（*Trypanosoma equiperdum*） 引致马属动物的媾疫（dourine/covering sickness），是唯一无需虫媒而主要经交配传播的锥虫，典型虫体长15.6～31.3 μm，有一根鞭毛，在形态上与伊氏锥虫难以区别，较少在血液出现，是典型的组织间寄生锥虫。

3. 泰氏锥虫（*Trypanosoma theileri*） 世界性分布的粪传型锥虫，虫体随地理株不同而有较大差异，锥鞭毛体（trypomastigote）一般长 60～70 μm，最大者长达 120 μm，短者 14～40 μm。后端尖长，动基体大而远离后端、与核的距离近。具有游离鞭毛和波动膜。在媒介虻属（*Tabanus*）和麻虻属（*Haematopota*）后肠发育为上鞭毛体（epimastigote）和后循环型虫体。

4. 路氏锥虫（*Trypanosoma lewisi*） 是世界性分布的鼠锥虫。锥鞭毛体形态随地理株不同而有较大差异，呈柳叶状，一般长 21～36 μm，宽 1.5～2.2 μm；后端尖细，波动膜窄，鞭毛细长，动基体大、呈鱼眼状凸出。在具带病蚤（*Nosopsyllus fasciatus*）和印鼠客蚤（*Xenopsylla cheopis*）后中肠发育为上鞭毛体，后循环型虫体多见于直肠。鼠因摄食蚤及其粪便而被感染。多无致病性，或引起流产和关节炎；感染鼠血清中存在抑锥素（ablastin）。

（二）流行与传播

伊氏锥虫在外界环境中抵抗力很弱，50 ℃ 5 min、干燥、日光直射时很快死亡。主要通过虻（*Tabanus* spp.）和螫蝇（*Stomoxys* spp.）机械性传播，其他吸血昆虫如角蝇属（*Lyparosia*）、麻虻属（*Haematopota*）也可作为媒介；在南美国家吸血蝙蝠既是主要媒介，又是重要的保虫宿主。偶可在输血治疗或注射时发生医源性传播，食肉动物可通过捕食行为而感染。感染源是各种带虫动物和保虫动物，在我国南方地区主要是带虫牛和水牛，在北方牧区主要为骆驼。

伊氏锥虫可感染骆驼、马属动物、犬、牛、水牛、大象、猪、绵羊、鹿和山羊等家养动物及 150 多种野生哺乳动物，引起动物的"苏拉病"（surra），随地理株不同，对动物致病力及临床表现有明显差异。总体来说，伊氏锥虫对马属动物、犬和骆驼的致病力强，多呈急性经过，如不治疗，几乎 100%致死。在亚洲尤其是东南亚和我国南方地区，伊氏锥虫主要危害水牛。小鼠和大鼠对伊氏锥虫甚为易感，是常用的模型动物。正常人血液中的高密度脂蛋白含有一种称为 ApoL-1 的载脂蛋白，是抗动物锥虫感染的天然体液免疫因子，能溶解布氏锥虫指名亚种、伊氏锥虫和马媾疫锥虫等，缺失这种载脂蛋白的人可感染伊氏锥虫。

伊氏锥虫病的发生与虻、螫蝇等媒介的活动密切相关，但黄牛和水牛等相对耐受的家畜在吸血昆虫传播后，常呈带虫状态，在冬季、早春枯草期或劳役过度、抵抗力下降时才表现病症。

马媾疫锥虫经交配在公、母马间相互传播，公马传播最为常见，也可经母马胎盘行垂直传播，或通过母乳传播。迄今发现自然感染马媾疫锥虫的只限马属动物，驴和骡相对马较有抵抗力。带虫马、驴几乎是马媾疫的唯一传染源。

泰氏锥虫主要感染牛，无致病性，其传播媒介主要为虻属（*Tabanus*）和麻虻属（*Haematopota*）的吸血昆虫。

路氏锥虫是全球性分布的粪传型锥虫，在我国褐家鼠、黄胸鼠、黄毛鼠等感染普遍。主要虫媒是具带病蚤（*Nosopsyllus fasciatus*），实验大鼠极为易感，并可传代保存，可用作锥虫研究的重要模型。曾在马来西亚、印度和加纳等国有路氏锥虫感染人的报道，我国学者伦照荣等证明分离于中国和泰国的路氏锥虫虫株具有抗正常人血清和重组人载脂蛋白（ApoL-1）的能力，并认为路氏锥虫是一种典型的人兽共感染病原体。

（三）致病作用和症状

伊氏锥虫的致病机理尚不完全明了，但 VSG 抗原的时序表达和变异对宿主免疫系统的"免疫耗竭"（immunological exhaustion）所产生的免疫抑制无疑是一个重要因素。此外，虫体裂解所释放的"毒素"对神经、血管和红细胞、造血组织也有广泛损伤作用。

伊氏锥虫病的潜伏期因宿主种类而有明显差异，从数天至数月不等。临床症状以高热（间歇热、弛张热或波动热，发热周期与虫血症相关）、进行性消瘦、食欲减退、贫血和躯体下部水肿为特征。孕畜多见流产。骆驼和马属动物常有淤斑状出血，多见于瞬膜、阴户和阴道黏膜等部位，公马常有睾丸水肿，骆驼常见驼峰萎缩；黄牛和水牛高度消瘦，常在耳梢、四肢末端和尾端处见干性坏死、结痂（图 11-3）；猪可出现后肢麻痹（图 11-3）；犬感染见于猎犬或在屠宰场附近生活者，提示经口感染途径为主，间歇性发热（39～41 ℃），颜面部（包括咽喉）、腹壁和腿部水肿，贫血，无力，可见后躯麻痹，有心肌炎，尤常见结膜炎、角膜炎、角膜混浊和/或出血及由此引起的眼前房纤维蛋白沉积等眼部症状。病理剖检的主要特征是皮下水肿和胶样浸润。

A

B

图 11-3　患伊氏锥虫病的水牛和猪

A. 虫血症反复发作的病牛，表现流产、严重消瘦和贫血（引自 A. Dargantes）

B. 急性发病的肥育猪，后肢麻痹，不能站立（引自 Chandrawathani Panchadcharam）

马媾疫临床表现以外生殖器发炎水肿、皮肤丘疹和后躯麻痹为特征，潜伏期、病程和症状轻重随地区和/或虫株不同而异，急性者病程 1～2 个月，个别甚或仅 1 周。典型病症可分为水肿期、皮肤丘疹期和神经症状期三个阶段。水肿期最常见症状为发热，特征表现为生殖器官（龟头、包皮、阴茎、阴户、阴道甚至阴囊）无热无痛性水肿，水肿部位黏膜和皮肤可出现豌豆大小的黄色结节和溃疡，并结痂形成缺乏色素的白斑。皮肤丘疹期的特征性变化为颈部、胸部、腹部和臀部皮肤出现直径 5～15 cm、厚约 1 cm、呈圆形或椭圆形或马蹄形的水肿丘疹（俗称“银圆疹”），中央凹陷，周边隆起，界限明显，伴有脱毛和色素消失。“银圆疹”是马媾疫的示病症状。神经症状期可见颜面部神经麻痹（鼻唇歪斜和/或耳及眼睑下垂），或见腰臀、后肢麻痹性步态异常，运动失调，伴明显贫血和消瘦。在动物死亡或治疗康复前，随病程长短，这三个阶段可轮回一次或多次。

泰氏锥虫一般不致病，但当牛因疫苗接种、创伤、妊娠、营养不良、使役过度、免疫抑制等应激时，则可引起较严重的病症，表现贫血、消瘦、黄疸、脱毛、关节肿胀等症状，乳牛泌乳量降低。虫血症严重时可表现败血症。

（四）诊断

在疫区可根据流行病学和临床症状做出初步诊断，确诊应依据病原学和血清学检查结果进行综合判断，尤以病原学检查最为可靠。

病原学检查以镜检发现虫体和/或应用 PCR 方法发现特异性核酸片段为目标。用于伊氏锥虫和泰氏锥虫的镜检样本主要是耳尖或尾静脉血，但以深部静脉血检出率较高；马媾疫锥虫的检查则取尿道、阴道黏液或黏膜刮取物、水肿丘疹部组织液进行。检查方法有直接镜检法［包括鲜血悬滴片法（湿片法）、血液薄涂片染色法/血液厚涂片染色法（二者统称干片法）、毛细管集虫法（包括血细胞比容离心法，haematocrit centrifugation technique，HCT）、血沉棕黄层暗场/相差显微镜法（dark-ground/phase-contrast buffy coat method，BCM）、微型离子交换树脂层析离心法（mini-anion exchange centrifugation technique）］和小鼠接种法。直接镜检的检出率一般不到 50%，尤其是牛、水牛等虫血症水平较低的动物；但集虫法可明显提高检出率，且 HCT 和 BCM 法还可同时评价贫血程度；小鼠接种法是最为精准的经典方法，缺点是较费时。马媾疫锥虫可行家兔睾丸实质内接种。泰氏锥虫一般很难在血涂片中发现，查虫主要依靠血液培养扩增血液中虫体的数量，以易于在血涂片中发现。泰氏锥虫易在 37 ℃下于各种组织培养基上形成上鞭毛体和锥鞭毛体，故也成为牛血液和细胞培养过程中经常可见的“污染物”。

DNA 探针技术和特异性 PCR 方法是 OIE 推荐应用的检疫方法之一。目前，已研制开发出能同时鉴别 11 种锥虫的特异性 PCR 技术。特异的伊氏锥虫 TBR-PCR 是目前最灵敏的病原诊断方法，为 OIE 推荐的分子检测金标准。用全血或血沉棕黄层制备 DNA 模板，以 TBR 引物（TBR-1：5′-GAATATTAAACAATGCGCAG-3′，TBR-2：5′-CCATTTATTAGCTTTGTTGC-3′）进行微卫星 DNA 检测，对马、驼、犬等高度易感的动物灵敏度高于牛、水牛、猪等。对马媾疫锥虫则推荐采用定量 PCR 方法。

血清学诊断主要有补体结合试验（CFT）、酶联免疫吸附试验（ELISA）、间接荧光抗体试验（IFAT）、卡片凝集试验（card agglutination tests，CATT）、胶乳凝集试验（LAT）等。需特别注意，这些血清学方法主要是针对伊氏锥虫，已通过 OIE 的应用评价。ELISA 以伊氏锥虫的全虫体裂解可溶性抗原为包被抗原，酶发光系统可用辣根过氧化物酶、碱性磷酸酶等，酶偶联探针可用特异性抗抗体（马、牛、水牛、小鼠、大鼠的 IgG）和 A 蛋白（猪、驼、犬）。CATT 是基于不同地区的虫株具有共同的优势变异抗原型（VATs）而设计的，检测特异性 IgM，可用于感染的早期诊断。LAT 是在 CATT 方法的基础上进一步发展而来，CFT 是诊断马媾疫的经典方法，最常用于发现带虫者；但对马媾疫锥虫本身所建立的 ELISA 和 IFAT 方法特异性稍差，尚不能与其他锥虫进行有效鉴别。在锥虫流行种类较少的我国，借用伊氏锥虫的血清学诊断方法或试剂盒排除伊氏锥虫病，可有助于马媾疫的鉴别诊断。

对伊氏锥虫病的诊断和检疫，OIE 推荐联合应用镜检法、特异性 TBR-PCR、ELISA 法和 CATT 法。只有这四种方法的检查结果全为阴性，才可以排除伊氏锥虫病和/或带虫者。相关试剂盒可从 OIE 获得。

（五）防治

对伊氏锥虫病和马媾疫的治疗原则是诊断早、药量足、防复发。

1. 萘磺苯酰脲（polysulphonated naphthylurea） 商品名苏拉明（suramin），是抗伊氏锥虫效果最好的药物，但预防性给药效果稍差，对马媾疫的治疗效果也不太理想。临用时配成 10% 灭菌水溶液静脉进行注射，一周后再用药一次。可能会出现肌肉震颤，步态异常，精神委顿等轻微副作用。对治疗后的复发病例，应换用硫酸甲基喹嘧胺。

2. 硫酸甲基喹嘧胺（quinapyramine sulphate） 商品名安锥赛（Antrycide/Trypacide）。注射用喹嘧胺为喹嘧氯胺 4 份与甲硫喹嘧胺 3 份混合而成的白色或微黄色结晶性灭菌粉末，效果弱于萘磺苯酰脲，配成水溶液皮下或深部肌内注射，可隔日给药一次，连用 2～3 次。治疗后如有复发，应换用氯化氮胺菲啶。

3. 氯化氮胺菲啶（isometamidium chloride） 该药为长效抗锥虫药，抑制锥虫 RNA 和 DNA 聚合酶，阻碍核酸合成。对伊氏锥虫病的治疗效果稍差于其他非洲锥虫病（*T. congolense*/*T. vivax*）。以灭菌注射水配成溶液，一次深部肌内注射。副作用是约有半数牛只可出现兴奋不安、流涎、腹痛、呼吸加速，继而出现食欲减退、精神沉郁等全身症状，但通常可自行消失。有较好的预防作用，复发病例应换用三氮脒（diminazene）。

4. 二氢氯化硫胂胺（melarsomine dihydrochloride） 该药是最新的有机胂类杀锥虫药，对血液中伊氏锥虫有很好的杀灭作用，但对有神经症状的病马无效。有研究证明对马媾疫的效果优于三氮脒。

5. 三氮脒（diminazene aceturate，重氮氨苯脒乙酰甘氨酸盐） 该药是主要梨形虫药，也是治疗马媾疫的传统首选药物，对伊氏锥虫的效果弱于前几种药物，且主要适用于反刍动物。通过选择性阻断 kDNA 的合成而发挥作用。临用前配成灭菌溶液，肌内注射。该药毒副作用较大，安全范围窄，治疗量时也偶会出现不良反应，通常能自行耐过。不能用于骆驼，肉牛和乳牛使用后应至少有 21 d 的休药期。复发病例宜改用氯化氮胺菲啶。

6. 锥净 是我国自行研制的三嗪类特效抗锥虫药，以蒸馏水配成溶液，深部肌内注射。

这些药物也适用于泰氏锥虫感染，治疗时宜两种药物配伍使用。患病动物经上述药物治疗后，少数可能复发，并可对原使用药物产生一定抗性，应改用另一种药物进行治疗。

预防的主要措施是加强检疫，淘汰带虫者；控制虻等媒介昆虫滋生和叮咬。在疫区对马媾疫的防控，可推广采用人工授精技术，这是甚为经济的预防措施，但须要求：供精种马在采精前6个月一直饲养于无马媾疫的场所或人工授精中心，无临床症状，且经马媾疫病原学或血清学诊断结果为阴性。马媾疫在我国已得到有效控制。

（蔡建平　编，伦照荣　索勋　审）

第二节　利什曼原虫病

利什曼原虫病是锥体科（Trypanosomatidae）利什曼属（*Leishmania*）的多种利什曼原虫寄生于人和犬等哺乳动物巨噬细胞等细胞内引起的人兽共患寄生虫病。杜氏利什曼原虫（*Leishmania donovani*）、婴儿利什曼原虫（*Leishmania infantum*，在美洲称为恰氏利什曼原虫，*Leishmania chagasi*）是引起内脏型利什曼原虫病（黑热病，kala-azar）的主要病原，热带利什曼原虫（*Leishmania tropica*）及相关种引起重症皮肤型利什曼原虫病，巴西利什曼原虫（*Leishmania braziliensis*）引起黏膜皮肤型利什曼原虫病。杜氏利什曼原虫、婴儿利什曼原虫是我国人利什曼原虫病的主要病原；新疆、北京山区犬的病例多为婴儿利什曼原虫引起。利什曼原虫病由白蛉属（*Phlebotomus*）或罗蛉属（*Lutzomyia*）吸血昆虫传播，流行于热带、亚热带和地中海地区的98个国家，我国主要是白蛉属昆虫传播。犬是利什曼原虫的天然宿主，表现为严重皮肤病变；犬也是人利什曼原虫病病原的主要保虫宿主，在利什曼原虫病的传播过程中具有重要作用；犬为主要传染源的人利什曼原虫病称为犬源型（也称山区型）利什曼原虫病。利什曼原虫感染的动物包括家兔、野兔、猫、马、新疆沙虎、犬科其他动物、其他野生动物和啮齿类动物等，这些动物为犬及人的自然疫源。

（一）病原概述

利什曼原虫有前鞭毛体（promastigote）和无鞭毛体（amastigote）两种生活史阶段。无鞭毛体呈卵圆形或圆形，大小为（2.5～5.0）μm×（1.5～2.0）μm，细胞核大，呈圆形，位于虫体中央或沿边缘分布。动基体细小、杆状，位于细胞核旁。无鞭毛体多寄生于人和其他哺乳动物的巨噬细胞内，但在涂片上常因巨噬细胞破裂而游离于细胞外，有时可散落于红细胞表面。前鞭毛体寄生于白蛉消化道内，由无鞭毛体发育而来。成熟的前鞭毛体呈梭形，大小为（15～20）μm×（1.5～3.5）μm，细胞核位于虫体中部，动基体在前部，基体在动基体之前，鞭毛即由此发出。前鞭毛体运动活泼，体外培养常见虫体前端聚集成团（图11-4、图11-5）。体外培养的虫体有时也可见到粗短形前鞭毛体和梭形前鞭毛体，这与虫体的发育程度有关。

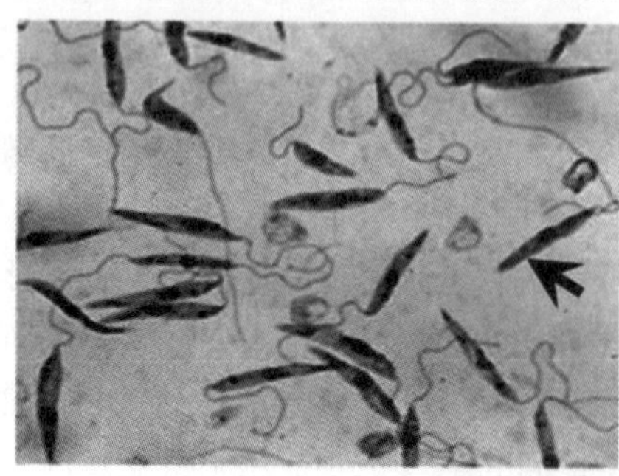

A

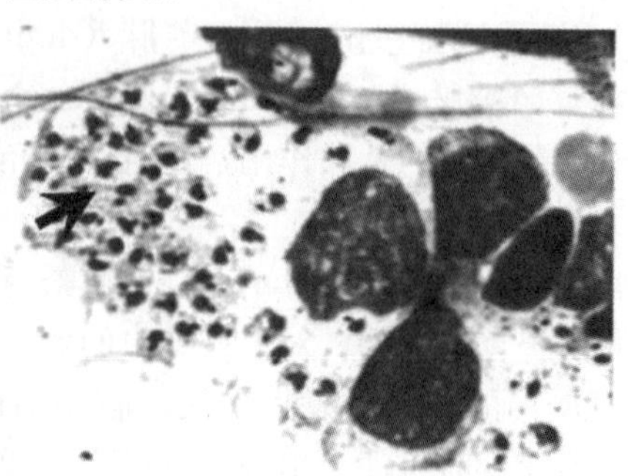

B

图11-4　利什曼原虫前鞭毛体（A）和无鞭毛体（B）
（Awanish Kumar，2013）

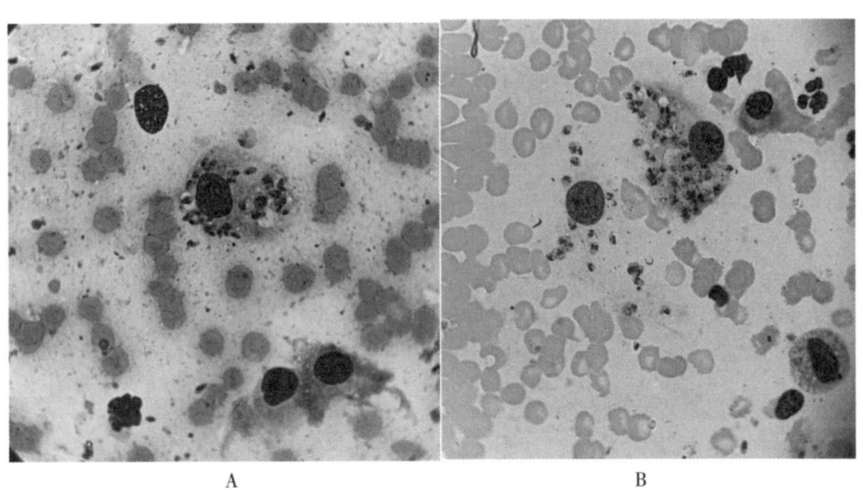

图 11-5　婴儿利什曼原虫（源于犬）
A. 淋巴结涂片　B. 皮肤涂片
（张兆霞　吕艳丽供图）

（二）病原生活史

白蛉吸血时，利什曼原虫随感染的宿主细胞（如巨噬细胞）进入白蛉肠道内，在此处进行二分裂繁殖，一周后具有感染力的前鞭毛体大量聚集在喙，白蛉叮咬健康人、犬等时，前鞭毛体便随其唾液进入新的宿主体内。白蛉被压或拍碎在擦伤的皮肤上，也可造成传播。进入人和哺乳动物体内后，一部分前鞭毛体被多核白细胞吞噬消灭，一部分则进入宿主巨噬细胞失去鞭毛并逐渐变圆而成为无鞭毛体，进行二分裂繁殖产生大量的无鞭毛体并最终导致宿主细胞破裂。游离的无鞭毛体又进入其他宿主细胞，重复上述增殖循环过程。

（三）流行病学

利什曼原虫病最初流行于非洲和欧亚大陆，后来在欧洲殖民统治时期由欧洲将婴儿利什曼原虫带入美洲，现广泛分布于除大洋洲外的各大洲。

犬利什曼原虫病主要由婴儿利什曼原虫引起，其次还包括杜氏利什曼原虫、热带利什曼原虫、硕大利什曼原虫（*Leishmania major*）、秘鲁利什曼原虫（*Leishmania peruviana*）、巴西利什曼原虫。有研究表明，疫区农村犬利什曼原虫感染率约为 3%。发病年龄呈现“双峰”分布，80%的被感染犬在 3 岁以下，另一个感染峰期在 8～10 岁。所有品种犬均对利什曼原虫易感，但依比沙猎犬（Ibizan hound）对利什曼原虫感染具有一定的抵抗力。利什曼原虫的流行呈现季节性、地域性分布，并与传播媒介白蛉活动的季节（5—9 月）和区域密切相关。我国利什曼原虫病的传播媒介主要有：①中华白蛉（*Phlebotomus chinensis*），是除新疆、甘肃西部及内蒙古额济纳旗以外地区的主要传播媒介；②长管白蛉（*Phlebotomus longiductus*），是新疆南部地区的主要传播媒介；③吴氏白蛉（*Phlebotomus wui*），是新疆塔里木和内蒙古额济纳旗等地区的主要传播媒介；④亚历山大白蛉（*Phlebotomus alexandri*），是新疆吐鲁番和甘肃西部地区的主要传播媒介。

近年来，我国利什曼原虫病主要发生在新疆、内蒙古、甘肃、四川、陕西、山西、北京等省（自治区、直辖市）。新疆和内蒙古都有利什曼原虫病自然疫源地存在，四川利什曼原虫病散发于汶川、九寨沟、茂县、理县、北川和黑水等县（市），甘肃以文县、武都和舟曲为多。上述地区犬的感染率较高，是主要传染源；例如，四川犬利什曼原虫感染率为 18.1%，甘肃为 8.23%。该病在新疆主要分布于喀什三角洲及其周围的农场。近 20 年来，猫的婴儿利什曼原虫病多了起来，成为猫的一种新发寄生原虫病，引起与病犬相似的皮肤病变。另外，疫区也见有牛、马感染婴儿利什曼原虫的病例。

（四）临床症状和病理变化

利什曼原虫病是一种慢性疾病，临床症状可能在感染后数月或数年才变得明显。该病易复发，幼犬最易受到侵犯。犬的临床表现主要有皮肤型和内脏型，其中，皮肤型利什曼原虫病病变典型，包括眼周围和身体其他部位的脱发，以及鼻、唇、耳尖、尾部和足垫部的溃疡；内脏型利什曼原虫病具有不特异的临床症状，对不同身体系统的慢性损害差别很大，包括运动耐力差（exercise intolerance）、跛行、眼部病变、多饮/多尿、体重减轻等，伴有全身淋巴结肿大和脾肿大。与其他慢性持续性的胞内感染一样，抗体应答很明显，但常不具备保护性且最终会损害机体。T细胞调节受损也是该病的一个特点。T细胞调节受损及B细胞活性旺盛的潜在危害是产生大量的循环免疫复合物，沉积在血管壁，导致血管炎、多发性关节炎和肾小球肾炎。然而，大多数被感染犬只为无症状的携带者，成为人及其他犬的传染源。

（五）诊断

犬内脏型利什曼原虫病的早期，一般症状不明显，皮肤损害出现较晚，因此，须结合当地流行病学查到利什曼原虫虫体方可确诊。①穿刺检查：以骨髓穿刺涂片法最为常见，也可进行脾或淋巴结穿刺，将穿刺物涂片，吉姆萨染色后镜检，发现无鞭毛体即可确诊；脾、骨髓、淋巴结穿刺涂片法诊断敏感性分别达95%、55%～97%和60%，同时也可将穿刺物进行培养或接种易感动物后检测虫体。②皮肤活组织检查：用消毒针头刺破病变处皮肤，取少量组织液，或用手术刀刮取少许组织制作涂片，染色后镜检。

另外，替代虫体检查的方法有：①免疫学诊断：血清中高滴度的抗利什曼原虫IgG是血清学诊断标准，如基于抗K39抗体的免疫层析试纸条法检测敏感性达90%～100%。②分子生物学诊断：可用于人、犬和多种动物的现症感染、涂片标本及混合感染的检测。例如，PCR检测，较敏感，可检出0.1个虫体的DNA，常用的分子靶标有内转录间隔区1（internal transcribed spacer 1，ITS1）、动基体小环DNA、SSU rRNA、HSP70、β-微管蛋白、*gp63*和*cytb*等序列或基因。

（六）防治

葡萄糖酸锑钠（sodium stibogluconate）是治疗人、犬利什曼原虫病的首选药物之一。实际治疗患病犬时，为减少用药引起的严重副反应，常与葡甲胺锑酸盐（meglumine antimoniate）轮换用药。

目前，尚无有效的药物和疫苗用于预防利什曼原虫病。预防措施主要采取积极发现并治疗病人、积极处理病犬、利用多种方法杀灭利什曼原虫的传播媒介白蛉、防止被白蛉叮咬以及进行健康教育等措施。在我国，利什曼原虫病呈偶发，一旦发现新病犬，应以扑杀为要。

（王荣军　姜宁　编，张龙现　肖立华　蔡建平　审）

第三节　毛滴虫病

毛滴虫病（trichomoniasis）是由毛滴虫科（Trichomonadidae）三毛滴虫属（*Tritrichomonas*）、毛滴虫属（*Trichomonas*）及五毛滴虫属（*Pentatrichomonas*）的多种滴虫寄生于人、非人灵长类及多种家畜、家禽所引起的人兽共患寄生原虫病。寄生于畜禽的毛滴虫主要有胎儿三毛滴虫（*Tritrichomonas foetus*）、禽毛滴虫（*Trichomonas gallinae*）及人五毛滴虫（*Pentatrichomonas hominis*）。胎儿三毛滴虫主要寄生于反刍动物的泌尿生殖道，临床上以不孕、流产、早产及生殖道炎症为特征；胎儿三毛滴虫还可以感染猪、犬和猫，感染人的报道很少。牛胎儿毛滴虫病被OIE列为B类疾病，我国农业农村部将牛胎儿毛滴虫病列为三类动物疫病。禽毛滴虫寄生于禽类的消化道，主要感染幼鸽、鹌鹑等。寄生于人的毛滴虫主要有口腔毛滴虫（*Trichomonas tenax*）、阴道毛滴虫（*Trichomonas vaginalis*）和人五毛滴虫（*P. hominis*），其中人五毛滴虫也可感染其他灵长类和多种家畜。

（一）病原概述

胎儿三毛滴虫呈纺锤形或梨形，大小为（10～33）μm×（3～15）μm。细胞核近似圆形，位于虫体前半部。毛基体位于细胞核前方，由此发生出 4 根鞭毛，其中 3 根为前鞭毛，长度为 11～17 μm，向虫体前端游离延伸；1 根为后鞭毛，长度约 16 μm，沿波动膜边缘向后延伸。波动膜有 2～5 个弯曲（图 11-6）。肋（costa）较明显，超微结构呈副基丝状（不同于其他毛滴虫），支撑着后鞭毛。轴柱棒状，长 12～41 μm，突出于虫体后端。

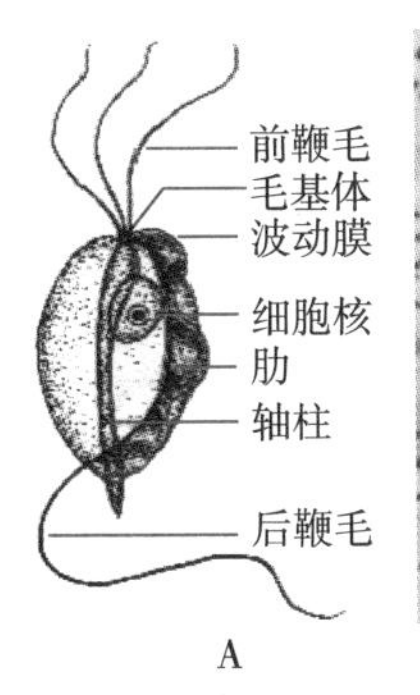

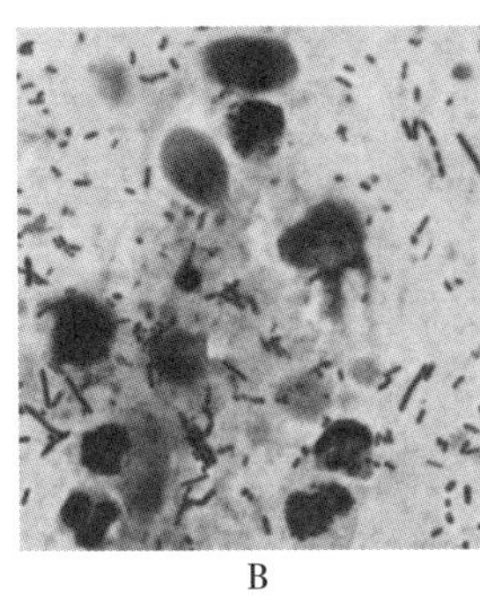

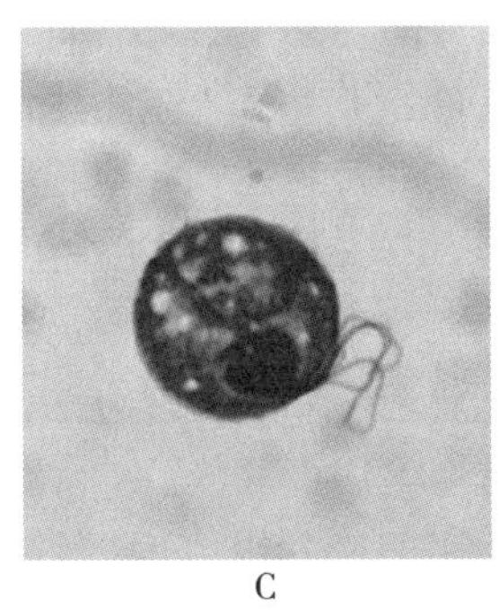

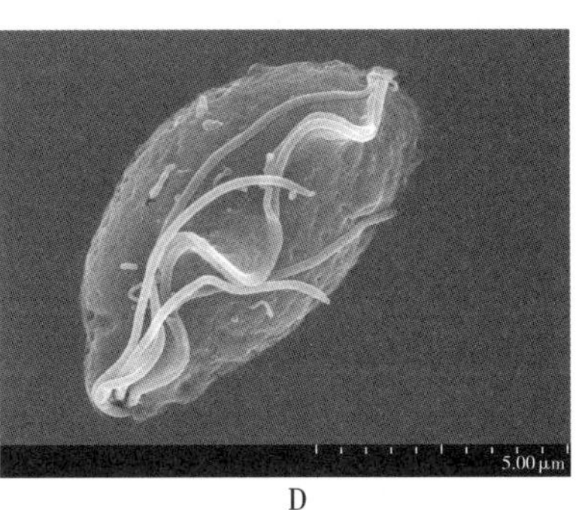

图 11-6　毛滴虫

A. 胎儿三毛滴虫结构图

B. 猫粪便中的胎儿三毛滴虫，瑞氏吉姆萨染色，×1 000（于咏兰　张兆霞供图）

C. 禽毛滴虫（麻慧供图）

D. 鸽毛滴虫扫描电镜图（汤新明　张珊供图）

（二）病原生活史和流行病学

胎儿三毛滴虫为胞外寄生虫，寄生于母牛阴道、子宫或公牛包皮腔、阴茎黏膜及输精管（vas deferens）等处，重症病例生殖器官的其他部分也有寄生，通过交配或直接接触感染牛传播。生活史无包囊阶段，滋养体以二分裂方式进行繁殖，虫体从宿主获取脂类和脂肪酸以提供自身营养需求。偶可从胎儿肠道和肺分离到虫体，可能是吞咽或吸入子宫中羊水所致。

胎儿三毛滴虫可感染猫，在大肠黏膜中以二分裂方式繁殖。猫感染通过粪-口途径传播，不存在性传播途径，该病是新发现的猫原虫性腹泻病，约占宠物猫腹泻病 30%以上。

胎儿三毛滴虫对外界环境的抵抗力较弱。阳光直射 4 h，45 ℃温热 1～2 h，58 ℃ 3～5 min 以及 0.1%～1.0%的来苏儿（lysol）、0.1%的漂白粉、0.1%～0.5%的高锰酸钾、红汞等常用消毒药均可杀死虫体。

牛感染主要通过交配和人工授精途径，故在配种季节多发，公牛一般不表现临床症状，但带虫可达 3 年以上，成为重要传染源。尽管牛源胎儿三毛滴虫可实验感染猫，但在自然条件下，猫的感染与家畜无关，且猫源与牛源胎儿三毛滴虫存在遗传差异，故认为牛不是猫患病的感染来源。

（三）临床症状和病理变化

牛毛滴虫病最典型的特征是孕早期流产，通常发生于妊娠 1～3 个月阶段。由于在这个阶段胎儿较小，故妊娠母牛流产易于漏察。如流产后胎膜同被排出，则母牛可自然恢复。如果胎膜滞留，母牛通常发展为慢性子宫内膜炎，可导致永久不育。公牛感染后，虫体首先在包皮腔和阴茎黏膜上繁殖，引起炎症，继而侵入尿道、输精管、前列腺和睾丸等处，影响公牛的性功能，导致性欲减退，交配时不射精。

母牛感染后引起滴虫性阴道炎，可见阴道黏膜红肿，排出混有絮状物的黏性分泌物，阴道黏膜上出现小丘疹，后变成粟粒大的结节。随着病情发展，母牛不发情或不妊娠，孕牛多发生流产，且以群发为特征。未流产的胎儿多发展为死胎，流产母牛可长期不发情或成为不孕牛。

公牛感染该病多不表现临床症状，在急性感染时偶见脓性包皮分泌物。急性炎症可转变为慢性，症状逐渐消失，但仍带虫。

鸽毛滴虫病又称鸽滴虫性口疮（口腔溃疡）或鸽癀，由禽毛滴虫引起，约有 20%野鸽和 60%家鸽为带虫者，多由带虫母鸽用鸽乳哺育幼鸽时传播。特征病变表现为口腔、咽喉、黏膜或脏器组织形成粗糙纽扣状黄色沉着，湿润性沉着又称为湿性溃疡，呈干酪样或痂块状则称为干性溃疡，多见于 2～5 周龄乳鸽和童鸽。

（四）诊断

当牛群在临床上出现群发性的不孕、早产、流产及生殖道炎症等症状时应怀疑本病。从涂片或培养物中直接检出虫体是可靠的诊断依据，检测样品可取羊膜或尿囊液、阴道和子宫分泌物、胎盘、胎儿组织或液体、公牛包皮冲洗物等。一种检测虫体的试剂盒 InPouch™ TF，其孵育袋中的培养基对毛滴虫具有高度选择性和特异性，将待检样品接种培养基后在 35～37 ℃孵育 6 d，显微镜检测敏感性达 95%～99%。PCR 检测的敏感性更高。

（五）防治

对牛的胎儿毛滴虫病，目前尚缺乏可靠的治疗方法。可采用药物清洗患病动物的阴道、子宫或阴茎、包皮鞘进行治疗，冲洗药物可用卢戈液。

猫感染胎儿三毛滴虫后，可使用洛硝达唑（罗硝唑，ronidazole）进行治疗。鸽则可用二甲咪唑饮水治疗。

防控牛胎儿毛滴虫病依赖于科学的牛群管理。应采用淘汰带虫公牛的方法进行净化，严防母牛与来历不明的公牛自然交配。人工授精是有效预防本病的措施，但应仔细检查公牛的精液，确认无滴虫感染后方可使用，以防母牛受其传染。已有商品化疫苗，为灭活的全细胞制品，于繁殖季节前第 8 周和第 4 周接种母牛，该疫苗对公牛无效。

（王荣军　张龙现　蔡建平　编，肖立华　索勋　审）

第四节　组织滴虫病

组织滴虫病（histomoniasis）也称盲肠肝炎或黑头病，是由双核内阿米巴（Dientamoeb）组织滴虫属（*Histomonas*）的火鸡组织滴虫（*Histomonas meleagridis*）寄生于禽类盲肠和肝引起的疾病，以肝、盲肠的炎症与组织坏死以及病禽（尤其是火鸡）排出硫黄色粪便为特征。世界性分布，主要感染火鸡和鸡，在雉、珍珠鸡、孔雀、鹌鹑、野鸭也有该病的发生。

（一）病原概述

火鸡组织滴虫是多形性虫体，盲肠腔和培养基中的虫体呈阿米巴样（图 11-7），直径为 5～30 μm，具有一根短的鞭毛（图 11-8）。组织内的虫体无鞭毛并以 3 种形式存在：侵袭阶段的虫体大小为 8～17 μm，阿米巴样运动，有钝圆形伪足，存在于病变的边缘区；生长期虫体，大小为 12～21 μm，数量较多，存在于病变的空泡中（图 11-9、图 11-10）；静止期虫体，存在于陈旧病变中，嗜伊红，虫体较小，可能是变性状态的虫体。

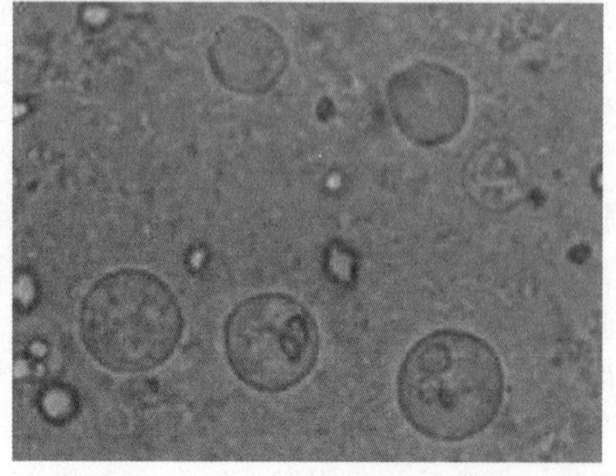
图 11-7　体外培养的火鸡组织滴虫
（×1 000，许金俊供图）

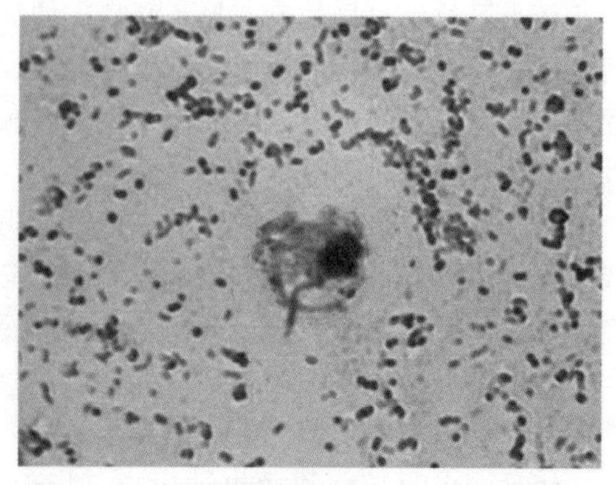
图 11-8　盲肠肠腔内带鞭毛的火鸡组织滴虫
（×1 000，许金俊供图）

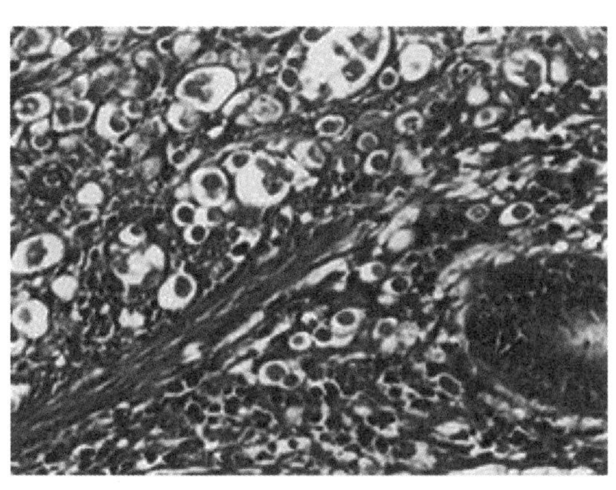
图 11-9　盲肠中的火鸡组织滴虫
（HE 染色，×400，许金俊供图）

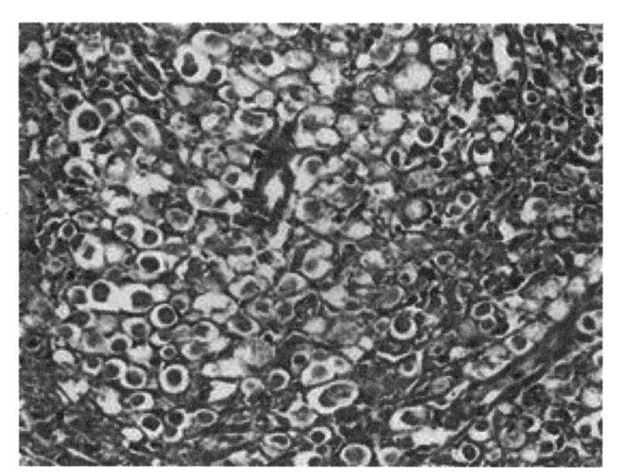
图 11-10　肝中的火鸡组织滴虫
（HE 染色，×400，许金俊供图）

（二）病原生活史和流行病学

组织滴虫为胞外寄生虫，寄生于鸡、火鸡等盲肠黏膜和肝组织内，以二分裂方式繁殖。火鸡组织滴虫可通过鸡异刺线虫和蚯蚓传播，前者为该虫的储藏宿主，而蚯蚓又是鸡异刺线虫的储藏宿主。另外，该病可通过宿主摄食含有活虫体的新鲜粪便或经泄殖腔逆蠕动进行水平传播。多数黑头病传播是由于摄食了被感染的鸡异刺线虫虫卵。禽类摄食火鸡组织滴虫后，虫体侵入禽类盲肠组织或肝组织内，从而造成肝和盲肠的炎症与坏死，火鸡死亡率很高。

禽类的易感性因品种和年龄的不同而变化，雏火鸡最易感，尤其是 3～12 周龄的雏火鸡。4～6 周龄的鸡易感性强，成年鸡多为带虫者。

火鸡组织滴虫感染禽类后，常与肠道细菌（特别是大肠杆菌和产气荚膜梭菌）协同作用（synergy）而致病。火鸡组织滴虫病可导致火鸡的高死亡率，有时在一个火鸡群中死亡率接近 100%；鸡感染后的死亡率在 10%～20%。

（三）临床症状和病理变化

火鸡于感染后 7～12 d 症状明显，精神沉郁，翅下垂，羽毛蓬乱，粪便呈硫黄色（本章二维码彩图），头部可能发绀变黑等。幼龄火鸡常呈现急性经过，症状出现后 2～3 日内即死亡，发病率和死亡率均很高。成年火鸡常为慢性经过，呈进行性消瘦。鸡感染时症状与火鸡相似，但病程较火鸡稍长。

病变主要见于盲肠和肝。首先，在盲肠黏膜形成针尖至小米粒大小的溃疡，溃疡扩展至几乎整个盲肠黏膜。随后，黏膜坏死，干酪样、恶臭的肠芯充盈盲肠并黏附于肠壁（图 11-11），偶见盲肠穿孔并导致腹膜炎和粘连。肝肿大，表面出现大量白色或绿色、圆形、中央凹陷边缘稍隆起的坏死性病灶（图 11-12），直径可达 1 cm。

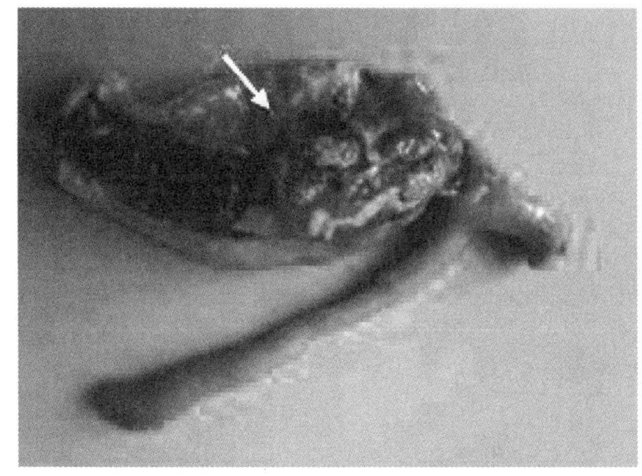
图 11-11　感染鸡盲肠病变
（许金俊供图）

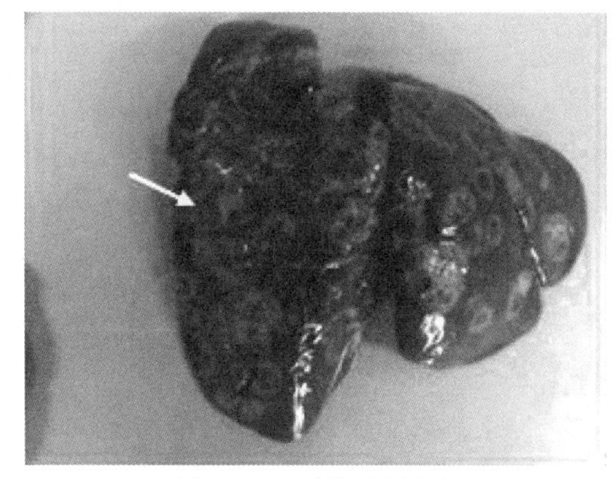
图 11-12　感染鸡肝病变
（许金俊供图）

（四）诊断和防治

根据流行病学以及肝、盲肠特征性病理变化进行诊断。取病鸡新鲜盲肠内容物，以温生理盐水（40 ℃左右）稀释，做悬滴标本检查，在显微镜下可发现活动的虫体。

因鸡异刺线虫在传播本病中起重要作用，因此，使用抗线虫药物如甲苯达唑（mebendazole）、噻苯达唑（thiabendazole）、左旋咪唑（levamisole）等驱除鸡异刺线虫是防治本病的有效措施。另外，加强饲养管理，对成年禽和幼年禽分群饲养，对常发病的鸡场在 2 周龄起进行药物预防可起到不错的效果。研究发现，泄殖腔接种或口服经传代致弱的活虫苗可诱导雏禽产生保护性免疫力。

（王荣军　张龙现　编，许金俊　肖立华　蔡建平　审）

第五节　贾第虫病

贾第虫病（giardiasis）是由六鞭毛虫科（Hexamitidae）贾第虫属（*Giardia*）的各种贾第虫寄生于宿主小肠（主要是十二指肠，但在猫为空肠和回肠）引起的一种以腹泻为主要症状的人兽共患原虫病，呈世界性分布。目前确认的虫种共 9 个，主要有寄生于多种哺乳动物和人的十二指肠贾第虫（*Giardia duodenalis*，又名 *Giardia lambia* 或 *Giardia intestinalis*）、啮齿类动物的微小贾第虫（*Giardia microti*）和鼠贾第虫（*Giardia muris*）、鸟类的阿德贾第虫（*Giardia ardeae*）和鹦鹉贾第虫（*Giardia psittaci*）、蜥蜴的瓦氏贾第虫（*Giardia varani*）与两栖动物的敏捷贾第虫（*Giardia agilis*）。十二指肠贾第虫可寄生于家畜、伴侣动物和人。目前，分子分类学方法将其分为 A～H 8 个集群（assemblage），其中，A 集群和 B 集群广泛感染动物和人，为人兽共感染类群，C 集群和 D 集群主要感染犬，E 集群主要感染有蹄类动物（牛、羊、猪、马等），F 集群主要感染猫，G 集群主要感染小鼠和大鼠，H 集群主要感染海洋类哺乳动物。

（一）病原概述

贾第虫在生活史过程中有滋养体（trophozoite）和包囊（cyst）两个阶段。滋养体前端钝圆，后端渐尖细，状如对切的半个梨，大小为（12～15）μm×（5～9）μm，有 4 对鞭毛。滋养体背面隆起，腹面前半部向内凹陷，形成腹吸盘，借此吸附于宿主的肠黏膜上。细胞核成对左右分布，椭圆形泡状，核仁大，虫体后半部中间有一对横向排列的锤形中体（图 11-13A）。包囊为椭圆形，大小为（8～12）μm×（7～10）μm（图 11-13B）。囊壁较厚且与虫体间有明显不均匀的空隙，具 4 个核。

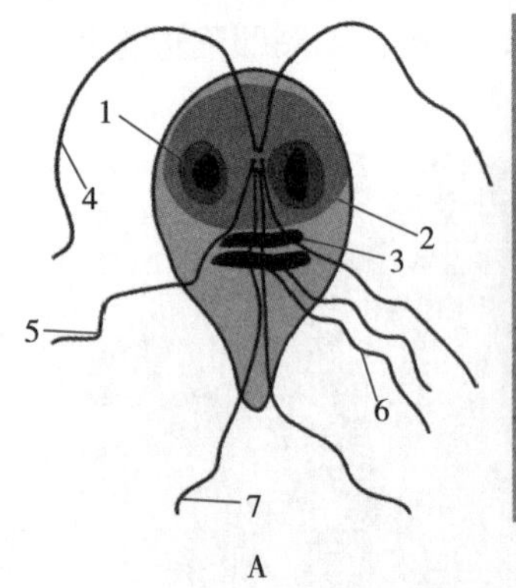

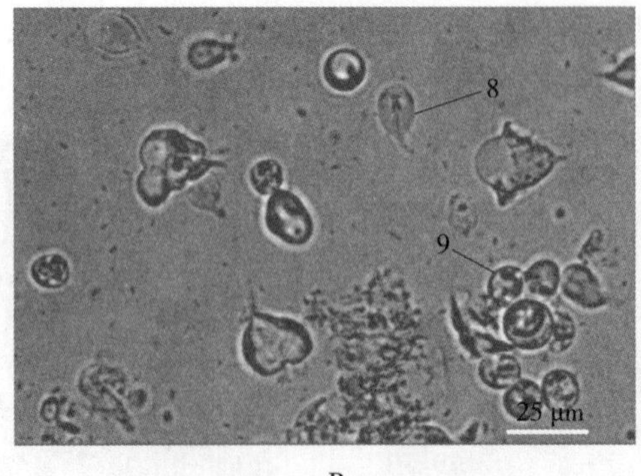

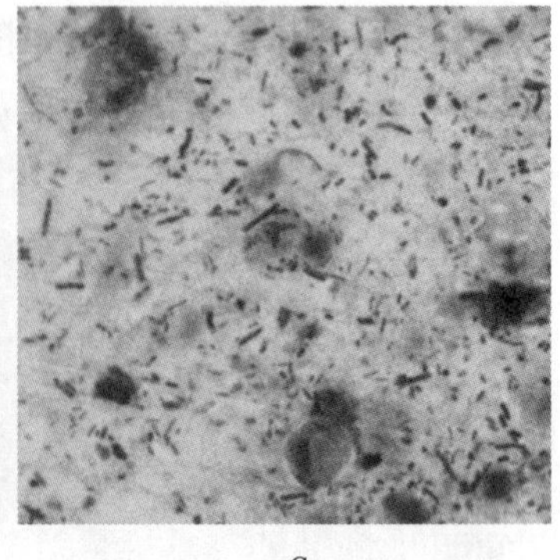

图 11-13　贾第虫

1. 核　2. 腹吸盘　3. 中体　4. 前鞭毛　5. 后鞭毛　6. 腹鞭毛　7. 尾鞭毛　8. 滋养体　9. 包囊

A. 贾第虫滋养体形态结构示意（李巍供图）

B. 光学显微镜下贾第虫体外成囊过程中的滋养体和包囊（李巍供图）

C. 犬粪便中的贾第虫，瑞氏吉姆萨染色，×1 000（于咏兰　张兆霞供图）

（二）病原生活史

贾第虫为胞外寄生原虫，包囊被宿主吞食后，在十二指肠脱囊（excystation）转化为滋养体。滋养体通常寄生于家畜或人的十二指肠和空肠前段，偶尔进入胆囊，靠体表渗入吸收营养物质，不断以二分裂方式增殖。当滋养体到达结肠，可形成对胆盐或其他不利因素有抵抗力的包囊，包囊随宿主粪便排到外界环境中即具有感染力，通过污染的水和食物感染其他宿主。急性腹泻发生时，滋养体也可随粪便排出，但其在体外不能转变为包囊且很快死亡，也不能引起感染。

（三）流行病学

贾第虫病在世界范围内广泛流行，宿主种类众多，其中家畜、伴侣动物及儿童的感染率较高，对该病流行病学的研究具有兽医公共卫生意义。贾第虫之所以能在不同宿主间广泛传播及易呈水源性暴发流行，是因为包囊对外界不良因素的抵抗力强，其在湿冷的环境中经数月仍具有感染力。

家畜贾第虫病呈世界性分布。牛贾第虫病的病原主要是十二指肠贾第虫 A 集群和 E 集群，羊的主要为 A 集群、B 集群和 E 集群。在我国黑龙江地区，山羊和绵羊贾第虫病的感染率分别为 5.6%和 2.9%，病原为 A 集群、B 集群和 E 集群。猪贾第虫病病原主要为 A 集群和 E 集群。水牛和羊驼也有贾第虫感染的病例报道。鉴于在家畜（牛、羊和猪）中不断鉴定出人兽共感染集群 A，提示家畜可能是人贾第虫病的主要感染来源。

伴侣动物贾第虫病广泛分布于世界各地。犬贾第虫病的病原主要为十二指肠贾第虫集群 A、C 和 D，感染率由 2.0%至 64.3%不等。猫贾第虫病的病原主要为 E 集群和 F 集群，感染率 2.0%至 44.4%不等。兔和雪貂也有贾第虫感染的报道。由于伴侣动物与人接触密切，且犬能携带人兽共患集群 A，因此，犬可能是人贾第虫病发生环节的保虫宿主，同时也可受到人携带的 A 集群病原的感染。

人贾第虫病的病原为十二指肠贾第虫集群 A 和 B，主要导致儿童、艾滋病人或旅行者不同程度的腹泻。人贾第虫病在发展中国家的感染率一般高于发达国家，儿童高于成年人。

（四）致病作用

滋养体通过其腹吸盘与宿主小肠上皮细胞紧密黏附，黏附是由滋养体的许多种表面分子与收缩蛋白质类物质协同作用而实现。紧密黏附可导致小肠黏膜囊肿、吸收障碍、二糖酶缺乏、微绒毛缩短或萎缩、淋巴细胞活化和肠蠕动速率增加，最终导致腹泻。

（五）临床症状

成年家畜感染贾第虫后一般不表现出明显的临床症状。犊牛感染贾第虫后一般出现慢性腹泻，发病率高但死亡率低。羔羊贾第虫病的症状主要表现为增重率降低、吸收不良和饲料转化率下降。

成年伴侣动物贾第虫病的临床症状也不明显。幼年犬感染贾第虫后出现间歇性腹泻，间歇期为 7～8 d，12～14 d 达到高峰，高峰期持续 2～3 d，排囊持续时间为 25～27 d。感染高峰期犬排出的粪便多带有褐色或淡黄色黏液，有的为带光泽的脂肪痢，散发腐臭味。猫感染贾第虫后的主要临床症状为持续性腹泻，粪便带有黏液，呈白色，稀软，并散发恶臭。

贾第虫感染者分为有症状和无症状两种。免疫力正常的人多表现为自限性的腹泻，免疫低下者特别是艾滋病人会有长期致命的脱水性腹泻。人贾第虫病的临床症状常表现为腹泻、腹部绞痛、胃胀气、体重减轻和营养吸收不良等。

（六）诊断

诊断方法有病原学诊断、免疫学诊断和分子生物学诊断。

1. 病原学诊断　动物或人的成形粪便样本一般可直接进行涂片检查，水样粪便须经低速离心（500～1 000 g）后取沉淀物涂片镜检。为提高检出率，也可用饱和硫酸锌离心漂浮法（2 000 g）或蔗糖漂浮法对标本进行浓集后检测。蔗糖漂浮法方便易行，但易使包囊收缩变形，不适合长时间观察，此时可沿盖玻片边缘滴加适量卢戈氏碘液，以增加细胞核与周围结构的反差。染色后可见包囊呈黄绿色，内有4个着色较深的核，中轴明显，包囊壁内缘附近还有分布不均匀的空隙。十二指肠引流液和十二指肠活组织检查偶用于人贾第虫病的诊断，检出率较高于粪便检查，但存在费用高、创伤性强和耗时耗力等缺点。在对犬进行粪便检查时应注意包囊排出的间歇规律，为避开排囊间歇期，应每隔一周复检，复检3～4次。

2. 免疫学诊断 采用直接免疫荧光法、酶联免疫吸附试验等，主要检测贾第虫包囊囊壁抗原。

3. 分子生物学诊断 PCR方法被广泛用于贾第虫病的诊断。检测的靶基因有多种，其中以磷酸丙糖异构酶基因使用最为广泛。PCR扩增结合核苷酸序列测定能实现虫种、基因型及其亚型的确定，有助于追溯贾第虫人兽互传的可能性。

（七）治疗

牛贾第虫病可使用芬苯达唑（fenbendazole）或阿苯达唑进行治疗，羊多使用芬苯达唑，犬的治疗药物主要为阿苯达唑（albendazole）和甲硝唑，猫贾第虫病可用甲硝唑口服治疗。犬和猫的贾第虫病也可使用苯硫氨酯（febantel）、噻嘧啶（pyrantel）和吡喹酮复方制剂治疗。

（八）预防

第十一章彩图

应保持畜舍及周围环境的干燥和清洁卫生，经常用消毒剂［包括2%～5%来苏儿、1%新洁尔灭或1%次氯酸钠（chlorine bleach）］，或沸水对笼具和饲具进行冲洗，并注意避免粪便污染。应将粪便与动物隔离，并堆积发酵，利用生物热杀死粪便中的包囊或滋养体。注意饮食卫生、加强水源保护是预防人贾第虫病的重要措施。

（李巍　编，冯耀宇　索勋　蔡建平　审）

第十二章 梨形虫和梨形虫病

第一节 概　　述

梨形虫病（piroplasmosis，piroplasmiasis）旧称焦虫病或血孢子虫病，是巴贝斯虫病（babesiosis，babesiasis）和泰勒虫病（theileriosis，theileriasis）的总称。巴贝斯虫寄生于脊椎动物红细胞内，泰勒虫寄生于脊椎动物白细胞和红细胞内，二者均依赖硬蜱传播。梨形虫病为重要的动物寄生虫病，严重威胁着畜牧业的发展，世界动物卫生组织（OIE）2014 年版《陆生动物法典》将牛和马的梨形虫病列入必须申报的动物疫病名录，我国将牛的梨形虫病和马的巴贝斯虫病列为二类动物疫病。

（一）病原分类

梨形虫传统分类的主要依据是光镜和电镜下病原的形态结构和大小，及其致病性、生活史、传播媒介、传播方式及易感动物等特点，巴贝斯虫属于巴贝斯虫科（Babesiidae）巴贝斯虫属（*Babesia*），泰勒虫属于泰勒虫科（Theileriidae）泰勒虫属（*Theileria*）（表 12-1）。显微镜下，红细胞内的巴贝斯虫的虫体较大，常见梨籽形、带有空泡的圆形等典型形态；泰勒虫的虫体较小，虫体质密，可见十字架的典型形态，即泰勒虫裂殖子在红细胞出芽生殖形成的四分裂虫体，泰勒虫还具有在淋巴细胞内的裂殖发育阶段（表 12-1）。梨形虫分子分类技术多以 18S rRNA 核糖体基因、线粒体基因、转录间隔区序列等进化中相对保守的基因或序列作为分子标记，通过测序和序列比对，采用系统分类学方法进行分类，分子分类方法与传统分类方法相结合是梨形虫分类的原则。

表 12-1　梨形虫传统分类常用参考标准

主要特征			泰勒虫	巴贝斯虫
脊椎动物宿主	红细胞	色素形成	有	无
		虫体大小	较小	大小不一
		十字架形虫体	较常见	少见
		梨籽形虫体	少见	较常见
	淋巴细胞/巨噬细胞	裂殖体和裂殖子	有	无
蜱	合子感染卵		否	是
	合子在唾液腺中繁殖		是	否
	子孢子感染淋巴细胞/巨噬细胞		是	否
	子孢子感染红细胞		否	是
传播	期间传播		是	是
	经卵传播		否	是

梨形虫的分类在不断更新。如感染马的一种小型梨形虫——马巴贝斯虫（*Babesia equi*）现在更名为马泰勒虫（*Theileria equi*），因为研究发现该虫在马的淋巴细胞有裂殖生殖，且经蜱传

播方式为期间传播，不能经卵传播。另外，发现田鼠巴贝斯虫（*Babesia microti*）有淋巴细胞裂殖发育阶段，常见十字架形虫体，且不经卵传播，所以有将该虫重命名为田鼠泰勒虫（*Theileria microti*）的提法。罗氏巴贝斯虫（*Babesia rodhaini*）存在与田鼠巴贝斯虫相似的特征，也须重新命名。通过比对18S rRNA基因序列，发现田鼠巴贝斯虫和罗氏巴贝斯虫不在泰勒虫或巴贝斯虫的分支上，而是独立形成一个分支，所以有提议把这一类梨形虫单列一新属，与泰勒虫属和巴贝斯虫属并列。

（二）病原生活史

梨形虫完整的生活史需要在脊椎动物（家畜和野生动物等哺乳动物）和无脊椎动物（媒介蜱）体内完成。在媒介蜱体内进行配子生殖（gamogony，gametogony）和孢子生殖（sporogony），在哺乳动物细胞内进行裂殖生殖。

1. 在蜱体内的发育史 媒介蜱叮咬携带梨形虫的牛羊等宿主动物并吸食血液，梨形虫在红细胞阶段发育形成的配子体随之进入蜱中肠，开始配子生殖，发育成配子（gametes），配子呈纺锤形，具有一个短剑样顶突和几根鞭毛样突起，故又称为辐肋体或射线体（Strahlenkörper，spiky-rayed bodies，ray bodies）。巴贝斯虫和泰勒虫的配子为单倍体，单倍体配子进而分化为大配子和小配子，小配子呈射线状，大配子呈球状，相邻的大小配子相互诱导，小配子上的突刺刺穿大配子体，完成融合或称受精过程，形成单个合子（zygote），合子的运动型阶段常称作动合子（ookinete或kinete）。动合子呈纺锤形或一头钝圆、一头尖，它的尖端刺入蜱中肠的围食膜内壁，在合子分泌的酶的作用下，穿出外膜，最后进入蜱中肠上皮细胞内发育。进入上皮细胞后，合子的尖端逐渐消失，圆球形的合子开始有丝分裂。以上的发育过程在田鼠巴贝斯虫（*B. microti*）上研究的比较清楚，但普遍认为梨形虫合子的发育过程与此相似。

在上皮细胞中有丝分裂产生的新的合子释放后进入蜱的血、淋巴。巴贝斯虫动合子随血、淋巴侵入蜱的各种组织。动合子侵入卵巢后，进入卵母细胞，从而经卵将巴贝斯虫传给下一代蜱。子代蜱叮咬脊椎动物时，通过孢子生殖（sporogony）产生大量的子孢子（sporozoites），子孢子随唾液进入脊椎动物体内。这种雌蜱吸入巴贝斯虫，经卵将巴贝斯虫传给子代蜱，子代幼蜱、若蜱或成蜱将病原传播给脊椎动物的方式称为经卵传播（transovarial transmission）。一些蜱种感染巴贝斯虫后，即便是不获得新的病原感染，也能携带和储藏已感染的病原几个世代。泰勒虫动合子直接侵入唾液腺，不进入其他器官细胞中发育繁殖，所以泰勒虫不经卵传播。感染后的蜱在下一个发育阶段叮咬宿主动物时，与巴贝斯虫一样，在唾液腺中快速进行孢子生殖，形成大量子孢子并随蜱的唾液进入宿主动物体内。这种幼蜱或若蜱吸食了含有泰勒虫的血液，在其下一个发育阶段，即若蜱或成蜱阶段传播病原的方式称为期间传播（stage-to-stage transmission 或 transstadial transmission）。

梨形虫配子生殖形成的动合子侵入蜱的唾液腺，在唾液腺中开始孢子生殖。虫体在唾液腺葡萄样的Ⅱ型和Ⅲ型腺泡中发育，动合子迅速转化成为多形态的合胞体（syncytium），又称子孢体。合胞体进而发育成多核的孢子母细胞，孢子母细胞在蜱蜕皮期间呈休眠状态，当蜕皮完成进入下一个发育阶段的蜱叮咬宿主动物时，孢子母细胞开始以出芽的方式分化，生成大量具有感染性的子孢子，感染性的子孢子随蜱唾液进入宿主动物体，感染宿主动物。蜱传播巴贝斯虫和泰勒虫的一个共同特点是，蜱叮咬宿主动物时，不会立刻传播病原，而是需要一个受血液成分刺激唾液腺中子孢子发育成熟的过程，这一过程通常需要至少24 h。

2. 在脊椎动物体内的发育史 梨形虫在脊椎动物宿主体内进行无性繁殖，即裂殖生殖，巴贝斯虫和泰勒虫的裂殖生殖过程不完全相同，除两者都具有红细胞阶段的裂殖生殖外，泰勒虫还有淋巴细胞阶段的裂殖生殖。巴贝斯虫感染性子孢子随蜱的唾液进入脊椎动物宿主体内后，子孢子的顶点首先与红细胞衔接，定向侵入红细胞，进行二分裂或出芽生殖，一次生成2个或4个子代裂殖子。裂殖子离开细胞，每一个裂殖子又侵入一个新的红细胞。这样的繁殖过程在宿主体内持续到宿主动物死亡，或被宿主的免疫系统清除。泰勒虫感染性子孢子不直接入侵红细胞，而是先入侵淋巴细胞（或单核细胞、巨噬细胞）。泰勒虫子孢子入侵淋巴细胞为随机入侵，不需要顶点的接触，入侵淋巴细胞后发育成裂殖体（schizont）。裂殖体产生并释放出大量裂殖子（merozoites），裂殖子进而入侵红细胞，裂殖子在红细胞进行出芽生殖，形成四分裂的虫体，所以泰勒虫能在红细胞中呈现十字架形的典型形态。

近年来有将梨形虫在红细胞内的裂殖生殖用 merogony 特指，在淋巴细胞内的裂殖生殖用 schizogony 特指的提法。但在顶复门其他原虫，如球虫，merogony 与 schizogony 这两个术语均表述无性复分裂，称为裂殖生殖。

（三）病原形态

寄生于哺乳动物红细胞内的梨形虫呈圆形、梨籽形、杆形或阿米巴形等各种形态，典型的虫体特征是各种梨形虫鉴别的重要依据。吉姆萨染色后，虫体原生质呈浅蓝色，边缘着色较深，中央较浅或呈空泡状无色区；染色质呈暗红色，成 1～2 个团块。寄生在单核细胞、巨噬细胞和淋巴细胞内的泰勒虫，在寄生细胞的胞质内形成多核的裂殖体，称为石榴体或柯赫氏蓝体（Koch's bodies，blue bodies 或 macroschizonts）。

泰勒虫一般小于 1～2 μm；巴贝斯虫可分为两类，长度小于 2.5 μm 的小型虫体（如牛巴贝斯虫、吉氏巴贝斯虫等）和长度超过 3 μm 的大型虫体（如卵形巴贝斯虫、双芽巴贝斯虫等）（图 12-1）。

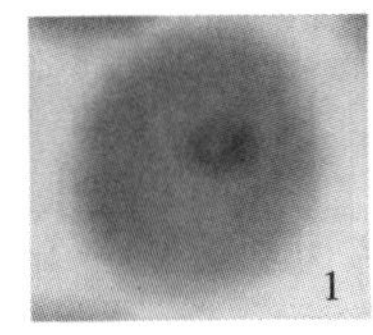

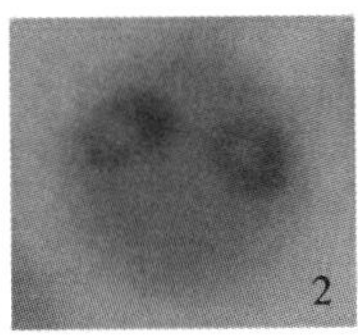

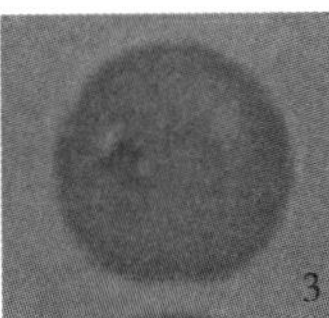

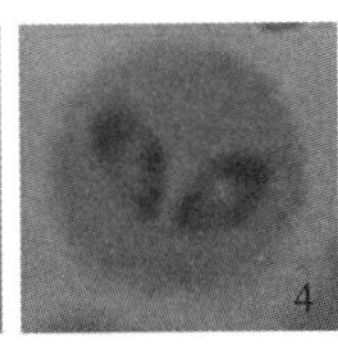

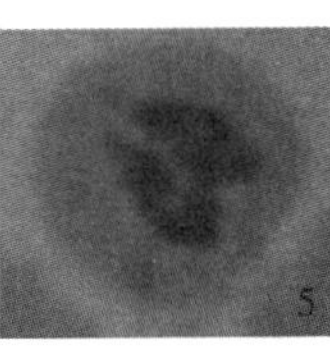

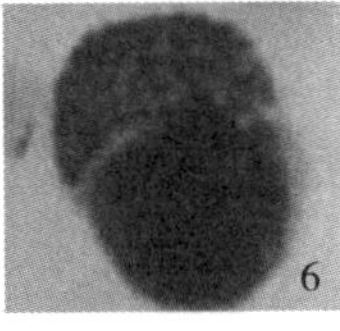

图 12-1　梨形虫显微镜形态

1. 环形泰勒虫　2. 牛巴贝斯虫　3. 吉氏巴贝斯虫　4. 卵形巴贝斯虫　5. 双芽巴贝斯虫　6. 小泰勒虫的石榴体

（白啓供图）

电子显微镜观察，梨形虫具有不完全的顶复合体，但仍具有极环、棒状体等超微结构（图 12-2）。

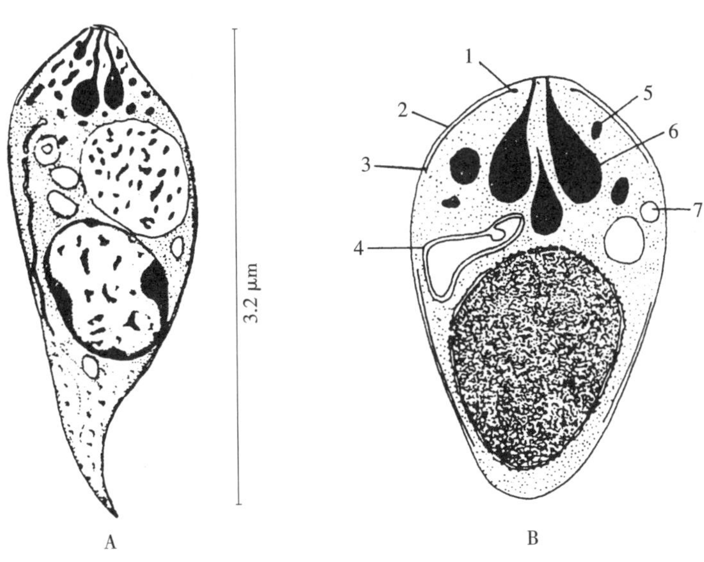

图 12-2　梨形虫电镜形态

A. 双芽巴贝斯虫裂殖子　B. 环形泰勒虫裂殖子

1. 极环　2. 外膜　3. 内膜　4. 线粒体　5. 微线体　6. 棒状体　7. 空泡

寄生于蜱体内的梨形虫动合子（可在检查蜱血、淋巴或蜱卵时发现）呈两端尖的纺锤形，或一端钝圆一端尖的棍棒形。虫体扁平，有的尖端稍弯曲。有一个核位于中心或稍偏。吉姆萨染色，原生质呈蓝色，核呈紫红色；钝圆一端边缘染成紫红色帽；原生质内有时有空泡或呈颗粒状。动合子大小随梨形虫种类和发育阶段不同而有很大差异，为（9～22）μm×（1.5～6）μm。

（四）致病机理

梨形虫的致病机理复杂，其感染过程激活了宿主多个系统，网状内皮系统是巴贝斯虫感染致病的主要调控系统。巴贝斯虫致病机制与宿主免疫应答密切相关，补体系统在巴贝斯虫入侵过程中发挥了重要作用。巴贝斯虫的致病性与虫种的致病力有关，小型虫体的巴贝斯虫（如牛巴贝斯虫、羊巴贝斯虫、吉氏巴贝斯虫等）的致病力总体上强于大型巴贝斯虫（如大巴贝斯虫、卵型巴贝斯虫、莫氏巴贝斯虫等）的致病力，但双芽巴贝斯虫作为大型巴贝斯虫，有时也表现出较强的致病性。急性巴贝斯虫病的典型症状为高热、贫血、黄疸和血红蛋白尿，临床症状与宿主动物的品种、生理状态和免疫力状态密切相关。急性巴贝斯虫病，特别是牛巴贝斯虫引起的疾病，通常会在巴贝斯虫分泌的酶的刺激下，感染动物的血液中出现大量扩张血管的活性物质，如激肽释放酶、血管活性肽等，进而导致宿主动物出现低压性休克综合征。在巴贝斯虫感染发病过程中，引起宿主动物非特异性炎症反应，大量血管活性物质的释放，导致血管扩张、淤血，继而出现组织器官缺氧，组织代谢产物及巴贝斯虫的代谢产物积聚，造成组织器官损伤。巴贝斯虫在红细胞内繁殖，导致红细胞大量破裂，发生溶血性贫血，致使患病动物结膜苍白、黄染；染虫红细胞和非染虫红细胞大量凝集，并在毛细血管内皮细胞上附着，致使循环血中红细胞数和血红蛋白量显著降低，血液稀薄，胆红素增多而出现黄疸。红细胞数目的减少，血红蛋白量的降低，会引起动物机体组织供氧不足，正常的氧化还原过程遭到破坏，全身代谢障碍和酸碱平衡失调，进而导致实质细胞（如肝细胞、心肌细胞、肾小管上皮细胞）变性，甚至坏死，组织淤血、水肿。虫体代谢产物及毒素在体内蓄积，作用于中枢神经系统，可引起动物体温中枢的调节机能障碍或紊乱，动物出现高热、昏迷等症状。

泰勒虫病的致病机理与虫体感染阶段及被感染的宿主细胞类型有关。小泰勒虫、环形泰勒虫和莱氏泰勒虫感染淋巴细胞，在淋巴细胞内增殖的阶段是致病力最强的阶段。突变泰勒虫和东方泰勒虫在淋巴细胞裂殖体发育的阶段短暂，致病性主要是裂殖子感染红细胞后造成的组织损伤和贫血。泰勒虫的致病力也与虫体感染量、宿主动物的易感性以及易感动物的群体免疫力相关，比如高剂量的环形泰勒虫或小泰勒虫子孢子感染外来易感动物，可导致更多的急性死亡病例。不同种泰勒虫寄生和转化的白细胞类型也不同，环形泰勒虫主要感染表达MHC Ⅱ类分子的细胞（B细胞、单核细胞或巨噬细胞），并引起这些细胞的增殖（或称转化），但不入侵T细胞；小泰勒虫感染T细胞和B细胞，但只引起T细胞增殖；莱氏泰勒虫可引起T细胞和B细胞的增殖。泰勒虫子孢子随蜱叮咬宿主，入侵叮咬点最近的宿主淋巴结并在其中增殖，导致淋巴结肿大。泰勒虫病引起贫血的机制是宿主吞噬细胞对感染红细胞的吞噬清除，而不是裂殖子感染引起的红细胞裂解。小泰勒虫和环形泰勒虫常引起严重的泰勒虫病，患病动物常在2～4周内死亡。从急性病例中恢复的动物，成为泰勒虫携带者和感染源，在泰勒虫的传播中发挥重要作用。

（五）流行病学

梨形虫、媒介蜱和易感动物是梨形虫病流行病学三要素，缺一不可。梨形虫是一种严格的细胞内寄生虫，不能离开宿主而独立存活于自然界中。

蜱是梨形虫传播的关键，没有蜱，病原无法从患病或带虫动物传播给易感动物。不同梨形虫的媒介蜱可能不同，比如双芽巴贝斯虫与大巴贝斯虫均可感染牛，双芽巴贝斯虫的传播媒介为微小扇头蜱（*Rhipicephalus microplus* syn. *Boophylus microplus*），而大巴贝斯虫的传播媒介为刻点血蜱（*Haemaphysalis punctata*）。然而，同一种蜱也可能传播不同的梨形虫，比如长角血蜱（*Haemaphysalis longicornis*）既是卵形巴贝斯虫的传播媒介，又是尤氏泰勒虫和吕氏泰勒虫的传播媒介。梨形虫病的流行病学特征受媒介蜱生活史的影响，媒介蜱的发育繁殖与梨形虫病的发病季节密切相关，这是梨形虫病呈季节性流行的主要原因。

不同种类的梨形虫易感的宿主动物不尽相同。有些病原的宿主动物单一，比如马泰勒虫、驽巴贝斯虫仅感染马属动物而不感染牛、羊以及其他动物；有些病原感染多种动物，甚至感染人，比如分歧巴贝斯虫可感染牛、羊、鹿和人，田鼠巴贝斯虫（*B. microti*）可感染啮齿动物，也感染人。

由于梨形虫病流行三要素缺一不可，因此梨形虫病通常在满足条件的地方呈地方性流行。流行区域内的易感动物具有一定的耐受性，常由于带虫免疫而不表现临床症状或表现轻微临床症状，致死性病例很少见，但从流行区外引入的或杂交繁育的新品种更易感、具有更高的发病率和死亡率。梨形虫病的流行情况与梨形虫感染强度相关，宿主受到感染的频次和强度越高，梨形虫的感染率也越高，但如果临床发病病例较少、致死病例罕见，称作稳定地方性流行。稳定地方性流行与大量媒介蜱感染和高频次传播病原有关，其特点还包括感染蜱的数量多、幼畜感染普遍、免疫刺激频次高和宿主群体免疫水平高。反过来，宿主受到感染的频次和强度低，梨形虫病的流行率和动物群体免疫力相对低，尽管临床发病病例较少，但致死率高，这种情况称作不稳定地方性流行。不稳定地方性流行与少量媒介蜱感染和低频次传播病原有关，其特点还包括感染蜱的数量少、幼年和成年宿主动物暴露在病原中的频次低、许多宿主动物未产生免疫力以及宿主群体免疫水平低。梨形虫感染康复的动物，常呈带虫免疫，具有较高的群体免疫力，对地方性流行病原的再次攻击具有较好的保护作用，但这些动物也成为病原的携带者和环境中媒介蜱的感染源，这是梨形虫病难以控制和根除的重要原因。

（刘志杰　罗建勋　殷宏　编，周金林　张守发　赵俊龙　审）

第二节　巴贝斯虫病

巴贝斯虫病（babesiasis，babesiosis）又称红尿热（red water fever）、蜱热（tick fever）或得克萨斯热（Texas fever），是由巴贝斯虫属（*Babesia*）的原虫寄生于动物和人红细胞内而引起的一种蜱传性血液原虫病，以高热、贫血、黄疸、血红蛋白尿为典型特征，严重时常发生死亡，呈全球性分布和流行。该病多见于牛、羊、马、驴、骡、犬、猪等家畜和鹿、盘羊、野生鼠、浣熊等野生动物，偶尔也见于被蜱叮咬或输血导致人的感染。已报道感染各种脊椎动物的巴贝斯虫超过 100 种，其中，对家畜具有致病性的有 10 余种，可感染人的有 5 种。巴贝斯虫一般具有严格的宿主特异性，但是也有例外，如分歧巴贝斯虫就属于多宿主寄生虫，既可寄生于牛，也可寄生于人、鼠、羊等。

一、牛巴贝斯虫病

感染牛的巴贝斯虫曾报道过许多种，但目前公认的只有 8 种，即双芽巴贝斯虫（*Babesia bigemina*）、牛巴贝斯虫（*Babesia bovis*）、分歧巴贝斯虫（*Babesia divergens*）、大巴贝斯虫（*Babesia major*）、卵形巴贝斯虫（*Babesia ovata*）、雅氏巴贝斯虫（*Babesia jakimovi*）、隐藏巴贝斯虫（*Babesia occultans*）及东方巴贝斯虫（*Babesia orientalis*）。我国报道的有双芽巴贝斯虫、牛巴贝斯虫、大巴贝斯虫、卵形巴贝斯虫和东方巴贝斯虫等 5 种。在新疆喀什地区报道了一种由璃眼蜱传播的弱致病性病原，疑似隐藏巴贝斯虫。

（一）病原概述

1. 双芽巴贝斯虫 大型虫体，长度大于红细胞半径，呈梨籽形、圆形、椭圆形及不规则形等。典型虫体为成双的梨籽形，尖端以锐角相连，长度为 4～5 μm。每个虫体内有 2 团染色质块。虫体多位于红细胞的中央，每个红细胞内虫体数目为 1～2 个，鲜见 3 个以上的。红细胞染虫率（parasitaemia）可高达 15%。吉姆萨染色后，虫体胞质呈淡蓝色，染色质紫红色（图 12-3）。虫体形态随病程的发展而有变化，虫体开始出现时以单个的圆形、椭圆形和单梨籽形为主，随后双梨籽形虫体所占比例逐渐增多，同时出现不规则形虫体。

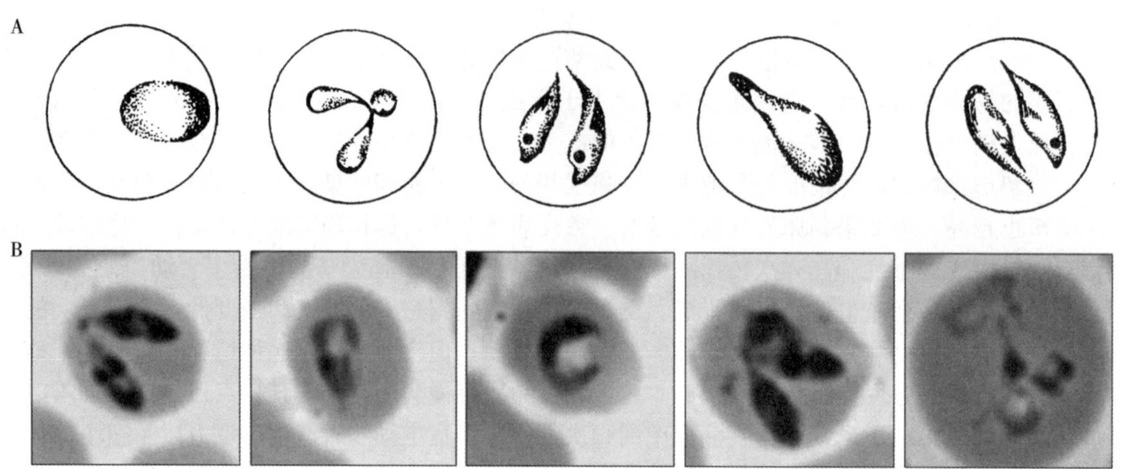

图 12-3 红细胞内的双芽巴贝斯虫

A. 模式图 B. 镜检图

（白啓 关贵全供图）

2. 牛巴贝斯虫 小型虫体，长度小于红细胞半径，大小为 1.8～2.8 μm；形态为梨籽形、圆形、椭圆形、不规则形和圆点形等。典型虫体为成双的梨籽形，尖端以钝角相连，位于红细胞边缘或偏中央，每个虫体内含有一团染色质块。每个红细胞内有 1～3 个虫体（图 12-4）。牛巴贝斯虫的红细胞染虫率低，一般不超过 1%，可能与寄生牛巴贝斯虫的红细胞黏性很大，使其黏附于血管壁，致使外周血涂片中观察到的感染红细胞很少，而在脑外膜毛细血管中堆集有大量感染红细胞有关。

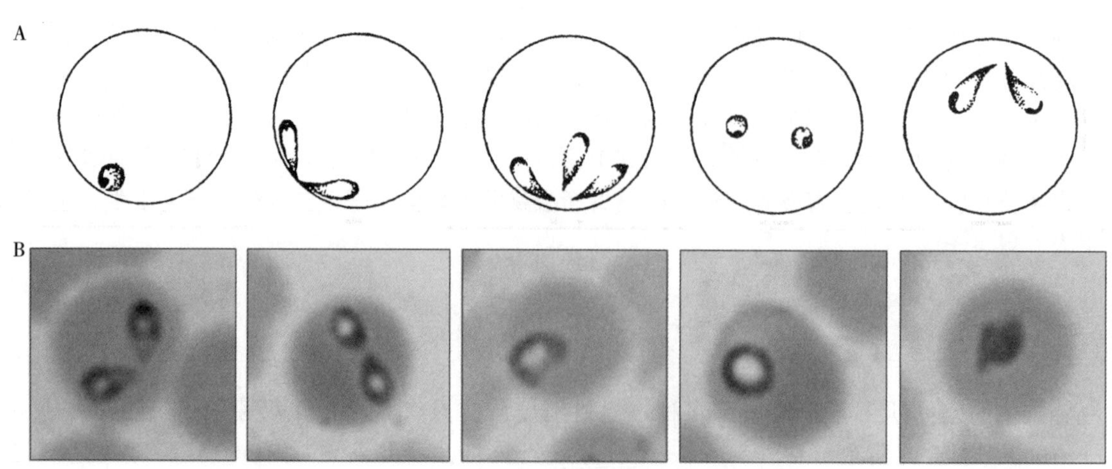

图 12-4 红细胞内的牛巴贝斯虫

A. 模式图 B. 镜检图

（白啓 关贵全供图）

3. 大巴贝斯虫 大型虫体，但较双芽巴贝斯虫小。梨籽形虫体长度为 2.71～4.21 μm，有梨籽形、圆形、卵圆形、不规则形等。虫体位于红细胞的中央（图 12-5），形态与卵形巴贝斯虫相似，依据形态特征难以区分。

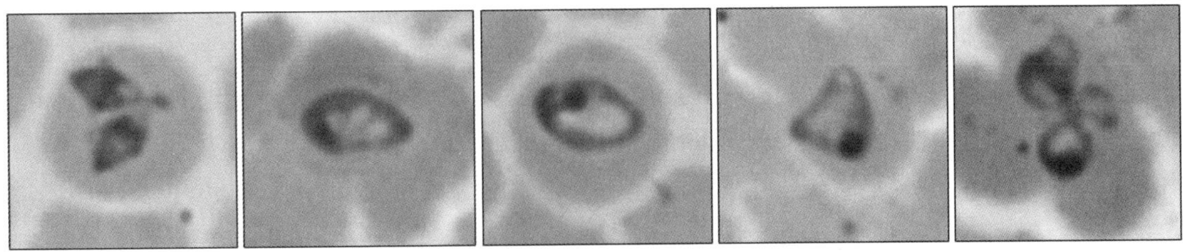

图 12-5　红细胞内的大巴贝斯虫
（白啓　关贵全供图）

4. 卵形巴贝斯虫　大型虫体，长度大于红细胞的半径，梨籽形虫体长度为 2.3～3.9 μm，呈梨籽形、卵形、卵圆形等。特征为虫体中央往往不着色，形成空泡，双梨籽形虫体较宽大，位于红细胞中央，两尖端成锐角或钝角、相连或不相连。感染红细胞一般含 1～2 个虫体，个别见有 4 个虫体（图 12-6）。形态上与大巴贝斯虫很难区分。

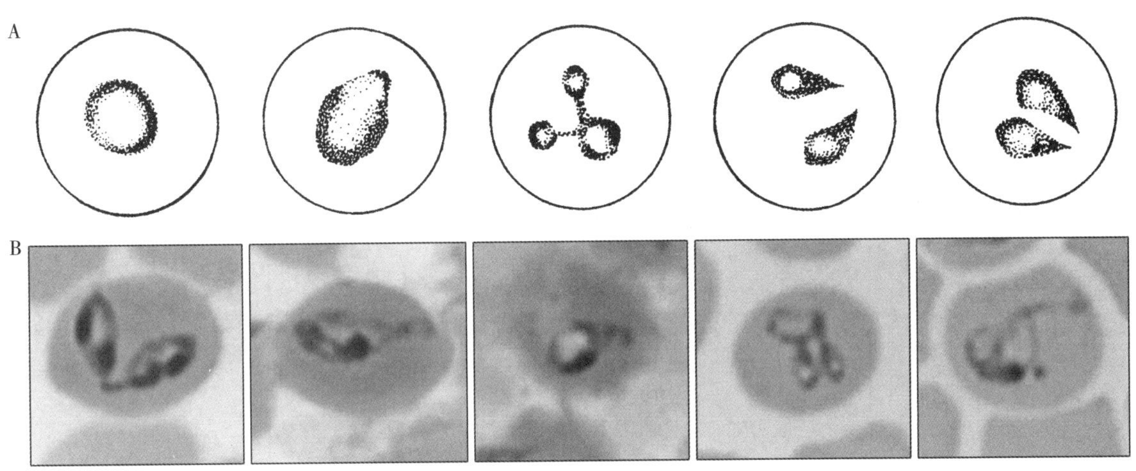

图 12-6　红细胞内的卵形巴贝斯虫
A. 模式图　B. 镜检图
（白啓　关贵全供图）

5. 东方巴贝斯虫　小型虫体，长 2.0～2.6 μm（图 12-7），呈梨籽形、环形、椭圆形、圆点形、杆形等多种形态，染虫初期以单梨籽形为主。双梨籽形虫体（多见于染虫中后期）以尖端相连呈钝角，极个别呈锐角或平行排列。染虫后期（虫血症后 5～8 d）可出现少数大于红细胞半径的单梨籽形或双梨籽形虫体。

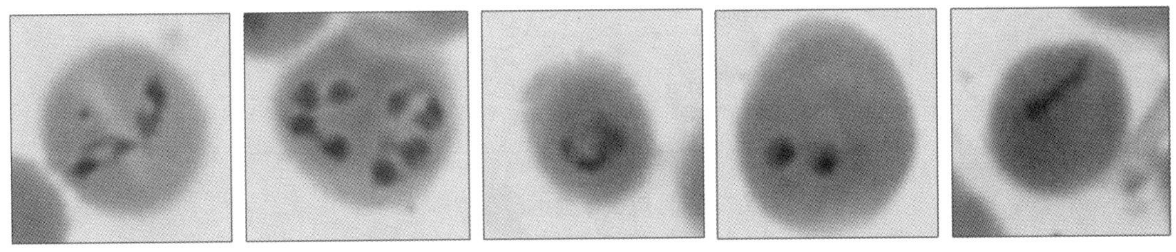

图 12-7　红细胞内的东方巴贝斯虫
（白啓　关贵全供图）

（二）病原生活史

在脊椎动物宿主体内，巴贝斯虫仅寄生于红细胞内。其裂殖子（merozoite）以无性的二分裂或出芽的方式裂殖生殖，子代裂殖子溢出红细胞后侵入新的红细胞，进行下一轮的裂殖生殖。

在体外培养过程中，各种巴贝斯虫裂殖子倍增时间差异较大，如莫氏巴贝斯虫和分歧巴贝斯虫裂殖子倍增时间分别为 23.5 h 和 8.8 h。一些裂殖子在红细胞内发育为配子母细胞（gametocyte），在脊椎动物体内便停止发育，在光学显微镜下很难与裂殖子相区分。当雌蜱在感染动物体吸血时，虫体随血液进入蜱中肠，在肠腔内裂殖子很快被消化，而配子母细胞发育为射线体，并繁殖、聚集成多核的射线体集群（aggregate of multinucleated ray bodies），然后分裂成单倍体的配子。在光学显微镜下巴贝斯虫配子呈现同形配子（isogamete）的特征，大小配子难于区分，但实际形成细胞质密度和形态存在差异的雌雄配子。雌雄配子成对融合，在蜱肠管上皮细胞内形成球形的合子（zygote），合子在蜱肠管上皮细胞内完成减数分裂（meiosis），发育为动合子（kinete），这是配子生殖过程。

上皮细胞释放出动合子，进入蜱血淋巴，随血淋巴感染蜱的各种组织和细胞。动合子感染雌蜱卵细胞后，经卵将巴贝斯虫传给子代幼蜱，即经卵传播。但田鼠巴贝斯虫与其他巴贝斯虫不同，其在蜱体内不能经卵传播，而与泰勒虫一样为期间传播。在子代幼蜱体内，动合子进入蜱唾液腺细胞，发育为多核的孢子母细胞（sporoblast）并处于休眠状态。当感染的蜱吸食脊椎动物血液时，孢子母细胞活化，发育为子孢子（孢子生殖），并随蜱的唾液腺分泌物进入脊椎动物体内。子孢子直接入侵红细胞，发育为裂殖子（图 12-8）。

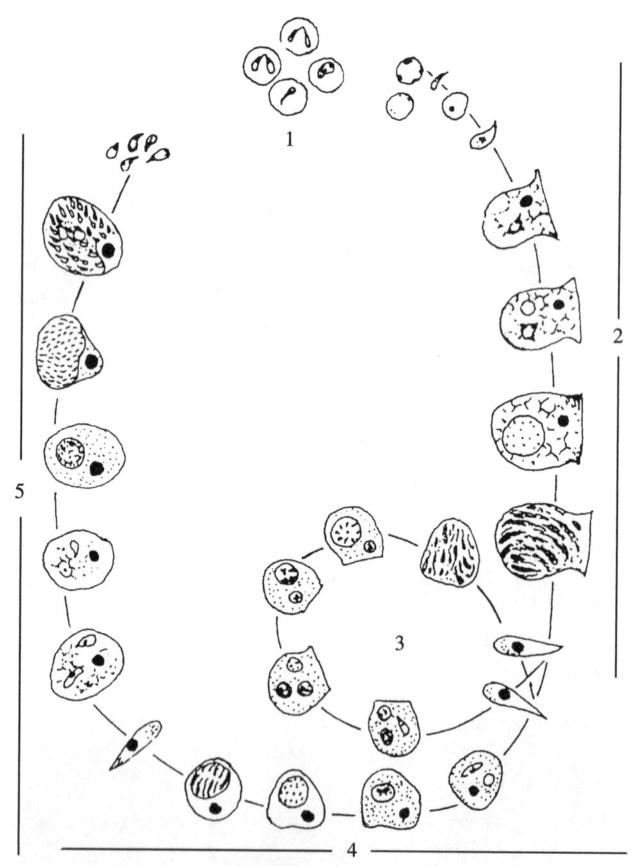

图 12-8　双芽巴贝斯虫在微小扇头蜱体内的发育

1. 牛红细胞内的虫体　2. 成蜱肠上皮细胞的发育　3. 马氏管和血液、淋巴内的发育
4. 卵和幼蜱肠上皮细胞内的发育　5. 若蜱唾液腺细胞内的发育

（三）流行病学

双芽巴贝斯虫对黄牛、水牛均感染，常引起死亡。在我国多个省（自治区、直辖市）有报道，主要流行于南方。文献记载有 8 种扇头蜱（*Rhipicephalus* spp.）和 1 种血蜱（*Haemaphysalis*）可以传播双芽巴贝斯虫，但在我国仅微小扇头蜱（*Rhipicephalus microplus*）

的传播能力得到了试验证实。微小扇头蜱以经卵传播方式传播双芽巴贝斯虫，该虫可在蜱的3个世代体内保持感染性。微小扇头蜱为一宿主蜱，主要寄生于牛，每年可繁殖2～3代，故本病在一年之内可以暴发2～3次，多发生于6—9月，呈散发。微小扇头蜱在野外发育繁殖，因此，本病多发生于放牧动物，舍饲牛较少发病。一般情况下，2岁以内的犊牛发病率高，但症状轻微，死亡率低；成年牛发病率低，但症状较重，死亡率高；当地牛对本病有抵抗力；良种牛和由外地引入的牛易感性较高，症状严重，病死率高；老、弱及劳役过重的牛，病情更为严重。

牛巴贝斯虫与双芽巴贝斯虫有共同的传播媒介——微小扇头蜱，故二者常混合感染，其分布也大致相同，西藏、河北、河南、福建、云南、贵州、安徽、湖北、湖南及陕西等地有报道。文献记载有2种硬蜱（*Ixodes* spp.）和3种扇头蜱（*Rhipicephalus* spp.）可以传播牛巴贝斯虫，但试验证实的仅为微小扇头蜱，以经卵传播方式由次代幼蜱传播，次代若蜱和成蜱无传播能力。本病多发生于1～7月龄犊牛，8月龄以上者较少发病，成年牛多为带虫者，带虫现象可持续2～3年。

大巴贝斯虫致病性较弱，主要分布于北非、欧洲。在我国，仅报道于新疆。刻点血蜱（*Haemaphysalis punctata*）是其唯一已证实的媒介。

卵形巴贝斯虫致病性弱，仅报道于河南、辽宁、甘肃、四川、贵州和吉林等省份，其传播媒介为长角血蜱（*Haemaphysalis longicornis*），由于长角血蜱也是牛东方泰勒虫（*Theileria orientalis*）的传播媒介，两者常混合感染。在我国，刻点血蜱也可传播卵形巴贝斯虫。

东方巴贝斯虫仅感染水牛，不感染黄牛，主要分布于长江以南地区，已证实镰形扇头蜱（*Rhipicephalus haemaphysaloides*）为其传播媒介。以经卵传播方式由次代成蜱传播，次代幼蜱和若蜱无传播能力。镰形扇头蜱为三宿主蜱，1年发生一代，4—6月可在宿主体表发现成蜱，其活动高峰期在4月下旬至5月中旬。因此，东方巴贝斯虫病自4月下旬开始发生，5—6月为发病高峰期，7月后很少发生。

（四）临床症状

双芽巴贝斯虫感染的潜伏期为8～15 d。病牛首先表现为发热，体温升高到40～42 ℃，呈稽留热型。脉搏及呼吸加快，精神沉郁，喜卧。食欲减退或消失，反刍迟缓或停止。便秘或腹泻，有的病牛还排出黑褐色、恶臭带有黏液的粪便。乳牛泌乳减少或停止。妊娠母牛常可发生流产。病牛迅速消瘦，贫血，黏膜苍白和黄染。典型病症是由于红细胞大量破坏，出现血红蛋白尿，尿的颜色由淡红色变为棕红色乃至酱油色。血液稀薄，红细胞数降至100万～200万个/mm^3，血红蛋白量减少到25%左右，血沉加快10余倍。红细胞大小不均，着色淡，有时还可见到幼稚型红细胞。白细胞在病初正常或减少，以后增至正常的3～4倍；淋巴细胞增加15%～25%；中性粒细胞减少；嗜酸性粒细胞降至1%以下或消失。重症时如不治疗可在4～8 d内死亡，死亡率可达50%～80%。慢性病例，体温在40 ℃上下波动，持续数周，减食及渐进性贫血和消瘦，经数周或数月才能康复。幼年病牛，中度发热数日，心跳略快，食欲减退，略现虚弱，黏膜苍白或微黄。热退后迅速康复，病愈的牛有带虫免疫现象。

牛巴贝斯虫、东方巴贝斯虫感染的症状与双芽巴贝斯虫的基本一致，但潜伏期为4～10 d，病死率20%左右。此外，由于牛巴贝斯虫感染的红细胞大量聚集于患病牛的大脑毛细血管中，病牛常伴有较严重的神经症状。

其他几种牛的巴贝斯虫感染，一般不发病，常呈现隐性带虫，即使发病，表现的症状也较轻。

（五）病理变化

巴贝斯虫的致病作用主要表现在虫体侵入宿主红细胞后对红细胞的直接损害、其分泌物刺激宿主产生免疫反应介导的溶血以及感染红细胞的细胞黏附造成毛细血管阻塞而导致的组织器官损伤等。各种巴贝斯虫感染引起的病理变化基本一致，主要表现为消瘦，贫血，血液稀薄如水；皮下组织、肌间结缔组织和脂肪均呈黄色胶样浸润，各内脏器官及被膜均黄染；皱胃和肠黏膜潮红并有点状出血；脾肿大，脾髓软化呈暗红色，白髓肿大呈颗粒状凸出于切面；肝肿大，黄褐色，切面呈豆蔻状花纹；胆囊扩张，充满浓稠胆汁；肾肿大，淡红黄色，有点状出血；膀胱膨大，存有多量红褐色尿液，黏膜有出血点；肺呈淤血、水肿；心肌柔软，黄红色；心内外膜有出血斑。

（六）诊断

首先应了解当地是否发生过本病、有无传播本病的蜱、病牛是否来自疫区等。在发病季节，如病牛呈现高热、贫血、黄疸和血红蛋白尿等症状，应考虑本病。血液涂片检出虫体是确诊的主要依据，一般在血涂片末梢部位的红细胞感染虫体比例较大。体温升高后1～2 d，耳尖采血，血涂片吉姆萨染色镜检，可发现少量圆形和变形虫体；在血红蛋白尿出现期检查，可在血涂片中发现较多的梨籽形虫体。如在病牛体上采集到蜱，可对其进行鉴定，确认是否为双芽巴贝斯虫、牛巴贝斯虫、大巴贝斯虫、卵形巴贝斯虫及东方巴贝斯虫的传播媒介。

多种免疫学诊断方法可用于牛巴贝斯虫病的血清学调查和出入境检疫，如补体结合试验、间接血凝试验、胶乳凝集试验、间接荧光抗体试验、酶联免疫吸附试验等。分子生物学检测方法也被普遍用于诊断巴贝斯虫的感染，如聚合酶链反应（PCR）、反向线状印迹（RLB）和环介导等温扩增（LAMP）技术等。

（七）治疗

应尽量做到早确诊、早治疗，除应用特效药物杀灭虫体外，还应针对病情给予对症治疗，如健胃、强心、补液等。常用的特效药有如下几种。

1. 咪唑苯脲（imidocarb） 对各种巴贝斯虫均有较好的治疗效果，该药在体内降解缓慢，导致它可长期残留在动物体内，因而该药也具有较好的预防效果。尽管已有试验证实残留在肌肉、乳中的药物不会被采食者经消化道吸收，但仍有一些国家禁止将该药用于肉牛和乳牛，或规定动物用药后28 d内不可屠宰供食用。

2. 三氮脒（又称贝尼尔，berenil） 黄牛偶尔出现起卧不安、肌肉震颤等副作用，但很快消失。水牛对本药较敏感，一般用药一次较安全，连续使用易出现毒性反应，甚至死亡。

3. 锥黄素（也称吖啶黄，acriflavine） 病牛在治疗后的数日内，避免烈日照射。

4. 硫酸喹啉脲（阿卡普林） 有时注射后数分钟出现起卧不安，肌肉震颤，流涎，出汗，呼吸困难等症状（妊娠牛可能流产）。一般于1～4 h后自行消失，严重者可皮下注射阿托品。

5. 青蒿素（artemisnin） 临床上应用的多为青蒿素及其衍生物青蒿琥酯（artesunate）和蒿甲醚（artemether）等，对双芽巴贝斯虫有较好疗效。

治疗期间，应停止使役，给予易消化的饲料，多饮水，检查和清除体表的蜱等。

（八）预防

（1）预防的关键在于灭蜱。可根据流行地区蜱的活动规律，实施有计划有组织的灭蜱措施；使用杀蜱药物消灭牛体上的蜱；牛群应避免到蜱大量滋生的牧场放牧，必要时可改为舍饲。

（2）应选择无蜱活动季节进行牛只调动，在调入、调出前，应做药物灭蜱处理。

（3）在发病季节前或由安全区向疫区输入牛只时，可应用咪唑苯脲进行药物预防，对双芽巴贝斯虫和牛巴贝斯虫可分别产生60 d和21 d的保护作用。

国外已有双芽巴贝斯虫和牛巴贝斯虫的弱毒虫苗用于临床。

二、马巴贝斯虫病

过去将驽巴贝斯虫（*Babesia caballi*）与马巴贝斯虫（*Babesia equi*）并称为马血孢子虫或

马焦虫。目前认为感染马属动物的巴贝斯虫只有驽巴贝斯虫，因发现马巴贝斯虫有在淋巴细胞裂殖生殖的现象，已将其划分到泰勒虫属，称为马泰勒虫（*Theileria equi*）。驽巴贝斯虫寄生于马的红细胞内，引起以高热、贫血、黄疸、出血和呼吸困难等急性症状为特征的血液原虫病，其通过硬蜱传播，流行具有地区性和季节性。

（一）病原概述

驽巴贝斯虫为大型虫体，虫体长度大于红细胞半径。其形状为梨籽形（单个或成双）、椭圆形、环形等，偶见有变形虫样虫体，典型形状为成对的梨籽形虫体，其尖端连成锐角，长度为2～5 μm。每个虫体内有两团染色质块。在一个红细胞内通常只有1～2个虫体，偶见3或4个虫体（图12-9）。红细胞染虫率为0.5%～10%。

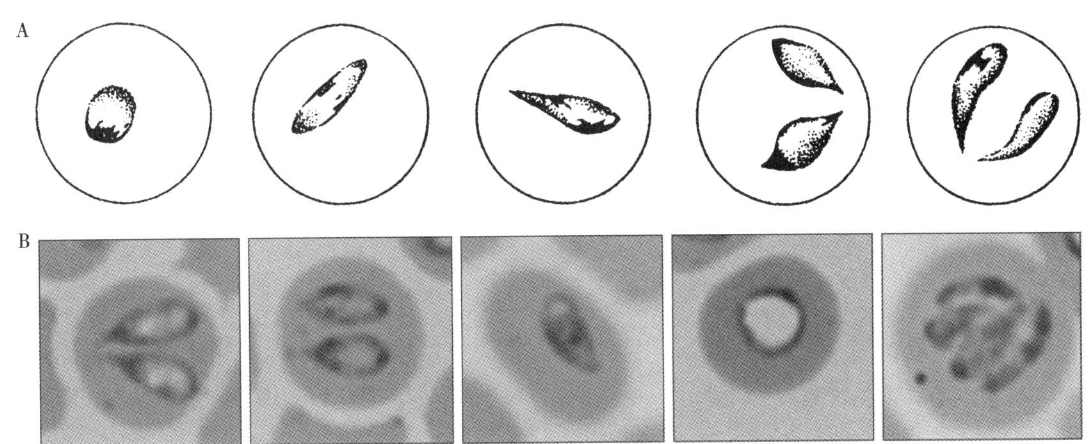

图12-9　红细胞内的驽巴贝斯虫

A. 模式图　B. 镜检图

（白啓　关贵全供图）

（二）流行病学

主要分布于亚洲、非洲、欧洲、中美洲和南美洲，在我国的黑龙江、吉林、辽宁、内蒙古、新疆、青海、甘肃、宁夏、山西、河南、云南等地区有报道。

文献记载驽巴贝斯虫的媒介蜱有3属14种。我国已查明草原革蜱（*Dermacentor nuttalli*）、森林革蜱（*Dermacentor silvarum*）、银盾革蜱（*Dermacentor niveus*）、中华革蜱（*Dermacentor sinicus*）是驽巴贝斯虫的传播媒介。草原革蜱是内蒙古草原的代表种；森林革蜱是森林型的种类，但也生活在次生灌木林和草原地带，它们是东北及内蒙古驽巴贝斯虫的主要媒介；银盾革蜱主要见于新疆，也是新疆驽巴贝斯虫的主要传播者。血红扇头蜱（*Rhipicephalus sanguineus*）、囊形扇头蜱（*Rhipicephalus bursa*）、图兰扇头蜱（*Rhipicephalus turanicus*）等虽有记载可传播驽巴贝斯虫，但尚未通过传播试验证实。

革蜱以经卵方式传播驽巴贝斯虫。试验证明次代革蜱的幼蜱、若蜱和成蜱阶段都具有传播驽巴贝斯虫的能力。但由于革蜱为三宿主蜱，仅成蜱阶段寄生于马匹等大型哺乳动物，在自然条件下，仅次代成蜱有传播意义。

革蜱一年发生一代，以饥饿成蜱越冬，成蜱出现于春季草刚出芽时。驽巴贝斯虫病一般从2月下旬开始出现，三四月达到高峰，5月下旬逐渐停止流行。

马匹耐过驽巴贝斯虫病后，带虫免疫可持续4年。疫区的马匹由于经常遭受蜱的叮咬，反复感染驽巴贝斯虫，因此一般不发病或只表现轻微的临床症状而耐过。由外地进入疫区的马匹及新生的幼驹，由于没有这种免疫力，容易发病。

驽巴贝斯虫在革蜱体内经卵传递，可在若干世代内保持感染能力。在发病牧场，即使把全部马匹转移到其他地区，该牧场在短期内也不能转变为安全牧场，因为带虫的蜱能依靠吸食其他家畜及野生动物的血液而得以生存，而且蜱类还有很强的耐饿力，一定时期内不采食也不至于死亡。

（三）临床症状和病理变化

病初体温稍升高，精神不振，食欲减退，结膜充血或稍黄染。随后体温逐渐升高（39.5～41.5 ℃），呈稽留热型，呼吸、心跳加快，精神沉郁，低头耷耳，恶寒战栗，躯体末梢发凉，食欲大减，饮水量少，口腔干燥发臭。病情发展很快，各种症状迅速加重。最明显的症状是黄疸，结膜潮红黄染，迅速呈明显的黄疸，其他可视黏膜，尤其是唇、舌、直肠、阴道黏膜黄染更为明显。有时黏膜上出现大小不等的出血点。食欲渐减以至废绝，舌苔厚、黄色。常因多日不食不饮而脱水。肠音微弱，排粪迟滞，粪球小而干硬，表面附有多量黄色黏液。排尿淋漓，尿黄褐色、黏稠。心律不齐，甚至出现杂音，脉搏细速。肺泡音粗粝，呼吸促迫，常流出黄色、浆液性鼻汁。

妊娠马发生流产或早产，有些妊娠马伴发子宫大出血而死亡。后期病马显著消瘦，黏膜苍白黄染；步态不稳，躯体摇晃，最后昏迷卧地；呼吸极度困难，潮式呼吸，由鼻孔流出多量黄色带泡沫的液体。病程为 8～12 d，不经治疗而自愈的病例很少。血液变化为红细胞急剧减少（常降到 200 万个/mm^3左右），血红蛋白量相应减少，血沉加快；白细胞数变化不大，往往见到单核细胞增多。幼驹症状比成年马严重，红细胞染虫率高，常躺卧地面，反应迟钝，黄疸明显。

（四）诊断和防治

治疗和预防参考牛巴贝斯虫病。

虫体检查一般在病马发热时进行，但有时体温不高也可检查出虫体。一次血液检查未发现虫体，应反复检查。无条件进行血液检查时，可进行诊断性治疗。若病马血涂片中检出了虫体，用特效药治疗效果不显著时，应考虑是否与马传染性贫血混合感染。

三、犬巴贝斯虫病

感染犬的巴贝斯虫，早期根据虫体大小分为两个种：大型的犬巴贝斯虫（*Babesia canis*）和小型的吉氏巴贝斯虫（*Babesia gibsoni*）。随着分子分类学的发展，一些新的感染犬的巴贝斯虫被鉴定出来，原为犬巴贝斯虫亚种的罗氏巴贝斯虫（*Babesia rossi*）和韦氏巴贝斯虫（*Babesia vogeli*）被鉴定为独立新种。吉氏巴贝斯虫对良种犬，尤其是军犬、警犬和猎犬危害严重。

（一）病原

1. 吉氏巴贝斯虫　虫体很小，多位于红细胞边缘或偏中央，呈环形、椭圆形、圆点形、小杆形，偶尔可见十字架形的四分裂虫体和成对的小梨籽形虫体，以圆点形、环形及小杆形最多见，梨籽形虫体长度为 1.25～1.5 μm。圆点形虫体为一团染色质，吉姆萨染色呈深紫色，多见于感染的初期。环形虫体为浅蓝色的细胞质包围一个空泡，带有 1 团或 2 团染色质，位于细胞质的一端，虫体小于红细胞直径的 1/8。偶尔可见大于红细胞半径的椭圆形虫体。小杆形虫体的染色质位于两端，染色较深，中间细胞质着色较浅。在 1 个红细胞内可寄生有 1～13 个虫体，以寄生 1～2 个虫体者较多见（图 12-10、图 12-11）。

2. 犬巴贝斯虫　大型虫体，最长的可达 7 μm，梨籽形虫体长度一般为 4～5 μm。在红细胞中多呈双梨籽形排列，尖端以锐角相连。单个红细胞内一般会有多个虫体寄生，有时可达 16 个（图 12-12）。

（二）流行病学

吉氏巴贝斯虫的传播媒介为长角血蜱（*Haemaphysalis longicornis*）、镰形扇头蜱（*Rhipicephalus haemaphysaloides*）和血红扇头蜱（*Rhipicephalus sanguineus*），以经卵传播或期间传播方式进行传播。主要分布于非洲，欧洲，美洲，亚洲的印度、斯里兰卡、马来西亚、韩国、日本。在我国江苏、河南等地呈地方性流行。

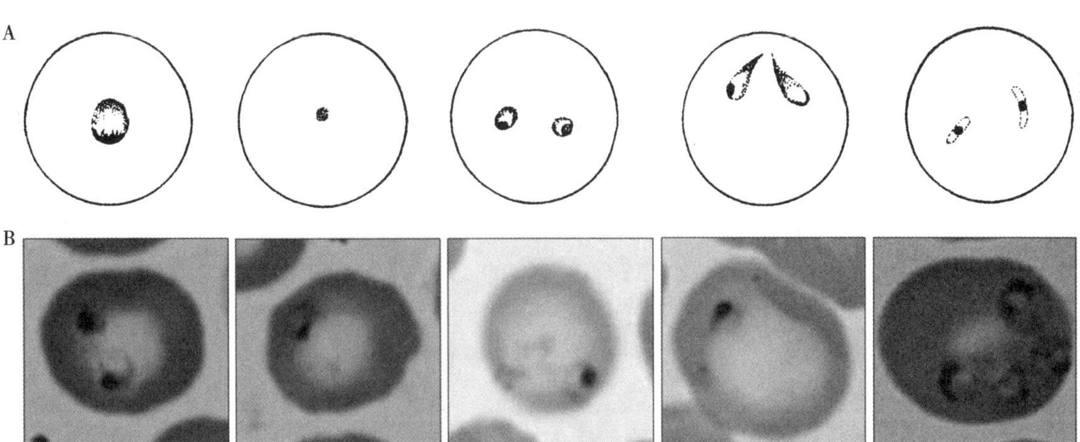

图 12-10　红细胞内的吉氏巴贝斯虫
A. 模式图　B. 镜检图
（白啓　关贵全供图）

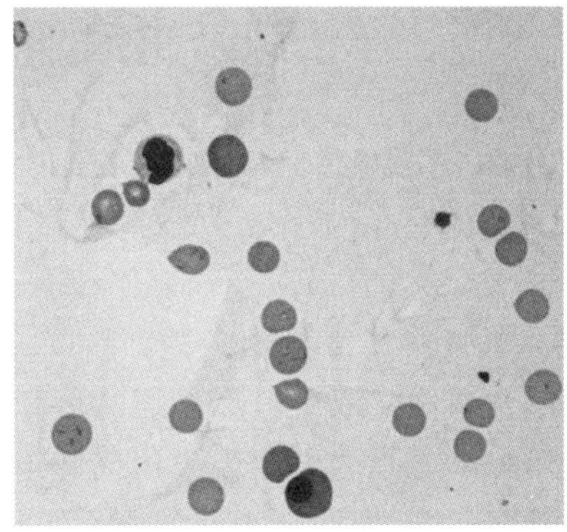

图 12-11　吉氏巴贝斯虫（瑞氏吉姆萨染色，×1 000）
（于咏兰　张兆霞供图）

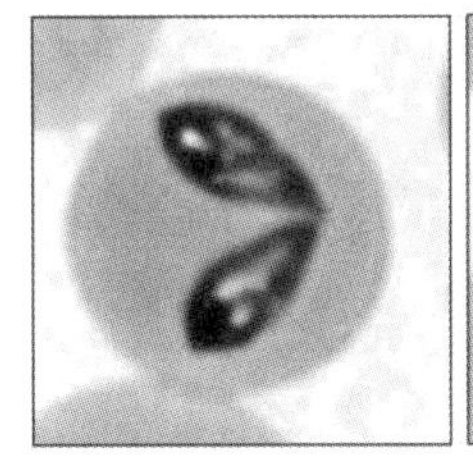 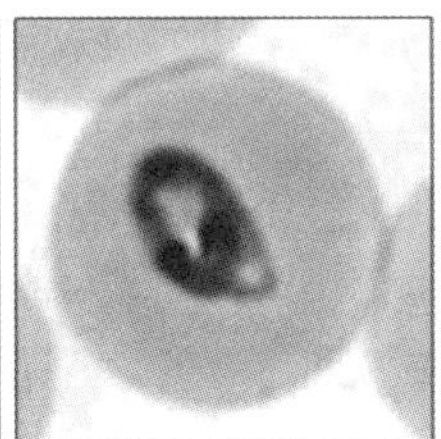 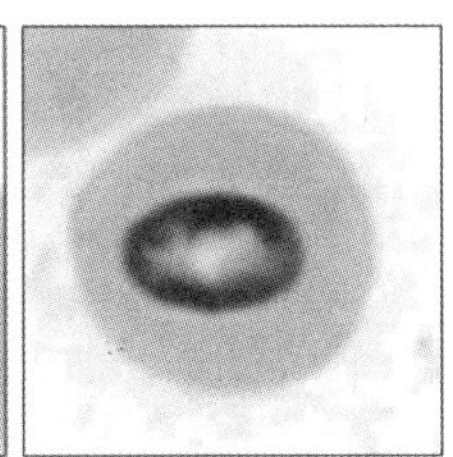 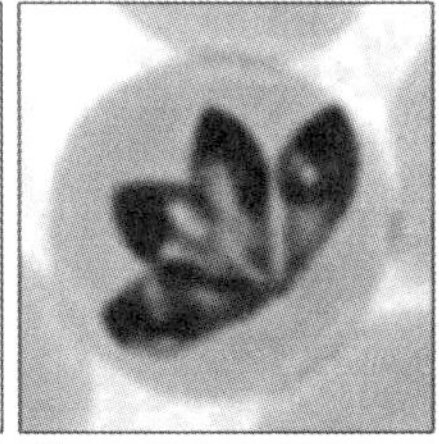 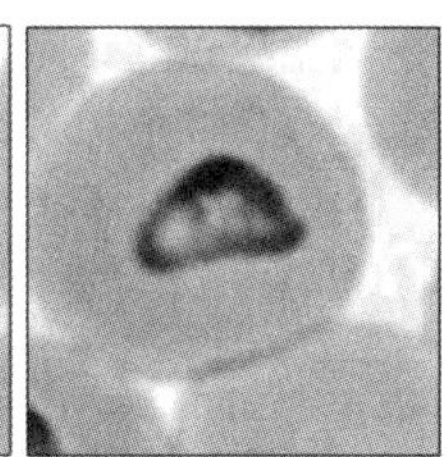

图 12-12　红细胞内的犬巴贝斯虫
（白啓　关贵全供图）

经试验证实的犬巴贝斯虫媒介蜱有血红扇头蜱、网纹革蜱（*Dermacentor reticulatus*）、李氏血蜱（*Haemaphysalis leachi*）。另外，有报道安氏革蜱（*Dermacentor andersoni* syn. *Dermacentor venustus*）和边缘璃眼蜱（*Hyalomma marginatum*）也可传播犬巴贝斯虫。主要分布于美洲、欧洲、亚洲、非洲，在我国尚未分离到犬巴贝斯虫。

（三）临床症状

吉氏巴贝斯虫感染常呈慢性经过，耐过的犬带虫免疫，免疫力下降或体质衰弱时可再发病。病初精神沉郁，喜卧厌动，活动时四肢无力，身躯摇晃。发热 40～41 ℃，持续 3～5 d 后，有 5～10 d 体温正常期，呈不规则间歇热型。渐进性贫血，结膜、黏膜苍白，食欲减少或废绝，营养不良，明显消瘦。触诊脾肿大；双侧或单侧肾肿大且有疼痛，尿呈黄色至暗褐色，少数病犬有血尿，轻度黄疸，血小板减少是感染犬较为常见的症状。部分病犬出现呕吐、流浆液性鼻涕、眼有分泌物等症状。

犬巴贝斯虫感染分急性型和慢性型。急性病例经 2～10 d 潜伏期后，首先体温升高，2～3 d 内可达 40～43 ℃，伴以虚弱。可视黏膜呈淡红色，后发绀；有半数病例发生黄疸。呼吸和脉搏加快，呼吸明显困难。有的病犬脾肿大。病犬食欲废绝，但饮水增加，有的腹泻。活动困难，最后几乎不能站立。血液稀薄，红细胞数降至正常值的 1/3～1/2，白细胞数增高。尿中含蛋白质，部分病例尿中含有血红蛋白，有时还有胆色素和糖尿。慢性病例大多只在病初几天发热，或者全程不发热，少数病例出现间歇热。病犬高度贫血，精神不振，虚弱。通常无黄疸。尽管食欲正常，但极度消瘦。血液中的红细胞数可减至正常值的 1/5～1/4，白细胞数大量增多。个别犬可能出现神经症状。如病犬能耐过，则贫血可在 3～6 周后消失，逐渐康复。耐过的犬带虫免疫可长达 2.5 年。

（四）诊断和防治

诊断和防治参见牛巴贝斯虫病。药物治疗的同时，应对症治疗：①大量输血以抗贫血；②应用广谱抗菌药以防继发或并发感染；③补充大量体液、糖类及维生素，预防严重脱水及衰竭。国外已有分泌抗原疫苗，用于预防犬的巴贝斯虫病。

四、羊巴贝斯虫病

目前，公认感染羊的巴贝斯虫主要有绵羊巴贝斯虫（*Babesia ovis*）、莫氏巴贝斯虫（*Babesia motasi*）和粗糙巴贝斯虫（*Babesia crassa*）等 3 种，我国确认的有莫氏巴贝斯虫。

（一）病原

1. 绵羊巴贝斯虫 小型虫体，长度小于红细胞半径，1～2.5 μm。感染初期以圆形、卵圆形和单梨籽形为主，当红细胞染虫率升高后，双梨籽形、三叶形和不规则形虫体的比例也升高。大部分双梨籽形虫体两尖端相连，两虫体之间的夹角为锐角或钝角，大部分虫体较宽，使得整个虫体看起来近圆形，也有部分虫体较窄（图 12-13）。

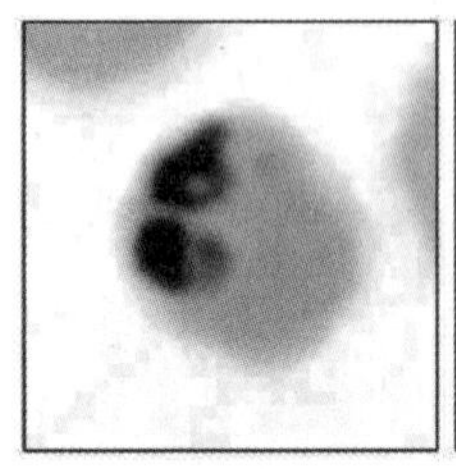
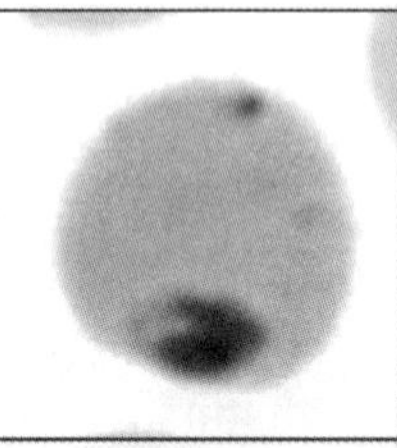
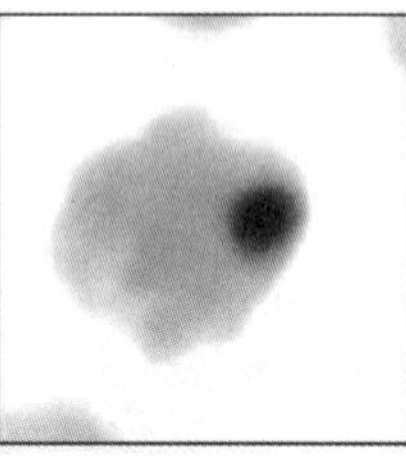
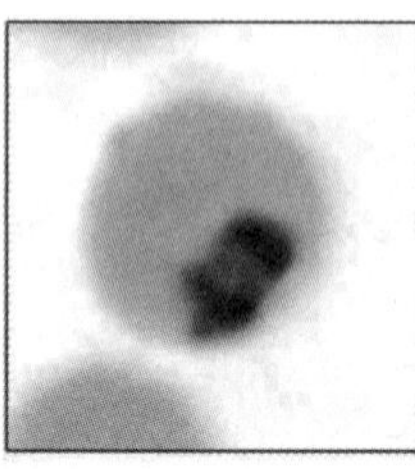
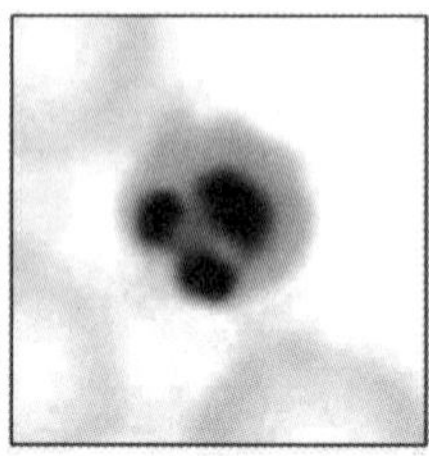

图 12-13 红细胞内的绵羊巴贝斯虫
（白啓 关贵全供图）

2. 莫氏巴贝斯虫 大型虫体，虫体大于红细胞半径，形态具有多形性，有双梨籽形、单梨籽形、圆环形、棒状、逗点形、三叶形和不规则形。典型双梨籽形虫体的大小为（1.8～2.5）μm×（0.9～1.8）μm，在不同报道中虫体大小差异较大，有的文献记载，梨籽形虫体的大小为（2.5～4.0）μm×2.0 μm。虫体随红细胞染虫率升高而变小。梨籽形虫体一端宽而钝，一端窄而尖。双梨籽形虫体以尖端相连，夹角呈锐角或钝角。有的双梨籽形虫体相连两尖端的染色质外凸并延伸，逐渐变大并生出原生质，发育为另一梨籽形虫体，从而排列成具有特征性的三叶形（图 12-14）。

（二）流行病学

绵羊巴贝斯虫主要分布于匈牙利、德国、罗马尼亚、保加利亚、法国、西班牙、土耳其、伊朗、伊拉克、印度、东非、南非、北美洲等国家和地区。在我国虽有报道，但尚未分离到该病原。绵羊巴贝斯虫为强致病性病原，感染动物的死亡率在 30%～50%。染虫率一般不超

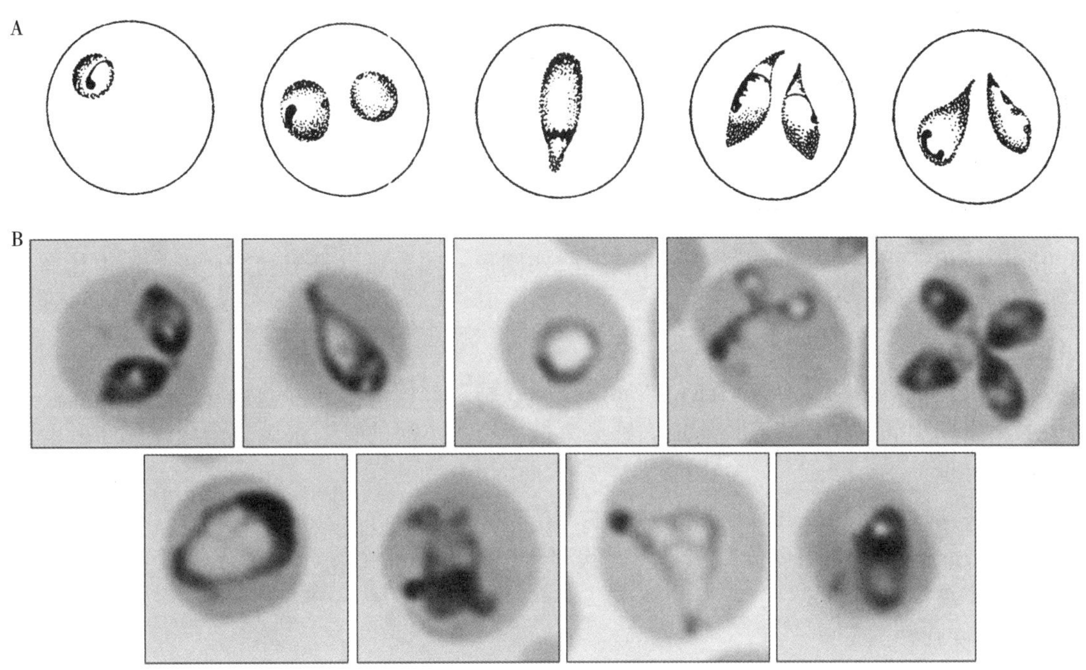

图 12-14　红细胞内的莫氏巴贝斯虫
A. 模式图　B. 镜检图
（白啓　关贵全供图）

过 2%。囊形扇头蜱（*Rhipicephalus bursa*）是唯一已证实的绵羊巴贝斯虫的传播媒介。另外，据报道图兰扇头蜱（*Rhipicephalus turanicus*）、血红扇头蜱（*Rhipicephalus sanguineus*）和小亚璃眼蜱（*Hyalomma anatolicum*）也有可能是其传播媒介。本病原由雌蜱经卵传递给下一代，可在囊形扇头蜱体内保存 7 个世代以上，在其长期吸食非易感性动物血液后，仍然可以将病原传递给羊。

由于莫氏巴贝斯虫的不同地理分离株生物学特性存在较大差异，可能存在多个种或亚种。主要分布于欧洲、中亚、东亚、北非、南亚和拉丁美洲等地区；北欧分离株具有低致病性，南欧、地中海区的分离株致病性较强。文献记载刻点血蜱（*Haemaphysalis punctata*）、篦子硬蜱（*Ixodes ricinus*）和囊形扇头蜱（*Rhipicephalus bursa*）等为其传播媒介，但公认的传播媒介为刻点血蜱。在我国甘肃、河北、辽宁等地分离到该病原的多个地方株，并证实可由长角血蜱（*Haemaphysalis longicornis*）和青海血蜱（*Hamaphysalis qinghaiensis*）经卵传播，次代幼蜱、若蜱和成蜱均具有传播能力。

粗糙巴贝斯虫对绵羊和山羊的致病力很弱，仅在西亚有报道，其传播媒介尚不清楚。

（三）临床症状

与牛巴贝斯虫病的症状基本一致。发病初期体温高达 41～42 ℃，呈稽留热。心跳弱而快，呼吸浅而快。贫血，可视黏膜黄染。血液稀薄，红细胞减少至 400 万个/mm^3 以下，红细胞大小不均。严重病例可见血红蛋白尿。精神沉郁，喜卧，落群。急性病例，发病后 3～5 d 死亡；慢性病例，延长至 1 个月左右死亡，有的可自愈。

（四）诊断和防治

参照牛巴贝斯虫病。

五、猪巴贝斯虫病

感染猪的巴贝斯虫有 2 种，在我国均有报道。

（一）病原

1. 陶氏巴贝斯虫（*Babesia trautmanni*） 大型虫体，特征为长而细，大小（2.5～4）μm×（1.5～2）μm；常有一大的染色质块靠近虫体狭小端，较小的染色质粒位于宽阔端。有卵圆形、梨籽形（单个或成对）、圆形、环形及变形虫样等各种各样形态。一个红细胞内通常有1～4个虫体，有时5～6个虫体。

2. 柏氏巴贝斯虫（*Babesia perroncitoi*） 小型虫体，通常为直径0.7～2 μm的环形，是由一薄的原生质层环绕一个空泡构成。此外，还有卵圆形、四角形、矛形和梨籽形等，虫体通常单个位于红细胞内，有时为2个以上。

（二）流行病学

两种巴贝斯虫对猪均具有致病性，然而由于圈养猪接触传播媒介蜱的机会较少，因此，与放牧动物的巴贝斯虫病相比，猪巴贝斯虫病感染率低。有关本病的报道很少，国内仅见于云南、河南、内蒙古等地。

试验证实陶氏巴贝斯虫的传播媒介为图兰扇头蜱（*Rhipicephalus turanicus*）和拟态扇头蜱（*Rhipicephalus simus*），主要分布在非洲、欧洲；柏氏巴贝斯虫媒介蜱尚不清楚，其主要分布在欧洲的撒丁岛、非洲的苏丹、亚洲的越南。

（三）临床症状

体温升高至40.2～42.7 ℃，稽留3～7 d或直至死亡。呼吸促迫，腹式呼吸，咳嗽；肺部有湿性啰音。脉搏频数，心悸亢进，心律不齐。病初食欲减退，后废绝；肠音弱，初期粪便呈球状，带有黏液及血液；后期腹泻。部分病例尿液呈茶色。病猪消瘦，被毛粗乱，鼻镜干燥，结膜初期黄染，后期苍白。部分病猪四肢关节肿大，腹下水肿。有的精神沉郁，昏睡，极度衰竭而死；有的转圈，痉挛；后肢交叉步伐及腰部运转不灵，步态踉跄，少数兴奋狂跳而亡。妊娠猪可流产。病程一般为7～10 d，病重者3～4 d，病轻者约为20 d。如不治疗，病猪迅速消瘦，衰竭而死。

（四）病理变化

尸体消瘦；可视黏膜、皮肤及皮下组织黄染、苍白；淋巴结肿大，剖面多汁，有出血点。肺水肿、气肿，切面湿润多泡沫。心肌质软、色淡，心冠脂肪胶样变性。肝、脾肿大，被膜上有出血点。全身肌肉出血，尤以肩部、背部、腰部严重。胃肠道炎性出血，黏膜易脱落。

（五）诊断和防治

诊断和预防参照牛巴贝斯虫病。使用三氮脒治疗具有良好的效果，在患病早期应用效果更好。

六、野生动物巴贝斯虫病

感染家畜的大部分巴贝斯虫也可以感染野生动物，如牛巴贝斯虫、双芽巴贝斯虫、分歧巴贝斯虫、大巴贝斯虫、绵羊巴贝斯虫和莫氏巴贝斯虫可以感染各种野生鹿科和牛科动物，驽巴贝斯虫可以感染斑马，犬巴贝斯虫和吉氏巴贝斯虫也可感染野生犬科动物，陶氏巴贝斯虫和柏氏巴贝斯虫可感染野猪、疣猪。此外，有超过30种新的巴贝斯虫感染在野生动物中报道，如感染野生食肉动物的浣熊巴贝斯虫（*Babesia procyoni*）、安娜巴贝斯虫（*Babesia annae*）、猫巴贝斯虫（*Babesia felis*）、獭猫巴贝斯虫（*Babesia herpailuri*）、狮巴贝斯虫（*Babesia leo*）和豹巴贝斯虫（*Babesia pantherae*），野生有蹄动物的狍巴贝斯虫（*Babesia capreoli*）和鹿巴贝斯虫（*Babesia cervi*）等。虽然在野生动物体报道了数量很多的巴贝斯虫种类，但对其生物学特性的研究较少，媒介蜱尚不清楚。野生动物感染巴贝斯虫的发病与预后鲜有报道。

七、人巴贝斯虫病

以往认为巴贝斯虫有严格的宿主特异性，大多数巴贝斯虫寄生于固定的动物种类。最近发现这种特异性并非绝对的，例如人，特别是摘除脾或免疫功能有缺陷的人，可感染牛巴贝斯虫、分歧巴贝斯虫和田鼠巴贝斯虫（*Babesia microti*）。人巴贝斯虫病属于动物源性人兽共患病，传染源是动物，传播途径主要有经蜱传播和经输血传播，但感染人的田鼠巴贝斯虫可以通过胎盘传播。

自南斯拉夫报道了第一例人感染巴贝斯虫的病例以来，迄今报道的病例已有数千例，主要由田鼠巴贝斯虫、分歧巴贝斯虫、猎户巴贝斯虫（*Babesia venatorum*）和邓氏巴贝斯虫（*Babesia duncani*）引起。大部分病例主要集中在北美洲和欧洲，非洲、大洋洲、亚洲和南美洲也有零星的报道。我国报道的人巴贝斯虫的病例也在逐渐增多。

已报道感染人的巴贝斯虫可分为 4 个组群。其中有 3 个组群属于小型巴贝斯虫，包括来源于野生鼠的田鼠巴贝斯虫组群，已鉴定的田鼠巴贝斯虫的媒介蜱为肩突硬蜱（*Ixodes scapularis*，早期称之为丹敏硬蜱，*Ixodes dammini*），我国黑龙江的全沟硬蜱体内也分离到该病原；源于犬和野生动物的邓氏巴贝斯虫组群，主要分布于美国西部，其传播媒介尚不清楚；牛源的分歧巴贝斯虫和感染狍子的猎户巴贝斯虫，这两种巴贝斯虫的传播媒介为篦子硬蜱（*Ixodes ricinus*）。

另有羊源的巴贝斯虫未定种 KO1 株和粗糙巴贝斯虫，为大型巴贝斯虫。韩国有报道巴贝斯虫未定种 KO1 株感染人的病例，该巴贝斯虫在形态及 18S rRNA 基因序列方面与我国分离的莫氏巴贝斯虫具有较高的相似性；在我国东北有粗糙巴贝斯虫感染人的病例报道。另外有报道称牛巴贝斯虫和马泰勒虫也可以感染人，但没有确切的证据。

硬蜱叮咬是人群感染巴贝斯虫的主要途径，最佳的防护措施是减少在野外暴露皮肤，避免蜱的叮咬；野外工作人员和旅游者可适当使用蜱驱避剂，并及时检查身体上的蜱。输血传播已成为人巴贝斯虫感染的重要途径，加强献血人群的相关检测，可以最大限度降低传播风险。

（关贵全　罗建勋　殷宏　赵俊龙　编，周金林　张守发　审）

第三节　泰勒虫病

泰勒虫病（theileriosis）是指由泰勒科（Theileriidae）泰勒属（*Theileria*）的多种泰勒虫寄生于牛、羊和其他多种动物的白细胞和红细胞内所引起的疾病的总称，以高热、贫血、黄疸、体表淋巴结肿大为典型特征，严重时常发生死亡，呈全球性分布，在有媒介蜱的地方流行。该病多见于牛、绵羊、山羊、马、驴、骡等家畜和鹿等野生动物。

一、牛泰勒虫病

世界各地报道的牛泰勒虫的虫种很多，但有些是同物异名，也有的是异物同名，目前大多数学者认为有 7 个种：环形泰勒虫（*Theileria annulata*）、小泰勒虫（*Theileria parva*）、东方泰勒虫（*Theileria orientalis*）、突变泰勒虫（*Theileria mutans*）、斑羚泰勒虫（*Theileria taurotragi*）、附膜泰勒虫（*Theileria velifera*）和中华泰勒虫（*Theileria sinensis*）。其他报道的虫种中，瑟氏泰勒虫（*Theileria sergenti*）和水牛泰勒虫（*Theileria buffeli*）致病性弱，命名存在争议，一些学者曾将其统称为瑟氏/水牛/东方泰勒虫组群（*Theileria sergenti*/*buffeli*/*orientalis*），但国际上一般认为其为一个种，保留东方泰勒虫（*Theileria orientalis*）命名。在我国，确认至少存在 3 种能感染牛的泰勒虫，其中环形泰勒虫致病性最强，主要感染黄牛和乳牛；中华泰勒虫和东方泰勒虫致病性较弱，发现的宿主主要有黄牛、牦牛、乳牛和某些鹿科动物。

（一）病原概述

1. 环形泰勒虫 寄生于红细胞内的虫体称为血液型虫体（裂殖子），虫体很小，形态多样。有圆环形、椭圆形、圆点形、杆形、针形、逗点形、十字形等多种形状。环形虫体的染色质位于边缘呈半月形，有时为圆形，虫体大小为 0.6～1.6 μm。杆形虫体多为一端较粗，另一端稍细；大部分虫体具有一团染色质，位于粗端；吉姆萨染色下染色质呈紫红色，原生质呈灰蓝色。红细胞染虫率一般为 10%～20%，最高达 95%。1 个红细胞内可寄生 1～3 个虫体，常见的为 2～3 个。环形泰勒虫的形态特征是圆形虫体（圆环形、椭圆形、圆点形）多于杆形虫体（杆形、逗点形），杆形、圆形虫体之比为 1∶（2.1～16.8）（图 12-15）。

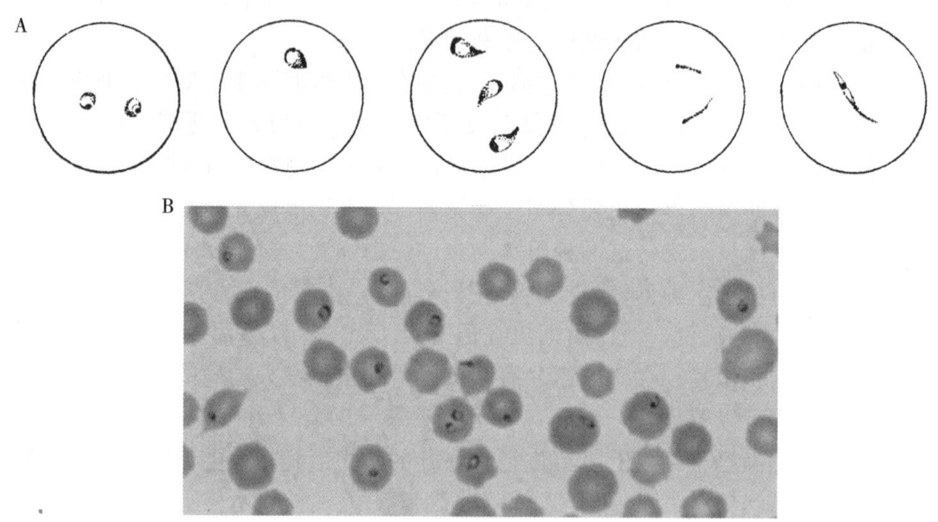

图 12-15 红细胞内的环形泰勒虫
A. 模式图 B. 镜检图
（白啓 关贵全供图）

寄生于单核/巨噬细胞和淋巴细胞内进行裂殖生殖所形成的多核虫体为裂殖体，也称石榴体或柯赫氏蓝体（Koch's blue body）。裂殖体呈圆形、椭圆形或肾形，位于淋巴细胞或单核/巨噬细胞的胞质内，也可见到散在于细胞外的。用吉姆萨染色，虫体胞质呈淡蓝色，其中包含许多红紫色颗粒状的核。裂殖体有 2 种类型：一种为大裂殖体，原生质呈浅蓝色，有一层不明显的外膜，平均直径为 8 μm，有的可达 15～27 μm，在原生质内散布有 20～40 个，有时可达 100 个左右的染色质颗粒，呈粉红色或紫红色，逗点形、椭圆形或不规则形，直径为 0.4～1.9 μm，能产生直径为 2～2.5 μm 的大裂殖子；另一种为小裂殖体，其形态和颜色与大型裂殖体相同，在淋巴细胞内的大小为（4～15）μm×（3～12）μm，游离者稍大，为（6～18）μm×（4～15）μm，染色质颗粒小而多，分布密集，呈圆形，着色深，为暗紫色，数量多达 100 个以上，染色质颗粒的大小为 0.3～0.8 μm，并能产生直径为 0.7～1.0 μm 的小裂殖子（图 12-16）。

2. 东方泰勒虫 红细胞型虫体具有多种形态，形态学的特征之一是杆形（杆状或逗点状）虫体多于圆形（圆形、椭圆形和梨籽形）虫体（图 12-17）。红细胞染虫率越高，杆形虫体越多，因此，杆形虫体和圆形虫体的数量比例是随染虫率变化而变化，染虫率越高，杆形虫体比例越高，带虫期圆形虫体的比例最高。

3. 中华泰勒虫 呈多形性，有梨籽形、圆环形、椭圆形、杆状、三叶形、点状乏质体形、十字架形，还有许多难以形容的不规则形虫体；在同一红细胞内不同数目的虫体可发育变大，生

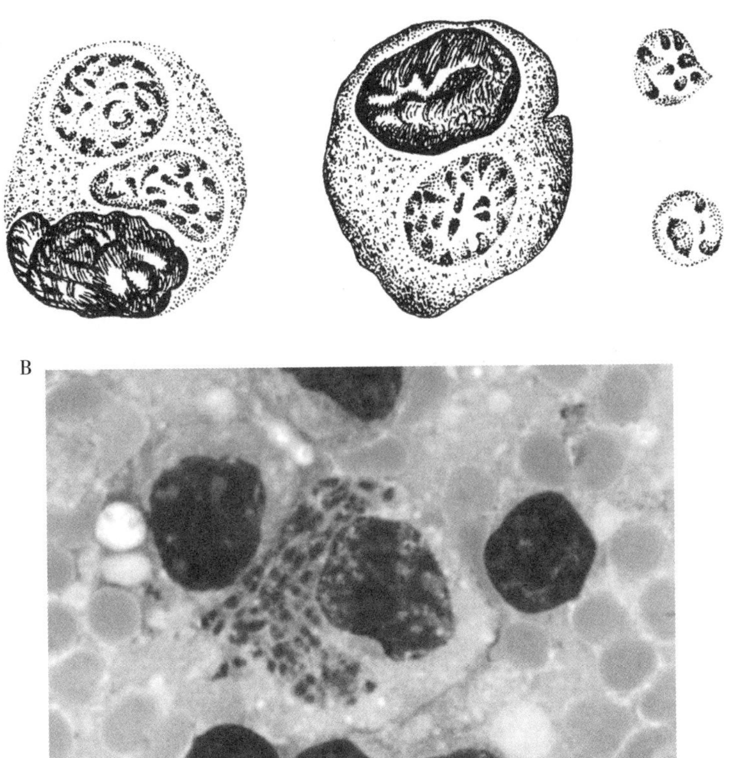

图 12-16　环形泰勒虫裂殖体
A. 模式图　B. 镜检图
（白啓　关贵全供图）

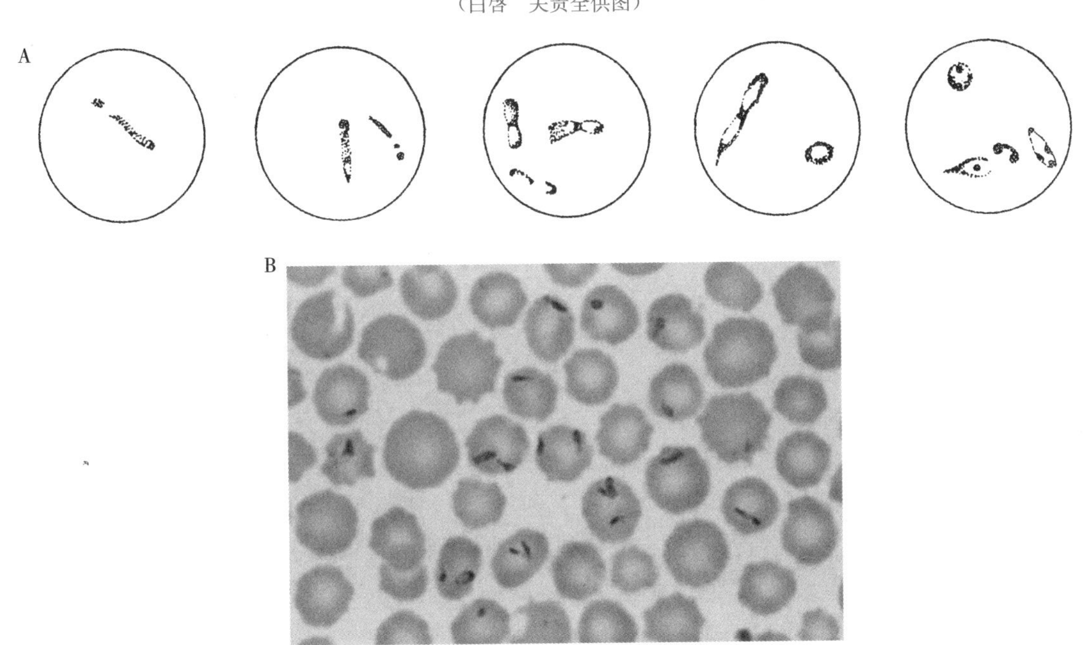

图 12-17　红细胞内的东方泰勒虫
A. 模式图　B. 镜检图
（白啓　关贵全供图）

成的原生质延伸，而后互相连接或交融，重新构成各种不同形态的虫体；有些虫体具有出芽增殖的特性（图 12-18）。

（二）病原生活史

以环形泰勒虫为例。被环形泰勒虫感染的蜱在牛体表吸血时，子孢子随蜱的唾液进入牛体，首

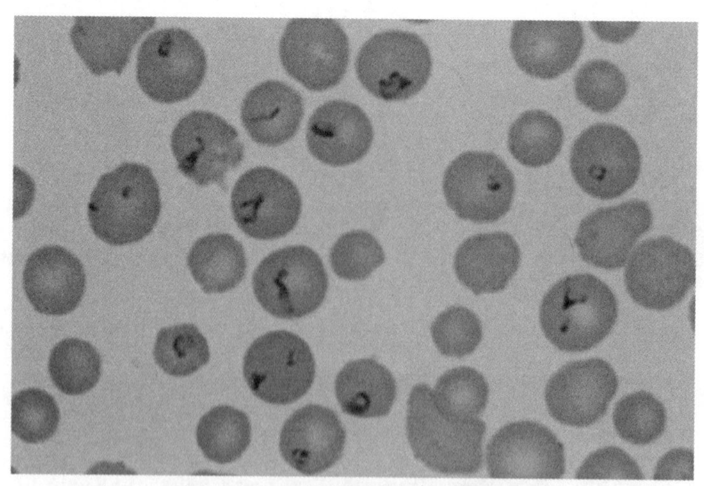

图 12-18 红细胞内的中华泰勒虫
（白启 关贵全供图）

先侵入淋巴器官内的单核-巨噬细胞系（有些也能进入 B 淋巴细胞）内进行裂殖生殖（schizogony），虫体快速增殖，形成多核的裂殖体；在入侵红细胞之前，在有核血细胞（单核细胞和淋巴细胞）中进行裂殖生殖是泰勒虫的特征；裂殖体寄生的细胞特性发生变化，分裂速度加快，在细胞分裂过程中，裂殖体与宿主细胞核通过纺锤体平均分配到子细胞中去，这一过程不断重复，感染细胞逐渐在淋巴结中取代正常的同类细胞，出现类似淋巴细胞瘤的症状。在体外，裂殖体寄生的细胞发生转化（永生化），获得类似肿瘤细胞那样的高速繁殖特性，所以泰勒虫可以体外无限传代培养。尽管在有核血细胞中的裂殖生殖是所有泰勒虫属寄生虫的特征，但宿主细胞的肿瘤性转化目前仅在小泰勒虫、环形泰勒虫、莱氏泰勒虫（*Theileria lestoquardi*）、斑羚泰勒虫和水牛的泰勒虫上有相关报道，推测与假定的泰勒虫宿主细胞转化基因的同源性基因缺失相关。淋巴细胞破裂后，里面的许多裂殖子（schizoite）随淋巴液进入血液循环，入侵红细胞，发育为红细胞阶段裂殖子（merozoite），并以二分裂的方式进行增殖，同时，部分红细胞内的裂殖子发育为球形的配子前体。

环形泰勒虫的媒介为璃眼蜱属的蜱种，在我国已证实的有残缘璃眼蜱（*Hyalomma detritum*）、小亚璃眼蜱（*Hyalomma anatolicum*）和盾糙璃眼蜱（也称斯库璃眼蜱，*Hyalomma scupense*），当幼蜱或若蜱在感染牛体表吸血时，把感染的红细胞吸入中肠，开始配子生殖。在蜱的肠道内红细胞裂解，释放出卵形或球形的虫体，发育为大配子（macrogamete）和小配子（microgamete）。大小配子结合形成卵形或球形的合子（zygote），进而发育成为棒形能动的动合子（kinete），动合子进入蜱的肠管及体腔等处。当蜱完成其蜕皮时，动合子直接进入蜱唾液腺的腺泡细胞内，变圆为合孢体（母孢子），当蜱再次吸血时，开始孢子生殖，分裂产生许多子孢子。子孢子随蜱唾液被注入牛体内，重新开始其在牛体内的发育和繁殖（图 12-19）。

东方泰勒虫和中华泰勒虫的生活史与环形泰勒虫相似，也经历子孢子、裂殖体、裂殖子及在蜱体内的有性生殖及孢子生殖阶段，但它们的裂殖体不能使所寄生宿主动物细胞发生转化。已证实东方泰勒虫的媒介蜱为长角血蜱（*Haemaphysalis longicornis*）、日本血蜱（*Haemaphysalis japonica*）和嗜群血蜱（也称阵点血蜱，*Haemaphysalis concinna*），中华泰勒虫的传播媒介为青海血蜱（*Haemaphysalis qinghaiensis*）和日本血蜱（*Haemaphysalis japonica*）。

（三）流行病学

1. 环形泰勒虫 在我国环形泰勒虫病的流行区最主要的传播媒介有 2 种：一种是残缘璃眼蜱，主要分布在内蒙古、陕西、甘肃、宁夏、山西、河南、河北和新疆的大部分地区；另一种为小亚璃眼蜱，是新疆南部流行区的媒介蜱。残缘璃眼蜱是一种二宿主蜱，主要寄生在牛。它以期间传播方式传播泰勒虫，即幼蜱或若蜱吸食了带虫的血液后，泰勒虫在蜱体内发育繁殖，当蜱的下一个发育阶段（成蜱）吸血时即可传播本病。泰勒虫不能经卵传播。这两种璃眼蜱主要在牛舍

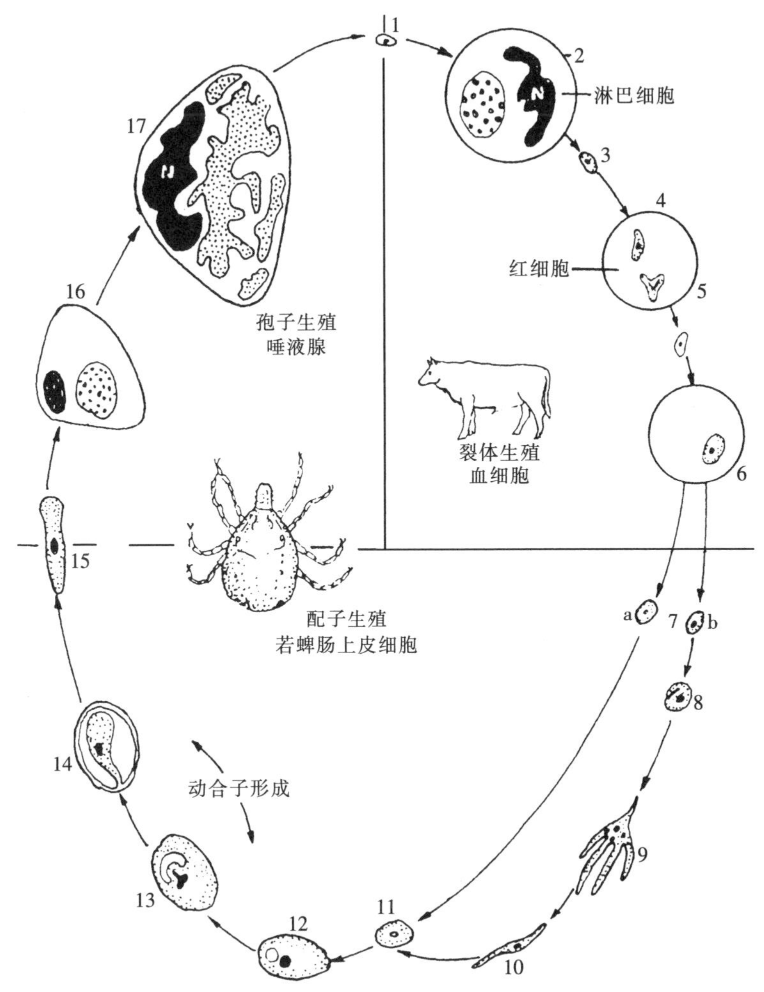

图 12-19　环形泰勒虫生活史模式图

1. 子孢子　2. 在淋巴细胞内裂体生殖　3. 裂殖子　4、5. 红细胞内裂殖子的双芽增殖分裂　6. 红细胞内裂殖子变成球形的配子体　7. 在蜱肠内的大配子（a）和早期小配子（b）　8. 发育着的小配子　9. 成熟的小配子体　10. 小配子　11. 受精　12. 合子　13. 动合子形成开始　14. 动合子形成接近完成　15. 动合子　16、17. 在蜱唾液腺细胞内形成的大的母孢子，内含无数子孢子

内生活，因此，本病主要在舍饲条件下发生。

本病的发生和流行随蜱的出没有明显的季节性。在宁夏地区，残缘璃眼蜱幼蜱 11 月上旬出现于牛体，饱血后，在 11 月下旬至 12 月末全部蜕皮变为若蜱，在牛体上越冬。次年 3 月末至 5 月上旬若蜱从牛体上陆续饱血后脱落，落地爬进圈舍墙缝和墙洞中进行蜕化。5 月上旬蜕化为成蜱后开始侵袭牛体，6 月下旬达到侵袭高峰期，7 月逐渐减少，8 月逐渐平息。成蜱的侵袭期为 5～7 个月。因此，在内蒙古及西北地区，本病于 6 月开始发生，7 月达到高峰期，8 月逐渐平息。在流行地区，1～3 岁牛发病者多，患过本病的牛成为带虫者，不再发病，带虫免疫可达 2.5～6 年。但在饲养环境恶劣、使役过度或与其他疾病并发时，可导致复发，且病程比初发为重。由外地调入流行地区的牛，其发病不因年龄、体质而有显著差别。当地牛一般发病较轻，有时红细胞染虫率虽达 15%，也无明显症状，且可耐过自愈。外地牛、纯种牛和改良杂种牛则反应敏感，即使红细胞染虫率很低（2%～3%），也出现明显的临床症状。

2. 东方泰勒虫　该虫的传播媒介是血蜱属的蜱，已知可传播东方泰勒虫的蜱有 3 种，即长角血蜱（*Haemaphysalis longicornis*）、嗜群血蜱（也称阵点血蜱，*Haemaphysalis concinna*）和日本血蜱（*Haemaphysalis japonica*）。吉林、贵州等地相继证实，在这些地区流行的东方泰勒虫病是由长角血蜱传播的；在日本，东方泰勒虫的传播媒介也是长角血蜱；在朝鲜半岛，试验证实，除长角血蜱外，嗜群血蜱也是传播者；在俄罗斯远东地区（包括滨海地区），传播媒介主要是日本血蜱，其次是嗜群血蜱。长角血蜱为三宿主蜱，幼蜱在带虫牛或病牛体上吸血后，若蜱将病原传给健康牛，若蜱吸食含虫血液后，其成蜱则可传播病原体。在自然条件下，长角血蜱的若蜱和成蜱均有传播泰勒虫的能力，但不能经卵传播。

长角血蜱生活在山野或农区，因此，东方泰勒虫病主要在放牧条件下发生。长角血蜱每年只产生 1 个世代。在宿主体表寄生最多的季节：若蜱 5 月上旬，成蜱 6 月下旬，幼蜱 8 月下旬至 9 月上旬。主要以未吸血若蜱在畜舍附近和牧区的石块下或杂草堆中越冬。

东方泰勒虫病的流行具有明显的季节性，1 年出现 2 次发病高峰。据河南报道，本病始发于 5 月，6—7 月发病最多，形成第一个高峰期，8 月减少，9 月又增加，出现第二个高峰期，10 月逐渐停止。第一个高峰期时的病牛数占发病牛总数的 71.2%。2～3 岁的小牛最为易感，年龄越大发病率越低，但偶尔也可见到 10 岁以上的牛发病。

东方泰勒虫病在我国主要分布于吉林、辽宁、甘肃、河北、河南、湖北、湖南、贵州、山东、云南等省份。

3. 中华泰勒虫 已证实牦牛中华泰勒虫病的传播媒介是青海血蜱。青海血蜱为三宿主蜱，3 个变态期可在牛体同时存在，是流行区牛体的优势蜱种，2 月下旬开始出现，其高峰期在 4 月上旬至 5 月上旬。中华泰勒虫病发病开始于春天青草萌发时，多集中于 4—5 月，秋季草黄时也有少数病例发生。因此，中华泰勒虫病的流行与青海血蜱的消长相一致。

中华泰勒虫病在我国青海果洛藏族自治州、新疆和田地区及甘肃相继报道。由于当地牦牛连年遭受蜱叮咬而形成带虫免疫，因此成年牛很少发病，发病死亡的多为 1 岁牛，其次是 2～3 岁牛。而外来牛极为易感，1 岁以上牛，于发病季节进入疫区放牧的，几乎 100% 发病。除了感染黄牛和牦牛外，在新疆骆驼体内也检测到中华泰勒虫。

（四）临床症状

1. 环形泰勒虫病 潜伏期 14～20 d，常为急性经过。病初体温升高到 40～42 ℃，为稽留热，4～10 d 内维持在 41 ℃上下。少数病牛呈弛张热或间歇热。病牛随体温升高而表现精神沉郁，行走无力，离群落后，多卧少立。脉弱而快，心音亢进、有杂音。呼吸增数，肺泡音粗粝，咳嗽，流鼻涕。眼结膜初充血、肿胀，流出多量浆液性眼泪，以后贫血、黄染，布满绿豆大的出血斑。可视黏膜及尾根、肛门周围、阴囊或乳区等处的薄皮肤上出现粟粒大乃至扁豆大、深红色、结节状（略高出皮肤）出血斑点。有的在颌下、胸前、腹下、四肢发生水肿。病初食欲减退，中后期病牛喜啃土或其他异物，反刍次数减少以至停止，常磨牙，流涎，排少量干而黑的粪便，常带有黏液或血丝。病牛往往出现前胃弛缓，病初和重病牛有时可见肩部或肘部肌肉震颤。体表淋巴结肿胀为本病的特征。大多数病牛一侧肩前淋巴结或腹股沟浅淋巴结肿大，初为硬肿，有痛感，后渐变软，常不易推动（个别牛不见肿胀）。病牛迅速消瘦，血液稀薄，红细胞数减少至 200 万～300 万个/mm^3，血红蛋白降至 20%～30%，血沉加快，红细胞大小不均，出现异形红细胞。后期食欲、反刍完全停止，出血点增大、增多。濒死前体温降至常温以下，卧地不起，衰弱而死。大部分病牛经 3～20 d 趋于死亡。耐过的病牛成为带虫牛。

2. 东方泰勒虫病 多呈隐性带虫状态。发病者，为亚急性经过，病程一般 10 d 以上，个别可长达数十天。病死率较低。

（1）初期：体温升高至 39.5～40.5 ℃，个别可达 41.9 ℃，稽留 3～5 d，个别延长到 9 d。体表淋巴结肿大多为一侧性，有的病牛肩前淋巴结和股前淋巴结肿胀如鸡蛋大、发硬、有压痛。精神稍差，可视黏膜潮红。呼吸增数而浅表，40～60 次/min，个别可达 80 次/min 以上，呼吸音粗粝，支气管呼吸音增强。鼻孔周围附有少量浆液性鼻漏。心率加快，60～80 次/min。食欲略减，口腔湿润。有的患牛腹泻，粪中带有少量黏液和血液；有的粪便干燥，呈褐色算盘珠样；有的便秘与腹泻交替出现。

(2) 中期：高热稽留过后，体温维持在 39～39.5 ℃。可视黏膜苍白、黄染，病牛喜卧，被毛粗乱无光泽。呼吸增数，60～80 次/min，出现轻微的干性咳嗽。心率加快，80 次/min 以上，个别达 100 次/min 以上，心律不齐或第一心音出现分裂。颈静脉阳性搏动明显。瘤胃蠕动次数减少，2 分钟 2～3 次，力量减弱。

(3) 后期：病牛显著消瘦、贫血，精神委顿，个别病牛兴奋不安，行走无力或卧地不起。体温正常或低于常温，有些病例可反复数次出现体温升高，且症状越来越重。磨牙吃土，出现异食癖。呼吸、心率加快，心率多在 100 次/min 以上，个别严重的达 120 次/min 以上。个别严重病牛眼结膜发生水肿。血液稀薄呈水样，红细胞数降至 120 万～150 万个/mm^3，血红蛋白降至 15%～20%；血涂片上可见异形红细胞、碱性斑点红细胞等贫血细胞像。亚急性病例可持续14～30 d，有时更长。病牛恢复较慢，虽食欲好转，仍见消瘦和贫血症状。过度使役、长途运输和饲养管理不当等不良条件，可促使病情迅速恶化。

3. 中华泰勒虫病 本病的潜伏期为 15 d 以上。急性病例病程为 5～7 d，多数为 10 d 以上。病初低头耷耳，静立不动，步态不稳。食欲减退，反刍停止，迅速消瘦。体温 41～41.5 ℃。肩前淋巴结一侧性肿大。结膜潮红，严重者可见出血斑，后期结膜苍白、黄染。鼻镜干燥，浆液性鼻漏。呼吸促迫浅表，40～60 次/min。心率 80～120 次/min，出现心杂音。粪便早期干燥，中、后期干稀不定。胃肠蠕动停止。后期卧地不起。妊娠母牛流产。病愈后康复缓慢。

(五) 病理变化

1. 环形泰勒虫病 尸僵明显，尸体消瘦，全身皮下、肌肉间、黏膜和浆膜上均可见大量的出血点和出血斑。全身淋巴结肿大，切面多汁，有暗红色和灰白色大小不一的结节。皱胃病变明显，具有诊断意义。皱胃黏膜肿胀、充血，有针尖大至黄豆大、暗红色或黄白色的结节。结节部位上皮细胞坏死后形成糜烂或溃疡，溃疡有针尖大、粟粒大乃至高粱米大，其中央凹陷，呈暗红色或褐红色；溃疡边缘不整，稍隆起，周围黏膜充血、出血，构成细窄的暗红色带。小肠和膀胱黏膜有时也可见到结节和溃疡。脾肿大，被膜有出血点，脾髓质变软呈紫黑色泥糊状。肾肿大、质软、有圆形或类圆形粟粒大暗红色病灶。肝肿大、质软，呈棕黄色或棕红色，有灰白色和暗红色病灶。胆囊扩张，充满黏稠胆汁。

2. 东方泰勒虫病 尸体消瘦，可视黏膜黄染；皮下组织和浆膜轻度黄染，并有出血点。血液稀薄，血凝不全。肝肿大，呈土黄色。胆囊中充满黄绿色油状胆汁。脾肿大。心脏增大，心肌呈土黄色，心冠脂肪呈现黄色胶冻样浸润。皱胃黏膜上有出血点和溃疡，小肠黏膜上有出血点。体表淋巴结和肠系膜淋巴结肿大，可见出血。

3. 中华泰勒虫病 剖检变化为全身皮下、肌肉间、黏膜和浆膜上呈现广泛的点状或斑状出血。体表淋巴结肿大，切面多汁并见点状出血。胸腔、腹腔及心包积水，呈黄红色。肺气肿。肝肿大，质地松软，易碎，间质明显。胆囊极度肿胀，充满胆汁，胆囊内膜有大量出血斑和出血点。脾肿大，被膜下有绿豆大出血点，切面外翻呈粥样，小梁不明显。肾肿大，皮质、髓质界限不甚明显。皱胃有大面积弥漫性出血点和出血斑。空肠和小结肠黏膜有出血斑，淋巴滤泡肿大。

(六) 诊断

该病的诊断与其他梨形虫病相似，在分析流行病学资料（发病季节和传播媒介）、考虑临床症状和病理变化的基础上，进行病原学检查（血涂片中的虫体和淋巴结穿刺涂片中的石榴体）。

血涂片检出虫体是确诊的主要依据，一般在血涂片末梢部位的红细胞感染虫体的比例较大。血涂片做吉姆萨染色，观察有无血液型虫体；淋巴穿刺物检查，观察有无裂殖体。东方泰勒虫病与中华泰勒虫病，虽然体表淋巴结也发生肿胀，但穿刺时很少见到柯赫氏蓝体，即使偶尔见到，也多游离于细胞外。也可通过动物接种试验来证实。另外，计算红细胞染虫率对确定疾病的发展和转归具有重要的诊断意义，如染虫率不断上升，临床症状日益加剧，则病情危重，预后不良。

多种免疫学诊断方法可用于牛泰勒虫病的血清学调查和出入境检疫。如补体结合试验、间接血凝试验、胶乳凝集试验、间接荧光抗体试验、酶联免疫吸附试验等。此外，分子检测方法也被普遍用于泰勒虫病例的诊断。基于泰勒虫 18S rRNA 基因或其他膜表面蛋白基因建立的各种 PCR 方法、反向线状印迹和环介导等温扩增等分子检测技术，不但能进行病原核酸检测，而且可以进行病原种类鉴定。

（七）治疗

至今尚无针对泰勒虫病的特效治疗药物。但如能及早使用比较有效的杀虫药物，再配合对症治疗，特别是输血疗法以及加强饲养管理，可以大大降低病死率。目前，认为较有效的治疗药物有下列几种。

1. 磷酸伯氨喹（primaquine phosphate） 该药具有良好的杀灭环形泰勒虫的作用，杀虫作用迅速，投药后 24 h 裂殖子即开始死亡，疗程结束后 48～72 h，染虫率下降至 1%左右。被杀死的虫体表现为变形、变色和变小，死虫残骸在 1～2 周内从红细胞内消失。

2. 三氮脒 按剂量做深部肌内注射，如红细胞染虫率不下降，还可继续治疗 2 次。

3. 新鲜黄花蒿 含抗疟原虫有效成分——青蒿素（artemisinin）。对家畜梨形虫病有良好的治疗效果，主要作用于梨形虫红细胞内虫体，体温、反刍情况、食欲等很快恢复正常。

4. 青蒿琥酯 是以青蒿素为母体合成的一种青蒿素的衍生物，可用于牛羊梨形虫病的治疗。目前使用的青蒿琥酯剂型主要是片剂和粉针剂，近来也有纳米乳剂（微乳）的报道。妊娠动物慎用。

为了促使临床症状缓解，还应根据症状配合给予强心、补液、止血、健胃、缓泻、舒肝、利胆等中西药物以及预防继发感染的抗生素药物。对红细胞数、血红蛋白量显著下降的牛可进行输血。

（八）预防

1. 灭蜱（以璃眼蜱属为例）

（1）消灭圈舍内的幼蜱。在 9—10 月，当牛体上的雌蜱全部落地，并爬进墙缝准备产卵时，用泥土将离地面 1 m 以下的墙缝或墙洞堵死，如在泥土中加入少量杀虫剂，则杀灭效果更好。

（2）消灭圈舍内的若蜱和饥饿的成蜱。在 4 月，大批若蜱落地并爬入墙缝，准备蜕化为成蜱时，用泥土勾抹墙缝 1 次，将饥饿的成蜱闭死在墙洞或墙缝中。

（3）消灭牛体上的蜱。使用菊酯类杀虫剂，在 5—7 月喷洒牛体，杀灭成蜱；在 10—12 月杀灭幼蜱和若蜱。

也可在 5 月初成蜱出现前，牛群改舍饲为放牧或转移到新舍饲养。此外，对调入或调出的牛只都要进行灭蜱处理，以免传播病原体。

2. 疫苗注射 在本病流行区，可应用牛环形泰勒虫裂殖体细胞胶冻虫苗预防接种，接种 21 d 后产生免疫力，免疫持续期为 1 年。该虫苗对东方泰勒虫病和中华泰勒虫病无交叉免疫保护作用。

二、羊泰勒虫病

羊泰勒虫病（ovine and caprine theileriosis）是由媒介蜱传播的泰勒科泰勒属的泰勒虫寄生于绵羊和山羊巨噬细胞、淋巴细胞和红细胞内所引起的疾病的总称。此病最早在 1914 年发现于埃及绵羊。我国四川、青海、甘肃、辽宁、内蒙古、陕西和宁夏等地区有该病的流行，但在我国北方危害更为严重，主要呈地方性流行，发病率高达 36%～100%，死亡率高达 17.8%～75.4%。该病可引起羔羊和外地引进羊大量死亡，慢性发病的山羊和绵羊发育迟缓，产肉量和产毛量显著下降，从而给养羊业造成重大经济损失。

（一）病原概述

据报道，寄生于绵羊和山羊的泰勒虫至少有 6 种：莱氏泰勒虫（*Theileria lestoquardi*）、绵羊泰勒虫（*Theileria ovis*）、分离泰勒虫（*Theileria separata*）、隐藏泰勒虫（*Theileria recondita*）、尤氏泰勒虫（*Theileria uilenbergi*）和吕氏泰勒虫（*Theileria luwenshuni*）。其中，莱氏泰勒虫、尤氏泰勒虫和吕氏泰勒虫致病力较强，称为恶性型泰勒虫，而绵羊泰勒虫、分离泰勒虫和隐藏泰勒虫致病力较弱或没有致病性，称为温和型泰勒虫。在我国至少存在 3 种感染绵羊和山羊的泰勒虫，即尤氏泰勒虫、吕氏泰勒虫和绵羊泰勒虫。

1. 尤氏泰勒虫和吕氏泰勒虫　这两种泰勒虫目前在形态学上难以区分，因此对其形态学进行综合描述。血液型虫体呈多形性，有梨籽形、圆形、逗点形、杆形、椭圆形和钉子形（楔形）等，其中以梨籽形、杆形和圆形（或卵圆形）最为多见（图 12-20、图 12-21）。每个红细胞内有 1～4 个虫体或更多，以 1～2 个最为多见。红细胞染虫率 0.3%～30%。虫体大小不等，圆形虫体直径为 0.6～2 μm。吉姆萨染色原生质染成浅蓝色，染色质染成紫红色。

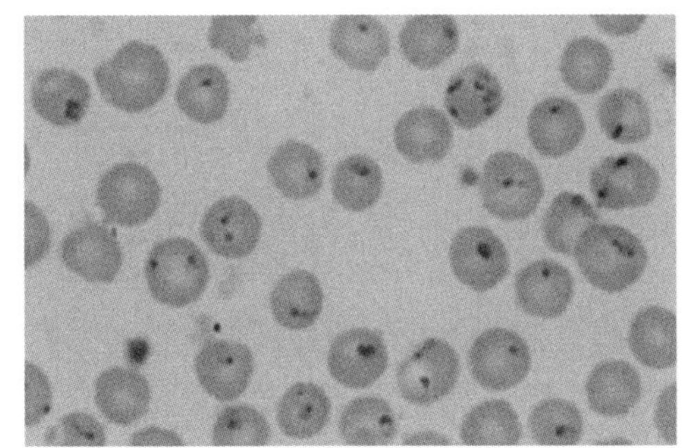

图 12-20　绵羊红细胞内的吕氏泰勒虫
（白啓　关贵全供图）

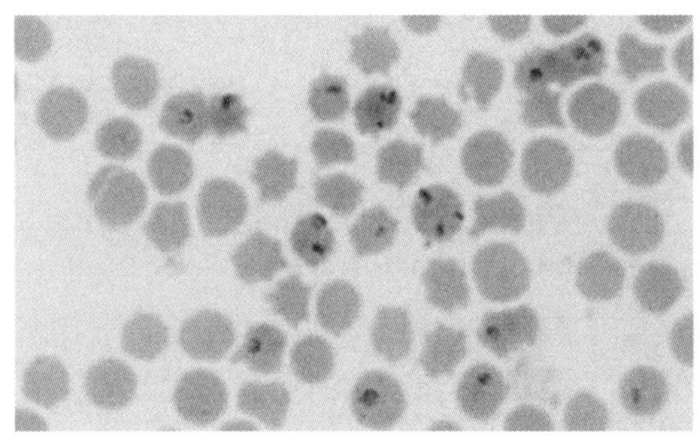

图 12-21　绵羊红细胞内的尤氏泰勒虫
（白啓　关贵全供图）

在疾病早期，病羊淋巴结、脾、肝、肾、肺的压片及末梢血液涂片中可见到裂殖体。裂殖体分为 2 种类型：小型裂殖体，裂殖子很小，圆点状，仅有深紫色的核，无原生质，数目很多，数十至数百不等；大型裂殖体，裂殖子较大，梨籽形。大量见到的是小型裂殖体（图 12-22），大型裂殖体则少见。无论是发病早期还是晚期，染色涂片中很少观察到胞内裂殖体，所见到的则是大量游离的裂殖体和裂殖子。

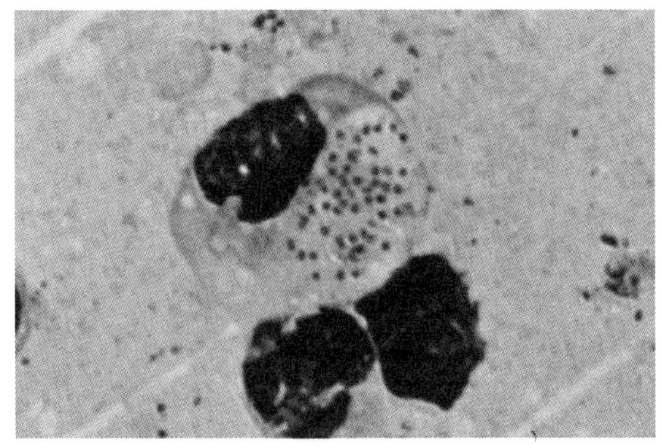

图 12-22　绵羊淋巴结穿刺物中的尤氏泰勒虫裂殖体
（李有全供图）

2. 绵羊泰勒虫　红细胞内虫体呈多种形态，有梨籽形、圆形、卵圆形、针形、逗点形、杆形、椭圆形和钉子形等，与莱氏泰勒虫没有区别。其中圆形虫体大小为 1.0～1.9 μm，卵圆形虫体大小为（0.9～1.3）μm×（1.4～1.8）μm，梨籽形虫体大小为（0.8～1.8）μm×（1.1～1.9）μm，针形虫体大小为（0.5～1.1）μm×（1.2～1.8）μm，杆状虫体大小为（0.6～0.9）μm×（1.2～2.0）μm。绵羊泰勒虫以圆形和梨籽形虫体为主，其中圆形虫体最多，梨籽形虫体次之，针形和马耳他型虫体极少（图 12-23）。裂殖体稀少或没有，少量带虫可达数年。

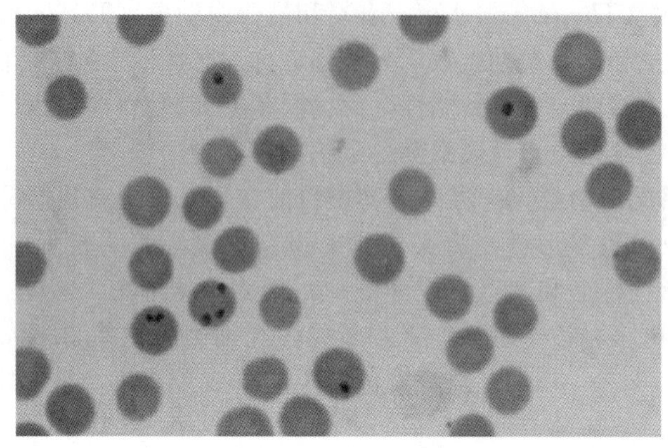

图 12-23 绵羊红细胞内的绵羊泰勒虫
（李有全供图）

（二）病原生活史和流行病学

生活史与其他泰勒虫类似。

尤氏泰勒虫和吕氏泰勒虫主要分布于我国北方地区，在我国南方和华中地区也有吕氏泰勒虫的报道，未见尤氏泰勒虫的报道，两者的传播媒介为青海血蜱和长角血蜱。绵羊泰勒虫目前仅在我国新疆南部地区发现，并证实小亚璃眼蜱为其传播媒介。长角血蜱在我国大多省份都有分布。小亚璃眼蜱主要分布于我国新疆、甘肃、宁夏和内蒙古等地。感染羊的泰勒虫的传播方式为期间传播，不能经卵传播。幼蜱阶段感染，若蜱阶段传播，并将所有子孢子释放，成蜱阶段不传播；若蜱阶段感染，成蜱阶段传播。青海血蜱为我国西部高原地区的常见蜱种，生活于山区草地和灌木丛中，主要寄生在绵羊和山羊体上，其次为黄牛和牦牛，其他动物如马、野兔等也有寄生，幼蜱、若蜱主要寄生在耳壳内外，成蜱可在全身寄生。青海血蜱 3—7 月活动，5 月最多，9 月又有出现，11 月消失。3—7 月常在同一宿主上寄生有成蜱、若蜱和幼蜱。由此推断该蜱以饥饿的成蜱、若蜱、幼蜱越冬，越冬后 3—4 月间开始活动；1 年 1 次吸血，1 次变态，生活史一般需要 2～3 年。在甘肃省大部分地区羊泰勒虫病发生于每年 3 月中旬至 6 月中旬，发病高峰期为 4 月上旬至 5 月中旬，9 月中旬至 11 月初也可见到病羊，但死亡率较低。发病羊只年龄多在 1～6 月龄，成年羊发病率和病死率较低。绵羊和山羊均有发病，绵羊发病率稍高。外地引进羊发病较重。

绵羊泰勒虫主要分布于非洲、德国、法国、中东、印度等国家和地区。主要感染绵羊和山羊，也能感染切除脾的南欧野羊、赤鹿，但不能感染切除脾的牛。目前，报道的绵羊泰勒虫的传播媒介有囊形扇头蜱（*Rhipicephalus bursa*）和外翻扇头蜱（也称萼氏扇头蜱，*Rhipicephalus evertsi*）。我国新疆曾分离到一株绵羊泰勒虫，并确定其传播媒介为小亚璃眼蜱。

（三）临床症状

尤氏泰勒虫和吕氏泰勒虫感染后表现的症状相似，潜伏期 17～22 d，但随着实验室传代次数的增加，潜伏期变长，有时可达 30 d 左右。病羊精神沉郁，食欲减退，体温升高到 40～42 ℃，稽留 4～7 d，少数病羊呈间歇热。呼吸迫促。反刍及胃肠蠕动减弱或停止。有的病羊排恶臭稀粥样粪便，混有黏液或血液。个别羊尿液混浊。结膜初充血，继而出现贫血和轻度黄疸。体表淋巴结肿大，以肩前淋巴结最为显著，一般如胡桃大，触诊有痛感，严重者淋巴结化脓，脓汁通过瘘管通向体外。肢体僵硬（尤以后肢僵硬最为常见），以羔羊症状最明显，有的羊行走时，前肢提举困难或后肢僵硬，举步十分艰难；有的羔羊四肢发软，卧地不起。病程 6～20 d。

绵羊泰勒虫引起绵羊和山羊的温和型泰勒虫病，其过程为良性。蜱感染后的潜伏期为 9～13 d或更长，病程持续 5～16 d，临床症状不明显，只表现发热、轻微的淋巴结肿大和贫血。

（四）病理变化

尤氏泰勒虫感染和吕氏泰勒虫感染的病理变化相似。尸体消瘦，血液稀薄，皮下脂肪胶冻样，有点状出血。全身淋巴结呈不同程度肿胀，以肩前、肠系膜、肝、肺等处较显著，切面多汁、充血，有一些淋巴结呈灰白色，有时表面可见颗粒状突起。肝、脾肿大。肾呈黄褐色，质软，表面有结节和点状出血。皱胃黏膜上有溃疡斑，肠黏膜上有少量出血点。心、肝、脾、肺、肾、肠黏膜等主要器官或组织有充血和出血点，严重者大面积出血。肠道有出血点、出血斑，严重者肠道发生出血性坏死。

由于绵羊泰勒虫病临床症状不明显或没有，有关绵羊泰勒虫病病理变化的报道较少。

（五）诊断和防治

诊断方法与牛泰勒虫病类似。

尤氏泰勒虫和吕氏泰勒虫感染后应及早使用比较有效的杀虫药物进行治疗，再配合对症治疗，加强饲养管理，可以大大降低绵羊和山羊的死亡率。目前，认为较有效的治疗药物有三氮脒、磷酸伯氨喹、硫酸喹啉脲、蒿甲醚、青蒿琥酯。

预防首先应做好灭蜱工作，全年要适时灭除畜体、圈舍及环境中的蜱类。青海血蜱和长角血蜱在疫区为优势种，生活周期长，寄生宿主种类多，感染季节长，使得消除自然环境中的蜱很困难，重点应放在消灭畜体上的蜱。小亚璃眼蜱的防治参照环形泰勒虫病的防治方法。在疫区，发病季节对当年羔羊可用三氮脒溶液进行药物预防注射。

三、马泰勒虫病

马泰勒虫病病原为马泰勒虫（*Theileria equi*），旧称马巴贝斯虫（*Babesia equi*）或马纳塔焦虫（*Nuttalia equi*），寄生于马、驴、骡等动物。因发现其在宿主体内存在裂殖增殖阶段，将蜱唾液腺中的子孢子接种于体外培养的马淋巴细胞，成功建立了裂殖体寄生的淋巴细胞系，且可连续传代，故重新命名其为马泰勒虫。

马泰勒虫病是马属动物的一种重要的蜱传性血液原虫病，该病以高热、贫血、黄疸、淋巴结肿大、死亡等为主要临床症状。据报道马泰勒虫比驽巴贝斯虫有更强的致病性。

（一）病原概述

马泰勒虫在红细胞内的虫体较小，不超过红细胞半径，其形态有圆环形、阿米巴形、梨籽形（但同一个红细胞内的 2 个梨籽形虫体不会形成两尖端相连的成对排列）、十字架形（由 4 个梨籽形虫体组成，一般是梨籽形虫体的尖端向外，排列成正方形）（图 12-24）。驴体内的虫体比马体内的要小一些，在带虫驴体尤为明显，此时的十字架形虫体如同环形泰勒虫的十字架形虫体一样，由 4 个圆点状虫体组成，排列成正方形或不规则的四边形，或 4 个圆点状虫体离散而无序排列。

（二）病原生活史

与其他泰勒虫类似。但是由于没有其他蜱组织被动合子入侵的报道，因此马泰勒虫的动合子被认为是直接迁移到蜱唾液腺的。

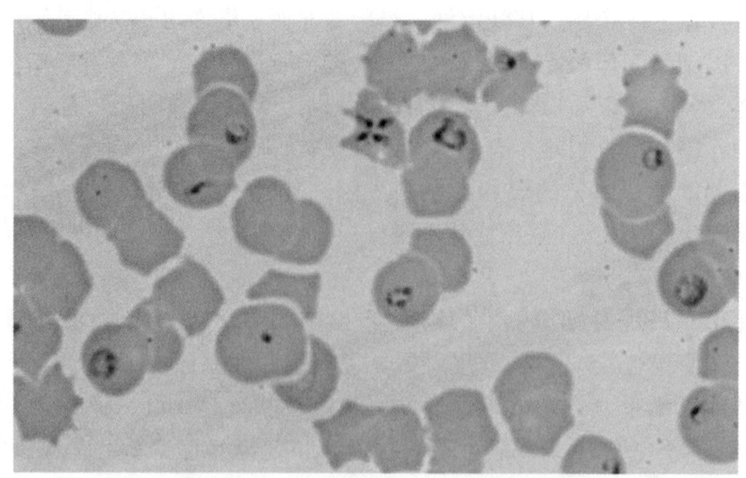

图 12-24　马红细胞中的马泰勒虫

（白啓　关贵全供图）

（三）流行病学

马泰勒虫的传播媒介包括扇头蜱属、璃眼蜱属和革蜱属的蜱种，在我国证实的有草原革蜱、森林革蜱、银盾革蜱、镰形扇头蜱。据国外报道，有 5 种璃眼蜱可以传播马泰勒虫，但在国内还没有经传播试验证实。

该病于 3 月末至 5 月多发，6—8 月零散发生。流行区域主要包括欧洲、非洲、美洲、亚洲以及大洋洲等大部分地区，具有一定的区域性和季节性，多分布于热带、亚热带，温带地区也有相关报道。在我国东北、西北、华北均有马泰勒虫病流行与发病的报道。

（四）临床症状和诊断

临床症状和病理变化与其他泰勒虫病类似。

根据临床症状（高热稽留、淋巴结肿大、肢体僵硬）、流行病学（蜱、发病季节）及病理变化，可做出初步诊断。急性感染期，在吉姆萨染色的血涂片上找到虫体以及在淋巴结或脾涂片上发现石榴体即可确诊。在慢性携带者外周血液中很难发现虫体。因此，ELISA 和 IFA 等血清学方法可用于慢性期寄生虫抗体的检测。另外，分子生物学检测技术如 PCR、反向线状印迹（RLB）和 LAMP 等，能进行病原核酸检测，也可以进行病原种类的鉴定。

（五）防治

治疗参照牛泰勒虫病。

预防首先应做好灭蜱工作，全年要适时灭除畜体、圈舍及环境中的蜱类。在疫区，发病季节对当年羔羊应用三氮脒溶液进行药物预防注射。

四、鹿科动物泰勒虫病

狍泰勒虫（*Theileria capreoli*）和鹿泰勒虫（*Theileria cervi*）是两种在鹿科动物体内发现的泰勒虫，分布区域较广，主要分布于美洲、欧洲和亚洲多地。这两种泰勒虫的致病力较弱，传播媒介尚未确定。虫体形态以梨籽形虫体为主，在鹿体内染虫率较低。在我国西北地区的鹿科动物体内发现了这两种泰勒虫，云南鹿科动物体内检测到狍泰勒虫（图 12-25），湖北梅花鹿体内检测到鹿泰勒虫。这两种鹿科动物的泰勒虫形态相似，传播媒介尚未证实。此外，在我国鹿科动物血液中检测和分离到吕氏泰勒虫和尤氏泰勒虫，但感染阳性鹿未出现明显的临床症状，用两种病原对应的染虫鹿血成功对绵羊建立了实验室感染，说明过去一直被认为仅感染绵羊和山羊的吕氏泰勒虫和尤氏泰勒虫，也能感染鹿科动物（如梅花鹿、马鹿和犬鹿等）。诊断参照牛泰勒虫病的诊断方法。

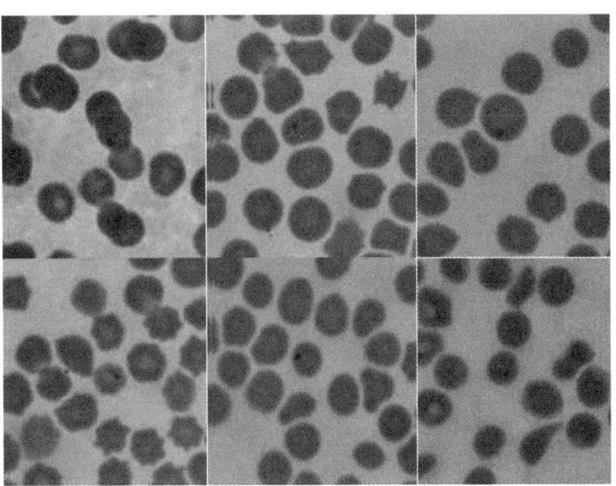

图 12-25　马鹿红细胞内的孢泰勒虫
（李有全供图）

第十二章彩图

（李有全　殷宏　罗建勋　编，周金林　张守发　赵俊龙　审）

第十三章 血孢子虫和血孢子虫病

血孢子虫病（haemosporidiosis）是由疟原虫科（Plasmodiidae）的原虫寄生于宿主的肝细胞、血管内皮细胞、血细胞等引起的疾病。该科住白细胞虫属（*Leucocytozoon*）、疟原虫属（*Plasmodium*）和血变原虫属（*Haemoproteus*）的原虫主要寄生于鸟类，肝囊原虫属（*Hepatocystis*）的原虫寄生于“旧大陆”松鼠、果蝠、猴等树栖的热带哺乳动物。血孢子虫的生活史包括孢子生殖、裂殖生殖和配子生殖三个阶段。与梨形虫的不同点是其传播媒介为吸血昆虫、在昆虫肠道发育成熟的小配子有鞭毛、在配子融合后动合子的发育中有类锥体出现。

第一节 禽住白细胞虫病

禽住白细胞虫病（avian leucocytozoonosis）是由住白细胞虫属（*Leucocytozoon*）的原虫寄生于家禽和野鸟血细胞及内脏器官的巨噬细胞和内皮细胞，引起以出血、贫血、消瘦，甚至死亡为特征的血液原虫病。该病由蚋（*Simulium* spp.）或库蠓（*Culicoides* spp.）传播，对幼禽危害较大。

（一）病原概述

主要有寄生于鸡的卡氏住白细胞虫（*Leucocytozoon caulleryi*）和沙氏住白细胞虫（*Leucocytozoon sabraresi*），寄生于鸭和鹅的西氏住白细胞虫（*Leucocytozoon simondi*），寄生于火鸡的史氏住白细胞虫（*Leucocytozoon smithi*）。我国以卡氏和沙氏住白细胞虫最为常见。

红细胞中卡氏住白细胞虫的成熟配子体近圆形；大配子体约为13.05 μm×11.60 μm，细胞质较丰富，呈深蓝色，核居中较透明，红色，大小为5.8 μm×2.9 μm，核仁多为圆点状；小配子体呈不规则圆形，大小为10.9 μm×9.42 μm，细胞质少、呈浅蓝色，核大，几乎占虫体全部，浅红色，核仁紫红色、圆点状。被寄生宿主细胞常扭曲变形（图13-1）。

沙氏住白细胞虫的配子体初为卵圆形或椭圆形，随发育成熟而伸展变长，大小为（22.0～24.0）μm×（4.0～7.0）μm，受染宿主细胞也随之变长呈不规则形（图13-2）。

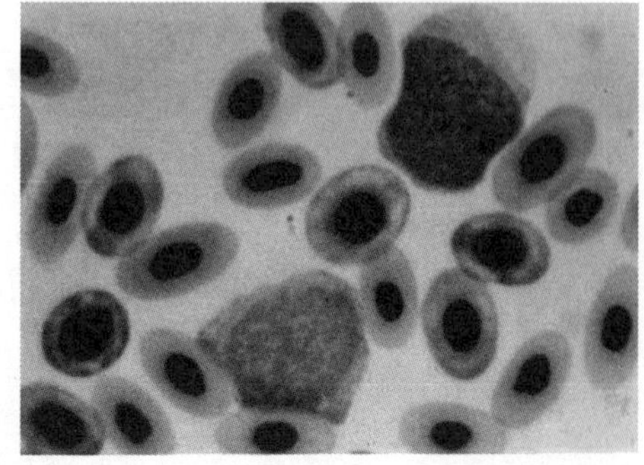

图13-1 卡氏住白细胞虫配子体
（李国清供图）

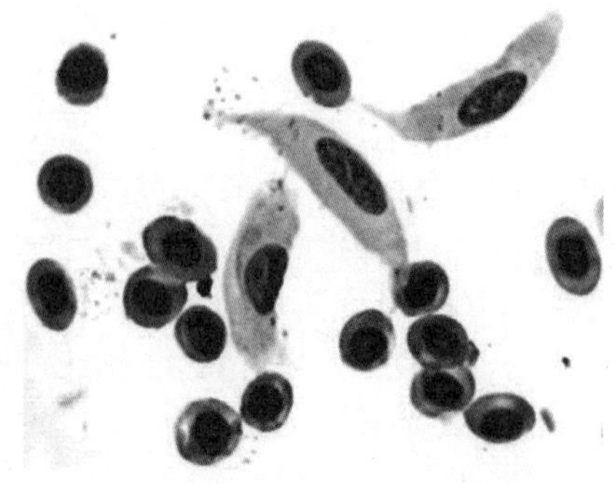

图13-2 沙氏住白细胞虫配子体
（李国清供图）

配子体不含疟色素颗粒，且配子体的寄生导致宿主细胞形态严重扭曲是住白细胞虫区别于疟原虫和血变原虫的典型特征。

（二）病原生活史

以卡氏住白细胞虫为例。受感染鸡血液中的大小配子体被库蠓吸入消化道后，发育成熟并释出大小配子。大小配子融合形成合子，随后形成一长约 21 μm 的动合子。动合子穿过库蠓的中肠壁，形成亚球状卵囊并产生子孢子，子孢子从卵囊逸出后进入库蠓的唾液腺。从库蠓吸入大小配子体到感染性卵囊发育成熟需时 2～7 d。库蠓叮咬鸡时，将子孢子随其唾液注入鸡体内，从而感染新宿主。裂殖生殖在鸡的肝、心、肾、脾、胸腺、胰腺及其他器官的血管内皮细胞进行，裂殖体呈球形或叶状，先分裂成裂殖子胚（cytomere），然后融合成直径 20～300 μm 的巨型裂殖体（megalomeront 或 megaloschizont），最后释放出大量成熟的球形裂殖子。这些裂殖子或进入肝实质细胞或巨噬细胞再形成肝裂殖体或巨型裂殖体，或侵入成红细胞、红细胞、淋巴细胞、单核细胞中进行配子生殖，发育成配子体，配子体约在宿主被感染后 14 d 出现在血细胞中。血液中成熟的配子体被库蠓摄取后，又继续在该媒介昆虫体内发育。

（三）流行病学

住白细胞虫病分布很广，但各虫种分布有所不同。卡氏和沙氏住白细胞虫广泛分布于我国（如台湾、广东、广西、海南、福建、江苏、陕西、河南、河北等）及亚洲其他国家（如菲律宾、日本及伊朗），史氏住白细胞虫分布在欧洲和南美洲，西氏住白细胞虫则在美国北部、加拿大、欧洲和越南流行。此外，大洋洲（澳大利亚和新西兰）、非洲等均有住白细胞虫病流行。该病的流行与媒介昆虫蚋、蠓的活动密切相关。一般在气温 20 ℃以上时，库蠓繁殖快、活动力强，卡氏住白细胞虫病的流行也严重。此外，禽类宿主的年龄与住白细胞虫病的感染率成正比，与发病率却成反比。一般 2～4 月龄的鸡和 5～7 月龄的鸡卡氏住白细胞虫的感染率和发病率较高，而 8～12 月龄的成年鸡或 1 年以上的种鸡，虽感染率高，但发病率低，血液内虫体也较少，多为带虫者。被感染鸡的低水平的配子体虫血症至少可以持续 4～5 个月。

（四）临床症状和病理变化

受感染宿主临床表现为贫血及由此产生的白冠（俗称白冠病）、腹泻（粪便呈白色或绿色水状）、咳血、消瘦、产蛋量下降，剖检可见肝脾肿大、肌肉及各内脏器官广泛出血（在肝和肾中最明显），在一些内脏器官如心表面可见由大量裂殖体和裂殖子形成的灰白色或稍带黄色的针尖至粟粒大结节。

（五）诊断

取病鸡外周血涂片经吉姆萨或瑞氏染色后镜检，可见细胞中的大小配子体，后者无色素颗粒。挑取肌肉或内脏器官上的白色结节置载玻片上，加数滴甘油，将结节压碎后，覆以盖玻片镜检，可发现裂殖体和裂殖子。取病变部肌肉或从肺、肝、脾、肾等内脏器官取材切片并镜检，可发现球状、内含大量裂殖子的大型裂殖体。有学者采用卡氏住白细胞虫第二代裂殖体外膜蛋白 R7 的重组抗原建立了乳胶凝集试验进行免疫诊断；自外周血或肌肉等组织采样进行 PCR 是早期诊断的有效方法。

（六）防治

可用磺胺间甲氧嘧啶（sulphadimethoxine）、磺胺喹噁啉钠等进行治疗。

可采取以下措施进行预防。

（1）消灭传播媒介，在媒介昆虫猖獗季节，可用除虫菊酯喷洒灭蠓蚋。

（2）流行季节可在饲料中加入乙胺嘧啶（pyrimethamine）、氯羟吡啶（clopidol）等预防感染。

（3）疫苗尚处于研究阶段，有学者用原核表达的卡氏住白细胞虫重组外膜蛋白 R7 注射免疫或用表达该抗原的转基因马铃薯叶口服免疫，都能刺激鸡的特异性抗体水平明显提高，并表现出对试验感染卡氏住白细胞虫的显著抵抗力。免疫鸡不仅症状减轻，而且产蛋量提高。

第二节　禽疟原虫病

禽疟原虫病（avian malaria）是由禽疟原虫寄生于禽类的红细胞所引起的疾病。禽疟原虫不同于哺乳动物的疟原虫，它有一个肝前期裂殖生殖阶段（prehepatic schizogonous stage），其配子体（某些种类）对宿主细胞有包核现象。目前，已从数百种鸟类中分离出超过 60 种疟原虫，主要由库蚊和伊蚊传播。

鸡疟原虫（*Plasmodium gallinaceum*）是禽疟原虫中的最重要种，主要寄生于家鸡和珍珠鸡，致病力较强。该原虫的滋养体小而圆，内含一大囊泡将细胞质挤向虫体边缘，核位于一端。吉姆萨染色后，呈“图章或戒指”形，配子体和裂殖体为圆形、椭圆形或不规则形，宿主细胞的核在感染过程中极少被挤出，但可能被虫体移位。每个裂殖体产生 8～36 个裂殖子，在红细胞中的裂殖体平均有 16～20 个裂殖子。可能是虫体在血液中和网状内皮细胞中的互相移行，导致许多组织尤其是脾、肾和肝的内皮细胞内产生大量第 2 代裂殖体，造成严重出血症状，使病鸡表现出精神委顿、食欲不振、体温升高、贫血及呼吸困难，严重者或环境巨变时可引起死亡。受染鸡的死亡率可高达 68%～75%。

鹤类常见疟原虫感染，其病原是残疟原虫（*Plasmodium reltictum*），目前已发现丹顶鹤、黑颈鹤、肉垂鹤及蓝鹤等为易感宿主。宿主红细胞中的配子体呈香蕉形或近圆形，经 HE 染色后，虫体细胞质为深蓝色、核紫红色。虫体占据宿主细胞的大部分，宿主细胞变形胀大，核被挤到一侧，呈狭长状、帽形或其他形状（图 13-3）。残疟原虫感染可致幼鹤厌食、精神倦怠、呼吸困难，甚至突然死亡。药物治疗效果不佳。

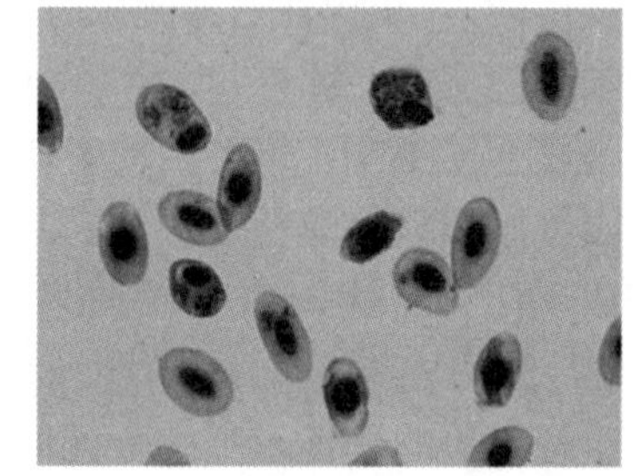

图 13-3　黑颈鹤血孢子虫：疟原虫裂殖体
（贾婷供图）

本病可依据临床症状、病理特征以及血涂片查找病原进行确诊，涂片染色中观察到疟色素是该虫的特征之一，此外，PCR 技术可作为鉴定虫种的有效方法。防治措施主要是灭蚊以切断传播途径，药物治疗可用乙胺嘧啶或二甲硝咪唑（dimetridazole）等。

第三节　鸽血变原虫病

鸽血变原虫（*Haemoproteus columbae*）侵入鸽等鸟类的血液可导致血变原虫病（haemoproteusosis）。该虫由虱蝇科和蠓科昆虫所传播，鸽、火鸡、天鹅、大雁、鸭、野鸭、斑鸠、鹌鹑、鹦鹉、鱼鹰、猛禽类及燕雀类均可感染。鸽血变原虫的裂殖生殖在鸟类宿主内脏器官的血管内皮细胞中进行，只有配子体专性寄生于红细胞中。大小配子体呈微小环形长成新月形包围着红细胞的核，配子体的胞质中散布有色素颗粒。大配子经吉姆萨染色后呈深蓝色，核致密，红色至深紫色（图 13-4）。

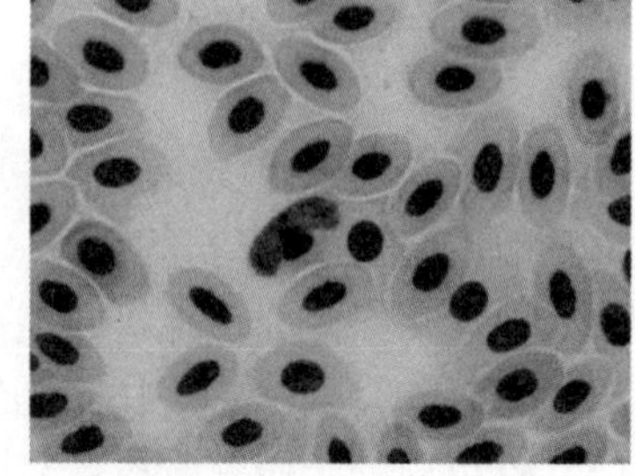

图 13-4　黑颈鹤血孢子虫：血变原虫配子体
（贾婷供图）

鸽血变原虫寄生的红细胞除稍有增大外，外形及核等均未发现异常变化。由于受染鸽的红细胞破裂，血变原虫裂殖子、代谢产物及红细胞碎片进入血流，引起鸽全身不适，但大多经数日可自愈。严重感染可导致病鸽贫血、高热、肝脾肿大变黑、食欲减退甚至废绝、精神委顿、缩颈垂头、乏力而不能飞行或站立，常伴发其他疾病，甚至死亡。本病预防的关键是改善环境，防蝇灭蝇，消除蝇、蠓等吸血昆虫滋生条件。治疗病鸽可用磷酸伯氨喹片，也可用青蒿（*Artemisia apiacea*）株磨粉，混入保健砂中长期服用。形态学观察和 PCR 检测相结合是目前诊断本病的主要方法。

第十三章彩图

（黄晓红　编，李国清　陈启军　审）

第十四章 隐孢子虫和隐孢子虫病

隐孢子虫病（cryptosporidiosis）是由隐孢子虫科（Cryptosporidiidae）隐孢子虫属（*Cryptosporidium*）的一种或多种隐孢子虫寄生于人、家畜、伴侣动物、野生动物、禽、爬行动物和鱼而引起的寄生虫病。主要见于新生犊牛，也常见于绵羊羔、山羊羔、马驹和仔猪，常引起不同程度的腹泻。寄生在呼吸道的虫种可引起雏禽呼吸道症状，隐孢子虫经常与其他肠道病原混合感染引起肠道损伤和腹泻。隐孢子虫病也是一种重要的人兽共患病，一些隐孢子虫是引起水源性或食源性疾病暴发的重要病原。

（一）病原概述

目前隐孢子虫属包括 44 个有效种 120 多个基因型，其中，人兽共患种类和基因型至少 20 个。

兽医学上重要的种类包括寄生于小肠的一些种类，如微小隐孢子虫（*Cryptosporidium parvum*），寄生于 30 日龄内的犊牛；瑞氏隐孢子虫（*Cryptosporidium ryanae*），寄生于犊牛至大约 1 岁的青年牛；牛隐孢子虫（*Cryptosporidium bovis*），广泛寄生于犊牛、青年牛及成年牛；肖氏隐孢子虫（*Cryptosporidium xiaoi*）和泛在隐孢子虫（*Cryptosporidium ubiquitum*），寄生于绵羊、山羊及鹿；猪隐孢子虫（*Cryptosporidium suis*），寄生于各种年龄的猪；种母猪隐孢子虫（*Cryptosporidium scrofarum*），寄生于成年猪；犬隐孢子虫（*Cryptosporidium canis*），寄生于犬；猫隐孢子虫（*Cryptosporidium felis*），寄生于猫；火鸡隐孢子虫（*Cryptosporidium meleagridis*），寄生于禽类；维瑞隐孢子虫（*Cryptosporidium wrairi*），寄生于豚鼠；泰氏隐孢子虫（*Cryptosporidium tyzzeri*），寄生于小鼠；兔隐孢子虫（*Cryptosporidium cuniculus*），寄生于兔。马隐孢子虫是一种独特的基因型，命名为马基因型，具有人兽共患特性。马有时也感染微小隐孢子虫。贝氏隐孢子虫（*Cryptosporidium baileyi*）比较独特，寄生于禽类消化道、呼吸道、泄殖腔和法氏囊。寄生于胃的一些种类包括鼠隐孢子虫（*Cryptosporidium muris*）寄生于大鼠、小鼠，蛇隐孢子虫（*Cryptosporidium serpentis*）寄生于蛇，安氏隐孢子虫（*Cryptosporidium. andersoni*）寄生于牛的皱胃。

感染人的重要种类是人隐孢子虫（*Cryptosporidium hominis*）。最主要的人兽共患种类是微小隐孢子虫；其他可感染人类的虫种包括泛在隐孢子虫、兔隐孢子虫、犬隐孢子虫、猫隐孢子虫、火鸡隐孢子虫等。绵羊、山羊、马及相关动物均可感染微小隐孢子虫。

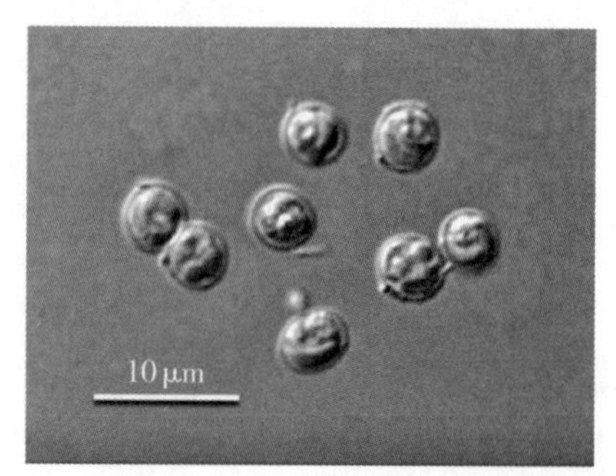

图 14-1 泰氏隐孢子虫卵囊光镜下的形态（DIC）
（张龙现供图）

隐孢子虫的卵囊呈圆形或椭圆形，大小因种而异，绝大多数种类的卵囊直径 4～6 μm，寄生于胃的种类体积稍大。卵囊壁光滑。无卵膜孔、极粒和孢子囊。每个卵囊含 4 个裸露的香蕉形子孢子和一个残体，残体由一些折光体和一些颗粒组成(图 14-1、图 14-2、图 14-3)。在电子显微镜下观察，隐孢子虫的寄生部位是在宿主上皮细胞细胞膜的双层膜之间。

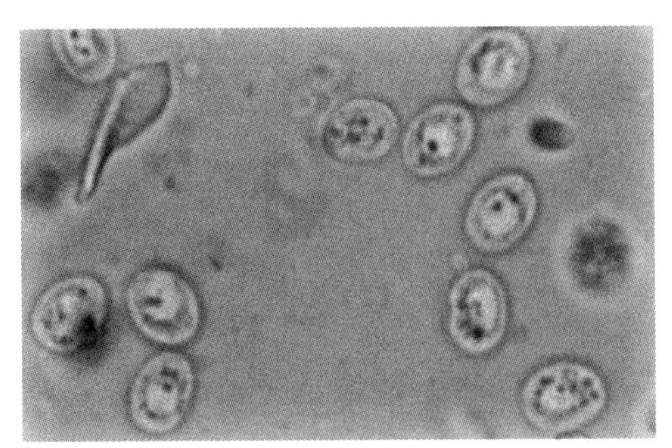

图 14-2　安氏隐孢子虫卵囊蔗糖漂浮液中明场光镜下形态
（张龙现供图）

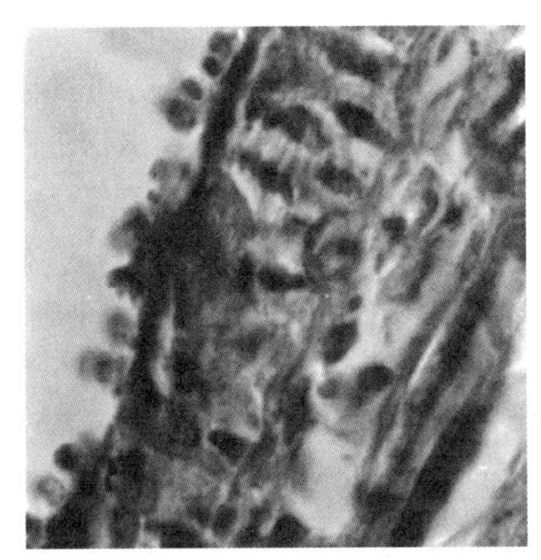

图 14-3　贝氏隐孢子虫寄生于呼吸道黏膜上皮细胞（HE 染色）
（张龙现供图）

（二）病原生活史

隐孢子虫卵囊在宿主体内孢子化而具有感染性，随粪便排出体外，因此，卵囊是传播阶段。当卵囊被适宜宿主采食后，在宿主胰酶和/或胆汁盐等作用下子孢子脱囊。子孢子在顶复合体糖蛋白、黏蛋白样糖蛋白等作用下，侵入胃腺上皮细胞或小肠后段及结肠的微绒毛黏膜上皮细胞，主动侵入细胞后的子孢子在带虫空泡内发育并进行裂殖生殖，经过 2 代裂殖生殖后开始配子生殖，大小配子受精发育形成卵囊并于宿主体内孢子化。卵囊有薄壁和厚壁 2 种类型，薄壁型约占 20%，可在宿主体内自行脱囊造成宿主自体感染，而厚壁型卵囊离开宿主感染其他宿主。隐孢子虫的发育只需要一个宿主（图 14-4）。排至宿主体外的卵囊即具有感染性。

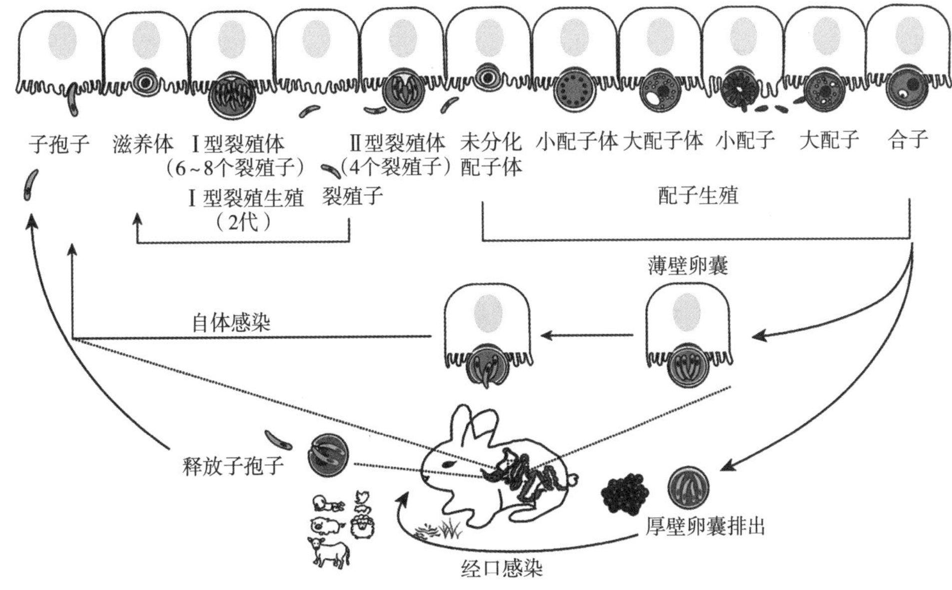

图 14-4　兔隐孢子虫生活史

隐孢子虫生活史包括无性生殖和有性生殖阶段。卵囊被宿主摄入后，在小肠释放出子孢子。子孢子侵入小肠上皮细胞，发育为滋养体，进入无性生殖阶段，形成的第Ⅰ代裂殖体释放裂殖子继续入侵细胞，一部分发育为第Ⅱ代裂殖体，另一部分则重新发育为第Ⅰ代裂殖体。第Ⅱ代裂殖体成熟后释放的裂殖子进入有性生殖阶段，分别发育为大小配子，大小配子受精形成合子，合子发育为内含 4 个裸露子孢子的成熟卵囊。成熟卵囊有 2 种类型，一种是薄壁卵囊，会在宿主肠道直接释放出子孢子，重复上述入侵、发育等过程，引起宿主的自身感染，因此在免疫力低下的动物，即便是摄入很少的卵囊，也能引起严重感染；多数是已具有感染性的厚壁卵囊，会随粪便排出体外，造成环境污染及疾病传播。
（卢春霞　索勋供图）

（三）流行病学

传染源是患病动物或向外界排卵囊的动物。除非是暴露在极端的环境条件下（0 ℃以下，65 ℃以上），否则，卵囊在外界可以存活几个月。卵囊对绝大多数消毒剂有抵抗力，仅持续使用过氧化氢、二氧化氯、10%甲醛溶液和5%氨水处理才可破坏卵囊的感染性。强烈的紫外线也可以杀死卵囊。犊牛粪便中的卵囊经1～4 d干燥可降低其感染性。

隐孢子虫主要经口感染，感染途径有2种类型：同种或不同种类的动物之间的传播，即动物直接传播感染或通过污染物进行间接传播，如食物或饮用水被粪便污染。犊牛之间可直接传播感染，母羊分娩前后卵囊排出量增加。微小隐孢子虫没有严格的宿主特异性，可通过其他动物粪便污染的食物或水而感染，如啮齿类等。在冷湿环境中卵囊可存活数月之久。

隐孢子虫的宿主范围很广，可寄生于包括人在内的150多种哺乳动物、30多种禽类、50多种爬行动物，以及淡水鱼类和海鱼等。家畜中常见报道的有乳牛、黄牛、水牛、猪、绵羊、山羊、马以及宠物犬、猫等，禽类常见报道的有鸡、鸭、鹅、火鸡、鹌鹑、鸽、珍珠鸡、鸵鸟，野生动物和野生禽类均有较多报道。

在全球范围内，90%以上的人体感染病例由微小隐孢子虫和人隐孢子虫引起，其他一些隐孢子虫种类/基因型也可感染人，牛是人隐孢子虫病的主要传播来源。在不同的病人群体中，隐孢子虫种类与临床表现略有不同。

隐孢子虫与轮状病毒和冠状病毒常混合感染，混合感染时腹泻最严重。免疫缺陷动物比免疫正常动物更易表现临床症状。绵羊有一定的年龄抗性，但犊牛年龄抗性不明显。感染诱发产生隐孢子虫特异性抗体，细胞介导免疫和抗体具有重要性，Th-1细胞免疫尤为重要。同时，新生动物肠道局部抗体也具重要性。畜禽隐孢子虫病致死率通常较低，除非其他因素使病情复杂化或合并感染（例如初乳和牛乳摄入不足引起的能量缺乏，但初生犊牛常暴发微小隐孢子虫引起的水样腹泻，引起较高死亡率）。蛇隐孢子虫（*Cryptosporidium serpensis*）病多为慢性疾病，最终引起死亡。

（四）临床症状和病理变化

1. 家禽隐孢子虫病（avian cryptosporidiosis） 隐孢子虫感染禽类宿主超过30种，包括鸡、火鸡、鸭、鹅、鹌鹑、雉鸡、孔雀以及野生鸟类等。贝氏隐孢子虫自然感染见于11周龄以内的鸡。鸡易感日龄和潜隐期长度呈负相关。禽类隐孢子虫病表现呼吸道、肠道或肾的症状或病变。在一次暴发病例中通常是一个部位受影响。

呼吸道隐孢子虫病常见于鸡、火鸡、鹌鹑、野鸭、环颈雉、澳洲长尾小鹦鹉、黑头鸥和丛林鸟类，以鸡、火鸡和鹌鹑的发病最为严重。主要是由贝氏隐孢子虫引起的，潜伏期为3～5 d。排卵囊时间为4～24 d不等。其主要症状为呼吸困难、咳嗽、打喷嚏、有啰音，病禽饮食欲锐减或废绝，体重减轻和死亡。肉眼病变可见气管、鼻窦和鼻腔有过量黏液，气囊可能有分泌物。病理学观察感染上皮细胞肥大、增生，有巨噬细胞、淋巴细胞和浆细胞浸润。上皮细胞微绒毛肿胀、萎缩性变化和炎性渗出。在隐性感染时，虫体多局限于泄殖腔和法氏囊。

肠道隐孢子虫病多见于火鸡、白喉鹌鹑、澳洲长尾小鹦鹉、澳洲鹦鹉、相思鸟、鸽和黑头鸥。白喉鹌鹑和火鸡有高发病率和高死亡率，主要由火鸡隐孢子虫寄生于肠道引起，其主要症状为腹泻。

肾隐孢子虫病多见于雀类、丛林鸟类和鸡，主要表现为肾苍白和肿大。有报道一例鸡肾隐孢子虫病，在病鸡的肾集合管、输尿管的上皮细胞上有大量隐孢子虫寄生，引起了上皮细胞的增生和炎性细胞的浸润。

2. 哺乳动物隐孢子虫病（mammalian cryptosporidiosis）

（1）牛羊肠型隐孢子虫病：微小隐孢子虫（*Cryptosporidium parvum*）是幼龄动物腹泻的主要原因。以犊牛、羔羊发病较为严重。牛感染隐孢子虫最早见于4日龄犊牛，临床特征为急性发作并伴有大量水样腹泻，腹泻伴有大量卵囊排出，卵囊排出数量（克粪便卵囊量，OPG）从 10^5～10^7 个。潜伏期为 3～7 d，主要临床症状为精神沉郁、厌食、腹泻，粪便带有大量的纤维素，有时含有血液。患病动物生长发育停滞，极度消瘦，有时体温升高，牛的死亡率可达 16%～40%，尤以 4～30 日龄的犊牛为主。羊的病程为 1～2 周，死亡率可达 40%，3～14 日龄的羔羊死亡率更高。

牛肠型隐孢子虫病主要引起小肠远端肠绒毛萎缩、融合，表面上皮细胞转变为低柱状或立方形细胞，肠细胞变性或脱落，微绒毛变短。单核细胞、中性粒细胞浸润固有层。盲肠、结肠和十二指肠也可感染。所有部位隐窝扩张，内含坏死组织碎片或死亡淋巴细胞。

（2）牛胃型隐孢子虫病：虫体内生发育阶段在皱胃，由安氏隐孢子虫引起，主要感染青年牛和成年牛，乳牛感染之后卵囊排出持续时间很长，产乳量显著降低。血浆胃蛋白酶原浓度显著升高，与相当年龄的未感染牛相比体重显著减轻。胃型隐孢子虫病不引起腹泻，但卵囊排出持续时间可超过一年。

（3）人肠型隐孢子虫病：人隐孢子虫病的常见典型症状是腹泻。粪便水样并可能含有黏液，但血液很少见。肠蠕动增强而且次数增加，引起体重减轻和脱水。其他常见症状包括胃痉挛、发热、恶心和呕吐。不常见的一般性症状包括头疼、衰弱、疲劳、肌疼。

（五）诊断

除牛、羊、猪外，动物隐孢子虫感染多呈隐性，感染者只向外界排出卵囊，不表现出临床症状。对一些发病的动物来说，即使有明显的症状，也属于非特异性的，故不能依据临床症状以确诊。另外，由于动物在发病时常伴有许多条件性病原体的感染，因此，确诊只能依靠实验室技术。

通常选择饱和蔗糖溶液（相对密度 1.33）作为浓集隐孢子虫卵囊的漂浮液。采用饱和蔗糖离心漂浮技术检查时，卵囊呈微小亚球形，查找卵囊的最好焦距应集中在气泡的顶部。在饱和蔗糖漂浮液中卵囊壁会因色差而呈现玫瑰红色。直接涂片检查或纯化卵囊观察时加等量的 50%甘油，卵囊也可呈现玫瑰红色。

微分干涉显微镜、相差显微镜有助于观察，一些染色技术（改良抗酸染色、亚甲蓝染色、吉姆萨染色、碘液染色）均可用于提高卵囊对比度，区分染色相混的真菌（图 14-5）。

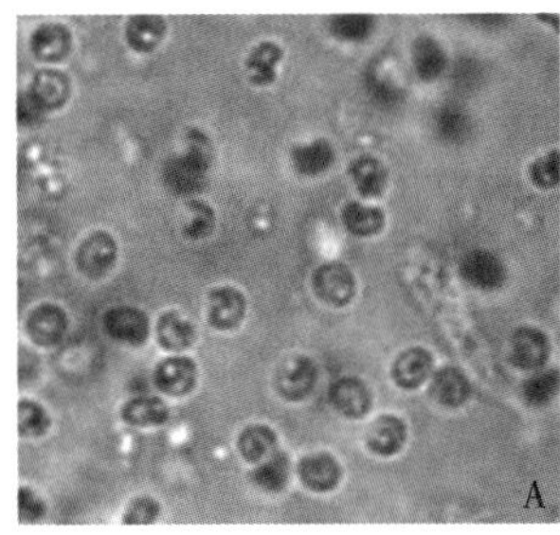

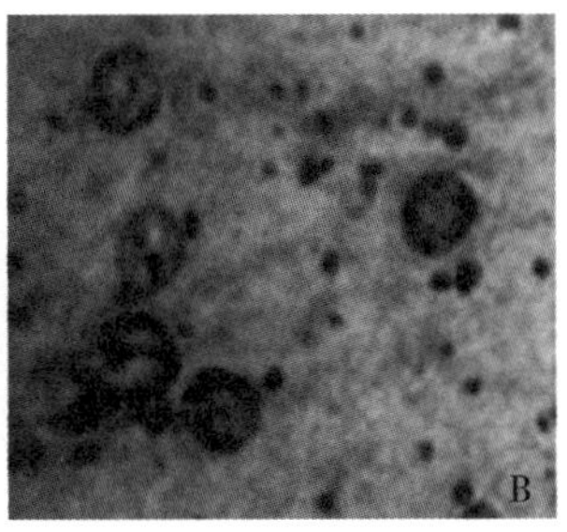

图 14-5　微小隐孢子虫卵囊
A. 饱和蔗糖漂浮　B. 改良抗酸染色
（王荣军供图）

显微镜下观察值得注意的是：粪便制成涂片，置于 40 倍的物镜下，适当调整亮度仔细观察，遇到可疑形态，可在油镜下检查卵囊的子孢子。与卵囊特异性结合的各种荧光抗体也可用于荧光标记检测。

隐孢子虫的种类、基因型和亚型鉴定需要采用分子生物学方法。种类和基因型鉴定的优选靶标是小亚基 rRNA 基因，而亚型分型最常用位点为 60 ku 糖蛋白基因。

（六）治疗

隐孢子虫病的治疗尚无特效药。目前，有一定临床疗效的药物是硝唑尼特，主要用于人体隐孢子虫病的治疗。

一些研究显示，巴龙霉素、常山酮（halofuginone）等在抗反刍动物微小隐孢子虫感染上有部分活性。然而，多数药物的所谓疗效是在实验动物中进行的，比如小鼠、兔和仓鼠等。因此，田间试验效果尚待进一步验证。

（七）预防

隐孢子虫卵囊在湿冷环境中可以存活几个月。在 5～10 ℃，部分卵囊仍然保持 6 个月的感染性，冷冻和高温可使卵囊迅速失活。犊牛是微小隐孢子虫卵囊的主要来源，绵羊、山羊和鹿也是人兽共感染隐孢子虫卵囊的来源。禁止反刍动物进入田间和果园，则可使牧场周围环境的卵囊降到最小限度。应限制家畜及其粪便进入水源和池塘。灌溉水可能是新鲜农产品污染的主要来源。

第十四章彩图

由于隐孢子虫目前尚无可用的疫苗和特效药，因此，无论从畜牧业的健康发展方面还是基于公共卫生学意义，做好养殖场环境卫生以及养成良好的个人卫生习惯都非常必要。

（张龙现　编，肖立华　王丽芳　审）

第十五章 艾美耳科球虫和艾美耳科球虫病

球虫病（coccidiosis）是畜牧生产中最常见且危害严重的一种畜禽原虫病。广义球虫病指真球虫目（Eucoccidiorida）各种原虫寄生于脊椎动物和人引起的疾病，狭义球虫病指艾美耳科（Eimeriidae）艾美耳属（*Eimeria*）、等孢属（*Isospora*）、泰泽属（*Tyzzeria*）和温扬属（*Wenyonella*）球虫（coccidia）感染所致的疾病。近年来的研究发现，寄生于哺乳动物的等孢球虫（如犬等孢球虫，*Isospora canis*）可在肠外组织细胞内寄生并形成包囊，其孢子囊缺少斯氏体，在亲缘关系上更接近肉孢子虫科（Sarcocystiidae）原虫，为此建立了囊等孢球虫属（*Cystoisospora*）新属，隶属肉孢子虫科。尚未发现野鸟的等孢属球虫可在肠外组织细胞内寄生并形成包囊，因此，寄生于野鸟的等孢属球虫仍保留在等孢属。本版教材将哺乳动物的等孢球虫病（Isosporiasis）新列为囊等孢球虫病（Cystoisosporiasis）。本章仅叙述艾美耳属、温扬属和泰泽属球虫引起的球虫病。

第一节 概　　述

艾美耳属、温扬属和泰泽属球虫绝大多数专性寄生于宿主肠道上皮细胞（epithelial cell），导致黏膜上皮细胞破裂、坏死，引起黏膜充血、出血性炎症或卡他性炎症，发生以腹泻、血便、饲料报酬和生产性能下降，甚至死亡为主要临床表现的综合征。极少数种可专性寄生于肝、肾、肺等肠外组织，如寄生于兔肝的斯氏艾美耳球虫（*E. stiedai*）、鹅肾的截形艾美耳球虫（*E. truncata*）、鹤肺的瑞氏艾美耳球虫（*E. reichenowi*）和鹤艾美耳球虫（*E. gruis*），引发肠外组织型球虫病。球虫病可发生于猪、马、牛、羊、骆驼、兔、鸡、鸭、鹅、火鸡、鸽、鹌鹑等家养动物，流行广泛，以对鸡、兔、牛、羊、猪危害为甚，尤在幼龄畜禽常暴发流行，导致大批死亡和巨大经济损失。

艾美耳属是顶复门原虫中成员最多的一个属，已发现 1 900 多种，宿主极为广泛，几乎所有的家养动物和被调查的野生动物都至少有 2 种艾美耳球虫寄生。人和绝大多数灵长类动物未发现有艾美耳球虫自然寄生，仅在懒猴科（Loridae）、婴猴科（Galagonidae）和跗猴科（Tarsiidae）报道了 8 种艾美耳球虫。犬猫无自然寄生的艾美耳球虫，其粪便中所见艾美耳球虫卵囊是被捕食动物或其他动物的寄生球虫，过去文献中所记载的犬猫艾美耳球虫种类应视为假寄生虫或穿行寄生虫（passage parasite）。

泰泽属球虫和绝大多数温扬属球虫寄生于爬行动物和鸟类肠道，但温扬属球虫也有极少数虫种可寄生于哺乳动物。

根据孢子化卵囊（sporulated oocyst）中孢子囊的有无及数目、每个孢子囊内子孢子的数目，可以将广义球虫鉴定到属。

（一）无孢子囊

4 个子孢子裸露于卵囊中，为隐孢子虫属（*Cryptosporidium*，现归于隐簇虫目），引起人和多种动物的共患病。

8 个子孢子裸露于卵囊中，为泰泽属（*Tyzzeria*），寄生于鸭和鹅。

（二）有2个孢子囊

每个孢子囊内含 2 个子孢子，为环孢子虫属（*Cyclospora*），多种动物和人类的肠道寄生原虫。

每个孢子囊内含 4 个子孢子，为艾美耳科等孢属（*Isospora*），鸟类的肠道寄生原虫；肉孢子虫科（Sarcocystiidae）弓形虫属（*Toxoplasma*）、新孢子虫属（*Neospora*）、哈蒙德属（*Hammondia*）、贝诺孢子虫属（*Besnoitia*），为人和多种动物的肠道和肠外组织寄生原虫，无严格宿主特异性；肉孢子虫属（*Sarcocystis*），人和多种动物的肠道和肠外组织寄生虫，终末宿主多直接排未完全孢子化的孢子囊，罕见完整卵囊，除寄生于鸟类外，多有严格的宿主选择性；弗兰科属（*Frenkelia*），中间宿主为啮齿类，终末宿主为猛禽类；囊等孢属（*Cystoisospora*），猪、犬、猫、人等的肠道和肠外组织寄生原虫。

（三）有4个孢子囊

每个孢子囊内含 4 个子孢子，为温扬属（*Wenyonella*），鸭、鹅等水禽以及爬行类和某些哺乳动物的肠道寄生原虫（图 15-1）。

每个孢子囊内含 2 个子孢子，为艾美耳属（*Eimeria*），鸡、鸭、鹅、鸽、鹌鹑、兔、猪、牛、羊、马、骆驼、小鼠、大鼠等动物肠道的寄生原虫。

艾美耳属、温扬属和泰泽属球虫均具有宿主选择性，各种动物均有其专性寄生的球虫种类。发育过程中这 3 属球虫均无中间宿主，为直接发育型胞内寄生原虫，且多数种类对宿主的肠道部位有选择性，如鸡柔嫩艾美耳球虫和堆形艾美耳球虫分别仅寄生于鸡的盲肠和十二指肠（超大剂量感染，可向邻近部位寄生）。不同种类的球虫在肠道黏膜，甚至宿主细胞中的寄生部位也有差异，如有些种寄生于肠绒毛上皮细胞，另一些则侵入肠黏膜下层；虫体寄生于胞质或胞核，使被寄生细胞（核）显著膨大，或不明显（图 15-1）。

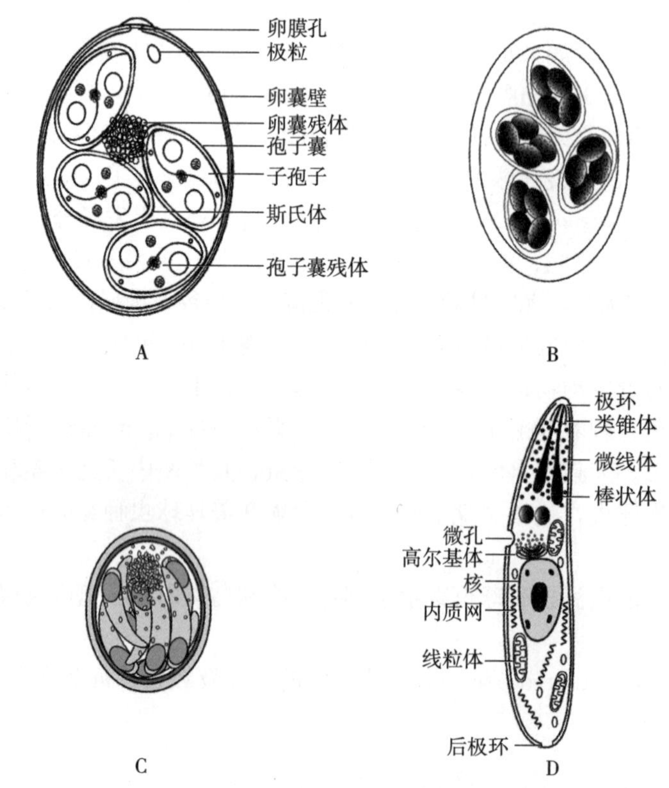

图 15-1　狭义球虫形态结构

A. 艾美耳属球虫卵囊　B. 温扬属球虫卵囊　C. 泰泽属球虫卵囊　D. 裂殖子形态

（龚玉姣　索勋　蔡建平供图）

艾美耳属、温扬属和泰泽属球虫的生活史包含无性的裂殖生殖、有性的配子生殖和特殊减数分裂的孢子生殖三个阶段，前两个阶段均在宿主细胞内进行，称为内生性发育（endogenous development）；孢子生殖则在外界环境中进行，称外生性发育（exogenous development）。虫体的形态也随发育过程经历子孢子、滋养体、裂殖体、裂殖子、配子体、配子、合子、未孢子化卵囊、孢子化卵囊等数个阶段，各阶段虫体的形态有较大差异。除合子和未孢子化卵囊（unsporulated oocyst）阶段为二倍体核外，其他阶段均为单倍体。艾美耳属球虫的卵囊具有1或2层壁，内衬有一层膜，有或无卵膜孔（micropyle，也称极孔或微孔），孔上有盖者，称极帽（micropyle cap）。孢子囊一端可具有一突起或缺失，即斯氏体（Stieda body）。卵囊和孢子囊内可见有强折光性的团块状物，分别称为卵囊残体（或称外残体）和孢子囊残体（或称内残体），是由成孢子细胞原生质形成孢子囊和子孢子过程中的残余物质聚团而成，分布于孢子囊和/或子孢子间。卵膜孔、极帽、斯氏体、卵囊残体和孢子囊残体的有或无是虫种鉴定的依据。

子孢子细长而稍弯曲，呈香蕉形或梨籽形，前端尖细，后端钝圆，并通常有一强折光性的蛋白质球状体，即“折光体”（refractile body），功能未明。电子显微镜下观察，子孢子表面覆有三层膜结构所形成的表皮（pellicle），前端有称之为顶复合器（apical complex）的特殊结构（图15-1D），由螺旋形排列微管形成的类锥体（coloid）、极环（polar ring）、被极环环绕呈棒槌形的棒状体和电子致密的微线体（microneme）共同组成。顶复合器具有分泌功能，在入侵宿主细胞的过程中可分泌多种蛋白酶类，是虫体黏附并侵入宿主细胞不可缺少的功能分子。表皮下分布有从类锥体发出、沿虫体长轴排列的辐射状微管，参与虫体的运动。圆球状的致密颗粒散布于子孢子和裂殖子的细胞质中，也具有分泌功能，与棒状体分泌蛋白协同作用，参与虫体侵入宿主细胞后的纳虫空泡（parasitophorous vacuole，PV）形成。有具管状嵴的线粒体，但功能上多退化为线状体（mitosome）。核的前缘有一个源于绿藻，与植物叶绿体同源的顶质体（apicoplast），是球虫必需的代谢亚细胞器，也是多种抗球虫药物（coccidiocidal）的作用靶标。子孢子是球虫侵入宿主细胞、建立寄生生活的入侵阶段。

球虫感染为粪-口途径，宿主因吞食污染于垫料、饮水、土壤、饲料等中的感染性卵囊（孢子化卵囊）而感染。随宿主粪便排出的未孢子化卵囊（也称非感染性卵囊或未成熟卵囊）无感染性，含一个二倍体型的成孢子细胞（胚孢子），须在合适的温度、湿度和氧分压条件下经孢子生殖（孢子化）形成孢子化卵囊才具有感染力。孢子化过程所需时间随虫种不同而异，在粪便或垫料中一般需2～10 d。孢子化卵囊被专一性宿主（如鸡球虫被鸡）吞食后囊壁在胃的机械作用下破裂，释出孢子囊。进入小肠后，孢子囊壁在胆盐和胰蛋白酶的作用下破裂，释出激活的子孢子，这一过程称脱囊。子孢子在自身分泌的蛋白酶等入侵分子及肌动蛋白为主要动力的滑行运动（gliding movement）牵引作用下，主动侵入宿主肠上皮细胞，由棒状体和致密颗粒分泌蛋白辅助形成纳虫空泡并于其中转变为滋养体，开始裂殖生殖。滋养体膨大变圆，以复分裂或出芽生殖方式分化为内含有数个至数百个第一代裂殖子的第一代裂殖体。成熟后，裂殖体包膜破裂并撑破宿主细胞，释出游离的裂殖子于肠腔。裂殖子侵入新的肠上皮细胞，进行第二代裂殖生殖。随虫种不同，还可依次进行第三代、第四代裂殖生殖等。最后一代裂殖体释放的裂殖子在侵入新的肠上皮细胞后开始有性生殖（配子生殖）。大多数裂殖子形成大配子体，随后再发育为大配子（雌性）；小部分裂殖子发育为小配子体，每个小配子体可产生许多具有鞭毛（一般为2根）的小配子（雄性）。小配子一般进入附近的大配子，使大配子受精形成合子。大配子细胞中含成囊体（wall-forming body），受精后，Ⅰ型成囊体分化形成囊壁外膜，Ⅱ型成囊体则形成囊壁内膜，最终发育为未孢子化卵囊。

卵囊形成后，因宿主细胞破溃而释放进入肠腔，随粪便排出。从摄入卵囊到粪便中出现下一代卵囊的间隔时间称为潜隐期（prepatent period），其长短是虫种鉴定的重要依据。从粪便中开始出现卵囊到最终再无卵囊排出的时间段称为显露期（patent period）。

球虫的无性生殖不像疟原虫那样能无限进行下去，因此球虫感染具有自限性（self-limiting)。由于初次感染后可诱导宿主产生对再次感染的免疫力，同种球虫重复感染致病的情况并不常见。但因同一宿主常有数种球虫，且不同种球虫间少有或基本没有交叉免疫力，故不同种球虫先后感染致病在临床上很常见。

球虫的分类鉴定一般依据形态结构和生物学特性进行。因大多数球虫的内生发育阶段尚不完全明了，且卵囊是球虫随宿主粪便排到外界的阶段，也是用于诊断球虫病的主要阶段，故多用卵囊形态结构作为主要指征。但由于可能存在机械转运和“过胃肠效应”，这一分类标准会导致“假寄生虫”的鉴定结果，如过去错误认为的犬猫有艾美耳属球虫感染，实际上是过胃肠穿行的穿行寄生虫（passage parasite）。寄生部位、宿主的种属特异性、交叉免疫也是鉴定球虫种类的重要依据。近年来已较多采用以 18S rRNA 及 rRNA 间隔区（ITS 1/ITS 2）序列为基础的分子生物学方法鉴别（图 15-2）。

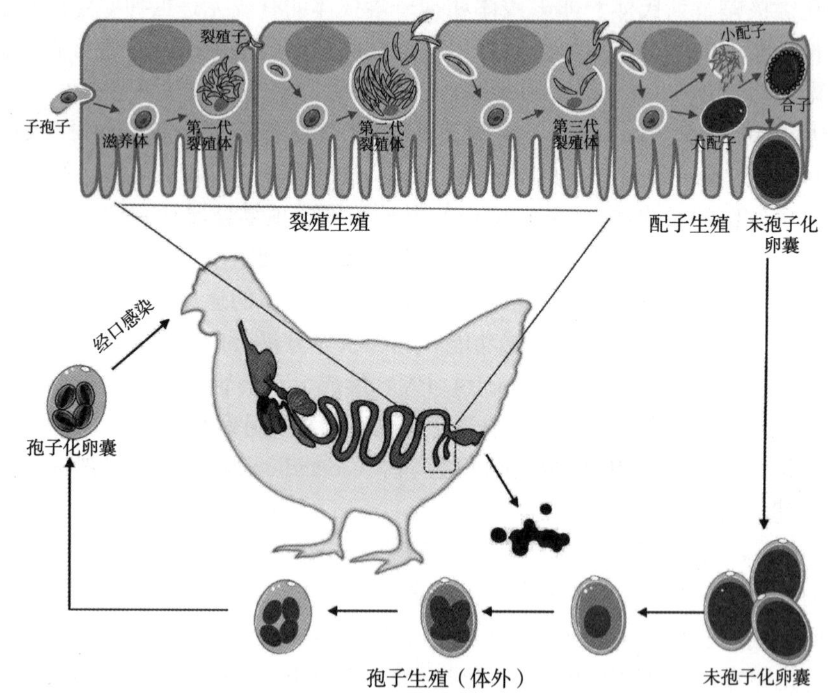

图 15-2 柔嫩艾美耳球虫生活史

球虫的生活史包括三个阶段，即宿主体内的裂殖生殖和配子生殖以及环境中的孢子生殖阶段。当宿主经口摄入被孢子化卵囊污染的饲料、饮水等后，卵囊在机械力（如在鸡的肌胃）或化学力（如兔胃中的 CO_2）作用下卵囊壁破开，释放孢子囊，孢子囊在肠道胰酶和胆汁等的消化作用下，释放出子孢子。子孢子随即或主动或被动迁移后侵入肠道上皮细胞，不同虫株入侵和寄生的部位有所不同。子孢子在肠细胞中形成滋养体，滋养体以多核分裂的方式进行无性繁殖形成裂殖体。一个成熟的裂殖体内可以产生上百个裂殖子。裂殖子从宿主细胞中释放后，还可以再次入侵其他上皮细胞进行下一轮裂殖生殖。不同虫种有不同的裂殖生殖代次，一般为 2～4 代不等。裂殖生殖结束后，侵入宿主细胞的裂殖子则发育为雌性大配子和雄性小配子。大小配子结合形成合子，再发育为未孢子化卵囊。当未孢子化卵囊从肠细胞中释放，或当肠细胞脱落后，随粪便排出宿主体外，在外界环境适宜的条件下进行孢子生殖，形成具有感染能力的孢子化卵囊。

（胡丹丹 索勋供图）

（蔡建平 编，索勋 审）

第二节 鸡球虫病

鸡球虫病（coccidiosis of chicken）是集约化鸡生产中最为多发、经济损失最大且防治困难的疾病之一，本病被美国农业部所列对鸡生产危害最严重的五大疾病之一。世界性分布，尤多发于15～50日龄雏鸡，严重时致死率达80%以上。患病鸡长期不能完全康复，生长发育受阻。实际生产中，鸡群更频繁地发生“亚临床型球虫病（coccidiasis）”，主要表现饲料报酬降低，引起的隐形损失更大。成年鸡多为带虫者，影响增重和产蛋。

（一）病原体

文献记载的鸡的艾美耳球虫有11种，但目前公认的有效种为7种，在我国均有流行。曾报道哈氏艾美耳球虫（*E. hagani*）和变位艾美耳球虫（*E. mivati*），前者已公认为无效种，后者以同工酶分析认为是和缓艾美耳球虫与堆型艾美耳球虫的混杂物，但用PCR技术对ITS1和ITS2的序列分析结果表明，变位艾美耳球虫与和缓艾美耳球虫和堆型艾美耳球虫存在明显差异，但对该种的有效性仍持争议。对鸡球虫ITS1和ITS2的测序还发现鸡球虫有3个操作分类单元（operational taxonomic units，OTU），尚不确定是隐匿基因型（cryptic genotype）还是隐匿种（cryptic species）。

1. 柔嫩艾美耳球虫（*E. tenella*）　危害最大，流行最广。寄生于鸡盲肠，严重感染时可累及附近小肠和直肠，俗称盲肠球虫（cecal coccidia）。致病力强，试验感染（4～10）×10^4个孢子化卵囊（随虫株而异）可使试验鸡全部死亡。引起盲肠高度肿胀、黏膜坏死脱落、肠壁出血，严重时肠腔内为血液所充满，后期则因血液凝固并与渗出的纤维素、坏死脱落的肠黏膜在肠腔内形成结实的混合型“肠芯”（caseous core），引起鸡大批死亡。裂殖生殖主要于黏膜固有层进行，以第二代裂殖生殖阶段时对宿主造成的损伤最严重。卵囊宽卵圆形，少数呈椭圆形，大小为（19.5～26.0）μm ×（16.5～22.8）μm，平均为22.0 μm× 19.0 μm，卵囊指数（即卵囊的长宽比）1.16。卵囊壁淡绿黄色，厚约1 μm，原生质呈淡褐色。2～3代裂殖生殖，最短潜隐期132 h，最短孢子化时间约18 h。

2. 毒害艾美耳球虫（*E. necatrix*）　无性生殖阶段寄生于卵黄蒂前后的小肠中1/3段或更广泛，引起小肠黏膜严重出血、肠壁高度肿胀、质脆易断，且在肠壁浆膜面见有许多圆形小米粒大小的白色斑点（圆形裂殖体），与红色出血点交杂，此为该种球虫致病的典型病变。有性生殖阶段寄生于盲肠。致病力强，致死率高，但因生殖潜力较弱而流行率较低，临床危害程度低于柔嫩艾美耳球虫。卵囊长椭圆形，大小为（13.2～22.7）μm ×（11.3～18.3）μm，平均为20.4 μm× 17.2 μm，卵囊指数为1.19，与柔嫩艾美耳球虫卵囊大小较为相近。最短潜隐期138 h，最短孢子化时间18 h。

3. 堆形艾美耳球虫（*E. acervulina*）　寄生于前段小肠，以十二指肠为主。繁殖力强，流行率高，危害性与柔嫩艾美耳球虫相当，是鸡生产中亚临床型球虫病的主要病因。致病力较强，轻度感染时致十二指肠产生散在的灰白色纤维素性坏死病灶，横向排列呈梯状，浆膜面易于观察。严重感染时病灶融合成片，并可脱落悬浮于肠壁表面，肠壁增厚、色苍白，浆膜面观似水烫样。卵囊呈典型的卵圆形，大小为（17.7～20.2）μm ×（13.7～16.3）μm，平均为18.3 μm× 14.6 μm，卵囊指数为1.25。卵囊壁浅绿黄色，厚约1 μm，锐端变薄。最短潜隐期91 h，最短孢子化时间17 h。

4. 巨型艾美耳球虫（*E. maxima*）　第一代裂殖生殖寄生于十二指肠，其余内生发育阶段寄生于回肠上段，与毒害艾美耳球虫寄生部位有重叠。致病力较强，引起肠壁增厚，肠黏膜出血、充血，肠腔及黏膜表面有大量橘黄色或带血色、血丝的黏液性渗出物。卵囊长卵圆形，一端钝，另一端稍锐。大小为（21.5～42.5）μm ×（16.5～29.8）μm，平均为30.5 μm × 20.7 μm，卵囊指数为1.47，是鸡7种球虫中卵囊最大者，常具有特征性的浅黄色。最短潜隐期121 h，最短孢子化时间30 h。

5. 布氏艾美耳球虫（*E. brunetti*）　早期阶段主要寄生在空肠，严重时也可以累及十二指肠，中晚期寄生于整个肠道，包括十二指肠、空肠、回肠、盲肠和直肠。致病力较强，但引起的病理变化不甚明显，严重可见直肠黏膜凝固性坏死和小肠后段的黏液性出血性肠炎。卵囊较大，仅次于巨型艾美耳球虫，卵圆形，大小为（20.7～30.3）μm ×（18.1～24.2）μm，平均为

24.6 μm × 18.8 μm，卵囊指数为 1.31。卵囊壁呈淡黄色。最短潜隐期 120 h，最短孢子化时间 18 h。

6. 和缓艾美耳球虫（*E. mitis*） 寄生于小肠后半段，第四代裂殖生殖与有性生殖也见于直肠和盲肠。试验研究和临床流行病学调查显示和缓艾美耳球虫有一定致病力，引起亚临床型球虫病，影响增重、饲料转化率和肉鸡上市品质（皮肤着色、羽毛光泽等）。引起的病理变化不甚明显，在显微镜下也仅见不同发育阶段的虫体和肠黏膜有黏液性渗出性炎症。卵囊小，呈亚球形，大小为（11.7～18.7）μm ×（11.0～18.0）μm，平均为 15.6 μm ×14.2 μm，卵囊指数为 1.09，囊壁淡黄绿色。最短潜隐期 91 h，最短孢子化时间为 15 h。该虫是鸡 7 种球虫中最小者，在粪便卵囊检查时常为技术不熟练者所忽略。

7. 早熟艾美耳球虫（*E. praecox*） 寄生于十二指肠和空肠前 1/3 段。无致病力或致病力轻微，但严重感染时可引起一定程度的增重缓慢和饲料报酬降低。引起的大体病变几乎不可见，或仅表现黏液增多、肠内容物水样，但在黏膜涂片检查中可见裂殖生殖阶段的虫体和/或卵囊。卵囊呈卵圆形或椭圆形，大小为（19.8～24.7）μm ×（15.7～19.8）μm，平均为 21.3 μm ×17.1 μm，卵囊指数为 1.24。卵囊壁淡绿色，最短潜隐期 83 h，最短孢子化时间 12 h。

（二）流行病学

鸡是上述 7 种球虫的唯一天然宿主。各种日龄和品系鸡均易感，但临床型病例多发生于 3～7 周龄雏鸡。刚出生的雏鸡因胰蛋白酶和胆汁分泌功能尚未健全而使球虫子孢子脱囊受阻，易感性稍差。2 周龄内的雏鸡除非饲养在陈旧垫料上，否则较少会发生球虫病。日龄较大的鸡因早期反复感染少量卵囊而产生了较强的免疫力，发病较少。堆形艾美耳球虫、巨型艾美耳球虫和柔嫩艾美耳球虫感染发病多见于 21～50 日龄鸡。毒害艾美耳球虫则可能因繁殖能力较弱而难与其他球虫竞争，故常发生于 8～14 周龄的鸡，在我国养鸡密集的南方地区常暴发于 45～60 日龄的黄羽肉鸡群。本病在集约化鸡场全年流行；在散养鸡群，南方 12 月至次年 8 月高发，北方常在 4—9 月流行。

鸡经口摄食孢子化卵囊而感染，被感染的鸡只或耐过的病鸡是主要传染源。孢子化卵囊污染的饲料、饮水、土壤、工具、野鸟、昆虫、蚯蚓等都可成为传播者。

孢子化卵囊对环境和各种消毒剂有很强抵抗力，在阴凉潮湿的土壤可存活 6～9 个月；温暖、潮湿的气候条件有利于卵囊的孢子化，在 22～30 ℃时一般 18～36 h 即可完成孢子化。但卵囊对低温、干燥和高温抵抗力弱，冰冻或 55 ℃即能快速杀灭卵囊，即使在 37 ℃下连续保持 2～3 d 也是致命的。一般认为温暖、潮湿的环境有利于卵囊孢子化发育，但有试验表明，将含有未孢子化卵囊的鸡粪在相对湿度分别为 28%、65%和 85%时于 28 ℃孵育，以 28%相对湿度时孢子化率最高，其原因是在较高相对湿度下鸡粪可快速发酵产生较高浓度氨气而对卵囊产生杀伤作用。

饲养管理粗放和营养不良可加剧球虫病的发生。高饲养密度是球虫病发生的重要因素，鸡群中免疫抑制性疾病及其他感染存在或饲料中含有霉菌毒素可显著加剧球虫病的发生，即使在使用有效药物的情况下也可能暴发，并导致更高的死亡率。

球虫感染是由 G 型产气荚膜梭菌（*Clostridium perfringens* G type）所致鸡坏死性肠炎的最重要诱因，尤其是小肠球虫（毒害艾美耳球虫和巨型艾美耳球虫）感染。球虫感染一方面破坏肠上皮细胞，释放出大量蛋氨酸等梭菌生长繁殖所需的营养因子，另一方面则改变肠道 pH 和菌群结构，破坏微生态平衡，从而刺激产气荚膜梭菌快速大量增殖和毒素产生。但近年来也有报道认为，球虫病疫苗免疫可增强鸡群对产气荚膜梭菌感染的抵抗力。

（三）临床症状和病理变化

临床症状和病理变化的出现时间随球虫种类不同而异，总体上与内生性发育过程密切相关，多由混合感染或数种球虫先后感染所致。7 种球虫中对鸡危害最大的是柔嫩艾美耳球虫，引起盲肠球虫病。我国目前肉鸡养殖中本土黄羽杂交品系鸡数量不断攀升，因生长周期较从国外引进的肉鸡品系长，使得毒害艾美耳球虫感染和发病率显著上升。

柔嫩艾美耳球虫引起的球虫病俗称盲肠球虫病，病变特征显著，发病率、致死率和流行率高，多发于25日龄前后的雏鸡。但饲养在旧垫料上的鸡群，可以在2周龄左右发病。虫体寄生于盲肠上皮组织，严重时可波及盲肠口附近肠组织，致严重出血和血便，甚至完全排出鲜血。其血便特点是血液与粪便相分离，色鲜红或暗红（陈旧粪便），易与毒害艾美耳球虫所致的状如焦油、黏稠且腥臭的血粪相区别。患病鸡病初食欲下降、饮欲正常或稍增强，怕冷而常拥簇成堆。至感染后第4.5至5天时由于寄生于黏膜固有层的大量裂殖体破裂释放裂殖子，使黏膜严重崩解出血，即排出大量血便甚或鲜血，红细胞数和红细胞比容可较正常鸡下降50%以上，是引起死亡的直接原因。剖检可见单侧或双侧盲肠严重肿胀，腔内充满血液或血凝块，肠壁增厚而粗短，浆膜面可见大量粟粒大小的出血点。其后进入配子生殖阶段，出血停止，耐过鸡只可存活。病变特点转为盲肠中出现由血液、坏死脱落的黏膜、纤维素性渗出物混合而成的凝固状肠芯，肠壁显著增厚，上皮细胞开始再生与更新（图15-3）。

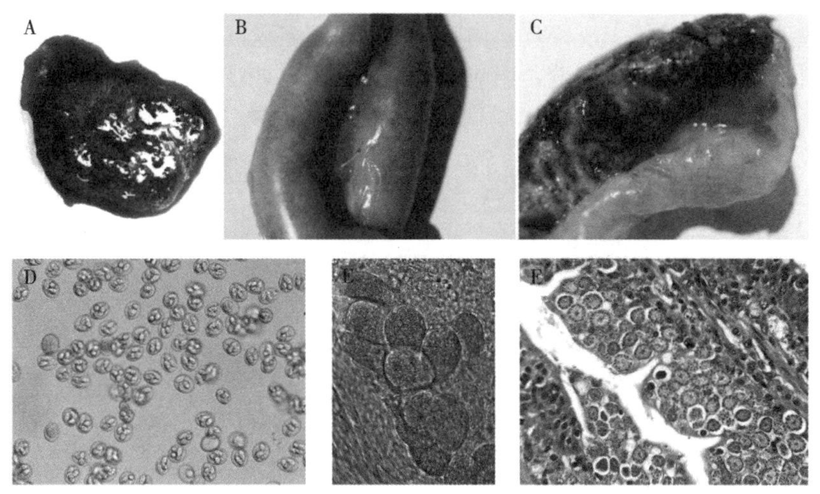

图15-3 柔嫩艾美耳球虫感染引起的病变及其形态学观察

A. 鸡感染柔嫩艾美耳球虫后第5天排出的血便 B. 鸡感染柔嫩艾美耳球虫后第7天盲肠肿胀

C. 鸡感染柔嫩艾美耳球虫后第7天盲肠内容物与脱落的上皮细胞形成“盲肠芯”

D. 孢子化的柔嫩艾美耳球虫卵囊 E. 柔嫩艾美耳球虫第二代裂殖体

F. 柔嫩艾美耳球虫的配子体（HE染色）

（汤新明 索勋供图）

毒害艾美耳球虫毒力强，试验感染 3×10^4 个强毒力株孢子化卵囊即致试验鸡全部死亡。所引起的球虫病俗称（急性）小肠球虫病（intestinal coccidiosis），常发生于8～14周龄的鸡。在我国南方养鸡集中地区则多发于40～50日龄鸡，甚至30日龄前后即可暴发。典型者卵黄蒂前后的小肠段严重肿胀，质脆易碎，手指轻拉即断。肠内容物暗红色或焦油样，黏稠而腥臭，此乃因血液发生降解、陈化所致。常见有胀气，可比正常体积大2倍。死亡高峰期出现于感染后4～5 d。病变特征是肠壁增厚，色泽暗红，从浆膜面可见暗红色和白色相间的斑点，呈“椒盐”状外观，对应于第2代裂殖体于黏膜下层、固有层发育成熟，释放出第2代裂殖子的阶段。病变部位的肠黏膜涂片镜检见有大量成簇分布的大型裂殖体（大小约66 μm），可据此与巨型艾美耳球虫感染相鉴别。释出的第2代裂殖子移行至盲肠上皮细胞，发育成第3代裂殖体，此与第2代裂殖体含数百个裂殖子不同，仅有6～16个裂殖子，且分散存在，致病作用弱，故在盲肠基本无形态学的病变发生（图15-4）。

堆型艾美耳球虫的内生性发育阶段不侵入黏膜下层和固有层，致病力相对较弱，但繁殖能力强，流行广，在多数情况下主要引起亚临床型球虫病。病鸡羽毛蓬乱、污秽，色素沉着不良，生

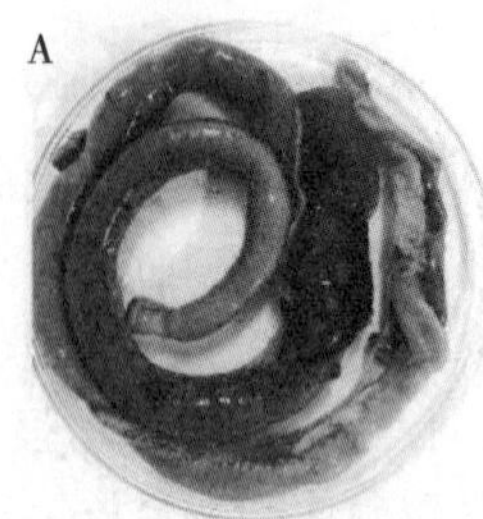
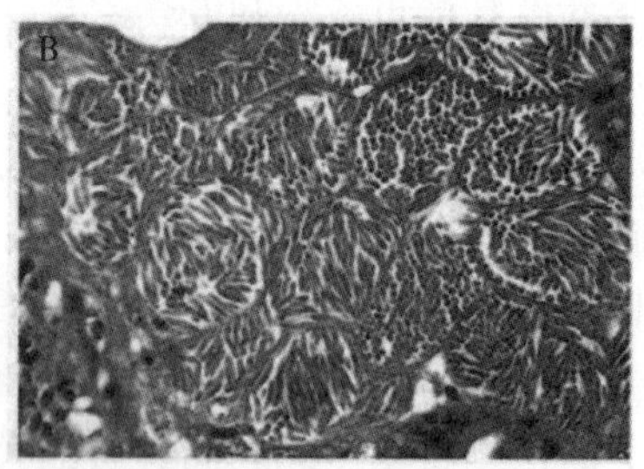

图 15-4　毒害艾美耳球虫感染引起的病变及裂殖体形态
A. 鸡感染毒害艾美耳球虫后第 7 天小肠出血，浆膜可见红色的出血点　B. 毒害艾美耳球虫第二代裂殖体（HE 染色）
（段春慧　索勋供图）

长迟缓，饲料报酬降低。严重感染时，因十二指肠和前端小肠黏膜上皮的大量破坏而致严重的消化、吸收不良，排混有大量未消化饲料的稀薄粪便，机体严重脱水。剖检时从浆膜面可见十二指肠和小肠有黄白相间的“梯状”坏死，肠壁初变薄后增厚，苍白可如水烫样。剖开肠管可发现悬浮于肠腔或游离于肠壁的脱落上皮碎片，内容物稀薄，有多量气泡。堆型艾美耳球虫感染影响叶黄素和类胡萝卜素在皮肤部位的沉着，影响白条鸡及分割鸡外观品质（图 15-5）。

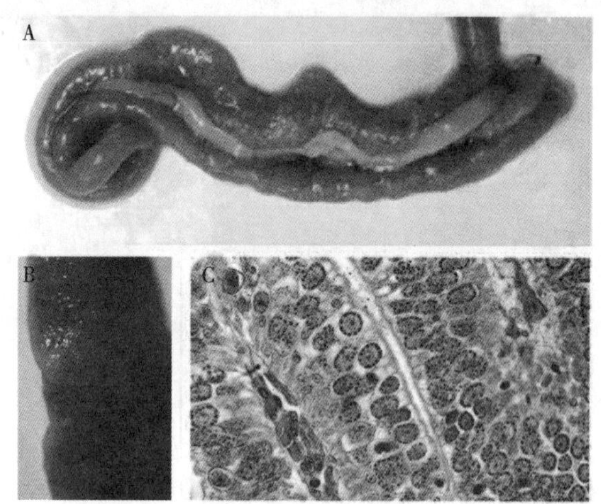

图 15-5　堆型艾美耳球虫感染引起的病变及配子体形态
A. 鸡感染堆型艾美耳球虫后第 7 天十二指肠黏膜部位的白色结节　B. 白色结节呈“梯状”
C. 堆型艾美耳球虫配子体（HE 染色）
（刘婕　索勋供图）

巨型艾美耳球虫感染引起的球虫病也多呈亚临床型，病鸡羽毛蓬乱，皮肤着色不良，冠苍白，增重缓慢，腹泻，排含饲料的粪便。严重感染时肠壁肿胀增厚，黏膜面常有血性黏液或血丝状物，内容物呈浅红色或黄色，混有大量气泡，胀气明显，从浆膜面可见有大量成簇密集分布的小米粒样红色斑点，其与毒害艾美耳球虫的区别在于多呈鲜红色。该种球虫寄生部位与毒害艾美耳球虫基本重叠，鉴别诊断的要点是巨型艾美耳球虫感染极少会在肠管内充斥焦油样血性内容物。显微病理检查可以做出更准确的鉴别，巨型艾美耳球虫虽然也寄生于黏膜下组织，但无如毒害艾美耳球虫那样成簇聚集的大型裂殖体。巨型艾美耳球虫感染也影响叶黄素和类胡萝卜素在皮肤部位的沉着，影响白条鸡及分割鸡外观品质。

布氏艾美耳球虫致病力较强，流行率较低，临床上较少见到典型病例和暴发流行，但一旦发生，致死率可达 10%～30%。在美国 10%～20%的商业化鸡场存在该种球虫感染。寄生于卵黄蒂后至直肠的肠段，轻度感染无明显肉眼可见病变，严重感染早期可见小肠后端黏膜有小的淤血点覆盖。感染后 5～7 d 时黏膜面（尤其是直肠黏膜面）因凝固性坏死而致黏膜表面为干酪样物所完全覆盖，粪便中可现凝固血液和坏死黏膜碎片。

和缓艾美耳球虫是大多数情况下被忽视的一种鸡球虫，其感染一般无特征性病变。但其严重感染时可致卡他性肠炎，有腹泻和饲料便，生产上多与堆型艾美耳球虫混合感染，并加剧堆型艾美耳球虫感染的症状。

早熟艾美耳球虫致病力弱，严重感染也仅引起增重减少，色素沉着减弱，脱水而皮肤干枯，饲料报酬降低。

（四）诊断

因为鸡群的带虫现象极为普遍，故对鸡球虫病的诊断不能仅依据对粪便或肠壁刮取物检查发现卵囊或裂殖体（子）。正确的诊断应该是根据粪便性状、临床表现、剖检病理变化和流行病学调查诸因素综合分析判断。柔嫩艾美耳球虫引起的盲肠球虫病因症状和病变特征明显，诊断比较容易。堆型艾美耳球虫、巨型艾美耳球虫和毒害艾美耳球虫所致球虫病，尤其是亚临床型者，诊断则相对困难，粪便性状、剖检病变固可作为基本依据，但尤须与坏死性肠炎和溃疡性肠炎相鉴别。坏死性肠炎主要由G型产气荚膜梭菌所致，病变特征是在空肠和回肠有不规则状黄色或绿色坏死或溃疡病灶，或偶可融合成纤维素性伪膜，少见出血，可与毒害艾美耳球虫和布氏艾美耳球虫感染所致病变相区别。溃疡性肠炎由鹌鹑梭菌（*Clostidium colinum*）感染所致，以遍布于整个小肠和盲肠，且在溃疡/坏死灶边缘环绕有明显出血环为特征，并常伴有沿胆管分布的坏死性肝炎和肠系膜坏死性病变。此外，鸡肠道梭菌感染所致的“非特异性肠炎”和“菌群失调综合征”等与堆型艾美耳球虫和巨型艾美耳球虫引起的亚临床球虫病颇为相似，以腹泻和“饲料便”为主要临床表现，剖检无明显可见病变，此时应以镜检肠黏膜组织能否发现多量裂殖体或裂殖子为重要鉴别依据。

球虫种类的鉴定，可将病鸡粪便或病变部位的刮取物涂布于载玻片上，加1～2滴等量混合的甘油水溶液或生理盐水搅拌均匀后加盖玻片，在显微镜下观察，根据卵囊形态特征进行初步鉴定，或用孢子化卵囊接种无球虫雏鸡进行生活史观察。有条件时也可用球虫种特异性引物PCR扩增ITS1和ITS2序列，琼脂糖凝胶电泳后或测序后比对分析鉴定。

（五）治疗

球虫病治疗重在早期用药，在症状出现前就给予药物，可以阻断球虫进一步增殖及其对黏膜的损伤。在实践生产中，鸡群感染球虫是不同步的，即部分鸡出现症状时，大部分则是处于感染早期尚未出现症状，或是尚未感染。尽早用药一是减轻尚处于感染早期鸡的肠道损伤，二是降低卵囊排泄量，防治未感染鸡大剂量感染球虫，进而降低死淘率和经济损失。为防止或延缓抗药性的产生，主要用于预防的抗球虫药物如离子载体抗生素类等不建议用作治疗目的。治疗时可混料或经饮水给药，以饮水给药为主，因饮欲改变往往晚于食欲降低的时间。常用的治疗药物有磺胺类药物（常用磺胺二甲嘧啶钠、磺胺喹噁啉钠、磺胺氯吡嗪钠等，其他磺胺类药物如磺胺间二甲氧嘧啶钠等也可使用）、妥曲珠利（toltrazuril）、氨丙啉（amprolium）等。

（六）预防

传统上一直用各种抗球虫药进行药物预防。20世纪90年代起，早熟选育致弱活卵囊疫苗用于预防日益普遍，正成为鸡球虫病预防的主要方法。

1. 药物预防　目前，世界上多数国家（欧盟国家除外）仍几乎都是执行“自雏鸡1日龄起即在饲料中添加抗球虫药至出栏前休药期止整个生长阶段”的预防方案。目前，我国主要使用的抗球虫药物：氨丙啉、氯羟吡啶、氯苯胍（robenidine）、常山酮、二硝托胺（球痢灵，dinitolmide，zoalene）、氯氰苯乙嗪（地克株利，diclazuril）、尼卡巴嗪（nicarbazinum）、马杜霉素（maduramycin）、拉沙菌素、盐霉素（salinomycin）、莫能菌素、那拉菌素（甲基盐霉素，narasin）、森度霉素（semduramicin）等。

其他饲用抗球虫药物还有那拉菌素＋尼卡巴嗪、马杜霉素＋尼卡巴嗪、氯羟吡啶＋苄氧喹甲酯的复方预混剂等。

药物预防有3种用药方案，即连续给药、轮换用药和穿梭用药。连续给药是指从1日龄起连续使用同一种药物至出栏上市前的休药期止；轮换用药则是每隔一定时间即有计划地合理变换使用药物，在不同季节或不同批次鸡使用不同药物；穿梭用药是指在同一群鸡生长的不同阶段使用化学性质不同的药物，常将化学合成类药物与离子载体抗生素类药物进行穿梭更换。

球虫在接触药物后会很快产生抗药性，这是对药物防治效果的最大挑战，也是目前球虫病防治中极为突出的重要问题。迄今为止，对各种抗球虫药物的抗药性我国均有存在，且尤为严重的是多数田间分离虫株具有多重抗药性。为防抗药性产生，临床用药应使用轮换和/或穿梭用药方案，或实行疫苗接种置换田间抗药虫株来克服抗药性。

2. 免疫预防　球虫抗药性的广泛出现及消费者对鸡产品中抗球虫药残留的持续关注，使人们对免疫预防技术日益关注。20 世纪 50 年代，美国建立了低剂量球虫活卵囊诱导免疫保护的方法，并成功研制出球虫病活卵囊疫苗；70 年代创立了早熟（即裂殖世代的减少）选育致弱理论和技术。至 1988 年，英国完成了鸡各种球虫的早熟选育研究，并成功研制了减毒的早熟系（precocious line）活卵囊疫苗产品。目前，生产中使用的疫苗有强（野）毒虫苗和早熟致弱虫苗。我国自 1980 年代开始进行鸡球虫病疫苗的研究，现已有多个自行研制的早熟系球虫病活卵囊疫苗产品，并获农业农村部批准注册，广泛用于快大型和慢速型肉鸡、蛋鸡和种鸡，并已出口东南亚。

免疫预防的方法是按产品说明书，将疫苗与一定量饮水（加或不加卵囊悬浮剂）混匀由雏鸡自由饮用；或将虫苗卵囊与可食性凝胶混匀制成有颜色的饼块，任雏鸡自由啄食；或通过喷雾的方法将卵囊喷于鸡羽毛由鸡整羽时摄食，或喷雾于饲料表面让鸡随饲料食入。一般应在 1～5 日龄进行免疫接种，喷雾免疫须在出雏后立即进行。

亚单位疫苗投入商业化应用的只有一种。其主要抗原成分是来自巨型艾美耳球虫大配子参与卵囊壁形成的一些蛋白质（如 Gam82、Gam56），经肌内注射后通过产生的抗体阻断合子和卵囊的形成，是一种所谓“传播阻断疫苗（transmission-blocking vaccine）”。因在种间具有显著交叉保守性，故对鸡的 7 种球虫均有预防效果，但对裂殖生殖过程及由其所致的病理损伤并无直接作用，因此在免疫力成功建立前鸡群暴发球虫病的风险较高，尤其是以放养、半放养方式饲养肉鸡的地区，由于环境中卵囊荷载量大，应慎用这种疫苗，或在免疫力建立前以药物辅助之。

免疫成功的关键是确保循环感染，即必须保证免疫接种后有足够量的卵囊排出并能完成孢子化和被雏鸡再次摄食。但这种循环感染剂量难以准确控制，尤其是使用未经过致弱的强毒型疫苗，可能在经第 2 次循环时，即在接种疫苗后 12 d 左右球虫病暴发。因此，一方面为保证循环感染，免疫接种后应禁用各种抗球虫药物；另一方面，在使用强毒型疫苗时，则需储备一些治疗用抗球虫药，以防意外暴发球虫病。此外，接种强毒型球虫病疫苗可能会增加鸡群对产气荚膜梭菌和鹌鹑梭菌的易感性，因此在以免疫接种法预防鸡球虫病时，尤要注意对梭菌性肠炎的预防。但也有报道认为接种弱毒球虫病疫苗可增强免疫鸡群对梭菌感染的抵抗力。

（蔡建平　编，陶建平　索勋　赵孝民　审）

第三节　鸭球虫病

鸭球虫病（coccidiois of duck）是由艾美耳属、泰泽属（*Tyzzeria*）、温扬属（*Wenyonella*）和等孢属（*Isospora*）的多种球虫寄生于家鸭、家番鸭、野鸭肠道或肾引起的一种原虫病。过去报道北京地区鸭群的发病率达 30%～90%，病死率为 29%～70%，耐过病鸭生长发育受阻，增重缓慢，对鸭生产的经济效益有显著影响。国内近些年少有大规模发病的报道。

（一）病原概述

文献记载鸭球虫有 23 种：阿氏艾美耳球虫（*E. abramovi*）、鸭艾美耳球虫（*E. anatis*）、潜鸭艾美耳求（*E. aythyae*）、巴氏艾美耳球虫（*E. battakhi*）、水鸭艾美耳球虫（*E. boschadis*）、牛头鸭艾美耳球虫（*E. bucephalae*）、丹氏艾美耳球虫（*E. danailovi*）、针尾鸭艾美耳球虫（*E. koganae*）、克氏艾美耳球虫（*E. krylovi*）、番鸭艾美耳球虫（*E. mulardi*）、秋沙鸭艾美耳球虫（*E. nyroca*）、萨氏艾美耳球虫（*E. saitamae*）、沙氏艾美耳球虫（*E. schachdagica*）、绒鸭艾美耳球虫（*E. somateriae*）、鸭温扬球虫（*W. anatis*）、盖氏温扬球虫（*W. gagaris*）、裴氏温扬球虫（*W. pellerdyi*）、菲莱氏温扬球虫（*W. philiplevinei*）、艾氏泰泽球虫（*T. alleni*）、棉凫泰泽球虫（*T. chenicusae*）、裴氏泰泽球虫（*T. pellerdyi*）、毁灭泰泽球虫（*T. perniciosa*）、鸳鸯等孢球虫（*I. mandari*）。但由于缺乏详细的生活史研究证据，对上述各种球虫中的某些种的有效性仍存有争议。这些球虫中除水鸭艾美耳球虫、针尾鸭艾美耳球虫和番鸭艾美耳球虫外，其余20种在我国家鸭中均有发现。鸭球虫常为混合感染，尤以毁灭泰泽球虫、菲莱氏温扬球虫、番鸭艾美耳球虫和丹氏艾美耳球虫有较强的致病性。我国还有鸳鸯等孢球虫感染引起的病例报道。

1. 毁灭泰泽球虫　卵囊短椭圆形，壁薄，淡绿色，无卵膜孔。大小为（9.2～13.2）μm×（7.2～9.9）μm，平均11 μm×8.8 μm，卵囊指数为1.2。孢子化卵囊内无孢子囊，有8个裸露的子孢子游离于卵囊内，子孢子呈香蕉形。有一个大的卵囊残体。寄生于鸭十二指肠、空肠和回肠（图15-6A）。

2. 菲莱氏温扬球虫　卵囊呈卵圆形，有卵膜孔。大小为（13.3～22）μm×（10～12）μm，平均17.2 μm×11.4 μm。孢子化卵囊内有4个孢子囊，每个孢子囊内有4个子孢子，卵囊指数1.5。无卵囊残体。寄生于卵黄蒂前后的空肠、回肠、盲肠和直肠（图15-6B）。

3. 番鸭艾美耳球虫　卵囊呈卵圆形，大小为（21.4～24.5）μm×（13.3～16.3）μm，平均22.6 μm×14.5 μm。卵囊壁光滑，双层，内层较厚。有一卵膜孔，无卵囊残体。孢子囊卵圆形。寄生于家番鸭的空肠、回肠和盲肠的固有层或肠腺上皮细胞的核内（图15-6C）。

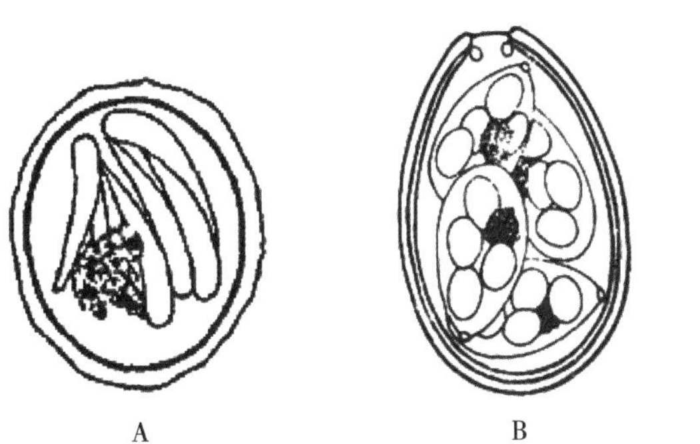

图15-6　鸭球虫孢子化卵囊

A. 毁灭泰泽球虫　B. 菲莱氏温扬球虫　C. 番鸭艾美耳球虫

（索勋，2004；Chauve，1991）

（二）生活史和流行病学

鸭球虫的生活史与鸡球虫相似，除水鸭艾美耳球虫和绒鸭艾美耳球虫寄生于肾小管上皮细胞之外，其余各种均寄生于肠黏膜上皮细胞内。

鸭球虫病多发生于温暖、潮湿、多雨的季节，在京津地区其流行季节为4—11月，其中以9—10月发病率最高。肥育鸭和种鸭为带虫者，是本病的主要传染源。群体暴发多发生于雏鸭由网上饲养转为地面平养后。在法国，番鸭球虫病发生率则高于其他鸭，主要由番鸭艾美耳球虫和毁灭泰泽球虫引起。

（三）临床症状和病理变化

国内临床上发生的鸭球虫病多由毁灭泰泽球虫和菲莱氏温扬球虫的混合感染所致。急性暴发多发生于网上饲养转为地面平养后的短时间内。病初雏鸭精神委顿，食欲降低；随着病情加剧，病鸭喜卧、腹泻，粪便呈桃红色、暗红色或深紫色，有强烈的腥臭味。常于发病当日或第 2～3 天死亡。耐过病鸭生长发育受阻。

毁灭泰泽球虫常引起严重的病变，小肠呈卡他性/出血性肠炎，尤以小肠中段最为严重。肠壁肿胀质脆，手指轻拉即断，黏膜表面密布针尖大小的出血点或覆一层红色胶冻样黏液，或糠麸样/奶酪状伪膜。菲莱氏温扬球虫的致病力较弱，仅见回肠后部或直肠轻度出血，黏膜面有散在出血点，严重者直肠黏膜弥漫性出血。

番鸭艾美耳球虫对雏番鸭有较强的致病力，其致病力主要在最后一代裂殖生殖及配子生殖阶段。人工感染后雏鸭出现食欲下降至废绝，排大量血便。剖检可见在空肠、回肠和盲肠有出血性肠炎，肠腔内充满血液，肠黏膜上皮高度肿胀，呈弥漫性出血。

（四）诊断

应根据临床症状、流行病学、病理变化和查获球虫虫体进行综合判断。在检查病原时，对死亡的雏鸭，可进行病理剖检和小肠黏膜涂片；对耐过的病鸭或慢性病例，可用饱和硫酸镁溶液做粪便漂浮检查卵囊。为了鉴定鸭球虫种类，可以进行 PCR 等分子生物学检测。

（五）防治

目前，我国的集约化养鸭已经从传统的水养方式逐渐变更为旱养方式（岸养、网养和高层笼养）为主，鸭球虫感染及其他一些传染病（如传染性浆膜炎等）的流行病学特征发生明显改变，感染种群和强度及其对生产的影响是鸭球虫病防治的一个新的重要课题。

（陶建平　编，蔡建平　索勋　赵孝民　审）

第四节　鹅球虫病

鹅球虫病（coccidiosis of geese）是由艾美耳属的多种球虫、泰泽属（*Tyzzeria*）和等孢属（*Isospora*）各一种球虫寄生于家鹅或野生雁类肠道或肾所引起的一种原虫病。在我国流行的主要是肠道球虫病，发病率可高达 90%～100%，死亡率达 10%～82%，耐过后的病鹅生长发育受阻，增重缓慢。

（一）病原概述

文献中记载的感染家鹅与野鹅的球虫有 16 种之多，包括艾美耳属的鹅艾美耳球虫（*E. anseris*）、黑雁艾美耳球虫（*E. brantae*）、克氏艾美耳球虫（*E. clarkei*）、粗糙艾美耳球虫（*E. crassa*）、法氏艾美耳球虫（*E. farri*）、棕黄艾美耳球虫（*E. fulva*）、赫氏艾美耳球虫（*E. hermani*）、柯氏艾美耳球虫（*E. kotlani*）、巨唇艾美耳球虫（*E. magnalabia*）、有毒艾美耳球虫（*E. nocens*）、美丽艾美耳球虫（*E. pulchella*）、多斑艾耳美球虫（*E. stigmosa*）、条纹艾美耳球虫（*E. striata*）、截形艾美耳球虫（*E. truncata*），泰泽属的微小泰泽球虫（*T. parvula*）和等孢属的鹅等孢球虫（*I. anseris*）。但比较公认的有效种仅鹅艾美耳球虫、棕黄艾美耳球虫、有毒艾美耳球虫、截形艾美耳球虫、柯氏艾美耳球虫、赫氏艾美耳球虫、条纹艾美耳球虫和微小泰泽球虫 8 种，除截形艾美耳球虫寄生于鹅肾小管上皮细胞外，余者均寄生于肠道上皮细胞。以截形艾美耳球虫致病力最强，鹅艾美耳球虫、柯氏艾美耳球虫和有毒艾美耳球虫也具有明显的致病力，多呈混合感染。

1. 鹅艾美耳球虫　卵囊呈梨形，囊壁单层，无色。具有卵膜孔。卵囊大小为（17.5～20）μm×（15～17.5）μm。无极粒，有卵囊残体，位于卵膜孔正下方。孢子囊卵圆形，几乎充满整个卵囊，大小为（7.5～11.25）μm×（5～8.75）μm。孢子囊残体呈颗粒状，斯氏体不明显。孢子化时间为 1～2 d。潜隐期 6～7 d，显露期 2～8 d（图 15-7A）。

2. 棕黄艾美耳球虫　卵囊宽卵圆形，锐端有卵膜孔且稍截平。壁双层，棕色，外层有明显可见的交叉状条纹。卵囊大小为（25.6～32.4）μm×（20.2～25.2）μm，平均为29.7 μm ×21.6 μm。卵囊指数1.38。孢子化卵囊近锐端有一折光体。孢子囊大小为（13.5～14.8）μm×（8.3～9.7）μm，有斯氏体。孢子囊内有粗大的颗粒状孢子囊残体。潜隐期7 d，孢子化时间60～84 h（图15-7B）。

3. 有毒艾美耳球虫　卵囊呈卵圆形，也有呈袋状或灯泡状，卵膜孔端截平。囊壁光滑，淡黄色，明显由两层组成，内层壁形成一突出的卵膜孔，被外层壁所覆盖。无极粒和卵囊残体。卵囊大小为（25～35）μm×（17.5～22.5）μm。孢子囊大小为（10～15）μm×（7.5～11.25）μm，有小的斯氏体和呈粗颗粒状的残体。孢子化时间为2.5 d或以上，潜隐期4～9 d（图15-7C）。

4. 截形艾美耳球虫　卵囊卵圆形，前端截平，较狭窄。卵囊壁光滑，具有卵膜孔和极帽。卵囊大小为（14～27）μm×（12～22）μm，平均为21.3 μm×16.7 μm。孢子囊具有残体。孢子化时间为1～5 d，潜隐期5～14 d。

5. 柯氏艾美耳球虫　卵囊呈长椭圆形，一端较窄小，淡黄色。卵囊壁2层。具有卵膜孔和极粒，无卵囊残体。卵囊大小为（27.5～32.8）μm×（20～22.5）μm。孢子囊大小为14.9 μm×9.4 μm。孢子囊残体呈散开的颗粒状。孢子化时间为4 d，潜隐期10 d。

6. 赫氏艾美耳球虫　卵囊卵圆形，窄端有卵膜孔，壁双层，光滑而无色。大小为（24～27.6）μm×（17.5～19.5）μm，平均为25.6 μm × 18.9 μm，卵囊指数1.35。孢子化卵囊无卵囊残体和极粒。孢子囊大小为（13.5～14.1）μm×（7.5～9.4）μm，斯氏体不明显，孢子囊残体分数颗粒状。潜隐期5 d，孢子化时间72～96 h（图15-7D）。

7. 多斑艾美耳球虫　卵囊卵圆形，黄褐色，卵膜孔端截平。卵囊壁2层，表面多斑，具有明显的黑白相间放射状排列的条纹。大小为（18.75～25）μm×（16.25～18.75）μm，平均为22.27 μm×17.76 μm，卵囊指数为1.25，有极粒2个，无卵囊残体。孢子囊大小为10.58 μm×8.67 μm，有孢子囊残体。潜隐期5 d，孢子化时间32～34 h（图15-7E）。

8. 微小泰泽球虫　卵囊呈球形或亚球形，囊壁光滑无色，无卵膜孔。大小为(10～16.25)μm×(10～13.75)μm,平均为14.04 μm×11.99 μm，卵囊指数为1.17。无孢子囊，8个子孢子呈香蕉形裸露分布于卵囊中。潜隐期4 d，孢子化时间18～21 h（图15-7F）。

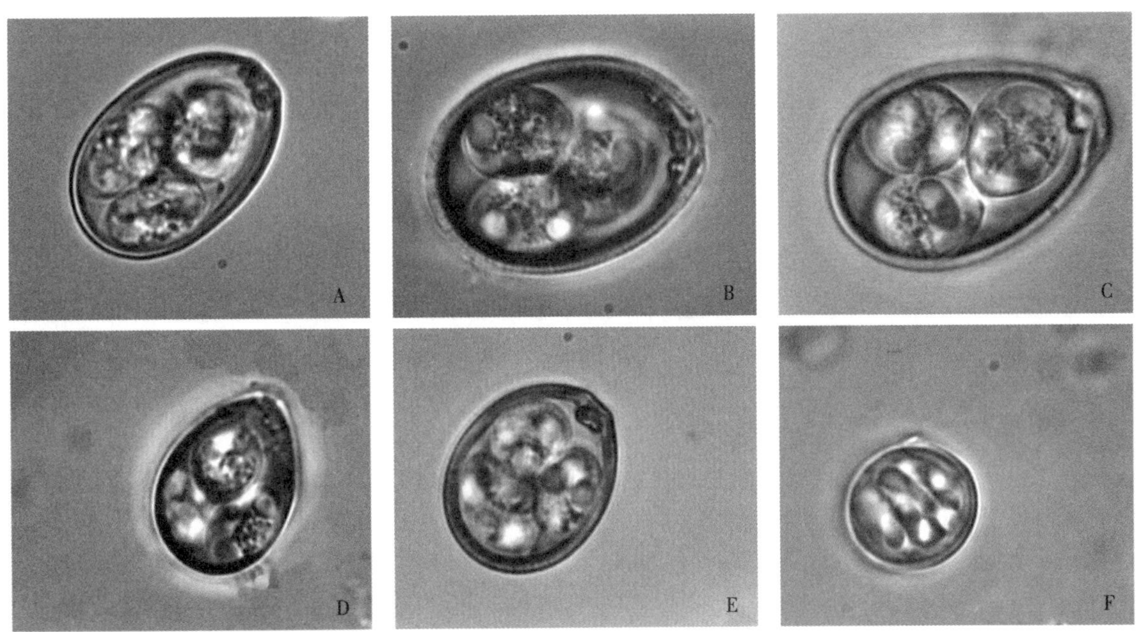

图15-7　鹅球虫孢子化卵囊（10×100倍）
A. 鹅艾美耳球虫　B. 棕黄艾美耳球虫　C. 有毒艾美耳球虫　D. 赫氏艾美耳球虫　E. 多斑艾美耳球虫　F. 微小泰泽球虫
（陶建平供图）

（二）生活史和流行病学

鹅球虫的生活史与鸡球虫类似，但柯氏艾美耳球虫、多斑艾美耳球虫、有毒艾美耳球虫、赫氏艾美耳球虫和微小泰泽球虫在宿主细胞的核内发育。

野生水禽在鹅球虫病的发生和流行过程中具有重要意义。大群舍饲会促使本病的发生，5—8月为多发季节。不同日龄的鹅均可发生感染，日龄小的发病严重。鹅肾球虫病（renal coccidiosis）主要发生于3～12周龄的幼鹅，我国至今未有报道。鹅肠球虫病主要发生于2～11周龄的幼鹅，以3周龄以下的鹅多见，常引起急性暴发，呈地方性流行。成年鹅一般为带虫者，是本病的传染源。

（三）临床症状和病理变化

雏鹅严重感染肠球虫后出现的临床症状类似于鸡球虫病，主要是消化紊乱，表现为食欲下降、腹泻。病初排灰白色或棕红色、带血的黏液性粪便，继而排出红色或暗红色、带有黏液的稀便，甚至为红褐色凝血。幼鹅常在发病后1～2 d死亡，死亡率可达10%～80%。剖检可见小肠高度肿胀，轻拉即断，浆膜面即可见密集分布的清晰暗红色出血点，肠腔内充满稀薄或黏稠胶冻样红褐色液体。小肠中后段有严重卡他性/出血性肠炎，也可能出现大的白色坏死结节或纤维素性坏死性肠炎，伪膜下有大量的卵囊和内生性发育阶段虫体（图15-8）。

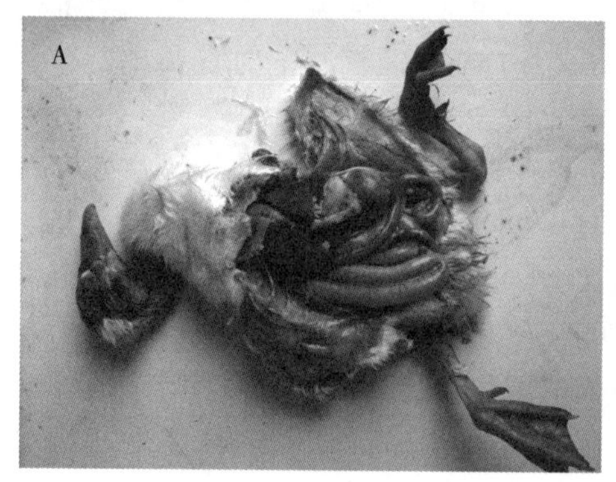

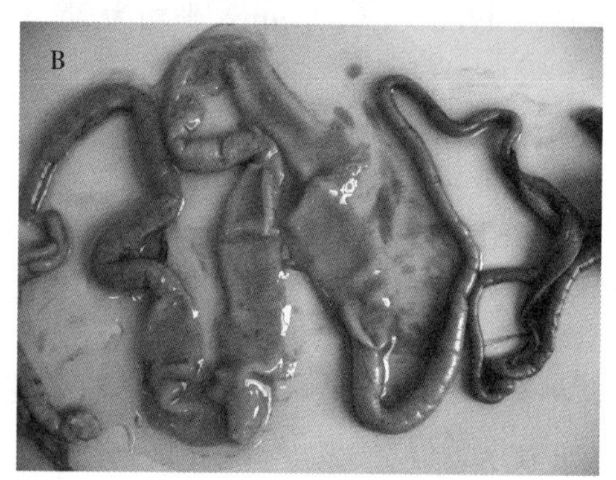

图15-8　肠道病变

A. 肠道外观　B. 肠道黏膜面

（陶建平供图）

截形艾美耳球虫引起的肾球虫病常呈急性经过，表现为精神委顿、食欲减退、消瘦、腹泻、粪白色，眼下凹、翅垂，颈扭曲贴于背上，一般发病后1～2 d死亡，幼鹅死亡率可高达80%以上。剖检见有肾体积肿大，从荐骨床突出，呈灰黑色或红色，上有出血斑和灰白色条纹。病灶内含尿酸盐沉着和大量卵囊。

（四）诊断

与鸡球虫病类似。根据临床症状、流行病学、病理变化、病原学检查等多方面因素加以综合判断。应注意鹅球虫病与副黏病毒病、小鹅瘟的鉴别诊断。

（五）防治

主要用磺胺类药物治疗鹅球虫病，尤以磺胺喹噁啉（sulfaquinoxaline，SQ）和磺胺间二甲氧嘧啶（sulfadimethoxine）值得推荐。其他药物如氨丙啉、氯苯胍、氯羟吡啶、地克珠利、盐霉素等也有较好效果。

（陶建平　编，蔡建平　赵孝民　审）

第五节　火鸡球虫病

火鸡球虫病（coccidiosis of turkey）是火鸡养殖生产中的一种常见病，由艾美耳属球虫寄生于火鸡肠黏膜组织所致。

(一) 病原概述

公认的火鸡 5 种艾美耳球虫卵囊形态、生活史和致病特点如下。

1. 腺艾美耳球虫（*E. adenoeides*）　是致病力最强的火鸡球虫，以 10^5 个卵囊感染 5 周龄雏火鸡可 100%致死。卵囊椭圆形，大小为（18.9～31.3）μm ×（12.6～20.9）μm，平均 25.6 μm × 16.6 μm，卵囊指数 1.54。最短潜隐期 103 h，多为 112 h，最短孢子化时间 24 h。主要寄生于盲肠，严重感染时可扩展至小肠后端和泄殖腔。表现肠壁肿胀、出血、充血，感染后第 5 天可见黏膜上皮坏死脱落，并在肠腔中形成凝固性干酪样肠芯，盲肠浆膜面色苍白。粪便稀薄如液，可混有血液或长 2～5 cm 的黏液管型。

2. 小火鸡艾美耳球虫（*E. meleagrmitis*）　卵囊呈卵圆形，大小为（15.8～26.9）μm ×（13.1～21.9）μm，平均 19.2 μm ×16.3 μm，卵囊指数 1.17。最短潜隐期 103 h，最短孢子化时间 18 h。寄生于包括十二指肠的小肠前段，严重时延展至整个小肠，致病力强。主要引起肠壁充血肿胀，肠腔内有大量液体和黏液，或有脱落的上皮组织碎片，但出血较少见。

3. 分散艾美耳球虫（*E. dispersa*）　卵囊呈宽卵圆形，大小为（21.8～31.1）μm ×（17.7～23.9）μm，平均 26.1 μm ×20.0 μm，卵囊指数 1.24。形态特征是仅具有一层轮廓清晰的囊壁（其他火鸡球虫均有 2 层囊壁）。最短潜隐期 120 h，最短孢子化时间 35 h。主要寄生于小肠中段，严重感染时也可延展至盲肠口部，致病力相对较弱。吞食大量孢子化卵囊感染时，十二指肠呈现水肿和充血，肠壁增厚，浆膜面呈奶油样，感染后第 5 天时，黏膜上有奶油样黏性分泌物，并有剥脱的上皮组织，少数绒毛可肿胀至肉眼可见的程度。

4. 孔雀艾美耳球虫（*E. gallopavonis*）　卵囊长椭圆形，大小为（22.7～32.7）μm ×（15.2～19.4）μm，平均为 24.4 μm ×18.1 μm，卵囊指数 1.34。最短潜隐期 105 h，最短孢子化时间 15 h。致病力强，以（5～10）×10^4 个卵囊感染 6 周龄雏火鸡，可引起 10%～100%死亡。寄生于卵黄蒂之后的后段小肠、盲肠和直肠。感染后 5～6 d，肠壁呈明显炎症和水肿，至 7～8 d，肠腔中有软的白色干酪样坏死物与肠芯，其中可见血块和大量卵囊。

5. 火鸡艾美耳球虫（*E. meleagridis*）　卵囊椭圆形，大小为（20.3～30.8）μm ×（15.4～20.6）μm，平均 24.4 μm ×18.1 μm，卵囊指数 1.34。最短潜隐期 110 h，最短孢子化时间 24 h。大多数试验证明其无明显致病力。

(二) 临床症状

火鸡球虫病的主要症状是腹泻，尤以水样腹泻常见，粪便带有黏液和血丝或小的血凝块，但少见直接排出大量血液。非特异性症状还有精神委顿、畏寒扎堆、羽毛蓬乱、翅下垂、食欲减退、消瘦等。

(三) 防治

火鸡球虫病的防治仍主要依赖药物，预防重于治疗，对鸡球虫病有效的药物，对火鸡通常也都有效，但最适剂量有所差异。治疗时，可首选氨丙啉。预防用药有氨丙啉、磺胺喹噁啉＋二甲基甲氧苄胺嘧啶、莫能菌素、拉沙菌素、常山酮等，混于饲料中自 1 日龄起使用至休药期开始。

与鸡球虫病相似，火鸡球虫病可用活卵囊疫苗进行免疫预防，在 7 日龄时混于饲料中进行免疫，在美国、加拿大地区已获普遍成功。

第六节　鹌鹑球虫病

集约化鹌鹑生产中常见鹌鹑球虫病（coccidiosis of quail），全球分布，经济损失较大。

文献报道寄生于鹌鹑的球虫有 8 种，分属于艾美耳属和温扬属。艾美耳属有角田艾美耳球虫

（*E. tsunodai*）、巴氏艾美耳球虫（*E. bateri*）、鹌鹑艾美耳球虫（*E. coturnicis*）、枯氏艾美耳球虫（*E. crusti*）、分散艾美耳球虫（*E. dispersa*）、日本鹌鹑艾美耳球虫（*E. uzura*）和塔尔第艾美耳球虫（*E. taldykurgania*）。温扬属则仅一种，即巴立温扬球虫（*W. bahli*）。我国对鹌鹑球虫的研究很少，曾报道过角田艾美耳球虫、巴氏艾美耳球虫两种，另有在粪便中发现疑似鹌鹑艾美耳球虫卵囊的报道。

1. 角田艾美耳球虫 卵囊卵圆形或椭圆形，囊壁光滑，无卵膜孔和极帽。孢子化卵囊大小为（15.1～23.4）μm ×（13.0～18.2）μm，有极粒和卵囊残体。孢子囊有斯氏体与残体。寄生于盲肠。试验研究表明有3代裂殖生殖过程。致病力强，感染后3～4 d有腹泻、血便、饮食欲减退、精神委顿等表现。

2. 分散艾美耳球虫 与感染火鸡的分散艾美耳球虫（*E. dispersa*）为同一个种。

可用氯苯胍调成糊状经嗉囊灌服，治愈率较高。

预防可参照鸡的用药措施，在严重流行的鹌鹑场，可添加药物于饲料中混饲预防。

第七节 鸽球虫病

鸽球虫病（coccidiosis of pigeon）最常见是由拉氏艾美耳球虫（*E. labbeana*）感染所致。卵囊呈球形或亚球形，平均大小约为19.1 μm ×17.4 μm。主要危害幼鸽，也见于3～4月龄鸽，致死率可达15%～70%。病鸽精神委顿，食欲减退，腹泻，粪便呈绿色或血红色，可带有血液，出现明显脱水和消瘦。严重时炎症可波及整个肠道。在成年鸽常呈亚临床症状，并持续存在。鸽群如出现所谓“体重变轻”状态（体重渐进性降低、体弱）时要高度怀疑球虫病或球虫感染。

治疗可使用磺胺类药饮水，治疗和预防效果均很好。国外有信鸽专用的抗球虫药，主要成分是类似于地克珠利的均三嗪类药物。国内兰州市在送诊的以慢性腹泻为特征、经多种抗生素治疗无明显效果的信鸽粪便中查获拉氏艾美耳球虫卵囊，用妥曲珠利混悬液饮水治疗获得成功。

（蔡建平 编，索勋 陶建平 赵孝民 审）

第八节 兔球虫病

兔球虫病（coccidiosis of rabbit）是由一种或数种艾美耳球虫寄生于兔肠道或肝胆管上皮细胞所引起的一种以腹泻为主要临床表现的寄生虫病，呈世界性分布，是家兔和实验兔养殖中危害最大的寄生虫病。

（一）病原概述

迄今为止报道感染家兔的艾美耳球虫有16种，即斯氏艾美耳球虫（*E. stiedai*）、穿孔艾美耳球虫（*E. perforans*）、盲肠艾美耳球虫（*E. coecicola*）、小型艾美耳球虫（*E. exigua*）、黄艾美耳球虫（*E. flavescens*）、肠艾美耳球虫（*E. intestinalis*）、无残艾美耳球虫（*E. irresidua*）、大型艾美耳球虫（*E. magna*）、中型艾美耳球虫（*E. media*）、梨形艾美耳球虫（*E. piriformis*）、维氏艾美耳球虫（*E. vejdovsky*）、新兔艾美耳球虫（*E. neoleporis*）、松林艾美耳球虫（*E. matsubayashii*）、纳格浦尔艾美耳球虫（*E. nagpurensis*）、家兔艾美耳球虫（*E. oryctolagi*）和长形艾美耳球虫（*E. elongate*）。但有学者认为上述16种球虫中只有前11种是家兔艾美耳球虫的有效种。还有学者甚至认为，仅斯氏艾美耳球虫一种是真正经过分子生物学和交叉感染试验研究确认的寄生于家兔的种，且也是目前已知的兔球虫中唯一经过交叉感染试验证明可在不同属的兔之间传播的艾美耳球虫。我国学者发现一种孔氏艾美耳球虫（*E. kongi*），其在兔中的重要性有待研究。

根据这 12 种（前 11 种加孔氏艾美耳球虫）艾美耳球虫卵囊壁上有无卵膜孔或卵膜孔是否明显，在虫种鉴定时可将兔球虫区分为有卵膜孔和无/不明显卵膜孔 2 组，后者卵囊中无卵囊残体；而前者中则有些种具有卵囊残体，有些则缺如，故可再分为有卵囊残体和无卵囊残体 2 个亚组。再通过卵囊大小、孢子囊特征即可比较容易地鉴定到种（图 15-9）。这种划分体系获得了 18S rRNA 基因序列的分子进化分析结果支持。

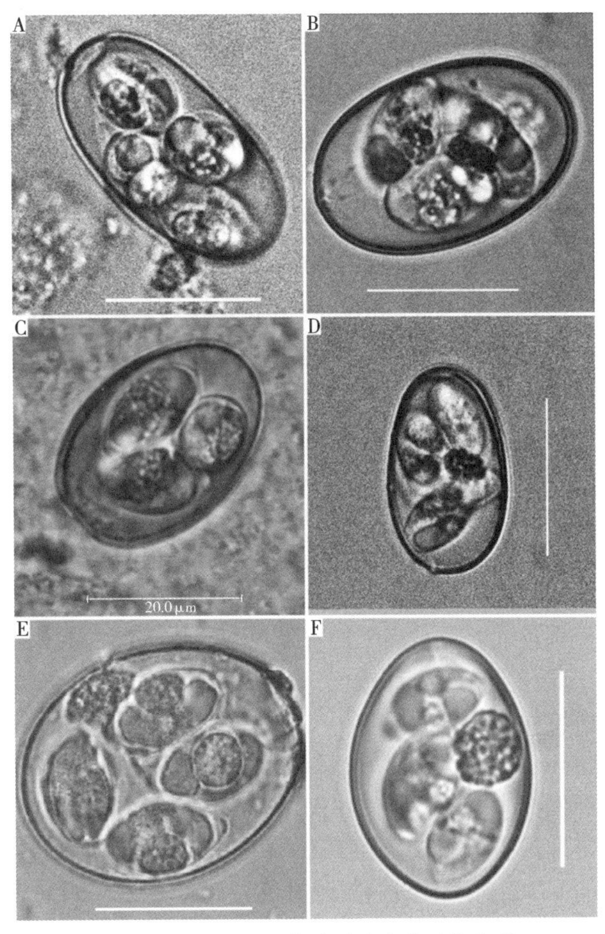

图 15-9　兔的 6 种艾美耳球虫孢子化卵囊

A. 斯氏艾美耳球虫　B. 无残大型艾美耳球虫　C. 黄艾美耳球虫　D. 中型艾美耳球虫　E. 大型艾美耳球虫　F. 肠艾美耳球虫

（陶鸽如　李超　刘贤勇　索勋供图）

上述艾美耳球虫中，除斯氏艾美耳球虫和盲肠艾美耳球虫分别寄生于肝胆管上皮细胞和肠相关淋巴组织（gut-associated lymphoid tissue，GALT）并在此进行裂殖生殖和配子生殖外，其余者随虫种不同寄生于不同肠段黏膜上皮细胞。

迄今除小型艾美耳球虫外，对其他兔球虫的生活史均有较详细的研究。所有兔球虫的内生性发育均始于子孢子对十二指肠上皮细胞的入侵，这是与鸡球虫入侵的一个重要差别。如接种肠艾美耳球虫卵囊 10 min 后就可在十二指肠黏膜上皮发现子孢子，4 h 后子孢子即可寄居于回肠上皮细胞。盲肠艾美耳球虫的子孢子还可见于肠外组织，如肠系膜淋巴结、脾，而肠艾美耳球虫则仅局限于肠上皮组织。这种移行过程并不仅仅发生于子孢子，如黄艾美耳球虫的第一代裂殖体寄生于小肠，而其他的内生发育阶段则发生于盲肠，说明裂殖子也可长距离移行。对斯氏艾美耳球虫来说，目前仍未完全清楚其是如何从肠上皮细胞移行到胆管上皮的，有学者提出“可能经门脉途径进入肝”的假说。尽管在肠系膜淋巴结的淋巴细胞中观察到虫体，但尚缺乏经由淋巴途径移行过程的详细研究。

（二）流行病学

所有品种或品系的家兔对艾美耳球虫均有易感性，尤其是在断乳至 3 月龄期间，感染常导致较高的死亡率，死亡率的高低与所感染虫种密切相关。成年兔感染后多呈带虫状态，是幼兔感染和发病的传染源。流行时间受温湿度影响较大，温暖潮湿季节易发，当环境温度经常高于10 ℃时，即可随时发生球虫病。饲养环境差、管理不良是兔球虫病发生的主要诱因，饲料、饮水、笼具、工具污染均可导致场间感染和传播，蝇类等节肢动物也是重要的传播媒介。兔场一旦不慎引入带虫兔，将快速导致整个养殖环境被污染，且难以彻底净化。

（三）致病作用

球虫寄生所致的上皮细胞破坏、有毒物质产生以及菌群失调和产气荚膜梭菌、沙门菌和巴氏杆菌等过度增殖的综合作用是致病的主要因素。不同种兔球虫的致病性有明显差异，根据试验研究结果，可将 12 种兔球虫依致病力强弱分为 5 个组别：无致病性（盲肠艾美耳球虫）、弱致病性（穿孔艾美耳球虫、小型艾美耳球虫和维氏艾美耳球虫）、中度致病性（中型艾美耳球虫、大型艾美耳球虫、梨形艾美耳球虫、无残艾美耳球虫及孔氏艾美耳球虫）、强致病性（肠艾美耳球虫和黄艾美耳球虫）以及高剂量感染可致病的斯氏艾美耳球虫。肠道球虫的致病力强弱至少部分与寄生部位相关。强致病性的肠艾美耳球虫和黄艾美耳球虫都分别寄生于后段小肠和/或盲肠的隐窝，可大量破坏位于此处的干细胞，加剧病变的严重性。各种致病性兔球虫中，除穿孔艾美耳球虫可同时寄生于隐窝和微绒毛外，其他种都只寄生于隐窝，而非致病虫种或弱致病力虫种主要寄生于绒毛部位。但这种相关性并不完全一致，如盲肠艾美耳球虫可引起阑尾的严重损伤，而从其对个体兔的综合影响看却是非致病性的。

斯氏艾美耳球虫的致病作用是由于球虫内生发育阶段对胆管上皮细胞的破坏，肝表面可见大小和数量不等的黄灰色（肉色）结节，沿小胆管呈索状分布。显微镜检查可见结节中有裂殖体、裂殖子、配子体和卵囊等不同发育阶段的虫体。陈旧性结节内容物变稠，形成淀粉样钙化物质。在慢性病例，胆管周围和肝小叶间结缔组织增生，肝实质萎缩，体积缩小，呈间质性肝炎，胆囊壁和胆管卡他性炎，胆汁浓稠并含许多崩解的上皮细胞。

兔感染球虫后可获得对同种球虫再感染的坚强免疫力。各种兔球虫的免疫原性强弱不等，据报道，肠艾美耳球虫的免疫原性最强，口服接种 6 个卵囊即可使攻虫感染的卵囊产量降低 60%，以 600 个卵囊接种免疫可完全阻断攻虫感染的卵囊排出。黄艾美耳球虫和梨形艾美耳球虫的免疫原性则很弱，流行病学调查发现老龄兔中黄艾美耳球虫和梨形艾美耳球虫感染较为普遍，可能正缘于此。无残艾美耳球虫、中型艾美耳球虫和大型艾美耳球虫的免疫原性中等。在兔的抗球虫免疫应答中，主要由阑尾、派伊尔结（Payer’s patch，PP）、上皮间淋巴细胞（intraepithelial lymphocytes，IELs）和固有层白细胞（lamina propria leukocytes，LPLs）等组成的肠相关淋巴组织发挥主要作用。其中阑尾在兔免疫反应中有类似禽法氏囊的重要作用。试验发现，兔感染肠艾美耳球虫后 14 d，肠 IELs 中的 $CD4^+$ 细胞和肠系膜淋巴结（mesenteric lymph nodes，MLN）中的 $CD8^+$ 细胞比例一过性升高，此后 $CD8^+$ IELs 显著升高的同时伴随有固有层 $CD8^+$ 细胞的广泛浸润。体外试验表明，肠艾美耳球虫抗原可刺激 MLN 的淋巴细胞增殖，却不能刺激脾淋巴细胞。对免疫原性明显差异的肠艾美耳球虫和黄艾美耳球虫比较发现，前者可刺激寄生部位回肠上皮组织中 $CD8^+$ 细胞百分比显著升高，而后者却不能诱导寄生部位盲肠上皮中的相似变化，可见局部免疫反应在抗球虫感染中的重要作用。

（四）临床症状和病理变化

兔球虫病的临床症状可分为肠型、肝型和混合型 3 种表现形式，临床上以混合型常见。其典型症状是食欲减退或废绝，精神委顿，行动迟缓，卧俯不动，腹泻或腹泻便秘交替出现，后肢及肛门周围被粪便所污染，可视黏膜苍白、黄染。病兔出现肠臌气、肝肿大及膀胱积尿而腹围膨大，肝区有明显触痛。病程后期，幼兔常有四肢麻痹等神经症状。致死率 40%～70%，甚至 80%以上。血液生化检查可见谷丙转氨酶、谷氨酸转氨酶、山梨醇脱氢酶、谷氨酸脱氢酶、γ-谷氨酰转移酶等活性升高，可出现胆红素血症、脂血症等。单纯的肝型球虫病较为少见，与混合型症状相似。肠型症状严重程度取决于感染虫种、感染剂量、免疫状态和年龄等因素。其主要症状是腹泻并伴有血便、体重下降，摄食量和排便量均降低，间有死亡。一般不会有明显脱水，但因腹泻可导致大量 K^+ 流失而有电解质紊乱，表现低钾血症。症状出现时间对应于配子生殖阶段（这有别于鸡球虫病的裂殖生殖阶段），一般可持续数天时间，多会伴发大肠杆菌、产气荚膜梭菌和轮状病毒感染。病理学变化主要表现肠黏膜出血，组织学检查可见肠绒毛萎缩，上皮细胞脱落。

（五）诊断

无论肝型、肠型还是混合型球虫病，其诊断都须以病原学检查的结果为基本依据。以粪便直接涂片、饱和盐水漂浮和/或离心淘洗法进行球虫卵囊检查；或活体采样、剖检取肝结节及肠黏膜刮取物等进行显微镜检查，发现裂殖体、裂殖子、配子体、配子、卵囊等各阶段虫体，并结合肝和/或肠道特定部位的病理变化及临床症状，即可诊断为球虫病，并可根据虫种形态特征进行鉴别。兔多种球虫的 18S rDNA 序列已有报道，可用 PCR 技术扩增 18S rDNA 或 ITS1 与 ITS2 序列进行分子生物学鉴定。

（六）防治措施

兔球虫病防治目前主要依靠使用各种抗球虫药物。鸡用抗球虫药物多可应用，但试验证明氨丙啉、丁氧喹酯（buquinolate）、氯羟吡啶、苄氧喹甲酯（mehtylbenzoquate）、尼卡巴嗪等基本无效，而马杜霉素对兔有较强毒性，不能用于兔球虫病的防治。其他抗球虫药如氯苯胍、地克珠利、癸氧喹酯（decoquinate）、甲基盐霉素、莫能菌素、盐霉素、妥曲珠利等均可应用。

养殖过程的卫生管理对兔球虫病的防治具有极其重要的意义。使用具有网孔的铁丝网并保证能完全不羁留粪便的笼具，保持笼舍清洁、干燥，保证饮水和饲料洁净无球虫污染等日常管理措施可有效预防球虫病的发生。笼具应经常冲洗，并以火燎、暴晒或水烫等方法消毒处理。

根据艾美耳球虫早熟选育理论和技术，已对数种兔球虫进行了早熟选育研究。实验室研究数据表明，早熟选育后的艾美耳球虫对兔致病力显著下降但仍然保持其免疫原性，其免疫后对同源虫种的攻毒感染具有良好的保护力。用兔球虫的早熟选育虫株进行的免疫预防已获得试验性成功，我国已有商品疫苗通过国家新兽药技术评审。

我国实验动物质量标准规定艾美耳球虫为实验兔的排除性病原体。实验兔群一旦发现有球虫感染，应予淘汰，并在隔离条件下引进或通过剖宫产手术繁殖仔兔并在封闭条件下建立无球虫兔群。

（蔡建平　刘贤勇　编，索勋　赵孝民　审）

第九节　猪球虫病

猪球虫病（coccidiosis of swine，eimeriosis of swine）是由囊等孢属的猪囊等孢球虫（*Cystoisospora suis*）和多种艾美耳球虫（*Eimeria* spp.）所致，主要危害哺乳期仔猪，尤以囊等孢球虫危害为大。由于囊等孢球虫病独立专述，此处只介绍猪的艾美耳球虫病。

（一）病原体

文献报道有 15 种，但公认的有效种为 8 种，分别是蒂氏艾美耳球虫（*E. debliecki*）、新蒂氏艾美耳球虫（*E. neodebliecki*）、极细艾美耳球虫（*E. perminuta*）、光滑艾美耳球虫（*E. polita*）、豚艾美耳球虫（*E. porci*）、粗糙艾美耳球虫（*E. scabra*）、有刺艾美耳球虫（*E. spinosa*）和猪艾美耳球虫（*E. suis*）。蒂氏艾美耳球虫、新蒂氏艾美耳球虫、粗糙艾美耳球虫和有刺艾美耳球虫等 4 种球虫的生活史有详细描述。20 世纪 90 年代北美和欧洲地区有严重流行，优势虫种为蒂氏艾美耳球虫、新蒂氏艾美耳球虫、粗糙艾美耳球虫和猪艾美耳球虫。我国 20 世纪 80 年代在四川和北京地区，除新蒂氏艾美耳球虫和光滑艾美耳球虫外，其余 6 种球虫均有流行。90 年代后期开始，随着集约化猪生产的快速发展，仔猪球虫病逐渐流行严重，造成较大经济损失。

1. 蒂氏艾美耳球虫　卵囊呈卵圆形或椭圆形，囊壁光滑无色。大小为（21.6～31.5）μm ×（15.6～21.5）μm，平均为 26.3 μm ×18.9 μm，卵囊指数为 1.40。有极粒，无卵囊残体。孢子囊有斯氏体和孢子囊残体。最短孢子化时间 107 h。

2. 新蒂氏艾美耳球虫　卵囊呈椭圆形或卵圆形，囊壁双层，无色光滑，无卵膜孔。大小为（17～24）μm ×（14～18）μm，平均为 19.8 μm ×15.2 μm。无卵囊残体，有极粒。孢子囊长卵圆形，大小为（12～14）μm ×（5～7）μm，平均 13.1 μm ×6.1 μm，有明显的斯氏体和孢子囊残体。最短潜隐期 10 d，最短孢子化时间（2.5%重铬酸钾，25 ℃）10 d。

3. 粗糙艾美耳球虫 卵囊呈卵圆形，囊壁粗糙，黄色或褐色，壁厚 1.5～2.0 μm，具放射状条纹。大小为（23.1～35.1）μm×（16.0～25.1）μm，平均 29.7 μm × 17.9 μm，卵囊指数 1.66。有卵膜孔和卵囊残体，孢子囊有斯氏体和孢子囊残体。最短孢子化时间约 8 d。

4. 有刺艾美耳球虫 卵囊呈卵圆形，偶见椭圆形，囊壁粗糙，分布有密集排列的细刺，无卵膜孔和卵囊残体，有极粒。大小为（21.7～28.3）μm×（16.3～21.2）μm，平均 25.35 μm × 19.93 μm，卵囊指数 1.27。孢子囊有斯氏体和孢子囊残体。最短孢子化时间约 11 d。

5. 猪艾美耳球虫 卵囊椭圆形或亚球形，囊壁光滑无色，有极粒而无卵囊残体。大小为（15.9～20.7）μm ×（11.5～16.7）μm，平均 17.8 μm × 14.1 μm，卵囊指数 1.27。孢子囊有斯氏体和孢子囊残体。最短孢子化时间约 4.5 d。

（二）流行病学、临床症状与病理变化

临床上，猪的艾美耳球虫几乎都与囊等孢球虫混合感染，且以囊等孢球虫的致病作用为主，少见艾美耳球虫单独致病的病例。猪的艾美耳球虫主要危害哺乳期和刚断乳的仔猪，引起黄色或白色水样或糊状腹泻。成年猪呈带虫状态，为传染源，尤其是母猪带虫，常成为一窝仔猪同时或先后感染发病的传染源。以 2.5×10^5 个新蒂氏艾美耳球虫孢子化卵囊接种 30 日龄仔猪，感染后 8～11 d 出现严重腹泻，粪便呈黏液状带泡沫，褐色或绿色，常黏附于会阴部，12 d 时粪便呈糊状，13～14 d 逐渐恢复正常。接种后 8～11 d 剖检，可见在中后段空肠有卡他性或局灶伪膜性炎症，黏膜表面有斑块状或点状出血及纤维素性坏死灶，肠系膜淋巴结水肿性增大。病理组织学观察可见肠绒毛萎缩，肠上皮细胞灶性坏死，在绒毛顶端有纤维素性坏死物，并可在上皮细胞内见到大量成熟的裂殖体、裂殖子等。

（三）诊断和防治

猪的艾美耳球虫病与囊等孢球虫病均多发于仔猪的哺乳期和断乳期，腹泻是其主要症状。仔猪腹泻是一种常见病，多发于仔猪的哺乳期和断乳期，可由多种生理应激和病理因素引起。因此，仅依靠从粪便中检获球虫卵囊或卵囊计数难以对猪球虫病做出正确诊断。应结合流行病学、临床表现和小肠病变检查，尤其是小肠（空肠和回肠）黏膜压片检查发现大量内生性发育阶段虫体，进行综合判断。尤其要注意与大肠杆菌病、梭菌性肠炎、流行性腹泻、传染性胃肠炎、轮状病毒感染和类圆线虫感染进行鉴别诊断。

选用妥曲珠利悬浮液进行治疗或预防，效果良好。良好的饲养管理，尤其是产房的良好卫生状况是预防本病的重要保证。

（郝力力　蔡建平　编，陶建平　赵孝民　审）

第十节　牛球虫病

牛球虫病（coccidiosis of bovine）是由艾美耳属球虫寄生于牛消化道引起的一种以出血性肠炎为主要特征的寄生虫病，常发生于犊牛，表现腹泻、营养不良、消瘦等临床症状。

（一）病原概述

已报道的牛艾美耳球虫有 20 多种，除 1 种寄生于皱胃外，其余可能都寄生于肠道。国内报道的有阿拉巴马艾美耳球虫（*E. alabamensis*）、奥博艾美耳球虫（*E. auburnensis*）、巴雷利艾美耳球虫（*E. bareillyi*）、牛艾美耳球虫（*E. bovis*）、巴西艾美耳球虫（*E. brasiliensis*）、布基农艾美耳球虫（*E. bukidnonensis*）、加拿大艾美耳球虫（*E. canadensis*）、圆柱状艾美耳球虫（*E. cylindrica*）、椭圆艾美耳球虫（*E. ellipsoidalis*）、伊利诺斯艾美耳球虫（*E. illinoisensis*）、

广西艾美耳球虫（*E. kwangsiensis*）、皮利他艾美耳球虫（*E. pellita*）、亚球形艾美耳球虫（*E. subspherica*）、怀俄明艾美耳球虫（*E. wyomingensis*）、云南艾美耳球虫（*E. yunnanensis*）和邱氏艾美耳球虫（*E. züernii*）。其中，分布较广的有邱氏艾美耳球虫、牛艾美耳球虫、椭圆艾美耳球虫、亚球形艾美耳球虫、巴西艾美耳球虫、奥博艾美耳球虫。

邱氏艾美耳球虫的殖裂生殖发生于小肠，配子生殖发生于回肠后段、结肠与盲肠，致病力强，潜隐期为9～23 d，排卵囊持续期为5～26 d。牛艾美耳球虫的殖裂生殖发生于小肠，配子生殖发生于回肠后段、结肠、盲肠与直肠，致病力仅次于邱氏艾美耳球虫，潜隐期为15～22 d，排卵囊持续期为2～11 d。阿拉巴马艾美耳球虫的殖裂生殖发生于回肠后段，配子生殖发生于回肠后段，但感染严重时配子生殖可出现在结肠前段和盲肠，致病力中等，潜隐期为6～11 d，排卵囊持续期为1～13 d。奥博艾美耳球虫的殖裂生殖和配子生殖均发生于小肠中段、后1/3段，致病性中等或低，随虫株不同而异，潜隐期为18～20 d，排卵囊持续期为2～8 d。椭圆艾美耳球虫的殖裂生殖发生于小肠，配子生殖主要发生于回肠后段，部分在小肠，致病性低，潜隐期为8～13 d，排卵囊持续期为12 d左右。布基农艾美耳球虫的殖裂生殖发生于小肠，配子生殖发生于回肠，致病性低或不明显，潜隐期为10～25 d，排卵囊持续期为2～12 d（图15-10）。

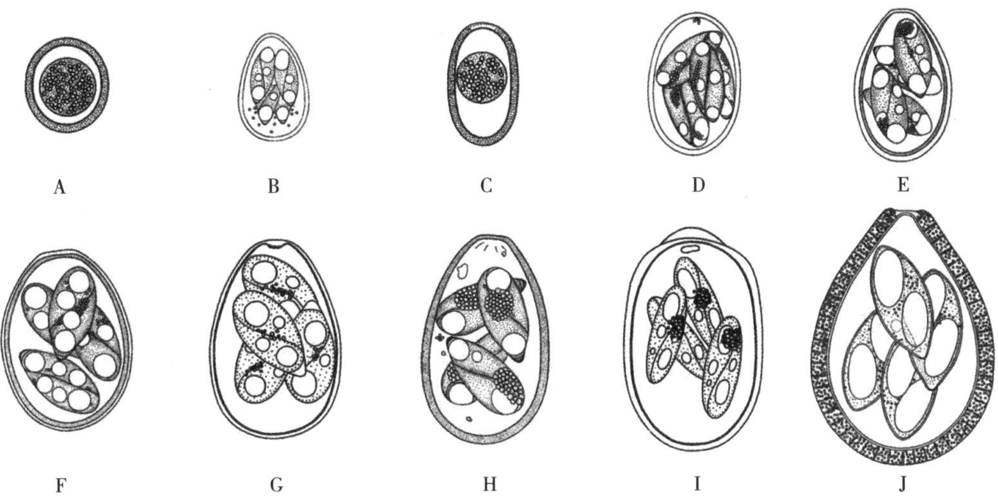

图15-10 牛的各种球虫卵囊

A. 邱氏艾美耳球虫 B. 阿拉巴马艾美耳球虫 C. 圆柱状艾美耳球虫 D. 椭圆艾美耳球虫 E. 牛艾美耳球虫 F. 加拿大艾美耳球虫 G. 怀俄明艾美耳球虫 H. 奥博艾美耳球虫 I. 巴西艾美耳球虫 J. 布基农艾美耳球虫

（引自Pellérdy，1974）

（二）流行病学

各种年龄、品种的牛都有易感性，以2岁内犊牛更为易感，成年牛多为带虫者。在乳牛场，犊牛感染率超过50%，青年牛20%左右，成年牛通常低于10%。黄牛的感染率常高于乳牛，犊牛可达80%以上，青年牛50%左右，成年牛40%左右。而水牛犊的感染率50%左右。牛球虫病一年四季均可发生，尤多发于温暖潮湿的季节。在饲养方式发生改变、饲料突然变换、患其他疾病等情况时，容易诱发本病。感染试验证明，感染少量牛艾美耳球虫孢子化卵囊时，不致引起疾病发作，反而能诱发一定的免疫力；感染卵囊量超过10万个时，会产生明显的临床症状；感染量超过25万个时，可致犊牛死亡。因球虫病死亡的犊牛，其每克粪便卵囊数（OPG）可达18万～31万个。

（三）致病作用

牛的各种球虫均主要寄生于小肠下段和大肠的上皮细胞。在裂殖生殖阶段，肠道黏膜上皮细胞遭受大量破坏，这种机械损伤引起黏膜下层淋巴细胞浸润，并发生溃疡和出血。肠黏膜被大量破坏之后，肠道腐败细菌大量生长繁殖，其所产生的毒素和肠道中的其他有毒物质被机体吸收后，引起全身性中毒，导致中枢神经系统和各个器官的机能失调。

（四）临床症状

牛球虫病的潜伏期为2～3周，有时达1个月。犊牛一般呈急性经过，病程通常为10～15 d，感染严重时可在发病后1～2 d内死亡。发病初期，表现为精神沉郁，被毛逆乱晦暗，体温略高或正常，排稀便，稍带血液，母牛产乳量减少。约1周后，精神更加沉郁，消瘦，喜躺卧，体温可升至40～41 ℃。瘤胃蠕动和反刍停止，肠蠕动增强，排出带血有恶臭的稀粪，其中混有纤维素性伪膜，后肢及尾部被粪便污染。发病后期，粪便呈黑色，几乎全为血液，因极度贫血和衰弱而发生死亡。慢性病牛一般在发病后3～5 d逐渐好转，但腹泻和贫血症状仍持续存在，病程可缠绵数月，也有因高度贫血和消瘦而出现死亡。

（五）病理变化

可见尸体极度消瘦，可视黏膜苍白。肛门敞开、外翻，后肢和肛门周围被带血粪便污染。直肠黏膜肥厚，有出血性炎症变化。淋巴滤泡肿大凸出，有白色和灰色的小病灶，在这些部位常同时出现直径4～15 mm的溃疡，其表面覆有凝乳样薄膜。直肠内容物呈褐色，带恶臭，有纤维素性薄膜和黏膜碎片。肠系膜淋巴结肿大和发炎。

（六）诊断

应从流行病学、临床症状和病理变化等方面做综合判断。发现临床上以血便、粪便恶臭带黏液，剖检时以出血性肠炎和溃疡为特征时，应进行粪便检查，发现大量球虫卵囊时即可确诊。对单纯性腹泻，应注意与大肠杆菌病、隐孢子虫病和消化道线虫病等鉴别。

（七）治疗

可用妥曲珠利、氨丙啉、莫能菌素或盐霉素。此外，临床上应结合止泻、强心和补液等对症治疗措施。

（八）预防

可使用癸氧喹酯、氨丙啉、拉沙霉素、莫能菌素等。

（黄兵　编，蔡建平　陶建平　赵孝民　审）

第十一节　山羊球虫病

山羊球虫病（coccidiosis of goat）是由艾美耳属的多种球虫寄生于山羊消化道引起的一种原虫病，能引起羊腹泻、消瘦、贫血、发育不良等症状，甚至发生死亡。本病对羔羊危害较大，成年山羊多为带虫者，无临床症状，是本病的传染源。世界性分布。

（一）病原概述

山羊球虫有13种：艾丽艾美耳球虫（*E. alijevi*）、阿普艾美耳球虫（*E. apsheronica*）、阿氏艾美耳球虫（*E. arloingi*）、山羊艾美耳球虫（*E. caprina*）、羊艾美耳球虫（*E. caprovina*）、克氏艾美耳球虫（*E. christenseni*）、格氏艾美耳球虫（*E. gilruthi*）、家山羊艾美耳球虫（*E. hirci*）、约奇艾美耳球虫（*E. jolchijevi*）、柯氏艾美耳球虫（*E. kocharii*）、雅氏艾美耳球虫（*E. ninakohlyakimovae*）、苍白艾美耳球虫（*E. pallida*）和斑点艾美耳球虫（*E. punctata*）。此外，在印度和我国的山羊中还分别报道有提鲁帕艾美耳球虫（*E. tirupatiensis*）和顺义艾美耳球虫（*E. shunyiensis*）。以雅氏艾美耳球虫的致病力最强，其次为阿氏艾美耳球虫，但也有认为克氏艾美耳球虫对山羊致病力最强，山羊艾美耳球虫也有致病性。这4种球虫在我国均有流行。格氏艾美耳球虫至今尚未发现其卵囊，仅在山羊的皱胃黏膜中见其裂殖体（图15-11）。

1. 雅氏艾美耳球虫　卵囊呈椭圆形或亚球形至卵圆形，大小为（19～28）μm×（14～23）μm。有卵膜孔，无极帽。极粒1至数个，无外残体。孢子囊卵圆形，大小为（9～15）μm×（4～10）μm，

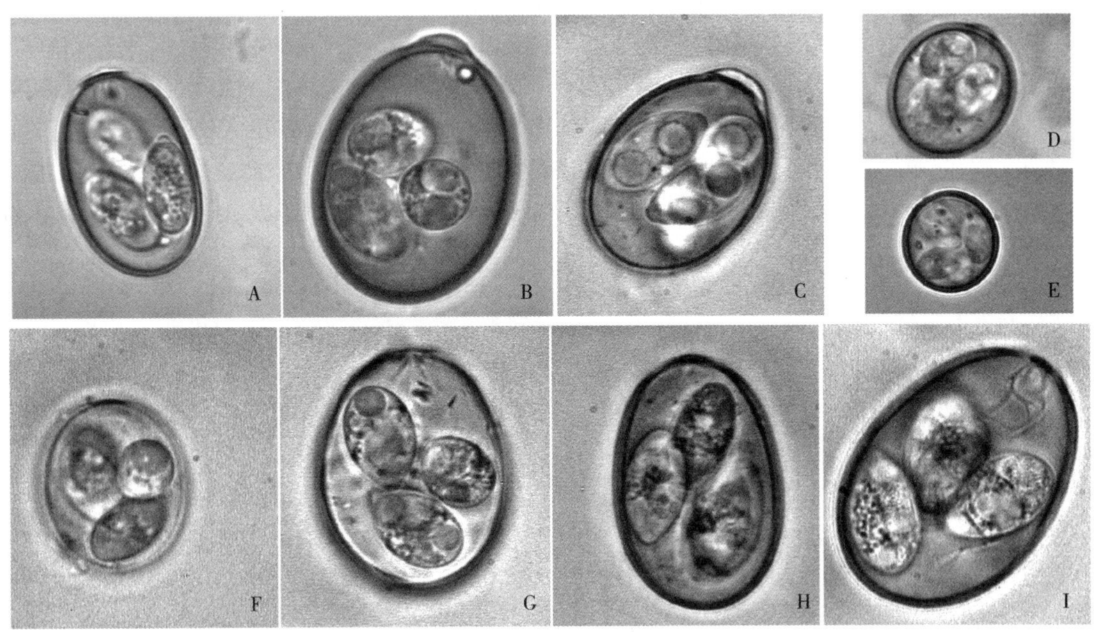

图 15-11　山羊球虫孢子化卵囊（10×100 倍）

A. 阿氏艾美耳球虫　B. 克氏艾美耳球虫　C. 约奇艾美耳球虫　D. 家山羊艾美耳球虫　E. 艾丽艾美耳球虫
F. 雅氏艾美耳球虫　G. 阿普艾美耳球虫　H. 山羊艾美耳球虫　I. 羊艾美耳球虫
（陶建平供图）

有斯氏体和内残体。卵囊孢子化时间为 1～4 d，潜隐期 10～13 d。

2. 阿氏艾美耳球虫　卵囊呈椭圆形或近似于卵圆形，大小为（22～36）μm×（16～26）μm。有卵膜孔和凸出的极帽。极粒 1 至数个，无外残体。孢子囊呈卵圆形，大小为（10～17）μm×（5～10）μm，无斯氏体，有内残体。卵囊孢子化时间为 1～4 d，潜隐期 14～17 d，显露期 14～15 d。

3. 山羊艾美耳球虫　卵囊呈椭圆形或近似于卵圆形，大小为（27～40）μm×（19～26）μm。有卵膜孔，无极帽和卵囊残体。极粒 1 至数个。孢子囊长卵圆形，大小为（13～17）μm×（7～10）μm，有斯氏体和孢子囊残体。卵囊孢子化时间为 2～3 d，潜隐期 17～20 d，显露期 3～6 d。

4. 克氏艾美耳球虫　卵囊呈卵圆形或椭圆形，大小为（27～44）μm×（17～31）μm。有卵膜孔和极帽。极粒1至数个，无外残体。孢子囊宽卵圆形，大小为（12～18）μm×（8～11）μm，无斯氏体，有内残体。卵囊孢子化时间为 3～6 d，潜隐期 14～23 d，显露期 3～30 d。

（二）生活史和流行病学

山羊球虫的生活史与鸡球虫类似。雅氏艾美耳球虫在回肠进行第一代裂殖生殖，在盲肠和结肠的滤泡细胞中进行第二代裂殖生殖，在大肠进行配子生殖。其他虫种两代裂殖生殖均发生在小肠，或分别在小肠和大肠中发育，最后在大肠进行配子生殖，形成卵囊。虫体除寄生于肠道细胞外，雅氏艾美耳球虫、山羊艾美耳球虫和艾丽艾美耳球虫还可以寄生于肝胆管上皮细胞。

各品种的山羊均有易感性，但表现临床症状的主要是 1～6 月龄的羊。羔羊在 2～3 周龄时就可有卵囊排出，在 2～4 月龄时排卵囊达峰值，随后迅速减少。成年羊一般都是带虫者。

（三）临床症状和病理变化

本病可能依感染的虫种、感染强度、羊的年龄、机体抵抗力以及饲养管理条件等因素，取急性或慢性过程。感染病羊精神不振，食欲减退或消失，体重下降，被毛粗乱，可视黏膜苍白。腹泻，粪便中常混有血液、脱落的黏膜和上皮，有恶臭，粪便中含有大量卵囊。体温有时升至40～41 ℃，严重者可导致死亡，死亡率常达 10%～25%，有时可达 80%以上。存活的病羊腹泻逐渐缓和，最后可以恢复，但生长发育受阻。也有 2～4 月龄的羔羊不表现出任何消化道症状而突然死于球虫病。

病变主要见于小肠，尤其空肠变化明显。从浆膜面可见肠壁有大小不一的黄白色小斑点。肠壁水肿，肠腔充满黄白色黏液，肠黏膜充血或出血，布有白色凸出小点、凸起斑、平斑和息肉等4种类型的斑点变化。部分病羊在盲肠有出血点，肠壁增厚。有些病羊的肠系膜淋巴结索状肿胀，切面湿润，苍白色或浅黄色。肝轻度肿胀、淤血，表面和实质有针尖大或粟粒大黄色斑点。胆囊扩张，囊壁增厚，黏膜坏死，胆汁浓稠红褐色。胆汁涂片和肝组织压片中可见卵囊（图15-12）。

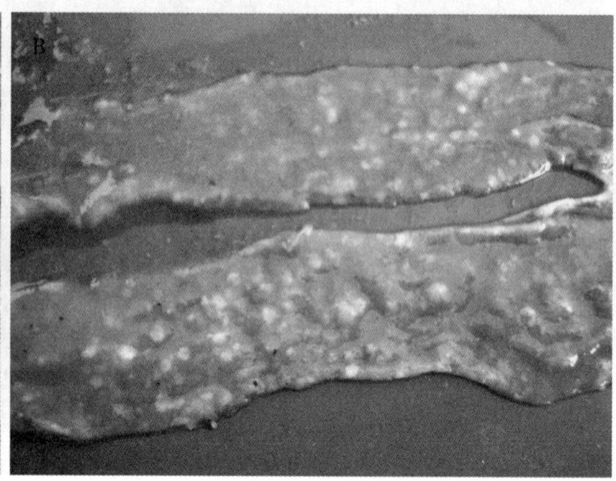

图15-12　小肠壁上白色斑点
A. 肠壁外观　B. 肠壁黏膜面
（陶建平供图）

（四）诊断

根据临床症状、病理变化和流行病学情况可做出初步诊断。最终确诊必须通过剖检，观察到球虫特征性的病理变化，在病变组织中检查到大量的各发育阶段的虫体。仅在粪便中检获卵囊不能确诊球虫病，甚至在8～12周龄的羔羊粪便中克粪卵囊数高达10万个时，在临床上也表现正常。山羊球虫病与细菌性腹泻和败血症常可并发。

（五）防治

在流行季节，可用地克珠利、妥曲珠利、莫能菌素和癸氧喹酯等药物进行预防。一旦发现病羊，立即更换场地，隔离治疗病羊。治疗药物可以选用磺胺喹噁啉、磺胺氯吡嗪(sulfachloropyrazine)、氨丙啉、地克珠利和妥曲珠利等。

（陶建平　编，蔡建平　赵孝民　李佩国　审）

第十二节　绵羊球虫病

绵羊球虫病（coccidiosis of sheep）多见于羔羊，可引起腹泻、消瘦、贫血和发育不良，严重时可导致死亡。成年绵羊多为带虫者，是本病的传染源。绵羊和山羊有各自的球虫种类，彼此不能交叉感染。

（一）病原概述

较公认绵羊有14个艾美耳球虫有效种，分别是阿撒他艾美耳球虫（*E. ahsata*）、巴库艾美耳球虫（*E. bakuensis*）、槌状艾美耳球虫（*E. crandallis*）、浮氏艾美耳球虫（*E. faurei*）、格氏艾美耳球虫（*E. gilruthi*）、贡氏艾美耳球虫（*E. gonzalezi*）、颗粒艾美耳球虫（*E. granulosa*）、错乱艾美耳球虫（*E. intricata*）、马西卡艾美耳球虫（*E. marsica*）、类绵羊艾美耳球虫（*E. ovinoidalis*）、苍白艾美耳球虫（*E. pallida*）、小艾美耳球虫（*E. parva*）、斑点艾美耳球虫（*E. punctata*）和温布里奇艾美耳球虫（*E. weybridgensis*）。此外，在我国的绵羊中还报道有固原艾美耳球虫（*E. guyuanensis*）、卵状艾美耳球虫（*E. oodeus*）和厚膜艾美耳球虫（*E. pachmenia*）。其中，类绵羊艾美耳球虫的致病力最强，其次为槌状艾美耳球虫，阿撒他艾美耳球虫也可能有致病力。这 3 种球虫在我国均有流行。

1. 类绵羊艾美耳球虫　卵囊呈椭圆形或亚球形至卵圆形，大小为（16～30）μm×（13～22）μm。有卵膜孔，无极帽。极粒 2 至数个，无卵囊残体。孢子囊长卵圆形，大小为（10～14）μm×（4～8）μm，有斯氏体和孢子囊残体。潜隐期 12～15 d，显露期 7～28 d，卵囊孢子化时间为 1～4 d。

2. 槌状艾美耳球虫　卵囊呈亚球形至宽椭圆形，大小为（18～28）μm×（15～20）μm。有卵膜孔和极帽。极粒 1 至数个，无卵囊残体。孢子囊宽卵圆形，大小为（8～13）μm×（6～9）μm，无斯氏体，有或无孢子囊残体。卵囊孢子化时间为 1～3 d，潜隐期 13～20 d。

3. 阿撒他艾美耳球虫　卵囊呈椭圆形或卵圆形，大小为（23～48）μm×（17～30）μm。有卵膜孔和极帽。极粒 1 至数个，无卵囊残体。孢子囊大小为（12～22）μm×（6～10）μm，有斯氏体与孢子囊残体。潜隐期 18～21 d，显露期 10～12 d，卵囊孢子化时间为 1.5～3 d。

（二）生活史和流行病学

绵羊球虫的繁殖力极强，每个类绵羊艾美耳球虫卵囊可产出 3 000 万个子代卵囊。

圈养绵羊球虫感染率高于放牧羊。规模化养殖条件下的绵羊群，可因畜舍潮湿和环境污染等因素更易感染。在我国北方地区，夏、秋季节是绵羊球虫病的主要流行季节。在流行区，绵羊球虫病的发病率为 10%～50%，致死率可达 10%或更高。

（三）临床症状和病理变化

类绵羊艾美耳球虫与槌状艾美耳球虫引起的临床症状相似。罹病羔羊体弱，部分羔羊被毛蓬乱折起，有些因腹泻使其后肢和臀部沾染粪便。羔羊食欲废绝，虚弱和生长不良。随着病程发展，部分羔羊出现大量的水样腹泻，常带有血液。如不及时治疗，病羊可持续腹泻，最终死于脱水和酸碱平衡紊乱。

病变主要发生在盲肠和结肠。类绵羊艾美耳球虫常致盲肠发炎、肠腔空虚、肠管缩短，肠壁出血、水肿和增厚。羔羊严重感染槌状艾美耳球虫后约 10 d，从浆膜外可清楚看到由大量第一代裂殖体在黏膜上引起的白色斑点（块）。腹泻出现后，其小肠壁出血和增厚，而且在盲肠病变加重。格氏艾美耳球虫感染可引起皱胃黏膜显著增厚，有小的结节和出血病灶。

（四）诊断和防治

参照山羊球虫病。

（陶建平　编，蔡建平　赵孝民　审）

第十三节　马球虫病

马球虫病（coccidiosis of equine）由艾美耳球虫感染引起。在马属动物粪便中很少能检获球虫卵囊，临床病例更为罕见。已报道的马球虫有 3 种。

1. 鲁氏艾美耳球虫（*E. leuckarti*）　卵囊卵圆形，囊壁呈半透明的深黄色，有颗粒。大小为（75～88）μm ×（50～59）μm，有卵膜孔，无卵囊残体；孢子囊大小为（30～42）μm ×（12～14）μm，具有孢子囊残体。在 20～22 ℃，孢子化时间为 21 d。对驹有一定致病性，严重感染时可致驹腹泻、消瘦，甚至死亡。剖检小肠有炎性病变。

2. 单足兽艾美耳球虫（*E. solipedum*）　卵囊呈圆形，亮黄色或淡黄色，无卵膜孔和卵囊残体，直径 15～28 μm。致病性和生活史不详。

3. 单蹄兽艾美耳球虫（*E. uniungulati*） 卵囊卵圆形，亮黄色，无卵膜孔和卵囊残体。大小为（15～28）μm ×（12～17）μm。孢子囊大小为（6～11）μm ×（4～6）μm，有孢子囊残体。生活史和致病性不详。

防治可参照牛球虫病。

第十四节 小鼠球虫病

小鼠感染球虫甚为普遍，即使是严格隔离饲养的实验小鼠也常发生感染。除艾美耳球虫外，小鼠还有寄生于肾小管上皮细胞的小鼠克洛斯球虫（*Klossiella muris*）。小鼠球虫病（coccidiosis of mice）或感染球虫对实验数据的影响值得注意。

实验小鼠的艾美耳球虫种类较为复杂，报道多达 37 种，其中镰形艾美耳球虫（*E. falciformis*）流行最广、致病力较强，常用作球虫病研究模型；蠕形艾美耳球虫（*E. vermiformis*）也是研究较多的小鼠球虫。

1. 镰形艾美耳球虫 卵囊卵圆形或亚球形，大小为（16～21）μm ×（11～17）μm，卵囊壁单层，光滑无色，无卵膜孔，孢子化时间 1～6 d。孢子囊卵形，（10.5～12）μm ×（6.7～7.5）μm，具有斯氏体和孢子囊残体。子孢子可入侵小鼠胃上皮和/或上皮下组织，但第一代裂殖体多数发现于盲肠和直肠近端的绒毛顶端上皮细胞，含有 7～9 个裂殖子，后段回肠也常见；第二代裂殖体则多见于隐窝部位。配子生殖过程多发生于第二或第三代裂殖生殖后，但也可以只有第一代或还有第四代裂殖生殖。潜隐期 4～7 d，显露期 3～4 d。该虫种内生发育过程与感染剂量密切相关，大剂量试验感染时，裂殖生殖世代减少，潜隐期变短。严重感染可引起厌食、腹泻，甚至死亡。

2. 蠕形艾美耳球虫 致病力弱或基本无致病性。卵囊宽卵圆形或球形，大小为（18～26）μm×（15～21）μm，平均 23.1 μm×18.4 μm。卵囊壁双层，微棕色至黄色，无卵膜孔；室温下培养一周可全部孢子化，无卵囊残体，有 1～3 个极粒。孢子囊卵圆形，大小为（11～14）μm×（6～10）μm，平均 12.8 μm×7.9 μm，有斯氏体，孢子囊残体位于中央部位，由包裹于单层膜内的小颗粒组成。寄生于小肠的后 2/3 段，第一代裂殖体见于感染后第 4 天，大小为（16～25）μm×（9～16）μm，平均 19.8 μm×12 μm，内含 28～50 个裂殖子；第二代裂殖体见于感染后第 5 天，含约 20 个无规则排列的粗短裂殖子。最短潜隐期 7 d，但卵囊排出高峰期出现于感染 10 d 后。

（蔡建平　董辉　编，索勋　赵孝民　审）

第十五节 大鼠球虫病

大鼠球虫病（coccidiosis of rat）是由艾美耳球虫寄生所引起的一种原虫病。尼氏艾美耳球虫致病力较强，其感染所致的典型病例以增重迟缓、瘦弱、腹泻、偶有死亡为特征，呈世界性分布。

大鼠的艾美耳球虫种类较多，记载有 17 种，但一般认为实验大鼠球虫的有效种有 9 种，其中对尼氏艾美耳球虫和离散艾美耳球虫研究较多，是抗球虫免疫研究的常用模型。

1. 尼氏艾美耳球虫（*E. nieschulzi*） 是致病力最强、研究最多的一种大鼠球虫。卵囊呈椭圆形或卵圆形，大小为（18～24）μm×（15～17）μm，平均 20.7 μm×16.5 μm，卵囊壁无色至微黄色，表面光滑，无卵膜孔。孢子化过程 65～72 h，无卵囊残体，有一极粒。孢子囊长卵圆形，大小约为 11.5 μm，斯氏体小但明显可见，孢子囊残体位于沿孢子囊长径延展并列的两个子孢子间。子孢子大小约为 15 μm×5 μm，核位于其宽（后）端，直径约 1.8 μm，中央有一核粒（karyosome），胞质中有 2 个嗜铁副核体（siderophilic paranuclear body）。子孢子侵入大鼠小肠绒毛上皮细胞，并可进一步入侵隐窝细胞，于此发育成裂殖体。经肌内注射卵囊也能感染成功，且发现卵囊可在腹腔、血液和肌肉中脱囊。目前，绝大多数研究结果均认为尼氏艾美耳球虫具有 4 代裂殖生殖。完成整个内生发育过程需 7～8 d，最短潜隐期 7 d。

2. 离散艾美耳球虫（*E. separate*） 该种球虫卵囊形态和大小变异较大，大多数呈椭圆形，但也有呈卵圆形或亚球形；卵囊大小随宿主种类和潜隐期不同而有差异。早期排出的卵囊较小，大小为（9.9～14.3）μm×（8.8～12.1）μm，平均 11.7 μm×10.1 μm。后期排出的卵囊增大，大小为（14.3～17.6）μm×（13.2～15.4）μm，平均 16.3 μm×14.2 μm。卵囊壁光滑，无色或微黄色，无卵膜孔。孢子化时间约 36 h，有 1～3 个极粒，无卵囊残体。孢子囊椭圆形或圆形，具有斯氏体，孢子囊残体呈一团块状，位于沿孢子囊长径伸展排列的两个子孢子间。裂殖体和配子体主要寄生于结肠和盲肠的黏膜上皮细胞及腺上皮细胞，多认为有 3 代裂殖生殖过程，潜隐期 5～6 d。

第十五章彩图

（蔡建平 韩红玉 编，索勋 赵孝民 审）

第十六章 肉孢子虫科球虫和肉孢子虫科球虫病

肉孢子虫科（Sarcocystidae）的球虫能在组织内形成包囊（cyst），其所包括的肉孢子虫属（*Sarcocystis*）、弓形虫属（*Toxoplasma*）、新孢子虫属（*Neospora*）、囊等孢球虫属（*Cystoisopora*）、贝诺孢子虫属（*Besnoitia*）、哈蒙德属（*Hammondia*）等的球虫都具有重要的兽医学/公共卫生学意义。肉孢子虫科球虫的生活史与艾美耳科（Eimeriidae）球虫的大体相似，但与后者的单宿主寄生不同，肉孢子虫科的球虫需要 2 个宿主——中间宿主（intermediate host）和终末宿主（definitive host），并通过捕食被捕食完成生活史循环和传播。

第一节 肉孢子虫病

肉孢子虫病（sarcocystosis）是由不同种肉孢子虫分别寄生于人和多种动物宿主所引起的原虫病。肉孢子虫种类繁多，命名的种类已逾 300 种。畜禽感染后会引起生长受阻、发热、厌食、脱毛、流产等，严重时可致死亡。大量包囊寄生于畜禽肌肉会引起嗜酸性粒细胞性肌炎，导致横纹肌上出现灰绿色病变而引起胴体废弃，造成更大的经济损失。一些肉孢子虫还可寄生于人体，危害人体健康，具有重要公共卫生学意义。

（一）病原概述

肉孢子虫可感染各种家养和野生动物，已在猪、黄牛、水牛、马、驴、骆驼、山羊、绵羊、猫、犬、鸡、家鸽和家鸭等各种畜禽体内发现（表 16-1）。虽在家鹅体内未见报道，但白额雁有寄生。肉孢子虫的宿主特异性各异，一般认为其对中间宿主的特异性比对终末宿主的特异性强；反刍动物肉孢子虫的宿主特异性强于小型哺乳动物和鸟类的肉孢子虫。

表 16-1 家养动物的主要肉孢子虫种类

中间宿主	虫种	终末宿主
猪	米氏肉孢子虫（*S. miescheriana*）	犬、狼、狐狸、浣熊、豺
	猪人肉孢子虫（*S. suihominis*）	人和其他非人灵长类
黄牛	枯氏肉孢子虫（*S. cruzi*）	犬、狼、狐、浣熊
	毛形肉孢子虫（*S. hirsuta*）	猫
	人肉孢子虫（*S. hominis*）	人和其他非人灵长类
	隆美尔肉孢子虫（*S. rommeli*）	猫
	海氏肉孢子虫（*S. heydorni*）	可能是人
水牛	莱文肉孢子虫（*S. levinei*）	犬
	梭形肉孢子虫（*S. fusiformis*）	猫
	中华肉孢子虫（*S. sinensis*）	猫
	德宏肉孢子虫（*S. dehongensis*）	未知
山羊	山羊犬肉孢子虫（*S. capracanis*）	犬、狼、狐
	家山羊犬肉孢子虫（*S. hircicanis*）	犬
	莫尔肉孢子虫（*S. moulei*）	猫

（续）

中间宿主	虫种	终末宿主
绵羊	柔嫩肉孢子虫（*S. tenella*）	犬、狼、狐
	白羊犬肉孢子虫（*S. arieticanis*）	犬
	巨型肉孢子虫（*S. gigantea*）	猫
	水母形肉孢子虫（*S. medusiformis*）	猫
马	柏氏肉孢子虫（*S. bertrami*）	犬
驴	柏氏肉孢子虫（*S. bertrami*）	犬
骆驼	骆驼肉孢子虫（*S. cameli*）	犬
	伊本肉孢子虫（*S. ippeni*）	未知
犬	犬肉孢子虫（*S. caninum*）	未知
	斯万肉孢子虫（*S. svanai*）	未知
猫	猫肉孢子虫（*S. felis*）	未知
鸡	文策尔肉孢子虫（*S. wenzeli*）	犬、猫
家鸽	卡尔克斯肉孢子虫（*S. calchasi*）	苍鹰、食雀鹰
家鸭	莱利肉孢子虫（*S. rileyi*）	臭鼬
	河鸭肉孢子虫（*S. anasi*）	未知
	沃博斯肉孢子虫（*S. wobeseri*）	未知

1. 中间宿主体内的包囊　肉孢子虫在中间宿主肌肉组织内形成的包囊与肌纤维平行，呈纺锤形，色灰白或白色。包囊的大小与虫种有关，如巨型肉孢子虫在绵羊食道肌中常形成肉眼可见的大型包囊：长径为1～10 mm（图16-1A）；一些种类形成小型包囊，如绵羊心肌、膈肌中的肉孢子虫包囊（图16-1C、D）、黄牛肌肉内的包囊（图16-2A、B），长度一般小于1 mm，须借助显微镜观察。成熟包囊内含有大量香蕉形的缓殖子（bradyzoite），长10～12 μm，宽4～9 μm（图16-1B）。

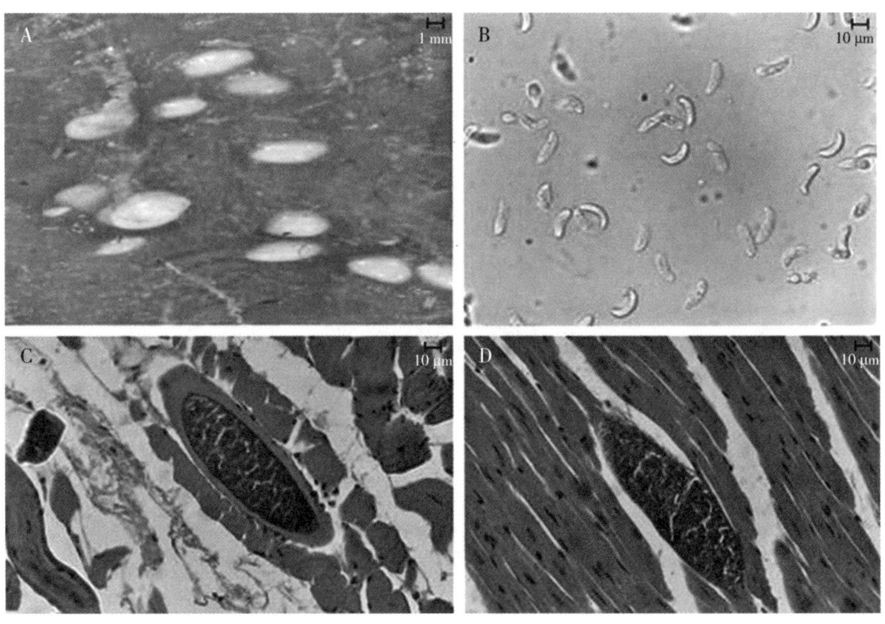

图16-1　绵羊体内不同部位肉孢子虫的包囊形态

A. 绵羊食道肌中的巨型肉孢子虫（*S. gigantea*）包囊　B. 巨型肉孢子虫包囊内香蕉形的缓殖子　C. 绵羊心肌中的肉孢子虫小型包囊（HE染色）　D. 绵羊膈肌中的肉孢子虫小型包囊（HE染色）

（康明供图）

2. 终末宿主体内的卵囊和孢子囊 肉孢子虫在终末宿主肠上皮细胞内完成球虫型发育，但孢子生殖也在体内进行。每个孢子化卵囊含有 2 个孢子囊，每个孢子囊内含 4 个子孢子。肉孢子虫的卵囊壁薄，易破裂，因此，在粪便中检出的多为孢子囊。各种肉孢子虫的卵囊或孢子囊形态相似、大小相互重叠，不能作为虫种鉴定依据（图 16-2C、D）。

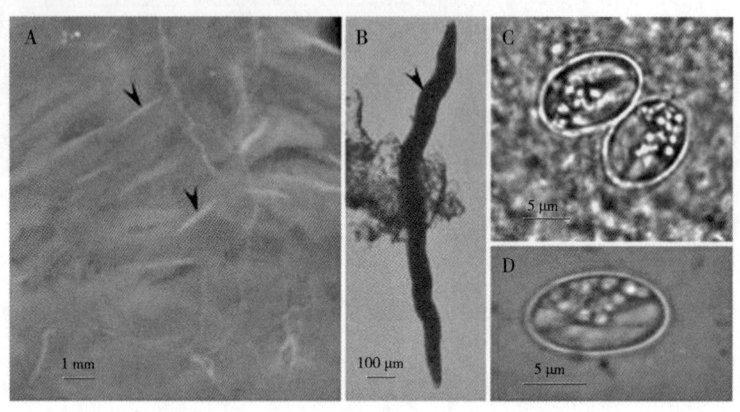

图 16-2　肉孢子虫的不同发育阶段（光镜，未染色）

A. 黄牛肌肉组织中的乳白色肉孢子虫包囊（箭头所示）　B 黄牛肌肉中分离出的肉孢子虫包囊（箭头所示）
C. 实验感染猫小肠黏膜细胞内的隆美尔肉孢子虫的卵囊　D. 实验感染猫粪便中的隆美尔肉孢子虫的孢子囊
（胡俊杰供图）

（二）病原生活史

肉孢子虫具有专性的被捕食（中间宿主）—捕食（终末宿主）二宿主生活史，包括裂殖生殖（merogony）、配子生殖（gametogony）和孢子生殖（sporogony）三个发育阶段，裂殖生殖只发生于中间宿主，配子生殖和孢子生殖只发生在终末宿主。以黄牛的枯氏肉孢子虫为例（图 16-3）：终末宿主（犬及其他犬科等动物）吞食了含有成熟肉孢子虫包囊的黄牛肌肉或神经组织后，包囊在消化液的作用下于消化道中释放出缓殖子，缓殖子侵入肠黏膜并发育为大（雌）配子母细胞（macrogamont）和小（雄）配子母细胞（microgamont），大配子母细胞继续发育为成熟的大配子（macrogamete），小配子母细胞分裂成多个小配子（microgamete）。大、小配子结合形成合子，随后合子分泌囊壁形成卵囊，卵囊在黏膜固有层内进行孢子生殖。卵囊壁薄，在肠腔中易破裂，因此粪便中常见单个孢子囊。卵囊或孢子囊被中间宿主吞食后，子孢子（sporozoite）在消

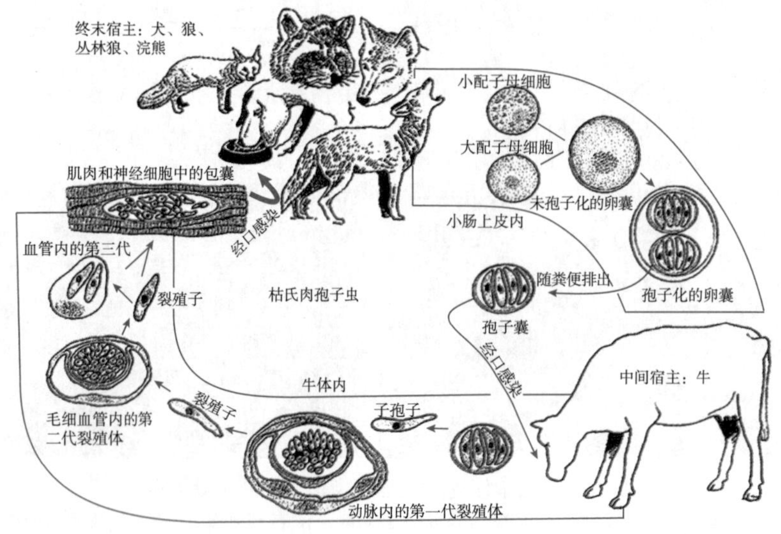

图 16-3　枯氏肉孢子虫的生活史
（仿 Dubey 等，1989）

化液的作用下从孢子囊中释出，然后穿破肠壁进入血管，在血管内皮细胞内进行3代裂殖生殖，产生裂殖子（merozoite）。第3代裂殖子随血流到达肌细胞，在肌细胞内发育为包囊。包囊内的滋养体进行裂殖生殖形成大量的缓殖子，成熟包囊多见于心肌和横纹肌。肉孢子虫完成整个生活史需2～4个月，裂殖生殖的代数随虫种而异，包囊发育至成熟约需1个月，对终末宿主才具有感染性。

（三）流行特点

畜禽肉孢子虫的终末宿主主要是猫、犬及人。由于家养动物与这些终末宿主天然的食物链关系，使得肉孢子虫不但能够在它们之间顺利完成生活史，同时也有利于其在不同个体之间的快速传播。畜禽肉孢子虫病呈世界性分布，我国畜禽的感染也比较普遍，如猪感染率7.76%～80%、绵羊感染率60%～100%、藏羊感染率78.48%～87.78%、黄牛感染率55.9%～100%、牦牛感染率23.3%～87.1%、鸡的感染率也有2.1%。畜禽肉孢子虫病的感染率如此之高，可能与以下因素有关。

（1）1种中间宿主可被多种肉孢子虫寄生。如黄牛是5种肉孢子虫的中间宿主。

（2）1种中间宿主的肉孢子虫可被多种终末宿主传播。如黄牛的肉孢子虫可分别由犬类、猫类和灵长类传播。

（3）孢子生殖不受外界环境影响。与其他球虫的孢子生殖需要适合的外界环境不同，肉孢子虫的孢子生殖在终末宿主的小肠固有层内发育，且具有感染性的卵囊和孢子囊可较长时间（数月）持续排到外界环境。

（4）孢子化卵囊或孢子囊在外界环境中能长期保持活性，某些无脊椎动物活动时能携带卵囊或孢子囊也有助于其扩散。

（5）孢子囊排放量大。如1只自然感染的犬，其粪便中排出的孢子囊数量可达9 000万个。

（6）终末宿主对肉孢子虫的感染无或仅有极低抵抗力，也就是说其再次食入含有肉孢子虫包囊的肌肉将意味着新一轮卵囊和孢子囊的形成和排放。

目前，尚不知不同畜禽品种对肉孢子虫的易感性是否有差异，但实验证明不同品系小鼠对肉孢子虫的易感性不同。

（四）临床症状和病理变化

不同种肉孢子虫对中间宿主的致病性有所差异，通常经犬传播的种类比经猫传播的种类致病性强。肉孢子虫对畜禽的致病程度主要取决于卵囊或孢子囊的感染数量，一些应激因素如妊娠、哺乳、营养缺乏、气候等也会对临床症状的严重程度产生重要影响。肉孢子虫对终末宿主的致病性轻微，人作为终末宿主感染后会出现恶心、腹痛、腹泻、头痛及发热等症状，但一般可自行恢复。

畜禽感染肉孢子虫后机体会出现一系列的病理变化。以枯氏肉孢子虫感染黄牛为例，黄牛在感染15～19 d，会出现发热（≥40 ℃），但未观察到其他症状。感染后第4周开始，黄牛出现厌食、腹泻、体重减轻、虚弱、肌肉颤抖、俯卧，这些症状常持续几日到几周，严重者可发生死亡。妊娠牛出现早产、流产或死胎。

生化检查发现黄牛有贫血、组织损伤、凝血机能障碍等症状。中等至严重感染的黄牛出现贫血，血细胞比容（packed cell volume，PCV）低于20%。在急性感染期，血清胆红素、乳酸脱氢酶（LDH）、谷丙转氨酶（ATT）、山梨醇脱氢酶（SDH）和肌酸磷酸肌酶（CPK）会短时间升高，且凝血酶原时间较长，但血小板计数、凝血时间、活化的部分促凝血酶原激酶时间以及凝血酶时间一般没有明显变化；当病程从急性转为慢性时，黄牛会出现消瘦、兴奋过度、多涎、脱毛等症状，严重者出现斜卧、眼球震颤、转圈运动等中枢神经系统受损症状，偶见死亡。

人肉孢子虫病（人作为中间宿主）病例主要分布在东南亚热带地区，感染来源及途径不明。临床表现为急性发热、肌痛、支气管痉挛、皮疹、皮下肿块、淋巴结病变并伴有嗜酸性粒细胞增多、红细胞沉降率升高和肌酐激酶水平升高等症状。

（五）诊断

动物感染肉孢子虫后一般不引起特异性症状，因此诊断主要根据流行病学特点、临床表现、免疫学检测、病理剖检等进行综合判定。

1. 初步诊断 根据流行病学特点、临床表现与病理变化，可进行初步诊断。

2. 免疫学诊断 免疫学诊断可用间接血凝试验（IHA）、酶联免疫吸附试验（ELISA）、双抗体夹心 ELISA（DAS-ELISA）、间接荧光抗体试验（IFAT）及其他免疫组织化学方法等。一般以包囊或缓殖子抗原作为诊断抗原，可用于早期诊断。

3. 分子诊断 常用的分子标记有 18S rRNA 基因、28S rRNA 基因和线粒体 cox1 基因，其中 cox1 基因更易区分亲缘关系较近的肉孢子虫种类。人或动物作为终末宿主时，显微镜下检查粪便中的肉孢子虫卵囊或孢子囊，检到即可确诊。但虫种鉴定仍须通过分子诊断方法或感染中间宿主后依据形成的包囊形态来确定。

4. 剖检 对病死动物进行剖检，肉眼或显微镜观察到肌肉中的包囊即可确诊。包囊形态尤其是包囊壁凸起的形态是较为可靠的虫种鉴定特征，也可借助寄生部位大致判定。

（六）防治

目前尚无特效的治疗药物。常用的一些抗球虫药如氨丙啉、盐霉素、常山酮等对畜禽急性肉孢子虫病有一定疗效，但均不能使肌肉中的肉孢子虫完全失活或消除包囊。

目前尚无肉孢子虫病的相关疫苗，试验表明少量的感染性卵囊或孢子囊感染能使家畜产生免疫力，这为疫苗的开发奠定了一定基础。切断传播途径仍是预防动物和人肉孢子虫病的关键措施。具体包括以下几方面。

（1）严格处理犬、猫、人等终末宿主的粪便，防止其污染畜禽饲料和饮水。

（2）加强动物肉品卫生检验，防止含有肉孢子虫包囊的肉制品进入市场。含有肉孢子虫的动物肌肉、内脏和组织应按肉品检验的规定处理，不得将其饲喂给犬、猫或其他动物。

（3）不要生食或半生食动物肉及其肉制品，尤其在疫区和流行区，防止人食入肉孢子虫包囊。

（4）注意个人卫生和饮食卫生，避免食入犬、猫粪便中的卵囊或孢子囊；同时应定期检查犬、猫粪便，及时隔离治疗感染的犬和猫。

（5）引进动物应先行隔离检疫，防止输入感染。

我国《动物防疫法》颁布后，尚未制定新的屠宰检疫操作办法。多数屠宰场并未开展肉孢子虫病的检验或将其列为重点检验项目。肉孢子虫病作为一种人兽共患寄生虫病，其危害是客观存在的。因此，建议流行区将肉孢子虫病列入必检对象，从而保障出场肉品的卫生质量。

（胡俊杰　刘群　编，康明　索勋　蔡建平　审）

第二节　弓形虫病

弓形虫病（Toxoplasmosis）是由肉孢子虫科（Sarcocystidae）弓形虫属（*Toxoplasma*）的刚地弓形虫（*Toxoplasma gondii*）寄生于多种动物和人体引起的人兽共患原虫病。刚地弓形虫的宿主范围非常广泛，几乎所有的温血动物均可感染弓形虫。我国将弓形虫病列入二类动物疫病。弓形虫呈世界性分布，人和动物感染普遍，我国猪的弓形虫感染率为 4%～71.4%，人的平均感染率为 6%～7%，国外报道局部地区人群感染率可高达 80%。弓形虫对动物和人的危害取决于虫株的致病力、宿主品种及其抵抗力等多种因素。猪的易感性较强，可引起猪的急性热性疾病，其他家畜、家禽、实验动物及野生动物等都能感染弓形虫，并引起不同程度的临床症状和危害。对人的危害主要表现为孕妇流产、胎儿畸形和免疫低下人群的严重感染。

（一）病原概述

1908 年，在突尼斯的啮齿类动物刚地梳趾鼠（*Ctenodactylus gundii*）体内首次发现该病原，当时认为是梨形虫，后又认为是利什曼原虫，最终确认其为一种新病原，正式命名为 *Toxoplasma gondii*。弓形虫只有一个种，但根据不同分离株基因组上特殊位点的序列特征及其他生物学特性，可分为Ⅰ型、Ⅱ型、Ⅲ型不同毒力的三种基因型及多个非典型性基因型。我国已经发现多种基因型的虫株，其中以中华 1 型（Chinese 1）最为常见。

弓形虫在终末宿主猫的肠上皮细胞内进行球虫型发育，最终形成卵囊随粪便排至外界。在中间宿主体内寄生于有核细胞内，以速殖子（也称滋养体）和包囊（缓殖子）两种形式存在。不同发育阶段的虫体形态不同，常见形态包括速殖子、包囊和卵囊 3 种。

1. 速殖子（tachyzoites）　呈香蕉形或半月形，长 4～8 μm，宽 2～4 μm，平均为 6 μm×2 μm。前端尖，后端稍钝圆，核位于中央。经吉姆萨或瑞氏染色后胞质呈蓝色，胞核呈紫红色。侵入细胞内的速殖子在纳虫泡（parasitophorous vacuole，也称带虫空泡）内以内二芽殖方式进行无性繁殖，一般含数个至数十个甚至更多虫体，形成虫体集落，也称假包囊（pseudocyst）。常在腹水、血液、脑脊液及各种病理渗出液中见到游离速殖子，主要出现于疾病的急性期。在电子显微镜下观察，速殖子具备顶复亚门原虫侵入阶段虫体的典型结构，体被表膜，表膜下有内膜复合体、膜下微管、极环、类锥体以及锥体组成的细胞骨架，虫体内含有棒状体、微线体和致密颗粒等分泌型细胞器，一个顶质体以及线粒体、内质网、高尔基体、核糖体等常见细胞器（图 16-4）。

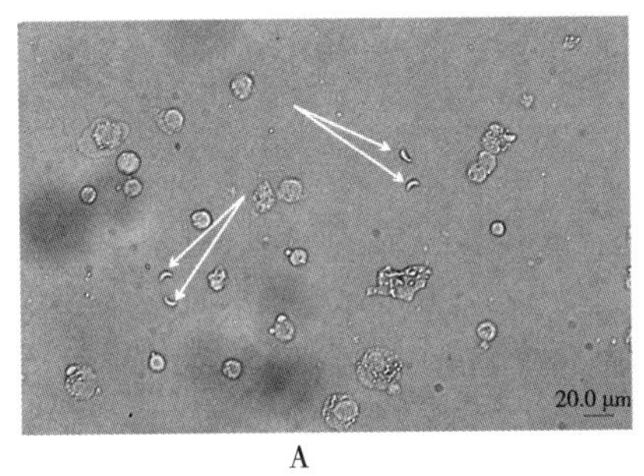

A

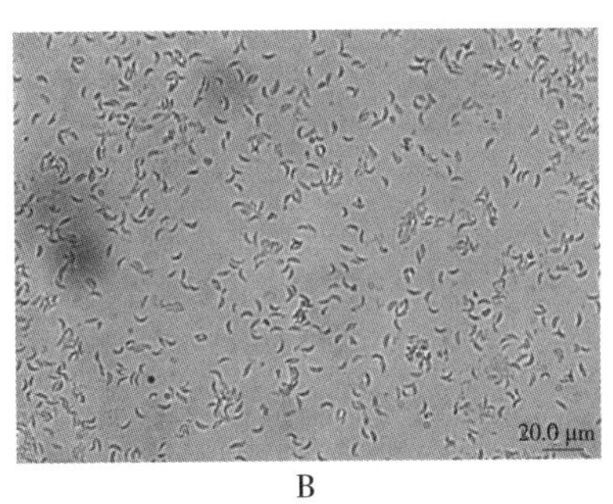

B

图 16-4　弓形虫 RH 株速殖子

A. 小鼠感染弓形虫后腹腔中的弓形虫速殖子　B. 细胞培养中从宿主细胞释放出的弓形虫速殖子

（尹青　王超越　索勋供图）

2. 缓殖子（bradyzoites）和包囊（cyst）　缓殖子是指包囊内的虫体，此包囊也称组织囊（tissue cyst）。缓殖子在带虫空泡内进行缓慢分裂增殖，外围由囊壁包被。包囊呈卵圆形或椭圆形，大小变化较大，最小的包囊直径仅 5 μm，含 2 个缓殖子，但成熟的包囊直径可达 70～100 μm，内含数千个虫体。囊壁富有弹性，厚度一般小于 0.5 μm。缓殖子的形态与速殖子相似，大小为（5～8.5）μm×（1～3）μm。与速殖子不同之处包括：核更偏于虫体后部，棒状体的电子致密度更高，微线体的数量更多，具有数个支链淀粉颗粒。包囊最常见于神经组织和肌肉组织，如脑、眼、骨骼肌和心肌等，也见于肺、肝、肾、心肌和视网膜等处。包囊可长期存在于慢性感染动物体内，若因某些原因导致包囊壁破裂，其中的缓殖子则释放入侵新的细胞（图 16-5）。

3. 卵囊（oocyst）　在终末宿主猫科动物的肠上皮细胞内形成，随粪便排出，新鲜卵囊未孢子化，圆形或椭圆形，平均大小为 10 μm×12 μm。孢子化卵囊含有残体和 2 个孢子囊，每个孢子囊内含 4 个子孢子（图 16-6）。

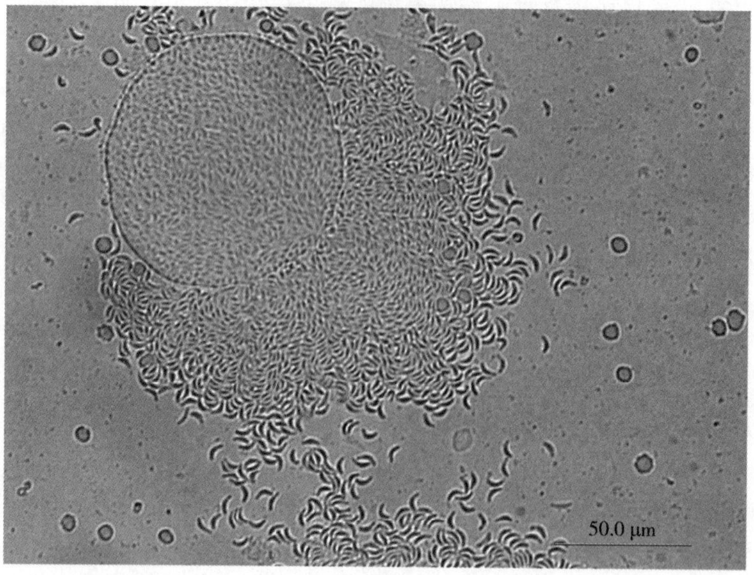

图 16-5　弓形虫包囊及逸出的缓殖子
（尹青　王超越　索勋供图）

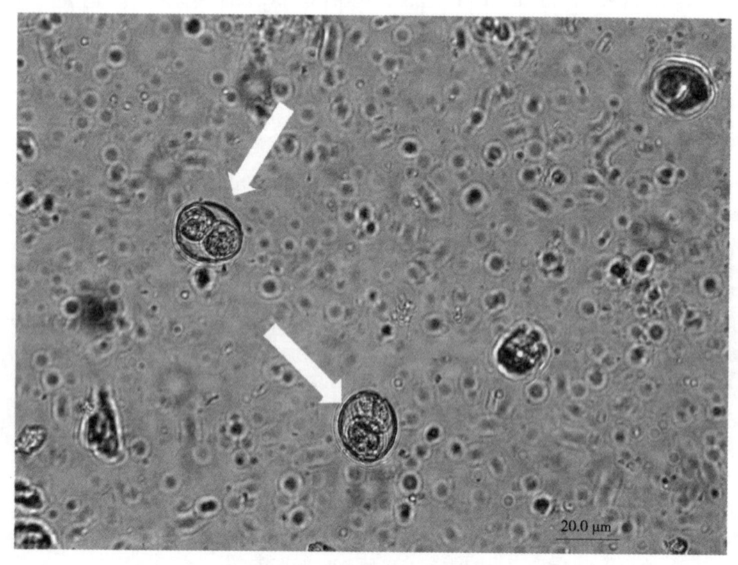

图 16-6　猫粪中的弓形虫卵囊（已完成孢子化）
（尹青　王超越　索勋供图）

（二）病原生活史

弓形虫完成全部发育过程需要两个宿主，在终末宿主的肠上皮细胞内进行球虫型发育，在中间宿主的有核细胞内进行无性繁殖。猫和其他猫科动物既是弓形虫的终末宿主又是中间宿主。中间宿主极其广泛，包括各种陆生哺乳动物、禽类、海洋哺乳动物等几乎所有温血动物，现已知的中间宿主包括 200 多种哺乳动物和 70 种鸟类，还有 5 种变温动物和一些节肢动物，在中间宿主内可寄生于几乎所有的有核细胞中（图 16-7）。

1. 在终末宿主体内　猫或猫科动物吞食孢子化卵囊或中间宿主体内的包囊，在胃肠消化液作用下，卵囊内的子孢子或包囊内的缓殖子从小肠内逸出，进入小肠上皮细胞。弓形虫在猫肠道内的生长发育过程较为复杂，既可进行内二芽殖式的无性繁殖，也能进行裂殖生殖产生裂殖子（merozoites）。经数代裂殖生殖后，一些裂殖子侵入上皮细胞分别发育为大配子体和小配子体，进而发育为大配子和小配子，大配子和小配子结合形成合子，最后形成卵囊，随

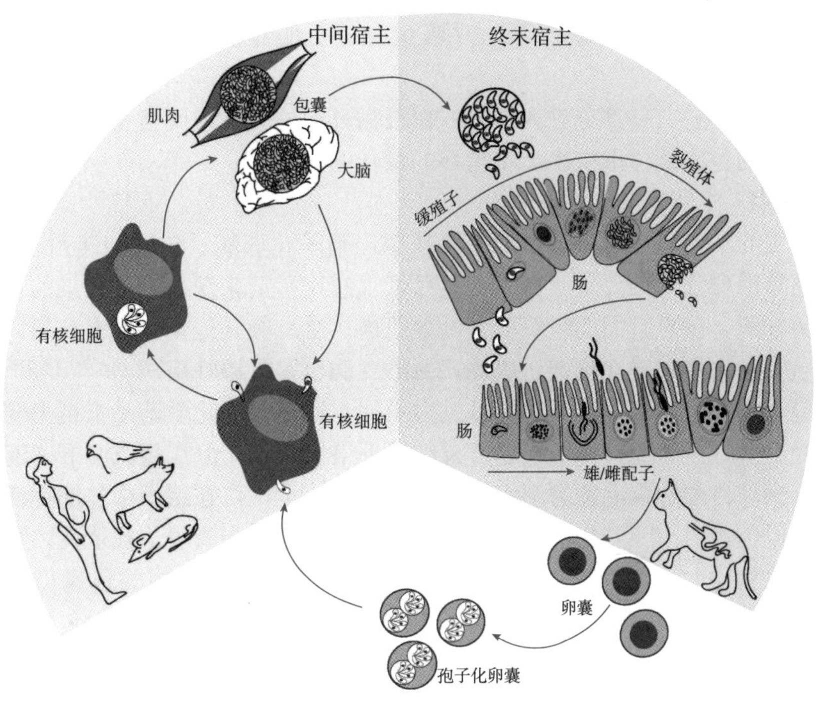

图 16-7　刚地弓形虫生活史

弓形虫的生活史分为 5 个阶段：速殖子期、缓殖子期、裂殖体期、配子体期以及卵囊期（或称子孢子期）。弓形虫速殖子、缓殖子和子孢子均可入侵宿主的有核细胞，以内二芽殖的方式反复增殖产生大量的速殖子（速殖子期）。大部分的速殖子被宿主免疫系统清除，然而少数的速殖子可转化为缓殖子即进入缓殖子期，在宿主肌肉及脑等组织中形成包囊（缓殖子）。含缓殖子的包囊可逃避宿主免疫系统的清除，长期生存。当宿主免疫机能下降时，包囊中的缓殖子则释放再次转化为速殖子，以内二芽殖的方式反复增殖，对宿主造成损伤。速殖子、包囊中的缓殖子和卵囊中的子孢子均可感染终末宿主，首次感染猫科动物后均能在其小肠上进行有性生殖，但是猫科动物首次感染速殖子以及卵囊后只有小于 50% 的概率排出卵囊，而感染包囊后则几乎 100% 产生卵囊。猫吞食包囊后，包囊在胃和小肠消化液的作用下释放出缓殖子，在肠上皮细胞内进行裂殖生殖，裂殖子经过数代裂殖生殖后转化为大配子和小配子，大配子和小配子结合形成合子。合子转化为未孢子化的卵囊，随猫的粪便排出体外，在外界适宜的环境下未孢子化的卵囊转化为具有感染性的孢子化卵囊。

（王超越　尹青　索勋供图）

粪便排出体外。感染不同阶段虫体，在猫体内的潜隐期也不同，摄入包囊后一般 3～10 d 即有卵囊排出，而感染孢子化卵囊则需要 18 d 以上；猫食入速殖子后也能产生卵囊，但潜隐期的变化范围较大（一般 13 d 以上才排出卵囊）。卵囊在适宜的环境条件下，经 1～5 d 发育为具有感染性的孢子化卵囊。

2. 在中间宿主体内　动物经口感染孢子化卵囊或包囊，在胃肠消化液的作用下，卵囊内的子孢子或包囊内的缓殖子释出，感染肠上皮细胞并分化成速殖子快速繁殖，然后经循环系统被带到全身各组织器官，侵入脑、淋巴结、肝、心、肺、肌肉等部位的有核细胞。速殖子在宿主细胞内进行内二芽殖增殖，形成速殖子集落（假包囊），假包囊破裂释放出的速殖子侵入新的宿主细胞，开始新一轮的无性繁殖，这种周而复始的速殖子复制繁殖能裂解大量宿主细胞，导致组织损伤和炎症反应而引起临床上的急性弓形虫病症状。弓形虫是机会致病性原虫，其在宿主体内的发育过程与虫株毒力和宿主免疫力密切相关。当感染强毒虫株且机体免疫力较弱时，虫体分裂繁殖速度快，短期内形成大量速殖子，导致宿主急性发病；若感染虫株的毒力较弱，或机体免疫力较强时，虫体很快转变为缓殖子，在虫体外围逐渐形成囊壁，发育为包囊，包囊内缓殖子缓慢增殖。包囊常见于脑、眼、骨骼肌，可在宿主体内存活数月、数年或更长。当机体免疫力低下（艾滋病、癌症等），长期应用免疫抑制剂或妊娠时，组织包囊内的缓殖子能够活化成速殖子，经由循环系统扩散至全身各组织器官而导致严重的急性症状。有报道称速殖子可通过口、鼻、咽、呼吸道黏膜、眼结膜和皮肤侵入中间宿主，但较为少见。

被猫摄入的虫体，也有一部分进入淋巴、血液循环，进行在中间宿主体内的发育过程。理论上，猫吞食组织内的包囊是弓形虫生活史循环的最佳途径。

（三）流行特点

感染了弓形虫的动物是弓形虫传播的重要来源，孢子化卵囊、包囊和速殖子都具有感染性。猫科动物随粪便排出卵囊污染环境、饮水，是弓形虫感染重要来源；慢性感染的动物是传播弓形虫病的另一重要来源，一旦它们的组织器官（如肌肉、脑）被其他动物或人食用，其中所包含的组织包囊将在新的宿主体内建立感染。因此，弓形虫病也是食源性疾病。

速殖子、包囊以及卵囊对外界环境的抵抗力不同。速殖子对化学药品抵抗力弱；对高温、干燥敏感，在日光直射、紫外线、X线或超声波作用下很快死亡；但在超低温下（液氮内）可长期保存。包囊见于多种自然感染动物的组织内，常见于猪、羊，可在组织中长期存活，保持对其他宿主的感染力。但包囊对60 ℃以上高温敏感，温度达66 ℃时包囊很快被杀死；盐腌、酸浸等处理方法也能杀死包囊，－12 ℃冰冻能够破坏包囊；死亡数天动物体内的包囊仍保持感染力，动物可通过摄入腐尸中的包囊而被感染。与猫粪中的卵囊相比，食用肉品中的包囊是人更重要的感染来源。卵囊对外界的抵抗力很强，在自然条件下孢子化卵囊可存活1～1.5年，干燥和低温条件则不利于卵囊的生存和发育。

宿主感染弓形虫的途径多样，水平传播和垂直传播是弓形虫传播的主要方式。

水平传播：①终末宿主向中间宿主的传播，随猫科动物粪便排出的卵囊污染饲草饲料、饮水或食具，发育为孢子化卵囊，人和动物经口感染；②中间宿主向终末宿主的传播，猫科动物经口食入各种动物组织内的包囊（或速殖子，但速殖子因易被胃肠消化液破坏，常难以经口感染成功），虫体进入肠道上皮细胞进行球虫型发育；③中间宿主向中间宿主的传播，动物组织、体液内的包囊（或速殖子）被其他动物食入，虫体释出，经循环系统被带至机体各部位，侵入各种有核细胞进行分裂繁殖。

动物间的互相厮杀，也可因食入对方体内的弓形虫包囊（或速殖子）而致感染，这可能是野生动物感染的重要方式。这使弓形虫在野生动物间交互感染循环不绝，导致弓形虫病的自然疫源性。

垂直传播：人和动物妊娠时首次感染弓形虫，或存在慢性感染的动物和人妊娠过程中由于某些原因出现缓殖子活化成速殖子的情况，速殖子经胎盘感染胎儿，造成垂直传播。一般以妊娠早期初次感染弓形虫导致胎儿先天性感染较多见。

此外，输血或器官移植也可能传播弓形虫病。苍蝇、蟑螂等昆虫机械携带虫体也起传播作用，曾有报道蟑螂吞食弓形虫卵囊后2～4 d其粪便仍具有传染性。

有报道称，宿主的唾液、精液、乳汁中均可检出弓形虫速殖子，但由于宿主胃肠消化液的作用，经此途径成功感染宿主的机会较少。

在家畜中，弓形虫对猪和羊的危害最大，猪暴发急性弓形虫病时，发病率可达100%，死亡率高达60%以上；对羊的危害主要为引发流产和死胎。不同国家和地区弓形虫的感染率差异很大，世界范围内报道的人弓形虫感染率从4%（韩国）至92%（巴西）不等，我国人群弓形虫感染率相对较低，平均为6%～7%。

（四）临床症状

猪弓形虫病：猪是对弓形虫最为敏感的家畜，可呈急性暴发性流行。表现为病猪突然废食，体温升高至41 ℃以上，稽留7～10 d。呼吸急促，呈腹式呼吸或犬坐式呼吸，流清鼻涕，眼内出现浆液性或脓性分泌物。常出现便秘，粪便呈粒状，外附黏液，有的病猪后期腹泻，尿呈橘黄色。少数出现呕吐，患病猪精神沉郁，显著衰弱。发病后数日出现神经症状，后肢麻痹。随着病情的发展，在耳翼、鼻端、下肢、股内侧、下腹部等处出现紫红色斑或间有小出血点。有的病猪在耳上形成痂皮，耳尖发生干性坏死。最后因极度呼吸困难和体温急剧下降而死亡。仔猪发病尤为严重，多呈急性发病经过。妊娠猪常发生流产或死胎。有的病猪耐过急性期后转为慢性感染，表观症状消失，仅食欲和精神稍差，最后变为僵猪。

绵羊弓形虫病：成年羊多呈隐性感染，临床主要表现为妊娠羊流产，其他症状不明显。弓形虫感染被认为是绵羊流产的主要原因之一。流产常出现于预产期前4～6周，在流产组织内可检出速殖子。大约50%流产胎膜有病变，绒毛叶呈暗红色，在绒毛叶间可见许多直径为1～2 mm的白色坏死灶。产出的死羔羊皮下水肿，体腔内有积液，肠管充血，脑部（尤其是小脑前部）有泛发性非炎症性小坏死点。少数病羊可出现神经系统和呼吸系统的症状。病羊呼吸促迫，明显腹式呼吸，流泪，流涎，走路摇摆，运动失调。体温41 ℃以上，呈稽留热。青年羊全身颤抖，腹泻，粪恶臭。

猫弓形虫病：猫很少因感染而表现出临床症状，通常表现为隐性经过。幼龄猫或机体处于应激状态时，可急性发作。猫很少有明显的神经症状，大多数猫有胸或腹的症状。临床表现为体温升高、厌食、腹泻、呼吸困难和肺炎，因肝炎或胰腺炎引起的腹部触诊疼痛，或因呼吸障碍而引起的胸部不适。尽管猫弓形虫病涉及多个器官，但肺炎是最常见的临床症状。

其他动物弓形虫病：山羊、马、兔、犬、禽类等多种动物都可发生弓形虫病，多呈慢性或隐性经过；当机体抵抗力较弱时也可出现类似于猪弓形虫病的临床症状，但一般不像猪弓形虫病那样明显。

（五）致病性和病理变化

弓形虫是机会性病原，其对宿主的致病作用与虫株的毒力、宿主的免疫状态等多种因素相关。根据虫株的繁殖能力、包囊形成能力及对小鼠的致死性等，刚地弓形虫可分为强毒株和弱毒株。强毒株侵入机体后迅速繁殖，可引起急性感染和死亡；弱毒株侵入机体后不久即转变为缓慢增殖的缓殖子，在脑和其他组织内形成包囊。自然感染多因宿主食入包囊或卵囊引起，释出的缓殖子或子孢子侵入局部肠上皮细胞，然后经由血液、淋巴循环系统进一步散播至全身；在其他器官被严重损伤之前，宿主可能因肠和肠系膜淋巴结坏死而死亡。其他器官也可能发生坏死，这种坏死是细胞内速殖子大量繁殖导致，与毒素无关。

虽然少数情况下急性弓形虫病可导致个体死亡，但由于免疫系统的调节作用，大多数健康个体感染弓形虫后并不表现出明显的临床症状。感染后第三周，内脏中速殖子逐渐消失，神经系统、肌肉系统内出现包囊；速殖子在脊髓、脑中存在的时间要比在内脏器官中更久，可能是因为脑和脊髓是免疫效应作用较弱的“免疫豁免区”，当然也与虫株毒力和宿主自身健康状态有关。慢性弓形虫病可因包囊破裂、缓殖子活化而急性发作，但导致包囊破裂的原因尚不十分清楚。

总之，无论弓形虫从什么途径侵入机体，均经淋巴或血液循环，散播到全身各组织器官。感染初期，机体尚未建立有效的免疫抵御机制。弓形虫侵入宿主后迅速分裂增殖，直至宿主细胞破裂。宿主细胞破裂后，速殖子逸出，再侵入周围的宿主细胞，如此反复进行，形成局部组织的坏死病灶，同时伴有以单核细胞浸润为主的急性炎症反应。速殖子繁殖一段时间后宿主的免疫系统被激活，在宿主的免疫调控下，大多数速殖子被清除，少数分化成缓殖子从而建立慢性感染。因此，急性病变的程度取决于虫体增殖的速度、组织的坏死时间以及机体的免疫状态。

急性病例出现全身性病变，淋巴结、肝、肺和心等器官肿大，并有许多出血点和坏死灶。肠道黏膜重度充血，肠黏膜上常可见到扁豆大小的坏死灶，肠腔和腹腔内有大量渗出液。多器官病理组织学变化为网状内皮细胞和血管结缔组织细胞坏死，有时出现肿胀和细胞浸润，细胞内和细胞外都可见速殖子。急性病变主要见于幼畜。

慢性感染的病理变化主要表现在肌肉和中枢神经系统（特别是脑组织）内有包囊，有不同程度的胶质细胞增生和肉芽肿性脑炎。

（六）诊断

诊断方法可分为病原学检查、血清学检测和分子生物学检测，或须要综合各种方法进行诊断。

1. 病原学检查 生前检查可取急性患病动物的血液、脑脊液、眼房水以及淋巴结穿刺液作为检查材料，死后取心血、心、肝、脾、肺、脑、淋巴结及胸水、腹水等进行检查。猫还应收集其粪便检查卵囊。

（1）直接涂片或组织切片检查法：在体液涂片中发现弓形虫速殖子，一般可确认是急性期感染。因新孢子虫、住肉孢子虫等也可能存在于组织中，因此在苏木精-伊红染色组织切片内难以准确判断弓形虫速殖子，常应用特异性标记识别（如免疫荧光法或免疫组织化学法）加以鉴定。缓殖子对胃蛋白酶抵抗力较强，糖原含量较高，过碘酸-品红试剂染色可用于区分速殖子与缓殖子。

（2）集虫检查法：如脏器涂片未发现虫体，可取肝、肺及肺门淋巴结等组织 3～5 g，研碎后加 10 倍生理盐水混匀，过滤，离心 3 min，取其沉渣做压滴标本或涂片染色检查。吉姆萨染色、瑞氏染色后更易观察、识别。

（3）实验动物接种：将被检材料接种幼龄小鼠观察其发病情况，并取腹腔液检查速殖子。选用的接种小鼠必须是无弓形虫感染小鼠，若虫株毒力强，一般于接种后 3～5 d，小鼠腹围明显增大，可抽取腹水，离心，取沉渣涂片检查；若虫株毒力弱，往往小鼠不发病，可用该小鼠的肝、脾、淋巴结做成悬液再接种健康小鼠，如此盲传 3～4 代，可提高检出率，同时应检查脑内有无弓形虫包囊的存在采用 γ 干扰素基因缺失小鼠可提高检出率。

（4）细胞培养：取无菌处理的组织悬液，接种于单层细胞，接种后逐日观察细胞病变以及培养物中的虫体。如未发现虫体，可盲传 3 代，逐日观察。

（5）卵囊检查：取猫粪便 5 g，用饱和蔗糖漂浮法收集卵囊镜检。卵囊可直接感染人，检查过程须严格执行操作规程，做好个人防护。

2. 血清学检测 由于病原学检查操作复杂、检查量有限且检出率不高，所以临床应用的并不多。血清学检测具有高敏感性与强特异性、操作简单且能同时检测多个样品，是目前弓形虫病最常用的检测与诊断方法。收集被检个体的血清或脑脊液，检测其中弓形虫特异性抗体或抗原的存在情况，常用的方法有如下几种。

（1）抗体检测：包括间接血凝试验、间接免疫荧光抗体试验和酶联免疫吸附试验（ELISA）。其中 ELISA 是较为方便、快捷的方法，适宜大面积推广应用。目前，已有多种 ELISA 试剂盒应用于人和动物的临床检测，如 SPA-ELISA、Dot-ELISA 和 ABC-ELISA 等。

（2）抗原检测：包括循环抗原（CAg）的检测，例如，应用抗弓形虫单克隆抗体（McAb）建立的 McAb-微量反向间接血凝试验（RIHA）检测弓形虫 CAg，可用于早期弓形虫病的诊断。

3. 分子生物学检测 通过 PCR 扩增病料中弓形虫的特异核酸片段来诊断弓形虫感染。目前，已经有多个弓形虫多拷贝基因用于常规检测，如 B1 基因、ITS1 片段以及 529 bp 重复序列（Toxo-529）等。

（七）防控

1. 预防 弓形虫病的预防重于治疗。尤其对免疫低下的人与动物及免疫抑制剂使用者，须严格预防。综合考虑动物种类、环境、饲养管理等多方面因素来制订防控措施，阻断弓形虫的传播。具体包括以下措施：①禁止用未经检验的动物组织、器官以及流产组织等喂食各种动物，禁食未经检疫的生肉或未煮熟的肉类，防止肉中包囊感染动物和人；②做好圈舍内及周边环境卫生，定期进行消毒灭鼠工作，严禁猫及各种小动物进入圈舍；③防止猫粪污染人和动物餐具、水源、食物和饲料；④对患病家畜及其一切排泄物、流产组织必须严格执行无害化处理，防止污染环境，杜绝公共卫生隐患；⑤密切接触动物的人群、兽医工作者、免疫功能低下和免疫功能缺陷者，应注意个人防护，并定期做血清学监测与防护；⑥加强科普宣传，尤其需要提高宠物饲养人群对弓形虫病的认识和防控意识，孕妇、儿童等高危人群应避免与猫等宠物有过分亲密的接触。

已有大量关于弓形虫病疫苗研究的报道，但多停留于研究阶段。Toxovax是第一个商品化疫苗，在英国和新西兰注册，用于预防绵羊弓形虫感染性流产。该疫苗虫株失去在体内形成包囊的能力，但保持了较好的免疫原性。推荐在配种前3周给绵羊皮下注射，一次免疫可有效保护18周，但由于活疫苗的生产、运输、使用的不便及存在返强的可能，该疫苗并未得到推广。

2. 治疗　治疗弓形虫病的药物非常有限，目前广泛应用的主要是磺胺类药物和乙胺嘧啶。这两类药物可单独或协同作用以阻止叶酸的合成。磺胺类药物对急性弓形虫病有很好的治疗效果，其与抗菌增效剂联合使用疗效更佳，但需在发病初期及时用药，如用药较晚，虽可使临床症状消失，但不能抑制虫体进入组织内形成包囊，而使病人或患病动物成为带虫者，因为磺胺类药物不能杀死包囊内的缓殖子。

一般情况下，使用磺胺类药物治疗动物弓形虫病的首次剂量应加倍。常用于治疗动物弓形虫病的磺胺类药物有磺胺甲氧吡嗪、磺胺间甲氧嘧啶、磺胺嘧啶等。这些药物常与乙胺嘧啶或甲氧苄啶（trimethoprim，TMP）联合使用以提高杀虫效率并减少耐药株的形成。

此外，螺旋霉素、吡曲克辛、罗红霉素、克林霉素（clindamycin）、环孢菌素A、阿托伐醌（atovaquone）、帕托珠利、三嗪等多种药物在实验动物体内和细胞培养中均具有一定的抑虫疗效，临床应用还有待于进一步研究。口服盐酸克林霉素可治疗猫的弓形虫病。阿托伐醌（商品名美普龙）可减少组织内的包囊形成。

（刘群　朱兴全　编，申邦　朱冠　审）

第三节　新孢子虫病

新孢子虫病（Neosporosis）是由肉孢子虫科（Sarcocystidae）新孢子虫属（*Neospora*）的新孢子虫引起的多种动物共患原虫病。病原包括犬新孢子虫（*N. caninum*）和洪氏新孢子虫（*N. hughesi*），前者危害更为严重，可引起妊娠动物流产或死胎以及新生动物运动神经障碍，对牛的危害尤为严重，是牛流产的主要原因之一；后者仅在马体内分离到。新孢子虫病已在世界范围内广泛流行，给畜牧业尤其是养牛业造成巨大经济损失。国内流行病学调查显示，乳牛、犬、牦牛、猫、绵羊、山羊、麋鹿、狐等多种动物均存在着不同程度的感染，确认其为乳牛流产的重要原因之一，已经分离到乳牛源的新孢子虫北京分离株等数个虫株。

（一）病原概述

新孢子虫在科的归属上存在一定争议，曾经将其归于肉孢子虫科，但不论从病原的形态结构特点、分子生物学还是疾病的病理发生等多方面，其与弓形虫更为接近。迄今只发现两种新孢子虫，即犬新孢子虫和洪氏新孢子虫。犬新孢子虫能够感染多种动物，是引起新孢子虫病的最重要病原，简称新孢子虫。洪氏新孢子虫的形态与犬新孢子虫基本一致，但其超微结构和ITS1序列与犬新孢子虫存在明显差异。已有的研究认为洪氏新孢子虫只存在于马体内，主要引起马的流产及神经肌肉功能障碍。本节主要阐述由犬新孢子虫引起的新孢子虫病。

卵囊、速殖子和包囊是目前已知新孢子虫发育过程中的三个重要阶段。

1. 卵囊 在终末宿主犬科动物的肠道中形成，随粪便排出体外。卵囊近圆形，直径 10～11 μm，新鲜卵囊未孢子化，在适宜温度和湿度条件下发育为孢子化卵囊，孢子化卵囊内含 2 个孢子囊，每个孢子囊内含有 4 个子孢子。

2. 速殖子（滋养体） 存在于中间宿主体内，能感染几乎所有有核细胞，呈新月形，大小为（4.8～5.3）μm ×（1.8～2.3）μm。速殖子具有顶复亚门原虫的基本特征，具有顶复合器、类锥体、微管以及微线体、棒状体和致密颗粒等分泌性细胞器。主要存在于急性病例的胎盘、流产胎儿的脑组织和脊髓组织中，也可寄生于胎儿的肝、肾等部位（图 16-8A）。

3. 包囊 也称组织囊，存在于中间宿主体内。主要见于中枢神经系统，也见于肌肉组织和其他脏器。呈圆形或椭圆形，直径大小不一，与寄生时间相关，最大可达 107 μm，在神经系统内的成熟包囊壁可厚达 4 μm。在牛的肌肉中和自然感染犬体内的包囊壁较薄，为 0.3～1.0 μm。包囊内含大量缓殖子，缓殖子的平均大小 7 μm × 2 μm。缓殖子在形态上与速殖子相似，不同之处为前者的核位于近末端，而速殖子核位于中部；缓殖子内棒状体较速殖子少，支链淀粉颗粒较多。过碘酸雪夫氏染色时包囊壁颜色变化较大，通常呈嗜银染色（图 16-8B）。

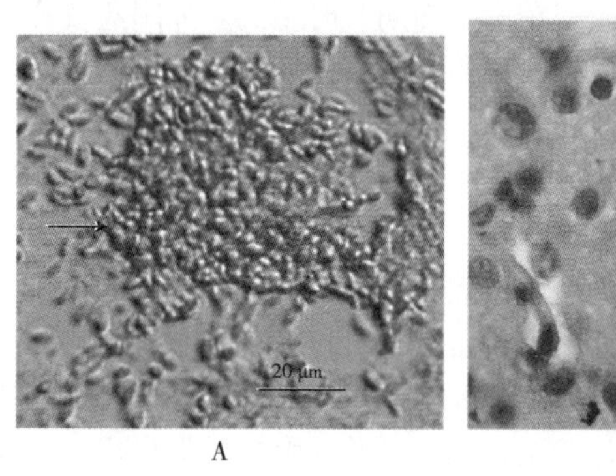

A

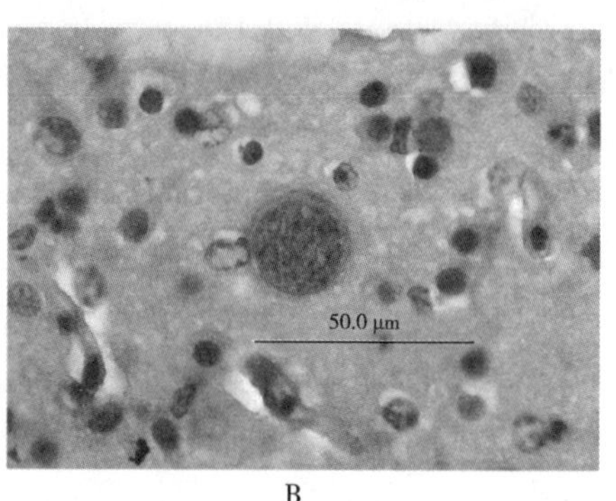

B

图 16-8 新孢子虫

A. Vero 细胞培养中的新孢子虫速殖子 B. 流产胎牛脑组织中的新孢子虫包囊（免疫组化染色）

（刘群 邓冲供图）

（二）病原生活史

迄今为止，新孢子虫的生活史尚未完全阐明。已经证实家犬、土狼、澳洲野犬和狐等均可以作为犬新孢子虫的终末宿主。其他多种动物如牛、绵羊、山羊、马、鹿、猪、野生动物、灵长类动物、禽类以及海洋哺乳动物等均是其中间宿主，犬科动物也可作为中间宿主，虫体在中间宿主的体内主要寄生于中枢神经系统、肌肉、肝、肺等的有核细胞内。已有数篇在人血清中检出新孢子虫抗体的报道，因此新孢子虫可能是潜在的人兽共感染病原。

当犬及犬科动物作为终末宿主时，虫体在肠道上皮细胞进行球虫型发育，产生的卵囊随粪便排出，但新孢子虫在肠道内的发育过程和寄生部位尚不清楚。从犬体内刚刚排出的卵囊没有感染性，卵囊在合适的温度、湿度以及有氧条件下发育为孢子化卵囊，即感染性卵囊。当中间宿主（包括犬科动物）采食和饮水时食入孢子化卵囊，子孢子在消化道内释出，进入肠壁小血管，随血流到达全身各处有核细胞内寄生并在纳虫泡内分裂繁殖形成速殖子集落，也称假包囊。宿主细胞破裂释放出的速殖子能立即侵入邻近的宿主细胞，有时可见一个细胞同时感染多个速殖子。在免疫能力正常的宿主体内，宿主能够清除部分虫体，未被清除的速殖子分化成缓殖子形成包囊，缓殖子缓慢增殖，包囊逐渐增大，多见于脑脊髓组织。包囊可以在宿主体内长期存在而宿主不表现临床症状。在妊娠动物体内，包囊内虫体释出，转变为速殖子，可通过胎盘传给胎儿，常在胎盘、胎儿脑脊髓等组织器官中发现大量虫体（图 16-9）。

（三）流行特点

感染了新孢子虫的动物是其他动物的感染来源。犬科动物随粪便排出卵囊污染环境，是动物

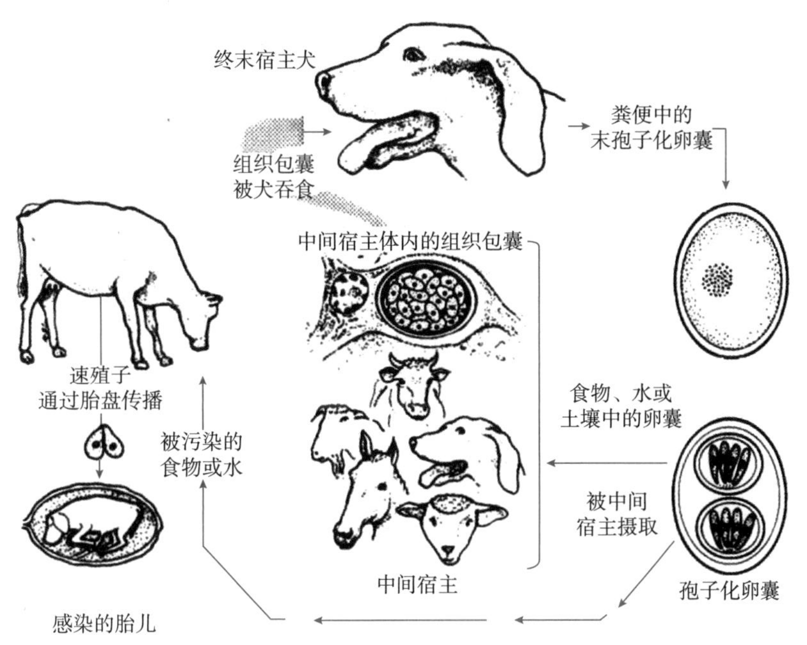

图 16-9　新孢子虫生活史
（根据 Dubey 修改，2007）

感染新孢子虫的重要来源。各种感染动物体内的包囊是新孢子虫感染的另一重要来源，如在流产胎牛体内、胎盘和羊水中均有大量虫体的存在，被其他动物食入即可造成感染，这也是重要感染来源。

新孢子虫的传播有水平传播和垂直传播两种方式。

水平传播：新孢子虫的水平传播可通过以下几种途径。第一，在中间宿主与终末宿主之间，中间宿主食入终末宿主（犬科动物）排出的卵囊，终末宿主食入中间宿主体内的包囊或速殖子；第二，发生在不同中间宿主之间，因食入了动物组织内的包囊或速殖子发生感染；第三，犬科动物食入孢子化卵囊，因犬既是中间宿主又是终末宿主，感染孢子化卵囊后在其体内的发育过程尚不清楚；第四，同种中间宿主群内可能也存在水平传播，具体方式尚不清楚。水平传播可能是造成新一轮感染的主要方式。

垂直传播：已经证实，在同种中间宿主群内，主要由母体传播给胎儿。

（四）临床症状

虽然新孢子虫能感染多种动物，但对牛的危害最为严重，主要造成妊娠牛流产、死胎以及新生犊牛的运动神经障碍。一般情况下，妊娠牛流产是唯一能观察到的成年牛新孢子虫病临床症状，表现为流产、产弱胎、死胎、木乃伊胎和产下先天性神经肌肉损伤的犊牛等。母牛流产前没有明显症状，流产往往突然发生，常呈局部、散发性或地方性流行，一年四季均可发生，但以春末至秋初更多。从妊娠 3 个月到妊娠期结束均可发生流产，但多发生于妊娠期的 5～6 个月。先天感染的犊牛一般不表现临床症状，但严重感染者可表现四肢无力、关节拘谨、后肢麻痹、运动失调、头部震颤明显、头盖骨变形、眼睑及反射迟钝、角膜轻度混浊。大部分先天感染牛处于隐性感染状态，当发育至成年牛并妊娠时，包囊内虫体可能活化并经胎盘传给胎儿，也有部分牛可能清除体内的感染虫体。

当犬作为中间宿主感染新孢子虫时，可引起各年龄段犬的神经肌肉损伤，先天感染的幼犬症状尤为明显，可见严重后肢瘫痪和脊柱过度伸展；其他还包括肌肉萎缩、肌肉疼痛、眼球震颤、精神抑郁、厌食、吞咽困难、四肢无力、共济失调、瞳孔反射迟钝、感觉反应降低、心力衰竭等。还可能出现脑炎、肌炎、肝炎和肺炎等症状。临床上可出现感染的妊娠母犬产出死胎或弱胎。

其他动物感染新孢子虫后出现类似牛的临床症状，但相对较轻微。

（五）致病性和病理变化

流产胎牛的各器官组织出血、细胞变性和炎性细胞浸润，以中枢神经系统、心和肝的病变为主。一般表现为脊髓和脑等神经组织非化脓性脑脊髓炎的典型病变，伴发多位点非化脓性炎性细胞浸润，有时还存在多位点坏死灶。心肌和骨骼肌可出现灰白色病灶，脑组织中有灰色到黑色的小坏死灶和水肿。胎儿易发生自溶和木乃伊化。

犬作为中间宿主感染时，可引起多个器官组织的病变，主要集中在中枢神经系统和骨骼肌中，伴有非化脓性坏死性脑炎、心肌炎和心肌变性等病理变化。犬作为终末宿主时引起的病理变化尚未见到报道。

（六）诊断

犬的新孢子虫病临床症状不典型，临床上诊断困难。

新孢子虫的中间宿主范围广泛，因对牛的危害严重，临床上常需要对牛的新孢子虫病进行诊断。虽然牛的新孢子虫病流行病学、临床症状、病理发生及病理变化均有一定的特点，但确诊须进行病原鉴定或特异性抗体检测，所以病原的分离鉴定、病理组织学、免疫组织化学、血清抗体检测及分子生物学诊断等是确诊新孢子虫病的常用方法。

1. 病原学诊断

（1）病原分离、鉴定：新孢子虫的分离较为困难，成功率很低，直接病料涂片检查的检出率更低。报道显示从流产胎牛体内分离相对容易，取新孢子虫包囊较集中的胎牛神经组织，匀浆后用胰蛋白酶或胃蛋白酶消化富集虫体，将富集的沉淀物无菌处理后进行细胞接种，或直接接种免疫抑制小鼠或 IFN-γ 基因敲除鼠等，经鼠传代，连续传代几次后对虫体进行进一步的鉴定。

（2）病理组织学及免疫组织化学诊断：对分离后的虫体或病理组织切片可用免疫荧光或免疫组织化学染色确认虫体。流产胎牛脑和心的检出率远高于其他脏器。在病理组织切片上，能够观察到速殖子或包囊，但易与刚地弓形虫、哈蒙球虫、住肉孢子虫的速殖子或包囊混淆，需要通过特异性抗体染色进行鉴别诊断。

2. 血清学诊断 血清学检测是较为方便、快捷的方法，尤其适用于群体动物的筛查。已经有多种商品化试剂盒销售。间接免疫荧光试验、直接凝集试验和酶联免疫吸附试验是最常用的血清学检测方法。

3. 核酸检测 主要是应用 PCR 技术检测流产胎牛或其他中间宿主组织内的新孢子虫 DNA。已知的能用于特异性检测新孢子虫的 DNA 片段包括 Nc-5、18S rDNA、28S rDNA、rRNA 基因内部转录间隔区 1（ITS1）以及 14-3-3 基因等。需注意新孢子虫与弓形虫的基因组有很高的相似性，应选择新孢子虫特异的 DNA 序列作为检测的目标。

（七）防控

尚未发现治疗新孢子虫病的特效药物，但有文献报道复方新诺明、羟基乙磺胺戊烷脒、四环素类、磷酸克林霉素、乙胺嘧啶以及抗鸡球虫的离子载体抗生素类药物有一定的疗效，可试用。

已有应用于牛的商业化新孢子虫灭活疫苗，但效果不确切，目前的应用较为有限，只在美国、新西兰等国家小范围应用。

牛新孢子虫病的防控应在流行病学调研的基础上进行，分析目标牛群的感染状态、风险因素等制订综合性防控措施，具体应包括：①定期检测全群牛的感染状况，淘汰病牛和血清抗体阳性牛；②对牛场内及其周围的犬进行严格管理，禁止犬及其他小动物进入牛栏；③防止犬接触动物饲草、饲料和饮水，减少犬与牛接触的机会；④禁止用流产胎牛、胎盘及其他病理组织饲喂犬和其他动物。

（刘群　编，申邦　朱冠　审）

第四节　囊等孢球虫病

囊等孢球虫病（也称为囊等孢子虫病，cystoisoporosis）是由肉孢子虫科（Sarcocystidae）囊等孢球虫属（囊等孢子虫属）（*Cystoisospora*）的球虫寄生于犬、猫、猪等哺乳动物和人的小肠和大肠黏膜上皮细胞而引起的一种原虫病，呈世界性分布。囊等孢球虫具有较强的宿主特异性，一般情况下致病力较弱，但严重感染可引起肠炎，致幼龄动物腹泻，对幼龄动物危害较大。

（一）病原概述

囊等孢球虫曾归属为艾美耳科（Eimeridae）等孢属（*Isospora*）。近年来，发现寄生于哺乳动物的等孢球虫其发育过程中有组织囊形成，故现将其分类修订为住肉孢子虫科（Sarcocystidae）囊等孢球虫属（*Cystoisospora*）。但囊等孢球虫与其他成囊球虫存在明显不同，即在转续宿主（也有人称为中间宿主）体内形成的组织包囊内只含有一个殖子，即殖子不会增殖，称为单殖子组织包囊（monozoic tissue cyst，MZTC）（图 16-10）。

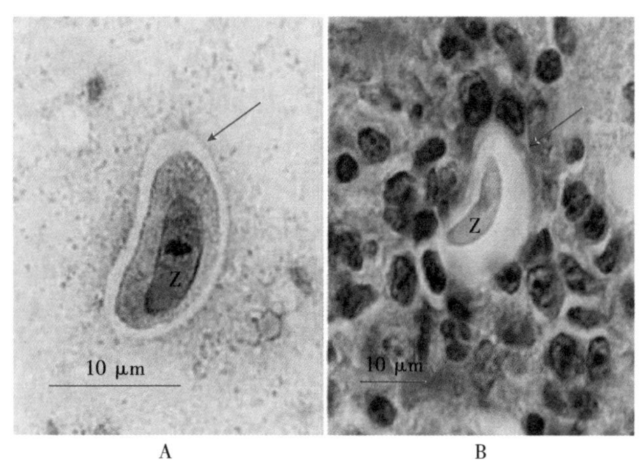

图 16-10　小鼠人工感染猫囊等孢球虫卵囊 8 周后在肠系膜淋巴结内形成的 MZTC
A. 吉姆萨染色的抹片　B. HE 染色的组织切片
箭头所指为 MZTC 囊壁　Z. 孢子
（David S. Lindsay，2014）

囊等孢球虫的孢子化卵囊有 2 个孢子囊，每个孢子囊内有 4 个子孢子，子孢子呈腊肠型。孢子囊能在中间宿主或转续宿主组织内形成单殖子组织包囊。该属病原具有很强的宿主特异性，寄生于不同宿主的不同种囊等孢球虫的孢子化卵囊形态和大小也有差异。

唯一一种感染猪的囊等孢球虫为猪囊等孢球虫（*Cystoisospora suis*），卵囊呈球形或亚球形，囊壁光滑，无色，无卵膜孔。卵囊大小为（18.7～23.9）μm×（16.9～20.1）μm。

有 3 种囊等孢球虫可以感染犬：犬囊等孢球虫（*C. canis*）、俄亥俄囊等孢球虫（*C. ohioensis*）、伯氏囊等孢球虫（*C. burrowsi*）。犬囊等孢球虫寄生于犬的小肠和大肠，具有轻度至中等致病力，卵囊呈椭圆形至卵圆形，大小为（32～42）μm×（27～33）μm，囊壁光滑，无卵膜孔。俄亥俄囊等孢球虫寄生于犬小肠，通常无致病性，卵囊呈椭圆形至圆形，大小为（20～27）μm×（15～24）μm，卵囊壁单层，囊壁光滑，无卵膜孔、极体和卵囊残体。其中犬囊等孢球虫卵囊最大，且呈卵圆形，易于鉴定。伯氏囊等孢球虫和俄亥俄囊等孢球虫卵囊的大小和结构相似。

寄生于猫的最常见种类是猫囊等孢球虫（*C. felis*）和芮氏囊等孢球虫（*C. rivolta*）。猫囊等孢球虫寄生于猫的小肠，有时在盲肠，主要在回肠的绒毛上皮细胞内，有轻度致病力。猫囊等孢球虫的卵囊偏大，呈卵圆形，大小为（38～51）μm×（27～39）μm，囊壁光滑，无卵膜孔。孢子化时间为 72 h，潜隐期为 7～8 d。芮氏囊等孢球虫寄生于猫的小肠和大肠，轻度致病力，卵囊呈椭圆形至卵圆形，大小为（21～28）μm×（18～23）μm，囊壁光滑，无卵膜孔。孢子化时间为 4 d，潜隐期 6 d（图 16-11）。

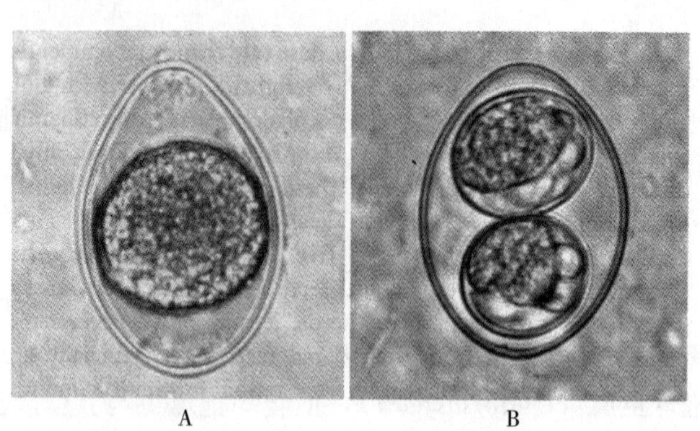

图 16-11　猫囊等孢球虫未孢子化（A）和孢子化（B）的卵囊
（Bowman，2021）

感染人的囊等孢球虫包括贝氏囊等孢球虫（*C. belli*）和纳塔尔囊等孢球虫（*C. natalensis*）2 个种，而感染其他灵长类动物的囊等孢球虫有 5 个有效种（分别为 *C. arctopithecii*、*C. callimico*、*C. saimirae*、*C. endocallimici* 与 *C. cebi*）和 1 个未定种。贝氏囊等孢球虫卵囊呈椭圆形，平均 29 μm×13 μm，壁光滑，薄，无色。有时可见一个很小的胚孔。极粒开始时可见到，很快便消失，无卵囊残体。卵囊发育常不规则，仅产生一个孢子囊，含有 2 个子孢子。孢子囊近球形至椭圆形，（9～14）μm×（7～12）μm，无斯氏体，有孢子囊残体。纳塔尔囊等孢球虫的卵囊近球形，（25～30）μm×（21～24）μm，壁薄，光滑，无胚孔、极粒和卵囊残体。孢子囊椭圆形，大小在 17 μm×12 μm 左右，无斯氏体，有孢子囊残体。

（二）病原生活史

猪、犬、猫、人等是相应囊等孢球虫的终末宿主，囊等孢球虫的繁殖与发育大部分在终末宿主体内进行。鼠类和鸟类也能被囊等孢球虫感染，但感染后虫体不能在其体内进行任何的增殖，仅是在细胞内形成单殖子组织包囊，当鼠类和鸟类被捕食后可感染相应的终末宿主，因而鼠类和鸟类是囊等孢球虫的转续宿主（或称中间宿主）。

1. 在终末宿主体内　囊等孢球虫裂殖生殖和配子生殖阶段在终末宿主体内完成，称为内生性发育阶段。宿主由于食入被孢子化卵囊污染的食物或饮水而感染，卵囊进入消化道后，在胃中胆汁和消化酶作用下囊壁破裂，子孢子释出进入肠腔，穿透肠上皮细胞，进行内生发育。子孢子侵入肠黏膜上皮细胞发育为滋养体，经裂殖生殖发育为裂殖体，裂殖体发育成熟后释放出裂殖子，裂殖子侵入邻近的其他肠上皮细胞，形成第二代裂殖体。经数代裂殖生殖之后，进入配子生殖阶段，裂殖子分化为大、小配子体，继续发育为大配子和小配子，大、小配子结合形成合子，最后发育形成未孢子化卵囊，从肠上皮细胞释出，进入肠腔，随粪便排出体外，在适宜温度、湿度的环境下发育成具有感染性的孢子化卵囊。

上述过程与典型球虫的发育过程相似。但囊等孢球虫除了肠内发育阶段，还存在肠外发育阶段。肠外发育与肠内的无性繁殖阶段相似，以胞内生殖或纵二分裂的方式进行，主要发生在肠系膜淋巴结、肝和脾内，脑、肌肉组织和肺也有发现。肠外无性发育阶段可能只是在肠内发育的虫体偶尔迁移出肠道所致。

2. 在转续宿主体内　囊等孢球虫不是严格的单宿主寄生，它能够以单殖子组织包囊的形式寄生在被捕食动物组织内，然后通过食物链回到终末宿主体内。例如，猫的囊等孢球虫的孢子化卵囊经口感染小鼠、鸟和仓鼠后，可以在它们组织内形成单殖子组织包囊。猫通过捕食这些动物获得感染。因此，鼠类和鸟类为猫囊等孢球虫的转续宿主。

（三）流行与传播

动物的囊等孢球虫呈世界性分布。52%的新生仔猪球虫病是由猪囊等孢球虫引起，仔猪出生后即可感染，以夏秋季发病率最高，主要寄生于哺乳仔猪小肠上皮细胞内，5～10 日龄仔猪最为易感，主要临床症状为腹泻，并可伴有传染性胃肠炎、大肠杆菌和轮状病毒的感染。成年猪感染一般无明显临床症状，多呈带虫状态，成为本病的传染源。美国、加拿大、比利时、荷兰、西班牙、意大利、墨西哥、巴西、德国、英国、丹麦、瑞士、瑞典、捷克以及日本等国已把猪囊等孢球虫作为引起 7～14 日龄仔猪腹泻的主要病因来防控。

几乎所有的幼犬、幼猫在刚出生几个月内都感染过囊等孢球虫，即便是在非常严格的卫生环境下，幼猫和幼犬的感染也属常见。成年犬、猫一般无临床症状，仅为带虫者，但是本病的主要传染源，本病通常春季流行，高温、高湿季节多发。

灵长类动物感染囊等孢球虫主要是吞食了含有孢子化卵囊的食物或饮水所致。人是贝氏囊等孢球虫的中间和终末宿主，而其他灵长类动物可认为是贝氏囊等孢球虫的保虫宿主。现已证实免疫正常、免疫力受损及艾滋病人均有贝氏囊等孢球虫感染，但免疫力低下人群更加易感，美国艾滋病人的贝氏囊等孢球虫病的发病率为 15%。此外，男同性恋人群的囊等孢球虫的感染率更高，提示通过粪-口接触传播可能是主要传播途径。

（四）致病作用和临床症状

囊等孢球虫的主要致病作用是虫体在肠上皮细胞内进行裂殖生殖和配子生殖，虫体释放时破坏大量肠黏膜上皮细胞，导致肠壁破损和出血性肠炎。出现肠绒毛萎缩、隐窝增生、上皮细胞增生等病变，在上皮细胞内可见大量不同发育阶段的裂殖体、裂殖子、配子体等内生发育阶段虫体。

猪囊等孢球虫对仔猪的致病性取决于感染卵囊的数量和仔猪年龄。仔猪出生后 1 周开始出现临床症状，主要症状为腹泻。排灰色或黄白色，带恶臭味的稀软粪便，初始时粪便松软或呈糊状，随着病情加重粪便呈液状；有的粪便呈白色至灰白色凝乳块状。患病仔猪被毛粗乱无光泽，皮肤苍白，缺乏弹性；轻度发热、精神沉郁、食欲减退、生长发育缓慢，严重消瘦，体重几乎不增加；喜卧，弓背站立，可持续 2～3 d。严重感染的哺乳仔猪最后因脱水衰弱而死亡；存活者其生长速度减慢。但多数可于感染 3 周后临床症状自行消失而康复。一般 1～2 周龄仔猪最易感，随着年龄的增长，易感性迅速下降。成年猪则很少发病。1 日龄仔猪感染 40 万个卵囊就可以致死，但两周龄仔猪感染同样剂量仅出现短暂的轻度腹泻。潜隐期5 d，排卵囊期可持续 1～3 周。存活仔猪对再次感染具有良好的免疫力。

犬和猫的囊等孢子虫分别寄生于犬和猫的小肠以及大肠的黏膜上皮细胞内，导致消化吸收不良，严重时会出现出血性肠炎。临床症状与感染强度和年龄密切相关。当幼龄犬猫摄取大量卵囊而且是初次感染时，临床症状严重，主要表现为发热、脱水、精神沉郁，排出混有黏液和血液的粪便。特别是在急性感染时，先出现临床症状，后排出卵囊，持续数周严重水样腹泻，感染 3 周后，临床症状逐步消失，大多可以自然康复。若摄取少量的卵囊，则获得免疫力而不出现症状。

人感染囊等孢球虫会表现出一定的症状，即使无其他症状的患者，也有嗜酸性粒细胞增多现象。尤其免疫功能低下者会表现严重腹泻。而其他灵长类动物感染常表现为无症状或自限性过程。

（五）诊断

根据临床症状、流行病学资料和病理剖检结果进行综合判断。对 2 周龄内的仔猪腹泻应考虑到猪囊等孢球虫病的可能。最终确诊需要以在粪便中查出大量囊等孢球虫卵囊为依据。取新鲜粪便经硫酸锌漂浮浓集后镜检可以提高卵囊检出率。囊等孢球虫卵囊透明度较高，在直接涂片中很容易漏检，应以小光圈弱光观察。除粪检外，小肠黏膜直接涂片和肠内容物检查，也可发现囊等孢球虫发育的各期形态。必要时，进行特异性基因扩增，是确诊的辅助手段。

（六）防治

仔猪患等孢球虫病可用妥曲珠利悬液进行防治，严格执行卫生制度是有效的防控措施，主要措施包括：①及时清理粪便，并对粪便进行无害化处理；②清除产房中的组织碎片，用漂白粉消毒或其他药物进行熏蒸；③禁止其他圈舍的饲养人员和其他动物进入产房，以防止其携带的卵囊传入产房；④灭鼠以防止鼠类机械传播卵囊。

犬和猫感染了囊等孢球虫可采用磺胺类药物治疗。犬可服用磺胺二甲氧嘧啶。此外，用于治疗球虫病的妥曲珠利和用于治疗幼犬蛔虫病的艾默德斯混悬剂已经在欧洲获批用于治疗囊等孢球虫病，口服该产品能有效减少幼犬和幼猫卵囊排出量。一些非犬猫专用的药物（如三嗪类药物）也可用于犬猫囊等孢球虫病的治疗，美国应用帕那珠利治疗犬和猫囊等孢球虫病，效果较好。

（刘晶　蔡建平　编，刘立恒　安健　审）

第五节　贝诺孢子虫病

贝诺孢子虫病是由肉孢子虫科（Sarcocystidae）贝诺孢子虫属（*Besnoitia*）的贝诺孢子虫感染牛、羊、鹿等动物引起的一种以皮肤病变为主要特征的寄生虫病。虫体寄生于宿主皮下、结缔组织、浆膜和呼吸道黏膜等处，引起皮肤脱色、增厚和破裂，因此也称为厚皮病。以贝氏贝诺孢子虫危害最大，不仅使患病牛皮肤受损降低皮革品质，还可引起母牛流产和公牛精液量下降，严重时可导致牛死亡，对养牛业危害严重。

（一）病原概述

已确认的贝诺孢子虫有 9 种：贝氏贝诺孢子虫（*B. besnoiti*），主要寄生于牛、羊；班氏贝诺孢子虫（*B. bennetti*），主要寄生于马、驴；山羊贝诺孢子虫（*B. caprae*），主要寄生于山羊；达氏贝诺孢子虫（*B. darlingi*）寄生于蜥蜴；驯鹿贝诺孢子虫（*B. tarandi*）寄生于驯鹿；华氏贝诺孢子虫（*B. wallacei*）寄生于仓鼠；杰氏贝诺孢子虫（*B. jellisoni*）、奥氏贝诺孢子虫（*B. oryctofelisi*）和猫林鼠贝诺孢子虫（*B. neotomofelis*）主要寄生于鼠、兔等啮齿动物。

贝氏贝诺孢子虫的包囊近圆形，无中隔，直径 0.1～0.5 mm，包囊内含有大量缓殖子。缓殖子呈新月形，一端尖，另一端钝圆，平均长 8.4 μm。在急性病牛的血液涂片中有时可以见速殖子，长约为 5.9 μm，形状与缓殖子相似。山羊贝诺孢子虫包囊直径约 0.5 mm，只感染山羊而不感染绵羊。

（二）病原生活史

贝诺孢子虫完成生活史需要中间宿主和终末宿主，与弓形虫极为相似，可以在中间宿主的巨噬细胞、内皮细胞和其他多种有核细胞内进行增殖，最终形成厚壁包裹的缓殖子。目前已经证实猫是 *B. darlingi*、*B. wallacei*、*B. oryctofelisi* 和 *B. neotomofelis* 四种贝诺孢子虫的终末宿主。其他贝诺孢子虫的终末宿主尚不清楚。推测贝氏贝诺孢子虫的终末宿主为食肉动物，中间宿主包括牛和羚羊。各种实验啮齿动物（如兔、沙鼠、仓鼠、老鼠）和一些家畜及野生牛科动物（包括绵羊、山羊和黑羚羊）均可人工感染贝氏贝诺孢子虫。

贝氏贝诺孢子虫在牛体内包括两个无性阶段，即快速裂殖体生殖的速殖子阶段和缓慢分裂、在结缔组织内形成肉眼可见包囊阶段。包囊大约在感染一周后形成。

（三）流行病学

贝氏贝诺孢子虫病流行于热带和亚热带地区，有一定季节性。试验证实吸血昆虫可作为传播媒介，通过叮咬机械性水平传播该病，但具体的传播机制尚未得到证实。直接接触也可能传播该病。牛群的发病率为 1%～20%，我国东北和华北地区牛群的自然感染率为 10.5%～36%，致死率约为10%。尽管死亡率不高，但感染牛恢复缓慢且终身带虫，严重时会导致公牛出现暂时性或永久性不育，严重影响畜牧业生产。

班氏贝诺孢子虫病在亚洲、法国南部、墨西哥和美国有报道。山羊贝诺孢子虫病主要报道于伊朗、新西兰、肯尼亚。

（四）致病作用和临床症状

贝氏贝诺孢子虫急性感染的牛主要症状表现为发热，腹泻，食欲不振，反刍缓慢或停止，眼、鼻分泌物增多、流泪，巩膜充血，角膜上布满白色隆起的虫体包囊，鼻黏膜鲜红，上有包囊，有鼻漏，初为浆液性，后变浓稠且带有血液，咽、喉受侵害时发生咳嗽。流涎，公牛有急性睾丸炎。被毛失去光泽，腹下、四肢水肿，严重时全身发生水肿，步态僵硬。呼吸、脉搏次数增加，有时发生流产，肩前和股前淋巴结肿大。慢性感染表现为皮肤硬化、增厚、角化过度失去弹性，被毛脱落，有龟裂，流出浆液性血样液体，可继发细菌感染，常伴有蝇蛆病发生，病牛表现为食欲不振和严重的体重减轻，公牛出现睾丸坏死，造成不可逆的损伤。

大多数情况下感染牛只表现为亚临床症状，即皮肤、皮下组织、结膜、生殖器官和呼吸道黏膜、筋膜和血管内皮上存在大量厚壁组织包囊，内含数千个缓殖子，包囊直径达100～600 μm。

感染班氏贝诺孢子虫的马和驴，表现出与感染贝氏贝诺孢子虫的牛类似的临床症状。

自然感染山羊贝诺孢子虫的山羊皮下存在大量包囊，导致皮肤过度角化，在结膜和阴囊及腿部也存在包囊。

（五）诊断

对重症病例，可根据临床症状和皮肤活组织检查确诊。在病变部位取皮肤表面的乳突状小节，剪碎压片镜检，发现包囊和/或缓殖子即可确诊。对轻症病例，详细检查眼巩膜上是否有针尖大小白色结节状的包囊。进一步确诊，可将病牛头部固定，以止血钳夹住巩膜结节处黏膜，用眼科剪剪下结节，压片镜检，该方法简便易行，检出率高。已有贝诺孢子虫的血清学及PCR检查方法，可用于临床诊断。

（六）防治

目前尚无有效的治疗用药，1%锑剂有一定疗效，氢化可的松对急性病例有缓解作用。在感染初期用土霉素（oxytetracycline）有一定的疗效。感染动物应隔离单独治疗。有报道从蓝羚羊分离的虫株，经组织培养制备的疫苗可用于牛群免疫。加强卫生防疫措施，消灭吸血昆虫可有效减少疾病的水平传播。

（刘晶　编，安健　蔡建平　审）

第六节　哈蒙球虫病

哈蒙球虫病由肉孢子虫科（Sarcocystidae）哈蒙球虫属（*Hammondia*）的数种哈蒙球虫引起，一般不表现临床症状。病原主要包括哈氏哈蒙球虫（*H. hammondi*）、赫氏哈蒙球虫（*H. heydorni*）和崔氏哈蒙球虫（*H. triffittae*）三个种。

哈氏哈蒙球虫以猫为终末宿主，寄生于肠道，是猫的一种非致病性球虫。中间宿主包括猪、大鼠、小鼠、山羊、仓鼠、犬和猴等。卵囊大小11 μm×12 μm。赫氏哈蒙球虫和崔氏哈蒙球虫的终末宿主是犬科动物，包括狐、犬和土狼，以牛、绵羊、山羊、骆驼、水牛、天竺鼠和犬为中间宿主。

哈蒙球虫的生活史与弓形虫非常相似，在终末宿主的肠道内进行有性生殖，排出卵囊，中间宿主通过食入孢子化卵囊而被感染。虫体在中间宿主体内迅速增殖为速殖子，分布到各组织器官中，并在组织内缓慢增殖为缓殖子，形成包囊。

哈氏哈蒙球虫在中间宿主之间不能水平传播，终末宿主也只能通过吞食中间宿主体内的组织包囊而被感染。即只有猫粪便中的孢子化卵囊对鼠有感染性，而猫也只有吞食了鼠或其他中间宿主组织中的缓殖子才能被感染；速殖子既对猫没有感染性，也不会经胎盘垂直传播给妊娠母鼠的后代。因此，该属虫是严格的二宿主寄生虫，需要两个专性宿主才能完成其生活史。

用粪便漂浮法检测到终末宿主粪便中的卵囊即可确诊，对中间宿主可以用分子生物学的方法检测其特异性基因。克林霉素可用于该病的治疗。预防哈蒙球虫病应从常规卫生防疫角度出发，饲养犬猫应特别注意环境卫生，保持饲料和饮水清洁，不饲喂生肉，防止捕食野生动物和鸟类，并对粪便进行无害化处理。

（刘晶　编，蔡建平　审）

第七节　弗兰克虫病

第十六章彩

弗兰克虫隶属于肉孢子虫科（Sarcocystidae）弗兰克虫属（*Frenkelia*），终末宿主是猛禽，中间宿主为小型啮齿类动物。虫体寄生于终末宿主胃肠道和中间宿主组织里。弗兰克虫在猛禽肠道内进行有性生殖，形成卵囊。感染性卵囊被小型啮齿类动物吞食后在肠道内脱囊，侵入小肠上皮细胞，之后随血液循环进入肝。在肝细胞和枯否氏细胞内进行裂体生殖，之后侵入神经组织内形成组织包囊。猛禽捕食弗兰克虫感染的啮齿动物，组织包囊壁被消化，释放出虫体。虫体侵入猛禽肠上皮细胞进行配子生殖，分别生成大配子和小配子，大配子与小配子结合形成合子，进一步发育为卵囊。

（刘晶　编，申邦　朱冠　审）

第十七章 纤毛虫和纤毛虫病

纤毛虫（ciliate）近 8 000 种，有自由生活、共生和寄生三种生活方式。其中绝大多数生活于淡水、海洋和土壤等环境中，营自由生活，如草履虫（*Paramecium* spp.）和四膜虫（*Tetrahymena* spp.）等；另有一部分存在于动物胃肠道内营共生生活，对宿主消化食物有帮助，如牛瘤胃内的纤毛虫有助于饲料中粗纤维的分解；还有一小部分在动物和人等宿主的消化道、皮肤或鳃等部位，营寄生生活，在一定条件下引起宿主发病，如结肠小袋纤毛虫能引起猪和人的腹泻。

第一节 结肠小袋纤毛虫病

结肠小袋纤毛虫病（balantidiasis）是由小袋科（Balantidiidae）小袋属（*Balantidium*）结肠小袋纤毛虫（*Balantidium coli*）寄生于猪和人等宿主结肠和盲肠内引起的一种人兽共患原虫病。结肠小袋纤毛虫主要感染猪和野猪，也会感染豚鼠、鸵鸟和包括人在内的灵长类动物，轻度感染时不表现症状，严重感染时呈急性肠炎。本病呈世界性分布，多发于热带、亚热带和温带地区。

（一）病原概述

结肠小袋纤毛虫简称小袋虫，是已知寄生于猪和人体内最大的原虫。由 Malmsten 于 1857 年在 2 名急性痢疾患者的粪便中首次发现，命名为结肠草履虫（*Paramecium coli*）；1861 年 Leuckart 在猪的大肠中也检出该虫；Stein 于 1862 年认为前述二人所发现为同种原虫，并对之重新进行描述，将其列入小袋属，更名为结肠小袋纤毛虫。有学者认为，由于寄生于猪、人、非人灵长类等宿主的小袋虫在滋养体形态特征、分子遗传进化关系上与寄生于蛙类、较早命名的内生肠袋虫［*Balantidium entozoon*（Ehrenberg，1838）］差异太大，根据国际动物系统命名法，小袋虫应列为小袋科中类小袋属 *Balantioides*（Alexeieff，1931），建议将小袋虫学名由原来的 *Balantidium coli* 改为 *Balantioides coli*（Malmsten，1857），但这一建议仍有待进一步证实。

小袋虫虫体的发育过程中有滋养体和包囊两种形态。滋养体表面覆有纵向排列的纤毛，能活跃地旋转运动，虫体呈不对称卵圆形或梨形，浅绿色或淡黄色，大小为（30～150）μm×（25～120）μm。虫体前端略尖，其腹面有一倾斜的胞口，向下形成管状结构即胞咽，以盲端终于胞质内，胞口具有摄取淀粉和细菌等食物的作用；后端钝圆，有一不甚明显的胞肛，将不能消化的残渣废物排出。滋养体细胞质内靠近中部有一呈肾形的大核，在大核凹陷处附近有一小核，小核是生殖核，为单倍体，传递遗传信息；大核为生理核，为高度多倍体，富含调控虫体生理生化代谢活动的基因。细胞质中还有两个伸缩泡，一个位于中部，另一个靠近后部，主要是调节细胞渗透压平衡；细胞质内还有大量食物泡，具有暂时储存食物营养的作用（图 17-1、图 17-2）。

小袋虫滋养体兼性厌氧，易于体外培养，在加入淀粉和血清的非无菌培养基如 Pavlova 和 DMEM 中生长良好，并要求一定数量的细菌存在。pH 低于 5 和高于 8 的培养体系不适于滋养体生长。

滋养体遇到不良环境会缩水、逐渐失去纤毛，形成球形包囊，不能运动，直径 40～60 μm，包囊内有大核、伸缩泡和少量食物泡（图 17-1、图 17-3）。具有较厚的双层囊壁，浅黄色或浅绿色，对外界干燥等不良环境抵抗能力较强。

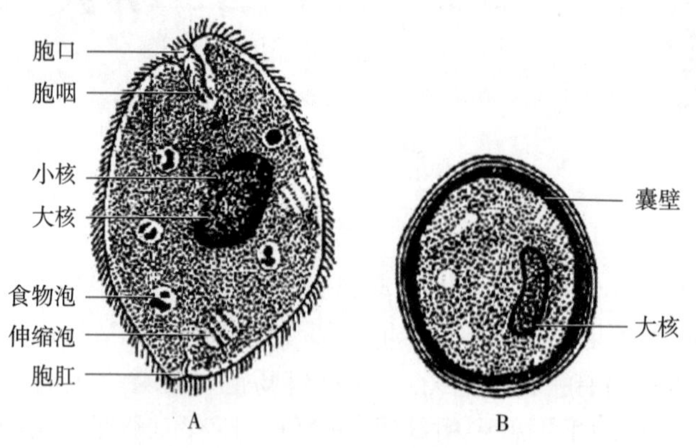

图 17-1　结肠小袋纤毛虫
A. 滋养体　B. 包囊
（仿崔祖让，1981）

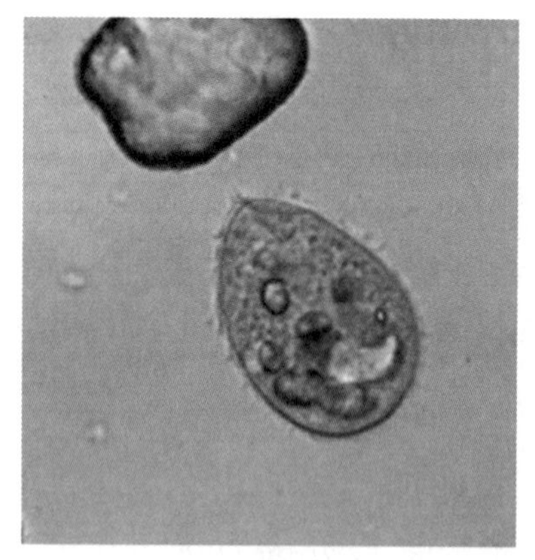

图 17-2　结肠小袋纤毛虫滋养体
（闫文朝供图）

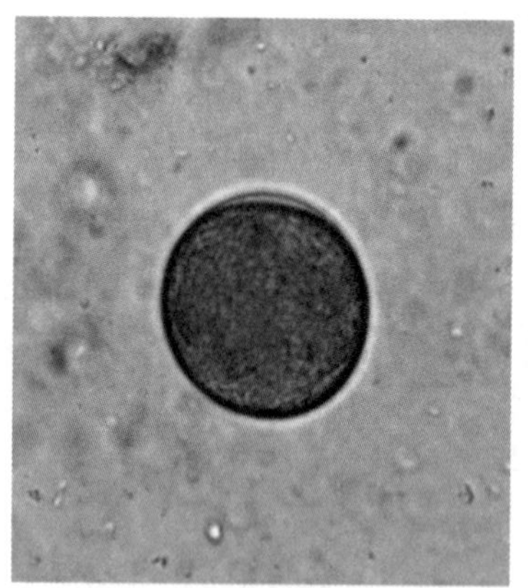

图 17-3　结肠小袋纤毛虫包囊
（闫文朝供图）

（二）病原生活史

猪吞食了小袋虫的包囊后，囊壁在胃肠消化液作用下溶解，每个包囊转化形成一个滋养体。在猪的盲肠和结肠肠腔或肠黏膜下层组织内，滋养体吞食淀粉、细菌、红细胞和组织细胞，以横二分裂法进行增殖。在分裂早期虫体变长，首先小核分裂，然后大核分裂，最后滋养体中部细胞质紧缩分裂成两个新虫体，刚形成的新虫体较母体小，两个新虫体的前端靠近进行接合生殖，交换核物质后分开，逐渐长大。在盲肠和结肠主要以滋养体形式存在，随肠内容物到达直肠，由于直肠内容物水分减少等环境改变，部分滋养体会形成包囊，随粪便排到外界环境中。因此，轻度感染时，腹泻症状不明显，新鲜粪便中可能存在少量滋养体和包囊。如果猪发生明显腹泻，随粪便排出大量滋养体，包囊极少，在外界不良环境中大量滋养体会崩解死亡，少部分滋养体会形成具有感染性的包囊（图 17-4）。所以，猪等宿主的不新鲜腹泻样品中不一定查到大量虫体，诊断时须注意这一现象。

（三）流行病学

小袋虫病呈世界性分布，多发于热带、亚热带和温带地区。目前，已知人和猪、野猪、猴、豚鼠、鸵鸟等 33 种动物可以感染结肠小袋纤毛虫，其中猪最为普遍。我国华南、西南、中原和华北地区猪场感染比较普遍，感染率 20%～100%。猪是小袋虫最主要的天然宿主。虽然哺乳仔

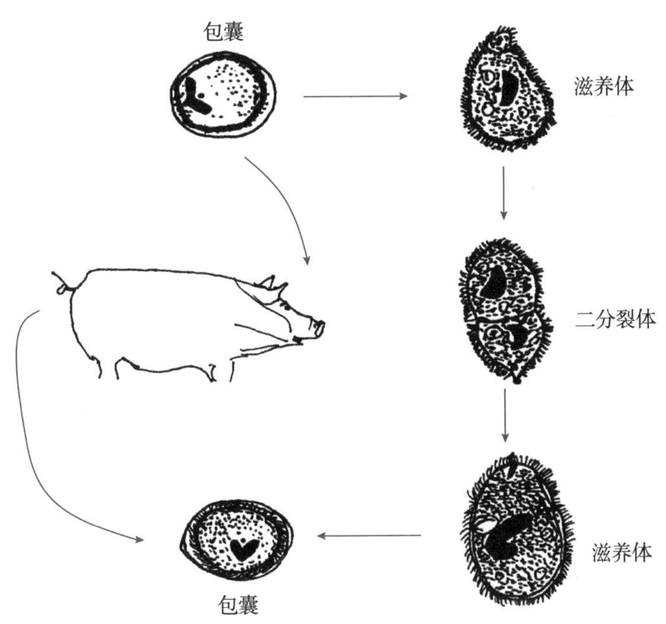

图 17-4　结肠小袋纤毛虫生活史和传播过程
（徐前明供图）

猪、保育仔猪、育肥猪和母猪均有感染，但是断乳后的保育仔猪感染率高，新鲜粪便中滋养体密度大，与断乳仔猪腹泻呈正相关，而育肥猪和母猪粪便中滋养体或包囊密度较低，往往不表现腹泻症状。

人的小袋虫感染率不到1%，人感染小袋虫均与猪有直接或间接的接触史。因此，多认为猪是重要的传染源。

猪和人的感染主要是经口感染，常通过污染有包囊的食物或饮水而感染（图 17-4）。小袋虫包囊对外界环境和消毒剂的抵抗力较强，在−28～6 ℃能存活 100 d，18～20 ℃常温下存活 20 d，但太阳直射下 3 h 才死亡。

（四）临床症状与病理变化

小袋虫被认为是一种机会性病原，通常情况下，滋养体对宿主结肠和盲肠黏膜无明显损伤，也无明显症状。但是当猪饲料中出现淀粉等糖类含量过高食物时，或宿主消化功能紊乱，或肠道菌群失调，或并发沙门菌、圆环病毒等肠道病原感染时，滋养体数量明显增多，分泌透明质酸酶等黏多糖降解酶类，降解肠上皮细胞间的黏多糖基质，病灶扩大，破坏肠黏膜屏障进入黏膜下层，造成融合性溃疡，病灶周围嗜酸性粒细胞和淋巴细胞增多，肠壁水肿、出血。主要侵犯结肠，其次是盲肠和直肠。临床上，育肥猪和母猪不表现症状，成为带虫者；断乳仔猪易感，表现明显的急性腹泻或慢性顽固性腹泻。病猪初期粪便表现半稀状，然后呈水样，粪便中混有黏液、血液和没有消化的饲料颗粒，脱水，消瘦，严重的会出现死亡。

人感染小袋虫，病情比较严重，常引起顽固性腹泻，与阿米巴痢疾的症状和病变相似，结肠和直肠黏膜发生溃疡，甚至穿孔。另外，人也有泌尿生殖道、肺和肝等肠外感染的报道。

（五）诊断

猪的生前诊断根据临床症状和新鲜粪便直接涂片镜检。腹泻粪便中能发现大量运动的滋养体，正常成形粪便中多见包囊。一般不用染色，因为染色深，内部结构不清楚，易被误认为是杂质。死后剖检，观察猪的结肠和盲肠黏膜上有无溃疡病灶，黏膜病灶刮取物或盲肠、结肠内容物涂片镜检，发现大量滋养体，即可确诊。其他原因引起的腹泻病例，小袋虫滋养体数量也常急剧增多，须查明原发性病因。

人可用乙状结肠镜检查肠壁上有无溃疡病灶，在溃疡表面覆盖一层伪膜，刮取少量伪膜黏液显微镜下观察，发现小袋虫滋养体即可确诊。也可采集新鲜腹泻粪便，直接涂片镜检。另外，猪、人等不同宿主源的小袋虫也可以用 PCR 方法扩增 18S rRNA、ITS1-5.8 S rRNA-ITS2 序列来进行分子鉴定。

（六）防治

治疗可用奥硝唑（ornidazole）等硝基咪唑类药物口服，也可用土霉素、四环素（tetracycline）、金霉素（chlorotetracycline）、二碘羟基喹啉（diiodohydroxyquinoline）、阿奇霉素（azithromycin）和青蒿素治疗，对病猪用药要注意用药剂量和休药期。

猪场应做好环境卫生，及时清理猪舍粪便并堆积发酵是预防猪小袋虫病的有效措施。饲养人员应注意手的清洁和饮食卫生，避免接触感染。另外，公共饮水系统要防止被猪场的粪便污染；将猪粪便作为有机肥料种植的蔬菜可能携带包囊，居民食用前要清洗干净，并以熟食为主。

（闫文朝　徐前明　编，索勋　安健　蔡建平　审）

第二节　小瓜虫病

小瓜虫病是凹口科（Ophryoglenina）小瓜虫属（*Ichthyophthirius*）的多子小瓜虫（*Ichthyophthirius multifiliis*）寄生于淡水鱼类皮肤和鳃引起的一种原虫病。由于在鱼类皮肤和鳃等部位形成大量小白点，故又称“白点病”，对鱼类致病性强，可造成大批死亡，其死亡率可达 60%～70%，给水产养殖业带来严重威胁。

（一）病原概述

多子小瓜虫是一类体型比较大的纤毛虫，在分类上属于纤毛门（Ciliophora）寡膜纲（Oligohymenophorea）膜口目（Hymenostomatida）凹口科（Ophryoglenina）小瓜虫属（*Ichthyophthirius*）。小瓜虫发育过程分为滋养体期、包囊期和幼体期，各阶段虫体有不同形态特征。

1. 滋养体期　滋养体呈卵圆形或球形，其大小为（350～800）μm×（300～500）μm，肉眼可见；虫体柔软，全身密布短而均匀的纤毛，胞口位于体前端腹面，围口纤毛由 5～8 行纤毛组成，做逆时针方向转动，一直到胞咽；大核呈马蹄形或香肠形，小核圆形，紧贴于大核；胞质外层有很多细小的伸缩泡，内质有大量食物颗粒。

2. 包囊期　离开鱼体的虫体在水中可游动 3～6 h，然后沉于水底物体上。静止之后，分泌一层胶质厚膜将虫体包住，即为包囊。包囊圆形或椭圆形，白色透明，大小为（0.329～0.980）mm×（0.276～0.722）mm。

3. 幼体期　呈卵形或椭圆形，前端尖，后端钝圆。前端有一个乳突状的钻孔器。全身披有等长的纤毛。在后端有 1 根长而粗的尾纤毛。大核椭圆形或卵形。虫体前端有 1 个大的伸缩泡。大小为（33～54）μm×（19～32）μm。“6”字形原始胞口尚未与内部相通，且在“6”字形的缺口处有 1 个卵形的反光体，可能与将来形成胞咽有关。

（二）病原生活史

多子小瓜虫可感染几乎所有淡水鱼类，其发育过程分为滋养体期（trophont）、包囊期（tomont）和幼体期（theront）三个阶段（图 17-5）。

滋养体期是从幼虫侵入鱼的皮肤或鳃后，在上皮下形成的营养体即滋养体寄生时期（图 17-6、图 17-7）。滋养体一般进行 3～4 代二分裂生殖，这时可以看到大小相似的分裂虫体细胞在较厚的宿主上皮细胞和黏液层下面成排或聚集成丛，此时因药物难以渗透通过较厚的宿主保护层，故患病鱼很难被药物治愈。只有脱离鱼体的虫体才对药物敏感，因为此时它们外面的保护层很薄，药物容易渗透进去。

包囊期是从成熟滋养体脱离鱼体形成包囊到包囊破裂的阶段。滋养体成熟后突破宿主保护层，离开鱼体，自由游动一段时间后落在水体底部，在其外面分泌一层胶质，形成包囊。包囊里的原生质细胞进行数十次二分裂繁殖，最后能孵化出 500～1 000 个幼体。

幼体阶段是幼虫从包囊孵化后，自主游动于水体，到幼体侵入（感染）鱼体的时期，即小瓜虫的感染期。幼体周身布满纤毛，借此游向鱼体，依靠前端的穿刺腺钻入鱼的皮肤和鳃。此期是药物敏感期，如果在 1～2 d 内未能侵入鱼体，幼体会自行死亡。幼体感染新宿主后，又开始下一个生活循环。

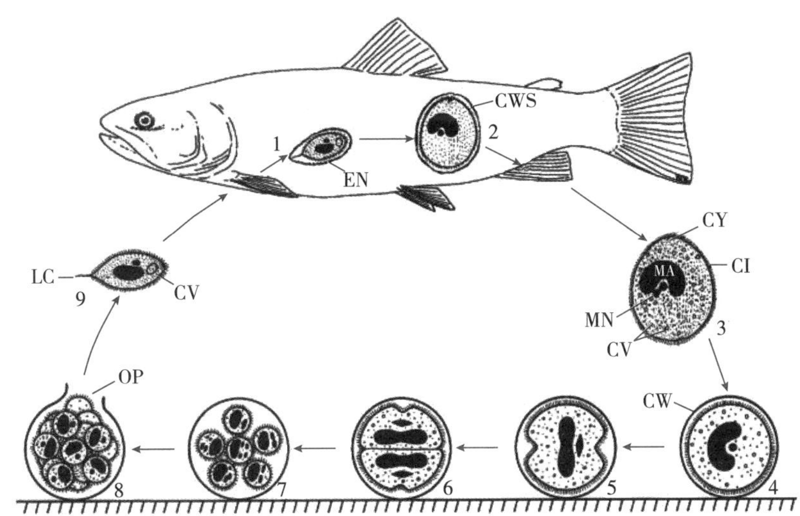

图 17-5 小瓜虫生活史

1. 幼体钻入鱼类皮肤后，被宿主结缔组织包被（EN） 2. 包被的幼体发育成直径约 1 mm 的滋养体，并在鱼类皮肤上形成灰白色的小点 3. 滋养体离开宿主自由游动，并沉降到池底后自身分泌一种凝胶形成包囊壁 4～8. 包囊在 1 h 内形成并开始以横裂的方式繁殖，产生长度在 30～50 μm 的梨形幼体（每个幼体只含有 1 个伸缩泡）
9. 包囊壁破裂释放幼体，幼体在 1 d 内入侵鱼类皮肤

CI. 纤毛 CV. 伸缩泡 CW. 虫体自身形成的包囊壁 CWS. 鱼类皮肤形成的包囊壁 CY. 胞口 EN. 包被的幼体 LC. 尾鞭纤毛 MA. 大核 MN. 小核 OP. 包囊裂口

（汪建国，2013）

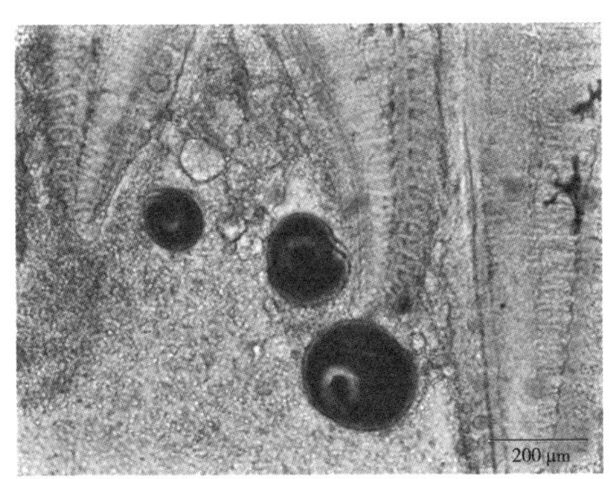

图 17-6 鱼鳃上寄生的多子小瓜虫

（赵飞，2020）

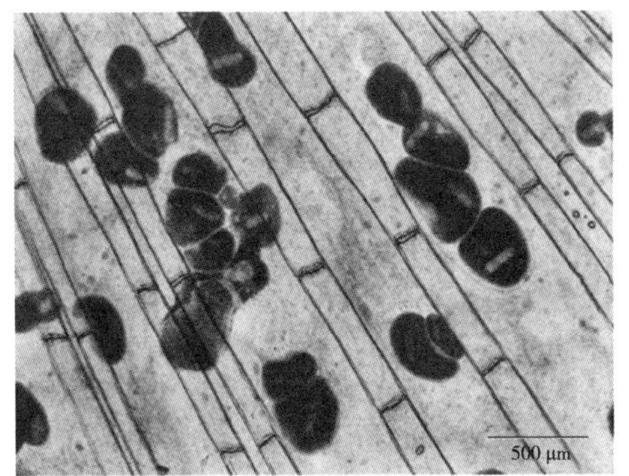

图 17-7 鱼尾鳍上寄生的多子小瓜虫

（赵飞，2020）

（三）流行与危害

小瓜虫是在世界范围内广泛流行的淡水鱼类寄生虫，对宿主无选择性，各种淡水养殖鱼类、洄游性鱼类、观赏鱼类均可感染，不同年龄的鱼类都能被寄生，尤以鱼苗、鱼种、观赏鱼类及越冬后期的鱼种受害严重。我国各淡水鱼类养殖地区均有小瓜虫病流行和发生。小瓜虫病发生的最适水温是 15～25 ℃，我国地处温热带地区，此病多在初冬、春末和梅雨季节发生。水温 30 ℃以上，虫体即不能发育，故在炎热的夏季，通常不会发生白点病。

虫体可在野生鱼类中长期存在，当野生鱼进入养殖池中，可以将病原带入。可以通过包囊及其幼体传播，包囊也可长时间存在于养殖水体中。孵化后 24 h 内的幼体侵袭能力强，但随着时间的推移，其感染能力减弱，36 h 后幼虫的感染能力很弱。幼体的侵袭力跟水温密切相关，水温在 15～25 ℃时侵袭能力较强。

往往在营养不良、养殖密度大、水质差等情况下容易发生此病。发病后若不及时治疗，鱼群死亡率可达 60％～70％，严重时甚至可达 80％～90％。水温在 15～20 ℃时，2～3 d 可遍及全池，出现大量死亡。

（四）临床症状与病理变化

鱼体感染后，胸、背、尾鳍、体表皮肤和鳃上均有肉眼可见的小白点（图 17-8、图 17-9），故又称“白点病”。有时眼角膜上也有小白点，同时伴有大量黏液生成。初期病鱼照常觅食活动，几天后白点布满全身，鱼体失去活动能力，常呈呆滞状，浮于水面，游动迟钝，食欲不振，体质消瘦，皮肤伴有出血点，有时左右摆动，并在水族箱壁、水草、砂石旁侧身迅速游动蹭痒，游泳逐渐失去平衡。表皮糜烂、鳞片脱落、鳍条开裂，甚至蛀鳍，此外，还会出现失明。当鳃上有大量的虫体寄生时，鱼体黏液明显增多，鳃小片甚至鳃丝被破坏，鳃上皮增生或部分鳃丝、鳃小片苍白；最后病鱼因呼吸困难而死。病程一般 5～10 d。传播速度极快，若治疗不及时，短时间内可造成大量死亡。

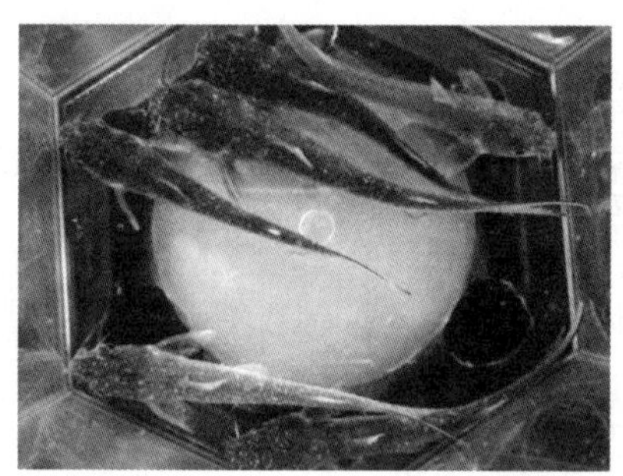

图 17-8　多子小瓜虫感染的叉尾鲴
（赵飞，2020）

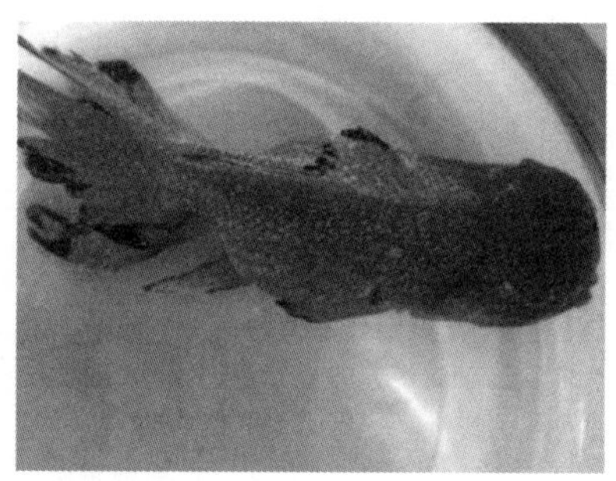

图 17-9　多子小瓜虫感染的金鱼
（赵飞，2020）

（五）诊断

关于小瓜虫病的诊断，可从以下几个方面进行。

（1）根据临床症状及流行情况进行初步诊断。

（2）肉眼观察虫体：在没有显微镜条件下，则可将带有小白点的鳍剪下，置于盛有清水的白瓷盘中，在光线明亮处，用 2 枚解剖针轻轻将小白点的膜挑破，如可见到有小球状的虫体逸出并在水中游动，可做出判断。

（3）压片检查法：仅凭肉眼观察鱼体表有很多小白点难以判定为小瓜虫病，应结合压片检查。取带有小白点的病鱼皮肤和鳃将其剪下，置于载玻片上，滴上 1 滴灭菌水混合，显微镜下观察。观察时发现球形滋养体，胞质中见有马蹄形的细胞核，便可确诊。

（4）鉴别诊断：因鱼体表形成小白点的疾病有多种，除小瓜虫病外，还有黏孢子虫病和打粉病等，故常需要做鉴别诊断。

（六）防治

1. 预防措施

（1）防止野生鱼类进入养殖体系，避免养殖鱼类受到小瓜虫感染。鱼塘灌满水之后，至少要自净 3 d 以后才可放入鱼苗，随水源而引入的幼体，在它们未找到宿主时，2 d 后便会自行死亡。

（2）曾经发生过小瓜虫病的鱼池需要清除池底过多的淤泥，水泥池壁也要进行洗刷，用生石灰或漂白粉进行消毒，并且在烈日下曝晒 1 周。

（3）鱼入池塘前需要抽样检查，如发现有小瓜虫寄生时，应采用药物进行药浴。

（4）保证鱼群的营养全面。饲喂全价饲料和充足的多种维生素，提高鱼体的免疫力，可减少鱼群发生小瓜虫病的机会。

2. 治疗　可用于鱼小瓜虫病的药物主要是硫酸亚铁（ferric sulphate）、硫酸铜和福尔马林（formaldehyde）等。

小瓜虫病目前尚无理想的治疗方法，在发病的早期采取合理的措施可起到一定效果。小瓜虫的生活史中，只有刚脱离鱼体的滋养体和幼体才对药物敏感，而在鱼体内的滋养体和包囊期虫体均对药物不敏感。幼虫孵化通常在夜间进行，即午夜至凌晨时间段，此时幼体对硫酸铜等药物较为敏感，故用药应选择在夜间进行，以便杀灭抵抗力相对较弱的幼体。用药方法主要有如下几种。

（1）食盐溶液浸泡法：食盐水浸洗病鱼，刺激小瓜虫离体之后再杀灭离体小瓜虫是一个非常有效的治疗方法。

（2）将水温提高到 28 ℃以上，以达到虫体自动脱落而死亡的目的。

（3）硫酸铜和硫酸亚铁溶液进行全池泼洒。

在治疗的同时，必须将养鱼的水槽、工具进行洗刷和消毒，否则附在上面的包囊孵化后又可再感染其他鱼。

（闫文朝　徐前明　编，李安兴　安健　蔡建平　审）

第三节　其他纤毛虫

除了小袋虫和小瓜虫外，还有很多其他纤毛虫以共生或兼性寄生的方式存在于反刍动物、灵长类动物、鱼类、蛙类等动物的体表或消化道内。

1. 反刍动物瘤胃或盲肠和结肠内的纤毛虫　反刍动物瘤胃内存在大量的纤毛虫，与反刍动物以互利共生的方式相处，帮助动物消化植物纤维，另外，纤毛虫本身的迅速繁殖和死亡，还可为反刍动物提供蛋白质。据报道，水牛瘤胃内检出 17 属 63 种 25 型纤毛虫，绵羊瘤胃内检出 15 属 39 种 24 型纤毛虫。水牛和绵羊瘤胃纤毛虫中头毛虫科（Ophryoscolecidae）内毛属（*Entodinium*）占比最高，为优势虫种。林麝瘤胃内也存在数量占据优势的内毛属纤毛虫。

黄牛、水牛、乳牛、牦牛、山羊、绵羊、鹿和骆驼等反刍动物盲肠和结肠中还存在有槽巴克斯顿纤毛虫（*Buxtonella sulcata*），一般认为与反刍动物以片利共生的方式相处。当肠道内环境发生改变，有槽巴克斯顿纤毛虫滋养体数量会增多，可伴动物腹泻出现。有学者推测，该种纤毛虫对反刍动物可能有潜在致病作用。

由于瘤胃内纤毛虫和大肠内有槽巴克斯顿纤毛虫均可通过动物粪便排出体外，这些纤毛虫的滋养体和包囊在形态上与小袋虫相似，因此，在临床上存在误把牛等反刍动物粪便中瘤胃纤毛虫和有槽巴克斯顿纤毛虫当作是小袋虫的可能。

2. 灵长类动物盲肠和结肠内的纤毛虫　过去认为猴和猩猩等非人灵长类动物体内的纤毛虫为小袋虫，后来分子标记技术鉴定结果显示灵长类动物体内存在小袋虫属和巴克斯顿属（*Buxtonella*）两属纤毛虫，二者在形态上非常相似，显微镜下难以辨别。

3. 鱼类的其他纤毛虫　除了小瓜虫外，还有其他多种纤毛虫寄生于鱼类体表或体内，引起发病甚至死亡。如鲩肠袋虫（除了猪和人的称为小袋虫外，鱼、蛙和其他动物的一般译为肠袋虫）（*Balantidium ctenopharyngodoni*）和多泡肠袋虫（*Balantidium polyvacuolum*）寄生于草鱼的后肠；车轮虫（*Trichodina*）寄生于鱼体表、鳃等部位；斜管虫（*Chilodonella*）寄生于淡水鱼类的皮肤、鳃等部位；刺激隐核虫（*Cryptocaryon irritans*）寄生于海水鱼类的皮肤和鳃上，引起海水鱼的“白点病”，常造成海水养殖鱼类的大量死亡；杯体虫（*Apiosoma* spp.）寄生于淡水和海水养殖的鱼类、虾、蟹等体表、鳃和附肢等部位；营兼性寄生的水滴伪康纤虫（*Pseudocohnilembus persalinus*）引起海洋鱼类皮肤出血、溃烂和死亡。

4. 虾蟹类的纤毛虫　聚缩虫（*Zoothamnium* sp.）、钟虫（*Vorticella* sp.）、单缩虫（*Carchesium* sp.）等属于寡膜纲缘毛目固着亚目。这些纤毛虫构造大致相同，滋养体都呈倒钟罩形。前端为口盘，口盘边缘有纤毛，胞口在口盘顶部。体内有一个带状的大核，其边缘有一球形的小核。伸缩泡位于虫体前端，滋养体内含多个大小不一的食物泡。虫体后端有柄。在对虾上固着类纤毛虫多达 38 种，其中最为常见的是聚缩虫和钟虫。这些固着类纤毛虫常附着在虾蟹的体表、附肢的甲壳上和成体的鳃甚至眼上，以细菌或有机碎屑为食，并不直接入侵宿主的器官或组织，仅以宿主的体表和鳃作为生活的基地，属于共栖生物。当数量多时，对虾和蟹造成危害。

蟹栖拟阿脑虫（*Paranophrys carcini*）是寄生于蟹和虾类的纤毛虫，属于寡膜纲盾纤目嗜污科，其形状呈葵花籽形，前端尖，后端钝圆，一般平均 46.9 μm×14.0 μm，具有 11～12 条纤毛线，滋养体略呈螺旋排列，且纤毛排列均匀一致，体后端有一长的尾纤毛，体内具有一大一小二核形构造。最早报道于意大利的绿蟹和法国的一种黄道蟹中，它也可感染对虾，从虾、蟹伤口进入血淋巴，吞食血细胞，对蟹和虾危害严重。

第十七章彩图

5. 其他动物体内的纤毛虫　还有一些纤毛虫（肠袋虫，*Balantidium*）能寄生于两栖类动物、昆虫和甲壳纲动物的消化道内，如 *Balantidium entozoon* 寄生于蛙类肠道，*B. praenucleatum* 寄生于蟑螂肠道，还有一些肠袋虫寄生于蟹和虾的肠道内。另外，肠肾虫（*Nyctotherus*）也可寄生于龟、蛙类和蜥蜴等动物的肠道，这些肠袋虫和肠肾虫对宿主的致病性尚不明确。

（闫文朝　徐前明　编，索勋　安健　审）

第十八章 新发和再现原虫和原虫样微生物及其导致的疾病

第一节 环孢子虫病

艾美耳科（Eimeriidae）环孢子虫属（*Cyclospora*）的原虫寄生在人和动物肠上皮细胞内引起的寄生虫病称为环孢子虫病（cyclosporosis），引起宿主腹泻或出现胃肠炎症状，伴随有其他并发症的严重感染者甚至可导致死亡。环孢子虫病是一种食源性和水源性传播疾病，在世界范围内有几次暴发和流行。

环孢子虫感染食虫类、啮齿类、爬行类、非人灵长类等动物和人，已鉴定出 22 个有效种。常见的卡耶塔环孢子虫（*Cyclospora cayetenensis*）可感染人，随污染的蔬菜、水果和饮水被食入，寄生于小肠，可引起严重水样腹泻；也见于黑猩猩和狒狒。狒狒环孢子虫（*Cyclospora papionis*），见于狒狒（baboon）；恒河猴环孢子虫（*Cyclospora macacae*），见于恒河猴（Rhesus monkey）；疣猴环孢子虫（*Cyclospora colobi*），见于疣猴（Colobus monkey）；猕猴环孢子虫（*Cyclospora cercopitheci*），见于绿猴（Green monkey）；安吉缪利环孢子虫（*Cyclospora angimurinensis*），见于硬毛小囊鼠（hispid pocket mouse）。

食物、水或土壤中的孢子化卵囊摄入宿主体内后，子孢子在肠腔中脱出并侵入十二指肠和空肠上皮细胞，发育为滋养体，随后形成两种类型的裂殖体。Ⅰ型裂殖体包含 8～12 个小的（3～4 μm）裂殖子。Ⅱ型裂殖体包含 4 个长的（12～15 μm）裂殖子，Ⅱ型裂殖体形成配子母细胞。小配子与大配子受精形成合子，合子随后发育为卵囊，后者随粪便排出，卵囊孢子化过程在环境中完成。

环孢子虫感染动物的报道主要集中在非人灵长类动物，感染率 6.8%～17.9%，人体环孢子虫平均感染率为 3.6%。也有一些环孢子虫未定种在牛、犬、鸡、鼠、鸟等动物体内的报道，我国自 1995 年首次报道人体感染环孢子虫以来，已经有多起环孢子虫感染人和动物的记录和报道。

环孢子虫感染引起肠绒毛缩短，表面上皮破裂，十二指肠和回肠的绒毛萎缩和隐窝增生，肠上皮细胞中的淋巴细胞增多。典型症状包括水样腹泻、腹部绞痛、呕吐、厌食、失重和疲劳。免疫功能紊乱的病人可出现严重、持久或慢性水样腹泻，伴有恶心、腹痛、轻度发热、嗜睡和消瘦。

常规检测主要基于显微镜下形态学观察，卡耶塔环孢子虫（*C. cayetanensis*）卵囊呈圆球形或亚球形的无差别的折射体，中间为桑葚胚，卵囊大小 8～10 μm；经改良抗酸染色多呈深红色或不着色，内有数量不定的包涵体；孢子化卵囊内含有 2 个孢子囊，每个孢子囊内含有 2 个子孢子（图 18-1A、B）。

环孢子虫卵囊壁可在 330～380 nm 的紫外滤光器下自发蓝色荧光（图 18-1C），在 450～490 nm滤光器下自发绿色荧光，在临床上可用于快速检测和鉴定环孢子虫感染。常用的环孢子虫分子生物学检测是基于 SSU rRNA 和 ITS 序列的 PCR 检测方法。

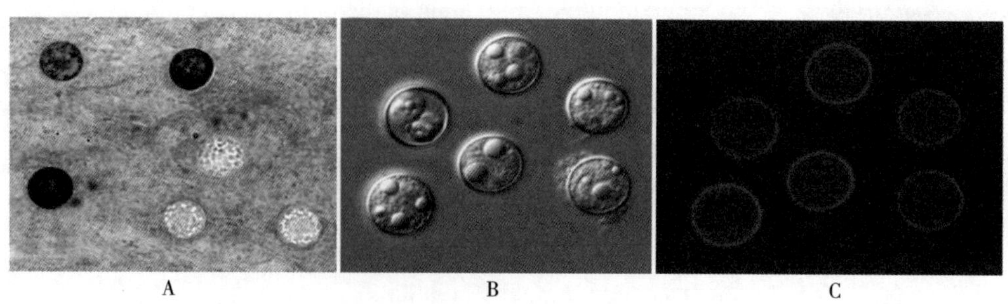

图 18-1　卡耶塔环孢子虫卵囊形态结构（1000×）
A. 光学显微镜下卵囊经改良抗酸染色呈深红色或不着色　B. 微分干涉显微镜下卵囊形态
C. 荧光显微镜下卵囊自发蓝色荧光
（张龙现供图）

临床上治疗环孢子虫病可使用复方三嗯唑，可快速改善病人及其他灵长类动物的症状。环丙沙星、硝唑沙尼也有一定疗效。

环孢子虫是通过粪-口传播途径感染，主要通过粪便污染的食物、水和土壤而传播。因此，改善环境卫生是减少感染的可行方法。

（张龙现　编，索勋　安健　顾有方　审）

第二节　胞裂原虫病

由泰勒科（Theileriidae）胞裂原虫属（*Cytauxzoon*）的胞裂原虫寄生于猫科动物网状内皮细胞和红细胞引起的梨形虫病称为胞裂虫病（cytauxzoonosis），经蜱传播，表现为发热、黄疸、厌食、嗜睡，甚至死亡等症状。胞裂原虫于 1976 年在美国密苏里州 4 只死亡的家猫中发现，之后在北美洲、南美洲、欧洲以及亚洲少部分国家见有报道，我国目前仅在云南有报道。

猫胞裂原虫（*Cytauxzoon felis*）以美洲花蜱（*Amblyomma americanum*）或变异革蜱（*Dermacentor variabilis*）为终末宿主，家猫（cat）和山猫（bobcat）等猫科动物为中间宿主。感染蜱在叮咬猫时，将胞裂原虫子孢子注入猫血液；子孢子进入猫多种组织细胞进行裂殖生殖，裂殖体成熟后导致感染的细胞破裂并释放大量裂殖子；裂殖子侵入红细胞并进行二分裂，发育成配子体，传播给吸血的蜱；配子体在蜱的肠细胞中融合形成合子，合子成熟后进入蜱唾液腺进行孢子生殖产生大量子孢子。

家猫和山猫易感，狮（lion）、豹（leopard）、虎、小野猫、猫鼬（meerkat）、猞猁也有感染的报道。动物感染后，家猫症状表现明显，其他动物带虫但几乎无症状。家猫感染通常在两周内出现临床症状，表现为发热、厌食、抑郁、嗜睡、呼吸困难、呕吐、黏膜苍白、黄疸、心动过速、尖叫，9～15 d 内死亡；剖检可见肝、脾、淋巴结肿大，肺、肾水肿，伴有弥散性血管内凝血；血常规检测，有血小板和淋巴细胞减少等现象。

该病的诊断可结合临床症状，通过血涂片、吉姆萨染色、镜检，可见红细胞内有直径大小为 1～2 μm 戒指状、两极卵圆状、四分体状或深色点状的虫体；骨髓、脾或淋巴结等组织印片可见大量裂殖体；通过 PCR 方法检测胞裂原虫的 18S rRNA、ITS1、ITS2 或线粒体 *cox3* 基因可确诊。

猫胞裂原虫病尚无特效药物，阿奇霉素联合阿托伐醌治疗急性猫胞裂原虫病，有一定疗效；也可通过皮下注射肝素进行抗凝治疗，辅助输血补液，调节机体电解质防止猫脱水死亡。

（邹丰才　编，朱兴全　顾有方　审）

第三节　肝簇虫病

肝簇虫科（Hepatozoidae）肝簇虫属（*Hepatozoon*）的孢子虫引起的一种急性、亚急性或慢性感染的寄生虫病称为肝簇虫病（hepatozoonosis）。该病原最早见于肝，所以命名为肝簇虫（*Hepatozoon*）。寄生于两栖类、爬行类、鸟类或哺乳类的340多种肝簇虫中，近50种寄生于哺乳动物。终末宿主为吸血节肢动物。其中，美洲肝簇虫（*H. americanum*）和犬肝簇虫（*H. canis*）是引起犬肝簇虫病的常见病原，前者主要在美国的犬体内发现，主要寄生于横纹肌细胞间单核细胞；后者在南美洲、欧洲、亚洲均有报道，寄生于中性粒细胞或单核细胞，主要见于淋巴组织（脾、骨髓和淋巴结）及内脏器官（如肝、肺和肾小球）。美洲肝簇虫的传播媒介是斑点花蜱（*Amblyomma maculatum*），保虫宿主是土狼（coyote）。犬肝簇虫的传播媒介是血红扇头蜱（*Rhipicephalus sanguineus*），啮齿类动物可作为其转续宿主。猫也可以感染肝簇虫，包括猫肝簇虫（*H. felis*）、野猫肝簇虫（*H. silvestris*）及犬肝簇虫（*H. canis*）。

蜱吸食了犬等中间宿主带有肝簇虫配子体的中性粒细胞或单核细胞的血液而感染。配子体进入蜱血腔后发育成熟，进行配子生殖形成合子，合子发育成卵囊，后者经孢子生殖形成含有感染性子孢子化卵囊。最典型的感染途径是犬等中间宿主吞食蜱而感染，而不是通过蜱叮咬导致。肝簇虫在中间宿主犬等的组织内形成裂殖体，最后在血液白细胞内形成配子体。

犬肝簇虫主要引起亚临床症状，只有在发生继发感染或混合感染后，如与弓形虫、巴贝斯虫、细小病毒等病原混合感染，犬才表现出不适，抵抗力下降之后，犬才开始出现症状。一般表现为厌食、消瘦，偶有呕吐和腹泻等胃肠道症状；体重减轻、黏膜苍白、触诊有疼痛反应，严重感染时有发热症状。裂殖体侵害脏器时相应功能遭到破坏。以外周血中观察到配子体为确诊依据。血红扇头蜱感染4 d后可发现卵囊，一般在成年蜱的蜕皮后期（35 d）具有感染性。犬吞食了孢子化卵囊3周后，在骨髓中出现第一代裂殖体，每个裂殖体含20～30个裂殖子。感染后1个月，成熟的配子体出现在犬的中性粒细胞内。犬在感染后16～27 d出现发热症状，同时伴有骨骼肌疼痛和侧卧，但这并不是自然感染犬肝簇虫的典型症状。

犬感染美洲肝簇虫则会表现较为严重的临床症状。典型的特征是步态异常和眼部分泌物增多，通常伴有发热、食欲减退、肢体僵硬、精神不振等症状，患病犬中性粒细胞增多，由肌炎和骨膜增生引起关节疼痛，病犬不愿运动，步态僵硬，随着食量和活动量的减少，肌肉发生萎缩。病变主要发生在四肢长骨的骨干部位，偶尔还会出现在掌骨和趾骨。实验犬感染美洲肝簇虫的孢子化卵囊后，最早在32 d观察到骨膜病变，出现骨原细胞肥大和增生以及在骨膜细胞层出现成骨细胞。骨质病变类似于家犬和其他哺乳动物骨细胞肥大产生的病变。

诊断美洲肝簇虫感染，以在血涂片的中性粒细胞或单核细胞中发现配子体（成熟配子体呈胶束样，长约8 μm，宽约4 μm，寄生于胞质中，见图18-2）或活体动物的肌肉组织中或尸检中在肝、脾等内脏组织中发现裂殖体为依据。美洲肝簇虫感染犬后，在肌肉的寄生数量较多，裂殖体不断刺激周围肌肉组织发生炎症反应，产生大量黏多糖，在细胞周围层层包裹，裂殖体在骨骼肌中形成一个巨大的囊状物（250～500 μm）（图18-3），呈“洋葱皮”包囊外观。猫肝簇虫感染后也会在肌肉组织内形成“洋葱皮”包囊。犬肝簇虫感染犬后，其裂殖体多见于其他组织器官，裂殖子在裂殖体内呈“轮辐”状排列（图18-4）。

犬肝簇虫病（Hepatozoon canis infection，HCI）可应用咪多卡二丙酸盐进行持续用药治疗，直至血涂片中观察不到肝簇虫的配子体。磷酸伯氨喹对治疗犬肝簇虫病也非常有效，但若是在血液中存在大量配子体的情况下进行治疗，必须对预后谨慎严判。美洲肝簇虫病（American canine hepatozoonosis，ACH）尚无特效药用于治疗，通常通过用非类固醇抗炎药物等支持疗法

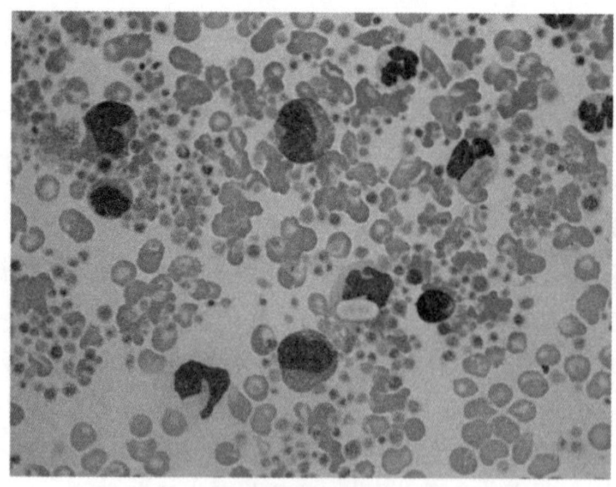

图 18-2　犬血液淡黄层涂片
中性粒细胞中的犬肝簇虫配子体
（张琼　吕艳丽供图）

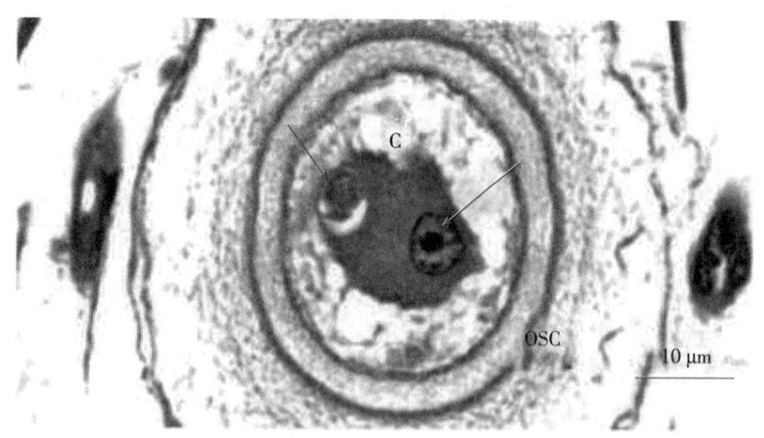

图 18-3　骨骼肌中的美洲肝簇虫裂殖体（包囊）
OSC 指“洋葱皮”包囊，右箭头所指为突出的核仁，左箭头为美洲肝簇虫的滋养体
（CA Cummings et al，2005）

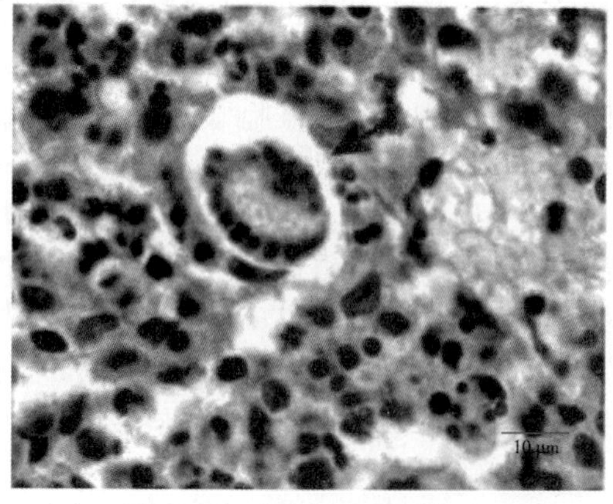

图 18-4　骨髓组织病理标本
箭头所指为犬肝簇虫裂殖体内“轮辐”结构
（MT Shimokawa et al，2011）

缓解疼痛和发热等临床症状。

（刘晶　安健　编，申邦　朱冠　吕艳丽　顾有方　审）

第四节　克洛斯球虫病

克洛斯科（Klossiellidae）克洛斯属（*Klossiella*）的球虫寄生于哺乳动物的肾可引起克洛斯球虫病（klossiellosis）。其中，马克洛斯球虫（*K. equi*）主要寄生于马肾上皮细胞，鼠克洛斯球虫（*K. muris*）寄生于鼠肾上皮细胞。生活史只有一个宿主，宿主经口感染孢子囊，虫体在肠道内脱囊，进入血液循环，最终到达肾。在肾上皮细胞内进行配子生殖和孢子生殖。肾小管内形成卵囊，卵囊大小 22 μm×24 μm。每个卵囊含 40 个孢子囊，每个孢子囊含 8～15 个子孢子。卵囊壁很薄，所以虫体常以孢子囊的形式随尿液排出体外，感染新宿主。正常情况下，没有致病性。但是在免疫缺陷的马体内可以观察到管状坏死和非化脓性间质肾炎的病变。有在去势的免疫缺陷种马的尿液中发现克洛斯球虫孢子囊的报道。

（刘晶　编，申邦　朱冠　顾有方　审）

第五节　芽囊原虫病

1899 年 Perroncito 首次详细描述了来源于人的芽囊原虫（*Blastocystis*）的形态学特点，1912 年 Brumpt 将其正式命名为人芽囊原虫（*Blastocystis hominis*），并将其归属于酵母类。1967 年，Zerdt 根据其超微结构等方面的特点将其归属为肠道原虫类。目前，根据核糖体小亚基核苷酸（small subunit rRNA，SSU rRNA）序列将其归为 SAR 超群不等毛藻门（Heterokontophyta/Stramenopiles）双环虫纲（Bigyra）蛙片虫目（Opalinata）芽囊原虫科（Blastocystidae）芽囊原虫属（*Blastocystis*）。芽囊原虫曾以宿主命名，如来源于人的人芽囊原虫（*Blastocystis hominis*）和来源于鼠的鼠芽囊原虫（*Blastocystis ratti*），但种系发育分析发现二者缺乏宿主特异性，应统称为"*Blastocystis* species"。目前，基于 SSU rRNA 基因序列的分子分型工具将不同宿主来源的芽囊原虫分离株至少分为 17 个亚型（subtype，ST），其中 ST1～ST9 可在人体内检测到。

芽囊原虫形态多变，具有阿米巴形（amoeboid form）、包囊形（cyst form）、颗粒形（granular form）、空泡形（vacuolar form）、多聚空泡形（multivacuolar form）和无空泡形（avacuolar form）等（图 18-5）。空泡形大小迥异，直径 2～200 μm（平均 4～15 μm），含一个大的中央空泡，多见 3 个以上深染核位于中央区的边缘，在体外培养和粪便中均常见。无空泡形缺乏中央空泡，而多聚空泡形则在中央区有多个相连或分散的小空泡，二者大小均一，直径 5～8 μm，多见 1 个核，偶见 2 个核。颗粒形与空泡形相似，不同之处在于其位于胞质，常见于中央空泡内，直径 15～25 μm，内充满颗粒状物质，可分为代谢性颗粒、脂肪颗粒和生殖颗粒，常见于体外培养，少见于粪便。阿米巴形报道较少，平均直径 10 μm，有 1～2 个伪足突起，但不运动，内含大小不等的核及三角形或月牙形拟染色体结构，有报道见于急性腹泻个体粪便中，认为与致病有关，也有报道见于体外培养，也有报道认为它是不规则的中央空泡形。包囊形被有多层囊壁，大小 2～5 μm，不超过 10 μm，胞质致密，内含 1～4 个核、线粒体、糖原沉积及小空泡，实验室培养不常见。

包囊为感染性阶段，通过粪-口途径传播。芽囊原虫可寄生于人和多种动物（如猴、猪、鸟类、啮齿动物、蛇和无脊椎动物）的肠道，且感染率通常较高。目前其感染多报道于无症状的动

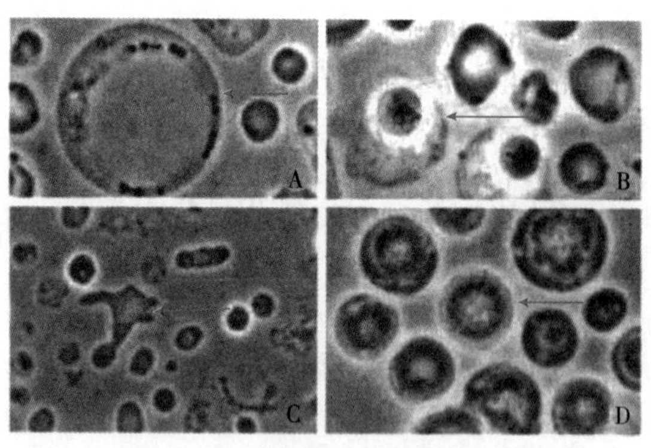

图 18-5　芽囊原虫的常见形态
A. 空泡形　B. 包囊形　C. 阿米巴形　D. 颗粒形
（段义农，2015）

物和人。虽然体外和实验动物研究提示其对幼龄及免疫功能缺陷的动物具有潜在致病性，并存在于腹泻和其他胃肠道疾病患者的粪便中，但临床上尚未发现人和动物的病例报道。研究发现，相比于患感染性、功能性及炎症性肠炎疾病的个体，芽囊原虫更常见于健康个体，并且其寄生与某些肠道微生物谱和健康指数有关，提示芽囊原虫可能是一种常见的肠道病原，其寄生可能对肠道健康有指示作用。非食品动物临床如需治疗，首选甲硝唑。

（赵光辉　编，索勋　顾有方　审）

第六节　原虫样微生物

除了前述寄生原虫（也属于广义的微生物）外，还存在一些寄生于动物体内的原虫样微生物，其显微镜下的形态学特征与原虫很相似，某些微生物还曾归类为原虫。本节简单介绍这些原虫样微生物，包括脑微孢子菌（旧称脑原虫）、毕氏肠微孢子菌（旧称毕氏肠微孢子虫）、蜜蜂微孢子菌（旧称蜜蜂孢子虫）、卡氏肺孢菌（旧称卡氏肺孢子虫）、乏质体（或称无形体、无浆体）、艾立希体、新立克次体、埃及小体、巴尔通体、柯克斯体、猫血支原体（旧称猫血巴通体大型株）、猪支原体（旧称猪附红细胞体）、绵羊支原体（旧称绵羊附红细胞体）和温氏支原体（旧称温氏附红细胞体）（表 18-1），助力临床上与动物原虫病进行鉴别诊断。

表 18-1　常见的原虫样其他微生物及其分类

门	纲	目	科	属	种
微孢子门*（Microsporidia）	微孢子纲（Microsporea）	微孢子目（Microsporida）	肠微孢子科（Enterocytozoonidae）	脑微孢子属（*Encephalitozoon*）	兔脑微孢子菌（*E. cuniculi*）
				肠微孢子属（*Enterocytozoon*）	毕氏肠微孢子菌（*E. bieneusi*）
			微粒子科（Nosematidae）	微孢子属（*Nosema*）	西方蜜蜂微孢子菌（*N. apis*） 东方蜜蜂微孢子菌（*N. ceranae*）
子囊菌门*（Ascomycota）	初子囊菌纲（Archiascomycetes）	肺孢菌目（Pneumocystidales）	肺孢菌科（Pneumocystidaceae）	肺孢菌属（*Pneumocystis*）	卡氏肺孢菌（*P. carinii*）
					伊氏肺孢菌（*P. jirovecii*）
变形菌门**（Proteobacteria）	α-变形菌纲（Alphaproteobacteria）	立克次体目（Rickettsiales）	立克次体科（Rickettsiaceae）	立克次体属（*Rickettsia*）	立氏立克次体（*R. rickettsii*）

（续）

门	纲	目	科	属	种
					康氏立克次体(*R. conorii*)
					猫立克次体(*R. felis*)
			乏质体科(Anaplasmataceae)	乏质体属(*Anaplasma*)	嗜吞噬细胞乏质体(*A. phagocytophilum*)
					边缘乏质体(*A. marginale*)
					中央乏质体(*A. centrale*)
					牛乏质体(*A. bovis*)
				艾立希体属(*Ehrlichia*)	犬艾立希体(*E. canis*)
					查菲艾立希体(*E. chaffeensis*)
					欧文艾立希体(*E. ewingii*)
					反刍兽艾立希体(*E. ruminantium*)
				新立克次体属(*Neorickettsia*)	里氏新立克次体(*N. risticii*)
					蠕虫新立克次体(*N. helminthoeca*)
				埃及小体属(*Aegyptianella*)	鸡埃及小体(*A. pullorum*)
					莫氏埃及小体(*A. moshkovskii*)
		生丝微菌目(Hyphomicrobiales)	巴尔通体科(Bartonellaceae)	巴尔通体属(*Bartonella*)	汉赛巴尔通体(*B. henselae*)
	γ-变形菌纲(Gammaproteobacteria)	军团菌目(Legionellales)	柯克斯体科(Coxiellaceae)	柯克斯体属(*Coxiella*)	贝氏柯克斯体(*C. burnetii*)
柔膜菌门**(Tenericutes)	柔膜体(菌)纲(Mollicutes)	支原体目(Mycoplasmatales)	支原体科(Mycoplasmataceae)	支原体属(*Mycoplasma*)	猫血支原体(*M. haemofelis*)
					猪支原体(*M. suis*)
					绵羊支原体(*M. ovis*)
					温氏支原体(*M. wenyonii*)

注：* 真核生物域后生鞭毛亚域真菌，**细菌域细菌。

一、微孢子菌

微孢子菌（Microsporidia）在本教材前三版中均以“微孢子虫”的译名列入原生动物，包括微孢子纲（Microsporea）微孢子目（Microsporida）微粒子科（Nosematidae）的兔脑微孢子菌（旧称兔脑原虫，*Encephalitozoon cuniculi*）和蜜蜂微孢子菌（*Nosema* spp.）。目前，基于微孢子菌多种蛋白质（如 HSP70、肌动蛋白、微管蛋白等）和基因组数据的分子系统发生学将微孢子菌划归真菌（表 18-1）。

（一）脑微孢子菌

可感染犬、兔、人及其他哺乳动物。脑微孢子菌（旧称兔脑原虫，*Encephalitozoon* spp.）有 3 个株：Ⅰ株（兔株）、Ⅱ株（啮齿动物株）和Ⅲ株（犬株），每个株均可感染人和多种动物，具有潜在的人兽共患风险。兽医临床上比较常见的是兔脑微孢子菌（*Encephalitozoon cuniculi*，同物异名 *Nosema cuniculi*），可引起慢性兔脑微孢子菌病（兔脑原虫病），该病在很多兔场中广泛流行，发病率可达 15%～76%，在野兔中也有发病的报道。组织切片中的滋养体大小为（2～2.5）μm×（0.8～1.2）μm，抹片中约为 4 μm×2.5 μm；成熟的孢子呈卵圆形或杆形，长 1.5～2.5 μm，内有一核及少数空泡。感染性孢子抵抗力强，可存活数年，主要通过排泄物传播，也可经胎盘传播。兔通常为隐性感染，在运输、气候变化或使用免疫抑制剂时可出现临床症状。感染兔会在肾、肝和脑部形成特征性肉芽肿，病理剖检可在病变部位找到病原。PCR 可用于确诊，ELISA 可用于辅助诊断。有人用烟曲霉素（fumagillin）治疗本病有效，也有报道称苯并咪唑类化合物（如芬苯达唑、奥芬达唑和阿苯达唑）可用于治疗兔脑微孢子菌（兔脑原虫）感染。由于对兔脑微孢子菌病（兔脑原虫病）的传播方式尚缺乏了解，故对本病尚缺乏有效的预防措施。

（二）毕氏肠微孢子菌

一种常见的人兽共患肠道微孢子菌，其滋养体大小为 1～1.5 μm，孢子大小约为 0.5 μm×1.5 μm，具有双排极管盘绕。可寄生于人和多种动物（如犬、猫、牛、猪、兔、鸡、火鸡）的小肠。据报道，约 90%人的微孢子菌病由毕氏肠微孢子菌（*Enterocytozoon bieneusi*）感染引起。

（三）蜜蜂微孢子菌

蜜蜂微孢子菌病旧称蜜蜂孢子虫病，是成年蜂流行较广的消化道微孢子菌病，患病蜂寿命缩短，采集力下降，可造成严重的经济损失。在欧洲、美洲许多国家及我国东北地区此病发生较为普遍。

蜜蜂微孢子菌体外以孢子形态存活，孢子呈长椭圆形，长 4～6 μm，宽 2～3 μm；外被孢子膜，膜厚度均匀，表面光滑，具有高度折光性，前端有一个胚孔；内部有两个细胞核，细胞质内有两个明显的空泡，位于孢子的两端，还有一条长 230～240 μm 的旋转的细长极丝。

蜜蜂微孢子菌在自然界（如水、土壤、植物）中广泛存在，而且繁殖快、数量多，一只感染严重的蜜蜂肠道内可含有 3 000 万～6 000 万个孢子。含孢子的排泄物对巢房、蜂箱以及水源的污染，是感染的主要来源。发病情况因季节而异，春季高发，夏季发病率下降，秋、冬季感染率最低。

患病蜂最初无明显症状，后期表现为不安和虚弱，个体缩小，头尾发黑，失去飞翔能力。多数病蜂腹部膨大，腹泻较重，污染隔板、巢脾和箱壁，呈褐色粪迹斑点或条纹。巢门前有病蜂缓缓爬行，掉在地上不久死亡。蜂王患病后，终止产卵，并在几周内死亡，有的在越冬后死亡。病蜂体内白细胞下降 50%左右。剖检中肠呈灰白色，环纹模糊，失去弹性，经吉姆萨染色，可见上皮细胞内充满大量新生孢子，中肠围食膜消失。

根据临床症状结合剖检进行初步诊断。将病蜂中肠捣碎，涂于载玻片上，观察到长椭圆形的孢子即可确诊；或将中肠进行石蜡切片，肖丁液固定，苏木素-伊红染色，观察孢子和细胞损伤也可确诊。母蜂可做活体检查，即用直径 3 cm 的玻璃杯把母蜂罩在玻片上，待排粪后加少量水于排泄物中，镜检也能发现孢子。

采取科学管理、药物治疗和严格消毒相结合的综合性防治措施。维持干燥和通风环境，越冬室温保持在 2～4 ℃，越冬饲料不含甘露糖，早春及时更换病群的蜂王。对养蜂用具、蜂箱、巢脾等在春季蜂群陈列后进行彻底消毒。发病后可选用黄色素糖浆、抗生素糖浆、酸饲料或复方酸饲料等药物配方进行治疗。

（赵光辉　编，苏敬良　高文伟　王开功　审）

二、肺孢菌

肺孢菌（*Pneumocystis* spp.）在本教材前三版称为肺孢子虫，分类未定。目前，肺孢菌划归真菌。

肺孢菌是一种机会性病原，可感染人和多种动物（牛、大鼠、雪貂、小鼠、犬、马、猪和兔），1912 年证实其为病原体，并命名为卡氏肺孢子菌（*Pneumocystis carinii*），由于其与孢子虫的形态、生活史等特性有很多相似之处，曾将其归为原虫。但目前根据分子遗传学等分析发现，应隶属于真菌的肺孢菌属（*Pneumocystis*），并具有一定的宿主选择性，卡氏肺孢菌（*Pneumocystis carinii*）感染大鼠，而感染人的为伊氏肺孢菌（*Pneumocystis jirovecii*）。肺孢菌主要以包囊和滋养体存在于肺泡。包囊呈椭圆形或近似圆形，直径为 1.5～5 μm，含有 8 个不规则分散的或呈玫瑰花结形排列的小体，可能是子孢子。滋养体有大型和小型两类，小滋养体呈圆形或椭圆形，直径为 1～1.5 μm，有一个核，胞膜薄而光滑；大滋养体直径为 2～8 μm，形状不规则，有伪足，具有活动力，胞膜表面较粗糙。动物常呈隐性感染，但在使用大量免疫抑制剂后，可出现呼吸困难等症状。肺孢菌感染的确诊主要依据痰液、呼吸道分泌物或肺组织中查获肺孢菌滋养体或包囊，也可利用 PCR 检测特异 DNA 片段。有人认为联合使用磺胺嘧啶和乙胺嘧啶治疗肺孢菌感染效果很好，也有研究称羟乙基磺酸戊烷脒和磺胺甲噁唑联合甲氧苄啶治疗效果较好。

（赵光辉　顾有方　编，苏敬良　高文伟　王开功　审）

三、立克次体

在本教材前几版简单介绍了立克次体类的边缘边虫（*Anaplasma marginale*），目前译名为边缘乏质体；此外，临床动物血液中还常见其他立克次体目（Rickettsiales）的原虫样微生物，分属于立克次体科（Ricketsiaceae）和乏质体科（Anaplasmataceae），在此也一同做简单介绍，以帮助鉴别诊断。

（一）立克次体科

1. 立氏立克次体（*Rickettsia rickettsii*）　是落基山斑疹热（Rocky Mountain spotted fever）的病原，为小的革兰氏阴性球形专性细胞内寄生微生物，蜱（如革蜱、扇头蜱、硬蜱和花蜱）既是传播媒介又是其宿主，可期间传播（transstadial transmission）给随后发育阶段的蜱或经卵垂直传播（transovarial transmission）。人和动物主要通过蜱叮咬而被感染。其中成年蜱主要叮咬大型哺乳动物，而幼蜱和若蜱主要叮咬小型啮齿动物，也有实验室发生立氏立克次体气溶胶感染的报道。感染犬在被硬蜱叮咬后几天内发热，并常伴随嗜睡、反应迟钝、食欲不振、关节痛和肌痛，表现抬腿困难，最终不愿行走。怀疑感染时，应了解病例是否有蜱或其他吸血节肢动物暴露史，确诊需要进行实验室病原检测和血清学检测。立氏立克次体对人具有很强的致病性，建议在生物安全三级设施中进行病原分离和培养。怀疑感染即应进行治疗，四环素类抗生素是首选药物，应至少使用 7 d，但该药仅在组织坏死和器官衰竭发生前有效，此时动物康复快且完全，一旦出现神经症状，康复延迟或症状持久存在。

2. 康氏立克次体（*Rickettsia conorii*）　不同亚种感染可导致纽扣热、地中海斑点热、以色列斑点热、阿斯特拉罕热、印度蜱传斑疹伤寒等疾病，主要分布于南欧、非洲和亚洲地区，并以蜱（如扇头蜱和血蜱）为传播媒介和宿主。人和动物因被蜱叮咬而感染。虽在多种动物（如犬、牛、绵羊、山羊、啮齿类）检测到康氏立克次体感染，但其致病作用尚不清楚。

3. 猫立克次体（*Rickettsia felis*）　分布于除南极洲以外的世界各地，主要以猫蚤

（*Ctenocephalides felis*）为传播媒介，在猫蚤可经卵传播或期间传播，也可通过直接接触发生水平传播。人和动物（如猫、犬、大鼠、黄鼠等）主要因带菌的节肢动物叮咬而感染，另外，黏膜接触带菌节肢动物的分泌物也可引起感染。感染主要引起人的蚤传性斑点热（flea-borne spotted fever）。虽然从多种动物（如猫、犬、负鼠、浣熊和啮齿动物）体内检测到猫立克次体特异性抗体或基因组 DNA，但自然感染对犬和猫等动物的致病作用尚不明确。

（二）乏质体科

乏质体科包括乏质体属（*Anaplasma*）、艾立希体属（*Ehrlichia*）、新立克次体属（*Neorickettsia*）和埃及小体属（*Aegyptianella*）。

1. 乏质体属

（1）嗜吞噬细胞乏质体（*Anaplasma phagocytophilum*）：曾命名为嗜吞噬细胞艾立希体，呈世界性分布，可感染人、反刍动物（如绵羊、牛、鹿）、犬、马和啮齿动物，引起反刍动物蜱传热、马乏质体病、犬和猫乏质体病，以及人粒细胞乏质体病。该病原在血涂片中经吉姆萨或瑞氏染色为中性粒细胞内有 1 个或多个疏松团粒（桑葚体或包涵体），呈蓝灰至深蓝的球形、球杆形或多形性，以篦子硬蜱（*Ixodes ricinus*）等为主要传播媒介，不经卵传播，但可期间传播。反刍动物感染的潜伏期可长达 13 d，临床主要表现为发热、食欲不振，幼龄动物生长减缓，成年动物产乳量下降、流产和死胎等。马乏质体病由感染马的嗜吞噬细胞乏质体变异株引起，曾被认为是由马艾立希体（*Ehrlichia equi*）引起，因此称为马粒细胞艾立希体病（equine granulocytic ehrlichiosis），临床症状的严重程度随动物年龄和疾病持续时间而不同。犬可出现广泛的临床表现，最常见急性发热性综合征。在流行区的反刍动物出现急性发热性疾病时应怀疑蜱传热，可采血进行血涂片吉姆萨染色。特异性诊断方法包括 IFA、免疫印迹、ELISA 和 PCR 检测，还可通过 16S rRNA 基因分析鉴别感染人、犬和马的变异株。当蜱媒性脓毒症成为羔羊的问题时，应在 2～3 周内预防性注射长效土霉素 1～2 次。严重共济失调和水肿的马匹可采用短期皮质类固醇治疗。犬和猫应尽量避开蜱出没区域，推荐每天仔细检查和去除蜱，感染时多西环素治疗有效。

（2）边缘乏质体（*Anaplasma marginale*）：旧称边缘边虫，主要感染牛及野生反刍动物，分布于热带和亚热带地区，在吉姆萨染色的血涂片中可见红细胞内边缘乏质体的小圆形深红色包涵体，直径为 0.3～1.0 μm；通常情况下，一个红细胞内仅有一个边缘乏质体，位于外缘。边缘乏质体感染也称为牛乏质体病或“边虫病”（gall sickness），通过蜱（如扇头蜱）和双翅目昆虫（如蚊和蝇类）叮咬传播。流行地区的动物通常为隐性感染，犊牛轻度感染后可成为携带者，在应激状态下会表现轻微的症状。新引进到流行区无免疫力的牛易感，成年牛感染死亡率可高达 50%。疫病流行地区，动物出现临床症状并结合血液检查怀疑本病时，应采血涂片进行吉姆萨染色镜检，也可对感染红细胞进行特异性免疫荧光抗体染色检查。目前采用的方法是取血液样本进行 PCR 扩增，分析 16S rRNA 基因序列进行确诊。疾病早期（尤其菌血症达到高峰前）用长效四环素或咪多卡二丙酸盐有效。有严重症状的牛还应给予辅助性治疗。国外已开发出边缘乏质体病弱毒疫苗和灭活疫苗，可在引入疫区前进行免疫。中心乏质体病弱毒疫苗对边缘乏质体感染有部分保护作用。

（3）中心乏质体（*Anaplasma centrale*）：除了常见于红细胞中央外，其他形态特征与边缘乏质体相似，可引起牛的温和型乏质体病，多见于热带和亚热带地区，也见于温带的某些地区。主要以拟态扇头蜱（*Rhipicephalus simus*）为传播媒介。发病机理与边缘乏质体相似，但通常认为致病性较弱，多为亚临床感染。临床症状包括发热、贫血，常有黄疸和厌食，乳牛出现产乳量下降或流产。中心乏质体感染康复牛对边缘乏质体强毒感染具有明显的持续性免疫力。

（4）牛乏质体（*Anaplasma bovis*）：旧称牛艾立希体（*Ehrlichia bovis*），主要感染偶蹄动物的单核细胞，常见于非洲、亚洲和南美洲的牛和野水牛。此外，在韩国和日本的鹿、浣熊，以及北美的绵尾兔中也检测到该病原的基因组 DNA。由璃眼蜱、扇头蜱和花蜱传播，包括小亚璃眼蜱（*Hyalomma anatolicum*）、附尾扇头蜱（*Rhipicephalus appendiculatus*）、卡延花蜱

(*Amblyomma cajennense*) 及彩饰花蜱 (*A. variegatum*) 等。临床症状包括发热、消瘦，甚至死亡，但也可能呈无症状感染。本病可通过吉姆萨染色的血涂片或组织抹片查获虫体而确诊。目前尚无特效治疗药物，可参考其他乏质体使用四环素类抗生素。

2. 艾立希体属

(1) 犬艾立希体 (*Ehrlichia canis*)：为革兰氏阴性球形专性胞内菌，在细胞质内成簇存在 (即桑葚体)，最早阶段是直径为 0.2～0.4 μm 的元体 (小的原质小体，elementary body)，随后为稍大的直径为 0.5～4 μm的始体 (cinitial body)，最后是更大的直径为 4～6 μm 的包涵体 (桑葚体)，病原经罗曼诺夫斯基染色呈蓝色，经 Machiavello 复红染色呈浅红色，经银染呈棕黑色。主要见于热带和亚热带地区。主要感染单核细胞，引起犬单核细胞艾立希体病或热带犬全血细胞减少症，血红扇头蜱 (*Rhipicephalus sanguineus*) 和变异革蜱 (*Dermacentor variabilis*) 是其主要传播媒介。蜱在吸食感染宿主血液后对犬的感染能力可持续 5 个月，还可期间传播。犬艾立希体感染的潜伏期为 18～20 d，临床分为急性期、亚临床期和慢性期三个阶段。急性期可持续 2～4 周，主要特征是发热、血小板减少、白细胞减少和贫血。亚临床感染持续数月到数年，血细胞值持续偏低，但临床症状不明显。少数感染犬进入疾病严重的慢性期，又称为热带泛白细胞减少症，主要表现为持续骨髓抑制，伴有出血、神经紊乱、水肿和消瘦等，最终出现低血压性休克和死亡。诊断依据病史、临床表现和血清学支持的临床病理结果。采集感染犬的外周血涂片进行吉姆萨染色可见单核细胞内桑葚体。采用间接免疫荧光抗体检测 (IFAT) 可在感染后 3 周血清学转阳，抗体滴度等于或大于 1∶10 即表明被感染。已有某些商品化的 Dot-ELISA 抗体检测试剂盒，已开发出 PCR 检测的特异性引物。在流行区，犬艾立希体常与其他蜱传病原 (巴贝斯虫和犬肝簇虫) 合并感染，因此，显微镜观察感染犬的血涂片以及利用血清学或 PCR 检查共感染病原非常重要。临床急性感染可用多西环素治疗，四环素和土霉素也有效。

(2) 查菲艾立希体 (*Ehrlichia chaffeensis*)：寄生于血液单核细胞和巨噬细胞，在细胞质内成簇存在 (即桑葚体)。感染引起人和犬的单核细胞艾立希体病。宿主为人、犬和鹿，主要由美洲花蜱传播，但其他蜱 (如变异革蜱等) 也可检测到查菲艾立希体 DNA。自然感染犬的症状尚无报道，试验感染犬仅出现发热。IFA 可用于查菲艾立希体感染的检测，但无法与犬的其他艾立希体感染产生的抗体有效区别。种特异性 PCR 则可用于种的特异鉴定。查菲艾立希体感染无须进行治疗。

(3) 欧文艾立希体 (*Ehrlichia ewingii*)：主要侵染人和犬的粒细胞，引起犬粒细胞艾立希体病和人的欧文艾立希体病 (human ewingii ehrlichiosis，HEE)，现有病例多报道于美国。其媒介蜱主要为美洲花蜱，犬通过美洲花蜱叮咬而被感染，在蜱间期间传播而不经卵传播，幼蜱和若蜱在叮咬病犬时感染，并在若蜱和成蜱时分别将病原传播给宿主。大多数感染犬临床症状轻微或呈亚临床感染，少数病犬表现为多发性关节炎、发热、跛行、关节肿胀、步态僵硬和血小板减少。在已知流行区饲养或旅居及有蜱寄生史的犬应高度怀疑感染。IFA 是使用最广泛的血清学检测方法，种特异性 PCR 可用于种的鉴定。治疗可采用四环素类抗生素，尤其是多西环素。

(4) 反刍兽艾立希体 (*Ehrlichia ruminantium*)：旧称反刍兽可厥体 (*Cowdria ruminantium*)，感染可引起牛、羊及野生反刍动物心水病 (heartwater，cowdriosis，malkopsiekte)，主要分布于撒哈拉以南非洲和加勒比群岛部分地区。该病原的大小差异较大，直径为 0.2～1.5 μm，球状者直径为 0.2～0.5 μm，杆状者大小为 (0.2～0.3) μm× (0.4～0.5) μm，有的成双排列。牛和羊感染后病死率可超过 80%。反刍兽艾立希体主要经希伯来花蜱和美洲花蜱传播，且可在蜱进行期间传播，其分布与媒介花蜱的分布一致。反刍兽艾立希体可侵染宿主血管内皮细胞 (尤其是中枢神经系统的毛细血管内皮细胞)、中性粒细胞和巨噬细胞，破坏血管内皮细胞和血管渗透性引起广泛的斑状出血。自然潜伏期为 1～4 周不等。

大多数心水病是急性发热性病例，外来品种引进流行区时可急性发病，有明显高热，随后可能突然衰弱、抽搐和死亡。神经症状逐步发展，动物躁动不安，转圈运动，做吸吮动作，表面肌肉震颤、站立不稳。牛可头顶墙，或表现好斗或焦虑行为，最终倒地，四肢做划水样运动，出现角弓反张、眼球震颤和咀嚼运动，常在出现这些神经症状时或稍后死亡。在疾病流行地区，根据神经症状和剖检病变可做出初步诊断。脑组织压片吉姆萨染色镜检可在血管内皮细胞核附近观察到艾立希体。PCR 检测（包括荧光定量 PCR）已广泛用于该病的诊断，IFA、ELISA 和免疫印迹技术可用于血清学诊断。在疾病早期进行治疗最有效，可应用四环素类抗生素。已研制出牛内皮细胞及硬蜱细胞系培养物的灭活疫苗，但效果有限，似与病原的抗原性差异有关。目前，免疫的唯一方法是接种感染动物的血液或匀浆的感染蜱，当出现发热时应立即进行四环素治疗。

3. 新立克次体属

（1）里氏新立克次体（*Neorickettsia risticii*）：主要引起波托马克马热（Potomac horse fever），也称为马单核细胞艾立希体病或马艾立希体结肠炎。里氏新立克次体的生活史涉及吸虫（fluke）、媒介和中间宿主蜗牛。马可能是因为摄入了染有吸虫囊蚴的水生昆虫而被感染，多在夏季发生于与小溪或河流毗邻的牧场。荧光定量 PCR 能在 2 h 内实现对里氏新立克次体 DNA 的检测。在疾病的早期静脉给予土霉素非常有效，出现小肠和结肠炎症状的动物须进行支持治疗，如补充液体和电解质、给予非甾体类抗炎药物（NSAIDs）和止泻药。如果出现蹄叶炎，通常症状严重，难以治疗。目前，已有商用的某些同株里氏新立克次体灭活全细胞苗，但其临床保护作用有限。

（2）蠕虫新立克次体（*Neorickettsia helminthoeca*）：可引起犬科动物急性、致死性感染，又称为鲑中毒病（salmon poisoning disease），主要见于北美洲西北部的太平洋沿岸地区，且多发生于鲑迁徙河流附近。病原通过鲑隐孔吸虫（*Nanophyetus salmincola*）媒介在蜗牛、鱼、犬之间循环。犬因摄入带有吸虫囊蚴的生鲑而感染，通常在摄食生鱼后 7 d 左右突然发病，表现发热、厌食、精神沉郁和虚弱，随后出现持续性呕吐和排血便，7～10 d 后出现死亡。未及时治疗的病例死亡率高达 90%。疫区病犬若摄食过生鱼，且在症状严重犬的粪便中检出吸虫卵即表明被感染。淋巴结穿刺采样并进行吉姆萨染色可在巨噬细胞中观察到新立克次体。疾病早期用四环素或磺胺类药物治疗有效，对脱水和贫血病例要进行辅助治疗。

4. 埃及小体属　该属病原的分类地位尚未完全确定，有学者将其归于乏质体科的埃及小体未定属，也有学者认为其属于乏质体属。

（1）鸡埃及小体（*Aegyptianella pullorum*）：为多种大小不同的乏质体微生物，见于红细胞的胞质内。鸡埃及小体以始体出现，随后在红细胞胞质内见到发育形式（development form）和边缘体（marginal body）（印戒，signet-ring）。红细胞内早期滋养体或始体（0.5～1.0 μm），圆形或椭圆形。球形体可达 4 μm，包含多达 25 个小颗粒。主要分布于非洲、亚洲和南欧，宿主为鸡、火鸡、鹅和鸭，主要媒介是锐缘蜱，也可经花蜱和硬蜱传播。在感染禽红细胞内增殖，可导致宿主贫血，甚至突然死亡。

（2）莫氏埃及小体（*Aegyptianella moshkovskii*）：常产生 4～6 个滋养体，红细胞内的早期滋养体小，为 0.2～0.6 μm，较大的成熟形式为 2.1 μm×1.4 μm。可感染鸡、火鸡、野鸡和野鸟，流行于非洲、印度、东南亚、俄罗斯等地区。由软蜱（如波斯锐缘蜱）传播，流行地区的禽极少遭受急性感染，但新引进的群体则甚为易感，可能在几天内死亡。康复的鸟成为病原携带者。潜伏期为 12～15 d，菌体感染红细胞可引起严重贫血、黄疸和频繁死亡，感染动物出现羽毛凌乱、厌食、精神萎靡、腹泻，也可见高热。剖检可见肝脾肿大、贫血、黄疸，也可见黄绿肾和浆膜的点状出血。诊断依靠吉姆萨染色的血涂片中见到病原。在白细胞、淋巴细胞、单核细胞和血浆中可见到红细胞内期（边虫）和红细胞外期虫体。四环素类药物有效，常推荐用于治疗。预防须控制厩舍内的蜱，尤其是躲在缝隙的成蜱或若蜱。当厩舍清理干净后，应用杀螨剂［西维因、蝇毒磷（coumaphos）、马拉硫磷）进行处理。

四、巴尔通体

巴尔通体科（也译为巴通体科，Bartonellaceae）微生物呈现多形性，常见棒状，可通过培养特性和结构特征与艾立希体科进行鉴别。该科包括 2 个属，即巴尔通体属（巴通体属，*Bartonella*）和格雷汉体属（*Grahamella*）。巴（尔）通体属的某些种类可感染猫和犬，其中汉赛巴（尔）通体（*Bartonella henselae*）是重要的人兽共感染病原。

五、柯克斯体

柯克斯体科柯克斯体属只有一个种——贝氏柯克斯体（*Coxiella burnetii*），也译为贝纳柯克斯体，呈世界分布，是 Q 热的病原。主要感染牛、绵羊和山羊等，呈地方性流行，也可引起人的严重疾病。该病原在野生哺乳动物和鸟类中广泛分布，由数种硬蜱、锐缘蜱、禽革螨和人的体虱（*Pediculus*）传播。

六、支 原 体

本教材的第三版还讲述了与兽医关系密切的附红细胞体（*Eperythrozoon*），当时分类不确定。目前，根据 16S rRNA 基因序列分析被划归到支原体目支原体科的支原体属，通称为嗜血支原体（hemotropic mycoplasmas），或血原体（hamoplasmas）。嗜血支原体是一类尚不能在体外培养系统中繁殖的微生物，其特点是无细胞壁和鞭毛结构，对青霉素（penicillin）不敏感但对四环素类抗生素敏感，主要侵害感染动物的红细胞等，引起贫血及相关疾病。

1. 猫血支原体（*Mycoplasma haemofelis*）　曾称为猫血巴通体（*Haemobartonella felis*）大型株，为小的多形性革兰氏阴性专性红细胞寄生微生物，主要引起猫传染性贫血（infectious anemia disease），也称猫血原体病（feline hemoplasmosis），呈世界性分布，是猫贫血和发热的原因之一。临床感染多见于 1～3 岁的流浪公猫。虽然病原传播的确切方式还不完全清楚，但节肢动物叮咬以及动物相互咬伤可传播本病，也有幼猫在围产期感染的报道。感染恢复猫可无症状带菌。猫血支原体感染引起贫血和溶血的机制尚不完全清楚，但其附着于红细胞可引起红细胞损伤和免疫介导性贫血可能是主要效应途径，从而出现一系列与贫血相关的症状。免疫抑制和大量血细胞感染可导致超急性疾病和急性死亡。多数病例表现为发热、贫血、倦怠、精神沉郁，偶尔出现黄疸，随后逐渐转为慢性过程，表现为贫血、倦怠和逐渐消瘦。免疫功能正常的猫经过一段时间可逐渐将病原体清除，骨髓造血功能也恢复正常。临床上，血涂片经吉姆萨染色可在红细胞表面看到病原，但检出率很低，结果不准确。目前，更倾向于应用 PCR 或核酸探针进行诊断。利用四环素类抗生素治疗有效，可利用杀虫剂杀灭吸血节肢动物，并在猫打架后及时检查治疗。

2. 猪支原体（*Mycoplasma suis*）　曾称为猪附红细胞体（*Eperythrozoon suis*）或猪血支原体（*Mycoplasma haemosuis*），主要引起猪传染性贫血（infectious anemia of pigs，IAP），是猪场最常见的嗜血支原体之一，呈多形性、球杆状，位于红细胞表面凹陷或自由生活于红细胞胞质，吉姆萨或罗曼诺夫斯基染色为浅蓝色球形。猪支原体感染呈世界性分布，大多数为亚临床感染，某些猪群的感染率可达到 20%左右，主要通过节肢动物（如虱）叮咬传播。此外，被带菌血液污染的器具也可传播。临床上，疾病可能零星暴发，且与某些应激因素有关。患病猪出现精神沉郁、食欲减退、高热、溶血性贫血、虚弱和黄疸，仔猪和架子猪的症状往往比较严重。四环素类抗生素治疗有效。

3. 绵羊支原体（*Mycoplasma ovis*） 曾称为绵羊附红细胞体（*Eperythrozoon ovis*），主要感染绵羊、山羊和鹿，呈多形性、球杆状，位于红细胞表面凹陷或自由生活于红细胞胞质。轻度至中度感染时病原体呈单一逗点状或环状球形，重度菌血症时形成不规则复合物。自然条件下主要通过吸血节肢动物（如蜱、蚊、虱和厩蝇）等传播，呈世界性分布。剪毛和打耳标时使用被污染的器具也可引起病原传播。绵羊支原体感染后主要黏附于红细胞表面引起溶血，并可能进一步发展为溶血性贫血、血红蛋白尿、黄疸，甚至死亡。大多数感染临床症状轻微，但无免疫力的幼龄绵羊、免疫功能不全的羊和妊娠羊症状往往比较严重。支原体偶尔也引起发热、贫血和体重减轻。2～3 月龄羔羊表现生长迟缓和性成熟缓慢。可采用血涂片经吉姆萨染色镜检诊断。四环素类抗生素治疗绵羊支原体感染有效，但控制通常不实际或不必要。

第十八章彩图

4. 温氏支原体（*Mycoplasma wenyonii*） 曾称为温氏附红细胞体（*Eperythrozoon wenyonii*），球形、杆状或环状，位于红细胞表面，吉姆萨染色呈蓝紫色。主要感染牛，可引起贫血、一过性热、采食下降、消瘦和产乳量下降等，但大多数感染牛呈亚临床或慢性感染。呈世界性分布，可能存在传播媒介，但具体机制不清楚。感染牛血涂片经吉姆萨染色在红细胞表面或胞质中有时能观察到病原体，确诊需要通过 PCR 检测。

（赵光辉　编，苏敬良　高文伟　王开功　审）

Ⅲ

第三篇　兽医蠕虫学

蠕虫（worm）泛指身体长形、光裸柔软、能做蠕动状运动的多细胞无脊椎动物（invertebrate），一般包括扁形动物门（Platyhelminthes）、环节动物门（Annelida）、棘头动物门（Acanthocephala）、线虫门（Nematoda）和线形动物门（Nematomorpha）等分类下的“虫”。这些“虫”多营自由生活，踪迹见于海水、淡水和陆地，少数营寄生生活，寄生于动物和植物。林奈曾将所有蠕虫样的动物归为蠕形动物门（Vermes），但此门已废止。医学和兽医寄生虫学上称的蠕虫（helminth），也泛用“worm”一词，均系习惯沿用，不具分类学意义，特指扁形动物门、棘头动物门和线虫门中营寄生生活的“虫”。寄生蠕虫隶属两侧对称动物（Bilateria）大类的原口动物类（Protostomia）。其中线虫门和棘头动物门具假体腔，曾被划归原腔动物超门（Protocoelomata），但新的研究发现吸虫、绦虫和棘头虫更近缘，均归入原口动物的冠轮动物超门（Lophotrochozoa），吸虫和绦虫又归入冠轮动物超门下的扁形动物门新皮动物超纲（Neodermata）；而线虫与昆虫亲缘关系更近，归入蜕皮动物超门（Ecdysozoa）。

兽医蠕虫学（veterinary helminthology）是研究寄生于畜禽、宠物及野生动物等的蠕虫的生物学特性及其所引起疾病的一门学科，涉及扁形动物门的绦虫（cestode，tapeworm）和吸虫（trematode，fluke），线虫门的线虫（nematode，round worm）和棘头动物门的棘头虫（acanthocephalan，thorny-headed worm）。不同种类的蠕虫有各自的形态结构、生物学和生态学特征。在畜禽中，以绦虫、吸虫和线虫更常见，危害亦更严重。

寄生蠕虫大小及形态结构因种类不同相差甚大。微者数毫米（如旋毛虫幼虫），巨者十余米（如牛带绦虫）；两侧对称，无体腔（绦虫、吸虫）或有假体腔（线虫、棘头虫），分节或不分节。具三胚层，其体壁系表皮和肌层构成的皮肌囊，纵肌的伸缩使其呈蠕动状运动。无呼吸系统、循环系统；或无消化系统（绦虫、棘头虫），或有不完全的消化系统（吸虫，有口且一般无肛门），或有完全的消化系统（线虫，有口有肛门）。生殖器官发达，大部分绦虫和吸虫雌雄同体；线虫、棘头虫及分体科（Schistosomatidae）吸虫和异体绦虫科（Dioecocestidae）绦虫为雌雄异体。多有吸附结构，如吸盘、棘、口囊和钩等。

吸虫和绦虫都具有以合胞体为主体的皮层（tegument）结构。吸虫多呈背腹扁平状、长椭圆状、叶状或生姜片状，但分体科吸虫近圆柱状，前后盘吸虫为圆锥形；大多数有口吸盘和腹吸盘，虫体不分节。绦虫多呈扁平的长带状；虫体分节，包括细小的头节、颈区和链体。线虫多为圆柱状、纺锤状、线状或毛发状；不分节；虫体可分为头端、尾端、背面、腹面和侧面；虫体前端多钝圆，有口孔、口囊及附属结构（如叶冠、齿、口领、头泡等）；有排泄孔、肛门和生殖孔，均位于虫体的腹面；雄虫一般体型较小，尾部弯曲或卷曲，或有交合伞，或有其他辅助交配结构（如交合刺、尾翼、乳突等），肛门和生殖孔合并为泄殖孔；雌虫虫体一般比较粗壮，尾部较直，其生殖孔和肛门分别独立开口。棘头虫体可分吻、颈和躯干三部分；吻位于身体前端，吻上有许多倒钩或棘；吻后为一短的颈部，吻和颈可缩入吻鞘内。颈后的躯干部表面光滑，或有皱褶和刺。

寄生蠕虫的生活史是指从虫卵/幼虫发育至成虫并产出后代的整个个体发育过程。复殖吸虫、绦虫、棘头虫和少数线虫需要中间宿主才能完成生活史，一般称为“生物源性蠕虫”或“间接发育型蠕虫”；这些蠕虫的中间宿主多为哺乳动物、两栖动物、螺类或节肢动物，其幼虫或蚴体（绦虫）在中间宿主体内进行无性生殖或进行必要的发育。单殖吸虫和大多数线虫，其虫卵或幼虫直接在土壤、水等外界环境中发育至感染宿主的阶段，其成虫寄生于畜禽、宠物、野生动物及人，称为“土源性蠕虫”或“直接发育型蠕虫”。某些蠕虫（如某些旋尾线虫、犬猫蛔虫等）还可借助于转续宿主进行传播；有的蠕虫（如某些线虫）在环境（宿主体内和体外）不适宜的条件下会出现滞育现象。

寄生蠕虫有的呈世界性分布，有的为地方性流行。蠕虫病流行区域的范围主要取决于以下因素：传染源，即该区域存在感染的动物；易感宿主；适宜的气候、地理条件，能保证自由生活阶段虫体的存活、发育以及中间宿主的存活，为其传播提供条件，并影响中间宿主或传播媒介的分布。放牧或散养的畜禽及野生动物蠕虫的感染极为常见，而且多为混合感染。全程圈养的畜禽，间接发育的蠕虫少见，但有些直接发育的蠕虫的感染率和感染强度可能会很高。一般而言，幼龄动物比成年动物对蠕虫更为易感，危害也更为严重，是畜禽蠕虫病（helminthiasis，过去则以“helminthiosis”特指动物的蠕虫病）的重点防控对象。

寄生于畜禽的蠕虫多为内寄生虫。成虫多寄生于畜禽的腔道内，如消化道、呼吸道、心血管、泌尿道和腹腔等，少数种寄生于其他部位，如皮下结缔组织等。以畜禽作为中间宿主的蠕虫，其幼虫或蚴体（绦虫）多寄生于宿主的实质器官或组织，如肌肉、肝、肺和脑等。有些蠕虫还会在宿主体内移行，给宿主造成严重危害，少数种蠕虫（如血吸虫）所致病理变化主要是其虫卵引起的。尽管大多数蠕虫会对畜禽健康和其生产性能造成不利影响，但很多情况下，少量蠕虫感染因其引起的症状较为轻微，所以很容易被忽略。而在以下情况，蠕虫感染可以造成很严重的后果，甚至引起宿主死亡：致病力强的蠕虫感染，如脑包虫感染绵羊后死亡率很高；大量蠕虫感染；宿主缺乏抵抗力或抵抗力下降；缺少有效的预防和治疗措施，如在广谱抗蠕虫药物被广泛使用前，牧区存在的牛、羊“春乏死亡”现象。总体而言，在畜禽养殖中（特别是放牧家畜和散养家禽），蠕虫感染呈现出感染率高、感染强度大、危害面广等特点，可造成重大经济损失。另外，有些蠕虫病是人兽共患病，还会危害人类健康，具有重要公共卫生意义。

蠕虫病的诊断方法包括病原学、免疫学、分子生物学以及影像学检查等。其中，病原学检查是常用、简便的方法，但需要具有一定寄生虫病原生物学基础。寄生于宿主腔道内的大多数蠕虫，可通过检测宿主排泄物或分泌物（粪便、尿液、鼻分泌物等）中的虫卵或幼虫来诊断；寄生于实质器官或组织中的蠕虫，其诊断往往需要借助于免疫学、影像学等手段，或通过剖检找到特征性病变和虫体进行确诊；寄生于心血管和腹腔内的丝虫，可以通过检测外周血中的微丝蚴进行确诊。形态学特征是鉴别蠕虫虫卵、幼虫和成虫的主要依据，并需要密切结合宿主种类、寄生部位、特征性病变、流行病学、临床症状等做出诊断，对于形态学上难以鉴别的虫种，PCR 等分子生物学技术是非常好的辅助或替代方法。

蠕虫病防控应采取综合措施，包括控制传染源、切断传播途径（如消灭中间宿主）、改善环境卫生、提高畜禽免疫力、保护易感畜禽等，但目前仍以药物防治为主。蠕虫抗药性问题伴随抗蠕虫药长期使用而日益突出，需要注意合理用药。在药物的选择上，分类学可以提供一定的指导：

分类上较为近缘的物种，具有共同和相对保守的药物作用靶标。如伊维菌素可以防治线虫和节肢动物，因为这些蜕皮动物（ecdyozoan）均进化出 γ-氨基丁酸神经递质系统和谷氨酸门控氯离子通道系统（伊维菌素的作用靶标）；而吡喹酮对同属新皮动物（neodermate）的许多吸虫和绦虫有效，因为它们均有高度保守的皮层内钙离子通道和信号系统。由于吸虫、绦虫和线虫等蠕虫的细胞微管蛋白、延胡索酸还原酶等的结构具有保守性，而苯并咪唑类药物可使这些蠕虫的细胞微管系统变性并抑制延胡索酸还原酶进而阻断三羧酸循环和 ATP 产生，因而具有广谱抗蠕虫作用。分类学蕴含丰富有用信息的另一个例子是带科绦虫疫苗的研制：带科绦虫在进化上具有保守的传播机制，而且宿主抵抗这类绦虫的免疫保护性应答机制也具有共性，根据这些信息，研制出了一批高效的亚单位疫苗，如已上市的抗包虫病的 Eg95 疫苗和抗猪囊虫病的 Cysvac TSOL18 疫苗。带科绦虫拥有百余至数百 Mb 的基因组、表达万余个蛋白质，而科学家仅仅用 1～2 个重组蛋白抗原制成的亚单位疫苗，就可在实验室条件下提供 94%～100%的免疫保护效率，这在疫苗研制史上是个奇迹。

第十九章 吸虫和吸虫病

第一节 概　　论

兽医吸虫学（veterinary trematodology）是研究寄生于动物（主要是畜禽及宠物）体内吸虫的形态学、生理学、生活史、致病作用以及吸虫病的流行病学、临床症状、诊断和防治的科学。吸虫病（trematodosis，或 trematodiasis）是吸虫（trematode，或 fluke，后者多指复殖吸虫）寄生于动物所引起的寄生虫病。吸虫种类众多，分布广泛，危害严重，许多吸虫病在公共卫生上具有重要意义。

一、形态和生理特性

吸虫与同属扁形动物门新皮动物超纲的绦虫在形态和生理特性方面有显著区别。吸虫有简单的消化道，有口，一般无肛门。寄生于畜禽及宠物的吸虫主要是复殖亚纲的吸虫。

（一）外形和体壁

复殖吸虫成虫多背腹扁平，呈叶状、舌状，有的似圆形或圆锥状（如前后盘科吸虫），但分体科吸虫呈线形。最大虫体的长度可达 75 mm（如姜片吸虫），最小的长度仅有 0.3～0.5 mm（如异形吸虫）。体表常由具有皮棘的外皮层所覆盖，一般呈淡红色或肉红色。通常具有两个肉质杯状吸盘（sucker），一个为环绕口的口吸盘（oral sucker），另一个为位于虫体腹面的腹吸盘（ventral sucker，或 acetabulum），腹吸盘的位置不定或缺如。生殖孔通常位于腹吸盘的前缘或后缘。排泄孔位于虫体的后端。虫体背面常有劳氏管的开口。

寄生于畜禽的复殖吸虫大致可分为 6 种基本类型。

1. 双盘类（distome）　为吸虫最常见的类型，有一个在前端环绕口孔的口吸盘和一个位于腹面某处但不是后端的腹吸盘。如寄生于牛、羊、人等肝的肝片形吸虫（*Fasciola hepatica*）。

2. 对盘类（amphistome）　有一个在前端的口吸盘和一个位于虫体后端的腹吸盘，又称后吸盘。如寄生于牛、羊瘤胃的鹿前后盘吸虫（*Paramphistomum cervi*）。

3. 单盘类（monostome）　单盘类只有一个口吸盘而无腹吸盘。如寄生于禽类肠道的纤细背孔吸虫（*Notocotylus attenuatus*）。

4. 全盘类（holostome）　全盘类虫体分前后体两部分，前体含口吸盘、腹吸盘，有时并有黏附器；后体含生殖腺。如寄生于鹅、鸭肠道的优美异幻吸虫（*Apatemon gracilis*）。

5. 棘口类（echinostome）　棘口类具有头冠和头棘，腹吸盘与口吸盘相距较近。如寄生于禽类肠道的卷棘口吸虫（*Echinostoma revolutum*）。

6. 分体类（schistosome）　分体类细长，雌雄异体，雌虫通常位于雄虫的抱雌沟内。如寄生于人和动物血管内的日本血吸虫（*Schistosoma japonicum*）。

复殖吸虫体壁由皮层（tegument）和肌层（muscle）构成，又称皮肌囊。皮层从外到内由外质膜（external plasma membrane）、基质（matrix）和基质膜（basal plasma membrane）组成。外质膜为单位膜，上有微绒毛（microvilli）。在外质膜的外面被有颗粒层外衣，其成分为酸性黏多糖或糖蛋白，具有抗宿主消化酶及保护虫体的作用。基质为含有细胞结构而无核的合胞体细胞层，它经一些通道与深埋肌层下有核的合胞体部分相连，内含线粒体和分泌小体。分泌小体的崩解产物可能提供酸性黏多糖，可形成新的外质膜，以代替因宿主抗体损伤的部分。皮层还有体棘和感受器，体棘是由晶状蛋白所组成的，位于基质膜之上。感受器（sensory receptors）为一种小囊，位于基质中，有的向外伸出纤毛（如单纤毛型感受器，uniciliate type receptor），有的不向外伸出纤毛（如非纤毛型感受器，nonciliate type receptor），向内与神经末梢连接，具有感觉功能，与感觉器官（sensory organs）相比，感受器相对简单。基质膜之下是由胶原纤维组成的基层，肌肉可附着其上。肌层由三层构成：外层为环肌，中层为斜肌，内层为纵肌，是虫体伸缩活动的组织（图 19-1）。此外，还有背腹肌和吸盘肌，吸盘肌参与吸盘的吸附作用。皮层新陈代谢活跃，是寄生虫与宿主生理生化的交互作用层及缓冲层，具有分泌、排泄的功能，也具有吸收营养和保护虫体的功能。不同种类的吸虫其皮层的结构不尽相同。

皮层也是某些抗寄生虫药物作用的靶标部位，如吡喹酮可引起吸虫皮层多核体空泡化，使表皮起泡，导致其被破坏。由于肝片形吸虫的皮层较厚，吡喹酮对其的杀灭作用比其他复殖吸虫效果差。

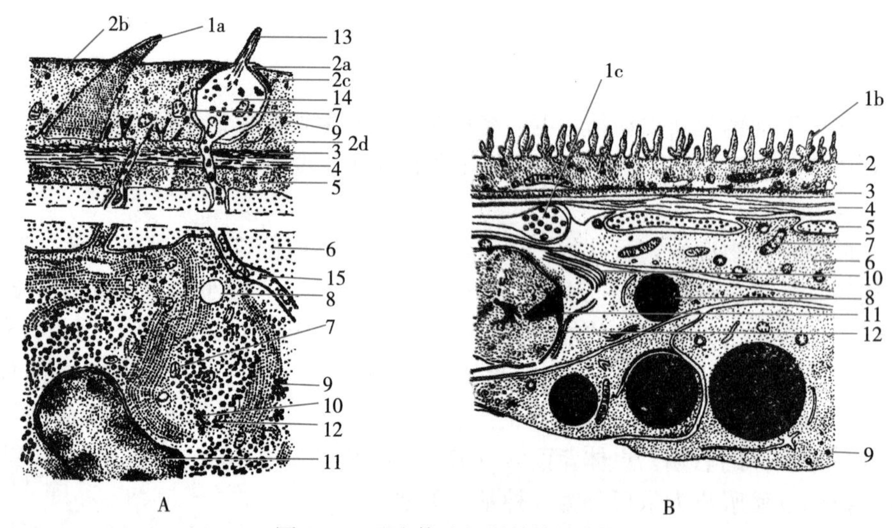

图 19-1　吸虫体壁超微结构示意图

A. 成虫体壁　B. 雷蚴体壁

1a. 体棘　1b. 微绒毛　1c. 胞饮囊　2. 角质层　2a. 颗粒层　2b. 外质膜　2c. 基质　2d. 基质膜　3. 基层　4. 环肌　5. 纵肌　6. 实质细胞　7. 线粒体　8. 脂滴　9. 分泌小体　10. 高尔基体　11. 细胞核　12. 内质网　13. 感觉纤毛　14. 感觉囊　15. 神经突

（二）内部构造

吸虫无体腔，内部器官位于实质中。实质由许多细胞及纤丝组成网状体，其中细胞膜界限有的已经消失，构成多核的合胞体。实质中有不少游走细胞，有的类似淋巴细胞，可能有输送营养的作用。此外，部分吸虫还有腺细胞埋在实质中，特别是在体前端或口附近，多与口吸盘相连，如毛蚴的穿刺腺、尾蚴的成囊腺等。

1. 消化系统　包括口、前咽、咽、食道及肠管几部分。口除少数在腹面外，通常在虫体的前端口吸盘的中央。前咽短小或缺失，无前咽时，口后即为咽。咽为肌质构造，呈球状，也有的咽已退化（如前后盘科吸虫）。食道或长或短，肠管常分为左右两条长短不一的盲管（盲肠）。绝大多数吸虫的两肠管不分支，但有的肠管分支（如肝片形吸虫），有的左右两条后端合成一条

（如日本血吸虫），有的末端连接成环状（如嗜气管吸虫）。有些种类的肠退化程度很高（如异形科的部分吸虫），似已逐渐进化到以体表吸收营养为主。吸虫一般无肛门，未消化的物质倒流经口排出体外。

2. 排泄系统　排泄系统为原肾管型。由焰细胞、毛细管、前后集合管、排泄总管、排泄囊和排泄孔组成。排泄囊位于虫体后端，不同虫种形状不一，呈圆形、管状、Y形或V形。其前端发出左右两条排泄管，后者再分为前集合管（anterior collecting duct）和后集合管（posterior collecting duct），然后又再分支若干次，最后为毛细管（图19-2）。毛细管的末端为焰细胞（flame cell）。焰细胞为凹形细胞，在凹处有一丛不停摆动的纤毛，形似跳动的火焰，故称焰细胞（图19-3）。排泄囊的形状与焰细胞的数目和位置（常用焰细胞公式来表示），在分类上具有一定意义。

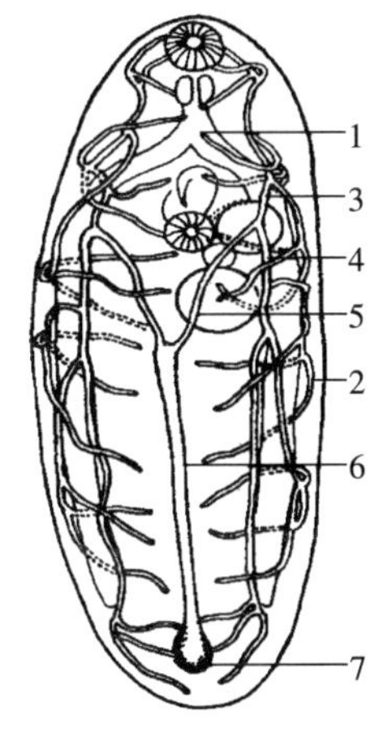

图19-2　复殖吸虫的排泄系统
1. 焰细胞　2. 毛细管　3. 前集合管　4. 后集合管
5. 集合总管　6. 排泄囊　7. 排泄孔

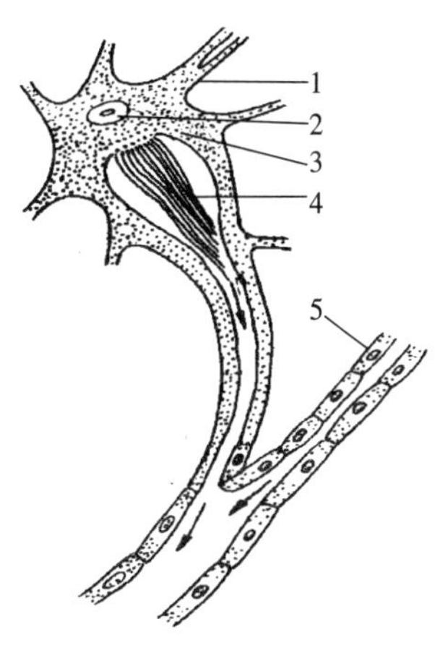

图19-3　焰细胞的结构
1. 胞突　2. 胞核　3. 胞质
4. 纤毛　5. 毛细管

3. 淋巴系统　单盘类和对盘类等吸虫体内有类似淋巴系统的构造，由2～4对纵管及其分支和淋巴窦相接。通过虫体收缩将淋巴液不断输送到各器官，管内淋巴液中有浮游的实质细胞。淋巴系统可能具有输送营养物质的功能。

4. 神经系统　在咽两侧各有1个神经节，相当于神经中枢。从2个神经节各发出前后3对神经干，分布于背面、腹面和侧面。向后延伸的神经干，在几个不同的水平上皆有神经环相连。由前后神经干发出的神经末梢分布于口吸盘、咽及腹吸盘等处。吸虫一般感觉器官（sensory organs）退化，有些吸虫的自由生活期幼虫（如毛蚴和尾蚴）常具有眼点，具有感觉功能。

5. 生殖系统　除分体科是雌雄异体外，其他复殖吸虫均为雌雄同体。

（1）雄性生殖系统（male reproductive system）：包括睾丸、输出管、输精管、储精囊、雄茎囊、雄茎、射精管、前列腺和生殖孔等（图19-4）。睾丸的数目、形状、大小和位置因吸虫的种类而异。睾丸通常有两个（也有多个的，如日本血吸虫），圆形、椭圆形或分叶，左右排列或前后排列于腹吸盘水平或虫体的后半部。睾丸发出的输出管汇合为输精管，其远端可以膨大及弯曲成为储精囊。储精囊的末端通常接雄茎，两者之间常围绕着一簇由单细胞组成的前列腺。雄茎开口于生殖窦或向生殖孔开口。储精囊、前列腺和雄茎可以一起被包围在雄茎囊内。储精囊被包在雄茎囊内时，称为内储精囊，如肝片形吸虫等；在雄茎囊外时称为外储精囊，如背孔吸虫。另有不少吸虫没有雄茎囊（如前后盘吸虫）。交配时，雄茎可以伸出体外，与雌性生殖器官相交接。

雄性生殖器官比雌性生殖器官发育早。

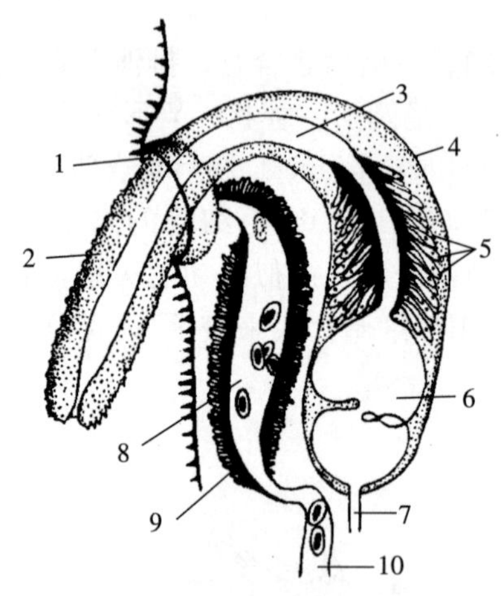

图 19-4 复殖吸虫的雄性生殖器官

1. 生殖腔 2. 雄茎 3. 射精管 4. 雄茎囊 5. 前列腺 6. 储精囊 7. 输精管 8. 雌性生殖器官中的子宫颈 9. 雌性生殖器官中的子宫颈腺 10. 雌性生殖器官中的子宫

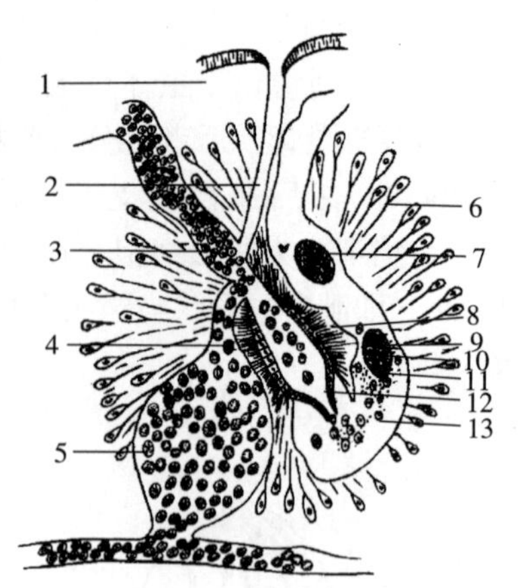

图 19-5 复殖吸虫的雌性生殖器官

1. 外角皮 2. 劳氏管 3. 输卵管 4. 梅氏腺分泌物 5. 卵黄总管 6. 梅氏腺细胞 7. 卵 8. 卵模 9. 卵黄细胞 10. 卵的形成 11. 腺分泌物 12. 子宫瓣 13. 子宫

（2）雌性生殖系统（female reproductive system）：包括卵巢、输卵管、受精囊、卵模（ootype）、梅氏腺（Mehlis' gland）、卵黄腺（vitellaria）及子宫等。卵巢一般只有 1 个，其形状、大小及位置因种而异，常偏于虫体的一侧。从卵巢发出的管称为输卵管，先与受精囊相接，在此汇合处有一小管，称劳氏管（Laurer's canal），开口于虫体的背面，一般认为是退化的阴道。输卵管还与卵黄总管相接。卵黄腺多在虫体的两侧，由左右两条卵黄管汇合为卵黄总管。卵黄总管的膨大处为卵黄囊。卵黄总管与输卵管汇合后的囊腔为卵模，其周围有腺体，称为梅氏腺（图 19-5）。

卵子由卵巢排出后，与受精囊的精子相遇而受精；由卵黄腺分泌的卵黄颗粒，经卵黄管与卵相遇进入卵模；梅氏腺的分泌物与卵黄颗粒凝聚在卵模中，结合形成卵壳。卵模与子宫起始部之间有子宫瓣（uterine valve），虫卵经过子宫瓣进入子宫。虫卵通过生殖孔排出体外。吸虫缺阴道。子宫末端具有肌肉质构造者，称为子宫颈（metraterm），一般具有阴道作用。

二、发　育

（一）吸虫的发育阶段

复殖吸虫的发育类型为间接发育型，需经历无性繁殖和有性繁殖两个世代。终末宿主多为脊椎动物。有的吸虫只需一个中间宿主，有的需要两个中间宿主，少数种类需要第三中间宿主。第一中间宿主多为软体动物（mollusks）中的腹足动物（gastropods，俗称螺类，snails），吸虫在其体内进行无性繁殖（parthenogony，单性生殖）后，数量大增；极少数种类以环节动物（annelids）或双壳贝类（bivalves）作为其第一中间宿主。第二中间宿主可为节肢动物或鱼类，因虫种而异。由于复殖吸虫对中间宿主的选择比较严格，因此，中间宿主的分布对吸虫病的流行有决定性影响，一般情况下，有中间宿主的区域才有该类吸虫的流行。而对很多吸虫成虫而言，其宿主范围往往比较广。复殖吸虫的生活史经历卵、毛蚴、胞蚴、雷蚴、尾蚴、囊蚴和成虫中的某些或全部发育阶段（图 19-6）。

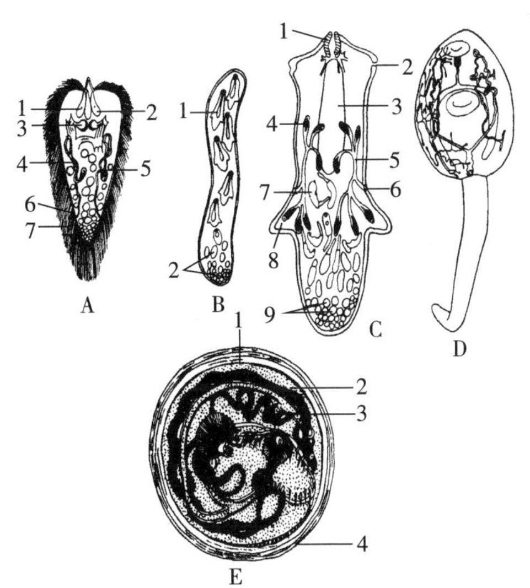

图 19-6 复殖吸虫的各期幼虫

A. 毛蚴：1. 头腺 2. 穿刺腺 3. 神经元 4. 神经中枢 5. 排泄管 6. 排泄孔 7. 胚细胞

B. 胞蚴：1. 子雷蚴 2. 胚细胞

C. 雷蚴：1. 咽 2. 产孔 3. 肠管 4. 焰细胞 5. 排泄管 6. 排泄孔 7. 尾蚴 8. 足突 9. 胚细胞

D. 尾蚴

E. 囊蚴：1. 盲肠 2、3. 侧排泄管 4. 囊壁

1. 卵（egg） 复殖吸虫的卵多呈椭圆形或卵圆形，淡黄色或深棕色。除日本血吸虫和嗜眼吸虫的虫卵外，都有卵盖（operculum），卵盖是毛蚴从卵内逸出的出口。有的虫卵两端各有一条卵丝（亦称极丝，如背孔吸虫）。卵产出时，依虫种不同可以是单（或多）细胞胚胎或为成熟的毛蚴。有些种的虫卵在子宫内孵化，有些种的虫卵被中间宿主吞食后在其体内孵化，有些种的虫卵在外界环境中孵化。对于在外界环境中孵化的虫卵而言，水、温度、氧气及光照等因素对虫卵孵化至关重要，也会对这种吸虫病的流行产生重要影响。有的吸虫繁殖力很强，如一条日本血吸虫雌虫一天可产卵1 000～3 500 枚。在虫体成熟前进行驱虫，可以大大减少虫卵对环境的污染及防止虫卵产生对宿主的致病作用（如日本血吸虫）。

2. 毛蚴（miracidium） 不同虫种毛蚴体形因运动与否存在差异，但多呈三角形。外被纤毛，运动十分活泼。前端宽，有头腺，后端狭小。体内有简单的消化道，有胚细胞、神经元和排泄系统。排泄孔多为一对。毛蚴有大量的感受器和感觉末梢，如光感器、化学感受器等，用于感受外部环境和发现宿主。毛蚴游于水中，在 1～2 d 内，如遇到适当的中间宿主，即用其前端的头腺钻入螺体的柔软组织，脱去被有纤毛的外膜层，移行到螺的淋巴管内，发育为胞蚴，并逐渐移行到螺的内脏。有些吸虫的中间宿主为陆生螺，虫卵随终末宿主的粪便排出后，被陆生螺吞食，毛蚴从卵内孵出，由螺的消化道移行到肝内发育。

3. 胞蚴（sporocyst） 胞蚴呈包囊状构造，内含胚细胞和简单的排泄器。胞蚴多寄生于螺的肝，营无性繁殖。胞蚴体内的胚细胞逐渐增大，并分裂为各期的胚细胞，形成胚团，并逐渐发育为子胞蚴或雷蚴。分体吸虫（*Schistosoma* sp.）没有雷蚴阶段，由胞蚴直接形成尾蚴，尾蚴即有感染性。有的吸虫经过胞蚴阶段的发育，由一条虫体发育为上万条虫体（如日本血吸虫的 1 条毛蚴在钉螺体内经无性繁殖后，可产生上万条尾蚴），因此消灭中间宿主（螺类）在复殖吸虫病的防控中具有重要意义。

4. 雷蚴（redia） 雷蚴从胞蚴末端的产孔（birth pore）排出，或胞蚴破裂后被释出。雷蚴也呈囊状构造，前端有肌质的咽，下接袋状盲肠，还有胚细胞和排泄器。有些吸虫的雷蚴有产孔和 1～2 对足突。有的吸虫仅有一代雷蚴，有的则存在母雷蚴和子雷蚴两期，母雷蚴体内含有子雷蚴和胚细胞，子雷蚴体内含尾蚴和胚细胞。雷蚴多寄生于螺类的肝胰（hepatopancreas）或性腺。

5. 尾蚴（cercaria） 尾蚴由体部和尾部构成，能在水中活泼地运动。体部的体表常有小棘，有吸盘 1～2 个。消化道包括口、咽、食道和肠管，此外还有排泄器、神经元、分泌腺和未分化的原始生殖器官。尾部的构造依种类不同而异。尾蚴成熟后，从螺体逸出，游于水中，在某些物体上形成囊蚴，或直接钻入宿主的皮肤，脱去尾部，移行到寄生部位，发育为成虫；也有许多种吸虫的尾蚴需进入第二中间宿主体内发育为囊蚴。

6. 囊蚴（metacercaria） 为尾蚴脱去尾部，形成包囊后发育而成。呈圆形或卵圆形，其他内部构造均与尾蚴的体部相似。体表常有小棘，有口吸盘、腹吸盘、口、咽、肠管和排泄囊等构造。生殖系统的发育因虫种而异，有的为简单的生殖原基细胞，有的则已发育为完整的雌雄性器官。有的囊蚴附着在植物上，有的在第二中间宿主体内。囊蚴抵抗力较强，附着在植物上的囊蚴在适宜的自然条件下可存活数月，在第二中间宿主体内的囊蚴有的可存活数年。终末宿主通过摄食含有囊蚴的植物或第二中间宿主而被感染；到达宿主的消化道后，囊壁被胃肠的消化液所溶解，幼虫破囊而出，经过移行，到达其寄生部位，发育为成虫。终末宿主通过摄食污染囊蚴的食物而感染吸虫，囊蚴决定了终末宿主的感染途径或感染来源。如片形吸虫和前后盘吸虫在植物（多为水草）上形成囊蚴，家畜通过摄食牧草而被感染；后睾吸虫、异形吸虫、并殖吸虫在鱼、虾、蟹中形成囊蚴，其终末宿主（多为哺乳动物）因吃鱼、虾、蟹而被感染。

7. 成虫（adult） 囊蚴或尾蚴进入终末宿主体内后，到达其寄生部位（有的种类需要移行）发育为成虫。在此发育过程中，早期阶段虫体和成虫在形态结构、生理特性和代谢方面存在较大差别，这些差异也是导致有些抗吸虫药物对不同发育阶段虫体的疗效存在明显差异的原因，如硝氯酚（menichloropholan）对早期发育阶段的片形吸虫无效，而对 9 周龄以上的片形吸虫有效。

针对吸虫各个发育阶段的生物学特性采取针对性防控措施，切断吸虫的生活史，是吸虫病防控取得成功的关键。

（二）吸虫与其第一中间宿主（螺类）

绝大多数复殖吸虫以腹足类软体动物作为其中间宿主或第一中间宿主，在后者体内行无性生殖，大量扩增，如前述日本血吸虫的 1 条毛蚴在钉螺体内可无性繁殖出成千上万条尾蚴；少数以多毛类环节动物（polychaete annelids）和双壳类软体动物（bivalves）为第一中间宿主［如血居科（Sanguinicolidae）吸虫（sanguinicolids）］。

这些软体动物隶属于软体动物门（Mollusca）的腹足纲（Gastropoda）、双壳纲（Bivalvia）或掘足纲（Scaphopoda），其中又以腹足纲软体动物（简称腹足动物，gastropods，俗称螺类，snails）居多，为 18 000 多种复殖吸虫的中间宿主。因此，复殖吸虫是重要的腹足动物源性蠕虫（gastropod-borne helminths，GBHs）。复殖吸虫对其中间宿主或第一中间宿主的选择性比较严格，一种吸虫一般只寄生于同一亚纲的螺内，如片形科吸虫的中间宿主为肺螺亚纲（Pulmonata）椎实螺超科（Lymnaeoidea）的椎实螺科（Lymnaeidae）和扁蜷螺科（Planorbidae）螺类；有的吸虫宿主特异性更强，只寄生于同一种的螺内，如日本血吸虫唯一的中间宿主是麂眼螺超科（Rissooidea）圆口螺科/盖螺科（Pomatiopsidae）钉螺属的湖北钉螺（*Oncomelania hupensis*）。由于复殖吸虫对中间宿主（螺类）的选择比较严格，螺类的分布、数量、季节动态等因素对吸虫病的流行有决定性影响。换句话说，有中间宿主的地方才有其寄生吸虫流行，如我国北方没有钉螺，就没有日本血吸虫病流行。重要复殖吸虫及其第一中间宿主（螺类）见表 19-1。

表 19-1　重要复殖吸虫及其第一中间宿主（螺类）

吸虫		第一中间宿主	
科（Family）	重要的属（Key Genus）	科（Family）	主要的属（Key Genus）
片形科（Fasciolidae）	片形属（*Fasciola*）	椎实螺科（Lymnaeidae）	浮萨螺属（*Fossaria*）、土蜗属（*Galba*）、椎实螺属（*Lymnaea*）、萝卜螺属（*Radix*）
	姜片属（*Fasciolopsis*）	扁蜷螺科（Planorbidae）	旋螺属（*Gyraulus*）、圆扁螺属（*Hippeutis*）、多脉圆扁螺属（*Polypylis*）、隔扁螺属（*Segmentina*）
前后盘科（Paramphistomatidae）	前后盘属（*Paramphistomum*）	椎实螺科（Lymnaeidae）	土蜗属（*Galba*）、椎实螺属（*Lymnaea*）
		扁蜷螺科（Planorbidae）	双脐螺属（*Biomphalaria*）、小/水泡螺属（*Bulinus*）、角扁螺（*Ceratophallus*）、印度扁螺属（*Indoplanorbis*）、扁蜷螺属（*Planorbis*）
棘口科（Echinostomatidae）	棘口属（*Echinostoma*）	椎实螺科（Lymnaeidae）	椎实螺属（*Lymnaea*）
		扁蜷螺科（Planorbidae）	双脐螺属（*Biomphalaria*）、旋螺属（*Gyraulus*）、圆扁螺属（*Hippeutis*）、扁蜷螺属（*Planorbis*）
		豆螺科（Bithyniidae）	沼螺属（*Parafossarulus*）
		田螺科（Viviparidae）	田螺属（*Viviparus*）
歧腔科（Dicrocoeliidae）	歧腔属（*Dicrocoelium*）	巴蜗牛科（Bradybaenidae）	巴蜗牛属（*Bradybaena*）、华蜗牛属（*Cathaica*）
		坚齿螺科（Camaenidae）	小丽螺属（*Ganesella*）
		琥珀螺科（Succineidae）	琥珀螺属（*Succinea*）
		大蜗牛科（Helicidae）	大蜗牛属（*Helicella*）
		槲果螺科（Cochlicopidae）	槲果螺属（*Cochlicopa*）
	阔盘属（*Eurytrema*）	巴蜗牛科（Bradybaenidae）	巴蜗牛属（*Bradybaena*）、华蜗牛属（*Cathaica*）
		坚齿螺科（Camaenidae）	小丽螺属（*Ganesella*）

（续）

吸虫		第一中间宿主	
科（Family）	重要的属（Key Genus）	科（Family）	主要的属（Key Genus）
并殖科（Paragonimidae）	并殖属（*Paragonimus*）	蜷螺科（Thiaridae）[也称跑螺科或黑螺科，Melaniidae]	拟黑螺属（*Melanoides*）
		拟沼螺科（Assimineidae）	拟沼螺属（*Assiminea*）
		圆口螺科/盖螺科（Pomatiopsidae）	钉螺属（*Oncomelania*）、新拟钉螺（*Neotricula*）、拟钉螺属（*Tricula*）
		短沟蜷科（Semisulcospiridae）	短沟蜷属（*Semisulcospira*）
后睾科（Opisthorchiidae）	支睾属（*Clonorchis*）	豆螺科（Bithyniidae）	豆螺属（*Bithynia*）、沼螺属（*Parafossarulus*）
		蜷螺科（Thiaridae）（也称跑螺科或黑螺科，Melaniidae）	拟黑螺属（*Melanoides*）
		拟沼螺科（Assimineidae）	拟沼螺属（*Assiminea*）
	后睾属（*Opisthorchis*）	豆螺科（Bithyniidae）	豆螺属（*Bithynia*）
分体科（Schistosomatidae）	分体属（*Schistosoma*）	圆口螺科/盖螺科（Pomatiopsidae）	钉螺属（*Oncomelania*）
		扁蜷螺科（Planorbidae）	双脐螺属（*Biomphalaria*）、小/水泡螺属（*Bulinus*）
	毛毕属（*Trichobilharzia*）	椎实螺科（Lymnaeidae）	椎实螺属（*Lymnaea*）、萝卜螺属（*Radix*）

螺类的滋生受制于多种生物因素（如水生植物、捕食性动物）和非生物因素（如水温、pH、导电性、水深度、土壤性质等），控制螺类的数量和分布区域可对复殖吸虫病的流行产生重要影响。因此，灭螺是吸虫病重要的防控手段。灭螺方法主要有物理灭螺法、化学灭螺法和生物灭螺法。

物理灭螺法是利用物理手段直接杀灭螺（如高温灭螺），或者通过农业、水利工程改造螺类的生存环境，使其不利于螺类的生存（如对沟渠进行填旧开新和硬化等）。化学灭螺法是利用化学药物杀灭螺类，灭螺药物有多种，如氯硝柳胺、五氯酚钠、硫酸铜等，其中，氯硝柳胺因其高效、对人和动物低毒（但对鱼类、两栖类毒性较强）、持效期较长（超过 24 h）而被广泛使用。化学灭螺可快速降低螺的密度并抑制吸虫的传播，但停药后易出现螺情反弹，且面临着环境污染等问题。生物灭螺法主要包括利用天敌捕食灭螺、微生物灭螺或竞争灭螺。捕食螺类的天敌有鱼、鸟类、哺乳动物、甲壳动物、涡虫、水蛭、昆虫等，但利用天敌灭螺受制因素较多。利用细菌、真菌和原虫等螺类的病原体灭螺的技术尚处于研究阶段。利用竞争性螺类防控某些吸虫的中间宿主是目前比较有效的生物灭螺法，在血吸虫病的防控中已取得成效，如将瓶螺科（Ampullariidae）的角马利螺（俗称大羊角螺，*Marisa cornuarietis*）引入加勒比海地区后，大部分区域的曼氏分体吸虫（*Schistosoma mansoni*）的中间宿主——光滑双脐螺（*Biomphalaria glabrata*）被其取代，致使曼氏分体吸虫病发病率下降。用生物学方法对田间螺类进行防控时，需要考虑引入的生物体对当地生态系统的影响；在竞争灭螺法实施过程中，如引入的竞争性螺类是其他吸虫的中间宿主，可能会导致其他吸虫感染的发病率上升。

三、分　　类

吸虫属于（Neodermata）扁形动物门（Platyhelminthes）新皮动物超纲吸虫纲（Trematoda）。吸虫种类比较多，分类比较复杂，不同分类学家所采用的分类系统尚不统一。过去将吸虫纲分 3 目或亚纲：单殖目（或单殖亚纲，Monogenea）、盾腹目（或盾腹亚纲，Aspidogastrea）和复殖目（或复殖亚纲，Digenea）。现在将单殖目提升为单殖纲，与绦虫纲和吸虫纲并列，吸虫纲分为盾腹亚纲（Aspidogastrea）和复殖亚纲（Digenea）两个亚纲。

（一）盾腹亚纲

盾腹亚纲是一个小类群，包含 4 科 13 属，约 80 种。一般虫体分为前后两部分。前端小而弯曲，后部有 1 个大盾盘。发育史是直接型或需要更换宿主，多寄生在软体动物和鱼类及龟鳖类。

（二）复殖亚纲

复殖亚纲是一个大类群，包含约 148 科、1 500～2 500 属、18 000 种。通常具有口吸盘和腹吸盘，生活史复杂，具有几个幼虫阶段，需更换宿主，需要 1～2 个甚至 3 个中间宿主；在中间宿主体内行无性繁殖。成虫为内寄生虫（endoparasites），多寄生于各类脊椎动物的消化道、血管、胆管、胰管、肺等处，营有性生殖，因其具有 2 种繁殖方式，因此被称为复殖吸虫。复殖亚纲下的目、亚目和超科阶元尚不稳定，寄生于畜禽的常见复殖吸虫见表 19-2。其中片形科、前后盘科、歧腔科（双腔科）、分体科在兽医学和公共卫生学上比较重要；后睾吸虫病在宠物中比较常见，棘口吸虫病在水禽中多见。

表 19-2　畜禽吸虫的分类

纲(Class)	亚纲(Subclass)	目(Order)	科(Family)	属(Genus)
吸虫纲(Trematoda)	复殖亚纲(Digenea)	棘口目(Echinostomatida)	片形科(Fasciolidae)	片形属(*Fasciola*)
				姜片属(*Fasciolopsis*)

（续）

纲(Class)	亚纲(Subclass)	目(Order)	科(Family)	属(Genus)
				拟片形属(*Fascioloides*)
			前后盘科(Paramphistomatidae)	前后盘属(*Paramphistomum*)
				殖盘属(*Cotylophoron*)
				杯殖属(*Calicophoron*)
				巨盘属(*Gigantocotyle*)
				假盘属(*Pseudodiscus*)
			腹盘科(Gastrodiscidae)	平腹属(*Homalogaster*)
				腹盘属(*Gastrodiscus*)
				拟腹盘属(*Gastrodiscoides*)
			腹袋科(Gastrothylacidae)	菲策属(*Fischoederius*)
				卡妙属(*Carmyerius*)
				腹袋属(*Gastrothylax*)
			棘口科(Echinostomatidae)	棘口属(*Echinostoma*)
				棘隙属(*Echinochasmus*)
				棘缘属(*Echinoparyphium*)
				真缘属(*Euparyphium*)
				低颈属(*Hypoderaeum*)
			嗜眼科(Philophthalmidae)	嗜眼属(*Philophthalmus*)
			环肠科(Cyclocoelidae)	环肠属(*Cyclocoelum*)
				嗜气管属(*Tracheophilus*)
				噬眼属(*Ophthalmophagus*)
				平体属(*Hyptiasmus*)
				盲腔属(*Typhlocoelum*)
			背孔科(Notocotylidae)	背孔属(*Notocotylus*)
				同口属(*Paramonostomum*)
				槽盘属(*Ogmocotyle*) (也名列叶属 *Cymbiforma*)
				下殖属(*Catatropis*)
		斜睾目(Plagiorchida)	歧/双腔科 Dicrocoeliidae	歧/双腔属(*Dicrocoelium*)
				阔盘属(*Eurytrema*)
				扁体属(*Platynosomum*)
				窄提属(*Lyperosomum*)
			并殖科(Paragonimidae)	并殖属(*Paragonimus*)
			隐孔科(Nanophyetidae)	隐孔属(*Nanophyetus*)
			肛瘤科(Collyriclidae)	肛瘤属(*Collyriclum*)
			前殖科(Prosthogonimidae)	前殖属(*Prosthogonimus*)
			斜睾科(Plagiorchiidae)	斜睾属(*Plagiorchis*)
		后睾目(Opisthorchida)	后睾科(Opisthorchiidae)	支睾属(*Clonorchis*)
				后睾属(*Opisthorchis*)
				次睾属(*Metorchis*)
				对体属(*Amphimerus*)
				微口属(*Microtrema*)
				异次睾属(*Parametorchis*)
				伪端盘属(*Pseudamphistomum*)
			短咽科(Brachylaemidae)	后口属(*Postharmostomum*)
				斯孔属(*Skrjabinotrema*)

（续）

纲(Class)	亚纲(Subclass)	目(Order)	科(Family)	属(Genus)
				短咽属(*Brachylaima*)
			异形科(Heterophyidae)	异形属(*Heterophyes*)
				后殖属(*Metagonimus*)
				隐叶属(*Cryptocotyle*)
				离茎属(*Apophallus*)
				单睾属(*Haplorchis*)
		枭形目(Strigeidida)	分体科(Schistosomatidae)	分体属(*Schistosoma*)
				毛毕属(*Trichobilharzia*)
				鸟毕属(*Ornithobilharzia*)
				异毕属(*Heterobilharzia*)
				南毕属(*Austrobilharzia*)
				小毕属(*Bilharziella*)
			双穴科(Diplostomatidae)	翼形属(*Alaria*)
				双穴属(*Diplostomum*)
				茎双穴属(*Posthodiplostomum*)
			枭形科(Strigeidae)	异幻属(*Apatemon*)
				杯尾属(*Cotylurus*)
				枭形属(*Strigea*)
				类枭形属(*Parastrigea*，也称副弱属)

常见科的主要特点如下。

1. 片形科(Fasciolidae)　大型虫体，扁平，皮棘有或无。口吸盘与腹吸盘相邻近。有咽，食道短，肠支简单或具有树枝状侧支。睾丸前后排列，常呈分支状，也有不分支者，具有雄茎及雄茎囊。生殖腔在腹吸盘前。卵巢分支或不分支，受精囊退化或缺失，具有劳氏管，子宫位于睾丸之前。卵黄腺极度发达，分布于体两侧及后端。排泄囊管状。虫卵大型。成虫寄生于哺乳类胆管或肠腔。

2. 歧腔科(Dicrocoeliidae，旧译为双腔科)　中小型虫体，呈长叶状，半透明。口腹吸盘颇接近。睾丸两个，呈圆形或椭圆形，并列、斜列或前后排列，位于腹吸盘后卵巢之前。卵巢呈圆形。子宫有许多弯曲，生殖孔居中位，开口于腹吸盘前。成虫寄生于哺乳类胆管或胰管。

3. 前殖科(Prosthogonimidae)　小型虫体，前尖后钝。腹吸盘位于虫体前半部。睾丸对称，在腹吸盘之后。卵巢位于腹吸盘和睾丸之间，或在腹吸盘背面。卵黄腺呈葡萄状，位于体两侧，两性生殖孔在口吸盘附近或分开。成虫寄生于鸟类输卵管、法氏囊、泄殖腔等处。

4. 并殖科(Paragonimidae)　虫体中型，椭圆形或长椭圆形，肥厚，具有体棘，口吸盘位于前端腹面，腹吸盘在体中附近。咽发达，肠支弯曲伸达体后端。睾丸分支，相对或斜列，位于体后半部。生殖孔在腹吸盘之后。卵巢分叶，位于睾丸之前，与子宫相对。有受精囊和劳氏管。卵黄腺分布广泛。子宫盘曲于睾丸之前、卵巢对侧。排泄囊长管状，向前伸达腹吸盘水平处，或达肠分叉后。成虫寄生于哺乳类肺。

5. 后睾科(Opisthorchiidae)　中小型虫体，前部较狭长，透明，口腹吸盘不甚发达，相距较近。

睾丸呈球形或分叶，斜列或纵列于体后部，卵巢在睾丸之前，子宫弯曲于卵巢与生殖孔之间，生殖孔开口于腹吸盘前。成虫寄生于脊椎动物的肝胆管、胆囊，偶见于消化道。

6. 棘口科(Echinostomatidae) 中小型虫体，呈长叶形。有头领，上有1～2行小刺。腹吸盘发达，生殖孔开口于腹吸盘之前。睾丸完整或分叶，纵列或斜列于虫体后半部。卵巢在睾丸之前，子宫在卵巢与腹吸盘之间。排泄囊Y形。多见于爬行类、鸟类和哺乳类，少见于鱼类，主要寄生于肠道。

7. 前后盘科（Paramphistomatidae） 虫体肥厚，呈圆锥形。表皮无棘，有的具有乳突状的小突起，有的具有腹袋。腹吸盘位于体末端或亚末端腹面，称为后吸盘。睾丸2个，位于体中部或后部，前后排列、斜列或并列，生殖孔位于腹面，接近体前端或开口通入腹袋，有的种类生殖孔具有生殖吸盘或生殖盂。卵黄腺分布于体两侧，子宫弯曲上升或呈S状弯曲上升。排泄囊呈长袋状或圆囊状，与劳氏管平行或交叉，开口于虫体背面。寄生于哺乳动物胃和肠。

8. 背孔科（Notocotylidae） 小型虫体，缺腹吸盘，虫体腹面有3或5行纵列的腹腺。睾丸并列于虫体后端，卵巢位于两睾丸之间。虫卵两端有细长的卵丝。寄生于鸟类和哺乳类的肠道。

9. 环肠科（Cyclocoelidae） 亦名环腔科。大中型虫体。一般无腹吸盘，有时口腹二吸盘均缺如。咽发达，食道短，肠支在后部联合，简单或有盲囊。睾丸斜列于虫体后部两肠管之间，卵巢位于睾丸之间或其前后。寄生于鸟类的体腔、气囊、鼻腔或气管。

10. 嗜眼科（Philophthalmidae） 虫体中等大小，长形、纺锤形或梨形，有或无体棘，体前端有或无领状增厚，上面有或无棘冠。口吸盘位于亚顶位；腹吸盘发达，位于体前半部或中1/3部。咽大，食道短，肠支伸达体后端。睾丸前后排列、斜列或左右不对称并列于体后端，生殖孔位于肠分叉处或接近肠分叉处。卵巢在睾丸之前的体中央，具有劳氏管。卵黄腺分布于睾丸之前的虫体两侧，形成对称的U或V形。子宫盘曲在睾丸与腹吸盘之间的两肠管内侧。虫卵无盖，内含具有眼点的毛蚴。寄生于鸟类的结膜囊、眼窝、鼻腔、泄殖腔、法氏囊，有时见于肠道。

11. 分体科（Schistosomatidae） 也称裂体科，雌雄异体；雄虫具有抱雌沟，抱雌沟长短不一。睾丸4个或更多，位于盲肠联合处之前或之后。雌虫较雄虫细长；卵巢长形，有时呈螺旋状扭曲，位于肠支联合之前。通常有受精囊。卵黄腺从卵巢之后分布至体末端。卵无盖，具有端刺或侧刺，内含毛蚴。寄生于鸟类和哺乳类的血管。

12. 枭形科（Strigeidae） 虫体分前体、后体两部分，前体部扁平或呈杯状，有吸盘，后体部为圆柱状，含有生殖器官。腹吸盘不发达或缺失。在腹吸盘后具有一特殊的黏着器（adhesive organ)。有口吸盘、咽，食道短，肠管简单，抵达体后端。生殖孔开口于体后端的凹陷处或交合伞（bursa copulatrix）内。睾丸前后排列于体后部，卵巢通常在睾丸之前。缺雄茎囊。子宫内含有大的虫卵。卵黄腺为颗粒状，分布于前、后两体，或局限于后体。成虫寄生于鸟类和哺乳类肠道。

13. 双穴科（Diplostomatidae） 虫体通常分为两部分。前体呈叶片状、匙形或萼状。有或无腹吸盘。在其前侧方有耳状突起。黏着器粗大，其下有密集的腺体。后体常呈圆柱状，具有口吸盘和咽。食道短。肠支末端到达或靠近体后端。睾丸前后排列或并列于体后部。卵巢在睾丸之前。卵黄腺呈颗粒状，分布于前、后体部。叉尾形尾蚴，囊蚴在鱼类及两栖类寄生；成虫寄生于鸟类和哺乳动物。

14. 异形科（Heterophyidae） 小型虫体，一般不超过2 mm。体后部宽于前部，体表被鳞棘。腹吸盘发育不良或缺失。有口吸盘和咽，食道长，肠支几乎达体后端。生殖孔开口于腹吸盘附近，经常被包于生殖吸盘内。睾丸呈卵圆形或稍分叶，并列或前后排列，位于体后部。储精囊发达。缺雄茎囊。卵巢为卵圆形或稍分叶，位于睾丸之前的中央或偏右。卵黄腺位于体后的两侧。弯曲的子宫位于体后半部，内含少数虫卵。成虫寄生于鸟类和哺乳类肠道。

15. 腹盘科（Gastrodiscidae）　虫体扁平，体后部宽大，腹面有许多小乳突，口吸盘后有一对支囊，有食道球，睾丸前后排列或斜列。寄生于哺乳动物肠道。

16. 腹袋科（Gastrothylacidae）　虫体圆柱状，前端较尖，后端钝圆。有腹袋（ventral pouch）。生殖孔开口于腹袋内，睾丸左右或背腹排列于虫体后端。寄生于反刍动物瘤胃。

17. 短咽科（Brachylaemidae）　旧称双士科（Hasstilesiidae）。虫体长叶状或舌状，体表平滑或具有棘。口吸盘及咽发达，食道短，两肠支伸达虫体的末端。睾丸前后排列于虫体后部。阴茎细小，排泄囊呈Y形，卵小。寄生于哺乳动物的肠道、鸟类的肠道及法氏囊。

18. 斜睾科（Plagiorchiidae）　尾蚴为典型的对盘类，并有咽；有些种口刺为横位排列。成虫呈椭圆形，前后两端变窄；体表有棘，前端棘比较多；睾丸呈圆形或椭圆形，紧挨、斜列；卵巢圆形，位于腹吸盘右侧。成虫主要寄生于鸟类的肠道。

19. 隐孔科（Troglotrematidae）　小型吸虫，口吸盘位于虫体亚顶端。生殖孔紧邻腹吸盘之后。有雄茎囊。1对睾丸，卵圆形、大，位于虫体中后部。在兽医上比较重要的虫种是鲑隐孔吸虫（*Nanophyetus salmincola*），寄生于鸟类及哺乳动物的小肠。

（李国清　潘保良　编，丁雪娟　岳城　李培英　张仪　审）

第二节　片形科吸虫病

片形科吸虫是大型吸虫，主要包括片形属（*Fasciola*）、拟片形属（*Fascioloides*）和姜片属（*Fasciolopsis*）。片形属和拟片形属的吸虫寄生于动物肝，姜片属的吸虫寄生于动物肠道。在美洲白尾鹿体内寄生的大拟片形吸虫（*Fascioloides magna*）虫体最大［（4～10）cm×（3～2.5）cm］，在我国仅见于引进动物的体内。

一、片形吸虫病

片形吸虫病（fascioliasis）是牛、羊最主要的寄生虫病之一，呈世界性分布，也是一种重要的人兽共患寄生虫病。病原主要为片形科片形属的肝片形吸虫（*Fasciola hepatica*）和大片形吸虫（*Fasciola gigantica*），前者主要分布于温带地区，而后者主要在热带及亚热带。成虫寄生于各种反刍动物的肝、胆管中，偶见异位寄生于肺等组织，猪、马属动物、兔、野生动物、人也有感染。中间宿主为椎实螺科（Lymnaeidae）的多种螺，故该病常呈地方性流行。片形吸虫可损害动物的肝、胆管，引起急性出血性肝炎或慢性肝炎和胆管炎，并伴发全身性中毒现象和营养障碍，特别对幼畜和绵羊，可以引起大批死亡；在慢性病例中，牛、羊出现贫血，繁殖能力、产乳量、饲料转化率和使役能力下降，肉和乳的品质降低，病肝废弃，给畜牧业和肉品加工业带来巨大损失。我国农业农村部将肝片形吸虫病列为三类动物疫病。世界卫生组织认为片形吸虫病是一种危害严重的食源性人兽共患病。

（一）病原概述

成虫虫体较大，背腹扁平，叶片状，活体呈棕红色，固定后多呈灰白色。虫体前部有椎状突。口吸盘呈圆形，直径约1.0 mm，位于椎状突的前端。腹吸盘较口吸盘稍大，位于其稍后方。生殖孔位于口吸盘和腹吸盘之间（图19-7）。消化系统从口吸盘底部的口孔开始，下接咽和食道，后为两条多分支的盲肠（图19-8）。雄性生殖器官包括两个多分支的睾丸，前后排列于虫体的中后部，每个睾丸各有一条输出管，两条输出管上行汇合成一条输精管，进入雄茎囊，囊内有储精囊和射精管，其末端为雄茎，通过生殖孔伸出体外，在储精囊和雄茎之间有前列腺。雌性生殖器官有一个鹿角状的卵巢，位于腹吸盘后的右侧。输卵管与卵模相通，卵模位于睾丸前的体中央，卵模周围有梅氏腺。曲折重叠的子宫位于卵模和腹吸盘之间，内充满虫卵，一端与卵模相通，另一端通向生殖孔。卵黄腺由许多褐色颗粒组成，分布于体两侧，与肠管位置重叠。左右两侧的卵黄腺通过卵黄腺管横向中央，汇合成一个卵黄囊，与卵模相通。无受精囊。体后端中央处有纵行的排泄管。虫卵较大，呈长卵圆形，黄色或黄褐色，前端较窄，后端较钝。卵盖位于窄端但不明显，卵壳薄而光滑，半透明，分两层。刚排出的虫卵内充满卵黄细胞和一个胚细胞。

两种片形吸虫形态的区别如下。

1. 肝片形吸虫 呈前宽后窄，大小为（21～41）mm×（9～14）mm，虫体前端有一呈三角形的椎状突，在其底部有1对“肩”。肩部以后逐渐变窄。睾丸后缘接近虫体的后3/4甚至4/5，肠管内侧支少而短。虫卵大小为（133～157）μm×（74～91）μm。

2. 大片形吸虫 呈长叶状，大小为（25～75）mm×（5～12）mm，体长与宽之比约为5∶1。虫体两侧缘比较平行，后端钝圆。“肩”部不明显。腹吸盘较口吸盘约大1.5倍。肠管和睾丸的分支更多且复杂，肠管内侧支多而略长，睾丸后缘接近虫体的后2/3处（图19-7、图19-8）。虫卵大小为（150～190）μm×（75～90）μm。

利用分子核型分析、核糖体基因和线粒体基因序列进化分析等发现：在我国，除肝片形吸虫和大片形吸虫外，还存在一种“中间型”片形吸虫（拟大片吸虫）；同时揭示在分子遗传进化上，大片形吸虫与“中间型”片形吸虫具有更近的亲缘关系。但“中间型”片形吸虫形态特征不明显，缺乏生活史研究，尚未最后定种。

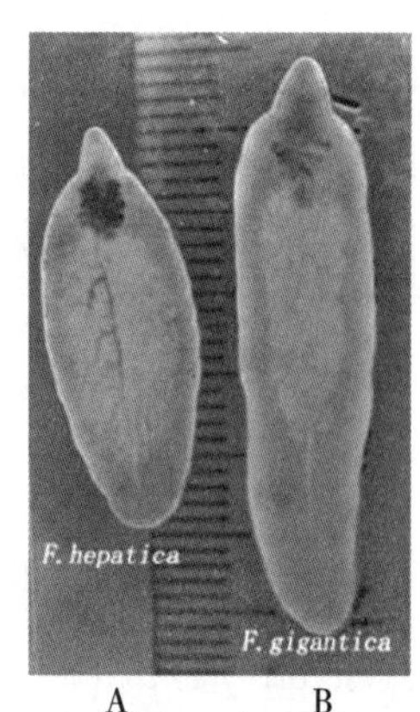

A B

图19-7 片形吸虫
A. 肝片形吸虫 B. 大片形吸虫
（黄维义供图）

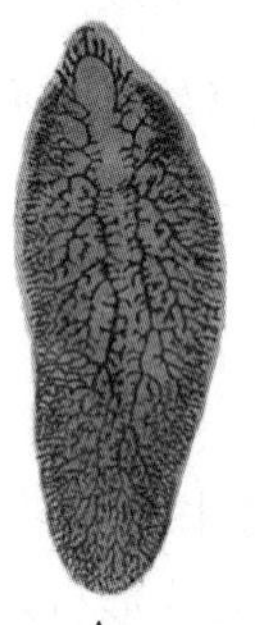
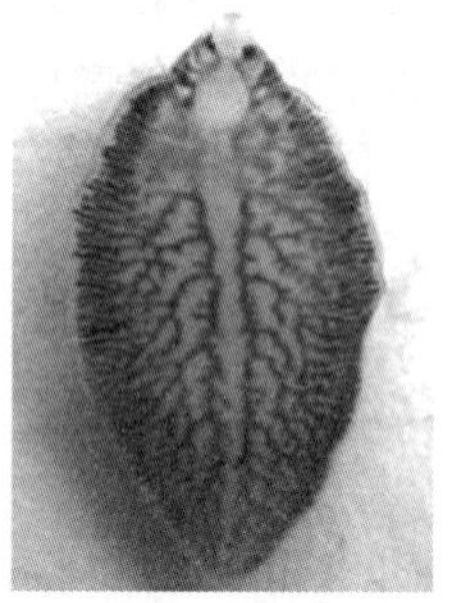
A B

图19-8 片形吸虫的消化道
A. 大片形吸虫 B. 肝片形吸虫
（黄维义供图）

（二）病原生活史

终末宿主以牛、羊等各种反刍动物为主，猪、马属动物、兔、一些野生动物及人也可感染。片形吸虫的中间宿主为椎实螺科的淡水螺，在我国最常见的为小土蜗（*Galba pervia*），此外还有截口土蜗（*Galba truncatula*）、椭圆萝卜螺（*Radix swinhoei*）、耳萝卜螺（*Radix auricularia*）和青海萝卜螺（*Radix cucunorica*）等。

成虫寄生于终末宿主的胆管内，虫卵随胆汁进入肠道，随粪便排出体外，在适宜的温度（25～30 ℃）、氧气、水分及光照条件下，经10～20 d，孵化出毛蚴在水中游动，遇到适宜的中间宿主即钻入其体内。毛蚴在外界环境中，通常只能生存24 h，如遇不到适宜的中间宿主则会因能量耗尽而死亡。毛蚴在螺体内经囊化发育为胞蚴，后者无性繁殖发育为母雷蚴、子雷蚴和尾蚴等几个阶段，成熟的尾蚴逸出螺体在水中游动，在水中物体或水生植物上附着，脱掉尾部形成囊蚴。这一过程需35～50 d。侵入螺体内的一个毛蚴、胞蚴、母雷蚴、子雷蚴经无性繁殖可以发育形成数百甚至上千个尾蚴。终末宿主饮水或吃草时，因吞食囊蚴而被感染。囊蚴在十二指肠脱囊释放出童虫，童虫穿过肠壁，到达腹腔，由肝包膜钻入肝，经肝实质移行几周后到达胆管，发育为成虫（图 19-9、图 19-10）。囊蚴自被牛、羊吞食到发育为成虫（粪便内可查到虫卵）需2～3 个月（肝片形吸虫比大片形吸虫成熟早），成虫的寄生期限为 3～5 年。

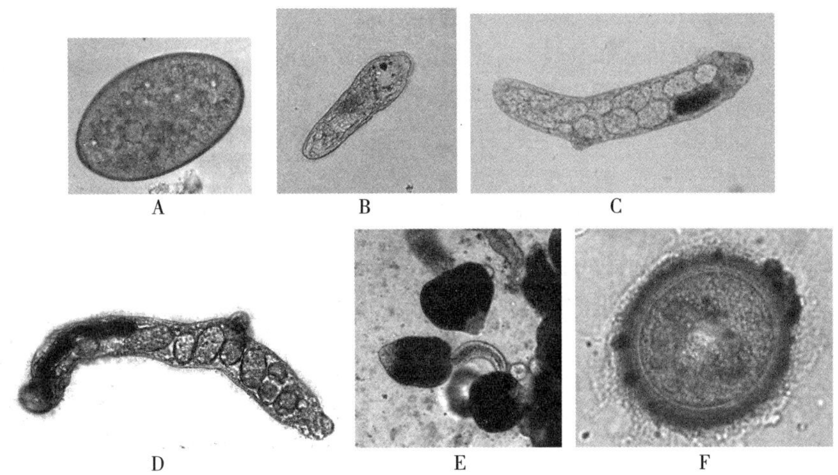

图 19-9　片形吸虫各发育阶段

A. 虫卵　B. 毛蚴　C. 母胞蚴　D. 子雷蚴　E. 尾蚴　F. 囊蚴

（王冬英　黄维义供图）

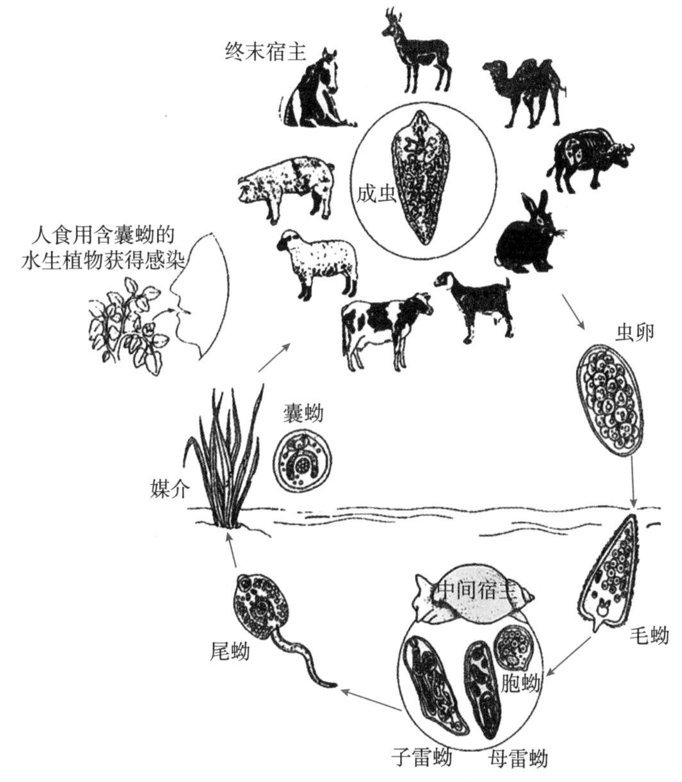

图 19-10　片形吸虫生活史

（黄维义供图）

（三）流行病学

片形吸虫病是我国分布最广泛、危害最严重的寄生虫病之一。其宿主范围广，除各种反刍动物外，猪、马属动物、兔及一些野生动物也可感染，带虫者不断地向外界排出大量虫卵，一条雌虫可产卵 50 万枚，污染环境，成为本病的感染源。人被感染的报道也很多。

片形吸虫病呈地方性流行，多发生在低洼、潮湿和多沼泽的放牧地区。放牧牛、羊最易感染，对绵羊的危害尤为严重。舍饲的牛、羊也可因饲喂来自疫区带有囊蚴的饲草而受感染。多雨年份能促进本病的流行，往往暴雨之后可引起大面积暴发。特殊情况下，干旱季节也有暴发肝片形吸虫病的可能。这是因为干旱造成水洼缩小使囊蚴更加集中，且囊蚴抵抗干燥能力极强，放牧动物会因摄食富集的囊蚴引起重度感染。

虫卵对低温的抵抗力较强，低于 12 ℃时虽然代谢活动停止，但仍有 60%以上能存活约一年半。结冰则很快死亡。虫卵对干燥和阳光直射敏感，温度在 40～50 ℃时几分钟死亡，干燥的环境中迅速死亡。该病的流行与中间宿主螺的地理分布和外界自然条件关系密切。椎实螺在气候温和、雨量充足的季节进行繁殖，晚春、夏季、秋季繁殖旺盛，这时的条件对虫卵的孵化、毛蚴的发育和在螺体内的增殖及尾蚴在牧草上形成囊蚴也很有利。因此，该病主要流行于春末至秋季。南方的温暖季节较长，感染季节也长，有时冬季也可发生感染。片形吸虫在羊体内可存活数年之久，在牛体内寄生 5～6 个月后被排出体外；可反复感染。肝片形吸虫在动物体内的载虫量会大于大片形吸虫。

（四）致病作用

一次性感染大量囊蚴（2 000 个以上），当童虫在体内移行时，机械性地损伤和破坏肠壁、肝包膜和肝实质，引起出血和炎症，形成“虫道”，从而导致动物急性死亡。脏器的大面积损伤会引发其他病原体的感染，如梭状芽孢杆菌等。

感染后 8～9 周虫体进入胆管。由于大量虫体长期机械性的刺激和代谢产物的毒性作用，引起慢性胆管炎、慢性肝炎和贫血，胆汁淤积引起黄疸。

片形吸虫有时还可在肝之外的组织中被发现，如肺、皮肤和眼球等。虫体在肺部异位寄生时可形成结节，内含褐色半液状物质或见 1～2 条虫体。

片形吸虫以宿主的血液、胆汁和细胞为食，每条成虫可使宿主每天失血 0.5 mL，加之其分泌排泄物具有溶血作用，造成患病动物贫血、营养障碍、稀血症和消瘦。

虫体的代谢产物可扰乱中枢神经系统，使其体温升高，出现全身性中毒现象。侵害血管时，使管壁通透性增高，引发水肿。

由于片形吸虫的移行造成宿主的组织损伤，以及其引起的宿主免疫调节失衡，增加了羊对产气芽孢杆菌及诺维梭菌、牛对柏林沙门菌的易感性。片形吸虫感染还干扰牛结核菌感染的诊断，造成假阴性结果。

（五）病理变化

急性病例可见肝肿大、质脆，肝包膜上有纤维素沉积，肝实质出血（图 19-11），有“虫道”，切面可见大量童虫。在肠壁、肝包膜和肝实质的“虫道”周围可见出血和炎症反应。“虫道”内有凝血块和幼小的虫体。当发生急性肝炎和内出血时，腹腔中有带血色的液体和腹膜炎变化。肝片形吸虫病继发梭状芽孢杆菌感染导致死亡的病例，剖检可见局部肝坏死和广泛的皮下出血，即所谓的“黑病”。

在感染 8～9 周后以及少量、重复感染的慢性病例中，可见肝萎缩、硬化，小叶间结缔组织增生。寄生虫体多时，可见胆管扩张、变粗，甚至堵塞。胆管似绳索状凸出于肝表面。胆管壁增厚，内有钙盐沉着，使内膜粗糙，刀切时有沙砾感。胆囊肿大，内有充血、淤血、溃疡及坏死斑块等病变（图 19-12）。

虫体异位寄生在肺部（图 19-13），可见结节形成，内含褐色半液状物质和 1～2 条虫体，一般不能发育至成虫产卵。

（六）临床症状

临床表现取决于虫体寄生的数量、发育阶段以及是否伴发或继发细菌感染。一般来说，牛体寄生 250 条成虫，羊体寄生 50 条成虫时，会表现出明显的临床症状。家畜中以绵羊对片形吸虫最敏感。另据报道，羊驼、原驼也很敏感，山羊、牛和骆驼次之。对幼畜的危害特别严重，即使

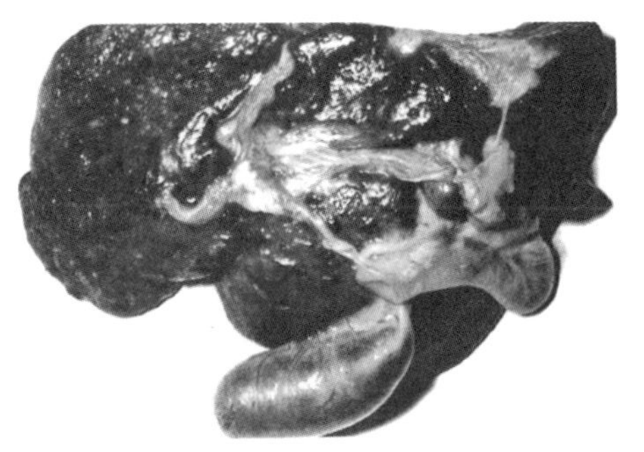

图 19-11 急性片形吸虫病肝大面积出血
（王冬英供图）

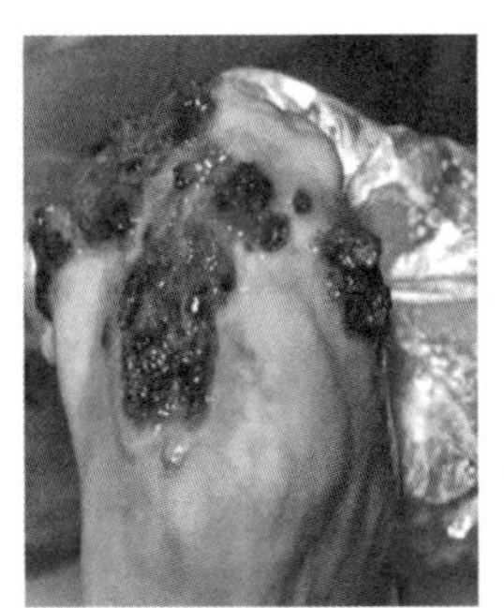

图 19-12 肝片形吸虫引起的胆囊溃疡
（王冬英供图）

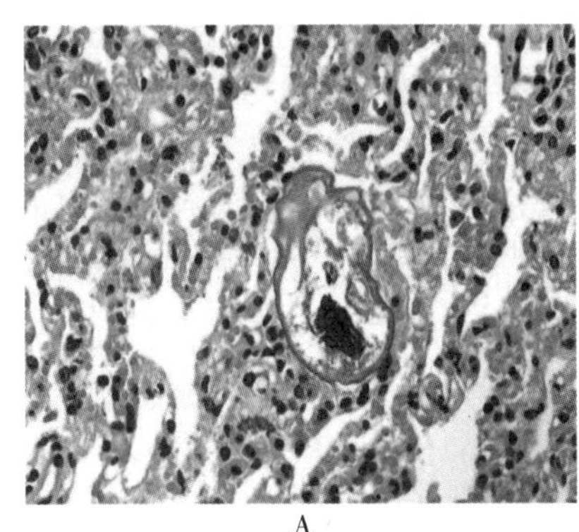

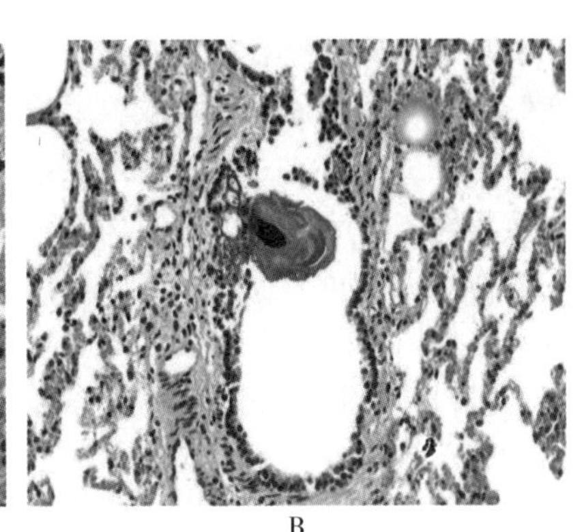

A B

图 19-13 肺组织切片示肺内肝片形吸虫童虫
A. 肺泡内童虫 B. 肺细支气管腔内童虫
（王寿昆供图）

轻度感染，也可能表现出症状，重度感染可引起大批死亡。肝片形吸虫流行区域长期放牧且不采取防治措施的羊群，感染可致羊100%死亡。

急性型主要发生在夏末和秋季，多见于绵羊，因其短期内大量感染，童虫损伤肝，引起肝出血和急性肝炎，属于童虫期病症。患病羊食欲大减或废绝，精神沉郁，可视黏膜苍白，红细胞数和血红蛋白含量显著降低，体温升高，偶有腹泻，以腹痛、不爱运动和急性死亡为特征，通常在出现症状后3～5 d内死亡。

慢性型多发于冬、春季，由成虫引起。患病羊表现渐进性消瘦、贫血、食欲不振、被毛粗乱，眼睑、颌下水肿，有时也发生胸、腹下水肿。叩诊肝的浊音区扩大。后期出现低蛋白血症，可能卧地不起，最终因恶病质而死亡。

牛的症状多取慢性经过。成年牛的症状一般不明显，犊牛的症状明显。除了上述羊的症状以外，往往表现前胃弛缓、腹泻，周期性瘤胃臌胀。严重感染者也可引起死亡。

（七）诊断

根据临床症状、流行病学资料、粪便检查及死后剖检等进行综合判断。

粪便检查多采用反复水洗沉淀法或尼龙筛兜集卵法来检查虫卵，片形吸虫的虫卵较大，易于识别。应注意与前后盘吸虫的虫卵区别，后者颜色较浅，卵黄细胞分布较疏松。急性病例查不到虫卵，尸体剖检时，发现肝病变，并在腹腔和肝实质等处发现童虫可确诊；慢性病例可在胆管及胆囊内检获成虫。

有检测抗体或检测粪便中抗原的商品化ELISA试剂盒，不仅能诊断动物急性、慢性片形吸虫病，而且还能诊断轻微感染的患病动物（者）。免疫诊断通常比粪便检查更敏感，但是抗体检测不能区分现症和既往感染。ELISA检测抗体时牛乳样本和血清具有很好的一致性，成本相对较低，可以用于乳牛片形吸虫病的流行病学调查。PCR等基因检测技术也已用于诊断。

（八）治疗

应在早期诊断的基础上及时治疗患病家畜，方能取得较好的效果。驱除片形吸虫的药物较多，可根据药物特性和病情（如急性肝片形吸虫病和慢性肝片形吸虫病）加以选用。

对成虫和童虫均有良好效果的药物有溴酚磷（bromofenofos）、三氯苯达唑、氯舒隆（clorsulon）、硝碘氰酚（nitroxynil），可用于治疗急性、慢性病例。

只对成虫有效的药物（对治疗急性病例无效）：硝氯酚、丙硫苯咪唑。

另据报道，氯氰碘柳胺（closantel）、五氯柳胺（oxyclozanide）对片形吸虫也有效。

（九）防控

根据该病的流行病学特点，制订出适合于本地区的综合性防控措施。

首先是预防性定期驱虫。驱虫的时间和次数可根据流行区的具体情况而定。针对急性病例，可在夏、秋季选用氯氰碘柳胺等对童虫效果好的药物。针对慢性病例，北方全年至少应进行 2 次驱虫，第一次在冬末初春，由舍饲转为放牧之前进行；第二次在秋末冬初，由放牧转为舍饲之前进行。大面积的预防驱虫，应统一时间和地点，对驱虫后的家畜粪便可应用堆积发酵法杀死其中的虫卵，以免污染环境，降低病原扩散。南方终年放牧，每年至少应进行 3 次驱虫。

其次应采取措施消灭中间宿主椎实螺。利用兴修水利等时机，改造低洼地，使螺无适宜的生存环境；大量养殖水禽，用以消灭螺类（但应注意防止禽吸虫病的流行，因为许多禽的吸虫也以同种螺类为中间宿主）；也可采用化学灭螺法，如从每年的 3—5 月，气候转暖，螺类开始活动起，利用硫酸铜、氨水或氯硝柳胺，或在草地上小范围的死水内用生石灰等杀灭椎实螺。使用化学药物灭螺时，需注意药物对生态环境和放牧动物安全的影响，如使用硫酸铜灭螺后的牧场，需要禁牧 6 个月，以防绵羊中毒。

第三是采取有效措施防止牛、羊、骆驼感染囊蚴。不要在低洼、潮湿、多囊蚴的地方放牧；在牧区有条件的地方，实行划地轮牧，可将牧地划分为 4 块，每月一块（3—11 月），这样间隔 3 个月方能轮牧一次（从片形吸虫卵发育到囊蚴一般需 55～75 d），就可以大大降低牛、羊感染的机会；保持牛、羊的饮水和饲草卫生，不要饮用有椎实螺及囊蚴滋生、停滞不流的水滩、沟渠、水坑和池塘死水，最好饮用地下水或流速快而清澈的河水；低洼潮湿地的牧草割后应充分晒干再喂牛、羊等动物。

二、姜片吸虫病

姜片吸虫病（fasciolopsiasis，也称肠吸虫病）是由片形科姜片属的布氏姜片吸虫（*Fasciolopsis buski*）寄生于猪和人小肠而引起的一种人兽共患吸虫病。

（一）病原概述

大型吸虫，成虫大小为（20～75）mm×（8～20）mm，虫体椭圆形，较厚，两条肠管呈波浪状弯曲，不分支，伸达体后端。

虫卵呈淡黄色，卵圆形或椭圆形，卵壳薄，大小为（130～150）μm×（85～97）μm。有卵盖，内含一个卵细胞，呈灰色，卵黄细胞有 30～50 个，密而互相重叠。

（二）病原生活史

与片形吸虫相似。中间宿主为扁蜷螺（Planorbidae），在中间宿主体内发育期平均为 50 d。囊蚴附着在水浮莲、水浮芦、浮萍、日本水仙、满江红、清萍、金鱼藻、茭白和荸荠等水生植物上。猪因摄食这些带有囊蚴的水生植物而被感染。囊蚴进入猪体内至发育为成虫一般需要 100 d，成虫在猪体内的寿命为 12～13 个月。人（多为儿童）会因生食未洗净的带有囊蚴的茭白和荸荠等水生植物而被感染。

（三）流行病学

主要在亚洲的温带和亚热带呈地方性流行，多发于散养猪只。

以下几个条件同时存在可造成本病流行：①终末宿主的粪便污染有扁蜷螺的水体；②地理、气候条件适合姜片吸虫完成其生活史；③终末宿主能采食到含有囊蚴的水生植物。

（四）致病作用及病理变化

成虫主要寄生于十二指肠。虫体较大，以强大有力的吸盘紧紧吸附在肠黏膜上，造成肠黏膜损伤、脱落、发炎，呈糜烂状，肠壁变薄、出血，甚至发生脓肿。感染强度高时虫体可堵塞肠道，甚至引起肠破裂或套叠，病灶处出血、发炎、淤血、坏死。虫体大量吸取营养、排出毒素造成患病动物消耗性病症。

（五）临床症状与诊断

寄生少量时常不显症状；数量较多时病猪表现肠炎症状；过多时（数百条）将发生肠堵塞，经常导致仔猪死亡。

诊断参考片形吸虫病。

（六）治疗与防控

选用硫氯酚、吡喹酮等驱虫药。

姜片吸虫只寄生于猪和人。切断传播途径（如管理好粪便，杜绝食入囊蚴）即可控制。目前，在集约化养猪场此病已较为少见，流行区域中散养或放养的猪群则常有发生。

（黄维义　编，王春仁　王寿昆　王冬英　审）

第三节　后睾科吸虫病

后睾科吸虫包括支睾属（*Clonorchis*）、对体属（*Amphimerus*）、次睾属（*Metorchis*）、后睾属（*Opisthorchis*）和微口属（*Microtrema*）等的吸虫，多寄生于人、畜禽、兽类及野生鸟类肝、胆管和胆囊。后睾科吸虫生活史需第一中间宿主螺类和第二中间宿主淡水鱼类、虾，成虫可引起终末宿主胆管炎、胆囊炎、胆管阻塞、贫血、黄疸、胆汁分泌障碍、肝结缔组织增生、肝细胞变性萎缩，甚至肝硬化等肝胆病变和症状。其中，华支睾吸虫病是常见的人兽共患吸虫病，猫后睾吸虫、麝猫后睾吸虫、东方次睾吸虫等也可感染人体，引起人的肝胆吸虫病。华支睾吸虫与麝猫后睾吸虫已被WHO列为胆管癌的Ⅰ类生物性致癌物（biocarcinogen）。后睾吸虫病在犬、猫比较常见。

一、华支睾吸虫病

华支睾吸虫病（clonorchiasis，也称肝吸虫病）是由中华分支睾吸虫（*Clonorchis sinensis*，简称华支睾吸虫，俗称肝吸虫，liver fluke）寄生于人与猫、犬、猪等动物的肝、胆管内所引起的人兽共患寄生虫病。

（一）病原概述

成虫狭长，背腹扁平。虫体大小（10～25）mm×（3～5）mm。口位于口吸盘的中央，咽呈球形，食道短，其后为两条盲肠沿虫体两侧直达后端。睾丸2个，分支状，前后排列于虫体后端，各发出1条输出管，向前在虫体中部汇合成输精管，通储精囊，经射精管进入位于腹吸盘前缘的生殖腔。卵巢1个，分叶，位于睾丸之前，输卵管发自卵巢，其远端为卵模，卵模周围为梅氏腺。卵模之前为子宫，盘绕向前开口于生殖腔。受精囊在睾丸与卵巢之间，呈椭圆形，与输卵管相通。劳氏管位于受精囊旁，与输卵管相通，为短管，开口于虫体背面。卵黄腺由许多细小的颗粒状物组成，分布于虫体的两侧，从腹吸盘向下延至受精囊的水平线，两条卵黄腺管汇合后，与输卵管相通（图 19-14）。虫卵形似芝麻，黄褐色，大小为（27～35）μm×（12～20）μm，一端较窄且有盖，其周围的卵壳增厚形成肩峰，另一端有小瘤。从粪便中排出时，卵内已含毛蚴。

图 19-14　华支睾吸虫
（黄维义供图）

（二）病原生活史

包括虫卵、毛蚴、胞蚴、雷蚴、尾蚴、囊蚴、童虫、成虫等阶段。成虫寄生于人和肉食类哺乳动物（猫、犬等）的肝胆管内，成虫很多时可移居至大的胆管、胆总管或胆囊，偶见于胰腺管。虫卵随胆汁进入消化道，随粪便排出。雌虫 1 天可产卵 4 000 枚，产卵时间至少可持续 6 个月。虫卵进入水中，被第一中间宿主淡水螺（如豆螺科的纹沼螺，*Parafossarulus striatulus*）吞食后，在螺消化道内孵出毛蚴，毛蚴穿过肠壁在螺体内发育，经胞蚴、雷蚴和尾蚴阶段，成熟的尾蚴从螺体逸出。在最适宜的水温下（25 ℃），在螺体内的发育期为 30～40 d。尾蚴在水中遇到适宜的第二中间宿主淡水鱼、虾类，侵入其肌肉等组织，发育成为囊蚴。囊蚴呈椭球形，大小平均为 0.138 mm×0.15 mm，可见口、腹吸盘，排泄囊含黑色颗粒。终末宿主（猫、犬、人等）因摄食含有活囊蚴的第二中间宿主（淡水鱼、虾）被感染。囊蚴被终末宿主吞食后，在消化液和囊内幼虫酶系统的共同作用下，幼虫在十二指肠内破囊而出。脱囊后的后尾蚴循胆汁逆流而行到达肝内胆管，后尾蚴也可穿过肠壁经腹腔到达胆管。从囊蚴进入终末宿主体内至发育为成虫，在粪中可检到虫卵所需时间随宿主种类而异，犬、猫需 20～30 d，鼠平均 21 d，人约 1 个月。在适宜的条件下，完成整个生活史约需要 3 个月。成虫在犬、猫及人体内的寿命分别可达 3.5 年、12.25 年和 30 年以上。

（三）流行病学

华支睾吸虫主要分布在亚洲，如中国、日本、朝鲜、俄罗斯远东地区等。据估计全球有 2 亿多人面临感染华支睾吸虫的危险，1 500 万人受到感染。在我国的 25 个省、市、自治区有不同程度流行。第一中间宿主主要为豆螺科（Bithyniidae）、拟沼螺科（Assimineidae）和蜷螺科（Thiaridae）等的螺类。其第二中间宿主包括 100 多种淡水鱼及虾，分布广泛。人华支睾吸虫病的流行多与生食习惯有关，如生吃淡水鱼或虾；犬、猫群体华支睾吸虫病的流行严重与其经常生食淡水鱼或虾有关。

（四）致病作用、临床症状与病理变化

其危害性主要是使宿主的肝受损，病变主要发生于肝的次级胆管，严重程度因感染轻重而异。虫体在胆道寄生时排泄和分泌的代谢产物、机械刺激等因素可诱发变态反应；也可引起胆管内膜及胆管周围的炎性反应，表现胆管局限性的扩张及胆管黏膜上皮增生，肝门脉区周围可出现纤维结缔组织增生和肝细胞的萎缩变性，严重的引起胆管腺瘤样病变并导致胆管上皮细胞腺癌。由于虫体堵塞胆管，可出现胆管炎、胆囊炎、胆结石、胆管梗阻、黄疸，甚至肝硬化等；虫卵陷入周围的胆管溃疡组织中，引起肉芽肿炎症、纤维化。

少量虫体寄生时无明显症状。严重感染时，表现为肝肿大、食欲减退、贫血、消瘦、腹泻、水肿，肝区有触痛感。病程多为慢性经过，造成胆管病变，上皮细胞脱落、结缔组织增生、管壁增厚，加之虫体的寄生造成胆管阻塞，胆汁排出障碍，进而累及肝实质细胞，使之发生变性、坏死，使肝功能受损，消化机能下降；还可引发轻度至重度黄疸，可视黏膜甚至皮肤黄染。

（五）诊断

1. 流行病学调查　患病动物有无生吃淡水鱼虾史。华支睾吸虫病早期症状不明显，一般以消化系统的症状为主，间有自主神经系统紊乱症状。体检发现有不同程度的肝肿大，常以左叶肿大较明显，血液中嗜酸性粒细胞比例上升，应进一步进行粪便虫卵检查和特异性免疫学检查，若呈阳性即可确诊。

2. 病原检查　沉淀集卵法或涂片法检查虫卵；剖检发现虫体。

3. 免疫学诊断　可用酶联免疫吸附试验（ELISA）、间接血凝试验（IHA）、间接荧光抗体试验（IFAT）检测血清抗体，其中 ELISA 还能检测血清循环抗原。

4. B 型超声波与 CT 检查　多用于人和犬、猫等宠物。

（六）防治

吡喹酮、丙硫苯咪唑、三苯双脒（tribendimidine）等药物对华支睾吸虫有效，但在犬、猫上的使用剂量不明确。

预防措施包括流行区的犬、猫及猪（主要是散养猪）定期进行检查和驱虫；禁止以生的或半生的淡水鱼虾饲喂动物；消灭第一中间宿主淡水螺类；管理好人和动物的粪便，防止粪便污染水塘；猪舍或厕所禁止建在鱼塘边。

二、其他后睾科吸虫病

（一）犬、猫其他后睾科吸虫病

麝猫后睾吸虫（*Opisthorchis viverrini*）和猫后睾吸虫（*Opisthorchis felineus*）成虫均寄生于犬、猫胆管，亦可感染人。

麝猫后睾吸虫成虫大小（5～10）mm×（1～2）mm，虫卵大小为（19～29）μm×（12～17）μm（图 19-15A）。主要流行于泰国、老挝、越南、马来西亚和印度，也称为泰国肝吸虫，可引起胆管癌。

猫后睾吸虫成虫大小为（7～12）mm×（2～3）mm（图 19-15B），虫卵大小为(26～30）μm×（11～15）μm，主要流行于苏联，也称为西伯利亚肝吸虫。

其他参照华支睾吸虫病。

（二）家禽后睾科吸虫病

1. 病原概述

（1）鸭后睾吸虫（*Opisthorchis anatis*）：虫体大小为（7～23）mm×（1～1.5）mm（图 19-15C），虫卵大小为（28～29）μm ×（26～18）μm。在我国分布于东北以及天津、江苏、上海、福建、广东、陕西和江西。

（2）鸭对体吸虫（*Amphimerus anatis*）：虫体窄长，后端尖细，背腹扁平，大小为（14～24）mm ×（0.88～1.12）mm，虫卵（25～29）μm×（13～14）μm（图 19-15D）。分布于我国各省区以及日本、俄罗斯的西伯利亚地区、韩国。

（3）东方次睾吸虫（*Metorchis orientalis*）：大小为（2.99～6.81）mm ×（0.53～1.2）mm,睾丸分叶；虫卵大小为（29～32）μm×（15～17）μm（图 19-15E）。分布于我国黑龙江、福建、吉林等 24 个省（市）区，国外见于日本、俄罗斯的西伯利亚地区等。

（4）台湾次睾吸虫（*Metorchis taiwanensis*）：虫体较细长，大小为（2.30～4.60）mm×（0.35～0.48）mm，睾丸不分叶，虫卵（18～28）μm×（15～23）μm（图 19-15F）。分布于我国十几个省（市）区。

2. 临床症状与病理变化　虫体均寄生于家禽和野生鸟类胆管和胆囊内，感染早期，病变多表现为胆囊炎、胆管炎，肝局灶性坏死和急性脾炎。感染后期，肝质地变硬，胆管和结缔组织增生（腺瘤样增生），胆汁淤积；胆囊上皮出现瘤样增生，肝内的小胆管上皮细胞呈片层状增生。急性感染可导致病禽大批死亡。

3. 治疗与防控　参照华支睾吸虫病。

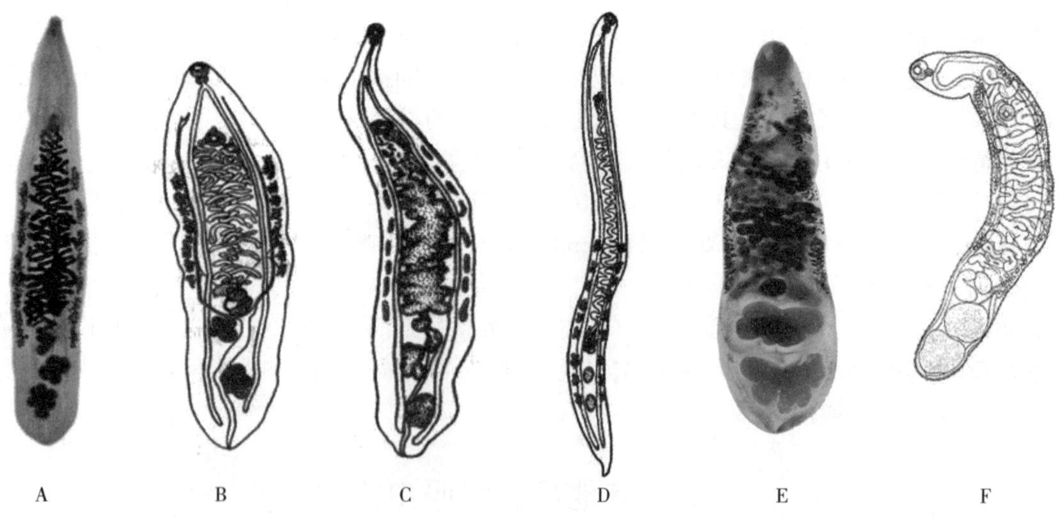

图 19-15　后睾科吸虫

A. 麝猫后睾吸虫（黄维义）　B. 猫后睾吸虫（Mönnig）　C. 鸭后睾吸虫（Skryabin）
D. 鸭对体吸虫（Skryabin）　E. 东方次睾吸虫（王春仁）　F. 台湾次睾吸虫

（三）微口吸虫病

截形微口吸虫（*Microtrema truncatum*）寄生于猪肝胆管内，偶见于猫、犬的胆管中。虫体大小为（4.74～10.97）mm×（2.45～15.50）mm，背腹扁平隆起，前端尖细，后端平截（图 19-16）。虫卵大小为 33.43 μm×17.55 μm。已在我国四川、江西、湖南、上海及台湾等地发现。1983 年四川曾报道一例仔猪感染截形微口吸虫，荷虫达 11 600 多条，致胆管破裂。现在集约化养殖条件下较少发生。

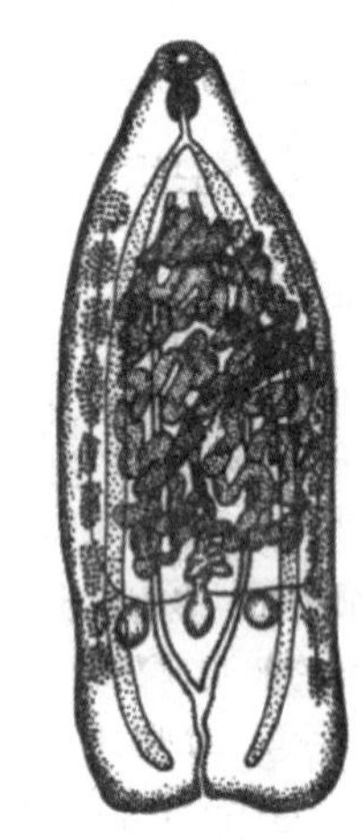

图 19-16　截形微口吸虫成虫（Kobayashi）

治疗可用吡喹酮等药物。防控参照华支睾吸虫病。

（王春仁　编，黄维义　张壮志　审）

第四节　歧腔科吸虫病

歧腔科（曾译为双腔科）主要包括歧腔属（*Dicrocoelium*）、阔盘属（*Eurytrema*）和扁体属（*Platynosomum*）。歧腔属吸虫主要寄生于反刍动物的胆管和胆囊，阔盘属吸虫主要寄生于反刍动物的胰管内，扁体属吸虫多见寄生于猫的胆管和胆囊内，也可寄生于猩猩、虎、负鼠、麝猫、猴等其他哺乳动物。本病主要表现为慢性代谢障碍和营养不良。

一、歧腔吸虫病

歧腔吸虫病（dicrocoeliosis）是由歧腔科歧腔属的矛形歧腔吸虫（*Dicrocoelium lanceatum*）、中华歧腔吸虫（*Dicrocoelium chinensis*）或东方歧腔吸虫（*Dicrocoelium orientalis*）寄生于牛、羊、骆驼和鹿等反刍动物的胆管和胆囊内引起的。歧腔吸虫（也称小肝吸虫，small liver fluke）也可感染马属动物、猪、犬、兔、猴及其他动物，偶见于人。该病分布广泛，在我国各地都有发生，北方及西南地区较常见，尤其西北诸省区和内蒙古流行严重，能引起胆管炎、肝硬化，并导致代谢障碍和营养不良。歧腔吸虫常和肝片形吸虫混合感染。

（一）病原概述

1. 矛形歧腔吸虫　也称枝双腔吸虫。虫体狭长，呈矛形，体壁透明，新鲜虫体棕红色，大小为（6.67～8.34）mm×（1.61～2.14）mm，体表光滑。口吸盘后紧随有咽，下接食道和两支简单的肠管。腹吸盘大于口吸盘，位于体前端 1/5 处。睾丸 2 个，圆形或边缘具缺刻，前后排列或斜列于腹吸盘的后方。雄茎囊位于肠分叉与腹吸盘之间，内含有扭曲的储精囊、前列腺和雄茎。生殖孔开口于肠分叉处。卵巢圆形，居于后睾之后。具有受精囊和梅氏腺。卵黄腺位于体中部两侧。子宫弯曲，充满虫体的后半部，内含大量虫卵（图 19-17A）。虫卵为卵圆形，褐色，具卵盖，大小为（34～44）μm×（29～33）μm，内含毛蚴。

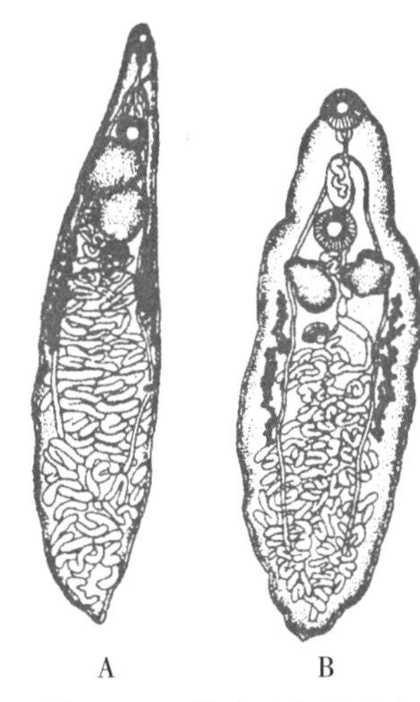

图 19-17　歧腔吸虫的成虫
A. 矛形歧腔吸虫（Mönnig）
B. 中华歧腔吸虫（唐仲璋　唐崇惕供图）

2. 中华歧腔吸虫　外形与矛形歧腔吸虫相似，但虫体较宽扁，其前方体部呈头锥形，后两侧作肩样突，大小为（3.54～8.96）mm×（2.03～3.09）mm。睾丸 2 个，呈圆形，边缘不整齐或稍分叶，左右并列于腹吸盘后（图 19-17B）。虫卵大小为（45～51）μm×（30～33）μm。

（二）病原生活史

歧腔吸虫的发育过程需要两个中间宿主，第一中间宿主为陆生螺类（蜗牛），第二中间宿主为蚂蚁。成虫在终末宿主的胆管或胆囊内产卵，虫卵随胆汁进入肠道，随粪便排出体外。虫卵被第一中间宿主蜗牛吞食后，在其体内孵出毛蚴，进而发育为母胞蚴、子胞蚴和尾蚴。这一无性繁殖过程使得尾蚴的数目大增。尾蚴从子胞蚴的产孔逸出后，移行至陆生螺的呼吸腔，在此，数十个或数百个尾蚴集中在一起形成尾蚴集群，外被黏性物质成为黏性球，从螺的呼吸腔排出，粘在植物或其他物体上。从卵被螺吞食至黏性球离开螺体需要 82～150 d，尾蚴在外界的生活期一般只有几天。当含有尾蚴的黏性球被蚂蚁吞食后，尾蚴在其体内很快形成囊蚴。牛、羊等动物吃草时因吞食了含囊蚴的蚂蚁而感染。囊蚴在终末宿主的肠内脱囊，由十二指肠经胆总管到达胆管或胆囊内寄生。从终末宿主吞食囊蚴至发育为成虫需 72～85 d。整个发育过程需 160～240 d。成虫在宿主体内可存活 6 年以上。

（三）流行病学

本病的分布几乎遍及世界各地，多呈地方性流行。在我国的分布极其广泛，其流行与陆生螺和蚂蚁的广泛存在有关。歧腔吸虫的第一中间宿主有 100 多种，主要为巴蜗牛科（Bradybaenidae）、坚齿螺科（Camaenidae）、琥珀螺科（Succineidae）、大蜗牛科（Helicidae）、烟管螺科（Clausiliidae）、槲果螺科（Cochlicopidae）等科的陆生螺。在我国，矛形歧腔吸虫的第一中间宿主主要有同型阔纹巴蜗牛（*Bradybaena similaris*）（闽）、弧形小丽螺（*Ganesella arcasiana*）（吉）、条华蜗牛（*Cathaica fasciola*）（晋）及光滑琥珀蜗牛（*Succinea snigdha*）（新）。第二中间宿主为蚂蚁，主要有毛林蚁（*Formica lugubris*）（新）和红褐林蚁（*Formica rufa*）（晋）。中华歧腔吸虫的第一中间宿主为同型阔纹巴蜗牛（闽）、条华蜗牛（晋）及枝小丽螺（*Ganesella virgo*）（蒙）；第二中间宿主为褐须林蚁（*Formica trunciola*）（蒙）和紧束弓背蚁（*Componotus compressus*）（晋）。

歧腔吸虫的终末宿主众多，有记载的哺乳动物达 70 余种，除牛、羊、鹿、骆驼、马、猪、兔等外，许多野生偶蹄类动物均可感染。在温暖潮湿的南方地区，陆生螺和蚂蚁可全年活动，因此，动物几乎全年都可感染；而在寒冷干燥的北方地区，中间宿主要冬眠，动物的感染明显具有春秋两季特点，但动物发病多在冬春季节。动物随年龄的增加，其感染率和感染强度也逐渐增加，感染的虫体数可达数千条，甚至上万条，这说明动物对其获得性免疫力较差。

虫卵对外界环境条件的抵抗力很强，在土壤和粪便中可存活数月仍具感染性；在 18～20 ℃时，干燥一周仍能存活。对低温的抵抗力更强，虫卵和在第一、二中间宿主体内的各期幼虫均可越冬，且不丧失感染性；虫卵能耐受－50 ℃的低温。虫卵亦能耐受高温，50 ℃时，24 h 仍有活力。

（四）临床症状与病理变化

歧腔吸虫在胆管内寄生，由于虫体的机械性刺激和毒素作用，可引起胆管卡他性炎症、胆管壁增厚、肝肿大。但多数牛、羊症状轻微或不表现症状。重度感染时，尤其在早春，会表现出严重的症状。一般表现为慢性消耗性疾病的临床特征，如精神沉郁、食欲不振、渐进性消瘦、可视黏膜黄染、贫血、颌下水肿、腹泻、行动迟缓、喜卧等。严重的病例可导致死亡。

（五）诊断

在流行病学调查的基础上，结合临床症状进行粪便虫卵检查，可发现虫卵；死后剖检，可在胆管中发现虫体。与肝片形吸虫和前后盘吸虫不同，用沉淀法检测歧腔吸虫卵的检出率不高（只有 42.2%），而用高相对密度（相对密度为 1.3～1.45）漂浮液（如饱和 $ZnSO_4$ 和 K_2CO_3）的漂浮法检出率较高。

（六）治疗

歧腔吸虫病的防治可用海涛林（三氯苯丙酰嗪）、阿苯达唑、六氯对二甲苯（hexachloroparaxylene）、吡喹酮、苯硫脲酯（thiophanate）等药物。

（七）防控

预防比较困难，可以采取定期驱虫等措施。最好在每年的春季、秋末和冬季进行，对所有在同一牧场放牧的牛、羊同时驱虫，并防止虫卵污染草场，如此坚持数年，可达到净化草场的目的。对于存在转场的放牧动物，在邻近转场时进行驱虫，可降低转场后新牧场污染的风险。还应结合改良牧地等措施，除去杂草、灌木丛等，以消灭其中间宿主陆生螺；也可人工捕捉或在草地养鸡灭螺。据报道，在 4 hm^2 的草地上放养 300 只鸡，在 5 min 内，89.2%的螺被啄食，20 d 后，97.5%的螺被啄食消灭。也有用化学法灭螺、灭蚁的报道。另外避免在蚂蚁活动高峰期放牧（早晨和傍晚），也能一定程度上降低歧腔吸虫的感染率。

二、阔盘吸虫病

阔盘吸虫病由歧腔科阔盘属的多种吸虫寄生于牛、羊等反刍动物的胰管内引起，阔盘吸虫也偶寄生于胆管和十二指肠内，兔、猪及人也可感染。主要分布于亚洲、欧洲及南美洲。该病在我国各地均有报道，但以东北、华北和西北诸省、区的放牧动物流行较重。本病以营养障碍、腹泻、消瘦、贫血、水肿为特征，严重感染时可引起大批死亡。

（一）病原概述

阔盘吸虫的种类较多，其中以胰阔盘吸虫（*Eurytrema pancreaticum*）分布最广，最为常见。虫体体壁透明，新鲜虫体为棕红色，虫体扁平，较厚，呈长卵圆形，体表被有小棘；大小为（8～16）mm×（5～5.8）mm。吸盘发达，口吸盘较腹吸盘大。咽小，食道短，肠支简单。睾丸 2 个，圆形或略分叶，左右排列在腹吸盘稍后。雄茎囊呈长管状，位于腹吸盘前方与肠支之间。生殖孔开口于肠叉的后方。卵巢分叶 3～6 瓣，位于睾丸之后，体中线附近，受精囊呈圆形，在卵巢附近。子宫弯曲，内充满棕色虫卵，位于虫体的后半部。卵黄腺呈颗粒状，位于虫体中部两侧（图 19-18）。虫卵为黄棕色或深褐色，椭圆形，两侧稍不对称，一侧较为平直，具卵盖。大小为（42～50）μm×（26～33）μm。内含毛蚴。

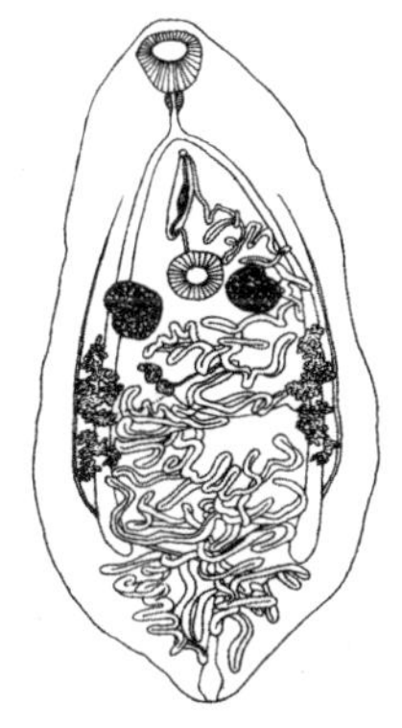

图 19-18 胰阔盘吸虫成虫
（Mönnig）

（二）病原生活史

胰阔盘吸虫的发育需要两个中间宿主，第一中间宿主为陆生螺，第二中间宿主为草螽（meadow grasshoper）。虫卵随牛、羊的粪便排出体外。被第一中间宿主陆生螺吞食后，在其体内孵出毛蚴，进而发育成母胞蚴、子胞蚴和尾蚴。许多尾蚴位于成熟的子胞蚴内。子胞蚴黏团逸出螺体，附于草上。第二中间宿主草螽吞食子胞蚴黏团后，尾蚴在其体内发育成为囊蚴。牛、羊等在牧地上吞食了含有囊蚴的草螽而遭感染。胰阔盘吸虫的整个发育时间较长：从含毛蚴虫卵被陆生螺吞食至成熟的子胞蚴排出，需 5～6 个月；在草螽体内从尾蚴发育到囊蚴需 23～30 d 天；自牛、羊等吞食囊蚴至发育为成虫需要 80～100 d；整个发育过程共需 10～16 个月。

（三）流行病学

在我国，胰阔盘吸虫的第一中间宿主有同型阔纹巴蜗牛、中华灰巴蜗牛（*Bradybaena ravida sieboldtiana*）、枝小丽螺及枝小华蜗牛（*Cathaica virgo*）。第二中间宿主为中华草螽（*Conocephalus chinensis*）。

本病的流行与其中间宿主陆生螺和草螽的分布密切相关。从各地报道看，牛、羊等终末宿主感染囊蚴多在每年 7—10 月。此时，被感染的草螽活动性降低，很容易被终末宿主吞食而受感染。牛、羊发病多在冬春季节。

（四）临床症状与病理变化

阔盘吸虫病的症状取决于虫体寄生的数量和动物的体质。寄生数量少时，不表现临床症状；严重感染的牛、羊常发生代谢失调和营养障碍，表现为消化不良、精神沉郁、消瘦、贫血、颌下及胸前水肿、腹泻、粪便中带有黏液，最终可因恶病质而死亡。

剖检可见胰肿大，粉红色胰内有暗红色或紫红色斑块或条索，切开胰，挤压可见红色虫体（图 19-19）。胰管壁增厚，呈现增生性炎症，管腔黏膜有乳头状小结节，有时管腔闭塞。有弥漫性或局限性的淋巴细胞、嗜酸性粒细胞和巨噬细胞浸润。

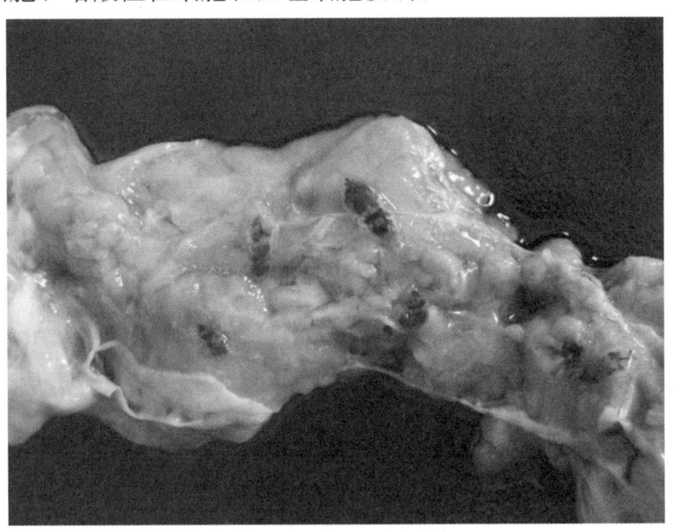

图 19-19 胰管中的胰阔盘吸虫
（王春仁供图）

（五）诊断与防治

阔盘吸虫病的临床症状缺乏特征性。应结合流行病学，采用水洗沉淀法检查粪便中的虫卵，或剖检时发现多量虫体可以确诊。

六氯对二甲苯、吡喹酮、阿苯达唑等药物有较好的疗效。

应根据当地的情况采取综合防控措施。定期驱虫，消灭病原体；控制或消灭中间宿主，切断其生活史；有条件的地方，实行划地轮牧，以净化草场；加强饲养管理，防止牛、羊等家畜感染等。如此坚持数年，就能控制本病的发生和流行。

（秦建华　编，李海云　李佩国　审）

第五节　分体科吸虫病

分体科（也称裂体科）包括分体属（*Schistosoma*）、毛毕属（*Trichobilharzia*）、鸟毕属（*Ornithobilharzia*）、异毕属（*Heterobilharzia*）、南毕属（*Austrobilharzia*）、小毕属（*Bilharziella*）等。分体科吸虫病是由寄生于鸟类和哺乳类血管中的各种吸虫引起的。该科吸虫雌雄异体，多以吸血为生。感染导致的病理损伤主要是由虫卵沉积在组织中引起的。

一、日本血吸虫病

日本血吸虫病（也称日本分体吸虫病）是由分体科分体属的日本分体吸虫（*Schistosoma japonicum*）寄生于人和牛、羊、猪、犬等 40 余种哺乳动物的肝门静脉和肠系膜静脉而引起的一种重要的人兽共患寄生虫病，曾广泛流行于我国长江流域及以南的湖南、湖北等 12 个省、直辖市、自治区。患病动物消瘦、贫血，役用能力下降，严重时死亡，是阻碍疫区牛、羊养殖业发展的重要疫病之一。同时，黄牛和水牛是我国人血吸虫病最重要的保虫宿主，威胁着疫区人民的身体健康。日本血吸虫病被农业农村部列为二类动物疫病，是《国家中长期动物疫病防治规划》优先防治的 16 种动物疫病之一。

（一）病原概述

日本血吸虫又称日本分体吸虫，雌雄异体，通常雌雄虫合抱。虫体呈圆柱状，体表具细皮棘。口、腹吸盘位于虫体前端，腹吸盘较大。消化系统有口、食道和肠。口在口吸盘内，下接食道，无咽，在食道周围有食道腺。肠管在腹吸盘前背侧分成两支，向后延伸至虫体后端 1/3 处汇合成一单管，伸达体后端。排泄系统通过焰细胞收集体内代谢物质，由两侧的总排泄管汇集于体末端的排泄囊，再通过体后端的排泄孔排出虫体外。神经系统由中枢神经节、两侧纵神经节和延伸至口、腹吸盘和肌层的许多神经分支组成。

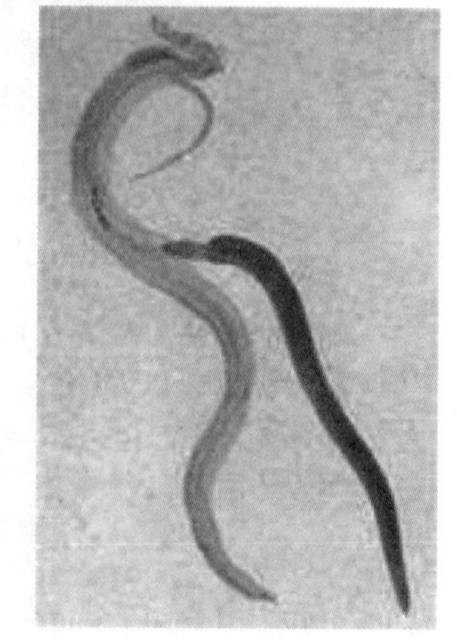

图 19-20　日本血吸虫成虫（雌雄合抱）
（林矫矫供图）

雄虫粗短，大小为（12～20）mm×（0.50～0.55）mm，乳白色，虫体向腹侧弯曲。口、腹吸盘均较发达。自腹吸盘后，体两侧向腹面卷折，形成抱雌沟（图 19-20）。生殖系统由睾丸、输精管、储精囊和生殖孔组成。睾丸椭圆形，7 个成单行排列，每个睾丸有一输出管，汇合于睾丸腹侧的输精管，再通入储精囊，生殖孔开口于腹吸盘后，无雄茎，生殖系统末端是一个能向生殖孔伸出的乳头状交接器。

雌虫细长，前细后粗，大小为（20～25）mm×（0.1～

0.3）mm。口吸盘、腹吸盘均较雄虫小。肠管内含有虫体消化红细胞后残留的黑褐色或棕褐色的色素，故外观上呈黑褐色。生殖系统由卵巢、卵黄腺、卵模、梅氏腺、子宫等组成。卵巢呈椭圆形，位于虫体中部偏后方两侧肠管之间，不分叶。卵黄腺分布在虫体后端，卵巢之后，呈较规则的分支状。自卵巢后部发出的输卵管与来自卵黄腺发出的卵黄管在卵巢前面合并，形成卵模。卵模被梅氏腺所围绕。卵模前为管状的子宫，内含虫卵 50～300 枚。雌性生殖孔开口于腹吸盘后方。无劳氏管。虫卵椭圆形或近圆形，淡黄色，大小为（70～100）μm×（50～65）μm。卵壳较薄，无卵盖。有一钩状侧棘。成熟卵内有毛蚴（图 19-21）。在毛蚴与卵壳的间隙中常见有大小不等圆形或长圆形的油滴状毛蚴腺体分泌物。

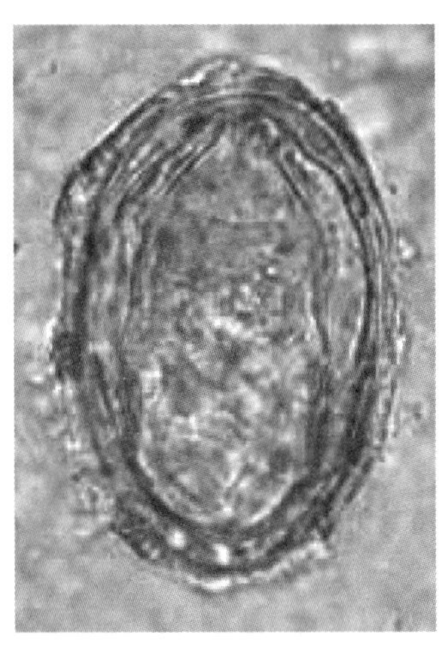

图 19-21 日本血吸虫虫卵
（林矫矫供图）

我国大陆各地的日本血吸虫不是单一的品系，而是由不同分化的品系组成的一个品系复合体；在台湾省流行的日本血吸虫为动物株，人不是其适宜宿主。

（二）病原生活史

日本血吸虫的生活史包括虫卵、毛蚴、母胞蚴、子胞蚴、尾蚴、童虫、成虫 7 个不同发育阶段。雌虫在寄生的血管内产卵。一部分虫卵顺血流沉积于肝，另一部分逆血流沉积在肠壁。在肝或肠壁处，虫卵发育为成熟的、含毛蚴的虫卵需 10～11 d。虫卵随坏死的肠组织落入肠腔，再随宿主粪便排出体外。虫卵在水中孵出毛蚴（图 19-22）。毛蚴侵入中间宿主圆口螺科（Pomatiopsidae，也称盖螺科）的钉螺（*Oncomelania*）体内，先发育成母胞蚴，母胞蚴形成许多子胞蚴，子胞蚴内的胚团发育形成尾蚴（图 19-22）。尾蚴成熟后，穿破子胞蚴的体壁，自钉螺体中逸出。一条毛蚴在钉螺体内经无性繁殖后，可产生上万条尾蚴。毛蚴在钉螺体内发育成尾蚴所需时间与温度密切相关，在 25～30 ℃时需 2～3 个月。人和动物由于接触到含有尾蚴的水（称之为疫水）而感染日本血吸虫。感染途径主要是经皮肤感染，家畜也可通过吞食含尾蚴的草和水经口感染。尾蚴侵入皮肤后即变为童虫。童虫在皮下组织中停留 5～6 h，即进入小血管和淋巴管，随着血流经右心、肺动脉，于入侵 2 d 左右到达肺部，然后经肺静脉入左心至主动脉，随大循环经肠系膜动脉、肠系膜毛细血管丛，在入侵后 8～9 d 进入门静脉中寄生。雌虫、雄虫

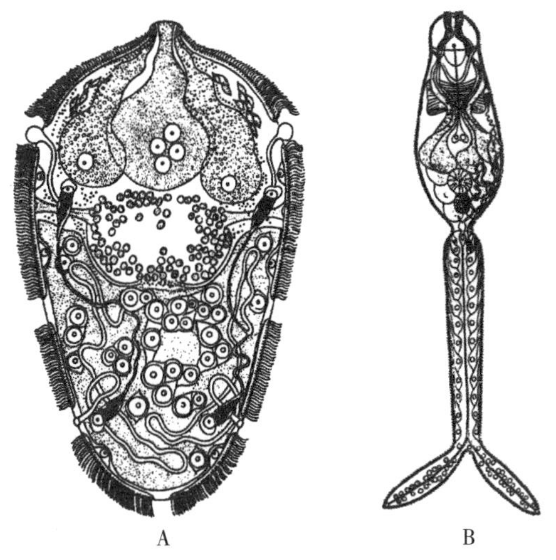

图 19-22 日本血吸虫毛蚴（A）和日本血吸虫尾蚴（B）
（仿唐仲璋）

一般在入侵后 14～16 d 开始合抱，21 d 左右发育成熟，开始交配产卵。童虫在终末宿主体内发育为成虫并产卵所需时间因宿主种类不同而有所差异，一般感染后 39～42 d 可在黄牛粪便中检查到虫卵，而在水牛中则需要 46～50 d。

（三）流行病学

日本血吸虫病曾在我国长江流域及长江以南的上海、江苏、浙江、安徽、江西、福建、湖南、湖北、广东、广西、四川及云南 12 个省、直辖市、自治区的 454 个县、市、区流行。

日本血吸虫终末宿主广泛，除人以外，还有黄牛、水牛、马、驴、猪、绵羊、山羊、犬、猫和兔等家畜或家养动物，及猕猴、野猪、豪猪、棕色田鼠、小家鼠、褐家鼠、黑家鼠、华南兔、豹猫、金钱豹、赤狐、獐、鹿等野生动物，共 40 余种。各种动物对日本血吸虫的适应性或易感程度不同，黄牛、绵羊、山羊、小鼠、家兔、犬、猕猴等均为日本血吸虫适宜宿主。马、驴、骡、大鼠等感染日本血吸虫后虫体发育率明显低于黄牛、小鼠等动物，为非适宜宿主。东方田鼠是至今发现的唯一一种感染日本血吸虫后不发病的哺乳动物。在众多保虫宿主中，病牛是我国大部分流行区人血吸虫病最重要的传染源。

在同一流行区，黄牛的感染率一般高于水牛。不同年龄段的黄牛对血吸虫的易感性差别不明显，而 3 岁以下水牛的血吸虫感染率明显高于 3 岁以上水牛。水牛和猪感染血吸虫后 1～2 年会出现自愈现象。

湖北钉螺（*Oncomelania hupensis*）是我国日本血吸虫病唯一的中间宿主。分布于我国各地的钉螺在形态、遗传、生理生化等方面存在一些差异，分为多个亚种。钉螺外壳呈圆锥形，褐色或淡黄色，有 6～8 个螺旋，呈右旋。表面有直纹的称为有肋钉螺图 19-23A，平均大小约为 10 mm×4 mm，分布在湖沼型及水网型流行区。壳面光滑者称为光壳钉螺（图 19-23B），平均大小约为 6 mm×3 mm，分布在山丘型流行区。壳口卵圆形，有角质厣片。

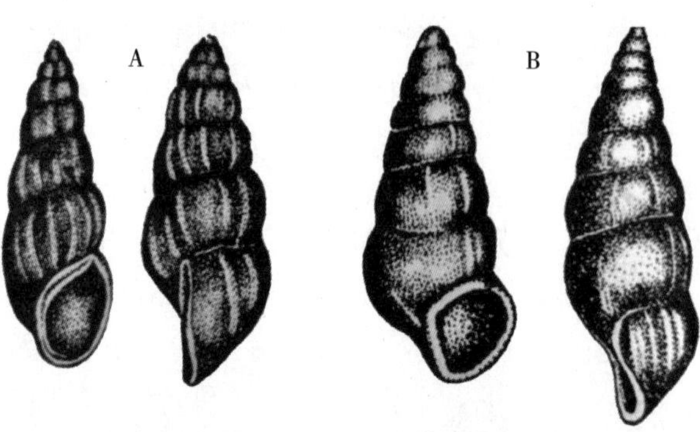

图 19-23　日本血吸虫中间宿主——钉螺
A. 有肋钉螺　B. 光壳钉螺

钉螺是水、陆两栖的淡水螺类，多见于气候温和、水分充足、有机质丰富、植被生长良好的沟、湖、江河水边，以腐烂的植物为食。钉螺的生长发育受周围环境中气温、水分、土壤、植被等多种因素影响。在 1 月平均气温低于 0 ℃、年平均气温低于 14 ℃的地方没有钉螺分布。水对钉螺的生存很重要，但长期水淹对钉螺的生存繁殖不利，一年中水淹 8 个月以上的地区钉螺难以存活。钉螺产卵的适宜气温为 12～25 ℃，一只雌螺一年产卵几十枚至 100 多枚。南亚热带地区 2—3 月就出现幼螺，2 个月左右幼螺就可发育成熟。北亚热带地区 4—6 月出现幼螺，需 3～5 个月才可以发育成熟。当年孵出的幼螺当年成熟，并可交配产卵。钉螺寿命一般不超过 2 年，也有长达 3～5 年者。

含有血吸虫虫卵的粪便污染水源，钉螺的存在，以及人畜在生产、生活活动过程中接触含有尾蚴的疫水，是血吸虫病传播的三要素。家畜由于农田耕作、在易感地带放牧等过程中接触疫水，或吞食含尾蚴的水草和水而感染了血吸虫病。此外，在牛、猪都发现血吸虫可通过胎盘垂直传播。影响血吸虫病流行的因素包括地理、气温、雨量、水质、土壤、植被等与中间宿主钉螺滋生、尾蚴逸出等有关的自然因素，及当地的农业生产方式、居民生活习惯和文化素质、家畜的饲养管理、农田水利建设、人和动物流动等社会因素。

根据血吸虫病传播的相关因素，我国血吸虫病流行有以下特点：

（1）地方性：钉螺是血吸虫唯一的中间宿主，由于钉螺的分布、活动范围及扩散能力受气候、地理环境等因素限制，血吸虫病只在我国长江流域及以南有钉螺分布的地区流行。

（2）季节性：血吸虫尾蚴逸出的最适宜温度为20～25 ℃。当气温降至5 ℃以下时，钉螺就在草根下、泥土裂缝及落叶下隐藏越冬。因钉螺活动和尾蚴逸出都受气温等气候条件影响，血吸虫感染有明显的季节性，春末夏初和秋季是血吸虫感染高峰期。

（3）人、动物、钉螺三者的感染具有相关性：在流行区动物感染率高的地方，人血吸虫病往往也严重；人畜活动频繁地区，钉螺感染率也高；钉螺感染严重的地方，人畜感染率也高。

（四）致病作用和病理变化

血吸虫尾蚴钻入宿主皮肤后会引发尾蚴性皮炎，主要由Ⅰ型和Ⅳ型超敏反应引起。童虫在宿主体内移行时，因机械性损伤引起弥漫性出血性肺炎等病理变化。童虫和成虫的排泄分泌物和更新脱落的表膜，在宿主体内可形成免疫复合物，引起Ⅲ型超敏反应。

日本血吸虫感染导致的主要病变是由虫卵引起的，受损最严重的器官组织是肝和肠。一条成熟的日本血吸虫雌虫每天可产1 000～3 500枚卵。刚产出的未成熟虫卵会引起结缔组织轻度增生；成熟虫卵内毛蚴释放的可溶性虫卵抗原（soluble egg antigen，SEA）经卵壳上的微孔渗到宿主组织中，引起淋巴细胞、巨噬细胞、嗜酸性粒细胞、中性粒细胞及浆细胞趋化，集聚于虫卵周围，形成炎性细胞浸润，并逐渐生成虫卵结节或肉芽肿（Ⅳ型超敏反应）。一个虫卵结节中有虫卵一个至数十个不等。在成熟虫卵周围常见呈放射状、由许多浆细胞伴以抗原-抗体复合物沉着的嗜酸性物质，称“何博礼现象”（Hoeppli phenomenon）。虫卵肉芽肿反应一方面有助于破坏和消除虫卵，减少虫卵分泌物对宿主的毒害作用，但另一方面它也损害了宿主正常组织，严重时导致宿主肝硬化和肠壁纤维化，直肠黏膜肥厚和增生性溃疡，消化吸收功能下降等一系列损伤，引发腹水、腹泻等症状。日本血吸虫极高的产卵量加剧了其虫卵引起的病理变化。与血吸虫病人相比，血吸虫病牛、病羊腹水少，肝、脾肿大不显著。同时，血吸虫成虫持续地大量吞食宿主红细胞，再因其代谢产物、排泄物引起的免疫反应和毒性作用是造成宿主贫血、消瘦、发热、精神沉郁的原因。

（五）临床症状

动物感染血吸虫后出现症状与动物的种类、年龄、营养状况和免疫力有关。黄牛较水牛和猪症状明显，犊牛较成年牛症状明显。犊牛大量感染时，往往出现急性病症，体温可达40～41 ℃，精神不佳，食欲不振，腹泻，粪便带血液、黏液，被毛粗乱，个别牛偶有呼吸困难，肛门括约肌松弛，排粪失禁，严重者直肠外翻，牛只严重消瘦，黏膜苍白，严重贫血，患病动物发育迟缓，往往成为侏儒牛，甚至衰竭死亡。感染较轻者症状不明显，食欲及精神尚好，但均表现消瘦，时有腹泻，使役能力降低。母牛不孕或流产，乳牛产奶量下降。羊感染后出现的症状较犊牛轻，但比猪重。马、驴一般不表现出明显症状。

（六）诊断

根据动物的临床表现和流行病学资料可做出初步诊断，但确诊要靠病原学检查，血清学、分子生物学检测可作为辅助诊断手段。

1. 病原学诊断　检查方法有动物直肠黏膜检查、粪便虫卵检查、动物剖检后的虫体及虫卵检查和最常用的粪便毛蚴孵化检查。为提高粪便检查的检出率，通常采用一粪三检甚至三粪六检（每头牛采粪3次，每份粪样检查2次）。粪检用的水可以用地下水，一般不用河水、池塘水，以防水中生物干扰；如用自来水时，需要在敞口容器中放置2 h以上，除去氯气，以防其杀灭孵化出的毛蚴。

2. 血清学诊断 目前常用的检测方法有间接血凝试验、酶联免疫吸附试验、试纸条法等。相对于病原诊断法，血清学诊断方法提高了检测的敏感性，节省了检测时间和费用，但有些方法的特异性、重复性不够理想。

3. 分子生物学诊断 采用PCR方法检测宿主粪便和血液中日本血吸虫DNA。

（七）治疗

动物日本血吸虫病治疗可使用的药物有吡喹酮、硝硫氰胺（nithiocyamine）。

蒿甲醚和青蒿琥酯具有杀灭日本血吸虫童虫作用，可用于血吸虫病的早期治疗和预防。

（八）防控

根据不同地区血吸虫病的流行规律和特点，因地制宜采取综合防治措施。

（1）查治病人、患病动物，消灭传染源。对病人、患病动物及时地进行药物治疗，驱除体内虫体，减少粪便中虫卵对环境的污染。病牛等患血吸虫病家畜是我国血吸虫病最重要的传染源，要做到人、畜同步查、治。

（2）消灭中间宿主钉螺。消灭钉螺是控制血吸虫病的重要环节。常用的灭螺药物有氯硝柳胺、五氯酚钠等。由于灭螺药物对水生生物有一定毒性，危害生态环境，一般只在重流行区的钉螺滋生地带实施。在其他地区，可根据钉螺的生物学特性，如长期干燥或水淹不利于钉螺存活等，结合农业生产、农业产业结构调整等实施水田改旱田、水旱轮作、硬化沟渠、有螺低洼地区挖塘蓄水养殖等，改造钉螺滋生环境，消灭钉螺。在沟渠和水田（塘）边也可采用地膜覆盖法灭螺。

（3）加强水、粪管理。挖水井或安装自来水，避免人、畜接触或饮用含血吸虫尾蚴的水。加强粪便管理，收集人和动物的野粪，进行堆积发酵，或修建蓄粪池、沼气池，对粪便进行处理，杀灭粪便中虫卵，减少粪便污染水源。

（4）家畜圈养和安全放牧。在血吸虫病流行季节，禁止到有螺草洲、草坡放牧动物，实施家畜圈养或舍饲、种草养畜。在有条件的地方，可以建安全牧场，实施安全放牧。

（5）以机耕代畜耕。在钉螺面积大、密度高，血吸虫病流行严重的地区提倡机耕代替畜耕，以减少人、畜接触疫水和病原扩散的机会。

（6）加强宣传教育。普及血防常识，增强疫区居民的血防意识。

（林矫矫　编，黄维义　胡薇　审）

二、土耳其斯坦分体吸虫病

土耳其斯坦分体吸虫病（旧称土耳其斯坦东毕吸虫病）是由分体科分体属的土耳其斯坦分体吸虫（*Schistosoma turkestanicum*）寄生于牛、羊、驼等哺乳动物的门静脉和肠系膜静脉丛内引起的一种血吸虫病。该病主要分布在亚洲及欧洲的部分地区，伊朗、印度和我国比较严重，牛、羊严重感染时引起死亡，该吸虫也有重要的公共卫生意义，是人尾蚴性皮炎（cercarial dermatitis）的重要病原之一。

（一）病原概述

土耳其斯坦分体吸虫，旧称土耳其斯坦东毕吸虫（*Orientobilharzia turkestanicum*），通过分子分类和进化系统分析，确定东毕属应归分体属。原来的6种东毕吸虫确定为4种，即原土耳其斯坦东毕吸虫结节变种和程氏东毕吸虫是土耳其斯坦分体吸虫的同物异名，另外三种为彭氏分体吸虫（*Schistosoma bomfordi*）、达氏分体吸虫（*Schistosoma dattai*）和哈氏分体吸虫（*Schistosoma harinasutai*）。

虫体呈线形，雌雄异体，但常呈合抱状态（图19-24A）。雄虫乳白色，大小为（3.99～

8.80）mm×（0.23～0.76）mm。腹面有抱雌沟，雌虫常寄居在抱雌沟内。睾丸数目为68～80个，细小，呈颗粒状，位于腹吸盘后侧上方，呈不规则的双行排列。生殖孔开口于腹吸盘后方。雌虫为暗褐色，较雄虫细长，大小为（3.65～6.42）mm×（0.03～0.12）mm。卵巢呈螺旋状扭曲，位于两肠管合并处之前。卵黄腺在单肠的两侧。子宫短，在卵巢前方，子宫内通常只有一个虫卵。虫卵大小为（68～74）μm×（22～33）μm，无卵盖，两端各有一个附属物，一端较尖，另一端钝圆，从粪便新排出的虫卵内即有成熟的毛蚴（图19-24B）。

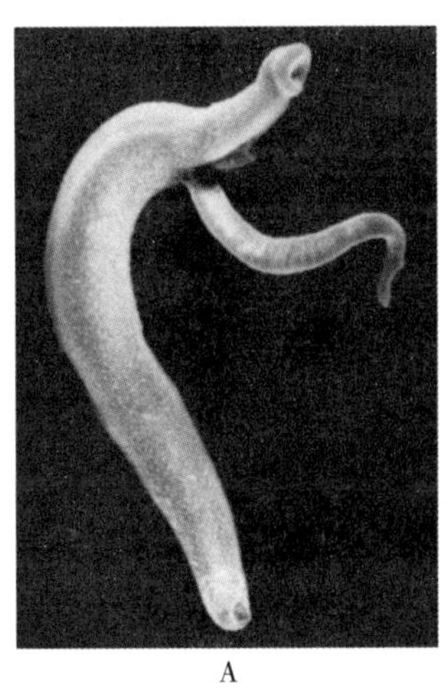

A

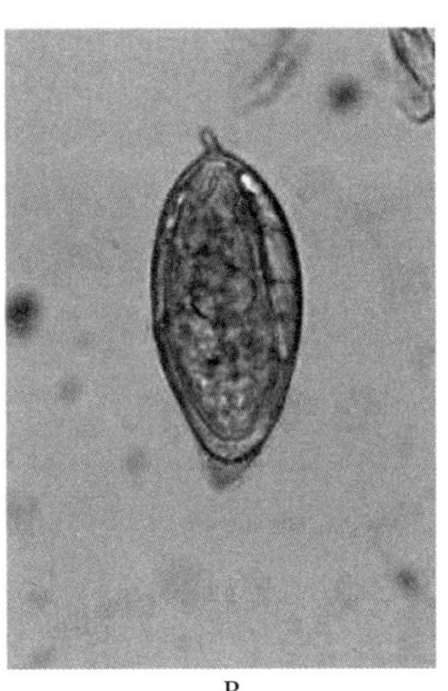

B

图19-24　土耳其斯坦分体吸虫雄虫、雌虫（A）和虫卵（B）
（王春仁供图）

（二）病原生活史

与日本血吸虫相似，但中间宿主为椎实螺类（lymnaeid snails）。雌虫在肠系膜静脉内产卵，虫卵随血液循环到肠壁或肝内形成结节。胚细胞在卵内发育形成毛蚴，毛蚴分泌溶细胞物质经卵壳上的微孔渗入到组织中，破坏血管壁和肠壁从而使虫卵进入肠道随粪便排出体外。虫卵在适宜的条件下，经1h即有毛蚴逸出，毛蚴在水中遇到适宜的中间宿主（椎实螺）即钻入其体内，经过母胞蚴、子胞蚴发育为尾蚴。尾蚴从螺体逸出，遇到终末宿主后经皮肤感染，经血流到肠系膜静脉丛和肝门静脉发育为成虫。毛蚴在螺体内的发育时间为1个月，在终末宿主体内从毛蚴发育为成虫并产卵需要1.5～2个月，虫体可在终末宿主体内存活数年。

（三）流行病学

土耳其斯坦分体吸虫病主要分布于中国、印度、伊拉克、伊朗、蒙古和巴基斯坦等，欧洲的土耳其、俄罗斯及匈牙利等国也有报道。我国黑龙江、吉林、内蒙古等24个省、直辖市、自治区有本病的流行，东北、西北和内蒙古的个别地区流行非常严重。

终末宿主主要为牛、羊等反刍动物，主要见于放牧家畜；马、驴、骆驼、马鹿也有感染的报道，家兔、豚鼠可人工感染。中间宿主为椎实螺，主要有耳萝卜螺、卵萝卜螺和小土窝螺等。经皮肤感染是该病感染的主要途径，也有经胎盘感染的报道。

土耳其斯坦分体吸虫病感染和发病有一定的季节性，一般南方5—10月感染，北方地区多为6—9月。该病的发生与年度降雨时间的早晚和降雨量的多少有关，降雨时间越早、雨量越充沛，发病就越早越严重。急性感染可在9月发病，慢性感染从11月开始发病，可持续到第二年4月。成年牛感染率比犊牛高，黄牛感染率较水牛高，山羊感染率较绵羊高。

（四）致病作用

土耳其斯坦分体吸虫对牛、羊危害严重，尾蚴在移行过程中会引起一系列的组织损伤、出血和局部炎症。在非正常终末宿主人体内移行时，不能发育为成虫，但会引起尾蚴性皮炎。成虫的致病作用表现在两个方面，即机械性损伤和虫体代谢产物的危害，导致门静脉循环受阻和肝细胞的破坏，引起腹水和肝硬化，影响机体的生理功能。

（五）症状与病理变化

临床上常呈慢性经过。患病动物表现为贫血、消瘦、生长发育不良、腹泻、下颌和腹下水肿，体瘦毛焦，发育不良，母畜不孕或流产。当大量尾蚴侵入牛、羊体内时，会引起急性感染，患病动物运动缓慢，落群，死亡率很高，牛、羊在死亡前常出现流产现象。

慢性病例消瘦、贫血、腹腔内有大量腹水。肠系膜淋巴结严重水肿。肝表面凸凹不平，上有大小不等的灰白色虫卵结节，肝萎缩、质硬。肠壁肥厚，黏膜上有出血点或坏死灶。肠系膜静脉和肝门静脉内含有大量虫体。

（六）诊断与防控

在流行地区依据症状和流行特点，可怀疑本病，但确诊需要进行病原检查和免疫学试验。

病原检查常用的方法是水洗沉淀法和毛蚴孵化法。水洗沉淀时在沉渣中发现特征性虫卵即可确诊，但因土耳其斯坦分体吸虫排卵数量少，故粪检时应采集多量粪便。炎热夏天毛蚴逸出较快，可使用生理盐水（可延缓毛蚴逸出）代替常水进行检查。毛蚴孵化法操作同日本血吸虫。必要时可进行剖检查虫，在肠系膜静脉内或肝门静脉内发现大量虫体也可确诊。

免疫学方法主要有 IHA、ELISA、斑点免疫金渗滤法等。治疗和防控参照日本血吸虫病。

（王春仁　编，索勋　丁雪娟　审）

三、毛毕吸虫病

毛毕吸虫病是由分体科毛毕属的各种吸虫寄生于家鸭、野鸭及各种鸟类的门静脉系统和肠系膜静脉丛引起的一种人兽共患寄生虫病。有时在鸭的肾、腹腔、肺及心脏血管中也可以找到虫体，该病在我国分布较为广泛。毛毕吸虫尾蚴侵入人体皮肤时，引起尾蚴性皮炎（也称稻田疹，四川称“鸭屎疯”，福建称“鸭怪”），主要临床症状为人手足瘙痒，出现丘疹或丘疱疹，甚至溃烂，多见于在水田中劳作的人员。

我国已报道的虫种主要有包氏毛毕吸虫（*Trichobilharzia paoi*）、集安毛毕吸虫（*Trichobilharzia jianensis*）、中山毛毕吸虫（*Trichobilharzia zhongshani*）和平南毛毕吸虫（*Trichobilharzia pingnan*），以包氏毛毕吸虫为常见。

（一）病原概述

以包氏毛毕吸虫为代表介绍。雌雄异体，雄虫大小为（5.21～8.23）mm×（0.078～0.095）mm。雌虫较雄虫纤细，大小为（3.39～4.89）mm×（0.08～0.12）mm。虫卵呈纺锤形，中部膨大，两端较长，其一端有一小钩，大小为（23.6～31.6）μm×（6.8～11.2）μm，内含毛蚴。

（二）病原生活史与流行病学

生活史与日本血吸虫类似。成虫寄生在家鸭等的门静脉系统和肠系膜静脉丛，鸭游水时，虫卵随粪便排至体外，在水中不久即孵出毛蚴。毛蚴遇到适宜的中间宿主即椎实螺科（Lymnaeidae）、膀胱螺科（Physidae）和扁蜷螺科（Planorbidae）的螺类，即侵入螺体内经母胞蚴、子胞蚴和尾蚴阶段的发育，最后成熟的尾蚴离开螺体，游于水中，遇到鸭或其他水禽时，经皮肤感染，随血液循环到门静脉和肠系膜静脉内发育为成虫。

毛毕属吸虫的终末宿主主要为家鸭和野生水禽，其流行与螺的分布密切相关。

（三）致病作用与病理变化

毛毕吸虫虫体在门静脉和肠系膜静脉内寄生并产卵，卵聚集在肠壁的微血管内，并以其一端伸向肠腔而穿过肠黏膜，引起肠黏膜发炎。严重感染时，肝、胰、肾、肠壁和肺均能发现虫体和虫卵。患禽门静脉和肠系膜静脉内能找到寄生的成虫，肠壁上有虫卵结节。

(四) 临床症状、诊断及防控

患禽表现消瘦、发育受阻等症状。治疗可用吡喹酮。诊断及控制参照日本血吸虫病。

（王春仁 编，宋铭忻 宁长申 审）

第六节 前后盘科吸虫病

前后盘吸虫病是由前后盘科多个属吸虫引起的疾病。病原种类繁多，主要有前后盘属（*Paramphistomum*）、殖盘属（*Cotylophoron*）、杯殖属（*Calicophoron*）、巨盘属（*Gigantocotyle*）、假盘属（*Pseudodiscus*）等。其中，前后盘属的吸虫在反刍动物中广泛流行。本病的特征是成虫大量寄生于反刍动物的瘤胃和网胃壁上，危害较轻；幼虫移行寄生于皱胃、小肠、胆管、胆囊时，引起较严重的疾病，甚至导致死亡。个别虫种还可寄生于猪的盲肠、结肠，马的结肠和人的小肠、盲肠、结肠。

(一) 病原概述

虫体中等大小，肥厚，多呈圆锥形，巨大的腹吸盘位于虫体末端（图 19-25），睾丸 2 个，前后或斜列于虫体中后部。前后盘吸虫种类多，不同虫种形态结构特征存在差异。以鹿前后盘吸虫（*Paramphistomum cervi*）为代表进行介绍：虫体乳白色，呈圆锥形或纺锤形，大小为（8.8～9.6）mm×（4.0～4.4）mm。口吸盘位于虫体前端，腹吸盘位于虫体亚末端，口、腹吸盘大小之比为 1∶2。缺咽，肠支长，经 3～4 个回旋弯曲，伸达腹吸盘边缘。睾丸 2 个，呈横椭圆形，前后相接排列，位于虫体中后部；储精囊长而弯曲；生殖孔开口于肠支起始部的后方。卵巢呈圆形，位于睾丸后侧缘，通过输卵管经卵模与子宫相连。子宫在睾丸后缘经数个回旋弯曲后，沿睾丸背面上升，至前睾前缘，弯曲上行于储精囊腹面，开口于生殖孔。卵黄腺发达，呈滤泡状，分布于肠支两侧，前自口吸盘后缘，后至腹吸盘两侧中部（图 19-26）。虫卵淡灰色，呈椭圆形，卵黄细胞不充满整个虫卵，大小为（125～132）μm×（70～80）μm。

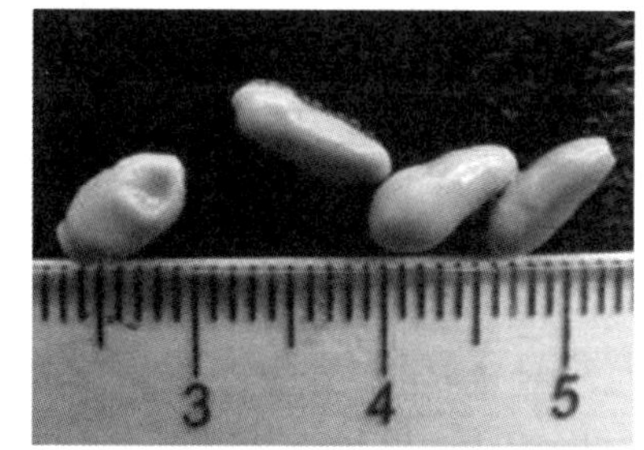

图 19-25 前后盘属吸虫
（黄维义供图）

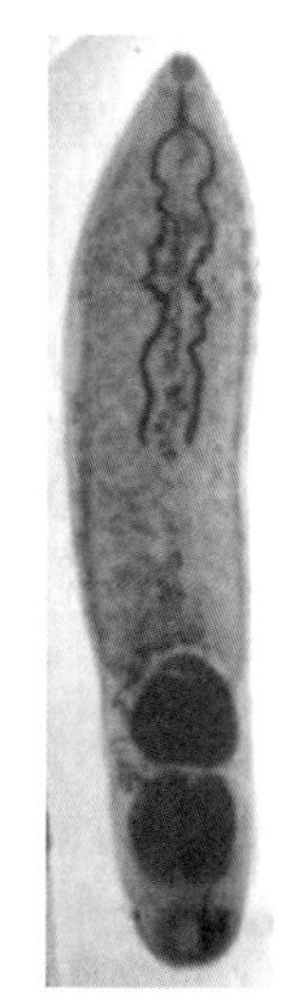

图 19-26 前后盘属吸虫
（黄维义供图）

(二) 病原生活史

生活史同片形吸虫，中间宿主为椎实螺科和扁蜷螺科的螺类。附着在水草上的囊蚴被动物吞食后，童虫经小肠、皱胃黏膜下组织及胆管、胆囊和腹腔等处移行，经数十天到达瘤胃，发育为成虫。在适宜的条件下，前后盘属吸虫的幼虫在螺体内的发育时间为 4 周；童虫在终末宿主体内的移行期约为 6 周，潜隐期为 7～10 周。

本病呈世界分布，感染率高，感染强度大，且多种虫体混合感染。南方可常年感染，北方主要在 5—10 月感染。

(三) 致病作用、病理变化及症状

大量童虫移行造成胃肠黏膜和其他脏器受损形成“虫道”，周围有多量出血点，肝淤血，胆

汁稀薄，继发细菌感染。成虫强大的吸盘使黏膜肿胀、损伤、发炎。

犊牛常见童虫移行引起的严重急性肠炎，甚至衰竭死亡。大量成虫寄生表现为慢性消耗性病症。

（四）诊断与防控

1. 诊断 粪便中见虫卵，剖检见童虫或成虫及相应的病变，可确诊。

2. 治疗 可用氯硝柳胺或硫氯酚，两种药物对成虫都有很好的杀灭作用，对童虫和幼虫也有较好的作用。

3. 预防 前后盘吸虫的预防应根据当地情况来进行，可采取以下措施：如改良土壤，使潮湿或沼泽地区干燥，造成不利于淡水螺类生存的环境；不在低洼、潮湿之地放牧、饮水，以避免牛、羊感染；利用水禽或化学药物灭螺；舍饲期间进行预防性驱虫等。

（黄维义　编，路义鑫　宁长申　审）

第七节　棘口科吸虫病

棘口吸虫病是由棘口科的多种吸虫引起的肠道寄生虫病。主要寄生于家禽及野禽（特别是水禽），其次是哺乳动物、人，少数寄生于鱼类。主要的属有棘口属（*Echinostoma*）、棘隙属（*Echinochasmus*）、棘缘属（*Echinoparyphium*）、真缘属（*Euparyphium*）和低颈属（*Hypoderaeum*）。有些种为人兽共感染，如日本棘隙吸虫（*Echinochasmus japonicus*）、宫川棘口吸虫（*Echinostoma miyagawai*）、园圃棘口吸虫（*Echinostoma hortense*）等。

（一）病原概述

长叶状，中、小型虫体。体前端头冠上有1～2行头棘（图19-27），依其位置不同，分为背棘、侧棘和腹角棘。体表被有鳞或棘。常见虫种的形态结构特征如下。

1. 卷棘口吸虫（*Echinostoma revolutum*） 虫体呈长叶形，大小为（7.6～12.6）mm×（1.26～1.60）mm，体表被有小棘。具有头棘37枚，其中腹角棘各5枚。口吸盘小于腹吸盘。睾丸呈椭圆形，边缘光滑，前后排列，位于卵巢后方。卵巢呈圆形或扁圆形，位于虫体中央或中央稍前。子宫弯曲在卵巢的前方，内充满虫卵。卵黄腺发达，分布在腹吸盘后方的两侧，伸达虫体后端，在睾丸后方不向体中央扩展（图19-27）。

2. 宫川棘口吸虫 也称卷棘口吸虫日本变种（*Echinostoma revolutum* var. *japonica*）。与卷棘口吸虫的形态结构极其相似，其主要区别在于睾丸分叶，卵黄腺于后睾丸之后向体中央扩展汇合。

3. 曲领棘缘吸虫（*Echinoparyphium recurvatum*） 虫体小，大小为（2.5～5.0）mm×（0.4～0.7）mm。体前端向腹面弯曲。头领发达，有头棘45枚，其中腹角棘各5枚。睾丸呈长圆形或稍分叶，前后排列，两睾丸密切相接。卵巢呈球形，位于虫体中央。卵黄腺在后睾丸后方向虫体中央汇合。子宫短，内含少数虫卵。虫卵为椭圆形，淡黄色，大小为（81～91）μm×（52～64）μm。

4. 日本棘隙吸虫 虫体小，呈长椭圆形，大小为（0.81～1.09）mm×（0.24～0.32）mm。头领发达，呈肾形，具有头棘24枚，大小为（30～33）μm×（5～7）μm，排成一列。身体前部有体棘，呈鳞片状，靠前方最明显，腹吸盘向后稀疏。前咽和食道长。腹吸盘发达，约为口吸盘的2倍。睾丸呈横卵圆形，前后相接排列，位于虫体后1/3处中央。卵巢呈圆形，位于前睾丸与腹吸盘之间的体中线右侧。子宫短，盘曲，内含少数几个虫卵。虫卵为卵圆形，金黄色，大小为（72～80）μm×（50～57）μm。

5. 叶状棘隙吸虫（*Echinochasmus perfoliatus*） 也名抱茎棘隙吸虫。呈长叶形，大小为

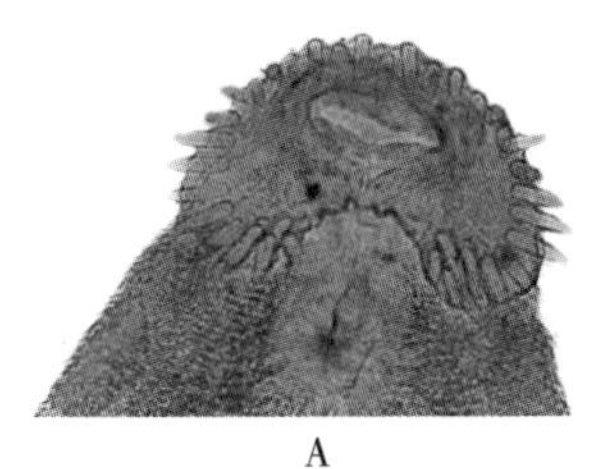
A

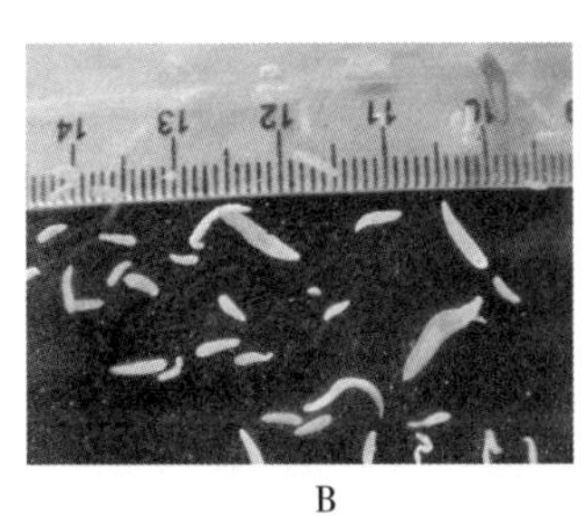

B

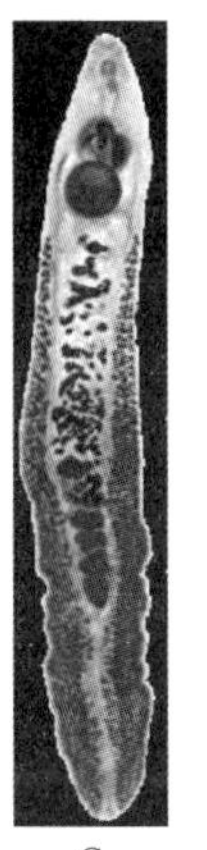
C

图 19-27　卷棘口吸虫
A. 头冠　B. 虫体　C. 内部结构
（黄维义供图）

（3.52～4.48）mm×（0.73～0.88）mm。头棘 24 枚，大小为（68～70）μm×（18～20）μm。

6. 似锥低颈吸虫（*Hypoderaeum conoideum*）　虫体肥厚，头端圆钝，腹吸盘处最宽，腹吸盘向后逐渐狭小，形似圆锥状，大小为（7.37～11.0）mm×（1.10～1.58）mm。头领呈半圆形，有头棘 49 枚，其中腹角棘各 5 枚。口、腹吸盘位置接近。腹吸盘比口吸盘大约 5 倍。食道极短。睾丸呈腊肠状，稍有浅刻，前后排列，位于虫体中横线之后。卵巢类圆形，位于睾丸前。体表棘自头领后开始，分布至卵巢处，呈鳞片状排列，睾丸后体表光滑无棘。卵黄腺始于腹吸盘后方，沿体两侧在肠管外侧向后直到体末端，不互相汇合。子宫发达，内含大量虫卵。虫卵为卵圆形，淡黄色，有卵盖，另一端增厚，大小为（90～106）μm×（54～72）μm。

（二）病原生活史与流行病学

第一中间宿主是多种淡水螺，在其体内进行胞蚴、母雷蚴、子雷蚴和尾蚴等阶段的发育；第二中间宿主为淡水螺、蛤蜊、淡水鱼或蛙类，在其体内发育为囊蚴。棘口吸虫对第二中间宿主的要求不很严格，尾蚴也可在子雷蚴体内结囊，或逸出后在原来的螺体内结囊或侵入其他螺蛳或双壳贝类体内结囊，有的还可在植物上结囊。终末宿主（脊椎动物）因食入含囊蚴的中间宿主或植物而感染；人主要因食入未煮熟的含有该类吸虫囊蚴的淡水螺和鱼而感染。成虫主要寄生于家禽、野禽及哺乳动物的大肠或小肠中。

本病呈全球分布。在东南亚及我国南方感染甚为普遍。

（三）致病作用、病理变化及临床症状

刺激肠黏膜，引起黏膜发炎、出血。剖检肠道可见肠壁发炎，点状出血，肠内容物充满黏液，黏膜上附有虫体。

主要危害雏禽。少量寄生时不显症状，严重感染引发肠炎和腹泻，造成患禽消瘦、贫血，可因衰竭而死亡。人被寄生一般引起肠炎、腹泻。

（四）诊断与防控

粪便中检获虫卵或死后剖检发现虫体即可确诊。治疗可用阿苯达唑、芬苯达唑驱虫。

应采取综合防控措施，包括流行区内动物定期驱虫、粪便发酵处理，消灭中间宿主，不给动物饲喂生鱼、淡水螺、蛙等。

（黄维义　编，程天印　安健　审）

第八节　前殖科吸虫病

前殖吸虫病为前殖科前殖属（*Prosthogonimus*）吸虫寄生于家禽及其他鸟类的输卵管、法氏囊、泄殖腔及直肠引起的吸虫病。该科吸虫为小型虫体，前端稍尖，后端稍圆；具皮棘；口吸盘和咽发育良好，有食道，肠支简单，不抵达后端；腹吸盘位于体前半部；睾丸对称，在腹吸盘之后；卵巢位于睾丸的正前方；卵黄腺呈葡萄状，位于体两侧；生殖孔位于虫体前端口吸盘附近，故称前殖吸虫（图 19-28）。

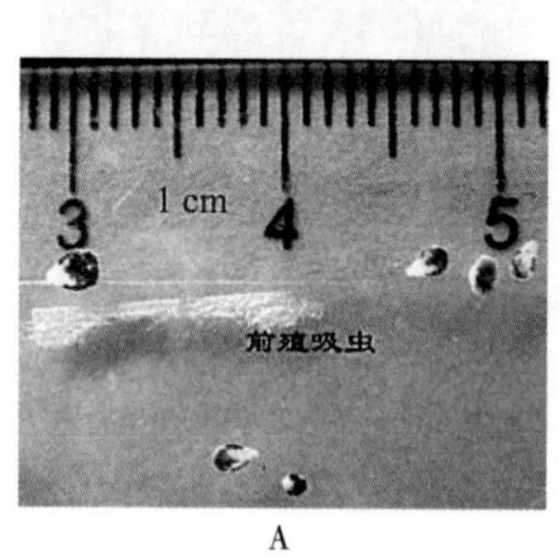

A

B

图 19-28　前殖吸虫
A. 虫体　B. 内部结构
（黄维义供图）

（一）病原概述

常见虫种为卵圆前殖吸虫和透明前殖吸虫。

1. 卵圆前殖吸虫（*Prosthogonimus ovatus*）　体前端狭，后端钝圆，体表有小刺。大小为（3～6）mm×（1～2）mm。口吸盘小，（0.15～0.17）mm×（0.17～0.21）mm，椭圆形，位于体前端。腹吸盘较大，为 0.4 mm×（0.36～0.48）mm，位于虫体前 1/3 处。睾丸不分叶，椭圆形，并列于虫体中部之后。卵巢分叶，位于腹吸盘的背面。生殖孔开口于口吸盘的左前方。子宫盘曲于睾丸和腹吸盘前后。卵黄腺位于虫体前中部的两侧。虫卵棕褐色，大小为（22～24）μm×13 μm，具卵盖，另一端有小刺，内含卵细胞。

2. 透明前殖吸虫（*Prosthogonimus pellucidus*）　呈梨形，前端稍尖，后端钝圆，大小为（6.5～8.2）mm×（2.5～4.2）mm，体表前半部有小刺。口吸盘为球形，大小为（0.63～0.83）mm×（0.59～0.90）mm。腹吸盘呈圆形，直径为 0.77～0.85 mm，位于虫体前 1/3 处，等于或略大于口吸盘。肠支末端伸达体后部。睾丸卵圆形，不分叶，位于虫体中央的两侧，左右并列，二者几乎等大。雄茎囊弯曲于口吸盘与食道的左侧。生殖孔开口于口吸盘的左上方。卵巢多分叶，位于两睾丸前缘与腹吸盘之间。子宫盘曲于腹吸盘与睾丸后的广大空隙中。卵黄腺的分布始于腹吸盘后缘的体两侧，后端终于睾丸之后。虫卵深褐色，大小为（26～32）μm×（10～15）μm，具有卵盖，另一端有小刺。

（二）病原生活史与流行病学

第一中间宿主是淡水螺，第二中间宿主是蜻蜓及其稚虫。

本病呈全球分布，我国主要流行于南方。能吃到各期蜻蜓的放养和散养家禽易感染。此外前殖吸虫还可感染多种野禽（鸡形目、雀形目和雁形目的鸟类），构成自然疫源地。

（三）致病作用、病理变化及临床症状

虫体机械刺激以及代谢产物的作用使输卵管局部黏膜充血、发炎或出血，并破坏腺体的正常

功能，引起蛋白质分泌增多，加剧了输卵管的炎症，严重时导致输卵管破裂，引起腹膜炎。输卵管增厚，可在黏膜上找到虫体。腹膜炎时，腹腔内含大量黄色混浊的液体。脏器被干酪样物黏着在一起。

产蛋鸡产薄壳蛋，易破。严重时产蛋率下降，产畸形蛋或排出石灰样液体。患禽食欲减退，消瘦，羽毛蓬乱、脱落。腹部膨大、下垂、有压痛。泄殖腔凸出，肛门潮红。后期体温上升，严重者可致死。

（四）诊断与防治

粪便中检获虫卵或剖检发现虫体即可确诊。治疗可选用阿苯达唑。

预防同棘口吸虫病，注意防止鸡群啄食蜻蜓，勿在蜻蜓出现的时间（早晨、傍晚和雨后）到其栖息的池塘岸边放鸡。

（黄维义　编，孟庆玲　安健　审）

第九节　短咽科吸虫病

短咽吸虫病是由短咽科（旧称双士科）的绵羊斯克里亚宾吸虫［*Skrjabinotrema ovis*，旧称绵羊双士吸虫（*Hasstilesia ovis*）］寄生于反刍动物小肠内引起的疾病，表现腹泻、贫血和消瘦等症状。

虫体极小，大小为（0.79～1.15）mm×（0.32～0.70）mm。卵圆形或梨形，褐色，外观似草籽。口、腹吸盘大小几乎相等。肠支抵达体后端。睾丸 2 个，斜列于体后部（图19-29）。虫卵大小为（24～32）μm×（16～20）μm，卵圆形，深褐色，有卵盖，内含毛蚴。

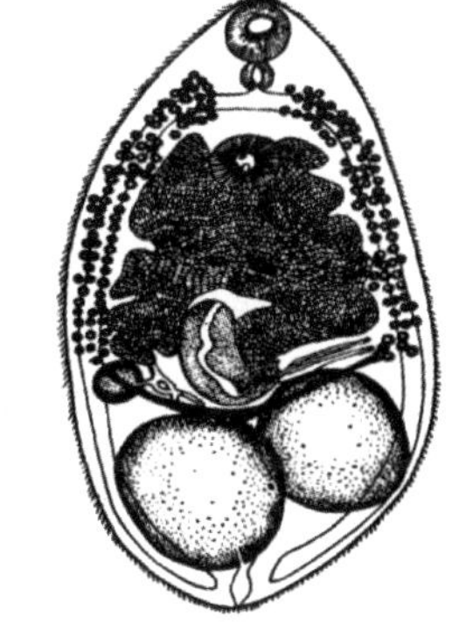

图 19-29　绵羊斯克里亚宾吸虫

本病主要分布于中亚诸国和我国新疆、青海、甘肃、陕西、四川与西藏等地。绵羊普遍感染，以秋季为最多，感染强度很大。动物放牧时吞食含囊蚴的陆生螺而遭感染。囊蚴脱囊后，虫体固着在肠绒毛间，经 3.5～4 周发育为成虫。

通过粪便检查，检获特征性虫卵即可确诊。治疗可选用海涛林、噻苯达唑、六氯对二甲苯等药。

（王春仁　编，孟庆玲　安健　审）

第十节　背孔科吸虫病

背孔科主要包括背孔属（*Notocotylus*）、同口属（*Paramonostomum*）、下殖属（*Catatropis*）和槽盘属（*Ogmocotyle* syn. *Cymbiforma*），前 3 个属的吸虫主要寄生于鸟类肠道，槽盘属吸虫多寄生于绵羊、山羊、牛和鹿等动物肠道。小型虫体。虫卵两端各具有一细长的卵丝。

一、鸟背孔吸虫病

鸟背孔吸虫病主要是由背孔科背孔属的纤细背孔吸虫（*Notocotylus attenuatus*）寄生于鸟类的盲肠和直肠所引起的一种吸虫病。分布于欧洲、俄罗斯、日本及我国各地。

虫体大小为（2.24～4.32）mm×（0.65～1.45）mm，扁平叶状，前端稍狭，后端钝圆，具口腹两个吸盘，两个分叶睾丸左右排列于虫体后端；分叶卵巢位于两睾丸之间。腹腺呈圆形或椭圆形，分三行纵列于虫体腹面，中行有14～15个，两侧行各有14～17个。虫卵小，两端各具一条长的卵丝（图19-30）。虫体发育需要中间宿主淡水螺的参与。终末宿主采食了含有囊蚴的淡水螺后，幼虫在盲肠、直肠中经23 d发育为成虫。大量感染时，可引起肠黏膜糜烂，发生肠炎，患禽表现消瘦、腹泻及运动失调，幼禽生长发育受阻。剖检可见肠黏膜糜烂、发炎，肠内充满黏液，有大量虫体附在黏膜上。

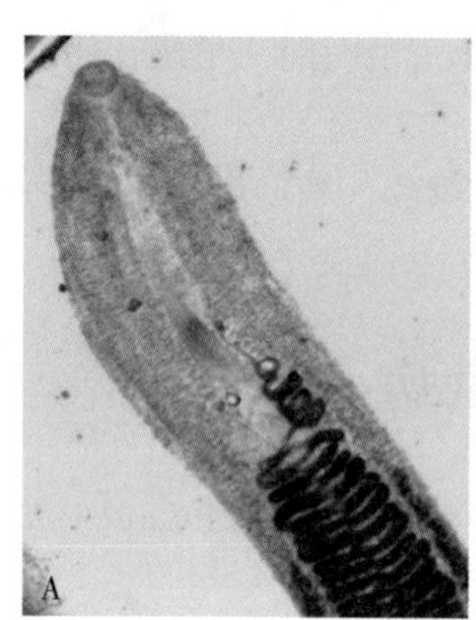

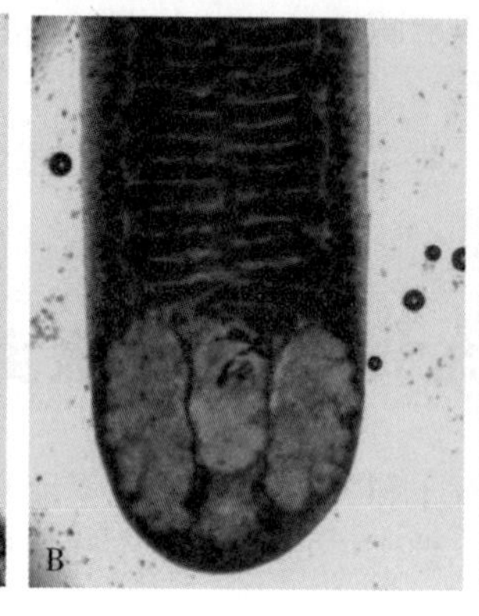

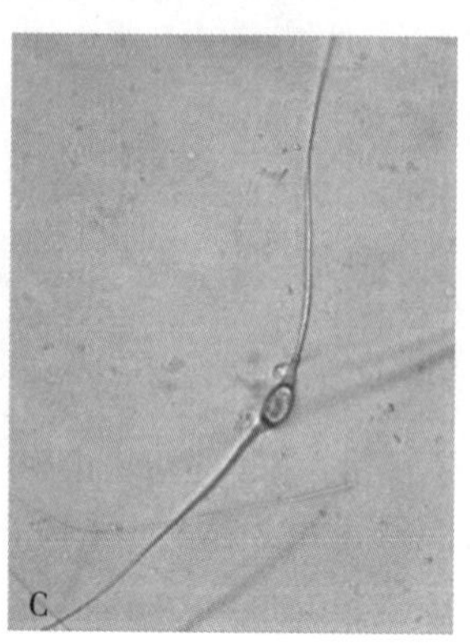

图19-30　纤细背孔吸虫
A. 前部　B. 后部　C. 虫卵
（王春仁供图）

水洗沉淀法检出虫卵或剖检出虫体即可确诊。可用阿苯达唑、吡喹酮治疗。

二、槽盘吸虫病

槽盘吸虫病（旧称裂叶吸虫病）是由背孔科槽盘属（曾译为裂叶属、舟形属）的多种槽盘吸虫寄生于牛、羊及多种野生动物小肠中而引起的一种吸虫病，该病主要分布在我国四川、云南、贵州等地。

我国报道的主要虫种为印度槽盘吸虫（*Ogmocotyle indica*）和羚羊槽盘吸虫（*Ogmocotyle pygargi*）。印度槽盘吸虫大小为（1.54～2.80）mm×（0.31～0.96）mm。只有口吸盘。粉红色，弯月形，前部稍狭，后端钝圆。背面稍隆起，两侧缘的角皮向腹面内侧卷曲形成深凹的沟槽。睾丸呈纵椭圆形或肾形，位于虫体后部两侧；卵巢分为3～4叶，位于虫体末端中央，子宫发达，在虫体后1/3～1/2之间形成排列整齐而弯曲的横环。虫卵小、不对称，两端各具一根纤细不等长的卵丝。

生活史尚不清楚。严重感染可引起肠炎、腹泻、贫血等症状。治疗可用阿苯达唑。

（王春仁　编，孙铭飞　安健　审）

第十一节　环肠科吸虫病

环肠吸虫病由环肠科嗜气管属（*Tracheophilus*）的舟状嗜气管吸虫（*Tracheophilus cymbium* syn. *Tracheophilus sisowi*）寄生于家鸭及野鸭的气管、支气管内引起，也偶见于鼻腔。在我国的多个省、市均有报道。

活虫体呈暗红色或粉红色，椭圆形，大小为（6.0～11.5）mm×（2.5～4.5）mm。缺少口、腹吸盘。肠管在体后合并成“肠弧”。肠管内侧有许多盲突。睾丸和卵巢均为圆形。卵巢位于肠弧之内的右侧，与两个睾丸呈三角形排列。肠弧外侧为卵黄腺。子宫位于肠管内侧的整个空隙。虫卵呈卵圆形，平均大小为 122 μm×63 μm，内含毛蚴。虫卵随粪便排出体外。毛蚴于水中孵出，并钻入中间宿主扁蜷螺体内发育至囊蚴。鸭因食入含囊蚴的螺类而受感染。童虫经血液循环而入肺，再由肺转入气管，发育为成虫，附着在气管、支气管上。病初动物表现咳嗽、气喘，后渐加剧，伸颈张口呼吸，严重者因窒息而死亡。可试用阿苯达唑和吡喹酮进行治疗。

（刘立恒　岳城　编，孙铭飞　潘保良　审）

第十二节　并殖科吸虫病

并殖吸虫病又称肺吸虫病，是由并殖科并殖属（*Paragonimus*）的各种吸虫寄生于犬、猫、多种野生动物和人的肺组织内引起，是一种重要的人兽共患寄生虫病。主要分布于东亚及东南亚诸国。在我国东北、华北、华南、中南及西南等地区的 24 个省、市、自治区均有报道。

（一）病原概述

并殖吸虫的种类较多，我国流行最广泛的是卫氏并殖吸虫（*Paragonimus westermani*）。该虫虫体成对地寄生于肺组织中形成的虫囊内。新鲜时呈深红色，肥厚，腹面扁平，背面隆起，大小为（7.5～16）mm×（4～8）mm，厚为 3.5～5.0 mm，体表被有小棘。口、腹吸盘大小相近，腹吸盘位于体中横线稍前，两盲肠弯曲终于体末端。睾丸分支，左右并列于虫体后 1/3 处。卵巢分叶 5～6 个，形如指状，位于腹吸盘的右侧。卵黄腺由许多密集的卵黄滤泡组成，分布于虫体两侧。子宫与卵巢左右相对，内充满虫卵（图 19-31）。虫卵呈金黄色，椭圆形，不太对称，大小为（75～118）μm×（48～67）μm，内含卵黄细胞数十个。

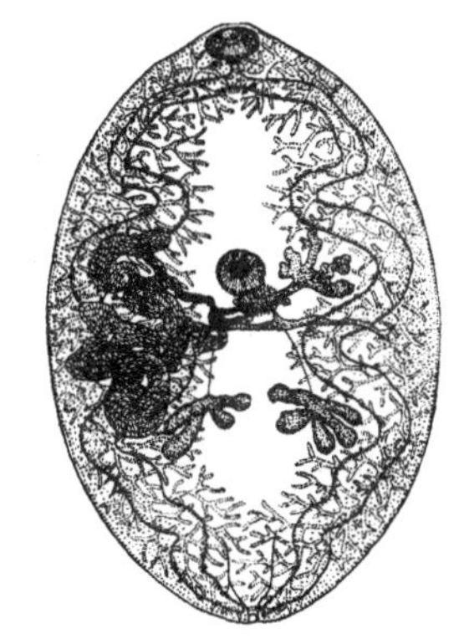

图 19-31　卫氏并殖吸虫成虫
（仿陈心陶）

（二）病原生活史

卫氏并殖吸虫的第一中间宿主为淡水螺，第二中间宿主为甲壳类（crustaceans，如溪蟹、蝲蛄）。虫体在肺部虫囊内产卵，虫卵通过与小支气管的通道进入支气管和气管，或随痰排出或进入口腔被咽下，经肠道随粪便排至外界。虫卵于水中，在适宜的温度下经 2～3 周孵出毛蚴。遇到第一中间宿主淡水螺，即侵入其体内发育为胞蚴、母雷蚴、子雷蚴及短尾的尾蚴。尾蚴离开螺体，在水中游动，遇到第二中间宿主溪蟹、蝲蛄等即侵入其体内发育为囊蚴。猫、犬、人等终末宿主生吃含有囊蚴的溪蟹及蝲蛄后，囊蚴便在肠内破囊而出，穿过肠壁进入腹腔，在脏器间移行后穿过膈肌进入胸腔。感染后 5～23 d，钻过肺膜进到肺，经 2～3 个月发育为成虫。虫体在体内可活 5～6 年。终末宿主也可以通过摄食野猪、鼠类等转续宿主而被感染。

（三）流行病学

并殖吸虫病的发生和流行与中间宿主的分布有直接关系。卫氏并殖吸虫的第一中间宿主为黑螺科（Melaniidae）短沟蜷属（*Semisulcospira*）、拟黑螺属（*Melanoides*）和秋吉螺属（*Akiyoshia*）的螺类，它们多滋生于山间小溪及溪底布满卵石或岩石的河流中。第二中间宿主为溪蟹类（中华溪蟹属，*Sinopotamon*；非洲溪蟹属，*Potamon*；石蟹属，*Isolapotamon*）和蝲蛄（蝲蛄属，*Cambaroides*）。溪蟹类广泛分布于华东、华南及西南等地区的小溪河流旁的洞穴及石块下，而蝲蛄只限于东北各省，喜居于水质清澈的河流的岩石缝内。本病广泛地流行于我国 18

个省及自治区内。

卫氏并殖吸虫的终末宿主范围较为广泛，除寄生于猫、犬及人体外，还见于野生犬科和猫科动物，而第一、第二中间宿主的分布又十分广泛，另外，还存在野猪、鼠类等转续宿主，因此，本病具有自然疫源性。

犬、猫及人等多因生食溪蟹及蝲蛄而遭感染。野生动物因捕食野猪及鼠类等转续宿主感染。在流行区里，生饮溪水也有可能感染，乃因溪蟹及蝲蛄破裂囊蚴流入水中。

囊蚴对外界的抵抗力较强，经盐、酒腌浸后，大部分仍存活。囊蚴被浸在酱油，10%～20%的盐水或醋中，部分囊蚴可存活 24 h 以上，但加热到 70 ℃保持 3 min，100%死亡。

（四）致病作用、临床症状及病理变化

童虫和成虫在动物体内移行和寄生期间可造成机械性损伤；虫体的代谢产物等抗原物质可导致免疫病理反应。移行的童虫可引起嗜酸性粒细胞性腹膜炎、胸膜炎和肌炎及多病灶性的胸膜出血。在肺部寄生时引起慢性小支气管炎，小支气管上皮细胞增生和慢性嗜酸性粒细胞性肉芽肿性肺炎。虫体可异行至其他部位，如脑部、椎管内，引起相应的症状。

患病的猫、犬表现精神不振和阵发性咳嗽，因气胸而呼吸困难。移行于腹壁的虫体可引起腹泻与腹痛；寄生于脑部及脊椎时可导致神经症状。

（五）诊断与防治

根据临床症状，结合是否曾有用生的溪蟹或蝲蛄饲喂动物的记录，并在病犬、猫的痰液及粪便中检出虫卵即可确诊。也可用 X 光检查和血清学方法诊断，如 IHA、ELISA 等。

可用吡喹酮、硫氯酚、苯硫咪唑、硝氯酚、阿苯达唑等药物治疗。

在流行区里，防止犬、猫和人等生食或半生食溪蟹和蝲蛄是预防卫氏并殖吸虫病的关键性措施。有条件的地区也可灭螺。

（路义鑫　岳城　编，王春仁　王寿昆　审）

第十三节　异形科吸虫病

异形吸虫病是由异形科后殖属（*Metagonimus*）的横川后殖吸虫（*Metagonimus yokogawai*）或异形属（*Heterophyes*）的异形异形吸虫（*Heterophyes heterophyes*）等寄生于鸟类、哺乳动物和人的小肠中所引起，是一种人兽共患吸虫病。横川后殖吸虫分布于东亚和俄罗斯远东地区，在我国黑龙江、吉林及台湾等省均有报道。异形异形吸虫主要分布于东亚，在我国报道不多。异形科还包括隐叶属（*Cryptocotyle*）、离茎属（*Apophallus*）和单睾属（*Haplorchis*），这些属的虫种在我国报道比较少。

小型吸虫，大小为（1.10～1.7）mm×（0.3～0.7）mm。呈梨形，前端稍尖，后端钝圆，体表被有鳞棘。除口、腹吸盘外，异形异形吸虫还有生殖吸盘。前咽极短，食道较长，咽肌发达。盲肠伸达体后端。睾丸斜列于体后端。卵巢在睾丸之前。子宫盘曲于生殖孔与睾丸之间的空隙（图 19-32）。虫卵小，各种异形吸虫的虫卵形态相似。发育需要两个中间宿主，第一中间宿主为淡水螺，第二中间宿主为淡水鱼，终末宿主吞食含囊蚴的鱼而感染。

异形吸虫侵入肠黏膜引起炎症反应、黏膜脱落、压迫性萎缩和坏死。严重感染者可导致间歇性或出血性腹泻。有的成虫可深入组织中，引起周围组织的炎症反应、增生和纤维化。虫卵沉积于组织中可引起慢性或急性损伤，如沉积于脑组织，则后果严重；如虫卵沉积引起血管破裂可导致突然死亡。从患病动物粪便中检获虫卵便可做出诊断，治疗可用吡喹酮、硝氯酚。最有效的预防措施是人勿食生鱼；勿用生的或半生的鱼饲喂动物。

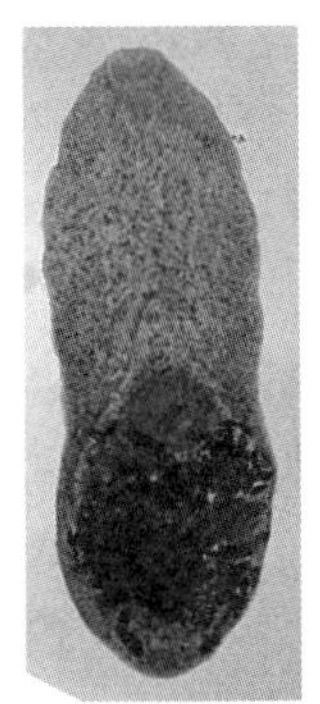
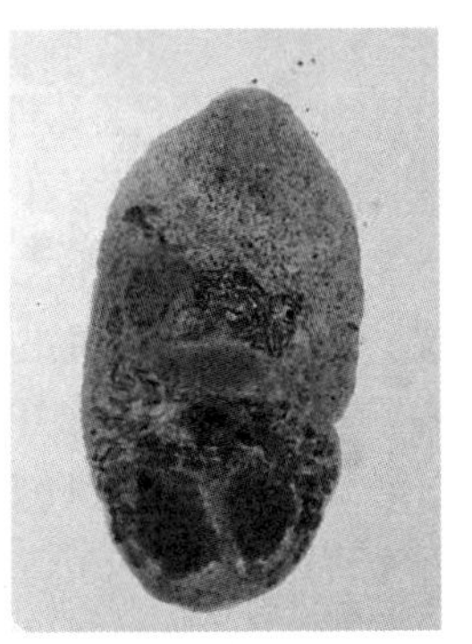

A　　　　B

图 19-32　横川后殖吸虫（A）和异形异形吸虫（B）
（黄维义供图）

（黄维义　编，王春仁　王寿昆　审）

第十四节　双穴科吸虫病

双穴吸虫病是双穴科翼形属（*Alaria*）的有翼翼形吸虫（*Alaria alata*）寄生于犬、猫、狐、狼、貉和貂的小肠引起的；人可因吃未煮熟的第二中间宿主而感染，可引起死亡。分布于世界各地，在我国黑龙江、吉林、北京等省、市有报道。双穴科还包括双穴吸虫属（*Diplostomum*）和茎双穴吸虫属（*Posthodiplostomum*），这些属的虫种在我国报道比较少。

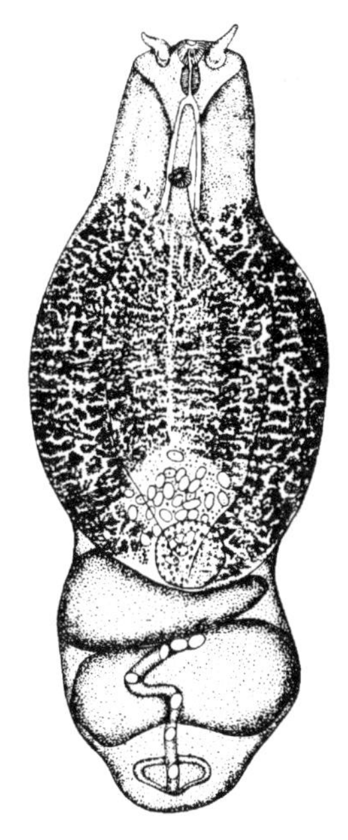

图 19-33　有翼翼形吸虫
（王裕卿供图）

活虫体为黄褐色，大小为（2.65～4.62）mm×（0.83～1.16）mm。虫体明显地区分为前、后两部分。前体扁平而长；后体较短呈圆柱状。口吸盘位于体前端，腹吸盘位于前体前 1/5 处，不发达。口吸盘两侧有 1 对耳状的“触角”（图 19-33）。虫卵金黄色，卵圆形，大小为（105～133）μm×（53～95）μm。

虫体发育需要两个中间宿主，第一中间宿主为扁蜷螺类；第二中间宿主为青蛙、蟾蜍及其蝌蚪。终末宿主吞食含中尾蚴（mesocercaria）（介于尾蚴与囊蚴之间的幼虫型）的蛙类等而遭感染。童虫或经过移行或经血液循环到达肺部，再经气管、咽而到达小肠发育为成虫。大鼠、小鼠、蛇和鸟类可作为其转续宿主，它们可因吞食青蛙、蟾蜍而感染中尾蚴。终末宿主可因吞食含中尾蚴的转续宿主而被感染，10 d 内即有成虫发育完成。严重感染时可引起卡他性十二指肠炎，一般无多大危害。人可因吃未煮熟的青蛙而感染，在心、肝、肺、肾、脑、脊髓、淋巴结、胃等部位有大量的中尾蚴，若引起内大出血可引起死亡，如肺大面积出血所致窒息。粪便中查出虫卵可做出诊断。可试用硫氯酚、吡喹酮和阿苯达唑治疗。

第十五节　枭形科吸虫病

枭形吸虫病是由枭形科异幻属（*Apatemon*）的优美异幻吸虫（*Apatemon gracilis*，其中“*gracilis*”应译为“细小”）等小型吸虫寄生于家鸭和野禽肠道引起的。在我国的江苏、福建、安徽、陕西等省有报道。

虫体长 1.3～2.2 mm，常向背面弯曲。虫体明显地区分为前、后体两部。前、后体长度之比约为 1∶2。前体呈囊状或杯状，前端平截，囊内含口、腹吸盘和两叶黏着器。前后体的交界处有黏腺。后体呈圆柱状，内含生殖器官。虫卵大小为（92～102）μm×（65～72）μm。

虫体发育需要两个中间宿主。虫卵随鸭等宿主粪便排出外界，约经 3 周孵出毛蚴。毛蚴于水中钻入第一中间宿主淡水螺体内，发育为胞蚴，由胞蚴直接形成尾蚴。尾蚴钻入第二中间宿主虹鳟（rainbow trout，*Salmo gairdneri*）、三刺棘鱼（three-spined sticklebacks，*Gasterosteus aculeatus*）和石泥鳅（stone loach，*Nemacheilus barbatulus*）等体内，发育为囊蚴。鸭等终末宿主吞食第二中间宿主而感染，严重感染时表现贫血、出血性肠炎，甚至死亡。本病多发于放养的或饲喂鱼、泥鳅的家鸭和野禽（如野鸭、朱鹮）。粪便中检获虫卵，或尸检时找到虫体可做出诊断。硫氯酚和阿苯达唑可能有效。

（刘立恒　岳城　编，潘保良　张为宇　审）

第十六节　隐孔科吸虫病

隐孔科（Nanophyetidae，同物异名 Troglotrematidae）隐孔属（*Nanophyetus*）吸虫为小型吸虫，口吸盘位于虫体亚顶端。生殖孔紧邻腹吸盘之后。有雄茎囊。1 对睾丸，卵圆形，大，位于虫体中后部。在兽医上比较重要的虫种是鲑隐孔吸虫（*Nanophyetus salmincola*），寄生于食鱼动物的小肠内。

第十九章彩图

鲑隐孔吸虫成虫主要见于食鱼类食肉动物（piscivorous carnivorans）的小肠黏膜上；虫卵随粪便排出体外，在水中约经 3 个月发育孵化为毛蚴。毛蚴侵入淡水螺（*Oxytrema silicula*），发育为胞蚴、雷蚴、尾蚴。尾蚴从螺体逸出，侵入鲑鱼科的鱼体内，在其组织中形成囊蚴。犬、猫、狐狸、熊、郊狼、浣熊、貂等动物因摄食含有囊蚴的鲑鱼、鳟鱼而感染。鲑隐孔吸虫可携带蠕虫新立克次体（*Neorickettsia helminthoeca*），后者可以引发犬的“鲑中毒”症（salmon poisoning disease），表现为出血性肠炎、淋巴结肿大。从病犬粪便中检出吸虫卵可有助于该症的诊断；早期使用广谱抗生素可避免病犬死亡。皮下或肌内注射吡喹酮可驱除犬体内的鲑隐孔吸虫。

（索勋　编，潘保良　宁长申　审）

第二十章 绦虫和绦虫病

兽医绦虫学（veterinary cestodology）是研究寄生于动物体内各种绦虫的形态学、生理学、生活史、致病作用，以及绦虫病的流行病学、临床症状、诊断和防治的科学。绦虫病（cestodiasis）是绦虫（cestode，英文俗名 tapeworm）寄生于动物所引起的寄生虫病，其种类众多，分布广泛，危害严重，部分绦虫病为人兽共患寄生虫病，具有重要的公共卫生意义。

第一节 概　论

一、形态、结构和生理特性

绦虫属于扁形动物门（Platyhelminthes），寄生于家养动物及人体的绦虫主要为圆叶目（Cyclophyllidea）和双叶槽目［Diphyllobothriidea，原假叶目（Pseudophyllidea）的一部分］绦虫。

（一）形态

成虫呈带状、扁平，小至数毫米、大至十几米。大多数绦虫虫体可分为头节（scolex）、颈区（neck）和链体（strobila）三部分。

1. 头节　为吸附器官，也是重要的感觉器官和运动器官，于绦虫对肠道寄生部位选择的有重要作用。根据其形态特征，一般分三种类型。

（1）吸盘型（acetabula）：有 4 个对称排列的、由强韧的肌肉组成的圆形吸盘。有的头节顶端中央有顶突（rostellum），顶突能或不能回缩，其上有一圈或数圈角质化的小钩（hooklet），具有钩挂或吸附作用（图 20-1）。如圆叶目裸头科、带科、戴文科绦虫等具有此类头节。

（2）吸槽型（bothria）：在头节的背腹面具有内陷的沟槽，一般为 2 个，某些种多达 6 个。如双叶槽目绦虫具有这类头节。

（3）吸叶型（bothridia）：头节分化出 4 个形如叶状、喇叭状或耳状结构，有的又被分隔成多层，富含肌肉质结构，有的具有小钩。如四叶目（Tetraphyllidea）绦虫具有这类头节。

2. 颈区　较纤细或粗短，与虫体伸缩运动有关，具有分生能力，属于绦虫的生长区（带）。链体节片由此向后生出，但也有缺颈区者，其生长带位于头节后缘。用药物驱虫时，需将绦虫的颈区驱除，才能防止其再长出链体来，如吡喹酮主要作用于绦虫的颈区，使颈区前部的合胞体层（syncytial layer，即实质组织）空泡化（vacuolization），致虫体麻痹而排出体外。

3. 链体　由节片（proglottid 或 segment）组成，数目为数个至数千个不等，多数绦虫各节片间有明显界限，少数绦虫界限不明显，甚至没有。节片因生殖器官发育成熟程度不同可分为三类：生殖器官未发育成熟的，称未成熟节片（简称幼节，immature proglottid）；生殖器官发育完成的，称成熟节片（简称成节，mature proglottid）；子宫内充满虫卵的，称孕卵节片（简称孕节，gravid proglottid）（图 20-1）。孕节在虫体末端，最末端的孕节因虫种、成熟程度不同，可逐节或逐段脱落，随粪便排出宿主体外。某些种类绦虫（如双叶槽目绦虫）的孕节在排出宿主体外之前，虫卵已从子宫孔（uterine pore）中排出，脱落的节片中可能不含虫卵（已被排空）；某些种类绦虫（如圆叶目绦虫）孕节中的虫卵不能从子宫排出（子宫为盲囊），脱落的孕节中含大量虫卵。

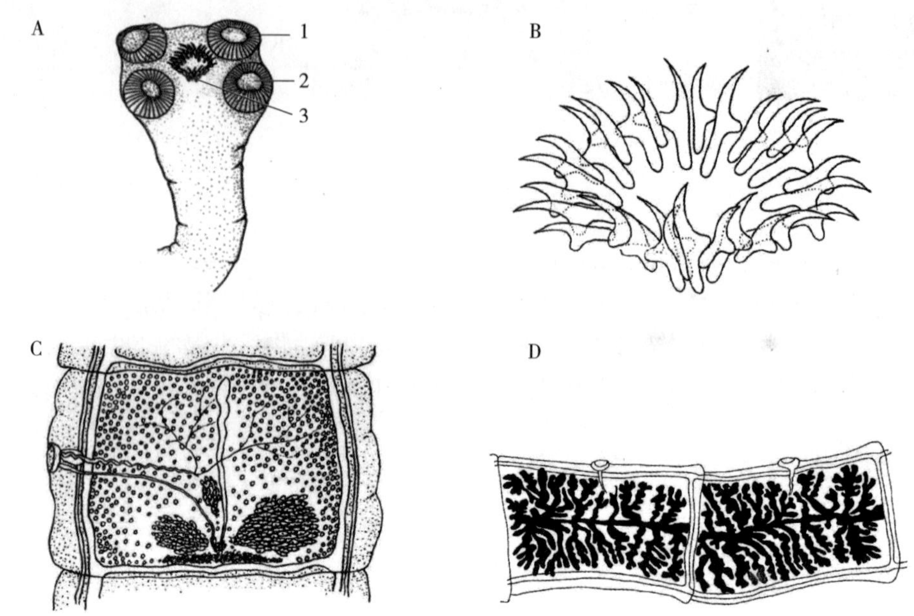

图 20-1　猪带绦虫成虫形态结构
A. 头节　B. 顶突钩（放大）　C. 成熟节片　D. 孕卵节片
1. 吸盘　2. 吸盘腔　3. 顶突钩
（赵辉元供图）

（二）结构和生理特性

绦虫是三胚层无体腔（acoelomate）的动物，由体壁围成一个囊状结构，称之为皮肤肌肉囊（skin muscle capsule）。不具专门的消化系统、循环系统和呼吸系统。绝大多数绦虫为雌雄同体。

1. 体壁与实质组织　绦虫体壁由皮层与肌肉组成，其下为实质组织。

皮层（tegument）为具有高度代谢活性的组织。从外至内，它可进一步细分为刷状缘层、远端胞质区和核周胞质区 3 层。皮层外表面具有无数微小的指状细胞质突起，称微毛（microthrix），构成刷状缘层。微毛与肠绒毛的微绒毛结构很相似，只是前者末端呈尖棘状，电镜下其纵断面电子密度较高。微毛遍被整个虫体，包括吸盘表面。微毛下是较厚的具有大量空泡的远端胞质区，或称基质区，远端胞质区下接有明显的基膜（basement membrane），与核周胞质区（或称皮下层）截然分开，在接近基膜的远端胞质区内线粒体密集。核周胞质区主要由表层肌（superficial muscle）组成，由外向内为环肌、纵肌及少量斜肌，均为平滑肌。整个皮层均无细胞核结构（图 20-2）。

实质组织位于表层肌下，其中有大量的电子密度较高的细胞体或称核周体（perikarya），核周体通过若干连接小管（或称细胞质桥）穿过表层肌和基膜与远端胞质区相连（图 20-2）。核周体具有大的双层膜的细胞核和复杂的内质网、线粒体、蛋白类晶体和脂滴或糖原小滴等，所以皮层实际上是一种合胞体结构，靠核周体的分泌而更新。表层肌中的纵肌较强，它作为体壁内层，一般包绕着虫体实质和各器官，并贯穿整个链体；但在节片成熟后，节片间的肌纤维会逐渐退化，因而末端孕节能自链体脱落。

绦虫实质组织中散布着实质细胞及许多钙和镁的碳酸盐微粒，外面被以膜而呈椭圆形，称为钙小体（calcareous body）或钙颗粒（calcareous corpuscle），可能有平衡酸碱度的作用，或作为离子和二氧化碳的补给库。

绦虫没有消化系统，其消化吸收功能由皮层完成，依靠微毛吸收营养物质，其中糖类是其获取的主要营养成分。同时微毛端部能擦伤宿主肠上皮细胞，从而使富有营养的细胞质渗出于虫体周围，被虫体吸收。皮层存在大量囊泡显示其具有胞饮作用和运输功能。

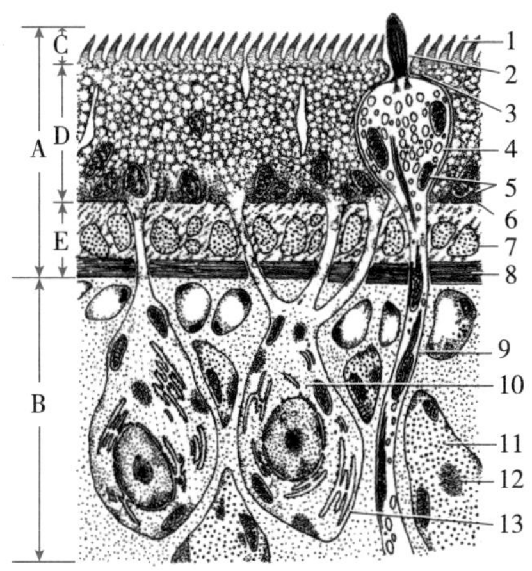

图 20-2　绦虫体壁结构

A. 皮层　B. 实质组织　C. 刷状缘　D. 远端胞质区　E. 肌肉层

1. 微毛　2. 感受器纤毛（有感知作用）　3. 桥粒　4. 透明囊泡　5. 线粒体　6. 基膜　7. 环肌

8. 纵肌　9. 感觉神经末梢　10. 细胞体　11. α 糖原颗粒　12. 脂滴　13. 高尔基体

（才学鹏　孙晓林供图，仿孔繁瑶　John E. Ubelaker）

2. 神经系统　绦虫的神经中枢位于头节，是一个较厚大的垂直于体轴的横神经束，称为后神经联合（posterior commissure）；两侧伸出两条纵神经索（longitudinal nerve cords），从头节的两侧向后一直延伸至虫体后端。在后神经束的前面，有一平行神经束，称前神经联合（anterior commissure），其两侧各有前后两对神经节，分别称背神经节和背后神经节，支配着头节上吻突和吸盘的活动。感觉末梢分布于皮层中，形成有纤毛或无纤毛的感受器，能感受物理或化学刺激。

3. 排泄系统　属于较典型的原肾管式排泄系统，起始于焰细胞（flame-cell，flagellum-bearing cell）。焰细胞具有一个细胞核和含有许多颗粒的细胞质，在细胞核附近有一凹镜形基板，由此发出一束鞭毛，外由漏斗状管包裹，其末端与细排泄管相连。若干焰细胞和与其相连的细排泄管汇集入 4 条纵行的排泄管。纵行排泄管贯穿链体，每侧 2 条，近腹面的一条较粗大，并在每一节片的后部有横支左右相通。最初纵排泄管以一个总排泄孔开口于最早分化出现的节片游离边缘的中部，当这个节片脱落后，就失去总排泄孔，而由各节片的排泄管各自向外开口。头节部位的排泄管最为发达，往往形成排泄管丛。排泄系统既有排出代谢产物的作用，亦有调节体液平衡的功能。

4. 生殖系统　除少数虫种外，绝大多数绦虫为雌雄同体（monoecious）。绦虫的繁殖能力强，每一个节片一般都有 1 组生殖器官，有的有 2 组或多组。多数种类都是雄性器官先发育，也有少数绦虫是雌性器官先发育。圆叶目绦虫受精后的节片，其雄性生殖器官逐渐萎缩至消失，雌性生殖器官则加快发育，当子宫扩大充满虫卵占据整个节片时，雌性器官中的其他部分也萎缩消失，形成孕卵节片。双叶槽目绦虫由于虫卵成熟后可由子宫孔排出，其子宫不如圆叶目绦虫发达。

（1）雄性生殖器官：睾丸（testis，复数 testes）一个至数百个，多埋藏于近背侧的实质中，呈圆形或椭圆形，连接输出管（efferent canal）。睾丸多时，输出管相互连接呈网状，在节片中部附近汇合成输精管，输精管曲折蜿蜒向边缘延伸，并出现两个膨大部：一个在进入雄茎囊之前，称外储精囊（external seminal vesicle）；一个在进入雄茎囊之后，称内储精囊（internal seminal vesicle）。输精管末端进一步分化为射精管及雄茎。雄茎可从生殖腔（genital atrium）向边缘伸出，也可从节片腹面中央部伸出，取决于生殖孔（genital pore）所在的部位。雄茎由肌肉组织构成，外表具棘或不具棘。雄茎囊多呈梨状，具有肌肉组织构成的鞘，内储精囊、射精管、前列腺及雄茎的大部分都包含在其中。雄茎与阴道分别在上下位置向生殖腔开口，生殖腔在虫体外表面开口处称为生殖孔。生殖孔多开口于节片侧缘，部分双叶槽目绦虫的生殖孔位于节片中部。

（2）雌性生殖器官：卵模（ootype）位于雌性生殖器官中心区域，卵巢（ovary）、卵黄腺（vitelline gland）、子宫（uterus）、阴道（vagina）等均有管道（如输卵管、卵黄管）与之相连。多数绦虫只有一个卵巢，少数具有 2 个。卵巢由多细胞构成，为块状、瓣状或分叶状等，其形态、位置因种类而异。卵巢发出一条输卵管，其前段先与受精囊的末端相接，后进入卵模。卵黄腺分为 2 叶或 1 叶，呈较致密的实体，位于卵巢后方（如圆叶目），或呈泡状散在于实质的表层中、围绕着其他器官（如双叶槽目），其分泌的卵黄颗粒经卵黄管、卵黄总管输送到卵模。阴道末端开口于生殖腔，一般呈管状，富肌肉组织，其远端膨大为受精囊（seminal receptecle），通于输卵管。子宫的形状除因种类不同各有特征外，还受虫卵积聚与压力的影响，而形成各种不同的类型。一般单管状子宫，由于长度不断增加，可变成螺旋状；袋状子宫会有囊状分支；有的子宫到一定时期会退化消失，虫卵散布在由实质组织形成的袋状腔内。圆叶目的子宫为盲囊，不向外开口，虫卵不能自动排出，须待孕节脱落、破裂后，才能散出虫卵。

二、发　育

寄生于家畜体内的绦虫在发育过程中需要一个或两个中间宿主，但个别寄生于人和啮齿动物的绦虫不需要中间宿主（如微小膜壳绦虫，*Hymenolepis nana*）。绦虫（成虫）主要寄生于鱼类、爬行类、鸟类、野生哺乳动物等的肠道内，少数种类寄生于畜禽及人；个别绦虫，如核叶目（Caryophyllidea）的斯氏原绦虫（*Archigetes sieboldi*，一种低等绦虫）的成虫和幼虫可寄生于同一类水生寡毛类无脊椎动物体内。绦虫中间宿主的种类十分广泛，包括无脊椎动物和脊椎动物。无脊椎动物类中间宿主以环节动物、软体动物、甲壳类、昆虫和螨等最为重要；脊椎动物类中间宿主（包括转续宿主）主要是鱼类、两栖类、爬行类和哺乳类等。绦虫的终末宿主和中间宿主（包括转续宿主）之间主要表现为捕食者与被捕食者（prey）的关系。一般而言，如绦虫的终末宿主为水生动物，则其中间宿主往往也是水生动物；如终末宿主为陆生动物，则其中间宿主多为陆生动物。但也有例外情况，如双叶槽目双叶槽科的肠舌形绦虫（*Ligula intestinalis*）的第一中间宿主为镖水蚤，第二中间宿主为食蚤的淡水鱼，终末宿主为食鱼鸟类。有意思的是，在绦虫发育过程中，存在典型的“寄生虫诱导的营养传递”（parasite induced trophic transmission，PITT）现象，即寄生虫感染导致宿主的行为、生理或形态学发生变化，便于其被另一宿主捕食，促进寄生虫在宿主间的传播。如肠舌形绦虫的第二中间宿主淡水鱼食入感染原尾蚴的第一中间宿主镖水蚤后，原尾蚴穿过肠壁抵达鱼体腔，发育为实尾蚴。实尾蚴快速生长、变大，机械性挤压鱼内脏，使得病鱼行动迟缓、腹部膨大、侧游上浮或腹部朝上，并且喜欢在浅水区活动，这样的鱼更容易被其终末宿主水鸟捕食，从而促进肠舌形绦虫传播。多头带绦虫、棘球绦虫也存在类似的 PITT 现象，这也是寄生虫的生存策略之一。

绝大多数绦虫的成虫为雌雄同体，受精方式为自体节受精、异体节受精以及异体受精，所以常见许多条绦虫盘结成团。

（一）虫卵及六钩蚴

不同种类的绦虫卵在形态和生物学特性上存在差异。圆叶目绦虫典型的受精虫卵为球形，经分裂成为大、中、小裂球三种细胞。小裂球经多次分裂形成原肠胚；中裂球则变成一个双重细胞层的胚膜，包围着原肠胚；大裂球产生胚层。最后原肠胚发育为成熟的六钩蚴（oncosphere）或六钩胚（hexacanth embryo，hexacanths）。虫卵的结构从内向外为六钩胚、胚膜（即持胚器，embryophore）、胚层（相当于卵黄膜）、卵壳。胚膜是六钩蚴外层的保护膜，胚层在六钩蚴的保护、营养供给和代谢中发挥着重要作用。

圆叶目绦虫卵在成虫孕节的子宫内已发育成熟，卵壳较脆弱，无卵盖，卵壳多在离开母体前脱落，常见的所谓“卵壳”实际上是胚膜。胚层紧附卵壳或胚膜，在光镜下不易察见。胚膜为双层膜，带科绦虫虫卵两层膜间密布着辐射式棒状体，很厚，易被误认为是卵壳。孕节中的虫卵为含六钩蚴的成熟虫卵，新排出的虫卵具有感染性。这些成熟虫卵，由于有坚韧的外壳保护，能够抵抗不良的外界环境条件，如干燥、潮湿、温度变化等。如牛带绦虫（*Taenia saginata*）的虫卵在液状粪便中可存活 71 d，在草上可存活 159 d。

双叶槽目绦虫虫卵的卵壳较厚，其一端常有卵盖。虫卵内有一个受精的卵细胞或分裂为多个细胞的胚团及其外围的卵黄细胞。孕节中成熟虫卵经子宫孔排到宿主肠腔中，随粪便排出体外。刚排出体外的虫卵不具感染性，须在水中发育，一定时期后才能成熟，并孵出密被纤毛的钩毛蚴（coracidium，复数 coracidia，也称钩球蚴），相当于圆叶目绦虫的六钩蚴。

六钩蚴或钩毛蚴是绦虫的第一期幼虫（first stage larva）。

（二）中绦期

六钩蚴或钩毛蚴被中间宿主吞食后，进入中绦期（metacestode），也称为绦虫蚴期，即在中间宿主体内发育为有某种特征的幼虫阶段。

双叶槽目绦虫的中绦期分为 2 个时期，在第一中间宿主体内为原尾蚴（procercoid），在第二中间宿主体内为实尾蚴（也称全尾蚴，plerocercoid），均具运动性。原尾蚴体部较大，内有多对穿刺腺，以助其进入第二中间宿主后的移行；尾部呈球形或囊形，其内残留着原腔和三对胚钩。发育成熟的实尾蚴体长可达数毫米至数厘米，体节没有分化，但前端可见浅的吸槽，后端呈扁平的长条形；尽管有的实尾蚴可能在宿主内脏中形成包囊，但更为常见的是在肌肉组织中以非囊状、卷曲形态存在。

大多数圆叶目绦虫的中绦期为壁薄、内部充满液体的包囊（cyst），包囊可能会被宿主组织包裹，使得包囊壁看起来比较厚，包囊内壁长有 1 个或数个小的头节（称为原头节，protoscolices），由于具有上述结构特征，常被统称为囊虫（bladderworms）。有的（如棘球蚴）能以外出芽（external budding）或内出芽（internal budding）方式进行无性繁殖。但中殖孔科绦虫的中绦期呈蠕虫状。圆叶目绦虫的中绦期主要有 7 种类型，如表 20-1 所示。

表 20-1 圆叶目绦虫中绦期的常见类型

中绦期	原头节数量/个	结构特征	成虫种类
囊尾蚴(cysticerus)	1	包囊内充满液体，原头节附着在囊壁上	带属(*Taenia*)的大多数种
多头蚴或共囊尾蚴(coenurus)	数十	包囊内充满液体，原头节附着在囊壁上	多头带绦虫(*Taenia multiceps*)
链状囊尾蚴或链尾蚴(strobilocerus)	1	原头节通过较长的节片链与包囊相连	泡尾带属(*Hydatigera*)
似囊尾蚴(cysticercoid)	1	原头节位于很小的包囊内，仅见于无脊椎动物体内	裸头科(Anoplocephalidae)、戴文科(Davaineidae)、膜壳科(Hymenolepididae)
棘球蚴(hydatid cyst)	可达数千	包囊充满液体，原头节位于囊液中，与囊壁分离，囊液内含子囊和原头节，常被称为棘球沙	细粒棘球绦虫(*Echinococcus granulosus*)

（续）

中绦期	原头节数量/个	结构特征	成虫种类
多房棘球蚴（泡球蚴）(alveolar cyst)	可达数千	与棘球蚴相似，但新的包囊可以以出芽的方式从囊壁外生长出来	多房棘球绦虫（*Echinococcus multilocularis*）
四盘蚴（tetrathyridium）	1	蠕虫样，长条形，前端呈白色、不透明，有横纹，头节陷入其内，后端有狭小的尾部	中殖孔科（Mesocestoididae）

圆叶目绦虫的虫卵被中间宿主吞食后，其外壳在消化道内被消化，六钩蚴逸出，有的种类（如裸头科绦虫、戴文科绦虫）的六钩蚴，穿过中间宿主（无脊椎动物）的肠壁，进入其体腔内发育成似囊尾蚴（中绦期）；有的绦虫种类（如棘球属、带属）的六钩蚴穿过中间宿主（脊椎动物）肠壁，或进入其体腔，或随血液循环被带到宿主的器官组织内，发育为囊尾蚴、多头蚴、链尾蚴、棘球蚴或多房棘球蚴。

双叶槽目绦虫虫卵孵化出的钩毛蚴在水中被其第一中间宿主（主要为水生甲壳类）吞食后，钩毛蚴外周纤毛迅速脱落，借助其六钩逸出并穿过肠壁进入宿主体腔，发育为原尾蚴。含有原尾蚴的第一中间宿主被第二中间宿主（包括鱼类、两栖类、爬行类、鸟类和哺乳类等脊椎动物）吞食进入消化道后，原尾蚴通过穿刺腺的作用穿过消化道进入体腔，再移行到皮下肌肉组织内进一步发育为实尾蚴。

在畜禽及人（作为中间宿主）体内寄生的中绦期蚴体常见的寄生部位为肝、肺、脑、肌肉、肠系膜等，往往会给宿主造成严重损害，损害的严重程度与绦虫种类、寄生部位、数量、宿主的种类等因素有关。如寄生于肌肉组织中的实尾蚴会消耗肌肉的能量，影响其宿主运动功能，使得其更容易被捕食者（包括其终末宿主）捕食；寄生于脑的脑多头蚴及脑囊虫等，可压迫脑组织，引起颅内压升高、运动障碍，甚至死亡。

（三）成虫阶段

似囊尾蚴、囊尾蚴和实尾蚴等中绦期蚴体被终末宿主吞食后，在胃肠内经消化液作用，蚴体逸出，头节外翻，吸附在肠壁上，发育为成虫。双叶槽目绦虫的实尾蚴被终末宿主吞食后，一般能在7～14 d内发育为成虫并产卵，而舌状属的实尾蚴被终末宿主摄食后，在72 h内性腺即可发育成熟，108 h内即可产卵。圆叶目绦虫的中绦期蚴体被终末宿主吞食后，发育为成虫的时间较长，一般需要数十天，甚至更长时间。在终末宿主肠道内，如肠道环境条件适宜，有些绦虫的生长速度非常快，如缩小膜壳绦虫（*Hymenolepis diminuta*）进入终末宿主后，其体重在15～16 d内能增长180万倍。由于生长速度很快，且组织细胞严格按程序分化，绦虫是发育生物学研究的理想模型。

虽然有的绦虫会在宿主体内衰老并最终被排出体外，但很多种类的绦虫在终末宿主体内的存活时间很长，如缩小膜壳绦虫可终生寄生在大鼠体内，牛带绦虫的寿命长达30年。寄生于宿主消化道的绦虫，会从宿主掠夺营养，特别是糖类，还会破坏肠黏膜，影响宿主正常的消化功能，导致生产性能下降，严重的可导致肠道堵塞、破裂，甚至死亡。

（才学鹏　孙晓林　骆学农　编，潘保良　丁季娟　李海云　审）

三、分　类

绦虫属于扁形动物门（Platyhelminthes）新皮动物超纲（Neodermata）绦虫纲（Cestoda，或Cestoidea）。绦虫纲包括20多个目，多数寄生于鱼类，与人畜关系密切的有2个目，即圆叶目和双叶槽目。圆叶目绦虫主要寄生于陆生脊椎动物，有15个科、3 100多个种，在畜禽中更为常见（表20-2）。双叶槽目原为假叶目的一部分，寄生于畜禽的主要是双叶槽的3个属，其生活史包括水生发育阶段（aquatic stage）。

表 20-2　畜禽常见绦虫分类

目（Order）	科（Family）	属（Genus）
圆叶目（Cyclophyllidea）	带科（Taeniidae）	带属（*Taenia*）
		棘球属（*Echinococcus*）
		泡尾带属（*Hydatigera*）
		沃斯特属（*Versteria*）
	裸头科（Anoplocephalidae）	莫尼茨属（*Moniezia*）
		裸头属（*Anoplocephala*）
		副裸头属（*Paranoplocephala*）
		无卵黄腺属（*Avitellina*）
		曲子宫属（*Thysaniezia* syn. *Helictometra*）
		斯泰尔斯属或斯泰勒属（*Stilesia*）
		嗜异属（*Cittotaenia*）
		穗体属（*Thysanosoma*）
	戴文科（Davainiidae）	戴文属（*Davainea*）
		赖利属（*Raillietina*，也称瑞氏属或瑞利属）
		对殖属（*Cotugnia*，也称杯首属）
		候杜属（*Houttuynia*，也称霍图属）
	复孔科（Dipylidiidae）	复孔属（*Dipylidium*）
		变带属（*Amoebotaenia*）
		漏带属（*Choanotaenia*）
	膜壳科（Hymenolepididae）	膜壳属（*Hymenolepis*）
		伪裸头属（*Pseudanoplocephala*）
		剑带属（*Drepanidotaenia*）
		皱褶属（*Fimbriaria*）
	中殖孔科（Mesocestoididae）	中殖孔属（*Mesocestoides*，也称中绦属）
	副子宫科（Paruterinidae）	无钩带属（*Anonchotaenia*）
		双子宫属（*Biuterina*）
		枝带属（*Cladotaenia*）
		三角钩属（*Deltokeras*）
		小性腺属（*Parvirostrum*）
		副子宫属（*Paruterina*）
		棒宫属（*Rhabdometra*）
		宫融属（*Metroliasthes*，也称显宫属）
双叶槽目（Diphyllobothriidea）	双叶槽科（Diphyllobothriidae）	双叶槽属（*Diphyllobothrium*，也称裂头属）
		迭宫属或旋宫属（*Spirometra*）
		舌形属（*Ligula*）

（一）圆叶目

头节有 4 个吸盘，具有吸附、感觉和运动功能，最前端常有顶突；也有没有顶突的种类（如裸头科、中殖孔科），这些缺顶突的绦虫，其吸盘往往更发达。卵巢为扇形分叶或哑铃状。卵黄腺为一个致密体，在卵巢的后面。生殖孔在体节侧缘，子宫呈盲囊状，无子宫孔，虫卵不能经子宫排出，集聚在孕节内。孕节随粪便被宿主排出体外，崩解或腐烂后，虫卵被释放出来。虫卵缺卵盖，排出的虫卵内有成熟的六钩蚴，具备感染中间宿主能力。

圆叶目共有 15 个科，与人和动物有关的主要有 7 个科。

1. 带科（Taeniidae） 大、中、小型虫体，头节上有 4 个吸盘，其上无小棘。大多数种类的头节上有顶突，顶突不能回缩，上有 2 圈小钩（牛带绦虫，也称无钩绦虫，以及亚洲带绦虫除外）。生殖孔明显，不规则地交替排列在成熟节片两侧。睾丸数目众多。卵巢多分两叶，子宫为管状，孕节子宫有主干和许多侧分支。中绦期为囊尾蚴、多头蚴、链状囊尾蚴或棘球蚴，寄生于草食动物、杂食动物或人；成虫寄生于食肉动物或人肠道。很多种类引起人兽共患绦虫病。

2. 裸头科（Anoplocephalidae） 大、中型虫体，头节上有吸盘，无顶突和小钩。成熟节片有一组或两组生殖器官。睾丸数目众多。子宫形状为横管或网管状。中绦期为似囊尾蚴，寄生于甲螨科（Oribatidae）的地螨；成虫寄生于哺乳动物。

3. 戴文科（Davaineidae） 中、小型虫体，头节顶突上有 2 圈或 3 圈斧形小钩，吸盘上有细小的棘。成熟节片有一组或两组生殖器官，有的有两组。卵袋(egg pouch，egg capsule)取代孕节子宫。中绦期为似囊尾蚴，寄生于无脊椎动物(如蚂蚁、蝇类)；成虫一般寄生于鸟类，亦有寄生于哺乳动物者。

4. 复孔科（Dipylidiidae） 中、小型虫体，头节上有 4 个吸盘，其上有或无小棘。有可伸缩的顶突，极少数无顶突；有顶突的其上通常有 1～2 圈或多圈小钩。成熟节片有生殖器官一组或两组。睾丸数目通常很多。孕节子宫为横袋状或分叶，或为卵袋所替代，卵袋含 1 个或多个虫卵。中绦期为似囊尾蚴，寄生于无脊椎动物（如蚤、虱）；成虫寄生于哺乳动物、鸟类和爬行动物。

5. 膜壳科（Hymenolepididae） 中、小型虫体，头节上有可伸缩的顶突，具有 8～10 个小钩，呈单圈排列。成熟节片通常宽大于长，有一组生殖系统，生殖孔为单侧。睾丸大，一般不超过 4 个。孕节子宫为横管状。成虫寄生于脊椎动物，通常需以无脊椎动物为中间宿主，个别虫种不需要中间宿主而直接发育。

6. 中殖孔科（也称中绦科，Mesocestoididae） 中、小型虫体，头节上有 4 个凸出的吸盘，但无顶突。生殖孔位于腹面中线上。虫卵居于厚壁的副子宫器（paruterine organ）内。生活史尚未完全了解，第一中间宿主可能是食粪甲虫（coprophagic insect），第二中间宿主是哺乳动物、爬行动物和鸟类，在其体内的中绦期为四盘蚴；成虫寄生于哺乳动物、鸟类和爬行动物。

7. 副子宫科（Paruterinidae） 形态结构与复孔科绦虫相似，但有副子宫器。中间宿主为昆虫；成虫寄生于禽类肠道。

（二）双叶槽目

头节一般有两个纵向浅沟样吸槽，用于运动和附着，有时双槽不明显或付缺。链体分节明显或不明显。生殖孔位于体节腹部中间或节片边缘；成熟节片常有一组生殖器官，偶有两组者或多组。睾丸众多，分散排列。卵黄腺滤泡状，数目众多，分散在皮质区。孕节子宫常呈弯曲管状。子宫孔位于腹面，卵由此排出。链体末端的节片往往在虫卵排尽后才成段排出宿主体外。卵通常有盖，刚排出的虫卵没有发育至钩毛蚴阶段（容易与吸虫卵混淆），须在水中发育一定时期后，才能成熟并孵出外密被纤毛、内具六钩的钩毛蚴。钩毛蚴被第一中间宿主吞食后，在其体内发育为原尾蚴，携带原尾蚴的第一中间宿主被第二中间宿主吞食后，在其内发育为实尾蚴（全尾蚴）；成虫大多数寄生于鱼类，有的种类寄生于爬行类、鸟类和哺乳动物。

双叶槽科（也称裂头科，Diphyllobothriidae）绦虫常被称为裂头绦虫，系大、中型虫体，头节上有吸槽，分节明显。生殖孔和子宫孔同在腹面。成节宽大于长。卵巢位于体后部的髓质区内。卵黄腺小而多，位于皮质区。子宫为螺旋管状，每侧有 4～8 个螺旋（loops），在阴道孔后向外开口。卵有盖，产出后孵化。

（付宝权　才学鹏　编，李海云　潘保良　丁雪娟　审）

第二节　带科绦虫及带科绦虫蚴病

一、猪囊尾蚴病

猪囊尾蚴病（cysticercosis cellulosae，也称猪囊虫病）是由带科带属（*Taenia*）的猪带绦虫（*Taenia solium*）中绦期幼虫——猪囊尾蚴（*Cysticercus cellulosae*）引起的重要人兽共患寄生虫病。成虫寄生于人小肠，引起人的绦虫病；幼虫（囊尾蚴）主要寄生于人和猪等中间宿主的肌肉或脑部，引起囊虫病。猪囊尾蚴病不但造成养猪业的巨大经济损失，而且严重危害人类健康。我国新修订的动物疫病病种名录将猪囊尾蚴病列为二类动物疫病。世界动物卫生组织（OIE）将其列入需申报的动物疫病名录，世界卫生组织（WHO）也将其确定为全球需根除的六大人兽共患病之一。

（一）病原概述

猪囊尾蚴呈椭圆形囊泡状，大小为（6～10）mm×5 mm。包囊乳白色，囊内充满透明液体，囊壁为一层薄膜，壁上有一个圆形粟粒大的乳白色内陷头节，头节上有4个吸盘。头节最前端为顶突，其上有25～50个角质小钩，分两圈交错排列。在胆汁的刺激下，囊尾蚴的头节可外翻出来。

囊尾蚴包囊的大小与寄生的数量、时间长短有关。寄生的数量越多包囊越小；寄生时间越长包囊越大，头节也明显增大；随寄生时间延长，囊液可变黄、变混浊，包囊甚至会钙化。

猪带绦虫成虫由700～1 000个节片组成，长3～5 m。头节呈圆球形，直径约1 mm，上有吸盘、顶突和小钩（图20-3）。颈区窄而短，宽度约为头节直径的一半，长5～10 mm。链体中的幼节较短，宽度大于长度。成节的长度和宽度几乎相等而呈正方形，每个节片有雌雄各一组生殖器官。睾丸呈泡状，数目为150～300个，分散于节片的背侧。卵巢除分左右两大叶外，在生殖孔一侧还有一副叶。子宫初期为一直管，后期逐渐分化，向两侧分支。孕节位于虫体的末端，长度远大于宽度，内部其他器官已经退化，只剩下发达的子宫，子宫分出7～12对侧支，内充满虫卵，每个孕节含虫卵数3万～5万个。孕节可自链体脱落，随宿主粪便排出体外。由于孕节中含有大量虫卵，排出体外后，对环境造成严重污染。

虫卵呈圆形，直径31～43 μm。卵壳有两层：外壳薄，易脱落，也称真壳；内层较厚，浅褐色，有辐射状纹理，称胚膜或持胚器。卵内含有具3对小钩的胚胎，称为六钩蚴（图20-4）。

（二）病原生活史

猪带绦虫成虫寄生于人小肠，孕节自链体脱落后，随粪便排出体外，节片内的虫卵释放出

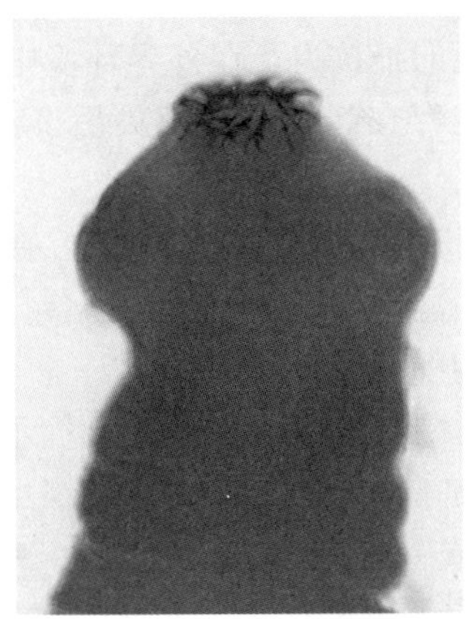

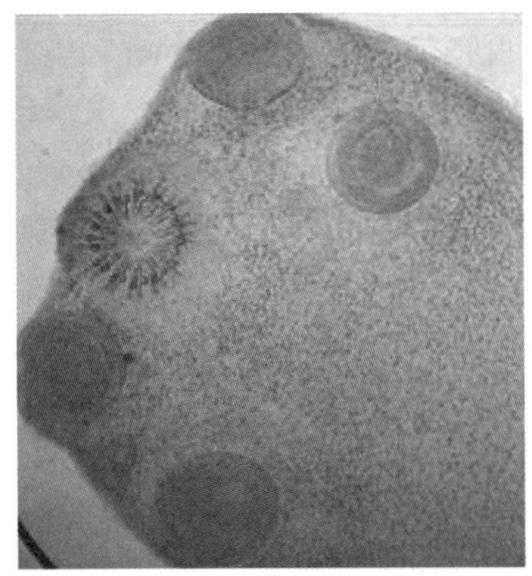

图20-3　猪带绦虫头节上的吸盘、顶突及小钩（20×）
（孙晓林　才学鹏供图）

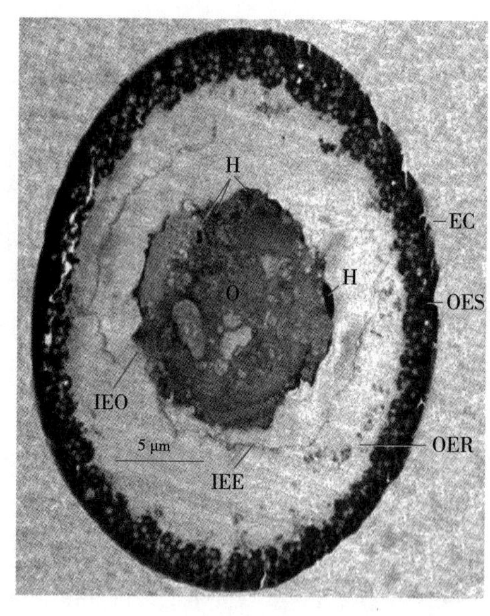

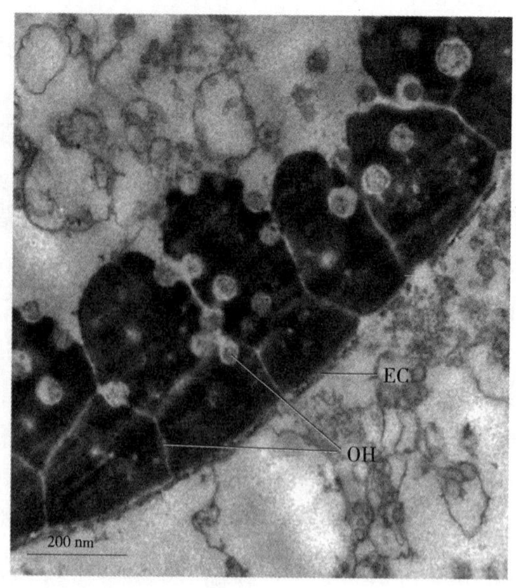

图 20-4　猪带绦虫成熟虫卵及卵壳的透射电镜结构

H. 小钩　EC. 子宫分泌的颗粒层　OES. 卵壳　OER. 外胞膜残留碎片

IEE. 内胞膜　IEO. 六钩蚴膜　O. 六钩蚴　OH. 生发孔

（孙晓林　才学鹏供图）

来，污染外界环境和食物。虫卵被中间宿主猪或人吞食后，在消化道经机械和化学作用，六钩蚴逸出，钻入肠黏膜，经由血液循环到达横纹肌等适于发育的组织或器官中，体积增大，逐渐形成一个充满液体的囊泡体，大约 20 d 后囊上出现凹陷，2 个月后在凹陷处形成头节，长出吸盘和有小钩的顶突，发育为具有感染性的囊尾蚴。从虫卵被摄入到发育为具有感染性的囊尾蚴大约需要 2 个月。猪囊尾蚴在宿主体内可存活数年，后因钙化而死亡。

人因摄食生的或未煮熟的含有囊尾蚴的猪肉而感染，当感染性囊尾蚴到达人的小肠，头节翻出并吸附于肠壁上，从颈区开始长出链体，经 2～3 个月发育为猪带绦虫，引起猪带绦虫病（taeniasis）（图 20-5、图 20-6）。

（三）流行病学

猪囊尾蚴病呈世界性分布，但主要流行于南美洲、中美洲、非洲、亚洲等国家和地区。但随着移民和旅游的国际化，在其他国家和地区也常有输入性病例报道。我国主要分布在云南、贵州、四川、内蒙古、甘肃等省区，以少数民族地区居多。

感染猪带绦虫的人是猪囊尾蚴的唯一感染源，其不断向外界排出孕节和虫卵，可持续数年，最长达 20 余年。虫卵有两层卵壳，对外界环境有较强的抵抗力，在外界环境中可存活数月。人工感染试验表明，猪带绦虫虫卵可在甲壳虫消化道内存在达 39 d，感染后 24 d 虫卵的活力达 40%，推测甲壳虫可能传播猪带绦虫虫卵。

猪囊尾蚴的发生和流行与人的粪便管理和猪的饲养管理方式密切相关。有些地方，人无厕所，养猪无圈；还有的采取连茅圈；猪接触人粪机会增多，因而造成流行。猪摄入被虫卵污染的饲料、青菜、野菜、青草或饮用虫卵污染的水也可发生感染。

人感染囊尾蚴有两条途径：一是体外感染，因误食被虫卵污染的食物和饮水而感染，或因绦虫病患者不注意个人卫生而导致的自体体外感染；二是自体体内感染，猪带绦虫病患者由于肠逆蠕动或反胃呕吐等，肠内的孕节或虫卵逆行入胃而造成感染。

人感染猪带绦虫则主要与饮食方式、卫生习惯和烹调方法有关。习惯吃生猪肉、未熟和半熟猪肉或摄入被猪囊尾蚴污染的食物是发生感染的主要原因，因此该病常呈地方性流行。猪肉中的囊尾蚴在 4 ℃冷藏可存活 1 个月以上，在－20 ℃冷冻可存活 1～3 d。

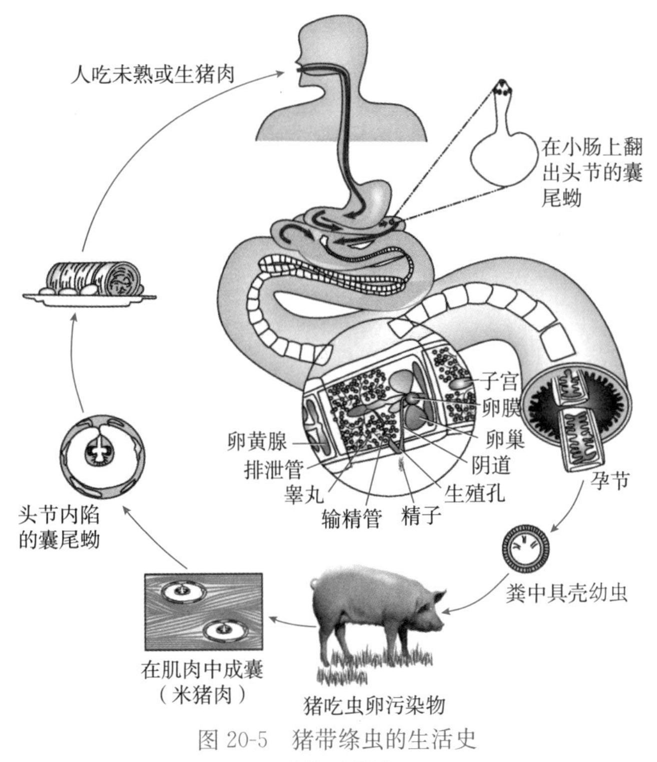

图 20-5　猪带绦虫的生活史
（李海云供图）

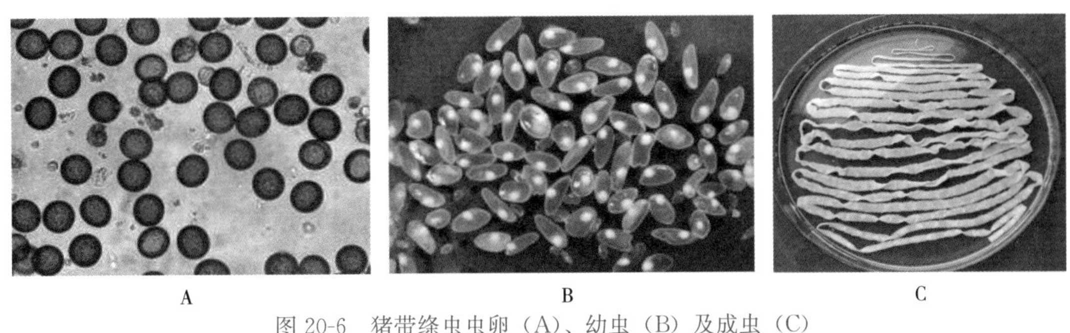

图 20-6　猪带绦虫虫卵（A）、幼虫（B）及成虫（C）
（骆学农供图）

基于线粒体细胞色素 C 氧化酶亚基Ⅰ（cytochrome C oxidase subunit Ⅰ gene，COI）和细胞色素 B（cytochrome B）遗传多态性分析，发现猪带绦虫可分为亚洲型和美洲型。

（四）致病作用和临床症状

被猪囊尾蚴感染的猪及寄生有猪带绦虫的人，感染量低时，临床症状都不明显，严重感染时会出现临床症状。

寄生于人体内的猪带绦虫，其头节吸附在肠壁上造成轻度损伤或肠炎，夺取营养导致宿主机体营养不良，虫体分泌物和代谢产物中的毒性物质可引起宿主胃肠机能紊乱。患者临床症状轻重与虫体寄生数量有关，表现为腹痛、腹泻或便秘、消瘦、可视黏膜苍白等，有时粪便中可见排出的节片。

在猪体内，猪囊尾蚴主要寄生于横纹肌，有时也可寄生于肺、肝、肾、脑等部位。猪重度感染囊尾蚴时，可导致营养不良、贫血、水肿、衰竭，胸廓深陷肩胛之间，前肢僵硬，发音嘶哑，呼吸困难。大量寄生于脑部时，可引起严重的神经紊乱，表现为鼻部触痛、强制运动、癫痫、视觉障碍和急性脑炎，有时突然死亡。

人被猪囊尾蚴寄生后，症状与寄生部位相关。在中枢神经系统寄生时可表现为癫痫，间或有头痛、眩晕、恶心、呕吐、记忆力减退或消失，严重者可致死亡；在眼内寄生时可导致视力减退，甚至失明。

（五）病理变化

猪宰后检查咬肌、肋间肌等骨骼肌以及心肌，可见有乳白色椭圆形或圆形的猪囊尾蚴（图 20-7）。猪囊尾蚴在肌纤维间清晰可见，虫体周围是由结缔组织形成的包囊，在虫体与包囊之间形成一新月形的变性溶解区，此区可为虫体的生长发育提供空间。初期在囊尾蚴周围有炎症细胞浸润，继之发生纤维病变，镜检可见巨噬细胞侵入包囊，吞噬死亡崩解的虫体；然后该部位由结缔组织所填充。初期肌肉内的多数囊尾蚴具有活性，寄生时间过长，则出现钙化、死亡。

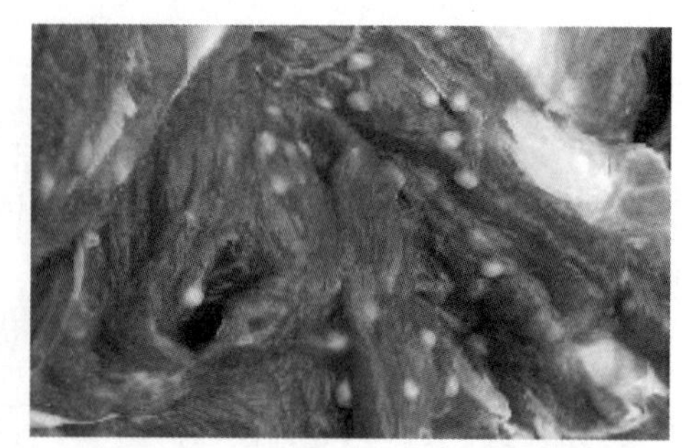

图 20-7　猪肉中寄生的囊尾蚴
（骆学农供图）

（六）诊断

猪囊尾蚴病的生前诊断比较困难，主要依靠临床症状和免疫学检测方法。严重感染的猪，体型改变，肩胛肌肉严重水肿，肩胛增宽，后臀肌肉水肿隆起，猪体型外观呈哑铃状或狮子形。前肢僵硬，后肢不灵活，左摇右摆。发音嘶哑，呼吸困难，睡眠发鼾。触摸舌根或舌腹面可感觉到有数量不等的结节。

基于酶联免疫吸附实验（ELISA）的检出率可达 90%以上，但不能排除与细颈囊尾蚴和棘球蚴的交叉反应。基于猪囊尾蚴囊液或囊壁糖蛋白的酶联免疫电转移印迹技术（enzyme-linked immunoelectrotransfer，EITB）也具有很高的敏感性和特异性。而且随着感染时间的延长，EITB 反应条带也增加，阳性符合率也相应增加。

猪囊尾蚴病宰后检验依肉品检验规程进行，但敏感性较低。尤其是当虫体负荷较少时，很容易造成漏检。不同国家针对肉品检验有不同的规定，但均以咬肌、舌肌、心肌、肋间肌、膈肌等作为检验对象。

人脑囊尾蚴病的诊断主要依赖于计算机断层扫描技术（computed tomography，CT）。免疫学诊断通常利用基于囊尾蚴粗制抗原或重组抗原建立的间接 ELISA 方法，检测血清和脑脊液中的抗体或循环抗原，后者还可以检测活动期囊尾蚴，并可据此评价药物治疗的效果。基于 GP50 糖蛋白建立的 EITB 是目前诊断人脑囊尾蚴病的金标准。

在人粪便中观察到节片或镜检出虫卵（粪检时需要注意生物安全防护），便可初步诊断为猪带绦虫病。但要确诊是哪种绦虫病，需通过诊断性驱虫获得完整虫体，再通过形态学观察与牛带绦虫和亚洲带绦虫相区分。如果虫体缺少头节，或仅有孕节或虫卵，可通过多重 PCR 等分子生物学技术进行种的鉴定。

（七）预防

（1）加强生猪的集中屠宰和肉品检验，严禁私屠乱宰和未经检验的猪肉上市销售。对猪囊尾蚴感染的肉品应进行无害化处理。

（2）做到“人有厕所、猪有圈”，防止猪吞食人粪便。养成良好的烹饪习惯、饮食习惯和个人卫生习惯。

（3）对流行严重地区的猪进行免疫接种，可提高猪群的抵抗力，大幅度降低感染率和感染强度。采用奥芬达唑（oxfendazole）治疗和 TSOL18 重组疫苗免疫相结合的综合防控措施，既有治疗又有预防猪囊尾蚴病的效果。

（4）在流行区，加强对猪带绦虫病患者的排查和药物驱虫，驱完虫的粪便要进行无害化处理。

（5）加强宣传教育，提高人们对病原生活史和本病危害的认识，增强防病治病的自觉性。

（骆学农　才学鹏　编，宋铭忻　安健　审）

二、亚洲带绦虫囊尾蚴病

亚洲带绦虫囊尾蚴病（cysticercosis of *Taenia asiatica*）是由亚洲带绦虫（*Taenia asiatica*）的中绦期幼虫寄生于猪、野猪、犊牛、山羊、猴等的内脏而引起的绦虫蚴病。亚洲带绦虫曾命名为牛带绦虫亚洲亚种（*Taenia saginata asiatica*）和亚洲牛带绦虫（*Taenia saginata* asia type）。成虫寄生于人小肠，从摄入囊尾蚴到虫体成熟需 2.5～4 个月。成虫形态似牛带绦虫，头节有顶突、无小钩（图 20-8），孕节子宫有 12～19 对主侧支。其囊尾蚴主要寄生于肝（图 20-9），且以肝实质为主，偶见于肌肉、网膜、肺及胴体浆膜，故又称嗜内脏性囊尾蚴（*Cysticercus viscerotropica*）。囊尾蚴很小，大小为（0.4～2.5）mm×（0.6～2.8）mm（图 20-9），形似猪囊尾蚴，头节有顶突，顶突上有未完全退化的小钩。感染后 29 d 即发育到感染期，此后逐渐死亡、钙化。绦虫病患者可表现出粪便中有节片、肛门瘙痒、恶心、头晕、腹痛和腹泻等症状。该病主要分布在菲律宾、印度尼西亚、马来西亚、缅甸、泰国、韩国等亚洲国家或地区。我国台湾、云南、贵州、广西和四川等地多有报道，主要与当地一些少数民族生食猪肝或内脏的习俗有关。目前，还没有证据排除亚洲带绦虫虫卵感染人的可能。由于有亚洲带绦虫与牛带绦虫杂交种或中间种的报道，因此，在对人源三种绦虫进行分子鉴别诊断时应加以注意。该病的诊断、治疗和预防参照猪带绦虫病。

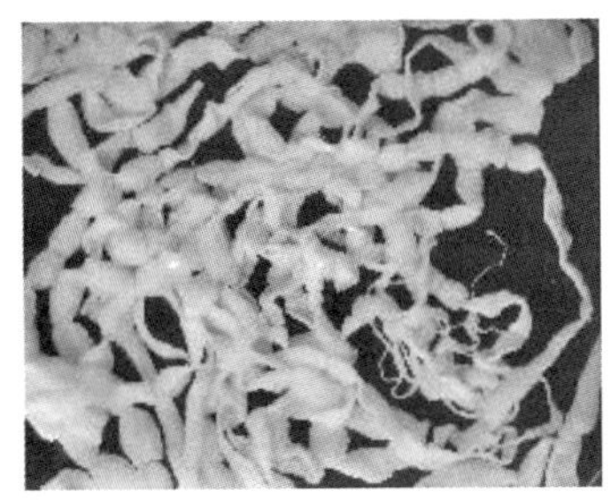
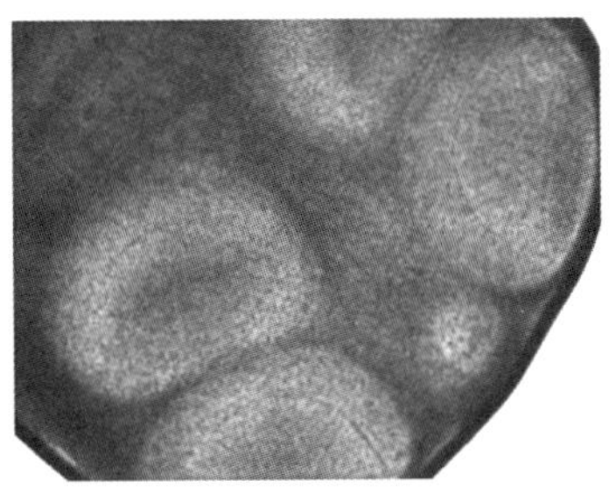

图 20-8 亚洲带绦虫及头节压片镜检
（骆学农供图）

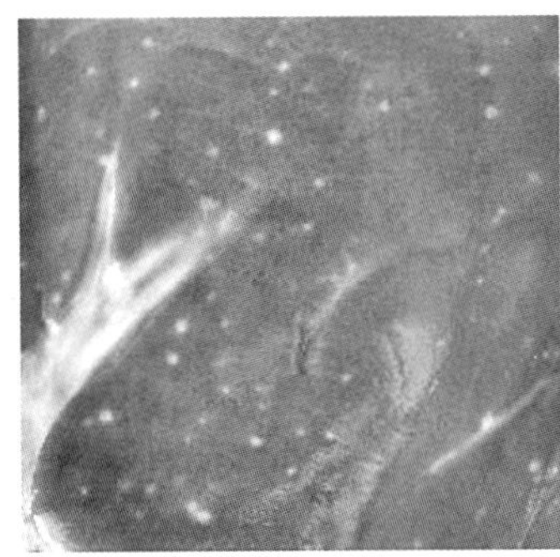
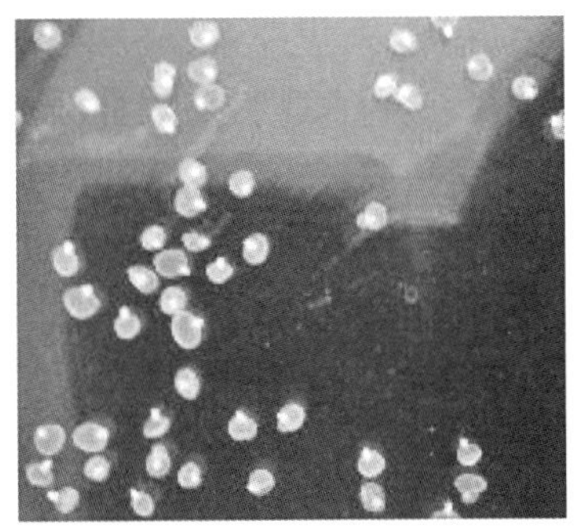

图 20-9 亚洲带绦虫感染猪的肝及分离的囊尾蚴
（骆学农供图）

三、牛囊尾蚴病

牛囊尾蚴病(cysticercosis of *Taenia saginata*)是由牛带绦虫（*Taenia saginata* syn. *Taeniarhynchus saginata*，又称牛肉绦虫、肥胖带绦虫、无钩绦虫）的中绦期幼虫寄生于牛科动物、野山羊、野猪、驯鹿等引起的绦虫蚴病。

人是牛带绦虫唯一的终末宿主，成虫呈乳白色或浅黄色，长 4～8 m，最长可达 25 m(图 20-10)。头节略呈方形，直径 1.5～2.0 mm，无顶突及小钩。头节有四个杯形吸盘，直径 0.7～0.8 mm。链体由 1 000～2 000 个节片组成，节片较猪带绦虫明显肥厚。每一成熟节片均有雌雄生殖器官各一组。孕节子宫具 14～32 对侧分支。当牛等中间宿主吞食虫卵后，虫卵内的六钩蚴在十二指肠内逸出，穿过肠壁随血液或淋巴循环到达肌肉，2 个月后发育为有感染性的牛囊尾蚴（图 20-10）。

人食入未煮熟的含囊尾蚴的牛肉后，囊尾蚴在人肠道内经 3 个月左右即可发育为成熟牛带绦虫。牛带绦虫病多无明显症状，部分病例有肛门瘙痒、腹泻、恶心等。该病呈世界性分布，发展中国家，特别是南美、中东、亚洲及非洲一些国家更为多见。我国西北及西南地区人群感染率较高。

鉴别诊断、治疗和预防参照猪带绦虫及其囊尾蚴病。

A

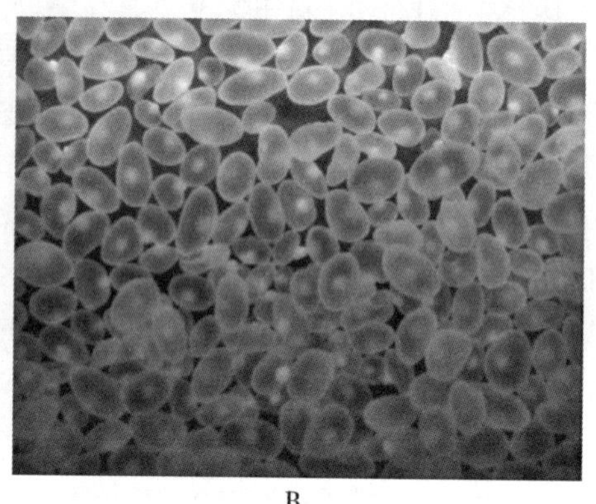

B

图 20-10　牛带绦虫成虫（A）和牛囊尾蚴（B）
（骆学农供图）

（骆学农　才学鹏　编，宋铭忻　于三科　审）

四、细颈囊尾蚴病

细颈囊尾蚴病（cysticercosis tenuicollis）是由带科带属的泡状带绦虫（*Taenia hydatigena*）的中绦期幼虫寄生于猪、牛、羊等动物的肝浆膜、大网膜和肠系膜等处所引起的一种常见绦虫蚴病。

（一）病原概述

细颈囊尾蚴呈囊泡状，内含透明液体，大小不等，可从 1 cm 到鸡蛋大或更大；囊壁薄，在其一端的延伸处有一白色头节，头节上有两圈小钩，虫体多悬垂于腹腔脏器上，俗称“水铃铛”。寄生于脏器的囊体，其外有一层由宿主组织反应产生的厚膜包围，故不透明，易与棘球蚴混淆。

泡状带绦虫呈乳白色或稍带黄色，体长可达 5 m，头节上有顶突和 26～46 个小钩。孕节充满虫卵，子宫侧支为 5～16 对。虫卵为卵圆形，内含大小为(36～39) μm×(31～35) μm 的六钩蚴。

（二）病原生活史

中间宿主多为猪、羊，也可见于牛。终末宿主为犬、狼、狐等犬科动物。成虫寄生于终末宿主小肠内，虫卵随粪便排出体外，污染饲料、草场和饮水。当中间宿主吞食虫卵后，六钩蚴在消化道内孵出，钻入肠壁血管，随血流到达肝，并移行至肝浆膜寄生，或在大网膜和肠系膜等处寄生，形成一个直径 1～8 cm、充满透明囊液的乳白色囊泡，约经 3 个月发育为具有感染性的细颈囊尾蚴。细颈囊尾蚴被终末宿主吞食后，在小肠内经过 52～78 d 即可发育为成虫。

（三）流行病学

该病流行广泛，呈世界性分布。主要流行于放牧或散养的家畜。不同品种年龄的猪、羊均可感染，尤其幼畜易感。牛感染较猪、羊少。

（四）病理变化

慢性病例可见肝包膜、肠系膜、网膜上具有数量不等、大小不一的包囊，严重时还可在肺、胸腔和食道处发现包囊。急性病例可见肝肿大、表面有出血点，肝实质中有虫体移行的孔道，有时出现腹水并混有渗出的血液，病变部位有尚在移行发育中的幼虫。

（五）临床症状

成年动物细颈囊尾蚴寄生后症状一般不明显。幼畜发病时表现为发热、贫血、黄疸、黏膜苍白；伴有急性腹膜炎时，腹部增大，腹水，并有压痛和体温升高的现象。泡状带绦虫寄生于犬时，往往不引起明显的临床症状。

（六）诊断

生前诊断可通过血清学方法，但较困难。死后剖检发现病变和细颈囊尾蚴可确诊。

（七）治疗

可用吡喹酮、阿苯达唑治疗。

（八）预防

加强宣传，严格屠宰检疫，一旦发现病变内脏应及时销毁，严禁用含细颈囊尾蚴的内脏喂犬。此外，对犬应定期、定点驱虫，并对粪便进行无害化处理。

五、羊囊尾蚴病

羊囊尾蚴病（cysticercosis ovis）也称羊囊虫病，是由带科带属的羊带绦虫（*Taenia ovis*）的中绦期幼虫寄生于绵羊和山羊的横纹肌（如膈肌、咬肌、舌肌）和心肌等处所引起的绦虫蚴病。成虫寄生于犬科动物小肠，孕节或虫卵随粪便排出，污染饲草、饲料及饮水。虫卵被羊摄入后，在消化液的作用下，六钩蚴在小肠逸出，钻入肠壁血管，随血液循环到达寄生部位，经 2.5～3 个月发育成囊尾蚴（图 20-11）。该病主要流行于南美洲和大洋洲，近年来我国甘肃、河北等地也有散发的报道，应引起重视。

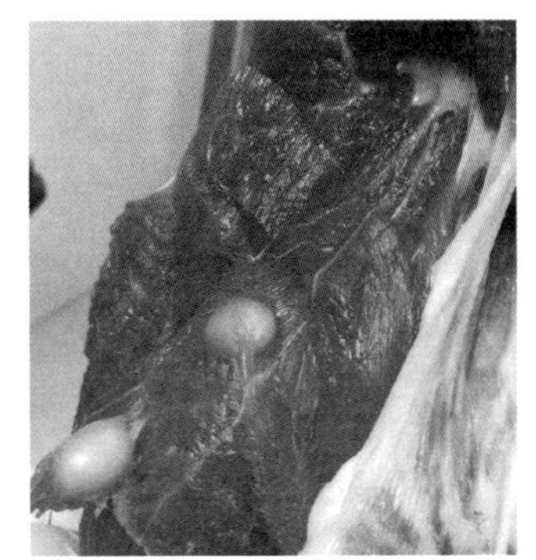

图 20-11　绵羊肌肉中的羊囊尾蚴（贾万忠供图）

该病症状一般不明显，幼畜严重感染时，出现发育不良、生长缓慢，甚至死亡，可造成很大经济损失；感染囊尾蚴的羊肉须销毁或进行无害化处理。血清学试验可初步诊断，剖检才可确诊。治疗可用吡喹酮和阿苯达唑。澳大利亚研制了羊带绦虫的To45W 基因工程疫苗，并通过该疫苗的免疫接种，成功控制澳大利亚和新西兰等国羊囊尾蚴病的发生。预防措施包括严禁用含有羊囊尾蚴的肌肉和内脏喂犬，并对犬进行定期、定点驱虫，及时对犬粪便进行焚烧或无害化处理。

（侯俊玲　骆学农　才学鹏　编，宋铭忻　安健　审）

六、豆状囊尾蚴病

豆状囊尾蚴病（cysticercosis pisiformis）是由带科带属的豆状带绦虫（*Taenia pisiformis*）的中绦期幼虫——豆状囊尾蚴（*Cysticercus pisiformis*）寄生于兔的肝、肠系膜、网膜及直肠周围等处引起的一种绦虫蚴病。豆状带绦虫寄生于猫、犬、狐等的小肠内，成虫体节边缘呈锯齿状，故又称锯齿带绦虫（*Taenia serrata*）。虫体呈乳白色，长可达 2 m，头节有吸盘、顶突及36～48 个小钩（图 20-12）。幼虫小如豌豆，透明，形似小泡或葡萄，直径 10～18 mm，内含 1 个头节。豆状囊尾蚴被终末宿主摄入，大约经 70 d 发育为成虫（宿主的种类和品种不同，发育时间可能也不同）。孕节随粪便排至体外，兔食入被虫卵污染的饲料和饮水后，六钩蚴自卵中孵出，进入肠壁血管，随血液到达肝。大约在感染后 15～30 d，虫体穿过肝被膜，进入腹腔，在肠系膜、网膜及直肠周围等处发育为豆状囊尾蚴（图 20-13）。从虫卵感染到发育为感染性囊尾蚴约需 39 d。豆状囊尾蚴大量感染时可导致兔肝炎、肝腹水、消化障碍及突然死亡。用吡喹酮和阿苯达唑定期对犬、猫等进行驱虫，禁止用病兔内脏喂犬、猫，防止终末宿主的粪便污染饲草及水可预防该病的发生。

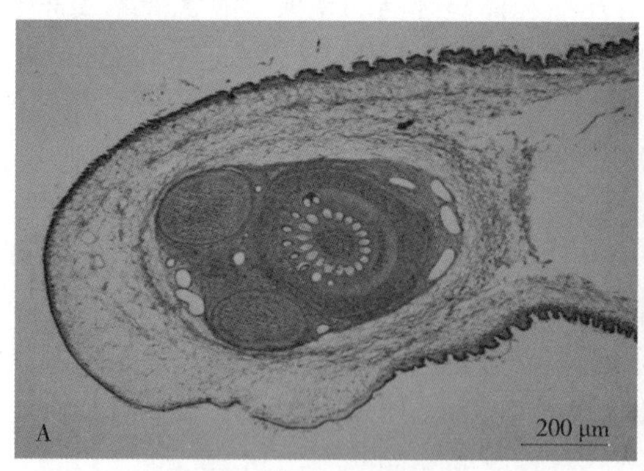

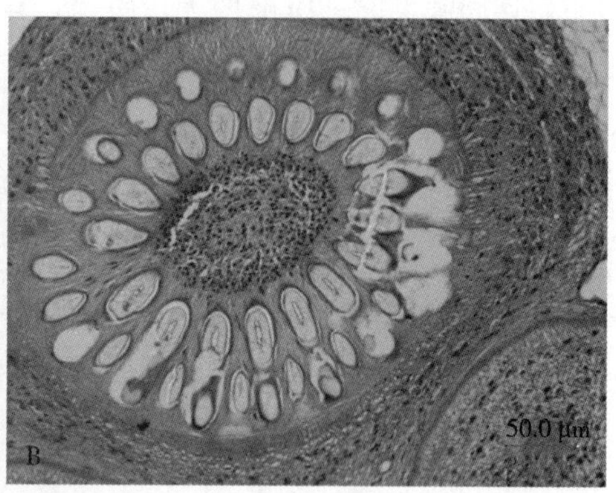

图 20-12　豆状带绦虫头节切面 HE 染色
A. 吸盘　B. 顶突小钩断面
（孙晓林　才学鹏供图）

图 20-13　寄生于家兔网膜上的豆状囊尾蚴
（孙晓林　才学鹏供图）

七、链尾蚴病

链状囊尾蚴（strobilocercus，简称链尾蚴，也称叶状囊尾蚴，*Cysticercus fasciolaris*），是带科带属的带状带绦虫（*Taenia taeniaeformis*，同物异名带状泡尾绦虫，*Hydatigera taeniaeformis*）的中绦期幼虫寄生于兔、鼠等啮齿动物的肝引起的绦虫蚴病。成虫寄生于猫科、犬科和鼬科动物的小肠，呈乳白色，长 15～60 cm。头节粗壮，顶突肥大，上有小钩，4 个吸盘向外侧凸出。颈区极不明显。孕节子宫内充满虫卵，子宫侧分支为 16～18 对。虫卵直径为 31～36 μm。链尾蚴形似长链，长约 20 cm，头节不内嵌，后接一假分节的链体状结构，末端有一小尾囊。

孕节随猫等终末宿主粪便排至体外，常自行蠕动到草或其他物体上，释放出虫卵。鼠类等吞食了虫卵后，六钩蚴在小肠中孵出后钻入肠壁，经门静脉循环至肝，约 60 d 发育成链尾蚴，可引起鼠类的肉瘤病变。猫吞食了含有链尾蚴的鼠类而感染，经 36～41 d 发育为成虫。成虫在猫体内可存活 2 年。尽管人感染链尾蚴的报道非常罕见，但带状带绦虫具有感染人的风险，在流行区域，建议对伴侣动物进行检测、驱虫。对猫等终末宿主进行定期、定点驱虫，并对粪便进行无害化处理，同时采取灭鼠等措施可预防该病发生。

（张少华　骆学农　才学鹏　编，宋铭忻　安健　审）

八、脑多头蚴病

脑多头蚴病（coenurosis）俗称脑包虫病（cerabral coenurosis，gid，staggers），是带科带属的多头带绦虫（*Taenia multiceps*）的中绦期幼虫——多头蚴或称共囊尾蚴（coenurus）寄生于绵羊、山羊、黄牛、牦牛等动物的脑及脊髓中引起的一种绦虫蚴病。本病呈世界性分布，我国各地均有报道，多呈地方性流行。脑多头蚴病的早期临床症状十分轻微，故常被忽视，一经发现即为中晚期，而本病的中晚期治愈率很低，引起感染动物死亡，对羔羊和犊牛危害严重。人因误食虫卵偶尔也可感染。因此，本病又是一种致死性的人兽共患绦虫病。

（一）病原概述

多头带绦虫成虫长 40～100 cm，由 200～250 个节片组成，最大宽度为 5 mm。头节有 4 个吸盘和 1 个顶突，顶突上有 22～30 个小钩，排列成两圈，大钩长 157～177 μm，小钩长 98～136 μm。成熟节片呈方形，或长大于宽，睾丸 284～388 个，卵巢分两叶，大小几乎相等；孕节长 8～10 mm，宽 3～4 mm，孕节子宫内充满虫卵。虫卵呈圆形，直径为 29～37 μm，卵壳有两层，内层较厚，浅褐色，有辐射状纹理，内含六钩蚴。

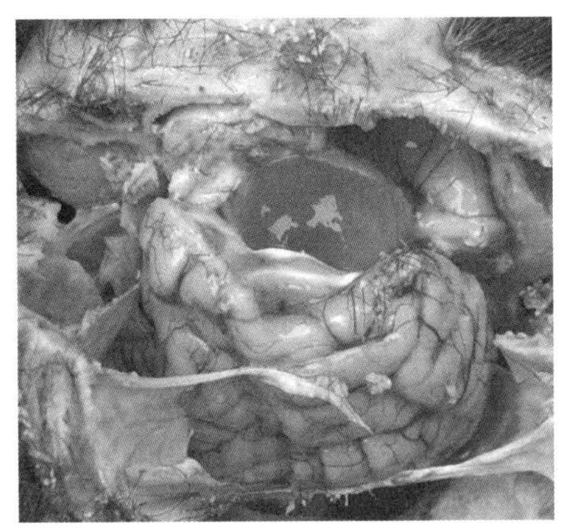

图 20-14 寄生于绵羊大脑中的多头蚴
（孙晓林 才学鹏供图）

脑多头蚴为圆形或卵圆形半透明的包囊，内有白色菜花状的多头蚴（图 20-14），直径约5 cm或更大，大小取决于寄生部位、寄生数量、发育程度及感染动物的种类。囊壁由两层膜组成，外膜为纤维层，内膜为生发层，其上生有许多原头蚴，直径为2～3 mm，100～250 个。包囊内充满液体，其中有些成分为抗原，破裂后可引起宿主比较严重的过敏反应。

（二）病原生活史

多头带绦虫终末宿主为犬、狼、狐等犬科动物，中间宿主为牛、羊、骆驼等动物，脑多头蚴偶寄生于人。多头带绦虫寄生于终末宿主的小肠，其孕节脱落后随宿主粪便排出体外，节片与虫卵散布于牧场上或饲草、饮水中，被中间宿主吞食而进入肠道。虫卵内六钩蚴逸出，借小钩的机械作用和酶的化学作用钻入肠黏膜血管内，而后随血流被带到脑及脊髓进一步发育，引起脑多头蚴病，也可在中间宿主肌肉、皮下、胸腔、腹腔等组织寄生（多见于山羊），引起多头蚴病。幼虫生长缓慢，感染后 15 d，平均大小仅为 2～3 mm。感染 1 个月后开始形成头节，进而出现小钩，大约经 3 个月方可变为具有感染性的多头蚴。犬、狼等肉食动物吞食含多头蚴的组织而感染。多头蚴在终末宿主的消化道中经消化液作用，囊壁溶解，原头蚴吸附于肠壁上逐渐发育，经 40～70 d 发育为成熟的多头带绦虫，可排出孕节及虫卵。成虫在犬体内可存活 6～8 个月（图 20-15）。

（三）流行病学

脑多头蚴病呈世界性分布，主要流行于非洲和东南亚地区绵羊和山羊养殖较多的发展中国家。该病一年四季均可发生，无明显的季节性。脑多头蚴病发病率随不同农业气候带差异而变化，也与地理、社会及生态因素有关。脑多头蚴病在我国为全国性分布，尤以西北、华北、东北等广大牧区常见，呈地方性流行。圈养羊如形成犬-羊感染循环，其发病率往往很高。人体多头蚴病的病例已达数百例。

（四）致病作用和临床症状

脑多头蚴病是一种神经系统疾病，临床症状主要取决于动物种类、寄生部位、荷虫量及

图 20-15　多头带绦虫的生活史
（李海云供图）

大小。寄生于牛、羊等动物时，有典型的神经症状和视力障碍，病程可分为前期与后期两个阶段。前期为急性期，由六钩蚴移行到脑组织引起，动物出现体温升高，脉搏和呼吸加快，类似脑炎及脑膜炎症状，重度感染的动物常在此期死亡。后期为慢性期，该期在患病动物耐过急性期后，在一定时间内不表现临床症状。随着脑多头蚴的发育，其体积增大，压迫组织，逐渐产生占位性神经症状，包括共济失调、反应迟钝、转圈、蹒跚、斜颈、食欲缺乏、按压包囊寄生部位时有疼痛反应，有时有单向性的盲视。包囊寄生于大脑时出现精神沉郁、头朝左方或右方倾斜低垂、顿足或直行；寄生于小脑时，表现为动作失调或过度兴奋；寄生于脊髓时，其典型临床症状是后肢瘫痪；寄生在大脑半球表面，其典型症状为“转圈运动”，称为“回旋病”，其转圈运动的方向与寄生部位一致，即头偏向病侧，并且向病侧做转圈运动，包囊越小，转圈越大，包囊越大，转圈越小。如多个虫体寄生于不同部位，可出现综合症状。囊体大时，可能出现局部头骨变薄、变软和皮肤隆起。另外，被虫体压迫的大脑对侧视神经乳突常有充血、萎缩，造成视力障碍以至失明。患病动物精神沉郁，对声音刺激的反应弱，共济失调；严重时食欲废绝，卧地不起，最终死亡。

（五）诊断

在流行区域，可根据其特殊的临床症状和病史做出初步诊断。寄生于大脑表面时，头部触诊可大致确定虫体所在部位。有些病例需剖检才能确诊。可试用间接血凝试验（IHA）、酶联免疫吸附试验（ELISA）、斑点免疫金渗滤试验（DIGFA）、斑点免疫吸附试验（DIBA）等免疫学诊断方法，但常与其他绦虫蚴病发生交叉反应而出现假阳性。超声波探查、X 线、计算机断层扫描技术（CT）、磁共振成像（MRI）等方法能对包囊寄生部位、大小和性状等做出较为明确的判断；但在一些非典型影像诊断时，对包囊的性质（如囊肿、脓肿和肿瘤）通常难以做出判断，而且需要特殊设备，限制了其在生产实践中的应用。

（六）治疗

一旦患病动物出现临床综合征后，往往预后不良，如不及时治疗，死亡率为 100%。治疗通常包括药物治疗和手术治疗。尽管手术治疗有一定的成功率，但仅适用于经济价值较高的动物，而且在野外条件下进行手术有一定难度。化学药物如阿苯达唑、吡喹酮等可以破坏大多数有感染活性的脑多头蚴，但治疗周期长，疗效不太确实。尽早淘汰患病动物可能是更好的选择。

(七) 预防

防止犬等肉食动物食入带有脑多头蚴的脑和脊髓，对患病动物的脑和脊髓应焚烧或深埋。牧羊犬应定期驱虫，粪便深埋、焚烧或利用堆积发酵等方法杀死其中的虫卵，避免污染环境。防止野犬、狼、狐、豺等终末宿主到牧场散布病原。有研究表明应用基因重组抗原 Tm16、Tm18 等免疫绵羊后可以获得较好的保护效果，但目前尚无商品化疫苗。

九、连续多头蚴病

连续多头蚴病是由带科带属的连续带绦虫（*Taenia serialis*，旧称连续多头绦虫，*Multiceps serialis*）的中绦期幼虫——连续多头蚴（*Coenurus serialis*）寄生于兔、鼠类的肌肉、内脏和皮下结缔组织等处所引起的绦虫蚴病。连续多头蚴包囊形似鸡蛋，直径 4 cm 或更大，囊内壁上有原头蚴，呈辐射状排列，亦有部分原头蚴游离在囊液中。成虫寄生于犬、狐等犬科动物小肠中，长 20～70 cm，头节顶突上有 26～32 个小钩，排成两圈。孕节子宫侧支 20～25 对，虫卵大小（31～34）μm×（20～30）μm。虫卵被中间宿主吞食后，六钩蚴在小肠内孵出，钻入肠壁，随血流到肋间、皮下组织等处发育成连续多头蚴。当犬、狐等吞食连续多头蚴后被感染，在小肠内发育为成虫。本病症状因寄生部位而异，主要表现为皮下出现肿块和关节活动失灵，寄生于脑、脊髓时可出现神经症状。摸到动而无痛的皮下包囊时可做出初步诊断，确诊需取出包囊镜检。防治以控制养犬数量和驱虫为主要措施，防止犬接近兔舍，严禁用染病兔尸或内脏饲喂犬。犬驱虫可用吡喹酮，并对粪便进行严格处理，杀灭其中的虫卵。兔的治疗可用吡喹酮、甲苯达唑或阿苯达唑。

（付宝权　编，宋铭忻　于三科　审）

十、棘球蚴病

棘球蚴病（echinococcosis，旧称包虫病，hydatid disease 或 hydatidosis），系带科棘球属绦虫（*Echinococcus* spp.）的幼虫（棘球蚴）寄生于牛、羊、多种野生动物和人等中间宿主所引起的一类人兽共患绦虫病。棘球属绦虫成虫体型虽小，但其幼虫——棘球蚴直径可达 40 cm，幼虫移行和寄生可导致宿主组织器官的严重损伤或病变，致使患病动物发育不良或生长停滞，造成巨大经济损失。多房棘球绦虫的幼虫引起的多房棘球蚴病（也称泡型棘球蚴病，alevolar echinococcosis，旧称泡型包虫病，alevolar hydatid disease）可导致人的肝坏死；有时移行至肺和脑等器官，有癌症的特征，又称“虫癌”，是流行区患者因病致贫、因病返贫的重要原因之一。

(一) 病原概述

棘球属绦虫有 9 个种，其中 4 个种在我国流行，即细粒棘球绦虫狭义种（*Echinococcus granulosus* sensu stricto）、多房棘球绦虫（*Echinococcus multilocularis*）、石渠棘球绦虫（*Echinococcus shiquicus*）和骆驼棘球绦虫（也称加拿大棘球绦虫，*Echinococcus canadensis*）。不同种的虫体在形态、宿主范围、寄生部位、致病力等方面有明显差异。棘球属绦虫成虫体长不足 1 cm，背腹扁平，乳白色；虫体分头节、颈区和链体，链体只有幼节、成节和孕节各一节，偶有多一节者。棘球蚴呈囊状，一般分为囊型（cystic form）和泡型（alveolar form，也称多房型，multilocular hydatid cyst）两种，而囊型可细分为单囊型（unilocular hydatid cyst）和多囊型（polycystic hydatid cyst）。

细粒棘球绦虫最为常见，成虫体长 2～11 mm，平均为 3.6 mm。头节似梨形，宽 0.3 mm，具有顶突和 4 个吸盘，直径 25～30 μm。顶突富含腺体和伸缩力很强的肌肉组织，其上有两圈大小相间的小钩，28～50 个。小钩呈放射状排列，大的长 31～49 μm，小的 22～39 μm。顶突顶端有一群梭形细胞组成的顶突腺（rostellar gland），其分泌物具有抗原性。各节片均为方形或长方形。成节结构与其他带绦虫相似，生殖孔位于节片一侧的中部偏后。睾丸 45～65 个，均匀散布在生殖孔水平线前后方。输精管呈螺旋状，阴茎囊为梨状，卵巢呈马蹄铁状，子宫萌芽为棒状。孕节长 1.5～2.5 mm，宽 0.5～0.6 mm，孕节生殖孔更为靠后，子宫具不规则的分支和侧囊，含虫卵 200～1 500 个。虫卵呈卵圆形，长 32～36 μm，宽 25～30 μm，被覆着一层辐射状线纹的双层胚膜，内含一个六钩蚴。

细粒棘球蚴为圆形囊状球体，其大小因寄生部位、数量、时间和宿主不同而异，直径从不足 1 cm 至 40 cm。细粒棘球蚴为囊型，由外囊和内囊（生发囊、原头蚴、子囊、孙囊和囊液）组成。外囊是宿主的纤维组织和细胞形成的组织，包裹内囊。内囊分两层，外层为角质层（laminated layer），是糖类和黏蛋白组成的胞外基质，厚 1～4 mm，乳白色，半透明，似粉皮状，较脆弱，易破裂。光镜下观察无细胞结构而呈多层纹理状。内层为生发层（germinal layer），也称胚层，厚 22～25 μm，有许多细胞核，系合胞体细胞层。包囊呈扩张性生长，并可生成内源性子囊。生发层细胞向内芽生，可在囊内壁形成多细胞组成的小突起，渐变成单层细胞的小囊泡，即生发囊。生发囊脱落，其囊内可生出 5～40 个原头蚴。小囊泡也可发育为子囊，其结构与母囊相似，子囊还可再产生生发囊和子囊（孙囊）。囊腔内充满液体，无色透明或微带黄色，内含多种蛋白质、肌醇、卵磷脂、尿素及少量无机盐、糖和酶等，其大部分为宿主血清成分，所含的寄生虫蛋白具有抗原性（图 20-16）。

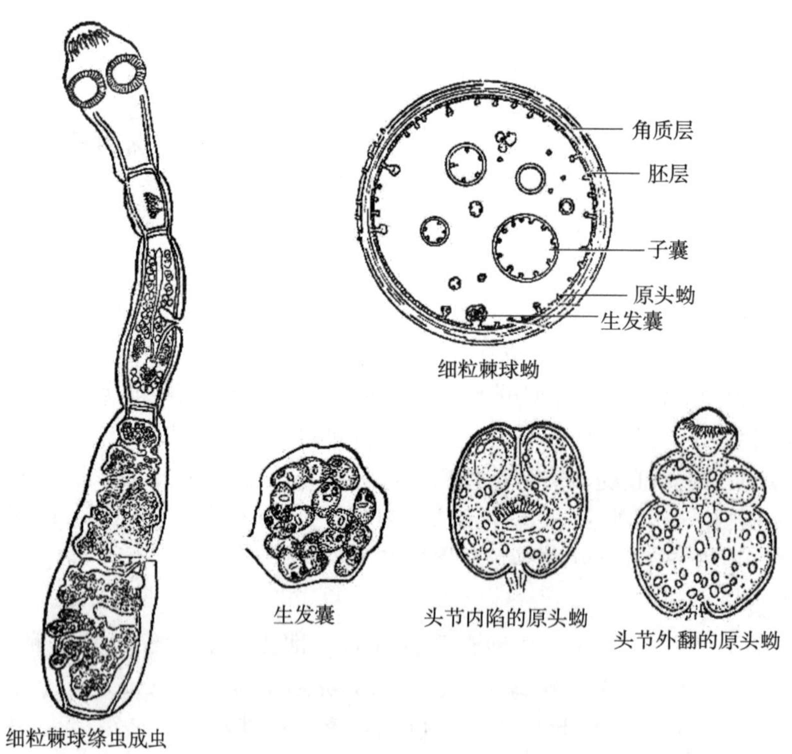

图 20-16　细粒棘球绦虫成虫及幼虫
（Mönnig）

核基因和线粒体基因序列进化分析发现，细粒棘球绦虫种内变异现象非常突出，广义种（*Echinococcus granulosus* sensu lato）包括 10 个基因型（G1～G10）或虫株（strains），由此更进一步将其中一些基因型和虫株重新修订，设立为独立种。新独立种包括马棘球绦虫（*Echinococcus equinus*）、奥氏棘球绦虫（*Echinococcus ortleppi*）、骆驼棘球绦虫（*Echinococcus canadensis*）和狮棘球绦虫（*Echinococcus felidis*）4 个种，它们与细粒棘球绦虫狭义种（*Echinococcus granulosus* sensu stricto）在流行病学上有明显差异。在我国，除存在细粒棘球绦虫狭义种（G1 和 G3）外，还存在骆驼棘球绦虫（G6～G10）。因此，棘球属绦虫共计有 9 个有效种（表 20-3）。5 种常见棘球绦虫形态学的主要区别见表 20-4。

表 20-3　棘球绦虫 9 个有效种流行病学的主要特征

种名	虫株/基因型	中间宿主	终末宿主	地理分布	人的病例
细粒棘球绦虫狭义种（*Echinococcus granulosus* sensu stricto）	绵羊株（G1）	绵羊、牛、猪、骆驼、山羊	犬、狐、澳洲野犬、胡狼、鬣犬	澳大利亚大陆、欧洲、美国、新西兰、非洲、中国、中亚、南美	常见
	塔斯马尼亚岛绵羊株（G2）	绵羊、牛	犬、狐	塔斯马尼亚、阿根廷	偶见（分类地位有争议）
	水牛株（G3）	水牛、绵羊、山羊、牛	犬、狐	亚洲	常见
马棘球绦虫（*Echinococcus equinus*）	马株（G4）	马及其他马属动物	犬	欧洲、中东、南非、新西兰和美国（未定）	未报道
奥氏棘球绦虫（*Echinococcus ortleppi*）	牛株（G5）	牛	犬	欧洲、南非、印度、斯里兰卡	偶见
骆驼棘球绦虫（*Echinococcus canadensis*）	骆驼株（G6）*	骆驼、山羊、绵羊、牛	犬	中东、非洲、中国、阿根廷、加拿大	常见
	猪株（G7）*	猪、熊、海狸、牛	犬	欧洲、南非、加拿大	偶见
	鹿株（G8）	驼鹿、马鹿	狼、犬	南美、欧亚大陆、加拿大	偶见
	猪株（G9）	猪	犬	波兰、加拿大	未知（分类地位有争议）
	鹿株（G10）	驼鹿、驯鹿、马鹿	狼、犬	加拿大、中国	偶见
狮棘球绦虫（*Echinococcus felidis*）	狮株	未知	狮	非洲	未报道
多房棘球绦虫（*Echinococcus multilocularis*）	分离株间变异较小，可分成欧洲、亚洲和美洲进化支	小型哺乳动物、家猪、野猪、猴、犬	狐、犬、猫、狼、貉、土狼（郊狼）	北半球	常见
石渠棘球绦虫（*Echinococcus shiquicus*）	未见报道	高原鼠兔、田鼠	藏狐、犬	中国	未报道
福氏棘球绦虫（*Echinococcus vogeli*）	未见报道	小型哺乳动物（天竺鼠、刺鼠、松鼠）	丛林犬（薮犬）、家犬	新热带区	偶见
少节棘球绦虫（*Echinococcus oligarthus*）	未见报道	小型哺乳动物（天竺鼠、刺鼠）	野生猫科动物（美洲虎、美洲豹、美洲狮、美洲山猫）	新热带区	偶见

注：* 越来越多的证据表明 G6 和 G7 很难区分，现多建议使用 G6/7 表示。

表 20-4　棘球属绦虫主要形态学特征比较

特征		细粒棘球绦虫	多房棘球绦虫	少节棘球绦虫	福氏棘球绦虫	石渠棘球绦虫
分布		世界性分布	北半球区域	新热带区	新热带区	中国西藏
终末宿主		犬等	狐等	野生猫科动物	丛林犬等	藏狐等
中间宿主		偶蹄动物等	田鼠类等	新热带鼠等	新热带鼠等	高原鼠兔等
成虫	体长/mm	2.0～11.0	1.2～4.5	2.2～2.9	3.9～5.5	1.3～1.7

（续）

特征	细粒棘球绦虫	多房棘球绦虫	少节棘球绦虫	福氏棘球绦虫	石渠棘球绦虫
节片数	2～7	2～6	3	3	2～3
大钩长/μm	31.0～49.0	24.9～34.0	43.0～60.0	49.0～57.0	20.0～23.0
小钩长/μm	22.0～39.0	20.4～31.0	28.0～45.0	30.0～47.0	16.0～17.0
睾丸数/个	45～65	16～35	15～46	50～67	12～20
生殖孔位置(成节)	近中	中前	中前	中后	近上端
生殖孔位置(孕节)	中后	中前	近中	中后	中前
孕节子宫	分支，有侧囊	囊状	囊状	管状	囊状
中绦期及其出现部位	单房囊，肝、肺为主	多房囊，肝为主	多房囊，肌肉	多房囊，内脏	单房囊，肺为主

（二）病原生活史

棘球属绦虫经历带科绦虫的典型生活史。细粒棘球绦虫成虫寄生于犬的小肠内，狼、狐、豺等野生动物也可作为其终末宿主。虫卵随终末宿主的粪便排出体外，污染牧场、畜舍、蔬菜、土壤、水源等，牛、羊、野生动物、人等中间宿主通过食物或饮水摄入虫卵，虫卵内的六钩蚴在胃肠道内脱卵壳而出，钻入肠壁，随血液循环进入肝门静脉，大部分幼虫在肝发育为棘球蚴，部分继续移行至肺或经血液循环而散布于全身各组织器官，如肺、心、肾、骨、脑、脾等，发育为棘球蚴。棘球蚴发育缓慢，经 1 个月后囊泡直径才达到 1 mm，3 个月达5 mm，5 个月达 10 mm，生长可持续数年，在人体中可生长 10～30 年，平均每年增长 0.7 cm。犬吞食含有棘球蚴的羊或其他中间宿主的内脏而感染，棘球蚴内的原头蚴进入小肠肠壁隐窝内，经 7～8 周发育为孕卵的成虫，完成生活史（图 20-17）。成虫寿命可达数年，排卵期为 2 年，其中高峰期为 3～10 个月。一条犬的小肠内有时可寄生数百至数十万条虫体。虫卵对外界环境的抵抗力较强，0 ℃下可存活 4 个月，50 ℃可存活 1 h。日光照射和干燥的气候对虫卵有致死作用，但虫卵对化学药物和常用消毒剂不敏感。

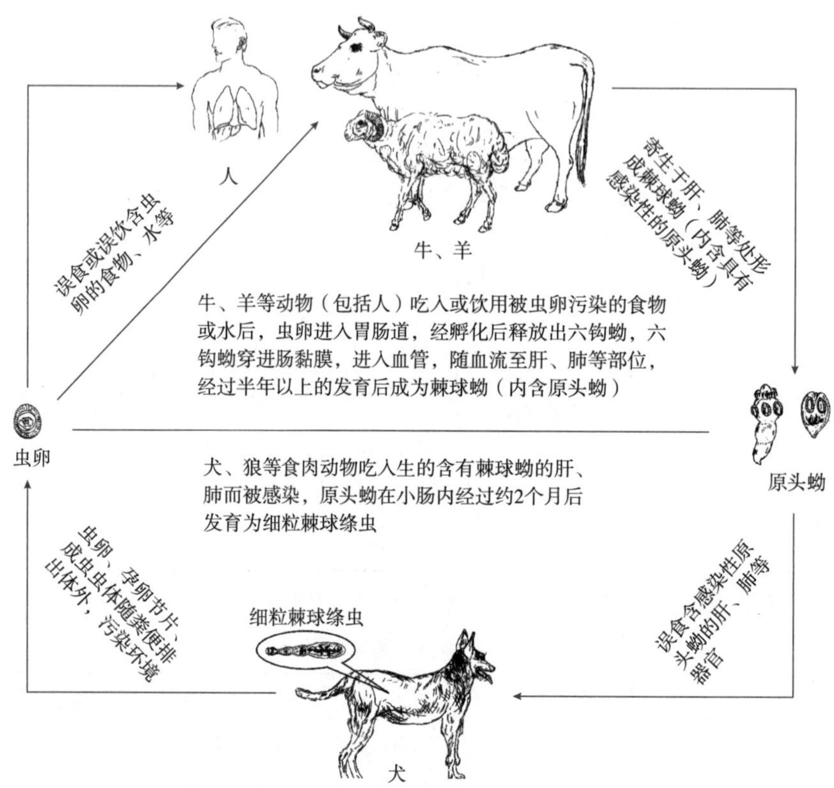

图 20-17　细粒棘球绦虫生活史
（贾万忠　朱国强供图）

（三）流行病学

棘球属绦虫宿主种类繁多，除石渠棘球绦虫和马棘球绦虫尚未发现感染人外，其余均为人兽共患病原体。我国是棘球蚴病高发国家之一，25 个省（市）区都有人和家畜感染的报道，其中新疆、西藏、宁夏、甘肃、青海、内蒙古和四川等 7 省（区）最为严重，呈明显的地方性流行。我国以细粒棘球蚴病居多，主要流行于西北牧区和半农半牧区；同时，我国也有多房棘球蚴病的流行报道，主要危害人，是高度致死性疾病，流行地称之为“虫癌”，主要分布于青海、西藏、甘肃、四川、新疆、宁夏的部分地区。

1. 细粒棘球绦虫　细粒棘球绦虫是棘球属绦虫中地理分布和宿主种类最广泛的绦虫之一。在我国，终末宿主主要为犬、狼和狐等犬科动物；家畜的棘球蚴病见于绵羊、山羊、猪、黄牛、牦牛、犏牛、水牛、骆驼、马、驴和骡 11 种有蹄动物，也有野生岩羊、藏原羚和高原鼠兔、野生松田鼠、灰尾兔、喉瘤黄羊（*Procapra gutturosa*）、林麝（*Moschus berezouskii*）及地松鼠等野生动物感染的报道。

细粒棘球绦虫呈全球性分布，主要在家养犬与偶蹄动物间传播，其中以犬-绵羊循环为主。狼或鹿等动物也可成为终末宿主或中间宿主。

感染细粒棘球绦虫的犬、狼、狐等终末宿主将虫卵及孕节排至外界，在适宜的环境下，孕节可保持活力数天；有时孕节遗留在犬肛门周围的皱褶内，孕节的伸缩活动，使犬瘙痒不安，到处磨蹭或啃舐，导致犬鼻部和脸部沾染虫卵，随犬的活动散播到各处，从而增加了人和家畜感染棘球蚴的机会。虫卵还可借助风力散布，鸟类、蝇、甲虫及蚂蚁也可以机械性散播本病。细粒棘球蚴的传播与养犬（特别是牧羊犬）密切相关。动物与人主要通过与犬接触，误食棘球绦虫卵而感染。绵羊、牛、猪及人均易感，马、兔、鼠类等哺乳动物也可感染；绵羊对本病较其他动物更易感。细粒棘球蚴寄生于动物内脏器官中，多见于肝（70%）和肺（20%）。

2. 多房棘球绦虫　终末宿主主要是狐，包括北极狐（阿拉斯加、西伯利亚）、红狐（日本北海道、欧洲）、鞑靼狐（俄罗斯阿尔泰边疆区）等；其次是犬、狼（俄罗斯）、家猫（北海道、美国北达科他州）等。我国境内发现的终末宿主有红狐（宁夏）、藏狐（青藏高原）、沙狐（内蒙古）、家犬和野犬（甘肃、四川西部）、狼（新疆）等。中间宿主以野生啮齿类动物为主，涉及许多鼠类，也可感染高原鼠兔等。我国境内共发现了 10 多种啮齿动物可感染该虫，包括达乌尔黄鼠、中华鼢鼠、布氏田鼠、小家鼠、赤颊黄鼠、黑唇鼠兔、灰尾鼠、长爪沙鼠、伊犁田鼠、根田鼠、青海田鼠（图 20-18）、松田鼠和长尾仓鼠等。虽然多房棘球蚴主要为野生循环型，但近来发现家犬、流浪犬以及“偷访”居民区的狐已逐渐成为人泡球蚴病（也称泡型包虫病、多房棘球蚴病）的主要传染源，应引起高度关注。

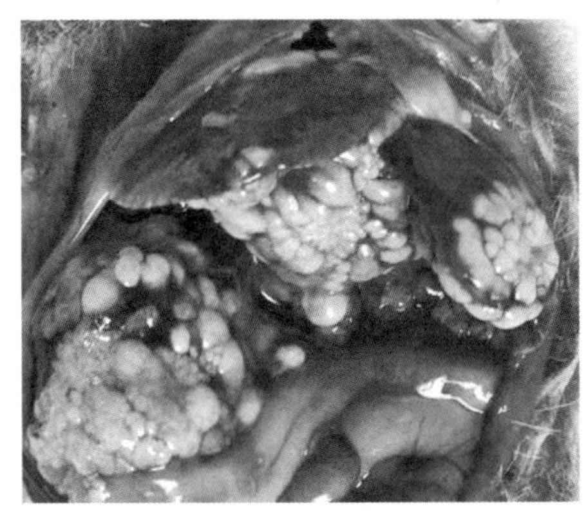

图 20-18　青海田鼠肝多房棘球蚴
（贾万忠供图）

3. 石渠棘球绦虫　我国特有的棘球绦虫，仅分布于青藏高原一带。终末宿主为藏狐（*Vulpes ferrilata*），中间宿主为高原鼠兔（*Ochotona curzoniae*），偶见于青海田鼠（*Microtus fuscus*）。包囊主要寄生于肺部（图 20-19），偶见于其他内脏器官。

（四）致病作用和临床症状

由细粒棘球绦虫狭义种、骆驼棘球绦虫、奥氏棘球绦虫、狮棘球绦虫、马棘球绦虫和石渠棘球绦虫的幼虫引起的棘球蚴病称为囊型棘球蚴病（cystic echinococcosis，CE），由多房棘球绦虫的幼虫引起的棘球蚴病称为泡型棘球蚴病（alvolar echinococcosis，AE），由福氏棘球绦虫和少节棘球绦虫的幼虫引起的棘球蚴病称为新热带地区型棘球蚴病（neotropical echinococcosis，NE）。

棘球蚴的致病性取决于蚴体大小、数目和寄生部位等（图 20-20），其致病作用一是对器官的挤压并引起组织器官病变，二是分泌毒素。当蚴体体积变大时即压迫组织，引起脏器萎缩与机能障碍。如数目多，则危害更大，甚至引起死亡。囊液对宿主是异体蛋白，当包囊破裂时，囊液可引起宿主剧烈的过敏反应。

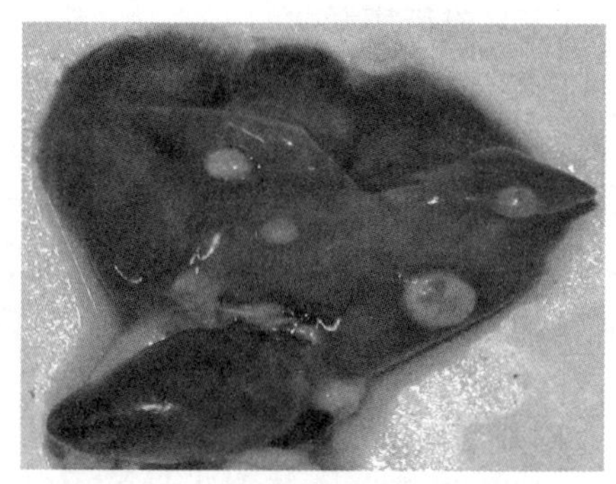

图 20-19　高原鼠兔肺石渠棘球蚴
（贾万忠供图）

动物棘球蚴病的潜伏期长，包囊可在宿主体内存在数年至终生。早期无明显症状，随着棘球蚴体积增大，可因压迫和破坏局部组织或临近脏器而出现临床症状。

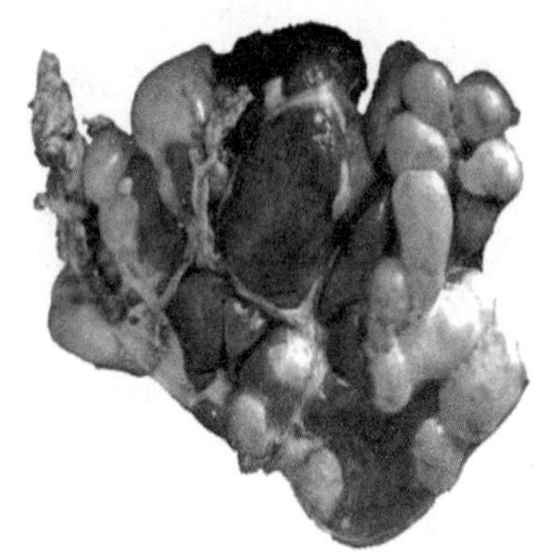

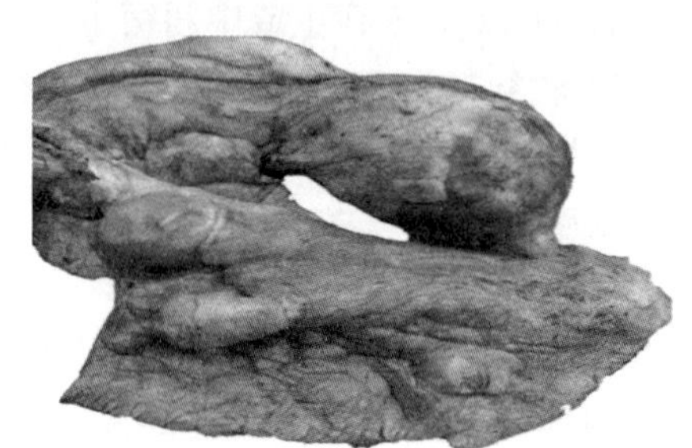

图 20-20　肝、肺棘球蚴
（贾万忠供图）

该病对绵羊危害较大，感染严重时，宿主被毛逆立、时常脱毛、发育不良、消瘦、咳嗽，久卧不起。

犬感染成虫时，虫体产生机械性刺激和有害代谢产物，并摄取肠道营养物质等危害宿主健康。当虫体数量少时，一般无明显症状。严重感染时，犬表现为腹泻、消化不良、消瘦、贫血和肛门搔痒等症状。

（五）诊断

1. 棘球蚴病诊断　棘球蚴病的诊断依据是从器官中（特别是肝和肺）检出棘球蚴。在国际贸易中 OIE 目前尚未建议使用其他指定和替代方法。

动物活体诊断也可使用间接血凝试验（IHA）和酶联免疫吸附试验（ELISA），但这些方法仍需进一步改进和完善，目前尚不能代替剖检法。一些有设备条件的实验室可采用 X 线和 B 超等方法对动物棘球蚴病进行诊断，这些方法的诊断结果有较高的准确性。

2. 棘球绦虫感染的诊断　棘球属绦虫的终末宿主要是犬、猫、狐、狼等肉食类动物。犬和其他肉食动物棘球绦虫感染诊断的依据是从其粪便或小肠中检出棘球绦虫或特异性抗原。WHO 和 OIE 建议使用槟榔碱泻下法和小肠剖检法作为棘球绦虫感染诊断的传统方法。目前，已有诊断犬、狐等棘球绦虫感染的新制剂，如粪抗原 ELISA 试剂盒、粪 DNA-PCR 试剂盒等。

由于棘球蚴病是一种人兽共患病，在对犬粪便进行检测或对犬进行剖检时，需采取严格的生物安全防护措施，以防参检人员感染和样品污染环境。

（六）治疗

由于疗效欠佳且治疗周期长，家畜棘球蚴病一般不进行治疗，主要是通过对犬体内的绦虫进行成熟期前驱除来控制该病流行。

(七) 预防

棘球蚴病是重要的人兽共患绦虫病，中间宿主包括家畜和野生动物，其预防不仅涉及生物学也涉及公共卫生与社会问题，应采取综合防控措施。

(1) 控制传染源，切断病原循环链是包虫病控制的原则。犬是最主要的传染源，加强流行区犬的科学管理是防控的重中之重，是预防人体包虫感染的关键环节。由于细粒棘球绦虫和多房棘球绦虫虫卵在犬体内的成熟时间分别为 45 d 和 30 d，因此，只有在 30 d 前将虫体驱除，才能保证环境不受虫卵污染，切断病原循环链，所以在流行区应做到“犬犬投药，月月驱虫”。

为确保安全，对于第一次驱虫的犬只应隔离并集中于一定的场所，对犬所排粪便进行深埋、堆肥发酵或收集焚烧，避免犬粪中虫卵污染环境和水源。驱虫药主要选用吡喹酮，有时也使用氢溴酸槟榔碱。

在棘球蚴病流行区应严格控制野犬数量。对必用的牧羊犬、猎犬和警犬等必须挂牌登记，并定期驱虫。广泛宣传犬在棘球蚴病传播中的作用，对家犬严加限制，对流行区的犬进行普查普治，定期驱虫和犬粪检查应列为常规制度。

(2) 严格实行定点屠宰和肉品卫生检疫，对患病动物肝、肺等脏器进行无害化处理，切忌直接喂犬。

(3) 大力开展卫生宣传教育，改善居民环境卫生，培养个人良好卫生习惯：饭前洗手，食物应煮熟，不喝生水、生乳，不吃生菜等。避免与犬密切接触，尤其对儿童更为重要。

(4) 已有商品化 EG95 亚单位疫苗，可用于流行区绵羊和牛棘球蚴病的免疫预防，免疫保护率可达到 80%以上。

(贾万忠 编，张文宝 索勋 审)

第三节 裸头科绦虫病

一、莫尼茨绦虫病

莫尼茨绦虫病（monieziasis）是由裸头科莫尼茨属（*Moniezia*）的扩展莫尼茨绦虫（*Moniezia expansa*）和贝氏莫尼茨绦虫（*Moniezia benedeni*）寄生于牛、羊、骆驼等反刍动物的小肠内引起的。该病是反刍动物最主要的蠕虫病之一，分布于全世界，我国各地均有报道，多呈地方性流行。该病对羔羊和犊牛的危害尤为严重，可以造成大批死亡。

(一) 病原概述

莫尼茨属绦虫为大型绦虫。头节小，近似球形，上有 4 个吸盘，无顶突和小钩。体节宽而短，成节内有两组生殖器官，对称地分布于节片内，生殖孔开口于节片的两侧缘，卵巢（扇形分叶）和卵黄腺（块状）在节片两侧构成花环状，将卵模围在中间。睾丸数百个，分布于节片两侧纵排泄管之间。子宫呈网状。节片后缘均有横列的节间腺（interproglottidal glands）（图 20-21）。虫卵大小 56～67 μm，内含六钩蚴，六钩蚴外包裹有梨形器。

扩展莫尼茨绦虫呈乳白色，长可达 10 m，宽为 1.6 cm。节间腺呈囊泡状，在节片后缘排成一行，范围较广（图 20-21A）。睾丸数目较少，300～400 个。虫卵近似三角形。

贝氏莫尼茨绦虫呈黄白色，长可达 4 m，宽为 2.6 cm。节间腺呈小点密布的横带状，集中在节片后缘的中央部（图 20-21B）。睾丸数目较多，约 600 个。虫卵近似四角形。

(二) 病原生活史

莫尼茨绦虫成虫寄生于牛、羊等反刍动物的小肠，其孕节和虫卵随宿主粪便排至外界。

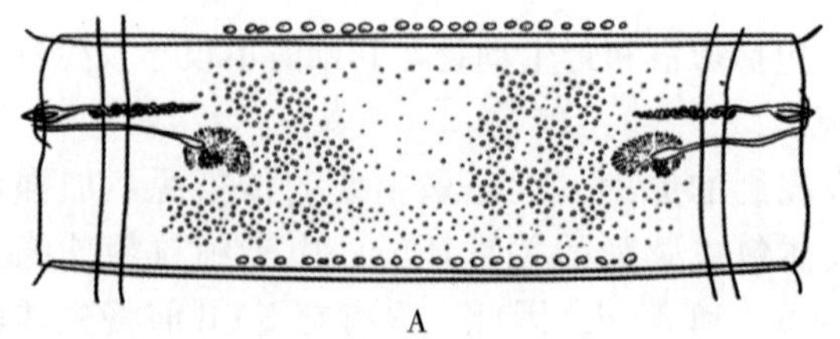

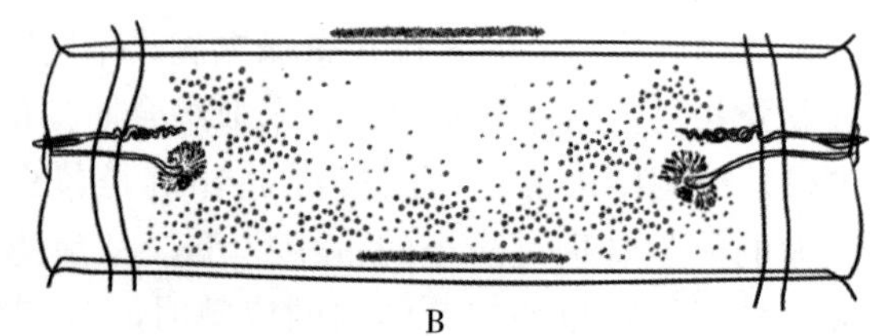

图 20-21　莫尼茨绦虫成节
A. 扩展莫尼茨绦虫　B. 贝氏莫尼茨绦虫
（才学鹏　于童供图）

莫尼茨绦虫的中间宿主为甲螨（oribatid mites，或称地螨）。虫卵被中间宿主吞食后，虫卵内的六钩蚴孵出，进入其血腔移至适宜部位，经 40 d 以上发育为似囊尾蚴。反刍动物吃草时，连同含有成熟似囊尾蚴的地螨一起吞食而受感染。地螨体内释放出的似囊尾蚴以其头节附着在终末宿主的小肠壁，经 45～60 d 发育为成虫。成虫在牛、羊体内的寄生期限为 2～6 个月，一般为 3 个月。

（三）流行特点

莫尼茨绦虫病呈世界性分布，我国各地均有报道。在我国北方，尤其是广大牧区流行严重，每年都有大批牛、羊死于该病。该病主要危害羔羊和犊牛，随着年龄的增加，牛、羊的感染率和感染强度逐渐下降。

本病目前已报道的中间宿主地螨的种类有 30 余种。大量的地螨分布在潮湿、肥沃的土壤里，耕种 3～5 年的土壤里地螨数量很少。在下雨后的牧场上，活动的地螨数量显著增加。地螨耐寒，可以越冬，春季气温回升后，地螨开始活动，但对干燥和热很敏感，气温在 30 ℃以上、地面干燥或日光照射时，地螨多从草上钻入地面下。一般认为，地螨在早晨和黄昏时活动较多；晴天少，阴雨天多。本病流行有明显的季节性，这与地螨的分布、习性有密切关系，各地的主要感染期有所不同。南方气温回升早，当年生的羔羊、犊牛的感染高峰一般在 4—6 月。北方气温回升晚，其感染高峰一般在 5—8 月。

（四）临床症状和病理变化

莫尼茨绦虫生长速度很快，一条虫体的链体一昼夜可增加 8 cm，在羔羊体内一昼夜可生长 12 cm，夺取大量的营养。虫体大，寄生数量多时可造成肠阻塞，甚至破裂。虫体的毒素作用可以引起幼畜的神经症状，如回旋运动、痉挛、抽搐、空口咀嚼等。

羔羊、犊牛严重感染的主要临床表现为食欲减退、饮欲增加、消瘦、贫血、精神不振、腹泻，粪便中有时可见孕节。症状逐渐加剧，后期有明显的神经症状，最后卧地不起，衰竭死亡。

剖检可见尸体消瘦，肌肉色淡，胸腹腔渗出液增多。有时可见肠阻塞或扭转，肠黏膜受损出血，小肠内有带状、分节的虫体。

（五）诊断

首先要考虑流行病学因素，如发病的时间，是否为放牧牛、羊，尤其是犊牛、羔羊，牧草上是否有多量地螨等。在上述基础上，按照以下步骤进行分诊。

仔细观察患病动物粪便中有无节片或链体排出；未发现节片时，应用饱和盐水漂浮法检查粪便中的虫卵；未发现节片或虫卵时，应考虑绦虫未发育成熟，多量寄生时，绦虫成熟前的生长发育过程中的危害也是很大的，因此应考虑用药物诊断性驱虫。死后剖检，在小肠内发现多量虫体和相应的病变可确诊。

（六）治疗

莫尼茨绦虫病可采用硫氯酚、氯硝柳胺、甲苯达唑、阿苯达唑、吡喹酮等药物进行治疗。

（七）预防

防治措施根据当地的流行病学特点来进行。由于莫尼茨绦虫病主要危害羔羊和犊牛，对幼畜应在春季放牧后4～5周时进行“虫体成熟前”驱虫，间隔2～3周后，最好进行第二次驱虫。成年动物是主要的感染源，因此，在流行区也应对成年动物进行有计划的驱虫。驱虫后的粪便要集中处理，杀灭其中的虫卵，以免污染草场。根据当地特点，应采取措施，尽量减少地螨的污染程度，如实行轮牧轮种，种一年生牧草，土地经过几年耕种后，地螨可大大减少。加强放牧管理，尽量避免在阴湿牧地或清晨、黄昏等地螨活动高峰时放牧。

二、曲子宫绦虫病

曲子宫属（*Thysaniezia* syn. *Helictometra*）的绦虫属于裸头科，常见的虫种为盖氏曲子宫绦虫（*Thysaniezia giardia* syn. *Helictometra giardia*），常与莫尼茨绦虫混合感染，亦寄生于牛、羊等反刍动物的小肠。其致病作用较莫尼茨绦虫轻，但严重感染时，亦可引起牛、羊，尤其是犊牛和羔羊的死亡。

盖氏曲子宫绦虫为大型绦虫，体长可达4.3 m，个体大小差异大。头节小，圆球形，直径不到1 mm，有4个吸盘，无顶突。成节内有一组雌雄生殖器官，生殖孔在节片侧缘上左右不规则地交替排列，雄茎囊发达，向外凸出。因此，肉眼观察时，链体两侧不整齐，呈锯齿状。睾丸位于节片两侧纵排泄管的外侧。卵黄腺、卵巢、卵模的形态与莫尼茨绦虫的相似。子宫呈波浪状弯曲。虫卵近似圆形，无梨形器，直径为18～27 μm，每5～15个虫卵被包在一个副子宫器内。

曲子宫绦虫的生活史与莫尼茨绦虫的相似，症状与病变、诊断与防治等参照莫尼茨绦虫病。

三、无卵黄腺绦虫病

无卵黄腺属（*Avitellina*）的绦虫属于裸头科，常见的虫种为中点无卵黄腺绦虫（*Avitellina centripunctata*），常与曲子宫绦虫、莫尼茨绦虫发生混合感染，寄生部位和致病作用与曲子宫绦虫相似。

中点无卵黄腺绦虫虫体窄长，可达2～3 m或更长，节片宽度只有2～3 mm。头节上无顶突和小钩，有4个吸盘。节片极短，分节不明显。成节内有一组生殖器官，生殖孔不规则地交替开口于节片的两侧缘中点，睾丸位于两侧纵排泄管的内外侧。卵巢呈圆球形，位于生殖孔与子宫之间，无卵黄腺。子宫呈囊状，位于节片中央，肉眼观察时，各节子宫构成一条纵向白线。虫卵直径为21～38 μm，被包在副子宫器内，无梨形器。

无卵黄腺绦虫的生活史尚不完全清楚，有报道认为其中间宿主为弹尾目跳虫属（*Entomobrya*）昆虫，也有人认为中间宿主为地螨。症状与病变、诊断与防治等参照莫尼茨绦虫病。

四、裸头绦虫病

裸头绦虫病（anoplocephaliasis）是由裸头科裸头属（*Anoplocephala*）的大裸头绦虫（*Anoplocephala magna*）、叶状裸头绦虫（*Anoplocephala perfoliata*）和副裸头属（*Paranoplocephala*）的侏儒副裸头绦虫（*Paranoplocephala mamillana*）寄生于马属动物的小肠和大肠所引起。我国各地均有发生，特别是西北和内蒙古牧区，常呈地方性流行。对幼驹危害大，可导致高度消瘦，甚至因肠破裂而死亡。

以叶状裸头绦虫较为常见，大裸头绦虫次之，侏儒副裸头绦虫则少见。

（一）病原概述

大裸头绦虫可长达 1 m 以上，最宽处可达 2.8 cm。头节宽大，吸盘 4 个、发达，无顶突和小钩。所有节片的长度均小于宽度（图 20-22A、C），节片有缘膜，前节缘膜覆盖后节约 1/3。成节有一组雌雄生殖器官，生殖孔开口于一侧。睾丸数 400～500 个，位于节片中部。卵巢呈左右两瓣，每瓣有叶状分支，生殖孔侧的侧瓣大小只有对侧侧瓣的 1/2。子宫横列，呈袋状而有分支。虫卵近圆形，直径为 50～60 μm。卵内有梨形器，内含六钩蚴，梨形器小于卵的半径。成虫寄生于马属动物的小肠，偶见于大肠和胃。

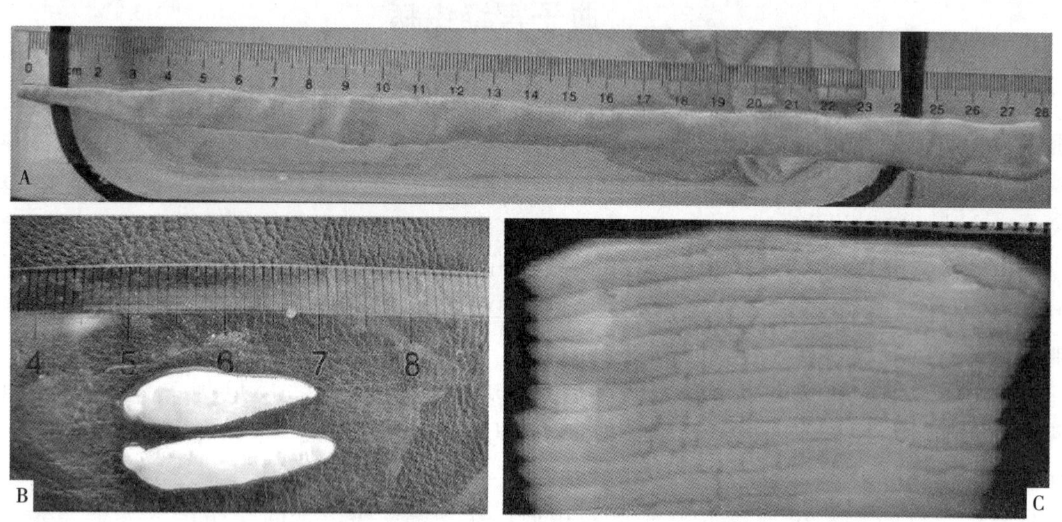

图 20-22　裸头绦虫形态

A. 大裸头绦虫　B. 叶状裸头绦虫　C. 大裸头绦虫节片

叶状裸头绦虫短而厚，大小为（2.5～5.2）cm×（0.8～1.4）cm，头节小，上有 4 个吸盘，每个吸盘后方各有一个特征性的耳垂状附属物（图 20-22B）。无顶突和小钩。节片短而宽，成节有一组雌雄生殖器官，睾丸数约 200 个。卵巢位于近生殖孔侧的中央，宽度约为 2.4 mm，分两瓣，生殖孔一侧的瓣较小。虫卵直径为 65～80 μm，梨形器约等于卵的半径。成虫寄生于马属动物的小肠后部和盲肠。

侏儒副裸头绦虫虫体短小，大小为（6～50）mm×（4～6）mm，头节小，吸盘呈裂隙样，虫卵平均大小为 51 μm×37 μm，梨形器大于虫卵半径。成虫寄生于马属动物的十二指肠，偶见于胃中。

（二）病原生活史

裸头绦虫发育过程中均需要尖棱甲螨科（Ceratozetidae）和大翼甲螨科（Galumnidae）的地螨作为中间宿主。裸头绦虫的孕节或虫卵随宿主粪便排出体外（虫卵在牧场上可存活 4 个月之久），被地螨吞食后，虫卵内的六钩蚴孵出，在其体内经 2～4 个月，发育为具有感染性的似囊尾蚴。马吃草时，连同含有成熟似囊尾蚴的地螨一起吞食而被感染。地螨体内释放出的似囊尾蚴以其头节附着在肠壁，经 6～10 周发育为成虫。

（三）流行特点

该病在我国西北和内蒙古牧区常呈地方性流行，东北牧区发生较少，以 2 岁以下的幼驹感染率最高。马匹多在夏末秋初感染，至冬季和次年春季出现症状。大裸头绦虫病的发生常以每数年为一个周期，而叶状裸头绦虫病则始终是年复一年地发病。

（四）临床症状和病理变化

主要临床表现为慢性消耗性的症候群，如消化不良、间歇性疝痛和腹泻等。

叶状裸头绦虫常在回盲口的狭小部位集群寄生，可达数十至数百条，以其吸盘吸附于肠黏膜，而造成黏膜炎症、水肿、机械性损伤，形成组织增生的环形出血性溃疡。特别是重度感染时，由于肉芽组织迅速增生，形成状似网球的肿块，此种渐进性组织增生，可导致局部或全部的回盲口堵塞，产生严重的间歇性疝痛。在急性大量感染的病例，可致回肠、盲肠和结肠大面积溃疡，发生急性卡他性肠炎和黏膜脱落。此类病例仅见于幼驹，往往导致死亡。重度感染大裸头绦虫和侏儒副裸头绦虫时可引起卡他性或出血性肠炎。

(五) 诊断

根据流行病学调查、临床症状、粪检进行诊断，如在马属动物的粪便中发现孕卵节片或用饱和盐水漂浮法发现大量虫卵即可确诊。

(六) 治疗

治疗常用阿苯达唑、氯硝柳胺、硫氯酚、吡喹酮等药物。

(七) 预防

预防马绦虫病主要在于管理好牧场，马匹最好放牧于人工种植牧草的草场，因为该地区一般地螨较少，特别是幼驹从开始放牧即应放于这样的草场。改变夜牧习惯，如日出前、日落后不放牧，阴雨天尽可能改为舍饲，减少马匹感染绦虫的机会。对马匹进行预防性驱虫，驱虫后的粪便应集中堆积发酵，以杀灭虫卵，防止虫卵污染草场。

（于三科 编，路义鑫 薄新文 审）

第四节 戴文科绦虫病

戴文科绦虫病由戴文科戴文属（*Davainea*）和赖利属（*Raillietina*）的绦虫寄生于禽类引起。主要致病虫种有四角赖利绦虫（*Raillietina tetragona*）、棘沟赖利绦虫（*Raillietina echinobothrida*）、有轮赖利绦虫（*Raillietina cesticillus*）和节片戴文绦虫（*Davainea proglottina*）等。该病呈世界性分布，对鸡危害严重。

(一) 病原概述

四角赖利绦虫长可达 25 cm，是鸡体内最大的绦虫。头节较小，顶突上有 1～3 圈小钩，数目为 90～130 个。吸盘椭圆形，上有 8～10 圈小钩（图 20-23A）。成节的生殖孔位于一侧。孕节中每个卵袋含 6～12 个虫卵，虫卵直径 25～50 μm。寄生于鸡和火鸡的小肠后半部。

棘沟赖利绦虫大小和形状颇似四角赖利绦虫。但其顶突上有两圈小钩，数目为 200～240 个。吸盘近似圆形，上有 8～10 圈小钩（图 20-23B）。生殖孔位于节片一侧的边缘上，孕节内的子宫最后形成 90～150 个卵袋，每一卵袋含虫卵 6～12 个。虫卵直径 25～40 μm。寄生于家鸡和火鸡的小肠。

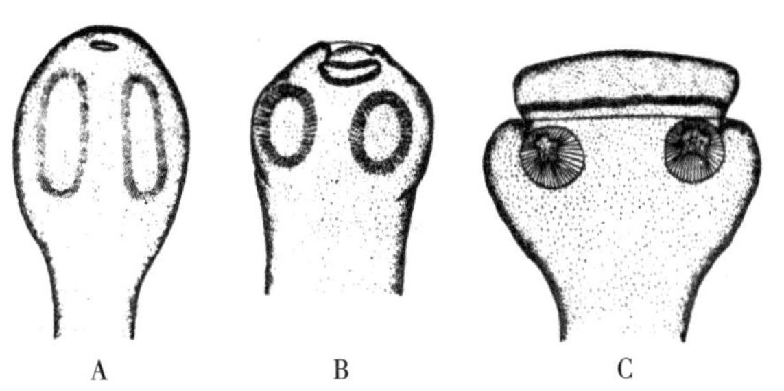

图 20-23 赖利绦虫头节
A. 四角赖利绦虫 B. 棘沟赖利绦虫 C. 有轮赖利绦虫
（Mönnig）

有轮赖利绦虫虫体较小，一般不超过 4 cm，偶可达 15 cm。头节大，顶突宽而厚，形似轮状，凸出于前端，上有两圈共 400～500 个小钩（图 20-23C）。吸盘上无小钩。生殖孔在体侧缘不规则交替排列。孕节中有许多卵袋，每个卵袋内仅有 1 个虫卵。虫卵直径 75～88 μm。寄生于鸡的小肠。

节片戴文绦虫成虫短小，仅有 0.5～3.0 mm 长，由 4～9 个节片组成。头节小，顶突和吸盘上均有小钩，但易脱落。生殖孔规则地交替开口于每个体节的侧缘前部。雄茎囊长，可达体节宽度的一半以上。睾丸数 12～15 个，排成两列，位于体节后部。后期孕节子宫分裂为许多卵袋，每个卵袋只含 1 个虫卵。虫卵大小为 28～40 μm。寄生于鸡、鸽、鹌鹑的十二指肠。

（二）病原生活史

四角赖利绦虫和棘沟赖利绦虫的中间宿主为蚂蚁，有轮赖利绦虫的中间宿主为蝇类和甲虫，节片戴文绦虫的中间宿主为蛞蝓和陆生螺。成虫寄生于禽的小肠，孕节和虫卵随宿主粪便排至体外，被中间宿主吞食后，在其体内经 2～3 周发育为似囊尾蚴。禽类啄食含似囊尾蚴的中间宿主而受感染，经 2～3 周发育为成虫。

（三）流行特点

戴文科绦虫发育过程需要蚂蚁、蝇类、甲虫、蛞蝓和陆生螺等作为中间宿主，而这些中间宿主普遍存在，加大了该病的防控难度。禽通过啄食中间宿主而遭受感染，散养禽的感染率高，感染强度大，常为几种绦虫混合感染。规模化养殖的蛋/种禽舍如有大量的苍蝇或甲虫滋生，也可发生该病。

（四）临床症状和病理变化

戴文科绦虫是对雏禽致病性最强的一类绦虫。赖利绦虫为大型虫体，大量感染时虫体积聚成团，导致肠阻塞，甚至肠破裂而引起腹膜炎。虫体头节钻入肠黏膜深层，小钩和吸盘固着于肠黏膜，引起肠壁机械性损伤、出血和发炎，影响消化机能。虫体吸收大量营养并产生代谢产物，导致患禽营养不良，有时出现神经症状。病禽表现食欲减退、贫血、消瘦，粪便稀薄且有黏液，饮水增多，行动迟缓，羽毛蓬乱，翅下垂，头颈扭曲；雏禽发育受阻或停止，蛋禽产蛋量下降或停产，最后衰竭死亡。剖检可见肠道黏膜增厚、出血，内容物中含有大量脱落的黏膜和虫体。

（五）诊断

根据禽群的临床表现，粪便检查查获虫卵或节片，剖检病鸡发现虫体便可确诊。

（六）治疗

治疗常用阿苯达唑、硫氯酚、氯硝柳胺、吡喹酮等药物

（七）预防

预防可采取以下措施。

（1）禽舍和运动场应保持干燥，杀灭禽舍内外的中间宿主。

（2）对禽群进行定期驱虫，及时清除粪便并进行无害化处理。

（3）定期检查禽群，治疗病禽；新购入的禽应驱虫后再合群。

（于三科　路义鑫　编，宋铭忻　安健　审）

第五节　复孔科绦虫病

复孔属（*Dipylidium*）的犬复孔绦虫（*Dipylidium caninum*）是复孔科绦虫中最为常见的虫种。犬复孔绦虫寄生于犬、猫、狼、獾、狐的小肠，是犬和猫常见的寄生虫，人体偶有感染，可引起食欲不振、腹部不适和腹泻等症状。呈全球性分布，我国各地均有报道。

(一) 病原概述

犬复孔绦虫长10～15 cm，约由200个节片组成。头节小，呈梨形，具有4个杯状吸盘和1个发达、呈棒状且可伸缩的顶突（图20-24）。顶突上约有60个玫瑰刺状的小钩，常排成4圈。成节和孕节为长方形，均长大于宽，形似黄瓜籽，故又称黄瓜籽绦虫（cucumber seed tapeworm）。每个成节都具有两组雌雄生殖器官，呈两侧对称排列。孕节子宫分为若干个卵袋，每个卵袋内含虫卵数个至30个以上。虫卵呈圆球形，内含六钩蚴。

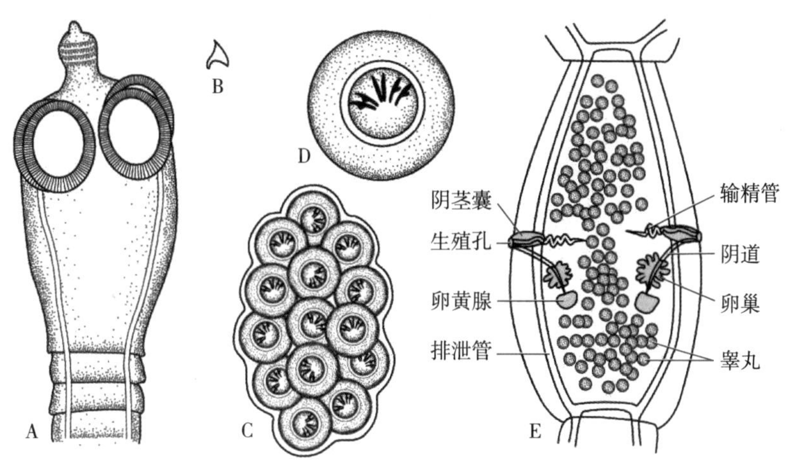

图20-24 犬复孔绦虫形态

A. 头节 B. 顶突小钩 C. 卵袋 D. 卵 E. 成节

（李海云供图）

(二) 病原生活史

成虫寄生于犬、猫、狼、獾、狐等的小肠，其孕节单独或数节相连地从链体脱落，常自动逸出宿主肛门或随粪便排出，并沿地面蠕动。节片破裂后虫卵散出，被中间宿主蚤类（fleas，多为栉首蚤）的幼虫或食毛目（Mallophaga）的犬啮毛虱（*Trichodectes canis*）食入，并在其肠内孵出六钩蚴，然后钻过肠壁，进入血腔内发育，在虱体内或当蚤幼虫经蛹羽化为成虫时发育成似囊尾蚴。当犬、猫舔毛或啃咬皮毛时，把寄生于体表的蚤或虱摄入，似囊尾蚴在其小肠内释出，经2～3周，发育为成虫。由于其主要由蚤传播，也被俗称为蚤绦虫（flea tapeworm）。

(三) 流行病学

本病呈全球性分布，无明显的季节性。犬、猫感染率甚高，狼、狐等野生动物也可感染。人的复孔绦虫病比较少见，患者多为婴幼儿，有时危害严重。

(四) 致病作用

少量虫体寄生时致病作用轻微，大量寄生时，虫体以其小钩和吸盘覆着于肠壁，损伤宿主的肠黏膜。虫体聚集成团，可堵塞小肠腔。虫体吸取营养，影响宿主的生长发育。虫体分泌的毒素可引起宿主中毒。

(五) 临床症状

轻度感染的犬、猫一般无症状。幼犬严重感染时可引起食欲不振、消化不良、腹痛、腹泻或便秘、肛门瘙痒等症状，个别可能发生肠阻塞。

(六) 诊断

依据临床症状，结合粪便中检出绦虫节片、虫卵可确诊。

(七) 治疗

吡喹酮、氯硝柳胺疗效较好；另外，氢溴酸槟榔素、阿苯达唑也有效。

(八) 防控

应定期选用溴氰菊酯（deltamethrin）等杀虫剂消灭犬、猫体表的虱和蚤类；同时，犬、猫的圈舍也要定期进行消毒和灭虫。犬、猫等宠物应定期检查和驱虫。

第六节　膜壳科绦虫病

一、剑带绦虫病

剑带绦虫病是由膜壳科剑带属（*Drepanidotaenia*）的矛形剑带绦虫（*Drepanidotaenia lanceolata*）和普氏剑带绦虫（*Drepanidotaenia przewalskii*）寄生于鹅、鸭的小肠引起的一种绦虫病，其对幼雏危害严重，常引起死亡。矛形剑带绦虫为大型虫体，呈乳白色，节片宽大，前窄后宽，形似矛头（图 20-25）。其发育需要中间宿主剑水蚤（cyclops）的参与。终末宿主吞食含似囊尾蚴的剑水蚤而感染，在体内约经 19 d 发育为成虫。虫体寄生造成肠黏膜损伤，甚至发生肠道阻塞，虫体代谢产物可引发神经症状。粪便检查时发现孕节，或采取饱和盐水漂浮法检出虫卵即可确诊。可选用硫氯酚、吡喹酮、阿苯达唑、氯硝柳胺等药物驱虫。对成年鹅进行定期驱虫，一般在春秋两季进行，但在流行区，应根据流行特点进行成虫期前驱虫。加强饲养管理，在流行区，水池应轮换使用，必要时可停用一年后再用；或者用生石灰杀灭中间宿主剑水蚤。

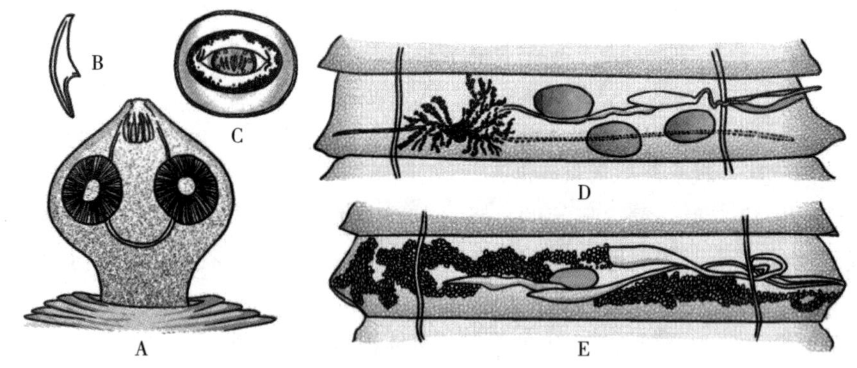

图 20-25　矛形剑带绦虫
A. 头节　B. 小钩　C. 虫卵　D. 成节　E. 孕节
（孙晓林　于童仿孔繁瑶）

二、皱褶绦虫病

皱褶绦虫病的病原片形皱褶绦虫（*Fimbriaria fasciolaris*）属膜壳科皱褶属（*Fimbriaria*）。成虫寄生于家鸭、鹅、鸡及其他雁形目鸟类的小肠。多为散发，偶尔呈地方性流行。成虫长 2.5～40 cm，主要形态特点是在其前部有一个扩展的皱褶状假头节（pseudoscolex），由许多无生殖器官的节片组成，为吸附结构，真头节小，位于假头节的顶端，上有 10 个小钩（图 20-26）；子宫呈连续管状，虫体末端节片的子宫有分支，内含虫卵；生殖孔单侧分布；每组生殖器官含 3 个睾丸。其中间宿主为桡足类（copepod）的普通镖水蚤（*Diaptomus vulgaris*）和一些剑水蚤。

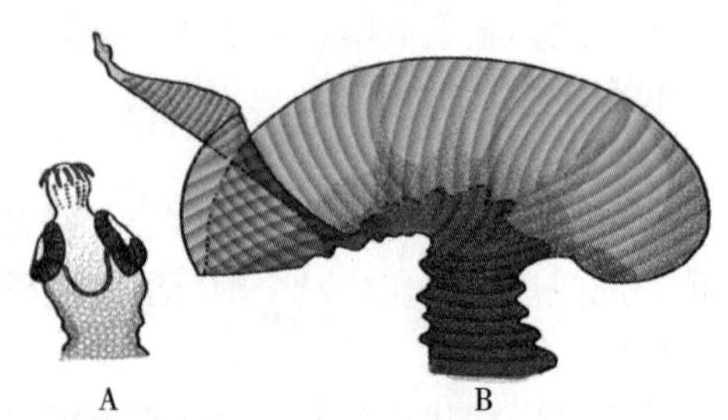

图 20-26　片形皱褶绦虫
A. 头节　B. 假头节
（孙晓林　于童仿孔繁瑶）

17 日龄以上的雏鸡非常易感，25～40 日龄的雏鸡常因此大批死亡。病鸡贫血、黄疸，肠黏膜呈结节样病变，结节中央凹陷，其内可找到虫体或黄褐色干酪样栓塞物。陈旧病变处可在浆膜面见疣状结节。结合临床症状、剖检或粪检发现绦虫体节或虫卵即可确诊。驱虫参考剑带绦虫病。

三、禽膜壳绦虫病

禽膜壳绦虫病是由膜壳科膜壳属（*Hymenolepis*）的多种绦虫寄生于陆栖禽类和水禽类的小肠中而引起的寄生虫病。我国禽膜壳绦虫种类繁多，分布广泛。寄生于陆栖禽类的代表种为鸡膜壳绦虫（*Hymenolepis carioca*），成虫寄生于家鸡和火鸡的小肠，细似棉线，头节纤细，顶突无小钩。寄生于水禽类的代表种为冠状膜壳绦虫（*Hymenolepis coronula*），成虫寄生于家鸭、鹅和其他水禽类的小肠，虫体较鸡膜壳绦虫短，顶突上有 20～26 个小钩。鸡膜壳绦虫的中间宿主为食粪甲虫和刺蝇，冠状膜壳绦虫的中间宿主为一些小的甲壳类和螺类。鸡膜壳绦虫常寄生很多条，但致病力不强，对雏鸡的发育有一定影响。冠状膜壳绦虫致病力较强，可引起雏禽大批死亡，常呈地方性流行。粪便中找到孕节和尸检时发现虫体可做出诊断。驱虫药物有硫氯酚、吡喹酮和阿苯达唑等。

四、鼠膜壳绦虫病

鼠类小肠中最常见的膜壳属（*Hymenolepis*）绦虫有微小膜壳绦虫（*Hymenolepis nana*）以及缩小膜壳绦虫（*Hymenolepis diminuta*）。微小膜壳绦虫为小型虫体［（2.5～40）mm×（0.5～0.9）mm］，头节上有吸盘和可伸缩的顶突，上有小钩 20～30 个，排成单圈。睾丸 3 个，呈圆球形，横列。卵巢呈叶状，位于节片中央（图 20-27）。孕节内充满虫卵，虫卵呈椭圆形，大小为（48～60）μm×（36～48）μm。寄生于鼠类的小肠内，亦可寄生于人的小肠，分布于世界各地。微小膜壳绦虫是唯一可以不需要中间宿主而能在一个宿主完成生活史的绦虫。此外，其也可以利用中间宿主，如蚤类、面粉甲虫和赤拟谷盗等小昆虫完成其生活史。缩小膜壳绦虫比微小膜壳绦虫大［（200～600）mm×（3.5～4.0）mm］，其生活史必须有中间宿主，比如蚤类，还有多种甲虫、蟑螂及鳞翅目的多种昆虫。终末宿主为家鼠和其他啮齿类动物，偶尔寄生于人。膜壳绦虫

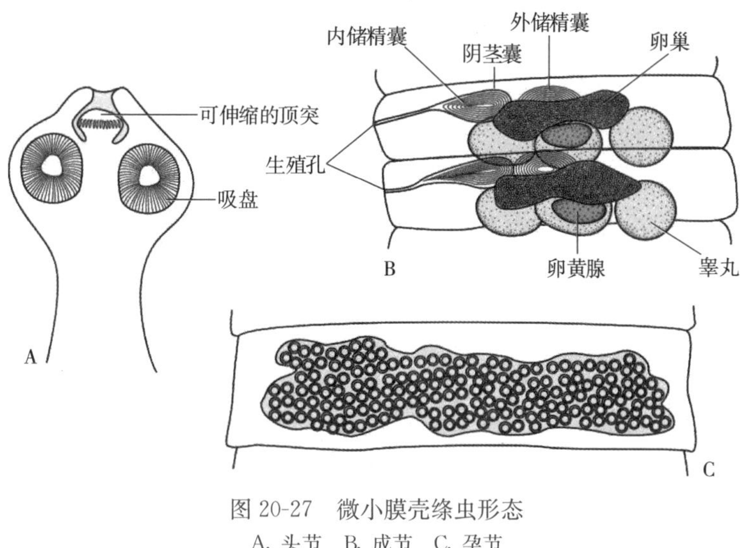

图 20-27　微小膜壳绦虫形态
A. 头节　B. 成节　C. 孕节
（李海云供图）

感染后可使宿主产生一定程度的免疫力，但严重感染时可引起卡他性肠炎。在实验鼠中，膜壳绦虫感染所引起的病理和免疫反应可能会对试验结果有干扰作用。人感染后可引起神经和胃肠道症状。粪便检查时查获虫卵或虫体即可确诊。可选用氯硝柳胺、阿苯达唑等药物驱虫。预防措施是注意饮水及饲料卫生，防止中间宿主和野鼠等进入动物舍区。

五、伪裸头绦虫病

伪裸头绦虫病的病原克氏伪裸头绦虫（*Pseudanoplocephala crawfordi*）隶属于膜壳科伪裸头属（*Pseudanoplocephala*），也有学者认为该种属于膜壳科。成虫多寄生于猪小肠，也见于野猪和褐家鼠（*Rattus norvegicus*），偶见于人。虫体呈乳白色，颈区长而纤细，体节分节明显，宽度大于长度。成熟节片有一组生殖器官，睾丸数24～38个，卵巢位于节片中央，分叶呈扇形，卵黄腺呈致密块状或分几瓣，位于卵巢之后，受精囊呈葫芦形，生殖孔多为单侧分布（图20-28）。孕节子宫囊袋状，具囊状分支，内含虫卵。其中间宿主为鞘翅目的一些昆虫（赤拟谷盗、黄粉虫、黑粉虫、脊胸露尾甲、蜉金龟类），人感染是由于误食含似囊尾蚴的甲虫所致。褐家鼠在病原的散布上起重要作用。本病呈地方性流行，在有些散养猪群中流行比较严重。猪轻度感染时无症状，重度感染时被毛无光泽，生长发育受阻、消瘦，甚至引起肠阻塞，或有阵发性腹痛、腹泻、呕吐、厌食等症状。猪粪中找到虫卵或孕节可做出诊断。但应注意其卵与长膜壳绦虫卵的鉴别，本虫卵最大特点是表面布满大小不均匀的球状突起，卵壳外缘呈纹状。可选用硫氯酚、吡喹酮、硝硫氰醚、阿苯达唑等药物驱虫。预防应注意猪粪堆积发酵，饲料在保存过程中注意杀灭仓库内的害虫和鼠类。

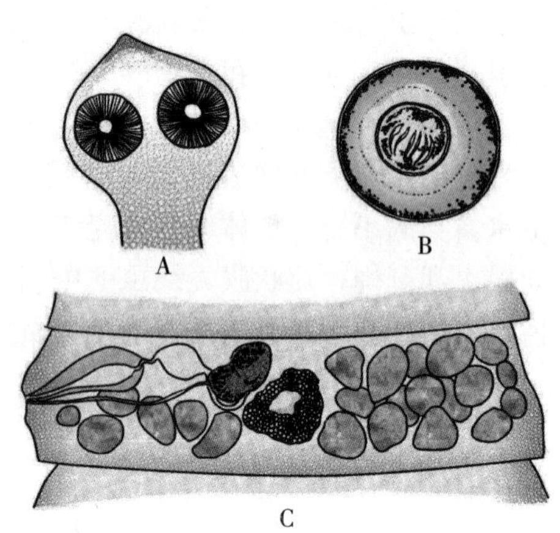

图20-28　克氏伪裸头绦虫形态
A. 头节　B. 虫卵　C. 成熟节
（孙晓林　于童仿孔繁瑶）

（宋铭忻　编，李海云　审）

第七节　中殖孔科绦虫病

线中殖孔绦虫（*Mesocestoides lineatus*）隶属于中殖孔科（也称中绦科）中殖孔属（也称中绦属，*Mesocestoides*），可导致中殖孔科绦虫病。其成虫寄生于犬、猫和野生食肉动物的小肠，偶寄生于人。该虫世界各大洲均有分布，我国北京、浙江、黑龙江等地有报道。虫体呈乳白色，长为30～250 cm，头节上无顶突和小钩，有4个长圆形的吸盘。颈区很短；成节似方形，有一组生殖器官；孕节似桶状，内有子宫和呈卵圆形的含有成熟虫卵的副子宫器；生殖孔开口于节片腹面的中央。线中殖孔绦虫的生活史不明，但已知其需要两个中间宿主：第一中间宿主是地螨，第二中间宿主是蛙、蛇、蜥蜴、鸟类及小型啮齿类动物。人感染时会出现食欲不振、消化不良、烦躁和消瘦等症状。粪检时发现长2～4 mm、呈桶状的孕节可做出诊断。可用仙鹤草酚（驱绦丸）和氯硝柳胺进行驱虫。禁食生的或半生的蛙、蛇等可防止感染。

（郑亚东　编，李海云　审）

第八节 副子宫科绦虫病

副子宫科绦虫与囊宫科（也称双壳科，Dilepididae）绦虫相似，但有副子宫器（paruterine organ）。主要的属有双子宫属（*Biuterina*）、无钩带属（*Anonchotaenia*）、枝带属（*Cladotaenia*）、三角钩属（*Deltokeras*）、小性腺属（*Parvirostrum*）、副子宫属（*Paruterina*）、棒宫属（*Rhabdometra*）和宫融属（*Metroliasthes*）。副子宫科绦虫主要寄生于禽类的肠道，多见于野鸟，如云雀、灰树鹊、蓝燕、白喉矶鸫、百灵、野鹌鹑、三宝鸟、灰眶雀鹛，在我国福建、云南、上海等地有报道。露西达宫融绦虫（*Metroliasthes lucida*）寄生于火鸡、鸡的小肠，中间宿主为蝗虫（grasshopper），我国未见该绦虫的报道。

（潘保良 编，索勋 丁雪娟 审）

第九节 双叶槽科绦虫病

一、阔节双叶槽绦虫病

阔节双叶槽绦虫（*Diphyllobothrium latum*）属于双叶槽科双叶槽属（*Diphyllobothrium*，也称双槽头属，*Dilcthriccephalus*），寄生于人、犬、猫、猪及其他食鱼哺乳动物和鸟类小肠，引起人兽共患寄生虫病。尽管双叶槽属也称裂头属、阔节双叶槽绦虫也称阔节裂头绦虫，但裂头蚴病与该属绦虫无关，系指迭宫属绦虫的中绦期幼虫——裂头蚴（sparganum）寄生于人体引起的寄生虫病（见“曼氏迭宫绦虫病”）。

阔节双叶槽绦虫长2～12 m，头节上有两个肌质纵行的吸槽。成节与孕节均呈四方形。睾丸数750～800个，散布于节片实质组织的两侧。卵黄腺呈小泡状，分布于节片两侧的腹面。卵巢分两叶，位于节片中央后部。子宫呈玫瑰花状，在节片中央腹面开孔，其后是生殖孔。虫卵呈椭圆形，两端钝圆，淡褐色，具卵盖，大小为（67～71）μm×（40～51）μm。虫卵随终末宿主粪便排出体外，经1～15 d发育为钩球蚴（coracidium），在第一中间宿主剑水蚤或镖水蚤（*Diaptomus*）血腔内经2～3周发育为原尾蚴（procercoid），第二中间宿主淡水鱼吞食含原尾蚴的剑水蚤或镖水蚤后，在其肌肉或内脏中形成实尾蚴（plerocercoid）。终末宿主吞食生的或半生的含有实尾蚴的淡水鱼而感染。人感染后可引起腹痛、腹泻等症状，还可引起巨红细胞性贫血。人勿食生或半生的淡水鱼、不用生或半生的鱼及其内脏饲喂猫、犬和猪等可预防该病发生。

二、曼氏迭宫绦虫病

曼氏迭宫绦虫病（spirometriosis mansoni）是指双叶槽科迭宫属（*Spirometra*）的曼氏迭宫绦虫（*Spirometra mansoni*，也称孟氏旋宫绦虫）成虫寄生于犬、猫、虎等食肉动物和人小肠引起的人兽共患寄生虫病。裂头蚴病（sparganosis）一般是指迭宫属绦虫的中绦期幼虫——裂头蚴寄生于人体引起的寄生虫病。

（一）病原概述

曼氏迭宫绦虫一般长60～100 cm，最大宽度8 mm。头节呈指状、矛形或汤匙状，背腹各有一纵行的吸槽。体节宽度大于长度。雄性生殖孔开口于节片前1/3中央的腹面，雌性生殖孔（阴门）紧靠其后，呈半月形横裂状。子宫有3～5个以上的盘旋（髻状），其开口于阴门下方，也位于节片腹面中央，呈半月形横裂状。睾丸 200～540 个，多分布于节片两侧。卵黄腺呈泡状，分散分布在节片的两侧，位于睾丸腹面。卵巢分左右两瓣，每瓣呈网状分叶，位于节片近后缘的中央两侧（图 20-29）。虫卵大小为（52～76）μm×（31～44）μm，淡黄色，椭圆形，两端稍尖，有卵盖。曼氏裂头蚴（*Sparganum mansoni*）呈乳白色，长度约 300 mm，扁平，不分节，前端具有横纹。

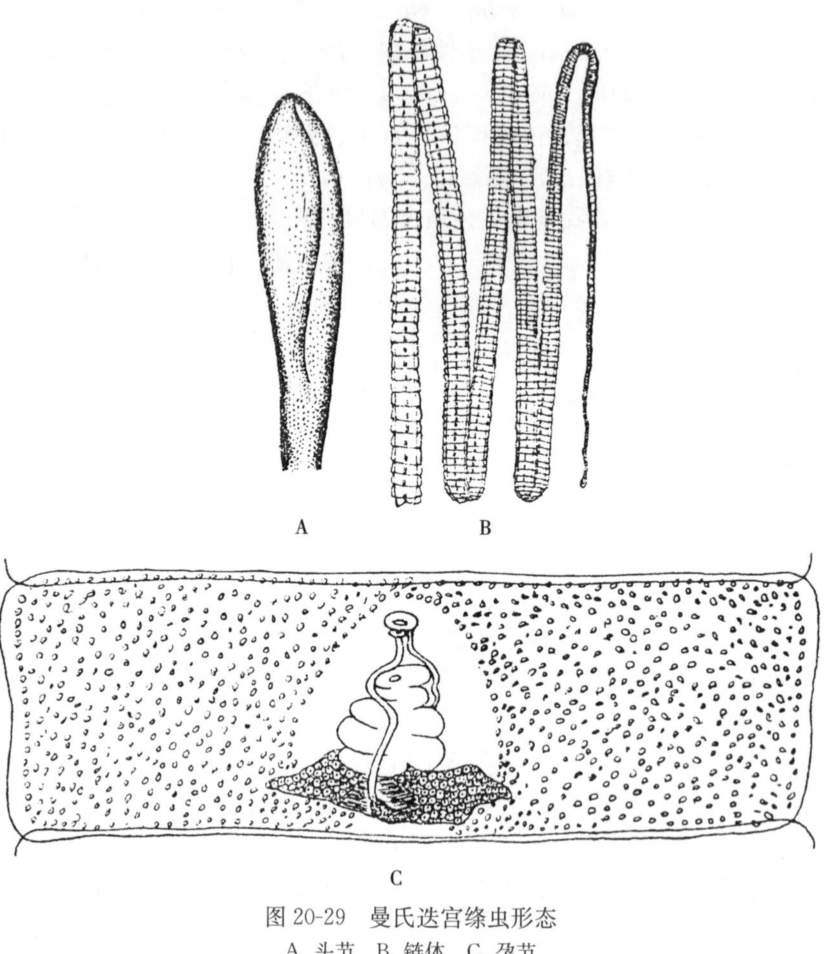

图 20-29　曼氏迭宫绦虫形态
A. 头节　B. 链体　C. 孕节

（二）病原生活史

曼氏迭宫绦虫生活史中需要三个宿主。终末宿主有犬、猫和其他一些食肉动物如虎、狼等，偶见于人。第一中间宿主多为剑水蚤，第二中间宿主多为蛙，也可为蛇、猪。爬行类、鸟类、哺乳类可作为其转续宿主。人可作为它的终末宿主、第二中间宿主或转续宿主。虫卵在水中经 3～5 周发育成熟后，孵出钩球蚴。钩球蚴被第一中间宿主剑水蚤等吞食，在适宜的条件下经 7～10 d，在其血腔中发育为原尾蚴。剑水蚤等被第二中间宿主如蝌蚪、蛇、猪等吞食（其中蛙类主要在蝌蚪期感染），发育为实尾蚴，又称裂头蚴。当蝌蚪发育成蛙，裂头蚴便寄生在其肌肉和内脏组织中。犬、猫等终末宿主吞食了含有裂头蚴的第二中间宿主或转续宿主后，裂头蚴便在其小肠内发育为成虫。一般感染后约 3 周可在粪便中检出虫卵。

（三）流行病学

曼氏迭宫绦虫呈世界性分布，但人感染成虫者不多见，我国报道的人成虫寄生病例有十余例，日本、俄罗斯等少数国家报道较多。曼氏裂头蚴病多见于东亚和东南亚国家，欧洲、美洲、非洲和大洋洲也有报道，在我国有数千例报道。犬、猫粪便是主要传染源。人偶然误食含有原尾蚴的剑水蚤等可感染，吃生的含裂头蚴的蛙、蛇、猪等肉类感染多见。另外，以新鲜蛙肉、蛙皮敷治疥疮与眼疾等时，蛙肉内的裂头蚴移行至人体内而致感染的也很多。猪感染裂头蚴多是吞食蛙、蛇肉引起的，多见于散养猪。

(四) 临床症状和病理变化

成虫致病力与感染强度有关。裂头蚴对人和其他动物的危害较成虫严重，其危害程度取决于寄生部位及虫体数量。作为终末宿主，人感染曼氏迭宫绦虫时有腹痛、恶心、呕吐等轻微症状；其他动物有不定期腹泻、便秘，皮毛无光泽，消瘦等症状；成虫一般不引起肠壁的明显病理变化。人或其他动物感染裂头蚴时，早期症状不明显。感染后期在寄生部位可见局部肿胀，甚至发生脓肿。病灶为肿大的结节，由嗜酸性坏死组织形成的腔穴和不规则的隧道，其间有中性粒细胞、淋巴细胞、单核细胞和浆细胞浸润；腔穴壁为呈栅状排列的增生的组织细胞和上皮样细胞。

(五) 诊断

通过粪便虫卵检查可对成虫感染做出诊断。从寄生部位检出虫体即可诊断为裂头蚴病。

(六) 治疗

成虫感染可用吡喹酮、阿苯达唑等药物驱除，人的裂头蚴可用外科手术摘除。

(七) 预防

在流行区，对犬和猫进行定期驱虫，防止病原散布。不喝生水，不食生的或半生的蛙、蛇及猪肉等，不用鲜蛙肉、蛙皮敷贴皮肤，以防感染。

(郭爱疆　骆学农　编，李海云　岳城　审)

三、舌形绦虫蚴病

双叶槽科舌形属（也称舌状属，*Ligula*）的肠舌形绦虫（*Ligula intestinalis*）成虫寄生于食鱼水鸟（如鸥鸟、中华秋沙鸭）的肠道，中绦期幼虫寄生于淡水鱼。该中绦期幼虫引起的舌形绦虫蚴病在世界各地均有分布，在我国也较普遍，是养鱼业常见且危害严重的一种寄生虫病。

舌形绦虫长达 28 cm，前端有沟槽。中绦期的实尾蚴不分节，呈白色带状，长达 40 cm。舌形绦虫的发育需要两个中间宿主。虫卵随水鸟的粪便排出，孵出的钩球蚴被第一中间宿主镖水蚤吞食后发育成原尾蚴。当第二中间宿主淡水鱼食入感染原尾蚴的镖水蚤时，原尾蚴经肠壁到达鱼体腔发育为实尾蚴，水鸟吞食被感染的鱼类而受感染。实尾蚴感染第二中间宿主淡水鱼后机械性挤压鱼内脏，影响鱼的生理功能，使得病鱼行动迟缓；实尾蚴生长很快，使病鱼腹部膨大，侧游上浮或腹部朝上，并且喜欢在浅水区域游动，这样的病鱼更容易被水鸟捕食。有时实尾蚴从腹部钻出，引起幼鱼死亡。预防应及时清除鱼池中的病鱼，谨防食鱼水鸟接近鱼塘，以切断其生活史。

第二十章彩图

(郑亚东　编，李海云　岳城　审)

第二十一章 线虫和线虫病

兽医线虫学（veterinary nematology）是研究寄生于动物体的各种线虫的形态学、生活史、生理学、生物化学、生态学和分子生物学，以及线虫病的流行病学、致病作用、临床症状、诊断和防治的科学。线虫种类众多，分布广泛，危害严重，部分线虫病为人兽共患寄生虫病，在公共卫生上具有重要意义。在宿主体内，多种线虫混合感染现象非常常见。它们多数是土源性线虫，因其发育只需一个宿主，因此流行更为普遍，对畜牧业危害大。

第一节 概 论

一、形态、结构和生理特性

（一）基本形态

线虫（nematode，roundworm）通常为线状，细的呈毛发状，粗的为圆柱形；也有的线虫形状比较特殊，如美洲四棱线虫的雌虫呈亚球形。线虫通常前端钝圆、后端较细，雌虫更为明显。活体通常为乳白色或淡黄色，吸血的虫体可呈淡红色或红色。虫体大小随种类不同而差别很大，如旋毛虫雄虫长约 1 mm，而麦地那龙线虫雌虫长度可超过 1 m。

虫体可分为头端、尾端、背面、腹面和侧面。虫体前端（即头端）有口孔（oral pore）。其他天然孔还有排泄孔（excretory pore）、肛门（anus）和生殖孔（genital pore），这些孔都位于虫体的腹面（图 21-1）。

家畜寄生性线虫多为雌雄异体。雄虫一般体型较小，近尾端部位呈不同程度地弯曲或卷曲，或有交合伞，或有与生殖相关的辅助构造（如交合刺、尾翼、乳突），显著区别于雌虫；雄虫的肛门和生殖孔合并为泄殖孔（cloacal pore）。而雌虫虫体比较粗大，尾部较直，其生殖孔和肛门分别独立开口；雌虫体内往往含有大量虫卵，有些种类的雌虫可含有约 200 万个虫卵；因此，在虫体成熟以前进行驱虫，可大大减少虫卵对环境的污染。有的种类的线虫，雌虫和雄虫存在较大的异形性，如奇异西蒙线虫（*Simondsia paradoxa*）孕卵雌虫的后部膨大呈球形，而雄虫呈线状；有的种类雌虫和雄虫个体大小差异很大，如台湾鸟蛇线虫（*Avioserpens taiwana*）的雄虫长约 6 mm，而雌虫长 100～240 mm。

（二）体壁构造

体壁由无色透明的角皮（cuticle，角质层，cuticular layer）、皮下组织（hypodermis）和肌层（muscular layer）构成（图 21-2）。

1. 角皮 覆盖虫体体表，由皮下组织分泌形成，光滑或有横纹、纵线等（图 21-3）。角皮还可延续为口囊（buccal capsule）、食道（oesophagus）、直肠（rectum）、排泄孔和生殖管末端的衬里。

某些线虫体表还常有一些由角皮参与形成的特殊结构，如头泡（cephalic vesicle，也称头囊）、颈泡（cervical vesicle）、唇片（lip）、叶冠（leaf crown）、饰板（plaques）、饰带

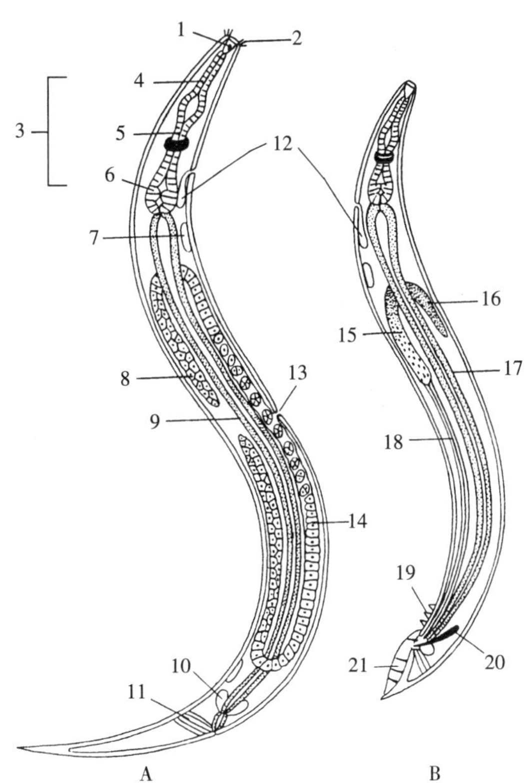

图 21-1　线虫的基本形态和结构

A. 雌虫　B. 雄虫

1. 口腔　2. 乳突　3. 食道　4. 体部　5. 狭部　6. 球部　7. 体腔细胞　8. 卵巢　9. 肠道　10. 尾腺　11. 肛门括约肌　12. 排泄腺　13. 阴门　14. 子宫　15. 储精囊　16. 睾丸　17. 肠道　18. 输出管　19. 生殖乳突　20. 交合刺　21. 交合伞

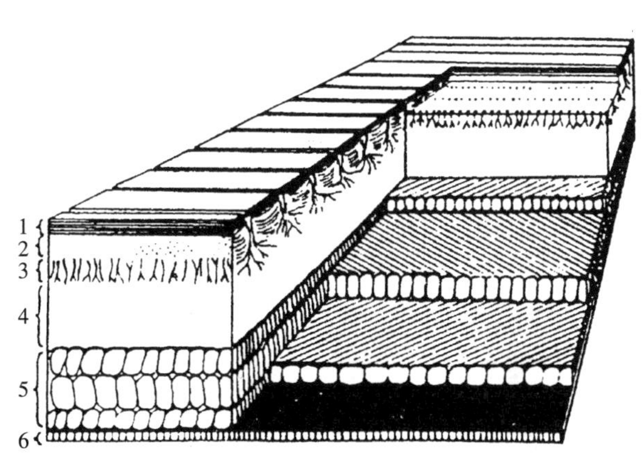

图 21-2　蛔虫角皮构造模式图

1. 外皮质层　2. 内皮质层　3. 原纤维层　4. 均质层　5. 纤维层　6. 基底膜

（Bird A. F.，K. Deutsch，1957. Parasitology）

（cordons）、嵴（ridge）、颈翼（cervical alae）、侧翼（lateral alae）、尾翼（caudal alae）、乳突（papillae）、交合伞（bursa）、交合刺（bristle，spine）等，它们有附着、感觉和辅助交配等功能，其位置、形状和排列是种类鉴别的重要依据（图 21-4）。

（1）叶冠：系环绕在口囊边缘的细小叶片状乳突，有 1 圈或 2 圈；2 圈之中位于外圈的称为外叶冠（external leaf crown），内圈的称为内叶冠（internal leaf crown）。其功能可能是在采食时插入黏膜；在虫体脱离黏膜后，封住口囊，防止异物进入口囊。

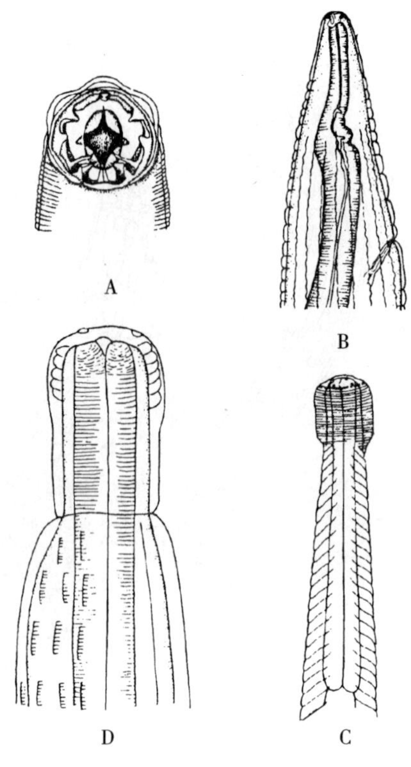

图 21-3 角皮的外表形态

A. 横纹：美洲板口线虫（*Necator americanus*） B. 纵纹：捻转血矛线虫（*Haemonchus contortus*）
C. 斜纹：哈氏绕体线虫（*Heligmosomum halli*） D. 短纹：松鼠短纹线虫（*Brevistriata callosciuri*）

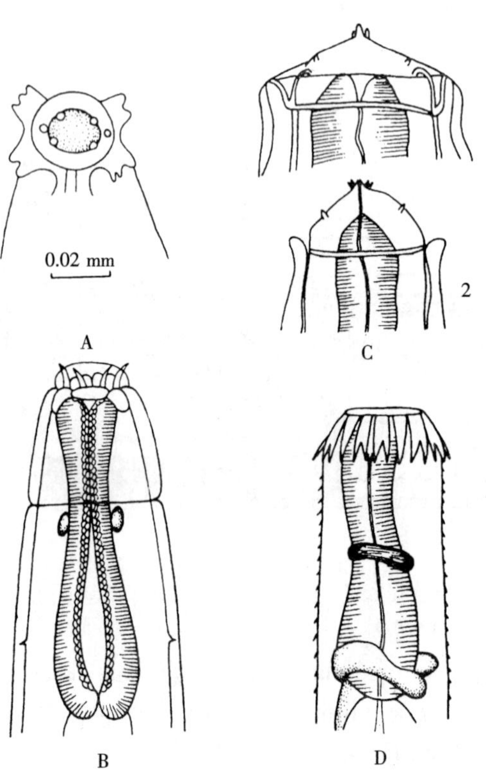

图 21-4 角皮的附属物

A. 饰瓣：鸭瓣口线虫（*Epomidiostomum uncinatum*） B. 头泡：有齿食道口线虫（*Oesophagostomum dentatum*）
C. 头领具翼：泡翼线虫［*Physaloptera*（*Ph.*）*alata*］ 1. 侧面 2. 腹面 D. 头棘：中华刺圆线虫（*Spinostrongylus sinensis*）

（2）颈乳突（cervical papillae）和尾乳突（caudal papillae）：是分别位于食道区和尾部的刺状、指状或其他形状突起，可能起感觉或支撑作用。

（3）颈翼、侧翼和尾翼：指在食道区、体侧面或尾部由表皮形成的扁平翼状薄膜突出。

（4）头泡和颈泡：分别指在近头端部分或食道区周围形成的薄膜状或泡形角皮膨大（inflation）。

（5）饰板和饰带：系旋尾目线虫的角皮特化出的板状或带状突出物。

（6）交合伞：参见生殖系统部分。

2. 皮下组织　紧贴在角皮基底膜之下，由一层合胞体细胞组成。在虫体背面、腹面和两侧中央部的皮下组织增厚，形成 4 条纵索（longitudinal chord），分别称为背索（dorsal chord）、腹索（ventral chord）和侧索（lateral chord，2 条）。排泄管和侧神经干穿行于侧索中，主神经干穿行于背索和腹索中。

3. 肌层　在皮下组织下面，由单层肌细胞组成；肌层被 4 条纵索分割成 4 个区域。不同种类线虫肌层的结构和肌细胞的形态不同。线虫的体肌仅有纵肌而无环肌，肌纤维的收缩和舒张使虫体发生运动。在食道和生殖器等器官还有特殊机能的肌纤维，即辐射排列的环型（circomyarian type）肌纤维，可能与采食和排卵有关（图 21-5）。

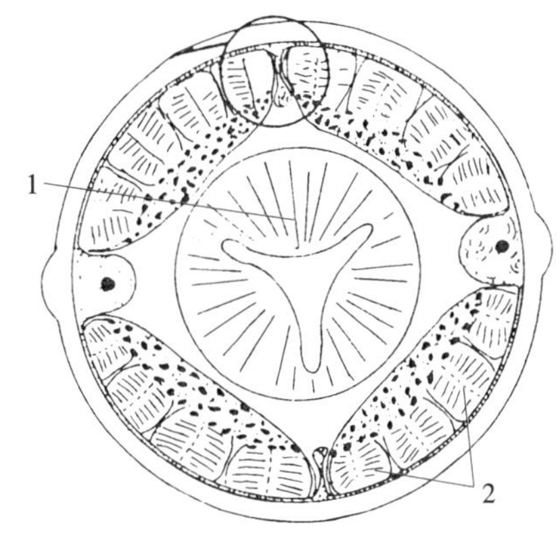

图 21-5　体壁肌层结构
1. 肌质食道区　2. 裂肌型排列

（三）体腔

体壁包围着一个充满体液的腔，此腔没有源于内胚层的浆膜作为衬里，所以称为假体腔（pseudocoel）。假体腔液压很高，维持着线虫的形态和硬度。内有液体和各种组织、器官、系统。体腔内液体常可引起人过敏反应，解剖虫体时（如蛔虫），需防止液体溅入眼内。

（四）消化系统

大多数线虫的消化系统比较完整，即有口孔、口腔（囊）、食道、肠管、肛门，但少数丝虫和寄生于昆虫的索线虫（mermithid）肛门萎缩退化。

1. 口孔（oral pore）　通常位于头部顶端，有的为亚腹位或亚背位。常有唇片围绕，常见的为 6 片（见于旋尾线虫）、3 片（见于尖尾线虫和蛔虫）或 2 片（见于猪后圆线虫）；唇片上有感觉乳突，有的唇片间还有间唇。无唇片的某些寄生虫，该部分发育为叶冠（由6～40 个或更多个叶片状乳突组成）或角质环（口领）；有的还有齿、切板等构造（图 21-6）。

2. 口腔（buccal cavity）　在大多数线虫，口与食道之间有膨大的空间，称之为口腔或口囊。有些虫种口腔中有齿（tooth）、口针（stylet）或切板（cutting plate）等构造（图 21-7）。大口囊者，如圆线科线虫，采食黏膜组织；小口囊者和口腔简单者，如毛圆科线虫等，采食黏液或细胞碎屑；尖尾类和蛔虫类采食肠内容物；而血液或组织中寄生的线虫，如丝虫，则完全采食体液。

3. 食道（oesophagus）　常为肌质构造，管腔呈三角形辐射状，因寄生性线虫虫体维持高压，需要借助于肌肉发达的食道将食物泵入肠道。利用食道发达的肌质可以将寄生性线虫与自由生活的线虫进行区分（如粪类圆线虫丝虫型和杆虫型幼虫）。食道壁内埋藏有数个（通常 3 个）食道腺（oesophageal glands），分别位于背位和侧腹位，开口于食道腔、牙齿顶端等处，可分泌消化液。有些线虫在食道末端处还生有小胃（ventriculus）或盲管（caecum）（图 21-8）。部分抗线虫药物（如伊维菌素）可通过抑制线虫的咽泵，起到驱杀线虫的作用。

食道结构有几大类型，常为线虫高级阶元的鉴别特征。

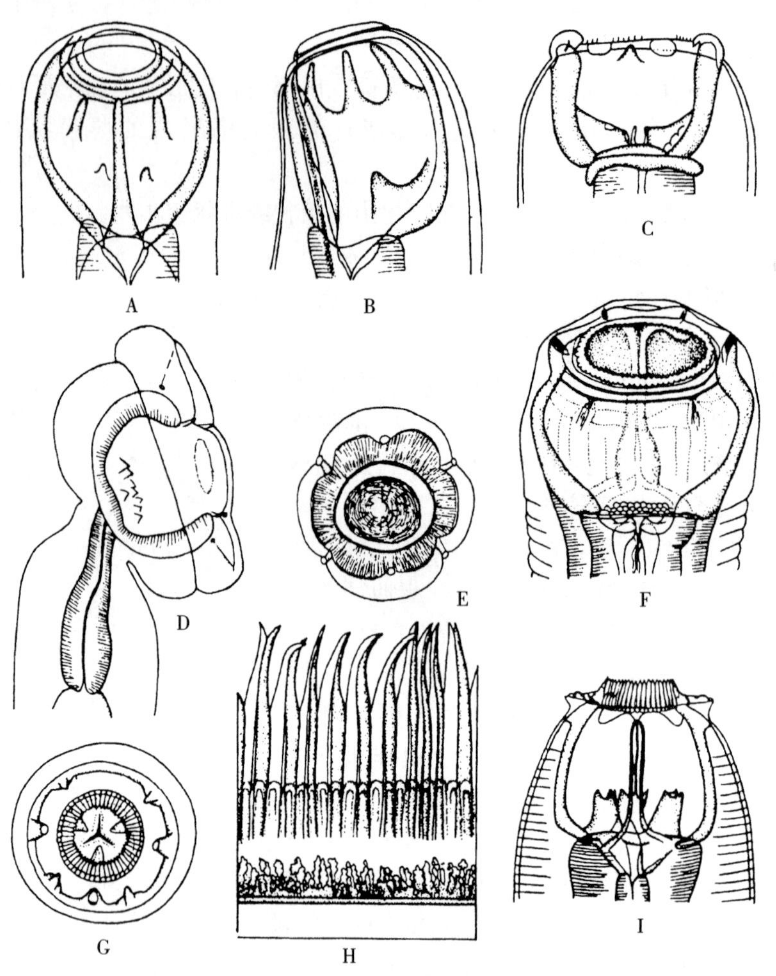

图 21-6　口缘结构

A. 角质环：撒慕弯口线虫（*Uncinaria samoensis*）口囊正面　B. 角质环：撒慕弯口线虫口囊侧面
C. 角质隆突：有齿冠尾线虫（*Stephanurus dentatus*）头部　D. 齿轮状突：气管比翼线虫（*Syngamus trachea*）头部侧面
E. 齿轮状突：气管比翼线虫头端顶面　F. 齿片：羊夏柏特线虫（*Chabertia ovina*）口囊
G. 叶冠：短尾三齿线虫（*Triodontophorus brevicauda*）口囊　H. 叶冠一部分：短尾三齿线虫头端顶面
I. 叶冠：马圆线虫（*Strongylus equinus*）

（1）杆状型食道（rhabditiform oesophagus）：又称为杆线虫型食道，系最原始的食道，可分为体部（corpus）、狭部（isthmus）和球部（bulb）三部分。此型食道见于杆线虫类的相关属种以及其他多种线虫的寄生前期幼虫和自由生活的成虫。

（2）丝状型食道（filariform oesophagus）：又称为蛔虫型食道。结构简单，呈细的圆柱状，见于蛔虫类线虫。

（3）棒状型食道（club-shaped oesophagus）：又称为圆线虫型食道。食道呈棒状，后部膨大，但不形成食道球，见于圆线目线虫。

（4）球型食道（bulb-shaped oesophagus）：又称为尖尾线虫型食道。即食道后部膨大呈球状（bulb-shaped），腔内有瓣，见于尖尾目线虫。

（5）肌腺型食道（muscularly glandularly-shaped oesophagus）：又称为丝虫及旋尾线虫型食道。食道前部为肌质，后部为腺质，见于丝虫和旋尾目线虫。

（6）列细胞型食道（trichuroid oesophagus）：又称为毛尾线虫型食道。其前部有短而窄细的肌质结构，之后细长，由称为列细胞（stichsome）的一连串单细胞围绕着细的管腔形成，可能具有分泌功能。

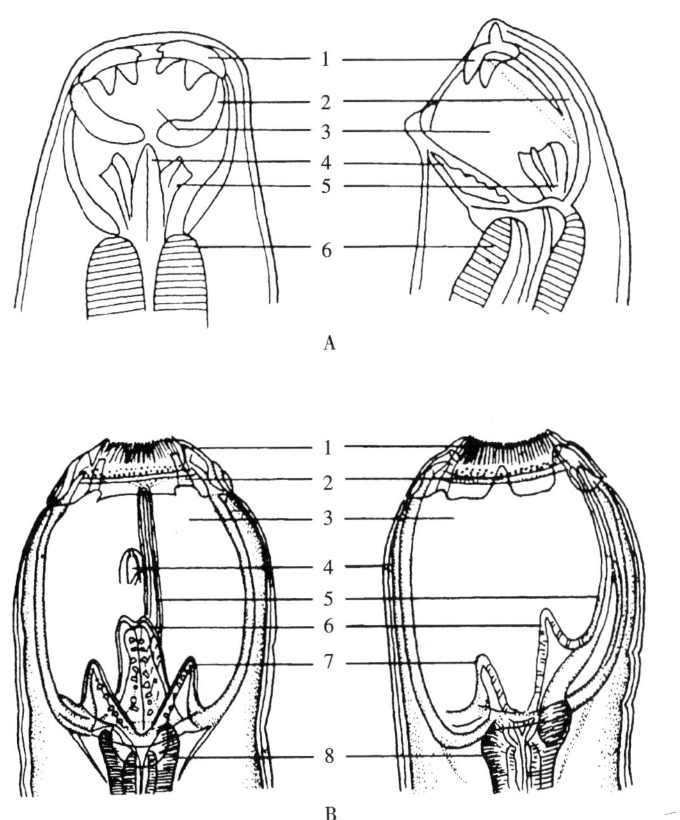

图 21-7　口腔结构

A. 十二指肠钩口线虫（*Ancylostoma duodenale*）：1. 腹齿　2. 口囊边缘　3. 口囊　4. 背板　5. 扁平齿　6. 食道
B. 马圆形线虫（*Strongylus equinus*）：1. 叶冠　2. 乳突　3. 口囊　4. 腺管开口　5. 背沟　6. 背齿　7. 亚腹齿　8. 食道

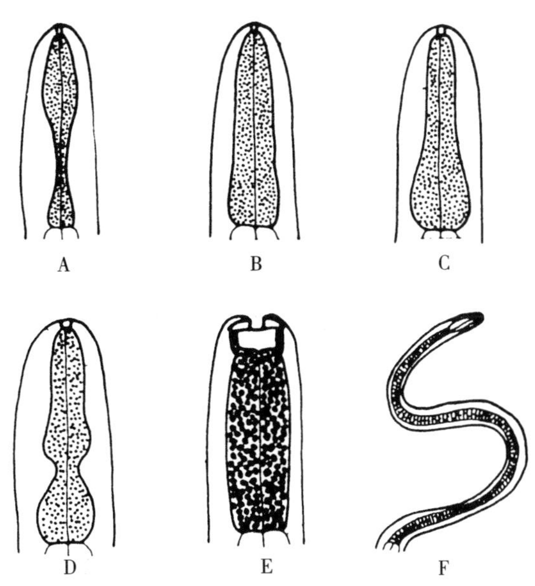

图 21-8　食道类型

A. 杆状型食道　B. 丝状型食道　C. 棒状型食道　D. 球型食道　E. 肌腺型食道　F. 列细胞型食道

4. 肠管（intestinal canal）　食道后为肠，一般呈管状；其后部称为直肠，很短。有些吸血性线虫肠道的某些隐蔽抗原（多为糖蛋白）具有用于研发抗线虫疫苗的潜力（如捻转血矛线虫的肠道抗原 H11）。

5. 肛门（anus） 直肠末端开口为肛门。雌虫肛门单独开口于虫体尾部腹面；雄虫的直肠与射精管（ejaculatory duct）汇合成泄殖腔，开口于尾部腹面，称为泄殖孔。开口处附近常有乳突，其数目、形状和排列有分类意义。

从肛门或泄殖孔至虫体末端的部分称为尾部（tail）。有些种类雄虫尾部有交合伞、交合刺、乳突、尾翼膜等辅助交配结构，常用来作为种类鉴别的依据；雌虫的尾部形态也因种类有所不同，但差异往往较小。

（五）生殖系统

家畜寄生性线虫均为雌雄异体。雌雄内部生殖器官都是简单弯曲的连续管状构造，形态上区别不大；但尾部的附属生殖结构往往不同（图 21-9）。

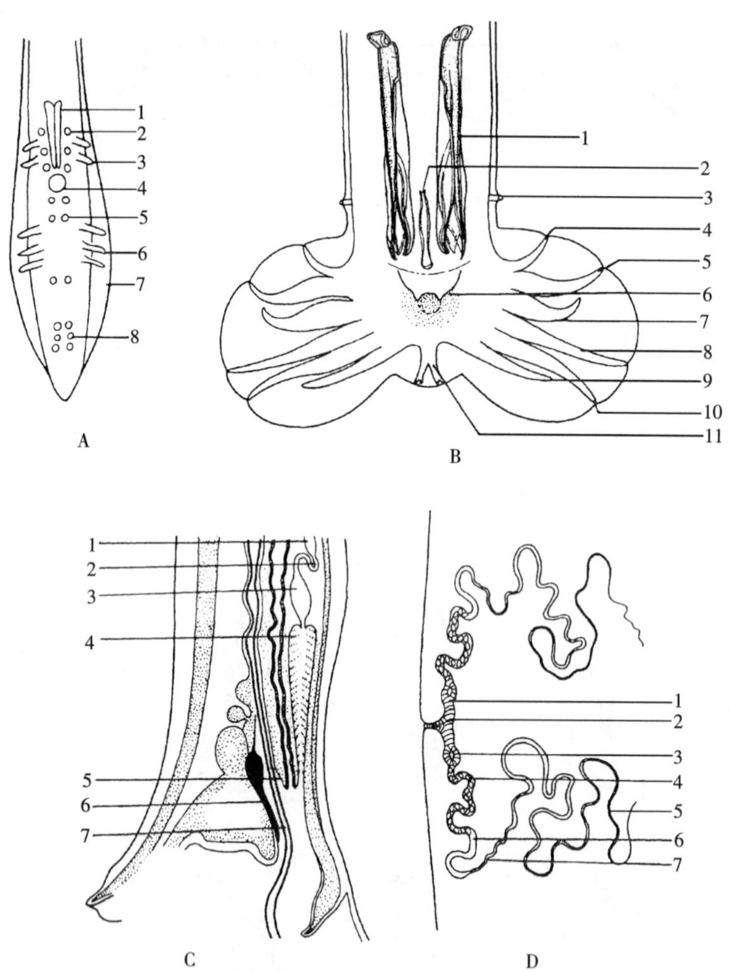

图 21-9 生殖器官

A. 无交合伞的雄虫尾部模式图（仿 Levine，1968）：1. 交合刺 2. 泄殖孔前无柄乳突 3. 泄殖孔前有柄乳突 4. 泄殖孔 5. 泄殖孔后无柄乳突 6. 泄殖孔后有柄乳突 7. 尾翼 8. 尾感器开口

B. 交合伞模式图（仿 Levine，1968）：1. 交合刺 2. 引器（导刺带） 3. 伞前乳突 4. 腹腹肋 5. 侧腹肋 6. 生殖锥 7. 前侧肋 8. 中侧肋 9. 外背肋 10. 后侧肋 11. 背肋

C. 十二指肠钩口线虫（*Ancylostoma duodenale*）雄虫生殖器官（陈心陶，1960，仿 Looss）：1. 睾丸 2. 输精管 3. 储精囊 4. 胶黏腺 5. 射精管 6. 引器（导刺带） 7. 交合刺

D. 十二指肠钩口线虫雌虫生殖器官模式图（陈心陶，1960，仿 Looss）：1. 阴道 2. 阴门 3. 括约肌 4. 子宫 5. 卵巢 6. 受精囊 7. 输卵管

1. 雄性生殖器官 通常为单管型，由睾丸（testis）、输精管（vas deferens）、储精囊（seminal vesicle）和通到泄殖腔（cloaca）的射精管（ejaculatory duct）组成。睾丸产生的精子经输精管进入储精囊，交配时，精液从射精管入泄殖腔，经泄殖孔射入雌虫阴门（生殖孔）内。

不少线虫雄性生殖器官的末端部分常有交合刺（spicule）、引器（也称导刺带，gubernaculum）、副引器（也称副导刺带，telamon）等辅助交配结构，其数量和形态具分类意义。

交合刺2根者多见，1根者少见［如毛尾属（*Trichuris*）］；2根者的交合刺等长或不等长，同形或异形；个别虫种无交合刺［如无刺属（*Aspiculuris*）］。交合刺主要由几丁质组成，通常包藏在位于泄殖腔背壁的交合刺鞘内，有肌肉牵引，故能伸缩，在交配时起掀开雌虫生殖孔和输送精子的作用（图21-10）。有些线虫（如毛圆科）有嵌于泄殖腔壁上的导刺带（引器），位于交合刺背部（图21-11）；有的线虫还有一个副导刺带（副引器），嵌于泄殖腔的侧腹壁；导刺带和副导刺带可能有导引交合刺伸缩或插入生殖孔的功能。有的线虫还有生殖锥（图21-12）、副伞膜等。

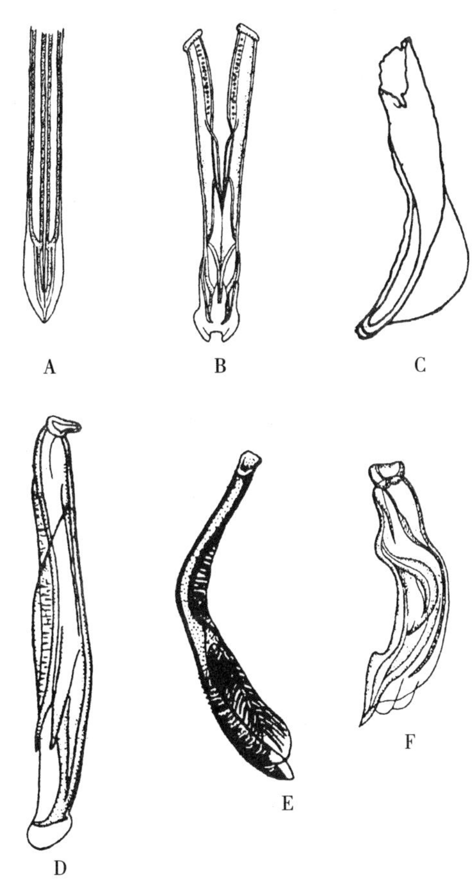

图21-10 交合刺

A. 针状：奥拉奇细颈线虫（*Nematodirus oiratianus*） B. 针状：东北兔苇线虫（*Ashworthius leporis*）
C. 靴状：丝状网尾线虫（*Dictyocaulus filaria*） D. 三叉状：三叉奥斯特线虫（*Ostertagia trifurcata*）
E. 双叶状：毛样缪勒线虫（*Muellerius capillaris*） F. 弯钩状：蛇行毛圆线虫（*Trichostrongylus colubriformis*）

雄虫尾部结构有两种类型：一类表现为尾翼（发达或不发达），其上有排列对称或不对称的性乳突（具柄或不具柄），其大小、数目和形状因线虫种类而不同。另一类主要见于圆线目，尾翼演化为交合伞，在交配时起固定雌虫的功能。交合伞通常由角皮在雄虫尾部膨大形成的两个薄膜状侧叶和一个小的背叶组成，典型的交合伞呈伞状。伞膜上分布有一些肌束，称为肋（ray），起支撑交合伞和感觉的作用。肋一般对称排列，分为三组，即腹肋组（ventral ray system）、侧肋组

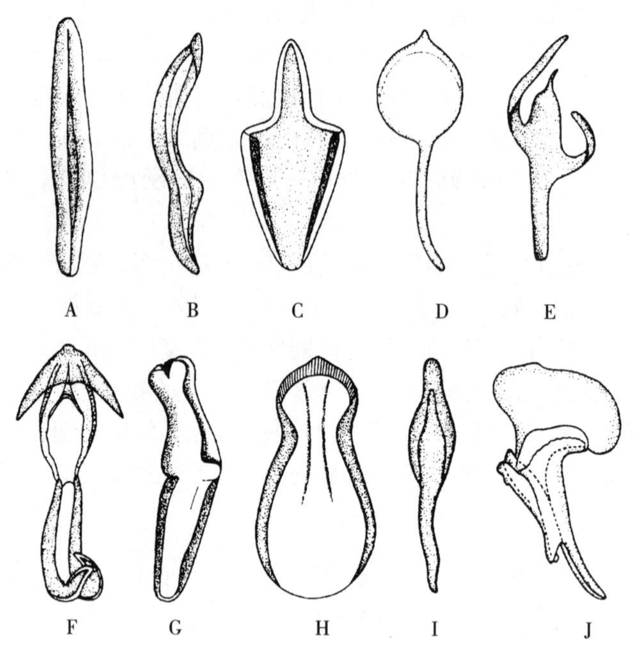

图 21-11 引器（导刺带）

A. 梭形：捻转血矛线虫（*Haemonchus contortus*） B. 弯曲形：突尾毛圆线虫（*Trichostrongylus probolurus*）
C. 铲状：有齿食道口线虫（*Oesophagostomum dentatum*） D. 球拍状：环纹奥斯特线虫（*Ostertagia circumcincta*）
E. 三齿耙状：四射鸟圆线虫（*Ornithostrongylus quadriradiatus*） F. 锚钩状：霍氏原圆线虫（*Protostrongylus hobmaieri*）
G. 钩槽状：日本三齿线虫（*Triodontophorus nipponicus*） H. 鞋底状：羊夏柏特线虫（*Chabertia ovina*）
I. 蝌蚪状：三叉奥斯特线虫（*Ostertagia trifurcata*） J. 枪套状：短尾三齿线虫（*Triodontophorus brevicauda*）

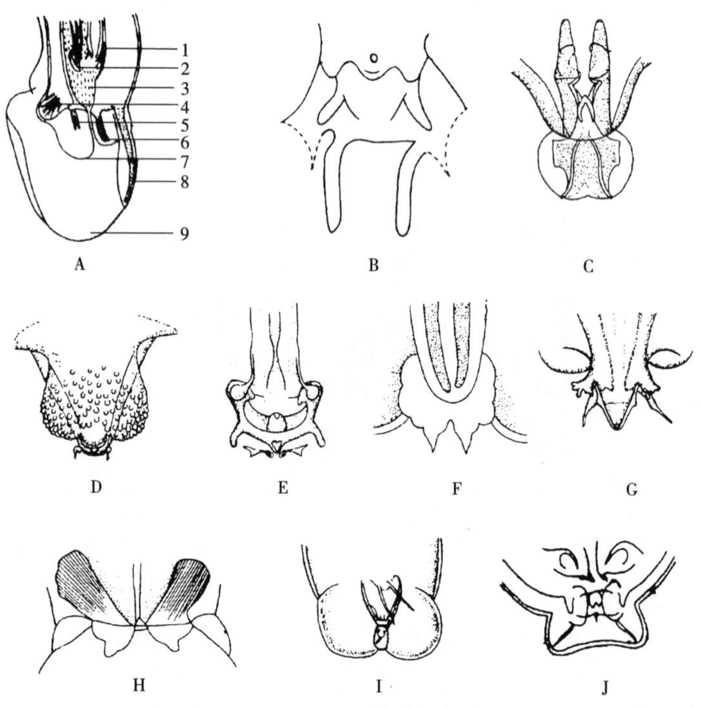

图 21-12 生殖锥

A. 模式图：1. 引器 2. 交合刺 3. 泄殖腔 4. 前锥 5. 腹小肋 6. 背小肋 7. 副伞膜 8. 背肋 9. 交合伞侧叶
B. 指突状：十二指肠钩口线虫（*Ancylostoma duodenale*） C. 类圆形：三叉奥斯特线虫（*Ostertagia trifurcata*）
D. 圆钝三瓣形：普通戴拉风线虫（*Delafondia vulgaris*） E. 锚状：叶氏古柏线虫（*Cooperia erschovi*）
F. 双突状：鼻状环行线虫（*Cylicocyclus nassatus*） G. 长锥形：无齿圆线虫（*Strongylus edentatus*）
H. 双乳突状：鸭瓣口线虫（*Epomidiostomum uncinatum*） I. 双瓣形：杯状彼氏线虫（*Petrovinema poculatu*）
J. 碗座状：环纹奥斯特线虫（*Ostertagia circumcincta*）

(lateral ray system) 和背肋组 (dorsal ray system)。通常腹肋两对，分别称为腹腹肋 (ventro-ventral ray，也叫前腹肋) 和侧腹肋 (latero-ventral ray，也叫后腹肋)；侧肋 3 对，即前侧肋 (antero-lateral ray)、中侧肋 (medio-lateral ray) 和后侧肋 (postero-lateral ray)；背肋组包括位于侧叶上的 1 对外背肋 (externo-dorsal ray) 和位于背叶上的一根背肋 (dorsal ray)，背肋的远端有时可再分支 (图 21-13)。

交合刺、引器、副引器和交合伞有多种形态，在线虫分类上非常重要。

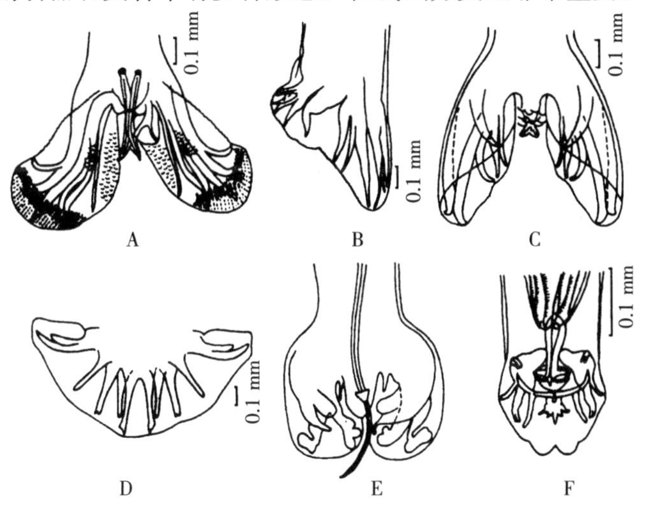

图 21-13 交合伞

A. 捻转血矛线虫 (*Haemonchus contortus*) B. 短尾三齿线虫 (*Triodontophorus brevicauda*)
C. 指形长刺线虫 (*Mecistocirrus digitatus*) D. 丝状网尾线虫 (*Dictyocaulus filaria*)
E. 猪后圆线虫 (*Metastrongylus apri*) F. 瑞氏原圆线虫 (*Protostrongylus raillieti*)

2. 雌性生殖器官 雌性生殖系统由卵巢、输卵管、子宫、受精囊 (无此构造的线虫其子宫末端行此功能)、阴道 (也有些线虫无阴道) 和阴门 (生殖孔) 组成。通常为双管型 (双子宫型，didelphic)，是指有两组卵巢和输卵管等生殖器官，最后由两条子宫汇合成一条阴道，通向生殖孔。少数线虫为单管型 (单子宫型，monodelphic)，个别多管型 (多子宫型，multidelphic)。

有些线虫在阴道与子宫之间还有肌质的排卵器 (图 21-14)，控制虫卵的排出。阴门是阴道的开口，位于虫体腹面的前部、中部或后部，但均在肛门之前。有些线虫的阴门开口有由表皮形成的阴门盖。阴门的位置及其附属结构的形态 (如排卵器、阴门盖) 常具分类意义。

(六) 排泄系统

有腺型和管型两类。在腺肾纲 (Adenophorea，旧称无尾感器纲，Aphasmidea) 系腺型，常见一个大的腺细胞位于体腔内；在胞管肾纲 (Secernentia，旧称尾感器纲，Phasmidea) 系管型。排泄孔通常位于食道部腹面正中线上，同种类线虫位置固定，具分类意义。

(七) 神经系统

位于食道部的神经环 (nerve ring) 相当于线虫的神经中枢，由许多神经纤维连接的神经节组成，自该处向前后各发出若干神经干，各神经干间有横的联合，神经干再发出神经纤维，分布到虫体各部。在虫体的其他部位还有单个的神经节。在肛门处还有一个后神经环 (posterior nerve ring)。

线虫体表有许多乳突，如头乳突、唇乳突、尾乳突或生殖乳突等，它们都是神经末梢分布的部位，起感觉作用。

还有一种特殊的感觉器官，即虫体前端的 1 对头感器 (amphid，也称侧器)，外形呈小孔形、圆形、螺旋形等，内为穴状构造 (图 21-15)，其中有末梢神经分布，可能与感觉化学物质有关。但大多数动物寄生性线虫的头感器已退化，在成虫不易观察到。

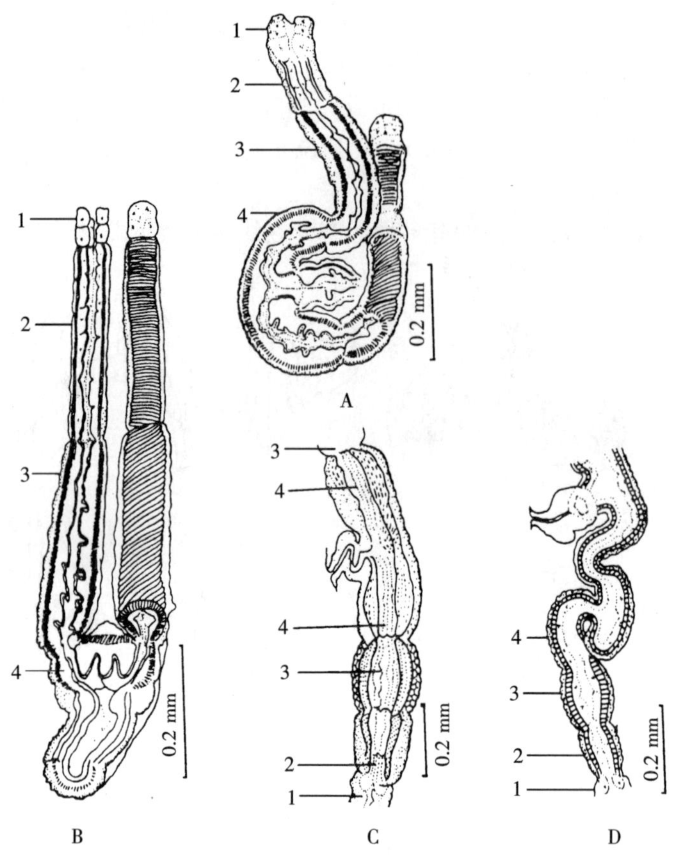

图 21-14 雌虫排卵器

A. J 型：有齿食道口线虫（*Oesophagostomum dentatum*） B. Y 型：大唇片盂口线虫（*Cyathostomum labriatum*）
C. I 型：羊仰口线虫（*Bunostomum trigonocephalum*） D. I 型：美洲板口线虫（*Necator americanus*）
1. 子宫 2. 漏斗 3. 括约肌 4. 前庭
（仿 Lichtenfels，1980）

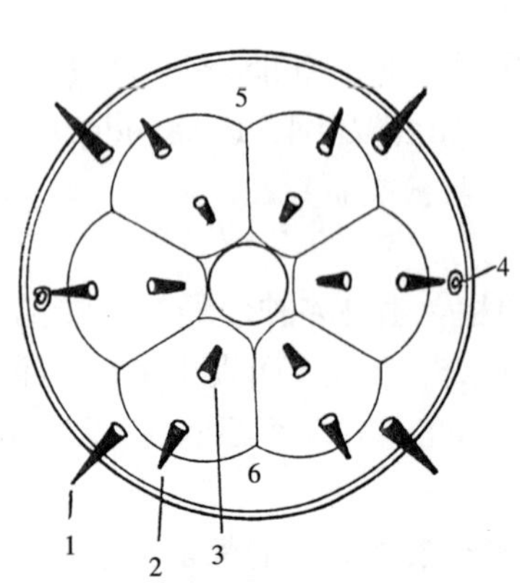

图 21-15 线虫头部感觉器官分布

1. 头乳突 2. 外圈唇乳突 3. 内圈唇乳突
4. 头感器 5. 背侧 6. 腹侧
（de Connick，1950）

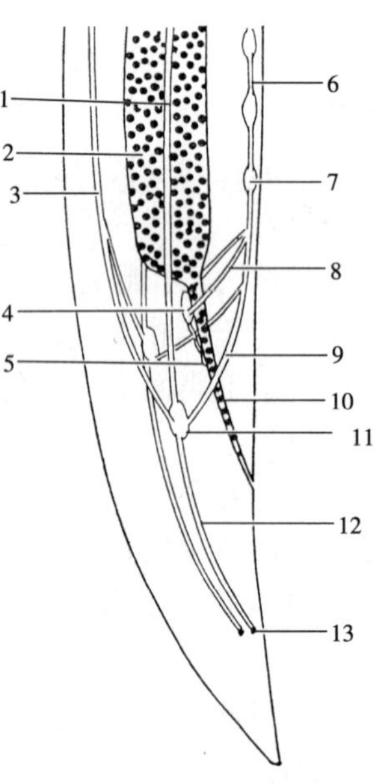

图 21-16 线虫尾部结构

1. 侧神经 2. 肠道 3. 背神经 4. 直肠背神经节
5. 直肠背神经 6. 腹神经 7. 肛前神经节 8. 直肠联合
9. 腹侧联结 10. 直肠 11. 腰神经节 12. 尾神经 13. 尾感器

大多数线虫在尾部还有1对尾感器（phasmid），为1对小孔或突起上的小孔，内部膨大呈一袋形构造，位于肛门之后，是一种化学感受器（chemoreceptor）（图21-16）。尾感器的有无是线虫纲划分的重要依据。

二、生殖和发育

（一）生殖方式

线虫生殖方式有三种。在蛔虫类和毛尾线虫类，雌虫产出的卵尚未发生卵裂，处于单细胞期；在圆线虫类，雌虫产出的卵处于桑葚期；这两种情况称为卵生（oviparous）。在后圆线虫类、类圆线虫类和多数旋尾线虫类，雌虫产出的卵已处于蝌蚪期阶段，即已形成胚胎，称为卵胎生（ovoviviparous）；在旋毛虫类和恶丝虫类，雌虫产出的是早期幼虫（prelarvae），称为胎生（viviparous）。

线虫虫卵的大小、形态及卵壳的厚度种属差异甚大。卵壳一般包括三层：内层为薄的脂质层，无渗透性；中层为坚实的几丁质层，若此层厚，则虫卵呈淡黄色，在一些虫种，此层在一端或两端形成卵塞；外层为蛋白质层。在蛔虫类，外层甚厚且有黏性，使虫卵具有很强的抗逆能力，在不利的环境存活能力强。相反，有些虫种的虫卵卵壳很薄，仅仅起着包裹幼虫的作用。通常感染性虫卵卵壳较厚，可防止幼虫因失水而死，这类虫卵在外界能存活很长时间。如有些鞭虫（毛尾线虫）卵能在环境中存活11年之久。

（二）发育过程

1. 发育阶段和影响因素 线虫卵孵化后，一般经五期幼虫期（第五期幼虫常被称为童虫），其间经过四次蜕化，才可发育为成虫，即卵（egg）$\xrightarrow{\text{孵化}} L_1 \xrightarrow{\text{蜕化}} L_2 \xrightarrow{\text{蜕化}} L_3 \xrightarrow{\text{蜕化}} L_4 \xrightarrow{\text{蜕化}} L_5 \longrightarrow$成虫。一般前两次蜕化在宿主体外完成；后两次蜕化在宿主体内完成；一般第三期幼虫是感染性幼虫；第五期幼虫发育时间短，很快发育为成虫（因此也有学者将第五期幼虫并入成虫期，而认为幼虫期仅有四期）。线虫感染宿主前的发育是在外界环境中完成（直接发育型）或是在中间宿主体内完成（间接发育型）。

从诊断、治疗和控制的角度出发，可将线虫生活史划为四个时期，即感染前期（preinfective stage）、感染期（infective stage）、成虫前期（preadult stage）和成虫期（adult stage）和各期间的阶段分别称为污染（contamination）、发育（development）、感染（infection）和成熟（maturation）。从侵入终末宿主至成虫排出虫卵或幼虫于宿主体外的时间也称为潜在期（prepatent period，也称潜隐期）（图21-17）。

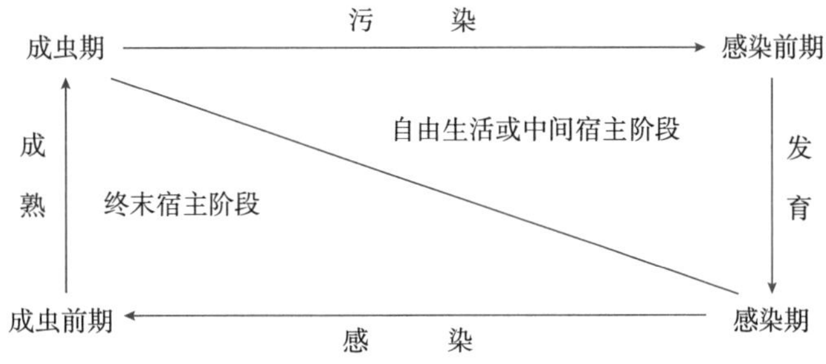

图21-17 线虫生活史不同期间和发育阶段示意

雌虫产出的虫卵或幼虫须在新的环境中（外界或中间宿主体内）继续发育，才能对终末宿主有感染性。虫卵孵化过程受环境温度、湿度等因素和幼虫本身的因素控制，一般是幼虫借分泌酶和本身的运动来破坏虫卵内层，然后从环境中摄入水分，膨大，撑破剩余的卵壳。如果孵化过程在中间或终末宿主体内完成，则宿主提供刺激，促使其孵化。孵出的第一期幼虫一般需发育到第三期幼虫，才对宿主有感染性（侵袭性）。如果感染性幼虫留在卵壳内不孵出就能感染宿主，习惯上将其称为感染性（或侵袭性）虫卵。

从前一期幼虫到下一期幼虫，中间要发生蜕化（蜕皮）。蜕化（ecdysis）是幼虫产生一层新角皮，然后蜕去旧角皮的过程。蜕化时幼虫不生长，处于休眠状态（lethargus），既不采食也不活动。第三期幼虫形成后，由于第二期幼虫的旧角皮仍存留在其身体外面，因此称为披鞘幼虫，其对外界环境的抵抗力很强，此时鞘的功能相当于感染性虫卵卵壳，具有保护作用。

线虫发育的外界环境是双重的，处于寄生状态时，宿主是它们的直接外界环境；处于自由生活状态时，自然界就成为其直接的外界环境。无论是宿主环境还是自然环境，都对虫体的发育有着持续而重要的影响，因此，虫体与宿主及自然环境之间构成了十分复杂的特殊生态关系。

（1）温度：温度对线虫自由生活阶段幼虫的生存与发育有着极大的影响。自由生活期幼虫对环境温度的变化有着较大范围的适应能力，特别是感染性幼虫（第三期幼虫）适应性更强。然而，虫体对高温及低温的抵抗能力，虫体的生长、发育及活动所能适应的最高和最低的温度范围以及最适宜温度的水平，在不同种类或同一种类于不同发育阶段都略有不同。

在外界，幼虫发育的最适温度多为18～26 ℃。如温度偏高，幼虫则新陈代谢加快，也更活跃，这时它们消耗掉大量营养储藏，死亡率上升，很少能够发育至第三期幼虫；即使发育到第三期幼虫，幼虫寿命也短。因此进行轮牧时，热带牧场需要的间歇期短于温带牧场。温度太低，则发育迟缓；若低于10 ℃，从虫卵发育至第三期幼虫的过程常不能完成；第三期幼虫在低于5 ℃时，其运动和代谢水平降到最低，存活能力增强。虫体在其发育所适合的最高温度以上及最低温度以下的各温度的抵抗能力与该温度至其上下界限的距离成反比。虫体在低温致死点（以其体内原生质凝冻为标记）至高温致死点（以体内组织成分发生破坏性的化学变化为标记）范围中的生命力，因不同虫种和不同时期等条件而有差异。

（2）湿度：线虫幼虫的发育对湿度的变化非常敏感，且不同种类及同一种类的不同发育阶段对湿度的要求及对干燥的抵抗力都存在差异。第三期幼虫对湿度变化所具有的抵抗力显著地区别于各感染前期幼虫。幼虫发育的最佳相对湿度为100%，个别种类达到80%也可以；有时即使在很干燥的气候条件下，在粪便或土壤表面以下的微环境中仍具有一定水平的湿度，足以使幼虫保持发育过程。

虫体对湿度的要求与温度有密切关系，一般更适应于较低温度而潮湿的环境。如果在温度较高而又干燥的条件下，虫体常常很快死亡。无论虫卵或自由生活阶段的幼虫，其生活力及生长发育情况均会因不同的温度与湿度条件而产生变化。温度作用的效果可由于湿度等条件的不同而有差别，如毛尾线虫卵放在稀盐水中时，其发育所需时间只是正常情况下同一温度中所需时间的一半。

（3）其他因素：幼虫的发育和生长不仅需要适宜的温度和湿度，还要有充足的氧气，除此之外，其他环境因素对线虫幼虫的行为也有明显的调控作用。例如，光线的作用，幼虫具有趋弱光倾向，这是促使其爬上草叶的原因，但它们的移动需一层水膜的存在，这是造成宿主感染的重要条件。阴雨天、早晨、傍晚为线虫感染性幼虫的活动高峰期，家畜应尽量避免在此时放牧。相反，强烈的阳光直射和草叶的过分干燥，都可阻止幼虫的移行，大多数线虫卵暴露在夏季炎热的阳光下都会迅速死亡。土壤对线虫卵及幼虫的影响，有物理和化学两方面的作用。如土壤的性质和盐分会直接地影响虫卵与幼虫的生长发育；土壤的温湿度可影响幼虫的活动和移行。植被生长情况可直接或间接地影响环境中的温度和湿度及微生物种群，由此而对一些寄生线虫幼虫在环境中的生存和发育产生重要的作用。

一般而言，线虫作为一个特定的生态群体，只能生存在特定的生态环境中。且在只需一个宿主即能完成寄生生活的情况下，外界环境与虫体之间的生态关系在某种意义上显得更为重要，了解虫体与自然界之间的生态关系，对于阐明其流行病学和防控具有非常重要的意义。

2. 代谢机制　线虫代谢的详细过程尚不完全明了。一般认为寄生性线虫卵期、幼虫前期、自由生活期主要以脂质为营养物质，这些脂类物质存在于虫体的肠腔。感染性幼虫的感染性与这些脂质的含量有关，相比较于脂质含量多的幼虫，脂质少的幼虫其感染性也较弱。

在杆形目和圆线目的毛圆科及圆线科，多数虫种有一个完全自由生活的寄生前阶段(preparasitic phase)。对于这些线虫的第一期和第二期幼虫而言，除了储备的脂质能量物质以外，它们通常以细菌为食；一旦发育到第三期幼虫阶段，由于此时的虫体由一层密闭的角质鞘包裹而不能在环境中采食，只能依靠前两期幼虫储备的营养物质为生。

相比之下，寄生线虫成虫主要是以存储在体壁侧索和肌肉中的糖原作为能量，其占虫体干重的20%左右。自由生活期及寄生期发育阶段的线虫幼虫通常可进行有氧代谢；而成虫则可以通过糖酵解（厌氧环境）和氧化脱羧基反应（有氧环境）代谢糖类。但是后一种代谢通路并不存在于宿主体内，因此可根据此种差异来开发研制某些抗寄生虫药物。

糖类的氧化需要一个电子传递体系的存在，当含氧量在5.0 mmHg①或更低时，大多数线虫仍可以进行氧化反应。由于肠黏膜表面含氧量可以达到20 mmHg，因此线虫靠近肠黏膜即可正常进行有氧代谢；如果线虫临时或长久地远离肠黏膜，则进行厌氧条件下的糖酵解。

与传统的细胞色素（cytochrome）及黄素蛋白（flavoprotein）电子传递体系一样，许多线虫体液中含有血红蛋白，为它们提供红色素。线虫血红蛋白的化学结构类似于肌红蛋白，其和氧的结合力是现在已知动物血红蛋白中最高的。线虫血红蛋白的主要功能是运输氧，通过扩散的方式经表皮或肠道进入组织，吸血性线虫在摄食中应该会获得更多的氧。

线虫排泄系统功能不是普通意义上所说的排泄，而是发挥着调节渗透压和保持盐类平衡的作用。糖类、脂肪和蛋白质代谢的终端产物，主要通过肛门、泄殖孔或体壁的扩散而排出体外。蛋白质代谢的终产物氨必须迅速排泄至体外，被周围的液体稀释到无毒水平。当糖类进行厌氧代谢时，虫体也可排泄丙酮酸而不是保留它们用于可能的有氧代谢。

3. 发育基本类型　根据线虫在发育过程中是否需要中间宿主，可将线虫分为无中间宿主的线虫和有中间宿主的线虫。前者系幼虫在外界环境中，如粪便和土壤中直接发育到感染性阶段，故又称直接发育型线虫或土源性线虫；而后者的幼虫则需在中间宿主（如昆虫或软体动物）体内，方能发育到感染性阶段，故又称间接发育型线虫或生物源性线虫。

(1) 无中间宿主线虫的发育：

①蛲虫型：雌虫在终末宿主的肛门周围和会阴部产卵，感染性虫卵在该处发育形成。宿主经口感染后，幼虫在小肠内孵化，到大肠发育为成虫（图21-18）。如尖尾线虫（*Oxyuris*）。

②毛尾线虫型：虫卵随宿主粪便排至外界，在粪便或土壤中发育为感染性虫卵。宿主经口感染后，幼虫在小肠内孵化，到大肠发育为成虫（图21-19）。如毛尾线虫（*Trichuris*）。

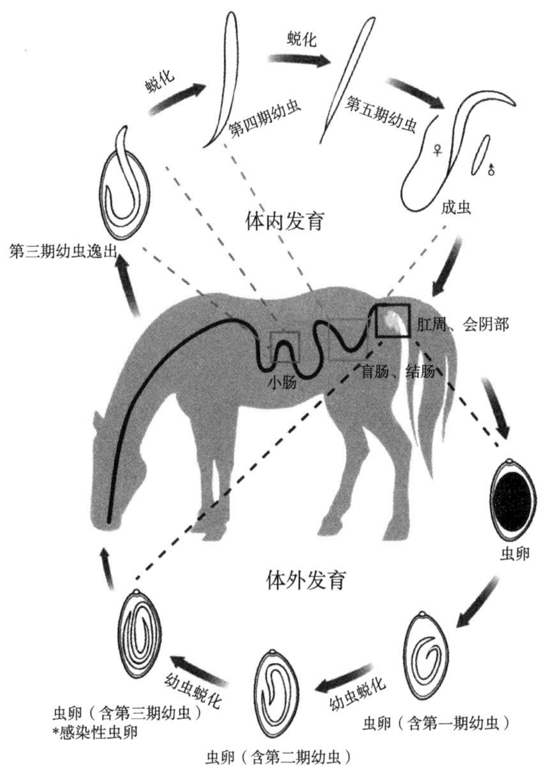

图21-18　蛲虫型生活史
（龚玉姣　索勋供图）

① mmHg为非法定计量单位。1 mmHg=133 Pa。

③蛔虫型：大多数种类蛔虫的虫卵随宿主粪便排至外界，在粪便或土壤中发育为感染性虫卵。宿主经口感染后，幼虫在小肠内孵化，多数种类幼虫需在宿主体内经复杂移行，再到小肠发育为成虫（图 21-20），如猪蛔虫（*Ascaris suum*）。

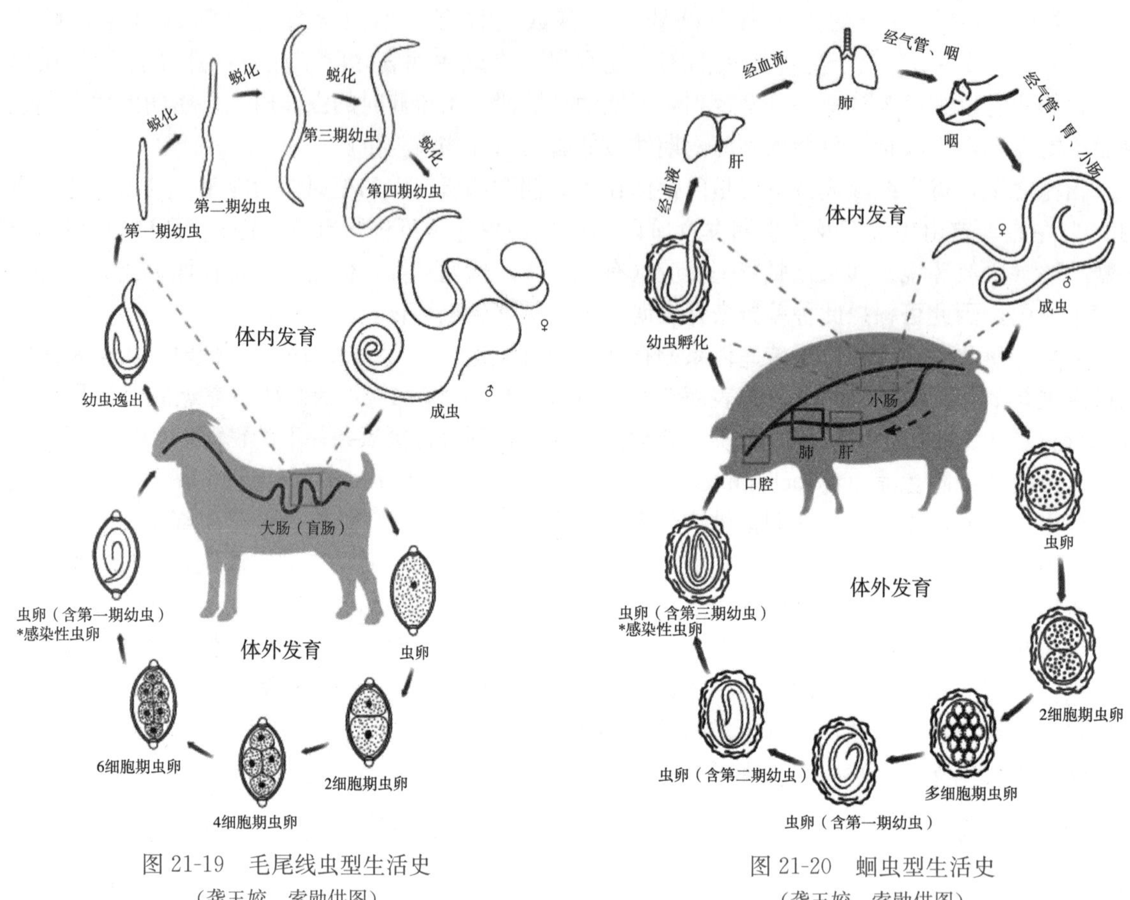

图 21-19 毛尾线虫型生活史
（龚玉姣 索勋供图）

图 21-20 蛔虫型生活史
（龚玉姣 索勋供图）

④圆线虫型：虫卵随宿主粪便排至外界，从卵壳内第一期幼虫孵出，再经两次蜕化发育为感染性幼虫，即第三期幼虫，其在土壤和牧草上活动。经口感染宿主后，幼虫在宿主体内经复杂移行或直接到达寄生部位，发育为成虫（图 21-21）。不少圆线目线虫都属于本类型，如捻转血矛线虫（*Haemonchus contortus*）。

⑤钩虫型：虫卵随宿主粪便排出，在外界发育孵化出第一期幼虫，之后，经两次蜕化发育为感染性幼虫。主要是通过宿主的皮肤感染，幼虫随血流经复杂移行最后到小肠发育为成虫（图 21-22）；且该类型虫体也能经口感染，如羊钩虫（*Bunostomum trigonocephalum*）。

（2）有中间宿主线虫的发育：

①旋尾线虫型：雌虫产出含幼虫的虫卵或幼虫，排至外界环境中，被中间宿主（多为节肢动物）摄食；或中间宿主舔食终末宿主的分泌物或渗出物时，一同将虫卵或幼虫摄入体内，幼虫在中间宿主体内发育到感染性阶段。终末宿主因吞食含有感染性幼虫的中间宿主或中间宿主将幼虫直接转入终末宿主体内而感染；此后随虫种的不同而在不同部位发育为成虫（图 21-23），如旋尾目的吸吮线虫（*Thelazia*）。

②原圆线虫型：雌虫在终末宿主体内产含幼虫的虫卵，随即孵出第一期幼虫。第一期幼虫随粪便排至外界后，主动地钻入中间宿主（螺或蛞蝓）体内发育到感染性阶段；终末宿主吞食了带有感染性幼虫的螺或蛞蝓而遭受感染。幼虫在终末宿主肠内逸出，移行到寄生部位，发育为成虫（图 21-24）。如寄生于绵羊呼吸道的原圆线虫（Protostrongylidae）以及寄生于猪呼吸道的后圆线虫（Metastrongylidae），前者的中间宿主为螺，后者为蛞蝓。

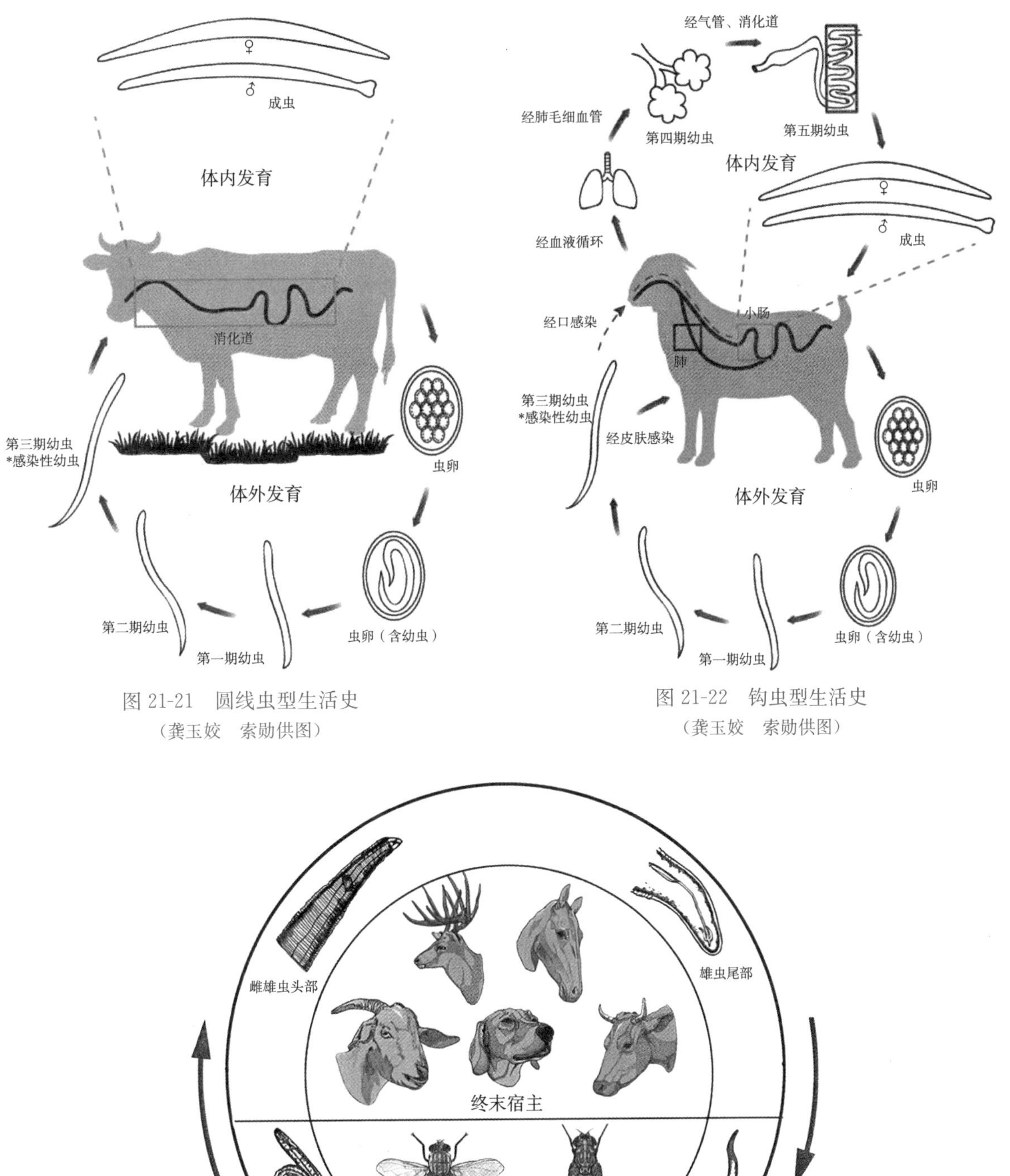

图 21-21　圆线虫型生活史
（龚玉姣　索勋供图）

图 21-22　钩虫型生活史
（龚玉姣　索勋供图）

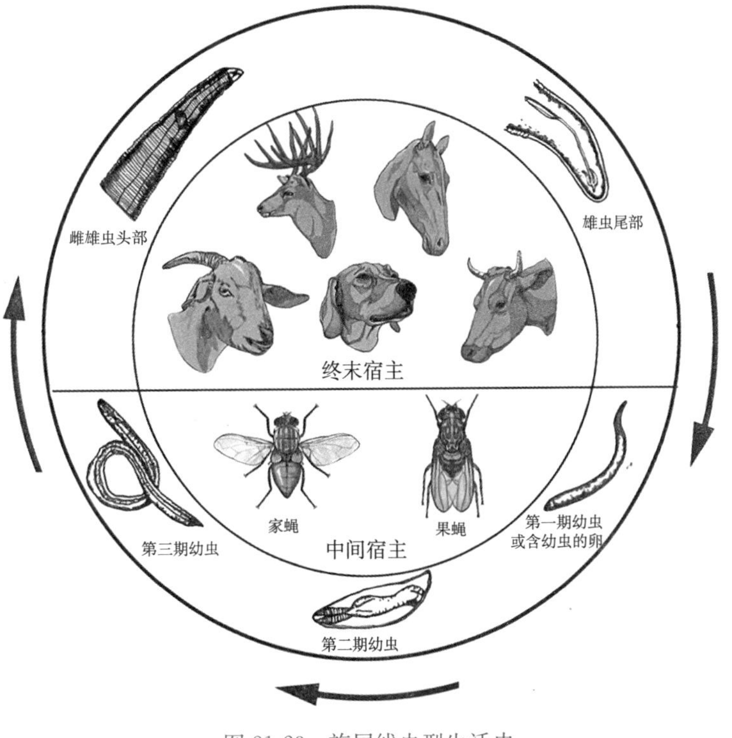

图 21-23　旋尾线虫型生活史
（索静宁　索勋供图）

③丝虫型：雌虫产幼虫，进入终末宿主的血液循环，中间宿主或传播媒介（吸血性节肢动物）吸血时将幼虫摄入；幼虫在中间宿主体内发育到感染性阶段。当带有感染性幼虫的中间宿主

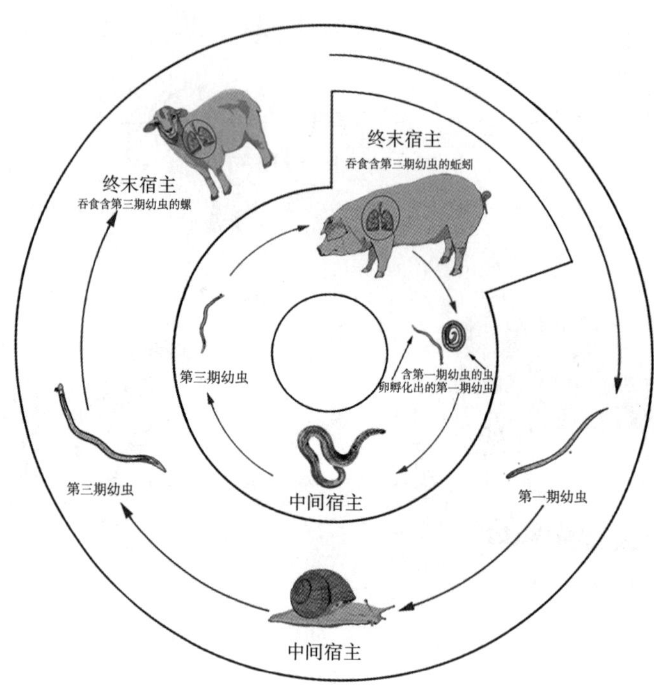

图 21-24　原圆线虫型生活史
（索静宁　索勋供图）

吸食易感动物血液时，即将感染性幼虫注入健康动物体内。幼虫移行到寄生部位，发育为成虫（图 21-25），如丝虫类线虫。

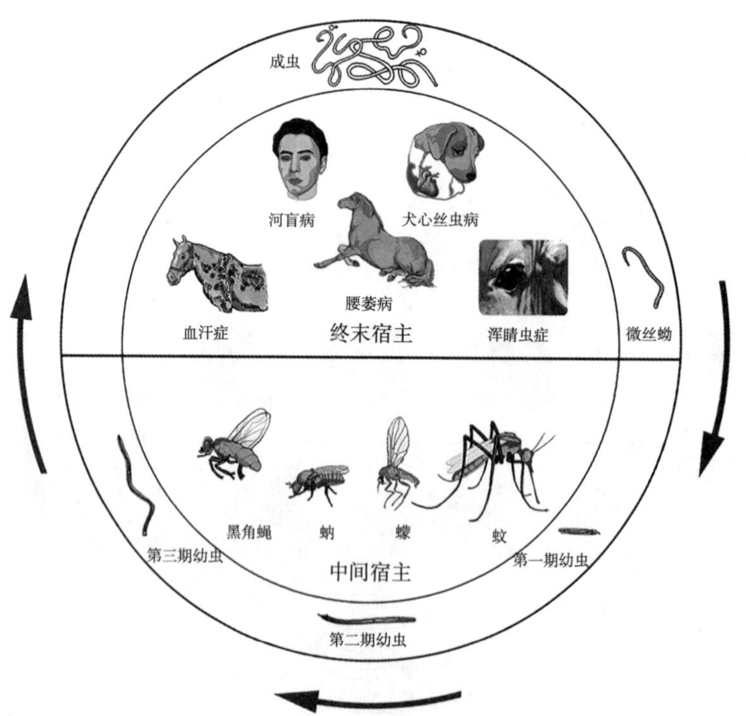

图 21-25　丝虫型生活史
（索静宁　索勋供图）

④龙线虫型：雌虫寄生在终末宿主的皮下结缔组织中，通过一个与外界相通的小孔，将幼虫产入水中；幼虫以剑水蚤为中间宿主，在其体内发育到感染期；终末宿主吞食了带感染性幼虫的剑水蚤而感染，幼虫移行到皮下结缔组织中发育为成虫（图 21-26），如台湾鸟蛇线虫（*Avioserpens taiwana*）

和麦地那龙线虫（*Dracunculus meclinensis*）。

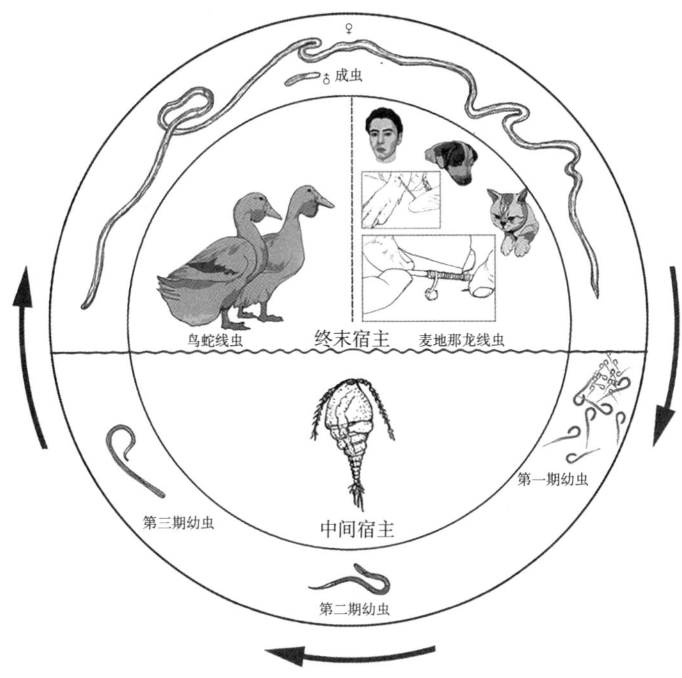

图 21-26　龙线虫型生活史
（索静宁　索勋供图）

⑤旋毛虫型：旋毛虫的发育史比较特殊，同一宿主既是终末宿主又是中间宿主。旋毛虫的雌虫在宿主肠壁淋巴间隙中产幼虫；后者转入血液循环，其后进入横纹肌纤维中发育，形成幼虫包囊，此时被感染动物由终末宿主转变为中间宿主。终末宿主是由于吞食了含有旋毛虫幼虫的其他动物肌肉而感染，肌肉被消化之后，释放出的幼虫在宿主小肠中发育为成虫（图 21-27），此时动物为终末宿主，如旋毛形线虫（*Trichinella spiralis*）。

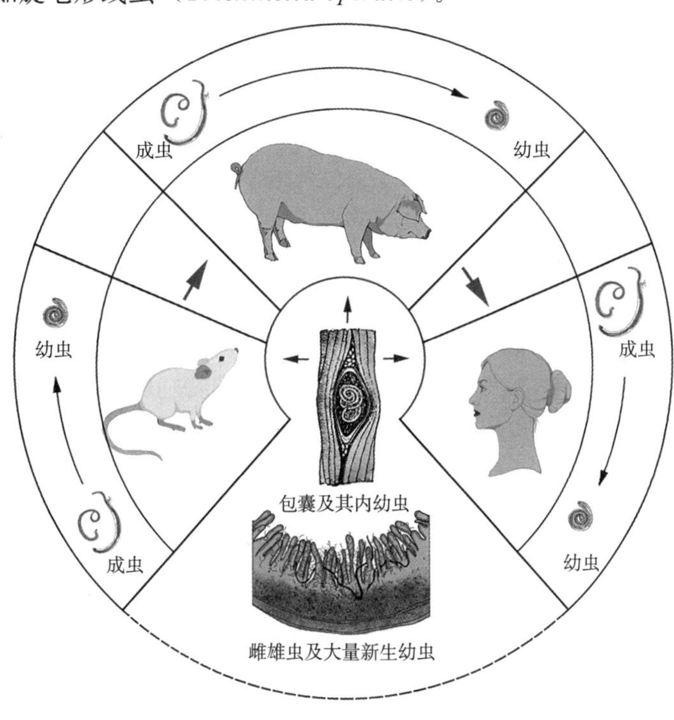

图 21-27　旋毛虫型生活史
（索静宁　索勋供图）

4. 发育的特殊现象 影响线虫正常寄生生命周期的两个重要生物学和流行病学现象是幼虫发育停滞和围产期粪便虫卵数增加。

（1）滞育（arrested larval development，ALD，或 inhibited larval development，hypobiosis）：是指在线虫发育过程的某个特定阶段，其幼虫暂时中止发育的现象，这通常是某些线虫发育过程中的一种特性。其中有的线虫种类具有高的滞育能力，而另一些则较低，在不同种线虫之间有所不同，并且发生阶段也有所差异。例如，在毛圆线虫（*Trichostrongylus*）、盅口亚科线虫（Cyathostominae）和钩虫（*Ancylostoma*）发生在第三期幼虫阶段；需要中间宿主的线虫，其第三期幼虫常常在中间宿主体内保持滞育状态；而奥斯特线虫（*Ostertagia*）、背带线虫（*Teladorsagia*）、血矛线虫（*Haemonchus*）、尖柱线虫（*Obeliscoides*）和网尾线虫（*Dictyocaulus*）则发生在第四期幼虫阶段。

滞育现象若发生在宿主体内，可通过解剖宿主获得同一发育时期的大量幼虫来证实。通常情况下，公认的是线虫感染动物后存在大量的同一发育时期的幼虫，而且存在时间超过了其发育至特定幼虫阶段所需的时间。对于自然状况下引发滞育及随后进行发育的刺激因子始终是争议的焦点。虽然导致滞育的因素各有不同，但最常见的因素是感染性幼虫在被宿主摄入之前受到了环境不利因素的刺激，通过在宿主体内保持性未成熟直到更有利的条件才恢复发育。这种现象可以被视为线虫躲避外界不利因素，使后代可以在适宜环境下生存的一种方式。

幼虫处于低活力的滞育现象通常具有周期性。滞育幼虫常常伴随着北半球秋冬季寒冷气候或热带及亚热带地区干旱情况的出现而发生。相比之下，滞育幼虫恢复发育成熟的时间与周围环境回归到适合自由生活期幼虫生活的条件的时间相一致。然而，对于幼虫滞育的精确机理及触发信号目前还不完全清楚，特别是其相关基因和分子调控机制有待于进一步研究。

对于季节性刺激的适应性，滞育幼虫所占的比例显示出一定的遗传特性，同时也受各种因素的影响，包括放牧系统及不利环境条件等。例如，滞育现象在加拿大冬季表现非常突出，在深秋和冬季摄入的毛圆科线虫大多数进入滞育阶段；而在英国南部冬季较为温暖，只有 50%～60% 的虫体进入滞育阶段；但在潮湿的热带地区，一年四季都适合幼虫发育，因此，只有相对较少的幼虫进入滞育阶段。

滞育现象的出现也可能与宿主获得性免疫及宿主年龄有关，虽然处于滞育阶段的幼虫在低活力幼虫中的比例不高，但是它在线虫流行病学中占有非常重要的地位。另外，这些滞育幼虫的成熟也可能与宿主的繁殖周期有关。

不管滞育的发生与什么因素相关，其在线虫流行病学方面的意义非常重要。首先，滞育现象确保了线虫在逆境中的生存；其次，随之而来的滞育期幼虫的集中发育成熟，加大了环境受虫卵污染的机会，同时可能导致宿主发生临床疾病。

（2）围产期粪便虫卵数增加（periparturient rise in faecal egg counts，PPR）：围产期是指妊娠的雌性动物在分娩前后的一段时间，多数是指从产前 1 周到产后 1 周的时间。围产期动物粪便中线虫虫卵数量增加，这种现象在围产期母羊和母猪中表现特别明显。相关数据支持这样一种假设，即妊娠后期母体免疫系统和胎儿快速生长，特别是泌乳过程中蛋白质代谢的变化，之间存在着营养竞争。因此在母畜营养低下和抵抗力降低的情况下，体内寄生的虫体排出虫卵数量增加。有试验证明，通过补充母羊瘤胃不可降解的蛋白质，可以在很大程度上恢复其免疫力。

导致围产期粪便虫卵数增加的可能原因包括：原来因宿主免疫而滞育的幼虫大量发育成熟，宿主从草场上获得性感染的建立以及体内现有成虫繁殖力的增强等。但不管什么原因，围产期粪便虫卵数增加一定是围产期雌性动物机体免疫功能下降所致。当然，随着产后免疫功能的逐步恢复，体内寄生虫的繁殖能力又将受到一定的限制。

围产期粪便虫卵数的增加可能会引起哺乳期动物的生产性能降低并导致环境污染，增加新生易感幼畜感染寄生虫的机会，另一方面则对于虫体种群的存活和后代延续有一定意义。从寄生虫病防治角度来考虑，应该在围产期前适当的时间内用较为安全的药物对妊娠动物驱虫。目前，适宜妊娠动物围产期驱虫的药物也有报道。可根据围产期前后虫卵消长规律的动态变化，在临产期前 3～4 周驱虫，此时驱虫可避免围产期粪便虫卵数的增加，防止妊娠动物消化道寄生虫病的发生和仔畜出生后的感染。

5. 发育与感染规律 在我国北方地区，消化道线虫幼虫发育与感染有明显的季节性，草场幼虫及胃肠线虫的感染动态是有差异的。虫体感染出现的第一个峰值，一般被称为“春季高峰”（spring peak），它是寒冷的冬季结束后很快形成的，这时宿主体内大量成虫的存在对家畜的危害极大，常常造成宿主的死亡。春季高峰是寄生性线虫在其长期的寄生生活进化过程中形成的适应宿主和外界环境的生物学特性的体现，是虫体为了避开恶劣的外界环境对自由生活幼虫生长发育的影响而长期进化的结果。在春季高峰以后的整个夏季里，不仅动物的荷虫量低，而且草场的污染程度也低，这与温度升高及环境干燥有着密切的关系。之后在经历了相对集中的降水以后，虫体感染会出现第二个峰值，即“秋季高峰”（autumn peak）。成年宿主由于免疫力强，该峰值有时不明显。秋季高峰同样对家畜的生产性能有严重的影响，而且宿主排出的虫卵对草场的污染也非常严重。秋季高峰以后新感染的线虫幼虫在宿主体内均停止发育，以第三期或第四期幼虫的形式蛰伏在宿主的胃肠道内，待到来年气温转暖时，滞育性幼虫开始集中发育，构成了春季高峰的主体。大量流行病学研究证实了胃肠线虫流行季节动态中的这两个峰值，而且基本解释了这两个峰值形成的原因。第一个峰值主要是由滞育性幼虫形成的；而第二个峰值是由草场上当年发育形成的感染性幼虫感染宿主导致的。

在每年的天气开始转冷时，感染宿主的线虫排卵量明显下降，排卵量与其实际荷虫量失去了应有的比例，二者之间存在着明显的负反馈现象。根据对羊群的调查，这种表现形式主要在成年羊发生，而在育成羊并不明显。因为后者还没有对虫体产生坚强的免疫力，仍可持续地大量排虫卵污染草场。

内蒙古地区相关研究表明，大多数胃肠线虫的虫卵与幼虫不能在 12 月及来年的 1—3 月的草场上生存或发育，这时放牧是安全的。而 4 月和 11 月的气候条件也不太适宜草场上感染性幼虫的形成；而且由于这个时期较低的相对湿度不利于幼虫的运动和移行，因此放牧感染的风险性也比较低。而 5—10 月是放牧的危险时期，此期间散布的虫卵可以发育为第三期幼虫而感染宿主。

因此，根据寄生性线虫的发育规律，结合春季高峰和秋季高峰的流行特点，进行及时驱虫是非常必要的，其时间的选择一定要建立在对寄生虫流行病学正确理解的基础之上，原则是要分别在春季高峰和秋季高峰的虫体大批性成熟之前采取相应的防控措施。当然由于各地气候的差异，准确的时间节点会有所不同。在流行地区，通常采取一年两次的固定驱虫方式。第一次驱虫主要目的在于驱除动物体内于夏秋季节感染的虫体，其作用不仅是防止带虫宿主排出虫卵污染圈舍环境，减轻冬季营养不足的压力，而且滞育性幼虫的驱除还避免了春季高峰现象导致的动物成批死亡。这次驱虫是全年控制寄生性线虫感染的关键环节，其生物学意义还在于避免或减轻了新生仔畜的感染，在很大程度上可减轻草场污染，使全年范围内动物的感染强度维持在一个较低的水平。而第二次驱虫的意义主要在于防止对放牧草场的污染，特别是在具有明显的冬季舍内感染的地区，更具有实际价值。

当然，除了利用驱虫药物来阻断线虫的发育和对宿主的感染之外，还可以利用生物防控技术，如利用捕食线虫性真菌和卵寄生性真菌等来干扰线虫幼虫或虫卵的发育过程，从而达到防治家畜线虫病的目的。

三、分类与鉴定

线虫属于动物界（Animalia）蜕皮动物超门（Ecdysozoa）线虫门（Nematoda），已描述的线虫有23 000多种，大部分为自由生活的种类，存在于土壤、淡水和海洋中。仅有一部分是寄生性线虫，寄生于植物和动物体内，其中寄生于家畜、家禽、野生动物和人体内的线虫有数千种，危害比较严重的有数百种。

（一）基本分类

线虫种类多，分类比较复杂，包括基于形态特征和生物学特性的经典分类体系和基于分子序列特征构建的分子系统学“新体系”，它们在较高阶元有很大不同。前者将线虫下分为腺肾纲和胞管肾纲；后者将线虫下分为3个纲，即矛线纲（Dorylaimia）、嘴刺纲（Enoplia）和血矛纲（Chromadoria），然后又进一步下分为5个支系。支系Ⅰ包括旋毛虫、毛尾线虫、毛细线虫和膨结线虫，归属于矛线纲；支系Ⅱ包括植物线虫和无脊椎动物寄生线虫，归属于嘴刺纲；支系Ⅲ（包括蛔虫、尖尾线虫和旋尾线虫）、支系Ⅳ（包括类圆线虫）和支系Ⅴ（包括圆线虫、毛圆线虫、钩虫和后圆线虫），归属于血矛纲。3纲5支系的“新体系”也不是稳定的；还有学者用1 200余种线虫的核糖体小亚基DNA序列，将线虫新分为12个支系，但这个体系尚未获得广泛认可。

动物寄生线虫的分类曾依据“脊椎动物寄生线虫CIH检索”经典体系，但是按照分子系统分类学的“新体系”来看，经典体系的许多阶元不是单系群（a monophyletic group）。有鉴于“新体系”尚不稳定，本教材的分类仍以动物寄生线虫经典体系为主，吸取了“新体系”较为稳定的阶元，按2纲6目17总科介绍，以帮助读者既可以读懂旧的文献也可以理解新文献的提法。

腺肾纲与胞管肾纲线虫的主要区别如表21-1。

表21-1 腺肾纲与胞管肾纲区别

腺肾纲（Adenophorea；也称无尾感器纲，Aphasmidia）	胞管肾纲（Secernentea；也称尾感器纲，Phasmidia）
无尾感器	有尾感器，但在寄生成虫不易观察到
头感器（amphid）一般发达（寄生者例外），位于唇后，开口处构造较复杂	头感器一般不发达，细小的简单的孔开口于唇上或附近
无尾乳突或尾乳突数目很少	尾乳突数目很多，基本数目21个
排泄系统无侧管，且末端无角皮衬里	排泄系统具侧管，且末端有角皮衬里
尾腺和皮下腺常见	无尾腺和皮下腺
无颈乳突	颈乳突常见
卵常处单细胞期，且两端有塞；或在子宫中孵出幼虫	卵不具塞，少数一端具卵盖
第一期幼虫常具小针刺（stylet），且常对终末宿主有感染性	第三期幼虫常对终末宿主有感染性
多数自由生活，少数系植物寄生虫或无脊椎动物和脊椎动物的寄生虫	自由生活或寄生于植物、无脊椎动物和脊椎动物
下分嘴刺目	下分蛔目、圆线目、尖尾目、杆形目、旋尾目

动物寄生线虫6大目的主要特征如下。

1. 蛔目（Ascaridida） 粗大型线虫；具三片唇，一背唇，二亚腹唇；无口囊，食道简单，肌质柱状，雄虫尾部常向腹面钩状弯曲；有些属的蛔虫有颈（侧）翼，使头前部呈弓形，故有弓蛔属（*Toxascaris*）和弓首属（*Toxocara*）之称；雌虫阴门位于体中部稍前。卵壳厚，处单细胞期。营直接发育型生活史（蛔总科），幼虫多在宿主体内移行。

2. 圆线目（Strongylida） 多为细长型虫体；食道呈棒状；雄虫有交合伞，有的种类（圆线总科和钩虫总科）交合伞发达；多为卵生；毛圆线虫科、圆线虫科和钩虫总科的卵壳薄而光滑，椭圆形，刚产出的卵很少发育到超过桑葚期，统称为圆线虫型虫卵（strongyle-type eggs）；寄生于脊椎动物所有纲（但鱼类少见）。生活史多为直接发育型（后圆线虫总科除外），第三期幼虫为感染性阶段。

3. 尖尾目（Oxyurida） 中小型虫体，雌虫和雄虫长度差异大。食道有后食道球，内腔有瓣或小齿或嵴，且与食道前部有狭相连。雌虫尾部长而尖（有时为雄虫或二者皆如此），阴门在体前部。雄虫尾翼通常很发达，上有大的乳突；某些种具泄殖孔前吸盘。虫卵壳薄，多数种两侧不对称，有些种产出时已完全胚胎化。直接型发育。成虫寄生于宿主大肠，具严格的宿主特异性。

4. 杆形目（Rhabditata） 微型至小型虫体，常具6片唇。自由生活阶段具典型的杆线虫型食道；在狭部和体部间常见假食道球（pseudobulb）；雌雄虫尾端均呈锥型；交合刺同形、等长；常具引器。寄生期常不具食道球，为丝状（柱状）食道，口囊小或无。寄生世代营孤雌生殖（宿主体内只有雌虫），自由生活世代为雌雄异体，两种世代交替进行；寄生于两栖类和爬行类的肺部或两栖类、爬行类、鸟类和哺乳动物的肠道。

5. 旋尾目（Spirurida） 口周有6片小唇，或围有2个侧假唇（lateral pseudolabia）；具口囊，有些种类头部常有饰物；食道常分为短的前肌质部和长的后腺质部，雄虫尾部旋转卷曲；雌虫阴门位于体中部或靠前。子宫中虫卵很多，卵内含幼虫。交合刺通常异形、不等长。寄生于宿主消化道、眼、鼻腔等处，需节肢动物作为中间宿主。

6. 嘴刺目（Enoplida） 虫体前端很细，后端较粗；具典型的毛尾线虫型食道（念珠状，中间为细管腔）；有杆状带（bacillary band）；雄虫1根交合刺或无；卵两端有塞，毛形科产幼虫；几乎寄生于所有纲脊椎动物的消化道和肌肉组织等部位。感染性虫卵（内含第一期幼虫）或第一期幼虫感染宿主。

寄生于动物的线虫主要分类如表21-2。

表21-2　线虫基本分类

目（Order）	总科（Superfamily）	科（Family）（亚科 Subfamily）	属（Genus）
蛔目(Ascaridida)	蛔虫总科(Ascaridoidea)	蛔科(Ascarididae)	蛔属(*Ascaris*)
			窄盲囊属(*Angusticaecum*)
			贝蛔属(*Bayliscaris*)
			蛇蛔属(*Ophidascaris*)
			副蛔属(*Parascaris*)
			多宫属(*Polydelphis*)
			前盲囊属(*Porrocaecum*)
			弓蛔属(*Toxascaris*)
			弓首属(*Toxocara*)
		异刺科(Heterakidae)	禽蛔属(*Ascaridia*)
			异刺属(*Heterakis*)
		异尖科(Anisakidae)	异尖属(*Anisakis*)
			对盲囊属(*Contracaecum*)
			伪地新属(*Pseudoterranova*)
			沟蛔属(*Sulcascaris*)
圆线目(Strongylida)	圆线虫总科(Strongyloidea)	圆线科(Strongylidae)	
		(圆线亚科,Strongylinae)	球口属(*Codiostomum*)
			盆口属(*Craterostomum*)

（续）

目（Order）	总科（Superfamily）	科（Family）（亚科 Subfamily）	属（Genus）
			食道齿属(*Oesophagodontus*)
			圆线属(*Strongylus*)
		(盅口亚科,Cyathostominae)	盅口属(*Cyathostomum*)
			杯环属(*Cylicocyclus*)
			双冠属(*Cylicodontophorus*)
			杯冠属(*Cylicostephanus*)
			杯口属(*Poteriostomum*)
			三齿属(*Triodontophorus*)
		夏伯特科(Chabertiidae)	
		(食道口亚科,Oesophagostominae)	食道口属(*Oesophagostomum*)
		(夏伯特亚科,Chabertiinae)	鲍杰属(*Bourgelatia*)
			夏伯特属(*Chabertia*)
		比翼科(Syngamidae)	杯口属(*Cyathostoma*)
			兽比翼属(*Mammomonogamus*)
			比翼属(*Syngamus*)
		冠尾科(Stephanuridae)	
		(冠尾亚科,Stephanurinae)	冠尾属(*Stephanurus*)
		笼首科(Deletrocephalidae)	笼首属(*Deletrocephalus*)
			副笼首属(*Paradeletrocephalus*)
	毛圆线虫总科(Trichostrongyloidea)	毛圆科(Trichostrongylidae)	
		(毛圆亚科,Trichostrongylinae)	纵纹属(*Graphidium*)
			图形属(*Graphinema*)
			猪圆属(*Hyostrongylus*)
			无桩属(*Impalaia*)
			利圆属(*Libyostrongylus*)
			马歇尔属(*Marshallagia*)
			长刺属(*Mecistocirrus*)
			尖柱属(*Obeliscoides*)
			毛圆属(*Trichostrongylus*)
		(血矛亚科,Haemonchinae)	血矛属(*Haemonchus*)
		(奥斯特亚科,Ostertaginae)	无翼属(*Apteragia*)
			驼圆属(*Camelostrongylus*)
			奥斯特属(*Ostertagia*)
			刺翼属(*Spiculopteragia*)

（续）

目（Order）	总科（Superfamily）	科（Family）（亚科 Subfamily）	属（Genus）
			背带属（*Teladorsagia*）
		古柏科(Cooperidae)	古柏属（*Cooperia*）
		莫林科(Molineidae)	驼线属（*Lamanema*）
			细颈属（*Nematodirus*）
			似细颈属（*Nematodirella*）
			壶肛属（*Ollulanus*）
			鼩圆属（*Tupaiostrongylus*）
		裂口科(Amidostomida)	裂口属（*Amidostomum*）
			瓣口属（*Epomidiostomum*）
		鸟圆科(Ornithostrongylidae)	鸟圆属（*Ornithostrongylus*）
		绕体科(Heligmonellidae)	拟旋属（*Nematospiroides*）
			日圆属（*Nippostrongylus*）
		网尾科(Dictyocaulidae)	网尾属（*Dictyocaulus*）
	后圆线虫总科(Metastrongyloidea)	后圆科(Metastrongylidae)	后圆属（*Metastrongylus*）
		原圆科(Protostrongylidae)	囊尾属（*Cystocaulus* ）
			鹿圆属（*Elaphostrongylus*）
			缪勒属（*Muellerius*）
			新圆属（*Neostrongylus*）
			副鹿圆属（*Parelaphostrongylus*）
			原圆属（*Protostrongylus*）
			歧尾属（*Bicaulus*）
			刺尾属（*Spiculocaulus*）
			变圆属（*Varestrongylus*）
		管圆科(Angiostrongylidae)	管圆属（*Angiostrongylus*）
		类丝科(Filaroididae)	猫圆属（*Aelurostrongylus*）
			类丝属（*Filaroides*）
			奥斯勒属（*Oslerus*）
		环棘科(Crenosomatidae)	环棘属（*Crenosoma*）
	钩虫总科(Ancylostomatoidea)	钩口科(Ancylostomatidae)	钩口属（*Ancylostoma*）
			旷口属（*Agriostomum*）
			仰口属（*Bunostomum*）
			盖格属（*Gaigeria*）
			球首属（*Globocephalus*）
			板口属（*Necator*）
			弯口属（*Uncinaria*）
尖尾目(Oxyurida)	尖尾线虫总科(Oxyuroidea)	尖尾科(Oxyuridae)	无刺属（*Aspicularis*）
			皮尖属（*Dermatoxys*）
			蛲虫属（住肠属，*Enterobius*）
			尖尾属（*Oxyuris*）
			栓尾属（*Passalurus*）

（续）

目（Order）	总科（Superfamily）	科（Family）（亚科 Subfamily）	属（Genus）
			斯氏属(*Skrjabinema*)
			管状属(*Syphacia*)
		饰尾科(Cosmocercidae)	普氏属(*Probstmayria*)
		盾颈科(Aspidoderidae)	副盾皮属(*Paraspidodera*)
		咽齿科(Pharyngodonidae)	速殖蛲虫属(*Tachygonetria*)
杆形目(Rhabditida)	小杆线虫总科(Rhabditoidea)	类圆科(Strongyloididae)	类圆属(*Strongyloides*)
		小杆科(Rhabditidae)	小杆属(*Rhabditis*)
		盆咽科(Panagrolaimidae)	哈利头叶属(*Halicephalobus*)
		棒线科(Rhabdiasidae)	棒线属(*Rhabdias*)
旋尾目(Spirurida)	柔线虫总科(Habronematoidea)	柔线科(Habronematidae)	德拉西属(*Draschia*)
			柔线属(*Habronema*)
			帆首属(*Histiocephalus*)
			副柔属(*Parabronema*)
	旋尾线虫总科(Spiruroidea)	尾旋科(Spirocercidae)	似蛔属(*Ascarops*)
			泡首属(*Physocephalus*)
			西蒙属(*Simondsia*)
			尾旋属(*Spirocerca*)
		四棱科(Tetrameridae)	四棱属(*Tetrameres*)
		筒线科(Gongylonematidae)	筒线属(*Gongylonema*)
		旋尾科(Spiruridae)	齿旋尾属(*Odontospirura*)
			原旋属(*Protospirura*)
			翼皮属(*Pterygodermatities*)
			旋尾属(*Spirura*)
		哈特科(Hartertiidae)	哈特属(*Hartertia*)
	颚口线虫总科(Gnathostomatoidea)	颚口科(Gnathostomatidae)	颚口属(*Gnathostoma*)
	泡翼线虫总科(Physaloptewroidea)	泡翼科(Physalopteridae)	泡翼属(*Physaloptera*)
	华首线虫总科(Acuarioidea)	华首科(Acuariidae)	饰带属(*Cheilospirura*)
			分咽属(*Dispharynx*)
			棘结属(*Echinuria*)
			束首属(*Streptocara*)
	吸吮线虫总科(Thelaziidea)	吸吮科(Thelaziidae)	吸吮属(*Thelazia*)
			尖旋属(*Oxyspirura*)
		肺旋科(Pneumospiruridae)	后吮属(*Metathelazia*)
			肺旋属(*Pneumospirura*)
			沃格尔属(*Vogeloides*)
	丝虫总科(Filarioidea)	丝虫科(Filariidae)	
		(丝虫亚科，Filariinae)	丝虫属(*Filaria*)
			罗阿丝虫属(*Loa*)
			副丝虫属(*Parafilaria*)
			猪丝虫属(*Suifilaria*)

（续）

目（Order）	总科（Superfamily）	科（Family）（亚科 Subfamily）	属（Genus）
		（冠丝虫亚科，Stephanofilariinae）	冠丝虫属（*Stephanofilaria*）
		盘尾科（Onchocercidae）	
		（丝状亚科，Setariinae）	丝状属（*Setaria*）
		（盘尾亚科，Onchocercinae）	棘唇丝虫属（*Acanthocheilonema*）
			钱氏属（*Chandlerella*）
			油脂属（*Elaeophora*）
			曼森属（*Mansonella*）
			盘尾属（*Onchocerca*）
			副盘尾属（*Paronchocerca*）
			尾翼属（*Pelecitus*）
			浆膜丝虫属（*Serofilaria*）
			灿丝虫属（*Splendidofilaria*）
		（恶丝虫亚科，Dirofilariinae）	布鲁丝虫属（*Brugia*）
			恶丝虫属（*Dirofilaria*）
			吴策属（*Wuchereria*）
	龙线虫总科（Dracunculoidea）	龙线科（Dracunculidae）	鸟蛇属（*Avioserpens*）
			龙线属（*Dracunculus*）
嘴刺目（Enoplida）	毛形线虫总科（Trichinelloidea）	毛尾科（Trichuridae）	乏毛体属（*Anatrichosoma*）
			似毛体属（*Trichosomoides*）
			毛尾属（*Trichuris*）
		毛细科（Capillariidae）	毛细属（*Capillaria*）
			优鞘属（*Eucoleus*）
		毛形科（Trichinellidae）	毛形属（*Trichinella*）
	膨结线虫总科（Dioctophymatoidea）	膨结科（Dioctophymatidae）	膨结属（*Dioctophyma*）
			真圆属（*Eustrongylides*）
			多棘属（*Hystrichis*）

注：在本教材中以“总科”为节对各类常见线虫和线虫病进行介绍。

另外，根据线虫雄虫有无交合伞的特点，可以把线虫分为两大类别，即有交合伞类（bursate）和无交合伞类（nonbursate），前者均为圆线目线虫，其雄虫尾部有由肋和伞膜组成的交合伞；后者为表 21-2 中其他目线虫，其雄虫尾部无交合伞，但多有尾翼、乳突等辅助交配结构。

（二）种类鉴定

线虫种类的鉴定方法可分为传统形态学鉴定方法和现代分子生物学鉴定方法；前者需要掌握基本的寄生虫形态学分类鉴定基础知识，后者需要具备一定的寄生虫学分子分类技术并具有相应的设备条件。上述两种方法，互为补充，各有特点。一般来说，常规的鉴定流程还是首先进行形态学鉴定；而分子生物学鉴定更适用于种株间的鉴定，或在形态学鉴定难以区分时被采用。

1. 形态学分类鉴定

（1）成虫形态学鉴定：一般是采集剖检所获得的线虫虫体或动物体自然排出的成虫，然后进行形态学鉴定。需要注意的是，雄虫往往比雌虫更有鉴定意义，但因其虫体较小，采样时易被忽略。虫体采集后，用生理盐水立即对虫体进行充分清洗，或将虫体放于生理盐水中过夜后再清洗，以除去其体内和体表的杂质。清洗后的活虫体可立即进行形态学观察，此时其各部结构透明清晰。观察时将虫体放在载玻片上，滴加适量生理盐水并覆以盖玻片后即可进行鉴定。

对于短期内难以立即鉴定的虫体，需及时清洗后固定保存，以待以后进行鉴定。虫体经固定后是不透明的，此时要想进行虫体种类鉴定，需事先对虫体进行透明处理或装片才能进行形态学观察。为了能从不同的侧面对虫体各部形态进行观察，以不做固定装片（制片）为好，这样便于在载玻片上将虫体任意滚动，以进行不同部位结构的形态学研究。

观察线虫时的透明方法有多种，常用的比较方便且效果较好的方法是乳酚液透明法（lactophenol method）。使用时，将需鉴定的虫体自保存液中取出，先移入乳酚液和水的等量混合液中，30 min 后，再移入乳酚液内，静置数分钟虫体透明后即可观察，之后可将虫体放回至原保存液中继续保存。

有时也可装片后再进行线虫的鉴定。制作线虫装片一般不需对虫体进行染色，方法有光学树脂胶法（加拿大树胶法）和甘油明胶法。前者制片效果好，但需烦琐的逐级脱水透明过程；后者处理过程简单，但制片不宜长期保存。

虫体分类鉴定须参照有关寄生性线虫分类和形态描述的相关专著和资料进行。观察虫体时，要由前向后、由外向内、由一般到重点地进行观察。要求尽量鉴定到种，如不能鉴定到种，可鉴定到属。各种寄生虫名称应同时使用中文名和拉丁文学名。

在寄生虫形态学分类中，学会利用检索表是非常重要的，它有助于我们方便快速地核对虫体的形态特征，确定虫体的种类。在国内外相关寄生虫学分类鉴定专著中，有不同层次（目、科、属、种）的寄生虫分类阶元检索表，可根据鉴定需要来选取，使用时按从前向后顺序进行形态学特征的种类检索；也可以从疑似种类开始，进行倒检索，看被鉴定虫体形态是否与检索种类形态特征相符合，从而最终确定被鉴定寄生虫的种类。以下以圆线目主要分科检索表使用为例（表 21-3）。

表 21-3　圆线目主要分科检索表

1. 口囊一般发达、较大，口囊内有齿或无，口孔处有叶冠、齿、切板或无上述构造；虫体多数较粗壮……………………… 2
   口囊一般不发达或无，无叶冠；虫体多数纤细………………………………………………………………………… 6
2. 消化道寄生虫，雄虫尾部交合伞很发达……………………………………………………………………………… 3
   呼吸道或其他部位寄生虫，雄虫尾部交合伞不发达………………………………………………………………… 5
3. 口孔处有齿或切板等构造，虫体前端弯向背侧，无叶冠 ………………………………… 钩口科（Ancylostomatidae）
4. 口孔周围无叶冠；口囊底部有齿或无齿，食道棒状；雄虫交合伞分成两个大侧叶和一个背叶，寄生于禽类砂囊角质膜下
   …………………………………………………………………………………………… 裂口科（Amidostomatidae）
   口孔周围常具有 1～2 圈叶冠，口囊形态多样，口囊中有背沟或无，基部多数有齿；交合伞发达，肋典型，主要寄生在马属动物 ……………………………………………………………………………… 圆线科（Strongylidae）
5. 口囊基部有齿，口缘有退化的叶冠；交合伞不发达，交合刺较粗短；哺乳动物肾及周围组织寄生虫 ……………………
   ………………………………………………………………………………………………… 冠尾科（Stephanuridae）
   无叶冠，雄虫通常以其交合伞附着于雌虫生殖孔处，构成“Y”字形外观；雌虫生殖孔位于体前部或中部；鸟类及哺乳动物呼吸道寄生虫 ………………………………………………………………………… 比翼科（Syngamidae）
6. 虫体小；口囊很小或无，口囊中无齿或有齿；雄虫伞肋典型、侧叶发达、背叶不明显；腹腹肋小，腹侧肋大；雌虫生殖孔位于体后部；主要寄生于反刍动物消化道 ………………………………………… 毛圆科（Trichostrongylidae）
   雄虫伞肋稍不典型，呼吸道寄生虫…………………………………………………………………………… 7，8，9
7. 虫体长、大，雄虫中后侧肋大部融合，仅末端分开；交合刺粗短，为多孔性构造，有引器；雌虫生殖孔在体中部；牛、羊、驼等反刍动物肺线虫………………………………………………………………… 网尾科（Dictyocaulidae）
8. 虫体毛发状，口囊很小或无；雄虫中后侧肋融合一半；寄生于呼吸系统及循环系统 ………… 原圆科（Protostrongylidae）
9. 虫体前端有两个三叶状侧唇，每唇有一乳突；雄虫交合伞小，中侧肋大，后侧肋非常短小；交合刺细长；雌虫生殖孔在体后部 ……………………………………………………………………………… 后圆科（Metastrongylidae）

（2）幼虫形态学鉴定：与剖检动物检获成虫相比，从粪便或尿液中检获线虫虫卵更方便，也可根据虫卵特征来确定宿主线虫感染种类。但是，除少数有特征性形态的线虫虫卵，如蛔虫、毛尾线虫、细颈线虫、马歇尔线虫、类圆线虫等线虫的虫卵之外，大多数线虫虫卵（特别

是圆线虫虫卵）在形态结构上很相似，难以鉴别。此时，可将粪便中的线虫卵培养至第三期幼虫（L_3），然后用贝尔曼法分离幼虫，用碘液染色后在显微镜下根据幼虫形态对其进行鉴定。幼虫头部、尾部及内部的结构特征是L_3鉴别的主要依据，具体包括：头部形状（圆头、方头）和内部结构（食道的长短及其前端有无折光体）；中部肠细胞的数量、形状和色彩；尾部的长度（肛门到尾端的距离）和形态及有无结节；鞘尾的有无和鞘尾的长度（虫体尾端至鞘末端的距离）以及尾丝（鞘尾后部的细丝）的长度等（表 21-4，图 21-28、图 21-29、图 21-30）。

幼虫形态学鉴定多用于动物（特别是野生动物、珍稀动物）线虫病流行病学调查、诊断和药物临床疗效评价研究。

表 21-4　牛、羊常见胃肠道线虫第三期幼虫和肺线虫第一期幼虫的鉴别要点

属	宿主	幼虫长/μm	尾长/μm	鞘尾长/μm	形态学特征
类圆线虫	羊	500～650	80	无鞘尾	食道长而透明，占体长 1/3 多；无鞘尾
血矛线虫	羊	680～800	67～70	68～80	幼虫中等大小，圆头；鞘尾中长扭曲
毛圆线虫	羊	650～800	65～70	30～40	幼虫小，圆头；16 个尖三角形肠细胞；尾端有 1～2 个小结节；鞘尾短，尖锐形
奥斯特线虫	羊	800～950	65～80	30～50	幼虫大，方头；肠细胞同毛圆线虫；尾端无小结节构造；鞘尾短，尖锐形
古柏线虫	羊	830～990	约 70	70～85	幼虫大，方头；食道前部有 2 个椭圆形折光体；鞘尾中等长，后渐纤细
仰口线虫	羊	520～630	—*	130～170	碘染色为均匀深棕色，不同于其他属；虫体粗短；肠细胞成团颗粒状；食道后部有 1 个小而膨大的食道球
细颈线虫	羊	1 000～1 200	50	300～370	幼虫长；8 个肠细胞；尾端有凸出指状物；多数种类鞘尾和尾丝长
食道口线虫	牛	750～900	约 60	230～280	幼虫中等大小，圆头；16～24 个三角形肠细胞；鞘尾和尾丝细长
夏伯特线虫	羊	710～880	—	170～270	鞘尾长，尾丝占尾鞘的 25%；24～32 个矩形肠细胞
丝状网尾线虫	羊	500～560	50	—	L_1头圆，有头扭，尾端细钝
胎生网尾线虫	牛	300～350	—	—	L_1头端无头扭，尾端稍尖
原圆属肺线虫	羊	260～450	50	—	L_1尾部波浪弯曲，其背面无小刺和突起
缪勒属肺线虫	羊	260～318	—	—	L_1食道和肠道分界不明显，肠道透明，无色素沉着，尾部背面有小刺和突起

注：表中数据来自不同资料。

*“—”表示数据不详。

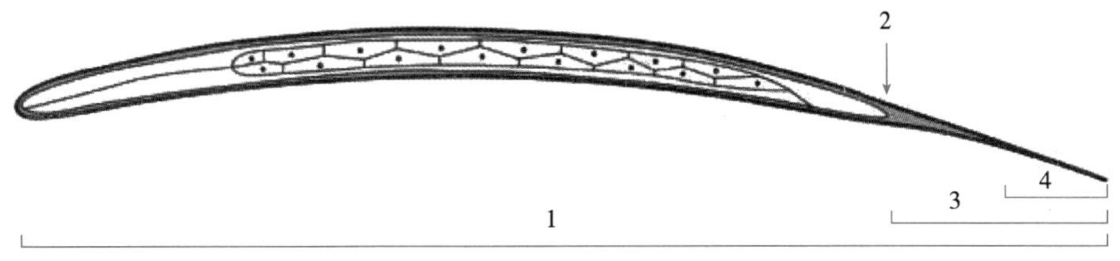

图 21-28　线虫第三期幼虫形态结构示意

1. 幼虫体长（total length）　2. 尾端（tip of larva tail）　3. 鞘尾（sheath tail extension）　4. 尾丝（filament）

（改编自 Jan A. van Wyk & Estelle Mayhew，2013）

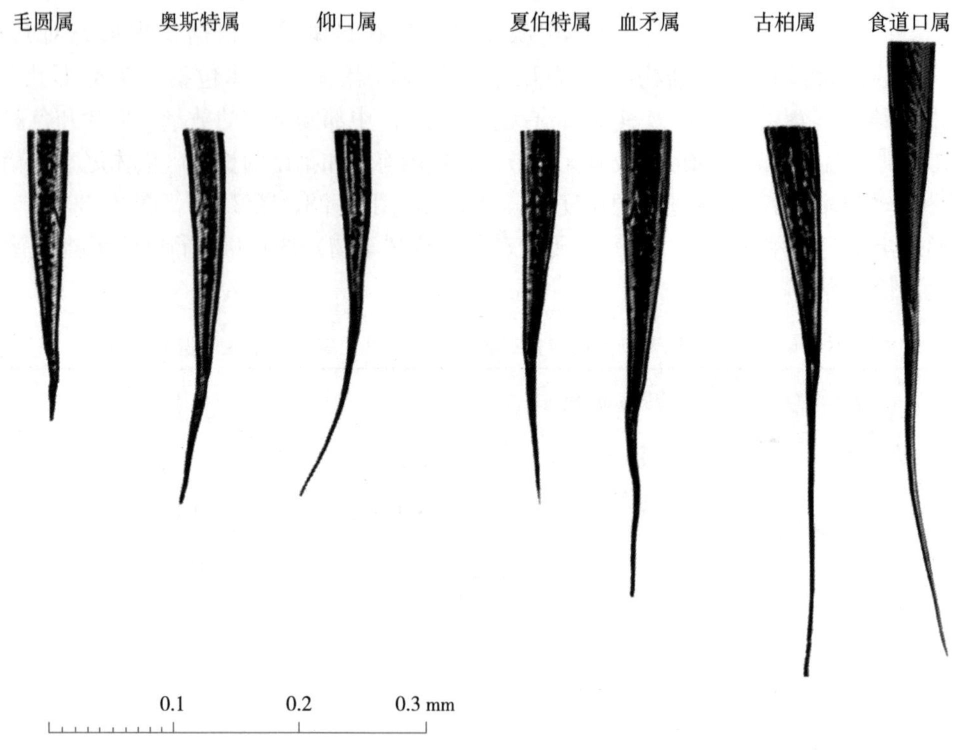

图 21-29　圆线目 7 个属第三期幼虫尾部和尾鞘形态

图 21-30　网尾科线虫第三期幼虫及原圆科线虫第一期幼虫形态特征

（杨晓野　编，刘贤勇　索勋　审）

2. 分子生物学分类鉴定　进行分子鉴定时，首先提取虫体 DNA，采用线虫通用引物进行 PCR 扩增，然后进行基因测序，并与国际基因库（GenBank 等）数据比对，从而确定其种类。常用的线虫分子分类基因包括 ITS 基因、线粒体 COI 基因、18S rDNA 基因、16S rDNA 基因和 12S rDNA 基因等，但后几个基因用的相对比较少，上述几种分类基因的引物可参考表 21-5。

表 21-5　线虫分子分类基因参考引物

参考基因	参考引物（上游引物与下游引物）
ITS 基因	5′-GTAGGTGAACCTGCGGAAGGATCATT-3′与 5′-TTAGTTTCTTTTCCTCCGCT-3′
线粒体 COI 基因	5′-TGATTGGTGGTTTTGGTAA-3′与 5′-ATAAGTACGAGTATCAATATC-3′

（续）

参考基因	参考引物（上游引物与下游引物）
18S rDNA 基因	第 1 对：5′-TCCTGGTGGTGCCCTTCCGTCAATTTC-3′与 5′-TCCAAGGAAGGCAGCAGGC-3′
	第 2 对：5′-GCTTGTCTCAAAGATTAAGCC-3′与 5′-CATTCTTGGCAAATGCTTTCG-3′
	第 3 对：5′-AGRGGTGAAATYCGTGGACC-3′与 5′-TGATCCWKCYGCAGGTTCAC-3′
16S rDNA 基因	5′-AGCCTTAGCGTGATGGCATA-3′与 5′-ACCCACATTGCATTCCTTTC-3′
12S rDNA 基因	5′-GTTCCAGAATAATCGGCTA-3′与 5′-ATTGACGGATG（AG）TTTGTACC-3′

第二节　蛔虫总科线虫病

蛔目（Ascaridida）的蛔虫总科（Ascaridoidea）包括蛔科（Ascarididae）、异刺科（Heterakidae）和异尖科（Anisakidae）。蛔科中的蛔属（*Ascaris*）、副蛔属（*Parascaris*）、弓首属（*Toxocara*）和弓蛔属（*Toxascaris*）以及异刺科的禽蛔属（*Ascaridia*）和异刺属（*Heterakis*）的线虫对动物危害比较大。蛔虫是动物体内较大的线虫，其宿主特异性强，对幼龄动物危害大；发育过程大多需要复杂的体内移行过程，可引起宿主多种组织损伤。蛔虫病（ascariasis）是一类常发的多种动物线虫病，呈全球性流行。其中，蛔科中的蛔属、弓首属和异尖科中的异尖属线虫的幼虫还是重要的人兽共患寄生虫，可侵入人或动物的消化道或移行到其他组织脏器，引起内脏幼虫移行症和异尖线虫病（anisakiasis）。

一、猪蛔虫病

猪蛔虫病系蛔科蛔属的猪蛔虫（*Ascaris suum*）寄生于猪体内引起的一种土源性线虫病。幼虫移行过程可引起肝、肺的损伤，寄生于小肠的成虫会消耗宿主的营养。猪蛔虫病呈世界性流行，集约化饲养的猪和散养猪均可发生，卫生状况不佳的猪场和营养不良的猪群感染率更高，可引起仔猪发育不良，生长速度下降，严重时生长发育停滞，形成“僵猪”，甚至造成死亡，是造成养猪业损失最大的寄生虫病之一。猪蛔虫也是人内脏幼虫移行症（visceral larva migrans）和眼幼虫移行症（ocular larva migrans）的病原。猪蛔虫和人蛔虫（*Ascaris lumbricoides*）在外观形态上很难区分，基因组构成差异也很小，有人认为二者为同物异名，是同一物种的不同株系。

（一）病原概述

猪蛔虫是寄生于猪小肠中最大的一种线虫。新鲜虫体为淡红色或淡黄，呈中间粗、两端细的圆柱形。头端有 3 个唇片，一片背唇较大，两片亚腹唇较小，排列成“品”字形（图 21-31）。

雄虫长 15～25 cm，尾部向腹面弯曲，形似鱼钩。泄殖孔距尾端较近。有交合刺 1 对，等长，为 0.2～0.25 cm；无引器（图 21-31）。雌虫长 20～40 cm，虫体较直，尾端稍钝。阴门开口于虫体前 1/3 与中 1/3 交界处附近的腹面中线上。肛门距虫体末端较近。

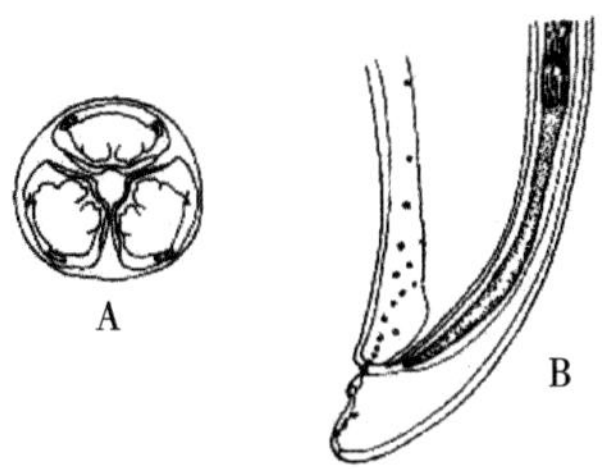

图 21-31　猪蛔虫
A. 唇部顶面观　B. 雄虫尾部侧面观
（Mönnig）

受精卵和未受精卵的形态有所不同。受精卵为短椭圆形，大小为（50～75）μm×（40～80）μm，黄褐色；卵壳厚，由四层结构组成，最外一层为凹凸不平的蛋白质膜，向内依次为卵黄膜、几丁质膜和脂膜。刚随粪便排出的虫卵，内含一个圆形卵细胞，卵细胞与卵壳之间的两端形成新月形空隙（图 21-32）。未受精卵较受精卵狭长，平均大小为 90 μm×40 μm，多数没有蛋白质膜，或有而甚薄，且不规则。卵壳较薄，内容物为很多油滴状的卵黄颗粒和空泡。

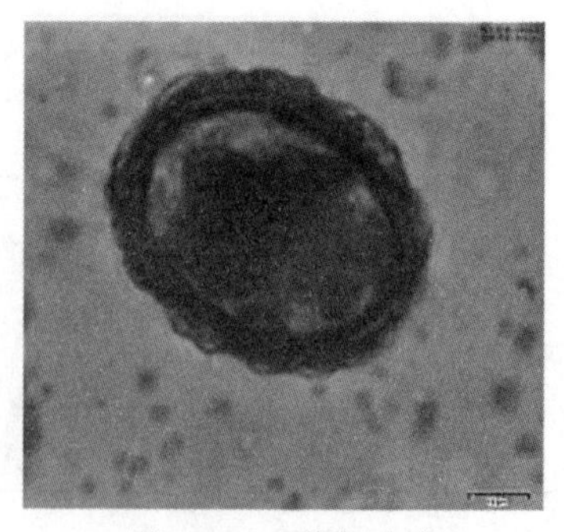

图 21-32　猪蛔虫卵
（潘保良供图）

（二）病原生活史

发育过程不需要中间宿主。成虫在猪小肠内产卵，虫卵随粪便排出体外，在适宜的温度、湿度和充足氧气的条件下，经过 2 次蜕化发育，卵内形成第三期幼虫，成为感染性虫卵。

在过去的文献报道中，大家普遍接受的关于猪蛔虫生活史的描述是含有第二期幼虫的感染性虫卵被宿主食入后，在宿主小肠中孵化，然后在体内进行移行和发育。但后来的研究表明，前两次蜕化均在虫卵内进行，从卵壳中出来的是第三期幼虫，或披着松散的一期幼虫和二期幼虫鞘或只有二期幼虫鞘。

猪吞食感染性虫卵后，在肠道内化学及物理因素的刺激下，卵壳内的幼虫分泌蛋白酶及壳质酶，将卵壳溶解后，释出披鞘的第三期幼虫。大多数披鞘幼虫穿过盲肠及结肠肠壁，进入血管，最早在感染后 6 h 可随血流经门静脉到达肝。在肝中，披鞘幼虫蜕皮，第三期幼虫进一步随血流经肝门静脉、后腔静脉进入右心房、右心室，感染后 6～8 d 再经肺动脉、毛细血管进入肺泡；第三期幼虫穿过肺泡，再经细支气管和支气管上行至气管，随黏液到咽部被咽下，再经食道和胃重返小肠。感染 8 d 后，可在小肠内发现这些幼虫。大多数幼虫在感染后 17～21 d 被宿主排出体外，没有排出的少数虫体在小肠内进行第三次蜕皮，变为第四期幼虫，约 2 周后蜕皮变为第五期幼虫（童虫）。从猪感染虫卵到虫体发育成熟后排虫卵，历时 2～2.5 个月。虫体在小肠内以黏膜表层物质和肠内容物为食，在感染第 17 周时排卵量达到高峰，然后逐渐下降。猪蛔虫在猪体内可生存 6 个月至 1 年，然后自行随粪便排出（图 21-33）。

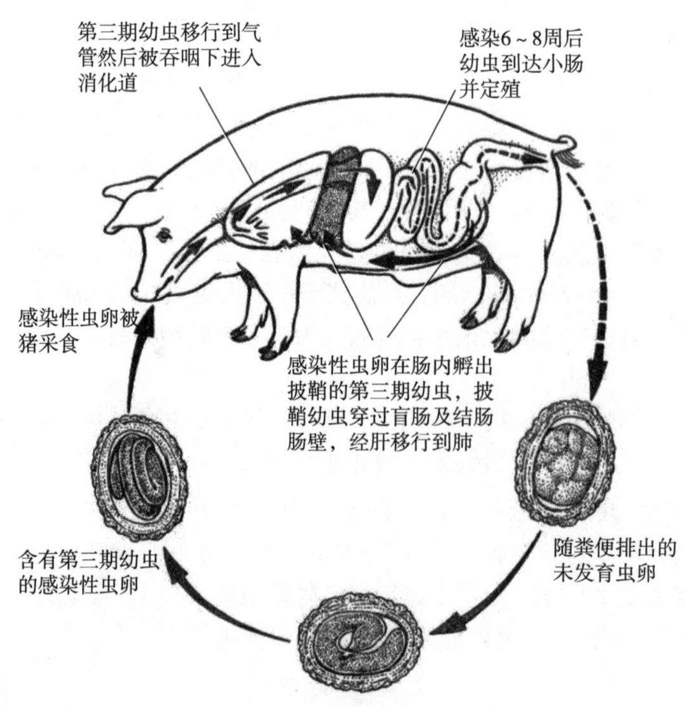

图 21-33　猪蛔虫生活史
（Dold　Holland，2011）

（三）流行病学

猪蛔虫病是全球范围内分布最为广泛，且流行最为普遍的猪肠道寄生虫病，感染率随地理环境、气候、养殖方式和猪的品种等而稍有不同。挪威和瑞典等国家的育肥猪及小母猪的蛔虫感染率在 17%～35%不等，丹麦小母猪感染率为 22%。奥地利 50%的绿色养殖的猪在屠宰后发现有“乳斑”肝。但由于养殖集约化，猪场蛔虫感染率普遍在下降。猪蛔虫病在我国农村地区尤其是卫生较差的猪舍和营养不良的猪群中感染率很高，一般都在 50%以上。

在饲养管理不良和环境卫生条件差的猪场发病率较高，3～5 月龄的仔猪最容易大量感染蛔虫，症状也较严重。其主要原因包括猪蛔虫生活史简单、发育和传播不需要中间宿主，繁殖力强以及虫卵对外界条件有较强的抵抗力。一条雌虫平均每天可产卵 10 万～20 万个，产卵高峰期可达 100 万～200 万个，一生可产卵达 8 000 万个，从而对外界环境造成严重的污染。在虫体成熟前进行驱虫可以大大减少蛔虫卵对环境的污染。

虫卵卵壳较厚，有四层壁，对外界环境各种因素的抵抗力很强，有保护胚胎不受外界各种化学物质的侵蚀、保持内部湿度和阻止紫外线透过的作用。加之感染前期幼虫的全部发育过程都在卵壳内进行，使其得到庇护，大大增加了感染性虫卵对自然界的抵抗力和自身存活力。有报道称未胚胎化的蛔虫卵随粪便排出体外后可存活 15 年之久。

温度、湿度和氧气是猪蛔虫卵发育和存活的必要条件。其中温度对虫卵的发育影响很大，28～30 ℃时，只需 10 d 左右即可发育为第一期幼虫；18～20 ℃时，需 20 d 天左右；12～18 ℃时，约需 40 d；高于 40 ℃或低于－2 ℃时，虫卵停止发育；45～50 ℃时，虫卵在 30 min 内死亡；55 ℃时，15 min 死亡；60～65 ℃时只能生存 5 min；在低温环境中，如在－27～－20 ℃时，感染性虫卵须经 3 周才死亡。此外，湿度对虫卵的发育影响也较大。潮湿有利于虫卵的生存，在疏松湿润的土壤中，虫卵可以生存 2～5 年；如湿度降低到 50%时，虫卵能生存数日；在热带沙土表层 3 cm 深范围内，在夏季阳光直射下，由于高温和干燥的作用，虫卵数日内死亡；在干燥的情况下，虫卵能生存 3～5 h。氧气也是虫卵发育不可缺少的因素。在无氧气的情况下，虫卵不能发育，但可以存活；如在 10 cm 深的水中，虫卵经过一个月以上的培养，仍不能发育到感染期；一般情况下，粪块内的虫卵因缺氧不能发育，但能长期生存，只有在粪便表面的虫卵才能发育至感染期。

猪蛔虫卵对化学药物的抵抗力很强，在 2%福尔马林溶液中不仅可以存活，而且还可以正常发育。10%漂白粉溶液、3%克辽林溶液、饱和硫酸铜溶液、15%硫酸与硝酸溶液以及 2%氢氧化钠溶液均不能杀死虫卵。浸于 5%苯酚溶液中 30 h 和 1%碘溶液中作用 26 h 才能致其死亡。在 5%～10%高锰酸钾溶液和 3%来苏儿溶液中，经 10 h 到 7 d，仅有一部分虫卵死亡。一般必须用 60 ℃上的热碱水，20%～30%热草木灰水或新鲜石灰水，才能杀死蛔虫卵。

总之，由于猪蛔虫产卵多、虫卵对外界各种因素具有很强抵抗力，有蛔虫病猪的猪舍、运动场和放牧地，自然就有大量虫卵存在，这就必然造成猪蛔虫病的传播和广泛流行。

此外，猪蛔虫病的流行与养殖场饲养管理和环境卫生、猪只年龄和营养状况有着密切关系。在饲养管理不良、卫生条件恶劣、猪场过于拥挤、营养缺乏，特别是饲料中缺乏维生素和矿物质的情况下，3～6 月龄的仔猪最容易感染猪蛔虫，患病也较严重，可引起死亡。

猪感染蛔虫主要是由于采食了被感染性虫卵污染的饲料（包括生的青绿饲料）和饮水；放养时也可以在野外感染；母猪的乳房沾染虫卵后，仔猪吮乳时会被感染；虫卵还具有黏性，容易借助食粪甲虫或鞋靴等传播。

（四）致病作用

猪蛔虫的幼虫阶段和成虫阶段对猪都有致病作用，其危害程度由感染强度（感染蛔虫数量）所决定。幼虫在体内移行时，损害脏器和组织，破坏血管，引起出血和组织变性坏死。感染早期的第三期幼虫穿过结肠及盲肠黏膜移行，会引起黏膜出血。幼虫对肝和肺损害较大，当幼虫移行至肝时，幼虫吸血，损伤肝组织，引起肝组织出血、炎症反应、变性和坏死，肝表面形成云雾状的蛔虫斑，也称“乳斑”，直径约 1 cm（图 21-34），最早在感染后 3 d 即可出现，一般在感染后

35 d 内可恢复正常。当幼虫移行至肺时，造成肺的小点出血和水肿，严重的病例，继发细菌或病毒感染，引起肺炎。成虫寄生于小肠，机械性刺激可损伤肠黏膜，致使肠黏膜发生炎症，导致消化机能障碍，寄生数量较多时，虫体扭结成团阻塞肠道，严重时引起肠破裂，导致猪因急性腹膜炎而死亡。蛔虫还具游走习性，特别是在猪发热、妊娠、饥饿和饲料改变的情况下，蛔虫活动加剧，凡脏器管道与小肠相通的，如胆管、胰管和胃等，均可被蛔虫钻入，引起胆管和胰管阻塞，导致胆道蛔虫病，发生胆绞痛、胆管炎、阻塞性黄疸和消化障碍等。

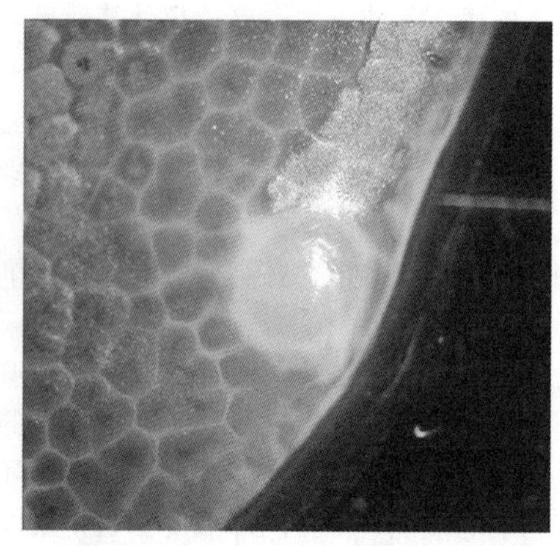

图 21-34　猪蛔虫在肝中移行导致的乳斑肝
（Dold Holland，2013）

猪蛔虫幼虫和成虫分泌的有毒物质、生命活动的代谢产物及虫体死亡后的分解产物被机体吸收后可引起宿主中枢神经障碍及过敏等症状。蛔虫大量寄生时可夺取猪体大量营养。虫体移行及采食引起肠黏膜出血或表层溃疡的同时，也可为其他病原微生物的侵入打开门户，容易造成继发感染。

（五）病理变化

大量蛔虫成虫寄生在小肠内时，易发生肠梗阻，可见小肠黏膜有卡他性炎症、出血或溃疡。如肠破裂可见腹膜炎和腹腔积血。胆道蛔虫病死亡的猪可见蛔虫钻入胆道并造成胆管阻塞。病程较长者，可出现化脓性胆管炎或胆管破裂，胆汁外流，胆囊内胆汁减少，肝黄染和变硬等。初期呈肺炎病变。肝小点状出血，肝细胞混浊肿胀，脂肪变性坏死，肝组织变得比较致密，表面有大量出血点或暗红色及灰白色斑点。肝、肺和支气管等组织器官采用幼虫分离法，可发现大量幼虫。

（六）临床症状

幼虫和成虫寄生阶段引起的症状各不相同。大多数猪蛔虫感染只引起亚临床症状。视猪年龄、营养状况、感染强度、幼虫移行和成虫寄生等因素不同，猪蛔虫病的临床表现有所不同，一般以 3～6 月龄的猪比较严重。幼虫移行期间肺炎症状明显，仔猪表现咳嗽、体温升高、呼吸加快、食欲减退。严重感染可出现呼吸困难、心跳加快、呕吐流涎、精神沉郁、多喜躺卧、不愿走动，可能经 1～2 周好转，或逐渐虚弱，发生死亡。

成虫大量寄生时，病猪主要表现为营养不良，消瘦、贫血、被毛粗乱、食欲异常减退或时好时坏；同时表现异嗜，生长缓慢，增重明显降低，甚至停滞成为僵猪。更为严重时，由于虫体机械性刺激，损伤肠黏膜，可出现肠炎症状，病猪表现腹泻、体温升高；如肠道被阻塞后，可出现阵发性痉挛性疝痛症状，甚至由于肠破裂而死亡。如虫体钻进胆管，病猪则表现腹泻、体温升高、食欲废绝，剧烈腹痛，烦躁不安；之后体温下降，卧地不起，四肢乱蹬，滚动不安，最后趴地不动而死亡。如持续时间较长者，可视黏膜呈现黄染。

有些病猪可呈现过敏现象，皮肤出现皮疹。也有些病猪表现痉挛性神经症状，此类现象时间较短，数分钟至 1 h 后消失。

在寄生数量不多、猪只营养状况良好的情况下，6 月龄以上的猪多不表现明显症状；大量虫体寄生时，由于虫体寄生使胃肠机能受到破坏，而出现食欲不振、磨牙和生长缓慢等现象。成年猪因有较强的抵抗力，能耐过一定数量虫体侵害，虽不表现症状，但为带虫猪，成为本病的传染源。

（七）诊断

尽管蛔虫感染会导致猪只消瘦、被毛粗乱、食欲下降等一些病症，但缺乏特征性，确诊需做实验室检查。对 2 月龄以上的仔猪，可用漂浮法检查虫卵。粪便中检出蛔虫受精卵和未受精卵，都说明猪存在蛔虫感染。可用 McMaster 方法对粪便中的蛔虫卵计数。由于猪感染蛔虫相当普遍，在以前，只有当 1 g 粪便中虫卵数（EPG）达 1 000 个以上时，方可诊断为蛔虫病；但在现代化的养猪场，往往只要粪便中检出蛔虫卵，就会采取防控措施。

剖检时，乳斑肝也是猪感染蛔虫病的指示性病变，用贝尔曼法或凝胶法分离肝、肺或小肠内的幼虫可确诊本病。但是由于乳斑消退较快，而蛔虫从幼虫移行期到发育成熟需历经 6～7 周时间，故乳斑期难以查获肠道成虫及粪便虫卵。乳斑肝的检出率也与养殖方式有关，丹麦屠宰场调查表明，有机养殖的猪乳斑肝检出率为 8%，为普通养殖方式的 8 倍。

由于幼虫移行期对宿主的危害较为严重，而且通过粪便虫卵检查难以诊断，血清学检查就显得尤为重要。目前有 ELISA 检测方法研究的报道，但尚未商品化。

（八）治疗

治疗可用噻嘧啶、哌嗪（piperazine）、芬苯达唑、氟苯咪唑、左旋咪唑、奥苯达唑（oxibendazole）、伊维菌素和多拉菌素（doramectine）等药物。

（九）预防

要定期按计划驱虫。对于仔猪，在断乳时驱虫一次，并且在 4～6 周后再驱虫一次。育肥猪在 3 月龄和 5 月龄各驱虫一次。种公猪每年至少驱虫两次；妊娠母猪在其妊娠前和产仔前 1～2 周进行驱虫；后备猪配种前驱虫；新引进猪驱虫后再合群。

注意猪舍的清洁卫生。由于蛔虫卵在粪便中存活时间长，产房和猪舍在进猪前，都需进行彻底清洗和消毒；并定期用 20%～30%的石灰水或 40%热碱水等消毒。鉴于常规的消毒药物对猪蛔虫卵杀灭效果较弱，圈舍轮空并干燥一段时间是较好的方案。

为减少蛔虫卵对环境的污染，尽量将猪的粪便和垫草在固定地点堆积发酵。近年来，由于采用有机肥料进行蔬菜种植，有从泡菜等植物性食品中查出蛔虫卵的报道。因此杀灭虫卵不仅能减少猪的感染压力，而且对公共卫生也有重要意义。

鉴于很多驱虫药物不经降解直接随粪便排出体外可能对自然环境造成潜在的危害，近年来在采用中药以及中药提取物进行驱虫方面开展了研究，也有采用卵寄生性真菌厚垣普可尼亚菌进行蛔虫生物控制的研究，但商品化尚需时日。

在猪蛔虫疫苗免疫方面，历经半个世纪的研究，尚无任何明显突破。科研人员曾成功地通过转基因技术用水稻表达猪蛔虫幼虫抗原，这种转基因大米饲喂的小鼠可获得蛔虫特异性抗体，人工感染后肺中移行幼虫数量减少。

（吴绍强　编，杨晓野　审）

二、牛蛔虫病

牛蛔虫病又称牛弓首蛔虫病，旧称犊牛新蛔虫病，是由蛔科弓首属的牛弓首蛔虫（*Toxocara vitulorum*）寄生于初生犊牛（乳牛、黄牛、水牛）的小肠内引起的寄生虫病，因此也叫作犊牛蛔虫病。患病动物临床表现为肠炎、腹泻、腹部膨大和腹痛等症状。本病呈世界性分布，在我国多见于南方地区，大量感染时可引起死亡，对养牛业危害甚大。

（一）病原概述

牛弓首蛔虫的同物异名是牛新蛔虫（*Neoascaris vitulorum*）。成虫虫体粗大，呈淡黄色，体表角质层较薄，故虫体柔软，半透明且易破裂。虫体前端有 3 个唇片，食道呈圆柱形，后端有一个小胃与肠管相接。雄虫长 15～26 cm，尾部呈圆锥形，弯向腹面，上有一小锥突。交合刺 1 对，形状相似，等长或稍不等长。雌虫长 22～30 cm，尾直；生殖孔开口于虫体前部 1/8～1/6 处（图 21-35）。虫卵短圆形，大小为（70～80）μm×（60～66）μm，壳较厚，外层呈蜂窝状，新鲜虫卵淡黄色，内含一胚细胞。

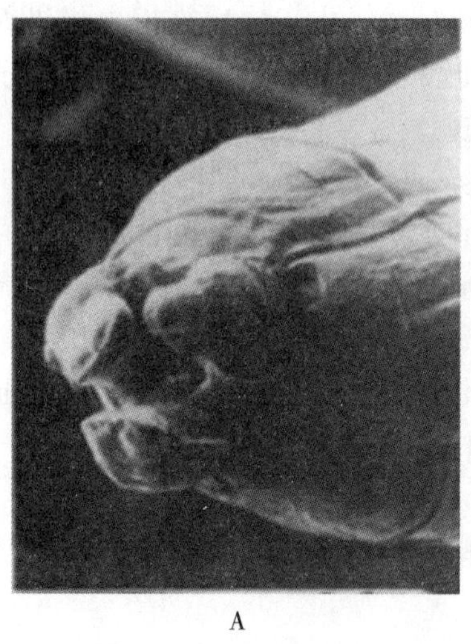

A

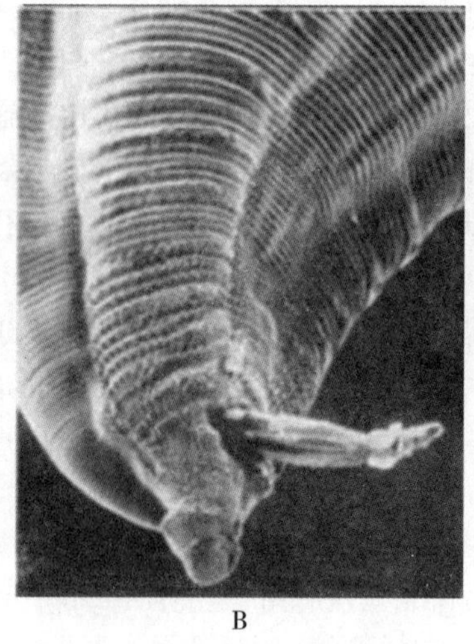

B

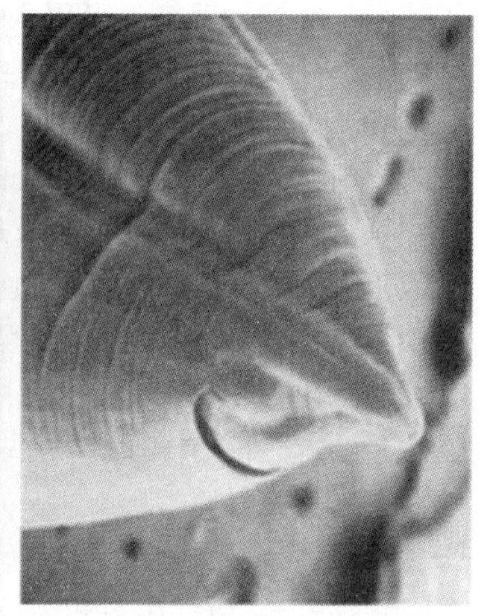

C

图 21-35　牛弓首蛔虫

A. 头部　B. 雄虫尾部　C. 雌虫尾部

(Prokopic，1989)

（二）病原生活史

寄生于犊牛小肠内的虫体发育成熟后，雌雄交配，雌虫产卵，卵随粪便排出体外。虫卵在外界适宜的温度和湿度条件下，经 3～4 周发育为含有第二期幼虫的感染性虫卵。母牛吃了被感染性虫卵污染的饲料、牧草或饮水后，虫卵内幼虫在小肠内逸出穿过肠壁，移行至肝、肺、肾等器官，进行第二次蜕化，变为第三期幼虫，并潜伏在这些组织中；当母牛妊娠 8～9 个月时，幼虫便移行至子宫，进入胎盘羊膜液中，进行第三次蜕化，变为第四期幼虫；随着胎盘的蠕动，第四期幼虫被胎牛吞入肠内发育；待小牛出生后，幼虫在小肠内进行第四次蜕皮后长大，经 1 个月左右发育为成虫。成虫在犊牛体内生存 2～5 个月，之后逐渐被排出体外。另一条感染途径是母牛体内的幼虫经乳汁被犊牛摄入体内，发育为成虫；也有报道幼虫从胎盘移行到胎牛的肝和肺，然后转入小肠（与猪蛔虫类似），犊牛出生不久小肠内即有成虫。据报道，犊牛采食感染性虫卵后，虫卵内幼虫在小肠内逸出，经小肠移行到肝、肺，然后经支气管、气管，再经口腔和食道到肠，随粪便排出，而不直接在肠内发育为成虫。

（三）流行病学

牛弓首蛔虫卵对药物的抵抗力较强，2%福尔马林对虫卵无影响；29 ℃时，虫卵可在 2%克辽林或 2%来苏儿中存活 20 h。但对直射阳光的抵抗力较弱，4 h 内全部死亡。温湿度对虫卵的发育影响也较大，虫卵发育较适宜的温度为 20～30 ℃，潮湿的环境有利于虫卵的发育和生存。当相对湿度低于 80%时，感染性虫卵的生存和发育即受到严重影响；在干燥的环境中，虫卵经 48～72 h 死亡。

本病在我国多见于南方地区，主要发生于 5 月龄以内的犊牛。在成年牛，只在内部器官组织中发现有移行阶段的幼虫，尚未有成虫寄生的报道。

（四）临床症状和病理变化

本病对 15～30 日龄的犊牛危害严重，症状表现为精神不振，不愿行动，继而消化功能紊乱、食欲不振和腹泻；肠黏膜受损，并发细菌感染时则出现肠炎，排多量黏液或血便，且带有特殊臭味。腹部膨胀，有疝痛症状。患病动物虚弱消瘦，精神迟钝，后期病牛臀部肌肉弛缓，后肢无力，站立不稳。虫体寄生较多时可造成肠阻塞或肠穿孔，引起死亡。

如果犊牛出生后，被牛弓首蛔虫虫卵感染，在肠管中孵化的幼虫可侵入肠壁转入肝，移行过程中破坏肝组织，损害消化机能，影响食欲。幼虫移行到肺时，在该处停留发育，破坏肺组织，造成点状出血并可引起肺炎。临床上出现咳嗽、呼吸困难、口腔内有特殊酸臭味，嗜酸性粒细胞显著增加，也有后肢无力、站立不稳和走路摇摆现象。

（五）诊断

该病的临床诊断需结合症状（主要表现腹泻并混有血液、有特殊恶臭，病牛软弱无力等）与流行病学资料综合分析。确诊可采用饱和盐水漂浮法从犊牛粪便中检查虫卵，或犊牛死亡后剖检时发现肠道有相关病理变化及肠道内的虫体。

（六）治疗

出生后 14～21 d 的犊牛，可选用阿苯达唑、哌嗪、伊维菌素、噻嘧啶等药物进行治疗。

（七）预防

对犊牛进行预防性驱虫是预防本病的重要措施，尤其是 15～30 日龄的犊牛。因犊牛此时感染达到高峰，而且有许多犊牛是隐性带虫者，此时驱虫不但有益于犊牛的健康，而且可以减少虫卵对环境的污染，使母牛免遭感染。驱虫的同时要注意牛舍清洁，垫草和粪便要勤清理，尤其对犊牛的粪便需要集中进行发酵处理，以杀灭虫卵，减少牛感染的机会。在流行区域对围产期的母牛进行驱虫。最近研究表明，卵寄生性真菌厚垣普可尼亚菌（*Pochonia chlamydosporia*）可通过溶解卵壳和菌丝穿入破坏胚细胞等方式，抑制牛弓首蛔虫虫卵的发育。

（吴绍强　郝力力　编，杨晓野　审）

三、马蛔虫病

马蛔虫病是由蛔科副蛔属（*Parascaris*）的马副蛔虫（*Parascaris equorum*）引起，也称马副蛔虫病。成虫寄生于马属动物的小肠中，是马、驴、骡、斑马的一种常见寄生虫，对幼驹危害大。

（一）病原概述

虫体近似圆柱形，两端较细，黄白色。口孔周围有 3 片唇，唇片与体部之间有明显的横沟。雄虫长 10～28 cm，尾端向腹面弯曲；雌虫长 18～37 cm，尾部直。虫卵近于圆形，直径 90～100 μm，呈黄色或黄褐色。新排出时，内含一亚圆形的尚未分裂的胚细胞。卵壳表层蛋白膜凹凸不平。

（二）病原生活史和流行病学

马副蛔虫生活史与猪蛔虫相似，虫卵随宿主粪便排出体外，在适宜的外界环境条件下，大约需 10～15 d 发育到感染性虫卵；马等食入感染性虫卵后，幼虫在小肠内逸出，移行经过肝、肺、气管，再上行到食道，吞咽后到小肠内发育为成虫。从马吞食感染性虫卵至其发育为成虫，需 2～2.5 个月。

马副蛔虫病广泛流行，对幼驹危害最为严重，成年马多为带虫者。感染率与饲养管理有关，感染多发于秋冬季。虫卵对不利的外界因素抵抗力较强，适宜温度为 10～37 ℃；高于 39 ℃时可发生变性；低于 10 ℃，虫卵停止发育，但不死亡，遇适宜条件，仍可继续发育为感染性虫卵，故冬季厩舍内存在的蛔虫卵，为早春季节的感染源。马副蛔虫卵对理化因素有很强的抵抗力，对大多数消毒剂有抵抗力；5%以上的硫酸、5%以上的氢氧化钠、50 ℃以上的高温及长期干燥才能有效杀灭虫卵。

（三）临床症状和病理变化

寄生于小肠的成虫可引起卡他性肠炎、出血，严重时发生肠阻塞、肠破裂。有时虫体钻入胆管或胰管，可引起呕吐、黄疸等相应症状。幼虫移行时，损伤肠壁、肝肺毛细血管和肺泡壁，导致肝细胞变性、肺出血及炎症。马副蛔虫的代谢产物及其他有毒物质，使造血器官及神经系统受到影响，发生过敏反应，如痉挛、兴奋以及贫血、消化障碍等。成虫在小肠内寄生，特别是产卵期的雌虫可夺取宿主大量营养。幼虫钻进肠黏膜移行时，可带入病原微生物，造成继发感染。

发病初期（幼虫移行期）呈现肠炎症状，持续 3 d 后，出现支气管肺炎症状（蛔虫性肺炎），表现为咳嗽、短期发热、流浆液性或黏液性鼻液；后期即成虫寄生期呈现肠炎症状，腹泻与便秘交替出现，严重感染时发生肠堵塞或穿孔。幼驹生长发育停滞。

（四）诊断

结合临床症状与流行病学，以粪便检查发现特征性虫卵而确诊。粪检虫卵可采用直接涂片法或饱和盐水漂浮法。有时见自然排出的蛔虫或剖检发现虫体也可确诊。

（五）防治

常用治疗药物有哌嗪、噻苯达唑。

此外，其他药物，如阿苯达唑、丙噻咪唑、芬苯达唑、伊维菌素、莫西菌素（moxidectin）等也可使用。对于感染非常严重的马驹，首次给药不要用高效的药物（苯并咪唑类药物、伊维菌素、莫西菌素），这会导致马驹死于虫体阻塞肠道或过敏，而要用比较温和的药物（如哌嗪或矿物油）。近年来，有些地区的马副蛔虫的抗药性问题开始凸显，需要注意轮换用药。

预防本病可从以下 4 个方面开展工作。

（1）定期驱虫。马驹从 2 月龄开始驱虫，每隔 2 个月驱一次虫，直至 1 岁龄。成年马每年进行 1～2 次驱虫，孕马在产前 2 个月驱虫。驱虫后 3～5 d 内不要放牧，以防给药后排出虫体及虫卵污染牧场。

（2）发现患病动物及时治疗。

（3）加强饲养卫生管理。粪便及时清理并进行堆肥发酵，利用生物热杀灭虫卵；定期对用具消毒，最好饮用自来水或井水。

（4）分区轮牧或与牛、羊畜群互换轮牧。

（郝力力　吴绍强　编，杨晓野　审）

四、犬、猫蛔虫病

犬、猫蛔虫病是由蛔科弓首属的犬弓首蛔虫（*Toxocara canis*）、猫弓首蛔虫（*Toxocara cati*）或弓蛔属的狮弓蛔虫（*Toxascaris leonina*）引起，是幼年犬、猫常见的寄生虫病，分布于世界各地。成虫寄生于宿主小肠内；不同种类的幼虫移行过程不同，有的种类可在多种组织脏器内形成幼虫包囊。其中，犬弓首蛔虫寄生于犬，猫弓首蛔虫寄生于猫，狮弓蛔虫则可在犬、猫、狮、虎、狼、狐、豹等体内寄生。另外，犬弓首蛔虫和猫弓首蛔虫的幼虫均可感染人，是人内脏幼虫移行症及眼幼虫移行症的重要病原，具有重要公共卫生意义。

（一）病原概述

1. 犬弓首蛔虫　头端有 3 片唇，虫体有向后延展的颈翼（图 21-36、图 21-37）。食道与肠管连接部有小胃。雄虫长 5～11 cm，尾端弯曲，有一小锥突，有尾翼。雌虫长 9～18 cm，尾端直，阴门开口于虫体前半部。虫卵呈亚球形，卵壳厚，表面有许多点状凹陷，大小为（68～85）μm×（64～72）μm（图 21-36）。

2. 猫弓首蛔虫　外形与犬弓首蛔虫近似，颈翼前窄后宽，使虫体前端如箭镞状（图 21-37），也称箭头虫。雄虫长 3～6 cm，雌虫长 4～10 cm；虫卵平均大小为 65 μm×70 μm，表面有点状凹陷，与犬弓首蛔虫卵相似。

3. 狮弓蛔虫　头端向背侧弯曲，颈翼发达（图 21-37），无小胃。雄虫长 3～7 cm；雌虫长 3～10 cm，阴门开口于虫体前 1/3 后端。虫卵近卵圆形，卵壳光滑，大小为（49～61）μm×（74～86）μm。

犬弓首蛔虫和狮弓蛔虫外形极为相似，区别之处在于犬弓首蛔虫雄虫尾部有一个小的指状突

A

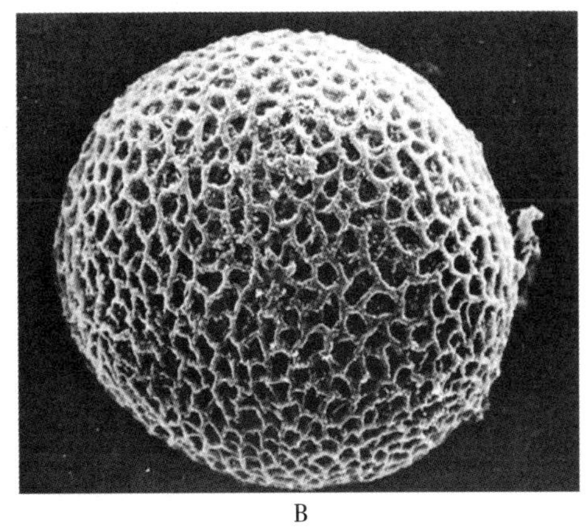

B

图 21-36　犬弓首蛔虫

A. 虫体前部（示颈翼和三片唇）　B. 虫卵（示表面许多凹陷）（Uga 等）

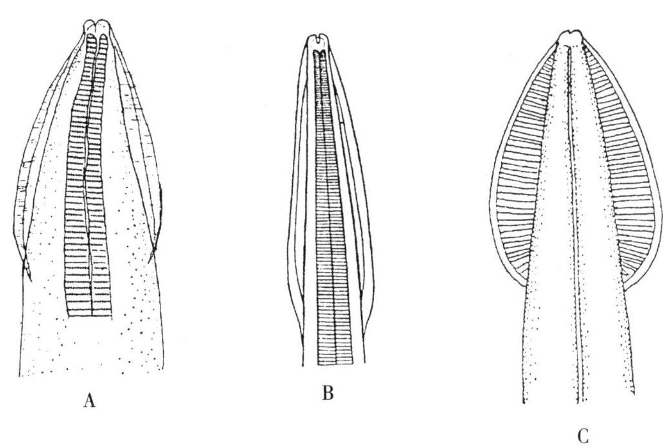

图 21-37　犬、猫蛔虫头部

A. 犬弓首蛔虫（板垣）　B. 狮弓蛔虫（Yorke　Maplesfone）　C. 猫弓首蛔虫（Glaue）

起，而狮弓蛔虫没有。

（二）病原生活史

犬弓首蛔虫的发育史是犬、猫蛔虫中最为复杂的，具有多种感染模式。最基本的模式为典型的蛔虫生活史。虫卵随粪便排出体外后，在适宜的条件下，经 10～15 d 发育为含有第二期幼虫的感染性虫卵。3 月龄内的幼犬吞食了感染性虫卵后，在消化道内孵出第二期幼虫；幼虫通过血液循环系统经肝、肺移行，在肺中蜕皮发育为第三期幼虫；然后经吞咽再返回小肠，经过 2 次蜕皮发育为成虫，共需 4～5 周。3 月龄以上的犬感染后，幼虫很少发生“肝-肺-气管”移行，多经血流移行至多种脏器和组织内形成包囊，但不进一步发育；包囊幼虫被其他犬科动物摄食后，可发育为成虫（图 21-38）。

成年母犬感染后，幼虫的移行与牛弓首蛔虫相似。幼虫随血流到达体内各器官组织中，形成包囊，但不进一步发育。母犬妊娠后，幼虫经胎盘感染胎儿，并移行到胎儿肺部发育为第三期幼虫，在胎儿出生后，幼虫经气管移行到小肠，发育为成虫。幼犬出生后的 23～40 d 内小肠中已有成虫。幼犬也可经吸食母乳感染第三期幼虫，此种情况下，幼虫在体内不移行，而是直接在小肠内发育为成虫。

猫弓首蛔虫的移行途径与猪蛔虫相似，亦可经母乳感染，鼠类可以作为它的转续宿主。

狮弓蛔虫的发育史与鸡蛔虫相似，比较简单，宿主吞食了感染性虫卵后，逸出的幼虫钻入肠壁内发育，其后返回肠腔，经 3～4 周发育为成虫。

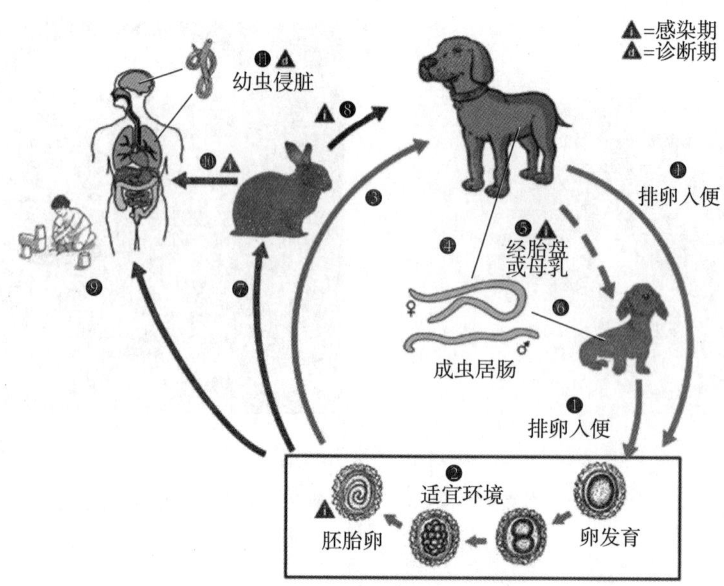

图 21-38　犬弓首蛔虫生活史
（仿 CDC）

（三）流行病学

犬、猫蛔虫病主要发生于 6 月龄以下动物，感染率 5%～80%，感染与犬、猫的饲养管理和防控措施密切相关。犬、猫蛔虫病广泛流行的主要原因包括：①犬弓首蛔虫繁殖力很强，幼犬的每克粪便中有 15 000 个虫卵很常见；②虫卵对外界环境的抵抗力非常强，可在土壤中存活数年；③妊娠母犬的器官组织中隐匿着一些幼虫，可抵抗药物的作用而成为幼犬持续感染的来源。

犬、猫蛔虫的感染性虫卵可被储藏宿主（也称转运宿主）摄入，在其体内形成含有第三期幼虫的包囊，动物捕食储藏宿主后发生感染。狮弓蛔虫的储藏宿主多为啮齿类动物、食虫目动物和小的肉食动物；犬弓首蛔虫的储藏宿主为啮齿类动物；猫弓首蛔虫的储藏宿主多为蚯蚓、蟑螂、一些鸟类和啮齿类动物。

（四）临床症状和病理变化

患犬表现为渐进性消瘦、食欲不振、黏膜苍白、呕吐、异嗜、消化障碍、腹泻或便秘、生长发育受阻、腹部膨大。

幼虫移行引起腹膜炎、败血症、肝的损害和蛔虫性肺炎，严重者可见咳嗽、呼吸加快和泡沫状鼻漏，多出现在肺移行期。重度病例可在出生后数天内死亡。

成虫寄生于小肠，可引起胃肠功能紊乱、生长缓慢、被毛粗乱、呕吐、腹泻或腹泻便秘交替出现、贫血、神经症状、腹部膨胀；有时可在呕吐物和粪便中发现完整虫体。当宿主发热、妊娠、饥饿或食物成分改变等因素发生时，虫体可能窜入胃、胆管和胰管，引发相应的症状。严重感染时，常在肠内集结成团，造成肠阻塞或肠扭转、套叠，甚至肠破裂。

（五）诊断

根据临床症状、病史和病原检查做出综合诊断：①2 周龄内幼犬若出现肺炎症状，可考虑为幼虫移行引起；②结合犬舍或猫舍的饲养管理状况判定；③随粪便排出虫体或吐出虫体，虫体白色线状，长 2～18 cm；④漂浮法检查粪便，检出亚球形棕色虫卵，卵壳厚，表面具点状凹陷。

（六）治疗

常用的驱线虫药如芬苯达唑、甲苯达唑、哌嗪、噻嘧啶、左旋咪唑、伊维菌素（柯利犬及有柯利犬血统的犬禁用）均可驱除犬、猫蛔虫。

（七）预防

环境中的虫卵和母犬体内的幼虫是主要感染源，因此预防主要做到以下几点。

(1) 要注意环境、食具、食物的清洁卫生，及时清除粪便并进行生物热处理，杀灭粪便中的虫卵。

(2) 对犬、猫进行定期驱虫。

(3) 妊娠母犬在产后 14 d 内进行驱虫，以减少幼犬感染。

(4) 幼犬应在 2 周龄进行首次驱虫；2 周后再次驱虫；2 月龄时进一步给药以驱除出生后感染的虫体；哺乳期母犬应与幼犬同期驱虫。

（吴绍强　编，杨晓野　审）

五、大熊猫蛔虫病

大熊猫蛔虫病是由蛔科贝蛔属（*Baylisascaris*）的西氏贝蛔虫（*Baylisascaris schroederi*；也称施氏蛔虫，*Ascaris schroederi*）引起，是野生和人工圈养大熊猫体内最常见、危害最严重的一种肠道线虫病。

（一）病原概述

虫体粗大，白色或灰褐色（图 21-39）。头端有 3 片唇，1 片背唇和 2 片亚腹唇，唇内缘有细小的唇齿。头乳突和头感器与猪蛔虫相似。

雄虫体长 76～100 mm，宽 1.4～1.9 mm；尾部向腹面弯曲。有泄殖孔前乳突 67～84 对；泄殖孔侧乳突 1 对；泄殖孔后乳突 5 对，其中有 2 对为双乳突。泄殖孔上方有新月状突起，其上有小棘 8～10 列；而泄殖孔下方有半圆形突起，上有小棘 11～14 列；交合刺一对，等长，为 0.471～0.636 mm，末端钝圆、不分支。雌虫体长 139～189 mm，宽 2.5～4.0 mm。阴门位于虫体的前部，距头端 40～53 mm，尾长 0.729～1.260 mm。虫卵呈黄色至黄褐色，椭圆形或长椭圆形，大小为（67.5～83.7）μm×（54.0～70.7）μm，卵壳有 3 层膜，最外层为蛋白质膜，布满长为 5.67～10.80 μm 的棘状突起（图 21-40）。

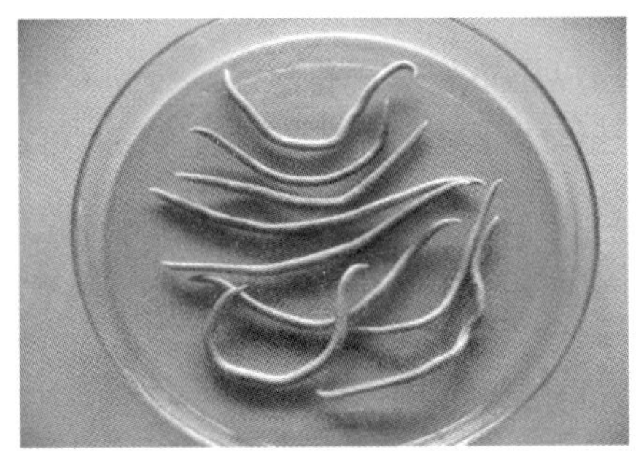

图 21-39　西氏贝蛔虫
（杨光友供图）

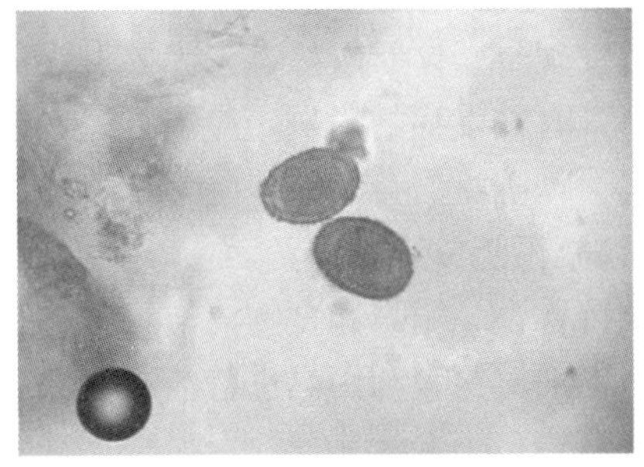

图 21-40　西氏贝蛔虫卵
（杨光友供图）

（二）病原生活史

在 28 ℃条件下，经 4～5 d，虫卵内形成第一期幼虫，9 d 后形成第二期幼虫，此时的虫卵即具有感染性。大熊猫主要是通过食入被感染性虫卵污染的食物或接触被污染的场所及身体部位而被感染。感染性虫卵被大熊猫食入后进入小肠，钻入肠系膜，经淋巴管、微血管入门静脉，再经肝、下腔静脉、右心到肺；在肺内蜕皮后穿过肺部微血管，经肺泡、支气管、气管至喉部；然后再被吞食经食道、胃到达小肠，在小肠内发育为成虫。含第二期幼虫的虫卵被大熊猫食入后，经 77～93 d 发育成熟并开始产卵。

（三）流行病学

虫卵具有一定的抗寒能力。在 4 ℃条件下，经 60 d 有 96.7%的虫卵发育为感染性虫卵；新排出的虫卵在－10 ℃条件下，经 30 d 有 42.9%的虫卵内可以形成第二期幼虫；含第二期幼虫的虫卵在－12 ℃条件下，经 30 d 死亡率仅为 17%；70 ℃热水 1 min 可把虫卵杀死。

大熊猫西氏贝蛔虫分布广泛，在四川的青川、平武、北川、南坪、汶川、宝兴、天全及陕西佛坪、太白、洋县、宁陕及甘肃文县等地的保护区内均有发现。西氏贝蛔虫在大熊猫体内很常见，野生大熊猫的感染率多在50%以上，甚至可达100%，是引起野生大熊猫死亡的主要原发性及继发性病因之一，圈养大熊猫也常有发生。

（四）致病作用和临床症状

幼虫在体内移动，经过肝时可引起轻度炎症。大量蛔虫幼虫到达肺部微血管及肺泡，可以引起肺泡出血、水肿及炎性细胞的浸润；若感染严重，可见肺实变。成虫通常在大熊猫小肠内寄生，虫体多扭结成团（图21-41）；以小肠乳糜液为食，可引起消化功能紊乱，致使机体营养不良。蛔虫有钻孔的习性，在食物缺乏、宿主体内环境发生变化的情况下，可进入胆管、胆囊、肝管、胰管及胃等，引起阻塞及炎症，甚至导致宿主死亡。

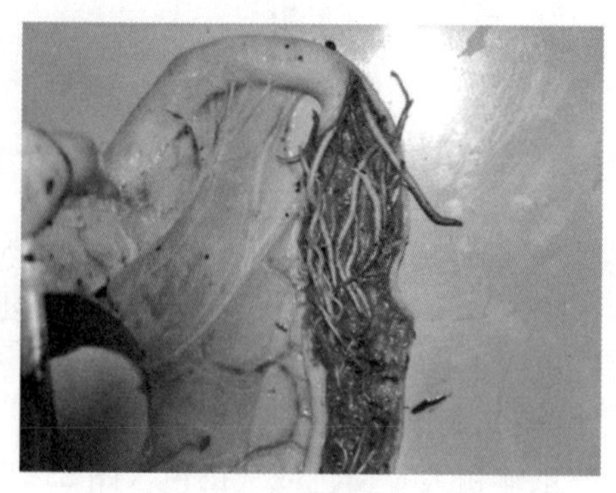

图 21-41 大熊猫肠道的西氏贝蛔虫
（杨光友供图）

大熊猫蛔虫病症状表现不一。轻度感染时，成年大熊猫往往症状不明显；幼年大熊猫表现为停食、消瘦、被毛蓬乱无光泽、呕吐、腹痛、呼吸加快，有时咳呛、烦躁不安、行走时作排粪姿势，粪稀、黏液增多，并有少量蛔虫排出；重度感染者，身体极度消瘦、贫血、口腔黏膜苍白、毛发干燥脱落。

（五）诊断

可采用沉淀法和虫卵漂浮法进行粪便中虫卵的检查，后者以含有等量甘油的饱和硫酸镁溶液作漂浮液，其中甘油对虫卵有透明作用，便于观察。同时，还可根据粪便（或呕吐物）中排出的虫体进行诊断。

（六）治疗

对发现早、体质较好、未患并发症的个体，可直接施以驱虫药物进行驱虫治疗。对发现晚、体质差、有并发症的病例，应当首先考虑补充营养，增强体质及对症治疗。驱虫治疗时可选用伊维菌素、噻嘧啶、芬苯达唑、甲苯达唑、阿苯达唑等药物。

（七）预防

保持兽舍、用具和食物清洁卫生；定期检查粪便，进行预防性驱虫；可采用70 ℃以上的热水或消毒剂对笼舍和用具进行消毒。新引进大熊猫，应进行隔离检查和驱虫处理。

（杨光友　编，杨晓野　审）

六、鸡蛔虫病

鸡蛔虫病是由异刺科禽蛔属的鸡蛔虫（*Ascaridia galli*）寄生于鸡、火鸡等禽类的肠道内所引起的一种线虫病。虫体分布广，在地面散养的鸡感染率高，对2～4月龄的鸡危害性很大，严重感染时可引起死亡。

（一）病原概述

鸡蛔虫曾划归蛔科，但从新的分子分类学体系来看，其与异刺属（*Heterakis*）形成单系群，现列入异刺科。鸡蛔虫是寄生于鸡体内最大的一种线虫，虫体淡黄色，圆筒形，体表角质层具有横纹。口孔位于体前端，有1片背唇和2片亚腹唇。背唇上有1对乳突，而每片亚腹唇上各有1个乳突。雄虫长26～70 mm，具有1对等长的交合刺。泄殖孔的前方具有1个近似椭圆形的泄殖孔前吸盘，吸盘上有明显的角质环。尾部具有性乳突10对，分成4组排列，泄殖孔前3对，泄殖孔侧1对，泄殖孔后3对，尾端3对。雌虫长65～110 mm，阴门位于虫体中部，肛门位于虫体的近末端。虫卵呈椭圆形，大小为（70～90）μm×（47～51）μm，卵壳厚而光滑，深灰色，新排出时内含单个胚细胞（图 21-42）。

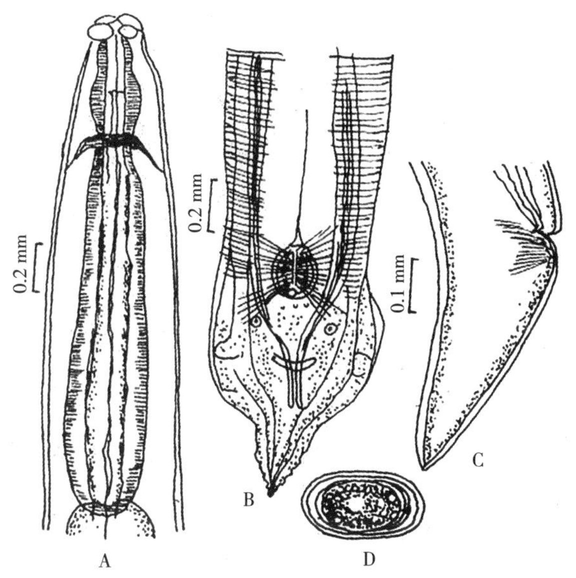

图 21-42　鸡蛔虫
A. 前部腹面　B. 雄虫尾部腹面　C. 雌虫尾部侧面　D. 虫卵

（二）病原生活史

为直接发育型。虫卵随粪便排出体外，在适当的温湿度环境中发育至含第二期幼虫的感染性虫卵。蚯蚓可作为鸡蛔虫的储藏宿主。感染性虫卵污染的饲料、饮水或者含有感染性虫卵的蚯蚓被鸡吞食后，虫卵在鸡的肌胃或腺胃中孵出幼虫，幼虫钻入肠黏膜内发育约 1 周后，又从黏膜内逸出，于十二指肠后部的肠腔中发育为成虫。成虫主要寄生于鸡小肠中，感染严重时在嗉囊、肌胃、盲肠和直肠中亦有寄生。鸡食入感染性虫卵至蛔虫发育成熟共需 35～50 d。鸡蛔虫在鸡体内生存的时间为 9～14 个月，平均约为 1 年，之后虫体便逐渐被排出体外。

（三）流行病学

鸡蛔虫产卵量大，一条雌虫每天可产 72 500 个虫卵，对环境污染严重。鸡蛔虫卵在外界环境中的发育与温度、湿度、阳光等自然因素密切相关。虫卵发育所需的温度范围为 10～39 ℃。在适宜温度范围内，虫卵发育时间与温度的高低成正比例关系；在 10 ℃下，虫卵不能发育，但在 0 ℃中可以持续 2 个月不死亡。鸡蛔虫卵需在潮湿的土壤中才能发育，在相对湿度低于 80%时，则不能发育为感染性虫卵。感染性虫卵在潮湿的土壤中可存活 6～15 个月。鸡蛔虫卵对化学药物有一定的抵抗力，在 5%甲醛溶液中仍可发育为感染性虫卵。鸡蛔虫卵对干燥和高温（50 ℃以上）敏感，在阳光直射、沸水处理和粪便堆沤等情况下迅速死亡。

该病多流行于散养鸡或地面平养的种鸡。雏鸡在 2～4 月龄时特别易感，但随着年龄的增大，其易感性逐渐降低。1 年以上的鸡在饲养管理良好的情况下，很少发病，只是带虫者。不同品种的鸡感染性有差异，肉鸡比蛋鸡抵抗力强，土种鸡比良种鸡抵抗力强。

（四）致病作用

鸡蛔虫的成虫和幼虫对鸡均有危害。幼虫钻入肠黏膜时损伤肠绒毛，破坏腺体分泌，引起肠黏膜出血、发炎并形成结节，导致鸡消化功能紊乱；成虫寄生于肠内时，其代谢产物能引起鸡体慢性中毒，使雏鸡生长发育受阻，母鸡产蛋率下降。鸡感染严重时，成虫大量聚集在肠管内，可引起肠管堵塞甚至破裂，导致鸡死亡。

（五）临床症状

成年鸡轻度感染时不表现临床症状，感染严重者表现腹泻、贫血、产蛋量下降。雏鸡受感染时临床症状则较明显，表现为生长不良、精神萎靡、常呆立不动、两翅下垂、羽毛松乱，鸡冠苍白、食欲减退、腹泻和便秘交替出现，有时稀粪中带有血液，鸡体消瘦并可导致死亡。

（六）诊断

采集鸡粪用饱和盐水漂浮法检查虫卵，或结合剖检病（或死）鸡，在肠道发现虫体可确诊。

（七）治疗

选用左旋咪唑、阿苯达唑、哌嗪、奥苯达唑、噻嘧啶、芬苯达唑等药物进行治疗。

（八）预防

定期清洁禽舍，对鸡粪进行堆积发酵处理，杀灭虫卵。在蛔虫病流行的鸡场，可采用上述药物，每年进行 2～3 次驱虫。雏鸡在 2 月龄左右进行第 1 次驱虫，第 2 次在进入冬季前进行。成年鸡第 1 次驱虫在 10～11 月，第 2 次在春季产蛋前 1 个月进行。

（吴绍强　杨桂连　编，杨晓野　审）

七、禽异刺线虫病

禽异刺线虫病又称禽盲肠虫病，是由异刺科异刺属的线虫寄生于鸡、火鸡、鹌鹑、鸭、鹅、孔雀和雉鸡等禽类盲肠内引起的一种线虫病。在鸡群中普遍存在，呈世界性分布。

（一）病原概述

异刺线虫有多种，常见的为鸡异刺线虫（*Heterakis gallinarum*，同物异名 *Heterakis gallinae*），也称为鸡蛲虫。虫体小，呈细线状，淡黄色或白色。头端略向背面弯曲，有侧翼，向后延伸的距离较长，食道球发达。雄虫长 7～13 mm，末端尖细，平直，有 2 根不等长的交合刺（左侧短粗，右侧细长），有 12 或 13 对性乳突。本属的特征是雄虫有一个大的圆形泄殖孔前吸盘，有乳突支撑的大尾翼（图 21-43）。雌虫长 10～15 mm，尾部细长，阴门开口于虫体中部

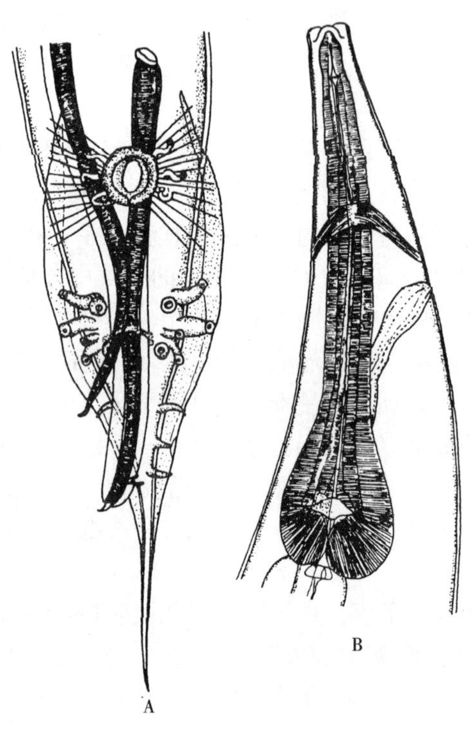

图 21-43　鸡异刺线虫（Skryabin，Shikhobalova）
A. 雄虫尾部腹面　B. 虫体前部

稍后方，无隆起。卵呈椭圆形，大小为（65～80）μm×（35～46）μm，灰褐色或淡灰色，一端较明亮，壳厚而光滑，内含未发育的单个胚细胞。

（二）病原生活史

异刺线虫成虫在宿主盲肠内产卵，虫卵随粪便排出体外，在适宜的温度（18～30 ℃）和湿度条件下，经 7～14 d 发育为含幼虫的感染性虫卵。禽类摄食了被感染性虫卵污染的饲料、饮水或啄食了体内有鸡异刺线虫感染性虫卵的蚯蚓而感染，感染性虫卵在小肠内孵化，经 12 h 幼虫逸出并移行至盲肠钻入黏膜内，发育 4～5 d 后返回肠腔，发育为成虫。自感染性虫卵被摄食到发育为成虫需 24～30 d，成虫寿命约 1 年。

（三）流行病学

鸡、火鸡、鹌鹑、鸭、鹅、孔雀和雉鸡等禽类均易感，也是鸡体内一种常见的寄生性线虫。蚯蚓可以作为鸡异刺线虫的储藏宿主，蚯蚓吞食感染性虫卵后，虫卵能在其体内长期生存，并保持对鸡的感染力，鸡吃到这种蚯蚓也能感染。另外，鼠妇（*Porcellio*）等甲壳动物吞食感染性虫卵后，也能起到传播鸡异刺线虫的作用。虫卵对外界不良环境的抵抗力较强：在阴暗潮湿处可保持活力达 10 个月；0 ℃的条件下可存活 3～7 d，期间温度升高后又能继续发育；在 10%硫酸及 0.1%升汞溶液中均可正常发育；阳光直射下易死亡。

（四）致病作用

鸡异刺线虫能引起鸡肠黏膜损伤出血，其代谢产物和分泌的毒素可使机体中毒。严重感染时，引起盲肠炎症，肠壁形成结节或溃疡。病鸡表现消化机能障碍，食欲不振，腹泻。剖检可见尸体消瘦，盲肠肿大，肠壁发炎和增厚，间或有溃疡，盲肠内可见虫体，尤以盲肠尖部居多。雏鸡发育停滞，消瘦，严重时死亡。成年鸡产蛋量降低或停止。此外，异刺线虫还是盲肠肝炎（黑头病）病原——火鸡组织滴虫（*Histomonas meleagridis*）的传播媒介，当鸡体内同时有鸡异刺线虫和组织滴虫寄生时，后者可侵入异刺线虫的卵内，并随虫卵排出体外。组织滴虫在异刺线虫卵壳的保护下，可不至于受外界环境因素的损害而死亡。当鸡摄入这种虫卵时，即同时感染异刺线虫和火鸡组织滴虫，导致病鸡发生盲肠肝炎，加剧病鸡的病症，使死亡率升高。

（五）诊断和防治

可用饱和盐水漂浮法检查粪便中虫卵，但需与鸡蛔虫卵相区别。鸡异刺线虫卵呈长椭圆形，比鸡蛔虫卵小，灰褐色，卵壳厚，内含未分裂的胚细胞。病鸡死后剖检可见盲肠发炎，黏膜肥厚，其上有溃疡；肠内容物有时凝结成条，其中含有虫体。防治方法参照鸡蛔虫病的防治措施。可用哌嗪、左旋咪唑、阿苯达唑和伊维菌素等药物驱虫。

（王文龙 编，杨晓野 审）

八、异尖线虫病

异尖线虫病（anisakiasis）呈世界性分布，病原体为异尖科线虫。其第三期幼虫广泛分布于头足类软体动物和海洋鱼类体内，人类多因食用生的或未煮熟的含有幼虫的海洋鱼类而被感染。引起人类异尖线虫病的主要病原是异尖属（*Anisakis*）线虫的幼虫；此外，对盲囊属（*Contraceacum*）、伪地新属（*Pseudoterranova*）等也可致病。基于异尖线虫对人类公共卫生的影响，在 1992 年我国农业部颁布的《进境动物一、二类传染病、寄生虫病名录》中，首次将异尖线虫病列入我国二类传染病和寄生虫病名录。

（一）病原概述

异尖线虫第三期幼虫头部钝圆，有一略呈梯形的唇块，表面光滑，四周有四个钝圆形乳突。有一锥形偏向腹面的钻齿，其尖端下方有一长圆形的孔，即排泄孔。食道前端细，向后逐渐膨大。胃呈黑色柱形。直肠附近可见单细胞的直肠腺。一般仅根据幼虫的形态不能鉴定到种，但可将其区分为两种不同类型的幼虫：Ⅰ型幼虫尾部短，顶端有一尾突；Ⅱ型幼虫尾部较长，顶端无尾突。异尖属线虫目前有 9 个种，Ⅰ型幼虫 6 个种，Ⅱ型幼虫 3 个种（图 21-44）。

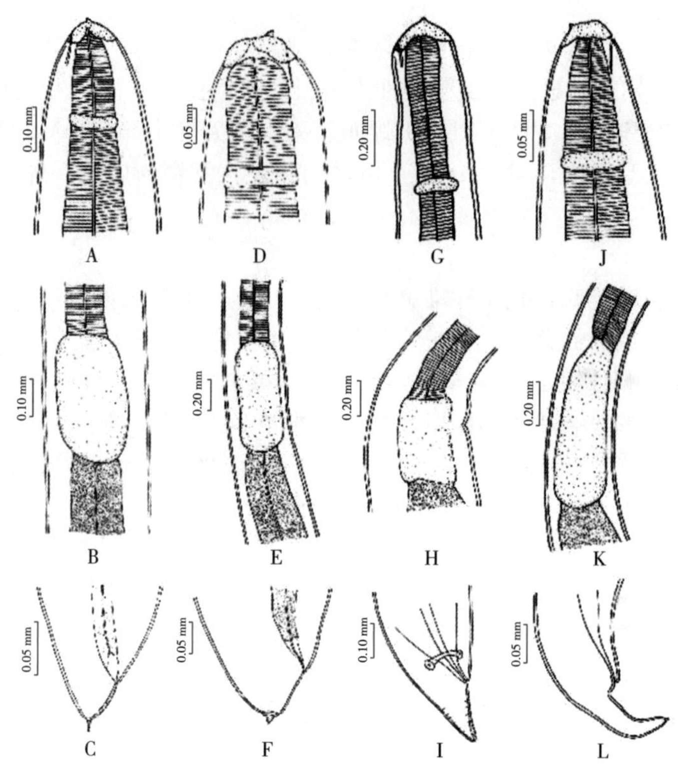

图 21-44　我国海洋鱼类异尖属第三期幼虫形态比较

A～C. 典型异尖线虫（*Anisakis typica*）：A. 虫体前部　B. 腺胃　C. 虫体尾部

D～F. 派氏异尖线虫（*A. pegreffii*）：D. 虫体前部　E. 腺胃　F. 虫体尾部

G～I. 异尖线虫未定种（*Anisakis* sp. CA-2012）：G. 虫体前部　H. 腺胃　I. 虫体尾部

J～L. 抹香鲸异尖线虫（*A. physeteris*）：J. 虫体前部　K. 腺胃　L. 虫体尾部

（张路平供图）

异尖线虫的成虫很少采集到，大部分检获的是寄生于鱼类体内的第三期幼虫。利用 PCR-RFLP 结合 ITS-1 和 ITS-2 序列分析，发现我国黄渤海和东海主要是派氏异尖线虫（*Anisakis pegreffii*），而南海主要是典型异尖线虫（*Anisakis typica*）；此外在南海还发现有少量的抹香鲸异尖线虫（*A. physeteris*）和一个异尖线虫未定种（*Anisakis* sp.）。

（二）病原生活史

异尖线虫的成虫也称为“herringworm”“whaleworm”，长度在 3～15 cm，寄生在大型海洋哺乳动物（海豚、鲸）或鳍足类（海豹、海狮）的胃中，受精后，雌虫产卵。中间宿主为甲壳类，鱼类和软体动物作为转续宿主（含第三期幼虫），终末宿主多通过摄食转续宿主而感染。

异尖属线虫的虫卵随终末宿主如海豚、海狮、海獭、鲸等海栖哺乳类的排泄物排出。卵经单细胞期和囊胚期，形成 L_1 幼虫；在卵中经过一次蜕皮，在海水中孵化出 L_2 幼虫，此时幼虫一般只有 260～340 μm 长。这些幼虫如被磷虾吞食，发育约 8 d 左右，经第二次蜕皮，变成具有感染性的 L_3 幼虫。如果上述 L_2 幼虫被桡足类或其他甲壳类动物摄食，磷虾也可通过食入桡足类或其他甲壳类动物而感染。

转续宿主（paratenic host）或转运宿主主要包括鳕、鲑等一些海鱼或某些软体动物如乌贼、章鱼等。当海栖哺乳类等终末宿主以含有 L_3 幼虫的海鱼或软体动物为食时，感染 L_3 幼虫，幼虫在终末宿主体内经过两次蜕皮发育为成虫。

人类是异尖线虫的非适宜宿主，幼虫不能在人体内发育为成虫，但是人类若食用含有此种活幼虫的鱼类等，则可能发生异尖线虫病（图 21-45）。

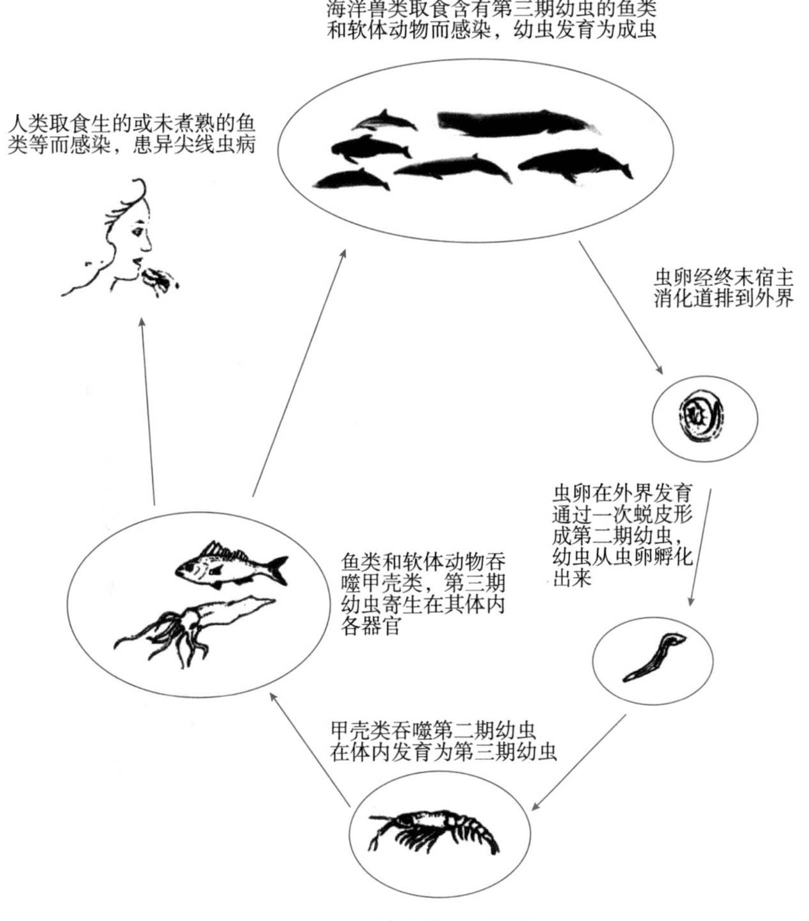

图 21-45　异尖线虫生活史

（张路平供图）

（三）流行病学

异尖线虫呈世界性分布，第三期幼虫寄生的海洋鱼类有 300 种之多。我国多种海洋鱼类有异尖线虫的感染，其中我国黄海和南海分别有 40 种和 35 种鱼感染有异尖线虫。人感染的首次报道见于荷兰，有吃鱼生习惯的日本和荷兰是人异尖线虫病的高发地区。

（四）致病作用

异尖线虫在终末宿主海洋兽类以及转续宿主海洋鱼类都会引起病理反应。童虫和成虫在海洋兽类的消化道寄生，重度感染导致被感染动物腹泻、脱水以及贫血等，有时形成肠穿孔而死亡。第三期幼虫感染鱼类，使后者的肝受到挤压和损伤，导致肠壁、内脏和肌肉的溃疡以及脂肪的缺乏，严重时可引起鱼类死亡。

人异尖线虫病危害较大。第三期幼虫经口进入人体，幼虫具有较强穿刺力，可钻入咽喉、胃或肠黏膜而引起炎症反应；严重者甚至穿透肠壁，幼虫侵入腹腔后移行至肠系膜、肝、胰、腹壁、腹股沟及口腔黏膜。多次反复感染后，使机体致敏，引起较重反应。

（五）防治

目前还没有特效药物。因为异尖线虫的感染主要是通过食入生鱼片或未煮熟的鱼而导致，因此对该病的预防措施包括不吃生的海鲜，吃鱼一定要煮熟。

（张路平　编，程天印　索勋　审）

第三节　圆线虫总科线虫病

圆线目的圆线虫总科（Strongyloidea）包括圆线科（Strongylidae）、夏伯特科（Chabertiidae）、比翼科（Syngamidae）、冠尾科（Stephanuridae）和笼首科（Deletrocephalidae），该总科线虫虫体比毛圆线虫总科虫体粗大，且有非常大的口囊。其中圆线科、夏伯特科、比翼科的线虫在兽医上比较重要。

一、马圆线虫病

马圆线虫病（equine strongylidosis）是由圆线科线虫寄生于马属动物引起，大约有 40 多种，形态多样，寄生于宿主的大肠内，以盲肠和结肠为主。呈世界性分布，感染率高，感染强度大（可达 10 万条），对马属动物危害很大。

（一）病原概述

不同种类常混合寄生，根据虫体大小，可分为大型圆线虫（large strongyles）和小型圆线虫（small strongyles）两大类。

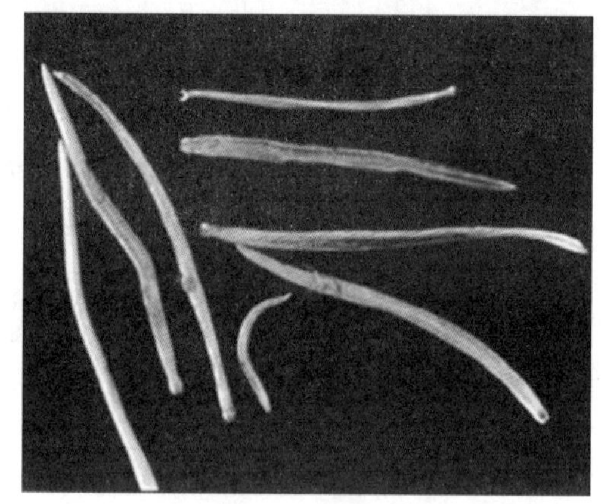

图 21-46　马圆线虫虫体
（李祥瑞，2011）

1. 大型圆线虫　体型大，危害严重，常见的有 3 种，即圆线亚科（Strongylinae）圆线属（*Strongylus*）的马圆线虫（*Strongylus equinus*）、无齿圆线虫（*S. edentatus*）和普通圆线虫（*S. vulgaris*）。虫体较大而粗硬，长 14～40 mm，形如火柴杆（图 21-46）。头端钝圆，有发达的口囊，其内有齿或无。口孔周围有叶冠环绕。雄虫有发达的交合伞和两根细长的交合刺。

（1）马圆线虫：寄生于马属动物的盲肠和结肠。虫体较大，呈灰红色或红褐色，具有发达的口囊和两圈叶冠（内、外叶冠）。口囊内背侧壁有一背沟，口囊基部背侧有一大型、末端分叉的背齿，口囊底部腹侧有两个亚腹齿（图 21-47）。雄虫长 25～35 mm，宽 1.1～1.3 mm，有发达的交合伞，有两根等长的线状交合刺。雌虫长38～

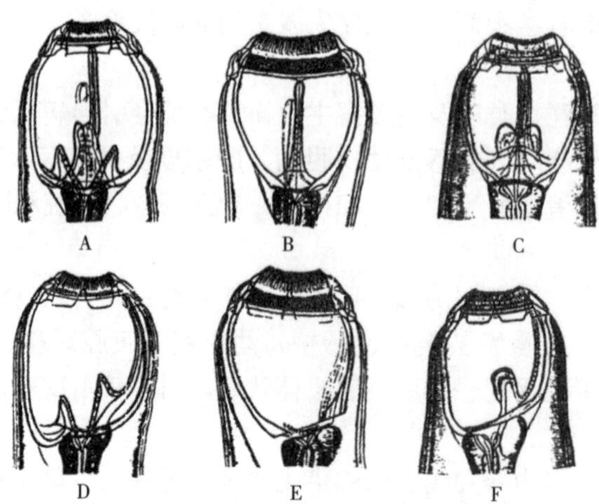

图 21-47　马三种大型圆线虫口囊正面和侧面观
A、D. 马圆线虫　B、E. 无齿圆线虫　C、F. 普通圆线虫
（Levine）

47 mm，宽 1.8～2.5 mm，阴门开口于离尾端 11.5～14 mm 处。虫卵呈椭圆形，卵壳薄，大小为（70～88）μm×（40～47）μm（图 21-48）。

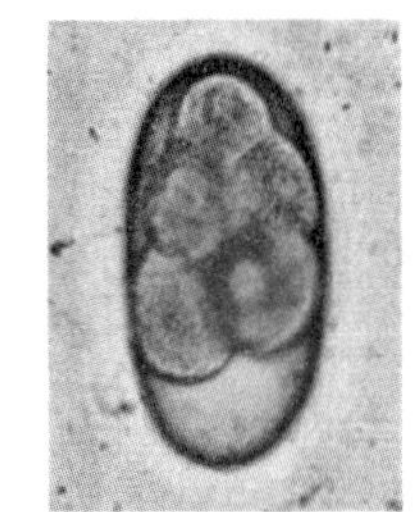

图 21-48　马圆线虫卵
（Bowman，2009）

（2）无齿圆线虫：又名无齿阿尔夫线虫（*Alfortia edentatus*），寄生于马属动物的盲肠和结肠内。虫体呈深灰色或红褐色，形状与马圆线虫极相似，但头部稍大，有叶冠，口囊前宽后窄，其内无齿，有背沟（图 21-47）。雄虫长 23～28 mm；雌虫长 33～44 mm，阴门位于距尾端 9～10 mm处。虫卵呈椭圆形，大小为（78～88）μm×（48～52）μm。

（3）普通圆线虫：又名普通戴拉风线虫（*Delafondia vulgaris*），寄生于马属动物的盲肠和结肠。虫体比前两种小，呈深灰色或血红色。其特点是口囊底部有两个耳状的亚背侧齿；外叶冠边缘呈花边状构造（图 21-47）。雄虫长 14～16 mm；雌虫长 20～24 mm，阴门距尾端 6～7 mm。虫卵椭圆形，大小为（83～93）μm×（48～52）μm。

2. 小型圆线虫　体型小，多数长度在 4～26 mm，形态多样（图 21-49），种类多，包括圆线亚科的盆口属（*Craterostomun*）、食道齿属（*Oesophagodontus*）、球口属（*Codiostomum*）等及盅口亚科（Cyathostominae）的盅口属（*Cyathostomum*）、杯环属（*Cylicocyclus*）、杯冠属（*Cylicostephanus*）、杯口属（*Poteriostomum*）、双冠属（*Cylicodontophorus*）和三齿属（*Triodontophorus*）等多个属的许多虫种。主要属的特征如下。

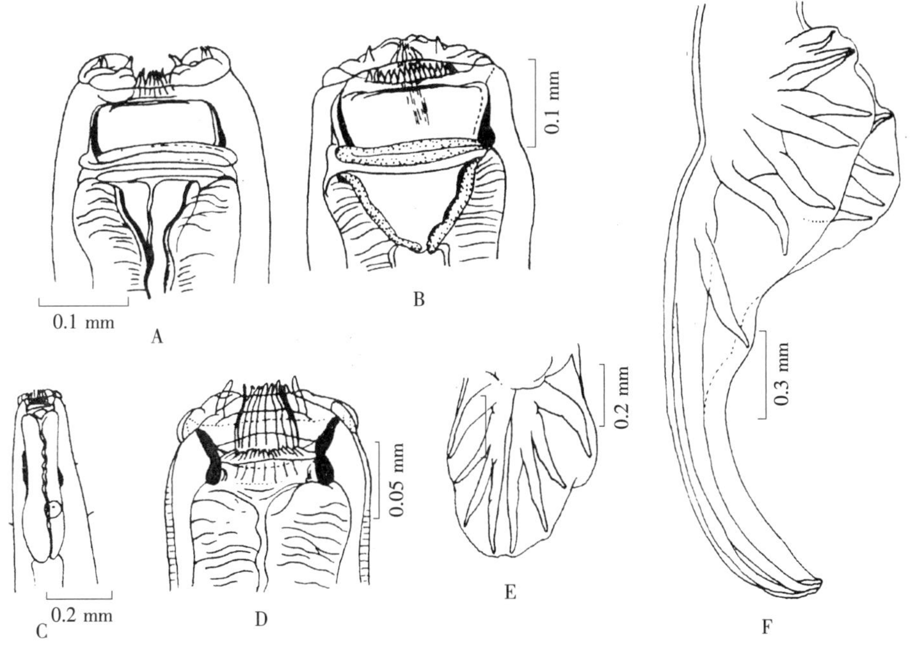

图 21-49　小型圆线虫

A. 杯环线虫头部腹面　B. 杯环线虫头部侧面　C. 四刺盅口线虫前部腹面
D. 四刺盅口线虫前部头端　E. 四刺盅口线虫交合伞背叶　F. 长杯环线虫交合伞侧叶
（引自孔繁瑶）

（1）盅口属：寄生于马属动物大肠。虫体均较小，雄虫长 4～17 mm，雌虫长 4～26 mm，具有内外叶冠。口囊小而浅，无齿，背沟短小。阴门距肛门很近。

（2）杯口属：寄生于马属动物大肠。形态与盅口属很相似，但雄虫交合伞的外背肋和背肋自一共同的基部分出；背肋在紧接外背肋处与主干呈直角向左右各伸出两个分支；背肋主干向下延伸裂为两支。雄虫长 9～14 mm，雌虫长 13～21 mm。

(3) 杯环属：寄生于马属动物大肠。口囊壁后缘增厚呈圆箍形。

(4) 双冠属（也称杯齿属）：寄生于马、驴、骡盲结肠。形态与盅口属相似，但内叶冠叶片大而宽，呈板状；外叶冠叶片小而多；口囊短宽、壁厚；雌虫一般尾直。

(5) 杯冠属（也称圆冠属）：寄生于马属动物大肠。形态与盅口属相似，但内叶冠叶片呈短棒状；外叶冠叶片 8～18 片；口囊多为长柱状，有时前窄后宽；雌虫一般尾直。

（二）病原生活史

马圆线虫在外界环境中的发育过程大体相同。雌虫在肠内产卵，卵随粪便排出体外；当外界环境中的湿度、温度和氧气适宜时，于 2～8 d 内，卵中形成幼虫；再经十几小时后，虫卵孵化出第一期幼虫；第一期幼虫在外界环境中生活，20 h 后蜕皮，变为第二期幼虫；第二期幼虫经采食、生长、休眠和蜕皮，再变为披鞘的第三期幼虫，其具有感染宿主的能力。在外界环境条件适宜时，虫卵自畜体排出到发育为第三期幼虫，一般需6～7 d；如外界环境不适，这一发育时间可延长至 15～20 d（图 21-50）。

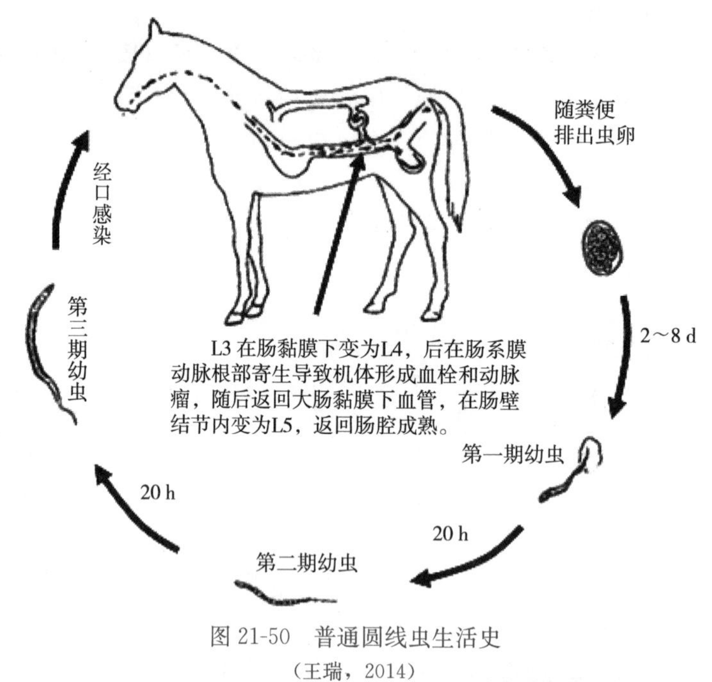

图 21-50　普通圆线虫生活史

（王瑞，2014）

当马匹吃草或饮水时，吞食感染性幼虫后遭受感染，幼虫在肠内脱去外鞘，开始移行。不同种属的幼虫在宿主体内的移行路径和发育过程不尽相同。

1. 马圆线虫　感染性幼虫穿过盲肠及小结肠黏膜，到浆膜下形成结节并在此处停留；11 d 后蜕皮形成第四期幼虫，不久幼虫离开结节，后经腹腔到肝，在肝中停留约 4 个月并再次蜕化，形成第五期幼虫，以后幼虫再移行到胰，最后返回肠腔成熟。主要寄生于盲肠，少数在结肠前部，潜隐期约为 9 个月。

2. 无齿圆线虫　感染幼虫钻入盲肠或结肠黏膜后，经门静脉进入肝，在该处经 11～18 d 变为第四期幼虫。第四期幼虫在肝内生活达 9 周之久，后沿肝韧带在腹膜下移行，并可在腹腔浆膜下形成直径达数厘米的出血性结节，其内可见第四期幼虫和第五期幼虫。之后，幼虫沿结肠系膜移行到盲肠或结肠肠壁，并再次形成出血性结节，这种结节一般在感染后的 3～5 个月出现。尔后虫体返回肠腔成熟，主要寄生在结肠。整个体内发育需 10～11 个月。

3. 普通圆线虫　对于该虫的移行路径尚有争议。一般认为其幼虫移行路径如下：被马属动物吞食的感染性幼虫钻入肠黏膜（主要是小肠后段、盲肠及结肠），第 8 天后在其中形成第四期幼虫。第四期幼虫进入肠壁小动脉，在其内膜下逆血流向前移行到较大的动脉（主要为髂动脉、盲肠动脉及腹结肠动脉），约 2 周后到达肠系膜动脉根部，幼虫便积集在肠系膜前动脉根部管壁；部分幼虫向前进入主动脉到达心脏，向后移行到肾动脉和髂动脉。普通圆线虫幼虫常在肠系膜动脉根部引起动脉瘤，并在其内发育为童虫，之后还可导致血栓形成；在盲肠及结肠壁上常见到含有童虫的结节。45 d 后，第四期幼虫通过动脉的分支往回移行到盲肠和结肠的黏膜下血管，在肠壁中形成结节，并蜕化发育到第五期幼虫，最后返回肠腔成熟。其潜隐期约为 6 个月。

4. 小型圆线虫　与大型圆线虫相比，其生活史较为简单，无复杂移行过程。第三期幼虫被摄入后，蜕去鞘膜，钻入结肠和盲肠黏膜内，卷缩成团，形成结节，在其中生长发育，蜕皮两次，变为第五期幼虫，后返回肠腔内寄生。成虫多见于盲结肠，但不吸附于肠壁。体内的整个发育需时 6～12 个月（图 21-51）。

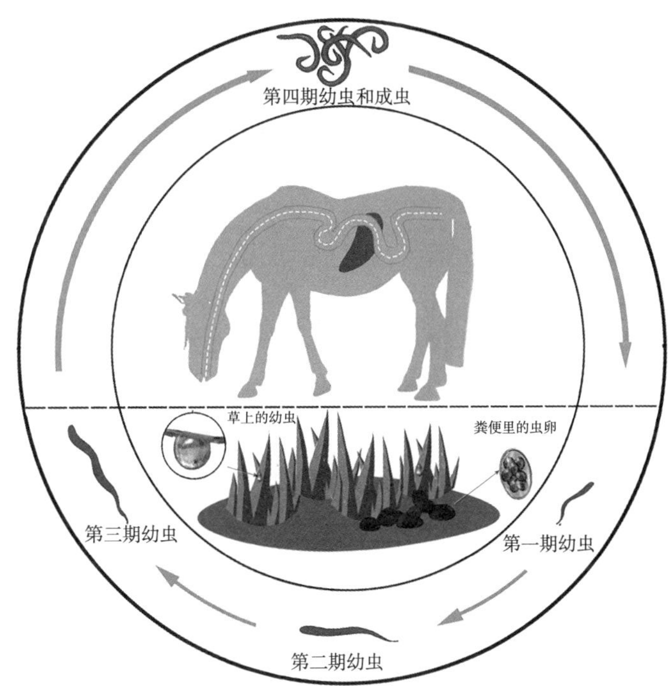

图 21-51　小型圆线虫生活史
（索静宁　索勋供图）

（三）流行病学

本病呈世界性分布。在自然状况下，所有的马属动物（马、骡、驴、斑马等）都易感。据统计，我国马圆线虫的感染率为 80%～100%。主要是在草地放牧时经口感染，但也可由饮水感染。未发育的虫卵对 0 ℃以下的低温抵抗力很差，极易死亡；但如已发育到卵壳内形成幼虫，则对低温有较强的抵抗力，可存活数周之久。发育至含幼虫的卵对干燥也有较强的抵抗力。圆线虫第三期幼虫在青饲料上可保持感染力达 2 年之久；在含水分 8%～12%的马粪中可存活 1 年以上；落入水中的幼虫常沉于底部，可存活 1 个月或更久。幼虫具有鞘膜的保护，对环境变化抵抗力较强，但易被直射日光晒死，干燥也可使之死亡。感染性幼虫对弱光和微热有趋向性，常在清晨和黄昏时爬到牧草茎叶上，在阴雨、多露和多雾天气较为活跃，在此类条件下，马匹最易感染。第三期幼虫不采食，仅依靠其体内的储存物供应能量，一旦耗尽，即行死亡，故在温暖季节，日间光线强弱变动显著时，幼虫每日的活动量也较大，其寿命不超过 3 个月，反之，在潮湿的寒冷季节，幼虫可存活 1 年以上。

（四）临床症状和病理变化

大型圆线虫寄生所引起的症状分为由成虫引起的肠内型和由幼虫引起的肠外型两种类型。

肠内型系成虫寄生于肠管引起，多见于夏末和秋季，更常在冬季饲养条件变差时表现严重。成虫大量寄生于肠道时，可呈急性发作，表现为急性卡他性肠炎，腹痛、腹泻、贫血和消瘦明显。开始时食欲不振，易疲倦，异嗜；数周后出现带恶臭的腹泻、腹痛、粪便中有虫体排出、消瘦、水肿，常因恶病质而死亡。少量寄生时呈慢性经过，表现食欲减退、轻度腹痛和贫血、腹泻与便秘相交替，如不治疗，病症可逐渐加重。

肠外型系幼虫移行引起。幼虫期症状随虫种不同而异，以普通圆线虫引起的血栓性疝痛最为多见和严重，常在没有任何可被觉察原因的情况下突然发作，持续时间不等，并容易复发；动物不发病时则表现完全正常。轻型者，开始时表现为不安、打滚、频频排粪，但脉搏与呼吸正常；数小时后，症状自然消失。重型者疼痛剧烈，患病动物犬坐或四足朝天仰卧、腹围增大、腹壁极度紧张、排粪频繁，粪便为半液状并含血液；脉搏和呼吸加快，体温升高；肠音增强，其后可能减弱以致消失，在不加治疗的情况下，多以死亡告终。

马圆线虫幼虫侵入肝、胰时引起肝、胰损伤，临床表现为食欲减退、精神抑郁、全身软弱无力和营养不良。无齿圆线虫幼虫引起腹膜炎、腹痛、腹壁敏感、腹泻、急性毒血症、黄疸和体温升高等。

病理变化主要表现为肠管内可见大量虫体吸附于黏膜上，出现卡他性炎症、出血性炎症、创伤和溃疡。被吸附的地方可见有小出血点和小齿痕。幼虫在肠壁上形成大小不等的结节，影响肠管吸收和消化功能。普通圆线虫幼虫移行阶段可引起动脉炎，进而引起疝痛、便秘、肠扭转和肠套叠、肠破裂；在前肠系膜动脉和回盲结肠动脉上形成动脉瘤和血栓，动脉瘤呈圆柱形、棱柱形、椭圆形或其他不规则的形状，大小不等，大者可达拳头到小儿头大，外层坚硬，血管管壁增厚，内层常有钙盐沉着（图 21-52、图 21-53）。内腔含有血栓块，内包埋着幼虫（图 21-54）。无齿圆线虫幼虫在腹膜下移行形成出血性结节，腹腔内有大量淡黄或红色腹水，引起腹痛和贫血，腹膜下可见有许多红黑色斑块状的幼虫结节。马圆线虫幼虫移行导致肝和胰损伤，在肝内造成出血性虫道，引起肝细胞损伤（图 21-55），胰出现肉芽组织，进而形成纤维性病灶。

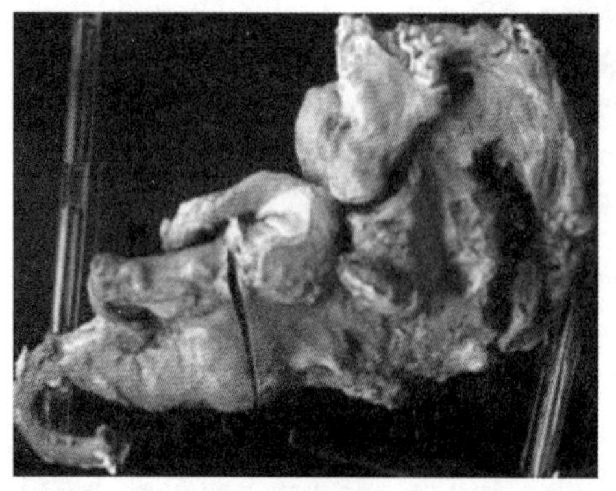

图 21-52　普通圆线虫引起的前肠动脉瘤
（李祥瑞，2011）

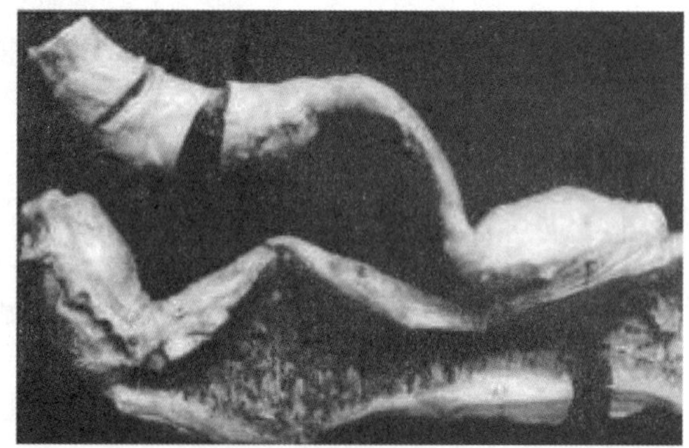

图 21-53　动脉瘤
（西北农林科技大学兽医病理室，2008）

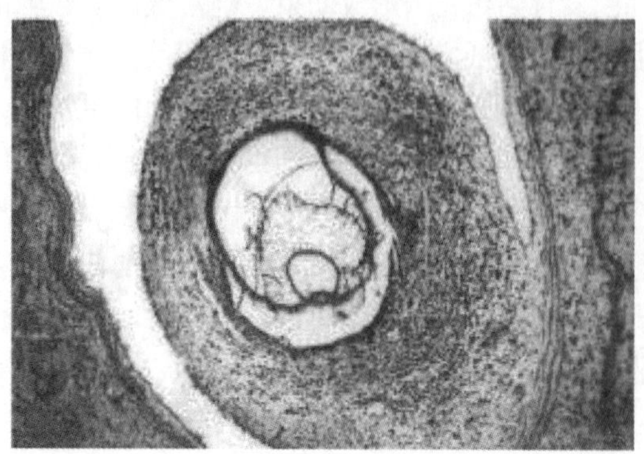

图 21-54　动脉血栓
（陈怀涛，2008）

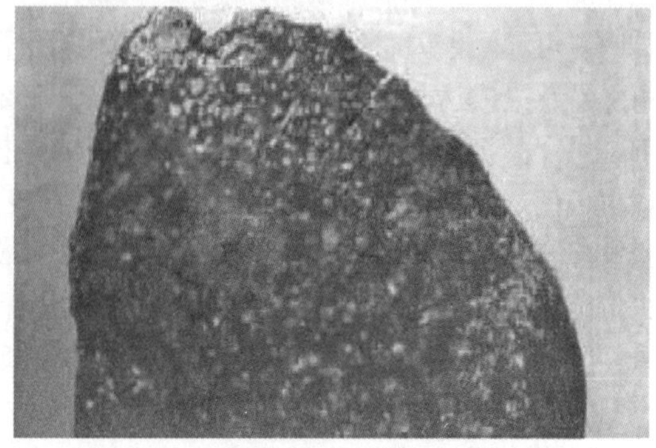

图 21-55　砂粒肝
（甘肃农业大学兽医病理室，2008）

小型圆线虫病的常见症状有腹泻、腹痛、肠鸣和体重减轻。

（五）诊断

根据临床症状（发育不良、消化机能紊乱、疝痛、贫血、进行性消瘦）和流行病学资料，可以对马圆线虫病做初步诊断；进一步检查时，可取新鲜粪便，用饱和盐水漂浮法检查虫卵。虫卵具有下列共同特征：一般呈卵圆形或椭圆形，卵壳较薄，表面平滑，浅灰褐色，内含数量不等的卵细胞。注意各种圆线虫虫卵形态相似，需鉴别时，可做幼虫培养。为了判断其致病程度，可进行虫卵计数，以确定感染强度。一般认为，每克粪便中虫卵数在 1 000 个以上时，即为必须治疗的圆线虫病。

检查幼驹粪便时，应注意出生数天或数周的小马，其粪内虫卵可能是由于吞食母马粪便所致。一般认为在以下时间发现虫卵才能作为已遭受感染的根据：小型圆线虫，出生后 12～14 周；普通圆线虫，出生后 26 周；无齿圆线虫，出生后 55 周。

幼虫寄生期的圆线虫病诊断需依据症状来推测。如出现间歇性腹痛，直肠检查时，触及腹腔内动脉瘤有助于普通圆线虫的确诊；也可通过用药物驱虫的方法来诊断；但通常生前诊断比较困难，因为患病动物常无典型或严重症状，即使有症状，也可能出现误诊。本病多为动物屠宰检疫时发现，只要看到砂粒肝、前肠系膜动脉炎和回盲结肠动脉炎（动脉瘤）、慢性卡他性肠炎、圆线虫性大肠炎等病变，并在病变部位找到虫体，即可确诊。本病在肝和肺上的结节性病变应与马鼻疽结节相区别。

（六）治疗

对于肠道内寄生的圆线虫成虫可用哌嗪、阿苯达唑、芬苯达唑、伊维菌素等药物进行防治。此外，还可用吩噻嗪（phenothiazine）、噻苯达唑、甲苯达唑、奥苯达唑、酒石酸甲噻嘧啶等药物驱虫。

已有报道证实小型圆线虫对芬苯达唑、吩噻嗪、噻苯达唑、甲苯达唑、奥苯达唑等产生抗药性，药效有明显降低，且这些药物间存在交叉耐药性，在用药时应注意避免交叉使用苯并咪唑类药物，但可与哌嗪或大环内酯类抗线虫药如伊维菌素轮换使用。

对幼虫引起的疾病，特别是马的栓塞性疝痛，除采用一般的疝痛治疗方法外，尚可用去甲肾上腺素、多巴胺、10%樟脑（camphor）或安钠咖（caffeine sodiobenzoate）以升高血压，促使侧支循环的形成。还可以注射肝素等抗凝血剂以减少血栓的形成。

（七）预防

合理放牧，尽量少在清晨、傍晚及阴雨天放牧；牧场应避免载畜量过多，有条件可与牛、羊轮牧；幼驹与成年马分群放牧；定期对马匹驱虫，春秋季各一次；搞好马厩卫生，粪便及时清理，堆积发酵。同时还要注意饲料和饮水的清洁卫生。

由于圆线虫的成虫产卵能力很强，小型圆线虫每条雌虫每日约产卵 100 个，大型圆线虫则可达 5 000 个。成年马匹体内寄生的虫体数很多，每日从粪便中排出大量虫卵；感染性幼虫在牧场上生存时间也较长，都给防治工作带来困难。特别是如将幼驹和母马一同放牧，更易使幼驹遭受感染。所以许多学者推荐经常给马匹服用小剂量的（1～2 g）硫化二苯胺以降低感染强度，此法尽管不能驱除成虫，但能抑制雌虫的产卵能力和虫卵的活力。如果第一次用治疗剂量，然后持续使用小剂量，数月后，可以使该病得到控制。也有人认为定期使用哌嗪、二硫化碳（carbon disulfide）、吩噻嗪合剂（phenothiazine compounds）及噻苯达唑、阿苯达唑或左旋咪唑等，均有良好的预防作用。此外，还可使用捕食线虫性真菌进行生物防治，或将其与驱虫药物联用，效果更好。

（王瑞　编，杨晓野　审）

二、食道口线虫病

食道口线虫病由夏伯特科（Chabertiidae）食道口亚科（Oesophagostominae）食道口属

(*Oesophagostomum*) 线虫寄生于牛、羊、猪等的肠腔与肠壁而引起。由于某些种类食道口线虫在幼虫阶段可以使宿主肠壁发生结节性病变，故食道口线虫又名结节虫（nodular worm）。我国各地普遍存在，对养殖业危害较大。

（一）牛、羊食道口线虫病

1. 病原概述 食道口线虫的口囊呈小而浅的圆筒形，其外周为一显著的口领。口缘有叶冠。有颈沟，其前部的表皮常膨大形成头泡。颈乳突位于颈沟后方的两侧。有或无侧翼。雄虫的交合伞发达，有1对等长的交合刺。雌虫阴门位于肛门前方附近，排卵器发达，呈肾形。虫卵较大。常见于牛、羊的食道口线虫有以下几种。

（1）哥伦比亚食道口线虫（*Oesophagostomum columbianum*）：身体前部弯曲，有发达的侧翼，头泡不甚膨大。颈乳突位于颈沟的稍后方，其尖端凸出于侧翼之外。雄虫长12.0～13.5 mm，交合伞发达（图21-56）。雌虫为16.7～18.6 mm，尾部长，阴道短，排卵器肾形。虫卵呈椭圆形，大小为（73～89）μm×（34～45）μm。主要寄生于绵羊、山羊、牛和羚羊的盲肠和结肠内。

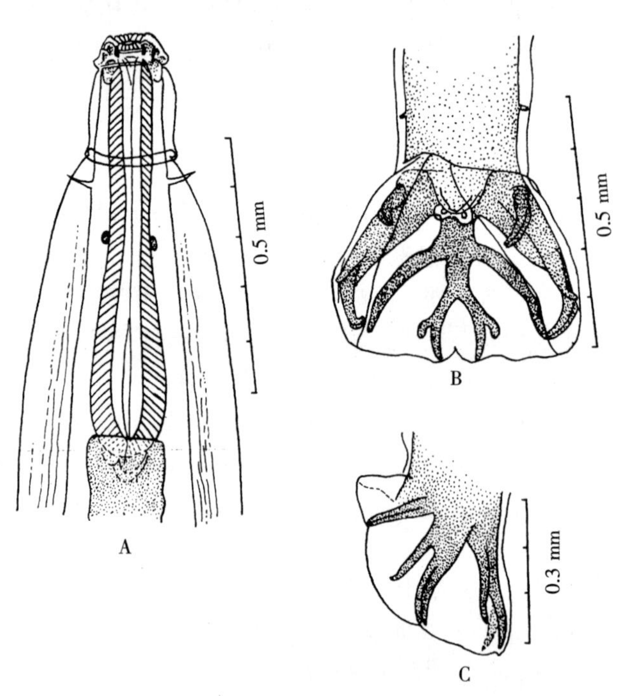

图21-56 哥伦比亚食道口线虫
A. 前部腹面 B. 交合伞腹面 C. 交合伞侧面
（熊大仕 孔繁瑶）

（2）微管食道口线虫（*O. venulsosum*）：无侧翼，前部直，口囊较宽而浅。颈乳突位于食道后面（图21-57）。雄虫长12～14 mm，雌虫长16～20 mm。主要寄生于绵羊、山羊、黄牛、鹿、骆驼等的盲肠、结肠以及小肠中。

（3）粗纹食道口线虫（*O. asperum*）：口囊较深，头泡显著膨大，无侧翼。颈乳突位于食道后方（图21-57）。雄虫长13～15 mm，雌虫长17.3～20.3 mm。主要寄生于山羊、绵羊和梅花鹿的结肠和盲肠中。

（4）辐射食道口线虫（*O. radiatum*）：侧翼发达，前部弯曲。缺外叶冠，内叶冠也只是口囊前缘的一小圈细小的突起。头泡膨大，上有一横沟，将头泡区分为前后两部分。颈乳突位于颈沟后方（图21-58）。雄虫长13.9～15.2 mm，雌虫长14.7～18.0 mm。虫卵大小为（75～98）μm×（46～54）μm。主要寄生于牛、瘤牛、水牛、梅花鹿等的结肠、盲肠以及小肠中。

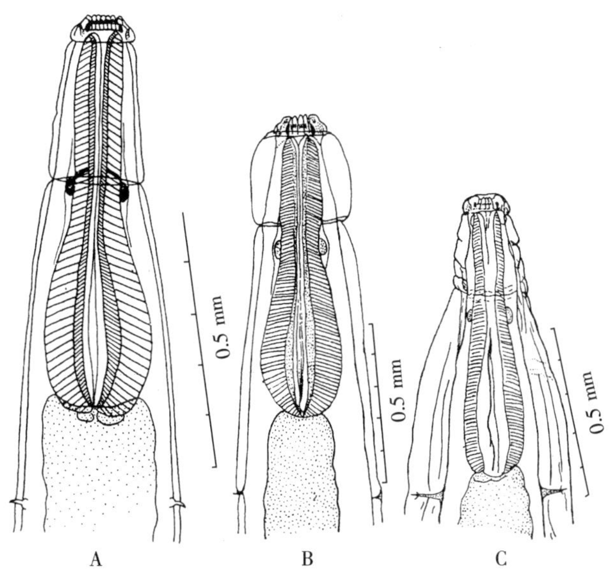

图 21-57　食道口线虫前部腹面
A. 微管食道口线虫　B. 粗纹食道口线虫　C. 甘肃食道口线虫
（熊大仕　孔繁瑶）

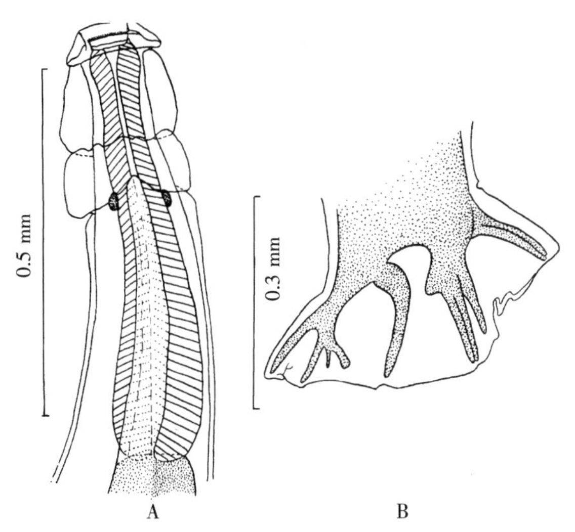

图 21-58　辐射食道口线虫
A. 头部侧面　B. 交合伞侧面
（熊大仕　孔繁瑶）

（5）甘肃食道口线虫（*O. kansuensis*）：有发达的侧翼，前部弯曲，头泡膨大，颈乳突位于食道末端或前或后部位的侧翼内，尖端稍凸出于侧翼外。雄虫长 14.5～16.5 mm，雌虫长 18～22 mm（图 21-57）。寄生于绵羊的结肠。

2. 病原生活史　虫卵随宿主粪便排出体外，在适宜的条件下，孵出 L_1 幼虫，经 7～8 d 蜕化两次发育为 L_3 幼虫。L_3 幼虫爬到牧草茎叶上，宿主摄食了被感染性幼虫污染的青草或饮水而受感染。感染后 12 h 可在皱胃、十二指肠和大结肠的内腔中见到很多脱鞘的幼虫。感染后 36 h，大部分幼虫已钻入小结肠和大结肠固有膜的深处，进而导致肠壁形成结节。幼虫在结节内进行第 3 次蜕化后，自结节中返回肠腔，在肠腔中发育为成虫。哥伦比亚食道口线虫和辐射食道口线虫可在肠壁的任何部位形成结节。

3. 流行病学　我国各地均有发生。温度低于 9 ℃时虫卵不能发育。当牧场上的相对湿度为 48%～50%、平均温度为 11～12 ℃时，虫卵可生存 60 d 以上。L_1 和 L_2 幼虫对干燥很敏感，极易死亡。L_3披鞘幼虫在适宜条件下可存活几个月，冰冻可使之死亡。温度在 35 ℃以上时，所有幼虫均迅速死亡。在我国宁夏地区，成虫春季感染率最高，夏季感染率下降，秋季再次升高。

4. 致病作用 在食道口线虫中，以哥伦比亚食道口线虫对羊危害最大，一岁羊寄生 80～90 条，年龄较大的羊寄生 200～300 条时，即为严重感染。辐射食道口线虫对牛危害也较大。

幼虫的危害主要是引起肠的结节性病变。在感染后 1～4 d，即可见幼虫在黏膜肌层形成结节（图 21-59）。感染后 5 d，幼虫从结节中移行至肠腔，或向其他组织移行，有的可达肝，但幼虫到肝后以死亡告终。如果有多量幼虫到达腹膜，可能发生坏死性腹膜炎。结节性病变长期存在，对肠道功能产生严重影响：影响肠蠕动、食物消化和吸收；结节在肠的腹膜面破溃时可引起腹膜炎和泛发性粘连；向肠腔面破溃时引起溃疡性和化脓性结肠炎。大量幼虫在肠壁移行，可以引起正常组织的广泛破坏。被损坏的组织修复后，可能导致肠腔狭窄或肠套叠。继发细菌感染时，可以引起浅表或深部的肠炎。虫体的毒素作用，可引起造血组织的萎缩，导致造血功能下降，表现为红细胞减少，血红蛋白下降和贫血。成虫食道腺的分泌液可使肠黏膜发生慢性炎症，导致黏液增多，肠壁出血和增厚，而成虫以这些炎性产物为食。

图 21-59 食道口线虫引起的肠结节性病变
（李祥瑞 等供图）

6 月龄以内的羔羊初次遭受感染时，肠黏膜不形成结节。所以，结节的形成是宿主肠黏膜对再感染的一种局部免疫反应。再次感染的羊通常具有形成结节的局部免疫反应能力，但有时老年羊的反应力较差。结节直径 2～10 mm，里面常含有淡绿色脓汁，有时发生坏死性病变。结节上有小孔和肠腔相通。在新形成的小结节中，常可发现幼虫。幼虫可在结节中生存 3 个月以上。结节钙化时，幼虫死亡。

5. 临床症状 首先是持续性腹泻，粪便呈暗绿色，有很多黏液，有时带血，最后动物可能由于体液失去平衡，衰竭致死。腹泻于感染后第 6 天开始。慢性病例可见便秘和腹泻交替进行，消瘦，下颌间可能发生水肿，最后虚脱而死。

6. 诊断 根据临床症状和剖检时肠壁上有大量结节以及肠腔内有多量虫体做出诊断。虫卵和其他一些圆线虫卵，特别是捻转血矛线虫卵很相似，不易区别，可通过将其培养成第三期幼虫进行鉴别诊断。

7. 治疗 可用噻苯达唑、左旋咪唑、氟苯达唑（flubendazole）或伊维菌素等药物驱虫；对重病羊应配合对症治疗。

8. 预防 定期驱虫，加强营养，饮水和饲草须保持清洁；注意改善牧场环境。

（二）猪食道口线虫病

1. 病原概述 常见于猪的食道口线虫有以下几种。

（1）有齿食道口线虫（*Oesophagostomum dentatum*）：虫体乳白色。雄虫长 8～9 mm，交合刺长 1. 15～1. 30 mm；雌虫长 8. 0～11. 3 mm，尾长 350 μm。寄生于结肠。

（2）长尾食道口线虫（*O. longicaudum*）：虫体呈灰白色。雄虫长 6. 5～8. 5 mm，交合刺长

0.9～0.95 mm；雌虫长 8.2～9.4 mm，尾长 400～460 μm（图 21-60）。寄生于盲肠和结肠。

（3）短尾食道口线虫（*O. brevicaudum*）：雄虫长 6.2～6.8 mm，交合刺长 1.05～1.23 mm；雌虫长 6.4～8.5 mm，尾长 81～120 μm。寄生于结肠。

2. 病原生活史　虫卵在适宜的条件下，发育为带鞘的 L_3 感染性幼虫。宿主经口感染，幼虫在其肠内脱鞘。感染后 1～2 d，大部分幼虫在肠黏膜下形成大小为 1～6 mm 的结节。感染后 6～10 d，幼虫在结节内第 3 次蜕皮成为 L_4 幼虫；之后返回大肠肠腔，第 4 次蜕皮成为 L_5 幼虫；感染后 38 d（仔猪）或 50 d（成年猪）发育为成虫。

3. 流行病学　干燥容易使虫卵和幼虫死亡。成年猪往往荷虫量更多。感染性幼虫可以越冬，具有运动能力。散养猪在清晨、雨后和多雾时易受感染。潮湿和垫草更换不勤，则感染较多。

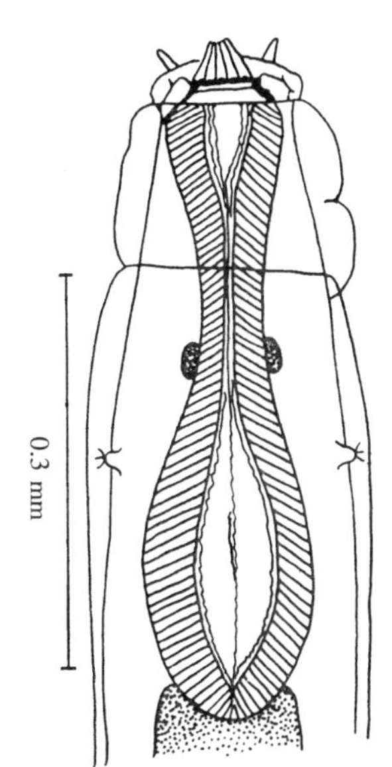

图 21-60　长尾食道口线虫前部腹面
（熊大仕　孔繁瑶）

4. 致病作用与临床症状　幼虫在肠黏膜下形成结节所致的危害性最大。初次感染时，很少发生结节，感染 3～4 次后，结节大量发生。形成结节的机制是幼虫周围发生局部性炎症，成纤维细胞增生，在病变周围形成包囊。长尾食道口线虫的结节，高于肠黏膜表面，呈坏死性炎性反应，至感染 35 d 后开始消失。有齿食道口线虫的结节较小，消失较快。大量感染时，大肠壁普遍增厚，有卡他性肠炎。除大肠外，小肠，特别是回肠也有结节发生。结节感染细菌时，可能发生弥漫性大肠炎。成虫阶段的致病力较轻微，有时可见肠溃疡。

临床上，只有严重寄生时，大肠上才出现大量结节，并可能发生结节性肠炎。主要表现为粪便中带有脱落的黏膜、腹泻、高度消瘦、发育障碍。继发细菌感染时，则发生化脓性结节性大肠炎，也有引起仔猪死亡的报道。

5. 诊断、治疗和预防　用粪便检查法发现虫卵或发现自然排出的虫体，一般可以确诊，必要时可进行诊断性驱虫。治疗可用左旋咪唑、噻苯达唑、康苯咪唑或伊维菌素等药物。预防主要是注意猪舍和运动场的清洁卫生和干燥，及时清理粪便，保持饮水和饲料清洁。

（严若峰　李祥瑞　编，杨晓野　审）

三、夏伯特线虫病

夏伯特线虫病是由夏伯特科（Chabertiidae）夏伯特亚科（Chabertiinae）夏伯特属（*Chabertia*）的线虫（俗称阔口线虫）寄生于羊、牛、骆驼、鹿以及其他反刍动物的大肠内引起。该病遍及我国各地，尤以牧区较为严重，部分地区绵羊的感染率可达 90%以上，主要危害幼龄动物。患病动物生长发育不良、进行性消瘦、贫血，严重感染可导致死亡。

（一）病原概述

本属线虫共同形态结构特征：头端向腹侧略弯，有或无颈沟，颈沟前有不明显的头泡或有些种类无头泡，有两圈不发达的叶冠。口囊较大，呈亚球形，口囊底部无齿。雄虫交合伞与食道口属相似；交合刺等长，较细；有引器。雌虫阴门靠近肛门。我国常见的是绵羊夏伯特线虫和叶氏夏伯特线虫。

1. 绵羊夏伯特线虫（*Chabertia ovina*）　虫体呈乳白色，前端稍向腹面弯曲，口囊较大似半球形；口囊前缘有两圈小三角形叶片排列形成的叶冠。腹面有浅的颈沟，颈沟前有稍膨大的头泡。雄虫长 16.5～21.5 mm，交合伞发达，交合刺呈褐色，引器淡黄色。雌虫长 22.5～26.0 mm，尾端尖，阴门距尾端 0.3～0.4 mm（图 21-61）。虫卵椭圆形，大小为（82～132）μm×（42～56）μm。

2. 叶氏夏伯特线虫（*C. erschowi*）　无颈沟和头泡。外叶冠的小叶呈圆锥形；内叶冠狭长，尖端凸出于外叶冠基部下方。雄虫长 14.2～17.5 mm，雌虫长 17.0～25.0 mm（图 21-62）。

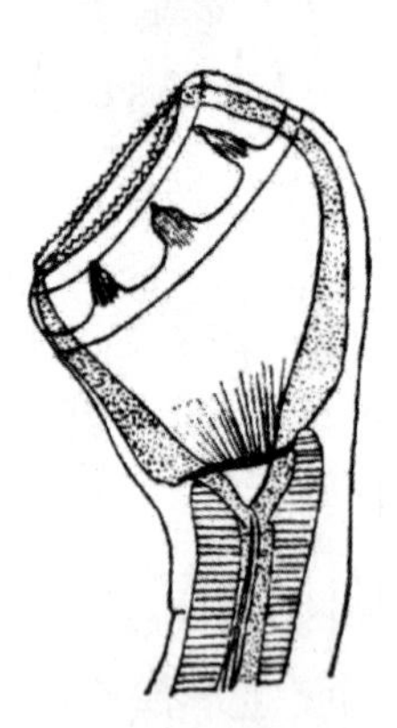

图 21-61　绵羊夏伯特线虫头部侧面观
（孔繁瑶，1981）

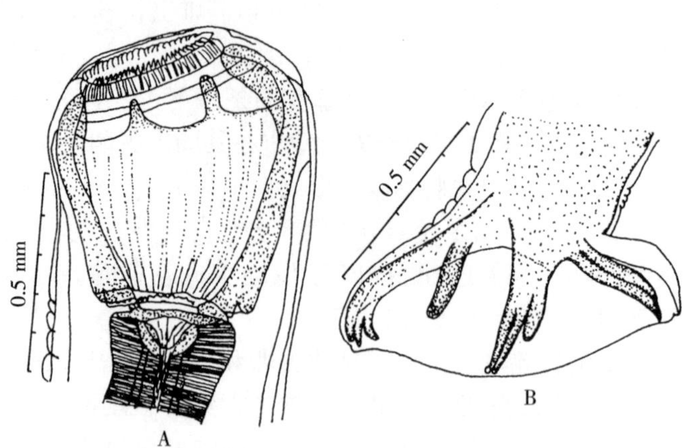

图 21-62　叶氏夏伯特线虫
A. 头部侧面　B. 交合伞侧面
（熊大仕　孔繁瑶，1955）

（二）病原生活史和流行病学

虫卵随宿主粪便排到外界，20 ℃条件下，经 38～40 h，孵出第一期幼虫；再经 5～6 d，蜕化 2 次，成为感染性第三期幼虫。宿主在采食过程中经口感染；72 h 后，可在盲肠和结肠发现脱鞘的第三期幼虫；感染后 90 h 时，幼虫大多附着在肠壁上，有些已钻入肌层；感染后 6～25 d，第四期幼虫在肠腔内蜕化，发育为第五期幼虫；感染后 48～54 d，虫体发育成熟，附着于肠壁上。成虫寿命 9 个月左右。

虫卵和感染性幼虫对外界环境有较强的抵抗力。虫卵在−12～−8 ℃时，可长期存活。干燥和日光直射时，经 10～15 min 死亡。感染性幼虫在−23 ℃的荫蔽处，可耐长期干燥；外界条件适宜时，可存活 1 年以上。虫卵和感染性幼虫在低温下均能长期存活是夏伯特线虫病广泛流行的重要因素之一。1 岁以内的羔羊最易感染，发病较重。成年羊的抵抗力较强，症状较轻。

（三）临床症状和病理变化

临床病例中，常见夏伯特线虫与其他消化道线虫混合感染致病，单独致病十分少见。轻度感染时，仅有消化不良、增重缓慢等症状。感染严重时，动物食欲明显减退、进行性消瘦、贫血、黏膜苍白，排出的粪便带黏液和血液，粪便变软，有时腹泻。幼龄动物生长发育迟缓，随着病程发展，后期腹下与下颌水肿，有时可发生死亡。

剖检可见虫体附着于肠壁上；黏膜苍白，肿胀；肠腔内和黏膜上有大量黏液，黏膜大面积水肿，有些部位有出血斑点，有时可见溃疡。

（四）诊断

临床症状疑似该病时，首先进行虫卵检查。虫卵难以鉴别时，可将其培养至第三期幼虫再进行种类鉴定。可抽取少量患病动物做尸体剖检，发现虫体即可确诊，流行区域也可使用诊断性驱虫方法进行诊断。

（五）防治

伊维菌素、甲苯达唑和阿苯达唑等药物对夏伯特线虫均有良好的驱除效果。患病动物若贫血严重，应进行对症治疗。

应依据当地该病的流行病学特点制定切实可行的防控对策，主要包括定期驱虫、保持动物圈舍清洁干燥、放牧动物合理补充精料、保护饲料和饮水不被粪便污染、避免在低洼潮湿地带放牧和多雨季节及时排除牧场内的积水；也可投放缓释药物进行预防。

（秦建华　编，杨桂连　杨晓野　审）

四、猪鲍杰线虫病

猪鲍杰线虫病由夏伯特科夏伯特亚科鲍杰属（*Bourgelatia*）的双管鲍杰线虫（*Bourgelatia diducta*）引起。猪鲍杰线虫又被称为猪大肠线虫，虫体寄生于猪的盲肠和结肠。虫体口孔直向前方，口囊浅，壁厚，分为前后两部分，后部和宽的食道漏斗内壁相连。无颈沟，有内外叶冠。雄虫长 9～12 mm，交合刺等长；雌虫长 11.0～13.5 mm，阴门靠近肛门。虫卵呈卵圆形，大小为（58～77）μm×（36～42）μm，灰色，卵壳薄，内含 32 个以上卵细胞。发育史可能属直接发育型。对其致病力尚缺少研究。我国南方大部分地区和河南有感染的报道。

五、禽比翼线虫病

禽比翼线虫病由比翼科（Syngamidae）比翼属（*Syngamus*）的线虫寄生于鸡、火鸡、雉、珍珠鸡、孔雀和鹅等禽类气管内引起。病禽有张口呼吸的症状，故有“开口病”之称。呈地方性流行，对幼禽危害严重，死亡率极高，成年禽很少发病和死亡。

（一）病原概述

虫体因吸血而呈鲜红色，头端大，呈半球形。口囊宽阔，呈杯状，其外缘形成一个较厚的角质环，底部有三角形小齿。雌虫远比雄虫大，阴门位于体前部。雄虫细小，交合伞膜厚，肋短粗，交合刺小。因雌雄虫常处于交合状态，外观呈 Y 型，故名比翼线虫。

1. 斯克里亚宾比翼线虫（*Syngamus skrjabinomorpha*）　雄虫长 2～4 mm，雌虫长 9～26 mm。口囊底部有 6 个齿。虫卵椭圆形，平均大小为 90 μm×46 μm，两端有厚的卵盖。

2. 气管比翼线虫（*S. trachea*）　雄虫长 2～4 mm，雌虫长 7～20 mm。口囊底部有齿 6～10 个。虫卵大小为（78～110）μm×（43～46）μm，两端有厚的卵盖，卵内有 16 个卵细胞（图 21-63）。

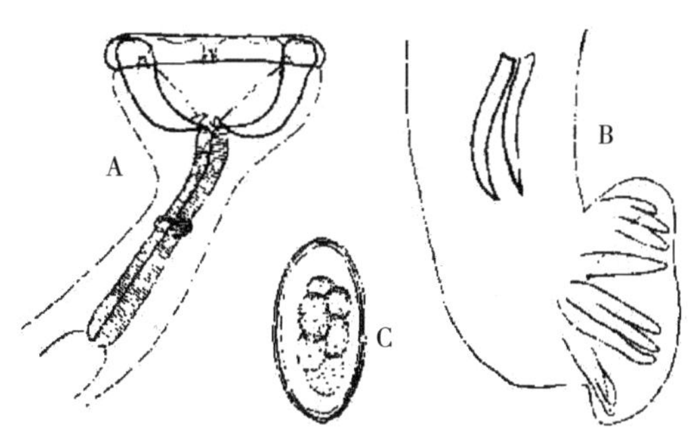

图 21-63　气管比翼线虫
A. 头部侧面　B. 交合伞侧面　C. 卵
（Yorke　等）

（二）病原生活史

雌虫在气管内产卵，虫卵随气管黏液到口腔被咳出，或被咽入消化道，随粪便排到外界，在适宜的温度（25 ℃左右）和湿度（85%～90%）条件下，虫卵约经 3 d 发育为含有 L_3 的感染性虫卵或孵化为披鞘的 L_3 感染性幼虫。感染性虫卵或感染性幼虫被蚯蚓、蛞蝓、蜗牛、蝇类及其他节肢动物等转续宿主吃入后，在其肌肉内形成包囊，虫体不能进一步发育，但保持着对禽类宿主的感染能力。禽类宿主因吞食了感染性虫卵或幼虫，或带有感染性幼虫的转续宿主而感染。幼虫钻入宿主肠壁，经血流移行到肺泡、细支气管、支气管和气管，于感染后 18～20 d 发育为成虫并产卵。成虫的寿命在鸡和火鸡体内可达 147 d。

（三）临床症状与病理变化

该病主要侵害雏禽，幼雏有 3～6 条虫体即出现症状，如不进行治疗，死亡率几乎达 100%。幼虫移经肺时，可见肺淤血、水肿和肺炎病变。成虫期可见气管黏膜上有虫体附着及出血性卡他性炎症，气管黏膜潮红，表面有带血黏液覆盖。本病特异性临床症状为病禽伸颈、张嘴呼吸，头部左右摇甩，以排出黏性分泌物，有时可见虫体。病初食欲减退甚至废绝、精神不振、消瘦、口内充满泡沫性黏液，最后因呼吸困难，窒息死亡。鸡缺乏维生素A、钙和磷时，对气管比翼线虫更易感。成年禽症状轻微或不显症状，极少死亡。雉对比翼线虫比较敏感。

（四）诊断与治疗

根据本病特异性临床症状，结合粪便或口腔黏液检查见有虫卵，或剖检病鸡在气管或喉头附近发现虫体即可确诊。可用左旋咪唑、甲苯唑或阿苯达唑等药物驱虫。

（五）预防

应对粪便堆积发酵，保持禽舍和运动场干燥与卫生，定期消毒。消灭蚯蚓、蜗牛等转续宿主，或避免在有转续宿主的地方放养鸡。火鸡与鸡分开饲养，以防止交叉感染。防止野鸟进入鸡舍。流行区对禽群进行定期预防性驱虫。发现病禽及时隔离并用药治疗。

（宋小凯　李祥瑞　编，杨晓野　审）

六、猪冠尾线虫病

猪冠尾线虫病由冠尾科（Stephanuridae）冠尾亚科（Stephanurinae）冠尾属（*Stephanurus*）的有齿冠尾线虫（*Stephanurus dentatus*）寄生于猪的肾盂、肾周围脂肪和输尿管等处而引起，俗称猪肾虫病（kidney worm）。虫体偶尔也寄生于腹腔及膀胱等处。患猪生长迟缓，母猪不孕或流产，甚至造成死亡。该病分布广泛，危害性大，常呈地方性流行，是热带和亚热带地区猪的主要寄生虫病，严重影响养猪业发展。

（一）病原概述

虫体粗壮，呈灰褐色，形似火柴杆，体壁较透明，其内部器官隐约可见。雄虫长20～30 mm，交合伞小，交合刺两根；雌虫长30～45 mm（图21-64）。卵呈长椭圆形，较大，灰白色，两端钝圆，卵壳薄，大小为(99.8～120.8) μm×（56～63）μm。

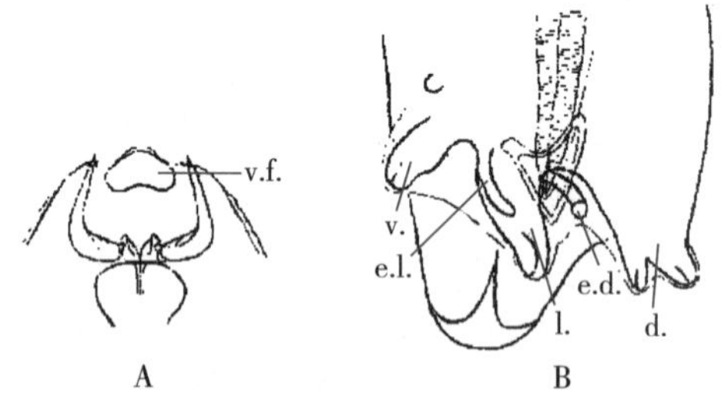

图21-64　有齿冠尾线虫
A. 头端腹面　B. 交合伞侧面
v. f. 腹面角质隆起　v. 腹肋　e. l. 前侧肋
l. 中、后侧肋　d. 背肋　e. d. 外背肋
（Yorke　等）

（二）病原生活史与流行病学

虫卵随尿排出体外，在适宜的温度与湿度条件下，经1～2 d孵出L_1幼虫。经2～3 d，发育为L_3感染性幼虫。L_3幼虫可以经口和皮肤感染猪。经口感染后，幼虫钻入胃壁，经3 d发育为L_4，随血流进入肝；经皮肤感染的幼虫钻进皮肤和肌肉，经约70 h发育为L_4，随血流经肺和大循环（体循环）进入肝。幼虫在肝停留3个月或更长时间，穿过包膜进入腹腔，移行至肾或输尿管组织中发育成成虫，并形成包囊。少数误入其他器官的幼虫不能发育为成虫而死亡。从幼虫侵入猪体到发育为成虫，一般需6～12个月。

本病多发生于气候温暖的多雨季节。在我国南方，猪感染多在每年3—5月和9—11月。感染性幼虫多分布于猪舍的墙根和猪排尿的地方，其次是运动场中的潮湿处。猪往往在掘土时摄入幼虫，或在躺卧时因感染性幼虫钻入皮肤而受感染。

（三）致病作用和临床症状

幼虫致病力较强。幼虫钻入皮肤时，常引起化脓性皮炎，皮肤发生红肿和小结节，尤以腹部皮肤最常发生。幼虫在猪体内移行时，可损伤各种组织，其中以肝最重。肝肿大变硬，结缔组织增生，切面上可看到幼虫钙化的结节；肝门静脉中有血栓，内含幼虫。肾盂有脓肿，结缔组织增生；输尿管管壁增厚，常有数量较多的包囊，内含成虫；有时膀胱外围也有类似的包囊。腹腔内腹水较多，并可见到成虫。在胸膜和肺中也可发现结节和脓肿，脓液中可找到幼虫。幼虫移行至脊柱腔内，压迫脊髓可致后肢瘫痪。

猪患病之初皮肤出现丘疹和红色小结节，体表局部淋巴结肿大。之后表现为食欲不振、精神萎靡、逐渐消瘦、贫血、被毛粗乱；进而出现后肢无力、跛行、后躯麻痹或后躯僵硬、不能站立；尿液少，常有白色黏稠的絮状物或脓液。仔猪发育停滞，母猪不孕或流产，公猪性欲减低或失去交配能力。严重的病猪多因极度衰弱而死。

（四）诊断与治疗

根据临床症状，镜检尿液发现大量虫卵，或者剖检发现虫体，即可确诊。

治疗可用左旋咪唑、阿苯达唑、氟苯咪唑等进行治疗。

（五）预防

应采用综合预防措施。经常清扫和消毒猪舍及运动场。定期进行尿检，隔离治疗感染猪，淘汰阳性种公猪；将断乳仔猪饲养在未经污染的圈舍内；严格检疫，防止本病的传入和传出。

（宋小凯　李祥瑞　编，胡敏　审）

第四节　毛圆线虫总科线虫病

圆线目毛圆线虫总科（Trichostrongyloidea）包括毛圆科（Trichostrongylidae）、古柏科（Cooperidae）、莫林科（Molineidae）、裂口科（Amidostomidae）、鸟圆科（Ornithostrongylidae）、螺旋线虫科（Heligmonellidae）、网尾科（Dictyocaulidae）等。

一、血矛线虫病

血矛线虫病（haemonchosis）由毛圆科血矛亚科（Haemonchinae）血矛属（*Haemonchus*）的线虫寄生于牛、羊等反刍动物皱胃引起。虫体以宿主血液为食，引起贫血及相关综合征，对幼畜危害严重，有时可引起大批死亡。该病呈世界性分布，国内各地均有报道，尤其在一些牧区，羊群感染严重，感染率可达70%～80%，是对养羊业危害最为严重的线虫病。巴西和澳大利亚也有感染人的报道。

（一）病原概述

最为常见和危害严重的是捻转血矛线虫（*Haemonchus contortus*），也称捻转胃虫。虫体呈毛发状，因吸血而呈淡红色。具有一个很小的口腔，内含一根纤细的长在背壁上的矛状角质齿。口的周围有三个不明显的唇瓣。颈乳突显著，刺状，伸向侧后方。雄虫长15～19 mm，有交合伞，具有两个对称的侧叶；背叶位置歪斜，不在正中，而是附于左侧叶内面的基部，长约150 μm，宽约125 μm。背肋呈倒Y形，两分支末端各有小分支。外背肋细小纤长，斜向侧叶延展，是各肋中最长的一支。腹腹肋和侧腹肋在基部愈合为一，而在近顶部处分开；侧肋分三支，外侧肋较大、直、尖端与侧叶缘相接触，中侧肋及后侧肋则弯向外方。交合刺长300～500 μm，基部宽阔向尖端逐渐变窄，交合刺尖端有小钩；具有梭形的导刺带，长约200 μm。雌虫长18～30 mm，头颈部形态特征与雄虫相似；因其白色的生殖器官环绕于红色含血的肠道周围，形成红白线条相间的外观，故称捻转血矛线虫；阴门位于虫体后半部，多数有一显著的瓣状阴门盖。虫卵大小为（75～95）μm×（40～50）μm。卵壳薄，光滑，稍带黄色，新排出的虫卵含16～32个卵细胞（图21-65、图21-66）。

其他血矛线虫还包括以下几种。

1. 柏氏血矛线虫（*H. placei*）　寄生于牛体内，雌虫阴门盖呈舌状。现在认为柏氏血矛线

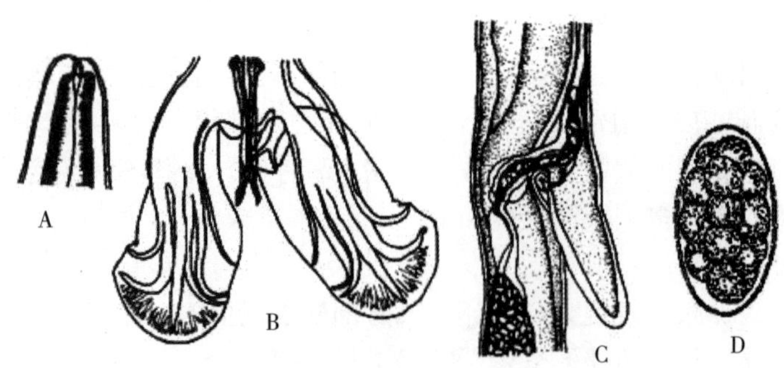

图 21-65　捻转血矛线虫

A. 头部　B. 交合伞　C. 阴门盖　D. 虫卵

（孔繁瑶　等，1997）

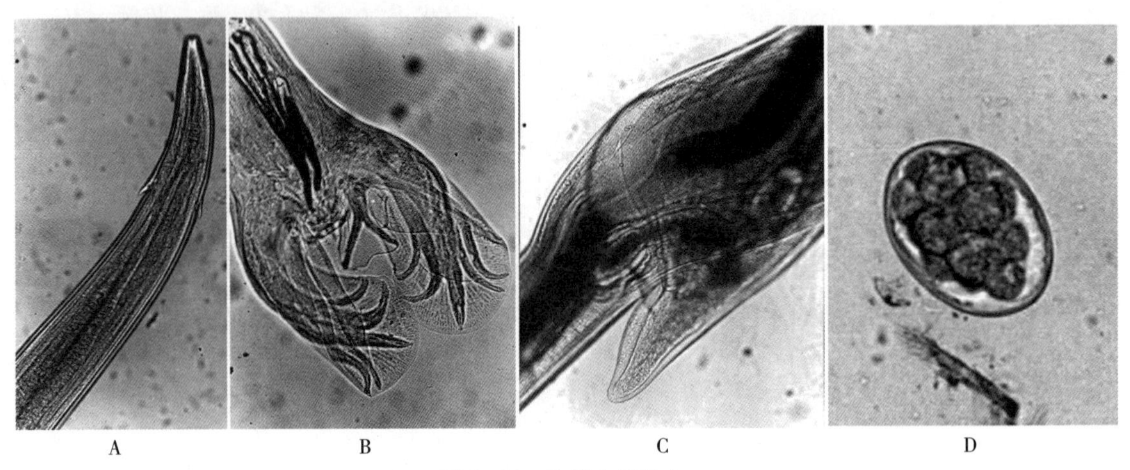

图 21-66　捻转血矛线虫

A. 前部　B. 交合伞　C. 阴门盖　D. 虫卵

（李祥瑞　等供图）

虫与捻转血矛线虫是同一个种，但宿主不同，后者寄生于羊。

2. 似血矛线虫（*H. similis*）　形态和捻转血矛线虫相似，不同之处在于虫体较小，背肋较长，交合刺较短。

3. 长柄血矛线虫（*H. longistipes*）　雄虫长 9.8～11.5 mm，雌虫长 14.5～19.5 mm，雌虫舌形的阴门盖位于阴门前或阴门后。

（二）病原生活史

捻转血矛线虫寄生于反刍动物的第 4 胃，偶见于小肠。虫卵随粪便排到外界，在 20～35 ℃条件下，经约 1 d 的时间，孵出第一期幼虫（L_1）。L_1离开卵壳，自由生活。再经 3～4 d 发育至 L_3感染性幼虫。感染性幼虫带有鞘膜，在干燥环境中，可借助于休眠状态存活一年半。

L_3被宿主食入后，进入皱胃，钻入黏膜上皮之间，开始摄食，经 30～36 h，进行第 3 次蜕皮，发育为 L_4。L_4附着在黏膜表面，导致附着处黏膜出现出血点。感染后 9～11 d，虫体进行第 4 次蜕皮，发育为 L_5，即童虫。感染后第 16 天，雌虫发育成熟，粪便中可检出虫卵。雌虫经过 25～35 d 的发育，进入产卵高峰，每条雌虫每天可产卵 5 000～10 000 个。成虫游离在胃腔内，寿命不超过一年。

（三）流行病学

捻转血矛线虫呈全球性分布。我国各省、市、自治区普遍存在。据调查，北方山羊、绵羊感

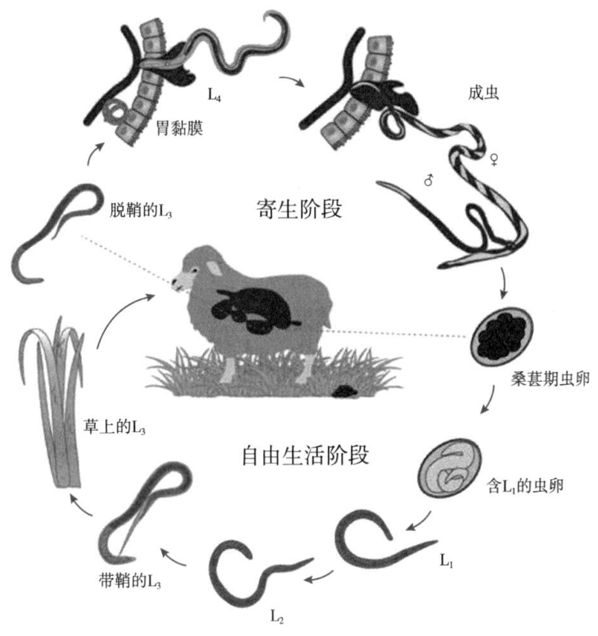

图 21-67　捻转血矛线虫生活史
（王思　索勋供图）

染率为 93.3%和 78.9%，福建山羊感染率为 76.54%。

捻转血矛线虫的宿主范围较广，包括黄牛、牦牛、绵羊、山羊、猪、骆驼、欧黄鼠、小黄鼠、赤颊黄鼠、驯鹿、狍、黑尾鹿、美洲驼鹿、斑鹿、美洲叉角羚、美洲野牛、捻角山羊、野山羊、非洲羚羊、梅花鹿、岩羊、麝牛、印度羚、跳羚、马羚、貂羚、旋角羚、大角斑羚、林羚、狷羚、南非大羚羊、羚羊、水羚、大羚羊、红小羚羊、羊驼、北极熊和印度象等。兔可以实验性感染。该虫也可寄生于人。宿主因采食含有感染性幼虫的牧草或饮水而导致感染。

捻转血矛线虫虫卵对外界抵抗力不强。一般认为，20～35 ℃是虫卵发育最佳温度，温度升高或降低都会延长虫卵发育为 L_3的时间并减少 L_3的发育率。如果温度低至 0 ℃，只要 48 h，所有虫卵均会死亡；温度达到 40 ℃，则不能发育为 L_3。

第一期幼虫和第二期幼虫对温度较敏感，当温度达到 40 ℃时，不能发育为下一期幼虫。第三期幼虫具有较强的抵抗力，在室温、30 ℃和 35 ℃的水中分别存活 246 d、98 d 和 35 d。在 40 ℃的水中存活 9 d，但第 5 天后，活力明显下降。于 50 ℃的水中 1 d 后死亡。在无水的 0 ℃环境下，大多数幼虫 52 d 内死亡，但有 1%～2%的幼虫到 112 d 还存活。

牛、羊粪便和土壤是幼虫的隐蔽场所。L_3幼虫具有背地性和趋光性，在温度、湿度和光照适宜时，幼虫从牛、羊粪便或土壤中爬到牧草上；环境不利时又回到土壤中隐蔽，由此得以延长其存活时间。幼虫在外界环境中可存活 1.5 年。

在我国，由于地域广阔，各地气温等条件差别较大，流行季节显示出较大差别。北方牛、羊的感染季节主要是夏季，南方终年都能发生，但主要在夏秋两季。西北地区则有春季高潮和秋季小高潮。L_3感染牛、羊后，可以发生滞育现象，即发育停止在幼虫阶段，不发育为成虫；在条件合适的情况下，才集中大批发育为成虫。虫体滞育现象出现于世界各地，有冬季滞育和夏季滞育。在严冬季节和高温夏季，由于外界环境中虫卵难以发育为感染性幼虫，因此，虫体滞育现象成为各地牛、羊春秋季节发病的重要原因之一。我国西北地区的春季高潮即可能与此后虫体大量成熟有关。

感染后，某些羊表现出不敏感性，其产生的原因与羊的遗传性有关，也与免疫应答有关。当再次感染时，羊可以出现所谓“自愈”现象：即感染羊再次感染时，可以导致体内虫体全部排出。无论是敏感羊还是不敏感羊，均可出现自愈现象，这种现象多见于绵羊。自愈反应没有特异性，既可以引起捻转血矛线虫及皱胃其他线虫（如普通奥斯特线虫和艾氏毛圆线虫）的自愈，也可以引起肠道线虫（如蛇形毛圆线虫）的自愈。早期的研究表明，出现自愈现象的羊往往伴有血液组胺升高、抗体滴度上升和皱胃黏膜水肿。近年来的研究显示，无论是宿主的自愈现象还是不敏感性，导致虫体排出的机理多与体内一系列免疫应答有关。参与虫体排出的分子包括特异性抗体、效应细胞、细胞因子和其他分子。效应细胞包括浆细胞和嗜酸性粒细胞，细胞因子包括IL-4、IL-5 和 IL-13，其他分子主要是半乳糖结合凝集素。

（四）致病作用

主要是导致贫血。贫血的主要机理包括两个方面，一是 L_4 和成虫均吸血，二是虫体变换叮咬处，引起胃黏膜多处出血。据估算，感染后 6～12 d，平均每条虫体每天可导致 0.05 mL 血液进入粪便中。贫血的发生有 3 个阶段。第一阶段出现于感染后 7～25 d，在这一阶段，感染羊红细胞比容（Hct）迅速降低（可由 33%左右降至 22%），而血浆铁离子浓度还可保持正常。贫血的第二阶段可持续 6～14 周，在该阶段，Hct 低于正常水平，铁离子大量从粪便中流失，血浆和骨髓铁离子浓度降低。随着铁离子耗尽，贫血进入第三阶段，羊 Hct 迅速下降，造血功能紊乱。在贫血的同时，大量血浆蛋白流失到消化道中，每天大概为 210～340 mL。据估算，500 条虫体尚不足以致病，但患病动物感染数以千计的虫体时，可发生严重损害。

除了吸血和引起出血外，虫体还可以引起附着处黏膜发炎。虫体分泌的毒素，可以造成机体代谢机能紊乱等。

（五）临床症状

临床症状多出现于幼龄动物，分为三型。急性型以突然死亡为特征，多发生于羔羊；尸检可见眼结膜苍白，高度贫血。亚急性型表现显著贫血，可见眼结膜苍白，下颌间和下腹部水肿，被毛粗乱，腹泻与便秘交替，逐渐衰弱，病程一般为 2～4 个月；如不死亡，则转为慢性。慢性型表现生长发育停滞、发育受阻、动作迟缓、消瘦、贫血、毛粗乱无光泽。成年羊多不表现临床症状，但在饲料缺乏的情况下，也能导致严重症状甚至死亡。

（六）病理变化

患病动物往往因为体力衰竭、虚脱而死。死后剖检可见黏膜和皮肤苍白，血液稀薄水样。内部脏器苍白，胸腔、心包积水，胃黏膜水肿，有小的创伤及溃疡，小肠和盲肠黏膜卡他性炎症。

（七）诊断

根据流行病学资料和临床症状可以做出初步诊断。粪便检查发现大量虫卵和粪便培养鉴定幼虫可以做出诊断。剖检具有典型症状的患病动物，发现大量虫体和相应的病变可以确诊。需要注意的是，捻转血矛线虫虫卵易与其他圆线虫虫卵，特别是食道口线虫虫卵相混淆；粪便虫卵检查时应注意区分，较好的办法是进行粪便培养，对第三期幼虫进行鉴定。

（八）防治

治疗可用左旋咪唑、噻苯达唑、阿苯达唑、甲苯唑、伊维菌素等药物。需注意的是国内已出现抗药性虫株。

预防应采取以下措施。

（1）预防性驱虫：可根据当地的流行情况给全群羊进行驱虫。计划性驱虫一般在春、秋季节各进行一次。在转换牧场时应进行驱虫。

（2）轮牧：是减少捻转血矛线虫感染的重要手段。根据捻转血矛线虫病的流行特点，适时转移牧场，与马等不同品种牲畜进行轮牧，能够大大减低捻转血矛线虫的感染。

（3）加强饲养：放牧羊应尽可能避开潮湿地带和幼虫活跃的时间，以减少感染机会。注意饮水清洁卫生，建立清洁的饮水点。合理地补充精料和矿物质及微量元素（尤其是铁），提高动物自身的抵抗力。饲料中添加微量的铜有助于提高动物对捻转血矛线虫的抵抗力。

(4) 改善牧场管理：控制牧场载畜量，圈养时加强粪便管理。

(5) 生物防控：使用捕食性真菌进行生物防控是近几年出现的新技术，这类真菌可以捕食放牧环境中的线虫幼虫，从而避免家畜摄入感染性幼虫而遭受感染。

(6) 免疫预防：国外曾使用经放射线照射而致弱的幼虫作为疫苗来预防捻转血矛线虫感染，但由于对6月龄以下的羊不能产生很好的免疫保护作用，此类疫苗并没能大面积推广。研究表明捻转血矛线虫 L_4 和成虫小肠微绒毛上的跨膜糖蛋白H11（天然蛋白）可以诱导羊产生可靠的保护力；但是重组蛋白因为缺少糖基化修饰，不能诱导羊产生很好的保护力。近年来，人们运用现代技术，对新型疫苗进行了大量探索，天然蛋白疫苗Barbervax已注册上市，但应用有限。

二、奥斯特线虫病

奥斯特线虫病是由毛圆科奥斯特亚科（Ostertaginae）奥斯特属（*Ostertagia*）的线虫寄生于牛、羊等反刍动物皱胃及小肠而引起的疾病。对牛危害严重。在美国，每年因奥斯特线虫等消化道线虫给养牛业造成的经济损失达6亿美元。

（一）病原概述

奥斯特线虫俗称棕色胃虫（brown stomach worm）。虫体中等大小，长10～12 mm。口囊小。交合伞由两个侧叶和一个小的背叶组成。两个腹肋基本上是并行的，中间分开，末端又互相靠近；背肋远端分两支，每支又分出1或2个副支；有副伞膜。交合刺较粗短（图21-68）。雌虫阴门在体后部，有些种有阴门盖，其形状不一。

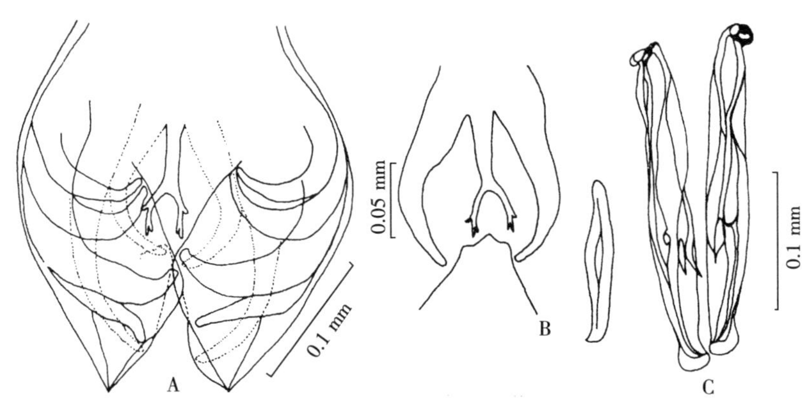

图21-68　三叉奥斯特线虫
A. 交合伞　B. 交合伞背叶和引器　C. 交合刺
（孔繁瑶　等，1997）

常见种有环纹奥斯特线虫［*Ostertagia circumcincta*，现将其归为背带属（*Teladorsagia*）的环纹背带线虫（*Teladorsagia circumcincta*）］、三叉奥斯特线虫（*O. trifurcata*）和奥氏奥斯特线虫（*O. ostertagi*）。前两种主要感染绵羊和山羊，后者主要感染牛。虫卵大小为（80～85）μm×（40～45）μm。

（二）病原生活史

属直接发育型。虫卵随粪便排出，在适宜条件下，两周内发育成 L_3 感染性幼虫。潮湿环境下，L_3 从粪便爬到牧草上，被家畜摄取后，在瘤胃内脱鞘，进入皱胃腺腔内进一步发育。两次蜕皮后，L_5 在感染后18 d从腺体内钻出，在黏膜表面发育为成虫。整个生活史约3周。某些情况下，L_4 早期可出现滞育达6个月之久。

（三）流行病学

奥斯特线虫世界性分布，在温带以及有冬季降雨的亚热带地区，尤其严重。我国也广泛存在。奥斯特线虫可以感染的宿主比较广泛：奥氏奥斯特线虫除了感染牛外，也可以感染羊、野生山羊、鹿、羚羊、骆驼、羊驼等；环纹奥斯特线虫可以感染绵羊、山羊、岩羚羊、驯鹿等；三叉奥斯特线虫除感染绵羊、山羊外，也可以感染牛。任何带虫动物均可以成为其他动物奥斯特线虫病的感染来源。

在春天，当环境温度达到 10 ℃以上时，虫卵开始发育为 L_3。起初，发育的速度很慢。临近盛夏，随着温度的升高，虫卵发育的速度加快。秋天，从虫卵发育到 L_3 阶段的速度又变慢。奥斯特线虫 L_3 对低温有比较强的抵抗力，可以在草场上越冬。春天放牧时，牛群放牧 3～4 周即可发病。

牛奥斯特线虫Ⅰ型疾病发生于首次集中放牧的犊牛，在北半球，通常发生于 7 月中旬以后，发病率很高，通常超过 75%，但死亡率往往较低；Ⅱ型疾病通常发生于首次放牧之后的春季或冬末，1 岁犊牛易感。

（四）致病作用

主要是虫体对胃黏膜的损伤。感染 40 000 条以上成虫的严重病例，首先发生皱胃酸度降低，pH 从 2 升到 7，胃蛋白酶原无法激活，皱胃抑菌效应消失，皱胃上皮对大分子物质的通透性增加，胃蛋白酶原进入循环系统，而血浆蛋白进入肠腔，导致低白蛋白血症。由于大量内源性蛋白质流失，导致机体蛋白质合成和能量代谢紊乱，引起肌肉蛋白消耗和脂肪沉积。

（五）临床症状与病理变化

犊牛症状明显，表现出两种类型：Ⅰ型疾病出现严重的持续水样腹泻，粪便呈鲜绿色。该型发病率高，若及时治疗死亡率低。Ⅱ型疾病腹泻呈间歇性，可见厌食和口渴，低白蛋白血症更加明显，往往出现下颌水肿。该型发病率相对较低，如不及时治疗，死亡率很高。

病理变化可见皱胃黏膜水肿、发白（贫血）；上有结节，结节中央有孔；严重感染时，结节出现融合，黏膜坏死。

（六）诊断

根据发病年龄、临床症状、发病季节、放牧史等可做出初步诊断。

粪便虫卵计数每克粪便虫卵数（EPG）达到 1 000 个，对Ⅰ型疾病具有诊断价值。Ⅱ型疾病虫卵计数可变性很大，甚至是阴性，诊断价值很有限。

尸体剖检在皱胃表面发现成虫可确诊。病死动物体内成虫荷虫量通常在 40 000 条以上。

（七）防治

治疗可用左旋咪唑、噻苯达唑、阿苯达唑、甲苯唑、伊维菌素等药物。预防主要采取以下措施。

（1）定期驱虫：虫卵污染牧场的关键时期在七月中旬，可在春季和七月放牧时进行两次或三次驱虫，以减少牧场上的虫卵数。瘤胃缓释剂可在 3～5 个月内持续释放驱虫药，对于首次放牧的犊牛效果较好。

（2）轮牧：于七月中旬驱虫后将犊牛转移到安全牧场，牛群在第二个牧场的感染量会明显降低。也可进行成年牛与犊牛轮牧。易感牛犊先于成年牛放牧，可以减少犊牛感染。

（3）加强饲养管理：注意清洁卫生，建立清洁的饮水点；合理地补充精料和微量元素，提高动物自身的抵抗力。

（李祥瑞　严若峰　编，胡敏　审）

三、毛圆线虫病

毛圆线虫病是由毛圆科毛圆亚科（Trichostrongylinae）毛圆属（*Trichostrongylus*）的线虫

寄生于牛、羊等反刍动物的皱胃与小肠引起的疾病。对羊危害较大。

（一）病原概述

虫体细小，一般不超过 7 mm。呈淡红或褐色。缺口囊和颈乳突。排泄孔开口于虫体前端腹侧的一个明显凹陷内。雄虫交合伞侧叶大，背叶极不明显；背肋小，末端分小支；腹腹肋特别细小，常与侧腹肋成直角；侧腹肋与侧肋并行；交合刺短而粗，常有扭曲和隆起的嵴，呈褐色；有引器。雌虫阴门位于虫体的后半部，尾端钝。虫卵呈椭圆形，壳薄。常见的有以下几种。

1. 蛇形毛圆线虫（*Trichostrongylus colubriformis*）　雄虫长 4～6 mm；背肋小，末端分小支；腹腹肋特别细小，前侧肋粗大；两根交合刺近于等长，远端具有明显的三角突。雌虫长 5～6 mm。虫卵大小为（79～101）μm×（39～47）μm。寄生于绵羊、山羊、牛、骆驼及许多羚羊小肠的前部，偶见于皱胃。也寄生在兔、猪、犬及人的胃中。是牛、羊体内最常见的种类（图 21-69）。

2. 艾氏毛圆线虫（*T. axei*）　雄虫长 3.5～4.5 mm；背肋稍长而细，末端分小支；两根交合刺不等长，形状相异。雌虫长 4.6～5.5 mm。虫卵大小为（79～90）μm×（35～42）μm。寄生于绵羊、山羊、牛及鹿的皱胃，偶见于小肠，也见于马、驴及人的胃中（图 21-70）。

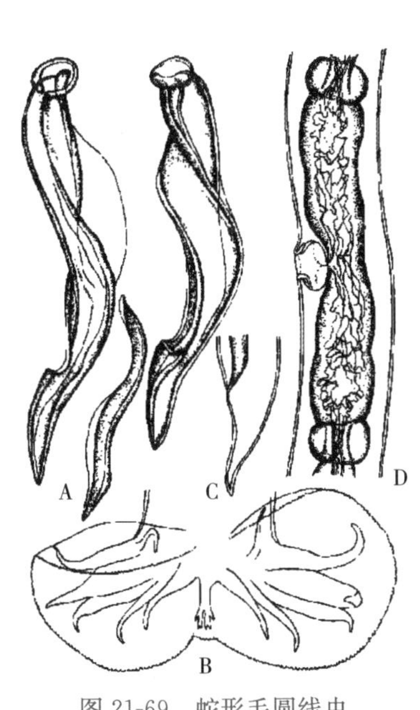

图 21-69　蛇形毛圆线虫

A. 交合刺与引器　B. 交合伞　C. 雌虫尾部　D. 阴门部

（Kalantaryan）

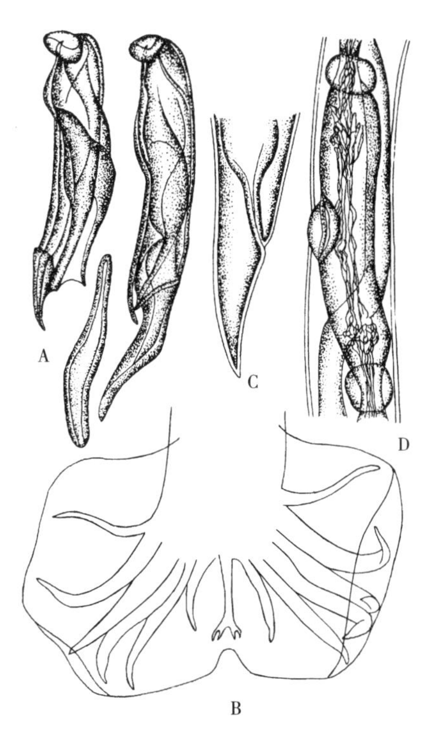

图 21-70　艾氏毛圆线虫

A. 交合刺与引器　B. 交合伞　C. 雌虫尾部　D. 阴门部

（Kalantaryan）

3. 突尾毛圆线虫（*T. probolurus*）　雄虫长 4.3～5.5 mm；背肋很短，末端分支；侧腹肋较其他肋粗大；两根交合刺深褐色，粗壮，几乎等长，远端具有明显的三角突。雌虫长 4.5～6.5 mm。虫卵大小为（76～92）μm×（37～46）μm。寄生于绵羊、山羊、骆驼、兔及人的小肠中（图 21-71）。

（二）病原生活史

虫卵随宿主粪便排至外界，在适宜的温度（27 ℃左右）和一定湿度的条件下，经 5～6 d 发育为 L_3感染性幼虫。温度低时发育时间将延长，需 1～2 周时间才能发育为 L_3。幼虫可移行至牧

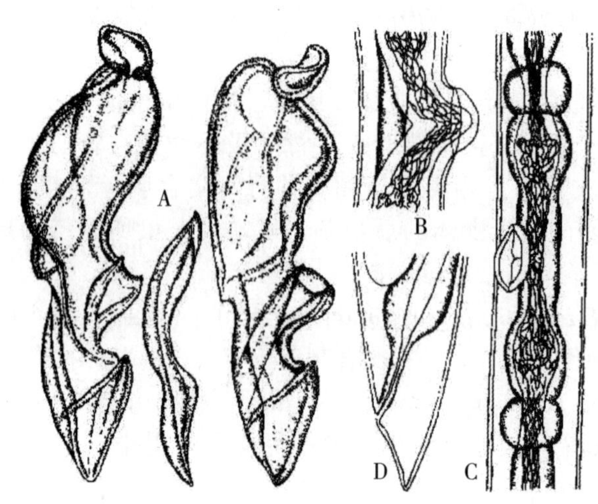

图 21-71　突尾毛圆线虫
A. 交合刺与引器　B、C. 阴门部　D. 雌虫尾部
（Kalantaryan）

草的茎叶上，牛、羊吃草时经口感染。幼虫在小肠黏膜内进行第 3 次蜕皮，第四期幼虫重返肠腔，最后一次蜕皮后，在感染后 21～25 d 发育为成虫。

（三）流行病学

绵羊和山羊均易感，特别是断乳后至 1 岁的羔羊。母羊往往是带虫者，成为羔羊的感染源。毛圆线虫的 L_3 对外界因素抵抗力较强，在潮湿的土壤中可存活 3～4 个月，且耐低温，可在牧场越冬，从而使动物春季感染发病。夏季的炎热、干旱对幼虫的发育和存活均不利。

我国毛圆线虫病的流行特点与世界其他温带地区一样，成年动物体内的虫体每年出现两次排卵高峰，一次是春季（4—6 月）的排卵大高峰，另一次是秋季（8—9 月）的排卵小高峰。当年生的羔羊和犊牛体内的虫体一年只有一次秋季排卵高峰。L_3 在牧场上的出现也有两次高峰，一次是秋初，另一次是春初。毛圆线虫的寄生性幼虫，在冬季可于 L_3 阶段出现滞育，滞育率约为 20%。虫体滞育是导致来年春季排卵高峰的原因之一。

（四）致病作用和临床症状

毛圆线虫虫体虽小，但由于动物感染普遍，感染强度大（往往可达数千条），因而危害严重。3 000～4 000 条成虫可导致 2～3 月龄未断乳的羔羊死亡。幼虫和成虫可破坏胃肠道黏膜上皮细胞的完整性，引起出血、水肿；血清蛋白流入肠腔，发展为低白蛋白血症；磷和钙的吸收受到抑制，导致骨质疏松。

严重感染可引起急性发病，表现腹泻、急剧消瘦、体重迅速减轻、死亡。轻度感染可引起食欲不振、生长受阻、消瘦、贫血、皮肤干燥、排软便或腹泻与便秘交替发生。羔羊可发生死亡。牛和骆驼以腹泻为主要症状。

（五）病理变化

急性病例胃肠道黏膜肿胀，轻度充血，覆有黏液，十二指肠病变较为明显。慢性病例可见尸体消瘦、贫血，肝脂肪变性，胃肠道黏膜肥厚、发炎和溃疡。

（六）诊断

根据临床症状、发病季节、死后剖检及粪便检查可做出诊断。可培养粪便中的虫卵，根据 L_3 的形态鉴定种属。

（七）防治

治疗可用苯硫咪唑、阿苯达唑、甲苯唑、伊维菌素等药物驱虫。

预防措施重点是把驱虫与轮牧相结合。只做驱虫，不进行轮牧，往往效果不佳。驱虫后必须将动物，特别是羔羊和犊牛转移到清洁牧场放牧，以防再感染。

四、马歇尔线虫病

马歇尔线虫病由毛圆科毛圆亚科马歇尔属（*Marshallagia*）的线虫寄生于双峰骆驼、羊、牛等动物的皱胃引起。

马歇尔线虫虫体形态与奥斯特属线虫相似，但背肋细长，远端分成2支，每支的端部有3个小分叉。外背肋较细长，起始于背肋基部，远端几乎达到交合伞边缘。

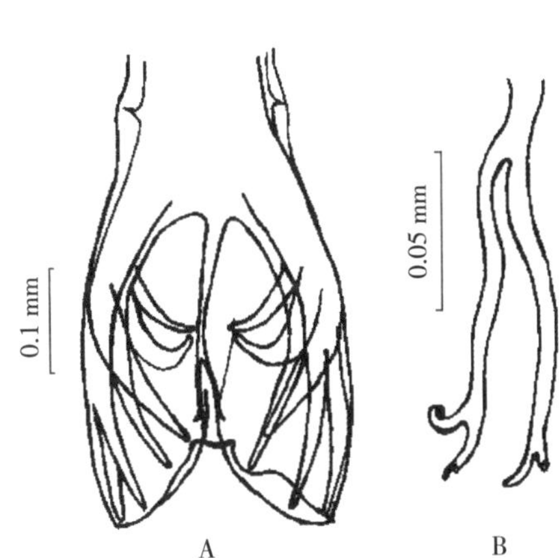

图 21-72 蒙古马歇尔线虫
A. 交合伞 B. 背肋
（孔繁瑶 等）

我国常见种为蒙古马歇尔线虫（*Marshallagia mongolica*）。雄虫长11～15 mm，雌虫长12～17 mm（图21-72）。虫卵有特征性，大小类似于细颈线虫卵，但其卵细胞比较小且多而密集。虫卵大小为（182～217）μm×（83～115）μm。

属于直接发育型生活史。动物因食入感染性幼虫而感染。临床症状主要表现为严重消瘦，多发生在早春季节。剖检时，可在皱胃发现大量马歇尔线虫，胃黏膜有卡他性炎症。

五、长刺线虫病

长刺线虫病由毛圆科毛圆亚科长刺属（*Mecistocirrus*）线虫寄生于黄牛、水牛和绵羊的皱胃引起。

长刺线虫角皮上有纵嵴。口囊内有一个大的背齿。雄虫交合伞的侧腹肋和前侧肋同等大小，并大于其他肋；背叶很小。交合刺细长，并行，末端构造简单（图21-73）。雌虫的生殖孔靠近肛门。

我国常见种为指形长刺线虫（*Mecistocirrus digitatus*）。虫体呈淡红色。雄虫长25～31 mm，交合伞背叶小，长方形，对称地夹在两侧叶之间。两侧叶舌片状。交合刺细长，几乎全部连接在一起，顶端有纺锤形管状构造包裹。雌虫长30～45 mm，卵巢环绕肠管，阴门距尾端0.6～0.95 mm，阴门盖为两片。虫卵大小为（105～120）μm×（51～57）μm。

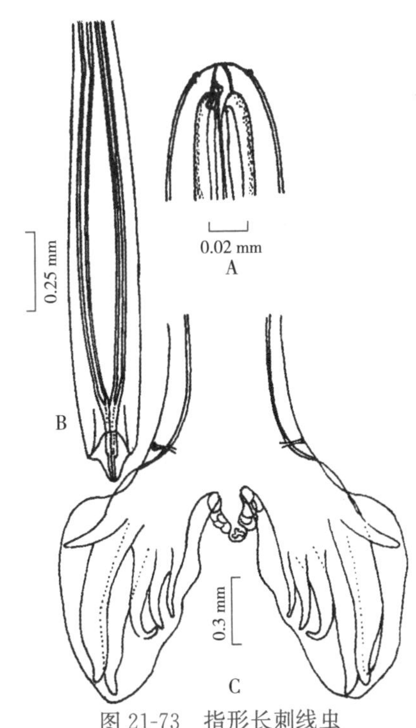

图 21-73 指形长刺线虫
A. 头部 B. 交合刺末端腹面 C. 交合伞
（Skrjabin 等）

在牛体内，从感染性幼虫发育到成虫需要60 d。严重感染时，对牛也有致病力。致病作用与捻转血矛线虫相似。

六、猪胃圆线虫病

猪胃圆线虫病由毛圆科毛圆亚科猪圆属（*Hyostrongylus*）的红色猪圆线虫（*Hyostrongylus rubidus*）寄生于猪胃黏膜内而引起，表现为胃炎和代谢紊乱。我国广东、浙江、江苏、湖南和云南等地均有报道。

（一）病原概述

虫体红色、纤细，有颈乳突。雄虫长 4～7 mm，交合伞侧叶大，背叶小；交合刺两根，等长;有引器和副引器(图 21-74)。雌虫长 5～10 mm，阴门在肛门稍前方。虫卵大小为（65～83）μm×（33～42）μm，长椭圆形，灰白色，卵壳薄，排出时含卵细胞 8～16 个。

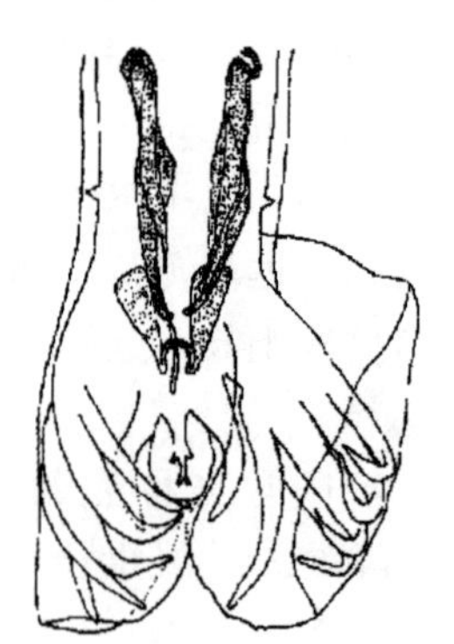

图 21-74 红色猪圆线虫雄虫尾部腹面（Monnig）

（二）病原生活史

在适宜温度、湿度下，虫卵约经 30 h 孵出幼虫，两次蜕皮后，发育为 L_3感染性幼虫。宿主经口感染。幼虫到胃腔后，侵入胃腺窝，蜕皮两次后发育为 L_5，然后重返胃腔。感染后 17～19 d 发育为成虫。

（三）流行病学

虫卵和幼虫均不耐干燥和低温。L_3可以在湿润的环境中爬行，运动场上有时有大量的幼虫。各个年龄阶段的猪都可以感染，但主要感染仔猪和架子猪。母猪哺乳期间免疫力下降，受感染者较多，停止哺乳后可以自愈。感染主要发生于受污染的潮湿牧场、饮水处、运动场和圈舍，猪饲养在干燥的环境里不易发生感染。饲料中蛋白质不足时，容易发生感染。

（四）致病作用

幼虫侵入胃腺窝时，由于虫体的机械性刺激和有毒物质的作用，引起胃底部小点出血，胃腺肥大，并形成扁豆大的扁平凸起或圆形结节，上有黄色伪膜，之后进一步发展成为溃疡。病变的程度主要取决于感染的虫体数量、感染的持续期和宿主机体的状况。成虫可引起慢性胃炎，黏膜显著增厚，并形成不规则的皱褶。患部和虫体上均被覆有大量黏液。严重感染时，黏膜皱褶有广泛出血和糜烂。胃溃疡是本病的一个特征，多发于胃底部。在成年母猪，胃溃疡可向深部发展，并可能引起胃穿孔而死亡。

（五）临床症状

虫体侵入胃黏膜吸血，少量寄生时临床症状不明显，多量寄生引发胃炎时，患猪精神萎靡、贫血、发育不良、排黑色粪便。

（六）诊断

因缺少特异性症状，应以剖检发现虫体与相应病变以及粪便检查时发现虫卵作为诊断根据。虫卵形态与食道口线虫卵相似，较难鉴别，常需要培养为 L_3后进行鉴定。

（七）防治

可用噻苯达唑或左旋咪唑等药物。猪舍应保持清洁、干燥，及时清除粪便，保持饲料和饮水的清洁，严防粪便污染。

七、古柏线虫病

古柏线虫病是由古柏科古柏属（*Cooperia*）的线虫寄生于牛、羊、骆驼等反刍动物小肠而引起的疾病。

新鲜虫体呈红色或淡黄色，雄虫长 4～12 mm，雌虫长 5～8 mm。头部圆形较粗，角皮膨大，有横纹。交合伞的背叶小。背肋分两支，常向外方弓曲，因而呈竖琴样外观。腹腹肋比侧腹肋细小，两者平行向前，相距较远。前侧肋比另两个侧肋细。交合刺短粗（图 21-75）。

我国常见种有等侧古柏线虫（*Cooperia laterouniformis*）和叶氏古柏线虫（*C. erschowi*）。主要寄生于黄牛、水牛的小肠和胰。

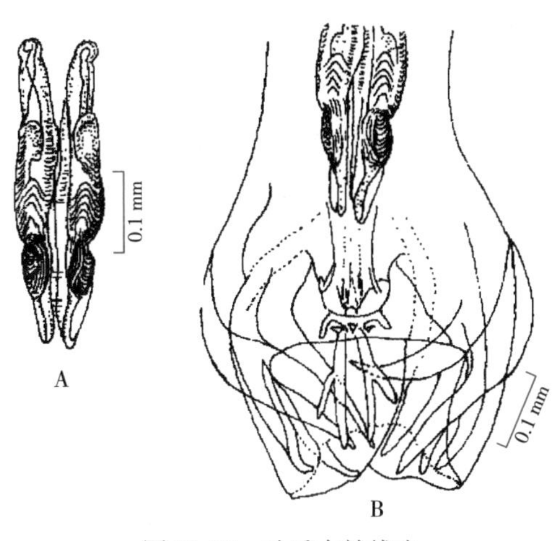

图 21-75 叶氏古柏线虫
A. 交合刺 B. 交合伞
（吴淑卿）

古柏线虫属直接发育型。动物因食入感染性幼虫而感染。严重感染时，有腹泻、厌食、进行性消瘦等症状，最后可导致死亡。剖检时可见小肠前半部的黏膜上有大量小出血点，后半部有轻度卡他性炎性渗出物。

八、细颈线虫病和似细颈线虫病

细颈线虫病和似细颈线虫病由莫林科的细颈属（*Nematodirus*）和似细颈属（*Nematodirella*）线虫引起，过去这两个属被归属于毛圆科。细颈线虫寄生于反刍动物的小肠，是牛、羊、骆驼等常见的寄生线虫种类，致病性较强。

（一）细颈线虫和细颈线虫病

细颈属线虫的外观和捻转血矛线虫相似，但虫体前部呈细线状，后部较宽。口缘有 6 个乳突围绕。头端角皮形成头泡，其后部有横纹。无颈乳突。雄虫交合伞有两个大的侧叶，上有圆形或椭圆形的表皮隆起；背叶小，很不明显；背肋为完全独立的两支；腹肋紧密并行，中侧肋与后侧肋相互靠紧；两根交合刺细长，互相靠近，远端包在一共同的薄膜内；无引器。雌虫阴门位于体后 1/3 处，尾端平钝，带有一小刺。细颈线虫卵具有特征性，虫卵和卵细胞都较大，卵细胞与卵壳间空隙也大。我国常见的细颈线虫包括以下几种。

1. 奥拉奇细颈线虫（*Nematodirus oiratianus*） 雄虫长 9～12 mm，雌虫长 12～16 mm。虫卵大小为（255～272）μm×（119～153）μm，产出时内含 8 个卵细胞（图 21-76）。成虫寄生于绵羊、骆驼、鹿等的小肠内。

2. 尖刺细颈线虫（*N. filicallis*） 雄虫长 7.5～15.0 mm，雌虫长 19.0～21.0 mm。虫卵大小为（165～175）μm×（76～86）μm，产出时内含 8 个卵细胞。成虫寄生于绵羊、山羊、黄牛等的小肠内。

属于直接发育型生活史。动物因食入感染性 L_3 而感染。感染性幼虫在小肠黏膜内经 20 d 左右发育到成虫期。细颈线虫对牛、羊均有较强致病力。在非洲西部，雨季时常给山羊造成很高的死亡率。牛严重感染时出现腹泻、食欲不振、衰弱、体重减轻等症状。但粪便中虫卵很少，每克

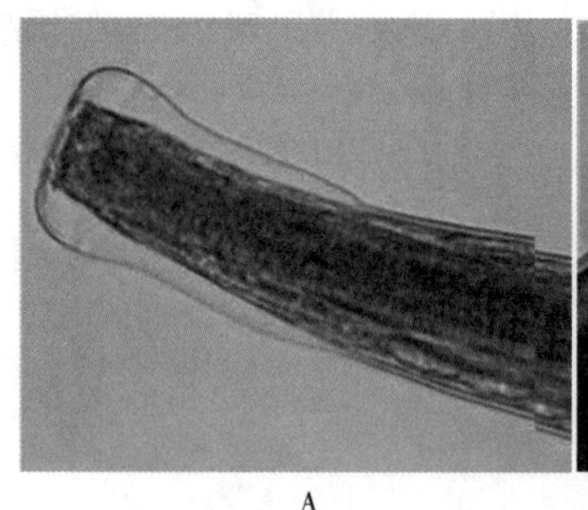
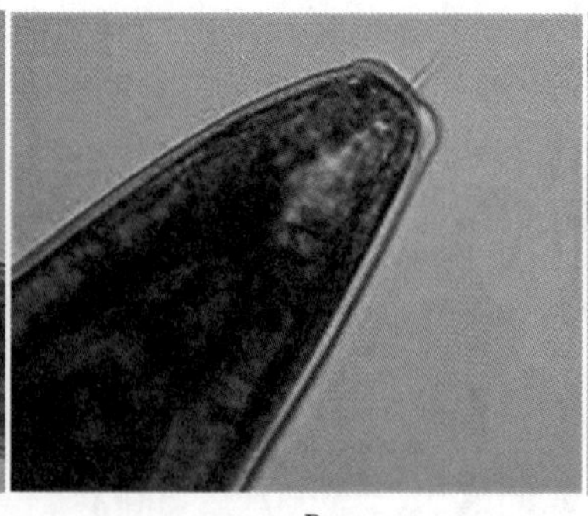
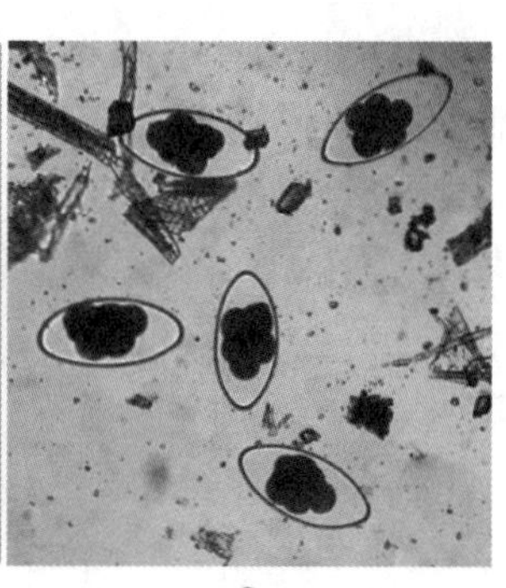

A　　B　　C

图 21-76　奥拉奇细颈线虫
A. 虫体头部　B. 雌虫尾部　C. 虫卵
（杨晓野供图）

粪便中虫卵数仅 10～14 个。羊对再次感染有免疫力，特别是羔羊，在感染后两个月内即可出现抵抗力，表现为虫卵数量下降，体内虫体被排除。

（二）似细颈线虫和似细颈线虫病

似细颈属线虫的外形与细颈线虫相似。该属雄虫的交合刺特别长，可达虫体全长的一半。雌虫的阴门在虫体前 1/4 处。表皮上有明显的纵纹。常见种有长刺似细颈线虫（*Nematodirella longispiculata*）和骆驼似细颈线虫（*N. cameli*）。

九、禽裂口线虫病

禽裂口线虫病由裂口科裂口属（*Amidostomum*）的禽裂口线虫（*Amidostomum anseris*）引起，虫体寄生于鹅、鸭和野鸭肌胃角质膜下，偶见于腺胃。患禽消瘦，生长发育受阻，严重感染时可引起死亡。

虫体细长线状，体表具有细横纹。口囊杯状，底部伸出 3 个长三角形尖齿。雄虫长 9.8～14.0 mm；交合伞发达，侧叶长于背叶；有两根等长的交合刺，各支末端分两支（图 21-77）。雌虫长 15～18 mm，尾部呈指状，阴门位于体后部。虫卵椭圆形，大小为（68～80）μm×（45～52）μm。

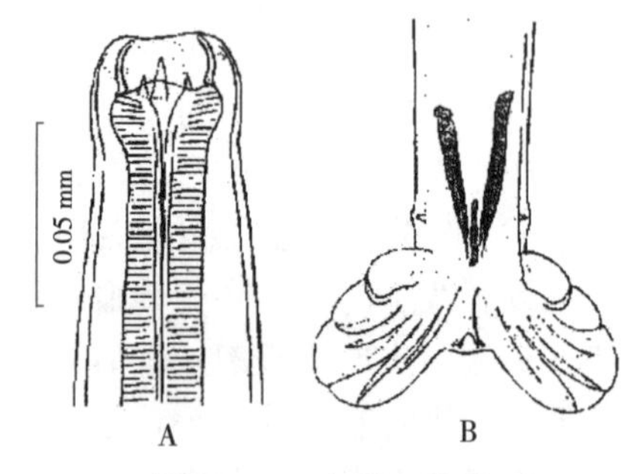

图 21-77　禽裂口线虫
A. 头部（Baylis）　B. 雄虫尾部（Railliet）

虫卵随粪便排出后，在适宜的条件下，孵化发育为 L_3 感染性幼虫。禽类因吞食了受感染性幼虫污染的食物或水而感染。幼虫侵入腺胃进行第 3 次蜕皮，L_4 从腺胃沿肌层移行到肌胃并发育成熟。虫体钻入腺胃和肌胃的黏膜及黏膜下层，吸取血液并引起炎症和溃疡，使肌胃角质膜易于剥落。

患禽食欲减退、消瘦、生长发育停滞，严重感染时可引起死亡。剖检可见肌胃角质膜有黑色溃疡病变，虫体潜藏于坏死灶内。

粪便检查法可发现虫卵。剖检时在肌胃见有溃疡病变，于角质膜下发现虫体即可确诊。用左旋咪唑或甲苯达唑等药物驱虫。预防可参阅禽蛔虫等。

（李祥瑞　严若峰　编，杨晓野　审）

十、网尾线虫病

网尾线虫病（dictyocaulosis）是由网尾科网尾属（*Dictyocaulus*）线虫引起的一类肺线虫

病。因网尾科的线虫较大，故称其为大型肺线虫，主要包括丝状网尾线虫（*Dictyocaulus filaria*）、胎生网尾线虫（*D. viviparus*）、骆驼网尾线虫（*D. cameli*）和安氏网尾线虫（*D. arnfieldi*），它们分别寄生于羊、牛、骆驼、马属动物的肺部。临床上以咳嗽、消瘦、贫血和呼吸困难为特征。主要危害幼龄动物，在流行区可引起患病动物大批死亡。其中以前两种危害较大。

（一）羊网尾线虫病

羊网尾线虫病由网尾属的丝状网尾线虫寄生于绵羊、山羊、骆驼和其他反刍动物的支气管引起，有时也见于气管和细支气管。临床上以呼吸道症状为主。本病多见于潮湿地区，常呈地方性流行，主要危害羔羊，可引起严重的经济损失。

1. 病原概述　丝状网尾线虫呈乳白色细线状，较长，肠管似一条黑线穿行体内。口缘有4片小唇，口囊浅小，宽度约为深度的2倍，底部有一凸出的小齿，食管呈圆柱形，后部膨大，神经环位于食道的前1/3处。

雄虫长25～80 mm，交合伞发达，前侧肋是单独的一支；中侧肋和后侧肋合二为一，仅末端分开；背肋为两个独立的分支，每支末端分为2个或3个小叉。交合刺两根等长，为498～587 μm，末端有分支，为棕黄或黄褐色，短粗，呈靴形，为多孔性结构；引器色稍淡，也呈泡孔状构造。雌虫长35～100 mm，宽498～647 μm，阴门位于虫体中部附近，尾呈尖圆锥形，肛门距尾端约473 μm（图21-78）。虫卵呈椭圆形，卵壳薄，无色透明或淡黄色，大小为（120～130）μm×（50～90）μm，内含第一期幼虫。第一期幼虫长0.5～0.54 mm，头端有一纽扣样突起，尾端细钝。

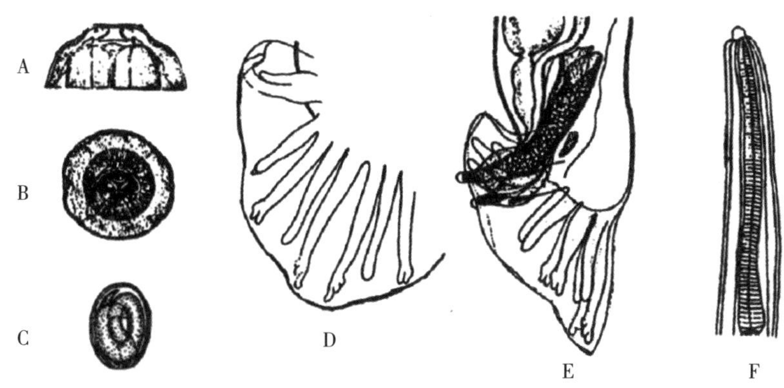

图21-78　丝状网尾线虫

A. 成虫前部侧面观　B. 成虫头部顶面观　C. 虫卵　D. 雄虫交合伞　E. 雄虫尾部　F. 虫体前部

2. 病原生活史　羊感染时，雌虫产含幼虫卵（卵胎生）于支气管内，卵可在呼吸道内孵化为第一期幼虫，但更多的情况是当羊咳嗽时，虫卵随黏液一起进入口腔，被咽入消化道，在消化道孵化出第一期幼虫，然后随粪便排到体外；有部分虫卵随痰或鼻腔分泌物排至外界。第一期幼虫在温度25 ℃和适宜湿度下，经4～7 d，蜕化2次变为感染性幼虫（此时披有两层鞘）。经12～48 h之后，幼虫脱弃第一次蜕化的鞘，但仍保留第二次蜕化的鞘作为保护层，此时幼虫极为活跃。

羊吃草或饮水时，摄入感染性幼虫，幼虫在小肠内脱鞘；而后钻入肠壁。感染后2～5 d，可在肠系膜淋巴结内发现大量幼虫，并在此发育蜕化，变为第四期幼虫；继而沿淋巴和血流经心脏到肺，最后通过肺泡到细支气管、支气管；感染后第8天，可在支气管内见到第四期幼虫，它们在该处进行最后一次蜕化；从感染羊到发育为成虫，大约需要18 d。感染后第26天成虫开始产卵（图21-79）。

成虫在羊体内的寄生期限随羊的营养状况和年龄大小不同而有差异，从两个月到一年不等。

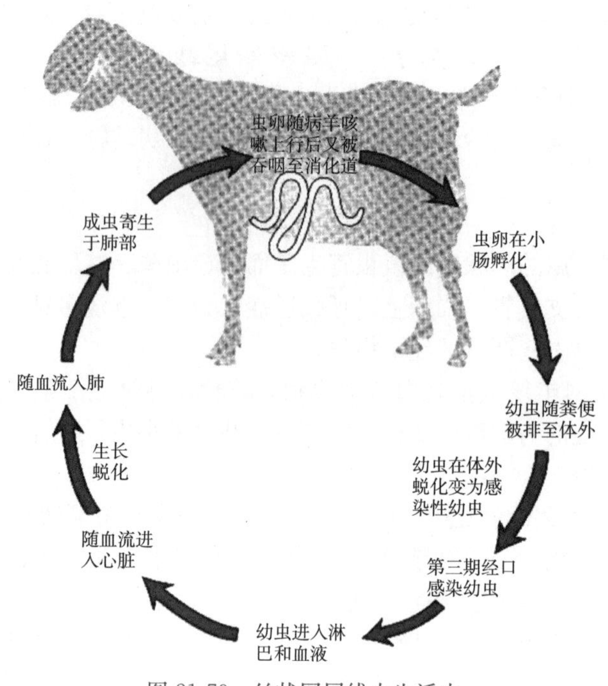

图 21-79　丝状网尾线虫生活史

营养好的羊只一般抵抗力较强，虫体寄生期短，只有两三个月左右。抵抗力强的羊只，可使其淋巴结内的幼虫发育受到抑制；但当宿主的抵抗力下降时，幼虫仍然可以恢复发育。

3. 流行病学　丝状网尾线虫的幼虫对热和干燥敏感，但可以耐低温。在 4～5 ℃时，幼虫就可以发育，且可以保持活力达 100 d 之久。被雪覆盖的粪便，虽在 −40～−20 ℃气温下，其中的感染性幼虫仍不死亡。温暖季节对幼虫生存不利，当温度达 21.1 ℃以上时，幼虫活力受到严重影响，许多幼虫不能发育至感染期。干粪中幼虫的死亡率比湿粪中的幼虫高很多。本病在高寒湿润和低洼潮湿的地区常呈地方性流行，且常在低湿的牧场和寒冷的季节流行。家畜多在吃草或饮水时摄食感染性幼虫而感染。成年羊比幼年羊的感染率高，但虫体对羔羊危害较严重。

4. 临床症状和病理变化　羊感染的首发症状为咳嗽，一般发生于感染后的 16～32 d。最初为干咳，后变为湿咳，而且咳嗽次数逐渐频繁。中度感染时，咳嗽强烈；严重感染时呼吸浅表、迫促并感痛苦。先是个别羊发生咳嗽，后常成群发作。羊被驱赶和夜间休息时咳嗽最为明显，在羊圈附近可以听到羊群的咳嗽声和拉风箱似的呼吸声。阵发性咳嗽发作时，常咳出黏液团块，镜检时见有内含幼虫的虫卵。患羊常从鼻孔排出黏液分泌物，干涸后在鼻孔周围形成痂皮；有时分泌物很黏稠，形成绳索状物，悬垂在鼻孔下面。还可见患羊打喷嚏，逐渐消瘦、被毛枯干、贫血、头胸部和四肢水肿，呼吸加快和困难，体温一般不升高。羔羊症状较严重，可以引起死亡。感染轻微的羊和成年羊常呈慢性经过，症状不明显。

剖检可见尸体消瘦、贫血。支气管中有黏性、脓性、混有血丝的分泌物团块，团块中有成虫、虫卵和幼虫，有个别支气管发生阻塞（图 21-80）。支气管黏膜混浊肿胀、充血，并有小点出血；支气管周围发炎。有不同程度的肺膨胀不全和肺气肿，有大小不一的块状肝样病变。在虫体寄生部位，肺表面稍隆起，呈灰白色，触诊时有坚硬感，切开时常见有虫体。肺泡壁上皮增厚，肺泡周围有巨噬细胞、浆细胞、巨细胞和大量的白细胞与嗜酸性粒细胞浸润。支气管上皮肿胀，黏膜、黏膜下层和肌层中也都有白细胞和嗜酸性粒细胞浸润；虫体被肺泡的脱屑、支气管上皮和嗜酸性粒细胞所包围。支气管和纵隔淋巴结增大和水肿。

5. 诊断　根据临床症状，特别是患病动物咳嗽发生的季节和发生率，可考虑是否为网尾线

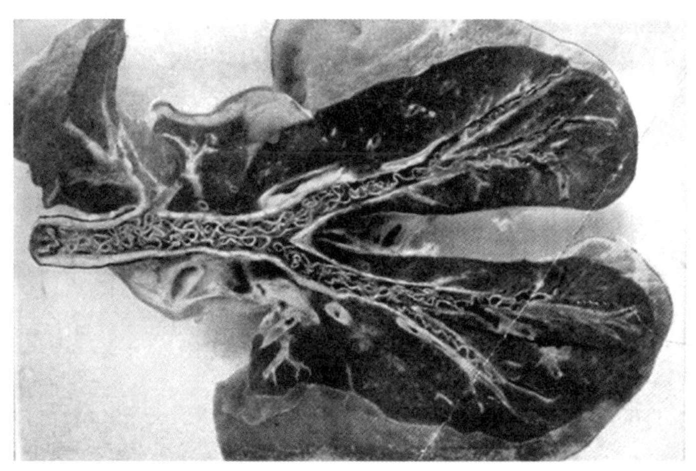

图 21-80　绵羊气管中的丝状网尾线虫

虫感染。用贝尔曼法分离幼虫，由粪便中检出第一期幼虫即可确诊。丝状网尾线虫第一期幼虫易于鉴别，较大，长为 550～585 μm；头端钝圆，有一扣状结节；尾端细而钝；体内有较多的黑色颗粒。另外，鼻腔分泌物和唾液中检出含幼虫的虫卵或 L_1，或剖检时在支气管和细支气管发现一定量的虫体和相应的病变时，都可确诊。目前，市场上已有商品化的酶联免疫诊断试剂盒，对感染早期的诊断有意义。

6. 治疗　可选用左旋咪唑、阿苯达唑、伊维菌素等药物。此外也可选用芬苯达唑、多拉菌素、奥芬达唑和氯乙酰肼（chloroacetylhydrazide），这些药物对网尾线虫成虫和幼虫都非常有效。

7. 预防

（1）保持牧场清洁干燥，防止潮湿积水，注意饮水卫生。

（2）根据当地的具体情况进行计划性驱虫，一般由放牧改为舍饲的前或后进行一次驱虫，使羊只安全越冬；在一月至二月初再进行一次驱虫，以避免春乏死亡；驱虫时，集中羊群数天，加强粪便管理，粪便应堆积发酵进行生物热处理，以消灭病原。

（3）成年羊与羔羊分群放牧，以保护羔羊少受感染，有条件的地方可以实施划地轮牧，以减少羊只的感染机会。

（二）牛网尾线虫病

牛网尾线虫病由网尾属的胎生网尾线虫寄生于牛、骆驼和多种野生反刍动物的支气管和气管内引起。我国西南的黄牛和西藏的牦牛多有发生，常呈地方性流行。牦牛常在春季大量地发病死亡，是牦牛春季死亡的重要原因之一。

1. 病原概述　胎生网尾线虫和羊的丝状网尾线虫相似，但略短(图 21-81)。雄虫长 24～59 mm，交合伞的中侧肋与后侧肋完全融合；交合刺呈黄褐色，引器呈椭圆形，均为多孔性结构(图 21-82)。雌虫长 32～80 mm，阴门位于虫体的中央部位，表面略凸起呈唇瓣状。虫卵椭圆形，无色透明，平均大小为 85 μm×51 μm，卵内含第一期幼虫，幼虫长 0.31～0.4 mm，头端钝圆，无纽扣状结节，尾部短而尖，体被有一层薄的角质膜。

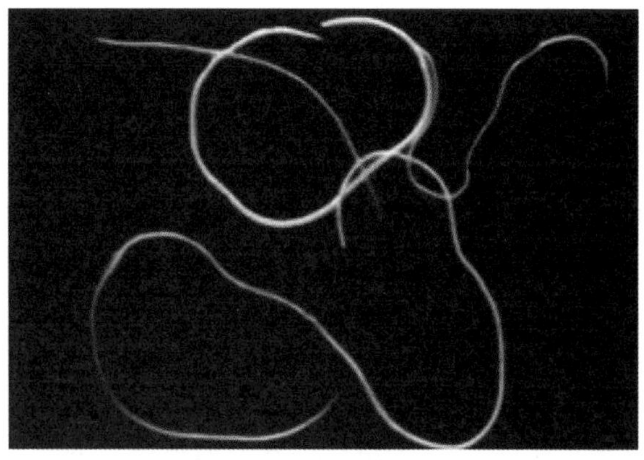

图 21-81　胎生网尾线虫

2. 病原生活史　雌虫在牛支气管和气管内寄生产卵（卵内含蜷曲幼虫），卵随痰液到口腔，再被牛吞下，幼虫多在大肠孵化，随粪便排出体外。在适宜的温度（23～27 ℃）和湿度下，幼虫在外界生活数日（最快只需 3 d），经 2 次蜕皮变成感染性幼虫。牛在吃草或饮水时食入感染性幼虫，幼虫在小肠内脱鞘；后钻入肠壁，由淋巴带至肠系膜淋巴结，在该处进行第 3 次蜕化；再经胸导管（淋巴管）进入血液循环，到心脏转入肺；后进入肺泡，到达细支气管和支气管，在肺部进行最后一次蜕化，发育为成虫（图 21-83）。从感染到雌虫产卵一般为 21～25 d，有时需要 1～4 个月。

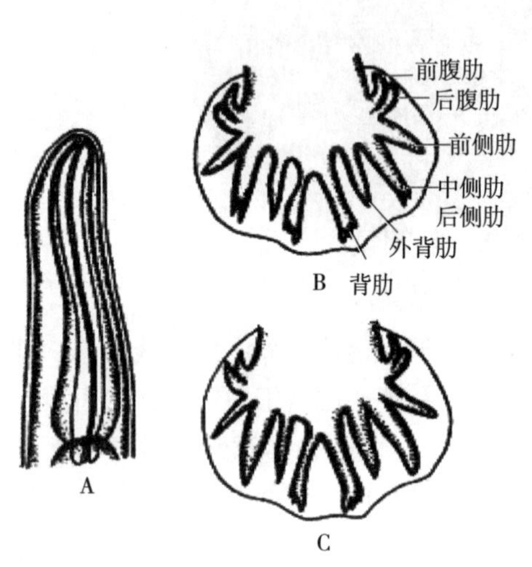

图 21-82 网尾线虫成虫

A. 前部 B. 丝状网尾线虫雄虫尾部 C. 胎生网尾线虫雄虫尾部

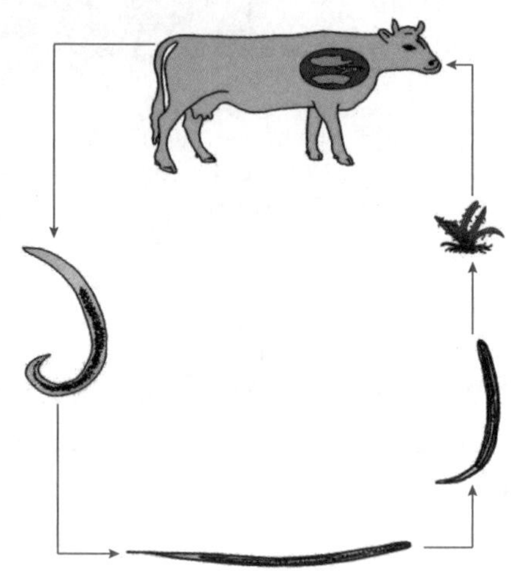

图 21-83 牛网尾线虫生活史

3. 流行病学 胎生网尾线虫病的流行病学与丝状网尾线虫相似。该病分布于世界各地。其在犊牛体内的寄生期限取决于牛的营养状况。营养好，抵抗力强时，虫体的寄生时间短，否则寄生时间长。除牛之外，胎生网尾线虫还可寄生于骆驼和多种野生反刍动物的体内，广泛流行于我国西北、西南的许多地方。新排出的幼虫在适宜的外界条件下发育为感染性幼虫时间比较短，只需 3 d 左右。温度低时，可能延迟至 11 d。低于 10 ℃或高于 30 ℃不能发育到感染期。发病季节主要是从夏季到初秋，放牧后转为舍饲时也可发生。

4. 临床症状和病理变化 最初出现的症状为咳嗽，尤以夜间和清晨出圈时明显，咳出痰液中含有虫卵、幼虫或成虫；初为干咳，后变为湿咳。咳嗽次数逐渐频繁。有时发生气喘和阵发性咳嗽；流淡黄色黏液性鼻涕，干后在鼻孔周围形成痂皮。久之，被毛干燥粗乱、食欲不振、消瘦、贫血，后期呼吸困难、不能站立、吐白色泡沫，听诊有湿啰音，可导致肺泡性和间质性肺气肿，引起死亡。犊牛症状严重。感染轻微的成年牛常为慢性经过，症状不显著。

剖检可见尸体消瘦、贫血、皮下水肿、胸腔积水。支气管中有黏液性、黏液脓性并混有血丝的分泌物团块，其中有成虫、虫卵和幼虫。支气管黏膜混浊、肿胀、充血，并有小的出血点，支气管周围发炎。肺表面可见不同程度的肺泡膨胀不全和肺气肿，呈灰白色隆起，触时有坚硬感。切开虫体寄生部位时可见到虫体。

5. 诊断 根据患病动物的临床症状，特别是咳嗽、发病季节和发病率，可怀疑为本病。利用贝尔曼法进行幼虫检查，如在粪便中发现第一期幼虫或在唾液或鼻液中发现虫卵，剖检时在支气管或气管中发现一定数量的虫体和相应的病变时，即可确诊。

6. 防治 参考羊网尾线虫病。在国外有商品化的含辐照致弱 L_3 的活疫苗。

（三）马网尾线虫病

马网尾线虫病由网尾属的安氏网尾线虫寄生于马属动物支气管内引起。该病多见于北方，但一般寄生数量很少，仅在死后剖检时发现，或粪便检查时发现其幼虫。

1. 病原概述 虫体呈白色丝线状。雄虫长 24～40 mm，交合伞的中侧肋与后侧肋在前半段时，为一总干，后半段则分开；交合刺两根，棕褐色，略弯曲，呈网状结构；引器不明显。雌虫长 55～70 mm，阴门位于虫体前部。虫卵椭圆形，大小为（80～100）μm×（50～60）μm，随粪排出时，卵内已含幼虫，且多在外界孵化。

2. 病原生活史　雌虫在支气管内产卵，卵随痰液进入口腔，之后进入消化道并随粪便排到体外。在外界，幼虫自卵内逸出，经两次蜕皮发育为第三期幼虫（感染性幼虫）。发育速度取决于外界环境温度和湿度，温度为 25～28 ℃，需 72 h；温度为 10～20 ℃时，则需 96 h。马经口感染，以后的移行过程与羊丝状网尾线虫相似。幼虫钻入肠壁经淋巴或血液途径到达肺。感染后 35～40 d，可在肺内见到成虫。

3. 流行病学　与牛的胎生网尾线虫很相似，呈散发性流行。主要发生于幼驹，自夏末到秋季和整个冬季都有发生。感染性幼虫对干燥敏感，不能在牧场上越冬。在疾病流行区，对放牧的马和驴都有危害。

4. 临床症状和病理变化　本病一般不引起严重的肺部异常。但也有研究显示本病和犊牛网尾线虫病相似，可引起支气管炎，肺内结节，导致幼驹死亡。在美国幼骡患病比较普遍。有些学者认为驴可以寄生大量虫体，但没有任何症状（保虫宿主）。

5. 诊断　根据临床症状和在粪便中发现虫卵或幼虫；或在死亡后剖检时，在支气管内发现虫体和相应的病变而做出诊断。

6. 防治　治疗可用乙胺嗪、阿苯达唑、左旋咪唑、噻苯达唑、甲苯达唑和伊维菌素等。

在流行地区，应避免在低洼潮湿的草地上放牧；注意饮水清洁。马、驴分开放牧，幼驹与成年马放牧也要分开。

国外用辐照致弱的 L_3 制备的活疫苗已实现了商品化生产。

（四）骆驼网尾线虫病

骆驼网尾线虫病的病原是网尾属的骆驼网尾线虫。虫体呈线状，乳白色。雄虫长 32～55 mm，交合伞的中、后侧肋完全融合，末端稍膨大；外背肋短；背肋 1 对粗大，末端有 3 个梯状分支；交合刺构造和胎生网尾线虫相似。雌虫长 46～68 mm。寄生于单峰驼和双峰驼的气管和支气管。

（王瑞　编，宋铭忻　刘贤勇　审）

第五节　后圆线虫总科线虫病

圆线目的后圆线虫总科（Metastrongyloidea）包括后圆科（Metastrongylidae）、原圆科（Protostrongylidae）、管圆科（Angiostrongylidae）、类丝科（Filaroididae）、环棘科（Crenosomatidae）。在兽医上比较重要的有原圆科的缪勒属（*Mueuerius*）和原圆属（*Protostrongylus*）；后圆科的后圆属（*Metastrongylus*）和管圆科的管圆属（*Angiostrongylus*）。

一、羊原圆线虫病

羊原圆线虫病（protostrongylidosis）由原圆科的线虫寄生于绵羊、山羊、羚羊的肺泡、毛细支气管、细支气管等处而引起，以咳嗽、气喘、弥漫渗出性肺炎和卡他性支气管炎为特征。有时鹿和兔等动物也可发生。此类线虫多系混合感染，虫体细小，有的肉眼刚能看到，故又称小型肺线虫（small lungworm）。其分布广，羊的感染率高，感染强度大。

（一）病原概述

包括缪勒属、原圆属、歧尾属（*Bicaulus*）、囊尾属（*Cystocaulus*）和锐尾属（*Spiculocaulus*）等属的线虫，在我国已发现 11 个种。

原圆科线虫雄虫交合伞不发达，背肋单个，不分支或仅末端分叉，或有其他形态变化；交合刺为多孔性栉状构造，具膜质羽状的翼膜，大部分虫种的引器由头、体和脚部组成。雌虫阴门靠近肛门处，卵胎生。

在上述原圆科线虫中，以缪勒属和原圆属线虫危害最严重，其代表种形态特征如下。

1. 毛样缪勒线虫（*Muellerius capillaris*） 是分布最广的一种，寄生于羊的肺泡、细支气管、胸膜下结缔组织和肺实质中。虫体细长，具口囊或缺，食道呈棒状，有头乳突。雄虫长11～26 mm，交合伞高度退化，尾部呈螺旋状卷曲，泄殖腔周围有许多乳突；背肋较其他肋发达，在后 1/4 处分为 3 支；具有引器，交合刺两根弯曲，长 150～180 μm，近端部有翼膜；远端部分为两支，呈锯齿状，整体形如弯曲的音叉。具有导刺带。雌虫长 18～30 mm，阴门距肛门很近，体后端有一个小角质膨隆（图 21-84）。虫卵呈褐色，大小为（82～104）μm×（28～40）μm，产出时细胞尚未分裂。

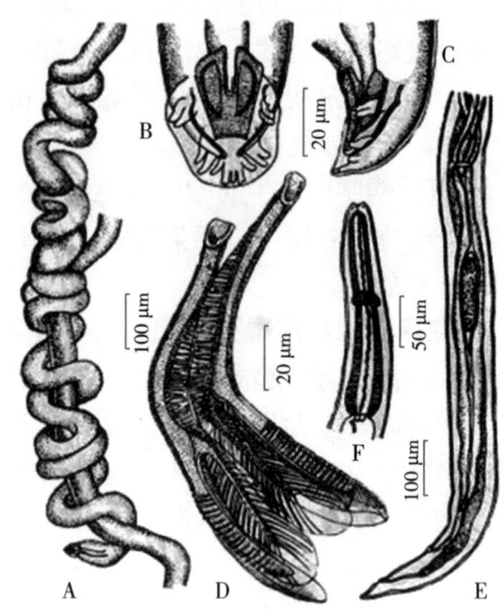

图 21-84　毛样缪勒线虫

A. 雄虫缠绕在雌虫身上的情况　B. 雄虫尾部腹面观　C. 雄虫尾部侧面观　D. 交合刺　E. 雌虫后部　F. 头部

（Boev，1997）

2. 柯氏原圆线虫（*Protostrongylus kochi*） 虫体纤细，呈红褐色，寄生于羊的细支气管和支气管。雄虫长 24.3～30.0 mm，交合伞小，背肋为一丘形的隆起，有 6 个乳突；交合刺呈暗褐色，为多孔性栉状构造；引器由头、体和脚 3 部分组成，头部有 2 个尖形的耳状结构，头部和脚部表面有齿状疣突；副引器由基板、短的侧板和宽的舌状腹板组成（图 21-85）。雌虫长 28.0～40.0 mm，阴门位于肛门附近，阴门前有一突起。阴道内的虫卵大小为（69～98）μm×（36～54）μm。

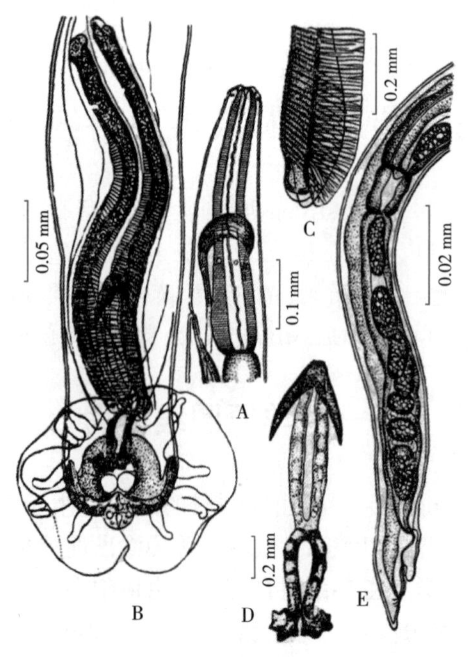

图 21-85　柯氏原圆线虫

A. 头部　B. 雄虫尾部　C. 交合刺远端　D. 引器　E. 雌虫尾部

（Boev，1997）

（二）病原生活史和流行病学

原圆科线虫的发育为间接发育型，需要螺或蛞蝓作为中间宿主。成虫在寄生部位产卵，虫卵排出后，发育孵化为 L_1，后者沿细支气管上行到咽，转入肠道，随粪便排到外界。随粪便排出的幼虫具杆状型食道。缪勒线虫的 L_1 具波浪形弯曲尾部，背侧有小刺；原圆线虫的幼虫与缪勒线虫幼虫相似，但背侧无小刺。L_1 钻入螺体内，在其中蜕皮两次，形成感染性幼虫（L_3）。L_1 进入中间宿主体内发育到感染期的时间随温度和螺的种类而异，原圆线虫一般为 15～49 d；缪勒线虫为 8～98 d。感染性幼虫可自行逸出或留在中间宿主体内。羊吃草或饮水时，摄入感染性幼虫或含有感染性幼虫的中间宿主而被感染。如果摄入的是螺，在宿主消化酶作用下，螺被消化，幼虫逸出。然后幼虫钻入肠壁到淋巴结，进行第三次蜕化；以后沿循环系统到心，再转至肺，进行第四次蜕化，在肺泡、细支气管以及肺实质中发育为成虫。从感染到发育为成虫的时间为25～38 d（图 21-86）。

第一期幼虫的生存能力较强。自然条件下，在粪便和土壤中可生存几个月。对干燥有显著的抵抗力，在干粪中可生存数周。在湿粪中的生存期较长，在相对湿度为 75%时，最长可活 14 d。幼虫耐低温，在 3～6 ℃时，比在高温下存活时间更长；还能抵抗冰冻，冰冻 3 d 后仍有活力，12 d 死亡。但直射阳光可迅速使幼虫致死。

图 21-86　羊原圆线虫生活史
（Foreyt，2001）

中间宿主是软体动物中的陆生螺和蛞蝓，包括 20 多个属。因为螺类以羊粪为食，L_1 幼虫通常不离开粪便，因而幼虫有更多的机会感染中间宿主。幼虫感染螺后，遇冷冻停止发育；遇适宜温度可迅速发育到感染期。在螺体内的感染性幼虫，其寿命与螺的寿命同长，为 12～18 个月。除严冬时软体动物休眠外，几乎全年均可发生感染。4～5 月龄以上的放牧羊几乎都有虫体寄生，有的寄生数量很大。

（三）临床症状和病理变化

轻度感染时不显临床症状；重度感染时宿主虚弱无力，抵抗力降低，使其易患其他疾病。柯氏原圆线虫主要引起小叶性肺炎和支气管性肺炎；毛样缪勒线虫可引起肺出现广泛性结节。当病情加剧和接近死亡时，有呼吸困难、干咳或暴发性咳嗽等症状；并发网尾线虫病时，引起大批死亡。

（四）诊断

根据症状和流行病学情况怀疑本病时，进行粪便检查，发现多量第一期幼虫即可确诊。每克粪便中约有 150 条幼虫时，被认为是有病理学意义的荷虫量。此外，鼻分泌液中亦可检获虫卵或幼虫。第一期幼虫长 300～400 μm，宽 16～22 μm。缪勒线虫的第一期幼虫尾部呈波浪形弯曲，背侧有一小刺；原圆线虫的幼虫亦呈波浪形弯曲，但无小刺。剖检时发现成虫、幼虫和虫卵及相应的病理变化时，也可以确诊为本病。

（五）防治

预防措施包括避免在低洼、潮湿的地段放牧，减少与陆生螺接触的机会；放牧羊只尽可能地避开中间宿主活跃的时间，如阴雨天、清晨和傍晚；成年羊与羔羊分群放牧，因为成年羊往往是带虫者，是传染源；根据当地情况可以进行计划性驱虫。驱虫药物参考网尾线虫病。

（王瑞　编，杨晓野　审）

二、猪后圆线虫病

猪后圆线虫病，又称猪肺线虫病，由后圆科后圆属线虫寄生于猪的支气管和细支气管而引起。该病在全国各地均有报道，常呈地方性流行，对仔猪危害很大。严重感染时可引起肺炎，是猪的重要疾病之一。其中野猪后圆线虫偶见于羊、鹿、牛等反刍动物及人。

（一）病原概述

后圆线虫呈丝状，乳白色或灰白色，口囊小，口缘有 1 对分三叶的侧唇，食道略呈棍棒状。雄虫交合伞有一定程度的退化，侧叶大，背叶小；肋有不同程度的融合；交合刺 1 对，细长，末端有单钩或双钩。雌虫阴门紧靠肛门，阴门前有一角质膨大部（阴门球）；有的虫体后端向腹面弯曲。卵胎生。

在我国发现的后圆线虫有三种：野猪后圆线虫（*Metastrongylus apri*）、复阴后圆线虫（*M. pudendotectus*）和萨氏后圆线虫（*M. salmi*）。这三种线虫均寄生于猪和野猪的支气管，多在细支气管第二次分支的远端部分。

1. 野猪后圆线虫 又称长刺后圆线虫（*Metastrongylus elongatus*）。雄虫长 11～25 mm，宽 0.16～0.23 mm；交合伞较小，前侧肋大，末端膨大，中侧肋和后侧肋融合在一起，背肋极小；交合刺两根，呈丝状，长 4.0～4.5 mm，末端为单钩，无引器（图 21-87）。雌虫长 20～50 mm，宽 0.4～0.45 mm；阴道长，超过 2 mm；尾长 90 μm，稍弯向腹面；阴门前有角质膨大，呈半球形（图 21-91）。虫卵椭圆形，外膜稍显粗糙，大小为（51～54）μm×（33～36）μm，内含幼虫（图 21-90）。

图 21-87 野猪后圆线虫
A. 前部侧面 B. 雄虫尾部 C. 交合刺末端
(Shultz et al)

2. 复阴后圆线虫 雄虫长 16～18 mm，宽 0.27～0.29 mm，交合伞较大；交合刺长 1.4～1.7 mm，末端为双钩形，有引器（图 21-88）。雌虫长 22～35 mm，宽 0.35～0.43 mm；阴道短，不足 1 mm，尾直，有较大的角质膨大覆盖着肛门和阴门（图 21-91）。虫卵椭圆形，稍粗糙，大小为（57～63）μm×（39～42）μm，内含卷曲幼虫（图 21-90）。

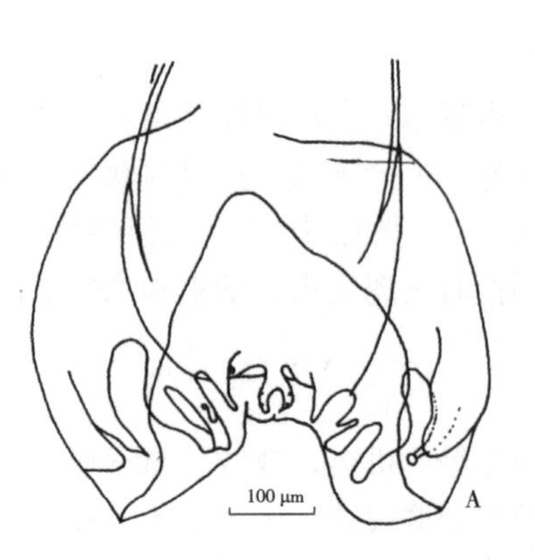

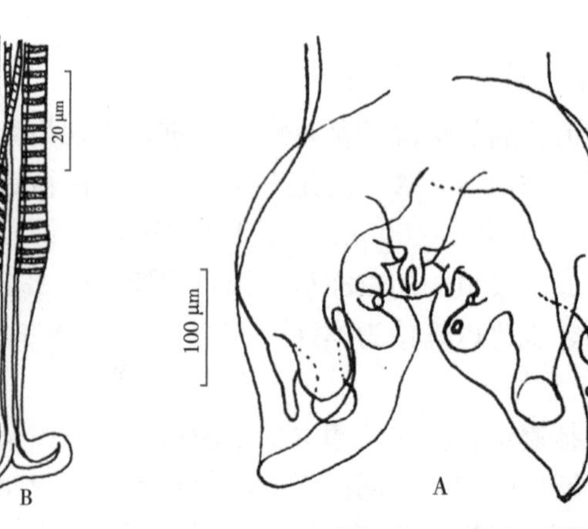

图 21-88 复阴后圆线虫
A. 交合伞 B. 交合刺末端
(Shultz et al)

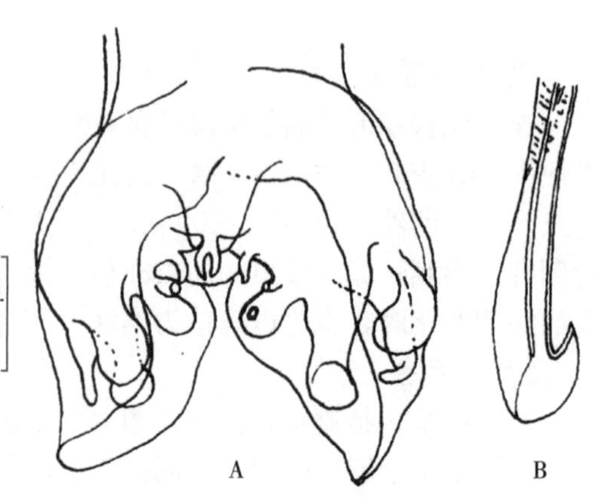

图 21-89 萨氏后圆线虫
A. 交合伞 B. 交合刺末端
(Shultz et al)

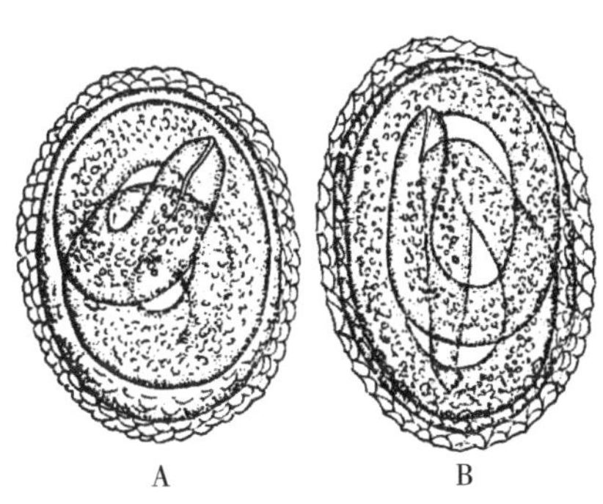

图 21-90 后圆线虫卵
A. 野猪后圆线虫虫卵 B. 复阴后圆线虫虫卵
(Skrjabin et al)

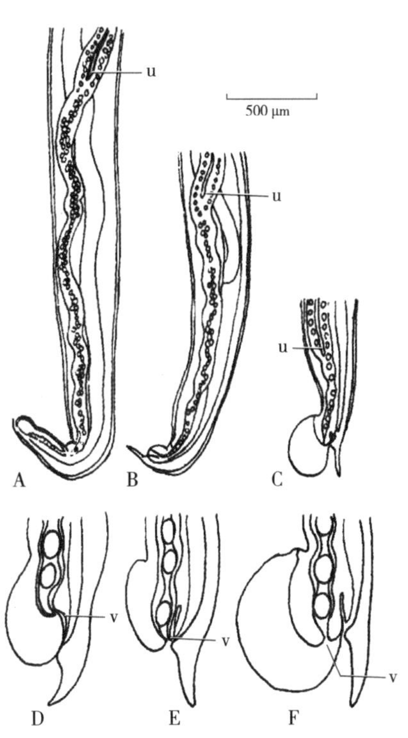

图 21-91 三种后圆线虫雌虫尾部
A、D. 野猪后圆线虫 B、E. 萨氏后圆线虫
C、F. 复阴后圆线虫 u. 子宫 v. 阴道
(Shultz et al)

3. 萨氏后圆线虫 雄虫长 17～18 mm，宽 0.23～0.26 mm，交合刺长 2.1～2.4 mm，末端呈单钩状（图 21-89）。雌虫长 30～45 mm，宽 0.32～0.39 mm，阴道长 1～2 mm；有外缘呈镰刀状的阴门盖；尾长 95 μm，尾端稍向腹面弯曲（图 21-91）。虫卵椭圆形，外膜稍粗糙，大小为（52.5～55.5）μm×（33～40）μm，内含幼虫。

（二）病原生活史和流行病学

后圆线虫的发育属间接发育型，其中间宿主为蚯蚓。雌虫在宿主气管和支气管内产卵，卵随痰液转移至口腔而被咽下，进入消化道，再随粪便排到外界。虫卵在潮湿的土壤中可存活 3 个月，因吸收水分，卵壳膨大而破裂，孵出 L_1幼虫。蚯蚓吞食了 L_1或虫卵而受感染。虫卵被吞食后，第一期幼虫在蚯蚓体内孵化，多数寄生于蚯蚓的食道壁、胃壁和大肠前段的肠壁中，少数进入心血管系统内；在蚯蚓体内发育 10～20 d时间，经 2 次蜕皮发育为感染性幼虫，其在蚯蚓体内能存活 6 个月，之后进入消化道随粪便排至土壤中。当蚯蚓死亡或受伤时，幼虫也可从其体内逸出进入外界环境的土壤中，继续存活2～4 周。猪吞食了土壤中的感染性幼虫或有感染性幼虫的蚯蚓而遭受感染。蚯蚓被摄入时，在猪肠内释放出感染性幼虫，虫体钻入盲肠壁、大肠前段壁或肠淋巴结中，经 1～5 d的发育，进行第 3、4 次蜕皮，再沿淋巴系统进入心脏和肺，后钻出肺毛细血管，进入肺泡，再到细支气管、支气管和气管。感染后约 23 d即可发育为成虫而排卵。感染后 5～9 周为产卵高峰，以后逐渐减少。成虫寿命约为 1 年（图 21-92）。

野猪后圆线虫是猪肺线虫病的主要病原体，在我国 23 个省市均有报道，流行广泛，感染率高、感染强度大。相比之下，复阴后圆线虫有 6 个省市报道，萨氏后圆线虫有 3 个省市报道，分布范围不及野猪后圆线虫。猪后圆线虫流行广泛的原因是虫卵和第一期幼虫对外界环境的抵抗力强，生存时间长；感染性幼虫可以在蚯蚓体内长期保持感染性。在猪粪便中的虫卵可存活 6～8 个月，秋季在牧场上产下的虫卵可度过结冰的冬季，存活 5 个月以上；第一期

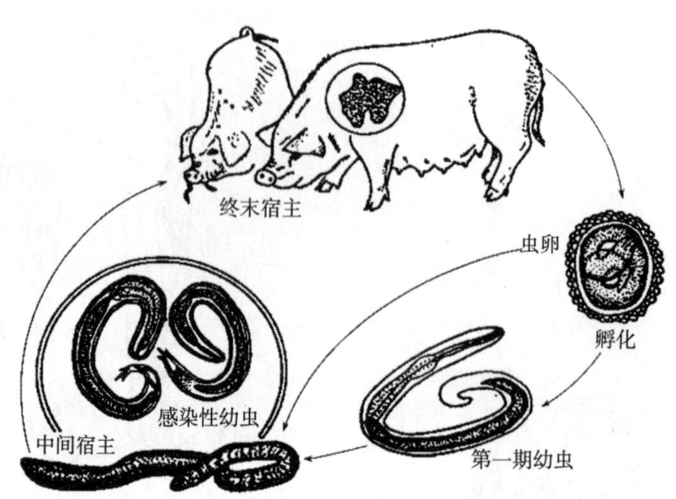

图 21-92　猪后圆线虫生活史

幼虫在水中可存活 6 个月以上，在潮湿的土壤中达 4 个月以上。虫卵被蚯蚓摄入后，在月平均气温低于 10.6 ℃时不发育；在 14～21 ℃需 1 个月发育至感染阶段；24～30 ℃下，8 d 即可。

病原体对蚯蚓的感染率较高，在其体内发育快，保持感染性的时间长。在夏秋季节，蚯蚓的感染率可达 71.9%，感染强度最高达 4 000 条。在蚯蚓体内的感染性幼虫保持感染性的时间，能够与蚯蚓的寿命一样长。而蚯蚓的寿命随种类而异，为 1.5～4 年不等，有些种类可活 4～10 年。自然界中的感染性幼虫，在潮湿的土壤中，可存活 2～4 周；在 6～16 ℃的水中可以存活 5～6 周，−8～−5 ℃为 2 周，冬季为 4 个月。在我国，已发现可以作为野猪后圆线虫中间宿主的蚯蚓就有 20 种，分属于 6 个属，说明野猪后圆线虫对中间宿主的选择性不强，这也是该病分布广泛的重要原因。猪后圆线虫病的发病季节与蚯蚓的活动季节一致，一般在夏秋季发生感染，主要发生于 6～12 月龄的散养猪。

（三）临床症状和病理变化

轻度感染时症状不明显，但影响生长发育。严重感染时或并发气喘病，表现为剧烈的阵咳，呼吸困难；特别是在运动、采食或遇冷空气刺激后更加剧烈。病猪表现贫血、消瘦、体温升高、食欲减退或丧失、生长缓慢。肺线虫的感染能够为其他细菌性或病毒性疾病的发生和发展创造有利条件，使这些疾病易于发生或加重其病情。例如有肺线虫时，易并发猪肺疫、猪流感、猪瘟、猪支原体性肺炎（猪气喘病），加重呼吸困难症状；如继发细菌感染时，则发生化脓性肺炎，这种情况多见于严重感染的幼年猪，且死亡率很高。对成年猪的致病力较轻微。

病理变化主要见于肺，肉眼病变常不很显著。肺表面可见灰白色、隆起、呈肌肉样硬变的病灶，支气管内有黏稠分泌物和白色丝状虫体，膈叶腹面边缘有楔状肺气肿区，支气管壁增厚，支气管扩张，有坚实的灰色小结，小支气管周围呈现淋巴样组织增生和肌纤维肥大。

（四）诊断

根据临床症状和粪便中发现大量虫卵或剖检病尸发现虫体而确诊。因虫卵比较重，检查时可用饱和硫酸镁或硫代硫酸钠溶液作为漂浮液以提高检出率。

变态反应诊断可用病猪气管黏液做诊断抗原，加入 30 倍体积生理盐水，再滴加 30%乙酸溶液，直到稀释的黏液发生沉淀，过滤后，再徐徐滴加 30%的碳酸氢钠溶液中和，调到中性或微碱性，消毒后备用。将上述抗原 0.2 mL 注射于备检猪耳背面皮内，在 5～15 min 内，注射部位肿块直径超过 1 cm 者为阳性。

诊断时应注意与仔猪肺炎、流感及气喘病相区别。一般仔猪肺炎发病急、高热、频发咳嗽、

呼吸急促；而后圆线虫病发病较缓、阵咳，严重患病动物偶尔表现为呼吸困难。

（五）防治

治疗可选用左旋咪唑、阿苯达唑、乙胺嗪、苯硫咪唑或伊维菌素等药物。对肺炎严重的病猪，在驱虫的同时应给予青霉素、链霉素（streptomycin）等抗生素治疗，防止继发感染，有助于肺炎的痊愈。

该病的预防应采取综合性防控措施：猪舍、运动场应保持干燥，最好铺设水泥地面，防止养殖环境内蚯蚓生存繁殖。对猪活动的地方，夯实松土或换沙土，防止蚯蚓滋生，流行地区可用30%草木灰水淋湿运动场地，杀灭虫卵和蚯蚓。及时清扫粪便，设固定场所发酵。对散养猪应定期严格检查，一经发现立即驱虫。尽可能改放养为圈养。放养猪在夏秋季用抗线虫药定期驱虫具有较好的预防效果。

（王文龙　编，杨晓野　审）

三、广州管圆线虫病

广州管圆线虫病（angiostrongyliasis）是由管圆科管圆属（*Angiostrongylus*）的广州管圆线虫（*Angiostrongylus cantonensis*）引起的人兽共患性寄生虫病，具有重要公共卫生意义。

成虫细长，白色，头端圆形，口孔周围有两圈小乳突。雄虫长15～26 mm；交合伞对称，外观呈肾形；背肋为一短干，顶端有两缺刻；交合刺等长。雌虫长21～45 mm，阴门靠近肛门；尾部呈斜锥形。

成虫主要寄生于终末宿主黑家鼠、褐家鼠及多种野鼠的肺。雌虫产卵并孵出第一期幼虫，幼虫沿呼吸道由咽转入消化道，随宿主粪便排出体外。幼虫进入中间宿主螺类或蛞蝓体内，在肺、肌肉等处，发育成第三期感染性幼虫。常见的中间宿主有福寿螺、褐云玛瑙螺、中国圆田螺、皱疤坚螺、方形环棱螺等螺类和双线嗜黏液蛞蝓、足襞蛞蝓、复套足襞蛞蝓、玉溪复套足襞蛞蝓等。另外，蟾蜍、泽蛙、牛蛙、青蛙、猪、淡水鱼、虾、蟹等可作为广州管圆线虫的转续宿主。鼠类等终末宿主因吞入含有第三期幼虫的中间宿主而感染。第三期幼虫进入血液循环至身体各部器官，多数幼虫沿颈总动脉到达脑部，发育为幼龄成虫。幼龄成虫大多于感染后24～30 d经静脉回到肺动脉，继续发育至成虫。

人是广州管圆线虫的非正常宿主或称偶然宿主。人多因食入含有感染性幼虫的生或半生的螺肉或转续宿主的肉而感染；食入被感染性幼虫污染的水、蔬菜、食物等也可引起感染。幼虫主要侵犯人体中枢神经系统，引起嗜酸性粒细胞增多性脑膜脑炎。临床症状主要为剧烈头痛，其次为恶心、呕吐、低或中度发热及颈部发硬。少数患者出现面瘫及感觉异常，如麻木、灼烧感等。严重病例可有瘫痪、嗜睡、昏迷，甚至死亡。

可以用阿苯达唑进行治疗，并辅以抗炎、降颅内压等对症治疗。

（宋小凯　编，李祥瑞　审）

第六节　钩口线虫总科线虫病

圆线目的钩虫总科（Ancylostomatoidea）包括钩口科（Ancylostomatidae）的仰口属（*Bunostomun*）、钩口属（*Ancylostoma*）、球首属（*Globocephalus*）、板口属（*Necator*）、弯口属（*Uncinaria*）、旷口属（*Agriostomum*）等属的线虫，虫体寄生于牛、羊、猪、犬、猫和人等的小肠。该病分布较广，动物感染后主要表现为贫血、肠炎、消瘦等，危害严重。

一、牛、羊仰口线虫病

牛、羊仰口线虫病由钩口科仰口属的牛仰口线虫（*Bunostomun phlebotomum*）和羊仰口线虫（*Bunostomun trigonocephalum*）分别寄生于牛和羊的小肠而引起，俗称牛钩虫病或羊钩虫病。本病在我国各地普遍流行，可引起贫血和死亡。

（一）病原概述

仰口线虫的头端向背面弯曲，口囊大，口腹缘有1对半月形的角质切板。雄虫交合伞的背肋不对称，左右外背肋长短不一。雌虫的阴门位于虫体中部稍前。

羊仰口线虫呈乳白色或淡红色。口囊底部背侧有1个大背齿，底部腹侧有1对小的亚腹齿。雄虫长12.5～17.0 mm；交合伞发达；右外背肋由背肋近基部伸出一细长支，比左外背肋长，后者从背肋的近中部发出，比较短；背肋不正，发出后偏于一侧，在远端分为2支，各支末端呈三指状；交合刺等长，褐色；无引器（图21-93、图21-94）。雌虫长15.5～21.0 mm，尾端钝圆；阴门位于虫体中部前不远处。虫卵大小为（79～97）μm×（47～50）μm，两端钝圆，胚细胞大而数少，内含暗黑色颗粒。

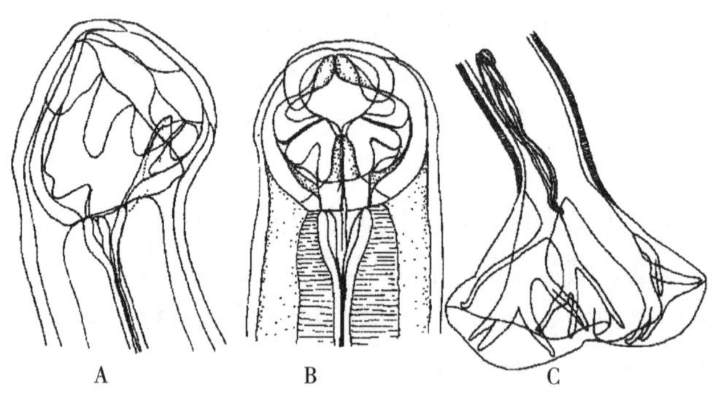

图21-93　羊仰口线虫

A. 头部侧面　B. 头部背面　C. 交合伞

（孔繁瑶　等，1997）

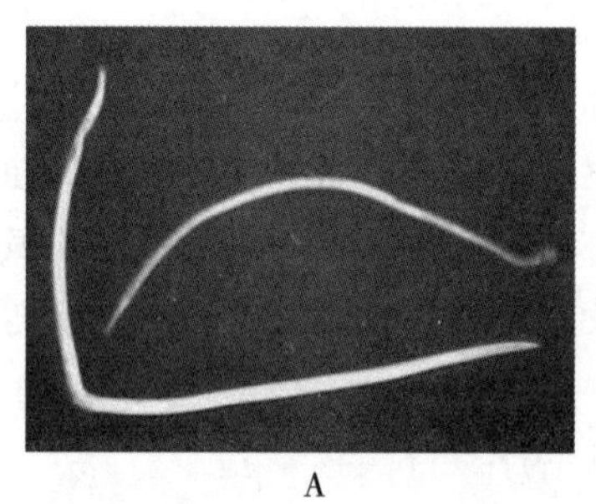
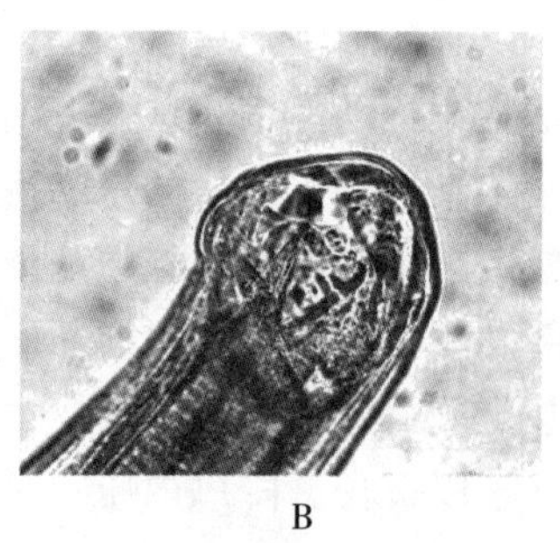
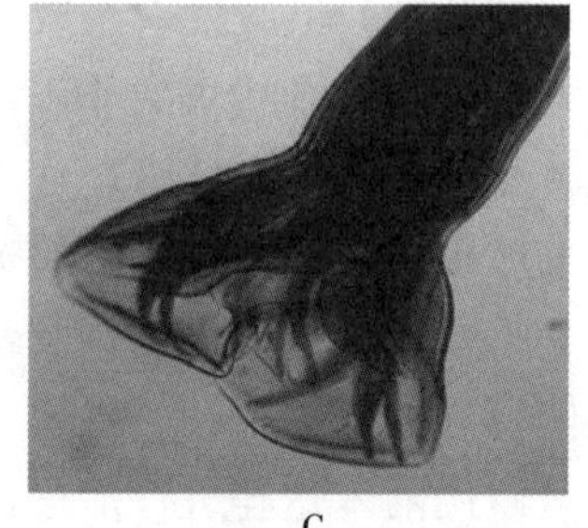

A　B　C

图21-94　羊仰口线虫

A. 虫体　B. 口囊　C. 交合伞

（李祥瑞　等供图）

牛仰口线虫的形态和羊仰口线虫相似，但口囊底部腹侧有2对亚腹齿。另一个区别是雄虫的交合刺长，为3.5～4.0 mm，是羊仰口线虫交合刺的5～6倍（图21-95）。雄虫长10～18 mm，雌虫长24～28 mm，虫卵的平均大小为106 μm×46 μm，两端钝圆，卵细胞呈暗黑色。

另外，我国南方牛尚寄生有弗氏旷口线虫（*Agriostomum vryburgi*），虫体头端稍向背面弯曲，口囊浅，下接一个深大的食道漏斗，内有2个小的亚腹侧齿。口缘有4对大齿和一个不明显的叶冠。雄虫长9.2～11.0 mm，雌虫长13.5～15.5 mm。虫卵大小为（125～195）μm×（60～92）μm。

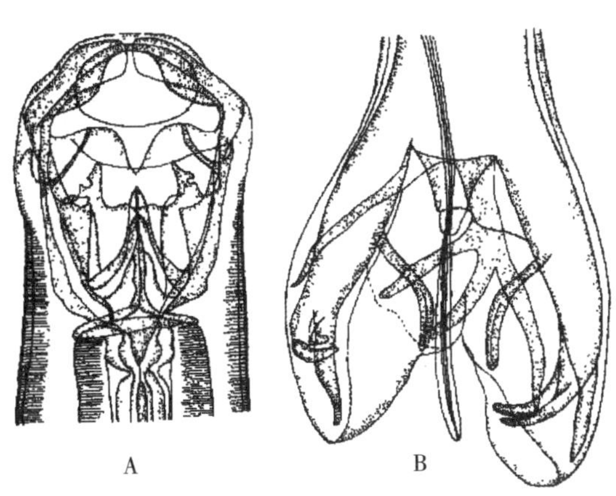

图 21-95 牛仰口线虫
A. 头部 B. 交合伞
（孔繁瑶 等，1997）

（二）病原生活史

虫卵随粪便排出体外，在潮湿的环境中和适宜的温度条件下，虫卵内发育形成 L_1 幼虫，从卵壳内释出，在 4～8 d 内形成 L_3 幼虫。温度低于 15 ℃或高于 35 ℃，虫卵均不能发育。牛、羊由于吞食了被感染性幼虫污染的饲料和饮水，或感染幼虫直接钻进牛、羊皮肤而感染。仰口线虫的幼虫经皮肤感染时，幼虫从表皮钻入，随即脱去外鞘，然后沿血流到肺，进行第 3 次蜕化成为 L_4。之后上行到咽，重返小肠，进行第 4 次蜕化而成为 L_5。经口感染时，幼虫在小肠内直接发育为成虫。感染后 30～79 d 在粪便内可发现虫卵。

（三）流行病学

虫卵对寒冷和高温抵抗力较差，在 0 ℃下只能存活 2 周，在 40 ℃的高温中，只能存活 3 h。L_3 在 0 ℃下，可以存活 40 d；在 35 ℃下，只能存活 6 d；而气温较低的春季存活时间较长，可达 3 个多月。宁夏盐池地区在 7 月以前，牧场上没有感染性幼虫；到夏季（8 月），羔羊体内才开始出现虫体，此后数量逐渐增多。有些地区羊的全年荷虫量基本相近。

（四）致病作用

仰口线虫的致病作用因虫体的发育期不同而异。幼虫侵入皮肤时，引起瘙痒和皮炎，但一般不易察觉。幼虫移行到肺时引起肺出血，但通常无临床症状。引起较大危害的是小肠寄生期，成虫以口囊吸附于肠黏膜上，并以齿刺破肠绒毛，吸食流出的血液；虫体离开后，留下伤口，血液继续流失一定时间。失血带来铁的损失，100 条虫体每天可吸食血液 8 mL，失去 4 μg 的铁。严重感染时，患病动物骨髓腔内充满透明的胶状物；组织学检查可见生成红细胞的血岛稀少，血岛周围为非细胞性物质，表明红细胞的生成作用已极度受限。患病动物的死亡主要由于红细胞的生成受到抑制，即进行性再生障碍性贫血而引起。研究表明，羊体内有 100 多条虫体时，即可危害羊的健康和妨碍其发育；舍饲犊牛体内有 1 000 条虫体时，则可引起死亡。

动物可以对仰口线虫产生一定的免疫力。产生免疫力后，粪便中的虫卵数减少，即使放牧于严重污染的牧场，虫卵数亦不增高。在幼虫侵入的局部，皮肤发生细胞浸润并形成痂皮。但似乎不能阻止幼虫穿过皮肤。在成虫寄生的小肠有嗜酸性粒细胞浸润。

（五）临床症状与病理变化

牛和羊症状基本相同。患病动物表现为进行性贫血、严重消瘦、下颌水肿、顽固性腹泻、粪呈黑色。幼畜发育受阻，还有后躯痿弱和进行性麻痹等神经症状，死亡率很高。

剖检见尸体消瘦、贫血、水肿，皮下有浆液性浸润。血液色淡、水样、凝固不全。肺有淤血性出血和小点出血。心肌软化，肝淡灰色、质脆。十二指肠和空肠有大量虫体，游离于肠腔内容物中或附着在黏膜上。肠黏膜发炎，有出血点。肠内容物呈褐色或血红色。

（六）诊断与治疗

根据临床症状，粪便检查发现虫卵和剖检发现多量虫体即可确诊。

治疗可用噻苯达唑、苯硫咪唑、左旋咪唑、阿苯达唑或伊维菌素等药物。

（七）预防

定期驱虫。舍饲时应保持厩舍清洁干燥；饲料和饮水应不受粪便污染；改善牧场环境，注意排水。

二、猪球首线虫病

猪球首线虫病由钩口科球首属的线虫寄生于猪的小肠而引起，也称猪钩虫病。对养猪业有较大的危害。

虫体粗短，前端向背面略弯曲。口囊呈球形或漏斗状，外缘为一角质环，无叶冠和齿；靠近口囊基底处通常有1对亚腹侧齿；背沟显著。雄虫交合刺纤细。雌虫尾端呈尖刺状，阴门位于虫体后部。虫卵为卵圆形，灰色，卵壳薄，大小为（58.5～61.7）μm×（34～42.5）μm。常见的种类如下：

1. 长尖球首线虫（*Globocephalus longemucronatus*） 雄虫长约7 mm，雌虫长约8 mm。口囊内无齿。

2. 萨摩亚球首线虫（*G. samoensis*） 雄虫长4.5～5.5 mm，雌虫长5.2～5.6 mm。口囊内有2个齿。

3. 锥尾球首线虫（*G. urosubulatus*） 雄虫长4.4～5.5 mm，雌虫长5～7.5 mm。口囊内有2个亚腹侧齿（图21-96）。

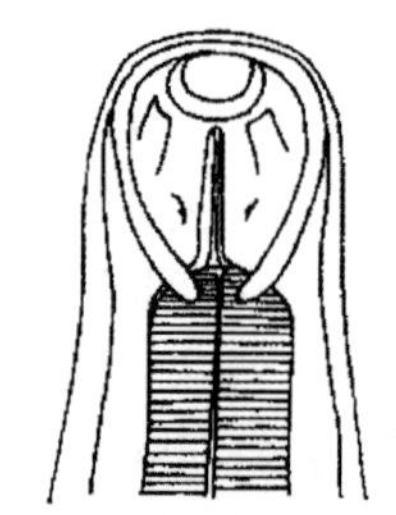

图21-96 锥尾球首线虫头部背面
（Monnig）

发育史与致病力和其他钩虫相似。可引起贫血、肠卡他，肠黏膜有时有出血点。严重感染时可导致消瘦和消化紊乱。

诊断可从粪便中检查虫卵；也可给猪饲喂轻泻性饲料或泻剂，检查稀粪中排出的虫体或剖检检查虫体。治疗可用噻苯达唑或伊维菌素等药物。预防应注意猪舍卫生，及时清扫粪便并保持饲料和饮水清洁。

三、犬、猫钩虫病

犬、猫钩虫病由钩口科的钩口属、板口属和弯口属的线虫寄生于犬、猫等肉食动物的小肠（主要是十二指肠）引起。我国各地均有发生，是犬（尤其是警用犬）中危害最为严重的寄生虫病之一。有的虫种也可感染人，具有一定公共卫生学意义。

（一）病原概述

常见虫种的特征如下。

1. 犬钩口线虫（*Ancylostoma caninum*） 虫体淡红色。虫体前端向背面弯曲。口囊大，腹侧口缘上有3对大齿，深部有1对背齿和1对亚腹齿（图21-97）。虫体长10～16 mm。虫卵平均大小为60 μm×40 μm。新排出的虫卵含8个卵细胞。寄生于犬、猫、狐等的小肠，偶尔寄生于人。

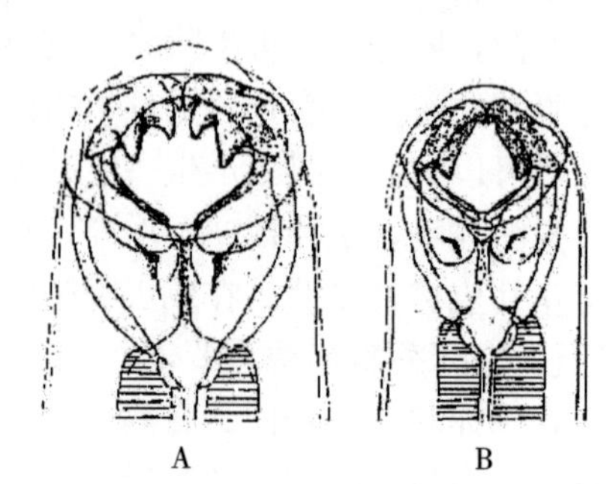

图21-97 钩口线虫
A. 犬钩口线虫头端背面 B. 巴西钩口线虫头端背面
（Monnig）

2. 巴西钩口线虫（*Ancylostoma braziliense*） 虫体口缘腹侧有1对大齿和1对小齿（图21-97）。虫体长6～10 mm。虫卵的平均大小为80 μm×40 μm。

寄生于犬、猫、狐等动物的小肠。

3. 美洲板口线虫（*Necator americanus*）　虫体头端弯向背侧，口缘腹侧有 1 对半月形切板。口囊呈亚球形，底部有 2 个三角形亚腹侧齿和 2 个亚背侧齿。雄虫长 5～9 mm，雌虫长 9～11 mm。虫卵大小为（60～76）μm×（30～40）μm。寄生于人和犬。

4. 狭头弯口线虫（*Uncinaria stenocephala*）　虫体呈淡黄色，两端稍细，较犬钩口线虫小，头弯向背面。口囊发达，其腹面前缘有 1 对半月形切板，接近口囊底部有 1 对亚腹侧齿。雄虫长6～11 mm，雌虫长 7～12 mm。虫卵与犬钩口线虫虫卵相似。寄生于犬、猫、狼等的小肠，猪也可感染。

（二）病原生活史

虫卵随犬粪便排到外界，在适宜的温度和湿度条件下发育孵化出幼虫，幼虫经两次蜕化发育为感染性幼虫；污染饲料或饮水后被犬类摄食，或主动地钻进皮肤而造成感染。经皮肤感染时，幼虫经血流到肺，穿破毛细血管壁和肺组织，移行到肺泡，经气管到喉、咽后返回肠腔，发育为成虫。经口感染时，幼虫可能经肺移行，但多钻进胃壁或肠壁，经一段时间后重返肠腔发育为成虫。成虫寿命从 1 年到几年不等。潜隐期 15～20 d。

（三）致病作用与临床症状

犬钩口线虫的致病性强，幼犬对其尤为敏感。成年犬感染少量虫体时，不显症状。幼犬即使只感染少量虫体，仍可能发病。成虫吸附在肠黏膜上吸血，造成肠黏膜出血和溃疡。虫体分泌抗凝素，使吸血部位黏膜伤口凝血不良，出血时间延长；而且虫体有不断变换吸血部位的习性，以致失血更多。由于慢性失血，宿主体内的铁和蛋白质不断被消耗。虫体多时，使宿主出现严重的缺铁性贫血。

主要症状为贫血和稀血症，黏膜苍白、极度消瘦、毛干枯，腹泻与便秘交替发生，粪便中带血。可导致幼畜死亡。剖检可见贫血和稀血症，小肠肿胀、黏膜上有出血点，肠内容物混有血液；黏膜上可见多量虫体吸附。

（四）诊断

根据临床症状和粪便检查发现虫卵即可确诊。剖检发现虫体时可进行种类鉴定。

（五）防治

治疗可用左旋咪唑、甲苯咪唑、碘化硝基氰胺（dithiazanine iodide）、二碘硝基酚（disophenol）、芬苯达唑、伊维菌素、莫西菌素、米尔贝肟（milbemycin oxime）等药。严重贫血时，需对症治疗，口服或注射含铁滋补剂或输血，给患病动物饲喂富含蛋白质的饲料。

预防应保持犬舍干燥和清洁，并定期消毒。犬粪应及时清除，避免污染地面或垫料；用具也应定期消毒；成年犬与幼犬分开饲养，未经彻底消毒的犬舍不用于饲养幼犬。

（严若峰　编，李祥瑞　审）

第七节　尖尾线虫总科线虫病

尖尾目的尖尾线虫总科（Oxyuroidea）包括尖尾科（Oxyuridae）、饰尾科（Cosmocercidae）、盾颈科（Aspidoderidae）和咽齿科（Pharyngodonidae）。其中，尖尾科的尖尾属（*Oxyuris*）、栓尾属（*Passalurus*）、无刺属（*Aspicularis*）、管状属（*Syphacia*）等的线虫寄生于宿主的消化道引起的线虫病较为常见。尖尾线虫又称为蛲虫，因其雌虫尾部长而尖细，故称为尖尾线虫，生活史属直接发育型，有较严格的宿主特异性。

一、马尖尾线虫病

马尖尾线虫病（也称马蛲虫病）由尖尾科尖尾属的马尖尾线虫（*Oxyuris equi*）寄生于马、

骡、驴、斑马等动物的大肠引起。该病以肛门周围发痒为主要特征，呈世界性分布，在我国各地均有报道，为马属动物常见线虫病。

（一）病原概述

马尖尾线虫寄生于马属动物的盲肠和结肠内。虫体头端有 6 个乳突，口囊短浅，口孔由 6 个小唇片组成六边形。雌虫和雄虫大小差异很大，且颜色不同。雄虫白色，体形小，大小为（9～12）mm×（0.8～1）mm；有 1 根呈大头针状的交合刺，尾部有外观呈四角形的翼膜，上有两个大乳突和一些小乳突（图 21-98）。雌虫未成熟时为白色，整个虫体长约 150 mm，微弯曲，尾部短细；成熟后灰褐色，尾部细长而尖，有的可长达体部的 3 倍以上；阴门位于体前部 1/4 附近。虫卵呈长卵圆形，两侧不对称（一侧较平直），大小为 90 μm×42 μm，一端有卵塞。新排出的卵内含卵细胞，在宿主肛门周围收集的虫卵多已发育，内含幼虫。

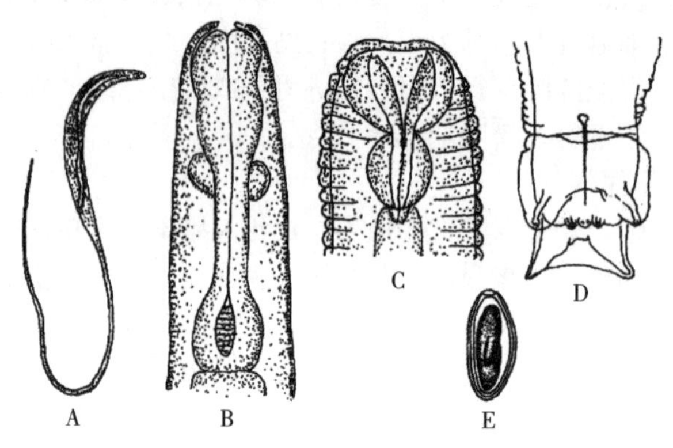

图 21-98　马尖尾线虫

A. 雌虫全形（Mönnig）　B. 成虫前部　C. 幼虫头部（板垣）　D. 雄虫尾部腹面（Mönnig）　E. 虫卵

（孔繁瑶，1997）

另外，在我国寄生于马、驴、骡盲肠和结肠的尖尾线虫还有饰尾科普氏属（*Probstmayria*）的胎生普氏线虫（*P. vivipara*），其雄虫长 2 mm，雌虫长 2～3 mm，子宫内常含一形体很大的幼虫，致病力不详。

（二）病原生活史

雌雄虫交配后，雄虫死亡，雌虫爬到宿主肛门处，在肛门周围和会阴部皮肤上产出成堆的虫卵和黄白色胶样物质，黏附在皮肤上。雌虫产完虫卵后皱缩死亡；部分雌虫能退缩到直肠内继续生存。由于肛门周围具有适宜的温度、湿度和空气等条件，虫卵发育迅速，24～36 h 在卵壳内发育为第一期幼虫，3～5 d 卵内形成感染性幼虫。由于卵块的干缩或马的擦痒动作，使卵落入外界（卵在外界环境中也可发育到感染性阶段），马因摄食受感染性虫卵污染的饲料或饮水，或舔食受污染的用具、饲槽等而被感染。在小肠内，幼虫从卵壳中逸出，寄生于腹侧结肠和盲肠黏膜腺窝内；感染后 3～10 d 形成第四期幼虫，并以大肠黏膜为食，此时虫体呈红褐色；感染后 50 d最后一次蜕皮，形成第五期幼虫；感染后 5 个月发育为成虫，寄生于大肠内，以肠内容物为食。

（三）流行病学

马属动物均可感染。虫卵在适宜的环境中可生存数周；干燥时不超过 12 h 即死亡；在冷冻条件下 20 h 死亡。该病多发于幼驹和老马；特别是在卫生状况恶劣的厩舍条件下，不做刷拭且个体卫生不良的马匹感染普遍。

（四）临床症状和病理变化

虫体感染强度大时，可导致宿主营养不良，患病动物消瘦；重度感染时，幼虫可引起相应寄生部位的炎性浸润，其分泌的蛋白酶使肠黏膜液化而成为其食物，使肠黏膜出现溃疡、炎症。

主要症状表现为雌虫在肛门周围产卵时分泌的胶样物质，对肛门处皮肤具有强烈的刺激作用，引起剧痒，会阴部发炎，患马常以臀部抵在各种物体上摩擦，引起尾根及其附近部位皮肤脱毛、发生皮炎；继发细菌感染时可能引起深部组织损伤。病马表现不安、影响食欲、营养不良、身体消瘦，有时有肠炎症状。

（五）诊断

可根据该病特有的症状加以诊断，患病动物经常摩擦尾部，被毛或皮肤发生损伤，肛门周围及会阴部有污秽不洁的卵块，即可怀疑为本病。对可疑患病动物用透明胶带粘取肛门周围，再将胶带粘于载玻片上镜检，发现蛲虫虫卵，即可确诊；也可用沾有50%甘油的药匙，刮取肛门周围和会阴部皮肤，在显微镜下检查刮下物中是否有虫卵；严重感染时，还可在肛门外或粪便中发现虫体。采集虫体时，虽然雄虫很小，但更有鉴定意义，不应被忽略。

（六）防治

一般驱线虫药均有显著效果，可用阿苯达唑、噻苯达唑、左旋咪唑、伊维菌素、莫西菌素等药物。在驱虫的同时，可用消毒液清洗肛门周围皮肤，清除卵块，防止再次感染。

控制马蛲虫病，主要是要搞好圈舍和马匹个体卫生；发现病马及时驱虫，并做好用具和环境的消毒及杀灭虫卵工作；健康动物与患病动物分开饲养，对新购进动物进行隔离检查后，方可混群饲养。

二、兔栓尾线虫病

兔栓尾线虫病又称兔蛲虫病，是由尖尾科栓尾属的疑似栓尾线虫（*Passalurus ambiguus*）寄生于家兔、雪兔、北极兔等多种兔的大肠内（主要是盲肠内）引起，分布广，通常致病力较弱。

疑似栓尾线虫又称疑似钉尾线虫。虫体细长针状，半透明，头部有狭小的翼膜，头端有2对亚中乳突和1对小的侧乳突，口囊浅，内含3个齿。食道前部柱状，向后逐渐增粗，再缩小后接一发达的食道球。雄虫长4～5 mm，尾端尖细似鞭状，有由乳突支撑的尾翼。雌虫长7～12 mm，有尖细的长尾。虫卵壳薄，一边平直，一边圆凸，如半月形；平均大小为90～103 μm，排出时已发育至桑葚期。

疑似栓尾线虫生活史为直接发育型。虫卵在外界环境中适宜温度（35～36 ℃）下，约经1 d发育为感染性虫卵，被兔摄食后，幼虫侵入盲肠黏膜的隐窝中，经过56～64 d发育为成虫。虫体在肠腔中可以生存3个多月。

本病呈世界性分布，在我国的黑龙江、山东、陕西、江苏、湖南、四川和福建等地均有报道。致病性主要是病兔肠黏膜受到损伤，有时发生溃疡及大肠炎症。轻度感染时症状不明显；严重感染时家兔表现为营养不良、贫血、消瘦、被毛粗糙、尾部脱毛。

在粪便中查到虫卵或剖检时在盲肠和大肠中发现虫体即可确诊。驱虫可用阿苯达唑、左旋咪唑、哌嗪和伊维菌素等药物。本病预防较为困难，重点是搞好兔舍的卫生，兔群中一旦发现有该虫体寄生，即应全群驱虫和消毒处理。

三、鼠尖尾线虫病

鼠尖尾线虫病（鼠蛲虫病）由尖尾科无刺属的四翼无刺线虫（*Aspiculuris tetraptera*）和管状属（*Syphacia*）的隐匿管状线虫（*Syphacia obvelata*）引起，主要寄生于大鼠、小鼠的盲肠和结肠，呈世界性分布，也是实验动物鼠类的一类常见寄生虫病，其中四翼无刺线虫的寄生可影响实验鼠的生理功能和机体免疫反应，干扰试验结果。

四翼无刺线虫又名鼠大肠蛲虫，有宽的颈翼（图 21-99）。雄虫长 2～4 mm，雌虫长 3～4 mm。虫卵呈对称的椭圆形，大小为（89～93）μm×（36～42）μm，卵壳薄。

隐匿管状线虫又名鼠盲肠线虫，形态与四翼无刺线虫相似，主要区别为颈翼较窄，雄虫长 1.1～1.5 mm，雌虫长 3.4～5.8 mm。虫卵左右不对称，一边较平直，大小为（118～153）μm×（33～35）μm。

两种线虫均为直接发育型。一般感染无明显症状。但鼠大肠蛲虫的存在可能会干扰有些试验结果。

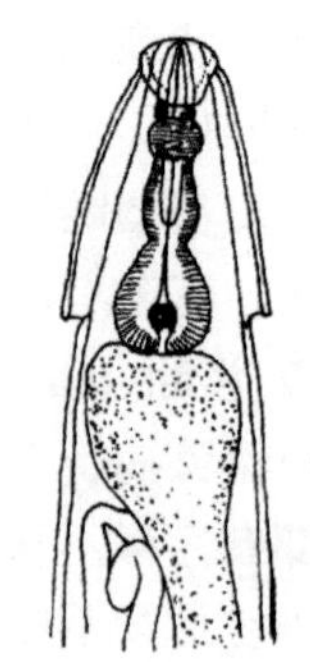
图 21-99 四翼无刺线虫前部
(Shults)

可用哌嗪化合物、左旋咪唑、阿苯达唑等驱虫药混入饲料或饮水中长时间反复给药以控制本病。消灭本病比较困难，许多药物及剖腹取胎术均可控制鼠蛲虫，但很难避免重复感染。

（王文龙 编，杨晓野 审）

第八节 小杆线虫总科线虫病

杆形目只有一个总科，即小杆线虫总科（Rhabditoidea）。其中，危害动物的有小杆科（Rhabditidae）的小杆属（*Rhabditis*）、类圆科（Strongyloididae）的类圆属（*Strongyloides*）、盆咽科（Panagrolaimidae）的哈利头叶属（*Halicephalobus*）、棒线科（Rhabdiasidae）的棒线属（*Rhabdias*）4 个属的线虫。动物的杆虫病主要是由类圆科类圆属的线虫引起，即类圆线虫病。

类圆线虫的感染性幼虫主要通过皮肤感染宿主，经肺移行到达小肠黏膜，发育为雌虫。可导致宿主出现消瘦、腹泻等临床症状，严重感染可造成死亡。本病对犬、猪、马等动物危害较大。其中粪类圆线虫病是重要的人兽共患寄生虫病，据估计全球可能有 3 000 万到 1 亿人被感染。

（一）病原概述

类圆线虫俗称杆虫（threadworm），目前已发现有 50 多种，宿主包括人和其他哺乳动物、鸟类、两栖动物及爬行动物。粪类圆线虫（*Strongyloides stercoralis*）感染犬、猫及人，是一种较为重要的人兽共患寄生虫。韦氏类圆线虫（*S. westeri*）感染马；乳突类圆线虫（*S. papillosus*）感染牛、羊；兰氏类圆线虫（*S. ransomi*）感染猪；而鼠类圆线虫（*S. ratti*）见于实验大鼠；福氏类圆线虫（*S. fulleborni*）感染灵长类动物。

1. 粪类圆线虫 虫体较小，细长。口腔很短，有显著的生殖原基和尖的尾部；尾尖呈指状。寄生世代雌虫长约 2 mm，虫体近乎透明。显微镜下可见食道几乎占体长的三分之一；子宫与肠道相互交替而呈缠绕细线状（图 21-100）。虫卵呈椭圆形，大小为（50～58）μm×（30～34）μm，卵壁薄，内含一幼虫。感染性幼虫（丝状型幼虫）长 350～600 μm，直径约 50 μm，移动迅速；而杆状型幼虫相对短粗，长 250～300 μm，直径 60 μm。寄生于人、其他灵长类、犬、狐和猫的小肠内。

2. 韦氏类圆线虫 体长 7.3～9.5 mm，虫卵为（40～51）μm×（30～40）μm。寄生于马属动物的十二指肠黏膜。

3. 乳突类圆线虫 体长 4.38～5.92 mm，尾端指状，阴门开口于体后 1/3 处。虫卵为（42～60）μm×（25～36）μm。寄生于牛、羊的小肠黏膜。

4. 兰氏类圆线虫 体长 3.1～4.6 mm，虫卵为（42～53）μm×（24～32）μm。寄生于猪的小肠，多在十二指肠黏膜。

5. 福氏类圆线虫 寄生于黑猩猩、狒狒和人的肠道。

寄生于草食动物、猪、犬、猫等宿主体内的类圆线虫，随粪便排出的是含幼虫的卵；在其他

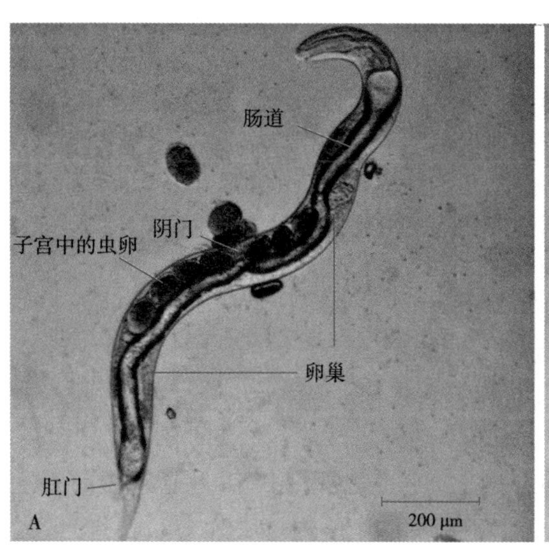

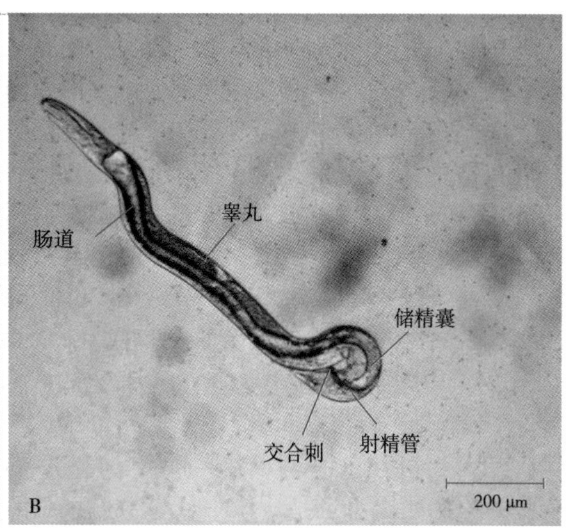

图 21-100　自由生活的粪类圆线虫

A. 雌虫　B. 雄虫

（胡敏，2019）

动物中，随粪便排出的是第一期幼虫。

（二）病原生活史

类圆线虫的生活史极为复杂，表现为其既可以在寄生生活与自由生活之间转换，也可在宿主体内产生自身感染。根据对鼠类圆线虫及粪类圆线虫的研究结果，发现类圆线虫的生活史有如下类型（图 21-101）。

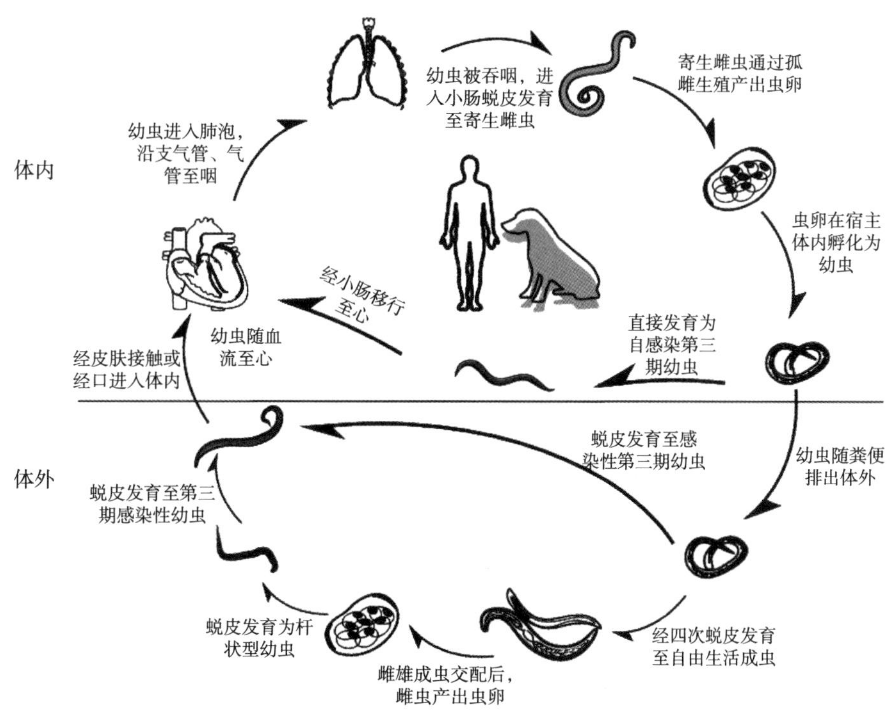

图 21-101　粪类圆线虫生活史

（周涛勋　覃裴溪　张碧瀛　胡敏供图）

1. 自由生活　环境中的杆状型幼虫（rhabditiform larvae）经历 4 次蜕皮发育为雌虫和雄虫，二者交配后，雌虫产出虫卵，孵化出的杆状型幼虫再次进入自由生活阶段或进入寄生生活阶段。

2. 寄生生活　环境中发育至感染性阶段的丝状幼虫（L_3）经皮肤进入宿主体内，随后移行至肺。幼虫在肺内穿透肺泡腔，经支气管进入咽部，在宿主吞咽时，幼虫进入食道并最终进入小肠。幼虫在肠道内再进行两次蜕化，发育为雌虫（动物体内未见有寄生性雄虫的报道）。雌虫寄生于肠黏膜上皮，通过孤雌生殖产出含幼虫的虫卵。在草食动物、猪、犬、猫等宿主中，含幼虫的虫卵随粪便排出体外；在其他宿主中，虫卵在肠道内孵化为 L_1，排出体外或发生自身感染。

3. 自身感染 在宿主大肠内，杆状型幼虫发育至感染性的丝状型幼虫（filariform larvae），后者穿过肠黏膜（体内自身感染）或者肛周皮肤（体外自身感染）进入身体各处，随血液循环到达肺部，然后移行到咽，再进入小肠发育为雌虫。

4. 乳汁传播 母犬或母猪感染后，其乳汁可携带感染性幼虫，从而造成哺乳幼畜的垂直传播。粪类圆线虫在犬体内的潜隐期为 1 周。

（三）流行病学

粪类圆线虫主要流行于热带和亚热带区域，也见于温带地区。主要在幼畜中流行，出生后即可感染。经乳汁传播是家养动物类圆线虫病发生的重要途径。主要经皮肤或口传播；而自身感染则是重复感染发生的主要原因。由于粪类圆线虫的发育和传播类型复杂，其流行率难以预测。

（四）临床症状和病理变化

类圆线虫感染非自限性，可持续感染，在人体内，持续感染可长达 75 年。在湿热的季节，幼龄动物若被重度感染，则可能出现腹泻，粪便黏液样、带血丝；动物严重消瘦，体重增长减缓。在感染早期，犬食欲和活动都较为正常，若无继发细菌感染，不表现发热症状；而在感染后期，呼吸浅短急促，重者预后不良。韦氏类圆线虫感染可造成马驹腹泻；仔猪感染兰氏类圆线虫的症状则随感染强度的增加而从无临床症状到腹泻、消瘦、贫血，甚至死亡。在感染期内，如果对患病动物使用皮质类固醇或其他导致免疫抑制的药物，则有发生自身感染的可能。

（五）诊断

采集患病动物粪便（最好直肠采粪），根据动物种类检测粪便中的虫卵或幼虫（可用贝尔曼法分离幼虫），在显微镜下进行观察和鉴别。在剖检时，严重感染的动物可见连片的蠕虫性肺炎及出血性黏膜剥落和黏液性肠炎症状。刮取肠黏膜压片镜检，见有大量雌虫时，即可确诊。雌虫长约 2 mm，尽管形态上易与其他线虫的幼虫相混淆，但其子宫内存在的虫卵使之容易被辨认。

（六）治疗

犬的粪类圆线虫感染可用伊维菌素、芬苯达唑、噻苯达唑等药物治疗。

伊维菌素和奥苯达唑可用于马韦氏类圆线虫感染的治疗。苯并咪唑类和左旋咪唑对猪体内寄生的兰氏类圆线虫有效。经治疗的动物需常规监测其粪便中虫卵至半年以上，以确定治疗效果。

（七）预防

卫生条件差、健康易感犬与感染者混养容易导致类圆线虫在同窝犬中的传播。腹泻犬应与其他犬隔离饲养。阳光曝晒、高温和热水冲洗可有效杀死犬舍中存在的幼虫。产仔前 1～2 周给母猪服用伊维菌素可控制虫体经乳汁传播；做好圈舍的卫生清洁可有效降低猪舍中发育的幼虫及自由生活世代的虫体数量。

（刘贤勇　胡敏　编，索勋　审）

第九节　柔线虫总科线虫病

旋尾目柔线虫总科（Habronematoidea）的柔线科（Habronematidae）包含了柔线属（*Habronema*）、德拉西属（*Draschia*）和副柔属（*Parabronema*）的线虫，它们寄生在马属动物或骆驼的胃内，引起这些动物的胃线虫病。

一、马胃线虫病

马胃线虫病由柔线科的柔线属和德拉西属线虫引起。成虫寄生在马、驴、骡的胃内，可致宿主全身性慢性中毒、慢性胃肠炎、营养不良及贫血。此外，蝇柔线虫的幼虫还可以导致马皮肤和肺部的炎症。该病分布于世界各地，马、骡、驴均易感；在我国各地均有分布。

（一）病原概述

常见的种类有柔线属的蝇柔线虫（*Habronema muscae*）和小口柔线虫（*H. microstoma*）以及德拉西属的大口德拉西线虫（*Draschia megastoma*）。

1. 柔线属 虫体具有圆筒形的口囊，边缘有两片侧唇。食道前部为肌质部，后部为腺体部。雄虫的尾部通常卷曲，有侧翼和乳突；交合刺不等长，异形。雌虫阴门靠近虫体中部。卵壳厚，内含幼虫。

（1）蝇柔线虫：虫体呈黄色或橙红色。头部有两个较小的三叶唇；咽呈圆筒形，有厚的角质壁（图 21-102）。雄虫长 8～14 mm，尾部弯曲，有宽的尾翼；泄殖孔前乳突 4 对，泄殖孔后乳突 1 或 2 对；交合刺 1 对；左交合刺纤细，长约 2.5 mm；右交合刺短粗，长约 0.5 mm。雌虫长 13～22 mm，阴门位于身体侧背面。虫卵呈圆柱形，稍弯，壳厚，大小为（40～50）μm×（10～12）μm，内含幼虫。

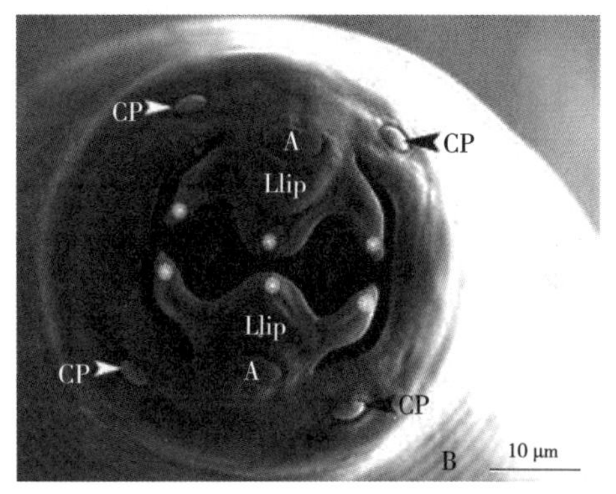

图 21-102 蝇柔线虫头部电镜扫描图
A. 头感器 CP. 颈乳突 Llip. 侧唇
（Soraya，2007）

（2）小口柔线虫：形态与蝇柔线虫相似，在咽的前部有一个背齿和一个腹齿。雄虫长 9～22 mm，尾部弯曲，有泄殖孔前乳突 4 对；交合刺 1 对，大小不等，左交合刺长 0.76～0.8 mm，右交合刺长 0.35～0.36 mm。雌虫长 15～25 mm，阴门位于虫体中部，阴道呈 S 形弯曲，围绕着弯曲部有一个肌质球。虫卵大小为（40～60）μm×（10～16）μm，内含幼虫，幼虫可在雌虫子宫内孵化。

2. 德拉西属 主要虫种是大口德拉西线虫。头部有 2 片宽大而不分叶的侧唇，并有一条明显的横沟与体部隔开。咽呈漏斗形。雄虫长 7～10 mm，尾部短，呈螺旋状卷曲，泄殖孔前乳突 4 对；左交合刺长 0.4 mm，右交合刺长 0.2 mm。雌虫长 10～13 mm，尾部直或稍弯曲，尾端尖；阴门位于虫体前 1/3 处。虫卵呈圆柱形，两端钝圆，卵胎生。

（二）病原生活史

三种线虫的发育史基本相同，都需中间宿主。大口德拉西线虫和蝇柔线虫的中间宿主为家蝇（*Musca domestica*）和厩螯蝇（*Stomoxys calcitrans*），小口柔线虫的中间宿主为厩螯蝇。虫卵或幼虫随粪便排出体外，被家蝇或厩螯蝇的幼虫（蝇蛆）吞咽后，在中间宿主体内发育。幼虫发育到感染阶段时，大约是蝇蛆化蛹之际，此后蛹羽化为成蝇，感染幼虫先游离在中间宿主的血腔中，然后移行到喙部。感染方式有以下几种：①当厩螯蝇吸血时，幼虫突破喙部，落入厩螯蝇叮咬的伤口；②家蝇舔马的唇部或伤口时，幼虫破喙部而出，落在唇上的幼虫即被吞咽入胃；③马摄食了落入饲料或饮水中的中间宿主。大口德拉西线虫的幼虫在马胃内经 44～64 d 发育为成虫，导致马胃壁形成瘤肿，成虫潜藏其中；蝇柔线虫和小口柔线虫寄生在胃黏膜上，以头端钻入胃的腺体中。

（三）致病作用

三种胃线虫均以机械性刺激和代谢产物危害宿主。大口德拉西线虫是致病力最强的一种，经常在马胃的腺部形成大的瘤肿，瘤肿的顶部有一个或几个小孔，其中有藏有虫体的瘘管。轻压瘤肿时，即由孔内排出脓状物，其中含有成虫和幼虫。化脓菌侵入时，导致瘤肿化脓；严重的可造成胃破裂，引起腹膜炎。蝇柔线虫和小口柔线虫机械地刺激胃黏膜引起创伤乃至溃疡，同时引起腺体萎缩，破坏胃的分泌和蠕动。

家蝇舔食马皮肤伤口时，可将蝇柔线虫和大口德拉西线虫的幼虫引入伤口，造成皮肤柔线虫病（夏季溃疡）。落在马鼻黏膜上的幼虫可能移行到肺，形成柔线虫性结节，内含脓性物质和幼虫。

（四）临床症状

严重感染时，患病动物出现慢性胃肠炎、进行性消瘦、食欲不振、消化不良，还有周期性的疝痛现象。皮肤柔线虫病多发生在温暖地带的夏季，并多发生于马体容易受伤的部位，如颈部、胸部、背部和四肢等处。小伤口可能因之扩大，表面粗糙，有干酪性肉芽增生，至冬季逐渐平息，并自行康复。

（五）诊断

由于马胃线虫排到粪便中的虫卵稀少，生前诊断比较困难。可根据临床症状进行初步判断。也可给病马洗胃，再用胃管吸取胃液镜检，观察有无虫体和虫卵。最近研究证明，可用巢式PCR检测粪便中蝇柔线虫和小口柔线虫虫卵DNA。

（六）防治

广谱抗虫药物包括伊维菌素、莫西菌素、奥芬咪唑、奥苯咪唑和阿苯达唑，它们对柔线虫成虫均有很好的治疗效果。驱虫的同时可以皮质类固醇类药物控制炎症，用抗生素防止继发感染。

秋冬季进行预防性驱虫，控制疾病发展并减少虫卵对外界的污染；改善厩舍卫生，防蝇灭蝇；夏秋季节预防马皮肤发生创伤。

（杜爱芳　编，刘贤勇　索勋　审）

二、骆驼胃线虫病（副柔线虫病）

骆驼胃线虫病由柔线科副柔属的斯氏副柔线虫（*Parabronema skrjabini*）寄生于骆驼皱胃引起，它是骆驼的主要寄生性线虫。除骆驼外，绵羊、山羊、牛及其他野生反刍动物亦可感染。我国有的地方骆驼感染率达90%以上，感染强度可达数千条。被感染动物通常消瘦，生产性能及使役能力降低，甚至引起死亡。

（一）病原概述

新鲜斯氏副柔线虫成虫呈鲜红色，头部有6个耳状悬垂物；食道分为前肌质部（短细）和后腺体部（较粗）。雄虫长9.5～10.6 mm，尾部呈环形弯曲；泄殖孔前乳突4对，有细长的蒂；泄殖孔后乳突2对，蒂短呈蘑菇状；两侧乳突分布基本对称；虫体有尾翼，上有栉状横纹；交合刺不等长，异形；引器（导刺带）为不规则多边形，棕黄色，较粗糙。雌虫长18.78～34 mm，阴门位于体前部，圆孔状，不凸出于体表；尾部向背面弯曲，末端钝圆（图21-103、图21-104）。虫卵

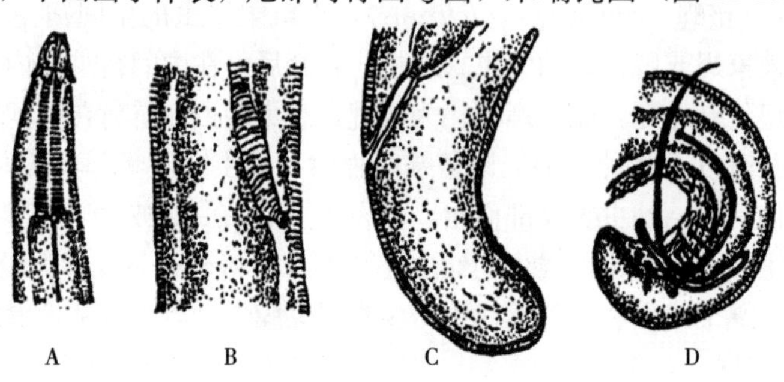

图21-103　斯氏副柔线虫

A. 虫体前部　B. 雌虫生殖孔部　C. 雌虫尾部　D. 雄虫尾部

（杨晓野，1985）

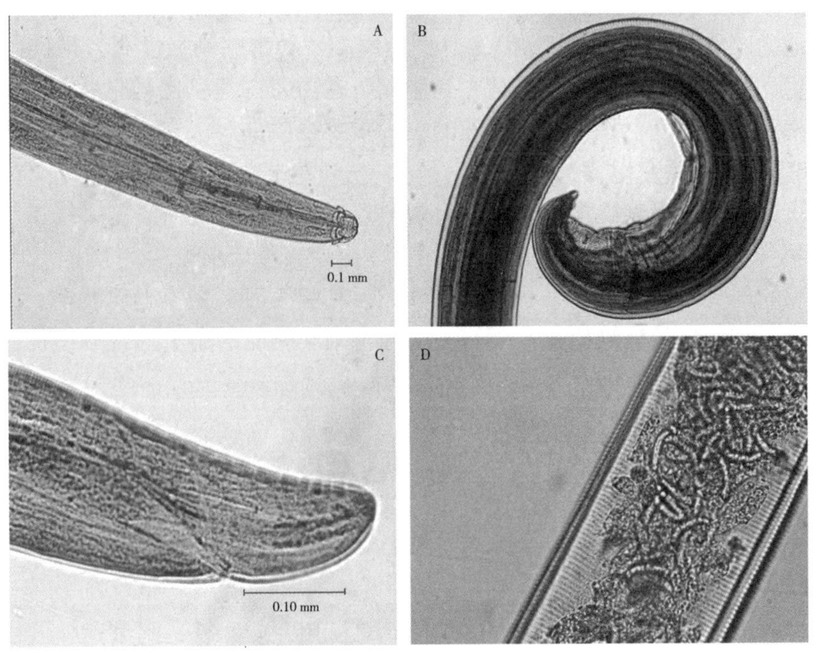

图 21-104 显微镜下的斯氏副柔线虫
A. 虫体头部（100×） B. 雄虫尾部（150×）
C. 雌虫尾部（400×） D. 雌虫体内的含幼虫卵（200×）
（杨晓野供图）

呈卵圆形或香蕉形，大小为（30～48）μm×（7～11）μm，内含有正在发育且呈现不同程度折叠的幼虫，卵壳和幼虫之间的空隙很小。

（二）病原生活史和流行病学

斯氏副柔线虫详细生活史目前尚不完全清楚，某些吸血蝇种类在该寄生虫传播上起重要作用。我国的研究已确定西方角蝇（*Haematobia irritans*）和截脉角蝇（*Haematobia titillans*）是骆驼斯氏副柔线虫的传播媒介（图 21-105）。

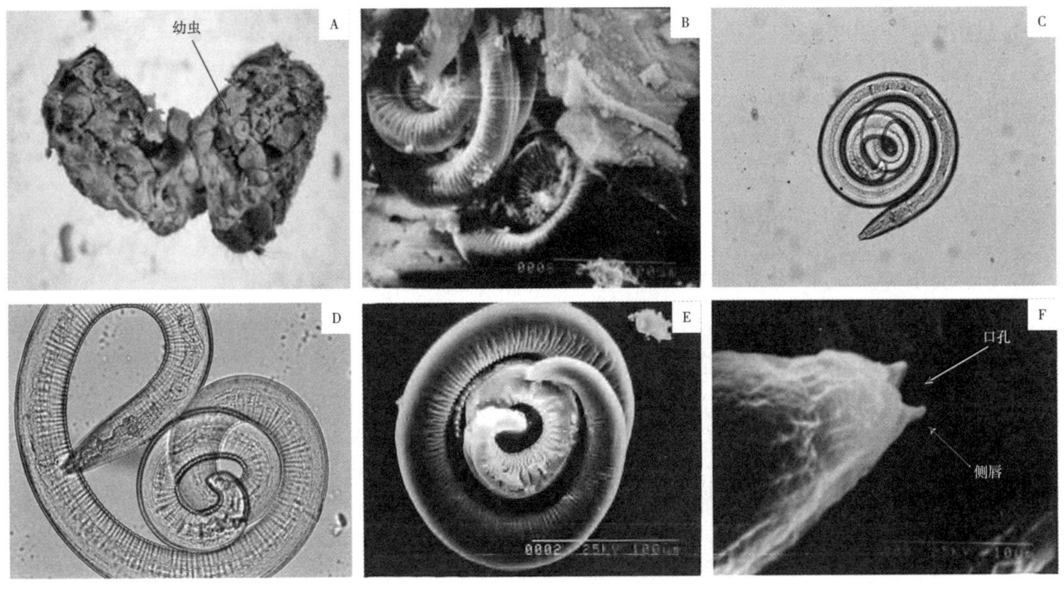

图 21-105 角蝇与斯氏副柔线虫
A. 西方角蝇腹内斯氏副柔线虫幼虫（40×） B. 角蝇体内斯氏副柔线虫幼虫（250×） C. 斯氏副柔线虫幼虫（150×）
D. 斯氏副柔线虫幼虫（250×） E. 卷曲的斯氏副柔线虫幼虫（250×） F. 斯氏副柔线幼虫头部（300×）
（杨晓野供图）

骆驼感染斯氏副柔线虫主要在夏季，感染强度随环境中吸血蝇的数量而异，6 月前及 9 月后，蝇较少，动物感染较轻；7 月中旬至 8 月中旬蝇多，动物感染强度高。斯氏副柔线虫可以感染许多反刍动物，但该寄生虫最适宜的宿主是骆驼，在内蒙古荒漠化草原地区，斯氏副柔线虫有非常高的感染率和感染强度，是危害养驼业的一种重要寄生虫病。

（三）临床症状和病理变化

对骆驼斯氏副柔线虫病症状描述较少。有资料报道，大量感染斯氏副柔线虫后，可引起骆驼"拉稀病"的发生，严重时可以导致患驼死亡。虫体主要寄生于骆驼皱胃幽门腺区，特别是在幽门腺靠近胃底腺的部分，可见红色线状虫体附着在胃黏膜表面，黏膜出现溃疡、淤血、出血。虫体的机械性刺激、吸血以及分泌的毒素对宿主的皱胃乃至骆驼的整个消化系统机能危害较大，是造成骆驼贫血、消瘦的重要原因。

（四）诊断

斯氏副柔线虫的虫卵较小，呈卵圆形，卵壳薄，卵内含有卷曲的幼虫，其比重约为 1.3，生前虫卵的检测非常困难。死后剖检可在皱胃幽门部发现斯氏副柔线虫的幼虫或成虫。有研究表明普通 PCR 和巢式 PCR 可用于斯氏副柔线虫虫卵 DNA 的检测。

（五）防治

在春季性成熟虫体的寄生期和吸血蝇出现前，可试用左旋咪唑、阿苯达唑或伊维菌素等药物驱虫。特别是后者对线虫和外寄生虫都有效，可以起到既杀灭斯氏副柔线虫，又消灭传播媒介吸血蝇的作用，防治效果会更好。

另外，在吸血蝇活动季节，可根据其活动规律，对这类蝇进行防控。可以使用一些外用杀虫剂，如有机磷类或菊酯类药物等。

（杨晓野　编，索勋　刘贤勇　审）

第十节　旋尾线虫总科线虫病

旋尾目旋尾线虫总科（Spiruroidea）的尾旋科（Spirocercidae）、四棱科（Tetrameridae）、筒线科（Gongylonematidae）、旋尾科（Spiruridae）线虫在兽医上比较重要。旋尾线虫大小差异较大，但在生物学特性方面却有很多相似之处，如都以节肢动物作为中间宿主；大多数旋尾线虫的虫卵小，卵内含幼虫；多寄生于胃、食道、眼等部位。

一、猪胃线虫病

由旋尾线虫导致的猪胃线虫病可由尾旋科似蛔属（*Ascarops*）的圆形似蛔线虫（*Ascarops strongylina*）和有齿似蛔线虫（*A. dentata*）以及西蒙属（*Simondsia*）的奇异西蒙线虫（*Simondsia paradoxa*）和泡首属（*Physocephalus*）的六翼泡首线虫（*Physocephalus sexalatus*）引起（颚口线虫寄生引起的猪胃线虫病见第十一节）。该病多为混合感染，并呈地方性流行，引起猪急性或慢性胃炎，严重的可导致死亡。

（一）似蛔线虫病和泡首线虫病

1. 病原概述

（1）圆形似蛔线虫：分布于我国的广东、广西等地。虫体唇小，咽壁上有螺旋形嵴状角质厚纹（图 21-106）。雄虫长 10～15 mm，右侧尾翼大，约为左侧的 2 倍；有 4 对泄殖腔前乳突和 1 对泄殖腔后乳突，位置均不对称；左交合刺长 2.24～2.95 mm，右交合刺长 0.46～0.62 mm，形状不同。雌虫长 16～22 mm，阴门位于虫体中部稍前方。虫卵大小为（34～39）μm×20 μm，卵壳厚，外有一层不平整的薄膜，内含幼虫。

（2）有齿似蛔线虫：比圆形似蛔线虫大，雄虫长约 25 mm，雌虫长约 55mm。口囊前部有 1 对齿。存在于广东、广西等地。

（3）六翼泡首线虫：虫体口囊小，无齿，前部（咽区）角皮略为膨大，其后每侧有 3 个颈翼，颈乳突的位置不对称。咽壁中部有圆环状的增厚，前部和后部则为单线的螺旋形增厚（图 21-106）。雄虫长 6～13 mm，尾翼窄，对称；有泄殖腔前乳突和泄殖腔后乳突各 4 对；交合刺 1 对，不等长。雌虫长 13～22.5 mm，阴门位于虫体中部后方。虫卵的大小为（34～39）μm×（15～17）μm，壳厚，内含幼虫。

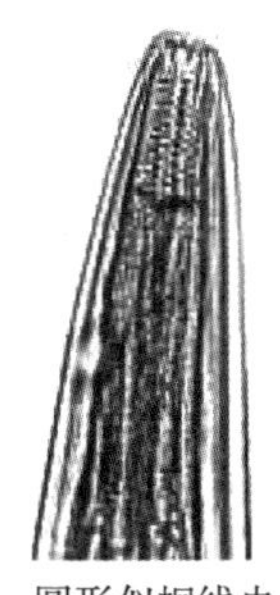
圆形似蛔线虫

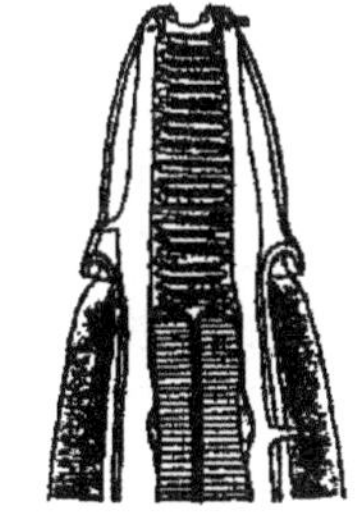
六翼泡首线虫

图 21-106 圆形似蛔线虫和六翼泡首线虫头部
（孔繁瑶，1997）

2. 病原生活史 圆形似蛔线虫虫卵随宿主粪便排至外界，被食粪甲虫［蜉金龟属（*Aphodius*）或食粪属（*Onthophagus*）等］吞食，在其体内经约 20 d 发育为感染性幼虫；猪由于吞食以上甲虫而被感染，虫体在猪体内的寿命约 10.5 个月。六翼泡首线虫的发育史与似蛔线虫相似，以多种食粪甲虫［金龟子属（*Scarabeus*）、显亮属（*Phanaeus*）等］作为中间宿主，幼虫在它们体内经 36 d 以上发育到感染期。在猪体内，幼虫深入胃黏膜内生长发育为成虫。当不适宜的宿主，如其他哺乳类、鸟类和爬行类吞食了带感染性幼虫的甲虫或感染性幼虫后，幼虫可以在这些宿主的消化管壁中形成包囊。当终末宿主吞食此类宿主之后，幼虫仍可在猪体内正常发育。

3. 临床症状与病理变化 临床上一般不表现症状，严重感染的情况下，患猪尤其是仔猪发生急性或慢性胃炎症状。食欲减退或消失，饮欲增加；生长发育受阻，消瘦、贫血，甚至引起死亡。虫体寄生部位（多在胃底部）的黏膜发炎或上覆伪膜，伪膜下的组织呈现红色或溃疡，虫体多深埋在胃黏膜内或部分游离在黏膜表面。

4. 诊断 依据临床症状，用沉淀法在粪便中发现虫卵；并结合剖检病尸发现多量虫体，即可确诊。还可以将粪便中的虫卵培育为第三期幼虫，再行鉴定。

5. 防治 治疗可口服或皮下注射伊维菌素。预防主要是经常清扫猪舍和运动场，粪便堆积发酵杀灭虫卵，防止猪摄食甲虫。也可用左旋咪唑定期驱虫。

（二）西蒙线虫病

奇异西蒙线虫（*Simondsia paradoxa*）咽壁有螺旋形增厚的环纹；雌雄异形，孕卵雌虫的后部膨大呈球形，雄虫呈线状。奇异西蒙线虫有 1 对颈翼，口囊内有 1 个背齿和 1 个腹齿。雄虫长 12～15 mm，尾部呈螺旋状卷曲，游离于胃腔或部分埋入胃黏膜中。孕卵雌虫长 15 mm，后部呈球形，嵌入胃壁的包囊内，前部纤细，凸出于胃腔。虫卵呈圆形或椭圆形，长 20～29 μm。

西蒙线虫病常见于热带和亚热带地区，欧洲部分地区也有发现。生活史为间接发育型。虫卵随粪便排出体外，被中间宿主食粪甲虫摄食、孵化，发育为感染性幼虫。含有感染性幼虫的中间宿主被猪吞食后，幼虫继续发育为成虫。雄虫生活在胃黏膜表面，雌虫嵌入黏膜隐窝的包囊内。

猪感染后通常无明显症状，主要病理变化为卡他性胃炎；但大量感染时，可引起胃炎和胃溃疡。雌虫诱发的包囊在组织学检查时，可见有显著的嗜酸性粒细胞浸润。

粪便检查难以诊断，但是动物粪便中含有小而细长的虫卵并有胃炎的症状提示可能患有该病。治疗参考似蛔线虫病。通过经常清扫猪舍和运动场，粪便堆积发酵杀灭虫卵，防止猪只摄取食粪甲虫以预防该病的发生。

二、禽胃虫病

禽胃虫病即四棱线虫病，由四棱科四棱属（*Tetrameres*）的线虫寄生于禽类食道、肌胃、腺胃和小肠内引起（另有寄生于禽胃部的饰带线虫可见第十三节）。虫体无饰带，雌雄异形。雌虫近似球形，深藏在禽类前胃腺组织内；雄虫纤细，游离于前胃（proventriculus）的胃腔中。

常见的种类是美洲四棱线虫（*Tetrameres americana*），虫体寄生于鸡和火鸡的前胃。雄虫长 5～5.5 mm。雌虫长 3.5～4.5 mm，宽 3 mm，呈亚球形，并在纵线部位形成 4 条深沟，其前端和后端自球体部凸出，看上去像梭子两端的附属物（图 21-107）。

图 21-107　美洲四棱线虫雌虫侧面观

虫卵随粪便排出体外，被中间宿主昆虫，如赤腿蚱蜢（*Melanoplus femurrubrum*）、长额负蝗（*Melanoplus differentialis*）、德国蜚蠊（*Blattella germanica*）吞食后孵化，经 42 d 发育到感染性阶段。禽类吞食了带感染性幼虫的上述昆虫而遭受感染。幼虫在禽前胃腺体内发育，成熟的雌虫和雄虫亦在该处交配，交配后的雄虫离开腺体并死亡。感染后 35 d 雌虫孕卵，3 个月后雌虫膨大到最大程度。

虫体吸血，但最大的损害是发生在幼虫移行到前胃壁时，造成明显的刺激和发炎，可引起鸡只死亡。尸体剖检时，可从前胃的外面看到组织深处有暗黑色的成熟雌虫。虫体寄生数量少时症状不明显；但大量寄生时，患禽消化不良、食欲不振、精神沉郁、翅膀下垂、羽毛蓬乱、消瘦、贫血、腹泻。雏禽生长发育缓慢，成年禽产蛋量下降，严重者可因胃溃疡或胃穿孔而死亡。

粪便查到虫卵或剖检发现胃壁发炎、增厚，有溃疡灶，并在肌胃角质层下或腺胃腔内查到虫体，即可确诊。预防应加强饲料和饮水卫生，勤清除粪便，堆积发酵；可用氯菊酯（permethrin）水悬液喷洒禽舍、地面和运动场，以杀灭中间宿主；满 1 月龄的雏禽可做预防性驱虫 1 次。治疗用左旋咪唑或噻苯达唑。

（杜爱芳　编，索勋　审）

三、犬尾旋线虫病

犬尾旋线虫病由旋尾总科尾旋科尾旋属（*Spirocerca*）的狼尾旋线虫（*Spirocerca lupi*）寄生于犬、狐、狼的食道壁及主动脉壁引起。该病广泛分布于热带、亚热带和温带，以色列、希腊、土耳其、巴基斯坦、印度、美国、巴西、南非、肯尼亚都有报道。在我国北京、辽宁、河北、上海、四川、广东等省市均有发现。

狼尾旋线虫的虫体呈血红色，卷曲呈螺旋形，粗壮。口周围有两个分为三叶的唇片，咽短。雄虫长 30～54 mm，尾部有尾翼和许多乳突，有两根不等长的交合刺（图 21-108）。雌虫长 54～80 mm，其生殖孔开口于食道的后端。虫卵呈长椭圆形，大小为（40～60）μm×（10～16）μm，卵壳厚，产出时已含幼虫。

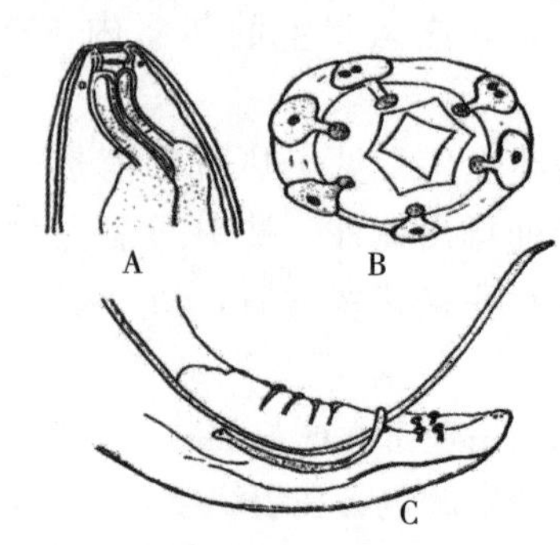

图 21-108　狼尾旋线虫头端、头顶面和雄虫尾部
A. 虫体头部　B. 头端顶面观　C. 雄虫尾部
（孔繁瑶，1997）

生活史属间接发育型。虫卵被食粪甲虫吞食后

孵化，幼虫在甲虫体内发育为感染性幼虫。犬、狐吞食了含感染性幼虫的甲虫而被感染。若甲虫被转续宿主（如鸟类、两栖类、爬行类动物）吞食，感染性幼虫可在这些动物的食道、肠系膜及其他脏器形成包囊，这些包囊仍可作为犬、狐感染的来源。

在终末宿主体内，感染性幼虫释出，钻入胃壁动脉并随血流移行，常引起组织出血、炎症和坏疽性脓肿。幼虫离去后病灶可自愈，但遗留有血管腔狭窄病变，若形成动脉瘤则可引起管壁破裂，发生大出血而死亡。成虫在食道壁、胃壁或主动脉壁中形成肿瘤（图 21-109），病犬出现吞咽、呼吸困难，循环障碍和呕吐等症状。病理切片显示，其成虫常见于食道壁、胃壁的结节内，有时可见于主动脉壁或直肠壁上；成虫的横切面特征是侧索大，突入体腔；腺质型食道着色，肠道刷状缘突出，具有许多细胞，其核排成一行，使其呈三层外观。子宫内充满含幼虫的虫卵。幼虫有钩和与口相连的梳状结构，但这些结构细小，需要油镜才能看清。

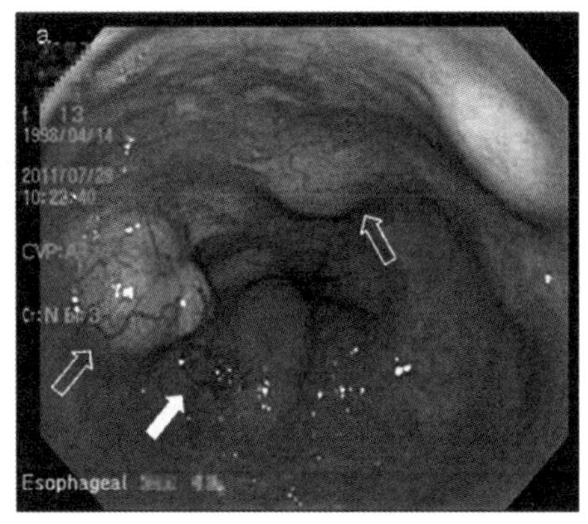

图 21-109　犬食道壁上形成的结节
（箭头所示，内窥镜检查）
（Okanishi，2013）

根据临床症状、病理切片、检查粪便或呕吐物，若发现虫体或虫卵即可确诊。因虫卵不易检出，生前诊断比较困难。临床上可用食道镜观察食道壁有无结节，也可以用 X 线检查胸腔内有无肉芽肿。治疗可用乙胺嗪抑制成虫产卵，改善症状，但不能杀灭成虫；二碘硝基酚对成虫有效，但对童虫无效，且该药物的安全范围窄；也可用左旋咪唑或阿苯达唑驱虫。伊维菌素、多拉菌素有较好的治疗效果。采用手术方法摘除肿瘤，是本病的根治方法。定期检查犬群的粪便、定期消毒、加强饲养管理可有效预防此病。

（杜爱芳　李继东　编，杨晓野　审）

四、筒线虫病

筒线虫病由筒线科筒线属（*Gongylonema*）的线虫引起。筒线虫的前部有许多圆形或椭圆形的表皮隆起，排成不整齐的长行。常见种有美丽筒线虫（*Gongylonema pulchrum*）和多瘤筒线虫（*G. verrucosum*），前者多寄生于绵羊、山羊、黄牛、猪、牦牛、水牛，偶见于马、骆驼、驴和野猪；后者则主要寄生于绵羊、山羊、牛和鹿。禽类则有嗉囊筒线虫（*G. ingluvicola*）。

1. 美丽筒线虫　寄生于宿主食道的黏膜中层或黏膜下层，有时见于反刍动物的第一胃。虫体常回旋弯曲，状如锯刃；前部有许多各种不同大小的圆形或卵圆形表皮隆起，颈翼发达；唇小，咽短。雄虫长达 62 mm，有尾翼鞘，稍不对称；还有许多排列不对称的尾乳突；左交合刺纤细，右交合刺粗短，有引器（图 21-110）。雌虫长约 145 mm，阴门开口于后部；虫卵大小为（50～70）μm×（25～37）μm，内含成形的幼虫。

2. 多瘤筒线虫　寄生于反刍动物的第一胃，新鲜虫体为淡红色，颈翼呈“垂花饰”状，表皮隆起，仅见于虫体左侧。雄虫长 32～41 mm，雌虫长 70～95 mm。

3. 嗉囊筒线虫　寄生于禽类嗉囊的黏膜下。虫体粗壮，白色或黄色，角皮有横纹，体前部有排列不规则成纵行的角皮隆起。雄虫长 17～20 mm，雌虫长 32～45 mm。虫卵的大小为（50～57）μm×（36～38）μm。

食粪甲虫和蟑螂等是该类线虫的中间宿主。含有幼虫的虫卵随宿主粪便排到外界，被中间宿主吞食后，幼虫孵出，并在其体内发育为感染性幼虫。终末宿主吞食了含有感染性幼虫的甲虫或蟑螂等遭受感染。在终末宿主胃内，幼虫自中间宿主体内释出，并迅速地向前移行，到达食道，

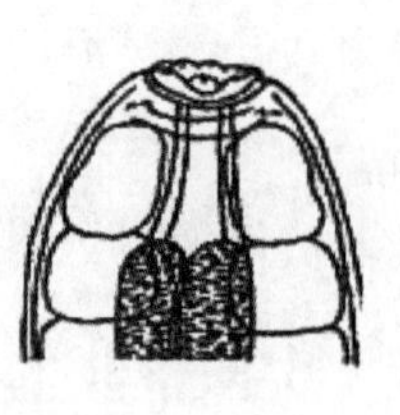
A

B
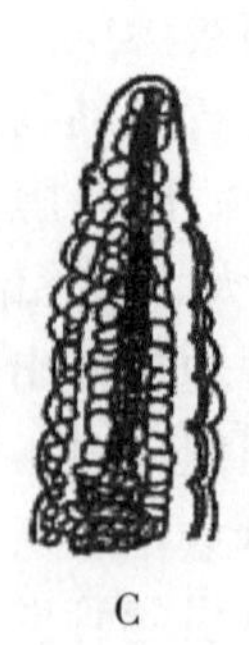
C
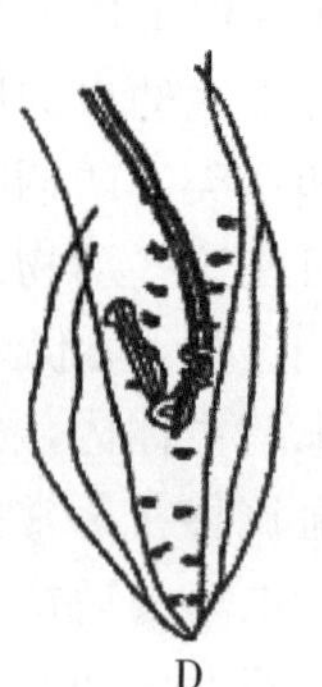
D

图 21-110　美丽筒线虫
A. 头端　B. 头顶部　C. 头部　D. 雄虫尾部
（宋铭忻　等供图）

钻入黏膜或黏膜下层。感染 10 d 后，大部分幼虫已分布于整个食道壁上。牛感染后 50～55 d，虫体发育成熟。

筒线虫致病力不强。剖检时可在黏膜面上透视到呈锯刃形弯曲的虫体或盘曲的白色纽扣状物。可试用哌嗪类药物及左旋咪唑口服治疗。预防应防止畜禽摄食中间宿主。

（杜爱芳　李继东　编，潘保良　杨晓野　审）

第十一节　颚口线虫总科线虫病

旋尾目颚口线虫总科（Gnathostomatoidea）颚口科（Gnathostomatidae）颚口属（*Gnathostoma*）的几种线虫寄生在猪、野猪、肉食动物的胃内，引起颚口线虫病。

颚口线虫有 5 个致病种，其中与兽医有关的有 4 个种，我国已报道刚棘颚口线虫、有棘颚口线虫和陶氏颚口线虫 3 个种。该病分布于世界各地，在我国 19 个省、市、自治区有报道，其中以上海、福建及广东较为多见。颚口线虫有时也可感染人，也是人兽共患性寄生虫。

（一）病原概述

虫体呈圆柱形，铁锈色，粗大，体壁有一定的透明度。头部膨大呈球形，称为头球，上有很多环绕排列的倒钩或棘，顶端有两片大侧唇。体表有棘，其形状与大小因部位而异，有分类意义。雄虫尾端向腹面卷曲，交合刺不等长。雌虫尾端钝圆。虫卵呈黄色或棕色，一端或两端有透明栓塞。

1. 刚棘颚口线虫（*Gnathostoma hispidum*）　寄生于猪和野猪的胃壁。新鲜虫体呈淡红色，全身披有小棘，表皮菲薄，可见体内白色生殖器官。头球上有 9～12 环小钩，顶端侧唇背面各有 1 对双乳突（图 21-111）。雄虫长 15～20 mm，交合刺两根不等长；雌虫长 30～40 mm。虫卵呈椭圆形、黄褐色，一端有帽状结构，大小为（72～74）μm×（39～42）μm，内含 1～2 个卵细胞（图 21-112）。

2. 陶氏颚口线虫（*G. doloresi*）　寄生于猪和野猪胃内。全身有小棘，头球上有 8～10 列小钩。雄虫长 10～12 mm，尾端向腹面卷曲；交合刺两根不等长，左交合刺长 1.9～2.1 mm，右交合刺长 0.6～0.7 mm。雌虫长 16～22 mm，尾端钝。虫卵大小为（64～70）μm×（30～32）μm，两端带有透明的帽状结构（图 21-113）。

3. 有棘颚口线虫（*G. spinigerum*）　寄生于犬、猫、虎、豹等食肉动物胃内，有时也寄生于其他一些哺乳类动物的胃、食管、肝和肾。成虫短粗，圆柱形，两端略向腹面弯曲，呈鲜红色，稍透明。体前 2/3 部小棘较密，头球上有 6～11 列小钩（图 21-114）。雄虫长 10～25 mm，

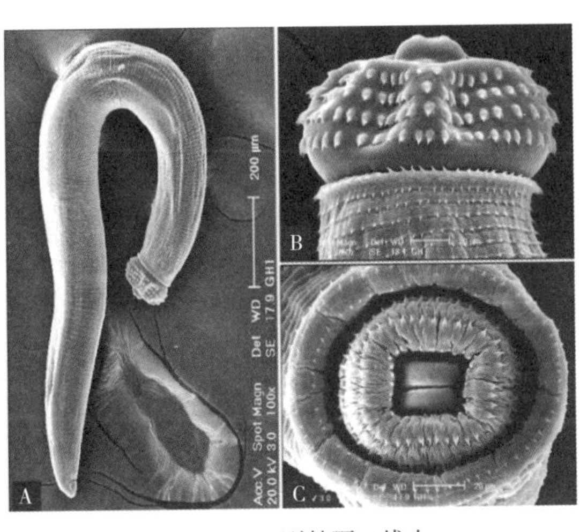

图 21-111 刚棘颚口线虫
A. 虫体 B. 头部侧面观 C. 头部顶面观
（Cho，2007）

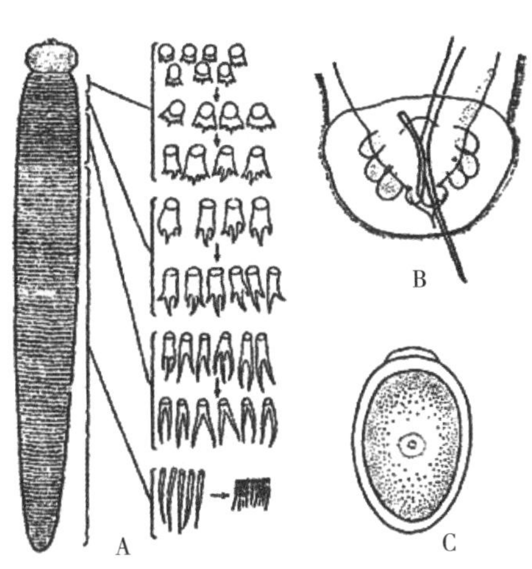

图 21-112 刚棘颚口线虫
A. 成虫 B. 雄虫尾部 C. 虫卵
（杨光友，2005）

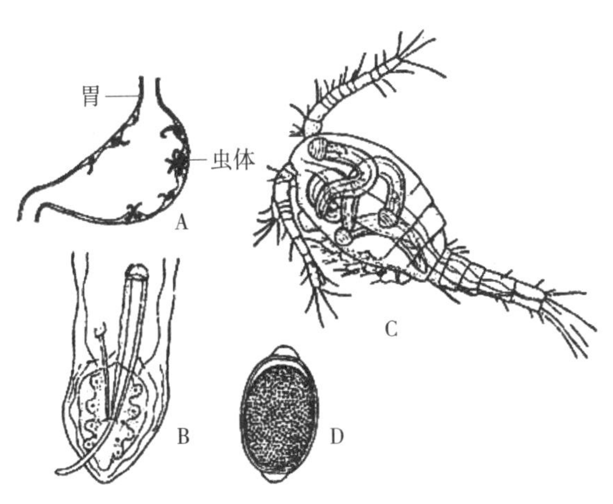

图 21-113 陶氏颚口线虫
A. 寄生于猪胃内的成虫 B. 雄虫尾部
C. 剑水蚤体内的颚口线虫幼虫 D. 虫卵

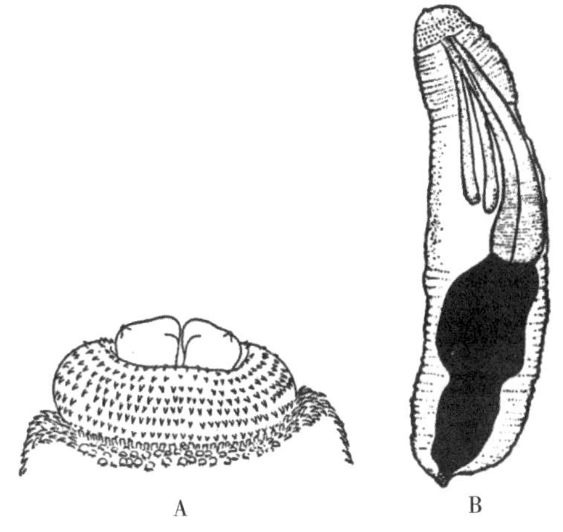

图 21-114 有棘颚口线虫
A. 前端背面（Baylis and Lane） B. 幼虫全形（Faust）

末端膨大成假交合伞，有 4 对具柄乳突；交合刺两根不等长，左交合刺为 0.9～2.1 mm，右交合刺为 0.4～0.5 mm。雌虫长 10～31 mm，阴门位于虫体中部略后。虫卵大小为（62～79）μm×（36～42）μm，透明椭圆形，顶端有一透明塞，内含 1～2 个卵细胞。

（二）病原生活史

颚口线虫的第一中间宿主为剑水蚤，第二中间宿主为鱼类和蛙类。成虫寄生于终末宿主胃内。虫卵通过肿块小孔排出或随肿块破溃，落入肠腔被染成黄色或棕色，随粪便排出体外。在 25～31 ℃水中，受精卵约经 7 d 孵出第一期幼虫，幼虫在水中运动活泼，如被第一中间宿主剑水蚤吞食后，在其消化道内脱鞘，并进入体腔，经 7～10 d 发育为第二期幼虫；当含幼虫的剑水蚤被第二中间宿主淡水鱼、蛙类等吞食后，幼虫穿过胃壁或肠壁，大部分移行至肝和肌肉，1 个月后发育为第三期幼虫；2 个月后虫体被纤维膜包围成囊；也可以在转续宿主，如鱼、鸟类、爬行类、两栖类和哺乳动物等动物体内形成包囊。

猪、野猪、犬、猫、虎、豹等动物吞食第二中间宿主和转续宿主后，第三期幼虫在其胃内脱囊，穿过肠壁进入腹腔，移行至肝、肌肉或结缔组织，逐渐长大，将近成熟时进入胃壁，在黏膜下形成特殊的肿块，逐渐发育为成虫。通常形成 1 个肿块，少数有 2 个或更多。胃壁典型的肿块具有洞穴，由1个小孔与胃腔相通。肿块中常有一至数条虫体盘绕在一起寄生。宿主感染后最早2个月，一般3～5个月即可在其粪便中出现虫卵。成虫寿命可达10年以上。

人常通过生食或半生食含颚口线虫的第二中间宿主或转续宿主（主要是淡水鱼类）而被感染，引起食源性的颚口线虫病，幼虫在人体内穿行引起皮肤幼虫移行症和内脏幼虫移行症。其中有棘颚口线虫是引起人颚口线虫病的最主要致病种。

（三）致病作用及临床症状

轻度感染时，不出现症状。重度感染时，虫体刺激胃黏膜或损伤胃壁引起炎症和溃疡。颚口线虫的头部深埋于胃黏膜或胃壁内，形成小腔窦，使周围组织发炎，黏膜增生肥厚。病猪食欲不振、营养障碍、腹痛呕吐、饮欲增加、消瘦贫血，呈急慢性胃炎症状。

（四）诊断

根据流行病学、临床症状和实验室检查进行综合诊断。颚口线虫的虫卵虽有一定的特征形态，但因虫卵数量不多，不易在粪检中发现，故生前确诊比较困难。只有根据临床症状，结合尸体剖检从胃内找出成虫而确诊。基于颚口线虫ITS2和COX1序列可进行种的鉴定。

（五）防治

在流行区禁止用生的鱼虾喂猪或犬，也禁止饲饮生水；家猪要圈养，禁止将沟、塘、洼地打捞的青饲料直接喂猪；对养猪场每日清扫粪便，并进行无害化处理；发现颚口线虫感染猪或犬时，应及时驱虫。

可选用阿苯达唑、左旋咪唑和氯氰碘柳胺钠等药物进行治疗。

（杜爱芳　崔平　编，杨晓野　审）

第十二节　泡翼线虫总科线虫病

由旋尾目泡翼线虫总科（Physaloptewroidea）中的泡翼科（Physalopteridae）泡翼属（*Physaloptera*）的线虫寄生于猫、犬等食肉动物的胃部，引起泡翼线虫病。

猫泡翼线虫病由泡翼属的包皮泡翼线虫（*Physaloptera praeputialis*）寄生于猫及野生猫科动物的胃中引起。除猫以外，虫体还可寄生于犬、狼、狐等动物，分布于中国、印度、非洲、美洲等地。

包皮泡翼线虫虫体坚硬，尾端表皮向后延伸形成包皮样的鞘。有两个呈三角形的唇片，每个唇片的游离缘中部内侧面长有内齿，其外约在同一高度处长有一锥状齿。雄虫长13～40 mm，尾翼发达。泄殖孔前有4对带柄乳突和3对无柄乳突，泄殖孔后有5对无柄乳突；有2根不等长的交合刺。雌虫长15～48 mm，受精后阴门处被环状褐色胶样物质所覆盖。虫卵呈卵圆形，壳厚，光滑，大小为（49～58）μm×（30～34）μm（图21-115）。

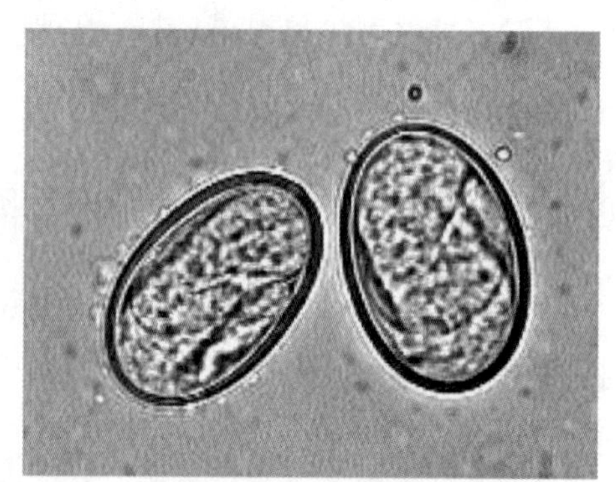

图21-115　包皮泡翼线虫发育的虫卵
（Bowman，2002）

生活史属间接发育型，中间宿主为某些昆虫，如甲虫、小蜚蠊和黑蟋蟀等。终末宿主吞食了含有感染性幼虫的昆虫而遭受感染，潜隐期为8～10周。发育成熟的虫体牢固地附着在胃黏膜上吸血，常更换寄生部位，留下许多小伤口，并持续出血，造成胃黏膜损伤和严重发炎。病猫食欲缺乏、呕吐、消瘦、贫血、被毛粗乱。重症猫粪便呈柏油色。猫胃中常有大量虫体寄生。

结合症状并从粪便中发现大量虫卵即可确诊。治疗时用苯并咪唑类药物（如阿苯达唑），也可以试用噻嘧啶。如果病猫呕吐、贫血较严重时，应先补液和止血，增强猫的抵抗力，然后再驱虫。由于中间宿主广泛存在，该病难以预防。

（杜爱芳 杨桂连 编，杨晓野 审）

第十三节 华首线虫总科线虫病

旋尾目华首线虫总科［也称针形总科（Acuarioidea）］包括华首科［也称针形科（Acuariidae）］的饰带属（*Cheilospirura*）、棘结属（*Echinuria*）、分咽属（*Dispharynx*）和束首属（*Streptocara*）。其中饰带属引起的禽饰带线虫病比较常见，虫体主要寄生于鸡、火鸡、鸽等禽类的消化道上部（肌胃和腺胃），有时也可寄生于食道或小肠。虫体头部有角皮形成的特殊饰带（cordons），饰带多向后延伸，有时还会折回向前伸展。

本节以禽饰带线虫病为例来讲述华首线虫总科线虫病的特点。禽饰带线虫病由华首科的饰带属线虫引起，也属于禽类胃部线虫，我国各地都有分布。虫体细长，两端尖细，口孔围绕有两个侧唇。雄虫尾端卷曲，两根交合刺形状和长短不一，有泄殖孔前和泄殖孔后乳突。

（一）病原概述

常见的饰带属线虫有 2 种。

1. 扭状饰带线虫（*Cheilospirura hamulosa*） 同物异名为小钩锐形线虫（*Acuaria hamulosa*），寄生于鸡与火鸡的肌胃。虫体前部有 4 条饰带，两两并列，呈不整齐的波浪形，由前向后延伸，不折回，亦不相吻合。雄虫长 9～14 mm；泄殖孔前乳突 4 对，泄殖孔后乳突 6 对；交合刺 1 对，不等长；左侧的纤细，长 1.63～1.08 mm；右侧的扁平，长 0.23～0.25 mm。雌虫长 16～19 mm，阴门位于虫体中部稍后方。虫卵大小为（40～45）μm×（24～27）μm（图 21-116）。

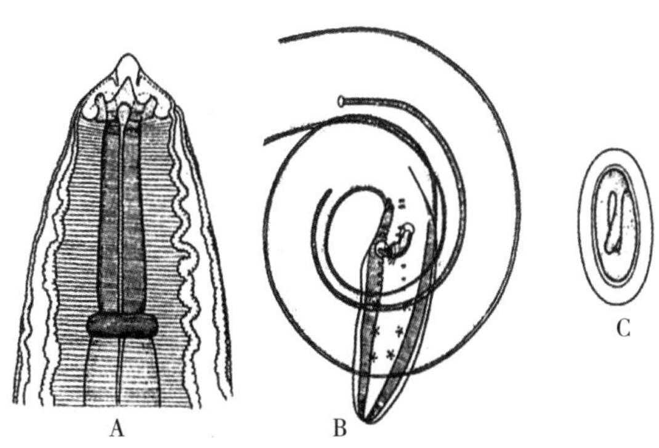

图 21-116 扭状饰带线虫

A. 头部背面 B. 雄虫尾部 C. 虫卵

2. 旋饰带线虫（*C. spiralis*） 同物异名为旋锐形线虫（*Acuaria spiralis*），寄生于鸡、火鸡、鸽等禽类的前胃和食道。虫体前部有 4 条饰带，由前向后，然后折回，但不吻合。雄虫长 7～8.3 mm；泄殖孔前乳突 4 对，泄殖孔后乳突 4 对；交合刺不等长，左侧的纤细，长 0.4～0.52 mm；右侧的舟状，长 0.15～0.2 mm。雌虫长 9～10.2 mm，阴门位于虫体后部。虫卵具有厚壳，大小为（33～40）μm×（18～25）μm，内含幼虫。

（二）病原生活史

扭状饰带线虫虫卵随宿主粪便排至外界，被中间宿主蚱蜢（*Conocephalus saltator*）、拟谷盗（*Tribolium castaneum*）和象鼻虫（*Sitophilus oryzae*）吞食后，经 20 d 左右的发育，成为感染性幼虫。终末宿主摄食了中间宿主而遭受感染。幼虫被摄食后，在 24 h 内钻入肌胃的角质层下面，24 d 内蜕化两次，约在第 35 天移行到肌胃壁内，到第 120 天发育成熟。旋饰带线虫发育和扭状饰带线虫类似，也需要昆虫作为中间宿主。

（三）致病作用

扭状饰带线虫轻度感染时，不显致病力；严重感染时，宿主有消瘦和贫血等症状；在大多数情况下危害性不大，但有引起雏鸡急性死亡的报道。虫体寄生在肌胃角质层下面时，引起黏膜出血性炎症，在肌层形成干酪性或脓性结节，影响肌胃的机能，严重时偶见肌胃破裂。此外，虫体分泌的毒素对宿主还呈现毒性作用。

旋饰带线虫的致病作用与感染强度、宿主年龄和品种等因素有关。严重感染时，病变可表现为在前胃有深度溃疡，虫体前端深藏在溃疡中；虫体寄生部位的腺体遭受破坏，其周围组织有明显的细胞浸润。轻度感染无明显症状；严重感染时，特别是1个月左右的雏鸡有食欲消失、迅速消瘦、高度贫血和腹泻（粪便稀薄，呈黄白色）等表现，患鸡可在数日内死亡。

（四）诊断和防治

该病可根据临床症状、粪便检查发现虫卵和病尸剖检发现虫体进行综合诊断。可用甲苯达唑或阿苯达唑等药物驱虫。预防应做好禽舍的清洁卫生，对禽粪应堆积发酵，消灭中间宿主和进行预防性驱虫。

（杜爱芳　编，杨晓野　审）

第十四节　吸吮线虫总科线虫病

旋尾目的吸吮线虫总科（Thelaziidea）包括吸吮科（Thelaziidae）和肺旋科（Pneumospiruridae）。其中吸吮科的吸吮属（*Thelazia*）和尖旋属（*Oxyspirura*）线虫可引起家畜和禽类的吸吮线虫病（thelaziasis），有些还可以感染人，是人兽共患寄生虫病。吸吮线虫可导致宿主结膜炎和角膜炎，严重者造成角膜糜烂和溃疡，甚至混浊穿孔，以致影响视力或导致失明，故也称眼线虫病。

一、家畜眼线虫病

家畜眼线虫病常发于秋季，世界性分布，在我国黑龙江、吉林、内蒙古、甘肃、山东、陕西、江苏、贵州、湖南、福建、广西、台湾均有报道，对动物的危害很大。常见的虫种有罗氏吸吮线虫（*Thelazia rhodesii*）和丽嫩吸吮线虫（*Thelazia callipaeda*），前者主要侵害黄牛、水牛、山羊、绵羊、马、野牛等；后者见于猫、犬、狐、人、貂等。

（一）病原概述

吸吮属线虫的体表通常有显著的横纹。口囊小，无唇，边缘上有内外两圈乳突。雄虫通常有大量的泄殖孔前乳突。雌虫阴门位于虫体前部。

1. 罗氏吸吮线虫　是我国最常见的一种。虫体呈乳白色，表皮上有明显的横纹。头部细小，有一长方形的小口囊。食道短，呈圆柱状。雄虫长8～13 mm，尾部卷曲，泄殖孔不向外凸出。雌虫长12～20 mm，尾端钝圆，尾尖侧面上有一个小突起；阴门开口于虫体前部（图21-117）。虫卵大小为（32～43）μm×（21～26）μm。

2. 丽嫩吸吮线虫　又称结膜炎吸吮线虫。虫体细长、半透明、浅红色（图21-118），离开宿主后转为乳白色。体表除头尾两端外，均具有横纹。雄虫体长9.9～13.0 mm，左右交合刺不等长；泄殖孔前乳突8～12对，泄殖孔后乳突2～5对。雌虫体长10.45～15.00 mm。卵壳薄而透明，越近阴门处虫卵越大，卵内含幼虫。

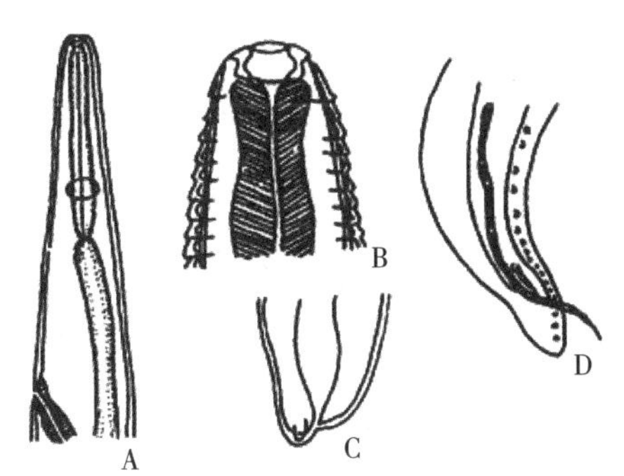

图 21-117 罗氏吸吮线虫
A. 虫体前部 B. 虫体头部 C. 雌虫尾部 D. 雄虫尾部
（卢俊杰 靳家声，2003）

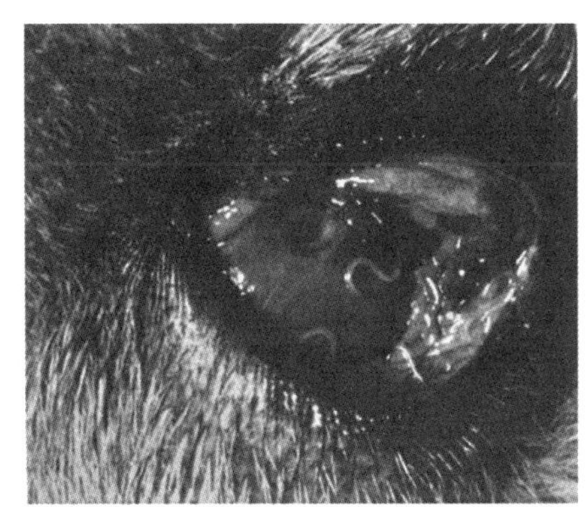
图 21-118 患犬眼中的丽嫩吸吮线虫
（Taylor et al，2007）

（二）病原生活史和流行病学

吸吮线虫的生活史需要中间宿主蝇类参与完成。已知胎生家蝇（*Musca larvipara*）、秋家蝇（*M. autumnalis*）等是罗氏吸吮线虫的中间宿主；变色纵眼果蝇（*Amiota variegata*）为丽嫩吸吮线虫的中间宿主。两种吸吮线虫的卵在产出之前，卵壳已演变成包被幼虫的鞘膜。雌虫在终末宿主第三眼睑内产出具有鞘膜的幼虫，幼虫被蝇吞食，进入蝇体内的血淋巴、脂肪体、睾丸、卵巢滤泡等处，经两次蜕皮，约 1 个月后发育为带鞘的第三期感染性幼虫。随后幼虫脱鞘移行到蝇的口器。当带有感染性幼虫的蝇舔食终末宿主眼分泌物时，感染性幼虫侵入其眼结膜囊内，再经两次蜕皮，大约经过 20 d 发育为成虫，成虫在眼内可生活 1 年。

本病的流行与蝇的活动季节密切相关，而蝇的繁殖速度和生长季节又取决于当地气温和湿度等环境因素，故在温暖而湿度较高的季节，常有大批动物发病。各种年龄的动物均受其害。在温暖地区，吸吮线虫可全年流行；在寒冷地区只流行于夏秋季节。牛、犬的吸吮线虫病在临床上比较常见。

（三）致病作用和临床症状

吸吮线虫的致病作用主要表现为机械性地损伤宿主结膜和角膜，引起结膜炎和角膜炎，并刺激泪液的分泌；如继发细菌感染，最终可使眼睛失明。临床上见有眼潮红、流泪和角膜混浊等症状（图 21-118）。当结膜因发炎而肿胀时，有时可使眼球完全被遮蔽。炎症加剧时，眼内有脓性分泌物流出，常将上下眼睑黏合。角膜炎继续发展，可引起糜烂和溃疡，严重时发生角膜穿孔、晶状体损伤及睫状体炎，最后导致失明。混浊的角膜发生崩解和脱落时，一般能缓慢愈合，但在该处留下永久性白斑，影响视觉。患病动物表现极度不安，常将眼部在其他物体上摩擦、摇头、食欲不振、生产性能降低。

（四）诊断

在眼内发现吸吮线虫即能确诊。当虫体爬至眼球表面时，很容易被发现；或轻压眼眦部，然后用镊子把第三眼睑提起，查看有无活动虫体。还可用洗耳球，吸取 3%硼酸溶液，以强力冲洗第三眼睑内侧和结膜囊，同时用一弧形盘接取冲洗液，可在盘中发现虫体。

（五）防治

可用左旋咪唑驱虫，也可采用丁卡因滴眼做表面麻醉，当虫体的蠕动减慢或停止后，用眼科镊子将虫体直接取出，然后滴入氯霉素眼药水或涂红霉素眼膏。可用伊维菌素、莫西菌素、赛拉菌素等大环内酯类药物防治犬吸吮线虫病，常用的给药方式有口服、注射或滴眼。在疫区每年冬春季节，对全部饲养动物进行预防性驱虫；并应根据当地气候情况不同，在蝇类大量出现之前，再对动物进行一次普遍性驱虫，以减少病原体的传播。注意环境卫生，做好灭蝇、灭蛆、灭蛹等工作，减少中间宿主的数量。

（杜爱芳　赵权　编，刘贤勇　审）

二、禽眼线虫病

禽眼线虫病由吸吮科尖旋属的孟氏尖旋尾线虫（*Oxyspirura mansoni*）寄生于鸡、火鸡、孔雀的瞬膜下引起，也见于鼻窦。分布于世界上许多温暖地区，我国南方的广东等地较为常见。

孟氏尖旋尾线虫表皮光滑。口呈圆形，边缘为一个分 6 叶的角质环，有一个形似沙漏的咽。雄虫长 10～16 mm，尾部向腹面弯曲，无尾翼，有 4 对泄殖孔前乳突和 2 列泄殖孔后乳突；交合刺明显不等长，左侧的纤细，长 3.0～3.5 mm，右侧的粗短，长 0.2～0.22 mm。雌虫长 12～19 mm，阴门位于虫体后部。虫卵大小为（50～65）μm×（40～45）μm，产出时已含有第一期幼虫（图 21-119）。

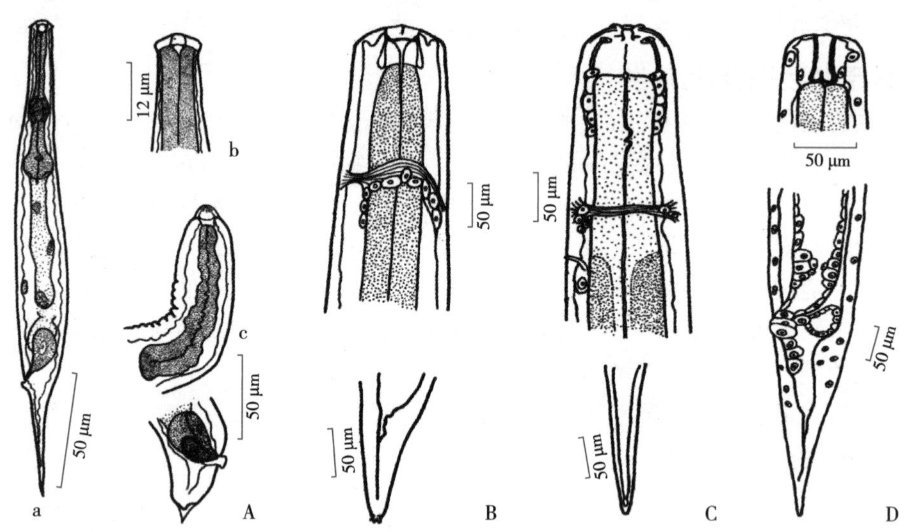

图 21-119　孟氏尖旋尾线虫幼虫

A. 一期幼虫：a. 一期幼虫虫体　b. 一期幼虫前部　c. 处于蜕皮期的一期幼虫，其角质层松动

B. 二期幼虫　C. 三期幼虫　D. 四期幼虫

（Schwabe，1951）

雌虫在瞬膜下产的虫卵，经鼻泪管到鼻腔，被咽入消化道，随宿主粪便排至外界。虫卵被中间宿主苏里南坚足蟑螂（*Pycnoscelus surinamensis*）吞食后，在其体内约经 50 d 发育为感染性幼虫。禽类啄食了含感染性幼虫的蟑螂而遭受感染。感染性幼虫在禽类嗉囊里释出，然后迅速移行到食道，经咽并通过鼻泪管到达眼瞬膜下，这一过程约 20 min 即可完成。从感染到发育成熟大约需要 30 d。对机体的致病作用因感染虫体数量的多少而异，可从结膜炎到严重的眼炎、失明和眼球的完全破坏。严重情况的发生可能与细菌继发感染有关。

在眼内发现虫体即可确诊。可用左旋咪唑、伊维菌素口服或滴眼治疗，或用手术方法取出虫体。发生结膜炎或角膜炎时可用金霉素软膏治疗。预防应着重消灭蟑螂，并应注意禽舍的清洁卫生。

（杜爱芳　杨桂连　编，赵权　刘贤勇　审）

第十五节　丝虫总科线虫病

旋尾目的丝虫总科（Filarioidea）包括丝虫科（Filariidae）和盘尾科（Onchocercidae）。其

中寄生于家畜的重要属包括丝虫科丝虫亚科（Filariinae）的副丝虫属（*Parafilaria*）、盘尾科丝状亚科（Setariinae）的丝状属（*Setaria*）、盘尾科盘尾亚科（Onchocercinae）的盘尾属（*Onchocerca*）和浆膜丝虫属（*Serofilaria*）、盘尾科恶丝虫亚科（Dirofilariinae）的恶丝虫属（*Dirofilaria*）等。丝虫成虫一般寄生于陆生脊椎动物肌肉、结缔组织、循环系统、淋巴系统和体腔等与外界不相通的组织器官中。中间宿主为吸血性节肢动物。丝虫多数种缺口囊，口孔直接通食道。食道常分为前肌质部和后腺体部。交合刺通常异形不等长。雌虫阴门开口于食道部或头端附近，胎生或卵胎生。微丝蚴存在于终末宿主血液或皮下结缔组织中。

一、副丝虫病（血汗病）

副丝虫病又称为皮下丝虫病，由丝虫科丝虫亚科的副丝虫属线虫引起，虫体寄生于马、牛的皮下和肌肉结缔组织，临床上以寄生部位发生出血性肿胀和虫伤性皮肤血汗为特征，因此又叫血汗病（症），在我国早有文献记载。在兽医上比较常见有多乳突副丝虫（*Parafilaria multipapillosa*）引起的马副丝虫病和牛副丝虫（*Parafilaria bovicola*）引起的牛副丝虫病。

（一）马副丝虫病

1. 病原概述 多乳突副丝虫是马副丝虫病的病原。虫体为乳白色粉丝状，质地较柔软，常呈S状弯曲存在。雄虫长2.5～3 cm，宽0.26～0.28 mm。雌虫长4～7 cm，宽0.42～0.47 mm。虫体表面布满环纹，但虫体前部的角皮横纹上出现一些隔断，使环纹形成一种不规则间隔的断断续续的外观，越向前方隔断越密而且越宽，致使环纹颇似一环形的点线（或虚线），再向前方，圆形或椭圆形的小点逐步成为一些乳突状隆起，故称多乳突副丝虫。雌虫阴门位于口孔后不远处，肛门靠近后端，尾端钝圆。卵胎生，含有胚胎的虫卵大小为（50～55）μm×（25～30）μm（图21-120）。

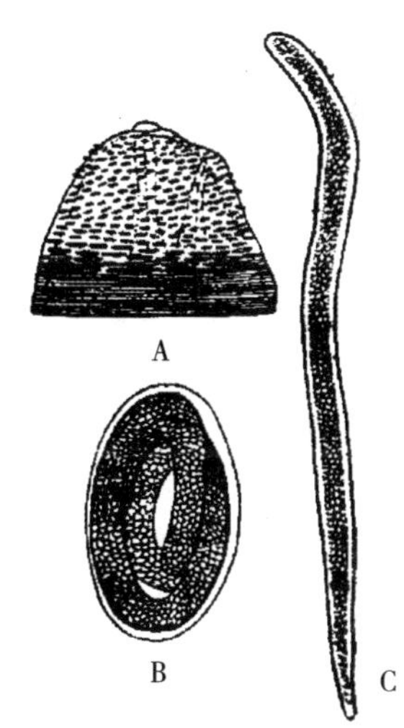

图21-120 多乳突副丝虫
A. 头部 B. 虫卵 C. 微丝蚴

2. 病原生活史和流行病学 多乳突副丝虫的中间宿主为吸血蝇类，已知在苏联地区为黑须角蝇（*Haematobia atripalpis*）。雌虫寄生于皮下和肌间结缔组织，成熟雌虫移行到皮下产卵，产卵时会在皮下形成出血性结节，系虫体用其头端穿破皮肤并损伤微血管，造成出血，随后产出含幼虫的卵于血滴中。虫卵经数分钟或数小时，孵出幼虫微丝蚴。当吸血蝇类吸食马匹流出的血液时，微丝蚴随血液进入蝇体，并经10～15 d发育成感染性幼虫，当含有感染性幼虫的吸血蝇类再去叮咬马匹时，就会将感染性幼虫注入马体内。幼虫移行到寄生部位，经一年左右发育为成虫。

3. 临床症状和病理变化 结节一般在家畜处于日光下和外界温度不低于15 ℃时出现，故本病有一定的季节性，一般在4月出现，7—8月达到高峰，以后渐减，冬季消失。出血汗时间多在晴天的中午前后，动物颈部、肩部及鬐甲部、体躯两侧皮肤流出汗珠样血液。仔细观察可见出血部或其附近有0.6～2.0 cm大小的肿胀，发展迅速，开始如球形，坚硬无痛，在其边缘稍有水肿，其上被毛逆立，是由血液蓄积在皮肤表层所形成，然后被虫体突破血液迅速流出，沿着被毛滴下或凝成明显可见的血斑。出血时间可持续20～30 min，甚至2～3 h。午后出血停止，血液凝成干痂，被毛缠结。当雌虫移行到附近部位，可再次产生损伤，故第二天或数天后可重复发作。每匹病马躯体上出血部位数目不等，有时可达十余处，出血处皮肤敏感。有时出血部位可因继发感染而化脓，并可发展成皮下脓疮。该病多侵害3岁左右消瘦的使役马。病马有时表现贫血。一般天气转凉后自愈，但第二年往往复发。

4. 诊断 在流行地区，根据特殊的症状（血汗），容易诊断。触诊患病部位，可摸到真皮肿胀，有助于诊断。但应区别于虻类昆虫叮咬后的出血。如果需要进一步确诊，可采取患部血液或压破皮肤结节，在显微镜下检查虫卵和微丝蚴。微丝蚴大小为（220～230）μm×（10～11）μm，无鞘。

5. 防治 对本病的全身性治疗可试用以下方法：内服枸橼酸乙胺嗪（海群生，diethylcarbamazine）或注射酒石酸锑钾（antimony potassium tartrate）。有研究表明，大环内酯类药物（如伊维菌素、多拉菌素、莫西菌素）和硝碘酚腈对多乳头副丝虫有效。

对本病的预防主要是保持畜舍及马体清洁，杀灭各种吸血昆虫，及时治疗病马；于吸血昆虫活跃季节，尽量选择地势高及干燥的牧场放牧，避免遭受吸血昆虫侵袭。

（二）牛副丝虫病

牛副丝虫病由牛副丝虫引起，其表现与马副丝虫病极为相似。雄虫长 2～3 cm，交合刺两根不等长。雌虫长 4～5 cm，阴门开口于距头端 70 μm 处，肛门靠近尾端。卵内含幼虫，孵出的幼虫长 215～230 μm。生活史可能与多乳突副丝虫相似。虫体与多乳突副丝虫的主要区别是：牛副丝虫前部体表的横纹转化为角质嵴，只在最后形成两列小的圆形结节。

本病在我国山东、江苏、湖南、湖北、四川、福建和广西各地均有发现。多见于 4 岁以上的成年牛。该病主要根据牛体表突然出现的出血性结节和发病的季节性，以及检查到结节内含有虫卵或幼虫进行确诊。

（宫鹏涛　张西臣　编，潘保良　刘贤勇　审）

二、丝状线虫病

丝状线虫病由盘尾科丝状亚科丝状属线虫的成虫或幼虫引起，包括腹腔丝虫病、脑脊髓丝虫病和浑睛虫病。其中，腹腔丝虫病由丝状属的马丝状线虫（*Setaria equina*）、指形丝状线虫（*S. digitata*）、唇乳突丝状线虫（*S. labiatopapillosa*）和马氏丝状线虫（*S. marshalli*）等的成虫寄生于牛、马的腹腔引起。脑脊髓丝虫病（腰痿病）由丝状线虫的幼虫（童虫）侵入非固有宿主马或羊的脑底部、颈椎和腰椎膨大部的硬膜下腔、蛛网膜下腔或蛛网膜与硬膜下腔之间所引起。浑睛虫病由丝状线虫的幼虫（童虫）寄生于马、牛眼前房内引起，这些疾病给畜牧业生产造成了一定的损失。

（一）病原概述

丝状属线虫成虫较大，长数厘米至十余厘米，乳白色，体壁较坚实，后端常卷曲呈螺旋形。口孔周围有角质环围绕，在背腹面有时也在侧面有向上的隆起，形成唇状的外观。雄虫泄殖孔前后均有性乳突数对，交合刺两根，大小长短不等。雌虫较雄虫大，尾尖上常有小结或小刺，阴门位于食道部。雌虫产带鞘的微丝蚴，出现于宿主的血液中。

1. 马丝状线虫 又称为马腹腔丝虫，简称马丝虫。虫体寄生于马属动物腹腔，有时也可在胸腔、盆腔、阴囊、眼部等处发现虫体。偶尔可感染人。虫体呈粉丝状，围在口环上的侧乳突较大（图 21-121）。雄虫长 40～80 mm，交合刺两根，不等长。雌虫长 70～150 mm，阴门开口于食道部前端；尾端呈圆锥状。产出的微丝蚴长 190～256 μm。童虫长约 1～5 cm，宽 0.078～0.108 mm，形态结构与成虫相似，但生殖器官尚未发育成熟。

2. 指形丝状线虫 又称为牛腹腔丝虫，简称指状丝虫，可在宿主体内生活长达 18 个月。寄生于黄牛、水牛、牦牛的腹腔。口孔呈圆形，背腹乳突相距 60～75 μm。角质层光滑且分层，具有细小的横向条纹。圆形的侧唇环绕着口孔。雄虫长 35～82 mm、宽 0.2～0.3 mm，有性乳突 15 个，分别为泄殖孔前 3 对，侧 1 对，前方正中 1 个，后 3 对，靠近泄殖孔的 2 对相距很近。交合刺两根，不等长。雌虫长65～156 mm、宽 0.5～0.7 mm；阴门开口的位置距头端 0.5～0.6 mm，食道长 6～7 mm，分为短的前部（0.5～0.6 mm）和较长的后部（5.5～6.5 mm）。

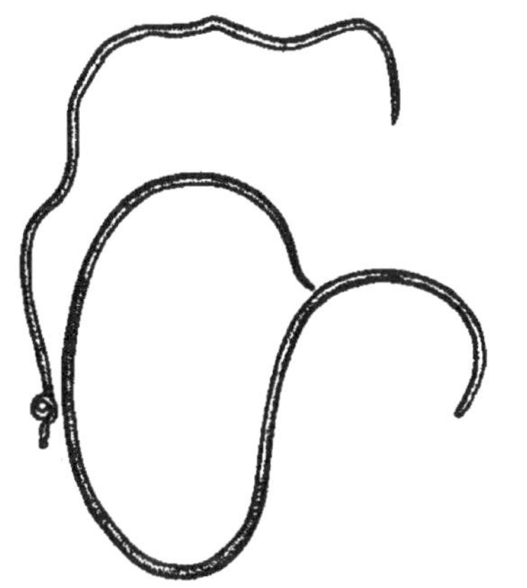

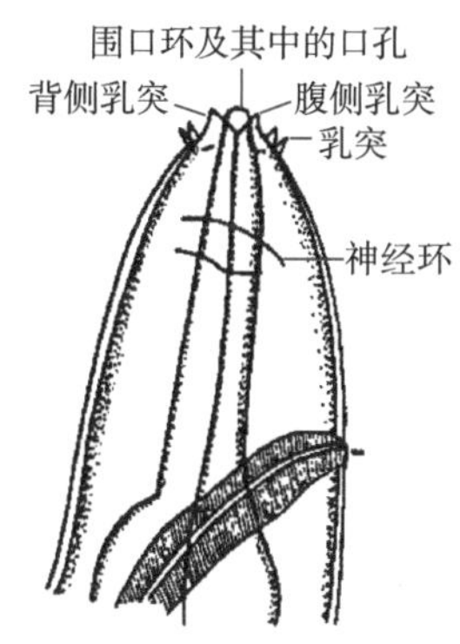

图 21-121　马丝状线虫全虫及头部

尾端呈表面光滑的球形纽扣状。腹腔内的雌性成虫产出长度为 190 μm 的微丝蚴（图 21-122），童虫虫体长 1～5 cm，宽 0.078～0.108 mm，形态结构与成虫相似，但生殖器官尚未发育成熟。

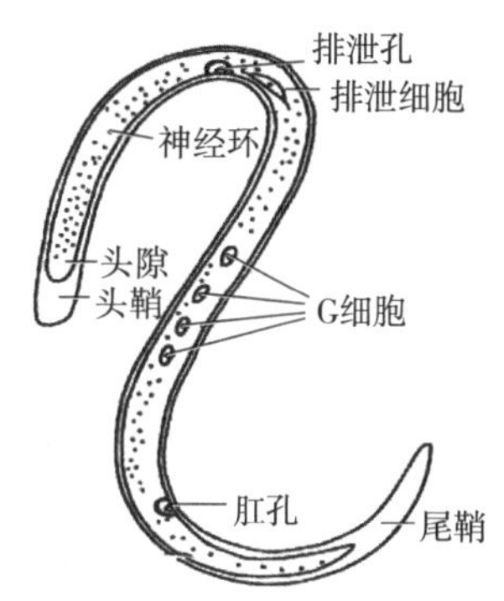

图 21-122　指形丝状线虫微丝蚴

指形丝状线虫与导致人类淋巴丝虫病的班氏吴策丝虫（*Wuchereria bancrofti*）相似，因此指状丝虫被用作模式生物以寻找可用于开发人类丝虫病治疗新药或疫苗的靶标。

3. 唇乳突丝状线虫　也简称唇乳突丝虫。成虫寄生于牛、羚羊和鹿的腹腔。口孔呈长圆形，背、腹乳突较大，相距120～150 μm。雄虫长 40～80 mm，其尾部性乳突共 17 个（泄殖孔后方 4 对，其他同指状丝虫），交合刺两根，不等长。雌虫长 60～150 mm，尾端球形，表面粗糙，由多个刺状乳突构成；尾部侧乳突距尾端 100～140 μm。微丝蚴长 240～260 μm。童虫虫体长 1～5 cm，宽 0.078～0.108mm。

4. 马氏丝状线虫　可感染牛。雌虫长 72～110 mm、宽 0.62～0.78 mm，雄虫长 48～58 mm、宽 0.44～0.46 mm。马氏丝状线虫可在母牛妊娠期感染胎牛，在 7～9 个月大的胎牛腹腔内就可以发育为成虫。产前感染的马氏丝状线虫寿命约为 1 年。

5. 鹿丝状线虫　可感染牛、鹿。雌虫长 142 mm、宽 0.48 mm，雄虫长 76 mm、宽 0.47 mm。雌虫头部有新月形的侧唇，尾端布满小刺。雄虫右交合刺较短，左交合刺较长。

（二）病原生活史

腹腔丝虫成虫的生殖方式为胎生。成虫于终末宿主腹腔内产出微丝蚴，微丝蚴进入终末宿主的血液循环系统，其在外周血液中的出现具有周期性。当中间宿主（蚊子或吸血蝇）刺吸终末宿主血液时，微丝蚴进入蚊体内，经 12～16 d 发育为感染性幼虫，并移行到蚊的口器部位。当蚊吸食易感动物血液时，感染性幼虫进入终末宿主腹腔，经 8～10 个月发育为成虫。此外，当这些蚊叮咬马或羊等动物时，将感染性幼虫注入这些动物甚至人体内，经淋巴-血液循环侵入脑脊髓表面或实质内，发育为童虫，引起脑脊髓丝虫病。蚊子也可将感染性幼虫注入非固有宿主马或牛体内，经淋巴-血液循环侵入眼前房，发育为相应丝虫的童虫，引起浑睛虫病。

（三）流行病学

牛、马腹腔丝虫的童虫均可引起马或牛的浑睛虫病及马或羊的脑脊髓丝虫病。据报道，上述疾病多发于东南亚及东北亚一些国家，我国主要见于长江流域和华东沿海地区，东北和华北等地亦有病例发生。就畜种来看，马比骡多发，驴未见报道；山羊和绵羊也常发生；牛有时也可因指状丝虫的幼虫迷入其脑脊髓而发生。疾病有明显的季节性，多发生于夏末秋初，其发病时间常比当地蚊出现的时间晚 1 个月，因此，本病在 7—9 月多发，尤以 8 月为甚。本病的发病率与环境因素较为密切，饲养在地势低洼、多蚊、距牛圈近的马匹，发病率明显增高。各种年龄的马匹均可发病。本病传播媒介多为吸血昆虫，其中马丝虫的中间宿主为埃及伊蚊（*Aedes aegypti*）、奔巴伊蚊（*Aedes pembaensis*）及淡色库蚊（*Culex pipiens*）。指状丝虫的中间宿主为中华按蚊（*Anopheles hyrcanus sinensis*）、雷氏按蚊（*Aedes hyrcanus lesteri*）、骚扰阿蚊（*Armigeres obturbans*）和东乡伊蚊（*Aedes togoi*）。鹿丝状线虫的中间宿主为厩螫蝇或一些蚊类。

（四）临床症状和病理变化

1. 腹腔丝虫病 由腹腔丝虫的成虫引起。由于寄生在牛、马腹腔等处的虫体往往数量不多，因此致病性不强，不呈现明显的临床症状；有时可引起睾丸的鞘膜积液，腹膜及肝包膜的纤维素性炎症，也可导致轻度纤维性腹膜炎，但通常对其自然宿主（牛和水牛）无致病性，临床上一般不显症状。此外有在牛的输卵管内发现指状丝虫的病例。

2. 脑脊髓丝虫病 脑脊髓丝虫病是由腹腔丝虫的幼虫侵入动物脑脊髓而引起的一种神经病理性变化。指形丝状线虫或唇乳突丝状线虫的幼虫通过脑脊髓的神经孔，进入大脑、小脑、延脑、脑桥和脊髓等处，可引起脑脊髓炎症和实质性的病理变化。由于幼虫是移行的，并无特定寄生部位，故其病情轻重不同，潜伏期长短不一（平均为 15 d 左右）。主要表现为腰部脊髓所支配的后躯运动神经障碍、痿弱和共济失调，故通常称作“腰痿病”或“腰麻痹”。该病也可突然发作，导致动物在数天内死亡。

（1）马脑脊髓丝虫病：

①早期症状：主要表现一后肢或两后肢提举不充分，运动时蹄尖轻微拖地。后躯无力，后肢强拘。久立后牵引时，后肢出现鸡伸腿样动作和黏着步样。从腰荐部开始，出现反应迟钝，继而发生在颈部两侧，凹腰反应迟钝，整个后躯感觉也迟钝或消失。此阶段病马低头无神，行动缓慢，对外界反应降低，有的耳根和额部出汗。

②中晚期症状：病马精神沉郁，有的出现意识障碍，呈痴呆样，磨牙、凝视、易惊、采食异常，甩尾欠灵活，尾力减退，不能驱赶蚊蝇；腰、臀、股内侧部针刺反应迟钝或消失；弓腰、腰硬，突然严重跛行。一般运步时，两后肢外张，斜行，或后肢出现木脚步样。强制小跑时，步幅缩短，后躯摇摆；转弯时，后退少步，甚至前蹄践踏后蹄。急退时，易坐倒，起立困难（图 21-123）；站立时，后坐瞌睡，后坐到一定程度，猛然立起；后坐时如果臀端倚靠墙柱，便上下反复磨损尾根，使尾根被毛脱落。随着病情加重，病马阴茎脱出下垂，尿淋漓或尿频，尿色呈乳状，重症者甚至尿闭、粪闭，须人工掏粪、导尿。

图 21-123 马脑脊髓丝虫病临床表现

病马体温、呼吸、脉搏、食欲等均无明显变化。血液检查，常见嗜酸性粒细胞增多（高达 23%），早期病例可有一过性贫血及血沉加快，谷草转氨酶（AST 或 GOT）稍升高，其他指标多不见变化。

（2）羊脑脊髓丝虫病：

①急性型：羊在放牧时突然倒地不起，眼球上旋，颈部肌肉强直或痉挛，或者颈部歪斜，出现

兴奋、骚动、空嚼及鸣叫等神经症状。此急性抽搐症状过后，如果将羊扶起，可见四肢强直，向两侧叉开，步态不稳，如醉酒状。当颈部痉挛严重时，病羊向斜侧转圈。

②慢性型：此型较多见。病初患羊无力，步态踉跄，多发生于一侧后肢，也有两后肢同时发生的。此时体温、呼吸、脉搏无变化，患羊可继续正常存活，但多遗留臀部歪斜及斜尾等症状；运动时如履不平，容易跌倒，但可自行起立，继续前进，故病羊仍可随群放牧，母羊产奶量不降低。当病情加剧，两后肢完全麻痹，则患羊呈犬坐姿势，不能起立，但食欲精神仍正常。迄至长期卧地发生褥疮，才出现食欲下降，逐渐消瘦，以致死亡。

本病的病理变化是由丝虫幼虫移行进入脑脊髓发育为童虫所引起的，可引发出血性、液化坏死性脑脊髓炎，或有不同程度的浆液性、纤维素性脑脊髓膜炎。在脑脊髓的硬膜、蛛网膜有浆液性、纤维素性炎症和胶样浸润灶，以及大小不等的呈红褐色、暗红色或绛红色出血灶，在其附近有时可发现虫体。脑脊髓实质病变明显，白质区常见，可见由于虫体引起的大小不等的斑点状、线条状的褐黄色破坏性病灶，以及形成大小不同的空洞和液化灶。膀胱黏膜增厚，充满混有絮状物的尿液，若膀胱麻痹则尿酸盐沉着、蓄积呈泥状。组织学检查可见发病部的脑脊髓呈现非化脓性炎症，神经细胞变性，血管周围出血、水肿，并形成管套状变化。在脑脊髓神经组织的虫伤性液化坏死灶内，往往见有大型色素性细胞（吞噬细胞），是本病的一个特征性变化。

3. 浑睛虫病　患病动物畏光、流泪、角膜和眼房液轻度混浊，眼睑肿胀，结膜和巩膜充血，瞳孔散大，视力减退。患病动物不时摇晃头部或在饲槽及桩上摩擦患眼，严重时可致失明。

（五）诊断

1. 腹腔丝虫病　采集血液做微丝蚴检查，可确诊。其方法是采新鲜血液一滴，置载玻片上，加少量生理盐水稀释后，加上盖玻片，在低倍镜下观察。如有微丝蚴存在，则可见其在血液中游动，也可用血液一大滴制作厚膜标本，自然干燥，置水中溶血后趁湿镜检，此法检出率较高。此外，还可采用免疫学或 PCR 方法进行检测。

2. 脑脊髓丝虫病　病马出现临床症状可做出诊断，但为时已晚，此时的病马已难以治愈。因此，本病的早期诊断非常重要。目前，已研制出牛腹腔丝虫提纯抗原，可进行皮内反应试验对本病进行早期诊断，此方法具有相当好的特异性。具体步骤是每匹马每次皮内注射抗原 0.1 mL，注射后 30 min，测量其丘疹直径，1.5 cm 以上的为阳性反应；不足 1.5 cm 的为阴性反应；丘疹呈卵圆形的，以其纵横径之和的 1/2 为计。此反应出现的时间早于临床发病 3～19 d。免疫学诊断方法，如酶联免疫吸附试验（ELISA）、间接血凝技术等也可用于检测该病。

此外，在流行区，不论马和羊均须密切注意其运动情况，如后肢强拘、提举伸扬不充分、蹄尖拖地、行动缓慢，甚至运步困难、步样踉跄、斜行（羊）；马匹出现嗜睡后，继而出现运动姿势异常以及后坐等特征性症状，在排除流行性乙型脑炎、外伤、风湿、骨软症等疾病之后，可怀疑为脑脊髓丝虫病。

3. 浑睛虫病　马和牛患本病时，眼内常寄生 1～3 条虫体，由于虫体在眼前房液中游动，当对光观察时，可见虫体时隐时现，即可确诊。

（六）防治

1. 治疗

（1）腹腔丝虫病：牛和马口服海群生可杀死血中微丝蚴，但不能清除成虫。有人推荐用左旋咪唑或伊维菌素治疗。

（2）脑脊髓丝虫病：应在早期诊断的基础上尽快治疗，以免虫体侵害脑脊髓实质，造成不易恢复的虫伤性病灶。

（3）浑睛虫病：根本疗法是应用角膜穿刺术取出虫体。手术时，将病马横卧或站立保定，尤其注意保定好头部，当虫体在眼前房游动时，用毛果芸香碱液点眼，使瞳孔缩小，防止虫体退缩至眼后房；再用利多卡因或普鲁卡因液多次点眼，使眼麻醉。开张眼睑，固定眼球，用外科刀的刀尖或小宽针或静脉注射用针头，在距角膜下 0.2～0.3 cm 处，斜向角膜，即使刀或针与虹膜面平行（如用静脉注射针头时，斜面向内），待虫体正向术者方向游来时，迅速刺入开天穴（黑睛下缘与白睛上缘交界处），此时虫体便随眼房液流出。如虫体不随眼房液流出，可用小镊子将虫体取出。术后，将患病动物静养于暗厩内，穿刺的创口一般可在一周左右愈合，术后如分泌物多，可用硼酸液清洗并用抗生素眼药水点眼。

2. 预防 必须采取控制传染源，切断传播途径，在发病季节采用药物预防，对易感动物加强饲养管理等综合性措施。

（1）控制传染源：马厩或羊舍应设置在干燥、通风、远离牛舍（1～1.5 km）的地方；在蚊虫活跃季节，尽量防止马和羊与牛接触。有条件时普查病源牛，对带微丝蚴牛使用海群生，可大大减少病原。

（2）切断传播途径：做好厩舍环境卫生，消除蚊虫滋生条件；采用杀蚊药物喷洒灭蚊、烟熏驱蚊。

（3）药物预防：在发病季节，应用海群生可起到防治本病的效果。

（4）加强饲养管理以增强马或羊的抵抗力。

（李建华　张西臣　编，赵权　郝力力　索勋　审）

三、盘尾丝虫病

盘尾丝虫病由盘尾科盘尾亚科盘尾属的盘尾丝虫引起。虫体寄生于哺乳动物韧带、肌间、血管内膜下层、皮肤、皮下结缔组织中，在寄生部位常导致硬结的形成，某些吸血昆虫是其传播媒介。马、牛、羊、骆驼等家畜以及鹿、野猪、獐、大猩猩、蛛猴等动物各有不同种类的盘尾丝虫寄生，引起相应的盘尾丝虫病。

（一）病原概述

到目前为止，世界上已报道的盘尾丝虫约有 30 多种，我国已报道的家畜盘尾丝虫主要有 6 种，包括颈盘尾丝虫（*Onchocerca cervicalis*）、网状盘尾丝虫（*O. reticulata*）、吉氏盘尾丝虫（*O. gibsoni*）、喉瘤盘尾丝虫（*O. gutturosa*）、圈形盘尾丝虫（*O. armillata*）和福斯盘尾丝虫（*O. fasciata*）。寄生于人的旋盘尾丝虫（*O. volvulus*）可引起失明［称为河盲病（river blindenss）］，主要发生在非洲，在我国没有发现。

颈盘尾丝虫呈白色长丝线状，头部具微小乳突；口部构造简单，无唇瓣；角皮上除有横纹外，尚可见有呈螺旋状的脊，这种脊往往在虫体侧部中断或由纵走的条纹贯连，形成盘尾丝虫独特的形态。雄虫尾部卷曲，尾端呈钝圆锥形，腹面扁平，常常无尾翼（圈形盘尾丝虫例外），有泄殖孔乳突，交合刺左右长短不一（图 21-124）。雌虫阴门位于食道附近，微丝蚴无鞘。

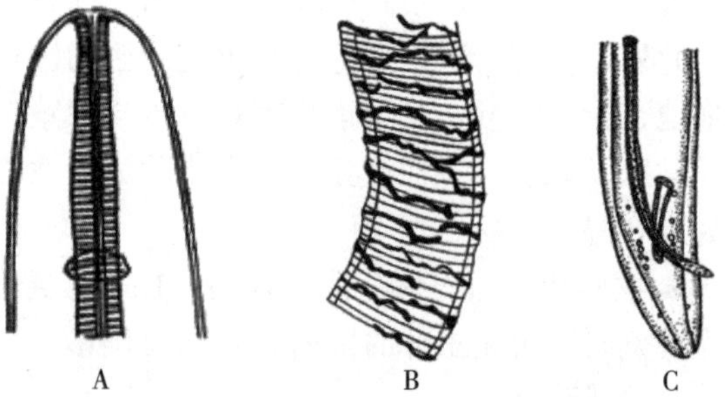

A　B　C

图 21-124　颈盘尾丝虫（板垣）
A. 虫体前部　B. 体表螺旋状脊　C. 雄虫尾部

福斯盘尾丝虫（*O. fasciata*）又称筋膜盘尾丝虫，寄生于骆驼的项韧带、肌腱和皮下结缔组织等处。整个虫体细长，呈丝线状，前端细，后端粗。雌雄虫长度悬殊，雄虫长约 85 mm，雌虫长约 970 mm（图 21-125、图 21-126、图 21-127、图 21-128）。头部有乳突，口孔位于虫体前端，口囊浅；食道分肌质部和腺体部；虫体表皮粗糙，有横纹和螺旋状嵴。

雄虫尾部呈螺旋状弯曲；交合刺一对，不等长，长交合刺远端尖细；短交合刺末端粗钝。雌虫阴门横缝状，位于虫体食道前部；肛门距尾端 0.3 mm，尾部向腹面弯曲，末端钝圆。

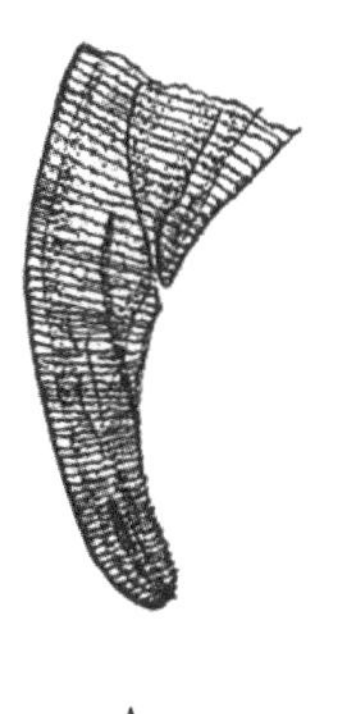
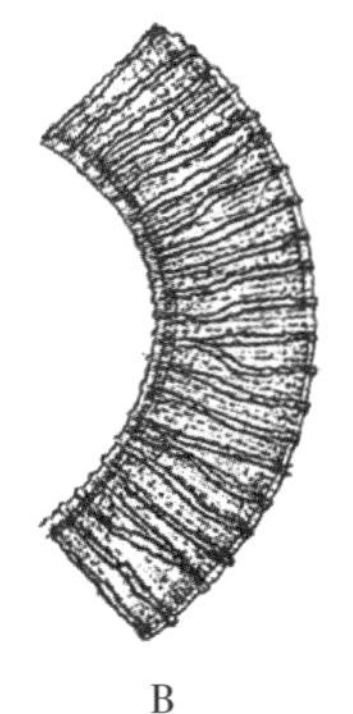
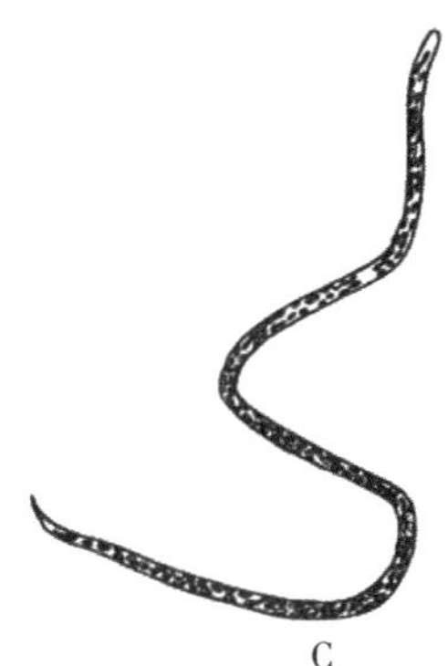

A　　B　　C

图 21-125　福斯盘尾丝虫

A. 雌虫尾部　B. 体表螺旋状脊　C. 微丝蚴

（杨晓野，1985）

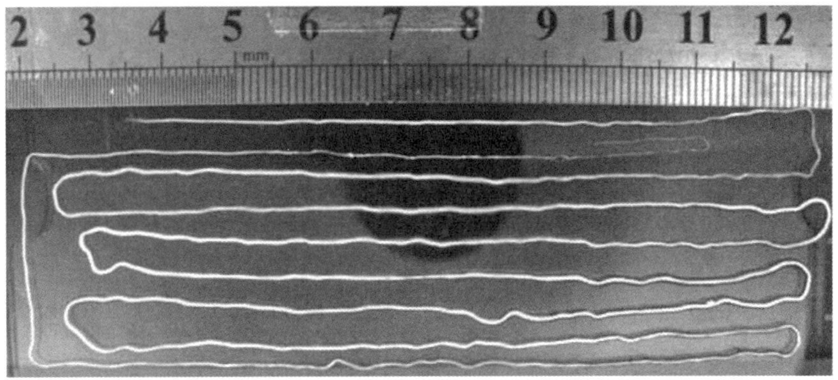

图 21-126　福斯盘尾丝虫雌虫

（杨晓野，2012）

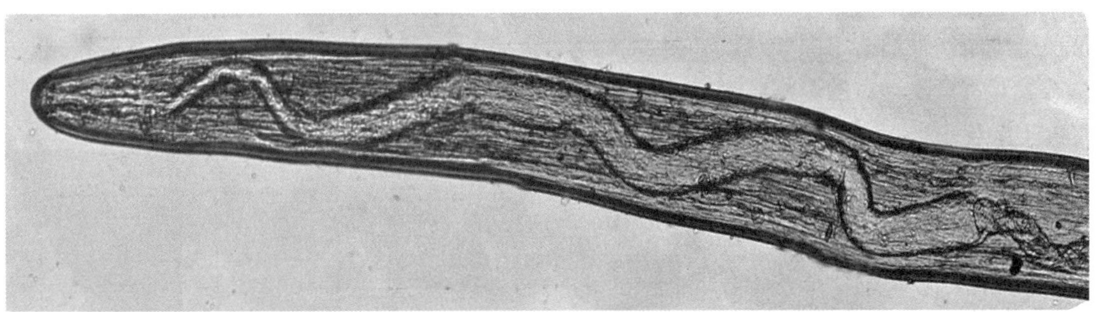

图 21-127　福斯盘尾丝虫食道

（杨晓野，2012）

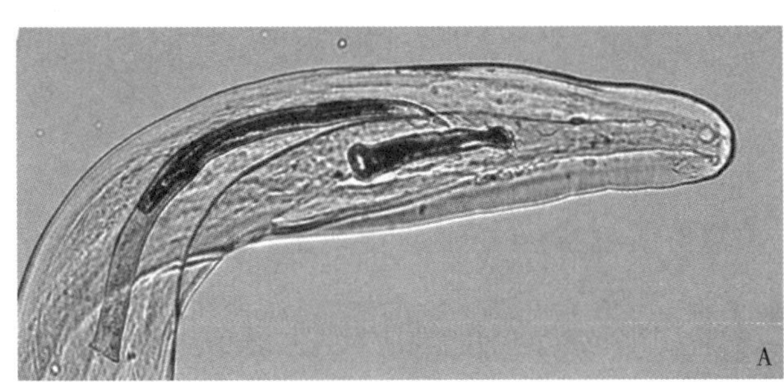

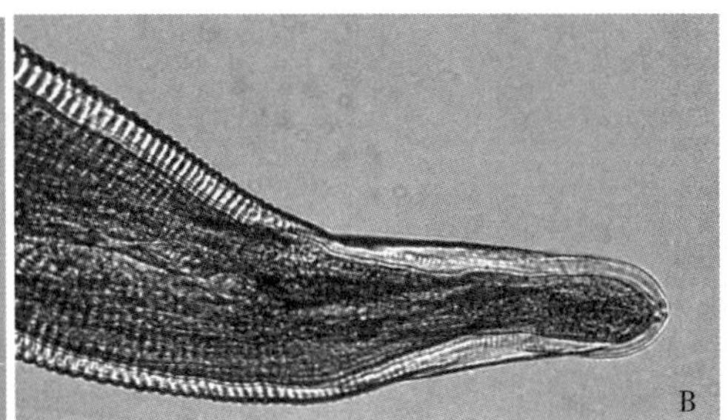

图 21-128　福斯盘尾丝虫尾部

A. 雄虫　B. 雌虫

（杨晓野，2012）

（二）病原生活史和流行病学

发育过程中，需要吸血昆虫蠓、蚋、蚊作为传播媒介或中间宿主，而且不同种类的盘尾丝虫所需的传播媒介种类各异。成虫寄生于相应终末宿主的结缔组织中，所产微丝蚴主要分布于皮下的淋巴组织内，个别种类在血液中也有发现。当中间宿主蠓、蚋、蚊等叮咬终末宿主时，幼虫被摄入，发育为感染性幼虫，这些传播媒介再叮咬易感动物时，即可造成后者感染。

在我国，从1935年于上海首次发现圈形盘尾丝虫以来，又陆续报道了其他种类，其中圈形盘尾丝虫见于上海、内蒙古、湖南、湖北、四川、广西、浙江、安徽、宁夏、山东等地；喉瘤盘尾丝虫见于湖南；颈盘尾丝虫见于新疆、青海；吉氏盘尾丝虫见于浙江；网状盘尾丝虫见于新疆和内蒙古；福斯盘尾丝虫见于内蒙古。这几种盘尾丝虫中，感染牛的有3种，即圈形盘尾丝虫、吉氏盘尾丝虫和喉瘤盘尾丝虫；感染马的2种，为颈盘尾丝虫和网状盘尾丝虫；感染骆驼的1种，即福斯盘尾丝虫；对内蒙古骆驼主产区的调查表明，福斯盘尾丝虫对当地双峰驼的感染率高达90%以上。2015年，我国首先在世界上发现和确定了曲囊库蠓（*Culicoides puncticollis*）是骆驼福斯盘尾丝虫的传播媒介。

（三）致病作用和临床症状

盘尾丝虫成虫盘曲在结缔组织内形成“虫巢”性结节，外部有纤维细胞形成的包膜，在里面常有数条成虫蜷伏，数目不等。结节的大小和成熟程度常因寄生时间长短而有所差异。虫体的寄生部位不同，所表现的临床症状也不同。吉氏盘尾丝虫和喉瘤盘尾丝虫分别寄生于牛的肩部、肋部、四肢的皮下和项韧带、股胫关节韧带处，宿主多数不表现临床症状，少数表现为患部充血、出血、炎症、水肿和胶样浸润。圈形盘尾丝虫寄生于牛的主动脉弓、臂头动脉总干和肺动脉起始部的血管内膜下层，造成动脉管内膜粗糙、增厚，管壁上有充满胶冻样或干酪样物的结节，可引起动物动脉粥样硬化症。颈盘尾丝虫多寄生于马的鬐甲部韧带和四肢肌腱，引起患部肿胀，有部分病例出现症状，成为鬐甲瘘和项肿的病因之一；还有人认为颈盘尾丝虫的微丝蚴可能是马周期性眼炎的病因之一。福斯盘尾丝虫成虫主要寄生在骆驼的颈部、腹部、腰部、四肢内外侧皮下组织、肌腱及韧带等部位，以项韧带两侧寄生数量最多，引起局部结缔组织增生，并最终在寄生部位形成纤维组织性结节（图21-129、图21-130）。福斯盘尾丝虫病对驼肉品质、皮革质量以及骆驼生长发育都产生严重的影响，给养驼业造成重大损失。

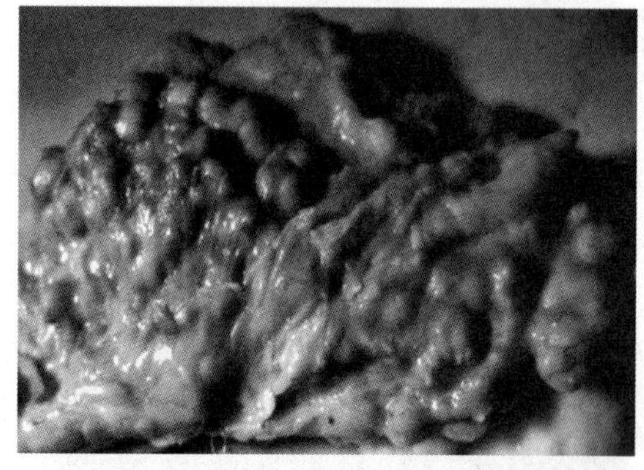

图21-129　骆驼盘尾丝虫病病变结节
（杨晓野，2012）

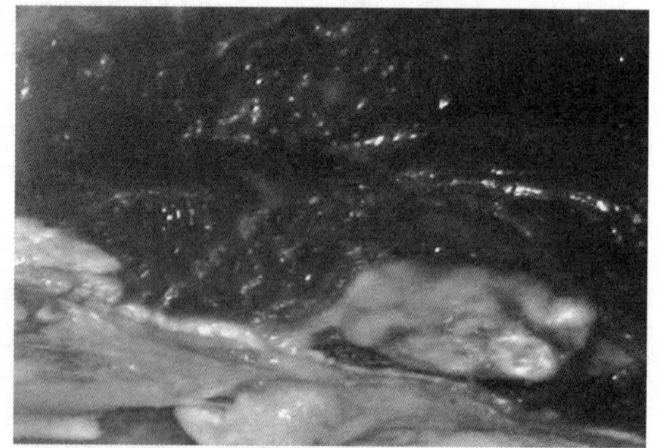

图21-130　骆驼盘尾丝虫在肌腱处的虫结
（杨晓野，2012）

（四）诊断

盘尾丝虫病的诊断可依据症状、病变出现的特定部位和病变的性质及发生季节、地理分布等流行病学资料，做出初步判断。检查方法通常是在病变部取小块皮肤，加生理盐水培养，观察有无微丝蚴。死后剖检，可在患部发现虫体结节和相应病变。从结节中解剖出成虫和从剪下的组织中检出微丝蚴也可进行诊断，但需详细辨认微丝蚴的构造及其和其他丝虫微丝蚴的区别。

盘尾丝虫病也可以用免疫学方法进行诊断，如人的旋盘尾丝虫病发生时会产生强烈的嗜伊红反应，患者体内有抗体产生，这一抗体通过补体结合反应或皮肤敏感试验检测出来。可用巢式PCR技术对旋盘尾丝虫感染和曼森丝虫感染进行鉴别诊断，该方法具有高度的敏感性和特异性，完全可以检测终末宿主和传播媒介的虫体感染，且不会和血液中的其他寄生虫发生交叉反应而出现假阳性结果。检材可以是全血，也可以是血滴或皮肤活组织。可以将此方法用于丝虫病控制效果的评估或流行地区终末宿主和中间宿主的检测及流行病学调查。

（五）防治

治疗可试用海群生或伊维菌素。有报道表明，用伊维菌素治疗病人3个月，可以极大降低旋盘尾丝虫雌虫的数量和疾病引起的皮肤瘙痒及损伤，并限制了虫体的传播。

预防可消除吸血昆虫的滋生地，保护动物不受蠓、蚋或蚊等吸血昆虫的叮咬。厩舍内喷洒杀虫药；或用外用杀虫剂处理动物体表，每10 d一次；还可涂擦驱避药物，防止中间宿主的侵袭。库蠓的幼虫在有水草的浅水中或在腐败物上生长，因此需注意环境卫生，利用开沟排水或在其滋生的水中撒杀虫药物，把幼虫杀死。

国外正在进行人旋盘尾丝虫病疫苗方面的研究，寻求保护性好的抗原是关键。

（杨晓野　编，安健　索勋　审）

四、猪浆膜丝虫病

猪浆膜丝虫病由盘尾科盘尾亚科浆膜丝虫属的猪浆膜丝虫（*Serofilaria suis*）寄生于猪的心脏、肝、胆囊、子宫和膈肌等处的浆膜淋巴管内引起。

虫体呈丝状，中等大小。雄虫长12～26.6 mm，角质层有横纹，口简单无唇，头端有8个乳突排列为两圈，食道分为肌质部和腺体部两部分，尾部向腹面弯曲，有3～6对泄殖孔前和泄殖孔后乳突，两根交合刺不等长，但形状相似。雌虫长50.6～60 mm，阴门位于食道腺体部处，不隆起，尾端两侧各有一个乳突。

猪浆膜丝虫雄虫与雌虫交配后，雌虫所产微丝蚴进入血液循环，在传播媒介库蚊吸血时，进入蚊体内，渐发育为感染性幼虫；当该蚊吸食易感猪的血液时，猪被感染。有时虫体进入猪体后易死亡钙化，说明家猪对其抵抗力较强。猪浆膜丝虫繁殖方式为胎生，微丝蚴有鞘。

轻度感染时，猪一般缺乏明显的临床症状；严重感染时，患猪精神沉郁、离群独居、“五足落地”（四肢和吻突拱地）、体温升高、眼结膜充血有黏性分泌物、食欲不振、行走跛状、前肢有疼痛感、惊悸吼叫、剧烈湿咳；静卧时肌肉震颤，呈犬坐及俯卧姿势，呼吸困难。浆膜丝虫常寄生于宿主心外膜淋巴管内，心外膜表面形成稍隆起的绿豆大、灰白色小泡状乳斑；或形成长短不一、质地坚实的迂曲状的透明条索状物，其中有时可看到蜷曲的白色透明虫体。陈旧病灶外观上为灰白色针头大钙化的小结节，呈砂粒状。病灶的数目通常在一个猪心上仅见1～2处，但也有多达20多处的，散在地分布于整个心外膜表面。

生前诊断可采耳静脉血，检查血液中的微丝蚴。宰后在心脏等处发现病灶并找到活虫，或将病灶压成薄片镜检发现虫体残骸即可确诊。目前防治方法报道甚少。

（宫鹏涛　张西臣　编，索勋　杨桂连　审）

五、犬恶丝虫病

犬恶丝虫病由盘尾科恶丝虫亚科恶丝虫属的犬恶丝虫（*Dirofilaria immitis*）引起。虫体寄生于犬、猫和其他野生肉食动物心脏的右心室及肺动脉（少见于胸腔、支气管），引起循环障碍、呼吸困难及贫血等症状。本病分布甚广，全国各地几乎均有发现。人可偶被感染，具有重要的公共卫生意义。

（一）病原概述

成虫呈微白色。雄虫长 12～16 cm，末端有 11 对尾乳突，分为泄殖孔前 5 对，泄殖孔后 6 对，交合刺两根不等长。雌虫长 25～30 cm，尾部直，阴门开口于食道后端，约距头端 2.7 mm（图 21-131）。成虫常纠缠成几乎无法解开的线团状，但也可能游离或被包裹而寄生于右心室和肺动脉中，也有个别的寄生于肺动脉支和肺组织中。此外，还见于皮下和肌肉间组织中。微丝蚴多出现于血液中，在新鲜血液中做蛇行或环行运动。

（二）病原生活史

雌雄虫交配后，雌虫排出长约 0.3 mm 的幼虫——微丝蚴。微丝蚴无鞘，在外周血中出现的周期性不明显，但以夜间出现较多，其进入血液后可生存一年以上。当中间宿主（中华按蚊、白蚊、伊蚊、淡色库蚊及猫蚤与犬蚤）吸食病犬体内的血液时，微丝蚴进入中间宿主体内，约经 2 周发育为对犬有感染能力、体长约 1 mm的成熟感染性幼虫，聚集于中间宿主的口器部位；当蚊等中间宿主叮咬犬体时，这些幼虫即从其口器逸出，很快钻进宿主皮肤中，在皮下结缔组织、肌间组织、脂肪组织和肌膜下发育。感染后 3～4 个月，体长可达 3～11 cm。然后进入静脉内，最后移行到右心室等处。移行到右心室的幼虫，如细丝一般，被称为童虫。童虫在右心室或肺动脉内继续发育 3～4 个月，便成为成虫，从犬感染到发育为成虫，需6～7 个月的时间。成虫可寄生于右心室和后腔静脉、肝静脉、前腔静脉到肺动脉的毗连血管内。成虫寄生期为 5～6 年，并在此期间内不断产生微丝蚴。

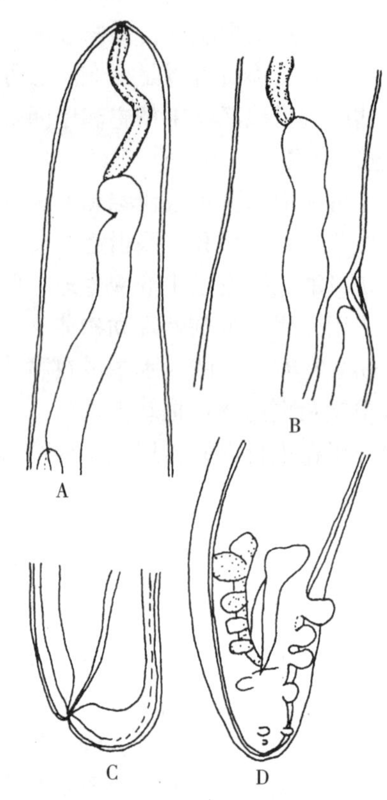

图 21-131　犬恶丝虫
A. 头部　B. 阴门部　C. 雌虫尾部　D. 雄虫尾端

（三）流行病学

犬恶丝虫在我国分布甚广，北至沈阳、南至广州均有发现。除犬外，猫和其他野生肉食动物也可被寄生。由于其生活史中所需的中间宿主是吸血昆虫蚊等，因此，每年蚊最活跃的 6—10 月为该病的感染期，高峰期是 7—9 月。该病的感染率与经过的夏季数成正比；在严重流行区域，犬经一夏的感染率为 38%，经二夏的感染率为 89%，经三夏的感染率为 92%。犬的性别、被毛长短、毛色等与感染率无关；饲养环境与感染率有关，饲养在屋外的犬感染率高。

（四）临床症状和病理变化

最早出现的症状是咳嗽，运动时加剧，病犬易疲劳；随病程的发展，病犬出现心悸，脉细而弱，心有杂音；肝肿大，触诊疼痛；腹腔积水，腹围增大，呼吸困难；末期贫血加重，逐渐消瘦衰弱至死。患该病的犬常伴发结节性皮肤病，以多发性瘙痒、易破溃、化脓性灶状结节为特征，在化脓性肉芽肿周围的血管内常见微丝蚴。解剖时可见心脏肿大，右心室扩张，心内膜肥厚；肺贫血，扩张不全，肺动脉内膜炎和栓塞、脓肿及坏死等；肝有肝硬化及肉豆蔻肝；肾实质和间质均有炎症；后期各器官发生萎缩。

（五）诊断

根据流行病学特征及临床症状观察可做出初步诊断，最后确诊应在血液中找到犬恶丝虫的微丝蚴。微丝蚴在新鲜血液中进行蛇行和环行运动。具体检查方法是用血液 1 mL 加 7%醋酸溶液或 1%盐酸溶液 5 mL，低速离心 2～3 min 后，倾去上清液，取沉淀物镜检，易找到微丝蚴。此外，本病还可采用ELISA、胶体金等免疫学方法进行检测。根据临床症状和实验室检测结果，可将病情分为三级：一级为亚临床感染，二级为中度感染，三级为严重感染。不同病情，临床治疗措施有所不同。

(六) 治疗

1. 驱除成虫　使用盐酸美拉索明（melarsomine dihydrochloride）、硫砷酰胺钠、盐酸二氯苯砷（dichlorophenarsine hydrochloride）等药物。

2. 驱除微丝蚴　使用伊维菌素、锑波芬（stibophen）、倍硫磷（fenthion）等药物。

用药物进行驱虫的同时，需采取针对性辅助治疗措施以降低不良反应，如用泼尼松龙控制炎症，用阿司匹林和吸氧控制栓塞，用地高辛和限制剧烈运动降低心衰的风险。

(七) 预防

预防该病应防止吸血昆虫蚊、蚤等叮咬，杀灭蚊和蚤，另外可用药物进行预防。药物预防的效果取决于犬的感染状态、药物的选择、宠物主人用药的遵循度等因素。在犬达 8 周龄前，用大环内酯类药物进行预防；如犬在 8 周龄后才开始给药预防，则需在给药 6 个月后，检测犬体内是否存在犬恶丝虫。在犬恶丝虫流行季节或全年，每月给犬定期注射或口服大环内酯类药物，如伊维菌素、米尔贝肟、莫西菌素、塞拉菌素（selamectin），这些药物对微丝蚴、第三期幼虫、第四期幼虫效果较好，对第四期以后的虫体效果减弱；但长期给药也可杀灭童虫和成虫。

（李建华　张西臣　编，赵权　索勋　审）

第十六节　龙线虫总科线虫病

旋尾目龙线虫总科（Dracunculoidea）龙线科（Dracunculidae）龙线属（*Dracunculus*）的线虫可寄生于人和动物的结缔组织而引起龙线虫病。而龙线科鸟蛇属（*Avioserpens*，曾名鸟龙属）的线虫寄生于鸭的皮下结缔组织，引起鸭鸟蛇线虫病，在流行区发病率很高。

一、麦地那龙线虫病

麦地那龙线虫病是由龙线科龙线属的麦地那龙线虫（*Dracunculus medinensis*）寄生于人和动物皮下结缔组织内而引起的人兽共患性线虫病。虫体主要感染人，亦寄生于犬、猫、马、牛等家畜及狼、狐、猴、水貂等动物。

麦地那龙线虫为最长的线虫之一，雌虫长达100～400 cm，阴门位于体中部，成熟的雌虫无阴门，子宫内有数以千计的幼虫。雄虫长仅 12～29 mm。有生殖乳突 10 对，交合刺等长，为 490～730 μm（图 21-132）。雄虫不易找到，可能于交配后即死亡。

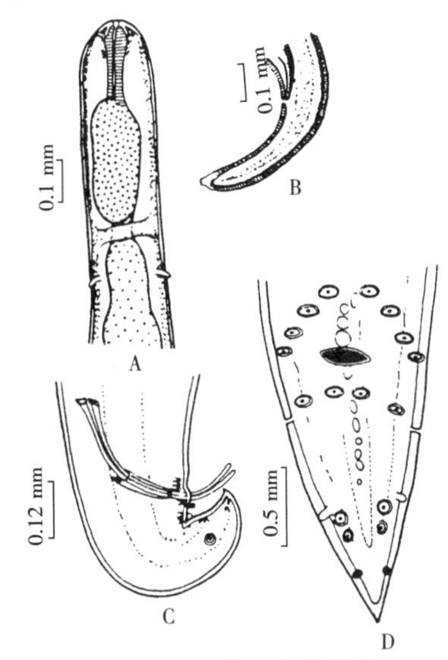

图 21-132　麦地那龙线虫
A. 虫体前部　B. 雌虫尾部
C. 雄虫尾部侧面　D. 雄虫尾部腹面
(Moorthy，1937)

雌虫成熟后移居于宿主的手、足、背等部位的皮下组织中，围绕虫体前部，宿主组织形成水疱和溃疡。当宿主与水接触时，虫体的前部和子宫即自溃疡处脱出并破裂，产幼虫于水中。幼虫被中间宿主剑水蚤吞食，在其体内发育为感染性幼虫，终末宿主由于摄食了含感染性幼虫的剑水蚤而遭受感染。

该病主要流行于非洲和南亚，感染主要发生于

5—9 月的多雨季节。家畜及野生动物自然感染可能在保存病原上有重要意义。

该病主要危害人，有发热、荨麻疹、皮肤瘙痒等症状；如引起关节炎，可使病人跛足残废。

根据雌虫引起的皮肤水泡、溃疡伤口和伤口处液体中的幼虫即可确诊。治疗本病的传统方法是用一根棒慢慢将虫体卷出，切忌卷动太快，以免虫体断碎引起严重的组织反应，且不易将全虫取出。口服硝基咪唑类药物或甲苯咪唑可将成虫杀死，常有良好的治疗效果。乙胺嗪口服能控制早期感染，可作预防用药。预防主要是不饮生水，避免与有中间宿主的水源接触或消灭饮水中的中间宿主。

二、鸭鸟蛇线虫病

鸭鸟蛇线虫病是由龙线科鸟蛇属的线虫寄生于鸭的腮部、咽喉部和后肢等处的皮下结缔组织而引起的疾病，分布于印度、北美和我国的台湾、福建、广东、广西和四川等地。涉及虫种主要为台湾鸟蛇线虫和四川鸟蛇线虫，主要侵害雏鸭，发病率甚高，严重时常造成死亡，对养鸭业危害严重。

（一）病原概述

1. 台湾鸟蛇线虫（*Avioserpens taiwana*）　虫体细长，白色，稍透明，角皮光滑，有细横纹。头端钝圆，口周围有角质环，有 2 个头感器和 14 个头乳突。食道由短的肌质部和长的腺质部组成。肌质部前端膨大，中后部呈圆柱状；腺质部位于肌质部之后，其前部有一球形膨大。雄虫长约 6 mm，尾部弯向腹面；交合刺 1 对，不等长，左刺长 0.192 mm，右刺长 0.140 mm，引器呈三角形。雌虫长 100～240 mm，尾部逐渐变为尖细，并向腹面弯曲，末端有一个小圆锤状突起；虫体尚未完全成熟时，可见有生殖孔，位于虫体后半部，子宫向前后伸展；虫体充分成熟后，生殖孔萎缩而不易察见，虫体内的大部分空间为充满幼虫的子宫所占据（图 21-133）。幼虫

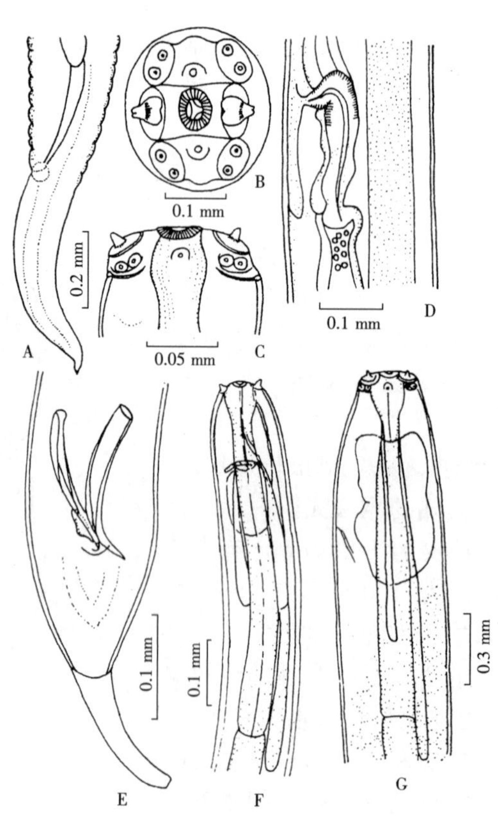

图 21-133　台湾鸟蛇线虫

A. 雌虫尾部　B. 雌虫头顶部　C. 雌虫头部侧面　D. 雌虫阴门部　E. 雄虫尾部　F. 雄虫前部　G. 雌虫前部

（陈淑玉　汪溥钦，1994）

纤细，白色，长 0.39～0.42 mm，幼虫脱离雌虫的身体后，迅速变为被囊幼虫。被囊幼虫长 0.51 mm，尾长占虫体的 1/5，尾端尖。

2. 四川鸟蛇线虫（*A. sichuanensis*） 虫体粗长，体表光滑，头端钝圆，口孔圆形，位于头顶中央，周围为一肌质环包围。头乳突 14 个，呈两圈同心圆排列；背乳突、腹乳突、侧乳突位于内圈；背乳突和腹乳突各为 1 对，基部愈合，顶端分开，顶端钝而平直；侧乳突位于左右两侧，头感器在侧乳突外方；背背、侧背、侧腹和腹腹乳突各 1 对，位于外圈，均呈山峰状。食道分短的肌质部和长的腺质部，具有背腹食道腺。颈乳突 1 对，小而呈指状。雄虫长 8.71～10.99 mm，尾端钝，弯向腹面，交合刺 1 对，呈黑褐色，导刺带呈犁铧形。雌虫长 32.6～63.5 mm，体内含有多量幼虫。

（二）病原生活史

发育属胎生型。成虫寄生于鸭的皮下结缔组织中，缠绕似线团，并形成小指头大的皮肤结节。患部皮肤逐渐变得紧张菲薄，最终为雌虫头部所穿破。当虫体的头端外露时，满含幼虫的子宫与表皮一起破溃，漏出乳白色液体，内含大量活跃的幼虫。鸭在水中游泳时，这些进入水中的幼虫被中间宿主剑水蚤吞食后，穿过剑水蚤肠壁，移行至体腔内，发育到感染性阶段。当含有感染性幼虫的剑水蚤被鸭吞食后，幼虫即从蚤体内释出，进入肠腔。此后的移行途径不明，虫体最终到达鸭的腮、咽喉部、眼周围和腿部等处的皮下，逐渐发育为成虫。作为中间宿主的剑水蚤有锯缘真剑水蚤（*Eucyclops serrulatus*）和鲁氏中剑水蚤（*Mesocyclops leuckarti*）等。

（三）流行病学

主要侵害 3～8 周龄的雏鸭，成年鸭未见发病者。在被鸟蛇线虫污染的含有剑水蚤的稻田、池沼或沟渠中放养雏鸭时，即可造成感染。水温高、剑水蚤大量增殖的季节发病率高。潜在期约为 1 周，雏鸭多在症状发生后 10～20 d 死亡。死亡率为 10%～40%。

（四）致病作用

虫体寄生部位出现小指头至拇指头大小的圆形结节（图 21-134），结节逐渐增大，压迫腮、咽喉部及其邻近的气管、食道、神经和血管等，引起呼吸和吞咽困难，声音嘶哑；寄生在腿部皮下，则引起步行障碍；危及眼时，可致失明，并因此采食不饱，逐渐消瘦，生长发育迟缓。严重的常引起死亡。

图 21-134 感染鸟蛇线虫的鸭
（李祥瑞，2011）

（五）临床症状和病理变化

病鸭腮及咽喉部肿胀，初时较硬，渐柔软，触之有如触橡胶的感觉。肿胀有时压迫双颊及下眼睑，导致结膜外翻。在腿部，有结节的患部皮肤紧张，结节外壁菲薄。有时可在患部看到虫体脱出的痕迹或虫体脱出后遗留的虫体断片。随着患部增大，疼痛加剧，患鸭不能起立，营养不良、消瘦，渐次陷于恶病质而死亡。剖检尸体消瘦、黏膜苍白，患部呈青紫色。切开患部，流出凝固不全的稀薄血液和白色液体，镜检可见大量幼虫。早期病变呈白色，在结缔组织的硬结中，可见有缠绕成团的虫体。陈旧病变中的结缔组织已渐次吸收，留有黄褐色胶样浸润。新旧病变中都混有多量的新生血管，使患部的皮肤和皮下组织发红。能够耐过的雏鸭，亦大多数发育迟滞。

（六）诊断与治疗

根据流行季节和症状，可以做出诊断。在虫体未成熟前进行早期治疗，既可阻止病程发展，又可杀死虫体，减少对外界环境的污染。可用碘溶液或高锰酸钾溶液，按结节大小局部注射以杀死虫体。结节在 10 d 内可逐渐消失。有研究表明给鸭口服阿苯达唑，或注射左旋咪唑，可以有效防治鸭的鸟蛇线虫病。

（七）预防

1. 加强雏鸭管理　在流行季节，不要到有可疑病原存在的稻田和河沟等处放养雏鸭。

2. 杀灭中间宿主　在有中间宿主以及病原体污染的场所，撒布生石灰，以杀死中间宿主和幼虫。

（严若峰　编，李祥瑞　审）

第十七节　毛形线虫总科线虫病

嘴刺目的毛形线虫总科（Trichinelloidea）主要包括毛尾科（Trichuridae）、毛细科（Capillariidae）和毛形科（Trichinellidae）。前两个科多数虫体前部细长呈毛发状，为食道部；后部粗短称为体部。通常雄虫具有1根交合刺，外有刺鞘包裹；雌虫生殖孔位于虫体粗细交界处；虫卵呈棕黄色，腰鼓形，卵壳厚，两端有卵塞；该类线虫寄生在人、家畜和禽类。而毛形科的旋毛虫属（*Trichinella*）包含9种旋毛虫和3个旋毛虫基因型，是引起人兽共患旋毛虫病（trichinosis，trichinellosis）的病原。

一、家畜毛尾线虫病（鞭虫病）

家畜毛尾线虫病由毛尾科的毛尾属（*Trichuris*）或似毛体属（*Trichosomoides*）的线虫寄生于家畜大肠（主要是盲肠）引起。由于毛尾线虫的虫体前部细长如鞭绳，后部粗短像鞭杆，整个外形犹如鞭子，故又称为鞭虫（whipworm）。它们主要危害幼畜，严重感染时，可引起仔猪死亡。近年来，研究者多认为猪鞭虫和人鞭虫为同一种（*T. suis* 与 *T. trichiura* 同物异名），故在公共卫生方面有重要意义。

（一）病原概述

毛尾线虫旧也称毛首线虫，虫体呈乳白色，长20～80 mm。前部为食道部，细长，呈毛发状，内含由一连串单细胞围绕着的食道；寄生时，毛发状前端深入于盲肠黏膜内。虫体后部短粗，为体部，内有消化器官和生殖器官。雌虫尾部后端钝圆，阴门位于虫体粗细部交界处。雄虫尾部向腹面呈旋状卷曲，泄殖孔在近尾端处，有1根交合刺包藏在交合刺鞘内（图21-135）。

虫卵呈腰鼓形，在纵轴的两端各有一个透明的结节（卵塞），卵壳较厚，外层的蛋白质膜被胆色素染成棕黄色。虫卵随粪便刚排出时，卵壳内细胞尚未分裂，不具有感染性。

1. 猪毛尾线虫（*Trichuris suis*）　雄虫体长20～52 mm，雌虫体长39～53 mm，食道部约占虫体长的2/3，虫卵大小为（52～61）μm×（27～30）μm（图21-136，图21-137）。寄生在猪的盲肠，也寄生于人、野猪和猴。

2. 绵羊毛尾线虫（*Trichuris ovis*）　雄虫体长50～80 mm，交合刺长2.98～4.60 mm；雌虫体长35～70 mm（图21-138）；食道部约占虫体长的2/3～4/5；虫卵大小为（70～80）μm×（30～40）μm。寄生在骆驼、长颈鹿、绵羊、山羊和牛等反刍动物的盲肠。

3. 球鞘毛尾线虫（*Trichuris globulosa*）　大小和绵羊毛尾线虫相同，其交合刺鞘的末端膨大呈球形。寄生在骆驼、长颈鹿、绵羊、山羊和牛等反刍动物的盲肠。

4. 兰氏毛尾线虫（*Trichuris lani*）　雄虫体长37.46～51.75 mm，交合刺长2.60～4.60 mm；雌虫体长35.00～67.00 mm，阴门开口于虫体粗细交界处，呈结节状并有刺状突起。寄生在骆驼、长颈鹿、绵羊、山羊和牛等反刍动物的盲肠。

5. 狐毛尾线虫（*Trichuris vulpis*）　雄虫和雌虫体表有小泡。雄虫体长45～75 mm，交合刺长7.60～11.0 mm；雌虫体长45～75 mm。寄生在犬和狐的盲肠。

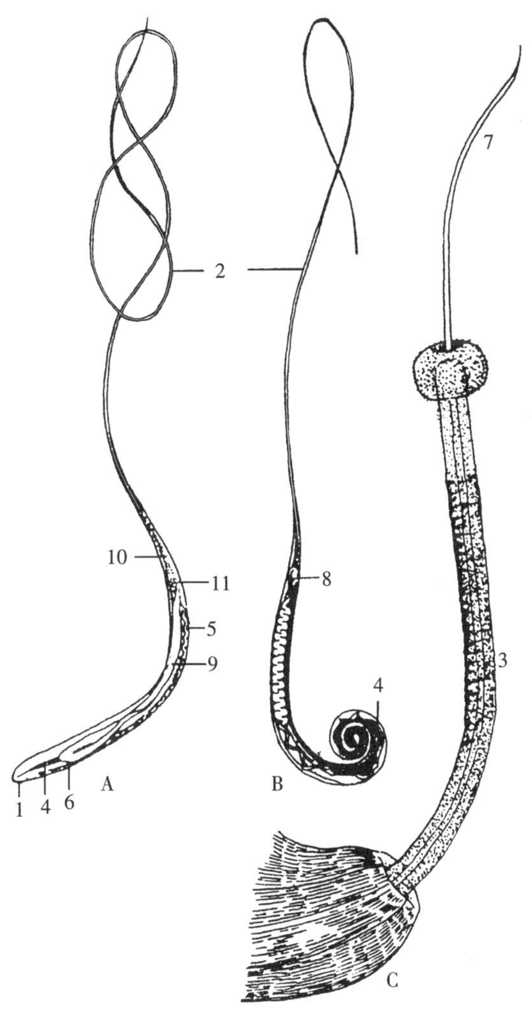

图 21-135　绵羊毛尾线虫

A. 雌虫　B. 雄虫　C. 雄虫尾部

1. 肛门　2. 体前部（食道部）　3. 交合刺鞘　4. 肠管　5. 输卵管　6. 卵巢　7. 交合刺　8. 睾丸　9. 子宫　10. 阴门　11. 阴道

（Ransom）

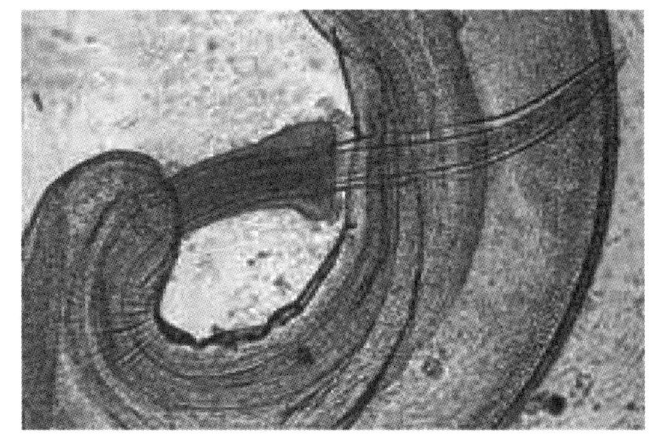

图 21-136　猪毛尾线虫雄虫尾部交合刺和刺鞘

（罗晓平，2020）

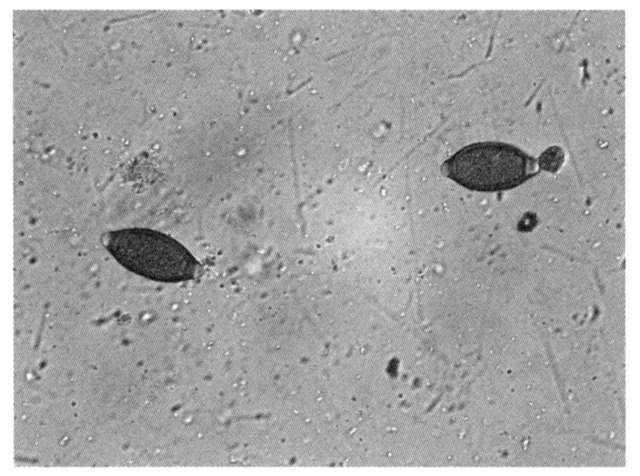

图 21-137　猪毛尾线虫虫卵

（潘保良，2019）

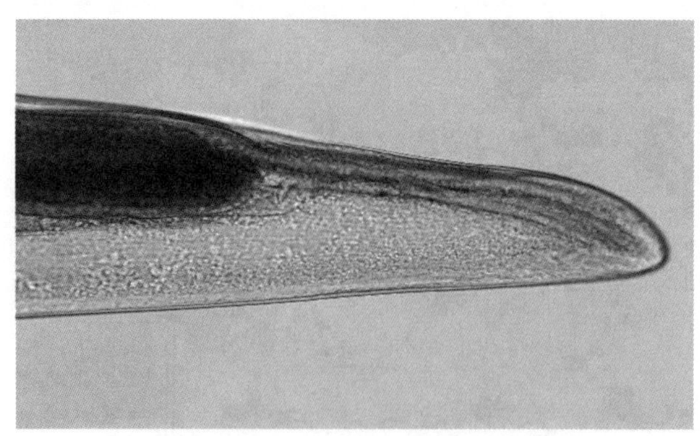

图 21-138　绵羊毛尾线虫雌虫后部
（罗晓平，2020）

（二）病原生活史

猪毛尾线虫的雌虫在盲肠内产卵，虫卵随粪便排出体外，在适宜的温度（33～34 ℃）和湿度条件下，经 3～5 周，即可发育为内含感染性第一期幼虫的虫卵，这种虫卵随被污染的食物、饮水等经口进入宿主小肠，在酶的作用下，第一期幼虫自卵壳一端的卵塞处逸出，并从肠腺隐窝处侵入局部肠黏膜，摄取营养，进行发育；到第 8 天，幼虫重新回到肠腔，再移行至盲肠和结肠内，30～40 d 发育为成虫。成虫一般寄生于盲肠，偶尔可在大肠其他部位寄生（例如结肠）。虫体的头部能钻入黏膜表层或黏膜下层，从肠黏膜摄取营养。后段粗大部分常常游离在肠腔中。成虫寿命为 4～5 个月。

绵羊毛尾线虫虫卵在适宜的温度、湿度条件下，经 15～20 d 发育成含幼虫的感染性虫卵。这类虫卵被宿主吞食后，经 40～85 d 发育成为成虫。

狐毛尾线虫在犬体内需要 3 个月才能发育成熟，且狐毛尾线虫感染性虫卵可在土壤中存活很长时间并保持感染性。

（三）流行病学

本病的分布流行与蛔虫病相似，尤以热带与亚热带地区的发病率最高，常与蛔虫感染并存，但感染率一般低于蛔虫。世界卫生组织曾统计全世界人鞭虫的感染人数为 5 亿～10 亿人，在我国台湾的部分地区感染率可高达 60%～90%。

牛、羊发生本病无明显季节性，但以夏季感染率最高，因为最适宜虫卵发育的温度为 30 ℃左右。鞭虫卵分布广泛，且对寒冷和干燥有很强的抵抗力，在荫蔽、氧充足的环境中，经过 16 d 即发育成含有幼虫的感染性虫卵；当温度降至 15～16 ℃时，需经 3 个月才能发育成感染性虫卵；当温度在 14 ℃以下或 50 ℃以上时，虫卵便停止发育。在我国南方，人群的鞭虫感染率明显高于北方干旱地区，尤以农村多见，儿童的感染率及感染强度均比成人高，这可能与儿童卫生习惯较差，以及接触感染期虫卵的机会多有关。由于卵壳厚，抵抗力强，感染性虫卵可在土壤中存活十多年。有报道表明，猪鞭虫虫卵在适宜的环境条件下，可存活 11 年。但虫卵在 2%石炭酸溶液内经 3 h、在 20%石灰水中经 1 h 即可死亡。

仔猪易感，1.5 月龄的猪即可检出虫卵；4 月龄的猪虫卵数和感染率均急剧增高，以后逐渐减少；14 月龄以上的猪极少感染。

（四）致病作用

病变局限于盲肠和结肠。虫体头部刺人黏膜内造成的机械性损伤和分泌物的毒素作用可致肠壁黏膜组织呈现轻度炎症或点状出血，亦可见到上皮细胞变性和坏死，引起盲肠和结肠的慢性卡他性炎症，有时有出血性肠炎，通常是淤斑性出血。人感染后，少数患者由于肠壁炎症、细胞增生、肠壁增厚而形成肉芽肿；重者盲肠和结肠黏膜出血性坏死、水肿、溃疡和脱落等，形成结节的情况较少。结节有两种：一种质软有脓，虫体前部埋入其中；另一种则在黏膜下，呈圆形包囊

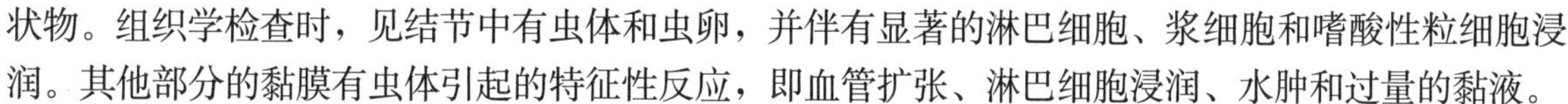

状物。组织学检查时，见结节中有虫体和虫卵，并伴有显著的淋巴细胞、浆细胞和嗜酸性粒细胞浸润。其他部分的黏膜有虫体引起的特征性反应，即血管扩张、淋巴细胞浸润、水肿和过量的黏液。

（五）临床症状

患病动物轻度感染时，表现为间歇性腹泻、食欲减少、轻度贫血、幼畜发育受阻；严重感染时，食欲减少、消瘦、贫血，顽固性腹泻（抗生素治疗无效）、水样血便（粪便呈红色、肛下皮肤红染），其中有黏液或黏膜，羔羊和犊牛可因衰竭而死亡。

人感染猪毛尾线虫，轻度和中度感染者多无明显症状，只有在进行常规粪检时，才发现有虫体寄生；重度感染（寄生虫数超过 800 条）多见于儿童；少数患者可出现发热、荨麻疹；极少数可有脑膜炎症状。

（六）诊断

毛尾线虫病的诊断以检获虫卵为依据。可采用粪便直接涂片法、漂浮法（以 2～3 g 猪粪效果较好）或沉淀法，检查到粪便中特征性虫卵即可确诊。虽然在产卵高峰期间，雌虫每日可产卵 1 000～7 000 个，但排虫卵期比较短（2～5 周），粪便中虫卵数及阳性率并不能很好地反映猪感染情况。剖检时检出多量虫体和相应病变也可确诊。

（七）治疗和预防

治疗可用羟嘧啶（oxantel）、阿苯达唑、氟苯哒唑、芬苯达唑、多拉菌素等药物。

预防原则基本上与蛔虫病相同。应强调加强环境卫生，做好饮用水的清洁及粪便管理工作，这是预防毛尾线虫感染的主要措施。

（白雪　刘明远　编，杨桂连　索勋　审）

二、禽毛细线虫病

禽毛细线虫病由毛细科毛细属（*Capillaria*）的多种毛细线虫引起，虫体寄生于禽类食道、嗉囊、肠道等处。我国各地均有分布。严重感染时，可引起家禽死亡。

（一）病原概述

虫体细小，呈毛发状，其构造与毛尾线虫相似。前部细，为食道部；后部粗，内含肠管和生殖器官；雄虫有 1 根外被刺鞘的交合刺，有的种没有交合刺而只有鞘。雌虫阴门位于前后部分（粗细）交界处。虫卵呈棕黄色，腰鼓形，卵壳厚，两端有卵塞，卵内含一椭圆形细胞。毛细线虫寄生部位比较严格，可以根据寄生部位对虫种作出初步判断。

1. 有轮毛细线虫（*Capillaria annulata*）　前端有一球状角皮膨大。雄虫长 15～25 mm，雌虫长 25～60 mm。虫卵大小为（55～60）μm×（26～28）μm。寄生于鸡的嗉囊和食道。中间宿主为蚯蚓。

2. 膨尾毛细线虫（*Capillaria caudinflata*）　雄虫长 9～14 mm，食道部约占虫体的一半，尾部两侧各有一个大而明显的伞膜；交合刺呈圆柱状，很细，长 1.1～1.58 mm。雌虫长 14～26 mm，食道部约占虫体的 1/3，阴门开口于一个稍微膨隆的突起上，突起长 50～100 μm，虫卵大小为（41～56）μm×（24～28）μm。寄生于鸡、火鸡、鸭、鹅和鸽的小肠。中间宿主为蚯蚓。

3. 鸽毛细线虫（*Capillaria columbae*）　又称封闭毛细线虫（*C. obsignata*）。雄虫长 8.6～10 mm，交合刺长 1.2 mm，交合刺鞘长达 2.5 mm，有细横纹；尾部两侧有铲状的交合伞。雌虫长 10～12 mm，虫卵大小为（48～53）μm×24 μm。寄生于鸽、鸡、火鸡的小肠。直接型发育，不需中间宿主。

4. 鹅毛细线虫（*Capillaria anseris*）　雄虫长 10～13.5 mm，雌虫长 16～26.4 mm。虫卵大小为（42～51）μm×（22～26）μm。虫体构造和鸽毛细线虫很相似。寄生于家鹅和野鹅小肠的前半部，也见于盲肠。直接型发育，不需中间宿主。

5. 鸭毛细线虫（*Capillaria anatis*） 雄虫长 6.7～13.1 mm，雌虫长 8.1～18.3 mm。寄生于鸭、鹅、火鸡盲肠。直接型发育，不需中间宿主。

6. 捻转毛细线虫（*Capillaria contorta*） 雄虫长 8～17 mm，一根交合刺细而透明；雌虫长 15～60 mm，阴门呈圆形，凸出。寄生于鸡、火鸡、鹌鹑、鸭等的食道、口腔和嗉囊。直接型发育，不需中间宿主。

（二）病原生活史

毛细线虫的发育史有直接型和间接型两种。鸽毛细线虫、鹅毛细线虫、鸭毛细线虫和捻转毛细线虫属于直接型发育。雌虫在寄生部位产卵，虫卵随禽粪便排到外界，在外界环境中发育成感染性虫卵，被宿主（禽类）吃入后，幼虫逸出，进入十二指肠黏膜内发育，约经 1 个月发育为成虫，成虫的寿命约为 9 个月。

有轮毛细线虫和膨尾毛细线虫属于间接型发育，需要蚯蚓作为中间宿主。虫卵被中间宿主蚯蚓吃入后，在其体内孵出第一期幼虫；然后蜕皮一次，变为第二期幼虫，即具有感染性；禽啄食了含有第二期幼虫的蚯蚓后，蚯蚓被消化，幼虫释出，有轮毛细线虫的幼虫在嗉囊和食道内钻入黏膜，约经 19～26 d 发育为成虫；膨尾毛细线虫的幼虫在小肠中钻入黏膜，约经 22～24 d 发育为成虫，成虫寿命约为 10 个月。

禽毛细线虫的虫卵在外界发育较慢。有轮毛细线虫的虫卵内形成第一期幼虫需 28～32 d；鹅毛细线虫在 22～27 ℃，需要 8 d；膨尾毛细线虫需 11～13 d。毛细线虫虫卵在外界能长期保持活力，膨尾毛细线虫卵在 4 ℃冰箱中可存活 344 d，未发育的卵比已发育的虫卵更为耐寒。

（三）致病作用

中国各地均有发生，多见于散养家禽。虫体在寄生部位掘穴，造成机械和化学性刺激。病变严重程度因虫体寄生的数量多少而不同。轻度感染时，嗉囊和食道壁只有轻微的炎症和增厚；严重感染时，则黏膜发炎、增厚，黏膜表面覆盖有絮状渗出物或黏液脓性分泌物，黏膜溶解、脱落甚至坏死等。剖检可见食道壁和嗉囊出血，黏膜中有大量虫体；在虫体寄生部位的组织中有明显的虫道，淋巴细胞浸润，淋巴滤泡增大，形成伪膜。

（四）临床症状

患禽精神萎靡，头下垂；食欲不振，常做吞咽动作，消瘦、腹泻、有肠炎症状；严重感染时，各种年龄的禽均可发生死亡。鸽感染毛细线虫时由于嗉囊膨大，压迫迷走神经，可能引起呼吸困难、运动失调和麻痹而死。

（五）诊断

由于虫卵有特征性，粪检发现虫卵即可做出初步诊断。必要时结合临床症状、剖检发现虫体及相应的病变，做出综合判断。

（六）治疗

可用左旋咪唑、甲苯达唑、甲氧嘧啶、吩噻嗪等药物。

（七）预防

做好环境卫生；勤清除粪便并做发酵处理以杀死虫卵；消灭养禽环境中的蚯蚓；对禽群定期进行预防性驱虫。

（白雪　刘明远　编，赵权　索勋　审）

三、旋毛虫病

旋毛虫病由毛形科的毛形属（*Trichinella*）线虫引起，是一种呈全球性分布的食源性人兽共患寄生虫病，其中尤以旋毛形线虫（*Trichinella spiralis*，俗称旋毛虫）危害广泛和严重。旋毛虫可感染所有的哺乳动物和人及一些肉食性鸟类，其幼虫主要寄生于宿主的横纹肌内（骨骼肌、膈肌、心肌等），人主要通过生食或半生食含有旋毛虫幼虫的肉类而被感染。旋毛虫病不但给畜牧业生产造成巨大经济损失，而且对公共卫生安全也构成巨大威胁。世界动物卫生组织（OIE）将屠宰动物的旋毛虫列为强制性必检寄生虫种类。

（一）病原概述

目前国际公认的毛形属分为12个基因型（T1-T12），其中9个已经被命名为种，它们分别是旋毛形线虫（*Trichinella spiralis*，T1）、乡土旋毛虫（*Trichinella native*，T2）、布氏旋毛虫（*Trichinella britovi*，T3）、伪旋毛虫（*Trichinella pseudospiralis*，T4）、米氏旋毛虫（*Trichinella murrelli*，T5）、纳氏旋毛虫（*Trichinella nelsoni*，T7）、巴布亚旋毛虫（*Trichinella papuae*，T10）、津巴布韦旋毛虫（*Trichinella zimbabwensis*，T11）及巴塔哥尼亚旋毛虫（*Trichinella patagoniensis*，T12），另外3个未命名的基因型为*Trichinella* T6、T8和T9。我国至少存在2个旋毛虫种，即旋毛形线虫和乡土旋毛虫，亦分别称为猪的T1种和犬的T2种。

旋毛虫成虫寄生在宿主小肠中，被称为肠旋毛虫。虫体细小，呈毛发状，白色，表皮光滑；虫体前部较细，为食道部，占虫体总长的1/3～1/2；后部较粗，包含肠管和生殖器官。雄虫大小为（1.4～1.6）mm×（0.04～0.05）mm，尾端有泄殖孔，其外侧为1对呈耳状悬垂的交配叶，内侧有2对小乳突，无交合刺（图21-139）。雌虫大小为（1.3～3.7）mm×（0.04～0.06）mm，尾端钝圆；生殖孔位于虫体前部（食道部）的中央（图21-140），生殖方式为胎生。新生幼虫为圆柱状或棒状，两端钝圆，长0.08～0.12 mm（图21-141）。

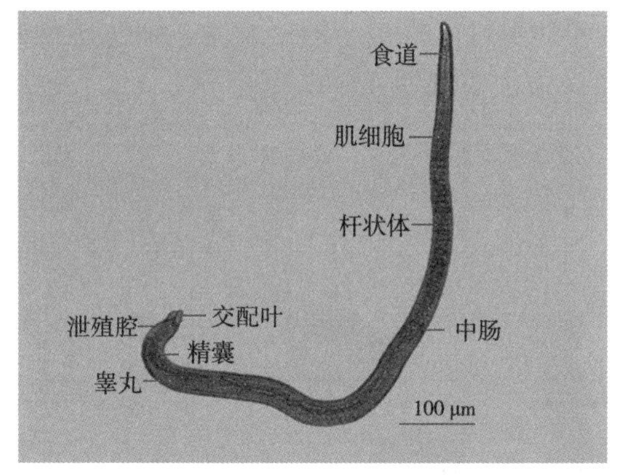

图21-139　旋毛虫雄虫
（孙希萌　诸欣平供图）

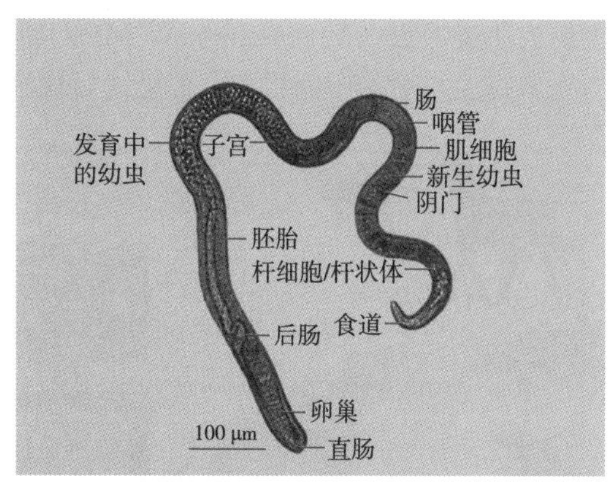

图21-140　旋毛虫雌虫
（孙希萌　诸欣平供图）

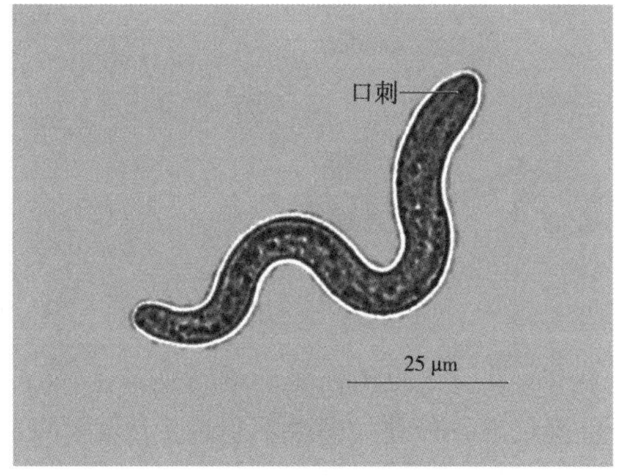

图21-141　圆柱状或棒状的新生旋毛虫幼虫
（孙希萌　诸欣平供图）

具有感染性的第一期幼虫，寄生在宿主的肌肉组织中，被称为肌旋毛虫。虫体两端钝圆（图 21-142，图 21-143），卷曲在呈梭形的包囊中；由于在虫体的假体腔内含有血红蛋白，因此为淡橙红色，大量幼虫集中时这一特征更为明显。

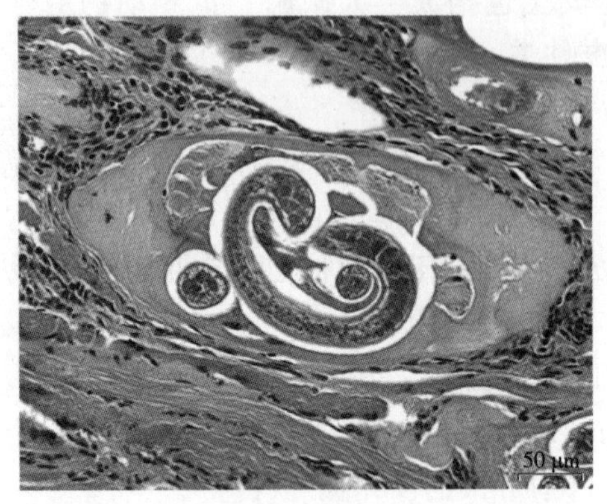

图 21-142　膈肌组织切片中的旋毛虫幼虫及包囊（HE 染色）
（孙希萌　诸欣平供图）

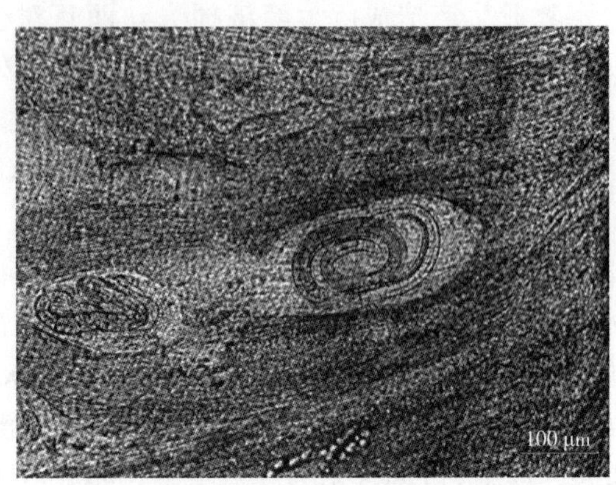

图 21-143　肌肉压片中的旋毛虫幼虫及包囊
（孙希萌　诸欣平供图）

（二）病原生活史

根据其在宿主中的寄生部位可以分为肠内期（enteral phase）和肠外期（parenteral phase）。肠内期包括 2 个阶段，即成虫（adult，Ad）期和新生幼虫（newborn larvae，NBL）期；肠外期则主要为肌旋毛虫（muscle larvae，ML）期。成虫和幼虫可以寄生于同一宿主，宿主感染时，先为终末宿主，后为中间宿主；但延续后代则需要更换宿主（图 21-144）。

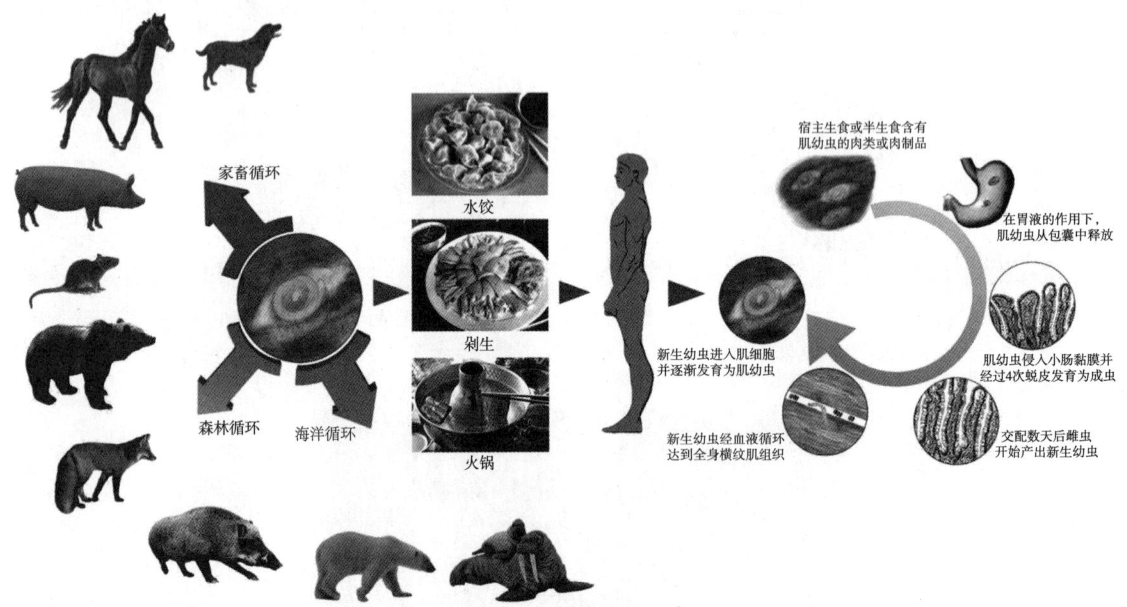

图 21-144　旋毛虫生活史
（白雪　唐斌　刘明远供图）

人或动物因生食或半生食含有肌旋毛虫的肉类而被感染。在胃内，肌旋毛虫包囊被胃蛋白酶消化，虫体释放出来，这个过程仅需数分钟，最多不超过 1 h 就可完成。随即感染性幼虫进入十二指肠和空肠内，6 h 即侵入肠黏膜上皮细胞，31 h 后发育为成虫并进行雌雄交配，交配后的雄虫不久便死去，雌虫钻入肠腺或黏膜下的淋巴间隙中发育，96 h 后雌虫开始产出新生幼虫（长

0.08～0.12 mm，直径 7 μm），每条雌虫一生中可以产幼虫 1 500～2 000 条，雌虫的寿命为 3～4 周；少数新生幼虫可自肠腔排出，但绝大多数新生幼虫则侵入局部黏膜内的小静脉和淋巴管，随着血液循环和淋巴循环到达全身器官、组织及体腔，其中主要寄生部位为横纹肌，在此发育为感染性幼虫。从动物经口感染到下一代发育为感染性幼虫需 17～21 d。尽管旋毛虫的宿主特异性很差，其寄生却具有极强的器官组织特异性，只有横纹肌才是幼虫寄生的适宜组织，成熟的肌旋毛虫卷曲于横纹肌内的梭形包囊中；极少数情况下，可在脑、心肌、肺、肝、肾、血液、脑脊液、母乳、淋巴、眼的视网膜及脉络膜中发现。

包囊是由于幼虫的机械性和化学性刺激，同时在旋毛虫信号调控因子的作用下，肌细胞的转录与表达发生调控失调，进而由大量的胶原蛋白形成的。包囊在感染后第 21 天基本形成，完全形成所需时间的长短与感染的旋毛虫种类及被感染动物的种类相关；就旋毛形线虫而言，人感染后的第 5 周，包囊已接近完成。包囊大小为 0.25～0.42 mm，其长轴与横纹肌纤维平行。一个包囊内通常有 1～2 条幼虫，有的可达 7～8 条，幼虫常前后排列，因而包囊直径增加很少或不增加。包囊内的幼虫以螺旋状盘绕，充分发育的幼虫通常有 2.5 个盘旋，此时幼虫已具有感染性。包囊客观上起到了保护幼虫的作用。约 6 个月后，包囊壁增厚，两端开始出现钙化，幼虫则逐渐丧失感染能力并最终死亡，最后整个包囊钙化。但包囊钙化并不意味着囊内幼虫的死亡，除非钙化波及幼虫本身。

（三）流行病学

旋毛虫是世界上分布最广的寄生性线虫，除南极洲以外的各大洲都发现有旋毛虫感染家养动物或野生动物的情况。目前已知旋毛虫可感染的宿主包括人、猪、犬、牛、羊、猫、鼠、狐、黄鼠狼、禽类、甲鱼及鳄鱼等在内 150 余种动物，因此旋毛虫的流行存在自然疫源性。除旋毛形线虫外，其他种类旋毛虫大都寄生于野生动物。

鉴于其危害性，旋毛虫病在我国被列为重要的食源性人兽共患寄生虫病，而且也是肉类进出口、屠宰动物以及我国政府提出让人民吃上“放心肉”首检和必检的食源性人兽共患病。在世界范围内，猪肉是人类感染旋毛虫的主要传染源。人感染旋毛虫的主要方式是生食或食用加工不彻底（腌制与烧烤）的肉类及其制品，与饮食习惯密切相关，呈区域性分布。在美洲，特别是北美，旋毛虫病的暴发常涉及户外野餐的人群，吃了生的香肠或者来自当地屠宰猪的未熟烤肉；在欧洲，马肉和野猪肉已成为旋毛虫病的重要传播来源。在我国云南、广西的“剁生”“生皮”“过桥米线”，西藏的“猪肉生食”已成为重要感染来源，因此人旋毛虫病过去主要分布于云南、广西、西藏等地。近年来，随着居民肉类消费量的增加及饮食习惯的改变，以及感染动物种类的增加，东北及中原地区也相继出现了大量由于食用狗肉、羊肉和马肉而暴发的人旋毛虫病，其发病率也正在呈上升和扩散趋势。另外，切过生肉的菜刀、砧板均可能偶尔黏附有旋毛虫的包囊，亦可能污染食品，造成感染。

猪旋毛虫感染主要来源于以下三方面：①鼠类。鼠对旋毛虫甚为易感，鼠为杂食性，且喜欢互相残食，一旦旋毛虫感染鼠群，就会长期在鼠群保持水平感染；猪吞食含旋毛虫的老鼠被感染。②“庭院猪”。这些猪主要是吃剩的食物或者其他形式的含肉废弃物，并且随时能接触到啮齿动物和其他野生动物。③放养猪。猪是杂食动物，在散养时，各种动物尸体及某些动物排出的含有未被消化的肌肉幼虫包囊的粪便物质，都能成为放养猪的感染来源。

犬感染旋毛虫主要是因为犬活动范围比较大，吃到感染旋毛虫的动物尸体的机会比猪多，对动物粪便的嗜食性比猪强烈，所以有些地区犬旋毛虫感染率大于猪的感染率。狗肉也是人旋毛虫病暴发和流行的重要来源。

旋毛虫的抵抗力很强，在−12 ℃可以存活 57 d；盐渍和烟熏只能杀死肉类表层包囊里的幼虫，而深层的可存活一年以上；高温达 70 ℃左右，才能杀死包囊里的幼虫；在腐败的肉尸里，旋毛虫可以存活 100 d 以上，因此腐肉也是重要的感染源。

我国是世界上旋毛虫病危害最为严重的几个国家之一，除海南和台湾尚无报道外，其他省份均已成为动物旋毛虫病疫区。相关资料显示目前我国已发现12种动物感染旋毛虫，分别为猪、犬、牛、羊、猫、鼠、狐、黄鼠狼、貂、貉、熊及鹿，在一些高发省份和地区，猪的感染率达10%～30%，犬的感染率达30%～50%。人旋毛虫血清阳性率平均为3.38%，最高为云南（8.26%），其次为内蒙古（6.25%），最低为辽宁（0.28%）。据此推测目前我国旋毛虫病隐性感染人数为4 000余万人。

（四）致病作用

一般而言，旋毛虫对猪和其他野生动物的致病力轻微，且症状与虫体寄生部位有关。猪旋毛虫病症状不明显，严重感染时可出现肠炎、腹泻、呕吐、肌肉疼痛、眼睑和四肢水肿、长期卧地、迅速消瘦等症状，多呈慢性经过。

人感染旋毛虫有肠型期、肌型期和包囊期三个致病阶段。

（五）诊断

临床症状无特异性，单靠症状无法确诊。对于屠宰动物旋毛虫病的检验，世界动物卫生组织（OIE）法规的检验方法为镜检法及集样消化法，目前我国也在使用这两种方法。

1. 镜检法　用镊子夹住肉样顺着肌纤维方向将可疑部分剪下，制成压片，放在低倍显微镜下检查。

2. 集样消化法　采集一定量的肉样（骨骼肌、舌肌、膈肌等，100 g左右），去除脂肪和结缔组织，将肉剪碎或用绞肉机打碎，用含有1%胃蛋白酶和1%盐酸的人工消化液消化，肌旋毛虫很容易释放出来，继而通过选择性过滤和沉淀，最后用显微镜观察是否有虫体存在。

3. 血清学和PCR检验　酶联免疫吸附试验（ELISA）是常用的免疫学方法，具有很高的敏感性。其他方法还有多重PCR、荧光定量PCR以及LAMP等。

（六）治疗

咪唑类药物对旋毛虫病有较好的疗效，能驱杀成虫和肌肉中幼虫。治疗可用阿苯达唑、甲苯达唑等药物。

（七）预防

流行地区猪不可放养，不用生废肉屑和泔水喂猪，猪舍内灭鼠；加强肉品卫生检验，发现病肉按检验规程处理；提倡熟肉食品，改变居民喜食半生不熟猪肉的饮食习惯，烹调加工肉类要彻底煮熟。

（白雪　刘明远　编，孙希萌　索勋　审）

第十八节　膨结线虫总科线虫病

嘴刺目膨结总科（Dioctophymatoidea）的膨结科（Dioctophymatidae）包含有膨结属（*Dioctophyma*）、多棘属（*Hystrichis*）、真圆属（*Eustrongylides*）。

膨结线虫病由膨结科（Dioctophymatidae）膨结属（*Dioctophyma*）的肾膨结线虫（*Dioctophyma renale*）引起，也叫肾虫病。成虫寄生于犬、猫、水貂、狼、褐家鼠等动物的肾或腹腔，偶见于猪和人，所以也是一种人兽共患寄生虫病。该病呈世界性分布，其中欧洲的意大利流行比较严重。

（一）病原概述

肾膨结线虫是肾中最大的寄生线虫，俗称巨肾虫（the giant kidney worm）。虫体新鲜时呈红白色，圆柱状，两端略细，体表具横纹，形似蚯蚓。口孔周围有两圈乳突，每圈6个。内圈的乳突较小；外圈的乳突较大，呈半球形隆起。虫体两侧各有一列乳突，体中部稍稀疏，越往后乳突排列越紧密。雄虫长 140～450 mm，宽 3～4 mm；交合伞呈钟形而无肋，其边缘及内壁有许多细小乳突，伞中央有锥状隆起，上有泄殖孔；交合刺 1 根呈刚毛状，长 5～6 mm。雌虫长 200～1 000 mm，宽 5～12 mm。阴门开口于食道后端处。肛门呈半月形，在其附近有数个小乳突。虫卵橄榄形，淡黄色，表面有许多小凹陷，大小为（72～80）μm×（40～48）μm（图 21-145）。

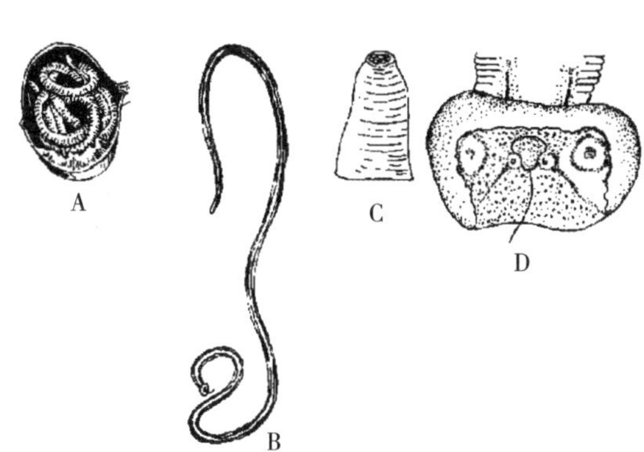

图 21-145 肾膨结线虫
A. 肾内的成虫（Woodhead） B. 雄虫全形
C. 头部（Rilay Chandler） D. 雄虫尾部（Monnig）

（二）病原生活史

虫体寄生于犬等动物的肾，绝大多数寄生于右肾，左肾十分少见。成虫产卵于终末宿主的肾盂中，虫卵随尿液排出体外，受精卵在水中发育为含有第一期幼虫的虫卵。然后被第一中间宿主蛭蚓（*Lumbriculus variegatus*）等寡毛类环节动物吞食后，L_1 幼虫孵出，发育为 L_2 幼虫。然后第一中间宿主被转续宿主（淡水鱼或蛙类）吞食，L_2 发育为 L_3 感染性幼虫。犬、猫或猪、人等动物因摄食含感染性幼虫的生鱼或蛙而感染。在终末宿主体内，感染性幼虫在宿主的胃或者十二指肠处逸出，并穿过胃壁或者肠壁进入腹腔，直接侵入肾寄生。

（三）病理变化和临床症状

肾膨结线虫通常导致肾显著增大，在肾盂背部有骨质板形成，骨质板边缘有透明软骨样物。大多数肾小球和肾盂乳头变性。肾盂腔中有大量的红细胞、白细胞或有脓液。病变后期，肾萎缩，未感染肾因代偿而肥大。由于虫卵表面的黏稠物易凝成块，加上虫体死亡后残存的表皮，可成为肾结石的核心。寄生于腹腔的虫体，有的游离或形成包囊，引起慢性腹膜炎，腹壁多处发生粘连。有时在肝和网膜处见有含虫体的结节。

人临床表现主要有腹痛、腰痛、肾绞痛、反复血尿、尿频，可并发肾盂肾炎、肾结石、肾功能障碍等。亦可见尿中排出活的或死的、甚至残缺不全的虫体。当虫体自尿道逸出时，可引起尿路阻塞，也有急性尿毒症表现。

动物感染一般无症状。有的病例可见生长受阻，肾机能受损或有神经症状。可发生尿滞留和尿毒症，严重者死亡。在临床上，犬肾膨结线虫较为常见，发病症状与人相似，并出现体重减轻。

（四）诊断与治疗

根据临床症状、流行病学可做出初步判断。尿检可见蛋白尿、血尿、脓尿。超声波检查或者肾盂造影可见肾肿大有积液。尿液中发现虫体或查见虫卵即可确诊。但若虫体寄生于泌尿系统以外的部位或只有雄虫感染的病例，则无法查出虫卵。治疗如虫体寄生在一侧肾盂，可通过手术，切开肾盂取出虫体。若两侧肾盂均有虫体寄生，则不宜同期对双肾进行手术。防止动物或人摄食生鱼或蛙是有效的预防感染措施。

第二十一章彩图

（宋小凯 编，杨桂连 李祥瑞 审）

第二十二章 棘头虫和棘头虫病

自1684年Redi在鳝体内首次发现棘头虫以来，迄今已报道棘头虫门（Acanthocephala）棘头虫（thorny-headed worm）有4纲9目26科157属1 298种。在我国已报道寄生于畜禽的棘头虫有10个种，其中蛭形巨吻棘头虫涉及公共卫生安全，该虫主要感染猪，偶感染人。

第一节 概 论

一、形态和结构

棘头虫雌雄异体，体不分节，两侧对称，有假体腔，无消化系统和循环系统。主要寄生于鱼类、鸟类和哺乳动物等脊椎动物的肠道内。

1. 外部形态 虫体呈椭圆形、纺锤形或圆柱状，大小差异很大，蛭形巨吻棘头虫（*Macracanthorhynchus hirudinaceus*）雌虫的体长可达692 mm，而小多形棘头虫（*Polymorphus minutus*）雄虫的体长仅3 mm。体表平滑，有皱纹，有的种有小刺。体表常由于吸收宿主肠道的营养，特别是脂类等物质，而呈现红、黄、橙、褐或乳白色。虫体分为前体部和躯干部（图22-1）。前体部细而短，由能伸缩的吻突（proboscis）和颈部（neck）组成。吻突是虫体的附着器官，呈椭圆形、圆球形或圆柱形，可以伸出或缩入吻囊（proboscis sac），吻突上有成排的吻钩（hook）或棘（spine），其钩的形状、数量、排列等均是虫种的分类依据。吻突后面是较短的颈部，颈部上无钩或棘。颈后为躯干部（trunk，或metasoma），粗长，呈圆柱状、梭状、棒状、螺旋状等形状，因虫种而异。

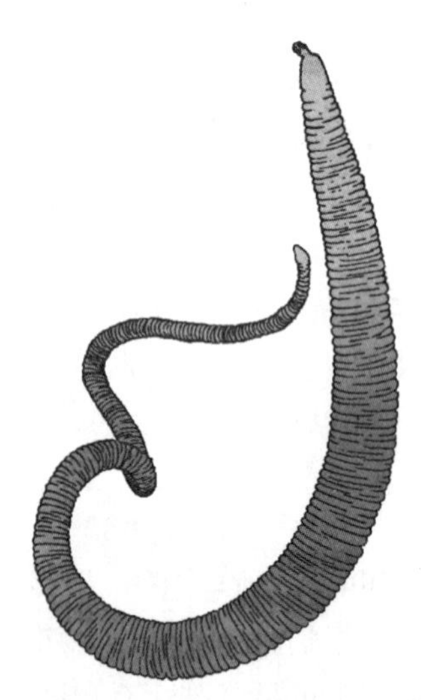

图22-1 蛭形巨吻棘头虫雌虫
（Mönnig）

2. 体壁 由固有体壁（包括角皮、表皮、真皮）和2层肌肉层组成，各层之间由结缔组织连接。角皮分2层，最外层是由薄的酸多糖（acid polysaccharide）组成的上角皮（epicuticle），其下由一层稳定的脂蛋白（lipoprotein）构成；上面有许多小孔，为表皮外层的小管开口，其功能是从宿主吸收营养。表皮是由3层纤维层组成的纤维层合体，最外是均质构造的条纹层（striped layer），有许多小管通过，其功能是运输营养；中间为覆盖层（felt layer），内有许多中空的纤维索，还有线粒体、小泡、内质网等，此外还有一些薄壁的腔隙状的管道；内层为辐射层（radial layer），内有少量纤维索，并有较多、较大的腔隙状管，还有较多线粒体；辐射层内侧有许多原浆膜（plasma membrane）形成的皱襞，皱襞的盲端内含有脂肪滴。表皮之下有一薄层构造，称为真皮（也称之为基底膜，basilar membrane）。真皮之下是较薄的基层，是合胞体构造，核的数目较固定，由细胞质和原纤维构成肌纤维；肌层分为外环肌层和内纵肌层，它们均由结缔组织围绕，并有许多内质网。肌层内是假体腔，无体腔膜。假体腔内有神经系统、生殖器官、排泄器官等。

3. 内部构造　吻囊是由单层或多层肌肉构成的肌质束，它借助肌鞘与吻突相连。吻腺（lemniscus）呈长椭圆形，附着于吻囊两侧的体壁上，但有的种其吻腺游离于假体腔内。韧带束（ligament asc）是由结缔组织构成的空管状构造，隔离假体腔，前起于吻囊，沿整个虫体内部包裹生殖器官，雌虫成虫的韧带束退化成一个带状物。韧带索（ligamment strand）是一个有核的索状物，位于两韧带之间或一个韧带束的腹面，其前端起于吻囊后部，后端与雄虫的生殖鞘（gonotheca）或雌虫的子宫钟（uterine bell）相连。

4. 神经系统　由脑神经节（cerebral ganglion）及神经分支（nervous ramification）组成，脑神经节是一个大的细胞团块，位于吻鞘顶部腹侧壁的正中间。脑神经分出神经分支，分布于吻突、颈部的肌肉等。在颈部的两侧有一对颈乳突（cervical papilla），即感觉器官（sensory organ）。雄虫有一对性神经节及其神经分支，分布于雄茎和交合伞内。雌虫没有性神经节。

5. 生殖系统　雄虫 2 个睾丸，呈圆形、椭圆形或卵圆形，前后排列。每个睾丸有 1 条输精管，2 条输精管汇合成一条射精管或形成一个袋状的精囊，精囊与交配器相连。交配器位于虫体后端，呈囊状，内有阴茎和能够伸缩的交合伞（copulatory bursa）。交合伞是虫体体壁内翻形成的一个半圆形或长圆形腔，多呈钟形，可以外翻。射精管与黏液腺均位于生殖鞘内。雌虫的生殖器官由卵巢、子宫、子宫钟、阴道和阴门组成，成虫的卵巢呈卵球形或是浮游卵巢，子宫钟是一个呈漏斗形的管，前端有大的开口，后端以输卵管与子宫相连。子宫是肌质管，其后端与非肌质的阴道相连，最末端为阴门。

6. 排泄系统　由一对原肾及排泄囊组成。原肾位于生殖系统的两侧，由焰细胞和收集管组成，收集管通过左右原肾管汇合成一个单管通入排泄囊，再连接于雄虫的总精管或雌虫的子宫。

二、生物学特性

1. 生殖与发育　为雌、雄异体，雌虫明显大于雄虫。交配时，雄虫以交合伞附着于雌虫的后端，向雌虫阴门内射精后，黏液腺的分泌物在雌虫生殖孔形成黏液栓，防止精子溢出。卵细胞从卵球破裂出来后，进行受精；受精卵在假体腔或韧带囊内发育。而后，受精卵被吸入子宫钟内，未成熟的虫卵经子宫钟的侧孔，流回假体腔或韧带囊中，继续发育；成熟虫卵经子宫钟进入子宫、阴道，自阴门排出体外。成熟虫卵内的幼虫称为棘头蚴（acanthor），蚴体的一端有一圈小钩，体表有小刺，中央部有小核的团块。

棘头虫发育一般需要两个宿主，即终末宿主和中间宿主，有的虫种还需要第二中间宿主。中间宿主为甲壳类动物、昆虫或多足动物，排到自然界中的虫卵被中间宿主吞食后，在其肠道内孵化，而后幼虫钻出肠壁，固着于体腔内发育，先发育为棘头体（acanthella），之后进一步发育为感染性幼虫——棘头囊（cystacanth）。终末宿主因摄食含有棘头囊的中间宿主而被感染，幼虫在消化道内脱囊，以吻突固着于肠壁，发育为成虫，雌虫所产虫卵随宿主粪便排出体外。有的棘头虫的发育过程存在储藏宿主或转运宿主，多为蛇、蛙、蜥蜴等脊椎动物。

2. 对外界的抵抗力　虫卵对外界的抵抗力较强，蛭形巨吻棘头虫虫卵即使在－16～0 ℃下仍能存活 3 个月以上，在 37～39 ℃自然环境中可存活 1 年多。多形棘头虫虫卵在 10～17 ℃的水中可存活 6 个月，但在干燥环境中，虫卵很快死亡；幼虫在中间宿主——湖沼虾体内能存活 2 年。

3. 公共卫生意义　蛭形巨吻棘头虫是一种人兽共患寄生虫，但多感染猪，人感染较少见。人通过吃了含有蛭形巨吻棘头虫幼虫的中间宿主（甲虫，如金龟子）而感染棘头虫病，多见于儿童。蛭形巨吻棘头虫在人体内一般不能发育成熟，因此做粪便检查时，镜检不能检出虫卵。由于棘头虫的吻突钻入人的小肠壁，常常引起病人剧烈腹痛，可导致肠穿孔；虫体进入腹腔，还可引发急性腹膜炎等。

三、我国常见的畜禽棘头虫

我国常见的畜禽棘头虫分属于以下纲、目、科、属。

原棘头虫纲　Archiacanthocephala
　少棘吻目（寡棘吻目）　Oligacanthorhynchida
　　少棘吻科（寡棘吻科）　Oligacanthorhynchidae
　　　巨吻属（大棘吻属）　*Macracanthorhynchus*
　　　　蛭形巨吻棘头虫　*Macracanthorhynchus hirudinaceus*
　　　钩吻属　*Oncicola*
　　　　犬钩吻棘头虫　*Oncicola canis*
古棘头虫纲　Palaeacanthocephala
　多形目　Polymorphida
　　多形科　Polymorphidae
　　　多形属　*Polymorphus*
　　　　腊肠状多形棘头虫　*Polymorphus botulus*
　　　　重庆多形棘头虫　*Polymorphus chongqingensis*
　　　　双扩多形棘头虫　*Polymorphus diploinflatus*
　　　　台湾多形棘头虫　*Polymorphus formosus*
　　　　大多形棘头虫　*Polymorphus magnus*
　　　　小多形棘头虫　*Polymorphus minutus*
　　　　四川多形棘头虫　*Polymorphus sichuanensis*
　　　细颈棘头属　*Filicollis*
　　　　鸭细颈棘头虫　*Filicollis anatis*

第二节　猪棘头虫病

猪棘头虫病是由少棘吻科（Oligacanthorhynchidae）巨吻属（*Macracanthorhynchus*）的蛭形巨吻棘头虫（*Macracanthorhynchus hirudinaceus*）寄生于猪的十二指肠后段和空肠引起的一种寄生虫病，对猪的生长、发育、饲料报酬等影响很大。除寄生于家猪、野猪、犬、猫等外，蛭形巨吻棘头虫还可寄生于人，是一种人兽共患病的病原。

（一）病原概述

蛭形巨吻棘头虫是一种大型寄生虫，呈乳白色或淡黄色的圆柱形，前部粗，后部细，虫体表面有环纹（图 22-2）。吻突小，呈球形，有 5～6 列呈螺旋形排列的吻钩，每列 6 个，共计 30～36 个。吻腺发达，呈带状。

雄虫体长 50～113 mm，平均大小为 85.0 mm×4.5 mm。睾丸 2 个，呈圆柱形，前后排列于虫体的中部。黏液腺 8 个，呈长椭圆形，左右排列。交合伞呈钟罩状。

雌虫体长 310～692 mm，平均大小为 449 mm×6 mm。吻腺长 34～38 μm。体内充满不同发育时期的虫卵。虫卵呈深褐色的卵圆形，大小为（87～102）μm×（43～56）μm。卵壳由三层膜构成，外层薄而透明，易破碎；中间层厚，呈褐色；内层薄而透明。

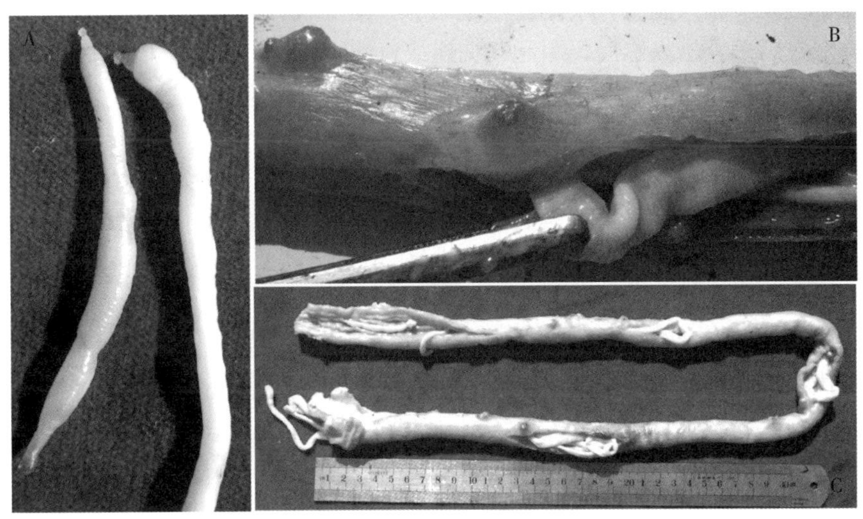

图 22-2　蛭形巨吻棘头虫及其引起的病变
A. 成虫，左为雄虫，右为雌虫前部　B. 引起猪小肠壁出现结节　C. 堵塞小肠
（廖党金供图）

（二）病原生活史

寄生于猪小肠的蛭形巨吻棘头虫雌虫产卵，虫卵随猪的粪便排出体外。每条雌虫每天可产 25 万余个虫卵，最高可达 68 万个，持续时间可达 10 个月。中间宿主为金龟子、食粪甲虫等。虫卵被中间宿主吞食后，释放出幼虫即棘头蚴，大小为 58 μm×26 μm，棘头蚴穿过中间宿主的肠壁进入体腔，发育至棘头体，棘头体呈圆柱形，大小为（4.2～5.4）mm×（1.68～1.92）mm，棘头体吻部有 5～6 列呈螺旋形排列的吻钩，每列 6 个。从虫卵进入中间宿主至发育为棘头体，需 45～60 d，再经 2～3 个月后棘头体发育为棘头囊。棘头囊为椭圆形的乳白色囊状体，大小为（2.61～2.8）mm×（1.53～1.61）mm，为感染性幼虫。感染季节不同，棘头蚴在中间宿主体内发育至棘头囊所需要的时间长短也不一样，如果在每年 6 月以前感染，需要 3.5～4 个月，最短的为 35 d；如果在 7 月以后感染，需要 12～13 个月。在散养时，猪拱土吃到含棘头囊的中间宿主（其成虫、蛹或幼虫）而感染。在猪的消化道内，棘头囊破囊而出，以其吻突固定在小肠壁上，经 3～4 个月发育至成虫，在猪体内寄生时间可达 10～24 个月。

（三）流行病学

蛭形巨吻棘头虫病呈地方性流行，遍布世界各地，如美国、俄罗斯、意大利、罗马尼亚、阿根廷、菲律宾等；在我国大部分省、市、自治区均有流行。多见于散养猪，感染率可达到 82.2%，感染强度高的个体体内可存在 100 多条虫体；现代化的封闭式猪场本病少见。除感染猪外，还感染白唇西貒（*Dicotyles pecari*，一种类似于猪的哺乳动物）、犬、黄鼠、麝鼠、鬣犬、松鼠、金花鼠、美洲鼹鼠、猴等，以及人（多为儿童）。

中间宿主为金龟子、食粪甲虫等，其种类多、分布广，已报道的中间宿主有 130 多个种，我国有 30 多个种。在辽宁绥中县调查，中间宿主成虫、蛹和幼虫的感染率分别为 38.8%、20% 和 15%。

猪棘头虫病有明显的季节性，这主要与中间宿主的习性有关，夏季气温较高，中间宿主的幼虫一般生活在土壤的上层，容易被猪吞食。另外，金龟子在夏季羽化，飞翔于有灯光的猪舍，落地易被猪吞食，故夏季猪感染棘头虫病的机会较多。冬季气温较低，中间宿主的幼虫一般生活在土壤的深层，猪不易吞食，故感染机会较少。

（四）致病作用与临床症状

由于虫体的吻突固着于肠壁、虫体大等原因，即使寄生的虫体数量少，对猪的生长、发育影响也很大。虫体的吻突钻入肠壁，浆膜面形成结节（图 22-2），引起肠黏膜发炎，发生坏死、溃疡。有时虫体穿过肠壁，进入腹腔，引起肠粘连或急性腹膜炎，宿主多以死亡告终。由于虫体较大，当寄生的虫体数量较多时，可引起肠梗阻（图 22-2）。虫体分泌的毒素会干扰机体正常生理功能。

感染轻微时，一般不表现出临床症状，严重感染时，病猪表现为食欲减退、腹泻、粪便带血、腹痛，当虫体固定部位穿孔时，体温可升高到 41 ℃，食欲废绝、剧烈腹痛、卧地，多以死亡告终。

（五）病理变化

病死猪消瘦、贫血、黏膜苍白。在虫体吻突固定部位，肠黏膜上可见豌豆大小的红色或淡黄色结节，结节周围有鲜红色的充血带（图 22-2），组织病理学检查呈肉芽肿病变，可分为中心的坏死区和周边的肉芽组织带，吻突侵入部位周围的肠组织发生凝固性坏死，组织细胞消失，坏死周边可见大量的嗜酸性粒细胞、中性粒细胞和单核细胞，还可见大量的结缔组织、成纤维细胞及毛细血管增生，在肉芽组织中尚有大量的嗜酸性粒细胞或浆细胞浸润。

（六）诊断与防控

以猪粪便直接涂片或粪便沉淀物涂片，在显微镜下观察到虫卵即可确诊。

尚无特效药，可试用硫氰醚、阿苯达唑和吡喹酮。吡喹酮休药期为 5 d，阿苯达唑为 7 d。

在流行区，每年 5—8 月为甲虫出现季节，猪不宜放养，改为舍养。猪粪便集中发酵后方可作为粪肥使用。

第三节　鸭棘头虫病

鸭棘头虫病是由多形科（Polymorphidae）多形属（*Polymophus*）的多种多形棘头虫和细颈棘头属（*Filicollis*）的鸭细颈棘头虫（*Filicollis anatis*）寄生于鸭、鹅、野禽及鸡小肠引起的一种寄生虫病，多呈地方性流行。

（一）病原概述

我国常见的 7 种寄生于鸭的棘头虫主要形态特征如下。

1. 大多形棘头虫（*Polymophus magnus*）　虫体呈纺锤形，体前部大，体后部较细小，体表有小棘但不明显。吻突呈长椭圆形，大小为（0.402～0.557）mm×（0.249～0.312）mm，其上有 18 纵列吻钩，每列 7～9 个，每列的前 4 个吻钩较大，钩有发达的尖端和基部。雄虫体长 9.2～11.0 mm，睾丸 2 个，呈卵圆形，斜列于虫体前 1/3 部位；交合伞呈钟状，位于虫体后端，大小为（93.6～100.3）μm×（55.7～62.4）μm，前部两侧有 2 个膨大的侧突，后部边缘有 18 个指状辐肋，生殖孔开口于体末端。雌虫体长 12.4～14.7 mm。虫卵呈椭圆形，卵壳由三层卵膜组成，大小为（113～129）μm×（17～22）μm（图 22-3）。

2. 小多形棘头虫（*Polymophus minutus*）　虫体细小，呈纺锤形，前部体表有小棘。吻突呈圆形，大小为（0.267～0.298）mm×（0.165～0.200）mm，其上有 16 纵列吻钩，每列 7～8 个，前 4 个钩发达。雄虫体长 2.79～3.94 mm，睾丸 2 个，呈球形，斜列于虫体前半部的后部，大小为（0.356～0.445）mm×（0.289～0.356）mm；交合伞呈钟状，平均大小为 40.1 μm×20.0 μm，其前部有侧盲突，后缘有 18 条指状辐肋；生殖孔开口于虫体的亚末端。雌虫体长 2.79～3.94 mm。虫卵细长，卵壳有三层卵膜，大小为 107 μm×18 μm（图 22-3）。

3. 腊肠多形棘头虫（*Polymophus botulus*）　虫体呈纺锤形，两端细小，中部粗大，前部体表有棘。吻突呈球形，其上有 12 纵列吻钩，每列 8 个，前部的吻钩较大；颈部细长。雄虫体长 13.0～14.6 mm，睾丸 2 个，呈椭圆形，前后斜列于虫体中部；交合伞平均大小为 1.12×

0.72 mm。雌虫体长 15.4～16.0 mm。虫卵大小为（63～67）μm×（21～24）μm。

4. 四川多形棘头虫（*Polymophus sichuanensis*） 虫体呈圆柱形，体中部稍膨大，向腹面弯曲，体前端有小棘。吻突近球形，其上有 12 纵列吻钩，每列 6 个；颈部短。雄虫体长 7.20～9.60 mm，睾丸 2 个，呈椭圆形，前后斜列于虫体中部；交合伞向尾尖凸出。雌虫体长 8.8～14.0 mm。虫卵呈椭圆形，大小为（78～86）μm×（24～32）μm（图 22-3）。

5. 台湾多形棘头虫（*Polymophus formosus*） 虫体呈梭形，两端狭小，中部粗大，前部体表有小棘。吻突短而宽，其上有 12～15 纵列吻钩，每列 7～9 个，前 4 个钩发达。雄虫体长13～15 mm，睾丸 2 个，呈球形或卵圆形，前后排列于虫体的中部。雌虫体长 17.0～18.5 mm。虫卵大小为（62～65）μm×23 μm（图 22-3）。

6. 重庆多形棘头虫（*Polymophus chongqingensis*） 虫体短小，呈梭形，中部粗，两端细。吻突呈卵圆形，大小为（0.52～0.55）mm×（0.36～0.38）mm，其上有 14 纵列吻钩，每列 8 个。前部体表有 15～16 环棘。雄虫体长 7.25～7.52 mm，体中部宽 1.73～1.87 mm；睾丸 2 个，呈椭圆形，前后斜列于体中前部；交合伞大小为（0.41～0.97）mm×（0.37～0.41）mm。雌虫体长 5.90～7.90 mm，体中部宽 2.15～2.56 mm。虫卵呈纺锤形，表面光滑，大小为（37.5～43.75）μm×（15.6～17.2）μm。

7. 鸭细颈棘头虫（*Polymophus anatis*） 虫体呈纺锤形，前部细长，后部粗短。雄虫体长 6.0～8.0 mm，吻突呈椭圆形，其上有 18 纵列吻钩，每列 10～11 个，小钩大小相近；颈部呈圆锥形，长 0.57～0.64 mm；睾丸 2 个呈卵圆形，前后斜列于虫体中部；交合伞呈钟状，位于虫体后端。雌虫体长 20～26 mm，吻突呈椭圆形，其上有 18 纵列吻钩，每列 10～11 个，吻钩细小，大小相近，分布于吻突顶端，呈放射状排列；颈部长。虫卵呈圆形，大小为（75～84）μm×（27～31）μm（图 22-3）。

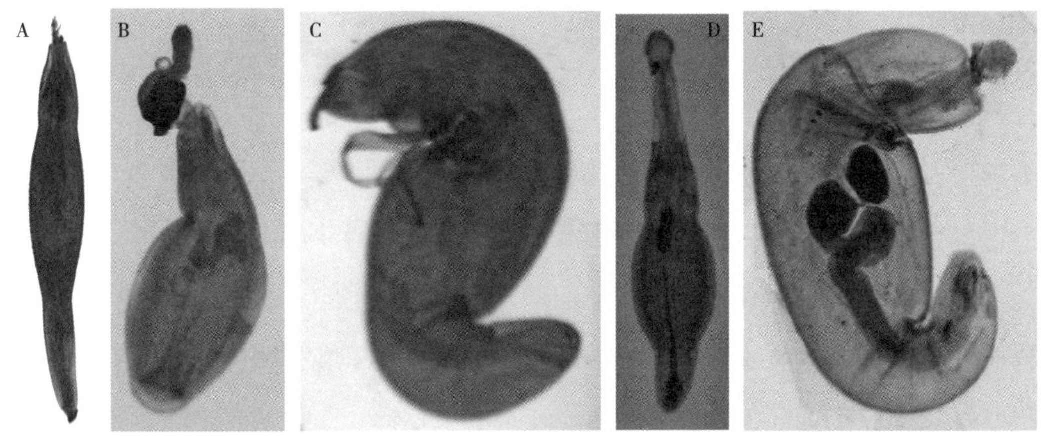

图 22-3　寄生于鸭的棘头虫

A. 大多形棘头虫　B. 小多形棘头虫　C. 四川多形棘头虫　D. 台湾多形棘头虫　E. 鸭细颈棘头虫

（廖党金供图）

（二）病原生活史

鸭棘头虫的发育需要两个宿主，终末宿主为鸭等禽类，中间宿主因虫种不同而异，如大多形棘头虫的中间宿主为湖沼钩虾（*Gammarus lacustris*，也称湖泊钩虾），小多形棘头虫的中间宿主为蚤形钩虾（*Gammarus pulex*）、河虾（*Potamolius astacus*）、罗氏钩虾（*Carinogammarus roeseli*）等，腊肠多形棘头虫的中间宿主为岸蟹（*Carcinus moenus*），鸭细颈棘头虫的中间宿主为栉水虱（*Asellus aquaticus*）。寄生于鸭等终末宿主小肠的棘头虫雌虫产卵，虫卵随粪便排出体外，落入水中或陆地上，水中的虫卵可在 6 个月内保持活力，而陆地上虫卵对干燥抵抗力较差，很快死亡。虫卵被中间宿主吞食后，在中间宿主的肠道内，虫卵中的棘头蚴被释放出来，棘头蚴进入体腔，发育为棘头体、棘头囊。大多形棘头虫虫卵感染虾 51～53 d 后，可发育为感染性棘头囊。当放养鸭在水中寻食时，吞食了含感染性棘头囊的虾而感染，虾被消化后释放出幼虫，幼虫在鸭肠内发育为成虫。

（三）流行病学

鸭棘头虫病在许多国家均有报道，在我国的辽宁、湖北、湖南、四川、重庆、福建、广东、广西、贵州、云南、江苏、陕西、安徽、江西、台湾等均有流行。终末宿主除鸭外，还有天鹅、野禽等，也有鸡感染大多形棘头虫的报道。

多形棘头虫虫卵对外界环境的抵抗力很强，在 10～17 ℃的水中可存活 6 个月，但在干燥环境中，很快死亡。钩虾多生活于水边和水草多的地方，以腐败的动植物为食，鱼吞吃了含感染性幼虫的虾后，可成为多形棘头虫的储藏宿主，鸭吞吃了含有多形棘头虫幼虫的小鱼或虾后均可感染。湖沼钩虾能存活两年，感染性棘头囊可在其体内越冬并保持感染性。

（四）致病作用与病理变化

棘头虫的吻突固着于鸭肠壁上（图 22-4），引起肠壁机械性损伤和卡他性肠炎，固着部位出现溢血和溃疡；由于肠黏膜损伤，造成其他病原菌感染，引起化脓性肠炎。

死后剖解，在肠浆膜上可见虫体固着部位肉芽组织增生，并形成淡黄色结节。如果虫体穿过肠壁，可引起腹膜炎甚至死亡。

第二十二章彩图

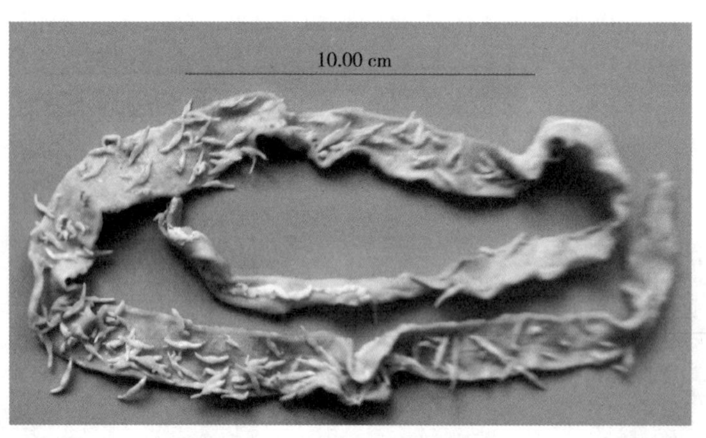

图 22-4　寄生于鸭肠壁上的多形棘头虫（浸制标本）
（廖党金供图）

（五）诊断与防控

粪便直接涂片或用粪便沉淀物涂片，显微镜检查虫卵，或剖解病鸭，发现虫体、病变，即可确诊。

硝硫氰醚具有较好的疗效。鸭应定期进行预防性驱虫。沟塘每年干塘一次，尽量消灭中间宿主。

（廖党金　编，王丽芳　索勋　审）

Ⅳ

第四篇　兽医节肢动物学

第二十三章 概　论

节肢动物（arthropod）是由环神经蠕虫（cycloneuralian worms）进化而来；是目前动物界中分布最广、数量最多的类群，已描述的种逾 121 万，约占已描述动物种类的 80%；这与其个体小、具几丁质外骨骼、变态发育等特性赋予的极强适应性和繁殖能力有关。兽医节肢动物学（veterinary arthropodology），也常称为兽医昆虫学（veterinary entomology），主要关注畜禽、特种经济动物、宠物、实验动物以及野生动物寄生的节肢动物，包括昆虫和蜱、螨。

第一节　形态和结构

一、外部形态结构

（一）体节

节肢动物虫体呈左右对称，异律分节（metamerism，或 segmentation），即各体节往往有特定的结构和功能，如昆虫体节常分为头、胸、腹三部分，头部有口器、触角、眼，主要营感觉和采食功能；胸部有足和翅，主要营运动功能；腹部主要包含消化系统和生殖系统，营消化和繁殖功能。有的虫种体节融合，如蜱的头、胸、腹部愈合在一起。体节由柔韧的节间膜（intersegmental membrane）相连。各体节多有 1～2 对附肢，附肢也分节，如昆虫胸部的足（一种附肢）分为 6 节。

（二）体壁

成虫体壁为坚硬外壳，常称为外骨骼（exoskeleton），主要成分为骨化的蛋白质（也称鞣化蛋白质，tanned proteins）和几丁质（chitin），有抵御外界不利因素、保护虫体内部器官、为内部器官提供支撑、阻止体内水分蒸发及储备营养等功能。此外，体壁还特化形成各种感觉器官和腺体，用以感受外界刺激、分泌各种化合物（如信息素）。部分外骨骼向内凹陷形成内骨骼，用以附着肌肉。

体壁源于外胚层，由内向外可分为 3 层：底膜、皮细胞层和表皮层。底膜（basement membrane，也称基底膜）由血细胞分泌而成，为双层结缔组织，厚度约 50 μm，有选择通透性，血淋巴中的激素和有些物质可经底膜进入皮细胞层。皮细胞层（epidermis）为一单层细胞，近表皮层一侧的细胞膜形成微绒毛，参与蜕皮过程中旧表皮的溶离、吸收和新表皮的分泌、沉淀；皮细胞层还可特化成感觉器官及腺体。表皮层（cuticle）是皮细胞分泌形成的一种异质的非细胞结构，是体壁中最厚的一层，从里向外可分为内表皮、外表皮和上表皮 3 部分。内表皮（endocuticle）是表皮层中最厚的一层，厚 10～200 μm；主要由几丁质和蛋白质组成，骨化程度较轻，有较强的伸展性，与虫体的伸缩有关；还具有储存营养成分的功能。外表皮（exocuticle）厚 3～10 μm，组分与内表皮相似，但鞣化程度高，坚硬、色深；虫体节间膜等处外表皮往往不发达，甚至缺失；蜕皮时，外表皮全部蜕去。内表皮和外表皮合称前表皮（procuticle，或原表皮），内常有孔道（pore canals），运输皮细胞所提供的物质，用于表皮修复和鞣化，也可排泄皮细胞和腺体的分泌物。上表皮（epicuticle）是表皮的最外层，厚1～3 μm，主要由蛋白质（常称为表皮质，cuticulin）和脂类组成，不含几丁质。除一些个体小的节肢动物外，大多数种类的上表皮覆盖有蜡质层（wax layer）或脂质层（lipid layer），具有防水和防止体内水分蒸发的功能，若其被磨损或被脂类物质溶解，节肢动物会因脱水（dehydration）而亡。表皮层上可有刚毛、刻纹、锥突、毛等结构，或营感觉功能，或营保护功能（如防止液滴、固体等黏附）。

很多节肢动物幼虫的体壁没有硬化，体较柔软，色浅。但发育为成虫后，体壁会很快硬化，这一过程被称为骨化（sclerotization），骨化后体壁的硬度会大大增加，色变深。躯体的骨化区由骨片（sclerite）或板（plate）组成，背、腹骨片分别称之为背板（tergum，复数 terga；或 dorsal tergites）和腹板（sternum，复数 sterna；或 ventral sternites），两侧的称为侧板（pleuron，复数 pleura；或 lateral pleurites）。骨片或板之间由节间膜连接，节间膜很薄，是昆虫外骨骼的薄弱之处（weak spots），喷洒杀虫剂时，药液可以从这些地方渗入虫体内。附肢节（appendage segments）多呈圆柱状，亦骨化，通过关节相连；有的附肢节特化成特定的形状，营特定的功能，如硬蜱第一对足跗节上的哈氏器是重要的化学感受器。外骨骼（如骨片或板）及其附属结构（如毛、刺）的形态结构特征是节肢动物形态学鉴别的主要依据。

二、气体交换系统

一些个体较小的节肢动物，其外骨骼很薄，体表无蜡质层，氧气和二氧化碳主要通过表皮进行扩散，但这种方式扩散距离有限，不适合体型较大的虫种。大多数寄生性陆生节肢动物通过气体交换系统进行呼吸，其体表有呼吸孔（蜱、螨中称为气门，stigmata；昆虫中的多称为气孔，spiracles，或气门），下与气管（tracheae）相连。气管是由皮细胞层内衬形成的通气管，下分为细支气管（tracheole，或微气管）。细支气管直径一般小于1 μm，内有液膜，分布于全身各处，下连肌肉和其他组织，是气体交换的主要场所。在需氧量大的组织中（如翅肌、神经节、卵巢），细支气管数量众多。氧气通过呼吸孔进入虫体内，经气管、细支气管，借助于浓度差在体内组织中扩散；体内的二氧化碳和水蒸气则沿相反的方向排出体外。用熏蒸剂防治害虫时，毒气可通过气体交换系统进入虫体内。

三、循环系统

为开放式循环系统，由一系列中央室或窦组成，被称之为血腔（haemocoel），全部内部器官都浸浴在血液中。由于其血液兼有哺乳动物的血液和淋巴液的特性，常被称为血淋巴（haemolymph）。肠道吸收的营养和体内的激素通过血淋巴转运至全身，源于排泄器官的废物也通过血淋巴清除。血淋巴还参与伤口修复和虫体的免疫反应。与哺乳动物、禽类不同，节肢动物的血淋巴不参与气体交换，当虫体因损伤导致血淋巴损失时，往往不会因缺氧而亡。

四、神经系统和感觉器官

节肢动物的神经系统包括中枢神经系统（central nervous system）、外周神经系统（peripheral nervous system）和交感神经系统（sympathetic nervous system）。其功能包括感知体内外刺激，协调虫体的运动；通过神经分泌细胞（neurosecretory cell）调控内分泌系统（激素），调节虫体生理状态（如滞育、休眠），使其与多变的环境相适应。

节肢动物的感觉器官（简称感受器、感器，sensory organ）是由体壁皮细胞层在特定部位特化成的、能感受刺激的神经细胞；或由许多相似的感觉细胞聚集形成感觉器官。一种感受器一般只感受一种类型的刺激。根据其功能可分为4类：感触器、听觉器、化感器和视觉器。其中，化感器和视觉器比较重要，前者主要有嗅感器、味感器，后者主要包括单眼和复眼。感受器或位于特定结构上（如触角、颚须、须肢），或与体表的毛（hair）、刚毛（setae）、刺（bristle）相连。如刺可充当机械刺激的接收器（mechanoreceptors），感受机械刺激（如振动）；或充当化学接收器（chemoreceptor），感受化学物质，如信息素（pheromone）、宿主气味、二氧化碳。如昆虫触角上有较发达的化感器，可感受宿主的气味、呼出的二氧化碳以及同类分泌的信息素，在发现寄主、搜寻同类中起重要作用；而蜱、螨主要的化感器（如硬蜱的哈氏器）位于第一对足的跗节上。昆虫的下颚须、下唇须、足跗节、中垫和蜱、螨的须肢上有嗅感器和味感器，在食物的选择中起重要作用。眼是节肢动物主要的视觉器。多种节肢动物的幼虫有由少数感觉细胞组成的单眼（simple eyes，或侧单眼 stemmata），对弱光及光强的变化很敏感。有些节肢动物的成虫及若虫有复眼（compound eyes）。复眼由大量（可达数百个）长圆柱体型的小眼（ommatidia）组成，主要营感知物体的运动、紫外光和偏振光等功能。有些种类的昆虫雌虫和雄虫的眼存在明显区别，如雌虻的眼相距较远，而雄虻的眼相距较近，且更发达。有的种类既有单眼又有复眼；有的种类（如蜱、螨、虱）眼已退化或缺失；而吸血性蝇类的眼很发达，在近距离对宿主的定位中起重要作用。昆虫在远距离发现寄主时主要靠化感器，但在近距离对寄主精确定位时，则是视觉起主导作用。可以利用昆虫复眼对光的趋向性（即趋光性，phototaxis）对其进行诱杀（如蚊）；可以利用复眼对运动物体和光的感知能力对其进行诱捕（如虻）；可以利用化感器对聚集信息素和性信息素感知，对其进行诱杀（如家蝇）或干扰交配。

感受器下联感觉神经元。神经元（neuron，即神经细胞，nerve cell）是神经系统的基本组成单元，由神经细胞体和神经纤维组成。神经纤维的主干称为轴突，用来传递信息；分支像树根样细小的神经纤维，称为树突，用来接受刺激。从功能上，神经元可分为感觉神经元、运动神经元和联络神经元，分别营感觉、支配肌肉运动和联络神经元的功能。

神经元之间通过神经冲动传导来传递神经信号，简要过程如下：体内或体外的感受器接受刺激后，引起感觉神经元电位改变，产生神经冲动，通过联络神经元将冲动传导给运动神经元，后者将神经冲动传导给肌肉、腺体等效应器，引起肌肉收缩或腺体分泌，调控虫体行为。神经元之间通过突触联络。突触间隙内的神经递质（neurotransmitter）是神经冲动的传导介质。节肢动物重要的神经递质有乙酰胆碱（acetylcholine，ACh）、γ-氨基丁酸（γ-aminobutyric acid，GABA）等。很多种杀虫剂作用于神经递质的受体或降解酶，通过促进或抑制神经递质介导的传导作用，麻痹或杀灭虫体。如有机磷类和氨基甲酸酯类杀虫剂可通过与 ACh 酯酶结合，抑制其降解活性，导致 ACh 大量聚集，使虫体过度兴奋、行动失调、麻痹而死。高浓度的阿维菌素类药物（avermectins）可促使节肢动物 GABA 的释放，并促使 GABA 与受体结合，从而阻断了神经末梢和肌细胞间的神经冲动传导，使虫体麻痹致死或被宿主排出体外。

五、消化系统

包括消化道及唾液腺。消化道为一条不对称的管道，从口到肛门，纵贯于体腔中央，分为前肠（foregut）、中肠（midgut）和后肠（hindgut）（图 23-1）。前肠和后肠起源于外胚层，其组织结构与体壁相似。前肠包括口、咽、食道、嗉囊和前胃等，主要功能是采食、储存、磨碎、过滤食物，以及防止中肠食物倒流。中肠起源于内胚层，是分泌消化酶、消化食物和吸收营养的主要部位；其前端连接前胃，后端以马氏管着生处与后肠分界；多种节肢动物中肠前端常向外凸出形成囊状（胃盲囊），有增加表面积、扩大容积、增强消化酶分泌和提高营养吸收的作用。消化酶在节肢动物的食物消化中起主导作用，另外肠道内的共生菌（symbiont）也参与有些虫种（特别是食物来源比较单一的虫种）的营养物质的合成。后肠一般分为回肠、结肠和直肠，主要功能是吸收水分、无机盐和排粪。有些节肢动物的粪便可引起宿主严重的过敏反应，如蚤、疥螨。

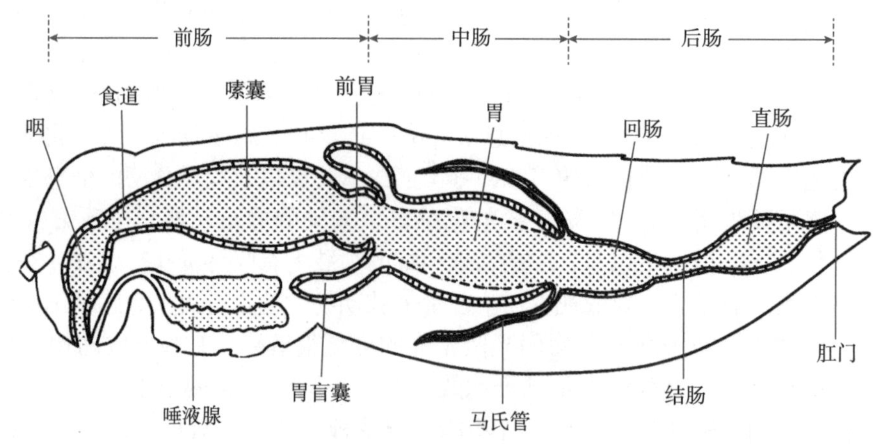

图 23-1　昆虫消化系统
（于童　潘保良供图）

食物的消化、营养的吸收对节肢动物生命的维持、生长发育和繁殖有重要影响。多种吸血性节肢动物（如硬蜱、蚊、鸡皮刺螨）的雌虫为异养型（heterotrophic form），产卵前需吸血，虫卵才能发育成熟；而且吸血量与产卵数成正相关。另外，消化道也是病原进入虫体的通道，病原与消化道的互作对揭示媒传病的传播机制及防控有重要意义。近年来，利用中肠的隐蔽抗原，研制成疫苗，来防控吸血性节肢动物及其传播的疾病，引起了广泛关注，如微小扇头蜱（旧称微小牛蜱）肠道膜结合糖蛋白 Bm86 的基因工程疫苗已商品化。

唾液腺（salivary gland，也称涎腺）位于中肠两侧，涎腺管向前延伸，在头部汇成 1 个总管，开口于口腔。唾液的主要功能是润滑口器、溶解食物和分泌消化酶；吸血性节肢动物的唾液中往往含有抗凝剂（anticoagulin）和血管舒张素等物质，便于其吸血，有的具抗（人）血栓作用。有的虫种唾液中含有过敏原或毒素，会引起宿主出现过敏反应（如蚤）或中毒瘫痪（如某些硬蜱）。经节肢动物传播的大多数病原体（如梨形虫、住白细胞原虫）最终被存储在唾液腺内，在叮咬宿主时，病原体被注入宿主体内。

第二节　发　　育

寄生性节肢动物多为雌雄异体，二者在大小、形态、颜色、行为以及生殖器官的结构等方面多存在差异，称为雌雄二型现象（sexual dimorphism）。雌虫一般比雄虫大，色较淡，活动能力较差，寿命更长。大多数节肢动物异体受精、营两性生殖（sexual reproduction，也称为有性生殖），少数种类可进行孤雌生殖（parthenogenesis，也称为单性生殖），即卵不经受精也能发育为新个体，如林禽刺螨可营产雄孤雌生殖（arrhenotoky）。

发育过程可分为胚胎发育期和胚后发育期，前者在母体内（胎生型）或卵内（卵生型、卵胎生型）进行；后者为从幼虫（或若虫）至成虫的阶段，存在蜕化和变态现象。

（一）蜕化

坚硬的几丁质外骨骼给节肢动物提供了可靠的保护，但也会限制虫体的生长。为了克服这一缺点，在发育过程中，虫体会定期将旧表皮蜕去、重新形成新表皮，这一过程称为蜕化（molting，也称蜕皮）。蜕化主要受蜕皮激素——20-羟基蜕皮酮的调控，亦需保幼激素的参与调节。有些杀虫剂通过调控蜕皮激素来防控害虫，如双酰基肼类杀虫剂（bisacylhydrazines）。两次蜕化之间的虫期称为龄期（instar）。蜕化次数主要与虫种有关，也受营养状态的影响。龄期的长短取决于虫种、虫龄、营养状况、环境条件、发育阶段和滞育情况等。

（二）变态发育

在胚后发育过程中，外部形态、内部器官、生理、习性、行为等发生明显变化的发育方式称为变态发育（metamorphosis）；如有静止的蛹期，则称为完全变态发育（complete metamorphosis），80%以上的昆虫营完全变态发育，如蚊（图 23-2）；若无蛹期，则称为不完全变态发育（incomplete metamorphosis），如蜱（图 23-3）。变态发育过程中，成虫、幼虫在习性、食性、栖息场所、对环境的适应性等方面的分化，可有效避免同种虫体在活动空间、食物资源等方面的竞争，增强了节肢动物对不利环境的适应性，这也使得其防控变得复杂。

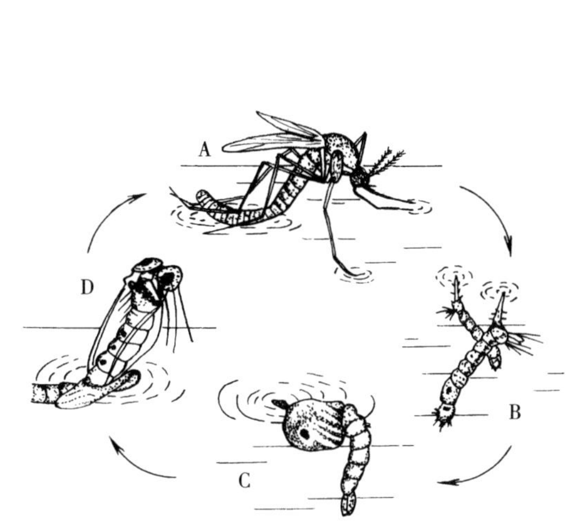

图 23-2 完全变态发育（蚊）
A. 成虫 B. 幼虫 C. 蛹 D. 蛹化的成虫
（Richard Wall David Shearer，1997）

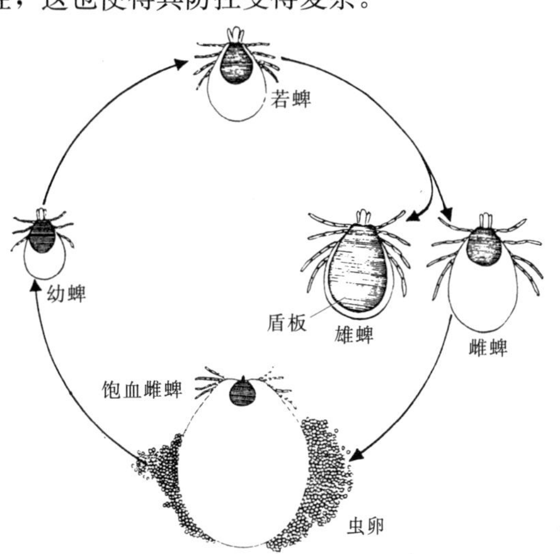

图 23-3 不完全变态发育（蜱）
（仿 Urquhart 等，2003）

（三）发育阶段

根据虫体发育过程中形态结构和行为习性等的差异，节肢动物的发育过程可分为不同发育阶段（stage）。

1. 卵（egg）或胚期（embryo） 雌虫产卵，由卵孵化为幼虫，这种生殖方式称为卵生（oviparous），如蜱、螨。雌虫产含幼虫的虫卵，产出后，幼虫很快孵出，称为卵胎生（ovoviviparous），如丽蝇。雌虫直接产幼虫，称为胎生（viviparous），如羊狂蝇。幼虫在卵内或母体内的发育阶段称为胚期。大多数卵对杀虫剂有抵抗力，药物难以将其杀灭，可导致防治不彻底和复发。

2. 幼虫（larvae）和若虫（nymphs） 在昆虫纲中，营完全变态发育虫种的幼龄虫体称为幼虫；而营不完全变态发育的称为若虫。但在蛛形纲（蜱、螨）中，幼虫是指由虫卵孵化而来的虫体，其形态（如足数）与成虫多存在差异；若虫是指由幼虫发育而成、在形态上与成虫近似的虫体（如蜱，图 23-3）。多数虫种的若虫分为数期。

3. 蛹（pupa） 为营完全变态发育的节肢动物由幼虫发育为成虫所必须经历的阶段。在此阶段，虫体（蛹）往往是静止的（但蚊的蛹可以运动），不采食。蛹最后羽化为成虫。

4. 成虫（adult） 指性成熟的虫体（包括雌虫和雄虫），其主要任务是繁殖后代。雌虫的繁殖力（fertility）因虫种而异，也受气候、营养状况的影响，如很多吸血性节肢动物的繁殖力往往取决于饱血程度。降低繁殖力对害虫种群数量的控制有重要意义。

从卵到成虫的整个发育过程称为发育史或生活史（life cycle），其长短与虫种、环境条件等因素有关，还受滞育和休眠的影响。滞育（diapause）是指虫体在不适宜的条件下暂停代谢和发育，当环境适宜时又继续发育的现象。滞育的引发和解除均是外因（光周期、温度、湿度、食物等）影响了虫体激素的分泌所致，过程较缓慢。滞育多见于暂时寄生虫和定期寄生虫，各虫种有其固定的滞育虫态。休眠（dormancy）与滞育不同。休眠是由不良环境条件直接引起的生命活动停滞，当不良条件消除后，虫体能很快恢复正常。滞育和休眠是虫体抵御不良环境的生存策略。

第三节　兽医节肢动物的分类及危害

一、分　　类

节肢动物系原口动物（protostome animals），隶属于蜕皮动物超门（Ecdysozoa）。基于形态学和发育生物学的传统分类方法，将节肢动物门（Arthropoda）分为螯肢亚门（Chelicerata）、多足亚门（Myriapoda）、六足亚门（Hexapoda）、甲壳亚门（Crustacea）。以分子生物学、新型解剖学和发育生物学技术为基础的支序分类学（cladistics，也称系统发育学，phylogenetic systematics），将其分为真螯肢亚门（Euchelicerata）、海珠亚门（Pycnogonida）、多足亚门（Myriapoda）和四棱晶锥亚门（Tetraconata，也称泛甲壳亚门，Pancrustacea）。与兽医有关的纲有真螯肢亚门的蛛形纲（Arachnida），多足亚门的倍足纲（Diplopoda），四棱晶锥亚门的昆虫纲（Insecta）、软甲纲（Malacostraca）和颚足纲（Maxillopoda）等；其中，昆虫纲和蛛形纲最重要（表 23-1）。各纲的主要形态结构特征和重要种类如下。

1. 昆虫纲　虫体分为头、胸、腹部；有 1 对触角；成虫有 3 对足；有 1 对或 2 对翅，有的种类无翅；腹部末端的附肢特化为外生殖器。重要的种类有蝇、蚤和虱（图 23-4）。

2. 蛛形纲　虫体分为假头（口器）和躯体（胸、腹部愈合）；无触角，假头上有螯肢和须肢；成虫有 4 对足；无翅。重要的种类为蜱和螨（图 23-5）。

3. 软甲纲　虫体分为头、胸、腹或头胸、腹部；附肢多，包括触角 2 对，足 5 对；以鳃呼吸。多种软甲动物（如虾、蟹）可以作为蠕虫的中间宿主。

4. 倍足纲（千足虫）　至少有一个属（*Narceus*），可作为某些棘头虫的中间宿主。

5. 颚足纲　主要种类为舌形虫（曾归属五口虫纲，Pentastomida）。成虫呈舌形，背面稍隆起，腹面扁平；体表有明显的横纹；口孔周围有 2 对钩。常见虫种为孔头舌虫目（Porocephalida）舌虫科（Linguatulidae）舌形虫属（*Linguatula*）的锯齿舌形虫（*Linguatula serrata*）。

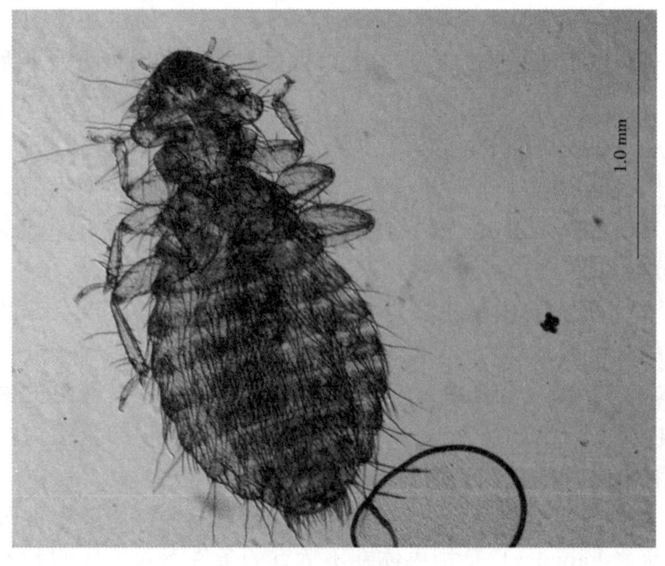

图 23-4　鸡羽虱
（潘保良供图）

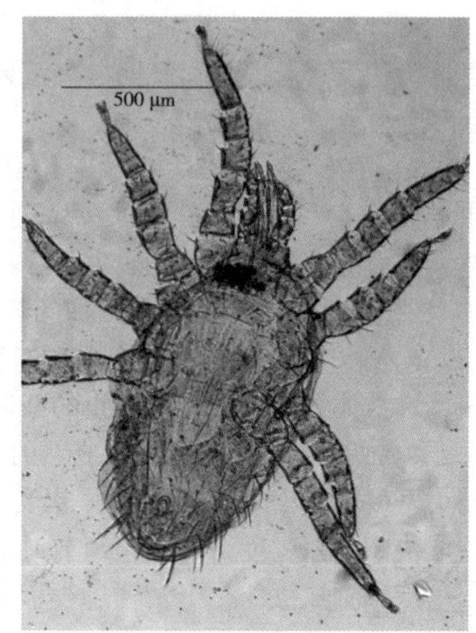

图 23-5　北方羽螨
（潘保良供图）

表 23-1 与兽医有关的主要节肢动物的分类

纲 (Class)	超目(Superorder)或亚纲(Subclass)	目(Order)	亚目 (Suborder)	超科 (Superfamily)	科/亚科 (Family/Subfamily)	属(Genus)
蛛形纲 (Arachnida)	寄螨总目 (Parasitiformes)	蜱目 (Ixodida)	蜱亚目 [Ixodides,或称后气门目 (Metastigmata)]	蜱总科 (Ixodoidea)	硬蜱科 (Ixodidae)	硬蜱属(*Ixodes*)
						扇头蜱属(*Rhipicephalus*)
						血蜱属(*Haemaphysalis*)
						璃眼蜱属(*Hyalomma*)
						革蜱属(*Dermacentor*)
						花蜱属(*Amblyomma*)
						异扇蜱属(*Anomalohimalaya*)
					软蜱科 (Argasidae)	锐缘蜱属(*Argas*)
						钝缘蜱属(*Ornithodoros*)
						耳蜱属(*Otobius*)
						枯蜱属(*Carios*)
					纳蜱科 (Nuttalliellidae)	纳蜱属(*Nuttalliella*)
		中气门目 (Mesostigmata)	单殖板亚目 (Monogynaspida)	皮刺螨总科 (Dermanyssoidea)	皮刺螨科 (Dermanyssidae)	皮刺螨属(*Dermanyssus*)
					巨刺螨科 (Macronyssidae)	禽刺螨属(*Ornithonyssus*)
						蛇刺螨属(*Ophionyssus*)
					喘螨科 (Halarachnidae)	肺刺螨属(*Pneumonyssus*)
						类肺刺螨属(*Pneumonyssoides*)
					鼻刺螨科 (Rhinonyssidae)	胸孔螨属(*Sternostoma*)
					瓦螨科 (Varroidae)	瓦螨属(*Varroa*)
					厉螨科 (Laelapidae)	赫刺螨属(*Hirstionyssus*)
						血革螨属(*Haemogamasus*)
						真厉螨属(*Eulaelaps*)
						厉螨属(*Laelaps*)
						阳厉螨属(*Androlaelaps*)
						热厉螨属(*Tropilaelaps*)
	真螨总目 (Acariformes)	疥螨目 (Sarcoptiformes)	甲螨亚目 (Oribatida)	疥螨总科 (Sarcoptoidea)	疥螨科 (Sarcoptidae)	疥螨属(*Sarcoptes*)
						背肛螨属(*Notoedres*)
						猿疥螨属(*Pithesarcoptes*)

（续）

纲 （Class）	超目(Superorder) 或亚纲(Subclass)	目(Order)	亚目 （Suborder）	超科 （Superfamily）	科/亚科 (Family/Subfamily)	属(Genus)
						毛螨属(*Trixacarus*)
					痒螨科 （Psoroptidae）	痒螨属(*Psoroptes*)
						足螨属(*Chorioptes*)
						耳痒螨属(*Otodectes*)
				羽螨总科 （Analgoidea）	羽螨科 （Analgidae）	麦氏羽螨属(*Megninia*)
					皮腺螨科 (Dermoglyphidae)	皮腺螨属(*Dermoglyphus*)
					表皮螨科 (Epidermoptidae)	表皮螨属(*Epidermoptes*)
						膝螨属(*Knemidocoptes*)
		绒螨目 （Trombidiformes）	前气门亚目 （Prostigmata）	肉食螨总科 （Cheyletoidea）	蠕形螨科 （Demodicidae）	蠕形螨属(*Demodex*)
					肉食螨科 （Cheyletidae）	姬螯螨属(*Cheyletiella*)
				肉螨总科 （Myobioidea）	肉螨科 （Myobiidae）	肉螨属(*Myobia*)
						雷螨属(*Radfordia*)
				恙螨总科 （Trombiculoidea）	恙螨科 （Trombiculidae）	恙螨属(*Trombicula*)
						真棒螨属(*Euschongastia*)
						奇棒螨属(*Neoschoengastia*)
				蒲螨总科 （Pyemotoidea）	蒲螨科 （Pyemotidae）	蒲螨属(*Pyemotes*)
昆虫纲 （Insecta）	有翅亚纲 （Pterygota）	双翅目 （Diptera）	环裂亚目 （Cyclorrhapha）		蝇科 （Muscidae）	家蝇属(*Musca*)
						厕蝇属(*Fannia*)
						螫蝇属(*Stomoxys*)
						角蝇属(*Haematobia*)
					舌蝇科 （Glossinidae）	舌蝇属(*Glossina*)
					麻蝇科 （Sarcophagidae）	麻蝇属(*Sarcophaga*)
						污蝇属(*Wohlfahrtia*)
					（疽蝇亚科， Cuterebrinae）	黄蝇属(*Cuterebra*)
						肤蝇属(*Dermatobia*)
					（皮蝇亚科， Hypodermatinae）	皮蝇属(*Hypoderma*)
						肿蝇属(*Oedemagena*)
					（胃蝇亚科， Gasterophilinae）	胃蝇属(*Gasterophilus*)
					（狂蝇亚科， Oestrinae）	狂蝇属(*Oestrus*)

（续）

纲（Class）	超目(Superorder)或亚纲(Subclass)	目(Order)	亚目（Suborder）	超科（Superfamily）	科/亚科(Family/Subfamily)	属(Genus)
						喉蝇属(*Cephalopina*)
						鹿蝇属(*Cephenemyia*)
						鼻狂蝇(*Rhinoestrus*)
					虱蝇科(Hippoboscidae)	蜱蝇属(*Melophagus*)
						虱蝇属(*Hippobosca*)
						利虱蝇属(*Lipoptena*)
						鸟虱蝇属(*Ornithomya*)
					丽蝇科(Calliphoridae)	绿蝇属(*Lucilia*)
						丽蝇属(*Calliphora*)
						锥蝇属(*Cochliomyia*)
						原伏蝇属(*Protophormia*)
			长角亚目(Nematocera)		蚊科(Culicidae)	伊蚊属(*Aedes*)
						按蚊属(*Anopheles*)
						库蚊属(*Culex*)
						脉毛蚊属(*Culiseta*)
					蚋科(Simuliidae)	蚋属(*Simulium*)
						原蚋属(*Prosimulium*)
						维蚋属(*Withelmia*)
						真蚋属(*Eusimulium*)
					蠓科(Ceratopogonidae)	库蠓属(*Culicoides*)
						细蠓属(*Leptoconops*)
					(白蛉亚科，Phlebotominae)	白蛉属(*Phlebotomus*)
						罗蛉属(*Lutzomyia*)
			短角亚目(Brachycera)		虻科(Tabanidae)	虻属(*Tabanus*)
						麻虻属(*Haematopota*)
						斑虻属(*Chrysops*)
						黄虻属(*Atylotus*)
						瘤虻属(*Hybomitra*)
		虱目(Phthiraptera)	吸虱亚目(Anoplura)		血虱科(Haematopinidae)	血虱属(*Haemtopinus*)
					颚虱科(Linognathidae)	颚虱属(*Linognathus*)

（续）

纲 (Class)	超目(Superorder) 或亚纲(Subclass)	目(Order)	亚目 (Suborder)	超科 (Superfamily)	科/亚科 (Family/Subfamily)	属(Genus)
						管虱属(*Solenopotes*)
					多板虱科 (Polyplacidae)	多板虱属(*Polyplax*)
					马虱科 (Ratemiidae)	马虱属(*Ratemia*)
			钝角亚目 (Amblycera)		短角羽虱科 (Menoponidae)	禽羽虱属(*Menopon*)
						体羽虱属(*Menacanthus*)
						巨毛虱属(*Trinoton*)
						鼠圆虱属(*Gyropus*)
			丝角亚目 (Ischnocera)		兽毛虱科 (Trichodectidae)	毛虱属(*Bovicola*)
						啮毛虱属(*Trichodectes*)
						猫毛虱属(*Felicola*)
					长角羽虱科 (Philopteridae)	角羽虱属(*Goniocotes*)
						细虱属(*Anaticola*)
						长羽虱属(*Lipeurus*)
						角羽虱属(*Goniodes*)
			喙虱亚目 (Rhynchophthirina)		喙虱科 (Haematomyzidae)	喙虱属(*Haematomyzus*)
		蚤目 (Siphonaptera)			蚤科 (Pulicidae)	栉首蚤属(*Ctenocephalides*)
						角头蚤属(*Echidnophaga*)
						蚤属(*Pulex*)
					蠕形蚤科 (Vermipsyllidae)	蠕形蚤属(*Vermipsylla*)
						长喙蚤属(*Dorcadia*)
		半翅目 (Hemiptera)			臭虫科 (Cimicidae)	臭虫属(*Cimex*)
						小臭虫属(*Leptocimex*)
					(锥蝽亚科， Triatominae)	锥蝽属(*Triatoma*)
						热猎蝽属(*Rhodnius*)
						蝽属(*Panstrongylus*)
		毛翅目 (Trichoptera)				
颚足纲 (Maxillopoda)		孔头舌虫目 (Porocephalida)			舌形虫科 (Linguatulidae)	舌形虫属(*Linguatula*)
软甲纲 (Malacostraca)						
倍足纲 (Diplopoda)						

（潘保良　编，夏斌　李枢强　审）

二、危　害

寄生性节肢动物危害宿主的主要方式：

(1) 吸食宿主血液或组织液，或以组织为食。如蜱、吸血虱、鸡皮刺螨以吸血为生，大量寄生时可引起宿主贫血；大多数螨、蝇蛆、毛虱以组织液或组织为食。

(2) 分泌物或排泄物引起宿主过敏反应或中毒。如栉首蚤的唾液和粪便可引起犬的蚤过敏性皮炎；有的硬蜱分泌毒素引起宿主瘫痪。

(3) 损伤宿主组织。如牛皮蝇蛆在体内移行时损伤皮下组织；疥螨、痒螨损伤皮肤和皮脂腺；吸血蝇类、硬蜱切割宿主皮肤。

(4) 引起继发感染。如硬蜱叮咬后，继发细菌感染，出现皮炎，甚至化脓。

(5) 烦扰。如虻叮咬宿主时，引起疼痛，影响宿主采食、休息和生产性能；有的虫种虽不叮咬动物，但大量虫体（如家蝇）在口、鼻、眼等处活动，也可造成烦扰。

(6) 传播其他疾病。节肢动物是重要的疾病传播媒介，可传播病毒、细菌、寄生虫，危害人和动物健康。蚊、硬蜱分别是人类疾病的第一大和第二大传播媒介，硬蜱是动物疾病的第一大传播媒介。同一种节肢动物可以以多种方式危害宿主，严重程度与虫种、寄生部位、数量、宿主的生理状态等有关。

（潘保良　编，索勋　杨光友　夏斌　李枢强　审）

第二十四章 蜱及其危害

蜱（tick），各地俗称“扁虱”“牛虱”“草爬子”“狗豆子”“草瘪子”“马鹿虱”等。属于蛛形纲（Arachnida）蜱螨亚纲（Acari）寄螨目（Parasitiformes）蜱目（Ixodida）蜱总科（Ixodoidea），下分硬蜱科（Ixodidae）、软蜱科（Argasidae）及纳蜱科（Nuttalliellidae）及恐蜱科（Deinocrotonidae）。硬蜱科的蜱常称为“硬蜱”，软蜱科为“软蜱”，前者体表有硬化的盾板，后者没有；其中硬蜱最常见、危害最大、种类最多。全球已发现960种蜱，硬蜱有740种，我国有110个种；其次为软蜱，有210多种，我国有14种；纳蜱仅在非洲南部发现一个种，即那马夸纳蜱（*Nuttalliella namaqua*）。蜱以吸血为生，绝大多数种类寄生在哺乳动物体表，少数寄生在鸟类、爬行类及两栖类。大量寄生时，可导致宿主贫血；叮咬时，会损伤宿主皮肤，引起皮炎，甚至化脓；有的种类会分泌毒素，引起宿主瘫痪。蜱还是人和动物许多病原（病毒、细菌、立克次体和原虫等）的传播媒介。

第一节 硬蜱及其危害

硬蜱（hard tick）是家畜体表的一种重要外寄生虫，也寄生于野生哺乳动物、鸟类、爬行类及两栖类。

硬蜱科分14个属，我国已发现110种，分隶于7个属，即硬蜱属（*Ixodes*）、扇头蜱属（*Rhipicephalus*）、血蜱属（*Haemaphysalis*）、璃眼蜱属（*Hyalomma*）、革蜱属（*Dermacentor*）、花蜱属（*Amblyomma*）和异扇蜱属（*Anomalohimalaya*），其中，前6个属与兽医关系较密切。原牛蜱属（*Boophilus*）现已归入扇头蜱属，原盲花蜱属（*Aponomma*）现已归入花蜱属。槽蜱属（*Bothriocroton*）、酷蜱属（*Cosmiomma*）、珠蜱属（*Margaropus*）、恼蜱属（*Nosomma*）、扇革蜱属（*Rhipicentor*）、垛埠属（*Compluriscutula*）、触蜱属（*Cornupalpatum*）在我国尚未见报道。根据肛沟与肛门的相对位置，硬蜱可分为两型，即前沟型（prostriata）和后沟型（metastriata），硬蜱属为前者，其他属为后者。

一、形态结构

（一）外部形态

硬蜱多呈红褐色，背腹扁平，长卵圆形，芝麻至米粒大，雌虫饱血后（engorged）可达花生米或蓖麻籽大。头、胸、腹愈合，虫体可分为假头与躯体（图24-1）。

1. 假头 位于躯体的前端，由1个假头基（basis capituli）、1对须肢（palp）、1对螯肢（chelicera）和1个口下板（hypostome）组成（图24-2），后三者组成口器（mouthpart）。假头基可呈矩形、六角形、三角形或梯形，是属的鉴别依据。雌蜱假头基背面有1对椭圆形或圆形凹下的孔区（porose area），由无数小凹点聚集而成，营感觉功能。假头基背面外缘和后缘的交接

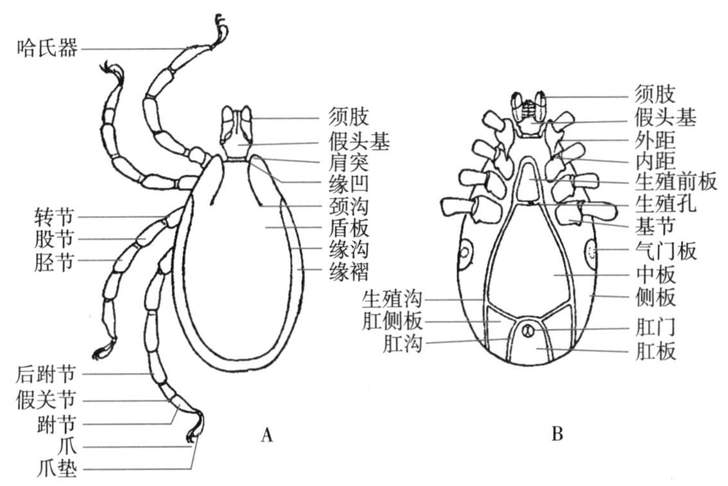

图 24-1　硬蜱属雄蜱

A. 背面　B. 腹面

（仿邓国藩　姜在阶　1991）

处可因蜱种不同而有发达程度不同的基突。须肢分 4 节，第 1 节短小，与假头基前缘相连接，第 2、3 节较长，外侧缘直或凸出，第 3 节的背面或腹面有的有逆刺，第 4 节短小，嵌在第 3 节腹面的腔内。须肢在吸血时起固定和支撑的作用，须肢上有味觉感受器。螯肢位于须肢之间，从体背面可见，分为螯杆和螯趾，螯杆包在螯鞘内，螯趾包括内侧的动趾和外侧的定趾，在吸血时起切割皮肤的作用。口下板位于螯肢的腹面，与螯肢合拢形成口腔，其形状因种类而异；腹面有纵列的逆齿（teeth），中线两侧的齿列数常以"齿式"（dental formula）表示，如 3/3，即两侧具 3 纵列逆齿，齿式对种类鉴别有一定的意义。在吸血时，齿具有穿刺和附着作用。

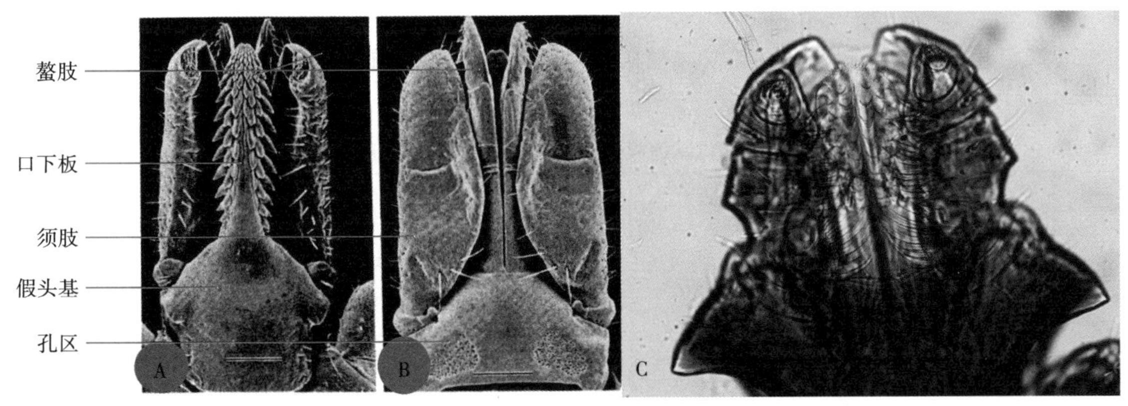

图 24-2　硬蜱的假头构造

A. 扫描电镜下腹面照片（Sonenshine，1991）　B. 扫描电镜下背面照片（Sonenshine，1991）

C. 光学显微镜下照片（周金林供图）

2. 躯体　背面（图 24-1A）有一块背板，也称盾板（dorsal plate，或 scutum）；雄虫的盾板几乎覆盖整个背面，雌虫、若虫和幼虫的盾板仅覆盖背前部。盾板前缘两侧具肩突。盾板上有 1 对颈沟（cervical groove）和 1 对侧沟，还有大小、深浅程度和分布状态不同的刻点。雄虫及雌虫躯体背面的后半部有后中沟（posterior median groove）和 1 对侧沟。有些属盾板的侧缘有眼 1 对，有的躯体后缘有方形的缘垛（festoon），有的体后端有尾突。躯体腹面（图 24-1B）前部正中有一横裂的生殖孔（genital opening），其两侧有 1 对向后伸展的生殖沟（genital groove）。肛门（anus）位于腹面后部正中，为由 1 对半月形肛瓣构成的纵裂口，除个别属外，常有肛沟（anal groove）围绕肛门的前方或后方。腹侧面有气门板（stigmatal plate）1 对，位于第 4 对足基节的后外侧，形状因种类而异，是属分类的重要依据。有些属的雄虫腹面有腹板，其数量、大小、形状和排列状况也常用来鉴别蜱种类。

成虫和若虫有足 4 对，幼虫 3 对。足（图 24-1A）由 6 节组成，由体侧向外依次为基节（coxa）、转节（trochanter）、股节（femur）、胫节（tibia）、后跗节（metatarsus）和跗节（tarsus）。基节固定于腹面，其后缘通常裂开，延伸为距，位于内侧的叫内距，外侧的叫外距，距的有无和大小常作为分类依据。转节短，其腹面有发达程度不同的距，有些属第 1 对足转节背面有向后的背距。跗节上有环形假关节，其末端有爪 1 对，爪基有发达程度不同的爪垫。第 1 对足跗节接近端部的背缘有哈氏器（Haller's organ），为嗅觉器官，在搜寻宿主中起重要作用，其组成包括前窝、后囊，内有各种感毛，也可作为蜱种的鉴别特征。

（二）内部构造

硬蜱的内部是一个开放的体腔，充满血淋巴，各种器官和组织都浸浴其中；由简单的心脏搏动推动血淋巴的循环。体腔中还有以合神经节（相当于脑）为核心的神经系统和以气管为主的呼吸系统，以及来自体壁和基节等延伸的肌肉组织和黏附在气管和生殖器官表面等处的脂肪体等，比较重要的是消化系统和生殖系统。

消化系统分为前肠、中肠和后肠。前肠包括口腔（管状）、咽、食管及 1 对唾液腺。中肠主要由胃及分支的盲肠组成，胃分 4 叶，壁薄、有皱襞（褶），容量很大。中肠是消化血液的主要部位。后肠又称直肠，很短，有直肠盘；马氏管（排泄器官）开口于直肠。

雄性生殖系统有 1 对睾丸（管状）、1 对输精管和储精囊，最后汇入射精管，副腺也开口于射精管。雌性有 1 个卵巢，与输卵管相连，往下入子宫，阴道开口于生殖孔，在阴道两侧有阴道副腺。

二、生物学特征

硬蜱与其他吸血节肢动物（如蚊、吸血蝇）相比，具有明显不同的生物学特征，如表 24-1 所示。

表 24-1　硬蜱与其他吸血节肢动物的生物学特征主要差异

生物学特征	蜱	其他吸血节肢动物
寿命	长，数年	短，几周或数月
吸血量	大，4～5 mL/只	小，一般小于 1 mL/只
产卵量	多，可达数千至数万个	少，数个至数百个
血液消化	主要在中肠细胞内	多为中肠细胞外的肠腔
媒介能力	传播病原种类多	传播病原种类较少或不传播（蚊除外）

1. 生活史　硬蜱的发育需要经过卵、幼蜱、若蜱及成蜱四个阶段（图 24-3、图 24-4），为不完全变态发育。多数硬蜱营两性生殖，雌、雄蜱在吸血过程中交配，交配后，吸饱血的雌蜱离开宿主、落地，一般经过 4～9 d 后开始产卵。雌蜱一生只产卵一次，产卵高峰一般在开始产卵后的第 2～7 天，产完卵后 1～2 周内死亡。产卵量与蜱的种类和吸血量有关，一只饱血雌蜱可产卵数千个甚至上万个。卵在适宜条件下经一个月左右孵出幼蜱。幼蜱吸血后蜕化为若蜱，若蜱吸血后蜕化为成蜱，雌蜱饱血后再产卵。实验条件下完成整个生活史一般需 3～5 个月，自然条件下需数月至数年。温度和湿度是影响硬蜱发育最重要的环境因素。少数硬蜱营单性生殖，即孤雌生殖（雌蜱未经交配，饱血后产卵繁殖的现象），如长角血蜱在自然界就存在两性和孤雌生殖两个种群。在不良条件下，硬蜱有发育受阻的“滞育”现象，表现为不吸血、蜕化延迟、饱血雌蜱产卵延迟等，光周期和温度是引发硬蜱滞育的主要因素。

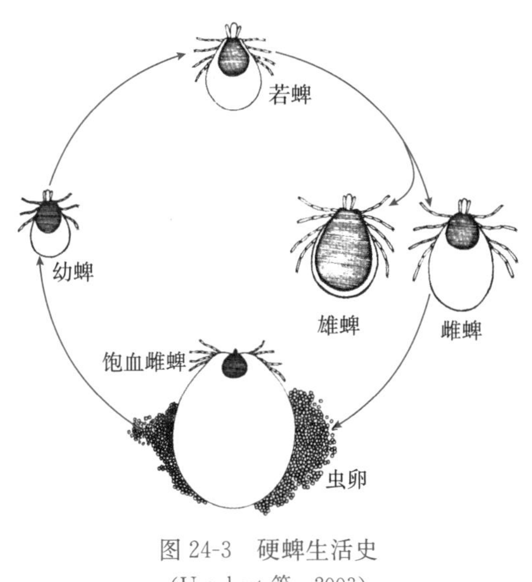

图 24-3　硬蜱生活史
（Urquhart 等，2003）

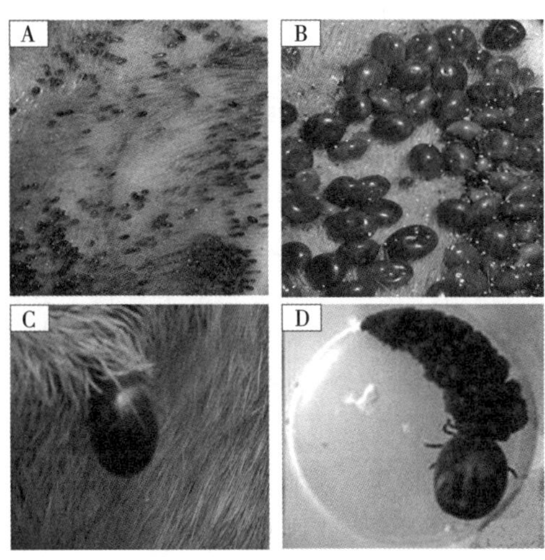

图 24-4　硬蜱吸血和产卵
A. 幼蜱吸血　B. 成蜱吸血　C. 饱血雌蜱　D. 产卵
（周金林供图）

2. 吸血特征　幼蜱、若蜱和成蜱三个发育阶段都需要吸血，幼蜱和若蜱吸血时间多为 3～5 d，成蜱为 7～10 d。硬蜱在宿主上的吸血过程分为三个阶段，即预备期、慢性吸血期和快速吸血期。预备期为感染宿主后的 12～24 h，此时蜱不吸血，主要寻找叮咬部位，启动吸血的生理准备；慢性吸血期长，蜱开始吸血，唾液腺快速增大，但体重增加缓慢；快速吸血期是蜱离开宿主前的 12～24 h，此期的特点是蜱的身体快速膨大；雌蜱只有交配后才能进入快速吸血期。蜱的吸血量很大，饱食后幼蜱的体重增加 10～20 倍，若蜱为 20～100 倍，雄蜱为 1.6～2 倍，而雌蜱可达 50～250 倍（图 24-5）。蜱在吸食过程中还消化、吸收相当一部分血液，并排出大量的排泄物。据报道，一只璃眼蜱的雌蜱最大吸血量达 8 mL。

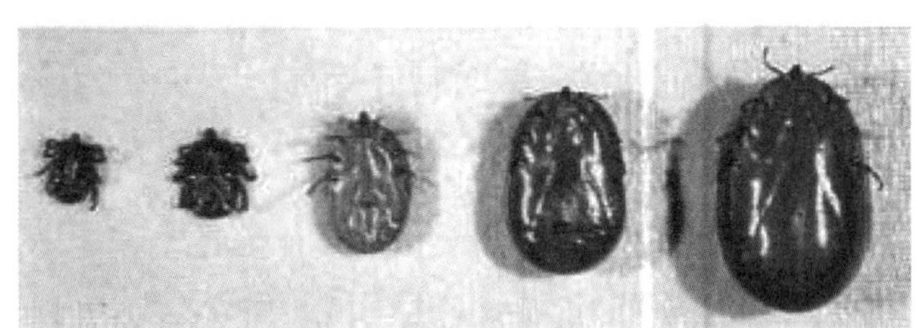

图 24-5　在宿主体表吸血 1～5 d 的革蜱
（Owman，2014）

3. 生活习性　据硬蜱各发育阶段吸血时是否更换宿主可分为一宿主蜱、二宿主蜱和三宿主蜱。一宿主蜱（one-host tick）是指蜱在一种宿主体上完成幼虫至成虫的发育，成虫饱血后才离开宿主落地产卵，如微小扇头蜱（旧称微小牛蜱）。二宿主蜱（two-host tick）指幼虫和若虫在一种宿主体上吸血，而成虫在另一种宿主体上吸血，饱血后落地产卵，如残缘璃眼蜱（盾糙璃眼蜱为其同物异名）。三宿主蜱（three-host tick）指幼虫、若虫和成虫分别在三种宿主体上吸血，饱血后都需要离开宿主落地蜕化或产卵，如硬蜱属、血蜱属和花蜱属等属的所有种，革蜱属、扇头蜱属和璃眼蜱属中的多数种。宿主种类越多，硬蜱流行情况越复杂，防控也越复杂。

蜱的分布与气候、地势、土壤、植被和宿主等有关。各种蜱均有一定的地理分布区，有的种类分布于森林地带，如全沟硬碑；有的种类分布于草原，如草原革蜱；有的种类分布于荒漠地带，如亚洲璃眼蜱；也有的种类分布于农耕地区，如微小扇头蜱。在野外，灌木丛、草丛、落叶丛等区域是蜱比较喜欢的活动场所，特别是在有家畜或野生动物经常经过的路径旁（如羊道旁），硬蜱数量往往会比较多。也有的蜱栖息在圈舍内，如残缘璃眼蜱。

蜱的活动有明显的季节性。在季节变化分明的地区，蜱通常都在一年中的温暖季节活动。在同一地区，不同种类的蜱活动季节各不相同；而同一种蜱在不同地区，由于气候和生存环境的不同，其活动时间也有差别。降水对硬蜱的流行也有一定的影响，干旱的年份硬蜱往往流行更严重。

硬蜱的越冬场所因种类而异，有的在环境中越冬，有的则叮附在宿主体上越冬。越冬的虫期因种类而异，有的各虫期均可越冬，如硬蜱属和血蜱属中的多数种以及璃眼蜱属和扇头蜱属中的一些种；有的以成虫越冬，如革蜱属中所有种以及扇头蜱属和璃眼蜱属中的某些种；有的以若虫和成虫越冬，如血蜱属中的一些种类；有的则以若虫越冬，如残缘璃眼蜱；还有的以幼虫越冬，如微小扇头蜱等。

硬蜱的嗅觉敏锐，寻找宿主主要依靠化学感觉和热感觉，通过探测动物呼出的 CO_2、散出的热量及气味来发现和定位宿主（这一过程英文称之为 questing）。利用硬蜱的这一特性，常用拖旗法（drag-flag，或布旗法）来采集环境中的硬蜱。蜱的交配和聚集行为主要靠化学感觉器和味觉感觉器，分别由性信息素（sex pheromone）和聚集信息素（aggregation pheromone）介导。硬蜱的化学感受器主要有哈氏器和须肢感受器及螯肢感受器。光对蜱类行为有很大影响，一般对弱光为正反应，对强光为负反应。机械性刺激和声音刺激对蜱的行为无明显影响。

4. 媒介特征 经蜱传播的病原（tick-borne pathogens，TBPs）有原虫（如巴贝斯虫、泰勒虫）、病毒（如森林脑炎病毒、新疆出血热病毒）、立克次体（如导致 Q 热的贝氏柯克斯体）、螺旋体（如导致莱姆病的伯氏疏螺旋体）、细菌（如土拉杆菌）等 100 多种，均通过蜱唾液腺协助传播（saliva-assisted transmission，SAT）到新宿主。因此，蜱唾液腺在病原传播上扮演着极为重要的作用。蜱传病毒在叮咬后几分钟内即可传播，但原虫需在硬蜱叮咬宿主 2～5 d 后才开始传播。硬蜱的媒介作用，不仅由于有些病原体在其体内能完成发育循环，在蜱吸血时传播给宿主；而且多数情况下，蜱内的病原体可在蜱蜕皮后传递给下一发育阶段，并在其吸血时传播给新的宿主，这一现象称为经期传播（transstadial transmission，或称期间传播）；有的病原体可经卵传递给下一代，这一现象称为经卵传播（transovarial transmission）。这些传播方式的存在，大大增加了蜱传疾病的复杂性及蜱传疾病防控的难度。

三、危害与防控

（一）危害

1. 直接危害 硬蜱叮咬宿主引起的直接危害可概括为咬伤、失血、中毒和烦扰 4 个方面。①咬伤，硬蜱吸血时口器插入皮肤，造成宿主皮肤损伤，易继发细菌感染和伤口蛆病。②失血，一只雌蜱吸血量达 4～8 mL；严重感染时，一头家畜体表可发现数千只硬蜱，可引起牛、羊等家畜的贫血、消瘦、发育不良。据报道，江苏大丰麋鹿保护区的麋鹿因长角血蜱寄生而贫血死亡，最多一头麋鹿体表检获 2 200 只蜱。③中毒，有些种类的硬蜱唾液腺可分泌神经毒素，造成宿主瘫痪，甚至死亡；安氏革蜱、变异革蜱、美洲花蜱等蜱种经常引起动物中毒瘫痪。④烦扰，硬蜱叮咬可引起伤口肿疼，引起动物不安，如脚趾处寄生的蜱。

2. 间接危害 硬蜱的间接危害是指硬蜱作为疾病传播媒介给宿主造成的危害。如对家畜危害极其严重的巴贝斯虫病和泰勒虫病都依赖硬蜱传播。近年来，经蜱传播的传染性疾病，如人兽共患的巴贝斯虫病、莱姆病、乏质体病和新型布尼亚病毒病等直接危害着人类健康，是公共卫生面临的新问题。

（二）家畜硬蜱的防治

目前，硬蜱的防控主要依赖化学药物。临床上，应在充分调查研究各种蜱的生活习性（消长规律、滋生场所、宿主范围等）的基础上，因地制宜采取综合性防治措施，才能取得较好的防控效果。

1. 畜体上硬蜱的防治　宠物或家畜体表少量寄生的蜱，以及人体上的蜱，可摘除杀灭。摘除时应使蜱体与皮肤垂直，然后往外拔，以免蜱假头断入皮内引起炎症。人工摘除应戴好防护手套，最好用乙醚使蜱麻醉后，用镊子辅助拔出，尽量避免挤碎蜱体，以免被携带的病原污染。多数情况下，畜体上的蜱应使用化学药物杀灭。常用的有拟除虫菊酯类杀虫剂，例如溴氰菊酯；有机磷类杀虫剂，例如二嗪农（diazinon）；脒基类杀虫剂，如双甲脒。可根据防治季节和应用对象，选用喷涂、药浴或粉剂撒布等不同的给药方法，还应随蜱种不同，选择合适的药液浓度和使用间隔时间。药剂的长期使用，可使蜱产生耐药性，因此，杀虫剂应混合使用或轮流使用，以增强杀蜱效果和延缓耐药性的产生。反复感染是蜱药物防控中有待解决的难题。

2. 畜舍内硬蜱的防控　有些蜱类（如残缘璃眼蜱）生活在畜舍的墙壁、地面、饲槽的缝隙内。为了消灭这些地方的蜱类，应清除畜舍内的各种杂物，堵塞畜舍内所有缝隙和小孔，堵塞前先向裂缝内喷洒煤油或杀虫剂，然后以水泥、石灰、黄泥堵塞，并用新鲜石灰乳粉刷厩舍。用杀虫剂对圈舍内墙面、门窗、柱子做滞留喷洒。璃眼蜱能耐饥 7～10 个月，故在必要和可能的条件下，停止使用（隔离封锁）有蜱的畜舍或畜栏 10 个月。为了防止蜱随新割牧草进入畜舍，应将青草在太阳下暴晒，蜱为避开日光曝晒，爬到地面，可取上层草喂牲畜。

3. 环境中硬蜱的防控　改变自然环境使其不利于蜱的生长，例如，翻耕牧地，清除杂草、灌木丛等，以消灭蜱的滋生地。捕杀啮齿类等野生动物对消灭硬蜱也有重要的意义。有条件时，还可对蜱滋生场所进行杀虫剂超低容量喷雾。

根据硬蜱自然宿主的习性采取针对性的防控措施，可以起到事半功倍的效果。美国农业部对肩突硬蜱（*Ixodes scapularis*）的成功防控是个典例。调查发现，在美国东北部地区，白尾鹿和鼠是肩突硬蜱的 2 个最主要的自然宿主，其中，约有 90%的成蜱在白尾鹿寄生。针对白尾鹿上寄生的蜱的防控，采取了投放浸泡伊维菌素的玉米、安装浸泡氯菊酯四柱栏的食槽或给鹿佩戴含氯菊酯的项圈等措施。而鼠喜欢采集柔软的物料搬运至洞内垫窝。针对鼠上寄生的蜱的防控，采用了投放浸泡氯菊酯的药棉和含氟虫腈（fipronil）饵料的方法；经过 3 年的连续防控，肩突硬蜱的数量下降了 90%以上。

目前，在硬蜱防控中，均以药物防治为核心手段。由于化学药物存在环境污染、食品安全和容易诱导蜱产生耐药性等问题，近年来，国内外开展了抗蜱家畜育种、生物防治和免疫预防等新型技术研究。国外已培育出短角与赫里福德牛（Hereford）的杂交种，显示较好的天然抗蜱能力。已发现白僵菌和绿僵菌等真菌均有明显的灭蜱效果。抗微小扇头蜱基因工程苗（以一种肠道膜结合糖蛋白 Bm86 为基础）已实现了商业化，其他重要蜱种的疫苗也在研发中。此外，应用基因沉默技术，开发双链 RNA 作为新型杀蜱制剂的研究也在探索中。

（三）宠物硬蜱的防控

宠物硬蜱的防控措施与家畜有些不同。了解和掌握当地硬蜱的种类及其习性、潜在的传播疾病的种类，对宠物硬蜱及蜱传疾病的防控有重要意义。掌握这些信息也有利于宠物医生与主人进行更好地沟通和交流，使蜱防控措施更好地被落实。

由于硬蜱主要依靠野生动物（而不是在犬、猫等宠物上）完成其繁殖，而防控野生动物上硬蜱的有效措施有限，因此在硬蜱滋生区域，宠物硬蜱反复感染现象会经常发生，防治时需要长期用药。即使是只有少数几只硬蜱寄生也可能会给宠物造成明显的不良影响，此外，为了减少蜱传疾病的发生，宠物主人希望防控能 100%有效；因此，在防治宠物硬蜱时，需使用高效的药物。尽管有很多药物，如双甲脒、氟虫腈、氯菊酯显示出良好的杀蜱活性，但是很少有药物能达到 100%有效。解决这一问题比较可行的办法是增加药物的使用频次。目前在宠物上比较常用的商品化药品有浸渍双甲脒的药物项圈，氟虫腈、氯菊酯的喷雾剂、点涂剂（spot-on），这些药品可防止硬蜱侵袭宠物，并且能在 24～48 h 内将宠物身上的硬蜱杀灭。由于安全性问题，这些药物中可用于猫的药物只有氟虫腈。

需要注意的是，有一些因素会影响药物的疗效，如硬蜱感染数量较多时，即使是高效杀蜱药物也往往不能将蜱完全杀灭；此外，宠物涉水、给宠物洗澡会影响杀虫剂的杀蜱效果。

清除硬蜱的滋生场所也可减少宠物硬蜱的感染，如房屋周围、道路间的杂草和废弃物可为硬蜱和野生动物提供栖身场所，应将其清除；或往这些场所喷洒杀虫剂。另外，草丛、灌木丛等处是硬蜱滋生和活动场所，减少宠物在这些场所中活动，可降低宠物被硬蜱感染的机会。在热带、亚热带地区，有时蜱会入侵室内，爬到墙上、窗帘上、犬窝内甚至整个房间。在这种情况下，需要对室内的缝隙、角落，家具、笼具的后面、底部，墙角、天花板等处喷洒杀虫剂。

四、我国常见的硬蜱种类

硬蜱的传统分类鉴定主要以形态学特征为依据，与兽医有关的常见属形态特征及我国常见种介绍如下。

1. 硬蜱属 鉴别特征是有肛前沟，而其他属有肛后沟或无；其他特点是无眼，盾板无花斑，无缘垛，须肢第 2 节和第 3 节连接处最宽。

全沟硬蜱（*Ixodes persulcatus*），假头基宽短，五边形，腹面有钝齿状的耳状突，须肢长而宽扁。中板后缘弧度较深。基节Ⅰ内距细长，雌蜱末端达基节Ⅱ前 1/3，雄蜱末端略超过基节Ⅱ前缘（图 24-6）。三宿主蜱，成蜱多寄生于家畜和野生动物，也常侵袭人；幼蜱及若蜱寄生在小型哺乳动物和鸟类。分布于我国东北和新疆等地，是我国东部林区优势种，国外分布于东北亚和俄罗斯远东地区。在我国东北地区，成蜱 4 月上旬开始出现，5 月最多，7 月中旬以后少见，幼蜱和若蜱 4—10 月活动，6 月和 9 月呈现两次高峰。一般 3 年完成一代，有时延长至 4 或 5 年。它是森林脑炎和莱姆病的主要传播媒介。

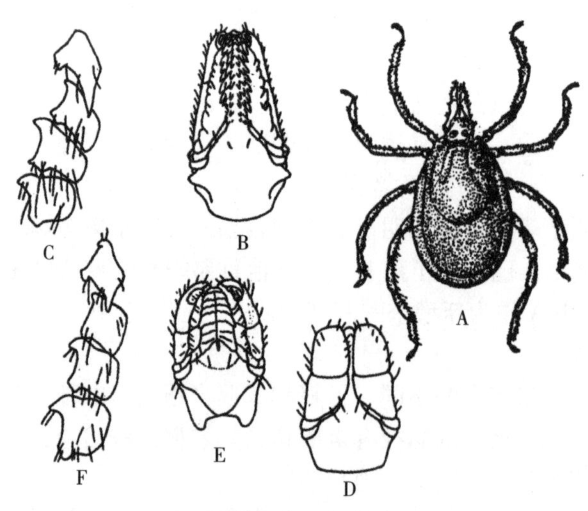

图 24-6 全沟硬蜱

雌蜱：A. 背面 B. 假头腹面 C. 基节

雄蜱：D. 假头背面 E. 假头腹面 F. 基节

（仿邓国藩 姜在阶，1991）

2. 血蜱属 鉴别特征是须肢第 2 节外缘超出假头基之外；其他特点是无眼，盾板无花斑，但有肛后沟和缘垛。

长角血蜱（*Haemaphysalis longicornis*），须肢第 2 节背面有三角形的短刺，腹面有一锥形的长刺。口下板齿式 5/5。基节Ⅱ～Ⅳ内距稍大，超出后缘。盾板上刻点中等大小，分布均匀而较稠密（图 24-7，图 24-8）。寄生于牛、马、羊、猪、犬、鹿、野兔等家畜和野生动物。三宿主蜱。在华北地区，一年发生 1 代；成虫 4—7 月活动，6 月下旬为盛期；若虫 4—9 月活动，5 月上旬最多；幼虫 8—9 月活动，9 月上旬最多，以饥饿若虫和成虫越冬。有孤雌生殖和两性生殖两个种群。主要生活于次生林或山地，分布于我国大多数省区，是我国常见种；也分布于东北亚、俄罗斯远东地区和大洋洲。它是瑟氏泰勒虫、卵形巴贝斯虫、吉氏巴贝斯虫、人立克次体、导致莱姆病的伯氏疏螺旋体和新型布尼亚病毒的传播媒介。

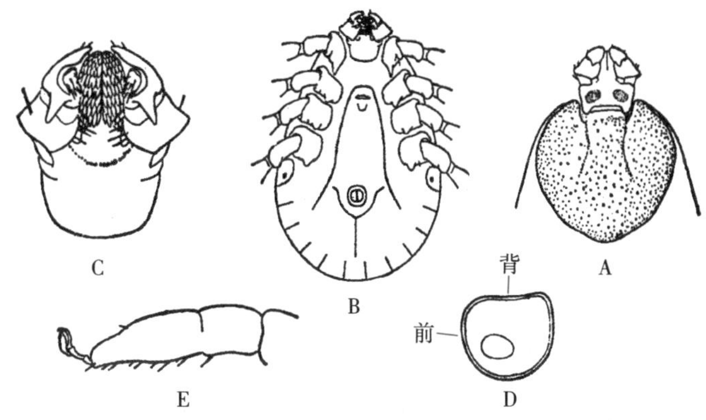

图 24-7　长角血蜱雌蜱模式图

A. 假头及盾板　B. 假头及躯体腹面　C. 假头腹面　D. 气门板　E. 跗节

（仿邓国藩　姜在阶，1991）

图 24-8　长角血蜱雌蜱

（周金林供图）

青海血蜱（*Haemaphysalis qinghaiensis*），假头基两侧缘平行。须肢粗短，第 2 节宽略大于长，外缘与后侧缘相交呈弧形凸出。口下板齿式 4/4。各跗节（尤其是跗节Ⅳ）较粗短。雄蜱气门板长逗点形，雌蜱椭圆形（图 24-9）。主要寄生于绵羊、山羊，马、野兔等也有寄生。三宿主蜱。一年一次变态发育，3 年完成 1 代。成蜱和若蜱 4—7 月活动，5 月最多，9 月又出现，11 月消失。生活于山区草地或灌木丛，是我国西北地区常见种，国外无报道。它是羊泰勒虫病及牦牛瑟氏泰勒虫病的传播媒介。

3. 扇头蜱属　肛后沟有或无，盾板有少量花斑，有眼，气门板呈长逗点形。须肢短，假头基六角形。雄蜱腹面有肛侧板。

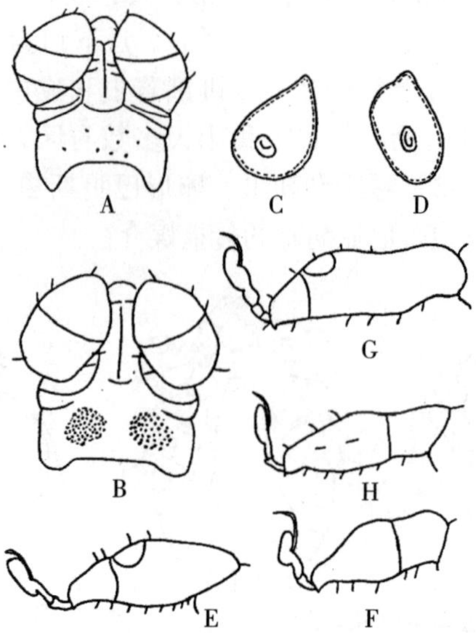

图 24-9　青海血蜱

A. 雄蜱假头背面　B. 雌蜱假头背面　C. 雄蜱气门板　D. 雌蜱气门板

E. 雄蜱跗节Ⅰ　F. 雄蜱跗节Ⅳ　G. 雌蜱跗节Ⅰ　H. 雌蜱跗节Ⅳ

（仿邓国藩　姜在阶，1991）

微小扇头蜱（*Rhipicephalus microplus*），旧称微小牛蜱（*Boophilus microplus*），无缘垛，无肛沟，有眼但很小；须肢很短，第 2、3 节有横脊；成虫口下板短，齿式 4/4；雄虫有尾突，腹面有肛侧板与副肛侧板各 1 对（图 24-10、图 24-11）。主要寄生于黄牛和水牛，偶尔也寄生于山羊、绵羊、马、驴、猪、犬和人等。一宿主蜱。整个生活周期为 2～3 个月，每年可发生 3～4 代。在华北地区出现于 4—11 月。主要生活于农区，我国除东北、西北少数几个省区外，其余各地均有分布；国外在东南亚、大洋洲、南美、南非等地也广泛分布，为国内外常见种。它是牛双芽巴贝斯虫、牛巴贝斯虫的传播媒介，也能自然感染能够导致 Q 热的立克次体。

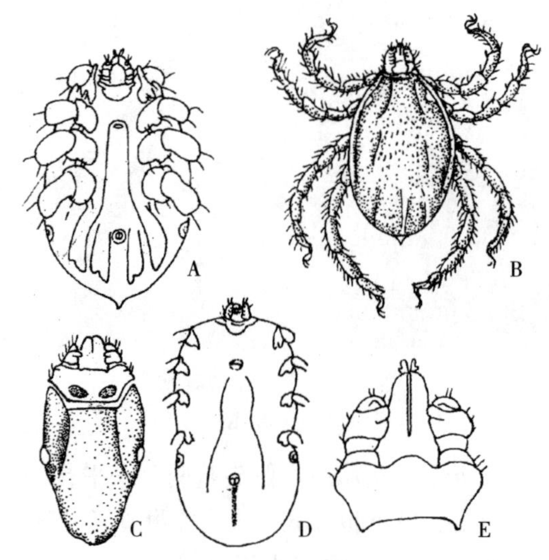

图 24-10　微小扇头蜱

A. 腹面　B. 背面　C. 假头及盾板　D. 腹面肛沟　E. 假头及假头基

（仿邓国藩　姜在阶，1991）

血红扇头蜱（*Rhipicephalus sanguineus*），有缘垛。假头基宽短，侧角明显。须肢粗短，中部最宽，前端稍窄。须肢第 1、2 节腹面内缘刚毛较粗，排列紧密。雄蜱肛侧板近似三角形，长约为宽的 2.5～2.8 倍，内缘中部稍凹，其下方凸角不明显或圆钝，后缘向内略斜；副肛侧板锥

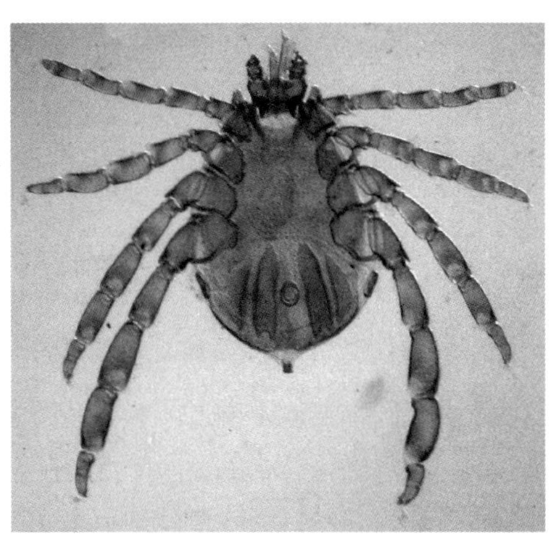

图 24-11　微小扇头蜱雄蜱
（周金林供图）

形，末端尖细；气门板长逗点状（图 24-12）。主要寄生于犬，也可寄生于其他家畜。三宿主蜱。在华北地区活动季节为 5—9 月，以饥饿成虫过冬。生活于农区或野地，我国大多数省区都可发现，国外在东南亚、欧洲、美洲、非洲等地也广泛分布，为国、内外常见种。它是犬巴贝斯虫、吉氏巴贝斯虫、犬艾立希体的传播媒介。

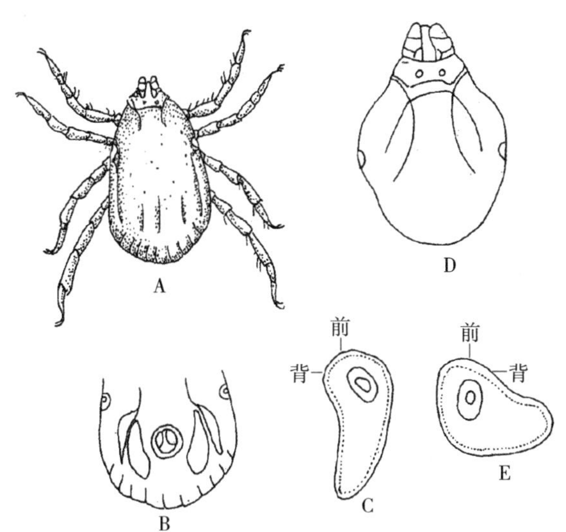

图 24-12　血红扇头蜱
雄蜱：A. 背面　B. 腹面　C. 气门板
雌蜱：D. 假头及盾板　E. 气门板
（仿邓国藩　姜在阶，1991）

镰形扇头蜱（*Rhipicephalus heamaphysaloides*），有缘垛。假头基侧角明显。须肢粗短，中部略宽，前端稍窄。须肢第 1、2 节腹面内缘刚毛较粗，排列紧密。口下板短，齿式 3/3。本种蜱的特征为雄蜱肛侧板呈镰刀形，内缘中部深度凹入，其下方凸角明显，后缘与外缘略直或弯；副肛侧板短小，末端尖细（图 24-13、图 24-14）。寄生在水牛、黄牛、山羊、绵羊、犬、猪以及野猪、狼、野兔、鹿和熊等动物，也侵袭人。三宿主蜱。3—8 月在宿主体上发现成虫。常见于农区或山地，主要分布在温暖潮湿的地区。在中国南方 17 个省市均有分布，是该地区优势种，国外在印度、斯里兰卡、缅甸、中南半岛及印度尼西亚均有分布。它是水牛东方巴贝斯虫、犬吉氏巴贝斯虫以及牛边缘乏质体等病原的传播媒介。镰形扇头蜱还被证实在印度可传播人兽共患的烈性传染病病毒——凯萨努森林病病毒。

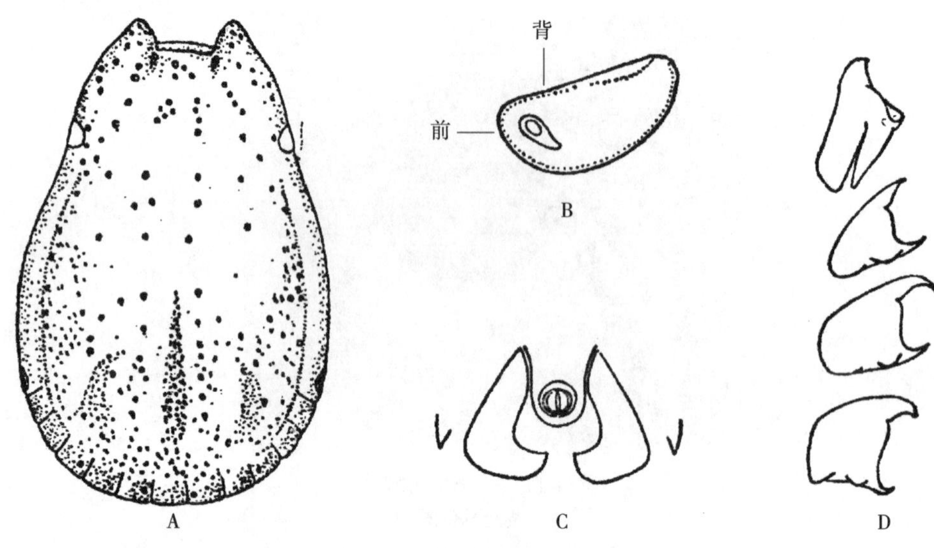

图 24-13　镰形扇头蜱（雌蜱）

A. 盾板　B. 气门板　C. 肛侧板及副肛侧板　D. 基节

（Supino）

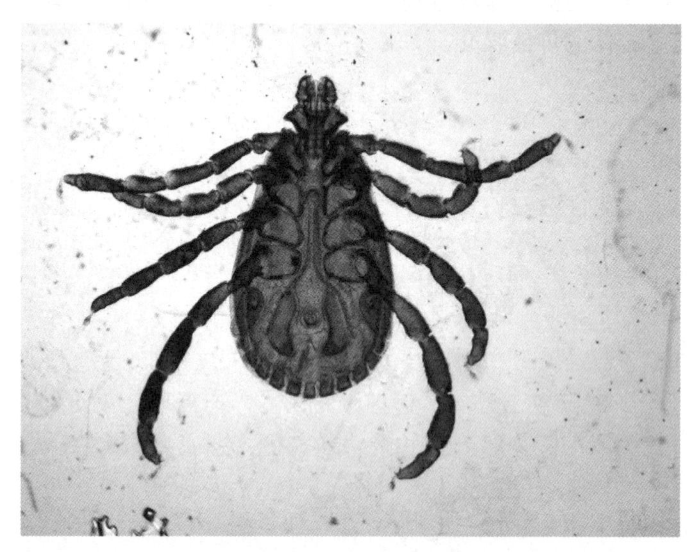

图 24-14　镰形扇头蜱

（周金林供图）

4. 璃眼蜱属　有肛后沟，盾板有或无花斑，有眼，有或无缘垛，气门板呈逗点形。须肢长，假头基三角形。雄蜱腹面有肛侧板。

残缘璃眼蜱（*Hyalomma detritum*，同物异名为盾糙璃眼蜱，*Hyalomma scupense*），盾板表面光滑，刻点稀少。眼相当明显，半球形，位于眼眶内。足细长，褐色或黄褐色，背缘有浅黄色纵带，各关节处无浅色环带。雄蜱背面中垛明显，淡黄色或与盾板同色；后中沟深，后缘达到中垛；后侧沟略呈长三角形。腹面肛侧板略宽，前段较尖，后端圆钝，下半部侧缘略平行，内缘凸角粗短，比较明显；副肛侧板末端圆钝；肛下板短小；气门板大，曲颈瓶形，背突窄长，顶突达到盾板边缘。雌蜱背面侧沟不明显；气门板逗点形，背面向背方明显伸出，末端渐窄而稍向前（图 24-15）。主要寄生于牛，在马、羊、骆驼等家畜也有寄生。二宿主蜱。主要生活在家畜的圈舍或停留处。一年发生 1 代。在内蒙古地区成虫 5 月中旬至 8 月中旬出现，以 6、7 月数量最多。成虫在圈舍的地面、墙上活动，爬到宿主体上吸血。蜕化为若虫后，仍叮附在宿主体上，经过冬季，到 2、3 月，饱血落地，隐伏于墙缝等处蜕变成为成虫。分布于我国东北、华北、西北及华中一些省区，国外在蒙古、俄罗斯及欧洲地区有分布。在我国已证实是环形泰勒虫病的传播媒介。

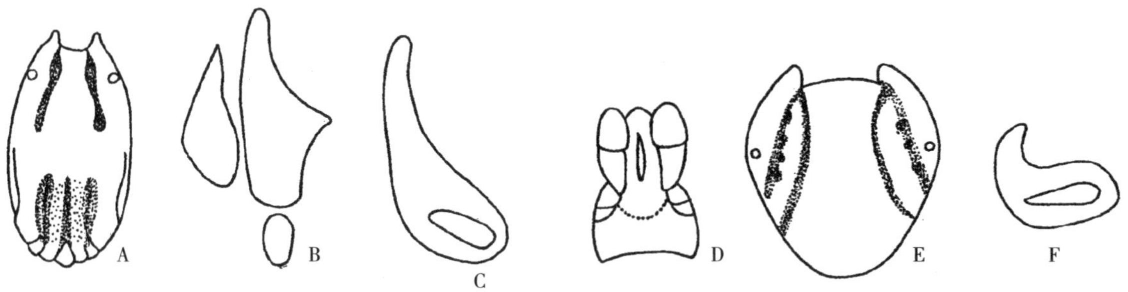

图 24-15 残缘璃眼蜱
雄蜱：A. 盾板 B. 腹板 C. 气门板
雌蜱：D. 假头背面 E. 盾板 F. 气门板
（仿陈国仕）

亚洲璃眼蜱（*Hyalomma asiaticum*），假头长，假头基近六角形，须肢窄长，长为宽的 3 倍。盾板椭圆多角形，刻点稀少。眼相当明显，半球形凸出，约在盾板中部的水平。足的各关节有明显的淡色环；雄蜱后中沟达不到中垛，后中沟与后侧沟之间有稠密的细刻点；气门板背突细长，呈曲颈瓶形（图 24-16）。生活在荒漠或半荒漠草原。三宿主蜱。成蜱 3—10 月均见活动，春夏季较多，一年发生 1 代，以饥饿成蜱在自然界过冬。成蜱寄生于大型家畜和野生动物，幼蜱、若蜱寄生于小型野生动物。分布于我国内蒙古、陕西、甘肃、新疆等地，国外在蒙古和俄罗斯等国有报道，是新疆出血热等疾病的传播媒介。

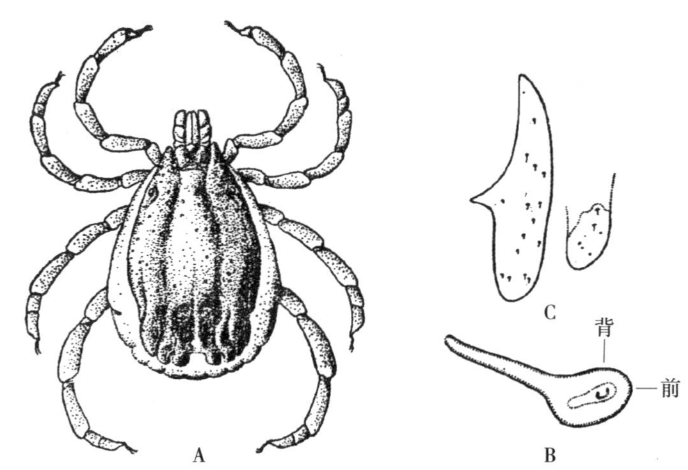

图 24-16 亚洲璃眼蜱（雄蜱）
A. 背面 B. 气门板 C. 肛侧板及副肛侧板
（Olenev）

5. 革蜱属 有肛后沟，盾板有珐琅斑，有眼，有缘垛，气门板呈卵圆形或逗点形。须肢粗短，假头基矩形。雄蜱腹面无几丁质板。

草原革蜱（*Dermacentor nuttalli*），盾板有银白色珐琅斑，转节Ⅰ外距圆钝。雌蜱基节Ⅳ外距不超过后缘。雄蜱气门板背突达不到边缘（图 24-17）。成虫寄生于牛、马、羊等家畜及大型野生动物，幼虫和若虫寄生于啮齿动物及小型兽类。三宿主蜱。一年发生 1 代，成虫活动季节主要在 3—6 月，3 月下旬至 4 月下旬最多，多以饥饿成虫在草原上越冬。为典型的草原种类，分布于我国东北、华北、西北等省区，国外在蒙古和俄罗斯远东地区等有报道。该蜱在我国是驽巴贝斯虫、马巴贝斯虫、布氏杆菌的传播媒介，还曾从其体内分离到北亚蜱媒斑点热立克次体。

森林革蜱（*Dermacentor silvarum*），形态与草原革蜱相似，区别要点为：转节Ⅰ外距显著

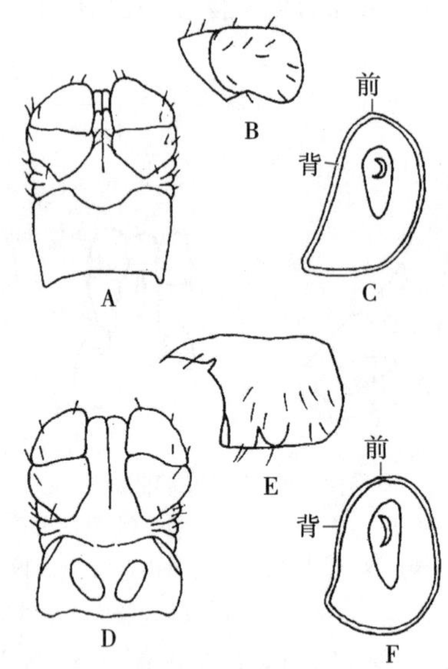

图 24-17　草原革蜱
雄蜱：A. 假头背面　B. 转节　C. 气门板
雌蜱：D. 假头背面　E. 基节Ⅳ　F. 气门板
（仿邓国藩　姜在阶，1991）

凸出，末端尖细。雄蜱假头基基突发达，长约等于其基部之宽，末端钝；气门板长逗点形，背突向背面弯曲，末端伸达盾板边缘。雌蜱基节Ⅳ外距末端超出该节后缘（图 24-18）。成虫寄生于牛、马等家畜，若虫、幼虫寄生于小型啮齿类。一年发生 1 代，以饥饿成虫越冬。在吉林省，成虫出现于 3 月中旬（春分）到 6 月中旬（夏至），以 4 月中旬（谷雨）到 5 月中旬（小满）期间最多。常见于再生林、灌木林和森林边缘区。分布于我国东北、华北、西北等省区，国外在蒙古和俄罗斯等国有报道。该蜱在我国是驽巴贝斯虫、马巴贝斯虫及森林脑炎病毒的传播媒介。

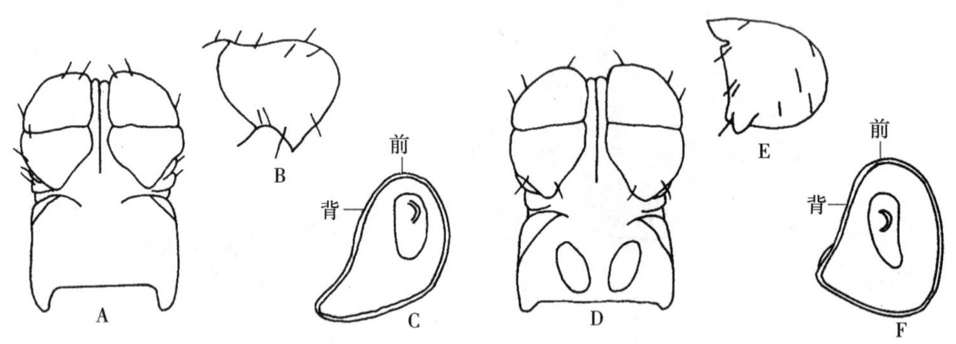

图 24-18　森林革蜱
雄蜱：A. 假头背面　B. 转节Ⅰ　C. 气门板
雌蜱：D. 假头背面　E. 基节Ⅳ　F. 气门板
（仿邓国藩　姜在阶，1991）

（周金林　编，潘保良　巴音查汗　陈泽　赵忠芳　审）

第二节　软蜱及其危害

软蜱（soft tick）寄生于畜禽体表；宿主范围广泛，常侵袭鸟类、蛇类、龟类以及多种哺乳类。软蜱多生活在畜禽圈舍的缝隙、巢窝和洞穴等处，多在夜间侵袭宿主吸血，大量寄生时可使畜禽消瘦、贫血、生产性能降低，甚至造成死亡，软蜱还是非洲猪瘟病毒（African swine fever virus，ASFV）等重要病原的传播媒介。

一、形态结构

虫体扁平，卵圆形或长卵圆形，体前端较窄，有的种类腹面前端突出，称为顶突（hood）。未吸血时虫体为黄灰色，饱血后为灰黑色。饥饿时其大小、形态略似臭虫，饱血后体积增大不如硬蜱明显。雌蜱、雄蜱的形态相似，但雄蜱较雌蜱小，雄性生殖孔为半月形，雌性为横沟状（图 24-19）。

假头隐于虫体腹面前端的头窝（camerostome）内，头窝两侧有 1 对叶片称为颊叶（cheek）。假头基小，近方形，无孔区。须肢为圆柱状，游离而不紧贴于螯肢和口下板两侧，共分 4 节，可自由转动。口下板不发达，其上的齿较小，螯肢结构与硬蜱相同。

躯体无几丁质板，故称软蜱。表皮为革状，柔软，结构因种属不同而异，或为皱纹状，或为颗粒状，或有乳状突，或有圆陷窝。在背腹肌附着处形成小的圆形凹陷，称为盘窝（disk）。大多数种无眼，如有眼也极小，位于第 2、3 对足基节外侧。气门板小，位于第 4 对足基节前外侧。生殖孔及肛门的位置与硬蜱相似。在生殖孔两侧向后延伸有生殖沟；肛门之前有肛前沟，肛门之后有肛后沟及肛后横沟；后部体缘有背腹沟。沿基节内、外侧有褶突，内侧为基节褶，外侧为基节上褶。足的结构与硬蜱相似，但基节无距，跗节和后跗节背缘或具有几个瘤突，其数目、大小为分类依据，爪垫退化。

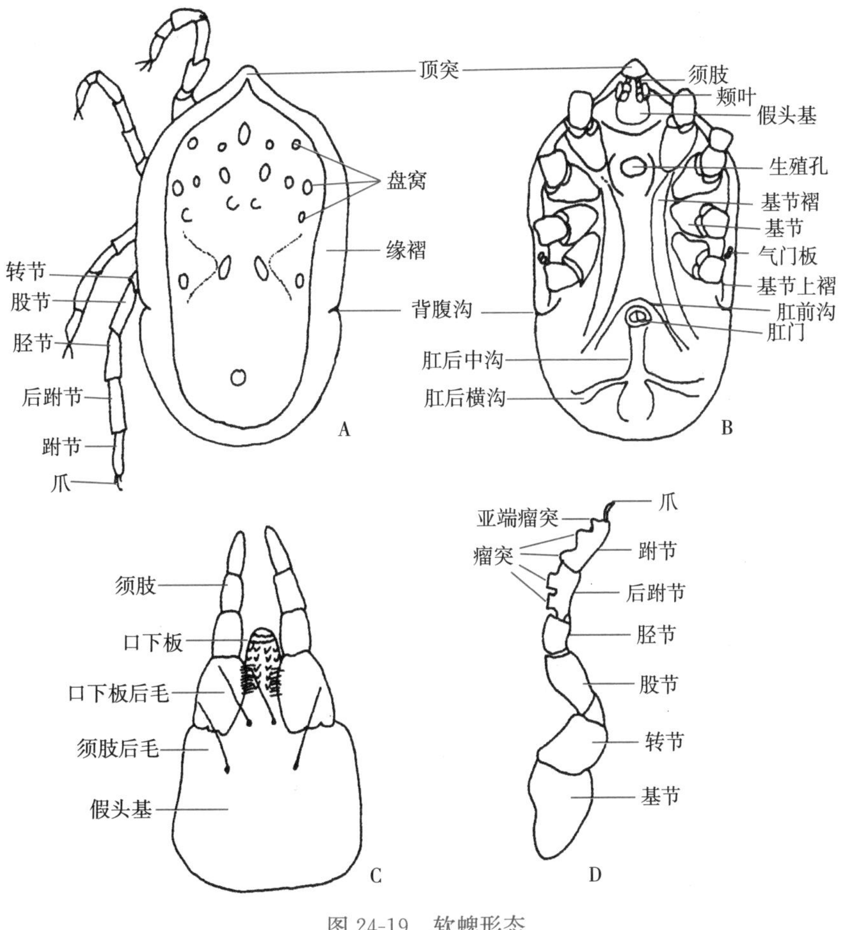

图 24-19　软蜱形态
A. 背面　B. 腹面　C. 假头　D. 足
（仿邓国藩　姜在阶，1991）

二、生物学特征

软蜱的发育阶段与硬蜱相同。由卵孵出的幼虫，经吸血后蜕化变为若虫；若虫有 2～7 期（因种类而异），各期若虫蜕化及若虫蜕化为成虫时均需吸血，吸血后离开宿主在环境中蜕化。软蜱只在吸血时才爬到宿主身上，且多在夜间，吸完血后就离开宿主，藏匿在动物的栖居处。成蜱在宿主上吸血的时间一般为 0.5～1 h，吸血量为其体重的 5～10 倍，但幼虫吸血时间要长些，例如波斯锐缘蜱的幼虫，附着在鸡的身上达 5～6 d。成蜱一生可吸血多达 10 次，每次吸血后产卵数个至数十个，一生产卵不超过 1 000 个。从卵发育到成蜱需要 4 个月到 1 年左右。软蜱寿命长，一般可长达 5～7 年，甚至达 15～25 年。各发育期均能长期耐饥，对干燥有较强的抵抗力。软蜱的这些习性大大增加了防控的难度。软蜱主要分布在干旱地区（如沙漠）或潮湿地区的干燥地带。与硬蜱主要生活于野外不同，软蜱多生活在宿主居所附近，如鸡窝、猪圈、鸽笼、鸟巢、动物洞穴等处附近。

三、危害和防控

大量软蜱寄生时，可引起动物消瘦、贫血、产蛋或产奶量下降，蜱中毒症，甚至死亡。软蜱还是多种病原的传播媒介。钝缘蜱属有 9 个种可作为非洲猪瘟病毒的传播媒介和储存者，即墨巴钝缘蜱（*Ornithodoros moubata*）、游走钝缘蜱（*Ornithodoros erraticus*）、糙皮钝缘蜱（*Ornithodoros coriaceus*）、土氏钝缘蜱（*Ornithodoros turicata*）、波多钝缘蜱（*Ornithodoros puertoricensis*）、摩洛钝缘蜱（*Ornithodoros marocanus*）、松雷钝缘蜱（*Ornithodoros sonrai*）、萨氏钝缘蜱（*Ornithodoros savignyi*）和帕氏钝缘蜱（*Ornithodoros parkeri*）。波斯锐缘蜱是鸡埃及立克次体和鸡螺旋体的传播媒介；拉合尔钝缘蜱可传播布氏杆菌和导致 Q 热的立克次体。

软蜱大部分时间栖息于畜禽圈舍环境中，防控重点在于消灭畜舍和窝巢的软蜱，方法可参考“环境中硬蜱的防控”。可用有机磷类或菊酯类杀虫剂对圈舍进行喷雾。堵塞圈舍内缝隙和小洞、清除杂物可减少软蜱藏身之所。消灭鸡体上的波斯锐缘蜱时，应特别注意将药物涂擦于幼虫的主要寄生部位，如两翼下。注意重复给药，间隔时间为 1 个月左右。给动物口服氟雷拉那对软蜱有效。

四、我国常见的软蜱种类

软蜱科已报道 4 个属：锐缘蜱属（*Argas*）、钝缘蜱属（*Ornithodoros*）、耳蜱属（*Otobius*）和枯蜱属（*Carios*）。

1. 锐缘蜱属 体缘薄锐，饱血后仍较明显。虫体背腹面之间以缝线为界，缝线由许多小的方块或平行的条纹构成，其形状在分类上具有重要意义。

2. 钝缘蜱属 体缘圆钝，饱血后背面常明显隆起。背面与腹面之间的体缘无缝线。

3. 耳蜱属 因其若虫外皮有刺，且寄生于动物的外耳道，也称为刺耳蜱（spinose ear tick）。成虫的假头隐于体缘之下，口下板可见，表皮无刺。幼虫和若虫假头凸出于体缘之外，口下板明显，若虫（特别是第二期若虫）体表有刺。成虫不采食，将卵产在土壤中，卵孵化为幼虫后侵袭宿主，寄生于外耳道，在宿主体上蜕化 2 次，若虫发育成熟后，掉落到环境中，蜕化为成虫。已报道 2 个种，梅氏耳蜱（*Otobius megnini*）和兔耳蜱（*Otobius lagophilus*），前者主要寄生于牛，也可侵袭其他哺乳动物（包括人）；后者主要寄生于兔。主要分布于美国、印度和南美、南非等区域的温暖地区。

4. 枯蜱属　也称败蜱属，主要寄生于蝙蝠。

我国常见的软蜱种类有波斯锐缘蜱和拉合尔钝缘蜱两种。

波斯锐缘蜱（*Argas persicus*）为淡黄色，呈卵圆形，前部稍窄；体缘薄，由许多不规则的方格形小室组成。背面表皮高低不平，形成无数细密的弯曲皱纹。盘窝大小不一，呈圆形或卵圆形，放射状排列（图 24-20）。主要寄生于鸡，其他家禽和鸟类亦有寄生，常侵袭人，偶尔在牛、羊身上也有发现。成虫、若虫有群聚性。白天隐伏，夜间爬出活动，在鸡的腿趾部无毛区叮咬吸血，每次吸血只需 0.5～1 h。幼虫活动不受昼夜限制，在鸡的翼下无毛部附着吸血，可连续附着 10 余天，致使侵袭部位呈褐色结痂。成虫活动季节为 3—11 月，以 8—10 月最多。幼虫于 5 月大量出现活动。分布于全国，华北、西北最为常见。

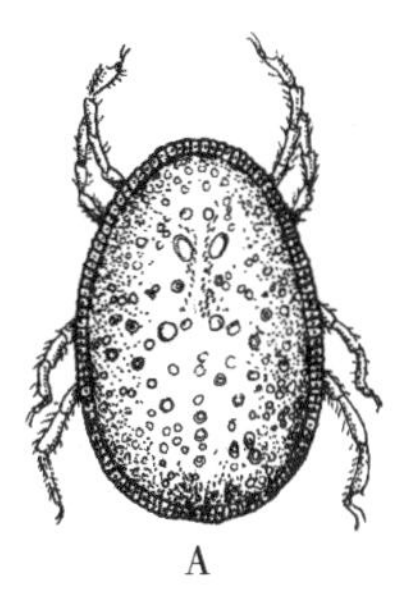

图 24-20　波斯锐缘蜱雌蜱
A. 背面　B. 腹面　C. 背面体缘
（仿邓国藩）

拉合尔钝缘蜱（*Ornithodoros lahorensis*）为土黄色；体椭圆形，前端尖窄，形成锥状顶突（雄虫更为明显），后端宽圆。表皮呈皱纹状，密布星状小窝。前半部中段有 1 对长形盘窝。中部及后部两侧有几对圆形盘窝。肛前沟浅而不完整，无肛后横沟。跗节Ⅰ背缘有 2 个粗大的瘤突和 1 个粗大的亚端瘤突（图 24-21）。主要生活在羊圈或其他牲畜棚内。幼蜱至前两期若蜱冬季在宿主身上连续停留，第三期若蜱在春季吸饱血后离开。成蜱也在冬季活动，白天隐伏在棚圈的缝隙里或在木柱树皮下或石块下，夜间爬出叮咬吸血，每次吸血约 1 h。主要寄生在绵羊或其他牲畜，有时也侵袭人。分布于新疆、甘肃、西藏等地。

第二十四章彩图

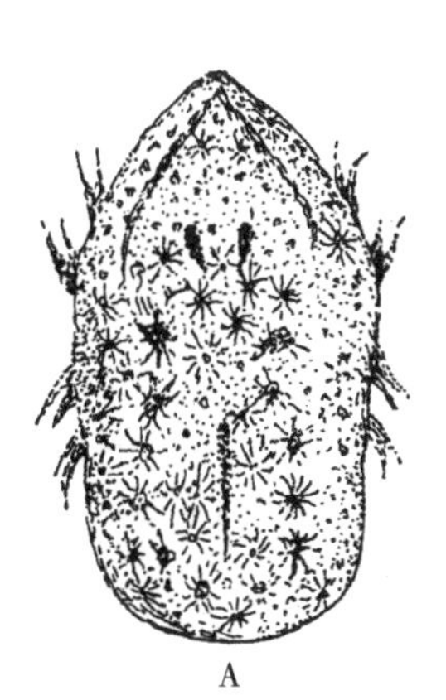

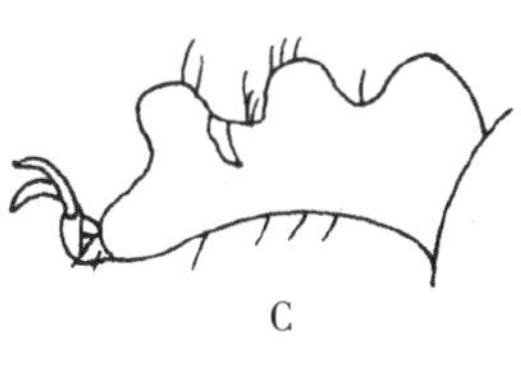

图 24-21　拉合尔钝缘蜱雌蜱
A. 背面　B. 腹面　C. 跗节Ⅰ
（仿邓国藩，1978）

（周金林　巴音查汗　编，殷宏　潘保良　陈泽　审）

第二十五章 螨和螨病

螨（mite）的种类很多，已记载的有 4.5 万余种，分布于世界各地，沙漠、草原、山川、河流、空中等处都有螨的踪迹。有的螨营自由生活，对动物和人类几乎不产生影响；有的螨寄生在植物上，危害农作物与林木；有的螨在人或动物的食物上繁殖，危害仓储粮食、各类食品和动物饲料；有的可作为寄生虫的中间宿主，如在牧场上存活的甲螨（oribatid mites）可作为裸头绦虫的中间宿主；有的螨寄生于动物或人体上，危害动物和人的健康。本章仅介绍寄生在动物上的螨，其所引起的疾病被称为螨病（acariosis）。在兽医上常见的螨种类见表 23-1，对畜禽危害比较严重的主要是疥螨科、痒螨科、皮刺螨科、巨刺螨科、蠕形螨科、恙螨科、表皮螨科等科的螨。根据螨在宿主体表的寄生位置，大致可以分为 2 类：在表皮上寄生的螨（surface mites）和在表皮下（包括表皮内、毛囊、皮脂腺内）寄生的螨（subsurface mites）。前者的足比较长，多伸出于其体缘，主要包括痒螨、足螨、皮刺螨、禽刺螨、耳痒螨、恙螨、姬螯螨等属的螨，也称非掘穴螨（non-burrowing parasitic mites）；后者的足粗短，主要包括疥螨、蠕形螨和膝螨，也称掘穴螨（burrowing parasitic mites）。

第一节 疥 螨 病

一、疥 螨 病

疥螨病（又名疥疮、疥癣或癞病，英文为 scabies，或 sarcoptic mange，或 mange）是由疥螨科（Sarcoptidae）疥螨属（*Sarcoptes*）的螨寄生于人和其他哺乳动物表皮内，引起以剧痒、结痂、脱毛和皮肤增厚、消瘦为特征的一种接触性、传染性皮肤病。

1689 年，意大利的学者首次对疥螨病进行了描述，直到 200 年后，该病才逐渐被人们所认识。10 目 27 科的 100 多种哺乳动物能被疥螨感染，包括家畜、宠物、野生动物以及人。疥螨宿主很广泛，不同动物来源的疥螨有较强的宿主特异性，但不时有交叉感染的报道。

之前多数学者认为寄生于人和动物的疥螨只有一个种，即人疥螨（*Sarcoptes scabiei*），寄生于不同动物的疥螨为不同的变种（variety，或亚种 subspecies）。有学者利用线粒体 COX1 对疥螨进行了分子鉴定，发现人疥螨与动物疥螨分别为独立的种，不同动物上寄生的疥螨为动物疥螨的亚种或变种。

（一）病原概述

疥螨为雌雄异体。虫体较小，浅黄色，呈近圆形或龟形，背面隆起似半球形，腹面扁平，身体上有横、斜的皱纹。其外形与蜱类似，胸、腹完全愈合在一起，身体可分为颚体和躯体两部分（图 25-1）。

颚体（gnathosoma，旧也称假头）位于虫体前端，短而宽，有一蹄铁形的咀嚼式口器。口器由一对须肢和一对螯肢组成；须肢分 3 节，螯肢呈钳形；颚体基背面有一对垂直的粗刺。

虫体背面前端有一几丁质胸甲，呈长方形；末端正中有一肛门；两侧有对称的刚毛；体表有大量的波状皮纹、三角形鳞片、棒状刺（图 25-1）。

成虫腹面有 4 对粗短、呈圆锥形的足。前 2 对足向前伸，比后足长，从背面可见，位于虫体前 1/3；后 2 对足伸向后方，短，从背面不可见，位于虫体后 1/3。每对足基部有一呈 Y 形的角质化支条，第 1 对足的支条合并成长干。每对足的末端有吸盘或长刚毛，吸盘呈钟形，有长柄，且柄不分节（图 25-2）。

雄螨虫体大小为（200～300）μm×（150～200）μm。第 1、2、4 对足上有吸盘，第 3 对足上仅有一根长刚毛；生殖孔位于虫体腹面第 4 对足之间，周围有呈倒 V 形的几丁质构造。

雌螨虫体大小为（300～500）μm×（250～400）μm。第 1、2 对足上有吸盘，第 3、4 对足上各有一根长刚毛；生殖孔（产卵孔）位于虫体腹面中央，近末端有一阴道。

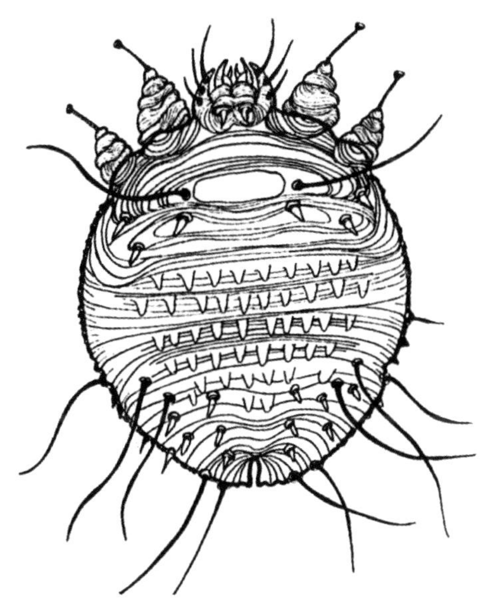

图 25-1　人疥螨（背面观）
（Urquhart，1996）

若螨与成螨相似，4 对足，仅体形较小，生殖器尚未显现。

幼螨形似成螨，大小（120～160）μm×（100～150）μm。足 3 对，前 2 对足上有吸盘，后 1 对足上有一根长刚毛。

虫卵平均大小约 180 μm×80 μm，长椭圆形，灰色，壳很薄、透明，内含卵胚或幼螨。雌螨产卵于宿主表皮内的隧道中，初产卵未完全发育，后期的卵可透过卵壳看到发育中的幼螨（图 25-2）。由于卵壳的保护，螨卵对大多数杀虫剂有抵抗力，是导致用杀虫剂防治家畜螨病时防治不彻底、疥螨病复发的重要原因。

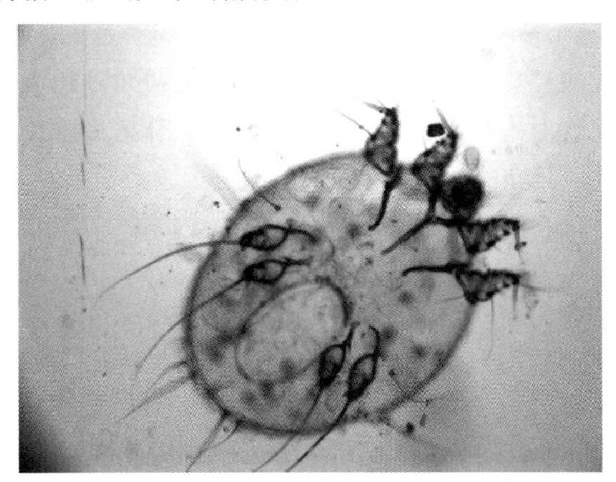

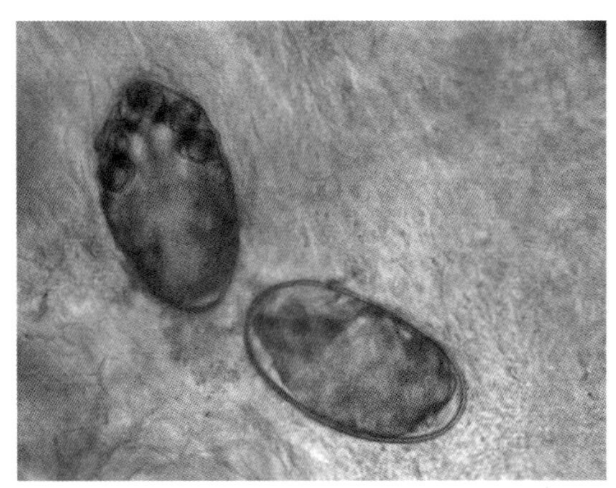

图 25-2　人疥螨兔变种（腹面观）及虫卵
（杨光友供图）

（二）病原生活史

疥螨的生活史属于不完全变态发育，包括卵、幼螨、若螨和成螨 4 个发育阶段。疥螨的整个发育过程均在宿主上完成，属永久性寄生虫，以宿主皮肤和组织渗出液为食，其中以幼螨的致病力最强。疥螨整个发育过程为 8～22 d，平均 15 d。

雌螨与雄螨均有 2 个若螨期，但因雄螨的第一、二期若螨大小差异较小，在显微镜下不易区分，因而常认为雄螨仅有一个若螨期。雄螨蜕化后钻出隧道外，在宿主的皮肤表皮上与雌螨的第二期若螨交配。交配后雄螨大多死亡。受精后的雌性若螨在交配后 20～30 min 内钻入宿主角质层，蜕化为成螨。成年雌螨利用螯肢和前足跗节末端的爪突挖凿隧道。在隧道中，每隔一段距离即有通向表皮的纵向通道，便于卵的孵育和幼虫爬出隧道。雌螨受精后 2～3 d 产卵，每天每只雌螨可产卵 2～4 枚，雌螨的寿命为 4～6 周，一生可产卵 40～50 枚。卵约经 2～4 d 孵出幼螨，若外界温度降低，孵出时间可延至 10 d。幼螨孵出后可离开隧道，爬至宿主皮肤表面，再经毛囊或毛囊间的皮肤等处钻入皮肤。幼螨约 3 d 后蜕化为若螨（图 25-3）。

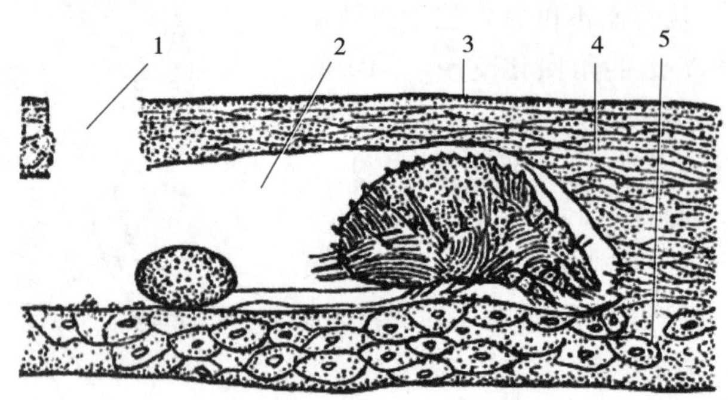

图 25-3　疥螨在皮肤内挖凿隧道

1. 隧道口　2. 隧道　3. 皮肤表面　4. 角质层　5. 细胞层

（杨光友，2009）

（三）流行病学

疥螨呈世界性分布，宿主包括各种家畜、宠物和野生动物。疥螨病是家畜和宠物常发的皮肤病，主要通过患病动物和健康动物的直接接触而传播，也可通过被患病动物所污染的畜舍、畜栏、场地及各种饲具等间接接触而感染，还可通过工作人员的衣服和手，把疥螨传播给健康动物。螨病的传染性很强，一只带卵的雌螨，即可使一整群动物发生螨病。

疥螨离开宿主后，在适宜温湿度下，在畜舍内、墙壁上或各种用具上能存活 3 周左右，在高湿、低温的环境下螨的存活时间会延长。疥螨在相对湿度为 97%、温度 10～25 ℃的条件下可存活 8～19 周；在相对湿度 45%、温度 25～45 ℃时仅可存活几小时。卵离开宿主后 10～30 d，仍可保持活力。

疥螨病的流行具有季节性，春季、冬季发病率明显高于夏秋季节。幼年动物比成年动物更易遭受疥螨侵害，发病较严重；随着年龄的增长，动物对疥螨的抵抗力也随之增强。体质瘦弱、抵抗力差、妊娠的动物易受感染和发病，而体质强壮、抵抗力强的动物则不易发病。

潮湿、阴暗、拥挤、饲养管理差和卫生条件不良，是促使疥螨病蔓延的重要因素。

（四）致病作用和临床症状

动物疥螨病主要以剧痒，消瘦，脱毛，皮肤结痂、增厚、弹性降低为特征。病变多先发生于皮肤柔软、被毛短而少的部位（如头部、颈部、腿部），然后向全身扩展。临床症状特征主要表现在以下 4 个方面。

1. 剧痒　贯穿于整个病程，发病越重，瘙痒越明显。疥螨粪便和唾液中的抗原物质可以引起宿主的过敏反应；疥螨体表的刺、毛及鳞片刺激，以及在宿主皮肤内挖掘隧道时刺激皮肤神经末梢，引发宿主瘙痒。随温度升高，疥螨的活动能力会增强，因此当患病动物进入温暖场所或运动后皮温增高时，痒感加剧。患病动物不停在墙壁、柱栏及其他物体上用力摩擦患部或啃咬患部，甚至蹭破皮肤。擦痒或啃咬又进一步加剧患部皮肤的炎症和损伤。

2. 结痂　因虫体体表的刺、毛、鳞片刺激及其排泄物、分泌的唾液引起的过敏反应，引起宿主皮肤发生炎性浸润。初期，皮肤表面形成丘疹，后因渗出液渗出形成水疱。动物擦痒时会导致水疱破溃，流出的渗出液与脱落的上皮细胞、被毛及污垢粘连，干燥后形成痂皮。动物反复擦痒，会导致痂皮不断形成。

3. 脱毛，皮肤增厚、弹性降低　随病情的发展，宿主毛囊、汗腺受损，导致患部发生脱毛。

皮肤角质层角化过度，皮肤增厚；皮下组织亦增生，导致皮肤变厚，弹性降低，在皮肤紧张部位形成龟裂，在松弛部位则形成皱褶。

4. 消瘦 患病动物因终日啃咬、摩擦和烦躁不安，影响正常的采食和休息，导致胃肠消化吸收功能降低；皮肤脱毛导致体热大量散失，使得宿主的脂肪被大量消耗，天气寒冷时会给宿主造成更大的伤害，患病动物日渐消瘦，严重时出现死亡。

动物感染疥螨病后，会因宿主个体差异及宿主的免疫水平不同，而在临床症状及病程发展方面表现出一定的差异。此外，不同动物的疥螨病的临床表现也存在一定的差异。

疥螨病在猪表现为仔猪、种猪多发，常起始于眼周、颊部和耳根及种猪的阴囊、尾部，后蔓延至背部、躯干两侧、后肢内侧及全身。病猪出现剧痒，到处蹭痒或以蹄搔弹患部，至患部出血、脱毛、结痂、皮肤增厚，形成皱褶和龟裂。成年猪多为外耳内侧表面的中间区域呈不明显的感染。在兔常发于四肢，后蔓延到嘴及鼻周围等处。犬则先发生于头部，后扩散至全身。牛疥螨病常见于肩部、颈背部、尾根部、臀部、头部及四肢，严重时可波及全身。马疥螨病始发于头部、体侧、躯干及颈部，后蔓延至肩部、鬐甲及全身。山羊疥螨病多发生在被毛稀疏的皮肤，如嘴唇四周、眼圈、鼻梁和耳根部，严重时可蔓延到腋下、腹下和四肢屈面，甚至全身。病羊出现烦躁不安、剧痒，被毛脱落，病变部位逐步向四周延伸、扩大，皮肤增厚，形成皱褶和龟裂。绵羊疥螨病始发于嘴唇四周、角两侧、鼻边缘和耳根部，严重时蔓延至整个头部及颈部，其中以头部症状最明显，病变部形成坚硬的灰白色痂皮，故俗称“石灰头”。骆驼疥螨病始发于头部、颈部和体侧，随后波及全身。

（五）诊断

根据流行病学、临床症状可作出初步诊断，但确诊需要进行病原学检查。

检查时，先剪去患部和健康部皮肤交界处的毛，以经火焰消毒后的小刀蘸取甘油后，垂直于皮肤表面，用力刮取健患交界处痂皮，直至微有出血，将刮取物收集到容器内，密封送回实验室，检查皮屑中疥螨各阶段虫体或虫卵。

在诊断本病时，应注意与秃毛癣、湿疹、过敏性皮炎以及营养不良性脱毛等疾病相鉴别。

（六）治疗

疥螨的传染性很强，动物群体中螨病的成功防控取决于能否彻底杀灭动物群体中的所有螨。目前螨尚无商品化疫苗问世，成功控制和净化疥螨的关键是科学使用杀螨药物，全群、足量、足程用药是药物防治的要点。所谓全群用药，是指对整群动物（不管是否具有明显的临床症状）用药，杀灭所有动物上的螨，彻底消灭病原体、防止复发。所谓足量用药，是指按照药物的推荐剂量进行给药，不要随意降低药物剂量，以保证动物体内的药物浓度能有效杀灭动物上的螨。足程用药是指按照药物推荐的给药周期和频次进行给药，一般而言，药物的持效期应覆盖螨的整个生活史周期，这样才能杀灭由卵孵化出的螨（因绝大多数药物对螨卵无效），防止复发。另外，在引进动物时，对其进行隔离驱虫，防止疥螨传入畜群。

常用的防治药物有伊维菌素、多拉菌素、巴胺磷（propetamphos）等。

（七）预防

保持动物厩舍（笼舍）清洁干燥、通风、透光、不拥挤。定期用杀螨剂喷洒厩舍（笼舍）和饲具。对小型笼具可用水煮方法杀灭疥螨及其卵。疥螨病常发的养殖场，定期对动物检查，一旦发现可疑病例，立即进行治疗。新引进的动物，隔离观察 15～30 d，确诊无螨后方能合群；或者注射伊维菌素或多拉菌素 15～20 d 后再合群。

二、背肛螨病

背肛螨病是由疥螨科背肛螨属（*Notoedres*）的螨寄生于动物皮肤表皮内所引起的一种以剧

痒、结痂、脱毛和皮肤增厚为特征的顽固性皮肤病。

背肛螨属已报道41个种，主要寄生于小型哺乳动物（如啮齿动物、猫和蝙蝠），其中以猫背肛螨（*Notoedres cati*）和猫背肛螨兔变种（*Notoedres cati* var. *cuniculi*）最为常见。背肛螨属的螨体型较小，形态与疥螨相似，但比疥螨小，肛门位于虫体背面，离体后缘较远。

1. 猫背肛螨 躯体呈圆形，雌、雄螨体长分别为0.17～0.24 mm和0.12～0.14 mm，其上的指状刺、锥状刺和棘突均细小或较少。肛门位于虫体背面。常寄生于猫的面部、鼻、耳及颈部等处（图25-4）。

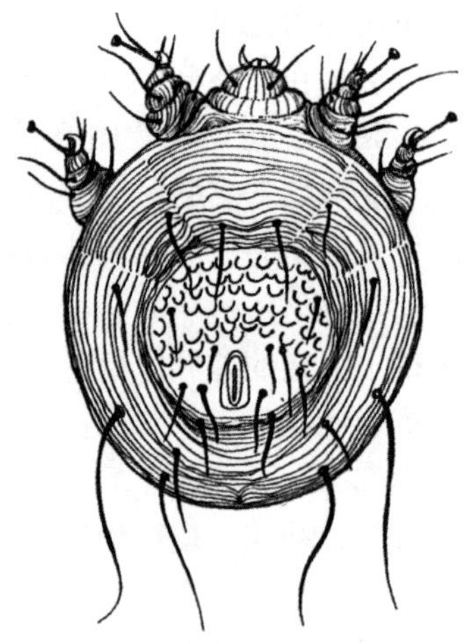

图25-4 猫背肛螨背面观
（仿Urquhart，1996）

2. 猫背肛螨兔变种 虫体较小，形态与猫背肛螨相似。常寄生于兔的头部、鼻、口及耳，也可蔓延至腿及生殖器。

背肛螨的生活史及习性、危害情况与疥螨相似。

背肛螨病的临床症状、诊断与防治与疥螨病类似。

（古小彬　杨光友　编，潘保良　陈泽　赵亚娥　审）

第二节 痒 螨 病

一、痒 螨 病

痒螨病（psoroptic mange）指由痒螨科（Psoroptidae）痒螨属（*Psoroptes*）的螨寄生于动物的皮肤表面引起的以结痂、脱毛、皮肤肥厚、剧痒和消瘦等为特征的一类接触性、传染性皮肤病。痒螨的宿主范围广泛，包括各种家畜（如绵羊、马、牛、水牛、山羊和兔等动物）和野生动物（如鹿、骆驼、狐、貂和黑尾鹿等）。家畜中以绵羊、牛、水牛、兔和山羊的痒螨病最为常见。

（一）病原概述

目前，对各种动物体表寄生的痒螨的分类仍存在争议。最初，根据形态特征（主要依据为雄螨尾部瘤状突起的刚毛组成和长度）、宿主种类和寄生部位，将痒螨属分为5个种：兔痒螨（*Psoroptes cuniculi*）、鹿痒螨（*Psoroptes cervinus*）、水牛痒螨（*Psoroptes natalensis*）、马痒螨（*Psoroptes equi*）和绵羊痒螨（*Psoroptes ovis*），但后来发现这5个种的上述特征存在交叉，基因型分析也证实它们之间的同源性很高。因此，目前多认为，这5个种均为同一虫种，因绵羊痒螨（*Psoroptes ovis*，Viborg，1813）被描述最早，因此应为绵羊痒螨，另4种为其同物异名。尽管在自然情况下，源于不同动物的痒螨有较强的宿主特异性，彼此间很少交互感染，但有的能人工感染其他动物。

痒螨的成螨个体较疥螨大，呈长圆形，大小为（500～900）μm×（200～520）μm，肉眼可见。颚体基背面后方无粗短垂直刚毛。刺吸式口器，较长，呈圆锥形。螯肢细长，两趾上有三角形齿；须肢亦细长。躯体背面表皮有细皱纹；虫体透明的淡褐色角皮上有稀疏的刚毛和细皱纹。肛门位于躯体末端。足较长，前两对足较后两对足粗大（图25-5）。

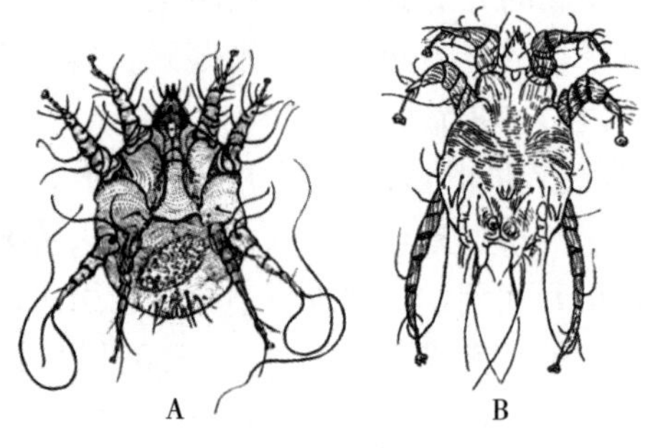

图25-5 痒螨
A. 雌螨 B. 雄螨
（仿Urquhart，1996）

雄螨第1、2、3对足有吸盘，吸盘位于分三节的柄上，第 4 对足特别短，无刚毛和吸盘。躯体末端有两个大结节，上有长刚毛数根；腹面后部有两个吸盘；生殖器居于第 4 基节之间。有性吸盘和尾突。

雌螨第 1、2、4 对足上有吸盘，第 3 对足上各有两根长刚毛。躯体腹面前部有一个宽阔的生殖孔，后端有纵裂的阴道；躯体末端为肛门，位于阴道背侧。

若螨 4 对足浅棕色，除第 3 对足端部为长刚毛外，其余 3 对足均具有吸盘。

幼螨虫体小、色浅。具 3 对足，第 1、2 对足上有吸盘，第 3 对足末端为 2 根长刚毛。

（二）病原生活史

痒螨的整个生活史与疥螨相似，包括卵、幼螨、若螨和成螨 4 个阶段。痒螨寄生于宿主的皮肤表面，不在皮肤内挖掘隧道，以淋巴渗出液、皮肤细胞、皮肤分泌物和皮肤上的细菌为食（图 25-6）。雌螨产卵于患部皮肤周围，卵呈灰白色、椭圆形，借助特殊物质黏着于上皮的鳞屑上。虫卵在相对湿度 85%～90%、温度 36～37 ℃下经 2～3 d 孵出幼螨，幼螨采食 24～36 h 后蜕化成为第一期若螨。若螨采食 24 h 后，蜕化成为雄螨或第二期雌性若螨。雄螨常以肛吸盘与第二期雌性若螨后部的一对瘤状突起相接进行交配（图 25-7）。交配后第二期雌性若螨进一步发育为成年雌螨，此后采食 1～2 d 便开始产卵，一生可产卵约 40 粒。痒螨整个发育过程 10～12 d，寿命约 42 d。

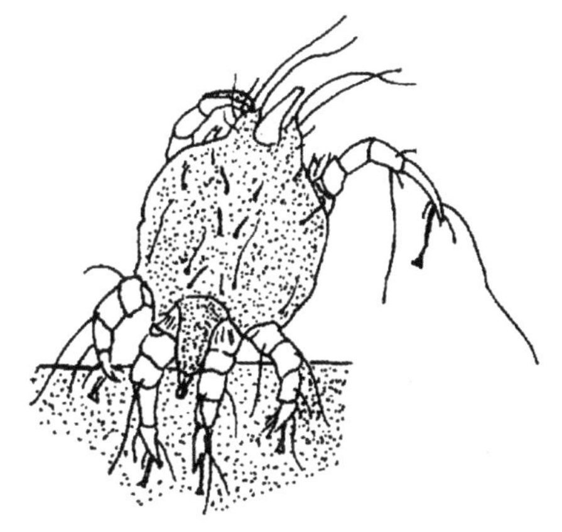

图 25-6　痒螨的采食状态
（孔繁瑶，1997）

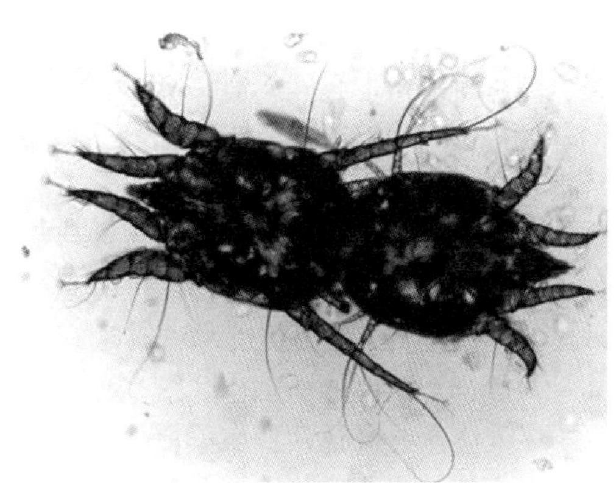

图 25-7　处于交配中的雄螨与第二期雌性若螨
（杨光友供图）

（三）流行病学

本病呈世界性分布。可危害的宿主包括绵羊、马、牛、水牛、山羊和兔等家畜及鹿、骆驼、狐、貂、貉、黑狐猴、羊驼、麋鹿和长耳鹿等野生动物。

和疥螨一样，痒螨也通过直接接触和间接接触两种方式传播。本病季节性很强，多发于寒冷的冬季和初春季节，夏季和温暖的春初及秋季发病率较低，即使发病症状也较轻。老年动物的发病率高于幼年动物。

痒螨的角质表皮比疥螨更强韧，离开宿主后，对外界不利因素的抵抗力很强。在相对湿度 85%～100%、温度 6～8 ℃下，痒螨可存活 2 个月；在－12～－2 ℃下，可存活 4 d；在－25 ℃时 6 h 内死亡。

（四）致病作用和临床症状

痒螨在皮肤上采食会引起皮肤炎症，导致淋巴渗出液增多，凝固后结痂；痒螨粪便中的抗原物质可以引起宿主的过敏反应。患病动物常见症状为皮肤结痂、脱毛、增厚，以及剧痒和消瘦等。与疥螨病的差异在于，被痒螨侵害的部位的被毛易脱落，皮肤的皱褶形成不明显，病灶最先发生于毛长的部位（如背部、腹部、尾部）；痒感在夜间加剧。

动物感染痒螨病后，因宿主不同，可表现出有所不同的临床症状和皮肤损伤，家畜中以绵羊、牛、水牛、兔和山羊的痒螨病最为常见。

在绵羊多发生在毛长的部位，初始发于背部和臀部，后很快地蔓延到体侧。患羊奇痒，常在木柱、墙壁等处擦痒，或用后肢搔抓患部。患部皮肤最初形成结节，后形成浅黄色脂肪样的痂皮。有些患部皮肤增厚变硬，形成龟裂。羊群发病时，首先患羊体上的毛结成束或出现躯体下部毛泥泞不清洁，后零散的毛丛悬垂在羊体上，最后毛束逐渐地大片脱落，甚至全身脱光。病羊呈现贫血症状，高度营养障碍和消瘦，在寒冷季节，加上脱毛，如不及时治疗，多引起大批死亡（图 25-8）。

图 25-8　绵羊痒螨病皮肤病变
（潘保良供图）

痒螨病在牛初始于颈部、角基部及尾根，后扩展至垂肉及肩侧，严重时头部、颈部腹下及四肢内侧也有发生，甚至可蔓延至全身。患牛奇痒，常在柱栏等物体上摩擦，或用舌舔吮患部，皮肤损伤、脱毛、渗出液凝固形成痂皮。皮肤增厚，失去弹性。严重感染时，病牛精神委顿、食欲大减、卧地不起，最终死亡。

我国水牛痒螨病多见于南方各省，其部位和症状与牛痒螨相似。但形成的痂皮较薄，呈“油漆起爆”状，痂皮薄似纸，表面平整，一端稍微翘起，另一端则与皮肤紧贴。若揭开痂皮，可见许多仍在爬动的黄白色的螨（图 25-9）。

马常发生于鬃部、尾部、颌间部、股内侧及鼠蹊部。患部有浅黄色脂肪样的柔软痂皮，容易剥离。邻近的皮肤亦迅速脱毛。乘马及挽马常发生于装置鞍具、颈套、鞍褥的部位。

兔患病时主要发生在外耳道内，可引起严重的外耳道炎；耵聍过盛分泌，干固成痂，厚厚地嵌在耳道内如纸卷样，甚至完全堵塞耳道；耳变重下垂；病变部发痒，病兔摇头，搔耳；还可能延至筛骨及脑部，引起癫痫发作（图 25-10）。

山羊多发生于外耳道内。病羊食欲不佳，常摇动耳朵；病变部发痒，常在硬物上摩擦。患部形成硬的、坚实的、紧贴皮肤的黄白色痂皮块，炎症常蔓延至外耳道。

图 25-9　水牛痒螨病皮肤病变
（杨光友供图）

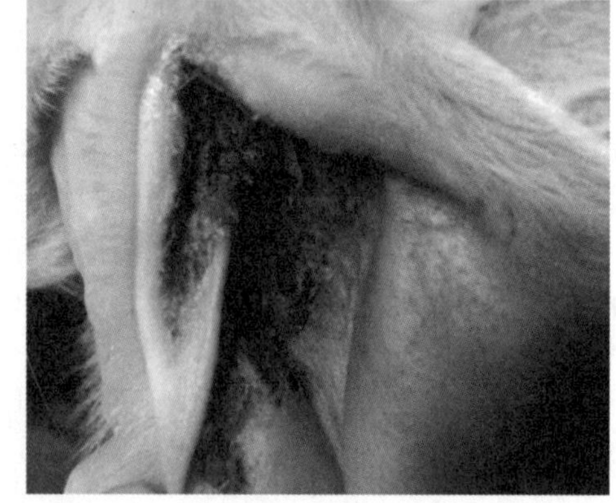

图 25-10　兔痒螨病外耳道病变
（潘保良供图）

（五）诊断、治疗与预防

诊断、治疗与预防方法可参考疥螨病。

二、足 螨 病

足螨病是由痒螨科足螨属（*Chorioptes*）的螨寄生于各种家畜及野生动物体表而引起的一种

顽固性、传染性皮肤病。

（一）病原概述

目前，关于足螨的分类尚未达成一致意见。因足螨具有宿主特异性，最初普遍认为应根据宿主而命名，如牛足螨（*Chorioptes bovis*）、山羊足螨（*Chorioptes caprae*）、绵羊足螨（*Chorioptes ovis*）、马足螨（*Chorioptes equi*）等。后来研究发现，这些足螨形态差异不大、不存在生殖隔离，而且可以以不同动物的皮屑为食，应为同一种，即牛足螨。尽管寄生于其他动物的足螨的分类地位尚未得到实验验证，但目前多数学者认为足螨属仅 2 个有效种：牛足螨和得州足螨（*Chorioptes texanus*）。牛足螨的宿主比较广泛，得州足螨仅发现于山羊、驯鹿、麋鹿和牛。二者形态学的主要区别是：得州足螨的末体突出物（opisthosomal lobe）由大小 2 节组成，牛足螨的末体突出物不分节；得州足螨末体突出物上竹片状刚毛（spatulate setae）的长度（平均长度为 216 μm）约是牛足螨相应刚毛长度（115 μm）的 2 倍；得州足螨末体突出物的最外侧细刚毛长度（80 μm）明显短于牛足螨（315 μm）。

足螨形态与痒螨相似，呈卵圆形，体长 300～500 μm。虫体体表有细纹；口器较短，呈锥形；足长，跗节吸盘的柄短而不分节；肛门位于虫体末端（图 25-11）。

雌螨第 1、2、4 对足上有吸盘，第 3 对足上有刚毛。

雄螨第 1、2、3、4 对足上均有吸盘，第 4 对足极短，从背面不可见。生殖孔位于第 3、4 对足之间。体末端有 2 个结节，结节的前方腹面有 1 对环状性吸盘，性吸盘上有刚毛。

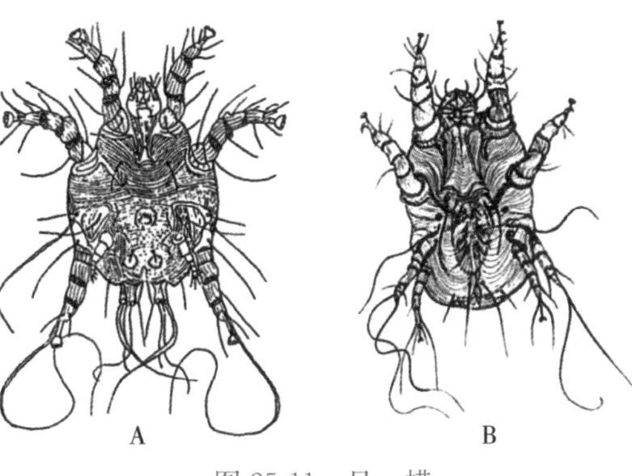

图 25-11 足 螨

A. 雄螨（仿 Hirst） B. 雌螨（仿 Urquhart，1996）

（二）病原生活史

足螨的生活史与痒螨相似。发育过程包括虫卵、幼螨、若螨和成螨 4 个阶段，并世代生活在宿主上，全部发育过程需 9～10 d。足螨寄生于宿主皮肤表面，特别是嫩细的皮肤上，以脱落的上皮细胞为食，如皮屑、痂皮等。

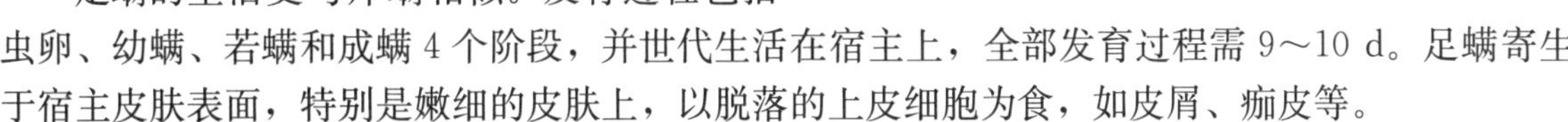

（三）流行病学

足螨呈世界性分布，已在牛、马、山羊、绵羊、骆驼、驯鹿、瞪羚、麋鹿和美洲羊驼以及大熊猫等动物中发现足螨，以牛、马的足螨为常见。

足螨病主要通过健康动物与患病动物的直接接触传播，也可通过宿主间接接触足螨所污染的用具、草垫及兽舍等而感染。当环境阴凉、潮湿时，动物更易发生足螨病。在我国规模化饲养的乳牛场，足螨感染比较常见。

（四）临床症状

动物患足螨病后，患处脱毛，皮肤发红、增厚、发痒、结痂，特别是在宿主营养状况和养殖卫生条件差时症状更加明显。宿主种类不同，所表现出的临床症状稍有差异。

在牛上，足螨多寄生于尾根、肛门附近及蹄部等处，皮肤出现白色鳞片、有油性渗出物或脱毛（图 25-12）。在兔，多见于外耳道。在绵羊，多寄生于蹄部及腿外侧。在山羊，多见于颈部、耳及尾根等处。

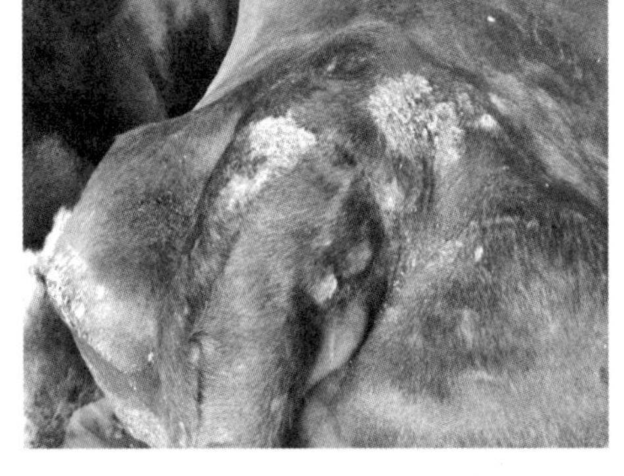

图 25-12 乳牛足螨病皮肤病变

（沈俊乐 曹杰供图）

(五) 诊断、治疗和预防

参考疥螨病。泌乳乳牛的足螨病可以用乙酰氨基阿维菌素（eprinomectin）浇泼剂、注射剂进行防治。

三、耳痒螨病

耳痒螨病是主要由痒螨科耳痒螨属（*Otodectes*）的螨寄生于犬科与猫科等动物的耳内所引起的寄生虫病。耳痒螨引起宿主出现外耳道炎、中耳炎等症状，严重时可波及内耳，甚至引起脑膜炎。

(一) 病原概述

目前认为耳痒螨属只有 1 个种，即犬耳痒螨（*Otodectes cynotis*），可分为两个亚种，即犬耳痒螨犬变种（*Otodectes cynotis* var. *canis*，常简称为犬耳痒螨）和犬耳痒螨猫变种（*Otodectes cynotis* var. *cati*，常简称为猫耳痒螨）。虫体乳白色，椭圆形（图 25-13）。

1. 雄螨 虫体大小为（363～388）μm×（267～279）μm，4 对足末端均有短柄的吸盘，柄不分节；第 1、2、3 对足较长，足的各支节有 1～2 根短纤毛，第 4 对足不发达，其上有两根刚毛。

2. 雌螨 虫体大小为（469～534）μm×（270～347）μm，4 对足末端均有足吸盘，足支节上各有 1～2 根纤毛，第 4 对足末端有一较长刚毛。

3. 幼螨 虫体大小为（205～253）μm×（124～160）μm，第 1、2 对足末端有足吸盘，第 3 对足末端有两根刚毛，各足支节上有纤毛。

4. 卵 卵圆形，虫体大小为（190～210）μm×（90～120）μm。

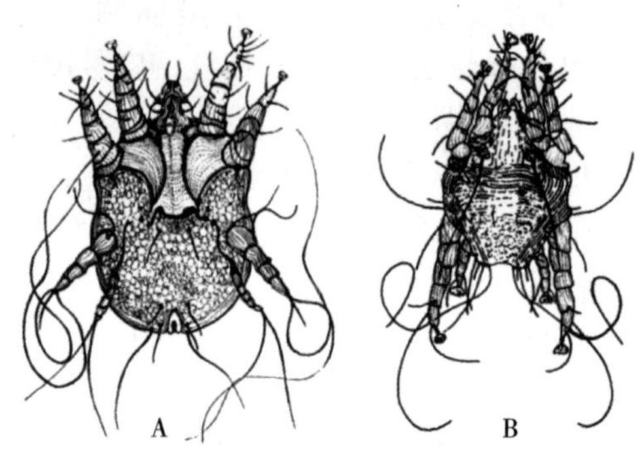

图 25-13 耳痒螨
A. 雌螨 B. 雄螨
（仿 Urquhart，1996）

(二) 病原生活史

生活史与痒螨相似，全部发育过程包括卵、幼螨、若螨和成螨 4 个阶段。耳痒螨寄生于皮肤表面，以脱落的上皮细胞和宿主的组织液为食。雌螨一生产卵约 100 个，条件适宜时，整个发育过程约需 18～28 d，条件不利时可转入 5～6 个月的休眠期。犬耳痒螨在 6～8 ℃、空气湿度为 85%～100%的条件下可存活 2 个月以上。

(三) 流行病学

耳痒螨病呈世界性分布，多发生于春秋两季。该病通过健康动物与患病动物直接接触或通过被耳痒螨或卵污染的兽舍、用具等间接接触感染。以犬、猫感染较为普遍，也见于红狐、蓝狐、银狐、貂熊、雪貂等。

(四) 临床症状

患病动物初期表现为局部皮肤发炎、瘙痒，动物不断用爪搔抓耳部或将头在墙壁、栏柱及其他物体上用力摩擦。耳道中可见棕黑色的分泌物及表皮增生症状，耳垢增多。有时继发细菌感染可造成化脓性外耳炎及中耳炎，深部侵害时可引起脑炎，出现神经症状，严重者可导致死亡。

(五) 诊断

根据临床症状可作初步诊断，确诊需要取耳内分泌物，镜检出耳痒螨病原。可以用棉签掏取耳内分泌物，参照疥螨检查方法镜检。

(六) 治疗与预防

犬、猫耳螨（ear mites）病的治疗可以用塞拉菌素点剂、莫西菌素-吡虫啉（moxidectinimidacloprid）复方点剂；或者向耳道内滴伊维菌素。

给犬、猫每月使用塞拉菌素点剂、莫西菌素-吡虫啉复方点剂，可有效预防犬、猫耳螨病。

（古小彬 杨光友 编，陈泽 潘保良 审）

第三节 蠕形螨病

蠕形螨病（demodicosis）也称毛囊虫病、脂螨病或红螨病，是由蠕形螨科（Demodicidae）蠕形螨属（*Demodex*）的各种蠕形螨寄生于哺乳动物（包括人）的毛囊和皮脂腺内引起的皮肤病。蠕形螨宿主特异性强，寄生于不同种动物的蠕形螨往往不交互感染，已发现的蠕形螨有140多种（包括亚种），如犬蠕形螨（*Demodex canis*）、猫蠕形螨（*Demodex cati*）、猪蠕形螨（*Demodex phylloides*）、山羊蠕形螨（*Demodex caprae*）、绵羊蠕形螨（*Demodex ovis*）、牛蠕形螨（*Demodex bovis*）、马蠕形螨（*Demodex equi*）等。此外，寄生于马的蠕形螨还有*Demodex caballi*，寄生于猫的蠕形螨还有戈托伊蠕形螨（*Demodex gatoi*）。其中，以犬、山羊和猪蠕形螨较为常见。蠕形螨可引起寄生部位的皮肤出现结节或囊瘤（多见于牛），甚至溃疡和化脓，但患部痒感不强烈。

（一）病原概述

成螨小而长，呈蠕虫状，乳白色、半透明。体长0.17～0.44 mm，宽0.045～0.065 mm。虫体分为颚体、足体和末体三部分。颚体呈不规则四边形，包括一对细针状的螯肢、一对分3节的须肢和一个延伸为膜状构造的口下板。口器为吸式。在颚体腹面内部有一马蹄形的咽泡，其形状是分类依据。足体（胸部）有4对足，呈乳突状，基部较粗，基节与躯体腹壁愈合成扁平的基节片，第4对足基节片的形状为分类依据；其余3节呈套筒状，能活动、伸缩。末体（腹部）细长，呈指状，有横纹，占体长的2/3以上。雄性生殖孔位于足体背面第1、2足之间，阴茎末端膨大呈毛笔状。雌性阴门为一狭长裂口，位于腹面第4对足基节片之间的后方（图25-14）。

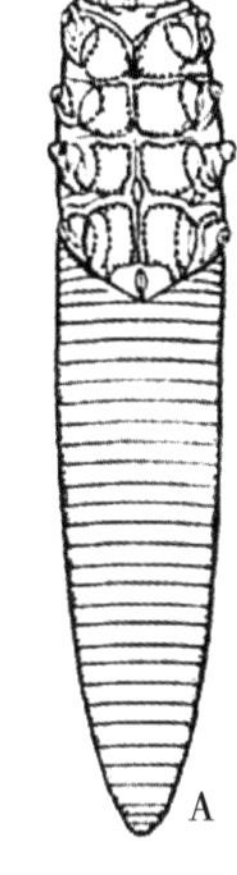

图25-14 蠕形螨
A. 成螨 B. 虫卵
（杨光友供图）

（二）病原生活史与流行病学

蠕形螨主要寄生于宿主的毛囊和皮脂腺内，整个生活史均在宿主上完成。发育过程包括卵、幼螨、若螨和成螨。卵无色透明，梭状，长0.07～0.09 mm（见图25-14）。在适宜的条件下，整个生活史大约在24 d内完成。

蠕形螨传播方式不完全清楚。目前认为，犬蠕形螨的传播主要发生在分娩后前3 d内，由母犬传染给幼犬；研究表明，出生后与母犬隔离饲养幼犬没有蠕形螨感染；当犬的日龄达7 d以上时，其不断发育的免疫系统可有效阻止蠕形螨感染。

（三）病理变化和临床症状

蠕形螨可引起寄生部位出现结节或囊瘤，但动物多无明显的瘙痒症状。不同种类动物的蠕形螨引起的病变和临床症状不尽相同。

1. 犬蠕形螨病 寄生于犬的蠕形螨有犬蠕形螨（*Demodex canis*，图25-15）、*Demodex injai* 和 *Demodex cornei*。犬蠕形螨是引起犬蠕形螨病的主要病原，主要寄生于毛囊内，偶见于皮脂腺内，常发部位是肢端、腹部、腋下、口周、下颌、耳，背部虽有但较少。*Demodex injai* 的体长大约是犬蠕形螨的 2 倍，多寄生于皮脂腺，常引起犬背部皮脂增多、皮肤和毛发油性增加，多见于㹴类犬。*Demodex cornei* 虫体短小，体长大约为犬蠕形螨的 1/2，多寄生于表皮浅层，引起的症状与犬蠕形螨相似，但往往更轻。16S rDNA 测序结果表明，犬蠕形螨和 *Demodex injai* 基因序列的同源性较远，可能是 2 个不同的虫种；*Demodex cornei* 与犬蠕形螨同源性很近，可能是犬蠕形螨的同种异形体。

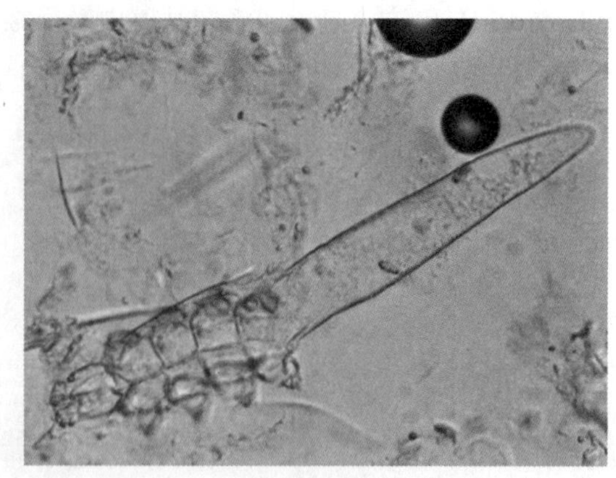

图 25-15　犬蠕形螨
（刘贤勇供图）

在正常情况下，寄生于犬皮肤上的蠕形螨与机体的免疫系统可以维持一种平衡态，蠕形螨体表的几丁质可以被角质细胞上 TLR-2 识别，激发宿主的固有免疫反应；其分泌的酯酶、蛋白酶经角质细胞和朗格汉斯细胞加工后，可以激发宿主的获得性免疫应答，刺激白介素 IL-2、IL-4 和共刺激分子 CD28 分泌增加。在这一系列机制的作用下，皮肤上的螨数量维持在较低的水平，不引起临床症状。当存在诱因，导致皮肤的免疫学和生态学环境有利于蠕形螨大量繁殖时，易发生蠕形螨病。常见诱因有：皮肤结构和生理状态的改变、免疫功能紊乱、激素水平异常、老龄、妊娠、分娩、肥胖、内寄生虫感染、营养不良、使用免疫抑制药物、应激（如发情、手术、长途运输）以及遗传（品种）因素，其中，机体的免疫状态是影响蠕形螨增殖的最重要因素。

犬蠕形螨病可分为局灶性蠕形螨病（localized demodicosis）和全身性蠕形螨病（generalized demodicosis）两种类型，但两种类型的判定标准尚未完全达成共识。一般认为，当动物体局灶性病变在 6 个以下（含 6 个），且病变主要局限在面部和前肢时，可判定为局灶性蠕形螨病。局灶性犬蠕形螨病多见于 1 岁龄以内的幼犬（3—6 月龄是发病高峰期），一般预后较好，多数（约 90%）在 4～8 周内或在犬性成熟后自愈。当 6 个以上区域出现病变，或 2 条肢体以上受到影响时，可判定为全身性蠕形螨病。全身性蠕形螨病多见于成年犬，多与免疫抑制性因素有关，常见的因素有免疫抑制性疾病（如肿瘤），使用免疫抑制剂（如糖皮质激素类药物），或存在细胞毒性物质。幼犬也可发生全身性蠕形螨病，且多与遗传性免疫缺陷有关。当发生全身性蠕形螨病，病犬常呈现出 T 细胞衰竭症：IL-2 水平降低，IL-10 和 TGF-β 水平升高，氧自由基水平上升，这可能与蠕形螨抑制 $CD4^+$ T 细胞增殖、促进其凋亡有关。全身性蠕形螨病往往比较难治愈，治疗周期长，需要宠物主人投入大量的时间和财力；若不进行有效治疗，全身性蠕形螨病可导致犬死亡。

犬蠕形螨病常见临床症状为患部出现局灶性或多发性脱毛、红斑、毛囊管型、鳞屑斑、灰蓝色皮肤色素沉着。红斑状病变（红铜色）与周围的界限分明。痒感不强烈。如继发细菌感染，则会出现毛囊炎、丘疹、脓疱甚至溃疡；如不及时治疗，患犬可因脓毒血症死亡。患部有特殊的、难闻的臭味。

2. 山羊蠕形螨病　成年羊比幼年羊明显，病变多见于肩胛、四肢、颈部、腹部等处，可见黄豆至蚕豆大小、圆形或近圆形的结节。严重感染时出现消瘦、被毛粗乱等症状。

3. 牛蠕形螨病　牛蠕形螨是牛皮肤上正常生物群体。但有时也会引起针尖至核桃大小的白色囊瘤，黄豆大小囊瘤较为常见。一般初发于头部、颈部、肩部或臀部。囊内含粉状物或脓状物。新生的囊内常有大量各个发育阶段的虫体，但陈旧囊内往往没有螨。牛蠕形螨病很难治愈。

4. 猪蠕形螨病　一般初发于眼周围、鼻部和耳基部，而后向全身蔓延。患部出现小米粒大小的囊泡，个别有大米粒大，内含各个发育阶段的虫体。

（四）诊断

根据病史、临床症状可作出初步诊断。确诊需取样进行镜检。

（五）治疗

1. 犬局灶性蠕形螨病的治疗

（1）每周用醋酸氯己定或苯甲酸苄酯（benzoyl peroxide）香波给患犬洗澡。并配合使用抗外寄生虫药物。

（2）监测病程。多数情况下患犬能够康复；如果犬病情恶化，按全身性蠕形螨病治疗方案进行治疗。

2. 全身性蠕形螨病的治疗

（1）对患部进行细胞学检查和细菌培养、药敏试验（当发现存在继发细菌感染时依据药敏结果选择抗生素治疗）。

（2）每周或每 2 周用醋酸氯己定或含苯甲酸苄酯的香波给患病动物洗澡。

（3）可选用双甲脒、米尔贝肟、莫昔克汀-吡虫啉点剂、伊维菌素、莫昔克汀、多拉菌素、双甲脒-氰氟虫腙等药物进行治疗。

（4）药物治疗时，还需注意以下事项：①应每月对疗效进行评估。即使皮肤深度刮取法、拔毛法的检测结果为阴性，治疗也不宜马上停止；②有多种因素会影响蠕形螨病的预后，如营养不良、内寄生虫感染、内分泌失调、肿瘤、化疗，为了达到好的疗效，在治疗过程中，应将这些因素排除；③治疗犬蠕形螨病时，不宜使用糖皮质激素类药物。

（六）预防

（1）注意犬舍内卫生，保持干燥、通风。

（2）给犬以全价营养食物，增强机体抵抗力。

（3）全身性蠕形螨病可能与犬的品种（遗传性）有关，患全身性蠕形螨病的犬，不宜作为种犬。

（古小彬　杨光友　潘保良　编，索勋　于咏兰　张迪　审）

第四节　禽螨病

禽螨（poultry mites）是一类寄生于禽类体表的外寄生虫。对养鸡业危害比较严重的主要有皮刺螨科（Dermanyssidae）的鸡皮刺螨（*Dermanyssus gallinae*），巨刺螨科（Macronyssidae）的林禽刺螨（*Ornithonyssus sylviarum*）、囊禽刺螨（*Ornithonyssus bursa*），表皮螨科（Epidermoptidae）的突变膝螨（*Knemidocoptes mutans*）、鸡膝螨（*Knemidocoptes gallineae*）以及恙螨科（Trombiculidae）的鸡奇棒恙螨（*Neoschoengastia gallinarum*）等。上述螨中除突变膝螨、鸡膝螨主要以皮屑和渗出液为食外，其他以吸血为生。螨侵袭会影响家禽休息、采食，会吸食宿主血液或组织液，导致贫血、产蛋率下降，有的螨（如鸡皮刺螨、恙螨）还是多种病原体的传播媒介，给养鸡业造成重大经济损失。据报道，鸡螨每年给欧盟养鸡业造成的经济损失超过 2.31 亿欧元。

（一）病原概述

1. 鸡皮刺螨　又名禽红螨（poultry red mite，PRM；或简称 red mite，红螨）、栖架螨、鸡螨，属于皮刺螨科皮刺螨属，以吸血为生。未吸血时呈灰白色，饱血后为红色，可依血液消化程度而呈黑色至灰色。成螨呈长椭圆形，雌螨长 1.0～1.5 mm，宽 0.4 mm；雄螨长约 0.6 mm，宽约0.32 mm；体表有细纹（褶皱）和短刚毛。虫体分为假头和躯体两部分。刺吸式口器由须肢和螯肢组成，须肢分节，各节套叠；螯肢细长，呈鞭状，螯钳（chelae，位于螯肢末端）小，螯肢用于刺破宿主皮肤。成虫躯体前部有 4 对分节的足，足分为 7 节：从近体端至远体端，依次为基节（coxa）、转节（trochanter）、股节（femur）、胫节（tibia）、膝节（genua）、跗节（tarsus）和吸垫（ambulacrum），其中吸垫为爬行时接触物体表面的部位。第 1 对足的跗节上有 1 对感受器，用于感知外界气味、温度、湿度和振动等刺激，在发现宿主、寻找栖息场所、探寻同类中起重要作用。背部有 1 块盾板，前部较宽，后部较窄，后缘平直。雌螨腹面有数块几丁质板，胸板扁，前缘呈弓形，后缘浅凹，常有 2～3 对刚毛；生殖板和腹板常愈合为生殖腹板，前宽后窄，后端钝圆，有 1 对刚毛；肛板呈三角形，前缘宽阔，有 3 对刚毛，肛门位于后端。雄螨腹面胸板与生殖板愈合为胸殖板；腹板与肛板愈合成腹肛板，两板相接。雌螨的生殖孔位于胸板后方，雄螨生殖孔位于胸板前缘（图 25-16）。

鸡皮刺螨白天隐藏在鸡舍的栖架上、墙缝中、鸡笼的焊接处、水管接缝处、饲料渣下、粪块下、产蛋箱上、鸡窝缝隙等处。晚上爬到鸡上吸血，每次吸血的时间一般不超过 1.5 h，吸饱血后离开鸡体，返回栖息场所。当鸡舍中有大量鸡皮刺螨寄生时，也会在白天爬到鸡上吸血。一般每隔 2～4 d 吸血一次。除侵袭鸡外，也侵袭火鸡、麻雀、喜鹊、鸽等数十种家禽和野禽。

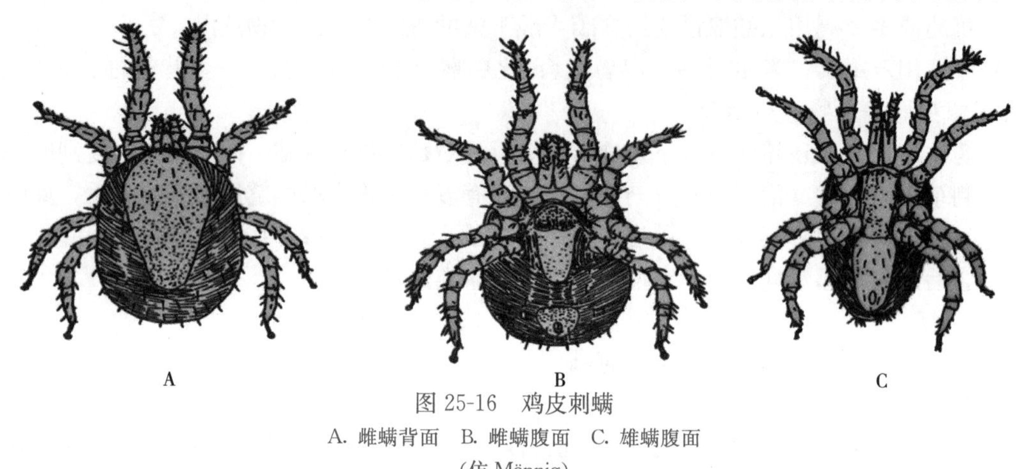

图 25-16　鸡皮刺螨

A. 雌螨背面　B. 雌螨腹面　C. 雄螨腹面

（仿 Mönnig）

2. 林禽刺螨　又名北方羽螨（northern feather mite），属于巨刺螨科禽刺螨属，以吸血为生。成螨呈卵圆形，长 0.5～1.0 mm，颜色取决于体内吸食血液的消化程度，可呈现白色至暗红色。外形与鸡皮刺螨相似，但个体较小。鉴别特征为，林禽刺螨背部盾板后端突然变细，呈舌状；肛板呈卵圆形，肛孔位于前半部；螯肢比较粗壮，呈剪状，螯钳比较明显；体表的刚毛比皮刺螨多、长（图 25-17）；雌螨胸板上有 2 对刚毛；足长，爬行速度快。

林禽刺螨主要寄生于禽类泄殖腔周围的羽毛根部，严重感染时也可寄生于翅、背部等处的羽毛上。一般不离开宿主。但是，当禽巢中有雏禽时，有时也会将卵产在禽巢上。除侵袭鸡外，还可以侵袭 70 多种家禽或野禽，如鸽、雨燕、鱼鹰。

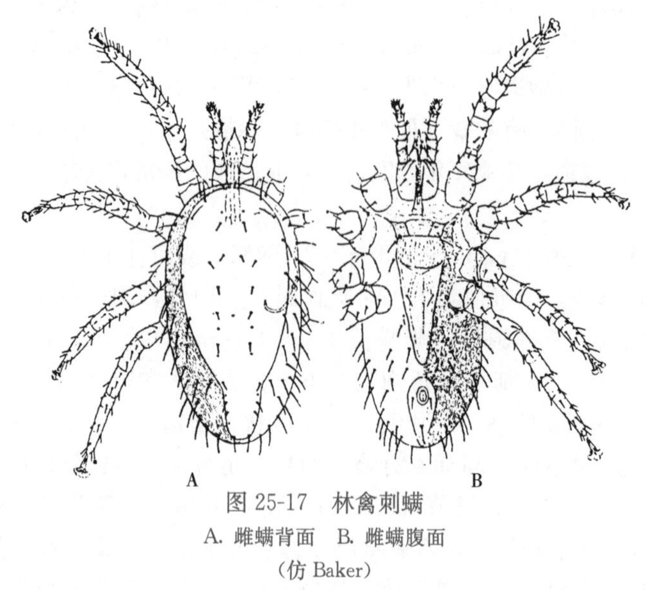

图 25-17　林禽刺螨

A. 雌螨背面　B. 雌螨腹面

（仿 Baker）

3. 囊禽刺螨　又名热带禽螨（tropical fowl mite），属于巨刺螨科禽刺螨属。形态与林禽刺螨相似，鉴别特征为，盾板两侧自足基节Ⅱ水平后逐渐变窄，盾板后端有 2 对明显的刚毛；腹板上有 3 对刚毛；螯肢呈剪状（图 25-18）。

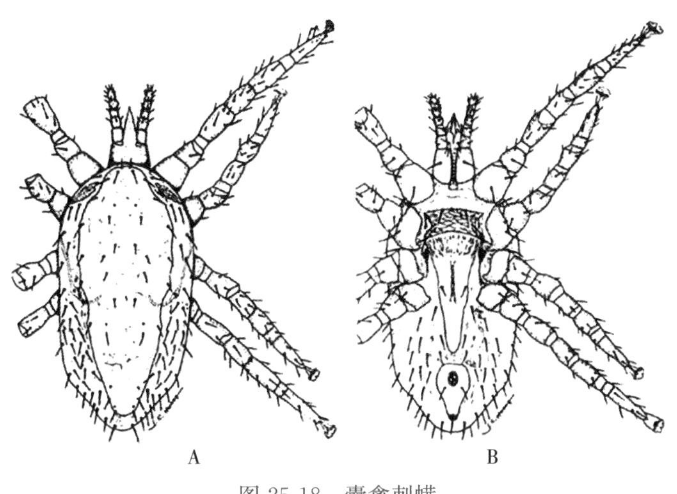

图 25-18　囊禽刺螨
A. 背面　B. 腹面
（仿 Strandtmann Whatton）

主要流行于热带和亚热带地区，寄生部位和习性与林禽刺螨相似，但囊禽刺螨也会将卵产在环境中。可侵袭多种家禽和野禽，如鸭、火鸡、鹰。对于野鸟而言，囊禽刺螨主要栖息在鸟巢中，离巢的鸟上携带的虫体很少。

4. 突变膝螨　又名鳞足螨（scaly-leg mite），属于表皮螨科膝螨属。成螨呈近球形，直径约为 0.5 mm，足短粗，表皮上有明显的横纹，横纹不连续，体表无刚毛（图 25-19）。寄生于家禽表皮内，多见于腿部无毛处，偶见于鸡冠和肉垂上。习性与哺乳动物的疥螨类似，以皮屑和组织液为食。

5. 鸡膝螨　又名脱羽螨（depluming mite），属于表皮螨科膝螨属。形态和习性与突变膝螨相似，鉴别特征为，鸡膝螨虫体较大；背部的横纹连续不间断（图 25-20）。多寄生于家禽的头部、背部、颈部、腹部、肛门周围和腿上部的表皮内，可侵入羽轴中。

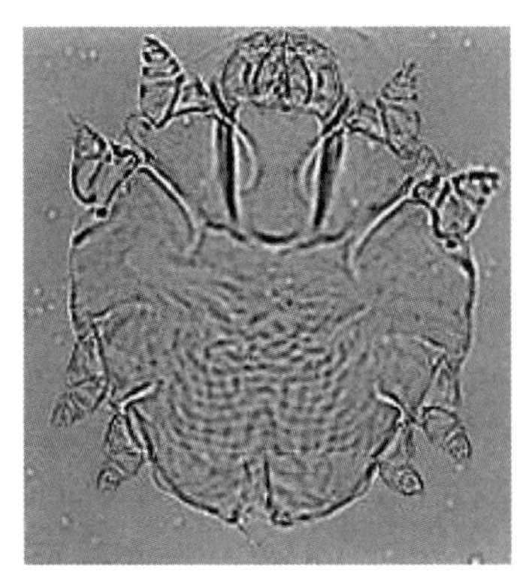
图 25-19　突变膝螨

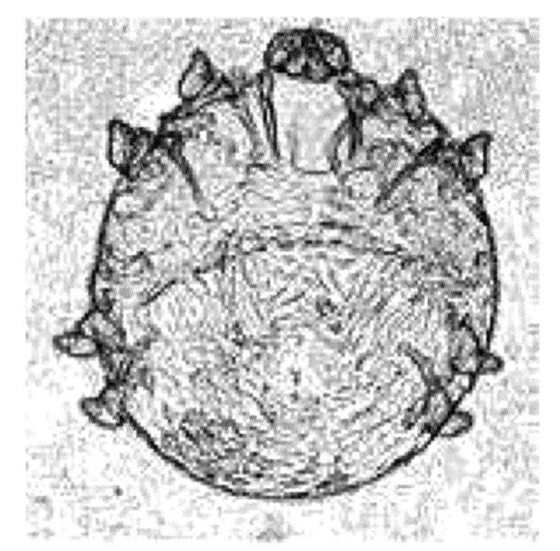
图 25-20　鸡膝螨

6. 恙螨　又名沙螨（sand mite），属于恙螨科（Trombiculidae）。恙螨（trombiculid mite）种类众多，超过 2 000 种，我国有 500 多种，侵袭动物的有 50 多种。仅幼虫（被称为 chigger）营寄生生活，其他发育阶段均在环境中完成。幼虫体长 0.2～0.5 mm，椭圆形，饱血后多呈橘黄色。体分为颚体和躯体两部分。颚体由 1 对须肢和 1 对螯肢组成，螯基（螯肢基节）很大，近三角形。躯体包含背板、背毛、腹毛和足等结构；有足 3 对；背板位于躯体背部前端，呈长方形、方形、五角形、梯形或舌形，因种类而异。

恙螨宿主特异性不强，可侵害多种宿主（包括禽类和哺乳动物）。幼虫多寄生在禽类的翅内侧、胸两侧和腿内侧的皮肤上，吸食血液和体液。侵害禽类常见的种类为鸡奇棒恙螨（*Neoschoengastia gallinarum*，图 25-21）。

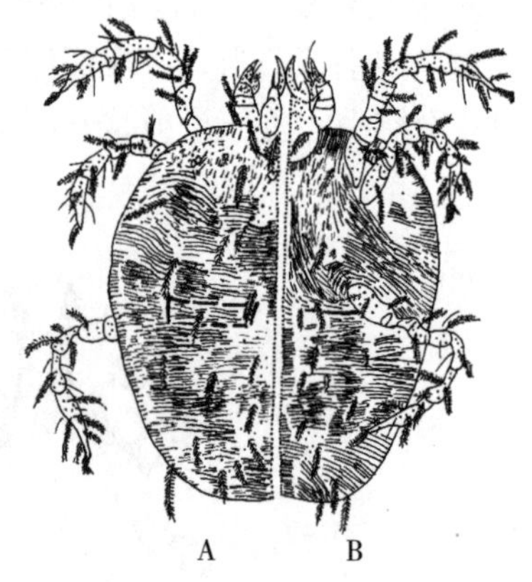

图 25-21　鸡奇棒恙螨幼虫
A. 背面　B. 腹面
（仿李德昌）

（二）病原生活史与习性

大多数鸡螨发育过程相似。以鸡皮刺螨为例，发育过程包括卵、幼虫、若虫、成虫四个阶段（图 25-22），其中若虫分为两期，即第一期若螨（protonymph）和第二期若螨（deutonymph）。雌螨在吸饱血后，在 12～24 h 内于鸡舍的缝隙或各种碎屑等栖息场所中产卵，卵呈白色，每次产卵 3～7 枚，一生多产卵 32 枚左右，或达 50 枚；每次产卵前均需吸血。在20～25 ℃条件下，卵经 48～72 h 孵化为幼虫，幼虫半透明、白色，3 对足，不吸血。经 24～48 h，幼虫蜕化（moult）为第一期若虫；第一期若虫吸饱血后，在 24～48 h 内蜕化为第二期若虫；第二期若虫吸饱血后，在 24～48 h 内蜕化为成虫。除吸血时侵袭宿主外，其他时间一般藏匿在鸡舍内的栖息场所。鸡皮刺螨一般在 2 周内完成整个生活史；在适宜的条件下，只需 7～9 d。鸡皮刺螨繁殖速度快，繁殖周期短，鸡舍的饲养条件为其提供了理想的环境：温度在 10～35 ℃，相对湿度>70%，因此在鸡舍内，螨数量往往增长很快。鸡皮刺螨耐受饥饿能力较强，若虫不吸血可存活数周，成虫不吸血可存活 4～5 个月。

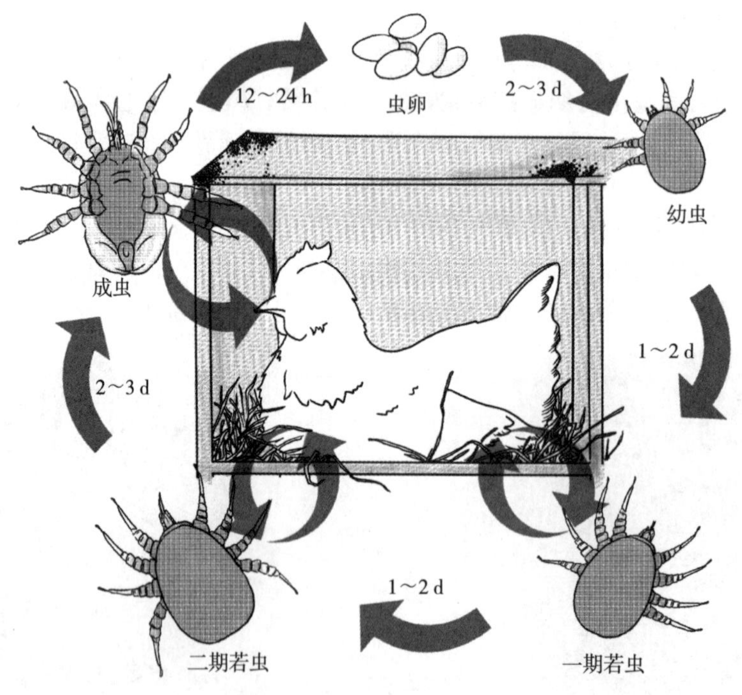

图 25-22　鸡皮刺螨生活史
（于童　潘保良供图）

与鸡皮刺螨不同，林禽刺螨、囊禽刺螨一般在禽体上完成整个生活史，卵可在 1 d 内孵化，第二期若虫不吸血，发育时间很短；林禽刺螨最短可在 1 周内完成生活史。在林禽刺螨群体中，雌螨数量明显高于雄螨，存在产雄孤雌生殖现象，即未交配的雌螨产未受精的卵，孵化出雄性螨；雌螨和子代雄螨交配后产出受精的卵，孵化出子代雌螨。因此，禽群中即使只引入一只雌螨，也可建立感染。在离体的情况下，林禽刺螨能存活 1～3 周，其中，第一期若螨的耐受力较强。据报道，当野鸟巢中有雏鸟时，林禽刺螨、囊禽刺螨也会将卵产于鸟巢上。

突变膝螨、鸡膝螨整个生活史在禽皮肤内完成，整个发育过程需 17～21 d。恙螨的生活史过程比较复杂，包括卵、次卵（前幼虫）、幼虫、若蛹、若虫（稚虫）、成蛹和成虫 7 个阶段；生活史周期为 50～55 d；仅幼虫营寄生生活，其他发育阶段均在环境中完成，成虫和若虫存活于土壤中，以小型昆虫及其虫卵为食；成虫将卵产在潮湿的土壤中，幼虫爬到植物上，当宿主经过时侵袭动物。

（三）流行病学

鸡螨主要的传播方式是接触传播（包括直接接触和间接接触）。携带虫体（或卵）的鸡或野鸟是鸡螨重要的传染源。此外，也可通过工作人员的衣物（如衣服、鞋子）、鸡舍用具（如扫帚、授精器、产蛋箱、运雏箱）、羽毛（包括卵和虫体）在鸡场内迅速传播。对于林禽刺螨而言，人工授精是重要的场内扩散途径。

禽螨多呈世界性分布，不同种类的螨流行区域不尽相同。鸡皮刺螨广泛流行于亚热带和温带地区，欧洲、中国、日本等地区或国家流行非常严重。林禽刺螨的流行区域与鸡皮刺螨相似，美国、加拿大、巴西、澳大利亚、中国流行严重。囊禽刺螨主要流行于热带和亚热带地区。恙螨的流行主要受栖息环境的影响，多见于温暖潮湿的地区，如我国的南方。

禽螨的流行受饲养管理、季节、禽日龄、防控措施等诸多因素的影响。鸡皮刺螨多流行于蛋鸡和种鸡场，散养鸡和笼养鸡均可被侵袭；老旧鸡舍的鸡皮刺螨往往更严重；春、夏、秋季节多发，冬季较少。林禽刺螨多流行于种鸡、笼养蛋鸡、散养火鸡和雉；在 20～30 周龄的鸡群中更为常见，在寒冷月份发病更为严重；有报道表明林禽刺螨可诱导鸡体产生保护性免疫反应，随着感染时间的延长，鸡体上的螨数量会明显下降。突变膝螨、鸡膝螨多见于日龄较大的散养鸡和棚养鸡，夏秋季节多发。恙螨多见于散养鸡，雏禽比较敏感，火鸡比鸡敏感；在温带地区多见于夏季末，在热带地区全年均可发生。规模化养殖的商品肉鸡由于饲养周期短，鸡螨不易大量繁殖，螨病少见；但有些饲养周期比较长的肉鸡，如三黄鸡也会存在严重的螨感染。

（四）致病作用与临床症状

吸血性螨吸血时会引起鸡只不安，影响其采食和休息，大量寄生时可引起鸡只贫血、体重减轻、产蛋率下降，甚至死亡。如鸡皮刺螨每次吸血约 0.2 μL，在严重感染的鸡场，鸡皮刺螨的数量可达每只鸡 50 万只，可以引起鸡严重贫血，甚至死亡。鸡皮刺螨感染可导致鸡同类攻击行为增加，鸡生长率和饲料转化率降低；可使产蛋率下降 5%～15%；还可使蛋上出现血渍，影响其外观、降低品质。当鸡场内存在大量鸡皮刺螨时，可在栖架、笼具、鸡蛋等处发现大量鸡皮刺螨聚集，呈“椒盐样”外观（为卵、虫体、排泄物的混合物，图 25-23）。

有研究表明，当鸡体林禽刺螨数量≤100 只时，基本上不会给鸡造成不良影响。但在严重感染的鸡场，林禽刺螨可达每只鸡 10 万只，可使鸡每天失血 6%。严重感染时，林禽刺螨、囊禽刺螨可导致泄殖腔周围的皮肤出现溃疡、结痂、红肿等症状，泄殖腔周围的羽毛粘连、变黑（图 25-24），在翅部、背部等处的羽毛上可有大量螨聚集，对光检查可见大量螨爬行。林禽刺螨可影响种鸡精子的质量、降低受精率。

突变膝螨、鸡膝螨寄生于禽的表皮内，会引起表皮增生，形成鳞皮和痂皮。感染严重时，突变膝螨可使鸡腿部、鸡冠和肉垂等处表皮增生，形成大量鳞皮和痂皮，导致跛行，腿、爪畸形。鸡膝螨可引起鸡头部、背部、颈部、腹部、肛门周围和腿上部等处皮肤角化、增厚和皱缩；鸡膝螨可侵入羽轴中，引起强烈的痒感，迫使宿主啄拔羽毛，造成羽毛脱落。

恙螨可引起鸡局部（主要为翅内侧、胸两侧和腿内侧）形成痘脐形病灶，患部奇痒，影响肉鸡的品质；大量寄生时，病鸡贫血、消瘦、不食，严重者可引起死亡。

除了直接危害鸡健康以外，有的鸡螨还是多种疾病的传播媒介，如鸡皮刺螨可传播东方马脑炎病毒、鸡痘病毒、新城疫病毒，鸡大肠杆菌、鸡白痢沙门菌、鸡伤寒沙门菌、鸡副伤寒沙门菌

图 25-23　水管上的皮刺螨
（梁大明　潘保良供图）

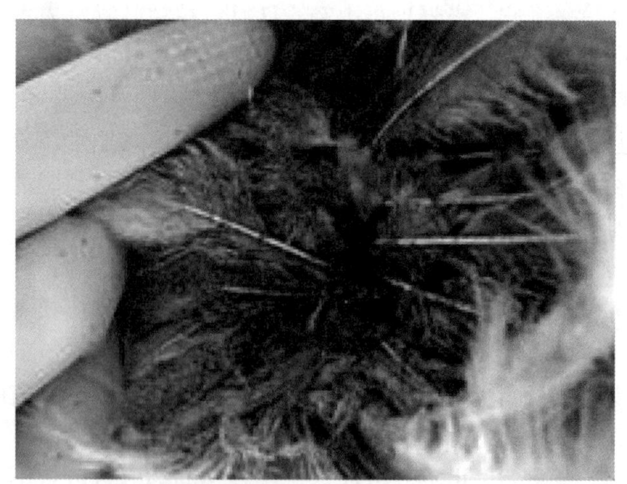

图 25-24　鸡羽毛上的林禽刺螨
（潘保良供图）

和巴氏杆菌等病原体。恙螨是多种立克次体、艾立希体、疏螺旋体的传播者。

此外，如果没有适宜的宿主，鸡皮刺螨有时也会侵袭哺乳动物，包括人，特别是鸡场的工作人员和鸡场周边的居民。鸡皮刺螨叮咬人时可引起皮炎，也可传播一些人兽共患病。

（五）诊断

根据临床症状、流行病学、病理变化可做出初步诊断。确诊需要采集螨镜检，根据形态特征确定螨种类。鸡皮刺螨可从鸡舍栖架上、墙缝内、产蛋箱的接缝处采集；林禽刺螨、囊禽刺螨可从鸡肛门周围的羽毛上采集；突变膝螨可刮取足部皮屑（刮至轻微出血）采集，鸡膝螨可拔羽毛采集。从样品中镜检出螨或虫卵可确诊。

（六）防治

1. 预防　鸡螨的传染性很强，一旦传入，很难根治。对于规模化养鸡场，防止鸡螨传入是最有效的预防措施。应从没有螨的种鸡场引进鸡雏；对引进鸡只和运输工具、车辆进行检测；如发现螨，对鸡只进行隔离杀虫，用热水或杀虫剂对运输工具进行喷洒杀虫。对鸡舍内的鸡、设施进行定期监测，如发现螨，尽早进行防治。减少人员、器具、设备在鸡舍间的流动，从而减少鸡螨在鸡场内的传播。对于已存在螨感染的鸡场，在鸡舍空置时，应彻底清除鸡粪和其他杂物，用水彻底冲洗，并喷洒杀虫剂，杀灭鸡舍内的螨。防止野鸟（如麻雀、喜鹊）进入鸡舍。

2. 治疗　对于存在螨感染的鸡场，喷洒杀螨剂/杀虫剂是目前主要的防治手段。有机磷类（如敌百虫）、拟除虫菊酯类（如氯菊酯）和氨基甲酸酯类（如甲萘威）杀虫剂对鸡螨有效。常用的药物有氰戊菊酯（fenvalerate）、溴氰菊酯。防治鸡皮刺螨时，可先查明鸡皮刺螨在鸡舍内的主要栖息场所，常见的栖息处为水管接缝处、栖架、产蛋箱、墙壁缝隙、地面垫料下，应重点对这些栖息场所进行全面、彻底喷雾。

鸡舍内的杂物、废弃物可为鸡螨提供藏身场所，喷雾药物时容易产生死角，是导致药物防治不彻底的重要原因。防治林禽刺螨、囊禽刺螨时，鸡泄殖腔周围是喷雾重点，宜用高压喷枪进行喷雾，以使药液穿透羽毛，提高药效。喷药时要尽量防止药物污染饲料和鸡蛋，以免造成药物在鸡蛋中残留超标。定期轮换药物，以减少抗药性的产生。由于大多数药物对虫卵均无效，需要5～7 d后重复喷药一次。有研究表明，对泄殖腔周围进行剪羽，可有效减少鸡体上的林禽刺螨数量。

当发生鸡膝螨感染时，应将患鸡隔离治疗，对鸡舍进行彻底清扫，喷洒杀虫剂，可给鸡体表使用10%硫黄溶液，或0.5%的氟化钠溶液。且往往需要重复给药。对于鸡恙螨的防控，避免在潮湿的草地上放鸡是有效的预防措施；给鸡体患部涂擦70%乙醇、碘酊或5%硫黄软膏，可有效杀灭恙螨。

喷雾杀虫剂防治鸡螨存在防治不彻底、环境污染、药物残留和容易产生抗药性等问题。在欧美，已有口服杀虫剂（如氟雷拉那，fluralaner）应用于鸡皮刺螨和林禽刺螨的防治。另外，防治鸡皮刺螨和林禽刺螨的疫苗也在研制中。利用昆虫病原真菌（entomopathogenic fungi）、植物提取物进行鸡皮刺螨的防控有不少研究。在有些国家，惰性粉（inert dust）被应用于鸡皮刺螨的防控，其主要成分为含二氧化硅的硅藻土或人工合成的无定形二氧化硅，惰性粉可磨损鸡皮刺螨关节间膜，致其丧失运动能力，也可吸收鸡皮刺螨表皮中的脂质，导致其脱水死亡。由于惰性粉被鸡吸入后，可引起比较严重的呼吸道症状，因此主要在鸡舍空置期将其喷洒在笼具上。

（潘保良　编，索勋　杨光友　杨新玲　审）

第五节　蜂螨病

蜂螨病是由瓦螨科（Varroidae）的雅氏瓦螨（*Varroa jacobsoni*，也称狄斯蜂螨，俗称大蜂螨）和厉螨科（Laelapidae）的亮热厉螨（*Tropiladaps clareae*，俗称小蜂螨）寄生于蜂体所引起的一种寄生虫病，该病给养蜂业造成严重损失，甚至可导致全群覆灭。我国是世界养蜂大国，蜂群饲养量和蜂产品产量均居世界第一位，蜂螨病是养蜂业中危害严重的寄生虫病，每年给我国养蜂业造成很大的经济损失。本病对外来蜂种危害很大，我国的地方蜂种有一定的抵抗力。

（一）病原概述

1. 大蜂螨　雌螨呈横椭圆形，棕褐色至暗红色，大小（1.11～1.17）mm ×（1.60～1.77）mm。雄螨呈卵圆形，体色略苍白，个体较雌螨小，约为0.88 mm × 0.72 mm（图25-25）。卵呈卵圆形，乳白色，卵膜薄而透明，大小约0.6 mm×0.43 mm，产出后可见四对肢芽。

2. 小蜂螨　雌螨呈卵圆形，棕黄色，大小约1.06 mm × 0.59 mm；雄螨呈长卵圆形，浅棕色，大小约0.98 mm×0.59 mm（图25-26）。卵近圆形，分有肢芽和无肢芽两种卵，有肢芽卵中间下陷形似紧握拳头，卵膜薄而透明，大小约0.66 mm×0.54 mm。

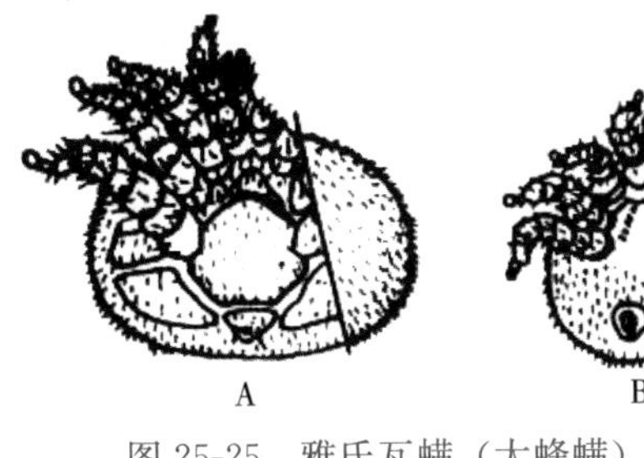

图25-25　雅氏瓦螨（大蜂螨）
A. 雌螨　B. 雄螨
（仿薛慧文）

图25-26　亮热厉螨（小蜂螨）
A. 雌螨　B. 雄螨
（仿薛慧文）

（二）病原生活史

大蜂螨和小蜂螨的生活史均包括卵、幼螨、若螨和成螨4个阶段。

大蜂螨分自由寄生和潜入封盖子房繁殖两个阶段。在自由寄生期，多寄生于工蜂和雄蜂的胸部和腹部，一般寄生4～13 d。潜入封盖子房繁殖期时，大蜂螨雌虫在封盖前潜入蜂幼虫巢房，与雄螨交配后，于封盖后第2天开始产卵，第3天开始出现前期若虫，第7天开始出现后期若虫，第 10 天开始出现第 2 代成虫，到第 12 天新长成的蜂螨随幼蜂出房。据推算，大蜂螨的卵期为 1 d，若虫期为 7 d，雌螨在夏季可生存 2～3 个月，冬季可生存 5 个月，一生有 3～7 个产卵周期，每个产卵周期可产卵 1～7 枚。

小蜂螨的发育周期比大蜂螨短，繁殖力更强。在 34.8 ℃下，接种后 1 d 即可产卵，每个雌虫可产卵 1～5 枚，产卵持续 1～6 d。从虫卵发育至成螨需 5 d。

（三）流行病学

大蜂螨病呈世界性分布，多因从有蜂螨的国家和地区引进蜂群而造成疾病的发生和流行。主要传播途径为蜂群内蜜蜂的相互接触，另外，亦可通过迷巢蜂、盗蜂或换箱、换脾、合并蜂群而传播。大蜂螨随着春季蜂王开始产卵而开始其繁殖，4—5 月蜂螨的寄生率较高（可达 15%）；夏季蜂群的增殖盛期，蜂螨寄生率保持在 10%左右；秋季蜂群群势下降，蜂螨多寄生于少量子脾和蜂体上，9—10 月蜂螨的寄生率达高峰期（50%左右）。直到蜂王停止产卵、群内无子脾时，蜂螨才停止繁殖。大蜂螨成螨可在蜂体上越冬。

小蜂螨流行于菲律宾、缅甸、越南、巴基斯坦、泰国和中国等亚洲国家，多与大蜂螨同时寄生。主要通过抽调蜂脾（特别是子脾）而传播，亦可通过迷巢蜂、盗蜂或换箱、换脾、合并蜂群而传播。在我国南方，小蜂螨可在蜂群内越冬，第二年 2—3 月开始繁殖，5—6 月达繁殖高峰，秋末冬初蜂王停止产卵时，其寄生率明显下降。

（四）临床症状

寄生大蜂螨的成蜂发育不良、体质衰弱、残翅、飞行力下降，蜂群逐渐减弱，甚至全群死亡；寄生大蜂螨的幼蜂不能羽化出房，能羽化成蜂的，也常翅足残缺不全，出房后不能飞翔。

小蜂螨对蜜蜂的幼虫和蛹危害严重。寄生小蜂螨的蜂蛹和幼蜂多死亡，腐烂变黑；即使幼蜂能羽化出房，亦变得残缺不全。螨病严重的蜂群，可造成蜂群迅速削弱，甚至全群覆灭。

（五）诊断

检查大蜂螨时可观察蜜蜂腹胸部有无螨寄生；观察子脾上有无死亡变黑的幼虫或蛹，蛹体有无螨的存在。

检查小蜂螨时可采用以下方法。

1. 熏蒸检查 取 50～100 只蜜蜂置于烧杯中，用乙醚熏蒸，轻轻抖动，观察有无螨掉下。

2. 封盖巢房检查 用镊子挑开取封闭的巢房盖，迎光观察有无螨爬出。

（六）治疗

治疗蜂螨病可选用“螨扑”片，它是以 230 mm×30 mm×1 mm 木片作载体，将氟胺氰菊酯（tau-fluvalinate）药液按一定的工艺流程浸渍于木片上加工成的一种杀蜂螨制剂，该药对蜜蜂安全，而对蜂螨的杀伤力极强，药效可持续一个月以上。

（七）预防

健康蜂群和有螨感染的蜂群不随意合并，不调换不同蜂群的子脾。不从蜂螨病流行的区域引进蜜蜂，新引进的蜂群需观察确定无蜂病后，再并群饲养；蜂分群后，割除雄蜂房。

对小蜂螨的预防措施是雄蜂幼虫封盖后，挑开房盖，夹出雄蜂蛹，除去蜂螨；在蜂群较强而螨害严重时，也可提出子脾，分群治疗。

（古小彬　杨光友　编，潘保良　审）

第六节　家蚕蒲螨病

蒲螨病是由赫氏蒲螨（*Pyemotesherfsi oudemans*）寄生于家蚕体表引起的疾病，又称家蚕壁虱病。

1. 病原概述　赫氏蒲螨属卵胎生，发育经卵、幼螨、若螨和成螨四个阶段。初产雌螨为淡黄色，体柔软透明，纺锤形，大小约为 0.25 mm×0.082 mm。雌螨交配后吸血，体部逐渐膨大，由瓢形变成球形，直径达 1.3～2 mm，较原来增大约 30 倍，称“大肚雌螨”。雄螨椭圆形，大小约为 0.18 mm×0.094 mm。

2. 流行病学　赫氏蒲螨宿主范围广，棉红铃虫是其最喜好的宿主。与棉区相邻的蚕区蒲螨病较为普遍，以春夏蚕期受害严重。传播途径主要是棉红铃虫进入蚕室、蚕具，在当年（晚秋蚕期）或次年危害家蚕。1～2 龄蚕、眠蚕和嫩蛹危害较严重，用新盖的草房或存放过陈粮的房子养蚕易发病。

3. 临床症状与病理变化　赫氏蒲螨可利用螯肢刺注入毒素，可导致蚕中毒死亡；同时吸食血液，给家蚕造成危害。受害蚕食欲减退，行动不活泼，吐液，胸部膨大并左右摆动，排粪困难，有时排念珠状粪，皮肤常有粗糙不平的黑斑。由于蚕的发育阶段不同，症状略有差异。尸体一般不腐烂。

4. 诊断　怀疑本病时，把蚕连同蚕沙或蚕蛹放在深色纸上，用放大镜观察有无淡黄色针尖状的螨类爬动。若看到大肚雌螨，可确诊为本病。

5. 防治　采用浸、蒸、堵、杀等综合防治措施。严防棉红铃虫在蚕室、蚕具越冬，蚕室、蚕具严格消毒。养蚕期间发现病害，可用灭蚕蝇稀释后喷洒蚕体。

（汤新明　编，索勋　审）

第七节　鼠螨病

小鼠螨主要有鼷鼠肉螨（*Myobia musculi*）、鼠蝇疥螨（*Myoptes musculinus*）、相似雷螨（*Radfordia affinis*）、简单疥螨（*Psorergates simplex*）和罗氏住毛螨（*Trichoecius romboutsi*）；其中，鼷鼠肉螨、鼠蝇疥螨和相似雷螨较为常见，鼷鼠肉螨致病性最强。大鼠螨有毛囊蠕形螨（*Demodex folliculorum*）、皮脂蠕形螨（*Demodex brevis*）、鼠背肛疥螨（*Notoedres muris*）、带刀雷螨（*Radfordia ensifera*）、大鼠刺螨（*Laelaps echidninus*）和巴科特禽刺螨（*Ornithonyssus bacoti*）；其中，带刀雷螨和巴科特禽刺螨较常见。豚鼠被毛螨（*Chirodiscoides caviae*）和豚鼠疥螨（*Trixacarus caviae*）在豚鼠中较常见。地鼠常见的螨有地鼠蠕形螨（*Demodex criceti*）和金饰蠕形螨（*Demodex aurati*）。在实验鼠中，小鼠的螨最为常见，大鼠的螨偶发，豚鼠和地鼠的螨较少见。

除巴科特禽刺螨和大鼠刺螨在环境中进行发育外，其他鼠螨均在宿主上完成整个生活史。在适宜的条件下，鼷鼠肉螨、鼠蝇疥螨和巴科特禽刺螨的生活史周期分别为 23 d、14 d 和 11～16 d，卵期分别为 5 d、7～8 d 和 1～4 d。

大多数鼠螨终生寄生在宿主上，通过接触传播，但巴科特禽刺螨和大鼠刺螨除吸血外，其余时间均在环境中栖身，笼具等设施在这两种螨的传播中起很重要作用。

鼠螨典型症状包括瘙痒，抓挠，自我损伤，脱毛，皮肤增厚、溃疡甚至化脓，寿命缩短，体重减轻，免疫力下降，繁殖力下降等。鼠螨感染可能会干扰试验结果。

根据临床症状、流行病学以及病理变化可作出初步诊断。确诊需要刮取皮屑或拔取毛发（对寄生于毛发上的螨而言），镜检是否存在螨或虫卵。

可选用除虫菊酯-增效特给小鼠进行全群药浴，或给小鼠饲喂添加伊维菌素的饲料，或给小鼠颈部背面点涂赛拉菌素。豚鼠疥螨可皮下注射伊维菌素进行防治，给豚鼠口服伊维菌素吸收差，疗效不佳。需要注意阿维菌素类药物（如伊维菌素、赛拉菌素）容易导致转基因鼠、幼鼠和

第二十五章彩图

存在血脑屏障障碍的实验鼠出现毒副反应，应慎用。

鼠螨的传染性很强，从外引进鼠时，需要进行严格检查，并对引进鼠进行隔离和药物驱虫，防止螨传入鼠群。对鼠笼、鼠盒进行彻底清洗并进行杀虫消毒，也可减少螨经笼具传播的机会。防止宠物和野生动物接近实验鼠。

（潘保良　编，索勋　审）

第二十六章 昆虫及其危害

昆虫（insect）属于节肢动物门昆虫纲（Insecta），种类繁多，分布很广。兽医昆虫学仅涵盖很少的一部分昆虫，它们或是直接危害畜禽健康，或侵扰畜禽，或是畜禽疾病的传播媒介。在兽医上有重要意义的昆虫主要隶属于双翅目（Diptera）、虱目（Phthiraptera）、蚤目（Siphonaptera）、半翅目（Hemiptera）以及毛翅目（Trichoptera）。

昆虫的体躯由外壳及其包藏的内部组织和器官组成。外壳多由18～21环节（即体节，somite，或segment）连接而成，但有不同程度的融合。体躯可分头（head）、胸（thorax）、腹（abdomen）三部分。一般认为头部由6节愈合而成，其上的附肢特化为触角和口器。胸部分前、中、后3节，上有足和翅（有的种类无翅）。腹部多为9～12节（高等昆虫的腹节数多减少），末端2～3节常特化为外生殖器。

1. 头部 有眼、触角和口器，主要营感觉和摄食功能。昆虫有复眼（compound eye）1对，有的昆虫还有单眼（ocellus），复眼为主要视觉器官，主要营感知物体运动和感光的功能，在近距离对宿主进行准确定位中起重要作用。昆虫有触角（antenna，复数antennae）1对，位于头前部的两侧，分3节，从基部至顶端依次为柄节、梗节和鞭节（亦称棒节），鞭节常分为若干亚节；触角形状和鞭节节数随昆虫种类不同而异。触角主要营嗅觉、触觉和听觉等功能，其嗅觉功能在远距离发现宿主中起重要作用。昆虫的口器是其摄食器官，由于昆虫的采食方式不同，其口器的形态、构造也不同。咀嚼式口器最为原始，由上唇、下唇、上颚、下颚、舌等5部分组成；有的虫种有下唇须（labial palpus）或下颚须（maxillary palpus），营味觉或嗅觉功能。其他类型的口器由咀嚼式口器演化而来。兽医上常见昆虫的口器种类主要有：①咀嚼式口器，能切碎和咀嚼比较坚硬的食物，如食毛虱；②刺吸式口器，能刺穿皮肤，吸食血液，如吸血虱、蚊、蠓；③刮舐式口器，能刮切或刺穿较厚的皮肤，舐吸血液或其他液体，如虻；④舐吸式口器，能舐吸液体或半固体食物，不能穿刺吸血，如家蝇、绿蝇；⑤刮吸式口器，能刮破皮肤，吸食血液，如螫蝇、角蝇。

2. 胸部 由前胸、中胸和后胸三节组成，主要营运动功能。3胸节各有1对足，故昆虫纲亦被称为六足纲（Hexapoda）。中胸、后胸各有1对翅；有的前翅角质增厚成鞘翅，而后胸翅发达，如鞘翅目（Coleoptera）；有的后胸翅退化成平衡棒（halteres），如双翅目；有的双翅完全退化，如虱目、蚤目。

3. 腹部 多呈近纺锤形或圆筒形，内部包藏着生殖器官及其他内脏器官，主要营生殖和新陈代谢功能。腹节的构造总体比较简单，大致可分为脏节（visceral segments）、生殖节（genital segments）与生殖后节（postgenital segments）；前者因体节中包藏有内脏器官而得名，也称生殖前节（pregenital segments）；后者为腹部末端2～3节，上着生昆虫的交配器（copulatory organ，雄虫）和产卵器（ovipositor，雌虫）。雄虫尾部的交配器主要由阳茎（phallus）和抱握器（harpagones，单数harpago或claspers）组成。不同种类的雄虫交配器的形态结构多种多样，可作为种类鉴别的依据。雌虫尾端的产卵器多为管状结构，由3对产卵瓣（valvulae，单数valvula）组成。生殖后节多较简单。

（潘保良 编，索勋 审）

第一节　双翅目昆虫及其危害

双翅目（Diptera）昆虫一般在中胸部有 1 对发达的翅，但少数种例外，如虱蝇科（Hippoboscidae）蜱蝇属（*Melophagus*）的昆虫无翅。后胸有一对平衡棒，无翅的蜱蝇也有平衡棒。营完全变态发育，包括卵、幼虫、蛹和成虫等阶段。多数种产卵（如家蝇），为卵生；少数种（如丽蝇）产出虫卵后很快孵化出幼虫，为卵胎生。而虱蝇和舌蝇的幼虫一直在雌虫体内发育至第三期幼虫后，才排至体外，为胎生。大多数虫种的幼虫分为数期。

双翅目昆虫已知约有 15 万种，与兽医有关的 3 个亚目为环裂亚目（Cyclorrhapha）、长角亚目（Nematocera）和短角亚目（Brachycera），亦有学者将环裂亚目作为次目，并入短角亚目。根据体型的大小，大致可分为 3 类，即大型（体长＞1.0 cm）、中型（体长 0.5～1.0 cm）和小型（体长＜0.5 cm）。长角亚目包括蚊、蚋、蠓和白蛉等（亚）科，其成虫细长、个体中小型；触角长、分多节；幼虫的头大，且各器官发育齐全。短角亚目常见种类为虻，成虫为中、大型虫体，触角短，分 3 节。环裂亚目包括蝇、麻蝇、狂蝇、虱蝇、丽蝇等科，其成虫中等大小，触角分 3 节，最后一节最大，末端呈羽状；幼虫的头很小。三个亚目中均包含吸血性种类，很多虫种是疾病的传播媒介；其中长角亚目和短角亚目，只有雌虫吸血，其幼虫通常在有水的环境中发育。环裂亚目中，大多数种类的幼虫寄生于家畜导致蝇蛆病，少数为成蝇侵袭家畜。

一、环裂亚目昆虫（蝇类）及其危害

环裂亚目的成虫俗称蝇（fly），一般在腐败的动植物组织、动物粪便和尸体中滋生，而很多种的幼虫寄生于动物上。成蝇的触角分 3 节，最后一节末端多呈羽状，称之为触角芒（aristae）（图 26-1）。幼虫分为数龄，第三龄幼虫虫体较大，多呈圆锥形或近似圆锥形（图 26-2），前部有口，其顶端通常有口钩，后部有一对凸出的呼吸孔，称为气门或气孔（图 26-3）。其中，家蝇、麻蝇和丽蝇的幼虫细长，常称为蛆（maggot，图 26-2）。而狂蝇科（Oestridae）的幼虫相对粗壮，称为蝇蛆（bot，或 grub，图 26-3）。当第三龄幼虫进入蛹期时，其体壁变硬，形成蛹（图 26-4）；蛹多见于腐烂的有机物或土壤，少数种类有特定的化蛹场所，例如，羊蜱蝇的蛹通常附着在宿主的皮毛上。

图 26-1　家蝇头部
(Matt Aubuchon)

图 26-2　家蝇高龄幼虫——蛆
（李豪　潘保良供图）

图 26-3　纹皮蝇幼虫——蝇蛆
(Lyle J. Buss)

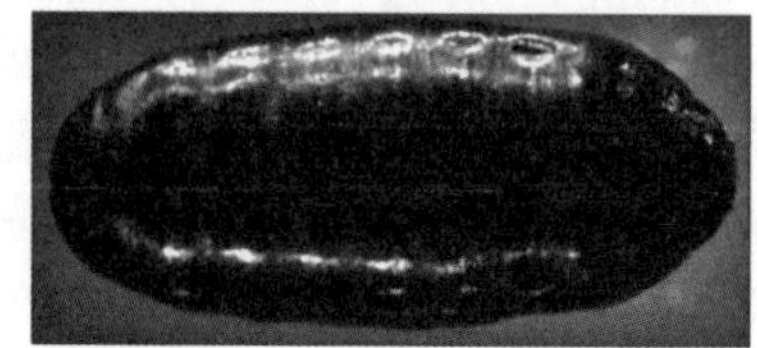
图 26-4　家蝇——蛹
（李豪　潘保良供图）

根据习性及对家畜危害的方式，环裂亚目的蝇大致可分为以下几类。狂蝇科狂蝇亚科、皮蝇亚科、胃蝇亚科、疽蝇亚科的成蝇一般不采食，其幼虫可侵入牛、羊、马等动物的活组织内，引起蝇蛆病，这类蝇被称为狂蝇（botfly）。丽蝇科丽蝇属、绿蝇属、锥蝇属和麻蝇科污蝇属及麻蝇属等属的幼虫可寄生于家畜伤口及脏污的部位，常被称为伤口蝇（screwfly）。蝇科螫蝇属、角蝇属，舌蝇科舌蝇属和虱蝇科的成蝇以吸血为生，常称之为吸血蝇（biting fly）。蝇科家蝇属的成蝇不吸血，但会骚扰动物（特别是有大量成蝇滋生时），常称之为扰蝇（nuisance fly）。

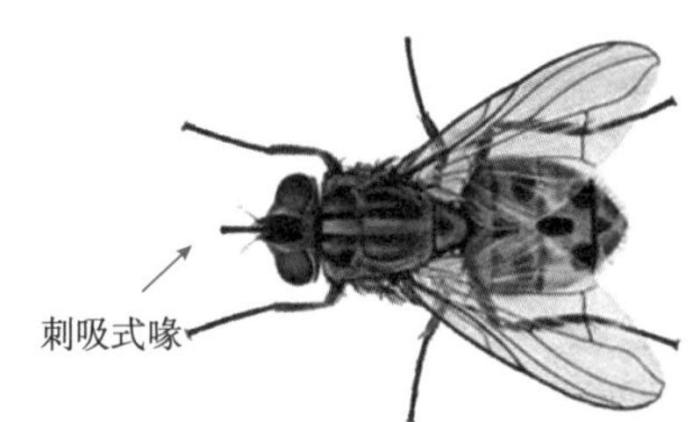

图 26-5 螫蝇头部
（Jeffrey）

（一）蝇蛆病

蝇蛆病（myiasis）主要是由狂蝇亚科（Oestrinae）、皮蝇亚科（Hypodermatinae）、胃蝇亚科（Gasterophilinae）、疽蝇亚科（Cuterebrinae）的幼虫寄生于动物活组织中引起的寄生虫病。这些被称为蝇蛆（bots）的幼虫具有高度宿主特异性和寄生部位特异性，如羊狂蝇幼虫寄生于羊鼻腔内，马胃蝇幼虫寄生于马胃内。不同种类的幼虫（特别是第三龄幼虫）可通过形态特征（特别是后气门的结构特点）（图 26-6）进行鉴别。但实际上，在正常宿主的常见寄生部位发现幼虫时，根据其宿主和寄生部位的特异性，即可确定蝇蛆种类。如果在其他非正常宿主发现移行期幼虫，则需要进行仔细鉴定。已发现皮蝇的第一龄幼虫有时异常地移行到马的脑部；而正常寄生于啮齿类动物的黄蝇幼虫，可寄生于猫、犬的皮下组织和大脑。这些科的成蝇口器退化，不采食，主要营繁殖功能。

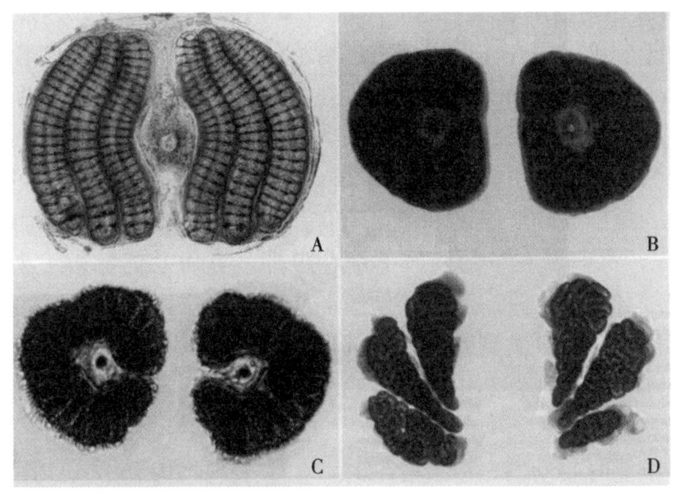

图 26-6 蝇蛆气门板
A. 胃蝇蛆 B. 狂蝇蛆 C. 皮蝇蛆 D. 黄蝇蛆
（Bowman，2021）

1. 牛皮蝇蛆病 由皮蝇亚科皮蝇属（*Hypoderma*）的幼虫寄生于牛或牦牛体内所引起。其成蝇的英文俗名为 warble fly；常见种为纹皮蝇（*Hypoderma lineatum*）、牛皮蝇（*Hypoderma bovis*）及中华皮蝇（*Hypoderma sinense*）。水牛、瘤牛也易感；偶寄生于马、驴、绵羊、山羊和野生动物，甚至人。主要流行于北纬 25°～60°的地区，包括亚洲、北美洲、欧洲、非洲等 50 多个国家和地区。在我国的西北、内蒙古和东北牧区广为分布。

（1）病原概述：

①牛皮蝇：成蝇体长约 15 mm（图 26-7），头部有浅黄色的绒毛；胸部前端和后端的绒毛为淡黄色，中间为黑色；腹部的绒毛，前端为白色，中间为黑色，后端为橙黄色。卵大小为

(0.76～0.80) mm× (0.22～0.29) mm，淡黄色，长圆形，表面有光泽，后端有长柄附着在牛毛上，一根牛毛只附着一粒卵。第一龄幼虫大小约为0.5 mm×0.2 mm，呈黄白色，半透明；体分12节，各节有小刺；口前钩呈新月状，前端分叉，腹面无尖齿；虫体后端有两个黑色圆点状的后气孔。第二龄幼虫体长3～13 mm，后气门板色浅。第三龄幼虫体粗壮，长可达28 mm，棕褐色；背面较平，腹面隆起，有许多结节和小刺；最后两节腹面无刺；有两个后气孔，气门板呈漏斗状。

图26-7 牛皮蝇
(Smart)

②纹皮蝇：成蝇、卵、幼虫均与牛皮蝇相似。区别在于纹皮蝇成蝇体长约13 mm，胸背部有4条黑色发亮的纵纹；一根牛毛上可黏附数枚至20枚成排的卵；第一龄幼虫口钩前端尖锐，无分叉，腹面有一个向后的尖齿；第二龄幼虫的气门板小、色较浅；第三龄幼虫体长可达26 mm，最后一节腹面无刺，气门板浅平。

(2) 病原生活史与习性：纹皮蝇和牛皮蝇的生活史相似，属于完全变态发育，整个发育过程包括卵、幼虫、蛹和成虫4个阶段。

在我国，纹皮蝇一般在4—6月出现。成蝇营自由生活，不采食，不叮咬动物；寿命3～6 d。在炎热无风的白天，雌蝇交配后产卵，将卵产在牛的后腿球节附近以及前腿部，每只雌蝇可产400～800枚卵。卵借助黏附器附着在牛毛上，3～7 d内孵化为第一期幼虫，幼虫通过皮肤毛孔钻入牛体，然后借助于分泌的酶在体内组织中进行移行。纹皮蝇幼虫沿食道黏膜下疏松的结缔组织移行；在感染后5个月左右，第二龄幼虫聚集在食道组织，并在此处停留约3个月。然后，顺着膈肌向背部移行。在牛背部皮下组织形成指头大瘤状突起，上有一个0.1～0.2 mm的呼吸孔，停留约2个月，发育为成熟的第三龄幼虫（图26-3）。最后第三龄幼虫离开宿主，落地，在落叶或疏松的土壤中化蛹。蛹期与环境温度和湿度有关，为30～90 d不等，蛹最后羽化为成蝇。牛皮蝇多在6—8月出现，将卵产在牛的四肢上部、腹部、乳房及体侧被毛上；幼虫不经过食道，沿外周神经的外膜组织移行2个月后到椎管硬膜的脂肪组织中，在此停留约5个月。之后从椎间孔钻出，移行到腰背部皮下（少数到臀部或肩部皮下）发育为第三龄幼虫；在背部皮下组织出现的时间比纹皮蝇约晚2个月，在背部皮下停留约2.5个月。皮蝇幼虫在牛体内寄生10～11个月，整个发育过程需1年左右。

(3) 危害：成蝇不能叮咬动物，但接近牛时，牛常表现出惊恐不安，尾巴高举、无目的地奔跑（牛的这种行为被称为“跑蜂”），引发整个牛群骚动不安，影响正常放牧、采食，降低生长速度，降低产乳量，延迟发情、配种，甚至引起流产、跌伤。

幼虫钻入皮肤时，引起皮肤痛痒，精神不安，患部生痂。幼虫在组织内移行时，造成组织损伤；寄生在食道时，可引起浆膜炎；幼虫移行至背部时，可引起皮下结缔组织增生，在寄生部位出现瘤状隆起和皮下蜂窝织炎。牛的背部出现胡桃大小的肿块，肿块中有发育成熟的第三龄幼虫（又称“牛蛆”，cattle grub）。每个肿块顶部有一个幼虫的呼吸孔。如继发细菌感染，可引起化脓，有浆液或脓液流出。发育成熟的第三龄幼虫从牛背部脱落后，原寄生部位会愈合，形成瘢痕，影响皮革价值。有时皮蝇幼虫会钻入延脑或大脑脚，引起神经症状，甚至死亡。

皮蝇幼虫偶尔侵袭马，引起背部损伤，使马失去骑乘价值；幼虫移行到脑部时，可造成致死性神经系统疾病。皮蝇幼虫偶尔感染人，可导致皮下出现“移行型肿块”；若幼虫侵入脊髓，可造成局部麻痹或瘫痪；移行到眼部可导致失明。

（4）诊断：幼虫出现在宿主背部皮下时易于诊断。根据特征性病变，并在瘤样隆起的结缔组织中发现幼虫即可确诊。国外，有检测血清和牛乳中皮蝇幼虫抗体的 ELISA 方法。在夏季牛毛上发现皮蝇卵也有诊断意义。

（5）防治：目前，常用大环内酯类药物，如伊维菌素、多拉菌素、乙酰氨基阿维菌素或莫西菌素治疗皮蝇蛆病。乙酰氨基阿维菌素和莫西菌素浇泼剂既可用于肉牛，也可用于乳牛。也可用低毒有机磷类杀虫剂进行背部浇泼。由于不同地区成蝇的活动季节不同，故应用这些杀虫药物的“安全期”也不相同。杀虫药物必须在皮蝇活动季节结束后尽快使用，当纹皮蝇幼虫移行到食道或牛皮蝇幼虫移行到椎管时，如进行全身性给药，病牛可能会出现由皮蝇幼虫死亡后释放的毒素所引起的流涎、瘤胃臌气、呕吐（纹皮蝇）或共济失调、后肢麻痹（牛皮蝇）等不良反应；可用拟交感神经类药物（如肾上腺素）和类固醇类药物（如泼尼松龙、地塞米松）治疗，以减轻局部炎症反应；但禁用胆碱酯酶抑制剂（如阿托品）。

当皮蝇蛆抵达背部时，可用一个钝头吸管或注射针管向蝇蛆呼吸孔缓慢注入 3%过氧化氢 1 mL，大多数幼虫在过氧化氢发泡后 15 s 内出来，但切忌刺破虫体，以防虫体内容物引起宿主过敏反应。可用有机磷类药物在牛背部皮肤上涂擦或泼淋，以杀死幼虫。

英国、丹麦、德国、荷兰和爱尔兰等国采取了全国性皮蝇蛆病的防控策略，并取得了成功，如英国该病的发病率已经由 1978 年的 38%降到 1985 年的 0.01%。全国性或区域性防控策略的成功不仅依赖于有效的防控措施，而且需要各项防控措施得到全面彻底地落实。

（6）其他皮蝇：在欧洲，鹿皮蝇（*Hypoderma diana*）蝇蛆寄生于鹿，偶尔也寄生于人；在我国大兴安岭地区的驯鹿中也有该蝇蛆寄生。在亚北极地区，驯鹿皮蝇（*Hgpoderma tarandi* 也曾被称为驯鹿肿皮蝇，*Oedemagena tarandi*）蝇蛆对驯鹿、麝牛和北美驯鹿危害严重，调查显示 70%的感染驯鹿中皮蝇幼虫的数量高达 100 多个。伊维菌素和多拉菌素对这些皮蝇幼虫有效。

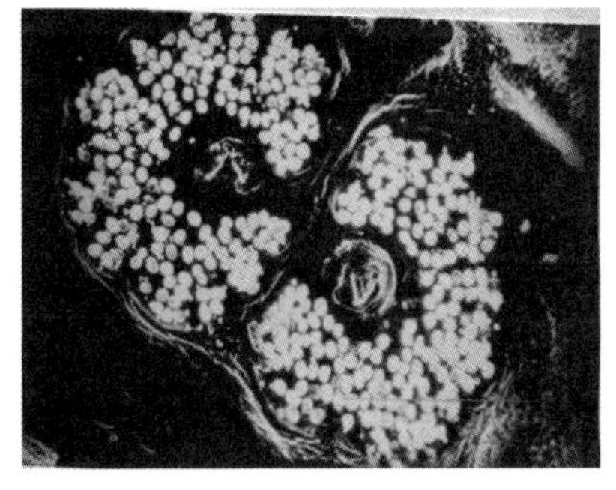

图 26-8　鹿皮蝇第三期幼虫及后气门板扫描电镜照片

（杨晓野供图）

2. 羊狂蝇蛆病　羊狂蝇蛆病（oestrosis，也称羊鼻蝇蛆病）是由狂蝇亚科狂蝇属的羊狂蝇（*Oestrus ovis*，俗称羊鼻蝇，sheep nasal bot fly）幼虫寄生于羊的鼻腔或附近的腔窦中，引起的以慢性鼻炎为特征的寄生虫病。主要危害绵羊，山羊也可感染，有感染骆驼和人的报道。分布于世界各地，炎热、干旱的地区流行严重；在我国，流行于西北、内蒙古、华北、东北等地。

（1）病原概述：成蝇形似蜜蜂（图 26-9）。虫体粗壮，棕灰色，体长 10～12 mm，体表有短绒毛，口器退化。羊狂蝇雌蝇将幼虫（胎生）产入羊的鼻孔后，幼虫经鼻腔移行至鼻窦。幼虫分三龄，第一、二龄幼虫较小；成熟的第三龄幼虫长 28～32 mm，背面隆起，腹面扁平；背面无刺，各节有深褐色带斑，腹面各节前缘有小刺数列；虫体前端尖，有两个口前钩（图 26-9），后端齐平，凹入处有 2 个 D 形气门板。

（2）病原生活史与习性：成蝇习性和皮蝇类似，多在温暖的白天活动，特别是在阳光充足时最为活跃。在我国，成蝇多在 5—9 月出现，7—9 月为活动高峰期。成蝇寿命为 2～4 周，可产

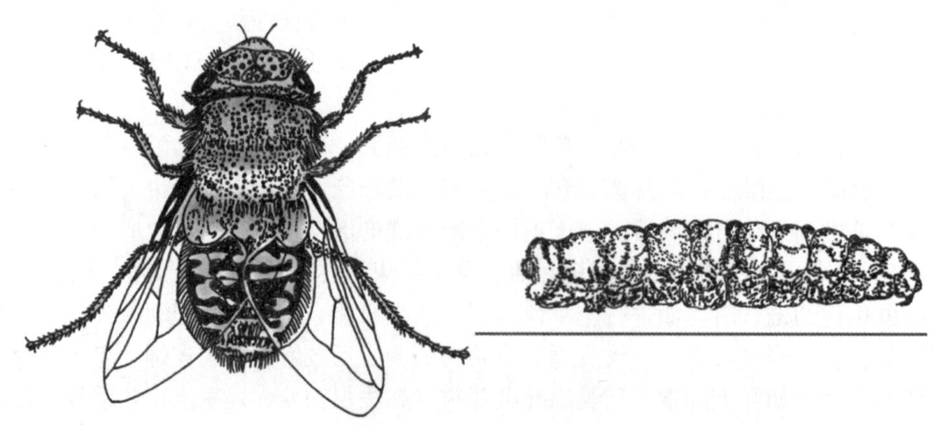

图 26-9　羊狂蝇及幼虫
（Samrt　Soulsby）

幼虫 500～600 条。成蝇将幼虫产在羊鼻孔处；幼虫沿鼻黏膜爬入鼻腔，以口前钩固着在鼻黏膜上，在此处至少停留 2 周；之后进入鼻窦，发育为第三龄幼虫。幼虫以黏膜、黏液和浆液为食。发育成熟后，第三龄幼虫爬入鼻腔，随着羊打喷嚏被排出体外，进入土壤中化蛹。

根据外界环境的不同，各龄虫体发育所需时间也不同。在温暖季节感染的幼虫可在 30 d 内发育成熟；在感染季节后期感染的幼虫，则以第一龄幼虫的形式越冬，直至天气回暖后再发育。在夏季，蛹约在 4 周内羽化为成蝇；但在气温较低时，需要的时间较长；当化蛹发生在秋季，成蝇直至翌年春天才出现。在我国北方每年仅繁殖一代；但在温暖地区，每年两代。

（3）危害：当雌蝇将幼虫产入羊的鼻孔时，羊会出现严重不安，表现出一些防御反应，如扎堆，将其鼻抵于地面或其他羊体上，或贴于足，有时突然跳起，严重扰乱羊的正常生活和采食，使羊生长不良、消瘦。

轻度感染一般不会引发明显的症状。严重感染时，幼虫在羊鼻腔内固着或移动时，其口前钩和体表小刺刺激和损伤鼻黏膜，幼虫分泌物和排泄物引起鼻黏膜出现炎症反应，会导致鼻黏膜发炎和肿胀，有浆液性分泌物，后转为黏液、脓汁，间或出血，鼻腔流出浆液性或脓性鼻液，鼻液在鼻孔周围干涸，形成鼻痂，堵塞鼻孔，使宿主呼吸困难。患羊表现为打喷嚏、摇头、甩鼻、磨牙、蹭鼻、眼睑浮肿、流泪、食欲减退、日渐消瘦。但多无肺炎的症状，这有别于细菌性肺炎和肺线虫病。有时，可出现过敏反应；幼虫有时还会移行至脑部，引起共济失调；或继发肺炎。感染初期症状明显，数月后症状逐步减轻，但到发育为第三龄幼虫时，因虫体增大、活动加剧时，症状又会加剧。少数第一龄幼虫可进入鼻窦，虫体在鼻窦中长大后，不能返回鼻腔，而致鼻窦发炎，甚或累及脑膜，引起神经症状（假回旋症）；最终可导致死亡。

绵羊的感染率和感染强度比山羊高，可能与其鼻腔的湿度较高有关。羊狂蝇幼虫偶感染人，引起眼炎或鼻/喉蝇蛆病。

（4）诊断：根据临床症状、流行病学和尸体剖检可作出诊断。进行早期诊断时，可用药液（如拟除虫菊酯类药物）喷入鼻腔，收集用药后的鼻腔喷出物，如发现羊狂蝇幼虫，可确诊。

（5）治疗：羊狂蝇幼虫对大环内酯类药物很敏感，皮下注射伊维菌素、莫西菌素可有效杀灭羊体内的羊狂蝇幼虫；但是口服给药对第一期幼虫效果较差。绵羊感染羊狂蝇幼虫后，可用乙酰氨基阿维菌素浇泼背部进行治疗。氯氰碘柳胺也有效，持效期可达 6～8 周。在流行区域，羊狂蝇蛆病的最佳防治时期是蚊蝇活动结束后，给羊群皮下注射或背部浇泼大环内酯类药物（如伊维菌素、乙酰氨基阿维菌素）。

（6）其他鼻蝇蛆病：还有一些蝇类的幼虫也可寄生在动物鼻腔、鼻窦、咽和喉部等部位。在欧洲、亚洲（包括我国）和非洲的部分地区，马属动物可感染紫鼻狂蝇（*Rhinoestrus purpureus*）和宽额鼻狂蝇（*Rhinoestrus latifrons*）幼虫；在北半球，鹿蝇属（*Cephenemyia*）

的幼虫可感染鹿、麋鹿、驯鹿等鹿科动物，如在我国内蒙古大兴安岭地区驯鹿的鼻腔和咽喉等处发现了驯鹿狂蝇（*Cephenemyia trompe*）的幼虫（图 26-10）。

图 26-10 驯鹿狂蝇成蝇及三龄幼虫
（杨晓野供图）

3. 骆驼喉蝇蛆病 由狂蝇亚科头狂蝇属（*Cephalopina*）的骆驼头狂蝇（*Cephalopina titillator*）的幼虫寄生于骆驼的鼻腔、鼻窦及咽喉部位所引起，在我国内蒙古、新疆、青海、甘肃、宁夏等产驼地区相当普遍。根据内蒙古地区统计，感染率达 95%以上，最高感染强度为 36 个，死亡率为 2.8%。

（1）病原概述：成蝇体长 9～11 mm。形态上与羊狂蝇很相似。二者最明显的区别特征是翅脉：骆驼喉蝇 M_{1+2}脉末端向上呈蛇行弯曲，该弯曲呈云雾状黑色模糊线条，其与 R_{4+5}脉汇合后，形成闭合的、约呈直角梯形的 $2R_5$室；室末端上方具柄，该柄短于 r-m 横脉，几乎呈直角自 R_{4+5}脉弯向翅前缘。而羊狂蝇闭合的 $2R_5$室呈等腰三角形，$2R_5$室的柄与翅纵轴相倾斜，该柄长于 r-m 横脉。

第一龄幼虫长为 2.14 mm 左右，以体前端、体后端及体两侧分布的丛状刺为特征。第二龄幼虫长为 11.62 mm 左右，形态类似于第三龄幼虫，但体形较小；各节大多出现了柔软色淡的扁平锥状突（图 26-11）。有 2 个后气门，每个后气门上各有 6～10 个长条状及圆形的气隙或孔。第三期幼虫体呈梭形，黄白色，平均大小为 23 mm×17 mm；虫体前端有一对黑色锐利的口前钩；体节上都有一圈环绕背腹面、大而扁平、尖端指向后方的锥状突。每节前缘都有一些棕褐色小刺，尤其是腹面较为密集；在体前部第 2、3 胸节间两侧靠近背面的凹陷中，左右各有一个直径约 0.32 mm 的前气门，为黄褐色，上有许多指状突出构造。虫体后部有一对肾形后气门，位于尾端凹窝内。

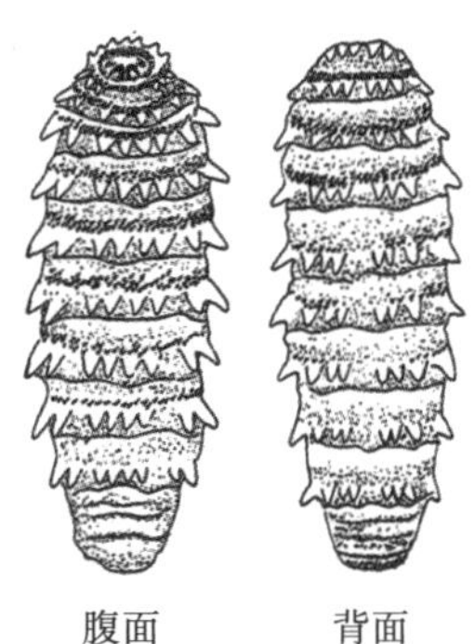

图 26-11 骆驼喉蝇蛆第 3 龄幼虫
（杨晓野，1985）

根据扫描电镜观察，骆驼喉蝇蛆前气门呈一向外凸出的铃铛状物集合体，约 20 多个，每个“铃铛”中央有一裂缝。后气门光镜下所谓圆形或椭圆形的气孔并非是真正的孔，而是一较薄的膜，膜中央有一缝隙，其边缘呈锯齿状；其他皮蝇和鼻蝇幼虫后气门结构也类似（图 26-12）。

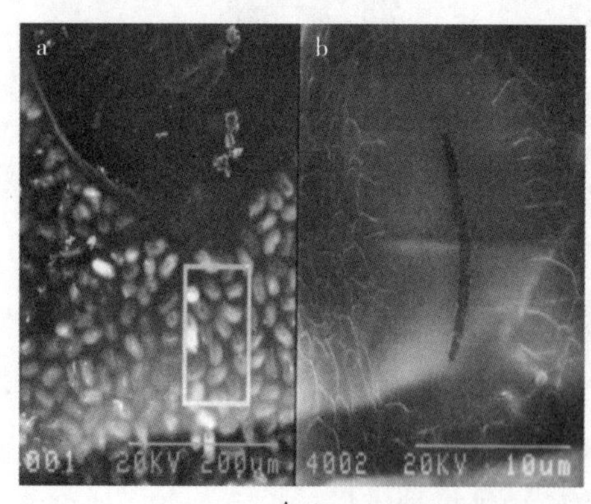

A

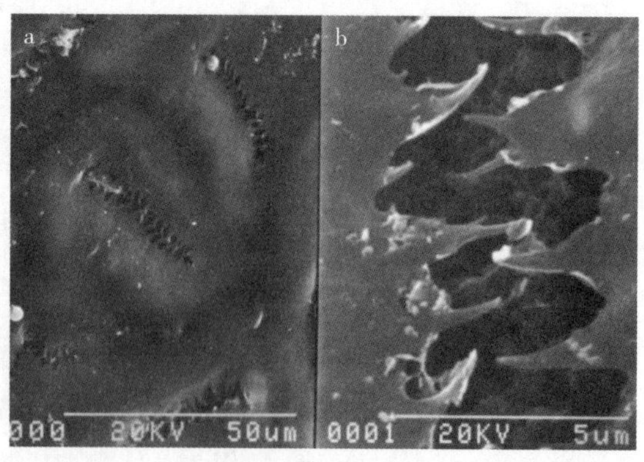

B

图 26-12　羊鼻蝇蛆和骆驼喉蝇蛆第三龄幼虫后气门板扫描电镜照片

A. 羊鼻蝇蛆气门板：a. 密布的所谓“气孔”　b. 单个“气孔”放大

B. 骆驼喉蝇蛆气门板：a. 单个“气孔”　b. “气孔”边缘

（杨晓野，2006）

（2）病原生活史：与羊狂蝇相似。雌蝇将幼虫产于骆驼的鼻孔及其周围，幼虫借助于口前钩和体表的小刺，通过蠕动爬入鼻腔。尔后深入鼻窦及额窦内，在黏膜上寄生发育。第一龄幼虫在骆驼体内出现时间以每年的 7—12 月及翌年的 1—2 月为多，经 8～9 个月，发育为第二龄幼虫；第二龄幼虫以 2—3 月为多，主要存在于鼻腔深处及咽喉部；第三期幼虫出现于 4 月上旬到中旬，主要寄生于咽喉部，发育成熟后则向鼻腔移行。由于其口钩及体表小刺、锥状突对宿主鼻黏膜的刺激，引起患驼打喷嚏，导致幼虫被喷出，钻入外界松土中化为蛹；后羽化为成蝇。

骆驼喉蝇及各期幼虫以骆驼作为唯一宿主，在我国北方地区每年繁殖一代。雄蝇寿命约 3.5 d，雌蝇约 10 d。雌蝇 1 次产幼虫 137～248 个，一生可产 3～7 次，共 800 个左右。在适宜的条件下，第三龄幼虫羽化为成蝇所需的时间为 19～21 d。成蝇活动季节为 6 月初至 9 月末，7—8 月为侵袭高峰期。

（3）危害：成蝇产幼虫时，反复侵袭骚扰驼群，严重影响骆驼的采食、饮水、休息，造成渐进性消瘦；幼虫寄生对骆驼鼻腔及咽部黏膜造成损伤，鼻孔流出浆液性或黏液性鼻液，并常混有血液。严重感染时可见呼吸困难，吞咽时有痛感或吞咽困难，精神不安，衰弱，患病动物消瘦，甚至死亡。乳、肉、毛、绒产量和品质下降。

骆驼喉蝇蛆病在埃及、伊拉克、伊朗、利比亚、沙特阿拉伯、苏丹等国养骆驼地区也普遍存在。

（4）防治：可参照羊鼻蝇蛆病，试用阿维菌素、伊维菌素等大环内酯类药物或碘硝酚。

（杨晓野　刘阳　编，潘保良　彩万志　杨定　审）

4. 马胃蝇蛆病　由胃蝇亚科胃蝇属（*Gasterophilus*）的幼虫寄生于马属动物胃内引起。全世界已知马胃蝇有 9 种，我国有 6 种，分别是肠胃蝇（*Gasterophilus intestinalis*）、红尾胃蝇（*Gasterophilus haemorrhoidalis*，也称痔胃蝇或赤尾胃蝇）、鼻胃蝇（*Gasterophilus nasalis*，同物异名 *Gasterophilus veterinus*，也称喉胃蝇或烦扰胃蝇）、黑腹胃蝇（*Gasterophilus pecorum*，也称兽胃蝇或东方胃蝇）、裸节胃蝇（*Gasterophilus inermis*，也称红小胃蝇）和黑角胃蝇（*Gasterophilus nigricornis*）；前 4 种在我国常见；南方胃蝇（*Gasterophilus meridinonalis*）、三列棘胃蝇（*Gasterophilus ternicinctus*）在我国未见报道。

胃蝇蛆寄生于马属动物的消化道（主要在胃内），引起慢性消瘦和中毒性疾病，其他奇蹄目动物（如犀牛）和长鼻目动物（象）也易感，偶寄生于人、犬、兔。在我国主要流行于西北、东北、内蒙古等地。

（1）病原概述：成蝇形似蜜蜂，全身密布有色绒毛，故俗称“螯驴蜂”（图 26-13）。口器退化，两复眼小且远离。触角小，触角芒简单。翅透明或有褐色斑纹，或不透明，呈烟雾状。雌蝇尾端有较长的产卵管，多向腹下弯曲。卵呈浅黄色或黑色，前端有一斜卵盖。第三龄幼虫粗长，分节明显，每节有 1～2 列刺；前端稍尖，有一对发达的口前钩；后端齐平，有一对后气孔（图 26-13）。我国 4 种常见胃蝇的形态及寄生部位如下。

①肠胃蝇：成蝇呈淡黄色，体长 12～16 mm；头部绒毛呈浅黄色，胸部和腹部绒毛呈淡黄色，腹部绒毛带有褐色的斑点；翅透明，中部有暗色横纹，翅尖有两个暗色圆点。卵呈淡黄色。第三龄幼虫呈红色，长 18～21 mm，宽约 8 mm。各节上有两列刺，前列刺较大，后列刺短小。从第 10 节起，背面中央的刺开始不全，缺 1～2 个刺；第 11 节背部两侧各有 1～5 个刺。第一龄幼虫可在宿主舌背面上皮的前 2/3 处及臼齿间隙发现；第二龄幼虫可见于宿主齿间隙、舌根部及胃壁。第三龄幼虫寄生于马属动物胃内贲门部，也可寄生于食道和十二指肠内。

②红尾胃蝇：体长 9～11 mm，头部有白色和黑色绒毛，胸背部有黑色绒毛构成的宽横带，腹部绒毛前端部为白色，中间为黑色，末端为橙红色。翅透明，无斑点。卵呈黑色。第三龄幼虫呈暗红色，体长 13～16 mm，宽约 6 mm。各节的两列刺都比肠胃蝇小；从第 9 节起，背面缺刺；第 11 节后无刺。第三龄幼虫寄生于胃内，有时见于十二指肠。

③黑腹胃蝇：体长 12～15 mm。雄蝇除胸背部横缝后有间断的黑带外，其余的胸背部和腹背部的绒毛为金黄色。雌蝇胸背和第 1 腹节被有金黄色绒毛，其余的腹背部均为黑色绒毛。翅呈烟雾状。产卵管短，不向腹面弯曲。卵呈黑色。第三龄幼虫血红色，体长 13～20 mm，宽 7～9 mm。各节上有两列刺，前列刺大，后列刺小。从第 7 节起，背面中央刺开始缺失；第 10 节后无刺。第三龄幼虫寄生于咽、食道和胃内。

④鼻胃蝇：成蝇长 12～15 mm。胸背的绒毛呈深黄色。腹背的绒毛前部为浅黄色，中间为黑色，末端为灰黄色。雄蝇腹部中段绒毛呈深黄色。翅透明，无斑点。产卵管呈黑色。卵呈白色。第三龄幼虫呈淡黄色，长 13～15 mm，宽约 6 mm。各节上只有一列刺，易与其他胃蝇幼虫区别。第一龄和第二龄幼虫通常隐藏于宿主齿龈线下的齿间脓腔中，可延伸至臼齿根部。第三龄幼虫常见于宿主十二指肠第一壶腹部。

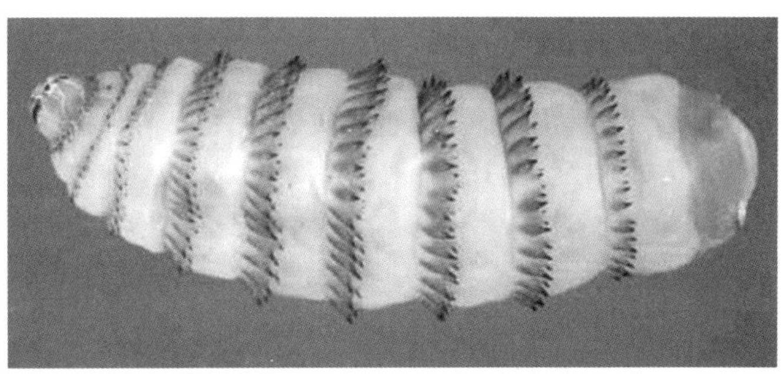

图 26-13　胃蝇及幼虫

（2）病原生活史与习性：各种胃蝇的生活史大致相同，营完全变态发育，经历卵、幼虫、蛹和成虫 4 个阶段。成蝇营自由生活，不采食，不叮咬动物；多在 5—9 月出现，其中 8—9 月是活动高峰期。成蝇交配后，雌蝇在炎热的白天将卵产在马被毛上。雌蝇一生能产卵数百枚。以肠胃蝇为例，成蝇将卵产在宿主前肢被毛上，经 5～10 d，在卵内发育为第一龄幼虫，当环境温度突然升高时（如马的唇部或呼出的气体接触到虫卵时），虫卵迅速孵化，第一龄幼虫钻出；但虫卵对温度的逐渐升高没有反应。幼虫孵出后在皮肤上爬行，引起痒感，马啃咬时，第一龄幼虫进入马的口腔，钻入舌背面的复层鳞状上皮内。幼虫在口腔停留约 1 个月，体积增长约 2 倍，蜕化为第二龄幼虫，后移入胃。在胃中蜕化第三期幼虫。幼虫在胃壁上的寄生时间长达 9～10 个月，在翌年春天（3—4 月）第三龄幼虫发育成熟后，脱离胃壁，随粪便排出体外，落地后钻入表层土壤或马粪中变为蛹；经过 1～2 个月，蛹羽化为成蝇。整个发育过程约为 1 年。

其他胃蝇的发育过程与肠胃蝇类似，但成蝇的产卵地点及幼虫在宿主体内的移行过程往往有所不同。鼻胃蝇将卵产在马下颌间隙的被毛上，卵在 5～6 d 内孵化，幼虫孵出后，朝马下巴处爬行，一直爬到口唇连合部，然后直接爬进口腔内。红尾胃蝇的卵产在马口唇周围的毛上，接触水分后 2～4 d 内孵化，穿过嘴唇表皮，钻入口腔黏膜。黑腹胃蝇将卵产在马蹄上或地面的植物或石头上。红尾胃蝇和黑腹胃蝇在离开胃、排出体外前，需在宿主的直肠壁上寄生数日；此时如对宿主进行直肠检查，第三龄幼虫上锋利的刺可能会划破检查者的手臂，需注意防护。

（3）致病作用与症状：马胃蝇在整个寄生期间都有致病作用，损伤的严重程度与寄生数量、寄生部位、马的健康状况有关。轻度感染时，多数马没有明显的临床症状；严重感染时，会引起比较明显的症状。早期幼虫可损伤齿龈、舌和咽喉部黏膜，引起水肿、炎症，甚至溃疡；病马表现为咳嗽、流涎、打喷嚏、咀嚼或吞咽困难；有的马饮水时，水会从鼻孔返流。幼虫移行至胃、十二指肠时，会损伤胃肠黏膜，引起水肿、发炎和溃疡；在幼虫吸附部位，病变似火山喷口状；患马表现为慢性胃肠炎或出血性胃肠炎，最后使胃的蠕动机能和分泌机能发生障碍。有时，幼虫会堵塞幽门部和十二指肠，甚至造成胃或十二指肠穿孔，引起相应的症状。

此外，幼虫（特别是第三期幼虫）吸血；还会分泌毒素，损伤机体的正常机能。患马会呈现以营养障碍为主的症状，表现为消化不良、食欲减退、贫血、渐进性消瘦、周期性疝痛、全身委顿、多汗，使役能力（辕马）或运动能力（如赛马）降低，甚至死亡。

（4）诊断：特征性临床症状不明显，主要以消化紊乱和消瘦为主，难以与其他消化系统疾病相区分。诊断本病时，需要注意了解各方面的情况，如本病在当地的流行情况、既往病史、动物是否从流行区域引进等。此外，还要注意在胃蝇活动季节动物被毛上有无蝇卵，粪便中有无幼虫排出等。在夏、秋季节，马属动物出现咀嚼或吞咽困难时，应检查口腔、齿龈、舌和咽喉部黏膜有无胃蝇幼虫寄生。当胃蝇蛆寄生于胃时，必要时，可用大环内酯类抗寄生虫药物进行诊断性驱虫：用药后，如粪便中有胃蝇幼虫排出，可确诊。尸体剖检时，在胃、十二指肠或咽喉部发现特征性病变和胃蝇幼虫可确诊。根据幼虫形态特征及寄生部位可对各种胃蝇蛆病进行鉴别诊断。

（5）防治：在胃蝇成蝇活动季节结束，用药物杀灭动物体内的胃蝇幼虫是防治马胃蝇蛆病最好的方法。大环内酯类药物（如伊维菌素、多拉菌素）对马胃蝇幼虫有很好的驱杀效果。可在胃蝇活动季节，定期检查马被毛上是否有蝇卵，若发现蝇卵，可用添加杀虫剂的大量温水（40～48 ℃）擦拭马体表，促使幼虫从卵内孵出后将其杀灭。

5. 黄蝇蛆病　黄蝇蛆病（cuterebriasis）是由疽蝇亚科黄蝇属（*Cuterebra*）的幼虫寄生于啮齿类动物、犬、猫组织中引起的，偶感染人。

成蝇形似大黄蜂，黑色或蓝色，口器退化（图 26-14）。早期幼虫色淡，甚至为白色，有黑

图 26-14　黄蝇（Lyle Buss）及幼虫（Craig Welch）

色体棘。发育成熟的第三龄幼虫长可达 45 mm，呈暗褐色至黑色，有黑色粗壮的体棘（图 26-14）；后气门包括一组曲线形开口。大部分黄蝇属的第三龄幼虫形态相似，难以据此鉴别到种。

主要感染兔、松鼠、金花鼠、小鼠、猫和犬，偶尔感染人。雌蝇将卵产在兔（野兔）出没的地方或鼠穴附近。当宿主动物经过时，虫卵瞬间孵化，第一龄幼虫很快爬到宿主皮毛上，然后通过天然孔进入宿主体内。病例多见于 8—10 月。幼虫寄生于犬、猫、兔颈部皮下结缔组织中（图 26-15），或寄生于犬、猫眼内，引起眼蛆病（ophthalmomyiasis）；也可寄生在鼻腔和口腔部位；有时移行到猫、犬的脑部，造成死亡；在猫脑内移行可导致脑梗死，引起猫缺血性脑病（feline ischemic encephalopathy）。美国的病例统计数据表明，犬黄蝇蛆病的死亡率为 30%，小型犬尤为敏感；猫为 4.5%。

图 26-15　被黄蝇幼虫感染的兔颈部
（Connie Andrews）

对于寄生在皮下的黄蝇幼虫，可通过其在宿主皮肤上的呼吸孔，用镊子将其取出，但切忌弄破虫体，以免虫体内容物泄漏，引发过敏反应。吡虫啉（imidacloprid）和氟虫腈，可以杀死犬、猫被毛上的早期幼虫，但需要仔细检查才可能发现被毛上的早期幼虫；兔对氟虫腈很敏感，禁用。伊维菌素、米尔贝肟、赛拉菌素对犬、猫体内的黄蝇幼虫有效。

6. 肤蝇蛆病　疽蝇亚科肤蝇属的人肤蝇（*Dermatobia hominis*）对人和动物危害比较严重，牛、犬、羊、其他哺乳动物及鸟类均可受到其幼虫的侵害，牛、犬病例多见；人也可以感染。在北美洲、南美洲的牛中常见。

其成蝇形似亮蓝色的丽蝇，口器退化（图 26-16）。发育成熟的第三龄幼虫呈梨形，长约 25 mm，大多数节上有明显的体棘，后气门深陷，气门裂较直（图 26-16）。

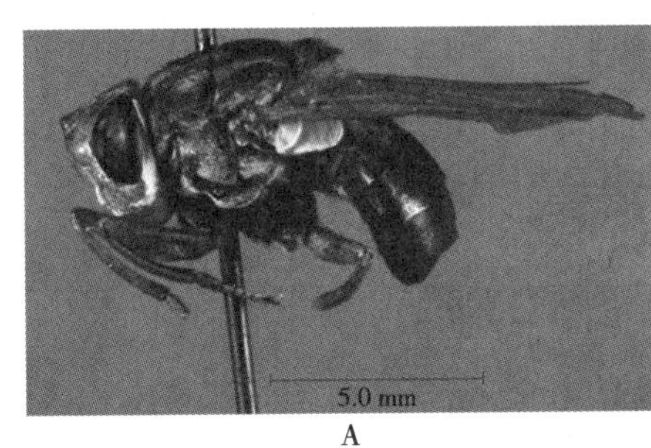

A

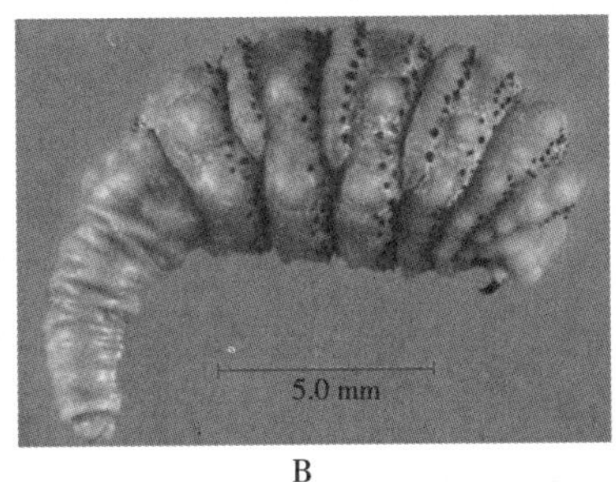

B

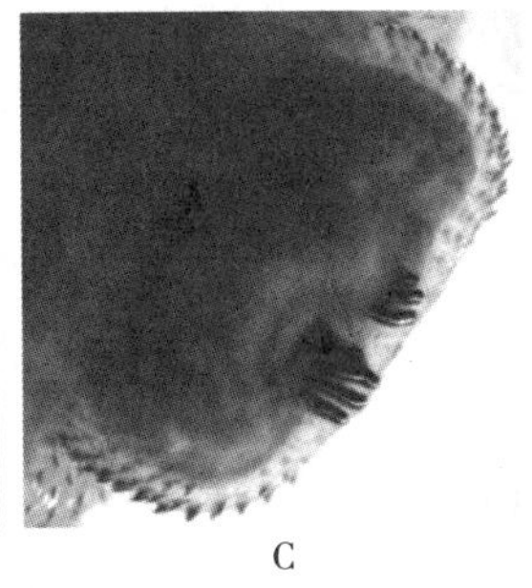

C

图 26-16　人肤蝇（A）、人肤蝇幼虫（B）和后气门侧面（C）

成蝇多在大森林的边缘活动，雌蝇通常捕获吸血昆虫，将它的卵黏在该昆虫的腹部（已发现 46 种运载昆虫，包括蚊、螯蝇），每次可产卵 4～52 枚。卵经 1～2 周发育后，卵内形成第一期幼虫。当运载虫卵的吸血昆虫飞到温血动物上吸血时，由于温度突然升高，卵内的幼虫破壳而出，然后经伤口或直接钻入宿主皮下，进一步发育。每个幼虫可在皮肤上形成一个呼吸孔。经 4～18 周后，第三龄幼虫经呼吸孔离开宿主，落地化蛹。蛹期为 1～3 个月。之后羽化为成蝇。

防治时，可局部涂抹有机磷类和拟除虫菊酯类杀虫剂杀灭牛皮下的肤蝇幼虫，或注射伊维菌素、氯氰碘柳胺。犬肤蝇蛆病安全的治疗方法是用矿物油或石蜡封闭蝇蛆的呼吸孔，等其死亡后通过吸或挤压的方式将虫体取出；给犬注射伊维菌素也可杀灭幼虫，但死亡幼虫引起的炎症会影响伤口愈合。

（潘保良　编，杨晓野　彩万志　杨定　审）

7. 家蚕蝇蛆病　家蚕蝇蛆病是由寄生蝇科追寄蝇属的家蚕追寄蝇（*Exorista sorbillans*）幼

虫引起的一种常见蚕病。

家蚕追寄蝇完全变态发育，经卵、幼虫、蛹、成虫四个阶段。雌蝇产卵于蚕体表，孵化为幼虫钻入蚕体内并在其中化蛹。完成整个生活史一般需要30～40 d。雄蝇体长约12 mm，雌蝇体长约10 mm，由头、胸、腹三部分组成。头略呈三角形，复眼被密毛。胸部分3个环节，背面5条黑色纵带。腹部圆锥形，共9个环节，外观只见5个环节，其余为外生殖器。

常发生于3～5龄蚕期，我国所有蚕区都有分布。每年春蚕期开始发生，夏秋季最烈，整个养蚕季节均受其威胁。

蚕体病变多为黑色喇叭状病斑，多出现于腹部。随着蛆体在蚕体内的生长，被寄生的环节肿胀或向一侧弯曲。体色有时变成紫褐色，易诊为白血病。因虫体寄生或脱出，可形成死笼茧或薄皮茧、蛆孔茧、锁蛆茧、内污茧。死后尸体腐烂、变黑、恶臭。

根据黑色喇叭状病斑，周围体壁呈现油迹状半透明并且随蛆体成长而增大；剖检病斑部，发现蝇蛆即可确诊。

防治措施有饲养管理和生物防治。饲养管理主要有：蚕室门窗设置纱窗与门帐，防止成蝇进入蚕室产卵；丝茧育（以生产缫丝为目的的育蚕方式）及时烘茧杀蝇蛹；堆放蚕沙时以湿土封固；及时清除和杀灭落地蛆蛹；生物防治主要是利用天敌来灭蚕蝇蛆，如大腿小蜂、巨胸小蜂。

（汤新明　编，索勋　审）

（二）伤口蝇蛆病

伤口蝇蛆病（wound myiases，或 traumatic myiases）是由蝇类幼虫寄生于家畜伤口引起。常见的蝇类为麻蝇科（Sarcophagidae）污蝇属、麻蝇属和丽蝇科（Calliphoridae）绿蝇属、丽蝇属、原伏蝇属的蝇。羊、骆驼、牛、马、猪及犬、猫等多种动物的伤口或者脏污的部位均可被这些蝇类幼虫寄生。

1. 麻蝇及阴道蝇蛆病　麻蝇（flesh fly）体长8～14 mm，体较长，其大小约为家蝇的两倍。胸部灰色，带有暗黑色纵向条纹，多为3条；腹部灰黑色斑块交错（图26-17）。体表鬃较多，后腿较长，触角芒上无刚毛。麻蝇的第三期幼虫与家蝇蛆相似，但较大，体长可达19 mm。后气门深陷在一个圆形凹窝内，每个气门的内裂径直向下并远离中线（图26-17）。大多数麻蝇主要营腐生生活（污蝇例外），雌蝇将卵产在刚死亡的动物尸体上，卵孵化为幼虫（蛆），幼虫发育成熟后，在尸体周围的干燥地带化蛹，然后羽化为成蝇。麻蝇也会将卵产在动物的伤口和被尿、粪便污染的皮肤上，引起蝇蛆病。

已发现的麻蝇超过100多个属、2 600多个种。在兽医上比较重要的属是麻蝇属（*Sarcophaga*）和污蝇属（*Wohlfahrtia*）。在我国，污蝇引起的骆驼阴道蝇蛆病对养驼业危害严重。

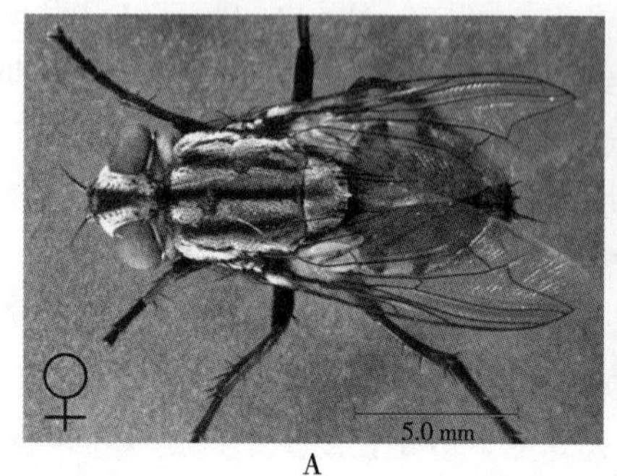

A

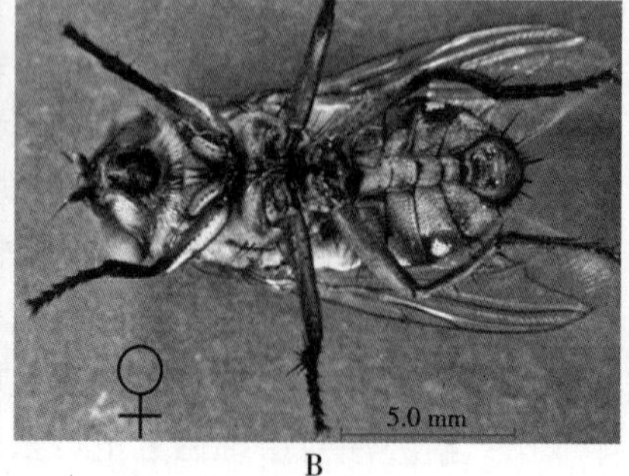

B

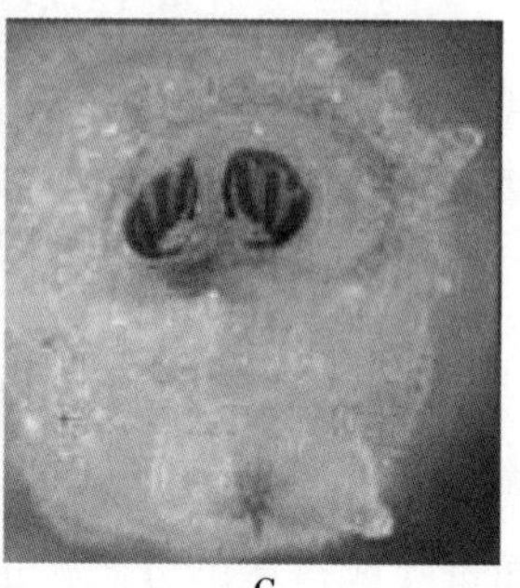
C

图26-17　麻　蝇

A. 麻蝇背面　B. 麻蝇腹面　C. 麻蝇幼虫后气孔

骆驼阴道蝇蛆病又称尿蛆病，是由麻蝇科野麻蝇亚科（Agriinae）污蝇属的幼虫寄生于骆驼的阴道和肛门部位引起的一种寄生虫病。在我国产驼地区很普遍。感染严重时，常致患驼寝食不安，繁殖率降低，肉、绒产量下降。

(1) 病原概述：污蝇呈灰白色、具有黑色斑纹、无金属光泽，体长 10～18 mm；胸部背面有 3 条黑色纵带，腹部背面浅灰色（图 26-18）。我国常见种为黑须污蝇（*Wohlfahrtia magnifica*），其第三龄幼虫长 10～17 mm，前端尖细，第 8 节处最宽，每节上有向后的小刺。前气门有 5～6 个孔突，后气门环不完整。

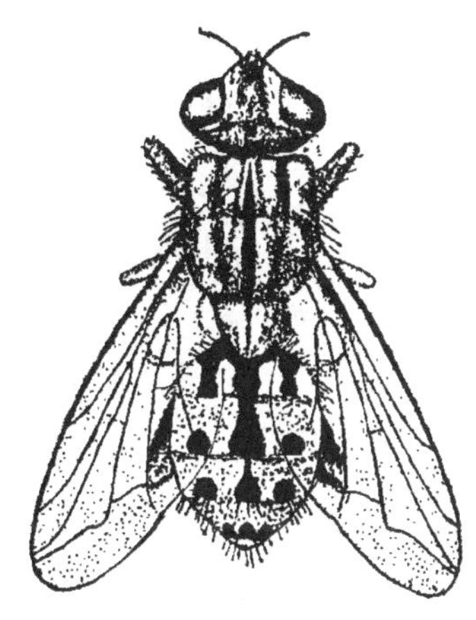

图 26-18　污蝇成虫
(Zump)

(2) 病原生活史和流行病学：成熟前的雌蝇和雄蝇均以植物汁液为生；雄蝇不侵袭家畜，雌蝇只有当其体内幼虫发育成熟后，才寻找家畜产幼虫（胎生）；多在晴朗炎热无风的白天活动。污蝇将幼虫产在流血的伤口及动物的阴道、尿道、耳、鼻等处。黑须污蝇会将幼虫产在骆驼会阴黏膜上，幼虫爬入阴道内，经4～7 d 发育成第三龄幼虫；之后，幼虫落地成蛹（1～3 d）。在夏季，蛹经 5～8 d 羽化成蝇。雌蝇寿命在 8～29 d，雄蝇寿命较短。

骆驼阴道蝇蛆病的流行季节为 4 月底至 10 月中旬。污蝇常以蛹的方式越冬。除骆驼外，污蝇还可侵袭绵羊、山羊、犬、马、驴、骡等动物，但骆驼最为多发，感染率可达 20%～30%，死亡率在 2%左右。

(3) 致病作用：由于蝇蛆的寄生，再加上幼虫毒素的作用，造成骆驼患部皮肤或黏膜溃烂，如果不及时治疗，创口不断扩大，常伴发细菌感染，并使深部组织坏死，形成脓包，难以愈合。病驼表现阴唇肿胀，紧闭，常有血水流出，在股内侧、臀部、尾及尾根部被毛、皮肤等部位有血迹污染，在阴门处形成蝇蛆孔道，流出血水，在阴道内可见蝇蛆。骆驼剧烈疼痛，烦躁不安、跺脚、奔跑，可造成母驼流产，影响采食和育肥，产奶量下降造成羔驼瘦弱。有时蝇蛆穿过阴道，进入腹腔，导致病驼死亡。骆驼阴道蝇蛆病极易重复感染，病灶上的脓血和黏液以及重症愈后留下的疤痕都为重复感染提供了有利条件。在冬季交配时，阴道有疤痕的母驼因惧怕疼痛而逃避交配，使产羔率下降。患过阴道蝇阻病的大部分病驼年年复发，造成繁育母驼数量下降，严重影响养驼业的发展。

(4) 诊断和防治：检查时，在阴道等部位发现病变和蝇蛆即可确诊。治疗时，可用镊子拔出蝇蛆，然后涂上食用油、鱼石脂软膏或碘软膏。用敌百虫、螨净、敌敌畏等杀虫药物涂抹、喷洒、冲洗可杀灭蝇蛆，短期效果较好，但易复发。另据报道，给骆驼阴道部带上防蝇蛆罩，内放入驱避蚊蝇的药物，有较好预防作用。

（王瑞　杨晓野　编，潘保良　审）

2. 丽蝇及其蝇蛆病　丽蝇（blow flies，旧称青蝇）长 6～14 mm，大小介于家蝇和麻蝇之间；一般呈现蓝、绿、黄铜或黑色，具有鲜艳的金属光泽（图 26-19）。已发现的丽蝇有 1 200 多种，在兽医上比较重要的属有绿蝇属（*Lucilia*）、丽蝇属（*Calliphora*）、原伏蝇属（*Protophormia*）。与麻蝇科不同，丽蝇的第三龄幼虫后气门浅平（或稍有凹陷）；气门裂倾斜向下并指向中线（图 26-19）。除了少数种（如嗜人锥蝇，*Cochliomyia hominivorax*）是专性寄生虫外，多数丽蝇营腐生或兼性寄生生活，幼虫在腐肉上完成其发育过程。但幼虫也可寄生于虚弱、疲劳、创伤、污染或不能移动的活的动物体上，引起蝇蛆病。在全球比较潮湿的许多养羊地区（如澳大利亚、新西兰、英国），绿蝇属、丽蝇属、原伏蝇属幼虫引起的羊蝇蛆病是个普遍而严重的问题。

(1) 病原生活史：丽蝇将卵产在宿主脏污的被毛上，虫卵在 12～24 h 内孵化为幼虫，幼虫以宿主的皮肤、毛发和肉为食，大约经 3 d，即可由第一龄幼虫发育为第三龄幼虫，然后落地化蛹，蛹期可达 1 周。蛹羽化为成蝇后，雌蝇交配后产卵。整个生活史周期为 10～25 d，周期的长

A

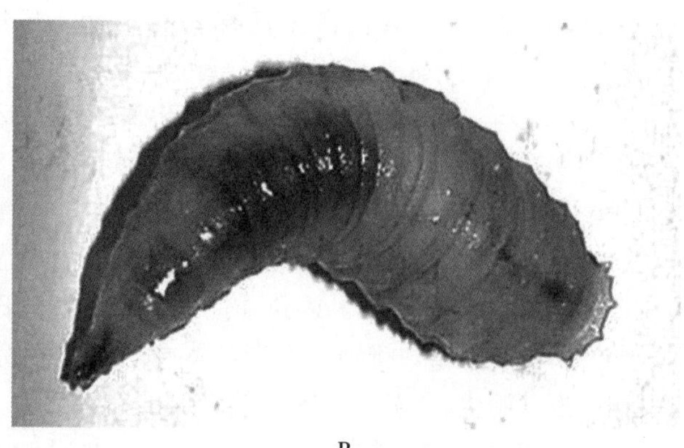
B

图 26-19　丽蝇及丽蝇幼虫
A. 成蝇（Gayle　Jeanell Strickland）　B. 幼虫（Richard Major）

短取决于丽蝇种类和环境条件；每年可繁殖 4～8 代。丽蝇的寿命为 2～8 周，一次产卵可达 200 多枚，在 3 个月内，可产卵 3 000 多枚。

（2）危害：有很多情况会吸引丽蝇侵袭绵羊，如去势、断角的伤口，化脓性伤口，被尿液、粪便污染的皮肤（常见部位为会阴、包皮），或在潮湿羊毛里蓄积的被细菌［如绿脓杆菌、刚果嗜皮菌（*Dermatophilus congolensis*）］分解的产物。丽蝇在上述部位的羊毛上产卵，幼虫很快（<24 h）孵出，入侵皮肤，以腐烂的肉和毛发为食；导致被感染的伤口发炎，皮、毛脱落，甚至出现毒血症，可引起死亡。由于丽蝇产卵量大，繁殖速度快，而且已建立的感染会吸引更多的丽蝇到患部产卵，病情发展迅速，常在数天内形成严重的感染。当有大量丽蝇幼虫感染时，病羊离群，频频摇尾、体温升高、呼吸加快、食欲不振、体重下降、贫血，出现慢性氨中毒、精神沉郁，如不治疗，多以死亡告终。

牧场上体弱或先天性缺陷的新生犊牛也是丽蝇侵袭的目标，幼虫多寄生于犊牛的脐带周围。老弱或轻瘫的犬被毛被尿液浸湿后，有时也可发生蝇蛆病。长毛犬多发，且不易被发现。兔、野生动物和鸟类也可能会遭受蝇蛆病的影响。

（3）防治：绵羊蝇蛆病的防治可用拟除虫菊酯类药物（如氯菊酯）进行浇泼，用有机磷类药物［如马拉硫磷（malathion）］进行药浴，用环丙氨嗪（cyromazine）对患部进行喷洒。用伊维菌素和多拉菌素给牛皮下注射，可有效预防犊牛脐部蝇蛆病和阉割动物蝇蛆病。

剪去绵羊臀部和包皮周围的羊毛，可大大减少这些部位羊毛的湿度和污垢，降低蝇蛆病的发生率。羔羊断尾是控制蝇蛆病比较简便有效的方法。在澳大利亚，广泛应用割皮术（Mules' operation）来预防蝇蛆病：用锋利的剪刀剪去大腿和尾根后面多余的皮肤皱褶，当伤口痊愈的时候，臀部的皮肤拉紧，从而扩大了肛门和阴门周围的无毛区、减少了臀部的潮湿和污浊，这种方法可有效降低丽蝇引起的蝇蛆病发病率。

对病犬患部剪毛和清洗，可清除大部分蝇蛆，残余的蝇蛆可通过局部使用杀虫剂如拟除虫菊酯类杀虫剂或有机磷类药物进行杀灭，但体弱和皮肤裸露的病犬可因大剂量使用杀虫剂中毒而亡。

3. 伤口蝇蛆的鉴别　对伤口蝇蛆进行鉴别对该病的防控具有重要意义，但是能引起伤口蝇蛆病的蝇类很多，鉴别面临很大困难。可根据第三期幼虫的形态结构对少数种类进行鉴别；但在更多情况下，准确鉴别需要将幼虫培养至成蝇（可用动物肝来培养幼虫），然后根据成蝇的形态结构特征进行种类鉴别。

（三）扰蝇及其危害

蝇科（Muscidae）家蝇属（*Musca*）的成蝇会以动物眼睛、鼻孔和口腔周围的分泌物以及被虻叮咬的伤口流出的血液为食，侵袭骚扰动物，影响其休息、采食，被称为扰蝇（nuisance fly)。当养殖场存在大量成蝇时，这一问题尤为突出。家蝇属已知约 60 种，在我国，常见的种为家蝇（*Musca domestica*）、秋家蝇（*Musca autumnalis*）。

1. 形态　家蝇、秋家蝇形态很相似（图 26-20），口器由一个肉质的、可伸缩的喙组成，其末端是一对有皱纹的海绵状结构——唇瓣，二者的鉴别特征见表 26-1。

A

B

图 26-20　家蝇和秋家蝇

A. 家蝇（李豪　潘保良供图）　B. 秋家蝇（http：//influentialpoints. com）

表 26-1　家蝇、秋家蝇的鉴别特征

种类	鉴别特征
家蝇	长 6～7 mm；灰色，背部有 4 条深色条纹；腹部为深黄色，中间有黑色条纹
秋家蝇	长 6～8 mm；深灰色，胸部有 4 条深色条纹，眼多为红色

2. 生活史、习性及危害

（1）家蝇：英文俗名 house fly，将卵产在动物粪便上或腐烂的有机质上。雌蝇平均寿命为 6～8 周，一生可产卵 2 000 枚。在夏季，卵能在 8～20 h 内孵化为幼虫。第一期幼虫（蛆）小，呈白色，在 4～13 d 内蜕化 2 次，发育为成熟的第三期幼虫，之后迁移到干燥地点，化蛹。蛹在 2～6 d 内羽化为成蝇，成蝇在 2 d 后开始产卵。在适宜的条件下，整个发育过程需 9～15 d，但条件不适宜时可大大延长。经过一个发育周期，1 对成蝇可繁殖出 75～150 只后代；家蝇每年可繁殖 10～30 代，可产生成千上万只家蝇。家蝇主要以蛹越冬；雌蝇也可越冬。

家蝇广泛分布于亚极地至热带地区；可在－10～50 ℃条件下存活。气温高于 6.7 ℃时开始活动，超过 46.5 ℃时停止活动。多在白天骚扰动物，侵袭动物眼睛、鼻孔和口腔以及伤口，大量家蝇侵袭时，给动物造成严重的骚扰，影响其采食、休息，降低其生产性能。规模化养殖场（如猪场、鸡场和乳牛场），若粪便管理不善，家蝇的数量可达到惊人的程度，对动物和养殖人员造成严重侵扰。

家蝇是重要的机械性和生物性传播媒介。家蝇经常接触动物粪便、动物伤口以及发病动物的口、鼻，可通过机械携带将细菌、原虫包囊（卵囊）、蠕虫虫卵以及其他病原体传播给其他动物。家蝇还是马胃线虫，如大口德拉西线虫（*Draschia megastoma*）和蝇柔线虫（*Habronema muscae*）的生物性传播媒介。

（2）秋家蝇：俗称面蝇（face fly），分布于北半球的温带地区，如欧洲、亚洲、北美等地。雌蝇将卵产在新鲜的牛粪中（马粪和羊粪不适合其繁殖），幼虫在干粪或附近的土壤中化蛹。从卵发育为成蝇的时间为 12～21 d。秋家蝇经常侵袭马和牛的面部，多集中于眼和鼻孔周围，以动物眼、鼻排泄物为食，对放牧或室外饲养的家畜造成严重的骚扰。每天采食的时间为 5～10 min，其他时间栖息在植物上的阴凉处。成蝇在建筑物内越冬；越冬的成蝇在天气开始转暖时，经常在房子里乱飞，骚扰人。但在夏天，秋家蝇一般不进入建筑物内，如当乳牛进入乳厅挤乳时，秋家蝇会成群地从乳牛身上飞走，在厅外等待，当牛从乳厅中出来后，秋家蝇再成群飞回牛体；这种习性与家蝇形成了鲜明对比。秋家蝇迁徙能力较强，5 d 内可飞行 11～12 km。

秋家蝇可作为吸吮线虫（*Thelazia*）的生物性传播媒介；也可作为牛莫拉杆菌（*Moraxella bovis*）的机械性传播媒介，该菌可引起牛的传染性角膜结膜炎（红眼病），该菌在秋家蝇的腿部可存活 3 d；当秋家蝇的数量超过每头动物 10 只并且持续一个月以上时，牛传染性角膜结膜炎就会在牛群内传播开来。

（3）其他扰蝇：在澳大利亚，窄额家蝇（*Musca vetustissima*，也称狭额市蝇澳大利亚灌木丛蝇）是一种常见的扰蝇，其习性与秋家蝇相似，所不同的是窄额家蝇除侵袭家畜以外，还侵扰人的脸部；其幼虫也可以引起伤口蛆病；不冬眠。在南非，长突家蝇（*Musca lusoria*）、（嗜血）带纹家蝇（*Musca confiscata*）和粗绒家蝇（*Musca nevilli*）已确定为牛副丝虫（*Parafilaria bovicola*）的传播媒介。黄腹厕蝇（*Fannia canicularis*，夏厕蝇/小家蝇）在被化粪排水系统污水污染的地面繁殖，通常与大量鸡粪的堆积有关；黄腹厕蝇可以达到惊人的数量，需要作为害虫进行防治。

3. 防控 在养殖场，应及时清除动物粪便，防止成蝇在动物粪便中产卵、消除幼虫滋生场所是家蝇和秋家蝇非常有效的防控措施和防控重点。家蝇幼虫可在含水量 40%～80%的新鲜粪便中或腐烂的垫料里大量滋生。可根据养殖场情况采取以下粪便处理措施：及时清除动物圈舍内的粪便，用水彻底冲洗；将粪便集中堆放并防止家蝇产卵；或用水泡粪；或将粪便及时晒干。

使用杀虫剂是目前防控蝇类的常用手段；定期向畜棚、圈舍喷洒残效杀虫剂，可有效降低蝇数量。有机磷类（如敌敌畏）、拟除虫菊酯类（如高效氯氰菊酯）杀虫剂的喷雾剂、毒饵和树脂条都可以用于蝇类的防控。将杀虫威（mesurol，tetrachlorvinphos）喷洒于家蝇栖息和繁殖地，残效期可达 4 周；可将杀虫威制作成一种自由流动的粉剂用于牛，每周 2～3 次或通过自助性粉袋方式自行给药；给犊牛口服杀虫威，可以阻止幼虫在牛粪中发育。拟除虫菊酯类药物可用作饲养场和圈舍的喷雾剂，每隔 3～7 d 在动物背部喷洒一次；或将含拟除虫菊酯类药物的耳标或类似装置贴在动物身上，使杀虫剂持续控制性释放，以防控蝇对牛的侵袭。可尝试给马全身喷雾拟除虫菊酯类杀虫剂防治马的秋家蝇，并对幼虫滋生地定期用杀虫剂进行处理。秋家蝇不追随马进入室内，可在秋家蝇活动的高峰时间将马关在马厩中。

国外已培育寄生蜂（parasitoid wasp）来控制家蝇。寄生蜂的幼虫可在这些蝇蛹中发育，导致其死亡。

（四）吸血蝇及其危害

蝇科螫蝇属（*Stomoxys*）和角蝇属（*Haematobia*），舌蝇科（Glossinidae）舌蝇属（*Glossina*）以及虱蝇科（Hippoboscidae）的成蝇叮咬动物，以吸血为生，常被归类吸血蝇（biting fly）。需要说明的是在英文中，biting flies 所涉及的范围更广，还包括长角亚目的蚊、蠓、蚋、白蛉和短角亚目的虻等吸血性双翅目昆虫。

1. 螫蝇及其危害

（1）形态：螫蝇属（*Stomoxys*）已知 18 个种，均为吸血性昆虫，俗称厩蝇（stable fly）。有数种可给家畜和温血动物造成较大影响，如厩螫蝇（*Stomoxys calcitrans*）、印度螫蝇（*Stomoxys indicus*）、琉球螫蝇（*Stomoxys uruma*）和南螫蝇（*Stomoxys sitiens*）。我国常见的种为厩螫蝇、印度螫蝇和南螫蝇。其中，厩螫蝇是一种世界性分布的蝇类，危害严重。螫蝇体长 5～7 mm，形态与家蝇很相似，但它有一长而突出的喙，叮咬时可引起疼痛；螫蝇的下颚须比喙短（图 26-21）。第三龄幼虫与家蝇相似，后气门有许多弯曲的裂缝，但比家蝇的相距更远（图 26-22）。

（2）生活史：厩螫蝇的生活史与秋家蝇相似，区别是前者更喜欢在潮湿、腐烂的植物堆中产卵，如枯草堆、牧草堆、甘蔗渣以及牛粪便、粪便与土混合物等，并在其附近化蛹（图 26-23）；密封不严实的青贮堆也可成为厩螫蝇的产卵场所；在适宜的条件下，可在 10 d 内完成发育过程。

（3）习性与危害：螫蝇是夏、秋季节较为常见的吸血性蝇类。雌蝇和雄蝇均吸血，一天吸血

图 26-21　厩螫蝇

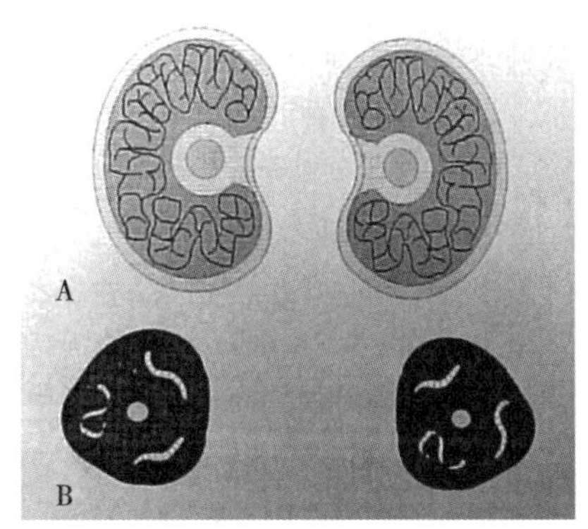

图 26-22　厩螫蝇（B）与家蝇（A）第三期幼虫后气门
（Jerry Hogsette）

图 26-23　厩螫蝇产卵和化蛹的场所
（Jerry Hogsette）

1～2 次，因环境温度而异，寒流期间则停止吸血。主要吸食放牧家畜（如牛、马、羊）的血液，偶尔会叮咬人及其他动物（如犬、野生动物）；主要叮咬四肢、耳部。有较强的迁徙能力，每小时可飞行 8 km。

厩螫蝇叮咬可引起疼痛，会引起动物头、耳、腿、尾和皮肤出现防御性动作，如摇头、晃耳、皮肤颤动、甩尾；有时甚至出现逃离和藏匿行为，如涉水、逃进树林、扎堆，导致采食中断。有报道显示，严重的厩螫蝇叮咬可使牛增重下降 19%，乳牛产乳量下降 30%～40%；可引起犬、虎等动物耳尖出现坏死性皮炎，马腿部出现广泛性皮炎。厩螫蝇可作为小口柔线虫的生物性传播媒介，该线虫是马胃中一种寄生性线虫；厩螫蝇还是多种病原体的机械性传播媒介，如马传染性贫血病毒（equine infectious anemia virus，EIAV）、非洲猪瘟病毒、牛结节性皮肤病病毒（lumpy skin disease virus）、炭疽芽孢杆菌（*Bacillus anthracis*）、多杀性巴氏杆菌（*Pasteurella multocida*）和锥虫（*Trypanosoma* spp.）等。

（4）防控：螫蝇的防控可从环境卫生、生物防治和药物防治等方面采取措施。搞好环境卫生是养殖场最重要的螫蝇防控方法。螫蝇幼虫喜欢在腐烂的植物堆、陈旧的粪便和潮湿的地方滋生。消除其滋生场所，可有效减少其数量。也可定期使用拟除虫菊酯类杀虫剂杀灭滋生场所的螫蝇幼虫。研究显示，寄生蜂可以将其卵产在螫蝇的蛹上，孵化出的幼虫以其为食，将其杀灭，但该技术尚未应用于生产实践。给动物喷雾或涂抹驱避剂，药效可以持续几个小时；可用拟除虫菊酯（如共呋菊酯）、有机磷类杀虫剂的乳油或可湿性粉剂给牛、马等动物喷雾，腿部是喷药的重点区域。

2. 角蝇及其危害

（1）形态：角蝇属（*Haematobia*，也称血蝇属）的成蝇常聚集在牛角周围，因此被称为角蝇（horn fly）。在我国，常见的种为东方角蝇（*Haematobia exigua*）、西方角蝇（*Haematobia irritans*，也称骚扰角蝇）和截脉角蝇（*Haematobia titillans*）。角蝇属曾用 *Lyperosia*。

成蝇棕灰色或黑色，体长 3.5～5 mm，大小约为螫蝇的一半，喙较短。与螫蝇相比，下颚须长，可到达喙的顶端（图 26-24）。

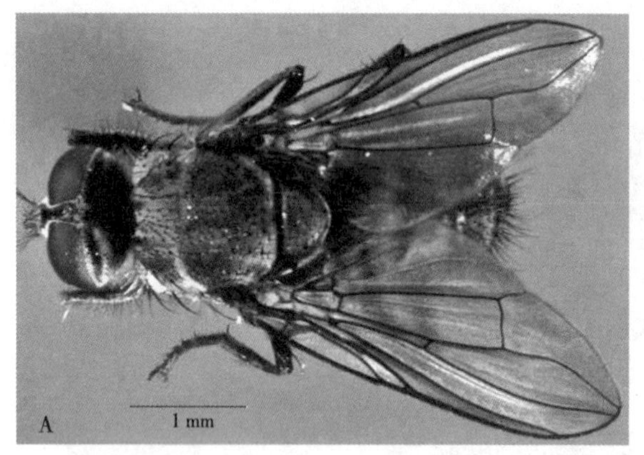

图 26-24　西方角蝇
A. 西方角蝇　B. 西方角蝇头部
（Dan Fitzpatrick）

（2）生活史与习性：在温暖季节，角蝇始终在牛体上活动，定期吸血。雄蝇和雌蝇均吸血。多在宿主的背部活动，但在下雨或特别炎热的天气则躲到下腹部。雌蝇只有在产卵时才离开宿主。与厩螫蝇不同，角蝇幼虫在新鲜的粪便中滋生。当牛排便时，大群的雌蝇落下产卵，然后再返回牛体。雌蝇一生平均产卵 78 枚，但可高达 100～200 枚。卵红褐色，呈堆状分布，在 1～2 d 内孵化出幼虫，在粪便中发育；4～8 d 后化蛹，蛹在 6～8 d 内羽化为成蝇。在温暖、潮湿的适宜天气里，从卵到成蝇只需 2 周左右；但在干燥凉爽的天气里，可能需要一个多月。在适宜的条件下，角蝇每年可繁殖 10 多代。在亚热带、温带，角蝇以蛹越冬。

（3）流行病学与危害：角蝇分布在亚洲、欧洲、美洲和非洲等大洲的非热带地区。角蝇常叮咬牛，偶尔叮咬马、犬、猪甚至人，对放牧或室外饲养牛危害严重，但很少危害室内圈养牛。

角蝇是美国肉牛养殖业中危害最严重的昆虫，每年造成的经济损失为 7 亿～10 亿美元，防治费用超过 6 000 万美元。在流行严重的区域，一头牛上可有高达数千只角蝇侵袭。角蝇每天可吸血 24～38 次；叮咬宿主会引起宿主的防御反应，导致心跳、呼吸加快，采食时间减少，饲料转化率降低，产奶量下降和犊牛的增重下降。在角蝇侵袭严重的犊牛群中使用浸泡杀虫剂的耳标，其日增重比不使用耳标的犊牛高 50%。当泌乳牛和犊牛体上超过 50 只角蝇寄生、肉牛体上超过 200 只角蝇寄生时，就可造成明显的经济损失；公牛对角蝇的耐受能力较强。

在我国内蒙古地区，已发现西方角蝇和截脉角蝇是斯氏副柔线虫的传播媒介，这种线虫寄生在牛、羊、骆驼等反刍动物的胃，对骆驼危害较大。另外，西方角蝇还可作为斯氏冠丝虫（*Stephanofilaria stilesi*）的生物性传播媒介，该线虫可引起北美洲牛的冠丝虫病，其引起的皮炎病变多见于牛的中腹部。角蝇还能机械性传播牛、马伊氏锥虫病和葡萄球菌。防控好角蝇的乳牛场可以有效降低葡萄球菌引起的乳腺炎的发病率。

(4) 防控：由于角蝇一生的大部分时间都在宿主身上，故通过喷雾剂、粉剂、背部涂擦、油膏和杀虫药浸渍的塑料耳标等方式给动物用药，均能够有效杀死成蝇。在欧美，角蝇的控制大多依赖于杀虫药，但角蝇已对许多药物（如皮蝇磷、杀虫威、氯菊酯和氰戊菊酯）产生了抗药性。杀虫威或合成的保幼激素——烯虫酯可以给牛喂服，这些牛排出的粪便中含有的药物可以阻止角蝇幼虫的发育和化蛹，从而中断角蝇的生活史。另外，及时清理牛粪，进行堆积发酵或摊成薄层晒干，可减少牛场角蝇的滋生。

给牛使用乙酰氨基阿维菌素后，至少在 2 周内对角蝇有良好防治效果；而伊维菌素浇泼剂至少可持效 4 周。布鲁斯角蝇陷阱（Bruce's horn fly trap）可使角蝇的数量减少 50%。经常重复使用该陷阱，角蝇在畜群中的数量可明显减少。

3. 舌蝇及其危害　舌蝇科（Glossinidae）只有 1 个属——舌蝇属（*Glossina*），该类蝇俗称采采蝇（tsetse fly），主要分布于非洲，成蝇以吸血为生，是人及家畜多种锥虫的传播媒介。随着国际交往的增多，舌蝇对我国在非洲工作的公民的危害及舌蝇传入我国的可能性值得关注。舌蝇已知有 31 种，只有 8～10 种对家畜和人危害严重。舌蝇每个触角上都有很长的触角芒，呈“羽毛”状，沿一侧分布。喙细长，其长度与下颚须相等，不采食时下鄂须形成鞘包裹着喙（图 26-25）。

图 26-25　采采蝇
(Peggy Greb)

(1) 生活史：在自然条件下，雌蝇一生只交配一次。幼虫分为 3 龄，均在母体的腹部发育成熟，均以子宫腺分泌的液体为食。在幼虫发育的 1～4 周内，成蝇需要定期吸血数次来维持幼虫的发育。当发育成熟的第三龄幼虫被雌蝇排出体外后，立即钻入土中，化蛹。蛹期与气温有关，在 24 ℃下，大约为 30 d。尽管采采蝇的繁殖率低，但这种特有繁殖方式保证了幼虫较高的存活率。

(2) 危害：采采蝇是人类及家畜多种锥虫（trypanosomes）的生物性传播媒介，引起人非洲锥虫病（human African trypanosomosis，HAT，俗称“昏睡病”，sleeping sickness）和非洲动物锥虫病（African animal trypanosomosis，AAT，俗称“那加那病”，nagana）。非洲撒哈拉沙漠以南的地区有 38 个国家存在采采蝇，流行区域达 1 000 万 km^2，有 6 000 多万人受到采采蝇叮咬的威胁；据 WHO 估计，有 30 万～50 万人患非洲昏睡病。而每年给非洲养牛业造成的经济损失高达 6 亿～12 亿美元；是导致非洲饥饿与贫穷的原因之一。

(3) 防控：由于采采蝇不产卵，幼虫不在自然界中发育，蛹在土壤中发育，因此采采蝇的防控主要针对成蝇。从地面上或在旱季从空中（借助于飞机）向采采蝇栖息地喷洒残效期长的杀虫剂是一种有效防控采采蝇的方法。如 1955—1978 年期间，在尼日利亚北部的萨瓦那地区，通过大范围喷洒长效杀虫剂，成功地将 20 万 km^2 范围内的采采蝇消灭了。但这一运动也带来了环境污染、生态破坏、喷药人员健康受到影响等一系列问题。后来，采采蝇的这种防控方法逐渐被其他技术替代。

目前，有 4 种环境友好型采采蝇防控方法。①连续气溶胶技术（sequential aerosol technique，SAT）：用飞机在树梢上 10～15 m 上空超低容量喷洒非残效杀虫剂，连续喷药 5～6 次，每次间隔 16～18 d。②静止诱捕装置（stationary attractive device）：用不移动的装置（如诱捕器）诱捕或诱杀采采蝇。③动物活体诱杀技术（live bait technique）：在牛或其他家畜体喷洒杀虫剂，以杀灭来吸血的采采蝇。④昆虫不育技术（sterile insect technique，SIT）：连续不断往自然界释放不育雄蝇，不育雄蝇与雌蝇交配后，雌蝇不能产幼虫，从而降低自然界中的采采蝇数量。

4. 虱蝇及其危害　虱蝇科（Hippoboscidae）已知 21 个属，213 种，俗称虱蝇（ked，

lousefly；也称蜱蝇，tick fly；鸟蝇，bird fly），均为专性寄生虫，寄生于哺乳动物和鸟类，以吸血为生。常见的属有蜱蝇属（*Melophagus*）、虱蝇属（*Hippobosca*）、利虱蝇属（*Lipoptena*）和鸟虱蝇属（*Ornithomya*），约有 3/4 的种类寄生于鸟类，其余种类寄生于哺乳动物。在兽医上比较重要的种有羊蜱蝇（*Melophagus ovinus*，也称绵羊虱蝇、羊虱蝇）、犬虱蝇（*Hippobosca capensis*，也称狗虱蝇、好望角虱蝇）、马虱蝇（*Hippobosca equina*）、鹿利虱蝇（*Lipoptena cervi*），分别寄生于绵羊、犬、马和鹿（图 26-26）；还有寄生于鸟类的双叶鸟虱蝇（*Ornithomya biloba*）和金光喜鸟虱蝇（*Ornithophila metallica*）。其中，羊蜱蝇研究比较多。

（1）形态：成虫体长 1.5～12 mm，背腹扁平，革状外皮，刺吸式口器，触角嵌在头两侧的凹窝内，大多数种类无翅。羊蜱蝇为灰色至棕色，体长 4～6 mm，体表革状，密被细毛；头部宽而短，与胸部紧密相连，不能转动；复眼小，椭圆形，两眼相距较大；胸部暗褐色，腹部大，卵圆形。犬虱蝇体扁，有翅；体表角质，毛少而发亮；头胸界限明显，胸背面有深棕色条纹；腹部大，褐色，呈囊状；复眼大。

蜱蝇属的成员没有翅；马蝇属的成员翅仍然很发达，在一生中都起作用；利虱蝇从蛹壳羽化时有翅，一旦飞到宿主身上，其翅便在基部附近折断。

A

B

C

图 26-26　虱　蝇

A. 羊蜱蝇（http：//parasitipedia. net）　B. 马虱蝇（http：//www. dreamstime. com）　C. 鹿利虱蝇（Malcolm Storey）

（2）生活史与流行病学：虱蝇为胎生。雌虱蝇将由卵孵出的幼虫保留在腹部子宫内，子宫腺分泌物为幼虫提供营养。幼虫经 2 龄发育为成熟幼虫。寄生于哺乳动物上的虱蝇多将成熟幼虫产在宿主的毛发上，寄生于鸟类的虱蝇多将幼虫产在鸟巢上。幼虫产出后很快化蛹。

羊蜱蝇为永久性寄生虫，所有发育过程均在羊体表完成。成虫每天吸血一次，雌蝇寿命为 4～5 个月，可产幼虫 10～12 个；雄蝇寿命为 2～3 个月。幼虫在雌蝇体内的发育需要大约 1 周，排出的幼虫在几个小时内化蛹。蛹黏附于绵羊的被毛上，在 3～6 周内羽化为成虫，蛹期的长短取决于环境温度。一年可繁殖 6～10 代。绵羊虱蝇主要通过动物间的直接接触进行传播。多发生于热带高海拔地区和亚热带及温带地区，冬季和春季流行，夏季消退。

多数种类的虱蝇有一定的宿主特异性，但有的种类可侵袭多种宿主，如利虱蝇除侵袭鹿以外，还可以侵袭马和其他家畜。一般而言，寄生于哺乳动物的虱蝇宿主特异性强于寄生于鸟类的种属，无翅或弃翅的种属宿主特异性强于有翅的种属。

（3）危害：雌虱蝇和雄虱蝇均吸血，大量寄生时可使宿主消瘦、贫血，继发其他疾病。幼畜、雏禽妊娠动物和营养不良动物更易遭受大量虱蝇侵袭。虱蝇是多种细菌、病毒、原虫、蠕虫的传播媒介。

羊蜱蝇多寄生于羊的颈、胸、腹、肩部。成虫叮咬宿主时会引起绵羊不安，严重感染时可导致贫血、消瘦。叮咬会引起绵羊皮肤出现皱纹（cockle）或肋骨状皱纹（rib cockle），这可能与羊蜱蝇唾液腺分泌物引起的过敏反应有关。皮肤还可能会出现散在的、密集的结节，严重影响皮革质量。有报道表明，严重的羊虱蝇叮咬会使得绵羊在地上打滚进行背部蹭痒，而这可导致内脏器官压迫膈，导致绵羊窒息，甚至死亡。此外，羊蜱蝇是虱蝇锥虫（*Trypanosoma melophagium*）、蓝舌病病毒（Bluetongue virus）和虱蝇立克次氏体（*Rickettsia melophagi*）的传播媒介。

(4) 防控：剪毛可清除绵羊上75%以上的羊蜱蝇，剪毛后给羊全身喷雾杀虫剂或进行药浴（如氯菊酯、马拉硫磷）可有效杀灭羊蜱蝇。另外，给羊皮下注射伊维菌素也能防治羊蜱蝇。伊维菌素对赤鹿和狍的鹿利虱蝇也有效。

（潘保良　编，杨晓野　彩万志　杨定　审）

二、长角亚目昆虫（蚊、蚋、蠓和白蛉）及其危害

长角亚目（Nematocera）昆虫细小；触角长而分节，各节相似，呈串珠状。幼虫在水生或半水生环境中发育；幼虫借助于附肢在水中游动、呼吸和捕获食物；头部大、各器官发育完备。仅雌虫吸血，雄虫不吸血，以花蜜和植物汁液为食。与兽医有关的主要有4个（亚）科：蚊科（Culicidae）、蚋科（Simuliidae）、蠓科（Ceratopogonidae）和白蛉亚科（Phlebotominae）。很多虫种是疾病的传播媒介。

（一）蚊及其危害

蚊（mosquitoes）属于蚊科（Culicidae），体长5～9 mm，触角长，分15～16节；喙细长，由口针及其包裹鞘组成；翅上有条纹（图26-27）。通过这些形态特征，可以将蚊与其他昆虫进行区分。蚊包含41个属，已知3 500多种，我国有400多种。在兽医上比较重要的属有伊蚊属（*Aedes*）、按蚊属（*Anopheles*）、库蚊属（*Culex*）和脉毛蚊属（*Culiseta*）。

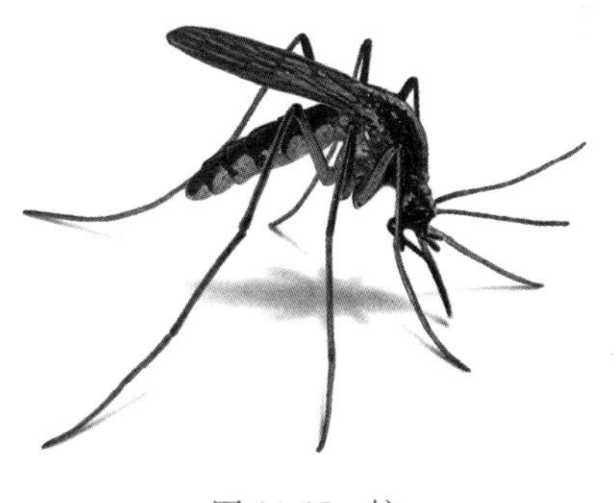

图26-27　蚊
（OrKin）

1. 生活史　蚊营完全变态发育。有的蚊种将卵产在水中［如伊蚊（*Aedes* spp.）和鳞蚊（*Psorophora* spp.）］，有的将卵产在被水季节性淹没的土壤中。在适宜的条件下，卵可在2～3 d内孵化出幼虫（又称孑孓，wrigglers）；幼虫在4～7 d内蜕化3次，然后化蛹。蛹头部、胸部大，能自由游动。蛹期1～3 d，但适应干燥气候的某些蚊种只需几个小时。成蚊从漂在水面的蛹背部T形孔中钻出；经过大约24 h，翅膀展开、变硬，开始飞翔。羽化后不久，成蚊即行交配、吸血，可在2 d内产卵。在适宜条件下，自卵发育至成蚊需7～13 d，所需时间取决于蚊种、食物及环境（温度、湿度等）等因素。当条件不适宜时，发育过程可大大延长，如有的蚊卵在旱季产出后，可存活数周甚至数月，直至雨季时才开始发育。雄蚊寿命1～3周，雌蚊一般可活1个月以上，如产卵少，营养充足，可活4～5个月，甚至更长；一年可繁殖7～8代。蚊大多数以成蚊越冬，有些蚊种以卵或幼虫越冬。

2. 危害　只有雌蚊吸血，以获取其卵巢成熟所需的营养物质（主要是蛋白质）。雌蚊一般每隔几天吸血一次，用来孕育下一批卵。吸血的对象包括人、哺乳动物、鸟类、爬行类、两栖类，其中，哺乳动物和鸟类是最常见侵袭对象。雌蚊在不同宿主身上重复吸血的习性使其成为多种疾病的重要传播媒介。不同蚊种对宿主有一定的偏好性，这种宿主的偏好性以及对病原的适应性，是决定不同蚊种所传播疾病种类的重要因素。雄蚊和不育雌蚊以花蜜和植物汁液为食。但一些吸血性雌蚊有时不吸血，卵巢也能发育成熟。

蚊侵袭骚扰动物，吸血，所分泌的毒素可引起宿主的全身性反应。如猫被蚊叮咬后，有时会出现过敏反应，在鼻和脸及其他部位出现较大的瘙痒性红斑。一般情况下，由于蚊叮咬所造成的动物失血是微不足道的。但是，大群蚊同时叮咬动物时，也会引起动物大量失血而死亡。在一些

饲养管理不善的非封闭式猪场，大量蚊的侵袭，可影响猪的增重。在新疆的北屯、北湾等地区，大量蚊滋生严重影响了养殖业发展。

蚊是人类疾病的第一大传播媒介，可传播多种病原，如寨卡病毒、脑炎病毒（如马脑脊髓炎、日本乙型脑炎病毒）、西尼罗河病毒、兔黏液瘤病毒、禽痘病毒、黄热病毒、登革热病毒和裂谷热病毒等。库蚊、伊蚊、按蚊以及其他属的蚊可作为丝虫的中间宿主，传播犬恶丝虫（心丝虫）、班氏吴策丝虫（人类淋巴丝虫病的病原体）。按蚊可作为疟原虫的终末宿主，传播鸟类、啮齿类和灵长类的疟疾。

3. 防治 灭蚊应以清除幼虫滋生地为主，如减少积水、在积水上放置漂浮物、将排污沟置于地下、排污井覆盖防蚊纱网。将轻质矿物油喷洒在幼虫滋生的水体表面，幼虫和蛹将在数小时内因窒息而死亡；有机磷类杀虫剂是一种神经毒剂，具有杀灭幼虫的作用；昆虫生长调节剂可防止幼虫蜕化和蛹羽化为成蚊。但是，使用幼虫杀灭剂时，需要考虑对生态平衡的影响。当某一区域存在大量成蚊时，特别是存在传播疾病风险时，应喷洒杀虫剂，如有机磷类杀虫剂（如敌百虫）、氨基甲酸酯类杀虫剂（如甲萘威）和拟除虫菊酯类杀虫剂。在蚊大量滋生的区域，蚊的成功防治往往需要多方统一行动，针对幼虫和成蚊同期采取综合防控措施。

对单个养殖场而言，要有效防止家畜受蚊侵扰是很困难的。仅靠向动物体表滞留喷洒杀虫剂不能有效防止雌蚊的侵袭，现有的趋避剂也不能长久防止蚊的侵袭。比较珍贵的动物（如动物园里的珍稀动物）可将其饲养在装有防蚊纱窗的圈舍内，并用烟雾剂或气雾剂将圈舍内的蚊杀灭。对于圈养的家禽和猪，应在门上、窗户上和通风口等处安装纱窗，并在纱窗上喷洒或浸泡杀虫剂，防止蚊进入圈舍。

至于宠物，不要在早晨、傍晚等蚊活动频繁的时间带出门。给 7 周龄以上的犬背部点涂吡虫啉可有效驱杀蚊，避免叮咬，持效期可达 4 周。猫对吡虫啉比较敏感，慎用。吡虫啉和氯菊酯合剂也可有效防止犬被蚊叮咬，每月用药一次；猫敏感，慎用。

（韩谦　编，潘保良　彩万志　杨定　审）

（二）蚋及其危害

1. 形态结构 蚋属于蚋科（Simuliidae），也称黑蝇（blackflies）、驼背、刨锛，虫体呈黑色、灰色或黄棕色，体小而粗壮，长 1.5～5.5 mm。头部呈半球形，复眼发达；触角较短，由 9～12 节（多为 11 节）组成，上无刷状毛；刺吸式口器，喙短，下颚须突出。前、后胸小，中胸特别发达，盾片凸出隆起，呈驼背状。中胸侧面膜上有无毛是分属的重要依据。翅宽阔、透明，翅端钝圆，有发达的纵脉，尤以前缘的脉粗壮而显著（图 26-28）。已知种类超过 2 400 种，

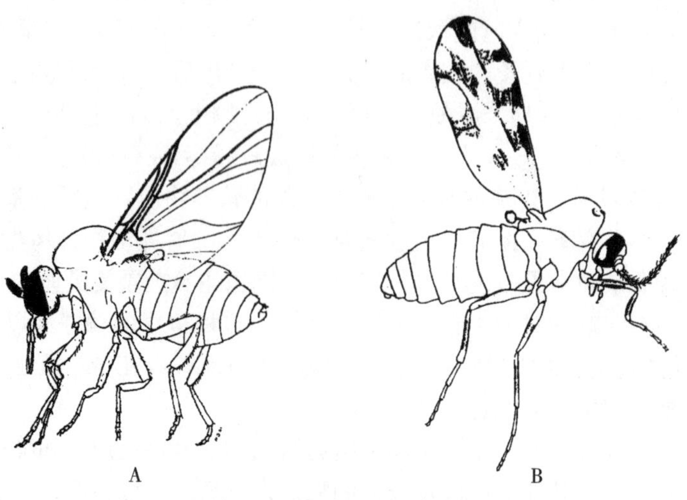

图 26-28　蚋（A，Soulsby）和蠓（B，Kettle）

我国有近300种。在我国常见且与兽医有关的主要有2个属，即蚋属（*Simulium*）、原蚋属（*Prosimulium*）。

2. 生活史 蚋营完全变态发育，包括卵、幼虫、蛹和成虫等4个阶段（图26-29）。成虫一般将卵产在流动的水里或部分淹没的石头或植物上。卵经4～12 d孵出幼虫。幼虫一般有6或7龄期，有的可达9龄期，因虫种而异。幼虫期的长短，随种类、季节、水温以及水流速度而异，多为3～10周，如在春季寒冷的水里，幼虫发育可达1.5～2个月；冬季幼虫期可达4个月。末龄幼虫吐丝结成前端开口的茧，在茧内最后一次蜕皮变为蛹。蛹期在夏、秋两季需2～10 d，10 ℃时则延长至2周，有的可长达一个月或更长。成虫从蛹中羽化后，被气泡带到水面。一般情况下从卵发育到成虫需2～4个月。

有的种，每年产卵4～7次；但有的种，每年只产卵1次；卵长期保持在代谢静止状态（滞育），直到下一年才孵化。蚋只在流水中繁殖，山溪和洪水过后的临时溪流是许多种蚋喜欢的繁殖场所，但有些很重要的种在大江、大河中繁殖。在急流或涡流中，蚋的幼虫借助前端的腹足和后端小钩（图26-29）附在石头表面；通过身体的屈曲移动；幼虫借助于头部的刷状头扇，从水中捕获有机质为食。吸血性蚋种的雌蚋叮咬宿主、吸食血液。雄蚋和非吸血性蚋的雌蚋以花蜜和植物液汁为食。

图26-29 蚋的生活史
（于童 潘保良，仿Bowman等，2021）

3. 习性与危害 雌蚋是一种凶残的吸血昆虫，其口器中的口针呈锯刀样，吸血时，划破宿主皮肤直至流血，然后吸食流出的血液；每次吸血时间为4～5 min，吸血量1.08～3.26 μL。蚋叮咬宿主时，会引起强烈的疼痛，导致宿主不安。长期叮咬会导致宿主体重下降、产蛋率下降或产乳量下降，出现皮炎甚至坏死。蚋的叮咬还常常会引起宿主的过敏反应，造成的痒感可以持续数天，动物的搔抓会加剧过敏症状。对于敏感的人而言，蚋叮咬诱发的眼睑水肿可影响眼睑的正常闭合。蚋叮咬牛引起的皮炎病变包括水疱，伤痕，头部、胸部和耳朵结痂以及沿腹中线的严重渗出性病变。国外有大量蚋叮咬导致数千头放牧家畜死亡的报道。在蚋活动的季节，犬和猫在耳朵、脸部或身体上会出现瘙痒性出血点。对于牛和马而言，蚋比较喜欢叮咬耳部。日出和日落前后是大多数蚋活动的高峰时段。

蚋还可传播许多病原体：双齿蚋（*Simulium bidentatum*）可以作为喉瘤盘尾丝虫的传播媒介，引起牛皮炎和项韧带炎症；有害真蚋和淡黄真蚋还可以作为旋盘尾丝虫的传播媒介，引起人的盘尾丝虫病，导致皮肤出现结节和眼睛失明（俗称河盲症）；山溪真蚋（*Simulium aureum*，也称金毛真蚋）、詹氏真蚋（*Simulium jenningsi*）、饰纹蚋（*Simulium vittatum*）可传播禽住白细胞原虫。

4. 防控 杀灭幼虫是比较有效的蚋防治方法。蚋的幼虫有其特定的滋生场所，并且数量众多，便于集中防治。查明蚋幼虫滋生场所后，在蚋繁殖季节，通过控制水位或喷洒幼虫杀灭剂（如有机磷类杀虫剂、拟除虫菊酯类杀虫剂、氨基甲酸酯类杀虫剂的高浓度乳剂），可大大减少蚋的数量。蚋的成群攻击出现在无风的白天。烟可驱散蚋，因此野营者、园丁和牲畜通常可在烟熏的保护下，避免蚋的叮咬。化学杀虫剂也能起到一定程度的保护作用，但持效期往往很短。在蚋叮咬的高峰季节，家畜应饲养在圈舍里直至日落。在马耳郭内表面涂上凡士林也可以阻止蚋的叮咬。

（三）蠓

1. 形态结构 蠓属于蠓科，俗称小咬、墨墨蚊、墨蚊子。个体小，长1～3 mm；褐色或黑色；虫体上毛较少；头部近于球形，复眼1对；触角长而细，有毛，13～15节；刺吸式口器，较短（图26-28）。翅短而宽，翅尖钝圆，密布细毛，多数有翅斑。有3对发达的足，中足较长，后足较粗。已知6 200多种，我国有1 000多种；只有少数种以吸血为生，称为咬蠓（biting midge，或吸血蠓）。在兽医上，最重要的种属为库蠓属（*Culicoides*）和细蠓属（*Leptoconops*）。

2. 生活史与习性 营完全变态发育。种类不同，蠓的产卵生境不同。按幼虫滋生场所，蠓大致可分为3类。一是水生型，卵产在适宜的水体边缘，或水中隆起的泥丘上，甚至水生植物的茎叶上；孵化出的幼虫在水中发育，直至化蛹，后羽化为成虫；大多数库蠓为水生型。二是陆生型，卵产在湿润而非水体场所，如林内的腐殖质中、沼泽边的湿地，幼虫在陆地上完成发育过程；细蠓属为典型的陆生型。三是半水（陆）生型，介于上述二者间，卵产在水边，但幼虫不在水中，而在邻接水体的湿泥中完成发育过程；少数库蠓为半水（陆）生型。与蚋不同，水生型和半水（陆）生型蠓一般将卵产在静水周围。

在夏季，卵经3～6 d孵出幼虫；幼虫的发育过程共分为4龄，发育所需要的时间取决于蠓种、温度和食物，为1～6周不等。蛹期很短，夏季一般为3～4 d。在热带和亚热带地区一年可繁殖多代，多数以第四龄成熟幼虫越冬；有的蠓种如陈旧库蠓能以卵越冬，原野库蠓各虫期均能越冬。

成虫多在早晨日出前、黄昏和夜间活动，特别是在炎热无风的天气非常活跃。只有雌虫吸血，一般每隔3～5 d吸血一次。雌蠓可产卵100～200枚。成虫寿命为3～13周。虽然蠓的飞行能力很强，在无风的天气，有的蠓能飞出滋生地800 m之外，但大部分蠓仍倾向于在滋生地附近200～300 m范围内活动。

蠓活动有一定的季节性，在我国大部分地区，蠓的活动季节为4—10月，其中7—8月为活动高峰。但在常年气温比较高的地区，如海南岛，全年都有蠓活动。

3. 危害 蠓可侵袭各种温血脊椎动物，库蠓的叮咬均可引起很明显的疼痛；每次吸血时间为4～8 min，会反复叮咬。蠓叮咬动物的部位与动物种类、蠓种有关。对于牛而言，经常被蠓叮咬的部位为腹部、背部和腿部；马经常被叮咬的部位为腹部、颈背和尾部。蠓唾液腺中的毒素可以引起宿主的过敏反应，马比较敏感。罗伯茨库蠓（短跗库蠓，*Culicoides robertsi* syn. *Culicoides brevitarsis*）叮咬可引起马的“昆士兰瘙痒症”性过敏性皮炎：最初的病灶为背部局限性离散性丘疹；之后发展为毛发无光泽，痂皮形成并最终脱落，严重病例形成无毛区；出现强烈的瘙痒，马以蹭痒和打滚方式来减轻瘙痒，在此过程中，可能会伤及自身。对人而言，由于蠓很小，即使被叮咬，也往往不易发现，有时将其误认为烟灰。库蠓易通过普通窗纱，会骚扰睡眠者。过敏的人被叮咬后的反应可持续较长时间，且比被蚊虫叮咬更为痛苦。

库蠓可传播蓝舌病病毒、非洲马瘟病毒、马的颈盘尾丝虫、骆驼的福斯盘尾丝虫、牛的吉氏盘尾丝虫和对人致病力较弱的三种丝虫（常见棘唇线虫、链尾棘唇线虫和奥氏曼森线虫），也可传播猴的肝囊原虫和寄生于野生鸟类和家禽体内的血变原虫和住白细胞原虫。

4. 防控 蠓的防控与蚊类似。最有效的防控措施是清除蠓的滋生场所，如水坑，但这种方法不适于大片的沼泽地或湿地。对于圈养动物，可安装诱虫器诱杀或在门、窗和通风口安装细密的纱窗，防止蠓进入圈舍。蠓不是喜飞的昆虫，且不喜欢风，在圈舍内安装风扇可减少其对动物的侵袭。对于蠓流行严重的区域，向其喜欢停留的圈舍墙面喷洒杀虫剂可减少蠓的数量。对于被叮咬的动物而言，用抗组胺药治疗可加快病症的好转。

（潘保良　编，杨晓野　彩万志　杨定　侯晓辉　审）

（四）白蛉

1. 形态结构 白蛉英文俗名为sand fly，隶属于毛蠓科（Psychodidae）白蛉亚科

(Phlebotominae)。虫体小而细长，体长 1.5～4.5 mm，呈浅灰、浅黄或棕色；头部呈球形，复眼大而黑；触角长，12～16 节；全身密被细毛。有翅 1 对，翅上多毛，翅脉自基部至翅尖呈直线形放射状分布；足细长而多毛（图 26-30）。白蛉亚科分 6 个属，其中白蛉属（*Phlebotomus*）和罗蛉属（*Lutzomyia*）比较重要，前者见于欧亚大陆，后者则见于美洲，均分布在热带或近亚热带地区；已知 900 多种，我国有 40 多种。雌蛉吸血；白蛉是人和动物利什曼原虫（*Leishmania*）唯一的自然传播媒介；约有 70 个种可传播该原虫。

图 26-30　白　蛉
(Kettle)

2. 生活史与习性　营完全变态发育。成虫将卵产在气温适中、黑暗、湿度接近 100%的裂缝、裂隙或洞穴中。幼虫以土壤中的腐烂有机物质为食，分 4 龄。在 21～28 ℃条件下，幼虫发育需 20～30 d，蛹期为 6～12 d，卵发育为成蛉需 6～8 周。

雌蛉一生仅交配一次，交配多在吸血前完成。雄蛉在交配后不久死亡。雌蛉的寿命为 2～3 周。成虫飞行能力弱，飞行距离在几百米范围之内，多在夜间活动。幼虫耐寒力强；多以幼虫期在地面下 10 cm 以内的浅土中越冬；越冬的幼虫到次年气温转暖时继续发育为成虫。除成虫外，卵、幼虫、蛹都在土壤内滋生；滋生地多为有机质比较丰富、土质疏松、潮湿的土壤。我国的中华白蛉（*Phlebotomus chinensis*）每年只繁殖 1 代，蒙古白蛉（*P. mongolensis*）一年可繁殖 2 代。

3. 危害　白蛉可传播利什曼原虫，这种锥体科原虫可引起犬、啮齿动物、灵长类动物和人的皮肤型利什曼原虫病（cutaneous leishmaniasis，CL）和内脏型利什曼原虫病（visceral leishmaniasis，VL），后者往往是致死性的。白蛉还可以传播人及动物的三日热病毒、杆状巴尔通体（*Bartonella bacillifonnis*）、白蛉热、卡利翁病，白蛉叮咬也可引起皮炎。

4. 防控　由于很难确定白蛉在自然界中滋生场所，所以难对幼虫开展防治。针对白蛉成虫的防控措施主要有：①在房屋或圈舍的墙上滞留喷洒杀虫剂，如马拉硫磷、氯菊酯、溴氰菊酯；向动物圈舍内外墙上喷雾溴氰菊酯可明显减少长须罗蛉（*Lutzomyia longipalpis*）数量，持效期达 9～10 个月。②使用杀虫剂处理的纱窗（网）（ITNs），东方白蛉（*Phlebotomus orientalis*）与浸泡有氯氰菊酯的蚊帐接触 30 s，在 1 h 内全部死亡。③向白蛉栖息和滋生地喷洒杀虫剂；如果已查明白蛉的栖息和滋生场所，且其为开阔地带（非森林地区），可以喷洒杀虫剂将其杀灭。④可用拟除虫菊酯类药物防止犬被白蛉叮咬；给犬佩戴溴氰菊酯浸渍项圈，可提供长达 6 个月的保护，该方法还可预防犬利什曼原虫病；每月使用一次溴氰菊酯点涂剂（spot-on）可以获得很好的保护效果。

三、短角亚目昆虫（虻）及其危害

短角亚目（Brachycera）的成员虫体粗壮，属大、中型昆虫，触角短，分 3 节。现已知超过 8 万种，分 20 多个科，常见的有虻科（Tabanidae）、水虻科（Stratiomyiidae）、虫虻科（Asilidae）、鹬虻科（Rhagionidae）、剑虻科（Therevidae）、蜂虻科（Bombyliidae）、舞虻科（Empididae）等。大多数成虫捕食其他昆虫，幼虫寄生或捕食。

其中，虻科与兽医关系密切。虻科分为 4 个亚科：虻亚科（Tabaninae）、斑虻亚科（Chrysopsinae）、距虻亚科（Pangoniinae）、盖虻亚科（Scepsidinae）；其中虻亚科和斑虻亚科在兽医上比较重要。虻科已知1 500多个属，8 200多种；我国有450多种，分隶于12个属。我国常见的5个属为虻属（*Tabanus*）、麻虻属（*Haematopota*）、斑虻属（*Chrysops*）、黄虻属（*Atylotus*）和瘤虻属（*Hybomitra*），这5属所包含的虻种约占全部种的95%。口器为刮舐式，刮刺宿主皮肤吸血；可传播多种疾病。

1. 形态结构 虻的英文俗名deerflies（多指斑虻，*Chrysops* spp.），或clegs（多指麻虻，*Haematopota* spp.），或horseflies（指斑虻、麻虻以外的其他虻）。成虻体粗壮，体长5～30 mm。头部大，呈半球形。复眼大，占据头的大部分，其中雄虻两复眼接近，雌虻两复眼分离较远。触角粗短，向前伸展，分为3节：第1节小，第2节向外伸展，第3节有明显的环纹（2～7个）（图26-31）。胸部分3节，有翅1对和足3对。翅发达，翅中央的中室呈长六边形，R_5脉伸达翅的外缘，远在顶角之后。足的爪间突发达，呈垫状。

图26-31 虻及其触角

（罗晓平供图）

2. 生活史与习性 营完全变态发育。雌虻在炎热的白天侵袭动物，主要叮咬野外活动的哺乳动物、爬行动物，偶尔叮咬鸟类，一般不入侵圈舍和居室。斑虻喜欢叮咬人，其他虻喜欢叮咬牛、马、鹿、犬等动物，偶尔叮咬人。只有吸血后，雌虻体内的卵才能发育成熟，但也可以花蜜、植物汁液和蚜虫粪便等物质作为其糖类的来源，维持生命；雄虻不吸血，以花蜜、植物汁液等为食。除少数耐旱种类外，大多数虻在河道、沼泽、湿地及森林周围等处滋生。雌虻将成团的卵（100～1 000枚）产在悬垂在水面上或生长在水中的植物上，刚产出的虫卵为乳白色，很快变为灰色或黑色（图26-32）。虫卵在4～7 d孵化，时间长短因环境的温度和湿度而异。幼虫孵出后落入水中或掉落于潮湿地面。幼虫分为水生（如斑虻）、半水生（如虻）和陆生3种类型。第一、二期幼虫不采食，第三期幼虫及以后阶段为食肉性或食腐性。幼虫的食性取决于虻种和食物来源，斑虻幼虫以土壤中的有机物为食，其他虻幼虫以昆虫幼虫、甲壳类动物、蚯蚓等为食。

图26-32 虻的虫卵

A. 雌虫及刚排出虫卵 B. 排出一定时间后的卵

（Jerry Butler）

幼虫期较长，为数月至一年；期间蜕化 6～8 次。发育成熟后，幼虫会爬至比较干燥的地方化蛹。蛹期一般为 2～3 周。虻多以幼虫越冬，次年春天化蛹。成虻的寿命为 30～60 d，一般每年只繁殖一代，少数种需要 2 年才能繁殖一代。

虻主要分布于农、林、牧区，以及荒漠、半荒漠地区。活动季节为夏季至早秋；在我国南方地区多为 4—10 月，北方地区多为 5—8 月。每天有 2 个活动高峰时段，一个是在日出后的 3 h 内，另一个是在日落前的 2 h 内。阴天、气温低于 22 ℃或高于 32 ℃时，虻很少叮咬宿主。成虻飞行能力非常强，可飞行数千米寻找宿主。二氧化碳和黑色移动的物体是吸引虻侵袭的两个关键因素，气味起辅助作用。一旦被吸引，虻往往会不停地围绕宿主进行侵袭，直至吸饱血或者被宿主消灭。

3. 危害　主要侵袭放牧动物。斑虻喜欢叮咬宿主的体部、头部和肩部；其他虻可叮咬宿主全身各处，但以腿部偏多。叮咬动物时，虻用上下颚划破皮肤和血管，用唇舔食从伤口流出的血液，因其口器像刀片一样，会造成宽而深的伤口，动物非常疼痛。虻吸血量大（高达其体重的 4 倍），30～40 只虻叮咬 6 h 可吸血 100 mL，在流行季节，一头动物上有 100 只以上的虻侵袭很常见。虻会持续不断侵袭动物，引起动物不安，如不停地摇头、喷鼻、甩尾，在草丛中快速穿行，无法充分采食或休息，会影响生产性能，严重时出现死亡。据统计，在虻流行季节，牛的增重可减少约 45 千克，乳牛的产乳量可下降 20%～30%。对乳牛乳房和乳沟等皮肤皱褶处的反复叮咬可导致广泛的渗出性湿疹病变，还可能继发细菌感染。虻吸完血后，被叮咬的伤口还会流血数分钟，吸引其他蝇类（如家蝇）的侵袭。虻一般不攻击室内动物，但如果它们正叮咬时，宿主进入了圈舍，虻将继续吸血，直至饱血。

虻可机械性传播伊氏锥虫（*Trypanosoma evansi*）、乏质体（*Anaplasma*）、炭疽芽孢杆菌（*Bacillus anthracis*）、土拉弗朗西斯菌（*Francisella tularensis*）、马传染性贫血病毒（Equine infectious anemia virus）等病原体。虻叮咬时引起的疼痛增加了机械性传播病原的概率；成虻在饱血之前如被宿主赶走，很快会飞到第二个宿主身上完成吸血，频繁更换宿主增加了疾病传播的风险。此外，虻还可作为生物性传播媒介，传播泰勒锥虫（*Trypanosoma theileri*）、施氏血管线虫（*Elaeophora schneideri*，施奈德血管丝虫）、罗默恶丝虫（*Dirofilaria roemeri*）、梅奇尼科夫血变原虫（*Haemoproteus metchnikovi*）。

4. 防控　虻很难防控，主要与以下因素有关：①虻个体较大，需要较大剂量的杀虫剂才能将其杀灭；②吸血时间较短，需要在其吸血时与药物接触才能将其杀灭；③不同种类虻的活动高峰时期不同，全年活动时期长，难以集中防控；④虻可以叮咬野生动物吸血，不完全依赖于家畜；并且幼虫滋生场所广泛，难以针对幼虫采取防治措施；⑤虻飞行能力强，即使在某一时段能有效减少某一区域的虻数量，周边区域的虻可以迅速填补。

目前防止虻侵袭比较有效的方法是在其活动的高峰时间将家畜关在圈舍内。给动物使用浸泡杀虫剂的耳标或头套，可有效减少虻的侵袭。有研究表明，在小范围内使用诱捕装置进行诱捕似乎可减少虻的数量。诱捕装置可用桶或管，外包裹黑色或蓝色物料，上涂有胶，桶或管内放置二氧化碳或辛烯醇等引诱剂，并且需要使其缓慢运动（<11.3 km/h，这可能与其复眼对光和运动物体的感知有关），可将诱捕装置悬挂在风中，或安装在移动的剪草机上。需要指出的是不同种类的虻引诱剂可能不同。

（潘保良　编，杨晓野　杨光友　彩万志　杨定　审）

第二节　虱及其危害

虱（louse，复数 lice）是鸟类和哺乳动物体表的永久性外寄生虫。虫体呈淡黄色至暗灰色；

体长 0.5～8 mm。虫体背腹扁平，分为头、胸、腹 3 部分。头部有触角 1 对，分 3～5 节；具刺吸式或咀嚼式口器；多无眼，少数种有简单的眼点（感光作用）。胸部有 3 对足，分节，上有跗爪；无翅。营不完全变态发育。

（一）虱的分类

过去曾将虱分为虱目（Phthiraptera）和食毛目（Mallophaga），目前多将食毛目归入虱目。虱目包括吸虱亚目（Anoplura）、钝角亚目（Amblycera）、丝角亚目（Ischnocera，也称细角亚目）和喙虱亚目（Rhynchophthirina），吸虱亚目具刺吸式口器，以吸血为生，仅寄生于胎生哺乳动物，被称为吸血虱（sucking lice，亦简称吸虱）。钝角亚目和丝角亚目具咀嚼式口器，常以哺乳动物及鸟类的皮屑、羽毛和皮脂分泌物为食，少数种类也吸血，被称为咀嚼虱（chewing lice，曾称咬虱，biting lice，食毛虱）。喙虱亚目只有一个科（喙虱科，Haematomyzidae）、一个属（喙虱属，*Haematomyzus*），与吸虱亚目更近缘、习性也近似，其分类地位存在争议。寄生于兽类的食毛虱常称为毛虱，寄生于禽类的食毛虱常称为羽虱（feather lice）。

虱已发现 4 900 多种，其中，吸虱亚目 540 多种，钝角亚目 1 344 种（1 182 种寄生于鸟类，162 种寄生于哺乳动物），丝角亚目 3 060 种（寄生于鸟类的有 2 683 种，哺乳动物 377 种），喙虱亚目 3 种（寄生于象和疣猪）。未发现虱寄生的哺乳动物有单孔类动物（如鸭嘴兽）、食蚁兽、犰狳、蝙蝠、鲸和海牛。

可造成明显经济损失的虱有 20～30 种，动物上常见的种见表 26-2。

表 26-2　动物上常见的虱

宿主	虱目（吸血虱）	食毛目（食毛虱）
牛	阔胸血虱（*Haemtopinus eurysternus*） 四孔血虱（*Haemtopinus quadripertusus*） 侧管管虱（*Solenopotes capillatus*） 瘤突血虱（*Haemtopinus tuberculatus*） 牛颚虱（*Linognathus vituli*）	牛毛虱（*Bovicola bovis*）
绵羊	足颚虱（*Linognathus pedalis*） 绵羊颚虱（*Linognathus ovillus*） 非洲颚虱（*Linognathus africanus*）	绵羊毛虱（*Bovicola ovis*）
山羊	狭颚虱（*Linognathus stenopsis*） 非洲颚虱（*Linognathus africanus*）	山羊毛虱（*Bovicola caprae*） 粗足毛虱（*Bovicola crassipes*） 具边毛虱（*Bovicola limbata*）
猪	猪血虱（*Haemtopinus suis*）	未知
犬	棘颚虱（*Linognathus setosus*）	犬啮毛虱（*Trichodectes canis*） 有刺异端虱（*Heterodoxus spiniger*）
猫	未知	近喙状猫毛虱（*Felicola subrostratus*）
大鼠	棘多板虱（*Polyplax spinulosa*） 克氏甲胁虱（*Hoplopleura kitti*）	未知
小鼠	混误甲胁虱（*Hoplopleura captiosa*）	未知
豚鼠	未知	豚鼠长虱（*Gliricola porcelli*） 豚鼠圆虱（*Gyropus ovalis*） 多刺食毛虱（*Trimenopon hispidum*）

（续）

宿主	虱目（吸血虱）	食毛目（食毛虱）
马	驴血虱（*Haemtatopinus asini*） 亚洲马虱（*Ratemia asiatica*）	马毛虱（*Bovicola equi*）
鸡	未知	鸡体虱（*Menacanthus stramineus*） 鸡羽虱（*Menopon gallinae*） 鸡翅长羽虱（*Lipeurus caponis*） 鸡角羽虱（*Goniocotes gigas*） 异形角羽虱（*Goniocotes dissimilis*）
鸭	未知	鸭巨毛虱（*Trinoton querquedulae*） 鸭细虱（*Anaticola cyassicornis*） 有齿鸭舍虱（*Anatoecus dentatus*）
鹅	未知	鹅巨毛虱（*Trinoton anserinum*） 有齿鸭舍虱（*Anatoecus dentatus*）

（二）虱的形态结构

1. 吸血虱　头部圆锥形，宽度小于胸部；触角多分为5节；具刺吸式口器（图26-33）。足和跗爪较长、粗壮，便于其吸血时牢固附着在宿主皮肤上；跗爪呈螯状，当其收缩时与胫节形成锁扣，其缝隙大小与宿主毛发直径相当，这可能与宿主及寄生部位的特异性有关。在兽医上比较重要的属有以下几个。

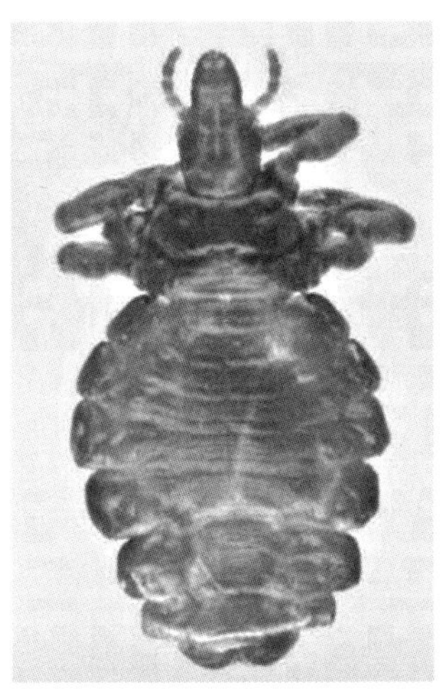

图26-33　猪血虱
（Mackenzie，2019）

（1）血虱属（*Haemtatopinus*）：体形大，长可达0.5 cm。3对足上的跗爪等长，腹部侧缘明显硬化，腹部每节两侧有侧背片（paratergal plates）（图26-33）。有的种有眼点。多寄生于牛、猪和马。

（2）颚虱属（*Linognathus*）：与血虱属不同，颚虱属的第1对跗爪比第2对、第3对短，其腹部侧缘无明显硬化，腹部每节两侧无侧背片（图26-34、图26-35）。颚虱属与管虱属的区别在于，其每一腹节至少有1排刚毛，缺胸板和腹部凸出的气门。颚虱属没有眼点。多见于羊、牛和犬。

（3）管虱属（*Solenopotes*）：与颚虱的区别是每一腹节仅有1

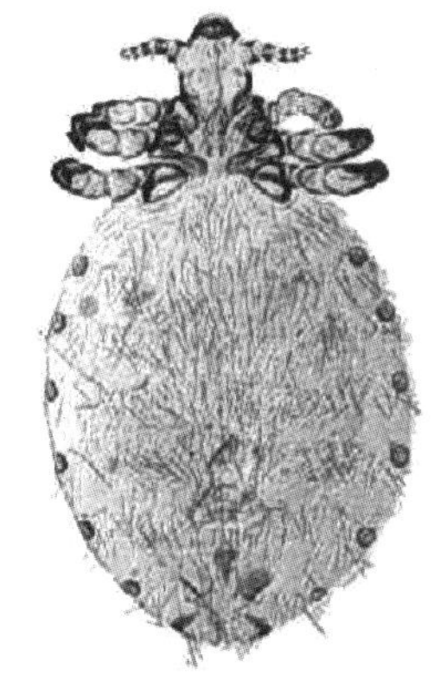

图26-34　犬的棘颚虱

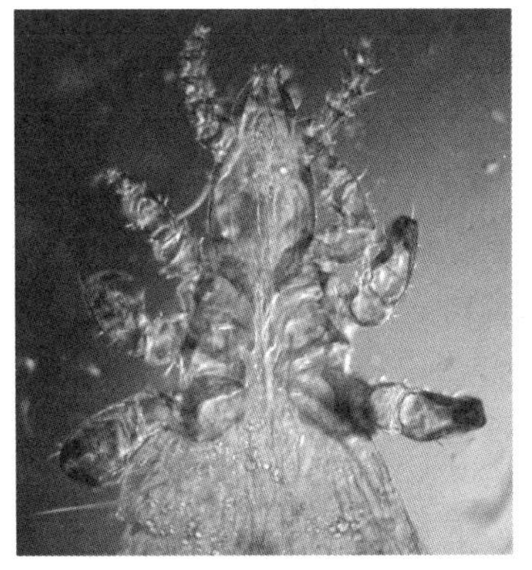

图26-35　山羊的狭颚虱
（于童　潘保良供图）

排刚毛，有1个胸板，其宽至少是长的一半；腹气门凸出（图 26-36）。多见于牛。

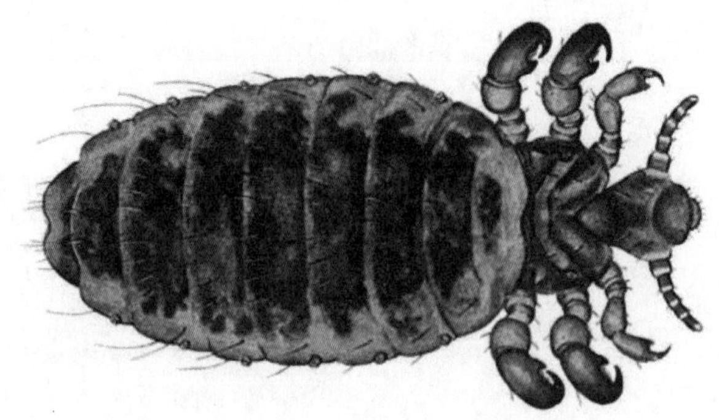

图 26-36　牛的侧管管虱
（Ellen Edmonson）

（4）多板虱属（*Polyplax*）：前足小，中足较大，后足最大。爪或扁。雌虱体细长，可达 1.5 mm；雄虱粗短，可达 1.0 mm。寄生于鼠。

2. 食毛虱　丝角亚目和钝角亚目虫体头部钝圆，其宽度大于胸部；具咀嚼式口器（图 26-37）。足细长，便于其在毛发或羽毛中快速穿行。寄生于哺乳动物上的虱每个足上只有1个爪，寄生于禽类的虱每个足上有2个爪（图 26-38）。

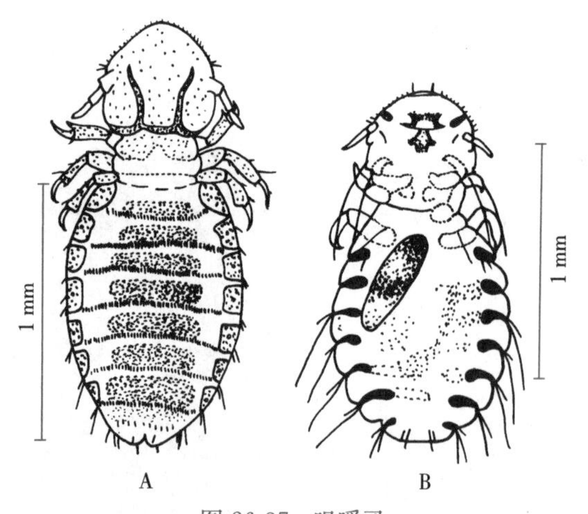

图 26-37　咀嚼虱
A. 牛毛虱　B. 鸡圆羽虱（Soulsby）

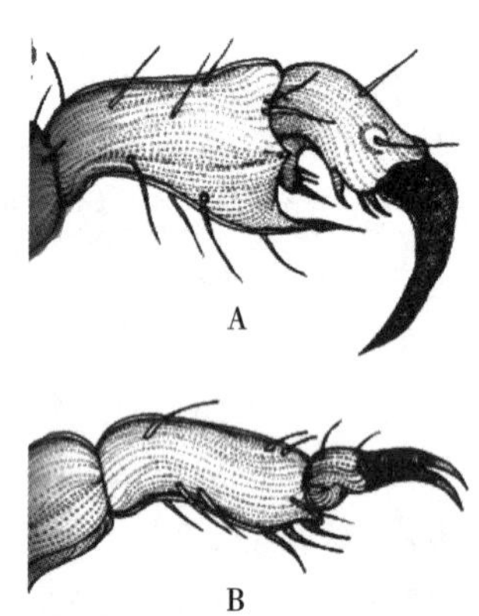

图 26-38　虱的爪
A. 哺乳动物虱的跗爪　B. 禽类虱的跗爪

（1）丝角亚目：触角明显、多较细，感染哺乳动物的触角分3节；感染鸟类的触角分5节，无下颚须。常见的属有以下几个。

①毛虱属（*Bovicola*，旧名 *Damalinia*）：寄生于哺乳动物，头前部圆，触角分3节；腹部刚毛小、长度中等；跗节只有1个爪（图 26-39）。多见于山羊、绵羊和牛。

②啮毛虱属（*Trichodectes*）：犬啮毛虱（*Trichodectes canis*）是犬中常见的毛虱，头部近似方形，触角短、粗，腹部比较圆（图 26-40）。

③猫毛虱属（*Felicola*）：近喙状猫毛虱（*Felicola subrostrtus*）是寄生于猫上的唯一一种虱（图 26-41），头前部呈三角形。

④角羽虱属（*Goniocotes*）：异形角羽虱（*Goniocotes dissmilis*）寄生于鸡羽毛上。体呈灰白色，雄虫长约 3 mm，雌虫长约 4.2 mm。头宽而圆，触角基部有两个小突起。前胸小，后胸呈三角形。腹部大，呈卵圆形，其两侧有环状纹（图 26-42）。

⑤细虱属（*Anaticola*）：鸭细虱（*Anaticola crassicornis*）世界性分布，寄生于鸭翅羽毛上。体呈圆柱状，前头部较尖而长，腹片呈四方形。雄虫长约 2.9 mm，雌虫长约 3.4 mm（图 26-43）。

图 26-39　山羊毛虱
A. 雄虫　B. 雌虫
（于童　潘保良供图）

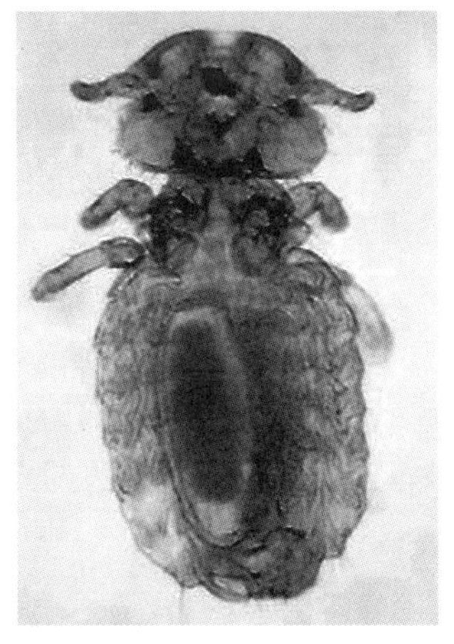

图 26-40　犬啮毛虱
（http：//micro. magnet. fsu. edu）

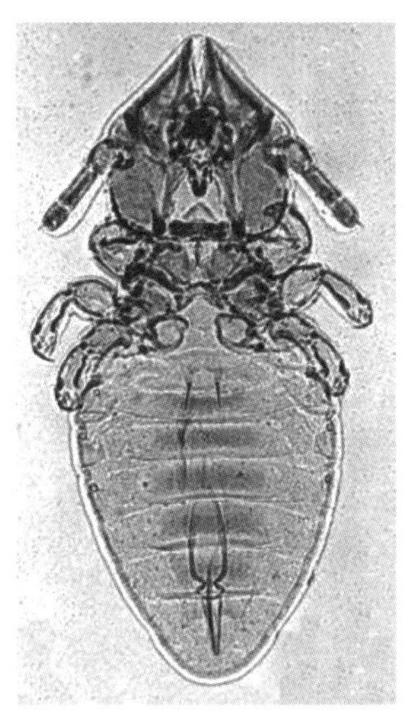

图 26-41　近喙状猫毛虱

图 26-42　鸡的异形角羽虱
A. 腹部　B. 背部
（刘国华供图）

（2）钝角亚目：触角呈棒状，位于头部的隐窝内，上颚须分 4 节；成虫体长2～3 mm。有 6 个属，多寄生于鸟类，禽羽虱属（*Menopon*）比较常见；有少数种寄生于哺乳动物，如寄生于

图 26-43 鸭细虱
A. 腹部 B. 背部
（刘国华供图）

温带地区犬的有刺异端虱（*Heterodoxus spiniger*），寄生于豚鼠的豚鼠长虱（*Gliricola porcelli*）、豚鼠圆虱（*Gyropus ovalis*）和多刺食毛虱（*Trimenopon hispidum*）。

禽羽虱属的鸡羽虱（*Menopon gallinae*）主要寄生于鸡。虫体呈淡黄色。雄虫体长 1.0～1.7 mm，雌虫体长 1.8～2.0 mm。头部呈宽三角形，有红褐色斑，后颊部向两侧凸出，尖端有数根长刚毛，眼部凹陷，有黑色素。胸部的足上生有许多毛和短刺。腹部每节背面有一列刺毛（图 23-4）。

3. 喙虱 喙虱属（*Haematomyzus*）头部前方有一长管状喙，其顶部为口器；触角位于喙基部两侧，分 5 节。腹面体壁有鳞片、刚毛和皮棘。寄生于象（如象喙虱，*Haematomyzus elephantis*）和疣猪。

（三）生活史

虱是专性寄生虫，整个生活史均在宿主的体表完成，营不完全变态发育（图 26-44），包括卵、若虫和成虫等阶段，若虫具 3 个龄期。雌虱的寿命约为 1 个月，可产卵 200～300 枚。卵多为白色，通过胶状物质牢固地附着在宿主的毛发或羽毛上；多在 4～20 d 内孵化。若虫与成虫形态相似，但个体相对较小、生殖器官尚未发育成熟，经数次（多为 2 次）蜕化，发育为成虫。完成整个生活史一般需要 2～3 周。离开宿主后，虱会在数天内死亡。

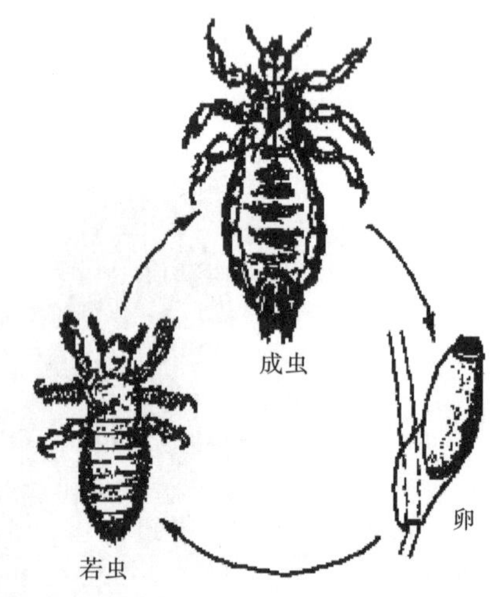

图 26-44 虱的生活史
（陈佩惠，1998）

（四）流行病学

大多数虱（如吸虱亚目）的宿主特异性较强；有的（如丝角亚目）宿主比较广泛，如异形角羽虱可以感染鸡、雉、珍珠鸡。一般而言，虱的宿主特异性越强，其食物的偏嗜性也越强。有的动物只有少数几种虱寄生，而有的动物可寄生的虱种类较多。在宿主上，各种虱常聚集于一定的部位，如足颚虱多寄生于绵羊四肢的近蹄处，四孔血虱寄生于黄牛尾部。虱的宿主特异性及对栖息部位的喜好可能与以下因素有关：对宿主血液成分的适应性，对微环境（皮肤的厚度、毛的粗细、局部温度或湿度）的适应性。不同的宿主个体对虱的易感性存在差别，如同一群牛中，有的个体有大量虱滋生，可因此而衰竭死亡，而其他牛仅为轻微感染。

虱主要通过接触方式进行传播。多流行于冬季。幼畜和年老的动物、孕畜多发。拥挤、卫生条件差、低温高湿的环境以及营养不良、健康状况差的个体有利于虱病的发生。另外，动物如不能梳理毛发（如将动物拴养，不能舔毛）也有利于虱的滋生。舍饲牛虱的感染率明显高于室外放养的牛。

（五）危害

危害取决于虫种、感染强度，严重感染时会引发虱病（pediculosis）：宿主瘙痒、脱毛、抓挠和自伤；大量吸血虱寄生可以引起宿主贫血；可导致宿主皮毛质量、增重下降；羽虱可使禽产蛋量下降。澳大利亚的统计表明，虱可使 1 只羊的产绒量减少 1 kg，每年造成的经济损失加上防治费用超过 1.2 亿美元。绵羊的足颚虱可以引起跛行。虱感染可导致圈养牛圈舍设施的损毁率上升。虱还可充当疾病传播媒介，如犬啮毛虱是复孔绦虫（*Dipylidium caninum*）的中间宿主。

（六）虱种类的鉴别

通过仔细检查宿主的被毛或羽毛，来发现动物上的虱。根据形态特征，很容易区别吸血虱和食毛虱，再结合宿主特异性可简化虱的鉴别。对于只有一种虱寄生的宿主而言，鉴定出虱即可定种，如猪的猪血虱、猫的近喙状猫毛虱。而对于只寄生一种吸血虱和食毛虱的宿主而言，鉴定出食毛虱或吸血虱后也可定种，如马的驴血虱和马毛虱。但对牛、羊等动物而言，因其有多种吸血虱或食毛虱寄生，在鉴定时需通过属、种的形态特征，并结合寄生部位加以区分。尽管大多数种类的虱有较强的宿主特异性，但有时候还是可以从正常宿主之外的其他动物身上发现少量虱，在这种情况下，需要注意对其进行仔细辨别，否则易发生误诊。

（七）虱病的防治

不同动物虱病的防治方法有所不同；虱种类不同，防治方法也不尽相同，如全身性给药方法（注射或口服给药）对吸血虱有效，而对食毛虱无效。由于绝大多数药物对虱卵没有杀灭作用，对于短效药物制剂，需要重复用药，防止复发。此外，如果动物体表发现大量的虱，说明饲养管理存在问题，除药物防治外，还需要改善饲养管理。各种动物常见的虱及其防治方法如下。

1. 犬和猫　犬只有一种吸血虱（棘颚虱）寄生。有 2 种毛虱，即犬啮毛虱和有刺异端虱。前者头部近似方形，触角短、粗，分 3 节，腹部比较圆；后者头部近似三角形，触角短，腹部比较长，呈椭圆形，主要流行于热带和温带地区。近喙状猫毛虱是寄生于猫上的唯一一种虱。

当犬、猫出现虱感染时，可先用含杀虫剂［如胺甲萘（carbaryl）］的香波给犬、猫洗澡，清除体表的成虱和若虱，然后定期用杀虫剂对犬、猫进行喷雾或撒布药粉，以杀灭由卵孵化出的若虱。赛拉菌素、氟虫腈对犬、猫毛虱病有良效。吡虫啉和赛拉菌素对犬的棘颚虱防治效果可靠。由于杀虫剂对虱卵无效，需重复给药。在一般情况下，间隔 2 周给药一次，重复 3～4 次可取得好的防治效果；有时需要每周给药一次，重复 2～4 次。同时注意清理犬、猫窝，以清除环境中的虱。

2. 肉牛和干乳期乳牛　寄生于牛上的吸血虱有 5 种，毛虱 1 种。阔胸血虱（也称短鼻牛虱）是牛体上大型的虱，体长 3.4～5 mm，头小、体宽，头部、胸部呈黄色或棕灰色，腹部呈蓝灰色；主要寄生于牛的眼部、角根、耳部、颈部、脑后部、胸部和尾部，严重感染时可遍及全身。四孔血虱（也称牛尾虱）体形较大，长可达 4～5 mm，胸部有一明显的黑色胸板，是热带和亚热带地区瘤牛及杂交牛上常见的一种寄生虫，多寄生于牛的尾根部，有时也可见于眼周围和耳朵的长毛处。瘤突血虱体长约 5.5 mm，头部有明显的眼点，寄生于欧洲、亚洲、非洲水牛和家养牛。牛颚虱（也称长鼻牛虱）体长约 2.5 mm，头部、体部较长，蓝黑色，主要寄生于头部、颈部和颈下垂皮。侧管管虱每一腹节仅有 1 排刚毛，有 1 个胸板，腹气门凸出，主要寄生于颈部、颈下垂皮、头部、肩部、阴囊、背部和尾部，常常聚集成团。牛毛虱体长可达 2 mm，宽 0.35～0.5 mm，红棕色，头部大，宽度和体部相当，前部比较圆；腹部有黑色横向条带；主要寄生于牛颈部、肩部、背部和尾部。

虱轻度感染时，牛往往不表现明显的临床症状，只有部分牛会偶尔出现瘙痒和不安。当每平方英寸（6.5 cm^2）区域的虱数量超过 10 只时，或者因虱导致继发感染时，牛会出现明显的症状，包括持续瘙痒、消瘦、掉毛、被毛无光泽。饲养管理不当、抵抗力较弱的牛群，在冬季和早春虱数量会激增，给牛造成严重的影响，需进行防治。用有机磷类和拟除虫菊酯类等触杀型杀虫剂（如氯菊酯、杀虫威、双甲脒）对牛进行喷雾、喷淋、涂抹或药浴可有效杀灭牛虱。由于这些杀虫剂对虱卵无效，应在首次给药后 2～3 周重复给药一次。皮下注射大环内酯类药物（如伊维菌素、莫西菌素）对牛吸血虱的疗效良好；涂抹或喷洒这类药物对牛毛虱也有效。背部浇泼双甲脒、有机磷类杀虫剂、拟除虫菊酯类杀虫剂，或有机磷类-拟除虫菊酯类杀虫剂的合剂，或大环内酯类药物，也可杀灭牛虱。

3. 泌乳乳牛　泌乳乳牛虱感染药物防治时需要考虑药物在牛乳中的残留问题。可将杀虫威、氯菊酯、蝇毒磷直接喷雾到牛体表或将其制成粉末撒布到牛体表，可有效防治泌乳期乳牛的虱病；为了防止复发，需要在首次给药后 2～3 周内重复给药一次。乙酰氨基阿维菌素皮下注射或背部浇泼对乳牛虱病的治疗效果良好，而且药物在牛乳中残留量低。

4. 羊　寄生于绵羊和山羊的吸血虱和毛虱，分别属于颚虱属和毛虱属。非洲颚虱的雌虱体长约 2.2 mm，雄虱体长约 1.7 mm，主要寄生于羊面部。绵羊颚虱蓝黑色，体细长，体长约 2.5 mm，头狭长，主要寄生于面部。足颚虱头较长，体长可达 2 mm，主要寄生于绵羊腹部、腿部、蹄部、阴囊等处。狭颚虱形似足颚虱，主要寄生于山羊头部、颈部和体部。绵羊毛虱体长可达 3 mm，红棕色，头部大，宽度和体部相当，前部比较圆，主要寄生于背部和体上部。山羊毛虱形似绵羊毛虱，主要寄生于山羊头部、背部和侧腹部。具边毛虱主要寄生于山羊背部和侧腹部。

羊虱的防治药物和给药方法与牛类似。除药物防治外，剪毛是非常有效的快速清除羊虱的方法。据报道，剪毛可以将羊上 90%以上的虱清除，剩余的虱也往往会因为剪毛后缺少适宜的微环境而不能存活。为了防治彻底，可在剪毛后用药物进行防治。但需要注意的是，有些寄生于耳部的虱在剪毛时不能被清除。另外，如羊群中存在未剪毛的羊，也可导致羊群虱感染的复发，宜将其隔离治疗。

5. 猪　仅有猪血虱寄生。用药物防治时，应全群用药，彻底杀灭猪群中的虱。伊维菌素、多拉菌素和莫西菌素对猪血虱均具有极好的防治效果，可拌料口服或注射给药。另外，可用杀虫威、氯菊酯等杀虫剂对猪进行全身喷雾（包括耳内侧），猪全身都应该喷湿；2～3 周后重复给药一次，以防复发；同时用杀虫剂对猪舍内的垫料进行喷雾，杀灭圈舍内的虱。猪虱病的发生往往与不当的饲养管理有关，如猪场发生了虱病，应改善饲养管理。

6. 马　常见的种类为驴血虱和马毛虱。喷洒杀虫威、氯菊酯，间隔 2 周重复一次，可控制该病。在寒冷季节，可将鱼藤酮和除虫菊酯混合应用，撒布于动物体表，以减小对马的刺激。

7. 象　象喙虱主要寄生于耳部、头部、颈部，可口服伊维菌素，疗效显著。

8. 家禽　防治家禽虱的药物有拟除虫菊酯类杀虫剂（如氯菊酯）、有机磷类杀虫剂和氨基甲酸酯类杀虫剂（如甲萘威），可选用粉剂、可湿性粉剂、喷雾剂等剂型。单只鸡给药时，将鸡羽毛分开，使药粉或药液直接接触皮肤；鸡群喷雾给药时，用高压喷雾器对鸡只进行全身喷雾，使药液穿透羽毛。对于地面上饲养的鸡只，可在饲养场或鸡舍内放置沙浴箱，内添加硫黄粉或马拉硫磷粉。

（潘保良　编，刘国华　彩万志　杨定　审）

第三节　蚤及其危害

蚤（flea）属于昆虫纲蚤目（Siphonaptera）。成虫无翅，具刺吸式口器，以哺乳动物或鸟类的血液为食。其中，蚤科的成虫足发达，善跳跃，故俗称为跳蚤。蚤叮咬、骚扰人畜，引起蚤病

(pulicosis)；蚤科虫体可引起以剧痒为特征的过敏性皮炎，还可传播多种疾病，如鼠疫（由鼠疫耶尔森菌引起）、斑疹伤寒（由伤寒立克次体引起）、兔黏液瘤病毒病和猫细小病毒病；也可作为犬复孔绦虫（*Dipylidium caninum*）和隐匿双瓣线虫（*Dipetalonema reconditum*）等寄生虫的中间宿主，具有重要的公共卫生意义。

全世界已发现的蚤约有 2 500（亚）种，分隶于 5 总科 16 科 239 属；我国已发现近 700（亚）种。兽医上比较重要的蚤主要隶属于蚤科（Pulicidae）和蠕形蚤科（Vermipsyllidae）；前者主要寄生于犬、猫、猪、啮齿类和鸟类体表，也可寄生于人；后者多寄生于牦牛、羊、马、驴等家畜。

（一）蚤的形态特征

蚤体长 1～4 mm，通常雌蚤大于雄蚤。虫体左右扁平，深褐色或黄褐色。体表覆盖有较厚的几丁质，上有鬃（bristle）、刺（spinelet）或栉（comb），常作为分类的依据。虫体分为头、胸、腹三部分。头部小，是摄食和感觉中心；具有口器、眼、触角、鬃和/或刺。触角分为柄节、梗节和棒节，棒节又可分为 9 节，但有的种分节不全。触角特征常作为分类依据。胸部小，是运动中心，分为前胸、中胸和后胸三节，有 3 对大而粗的足。腹部大，是消化和繁殖中心；有 10 节，前 6 或 7 节为生殖前节，外形相似；雄蚤第 8～9 节、雌蚤第 7～9 节变为生殖节，也称变形节；第 10 节为肛节。雄蚤第 8 节背板和腹板有保护第 9 节——抱握器（简称抱器，clasper）的作用。第 9 节背板变形为上抱器，由抱器体、前内突、不动突和柄突组成；腹板为下抱器，包括前臂和后臂；抱器的形状及其上的鬃和刺均可作为种类鉴别依据。腹部共有气门 8 对，位于背板两侧，其形状、大小、位置及气门下的鬃数常作为分类依据。

（二）常见蚤的种类

1. 蚤科

（1）猫栉首蚤（*Ctenocephalides felis*）：成虫呈棕黄色，长约 3 mm。额缘甚为倾斜而低，雌蚤尤甚，无额突。颊栉通常为 8 根栉刺，第 1 根栉刺较短，长度为第 2 根栉刺的 4/5 左右。雄蚤抱器的柄突呈杆状，末端不膨大，或仅略微膨大。雌蚤的触角窝背方均无小鬃，全身的鬃较少。前胸背栉每侧具 8～9 根栉刺，背刺约与背板等长，后胸前侧片与腹板分离。后足基节内侧有小刺鬃，不规则排列。猫栉首蚤分布广泛，主要寄生于猫、犬、兔及人，是犬、猫中常见的蚤种，也寄生于野生肉食动物和鼠类。

（2）犬栉首蚤（*Ctenocephalides canis*）：成虫后足胫节后缘最后切刻以下，一般另有 2 个浅切刻，各有 1 根或 2 根短鬃；后胸背板侧区一般有 3 根鬃。雄性触角窝后一般无鬃，仅偶然有少数细鬃；抱器柄突末端明显膨大。主要寄生于犬科动物及犬科以外的少数食肉动物。

（3）禽角头蚤（*Echidnophaga gallinacea*）：体小，头、胸、腹皆无栉。头部呈三角形，额前缘骨化明显，并形成程度不等的额角。触角棒节分节不完全，前后不对称。有颊叶，多向腹方凸出。雄蚤有后头叶，头后部通常有 2 根粗长的鬃。后胸背板明显短于第 1 腹节背板。后足基节前缘下角骨化成齿，无端鬃。雄虫抱器的不动突大而明显，可动突呈钳状，其长约达不动突的 1/2。雌虫受精囊很大，头尾界限不清。禽角头蚤是家禽中一种危害严重的蚤，常侵袭温带和亚热带地区的禽类，也可侵袭刺猬、犬、猫、兔、鼠、马和人。

（4）致痒蚤（*Pulex irritans*）：头、胸、腹部皆无栉。额前缘光圆，额高大于额长。眼圆，较大而色深；眼鬃 1 根，位于眼的下方。触角棒节短而圆，仅后侧分小节，因而前后侧不对称。前胸背板只有 1 列鬃；中胸侧板无角质化的垂直侧板杆；后胸背板侧区与前侧片未融合，后胸背板与第 1 腹节背板大致等长。致痒蚤呈世界性分布，宿主广泛，可侵袭人和猪、犬、猫、鸟等近 200 种动物。主要滋生于动物的栖息场所和人的居所。

2. 蠕形蚤科　蠕形蚤科中，与兽医有关的主要有 3 个种，即蠕形蚤属（*Vermipsylla*）的花蠕形蚤（*Vermipsylla alakurt*）以及长喙蚤属（*Dorcadia*，也称羚蚤属）的狍长喙蚤（*Dorcadia dorcadia*）和羊长喙蚤（*Dorcadia ioffi*，也称尤氏羚蚤）。

(1) 花蠕形蚤：体形较大，雄蚤长 3.7～4.9 mm，雌蚤长 5.6～7.5 mm。触角柄节上小毛稠密；眼较小；额突较明显。下唇须较长，雄蚤 10～14 节，雌蚤12～15 节，其长度可超过前足转节。雄蚤抱器体背缘较平直，与腹缘近等宽，柄突基部呈屈膝状，之下渐细；不动突位于抱器体的后上角；可动突较宽大，形似小刀，端部与不动突相对、似钳状。雌蚤后足胫节后缘具 6 个切刻；中间腹板气门较大，大小与眼相等；受精囊头部椭圆形，尾部细长呈腊肠状，末端具轻度骨化环。花蠕形蚤分布于我国新疆、甘肃和青海，是新疆地区的优势种。在哈萨克斯坦、吉尔吉斯斯坦、尼泊尔以及蒙古也有报道。宿主为绵羊、山羊、牦牛、马鹿、羚羊、马、家犬、狐、狼等，可侵袭人。

(2) 狍长喙蚤：雄蚤长 2.2～3.1 mm，雌蚤 2.2～9.0 mm。雄蚤抱器后缘、在可动突关节处上方和下方各有 1 个不动突，均呈尖角形；柄突宽、短，长度为最宽处 2～3 倍。雌蚤下唇须 30 节左右，雌蚤第 7 节腹板骨化部分呈宽带形，有侧鬃 6～8 根。狍长喙蚤分布于我国陕西、内蒙古、新疆、青海、西藏等地，国外见于俄罗斯、蒙古。宿主多为绵羊、山羊和黄羊。

(3) 羊长喙蚤：形态与狍长喙蚤相似。雄蚤和新羽化的雌蚤长 3～5 mm，孕蚤可达 8～12.5 mm。雄蚤抱器后缘、在可动突关节处上方和下方各有 1 个不动突，均呈钝圆形；柄突细长，长度为最宽处 4～6 倍。雄蚤下唇须 20 节左右。羊长喙蚤分布于我国新疆、甘肃、青海和西藏，国外见于俄罗斯、蒙古。宿主多为绵羊、山羊和藏羚羊。

(三) 生活史

营完全变态发育，生活史过程分为卵、幼虫、蛹和成虫四个阶段。

卵多为卵圆形，长 0.4～2.0 mm；白色，但部分蠕形蚤虫种的卵呈浅灰色。卵没有黏性，被产出后，掉落于环境中。在适宜的温度和湿度下，5 d 左右孵化为幼虫。

幼虫呈蛆形，无足，无眼，灰白或灰黄色，长 1.5～5.0 mm。幼虫期分 3 龄，1 龄幼虫有破卵器，协助其破卵而出。幼虫多在宿主的洞穴、房屋的屋角、墙缝、垫褥等阴暗潮湿的地方，以宿主的皮屑、成虫的粪便等为食。在适宜条件下，幼虫经 2～3 周，蜕化 2 次，即可成熟，吐丝结茧，变为前蛹。

前蛹约经 2 d 化为蛹。蛹期的长短取决于周围的温度，通常为 1～2 周。蛹内虫体具有成虫雏形；经 1～2 周羽化为成虫。蛹变为成虫，往往需要一个刺激，如动物引起的扰动、触压、温度的变化等，成虫才能够破茧而出，否则会长期静止于茧内。

出茧后，大多数成虫可立即交配，数天后开始产卵。成虫需吸血，吸血对其成熟、生殖乃至寿命的长短等有决定性意义。雌蚤所产虫卵数因虫种而异，从 300 个至数千个不等。

蚤生活史的长短，因虫种不同及外界环境不同而相差悬殊。如猫栉首蚤的整个发育过程需要 14～140 d。湿度与温度对蚤类的生存、发育以及成虫的活动具有决定性的影响。一般来说，适宜的相对湿度为 50%～90%，在此湿度范围内，温度越高，其生活史越短。

大多数蠕形蚤的生活史尚不清楚。

(四) 习性

栉首蚤感染犬或猫后，多寄生于头部和颈部，四肢较少。在其宿主上反复吸血（猫栉首蚤吸血每日可达 12 次），一般很少离开其宿主。但当寄生数量超过 200 只时，少数蚤会离开宿主。犬、猫所感染的栉首蚤大多是由环境中的蛹羽化而来，而非由其他宿主传播而来的。犬、猫活动的区域可能会有大量卵、幼虫、蛹和新蜕变的成蚤，宿主经常栖息的地方会更多。宿主经常出现、条件适宜的微环境是栉首蚤幼虫发育成熟的必要条件。猫栉首蚤适宜的发育条件为：温度 13～32 ℃，相对湿度 50%～90%；超过 35 ℃，幼虫和蛹会很快死亡；在寒冷潮湿的环境中，饥饿的成虫可存活 2 个月左右，在湿度低的冰冻条件下存活时间会变短。在成蚤饥饿期间，如有宿主出现，可能会遭遇成群的栉首蚤围攻。如当人、犬外出旅行数周，回家后，犬可能会遭受大量栉首蚤侵袭。可利用这一特点来防治栉首蚤：旅行回家后，直接带犬去犬舍绕一圈，把饥饿的蚤吸引到犬上，然后立刻将犬带去洗澡（可用含杀虫剂的香波），杀灭犬上的蚤。

花蠕形蚤的寄生部位主要集中在宿主尾根背部及其附近，严重者可波及全身。严重感染时，一只羊上可有数千只寄生。花蠕形蚤是我国西北牧区的一大害虫，在冬季草场危害严重；一般在晚秋开始侵袭宿主，冬季产卵，春季消退。

（五）危害

成年栉首蚤叮咬宿主，分泌含有毒素并可引起过敏反应的唾液，排泄有刺激性的粪便，引起宿主强烈瘙痒，犬、猫烦躁不安，啃咬、搔抓和蹭痒患部。栉首蚤可引起宿主出现蚤过敏性皮炎（flea allergic dermatitis，FAD；也称蚤叮咬性过敏，flea bite hypersensitivity，FBH），皮炎常出现的部位为耳郭、肩胛、臀部、腿部附近、后背部和阴部。犬栉首蚤和猫栉首蚤是犬复孔绦虫和血液丝虫——隐匿双瓣线虫的中间宿主。猫栉首蚤还可传播猫细小病毒，引起猫瘟热。

蠕形蚤大量寄生时可引起家畜贫血和水肿，如遇上恶劣气候条件，可导致家畜大批死亡。

（六）症状与诊断

犬、猫被大量栉首蚤侵袭后，病初患部出现丘疹、红斑，病程延长时出现脱毛、落屑、痂皮、皮肤增厚和色素沉着。严重时出现贫血、消瘦。被毛间可见白色有光泽的蚤卵，背部被毛的根部有煤焦油样的颗粒（蚤粪便）。当犬、猫瘙痒不安时，对头部、背中线附近、臀部和尾尖部等处进行仔细检查，发现蚤、蚤卵或粪便，即可确诊。

花蠕形蚤排出的大量血斑粪便会污染皮毛；叮咬宿主时，引起剧痒，动物常将患部摩擦木桩、岩石，破溃伤口和被挤破的蚤流出的血液污染皮毛，呈现出“红毛症”。感染蠕形蚤的病羊，体表被毛粗乱，特别是尾根部被毛污浊脏乱，患羊消瘦，有甩尾、摩擦、抬腿蹬患处等剧痒不安的表现。尾根部周围的毛内部可发现如泡发的黄豆大小的虫体，周围缠绕羊绒如蚕茧样（图26-45），四周毛上有大量的暗红色小颗粒粪便，远观呈灰黑色（图26-46）。

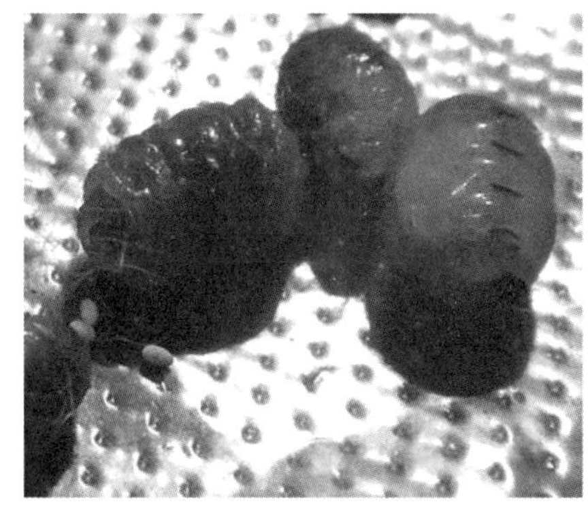

图26-45　蠕形蚤及其所产的虫卵
（于童　潘保良供图）

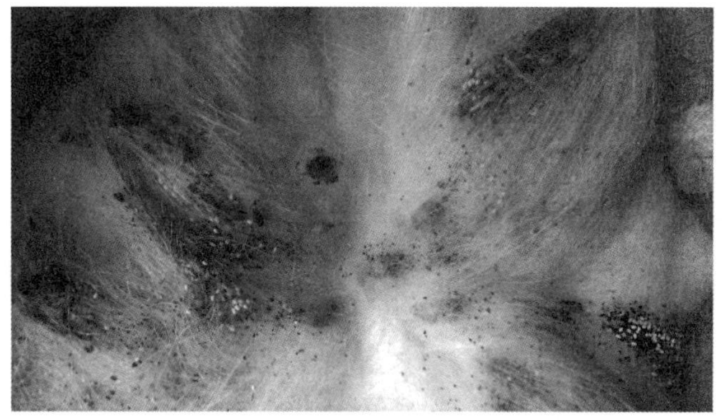

图26-46　患蠕形蚤的山羊尾部
（于童　潘保良供图）

（七）防治

环境控制是防控栉首蚤的重要手段。用吸尘器对犬、猫经常栖息的场所进行处理，可有效清除环境中的蚤卵、幼虫、蛹和未吸血成蚤，但需要及时用合适的方法杀灭吸入吸尘器内的虫体。对犬、猫每月用药可很好地控制栉首蚤，可用吡虫啉、氟虫腈（该药对兔毒性很强，禁用于兔）、塞拉菌素等药物的点剂。拟除虫菊酯类杀虫剂（如氯菊酯）、亚胺硫磷（phosmet）、杀虫威及烯虫酯也可用作杀蚤药物，但需要注意抗药性问题。另外，可使用含杀虫剂的项圈，如杀虫威、二嗪农、双甲脒或如烯虫酯，再结合宠物饲养管理，可有效防治犬、猫的蚤病。此外，还有一种简单且有效防治栉首蚤的方法，即将犬舍或猫笼垫高，使其离地距离超过猫栉首蚤跳跃的高度（约33 cm），就可有效防止蚤的侵扰；但这一防控方法需要严格限制动物的活动范围。对于皮炎和瘙痒症状严重的犬、猫，用氯苯那敏等抗过敏药物和抗生素进行局部和全身对症治疗。

可以用药浴、喷洒杀虫剂、注射大环内酯类药物等方式来防控牛、羊的蠕形蚤。

（潘保良　编，杨晓野　杨光友　彩万志　杨定　审）

第四节　毛翅目昆虫（石蛾）及其危害

毛翅目（Trichoptera）是一类古老的昆虫类群，被称为“活化石”，其成虫俗称石蛾（caddisfly）。已知 14 500 多种，分属于 49 个科 600 余属，我国已发现 1 400 余种。石蛾翅面与翅脉均覆有刚毛或纤毛，故称为毛翅；口器退化为咀嚼式口器。成虫飞行能力弱，主要在水源附近活动；寿命为数天至一月左右，期间或不进食，或取食树汁、花蜜。其幼虫（俗称石蚕）多为完全水生，少数种类湿生或陆生，多见于清洁、冷凉淡水水体，如各种山间溪流、河流与湖泊，以微生物或其他昆虫为食。幼虫最终化茧，成虫破茧而出，羽化为成蛾。雄蛾浮游于水体，雌蛾飞入水中与之交配。交配结束后，雌蛾将卵产在水体附近，幼虫孵出并在水中继续发育。幼虫对水质污染敏感，常被列为水质监测的重要指示生物；也可作鱼饵。

石蛾可作为立氏新立克次体（*Neorickettsia risticii*）的传播媒介，该病原体可引起马的波托马克马热（Potomac horse fever，PHF），该病以发热、抑郁、厌食和水样腹泻为主要临床特征，致死率 5%～30%。寄生于蝙蝠或鲑鱼体内的枝腺科吸虫（Lecithodendriidae）常携带立氏新立克次体，这类吸虫可能以石蛾作为其中间宿主（其囊蚴发现于石蛾体内）。马饮水时摄入含枝腺吸虫囊蚴（携带立氏新立克次体）的石蛾而感染立氏新立克次体，引发波托马克马热。给马佩戴防护饮水器，防止其摄入石蛾，或防止石蛾幼虫污染马的饮水，即可有效预防波托马克马热。

第五节　半翅目昆虫（锥猎蝽和臭虫）及其危害

半翅目（Hemiptera）昆虫已知 9 万多种，多为陆生。绝大多数虫种以吸食植物液汁为生，仅有猎蝽科（Reduviidae）锥猎蝽亚科（Triatominae）和臭虫科（Cimicidae）的一些虫种以吸食哺乳动物（包括人）和鸟类的血液为生。有些营专性寄生生活，如部分锥猎蝽和臭虫，它们叮咬宿主时往往无痛感；但捕食性猎蝽叮咬宿主时会引起非常明显的疼痛。发育过程为不完全变态发育，经历卵、若虫、成虫三个阶段，若虫分多个龄期。臭虫和锥猎蝽可传播多种疾病。

（一）锥猎蝽

锥猎蝽亚科有 3 个属与兽医有关：锥猎蝽属（*Triatoma*）、热猎蝽属（*Rhodnius*）和磐锥猎蝽属（*Panstrongylus*）。锥猎蝽主要分布在热带和亚热带地区，吸食脊椎动物或人的血液。

锥猎蝽的吸血对象十分广泛，包括哺乳动物、鸟类、爬行类、两栖类，甚至同类和臭虫。白天隐藏在栖息处的缝隙中，多在夜间、当人或动物入睡时吸血，因吸血时不会引起宿主疼痛，不容易被发现；吸食夜行动物或蜥蜴血液的锥猎蝽则通常在白天吸血。在吸血过程中不断地排便，且常将其粪便排泄在叮咬部位附近，使得粪便中的病原体很容易经伤口感染宿主。

锥猎蝽可传播美洲锥虫病或称恰加斯病（Chagas disease）。该病由枯氏锥虫（*Trypanosoma cruzi*）引起，可通过锥猎蝽的粪便传播（粪传型传播）。红斑锥猎蝽（*Triatoma sanguisuga*）可传播马脑脊髓炎，但不是主要的传播媒介。

（二）臭虫

臭虫科有 6 个亚科、22 个属、90 多个种，在我国俗称为臭虫、床虱或壁虱。仅臭虫属（*Cimex*）和小臭虫属（*Leptocimex*）与公共卫生有关。我国常见的种类为温带臭虫（*Cimex* lectularius)、热带臭虫（*Cimex hemipterus*）。虫体呈卵圆形，红褐色，背腹扁平，腹部较宽。头部短而宽，有1对凸出的复眼，无单眼。喙分为3节；刺吸式口器。触角分为5节，第1节很短。无翅，3对足。有一臭腺，常开口于后胸侧板近中足基节处。臭虫可传播多种病原体，如布氏杆菌、钩端螺旋体、立克次体等。

臭虫多在夜间寻觅宿主，黎明前是其活动高峰期。嗜吸人血，为家栖型；当人血难觅时，亦可吸食啮齿动物、蝙蝠及禽类的血液，一般吸5～15 min即可饱血。

成虫在隐匿场所产卵，若虫分5个龄期，在每次蜕皮间期或产卵之前都需吸血。从卵发育为成虫需30 d左右。在温带地区，温带臭虫一年一般繁殖2～3代，有的甚至达5～6代。冬季，臭虫多停止吸血、产卵；成虫不吸血可存活半年左右，成虫的寿命为9～18个月；若虫不吸血可存活1个多月。

臭虫可发出难闻的气味；喜群居，在适宜的隐匿场所常有众多臭虫聚集在一起，这可能与臭腺分泌物中含聚集信息素有关。环境温度是影响臭虫活动和分布的重要的因素。例如温带臭虫分布于温带，每年12月至次年3月为其越冬期，低于15 ℃时臭虫即停止活动；在15～35 ℃时，其活动程度随温度的升高而增强；在39 ℃以上时，活动渐慢或停止，处于蛰伏状态。湿度很高时，臭虫容易死亡。宿主散发的气味、呼出的二氧化碳浓度、环境温度及臭虫的生理状态是影响臭虫吸血活动的主要因素。若虫的龄期越小，吸血活力越强。臭虫的吸血量可达其体重的3～6倍；1只雌虫的最大吸血量可达13.9 mg，一生吸血可达160多次。

第二十六章彩图

清除锥猎蝽和臭虫藏身之所，用杀虫剂对其藏身之所进行滞留喷洒，是防控锥猎蝽和臭虫的主要措施。

（潘保良 编，索勋 彩万志 杨定 审）

第二十七章 舌形虫及其危害

舌形虫（pentastomid）隶属于颚足纲（Maxillopoda）孔头舌虫目（Porocephalida）舌形科（Linguatulidae）舌形虫属（*Linguatula*）。已发现 100 多种，在动物中常见的为锯齿舌形虫（*Linguatula serrata*）。成虫寄生于犬、狐狸、狼、猫等肉食动物的呼吸道和鼻窦中，偶见于马、羊、人等。幼虫寄生于马、绵羊、山羊、牛、水牛和兔等草食动物的内脏中。人一般作为舌形虫的中间宿主，也可作为终末宿主。

成虫呈舌形，故称舌形虫（tongue worm），背面稍隆起，腹面扁平；头、胸、腹部愈合，体表具 90 条左右的锯齿状环纹。口位于前端腹面正中，周围有 2 对钩，起附着作用。雌虫呈灰黄色，体内充满虫卵时为褐色，长 80～130 mm；雄虫呈白色，长 18～20 mm。

发育过程包括卵、幼虫、若虫和成虫等阶段。雌虫在终末宿主呼吸道内产卵，卵呈椭圆形，棕褐色，壳厚，平均大小为 90 μm×70 μm，内含一 4 足幼虫。卵随终末宿主的鼻液排出体外；或被终末宿主吞入后随粪便排出体外，污染环境。黏附于牧草上或落入水中的卵被中间宿主吞食后，幼虫在宿主胃内被释放出来，穿过肠壁，移行至肠系膜淋巴结、肝、肺、肾、脾等处，经 2 次蜕化后，外被包囊。幼虫在包囊内再蜕化数次，经 5～6 个月，发育为感染性若虫。若虫形态与成虫相似，乳白色，体长 4～6 mm；口囊呈矩形或长梯形；体表环纹上有小刺；若虫在中间宿主体内可生活 2～3 年。

犬因吞食或嗅触含有若虫的草食动物的脏器遭受感染；若虫可以直接经鼻孔进入鼻道中，也可以从咽腔和胃进入鼻道。若虫在鼻道内再次蜕化后，变为成虫。动物肺部的若虫，也可以经气管移行至鼻道，发育为成虫。若虫变为成虫时，体表环纹上的小刺脱落。舌形虫以宿主的组织液和血细胞为食，可在终末宿主体内存活 2 年之久。人可因摄食未煮熟的含若虫的动物脏器而被感染，成为终末宿主；或因摄食被卵污染的蔬菜、水果等食物而被感染，成为中间宿主。

大多数犬感染后，没有明显的临床症状。有些犬在严重感染后 4～6 周出现慢性鼻卡他，并经常打喷嚏，摩擦鼻部，流黏液性、间或出血性鼻液。马常见的症状有摇头、喷鼻、流鼻涕和下颌淋巴结慢性肿胀等。中间宿主的症状因感染的脏器种类及严重的程度而异。

可根据临床症状做出初步诊断，确诊需从鼻液或粪便中检出虫卵。但虫卵的排出是间歇性的，多次检测可有效避免假阴性结果。

治疗比较困难。伊维菌素、米尔贝肟、氟雷拉那对犬体内的舌形虫有效。

（潘保良 编，索勋 杨光友 审）

参考文献

艾琳，翁亚彪，朱兴全，2009. 鸡卡氏住白细胞虫的分子分类和分子检测的研究概况［J］. 中国家禽，31（5）：43-44.

毕菲菲，韩贞艳，郝振凯，等，2019. 鸡球虫抗药性检测方法研究进展［J］. 中国兽医杂志，55（6）：69-71.

蔡建平，谢明权，覃宗华，2001. 猪球虫与球虫病的研究进展［J］. 广东畜牧兽医科技，26（4）：3-7.

陈晨，陈乔光，孔令明，等，2021. 禽组织滴虫病免疫与疫苗防治研究进展［J］. 中国家禽，43（6）：80-85.

陈虹宇，张凯，尹德琦，等，2018. 锥虫免疫逃避的研究进展［J］. 中国兽医学报，38（5）：1054-1056.

陈怀涛，2012. 动物疾病诊断病理学［M］. 2 版. 北京：中国农业出版社.

陈丽凤，李建华，张西臣，等，2006. 犬贾第虫病毒（长春株）全基因组序列分析［J］. 畜牧兽医学报，4（4）：408-411.

陈明勇，蒋金书，汪明，1996. 鸡柔嫩艾美耳球虫活虫苗免疫预防的研究［J］. 中国兽医科技，4（9）：30-31.

陈淑玉，汪溥钦，1994. 禽类寄生虫学［M］. 广州：广东科技出版社.

陈泽，罗建勋，殷宏，2011. 非洲猪瘟的生物媒介［J］. 畜牧兽医学报，42（5）：605-612.

杜爱芳，徐慧，张德福，等，2009. 鸡球虫疫苗及其佐剂研究进展［J］. 浙江大学学报（农业与生命科学版），35（1）：58-64.

杜爱芳，周前进，张红丽，等，2009. 捻转血矛线虫病的疫苗防治研究［J］. 浙江大学学报（农业与生命科学版），35（2）：187-194.

段玲欣，关学敏，张传生，等，2011. 旋毛虫抗肿瘤机制研究进展［J］. 中国寄生虫学与寄生虫病杂志，29（2）：142-146.

高金亮，关贵全，马米玲，等，2005. 青海血蜱 cDNA 表达文库的构建［J］. 畜牧兽医学报，4（11）：80-84.

高金亮，殷宏，罗建勋，2004. 蜱的免疫学防制研究现状［J］. 中国兽医科技，4（10）：41-46.

顾灯安，金长发，张仪，2006. 利什曼病及其媒介白蛉控制的现状和展望［J］. 国际医学寄生虫病杂志，33（5）：236-238.

顾华兵，潘保良，汪明，2011. 我国集约化鸡场外寄生虫病的防治［J］. 中国兽医杂志，47（11）：84-86.

韩乾忠，李建华，宫鹏涛，等，2011. 柔嫩艾美耳球虫病毒的鉴定［J］. 中国兽医学报，31（12）：1723-1728.

郝雪峰，殷宏，罗建勋，2008. 蜱的化学和免疫学防治研究进展［J］. 动物医学进展，29（12）：52-56.

何毅勋，1993. 中国大陆株日本血吸虫品系的研究Ⅷ. 总结［J］. 中国寄生虫学与寄生虫病杂志，11：93-97.

黄兵，董辉，沈杰，等，2004. 中国家畜家禽球虫种类概述［J］. 中国预防兽医学报，26（4）：313-316.

黄兵，沈杰，2006. 中国畜禽寄生虫形态分类图谱［M］. 北京：中国农业科学技术出版社.

黄维义，沈阳，2003. 抗片形吸虫疫苗研制进展［J］. 中国兽医杂志，4（12）：41-45.

黄雅斌，周勇志，周金林，2017. 节肢动物外泌体的研究进展［J］. 中国动物传染病学报，（3）：1-7.

贾万忠，闫鸿斌，史万贵，等，2010. 带属绦虫线粒体基因组全序列生物信息学分析［J］. 中国兽医学报，30（11）：1480-1485.

江海海，邓舜洲，高洋根，等，2014. 猪源弓形虫的分离鉴定及基因型的研究［J］. 中国兽医科学，44（5）：453-457.

蒋金书，2000. 动物原虫病学［M］. 北京：中国农业大学出版社.

蒋金书，赵亚荣，胡景辉，1994. 隐孢子虫病的研究进展［J］. 中国兽医杂志，4（10）：37.

金宁一，胡仲明，冯书章，2007. 新编人兽共患病学［M］. 北京：科学出版社.
景志忠，才学鹏，2004. 猪囊尾蚴病免疫原的分子生物学研究进展［J］. 中国兽医科技，4（11）：37-46.
孔繁瑶，1997. 家畜寄生虫学［M］. 2 版. 北京：中国农业大学出版社.
孔繁瑶，宁长申，殷佩云，1994. 鸡球虫抗药性现场测定方法综述［J］. 中国兽医学报，4（1）：90-94.
邝春曼，罗洋洋，周庆丰，等，2018. 鸡卡氏住白细胞虫病疫苗研究进展［J］. 养禽与禽病防治，4（7）：10-12.
李春燕，兰景超，罗娌，等，2019. 犬恶丝虫丝氨酸蛋白酶抑制剂特性分析与诊断价值的初步评价［J］. 中国预防兽医学报，41（1）：46-52.
李芳芳，张挺，周彩显，等，2019. 捻转血矛线虫病的研究进展［J］. 中国动物传染病学报，27（3）：107-111.
李国清，1996. 蠕虫酶与家畜蠕虫感染的免疫预防［J］. 中国兽医科技，4（2）：23-25.
李国清，1999. 兽医寄生虫学［M］. 广东：广东高等教育出版社.
李俊强，晁利芹，张龙现，2019. 抗隐孢子虫药物的研究进展［J］. 中国人兽共患病学报，35（11）：1029-1035.
李祥瑞，2011. 动物寄生虫病彩色图谱［M］. 北京：中国农业出版社.
李祥瑞，2011. 鸡球虫病的防控现状及进展［J］. 中国家禽，33（12）：37-39.
李燕方，古江，袁媛，等，2018. 基于线粒体 12S 基因全序列分析我国绵羊痒螨（兔亚种）的遗传多样性［J］. 畜牧兽医学报，49（11）：2468-2476.
李长友，林矫矫，2008. 农业血防五十年［M］. 北京：中国农业科学出版社.
梁楠，訾复春，宁长申，等，2006. 牛隐孢子虫和隐孢子虫病的研究进展［J］. 中国兽医科学，4（12）：1024-1030.
林矫矫. 我国家畜血吸虫病流行情况及防控进展［J］. 中国血吸虫病防治杂志，2019，31（1）：40-46.
刘晶，张西臣，朱兴全，等，2019. 新孢子虫及其致病机制的分子基础［J］. 中国兽医杂志，55（3）：112-114.
刘明远，刘全，方维焕，等，2014. 我国的食源性寄生虫病及其相关研究进展［J］. 中国兽医学报，34（7）：1205-1224.
刘琴，周丹娜，周艳琴，等，2009. 东方巴贝虫 cDNA 文库的构建与免疫学筛选［J］. 中国寄生虫学与寄生虫病杂志，27（3）：210-214.
刘群，2013. 新孢子虫病［M］. 北京：中国农业大学出版社.
卢俊杰，靳家声，2003. 人和动物寄生线虫图谱［M］. 北京：中国农业科学技术出版社.
罗金，曲志强，任巧云，等，2020. 蜱虫争议种的分类体系重构［J］. 中国兽医学报，40（11）：2145-2151.
骆学农，郑亚东，才学鹏，2006. 宿主对绦虫蚴感染免疫应答的研究进展［J］. 中国兽医科学，4（2）：166-170.
骆学农，郑亚东，景志忠，等，2005. 重要人兽共患寄生虫病研究进展［J］. 基础医学与临床，4（12）：1102-1108.
马安，干小仙，2010. 颚口线虫病的诊断与治疗［J］. 中国病原生物学杂志，5（5）：385-388.
马全英，李有全，刘军龙，等，2019. 环形泰勒虫喀什株感染牛淋巴细胞系的建立及其生物学特征的鉴定［J］. 中国兽医科学，49（2）：144-151.
农业部血吸虫病防治办公室，1998. 动物血吸虫病防治手册［M］. 2 版. 北京：中国农业科技出版社.
齐颜凤，伍卫平，2013. 棘球蚴病流行病学研究进展［J］. 中国寄生虫学与寄生虫病杂志，31（2）：143-148.
秦建华，张龙现. 2013. 动物寄生虫病学［M］. 北京：中国农业大学出版社.
邱春辉，刘升发，洪炀，等，2014. 血吸虫核受体的研究进展［J］. 中国人兽共患病学报，30（3）：319-323.
曲昌宝，刘聪，郭平，等，2013. 组织滴虫病诊断技术的研究进展［J］. 中国病原生物学杂志，8（4）：379-381.
沈杰，郑韧坚，1993. 家畜锥虫病［M］. 北京：中国农业科技出版社.
宋铭忻，张龙现，2009. 兽医寄生虫学［M］. 北京：科学出版社.
孙晓林，才学鹏，米晓云，等，2010. 猪带绦虫虫卵及六钩蚴膜超微结构的观察［J］. 中国农业科学，43（1）：200-205.

索勋，蔡建平，1986. 禽球虫病［M］. 北京：中国农业大学出版社.

索勋，汪明，孔繁瑶，2008. 兽医寄生虫学学科发展现状及展望［J］. 中国家禽，30（12）：1-6.

索勋，杨晓野，2005. 高级寄生虫学实验指导［M］. 北京：中国农业科学技术出版社.

唐仲璋，唐崇惕，2009. 人畜线虫学［M］. 北京：科学出版社.

田克恭，2013. 人与动物共患病［M］. 北京：中国农业出版社.

田喜凤，1995. 带绦虫体壁的超微结构研究［J］. 寄生虫与医学昆虫学报，2（4）：213-217.

田玉，陈建平，2002. 内脏利什曼病诊断技术研究进展［J］. 实用寄生虫病杂志，10（1）：40-43.

汪明，1990. 绵羊与山羊艾美耳球虫种类的命名与鉴别［J］. 中国兽医杂志，16（1）：42-44.

汪明，2003. 兽医寄生虫学［M］. 3 版. 北京：中国农业大学出版社.

汪明，潘保良，2012. 鸡外寄生虫病防治存在问题及解决措施分析［J］. 中国家禽，34（18）：49-50.

汪天平，2009. 人兽共患寄生虫病［M］. 北京：人民卫生出版社.

王凝，古小彬，汪涛，等，2015. 基于 cox1 基因对中国青藏高原地区细粒棘球绦虫遗传多态性的研究［J］. 畜牧兽医学报，46（3）：453-460.

王培园，李结，朱兴全，等，2013. 弓形虫基因工程疫苗研究的新进展［J］. 中国预防兽医学报，35（3）：251-254.

王荣军，张龙现，菅复春，等，2008. 隐孢子虫基因组学研究进展［J］. 中国人兽共患病学报，4（10）：974-977.

王晓岑，刘群，张西臣，2019. 新孢子虫病免疫预防研究进展［J］. 中国兽医学报，39（10）：2096-2100.

王彦，岳城，2005. 绵羊丝状网尾线虫病的研究现状［J］. 动物医学进展，26（2）：40-43.

魏志勇，盛兆安，梁艺颖，等，2017. 感染大片形吸虫水牛肝脏的病理变化［J］. 中国寄生虫学与寄生虫病杂志，35（3）：254-258.

吴惠芳，张鸿满，2009. 颚口线虫病研究进展［J］. 应用预防医学，15（6）：380-383.

吴力力，许金俊，居元照，等，2012. 家鹅球虫病的研究现状与展望［J］. 畜牧与兽医，44（11）：100-104.

吴淑卿，2001. 中国动物志：线虫纲杆形目圆线亚目（一）［M］. 北京：科学出版社.

武省，李国清，2015. 蓝氏贾第虫致病机制的研究进展［J］. 中国动物传染病学报，23（1）：64-70.

夏艳勋，李国清，2004. 环孢子虫病的研究进展［J］. 中国人兽共患病杂志，4（11）：1001-1003.

谢辉，帖超男，王雅静，2004. 犬利什曼病的流行与诊断研究进展［J］. 寄生虫与医学昆虫学报，12（1）：48-51.

谢昆，严若峰，李祥瑞，2006. 鸡球虫核酸疫苗的研究进展［J］. 畜牧与兽医，4（9）：59-61.

谢明权，李繁，林辉环，等，2002. 免疫增强剂对鸡球虫免疫保护力的作用［J］. 畜牧兽医学报，4（1）：93-99.

谢明权，李国清，2003. 现代寄生虫学［M］. 广州：广东科技出版社.

闫宝龙，杨怡，郭筱璐，等，2015. 捻转血矛线虫 ZJ 株滞育虫体的获得及其形态特征［J］. 中国兽医学报，35（2）：225-228.

闫鸿斌，贾万忠，田广孚，等，2009. 鸡球虫病免疫防治策略研究进展［J］. 中国预防兽医学报，31（6）：489-492，496.

杨光友，张志和，2012. 野生动物寄生虫病学［M］. 北京：科学出版社.

杨桂连，李建华，张西臣，2009. 寄生虫端粒及端粒酶的研究进展［J］. 中国预防兽医学报，31（5）：412-414.

杨健美，苑纯秀，冯新港，等，2012. 日本血吸虫感染不同相容性动物宿主的比较研究［J］. 中国人兽共患病学报，28（12）：1207-1211.

杨苗苗，周金林，2018. 蜱丝氨酸蛋白酶抑制分子 Serpin 研究进展［J］. 动物医学进展，39（9）：66-72.

杨晓野，李云章，朱永旺，等，1999. 骆驼喉蝇蛆形态结构及寄生特性的观察［J］. 中国兽医科技，4（9）：6-9.

杨晓野，汪明，杨莲茹，等，2004. 捕食线虫性真菌对寄生性线虫的生物控制［J］. 中国兽医杂志，4（5）：44-46.

杨晓野，吴彩艳，杨莲茹，等，2005. 口服少孢节丛孢菌孢子对家畜粪便中线虫幼虫的杀灭研究［J］. 畜牧兽医学报，4（9）：927-930.

叶青，赵璐，赵俊龙，等，2014. 血吸虫蛋白激酶研究进展［J］. 中国人兽共患病学报，30（5）：521-526，530.

殷方媛，李法财，赵俊龙，等，2015. 动物寄生线虫遗传多样性的研究进展［J］. 中国寄生虫学与寄生虫病杂志，33（5）：387-392.

殷佩云，孔繁瑶，蒋金书，1986. 鸭球虫病防治［M］. 北京：北京农业大学出版社.

尹德琦，李佳祺，陈虹宇，等，2017. 顶复门原虫顶质体研究进展［J］. 动物医学进展，38（7）：91-95.

于新茂，周金林，2015. 蜱半胱氨酸蛋白酶分子研究进展［J］. 中国动物传染病学报，23（5）：79-86.

张海生，马元元，谢世臣，等，2021. 弓形虫弱毒疫苗的研究进展［J］. 中国人兽共患病学报，37（5）：450-454.

张婷，赵旭，桑晓宇，等，2017. 青蒿素及其衍生物抗寄生虫药理作用研究进展［J］. 动物医学进展，38（10）：98-102.

张西臣，李建华，2010. 动物寄生虫病学［M］. 3 版. 北京：科学出版社.

赵辉元，1996. 家畜寄生虫与防制学［M］. 长春：吉林科学技术出版社.

赵俊龙，刘钟灵，姚宝安，等，2000. 东方巴贝斯虫分泌性抗原的免疫保护作用研究［J］. 畜牧兽医学报，4（2）：186-190.

赵娜，张西臣，2016. 寄生原虫端粒蛋白研究进展［J］. 动物医学进展，37（6）：102-105.

周述龙，林建银，蒋明森，2001. 血吸虫学［M］. 2 版. 北京：科技出版社.

周雅盼，李娇，鲍丽，等，2019. 诺氏疟原虫疟疾诊断与治疗研究进展［J］. 中国兽医学报，39（9）：1864-1867,1884.

诸欣平，苏川，2013. 人体寄生虫学［M］. 8 版. 北京：人民卫生出版社.

AGATSUMA T，2003. Origin and evolution of Schistosoma japonicum［J］. Parasitol Int，52（4）：335-340.

AHMED H，AFZAL MS，MOBEEN M，et al. 2016. An overview on different aspects of hypodermosis：Current status and future prospects［J］. Acta Trop，162：35-45.

ALLEN P C，FETTERER R H，2002. Recent Advances in Biology and Immunobiology of Eimeria Species and in Diagnosis and Control of Infection with These Coccidian Parasites of Poultry［J］. Clin Microbiol Rev，15（1）：58-65.

ALVAR J，CAñAVATE C，MOLINA R，et al. 2004. Canine leishmaniasis［J］. Adv Parasitol，57：1-88.

ANDERSON R C，CHABAUD A G，WILLMOTT S，2009. Keys to the Nematode Parasites of Vertebrates，Archival Volume［M］. London：CABI.

AZRIZAL-WAHID N，SOFIAN-AZIRUN M，LOW V L，2020. New insights into the haplotype diversity of the cosmopolitan cat flea *Ctenocephalides felis*（Siphonaptera：Pulicidae）［J］. Vet Parasitol，281：109102.

BAKER D G，2007. Flynn's Parasites of Laboratory Animals［M］. 2nd ed. Oxford：Blackwell Publishing.

BARKER S C，1994. Phylogeny and classification，origins，and evolution of host associations of lice［J］. Int J Parasitol，24（8）：1285-1291.

BARLAAM A，TRAVERSA D，PAPINI R，et al. 2020. Habronematidosis in Equids：Current Status，Advances，Future Challenges［J］. Front Vet Sci，7：358.

BENELLI G，CASELLI A，DI GIUSEPPE G，et al. 2018. Control of biting lice，Mallophaga - a review［J］. Acta Trop，177：211-219.

BETHONY J，BROOKER S，ALBONICO M，et al. 2006. Soil-transmitted helminth infections：ascariasis，trichuriasis，and hookworm［J］. Lancet，367（9521）：1521-1532.

BOCK R，JACKSON L，DE VOS A，et al. 2004. Babesiosis of cattle［J］. Parasitology. 129 Suppl：S247-269.

BOOTHROYD J C ，BLADER I，CLEARY M，et al. 2003，DNA microarrays in parasitology：strengths and limitations［J］. Trends Parasitol. 19（10）：470-476.

BOULANGER N，BOYER P，TALAGRAND-REBOUL E，et al. 2019. Ticks and tick-borne diseases［J］. Med Mal Infect，49（2）：87-97.

BOUZID M，HUNTER P R，CHALMERS R M，et al. 2013. *Cryptosporidium* pathogenicity and virulence［J］. Clin Microbiol Rev. 26（1）：115-134.

BOWMAN D D, MANNELLA C, 2011. Macrocyclic lactones and Dirofilaria immitis microfilariae [J]. Top Companion Anim Med, 26 (4): 160-172.

BRUN R, HECKER H, LUN Z R. 1998. *Trypanosoma evansi* and *T. equiperdum*: distribution, biology, treatment and phylogenetic relationship (a review) [J]. Vet Parasitol, 79: 95-107.

BRUNETTI E, WHITE A C J R, 2012. Cestode infestations: hydatid disease and cysticercosis [J]. Infect Dis Clin North Am, 26 (2): 421-435.

BURKE J M, MILLER J E, 2020. Sustainable Approaches to Parasite Control in Ruminant Livestock [J]. Vet Clin North Am Food Anim Pract, 36 (1): 89-107.

CANTACESSI C, CAMPBELL B E, GASSER R B, 2012. Key strongylid nematodes of animals - Impact of next-generation transcriptomics on systems biology and biotechnology [J]. Biotechnol Adv, 30 (3): 469-488.

CELIA HOLLAND, 2013. Ascaris: The Neglected Parasite [M]. UK: Academic Press.

CHAI J Y, 2013. Praziquantel treatment in trematode and cestode infections: an update [J]. Infect Chemother, 45 (1): 32-43.

CHARTIER C, PARAUD C, 2012. Coccidiosis due to *Eimeria* in sheep and goats, a review [J]. Small Ruminant Res, 103: 84-92.

CLAEREBOUT E, GELDHOF P, 2020. Helminth Vaccines in Ruminants: From Development to Application [J]. Vet Clin North Am Food Anim Pract, 36 (1): 159-171.

CONWAY D P, MCKENZIE M E, 2007. Poultry Coccidiosis: diagnostic and testing proceedures [M]. 3rd ed. UK: Wiley-Blackwell.

COOK D, 2020. A Historical Review of Management Options Used against the Stable Fly (Diptera: Muscidae) [J]. Insects, 11 (5): 313.

CWIKLINSKI K, DALTON J P, 2018. Advances in Fasciola hepatica research using 'omics' technologies [J]. Int J Parasitol, 48 (5): 321-331.

DAVIDSON R K, ROMIG T, JENKINS E, et al. 2012. The impact of globalisation on the distribution of *Echinococcus multilocularis* [J]. Trends Parasitol, 28: 239-247.

DE LA FUENTE J, CONTRERAS M, 2015. Tick vaccines: current status and future directions [J]. Expert Rev Vaccines, 14 (10): 1367-1376.

DENEGRI G, BERNADINA W, PEREZ-SERRANO J, et al. 1998. Anoplocephalid cestodes of veterinary and medical significance: a review [J]. Folia Parasitol (Praha), 45 (1): 1-8.

DENNIS J, MARK F, LYNDA G, et al. 2015. Principles of Veterinary Parasitology [M]. UK: Wiley-Blackwell.

DESQUESENSE M, DARGANTES A, LAI D, et al. 2013. *Trypanosoma evansi* and Surra: A Review and Perspectives on Transmission, Epidemiology and Control, Impact, and Zoonotic Aspects [J]. BioMed Res Int: 321237.

DíAZ-MARTíN V, MANZANO-ROMáN R, OBOLO-MVOULOUGA P, et al. 2015. Development of vaccines against *Ornithodoros* soft ticks: An update [J]. Ticks Tick Borne Dis, 6 (3): 211-220.

DOLD C, HOLLAND C V, 2011. Ascaris and ascariasis [J]. Microbes Infect, 13 (7): 632-637.

DRYDEN M W, RUST M K, 1994. The cat flea: biology, ecology and control [J]. Vet Parasitol, 52 (1-2): 1-19.

DUBEY J P, SCHARES G, ORTEGA-MORA L M, 2007. Epidemiology and control of neosporosis and *Neospora caninum* [J]. Clin Microbiol Rev, 20: 323-367.

DUBEY J P, 2009. Toxoplasmosis in pigs: The last 20 years [J]. Vet Parasitol, 164: 89-103.

DUBEY J P, 2010. Toxoplasmosis of Animals and Humans [M]. 2nd ed. Boca Raton: Crc Press.

DUSZYNSKI D W, COUCH L, 2013. The Biology and Identification of the Coccidia (Apicomplexa) of Rabbits of the World [M]. USA: Academic Press.

DWIGHT D BOWMAN, 2013. Georgis' Parasitology for Veterinarians [M]. 10th ed. USA: Saunders Company.

DWIGHT D BOWMAN, CHARLES M HENDRIX, DAVID S LINDSAY, et al. 2002. Feline Clinical

Parasitology [M]. USA: Iowa State University Press.

EHSAN M, HU R S, LIANG Q L, et al. 2020. Advances in the Development of Anti-*Haemonchus contortus* Vaccines: Challenges, Opportunities, and Perspectives [J]. Vaccines (Basel), 8 (3): 555.

EMERY D L, HUNT P W, LE JAMBRE L F, 2016. *Haemonchus contortus*: the then and now, and where to from here? [J] Int J Parasitol, 46 (12): 755-769.

FAYARD M, DECHAUME-MONCHARMONT F X, WATTIER R, et al. 2020. Magnitude and direction of parasite-induced phenotypic alterations: a meta-analysis in acanthocephalans [J]. Biol Rev Camb Philos Soc, 95 (5): 1233-1251.

FAYER R, XIAO L, 2008. *Cryptosporidium* and cryptosporidiosis [M]. 2nd ed. USA: CRC Press and IWA Publishing.

FERRER L, RAVERA I, SILBERMAYR K, 2014. Immunology and pathogenesis of canine demodicosis [J]. Vet Dermatol, 25 (5): 427-465.

FOIL L D, HOGSETTE J A, 1994. Biology and control of tabanids, stable flies and horn flies [J]. Rev Sci Tech, 13 (4): 1125-1158.

FOSTER N, ELSHEIKHA H M, 2012. The immune response to parasitic helminths of veterinary importance and its potential manipulation for future vaccine control strategies [J]. Parasitol Res, 110 (5): 1587-1599.

GAJADHAR A A, NOECKLER K, BOIREAU P, et al. 2019. International Commission on Trichinellosis: Recommendations for quality assurance in digestion testing programs for *Trichinella* [J]. Food Waterborne Parasitol, 16: e00059.

GARY R M, LANCE A D, 2018. Medical and Veterinary Entomology [M]. 3rd ed. UK: Academic Press.

GASSER R B, SCHWARZ E M, KORHONEN P K, et al. 2016. Understanding *Haemonchus contortus* Better Through Genomics and Transcriptomics [J]. Adv Parasitol, 93: 519-567.

GEARY T G, MORENO Y, 2012. Macrocyclic lactone anthelmintics: spectrum of activity and mechanism of action [J]. Curr Pharm Biotechnol, 13 (6): 866-872.

GROTE A, LUSTIGMAN S, GHEDIN E, 2017. Lessons from the genomes and transcriptomes of filarial nematodes [J]. Mol Biochem Parasitol, 215: 23-29.

HASSAN M U, KHAN M N, ABUBAKAR M, et al. 2010. Bovine hypodermosis--a global aspect [J]. Trop Anim Health Prod, 42 (8): 1615-1625.

HE Y X, SALAFSKY B, RAMASWAMY K, 2001, Host-parasite relationships of *Schistosoma japonicum* in mammalian hosts [J]. Trends in Parasitology, 17 (7): 320-324.

HEWITSON J P, MAIZELS R M, 2014. Vaccination against helminth parasite infections [J]. Expert Rev Vaccines, 13 (4): 473-87.

HOWELL A K, WILLIAMS D J L, 2020. The Epidemiology and Control of Liver Flukes in Cattle and Sheep [J]. Vet Clin North Am Food Anim Pract, 36 (1): 109-123.

HU W, YAN Q, SHEN D K, et al. 2003. Evolutionary and biomedical implications of a *Schistosoma japonicum* complementary DNA resource [J]. Nat Genet, 35 (2): 139-147.

ILIC N, GRUDEN-MOVSESIJAN A, SOFRONIC-MILOSAVLJEVIC L, 2012. *Trichinella spiralis*: shaping the immune response [J]. Immunol Res, 52 (1-2): 111-119.

INCLAN-RICO J M, SIRACUSA M C, 2018. First Responders: Innate Immunity to Helminths [J]. Trends Parasitol, 34 (10): 861-880.

IRVIN A D, 1987. Characterization of species and strain of *Theileria* [J]. Adv Parasitol, 26: 145-197.

ITO A, 2015. Basic and applied problems in developmental biology and immunobiology of cestode infections: Hymenolepis, Taenia and Echinococcus [J]. Parasite Immunol, 37 (2): 53-69.

JACO J, VERWEIJ C, RUNE STENSVOLD, 2014. Molecular Testing for Clinical Diagnosis and Epidemiological Investigations of Intestinal Parasitic Infections [J]. Clin Microbiol Rev, 27 (2): 371-418.

JOURDAN P M, LAMBERTON PHL, FENWICK A, et al. 2018. Soil-transmitted helminth infections [J]. Lancet, 391 (10117): 252-265.

KAPLAN R M, 2001. Fasciola hepatica: a review of the economic impact in cattle and considerations for control [J]. Vet Ther, 2 (1): 40-50.

KARANIS P, KOURENTI C, SMITH H, 2007. Waterborne transmission of protozoan parasites: a worldwide review of outbreaks and lessons learnt [J] . J Water Health, 5 (1): 1-38.

KHEYSIN Y M, 1972. Life Cycle of Coccidia of Domestic Animals [M] . UK: Williams Heinemann Medical Books Limited.

KOENEMANN S, JENNER R A, HOENEMANN M, et al. 2010. Arthropod phylogeny revisited, with a focus on crustacean relationships [J] . Arthropod Struct Dev, 39 (2-3): 88-110.

KOTZE A C, PRICHARD R K, 2016. Anthelmintic Resistance in *Haemonchus contortus*: History, Mechanisms and Diagnosis [J] . Adv Parasitol, 93: 397-428.

KOZIOL U, 2017. Evolutionary developmental biology (evo-devo) of cestodes [J] . Exp Parasitol, 180: 84-100.

KWARTENG A, AHUNO S T, 2017. Immunity in Filarial Infections: Lessons from Animal Models and Human Studies [J] . Scand J Immunol, 85 (4): 251-257.

LAI D H, HASHIMI H, LUN Z R, et al. 2008. Adaptations of *Trypanosoma brucei* to gradual loss of kinetoplast DNA: *Trypanosoma equiperdum* and *Trypanosoma evansi* are petite mutants of *T. brucei* [J] . Proc Natl Acad Sci USA, 105: 1999-2004.

LAMB T J, 2012. Immunity to Parasitic Infection [M] . UK: Wiley Blackwell.

LARRIEU E, HERRERO E, MUJICA G, et al. 2013. Pilot field trial of the EG95 vaccine against ovine cystic echinococcosis in Rio Negro, Argentina: early impact and preliminary data [J] . *Acta Trop*, 127 (2): 143-151.

LI Y S, SLEIGH A C, ROSS A G, et al. 2000. Epidemiology of *Schistosoma japonicum* in China: morbidity and strategies for control in the Dongting Lake region [J] . Int J Parasitol, 30 (3): 273-281.

LINDSAY, DAVID S, DUBEY J P, et al. 1999. Confirmation that the dog is a definitive host for *Neospora caninum* [J] . Vet Parasitol, 82: 327-333.

LOUKAS A, HOTEZ P J, DIEMERT D, et al. 2016. Hookworm infection [J] . Nat Rev Dis Primer, 2: 16088.

LUCIUS R, LOOS-FRANK B, LANE R P, 2017. The biology of parasite [M] . Germany: Wiley-VCH Verlag GmbH & Co.

LUN Z R, FANG Y, WANG C J, et al. 1993. Trypanosomiasis of domestic animals in China [J] . Parasitol Today, 9: 41-45.

LUN Z R, REID S A, LAI D H, et al. 2009. Atypical human trypanosomiasis: a neglected disease or just an unlucky accident? [J]. Trends Parasitol, 25 (3): 107-108.

MACDOUNALD L R, FIT-COY S H, 2013. Diseases of Poultry [M] . 13th ed. USA: Wiley-Blackwell.

MANGA-GONZáLEZ M Y, GONZáLEZ-LANZA C, et al. 2001. Contributions to and review of dicrocoeliosis, with special reference to the intermediate hosts of *Dicrocoelium dendriticum* [J] . Parasitology, 123 Suppl: S91-114.

MAS-COMA S, VALERO M A, BARGUES M D, 2019. Fascioliasis [J] . Adv Exp Med Biol, 1154: 71-103.

MCALLISTER M M, 2016. Diagnosis and Control of Bovine Neosporosis [J] . Vet Clin North Am Food Anim Pract, 32 (2): 443-463.

MCDOUGALD L R, 2005. Blackhead disease (histomoniasis) in poultry: a critical review [J] . Avian Dis, 49 (4): 462-476.

MCKEAND J B, 2000. Vaccine development and diagnostics of *Dictyocaulus viviparus* [J] . Parasitology, 120 Suppl: S17-23.

MCMANUS D P, DUNNE D W, SACKO M, et al. 2018. Schistosomiasis [J] . Nat Rev Dis Primers, 4 (1): 13.

MCMANUS D P, DALTON J P, 2006. Vaccines against the zoonotic trematodes *Schistosoma japonicum*, *Fasciola hepatica* and *Fasciola gigantica* [J] . Parasitology, 133 Suppl: S43-61.

MCNAIR C M, 2015. Ectoparasites of medical and veterinary importance: drug resistance and the need for alternative control methods [J] . J Pharm Pharmacol, 67 (3): 351-363.

MEHMOOD K, ZHANG H, SABIR A J, et al. 2017. A review on epidemiology, global prevalence and economical losses of fasciolosis in ruminants [J] . Microb Pathog, 109: 253-262.

MONDAL S, BHATTACHARYA P, ALI N, 2010. Current diagnosis and treatment of visceral leishmaniasis [J]. Expert Rev Anti Infect Ther, 8 (8): 919-944.

MORGAN E R, AZIZ N A, BLANCHARD A, et al. 2019. 100 Questions in Livestock Helminthology Research [J] . Trends Parasitol, 35 (1): 52-71.

MORRISON W I, 2015. The aetiology, pathogenesis and control of theileriosis in domestic animals [J] . Rev Sci Tech, 34 (2): 599-611.

MUELLER R S, BENSIGNOR E, FERRER L, et al. 2012. Treatment of demodicosis in dogs: 2011 clinical practice guidelines [J] . Vet Dermatol, 23 (2): 86-96.

MURRELL K D, 2016. The dynamics of Trichinella spiralis epidemiology: Out to pasture? [J]. Vet Parasitol, 231: 92-96.

NA B K, PAK J H, HONG S J, 2020. *Clonorchis sinensis* and clonorchiasis [J] . Acta Trop, 203: 105309.

NAKAO M, LACIKAINEN A, IWAKI T, et al. 2013. Molecular phylogeny of the genus *Taenia* (Cestoda: Taeniidae): proposals for the resurrection of *Hydatigera* Lamarck, and the creation of a new genus *Versteria* [J] . Int J Parasitol, 43: 427-437.

NALAO M, LAVIKAINEN A, YANAGIDA T, et al. 2013. Phylogenetic systematics of the genus *Echinococcus* (Cestoda: Taeniidae) [J] . Int J Parasitol, 43: 1017-1029.

NEAR T J, 2002. Acanthocephalan phylogeny and the evolution of parasitism [J] . Integr Comp Biol, 42 (3): 668-677.

NELSON C T, 2008. *Dirofilaria immitis* in cats: diagnosis and management [J] . Compend Contin Educ Vet, 30 (7): 393-400.

PANUSKA C, 2006. Lungworms of ruminants [J] . Vet Clin North Am Food Anim Pract, 22 (3): 583-593.

PEARSON M S, RANJIT N, LOUKAS A, 2010. Blunting the knife: development of vaccines targeting digestive proteases of blood-feeding helminth parasites [J] . Biol Chem, 391 (8): 901-911.

PEREIRA A V, PEREIRA S A, GREMIãO I D, et al. 2012. Comparison of acetate tape impression with squeezing versus skin scraping for the diagnosis of canine demodicosis [J] . Aust Vet J, 90 (11): 448-450.

PRITCHARD J, KUSTER T, SPARAGANO O, et al. 2015. Understanding the biology and control of the poultry red mite *Dermanyssus gallinae*: a review [J] . Avian Pathol, 44 (3): 143-153.

REICHEL M P, WAHL L C, ELLIS J T, 2020. Research into *Neospora caninum* -What Have We Learnt in the Last Thirty Years? [J]. Pathogens, 9 (6): 505.

RISTIC M, 1988. Babesiosis of Domestic Animals and Man [M] . USA: CRC Press.

ROBERTS L S, JANOVY J R J, et al. 2012. Foundations of Parasitology [M] . 9th ed. USA: McGraw-Hill Education.

ROEBER F, JEX A R, GASSER R B, 2013. Advances in the diagnosis of key gastrointestinal nematode infections of livestock, with an emphasis on small ruminants [J] . Biotechnol Adv, 31 (8): 1135-1152.

ROEBER F, KAHN L, 2014. The specific diagnosis of gastrointestinal nematode infections in livestock: larval culture technique, its limitations and alternative DNA-based approaches [J] . Vet Parasitol, 205 (3-4): 619-628.

ROJAS C A, ROMIG T, LIGHTOWLERS M W, 2014. *Echinococcus granulosus* sensu lato genotypes infecting humans--review of current knowledge [J] . *Int J Parasitol*, 44 (1): 9-18.

ROY L, GIANGASPERO A, SLEECKX N, et al. 2021. Who is *Dermanyssus gallinae*? Genetic Structure of Populations and Critical Synthesis of the Current Knowledge [J] . Front Vet Sci, 8: 650546.

RUST M K, 2005. Advances in the control of *Ctenocephalides felis* (cat flea) on cats and dogs [J] . Trends Parasitol, 21 (5): 232-236.

RUST M K, DRYDEN M W, 1997. The biology, ecology, and management of the cat flea [J] . Annu Rev

Entomol, 42: 451-473.

SANDEMAN R M, BOWLES V M, COLWELL D D, 2014. The immunobiology of myiasis infections: whatever happened to vaccination? [J] Parasite Immunol, 36 (11): 605-615.

SANTíN M, 2013. Clinical and subclinical infections with *Cryptosporidium* in animals [J]. NZ Vet J, 61 (1): 1-10.

SASTRE N, RAVERA I, VILLANUEVA S, et al. 2012. Phylogenetic relationships in three species of canine Demodex mite based on partial sequences of mitochondrial 16S rDNA [J]. Vet Dermatol, 23 (6): 509-e101.

SCHNITTGER L, RODRIGUEZ A E, FLORIN-CHRISTENSEN M, et al. 2012. Babesia: A world emerging [J]. Infect Genet Evol, 12: 1788-1809.

SIQUEIRA L D P, FONTES D A F, AGUILERA C S B, et al. 2017. Schistosomiasis: Drugs used and treatment strategies [J]. Acta Trop, 176: 179-187.

SOULSBY, E J L, 1982. Helminths, arthropods and protozoa of domesticated animals [M]. 7th ed. USA: Lea and Febiger.

TAMAN A, AZAB M, 2014. Present-day anthelmintics and perspectives on future new targets [J]. Parasitol Res, 113 (7): 2425-2433.

TAYLOR M A, COOP R L, WALL R L, 2016. Veterinary Parasitology [M]. 4th ed. UK: Wiley Blackwell.

TENTER A M, 1995. Current Research on Sarcocystis Species of Domestic Animals [J]. Int J Parasitol, 25 (11): 1311-1330.

THOMPSON R C, 2017. Biology and Systematics of Echinococcus. Adv Parasitol, 95: 65-109.

THOMPSON RCA, 2008. The taxonomy, phylogeny and transmission of *Echinococcus* [J]. Exp Parasitol, 119 (4): 439-446.

TIUMAN T S, SANTOS A O, UEDA-NAKAMURA T, et al, 2011. Recent advances in leishmaniasis treatment [J]. Int J Infect Dis, 15 (8): e525-e532.

TYAGI R, JOACHIM A, RUTTKOWSKI B, et al. 2015. Cracking the nodule worm code advances knowledge of parasite biology and biotechnology to tackle major diseases of livestock [J]. Biotechnol Adv, 33 (6 Pt 1): 980-991.

UILENBERG G, 2006. Babesia-a historical overview [J]. Vet Parasitol, 138 (1-2): 3-10.

VALKIU NAS G, 2005. Avian malaria parasites and other Haemosporidia [M]. USA: CRC Press.

VANDE VELDE F, CHARLIER J, CLAEREBOUT E, 2018. Farmer Behavior and Gastrointestinal Nematodes in Ruminant Livestock-Uptake of Sustainable Control Approaches [J]. Front Vet Sci, 5: 255.

WALLER P J, 2003. Global perspectives on nematode parasite control in ruminant livestock: the need to adopt alternatives to chemotherapy, with emphasis on biological control [J]. Anim Health Res Rev, 4 (1): 35-43.

WEISS L M, KIM KAMLI, 2013. *Toxoplasma gondii*: The Model Apicomplexan-Perspectives and Methods [M]. 2nd ed. USA: Academic Press.

WONG S S, FUNG K S, CHAU S, et al. 2014. Molecular diagnosis in clinical parasitology: When and why? [J]. Exp Biol Med, 239: 1443-1460.

WU W, JIA F, WANG W, et al. 2013. Antiparasitic treatment of cerebral cysticercosis: lessons and experiences from China [J]. Parasitol Res, 112 (8): 2879-2890.

XIAO L, 2010. Molecular epidemiology of cryptosporidiosis: An update [J]. Exp Parasitol. 124 (1): 80-89.

XIAO S H, SUN J, CHEN M G, 2018. Pharmacological and immunological effects of praziquantel against *Schistosoma japonicum*: a scoping review of experimental studies [J]. Infect Dis Poverty, 7 (1): 9.

ZAJAC A M, CONBY G A, 2011. Veterinary Clinical Parasitology [M]. 8th ed. UK: Wiley-Blackwell.

ZAJíČKOVÁ M, NGUYEN LT, SKÁLOVÁ L, et al. 2020. Anthelmintics in the future: current trends in the discovery and development of new drugs against gastrointestinal nematodes [J]. Drug Discov Today, 25 (2): 430-437.

ZARLENGA D, THOMPSON P, POZIO E, 2020. Trichinella species and genotypes [J]. Res Vet Sci, 133: 289-296.

ZHANG Y K，ZHANG X Y，LIU J Z，2019. Ticks（Acari：Ixodoidea）in China：Geographical distribution，host diversity，and specificity [J]. Arch Insect Biochem Physiol，102（3）：e21544.

ZHOU Y，ZHENG H J，LIU F，et al. 2009. The *Schistosoma japonicum* genome reveals features of host-parasite interplay [J]. Nature，460：345-352.

APPENDIX 附 录

兽医寄生虫学（第四版）

一、英（拉）汉对照索引

（潘保良 方素芳 李秋明 杜孟泽 整理，赵颖 崔平 审核）

二、汉英（拉）名词对照表

三、部分寄生性蠕虫虫卵图谱

四、宿主及其寄生虫

五、抗寄生虫药

六、已商品化的抗动物寄生虫病疫苗

七、执业兽医资格考试大纲涉及兽医寄生虫病学部分内容

八、我国动物疫病分类及 OIE 须申报的动物疫病中寄生虫病名录

九、寄生虫学名及寄生虫学术语词源和译义

图书在版编目（CIP）数据

兽医寄生虫学/索勋主编．—4版．—北京：中国农业出版社，2022.4（2023.6重印）

普通高等教育农业农村部“十三五”规划教材　全国高等农林院校“十三五”规划教材　全国高等农林院校教材经典系列　中国农业教育在线数字课程配套教材

ISBN 978-7-109-29053-2

Ⅰ.①兽…　Ⅱ.①索…　Ⅲ.①兽医学－寄生虫学－高等学校－教材　Ⅳ.①S852.7

中国版本图书馆CIP数据核字（2022）第012413号

中国农业出版社出版

地址：北京市朝阳区麦子店街18号楼

邮编：100125

责任编辑：王晓荣　刘飔雨　　文字编辑：刘飔雨　王晓荣

版式设计：王　晨　　责任校对：吴丽婷

印刷：三河市国英印务有限公司

版次：1981年10月第1版　　2022年4月第4版

印次：2023年6月第4版河北第2次印刷

发行：新华书店北京发行所

开本：889mm×1194mm　1/16

印张：36.75

字数：1015千字

定价：89.80元
